編委會

國家古籍整理出版專項經費資助項目

江南製造局科技譯著集成

醫藥衛生卷

第壹分册

主編　牛亞華

中國科學技術大學出版社

圖書在版編目(CIP)數據

江南製造局科技譯著集成.醫藥衛生卷.第壹分册/牛亞華主編.—合肥:中國科學技術大學出版社,2017.3

ISBN 978-7-312-04155-6

Ⅰ.江… Ⅱ.牛… Ⅲ.①自然科學—文集 ②中國醫藥學—文集 Ⅳ.①N53 ②R2-53

中國版本圖書館CIP數據核字(2017)第037619號

出版 中國科學技術大學出版社
安徽省合肥市金寨路96號,230026
http://press.ustc.edu.cn
https://zgkxjsdxcbs.tmall.com

印刷 安徽聯衆印刷有限公司

發行 中國科學技術大學出版社

經銷 全國新華書店

開本 787 mm×1092 mm 1/16

印張 48.75

字數 1248千

版次 2017年3月第1版

印次 2017年3月第1次印刷

定價 628.00圓

前言

明清時期之西學東漸，大約可分爲明清之際與晚清時期兩個大的階段。無論是哪個階段，翻譯西書均是其中重要的基礎工作，正如徐光啟所言：『欲求超勝，必須會通，會通之前，先須翻譯。』明清之際耶穌會士與中國學者合作翻譯西書，這些西書主要介紹西方的天文數學知識、地理發現，以及水利技術、機械、自鳴鐘、火礮等方面的科技知識。晚清時期，外國傳教士爲了傳播宗教和西方文化，在中國創辦了一些新的出版機構，翻譯出版西書、發行報刊。傳教士與中國學者共同翻譯了多種高水平的科技著作，重開了合作翻譯的風氣，使西方科技第二次傳入中國。清政府也設立了一些譯書出版機構，這些機構與民間出現的譯印西書的機構，使翻譯西書和學習科技成爲當時的一種時尚。明清之際第一次傳入中國的西方科技著作，以介紹西方古典和近代早期的科學知識爲主，而晚清時期翻譯的西方科技著作，更多地介紹了牛頓力學建立以來至19世紀中葉的近代科技知識。晚清時期翻譯西書之範圍與數量也遠超明清之際，涵蓋了當時絕大部分學科門類的知識，使近代科學較爲系統地引進到中國。在當時的翻譯機構中，成就最著者當屬江南製造局翻譯館。江南製造局（全稱江南機器製造總局）於清同治四年（1865年）在上海成立，是晚清洋務運動中成立的近代軍工企業。由於在槍械機器的製造過程中，需要學習西方的先進科學技術，因此同治七年（1868年），在徐壽、華蘅芳等建議下，江南製造局附設翻譯館，延聘西人，翻譯和引進西方的科技類書籍，又自設印書處負責譯書的刊印。至1913年停辦，翻譯館翻譯出版了大量書籍，培養了大批人才，對中國科學技術的近代化起了重要作用。

江南製造局翻譯館翻譯西書，最初採用的主要方式是西方譯員口譯、中國譯員筆述。西方口譯人員中，貢獻最大者爲傅蘭雅（John Fryer,1839–1928）。傅蘭雅，英國人，清咸豐十一年（1861年）來華，同治七年（1868年）成爲江南製造局翻譯館譯員，譯書前後長達28年，單獨翻譯或與人合譯西方書籍百餘部，是在華西人中翻譯西方書籍最多的人，清政府曾授其三品官銜和勳章。偉烈亞力（Alexander Wylie, 1815–1887）、瑪高温（Daniel Jerome MacGowan, 1814–1893）、林樂知（Young John Allen, 1836–1907）和金楷理（Carl Traugott Kreyer, 1839–1914）也是最早一批著名的譯員。偉烈亞力，英國人，倫敦會傳教士，曾主持墨海書館印刷事務，同治七年（1868年）入館，僅短暫從事譯書工作，翻譯出版了《汽機發軔》《談天》等。瑪高温，美國人，美國浸禮會傳教士醫師，同治七年（1868年）入館，但從事翻譯工作時間較短，翻譯出版了《金石識別》《地學淺釋》等。林樂知，美國人，同治八年（1869年）入館，共譯書8部，多爲史志類、外交類著作。金楷理，美國人，同治九年（1870年）入館，共譯書17部，多爲兵學類、船政類著作。此外，尚有衛理（Edward Thomas William, 1854–1944）、秀耀春（F. Huberty James, 1856–1900）和羅亨利（Henry Brougham Loch, 1827–1900）等西人於光緒二十四年（1898年）前後入館。除了西方譯員外，稍後也聘請了部分中國口譯人員，如吳宗濂（1856–1933）、鳳儀、舒高第（1844–1919）等，其中舒高第是最主要的一位。舒高第，字德卿，慈谿人，出身於貧苦農民家庭，曾就讀於教會學校。咸豐九年（1859年）以Vung Pian Suvoong名在美國留學，先後學習醫學、神學，同治九年（1870年）入哥倫比亞大學內外科學院學習，同治十二年（1873年）獲得醫學博士學位。舒高第學成後回到上海，光緒三年（1877年）被聘爲廣方言館英文教習，幾乎同一時間成爲江南製造局翻譯館譯員，任職34年，翻譯了二十餘部著作。中方譯員參與筆述、校對工作者五十餘人，其中最重要者當屬籌劃江南製造局翻譯館的創建并親自參與譯書工作的徐壽（1818－1884）、華蘅芳（1833－1902）和徐建寅（1845–1901）。徐壽，字生元，號雪村，無錫人。清咸豐十一年（1861年）十一月，徐壽和華蘅芳入曾國藩幕府；同治元年（1862年）三月，徐壽、華蘅芳、徐建寅到曾國藩創辦的安慶内軍械所工作，建造中國第一艘自造輪船『黃鵠』號；同治四年（1865年），徐壽參與江南製造局籌建工作；同治五年（1866年），徐壽由金陵軍械所轉入江南製造局任職，被委爲『總理局務』『襄辦局務』，主持技術方面的工作；同治七年（1868年），江南製造局附設之翻譯館成立，徐壽主持館務，并親自參加翻譯工作，共譯介了西方科技書籍17部，包括《汽機發軔》《化學鑒原》《化學考質》《化學求數》等。華蘅芳，字畹香，號若汀，江蘇金匱（今屬無錫）人，清同治四年（1865年）參與江南製造局籌建工作，是最主要的中方翻譯人員之一，前後從事譯書工作十餘年，所譯書籍主要爲數學類著作，如《代數術》《微積溯源》《三角數理》《决疑數學》等，也有其他科技著作，如《金石識別》《地學淺釋》等。徐建寅，字仲虎，徐壽的次子。受父親影響，徐建寅從小對科技有濃厚興趣，18歲時就在安慶協助徐壽研製蒸汽機和火輪船。翻譯館成立後，他與西人合譯二十餘部西方科技著作，如《汽機新制》《汽機必以》《化學分原》《聲學》《電學》《運規約指》等。同治十三年（1874年）後，徐建寅先後在龍華火藥廠、天津製造局、山東機器局工作，并出使歐洲，遊歷各國工廠，考察艦船兵工，訂造戰船。光緒二十七年（1901年），徐建寅在漢陽試製無煙火藥，因實驗室爆炸，不幸罹難。此外，鄭昌棪、趙元益（1840–1902）、李鳳苞（1834–1887）、賈步緯（1840–1903）、鍾天緯（1840–1900）等也是著名的中方譯員。

關於江南製造局翻譯館之譯書，國内尚有多家圖書館藏有匯刻本，如國家圖書館、上海圖書館、北京大學圖書館、清華大學圖書館、西安交通大學圖書館等，但每家館藏或多或少都有缺漏。

雖然先後有傅蘭雅《江南製造總局翻譯西書事略》（1880年）、魏允恭《江南製造局記》（1905年）、陳洙《江南製造局譯書提要》（1909年），以及隨不同書附刻的多種《上海製造局各種圖書總目》《上海製造局譯印圖書目錄》，以及Adrian Bennett, Ferdiand Dagenais等學者關於傅蘭雅研究中所發現、整理的譯書目錄等，但仍有缺漏。根據王揚宗《江南製造局翻譯書目新考》的統計，由江南製造局刊行者193種（含地圖2種，名詞表4種，連續出版物4種），另有他處所刊翻譯館譯書8種，已譯未刊譯書40種，共計241種。此文較詳細甄別、考證各譯書，是目前最系統的梳理，但仍有少許不足之處。比如將《化學工藝》一書兩置於化學類和工藝技術類，致使總數多增1種。又如認爲《礟法求新》與《礟乘新法》兩書相同，又少算1種。再如，此統計中有《克虜伯腰箍礟說、礟架說、螺繩礟架說》1種3卷，而清華大學圖書館藏《江南製造局譯書匯刻》本之《攻守礟法》中，附有《克虜伯腰箍礟說》《克虜伯礟架說船礟》《克虜伯船礟操法》《克虜伯礟架說堡礟》《克虜伯螺繩礟架說》，且藏有單行本5種，金楷理口譯，李鳳苞筆述。又因一些譯著附卷另有來源，可爲一種新書，如《電學》卷首、《光學》所附《視學諸器圖說》、《航海章程》所附《初議記錄》等。

在江南製造局的譯書中，科技著作占據絕大多數。在洋務運動的富國强兵總體目標下，這些譯著介紹了大量西方軍事工業、工程技術方面的知識，對中國近代軍隊的制度化建設、軍事工業的發展以及民用工程技術的發展產生了重要影響；同時又在自然科學和社會科學等方面作了平衡，翻譯傳播了西方的科學成果，促進了中國科學向近代的轉變，一些著作甚至在民國時期仍爲學者所重視；在譯書過程中厘定大批名詞術語，出版多種名詞表，體現出江南製造局翻譯館在科技術語規範化方面所作的貢獻，其中很多術語沿用至今，甚至對整個漢字文化圈的科技術語均有巨大影響；通過對西方社會、政治、法律、外交、教育等領域著作的介紹，給晚清的社會文化領域帶來衝擊，對晚清社會的政治變革也作出了一定的貢獻，促進了中國社會的近代化。此外，通過譯書活動，也培養了大批科技人才、翻譯人才。江南製造局譯書也爲其他國家所重視，如日本在明治時期曾多次派員赴上海專門收購，根據八耳俊文的調查，可知日本各地藏書機構分散藏有大量的江南製造局譯書。近年來，科技史界對於這些譯著有較濃厚的研究興趣，已有十數篇碩士、博士論文進行過專題研究。

有鑒於此，我們擬將江南製造局譯著中科技部分集結影印出版，以廣其傳。本書先是納入『2011–2020年國家古籍整理出版規劃』之『中國古代科學史要籍整理』項目，後於2014年獲得國家古籍整理出版專項經費資助，名爲《江南製造局科技譯著集成》。

對江南製造局原有譯書予以分類，可分爲史志類、政治類、交涉類、兵制類、兵學類、船類、學務類、工程類、農學類、礦學類、工藝類、商學類、格致類、算學類、電學類、化學類、聲學類、光學類、天學類、地學類、醫學類、圖學類、地理類，并將刊印的其他書籍歸入附刻各書。從已刊行之譯書內容來看，與軍事科技、工業製造、自然科學相關者最主要，約占總量的五分之四。本書收錄的著作共計162種（其中少量著作因重新分類而分拆處理），包括150種江南製造局翻譯館翻譯且刊印的與科技有關的譯著，5種江南製造局翻譯但別處刊印的著作，7種江南製造局刊印的非翻譯館翻譯或非譯著類著作。本書對收錄的著作按現代學科重新分類，并根據篇幅大小，或學科獨立成卷，或多個學科合而爲卷，凡10卷，爲天文數學卷、物理學卷、化學卷、地學測繪氣象航海卷、醫藥衛生卷、農學卷、礦學冶金卷、機械工程卷、工藝製造卷、軍事科技卷。

儘管已有陳洙《江南製造局譯書提要》對江南製造局譯著之內容作了簡單介紹，析出目錄，但缺漏不少。上海圖書館《江南製造局翻譯館圖志》也對江南製造局譯著作了一一介紹，涉及出版情況、底本與內容概述等。由於學界對傅蘭雅已有較深入的研究，因此對於傅蘭雅參與翻譯的譯著底本已有較明確的信息，然而對於其他譯著的底本考證，則尚有較大的分歧。本書對收錄的著作，一一寫出提要，簡單介紹著作之出版信息，盡力考證出底本來源，對內容作簡要分析，并附上目錄。此外，我們計劃另撰寫單行的提要集，對其中重要譯著的原作者、譯者、成書情況、外文底本及主要內容和影響作更全面的介紹。

馮立昇　鄧　亮

2015年7月23日

凡例

一、《江南製造局科技譯著集成》收錄150種江南製造局翻譯館翻譯且刊印的與科技有關的譯著，5種江南製造局翻譯但別處刊印的著作，7種江南製造局刊印的非翻譯館翻譯或非譯著類著作。

二、本書所選取的底本，以清華大學圖書館所藏《江南製造局譯書匯刻》爲主，輔以館藏零散本，并以上海圖書館、華東師範大學圖書館等其他館藏本補缺。

三、本書按現代學科分類，凡10卷：天文數學卷、物理學卷、化學卷、地學測繪氣象航海卷、醫藥衛生卷、農學卷、礦學冶金卷、機械工程卷、工藝製造卷、軍事科技卷。視篇幅大小，或學科獨立成卷，或多個學科合而爲卷。

四、各卷中著作，以內容先綜合後分科爲主線，輔以刊刻年代之先後排序。

五、在各著作之前，由分卷主編或相關專家撰寫提要一篇，介紹該書之作者、底本、主要內容等。

六、天文數學卷第壹分冊列出全書總目錄，各卷首冊列出該分卷目錄，各分冊列出該分冊目錄。

七、各頁書口，置兩級標題：雙頁碼頁列各著作書名，下置頁碼；單頁碼頁列各著作卷章節名，下置頁碼。

八、『提要』表述部分用字參照古漢語規範使用，西人的國別、中文譯名以及中方譯員的籍貫等與原翻譯一致；書名、書眉、原書內容介紹用字與原書一致，有些字形作了統一處理，對明顯的訛誤作了修改。

分卷目錄

第壹分册

西藥大成……1—1

第貳分册

西藥大成補編……2—1

西藥大成藥品中西名目表……2—185

西藥新書……2—207

儒門醫學……2—487

第叁分册

內科理法……3—1

婦科……3—509

產科……3—747

第肆分册

濟急法……4—1

臨陣傷科捷要……4—43

法律醫學……4—163

保全生命論……4—661

水師保身法……4—699

分册目録

西藥大成……1

江南製造局

科技譯著集成

醫藥衛生卷

第壹分册

西藥大成

《西藥大成》提要

《西藥大成》十卷，首一卷，附圖兩百六十九幅，英國來拉（John Forbes Royle, 1798–1858）、海得蘭（Frederick William Headland）同撰，英國傅蘭雅（John Fryer, 1839–1928）口譯，新陽趙元益筆述，上海曹鍾秀繪圖，卷首至卷三無錫徐華封校字，卷六桐城程仲昌校字，卷七至卷十武進孫鳴鳳校字，光緒五年（1879 年）至光緒十三年（1887 年）陸續出版。底本爲《Materia Medica and Therapeutics》第 5 版，并補入第六版（哈來增删重印版）的部分內容，部分附圖來自其他植物學著作。

此書卷首介紹藥與非藥的區別、藥品的意義與分類等，以及《英國藥典》中化學藥品的新舊化學式與六種試液。卷一介紹各種製藥工藝，如手工、鎔化、溶解、蒸餾、冷凝、結晶等。卷二論述藥物的基本化學知識，如化合、化分、化學元素、原子量、化合物等。卷三介紹一百六十九種無機藥品的形狀、理化特性、毒性、製法、試驗檢測方法、功用、劑量等。卷四至卷七介紹植物藥品，包括基礎的植物學知識、植物分類、植物藥性等，并分科介紹兩百七十種植物藥的產地、植物形態、藥性、成分、功用、試驗、提取、製劑、劑量等。卷八介紹發酵、釀造或地中挖出的各種有機藥品，諸如乙醇、醚、醋酸、琥珀等。卷九分科介紹七十餘種動物類藥品，包括產地、俗名、形狀、藥性、製備、功用等。卷十介紹來拉之藥物分類方法，列舉各年齡段與成人的用藥劑量比例，各種毒藥與解毒方法，多種具有藥性的礦泉水的產地、含量、功用等。此書是晚清譯介的內容最全面的西方藥學書，備受學人稱贊。

此書內容如下：

增删重印西藥大成序

西藥大成序

總目錄

凡例
卷首
總論
英國藥品書載化學工內所取藥料新舊兩式之表
英國藥品書所定之試水
卷一
製藥各工
卷二
藥品化學
卷三
論死物質 即地產金石之類並用化學之法變化而成之各質
卷四
論植物類 即草木藥品
卷五
論植物類 即草木藥品
卷六
論植物類 即草木藥品
卷七
論植物類 即草木藥品
卷八
發酵所成之質

發醋酵與乾蒸所成之質
地中挖出之植物質
卷九
論動物類
卷十
藥品依性與功用分類排列
照人年數配藥之比例表
毒藥與解毒之法
地產藥性水

西藥大成

江南機器製造總局藏板

增刪重印西藥大成序

醫士海得蘭助醫士來拉成藥品書第五次增修重印海君獨力成之醫學家無不誇獎其才能今又將增刪重印此書惜海君已作古人不能得其修改補全之益夫海得蘭考究藥品與病之相關處可當爲引進之人其聲名亦洋溢而不朽友朋中因其攻苦多年甚望其學問才識沾溉於人不幸中道遽歿多人失望前者印此書時略在八年前而從彼至今醫學與藥品相關之各事有大才能之醫士多費心力考究之又在旁之各學問亦頗精進而因此藥品與醫學亦得益處甚多英書內之各藥品其取法

詳言之而應論其優劣處亦加說於內又美德法三國之藥品書亦詳細查檢而有益之藥補載於本書之內此外凡有醫學家試過而佩服之各材料亦列於書內

此次增補藥品之功用等說大略爲余試驗者故能深信而不疑他藥品書內常言將牲畜割破其身試各種藥品功用之事本書姑不具論因用藥料者必知平人所覺之藥性並病人所覺之藥性而能知此事則爲藥品與治病之相關而用藥料試割破身體之牲畜與此事不相關如尚未考究格物學之人而欲知治病之成法則可在藥品分門類之數頁內得所需用之說也一千八百七十五年

十二月英國哈來自序

西藥大成序

或有問於余曰中國方藥之書神農本經尚矣自時厥後梁則有名醫別錄宋則有大觀本草明則有本草綱目可謂大備今滬上製造局譯西藥大成一書是亦不可以已乎余應之曰子不見東醫寶鑑刊行於中土乎夫藥以攻病病者人身之寇藥則蕩人身之寇者也今西國器械之利不妨取以蕩寇又何疑於西藥且今日之寇卽吾國吾民之病故製造一局以除戎器亦以譯醫書事異而理同也曰神農本經藥凡三百六十五品歷代附益至李時珍之綱目采至一千八百九十二種近錢塘趙學敏氏復有本草綱目拾遺之刻何尚不足於中而必益以西乎余曰聞諸徐靈胎氏云造物之機久而愈洩後世所增之奇藥或出深山窮谷或出殊方異域乃偏方異氣所鍾能治古方所不能治之奇病博物君子亦宜識之以廣見聞西藥卽此類耳且神農本經人第以爲方藥之祖不知乃上古聖人窮理盡性以至於命之書也西人論藥多兼化學苟擴而充之可以探萬物之源可以利五行之用可以知天地之化育可以輔相天地之宜雖謂其爲神農氏之功臣可也曰西藥竟無異於中藥乎曰否否中力弱西力强中性柔西性剛中藥如素拊循之衆用命者慣如疲苶之卒

馴而易擾西藥則如唐借回紇之兵馬燧馭之乃拱手遵約束否則肆行殺掠矣如虞詡所募三科壯士類皆桀驁不馴易他將莫能控制矣又中以多勝西以少勝善用多者惟孫臏八千金方猶淮陰侯之將兵多多益善分數明也否則散無友紀有此病未去他病復增之虞善用少者猶世傳之單方恆獲奇效乃兵貴精不貴多之旨然或不能治奇病重病笠澤之戰越非以左右句卒鼓譟左右然後以三軍潛涉則不能敗吳垓下之圍非信越黥布皆會則漢不能滅楚此中西異同之大畧也曰書爲言藥之書而兼言病者何也余曰不識時務者不可使治國不曉軍機者不可使治兵不博通經史洞達古今深明馭敵交鄰之道者不可使掌邦交不洞見臟腑癥結深知病源者不可使業醫藥藥譬之刃握兵手則殺賊衛民握賊手則民被賊殺若不究病證專識藥方恐刃操於賊矣然則惡可不以言病者兼之乎友人趙君靜涵博學好古兼通岐黃家言上海製造局設繙譯館譯西書也聘靜涵襄其事今譯成西藥大成十卷累致書於余屬爲之序爰舉與或所問答者應之其有當於是書之義否耶

光緒十年歲次甲申春正月桐城程祖植序

西藥大成總目錄

卷首

總論

化學工內所取藥料新舊兩式表

英國藥品書所定各種試水

卷一

製藥各工 手工 化學工 分細 鎔化 消化 成霧 蒸 乾蒸 霧質 凝成 結成顆粒

卷二

藥品化學 化合 化分 化分求原 化分簡質與繁質 原質 定比例 分劑重數 原質表

卷三

金石藥品 自非金類原質至金類質 尋常形性 化學形性 取法 試法 功用 服數

卷四

草木藥品 植物各體 植物分列 植物質體 植物地理 植物藥性 植物採取烘曬 植物本性分類 植物藥品依次分類部表

卷五

草木藥品 自毛茛科至松栢科 依植物學家特看杜辣分列法 植物類自然形性 藥品記錄 分別植物尋常形性與化學形性 取法 功用 服數

卷六

草木藥品自檳榔科至香附子科餘與卷五同
卷七
草木藥品自鳳尾草科至芝栭科餘與卷五同
卷八
造釀發酵等質酒酯以脫哥囉昉發醋酵乾蒸所成之質
地中挖出之植物質
卷九
動物藥品自波里非辣科至乳哺科
卷十
藥品依性與功用分類排列沖淡潤內皮柔軟合皮肉爛酸類
斂類解溺中沙粉滅臭收斂解毒改
血取嚏生津吐化痰發汗利小便
重瀉殺蟲調經引炎引病外出發
疱補行氣與香散性行氣特用行氣
窒睡治轉筋
解熱平火安心
照八年數配藥之比例表
毒藥與解毒之法
地產藥性水

西藥大成凡例

一○原書在西國每重印一次增刪藥品論說求臻美備茲所譯者係第五次所印之書其藥品次第遵西歷一千八百六十七年英國藥品書排列無勉强割裂之弊又有一千八百五十一年倫敦藥品書所載者加入本書則加小註曰此爲倫書之方

一○此書第六次增刪重印醫士哈來成之頗多異說藥品次第排列亦大不同茲擇其要者補譯之作爲附卷仍依第五次所印之書排列以便檢尋亦求臻美備之意也

一○原書載圖共一百十三箇尚嫌鈌畧茲從西國植物學字典等書詳加採擇補所未備并合以第六次印者共得圖二百六十九箇庶幾遐方異物按圖可索其餘無可補錄者姑從闕如

一○原書間有紕謬處不敢率意改譯辨正於下加案字以別之又譯時另有餘議亦加案字別之庶不混入正文

一○凡云重率若干卽以水爲一與水較重所得之比例數

一○凡雜質大半記其分劑數原質之分劑數第二卷

設表明之故不復贅

一○凡數皆直書如單位下帶小數則加點以別之如第一卷第三頁第二行五四七釐卽五十四釐又帶小數十分釐之七

一○凡云熱度若干所用寒暑表以英國法倫海所作者為準

一○此書所言各種定質重數俱以天平為準各種流質重數俱以量杯為準此杯劃線作記號用以量藥水甚便中土尚無此物必向番藥房購之

一○泰西權量與中土不同如繙譯時改從中土則多

奇零數繁而難記若去此奇零則方劑不準且西藥常取其精質以少勝多有用至不及一釐者如用中權則難秤準故不如竟用英權則準便多矣

一○各種藥品有中土所有者則應用中土之名此非譯述者所能周知必詳考他書方能得其一二是書所引據者日本新訂草木圖說為多外此如西藥略釋華英字典等書亦搜採及之有中土所無或雖有而難考得其名者則用西名而譯其音金石藥品多半用化學中藥名而註中土之名於下則原質與分劑一覽可知

一○各種藥品考得中土有名毫無疑義者則用作正名而以西名之音義註於下如卷五之一第六頁草烏頭為正名下註阿古尼低譯西名之音和尙風帽花譯西名之義又第四十一頁野罌粟為正名下註里阿斯怕巴甫為西名之音穀與紅俱為西名之義是也若雖得中土之名而疑其未必的確者則姑註於下而以西名之音義為正名如卷五之一第八十五頁阿莫賴西依為正名卽譯西名之音下註辞根卽中土之名又卷五之二第四十頁印度棗為正名卽譯西名之義下註菴弭羅卽中土之名是也

一○西國植物名用兩字者最多第一字為類名第二字為種名類名大半無意義可譯故卽譯其音種名有意義可譯者卽譯其意義然西文往往類名在先種名在後譯之中土文理不順故更調之如卷五之一第一頁小火焰形辣能古魯司辣性辣能古魯司其小火焰形與辣性為種名可譯其意辣能古魯司為類名祇譯其音種名之下作一點以別之庶不相混且一類而分兩種一覽可知

一○各種植物遷地弗良為藥品者亦然此書所載各藥品各有原產之處必得本處所產者用之易有功

效中土藥品雖有與之同類同種者亦不可率意相
代必先考其形性功用實無歧異者方可用之

西藥大成卷首

英國 來拉 海得蘭 同撰
英國 傅蘭雅 口譯
新陽 趙元益 筆述

總論

凡習醫學者必從著名醫士講貫醫學之各門此書專論藥品與治病即醫學中一門也觀此書者能明藥品之功用與治病之理法

此書之中分為兩大類一為藥品即所用之各材料又與藥品有相關之事及藥之原性與識別之法並其化學性情與一切功用二為治病即將各種藥治病或免病一一

詳論之若將此兩大類相提並論即用藥去病復精神之各法與其功益常有數種藥性大同小異故可合為一類如知所治之病大略應用某類之藥則查其一類內何種合於其人之身並合於病之各情此法最便又有數種藥此人服之與他人服之功用不同故已用一種藥而無功用或慣服一種藥而不覺其功用即易查其同類藥代之亦為最便之法也

藥品與治病兩大類非全屬於格致之學亦非全屬於工藝之學乃在兩學之間也各種學問必與他種學問有相關即如格物學與化學論萬物之性情與其相關之事並

其各種能力、無論何種格物之學、必以此二者爲門徑、故凡入醫學者、亦必以此爲門徑也、又如以農牧爲業者、則必考究植物學與動物學、能分別種類、能辨別土宜、能深悉用處、方能得利、又如繪畫或雕刻爲業者、必考究人物內外各體形狀、與其功用、方能作畫刻像、高人一等也

醫學包括外科內科與產科、此三科、又包括各病情形與治法、無論內外、或婦嬰與生育之理、皆包括於三者之中、此特工藝之事、學習手工、而特醫學之事、得其各理、蓋知理而不練法、或練法而不知理、俱屬無用、又醫學中驗尸一門、與前各門有相關、其學爲最繁、學習者必知無病之

西藥大成 總論 二

形狀如何、有各病之形狀如何、各種有害於身之藥與法、其性情顯出如何、

習醫者、不但須考究以上各門、並其相關之各事、又必考究能用各種藥與各種法、或爲免病、或爲減病、或爲去病

以上三則爲英國醫士來拉講論醫學時之說

欲全知藥品者、必先明各藥之形狀、與其原性情、及化學性情、並身體內外用之、有何事顯出、能治何病、藥品二字最寬之解說、謂凡能改變或感動身體內一物或多物之各材料、而藥之性情、與尋常食物之養身不相關、故有病時用藥、能減病、或能去病、法國醫士拜別挨設法定某物

爲藥、某物不爲藥、以爲凡入胃不能化分者、或不易爲臟腑分取精漿者、則爲藥、因養身之料、易於消化變成精漿也、然此說亦不能包括全意、因有數種植物鹽類質、如含醋酸者、含檸檬酸者、含果酸者、已過胃而變爲津液之前、則放其酸質而與炭養氣化合、此爲身內化分之事、又如數種養身之質、如非布里尼與蛋白質、爲能養身之料、而胃中亦不化分、不能因此而謂藥、可見凡養身之物、能變爲血、自血變爲百體、而藥品非直達血內以養身、添百體所需之料、且藥品中有毒無毒、亦難分定、因有幾種藥、多用之則有大毒、少用之頗有功效也、

西藥大成 總論 三

習醫者、必先全明藥性、方知某病某法可用之、欲明藥性者、必知其外形與臭味、及其化學之性情、並取法、又必知產此藥之動物、或植物、或金類、或土類之性、又必考究藥品遇身體內之各質、如何顯出其功用、非惟必知無病之人用之如何性情、且必知有病之人用之如何性情、必另知藥有何形爲便用、與某物可配合、與某物則畏忌、以若干爲一服、某時某病可用、或不可用、用時所宜謹慎者爲何事、當有病之時、或病退而未復原之時、應食何物以養身、應用何法以助藥、以上各事、必融貫於胸中、方可行醫、上所言者、爲藥品與治病有相關之各學問、但此各學問

不必全知祇須知所有相關之若干事此書不能將藥品與治病相關之格致事一一詳論即如人之性情與德行有書專論其理又如熱學光學電學驗鐵氣空氣水水土等有格物家與化學家著書詳論之

藥品不外乎金石植物動物三大類所以論金石之書及論植物動物之書應論各種金石及植物動物所出之各藥然此等書不常論其爲藥之事祇論其外形便於分類而已植物與動物之內質惟考究植物學與動物學者能知之死物與生物惟考究化學者能知之故無論爲生物爲死物俱有專書詳論之

考究藥品者雖不必全明以上之各學問然各藥分類之法能依金石學植物學動物學之法而分之則爲最便要之醫學書中雖不能詳述金石與植物動物之學亦必得其大略而將各種各類之入藥者特詳論之

地產金石之類俱爲死物質其成就之法簡便易明故先論之已明地產各物之外形與其化學之性而後考究生物則較易地產金石類之藥有人依金石學之法分類有人依化學之法分類如依化學之法分類則天成之物與製造之料易用化學之法得其各質便於編次便於查考其益處較多

英國藥品書載化學工內所取藥料新舊兩式之表

藥名	舊式	新式
醋酸	炭$_{四}$輕$_{三}$養$_{三}$輕養	輕炭$_{二}$輕$_{三}$養$_{二}$
砒霜	鉮養$_{三}$	鉮$_{二}$養$_{三}$
偏蘇以酸	炭$_{一四}$輕$_{五}$養$_{三}$輕養	輕炭$_{七}$輕$_{五}$養$_{二}$
加波力酸	炭$_{一二}$輕$_{五}$養輕養	輕炭$_{六}$輕$_{五}$養
檸檬酸	炭$_{一二}$輕$_{五}$養$_{一一}$	輕$_{三}$炭$_{六}$輕$_{五}$養$_{七}$
	三輕養	輕$_{二}$養
沒石子酸	炭$_{一四}$輕$_{三}$養$_{七}$	輕$_{三}$炭$_{七}$輕$_{三}$養$_{五}$
	三輕養	輕$_{二}$養
鹽强水	輕綠	輕綠
輕衰	輕炭$_{二}$淡	輕炭淡

藥名	舊式	新式
硝强水	淡養$_{五}$輕養	輕淡養$_{三}$
燐養$_{五}$	燐養$_{五}$三輕養	輕$_{三}$燐養$_{四}$
硫强水	硫養$_{三}$輕養	輕$_{二}$硫養$_{四}$
硫養$_{二}$	硫養$_{二}$	硫養$_{二}$
樹皮酸	炭$_{五四}$輕$_{二二}$養$_{三四}$	炭$_{二七}$輕$_{二二}$養$_{一七}$
果酸	炭$_{八}$輕$_{四}$養$_{一〇}$	輕$_{二}$炭$_{四}$輕$_{四}$養$_{六}$
	二輕養	
以脫	炭$_{四}$輕$_{五}$養	炭$_{四}$輕$_{一〇}$養
阿美里酸醕	炭$_{一〇}$輕$_{一二}$養$_{二}$	炭$_{五}$輕$_{一二}$養
白礬	淡輕$_{四}$養硫養$_{三}$	淡輕$_{四}$鋁(硫養$_{四}$)$_{二}$
	鋁$_{二}$養$_{三}$三硫養$_{三}$	
	二四輕養	十二輕養

淡輕四養偏蘇以酸	淡輕四養 炭二四輕五養三	淡輕四炭七輕五養二
淡輕四養炭養二	二淡輕四養 三炭養二	淡四輕六炭三養八
淡輕四養燐養五	二淡輕四養·輕養燐養五	(淡輕四)二輕燐養四
淡輕四溴	淡輕四溴	淡輕四溴
硇砂	淡輕四綠	淡輕四綠
銻養三	銻養三	銻二養三
銻硫三	銻硫三	銻二硫三
打打伊密的	鉀養·銻養三 炭八輕四養一〇	鉀銻炭四輕四養七 輕二養

水	輕養	輕二養
銀養淡養五	銀養淡養五	銀·淡養三
銀養	銀養	銀二養
阿脫路比亞	炭三四輕二三淡養六	炭一七輕二三淡養三
比白里樹皮	炭三四輕一九淡養六	炭一七輕一九淡養三
	輕養硫養三	輕二硫養四
鉍養炭養二	二(鉍養三炭養二) 輕養	二(鉍二炭養五) 輕二養
鉍養三淡養五	鉍養三淡養五 二輕養	鉍淡養四·輕二養
硼砂	鈉養二硼養三 丄十輕養	鈉二硼四養七 十輕二養

鎘碘	鎘碘	鎘碘二
鈣綠	鈣綠	鈣綠二
白石粉	鈣養炭養二	鈣炭養三
鈣養輕養	鈣養·輕養	鈣輕二養二
鈣養燐養五	三鈣養·燐養五	鈣三燐二養八
鈣養	鈣養	鈣養
錯養草酸	二錯養·炭四養六 丄六輕養	錯炭二養四 三輕二養
哥囉昉	炭二輕綠三	炭輕綠三
膽礬	銅養·硫養三 丄五輕養	銅硫養四 五輕二養
鐵養鉮養五	三鐵養·鉮養五	鐵三鉮二養八

鐵養炭養二	鐵養·炭養二	鐵炭養三
鐵碘	鐵碘	鐵碘二
磁石	鐵三養四	鐵三養四
鐵紅散	鐵二養三·輕養	鐵二養三·輕二養
鐵養燐養五	三鐵養·燐養五	鐵三燐二養八
青礬	鐵養·硫養三 丄七輕養	鐵硫養四 七輕二養
各里司里尼	炭六輕八養六	炭三輕八養三
紅汞碘	汞碘	汞碘二
綠汞碘	汞碘	汞碘
紅汞養	汞養	汞養
汞綠	汞綠	汞綠二

洋輕粉又名路米茄	汞二綠	汞綠
汞養硫養三	汞養·硫養三	汞硫養四
汞二綠淡輕三	淡輕三汞綠	淡輕二汞綠
鋰養炭養二	鋰養·炭養二	鋰二炭養三
鋰養枸櫞酸	三鋰養·炭一二輕五養一一	鋰三炭六輕五養七
鎂養	鎂養	鎂養
鎂養炭養二	三（鎂養·炭養二）丄鎂養丄五輕養	（鎂養·炭養二）三鎂養·五輕二養
番元明粉	鎂養·硫養三丄七輕養	鎂硫養四七輕二養
錳養二	錳養二	錳養二
嘆啡啞醋酸	炭三四輕一九淡養六·炭四輕三養三丄輕養	炭一七輕一九淡養三·炭二輕四養二
嘆啡啞輕綠	炭三四輕一九淡養六·輕綠丄六輕養	炭一七輕一九淡養三·輕綠·三輕二養
鉛散	鉛養·炭四輕三養三丄三輕養	鉛（炭二輕三養二）二三輕二養
鉛碘	鉛碘	鉛碘二
鉛養淡養五	鉛養·淡養五	鉛（淡養三）二
蜜陀僧	鉛養	鉛養
鉀養	鉀養輕養	鉀輕養
鉀養醋酸	鉀養·炭四輕三養三	鉀炭二輕三養二
鉀養二炭養二	鉀養·輕養二炭養二	鉀輕炭養三
鉀養二鉻養三	鉀養·二鉻養三	鉀二鉻二養七
鉀養炭養二	鉀養·炭養二	鉀二炭養三
鉀養綠養五	鉀養·綠養五	鉀綠養三
鉀養枸櫞酸	三鉀養·炭一二輕五養一一	鉀三炭六輕五養七
火硝	鉀養·淡養五	鉀淡養三
鉀養錳二養七	鉀養·錳二養七	鉀錳養四
鉀養硫養三	鉀養·硫養三	鉀二硫養四
鉀養果酸	二鉀養·炭八輕四養一〇	鉀二炭四輕四養六
鉀養二果酸	鉀養·輕養·炭八輕四養一〇	鉀輕炭四輕四養六
鉀溴	鉀溴	鉀溴
鉀碘	鉀碘	鉀碘
雞哪硫養三	炭四〇輕二四淡二養四·輕養·硫養三丄七輕養	（炭二〇輕二四淡二養二）二輕二硫養四·七輕二養
蔗糖	炭二四輕二二養二二	炭一二輕二二養一一
乳糖	炭二四輕二四養二四	炭一二輕二四養一二
山道尼尼	炭三〇輕一八養六	炭一五輕一八養三
鈉養	鈉養輕養	鈉輕養

鈉養鉀養果酸　鈉養·鉀養·炭八輕四養〇上八輕養　鈉鉀炭四輕四養六四輕二養

鈉養醋酸　鈉養·炭四輕三養三上六輕養　鈉炭二輕三養二三輕二養

鈉養鉀養五　二鈉養·輕養·鉀養五上十四輕養　鈉二輕鉀養四七輕二養

鈉養二炭養二　鈉養·輕養二炭養二　鈉輕·炭養三

鈉養炭養二　鈉養·炭養二上十輕養　鈉二炭養三十輕二養

鈉養硝　鈉養·淡養五　鈉淡養三

鈉養燐養五　二鈉養·輕養·燐養五上二十四輕養　鈉二輕燐養四十二輕二養

鈉養硫養三　鈉養·硫養三上十輕養　鈉二硫養四十輕二養

鈉養甘松酸　鈉養·炭二輕九養三　鈉炭五輕九養二

食鹽　鈉綠　鈉綠

酒醋　炭四輕六養二　炭二輕六養

馬錢霜　炭二輕二淡二養四　炭二輕二淡二養二

鋅養醋酸　鋅養·炭四輕三養三上二輕養　鋅(炭二輕三養二)二輕二養

鋅養炭養二　鋅養·炭養二　鋅炭養三

鋅綠　鋅綠　鋅綠二

鋅養　鋅養　鋅養

鋅養硫養三　鋅養·硫養三上七輕養　鋅硫養四七輕二養

鋅養甘松酸　鋅養·炭十九輕九養三　鋅(炭五輕九養二)二

英國藥品書所定之試水，依體積而用之，以試各質。

每一種水，尋常每一千釐含其質之一分劑，或一分劑之十分之一。所用之試筩，加一千釐，則至〇度。

凡用試水之時，必先搖動，令其水濃淡均勻，其存貯之瓶應塞緊。所用之試筩，如傾六十度熱之蒸水至〇度爲止，適容一千釐。筩面刻分度，分爲一百等分。

鈉養試水

鈉養分劑數＝三一。

此水傾入試筩至〇度爲止，則含鈉養三十一釐，所以凡有一本之酸質，則能滅其酸性一分劑之釐數，此爲試酸質之數而用之。

草酸試水

草酸顆粒之式，爲輕養炭養三上二輕養＝六三。

此水傾入試筩至〇度爲止，則含草酸顆粒六十三釐，所以凡鹼類質或鹼類含炭養氣之質，能滅其鹼性一分劑之釐數，此爲試鹼類質之數所用。

鉀養二鉻養試水

此質之式爲鉀養二鉻養＝一四七五

此水傾入試筩至〇度爲止則含鉀養二鉻養一分劑之十分之一即一四七五釐如加入鐵養之鹽類質先加輕綠足令有酸性則足以含鐵一分劑之十分之六即一六八釐變爲鐵養之質用此法將白瓷盆加鉀衰鐵水一滴又將所試過之水一微滴與前滴相和如不變藍色則知其含鐵養之鹽類已變爲鐵養之鹽類此爲試鐵養鹽類質所用之水

鈉養硫養試水

此質顆粒之式爲鈉養硫養上五輕養＝一二四

此試水用以試不化合之碘質因與其碘化合成鈉碘與鈉養三碘養此水一千釐含鈉養硫養一分劑之十分之二所以能配不化合之碘一二·七釐

碘試水

碘分劑數＝一二七

此水之用法試流質內所含輕硫或金類合於硫黃之質但其用處之大半因欲試得含硫養或鉀養之質此水一千釐內含碘一分劑之十分之一即一二·七釐所以能配輕硫一·七釐或硫養三·二釐或鉀養四·九五釐

銀養淡養試水

銀養淡養分劑數＝一七〇

此水傾入試筩至〇度爲止則含銀養淡養十七釐即一分劑之十分之一如欲加入淡輕衰先加鈉養令有鹼性則初結成之質能用搖動之法令其再消化連加此試水至令輕衰之衰全與鈉與銀化合成雙質則爲鈉衰銀衰每用此試水一千釐能配淨輕衰五·四釐

西藥大成卷一

英國來拉 海得蘭 同撰

英國 傅蘭雅 口譯
新陽 趙元益 筆述

製藥各工

凡藥料之天成者未即預備入藥品人乃用法製煉可預備爲藥品之用其所用之法謂之製藥各工

製藥各工分爲二種一爲揀藥採藥與存貯藥二爲預備各藥以供人用又將各藥依法合幷但因各處醫士作製藥各工求其相同者實難故一國內各人所用各法不同則藥亦不同預備之法合幷之法不同則服法亦不同如

著醫書各人所設之方不同則藥之功效自不同故一國中必有一定法爲準國家律例定其藥法則各處人自然佩服近今歐洲有數國數處已定藥法

一千八百五十八年英國設立醫學律法派若干人作公會定當時各藥之製法一千八百六十四年書成名曰大英全藥品書（以後省曰英書）此書未成之前英國有三處藥品書各不相同卽倫敦藥品書（以後省曰倫書）蘇格蘭藥品書（以後省曰蘇書）阿爾蘭藥品書（以後省曰阿書）是也近時國內用定法備藥用定法配藥成方故無論何處醫士開方無論何處藥肆配藥豪無歧異一千八百六十七年英書重修告成令通國藥

肆遵英書配藥如有不遵者則以犯法治罪

揀藥之工必先知眞藥假藥或雜藥之分別法若不全知其法則易錯誤故藥之外形與色香味及鬆密輕重剖面式之形狀若干分能消化受若干度熱能鎔化並化學性情原質排列法俱必詳細查明又必用化學法定其雜質之有無

採藥之工必先知植物動物之質體或依時候或因他事之分別卽如擇其成熟或擇其產物處之方位與方向或擇其老嫩或擇其性情或爲自生或爲人種俱屬緊要之事

藏藥之工必先知收乾生物質與死物質之各法並保護之令不遇空氣或溼氣或日光之法卽如有數種藥必存於黑玻璃瓶內或綠色玻璃瓶內

預備各藥之工必有一定之衡法昔時稱藥之法與稱雜物之法有異但一千八百六十四年以後英國稱藥之法與稱雜物之法相同惟倫書之後一次印者尚存舊法所以近時之釐與舊釐同但以四百三十七釐半爲一兩十六兩爲一磅則一磅爲七千釐

一磅＝十六兩＝七千釐（按＝卽相等之記號也算學化學書中常用之以昭簡明）

一兩＝四百三十七釐半

此衡法原爲一千八百五十年阿書中用之但其錢與分仍照舊法之數卽八分兩之一爲一錢卽五四·七釐三分錢之一爲一分卽一八·二二釐此各數小於舊時之衡法然舊法便爲開藥方之用後將承用不廢故此書必詳載之所有錢與分雖不詳於英書中而醫士藥方內往往用之茲將舊時衡法開列於左

一磅＝十二兩＝五千七百六十釐

一兩＝八錢＝四百八十釐

一錢＝三分＝六十釐

一分＝二十釐

由此可知舊法之一磅或十二兩等於新法之十三兩又七十三釐

昔時流質與定質俱用同法衡之然流質用記號杯量之則更便故改用量法舊量法卽酒量近時英國設立新量法以斗西名軋倫爲主茲將量法開列於左

一斗＝八升＝七萬六千八百滴舊法爲六萬一千四百四十滴

一升＝二十兩＝九千六百滴舊法爲七千六百八十滴

一兩＝八錢＝四百八十滴舊法爲四百八十滴

一錢＝六十滴舊法爲六十滴

新量法之斗與升較之舊量法更大以滴數論之有五與四之比若以體積論之略有六與五之比此因滴之大小不同也但將一升分爲二十兩代前之十六兩則其兩與錢與滴與舊法略同新法之一兩略等於舊法之七錢又四十一滴

所謂滴者非任取一種流質一滴之重數而爲一定之體積其重亦非適當一釐新法之一滴水重〇·九一釐新法之一錢水重五四·七釐

一斗水之重十磅一升水之重一磅又四分磅之一一兩水之重爲水重一兩之體積

凡各物之輕重未必依其體積之大小卽如鉛與軟木兩物大不相同因若干鉛體積較重於同體積之軟木故鉛之重率大於軟木之重率定各物之重率以水爲主故各種流質定質之重有兩法定之一權其分兩若干二得其較水之重率若干但各種體質加熱則漲減熱則縮故必有一定之熱度方能定其重率昔倫書以六十二度之熱爲主近時改用六十度之熱爲主各種藥品之體積如酸類水或鹼類水或酒等其重率與其含水之多寡有相關輕於水之流質加水後則重率加多重於水之流質加水後則重率減少皆與所添之水有比例故藥品之重率必有法定之如以水爲主則各質之重率易定尋常之法令

水爲一更便之法以水爲一〇〇〇可免分數之煩也
凡欲求流質之重率便法用重率瓶此瓶準能容六十度熱之水一千釐盛滿欲試之流質權之所得之釐數爲其重率如欲求定質之重率先用常法權之記其分兩數再以髮一根懸物於水中而權之記其分兩數與原數相較所得餘數爲等體積水之重數以此餘數約原數所約得之數即重率如欲求氣質之重率將玻璃器抽出其空氣而令氣質若干體積通入玻璃器中則可依同理以空氣爲主而定其重率已有人詳定空氣之重率每空氣一百立方寸寒暑表六十度風雨表水銀柱高三十寸時重三一·〇一七七釐

英國化學家但尼里推算輕氣空氣水氣與水四物之重率其各比例數列表於左

	立方寸數	重釐數	重率以空氣爲一	重率以水爲一
輕氣	一〇〇	二·一三六	〇·〇六九四	〇·〇〇〇〇八四六
空氣	一〇〇	三一·〇〇〇	一·〇〇〇〇	〇·〇〇一二二七七
水氣	一〇〇	一九·二二〇	〇·六二四〇	〇·〇〇〇七六一一
水	一〇〇	二五二·五〇〇〇	八一四·〇〇〇〇	一·〇〇〇〇〇〇〇

備藥手工

藥料形狀之天成者不能即用爲藥必設多法預備之有用手工之法者有用化學之法者手工之內有數法祗爲分細之事其分細之用或爲令化學之工易成或爲令人易服有數種藥必洗淨或揩淨或切平或切片或敲鬆或磨成粗屑或銼爲粗粉或用木鐵瓷玻璃等乳鉢磨成細粉或用磨輪磨粉或用軋輪磨粉此各法皆有定名如左一曰搥粉最韌之物用此法二曰研末即用乳鉢研成細粉三曰磨粉即用磨輪或軋輪磨成粉四曰銼粉即用銼刀等器銼硬物或韌物以成粉五曰敲碎即將物置砧上用錘擊之六曰拌料成粉即成粉之時加別質在內成粉之後即篩去之七曰帶水成粉即不能消化於水之物加水以助其成粉八曰成珠即將已鎔之金類調動之或傾入冷水中令成小珠

用以上各法其細粉中尚有粗粒必用法去之一曰洗去之法即浸於水中粗者先沈細者隨水傾出停若干時則細者亦沈二曰篩去之法即用鐵銅等絲或馬鬃或粗紗或細紗等篩或用布作袋盛粉於袋內搖動之受其散出之細粉三曰取清去濁之法即將流質令停若干時待濁沈下取其清四曰取濁去清之法即用前法而以沈下者爲要物五曰吸法即分清濁之法或用吸管或用過山龍俱可六曰濾淨法即用漏斗或濾器內置羊毛布或紙或玻璃粉或木炭粉或砂令流質行過即得淨質七曰壓汁之法如樹與果及子等物用壓器壓出其汁與油八曰提

淨之法、即添蛋清或魚肚膠則有皮一層浮於流質之面或沈於底內含不淨之質既去此質則爲淨流質

又有一分法凡兩種流質一輕一重不肯和合則待其一種上浮一種下沉之時可任吸其一種流質

用以上各法預備各種淨藥又另用法與他物相和即可服之即如爲散爲丸爲膏或爲糖漿爲糖片爲甜蜜爲雜水爲蠟膏爲油膏爲合口膏等

備藥化學工

用手工之法祇將藥料改變鬆緊粗細等形狀及體質之事或於雜質中分取需用之一質而不能改變其性情與本質若用化學之工則恃化學之理改變本質成新質其形狀及原質排列之法與本質各不同茲先論改變本質之形與式而不論改變原質之排列法曰鎔化曰消化曰成霧曰流質中結成曰結成顆粒以上各事大半恃熱而成

熱度之加減用寒暑表顯之常用者爲法倫海得寒暑表三十二度爲水之冰界二百十二度爲水之沸界凡云少加熱者在九十度與一百度之間凡云用熱水盆者即用沸水或水汽凡云用加熱之器如沙盆即盛沙之盆令沙漸加熱即傳熱於欲加熱之物

鎔化　將金類或蠟或油等物漸加熱至鎔化爲度凡物體加熱則漲如不化分則至應鎔化之熱度立即鎔化已鎔之後再加熱至沸度則沸已沸之後再加熱則物體之熱不能增此因所受之熱變爲隱熱也鎔化各質可用金類器置於露天或在爐中鎔之或在鍋中鎔之鍋以泥爲之或以瓷或以銀或以鉑俱可有數質鎔化時必用鍀引以配之

消化　凡流質如水酯以脫油等能勝物體之黏力令散開收入流質之質點中而不化分者本體仍爲明流質則謂之消化已消化若干質再添若干不能消化則謂之飽足尋常流質加熱則消化之力更大但有不合此法之質有四法可助其消化一多用流質二分細物質三常調攪搖動四加壓力凡有消化之事則必減熱此因流質放其若干熱令定質變爲流質凡令物結冰所用之藥將鹽類質在水中消化而成可將鹽類質與冰相和或與雪相和則得大冷

消化勻性之定質令成流質共有五法一用淨水消化之即如酸類水鹼類水鹽類水或動物植物質之水如樹膠水糖水小粉水直辣的尼水蛋白水等二用酒醕或准酒醕消化之即如植物鹼類質大半能在醕內消化又碘亦

能在醋內消化三用以脫消化之以脫所能消化之定質略與酒醋能消化之定質相同另能消化數種松香類質油類質與植物質四用油消化之卽如燐樟腦並數種草內之猝味料與令人能醉之料皆能消化之法國人常用此法消化各質五用各里司里尼消化之此物能消化數種定質故一千八百六十七年之英書內載數質以各里司里尼消化之

消化不勻之雜質令成雜質亦有五法此各法之分別依所用之熱度而定其名 一曰浸化此事不必加熱卽如水之尋常熱度六十至八十度或浸十二小時或浸數日不等其法有五一用淨水卽如欲收物之香令其不散或欲取物之精微而棄其粗重或因加熱則另有他質化出此各事用尋常熱度之淨水二用正酒醋或準酒醋凡化出植物質多含松香質者用正酒醋多含膠類質者用準酒醋所得者謂之某物浸酒然有簡質雜質之分如一種質浸酒謂之某物簡浸酒省曰某物酒如不止一種質浸酒謂之某物雜浸酒省曰某物雜酒又有添淡輕者則謂之某物浸淡輕酒三用以脫則謂之某物浸以脫酒四用葡萄酒此酒能消化數種植物質卽如哥枝嘌葡萄酒吐嗶喀葡萄酒鴉片葡萄酒等五用醋有數種植物質宜用醋浸化卽如斑蝥醋士哇盧醋等是也 二曰濾化此法與浸化略同但更能收出消化之質此法先將體質分爲極細末而令流質行過已過一次可再將此水行過新料至得所需之濃爲度 三曰煖化此法亦與浸化略同但將流質加熱自九十度至一百度 四曰沖水將植物之葉或皮或花或根等置於器內以沸水沖之待冷時水內已有消化之質但有數種植物質必先杵之或切之方能沖水用光滑金類器盛水更佳因其散熱較遲也 五曰煮水已用沸水沖之再加熱令沸若干時則能消化之質漸能化出如欲得藥材之全力可用此法但藥品中有香料或有易散之料者久加熱必致散去

成霧 用此法流質變爲霧質或氣質如用輕熬法祇在水面發霧如用重熬法則全體加大熱而發沸有數種藥可吸霧以治病一千八百六十七年之英書定用輕熬法令病人吸其霧

輕熬法能令流質散去祇用其所餘之定質卽如藥之膏與漿皆熬去其水而得之或如鹽類熬去其水而得顆粒海邊作食鹽法若鹹水不加熱而任其晾乾則謂之自然熬法然此法祇恃流質之面顯露而成故盛水之盆以寬淺爲佳凡熬流質必有減熱之事因放其熱以成霧也卽

如用易化散之藥搽於皮膚則因其易乾減去身熱又如用能泄水之瓦器存水則水之熱度必減若加其熱度而減其空氣之壓力則化乾之事愈速故眞空內化乾所需之熱度小於空氣中化乾所需之熱度有數種植物汁空氣中永不能全乾者用此法能之凡動物質或植物質消化於水內將其水熬乾謂之熬水成膏如消化於酒醕內將其醕熬乾謂之熬醕成膏但此各膏易為熱所壞故熬時所用之熱度愈小愈佳故以眞空為最宜

重熬法將流質全體加熱令沸沸後則流質化汽各流質之沸度不同如以脫一百度而沸醕一百七十三度半而

沸水二百十二度而沸松香油三百十六度而沸水銀六百五十六度而沸又有別故能定流質之沸度但其最要者為壓力因各流質在眞空內之沸度較之在空氣中少一百四十度設加壓力則沸度必增而流質消化之性間有因此而亦增者凡煑藥水等事皆恃沸度之理而蒸藥之事與煑藥水之事相類也

蒸藥之事有一種易變為霧之流質可自別質分取之無論其別質為定質或為更大熱度能成霧之質俱可蒸取其法有兩層工夫一加熱令所欲分取之質變為霧二引其霧入別器中凝為流質其器有二一為甑一為受器若

於受器外減熱則霧質速凝甑以金類或玻璃或瓦或瓷為之加熱之法令甑近火或用熱沙盆或用熱水盆或用水汽盆俱可所蒸之物或為淨水或為植物水或為植物之自散油或為酸質或為淨醕或為含植物質之醕

蒸淨水凡配藥料需用之水必用蒸水

蒸植物水或將植物質置於水中蒸之或將植物之自散油添入水中蒸之

蒸植物之自散油凡含自散油之植物質可切碎浸於水中蒸之所蒸出之油浮在水面易於收取

蒸酸質即如醋酸或硝强水或鹽强水或輕衰等質或提

淨醋亦必蒸之

蒸淨醕初成之醕謂之生醕必提淨去水後即得濃醕其重率為〇·八三八(即正酒醕)而準酒醕之重率為〇·九二〇提淨去水法可與鉀養炭養相和或與鈣綠相和蒸之能收其水而蒸取易散之醕

蒸植物質醕用植物浸於酒醕或準酒醕內加熱蒸之即得其無色之酒

如所蒸者為定質則蒸之之工謂之乾蒸所得之質仍為定質即如硫黃淡輕綠(即硇砂)碘等物皆能乾蒸

霧質凝成之事為溼蒸或乾蒸收其霧而散其熱變為流

質或定質有數種氣質尋常空氣熱度與尋常空氣壓力不肯凝成一物必加大壓力或大冷方能凝成英國化學家法拉待已用器具得大壓力並大冷其壓力大於空氣五十倍其大冷爲法倫海得寒暑表負一百六十六度設立此法之後前人以爲不能凝之物竟能凝成氣質亦可用他法令其凝成卽如令氣質行過一種流質而氣質與流質有愛力則流質或能收其氣質卽如淡輕水鹽强水炭養水等如氣質或流質因加大冷而變爲定質者則謂之凝冰

流質中結成　定質已消化於流質內用法令在流質中

分出甚速則不及成顆粒故不依排列之理沉下以此法所得之質大半爲細粉

結成顆粒　凡氣質或流質變爲定質之時形狀甚屬整齊面與邊俱合於一定之法謂之結成顆粒所成之物卽謂之顆粒鎔化之定質如硫黃及金類等待其漸冷卽結成顆粒又如霧質如淡輕綠及汞綠等遇冷卽結成顆粒或定質已消化於流質內漸加熱以去其水則得其顆粒凡盛流質之盆寬淺者顆粒易成如盆中另加他質則結成顆粒更易設調攪之亦能更易但結成顆粒之事須從容安靜方能整齊飽滿否則必有偏頗瑣屑之弊

顆粒大半從消化物質之水中結成當其結成之時將水若干分變爲定質含於顆粒之內設加其熱度或令遇空氣能放水若干此水謂之成顆粒水顆粒內含此水之數必爲水之分劑數若干倍英國化學家苦來哈末云此水之若干分如代本質合成則爲顆粒中不可少之質故有人謂之化合之水凡鹽類或他質與水化合者謂之含水某質如無水化合者謂之無水某質有數種鹽類質多含成顆粒水如加熱則鎔化而水散得其乾粉卽如白礬加熱則先鎔化發沸後則水散而成白礬粉又遇空氣其面成霜卽水自散而所餘者爲乾粉又有數種鹽類質原來

含水不多遇空氣則收空氣內之水氣而自能消化又有數種質成顆粒之後毫不變化謂之不變含水數之顆粒

顆粒之學考究顆粒之形狀與其質點之排列此種學問近亦爲一家有專書詳論之化學書中亦載其大略此書祗將顆粒與藥品有相關處論之凡各鹽類顆粒之形狀必當詳細分別雖極細微亦當辨明然有數種鹽類其顆粒之形狀略同各種顆粒藉此相同而分類顆粒之形分兩式一爲元式一爲變式凡顆粒之外形與其內質點之排列法有相關因剖析顆粒必有一定之方向光線透過則能折光加熱則漲數有一定之次弟皆爲其據元式之

形有六種一為立方即六箇平方面體二為四面體每面為等邊三角形三為八面體每面為等邊三角形四為八面體其底為六等邊形五為十二面體每面為斜方形六為十二面體每面為兩不等邊之三角形所有各變式從此六種變化而出即如其角或邊漸去若干則得各種變形如立方去其若干則得八面體或四面體已變一次者可再變一次而得各形之體

顆粒之內質雖排列整齊而與外形之整齊相同從加熱減熱所得之漲縮並折光之理以為據然依化學家但尼里之說考究顆粒者祇恃各種試法並顆粒外形之理近時考究顆粒學之根原者以為其原質一種或二種或三種等在顆粒內排列整齊有等式有等方向又如顆粒之一箇原面或一箇原軸有變化之事則其等式平面與等式之軸必依同法變化

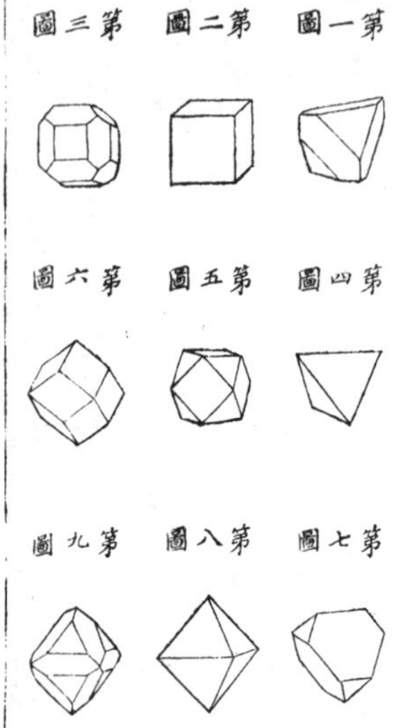

各種顆粒依其等式之理而分類原為西士韋斯與麻斯兩人所創設其排列之理但尼里化學書記之甚明此書祇記其類與形狀因與藥品有相關也

第一類為立方體或八面體或正形類之體此類內各體有三箇方形之軸各軸俱相等內有立方體八面形體四面形體十二斜方面形體與四不等邊形面體

第二類為正方底之體有三箇方形之軸內有兩軸相等此類內有正方底柱與方底八面形體

第三類為斜方底之體有三箇斜方形之軸又有一軸與三軸不成正交線此類內有六斜方面形體十二斜方面形體與六等邊形底柱

第四類為長方形底柱或斜方形底柱有三箇方形之軸皆不相等此類內有長方形斜方形底之柱長方形底八面體與斜方形底八面體

第五類為斜立正方形或斜方形底柱有兩箇斜軸又有一軸與兩軸成正角方向此類內有斜立正方形底與斜方形底柱並斜立正方形底與斜立斜方形底之八面體

第六類為雙斜柱形體各體有三軸各軸彼此斜接此類內有雙斜柱與雙斜八面體

以上為顆粒學之大略而結成顆粒為化學工之第五事

學者用以上五法能作各種藥水各種藥酒藥葡萄酒藥醋沖水煮水與膏又能作蒸水蒸酒蒸油等另有數種結成之質與鹽類質其造法大半藉化分化合之工

上海曹鍾秀繪圖
無錫徐華封校字

西藥大成卷二

英國來拉 海得蘭 同撰　英國傅蘭雅口譯　新陽趙元益筆述

藥品化學

凡原質之全體各處勻淨則其各體皆歸於萬物尋常之性用之如聚心力離心力等是也若以兩箇不同原質之體分之極細彼此相遇或彼此極近則能有變化即顯出愛力而兩箇體或數箇體彼此相合成一體所成之新質其性情與原各體之性情大不相同化學家因此考究萬物內所有之各質而定某物為原質某物為雜質所謂原

質者化學家無法能分近所知者略六十四種但其數未定化學家每若干年考出新原質猶夫天文家每若干年考出新行星也原質內之要質大半入藥品考究醫學者必明原質與雜質之要理

化學家觀各體之外形勻淨若為一種材料而成然必用法查其能化分與否化分之法或用熱或用別體相合若別體之愛力能勝本體內一質之愛力則化分之事已成即分出雜質得原質如但求原質有若干種謂之化分求原如化分時另求各原質之數謂之化分求數又各雜質與原質或雜質化合所成之質謂之繁質化分繁質之工

分兩層一分得各雜質二雜質中分出其各原質凡物已化分而得其原質如將原質復化合成原物則爲確據可知其化分之工不差

化學家考究化分化合之工常遇難處甚多然萬物中恆有此各事自然而成即如生物恆取各原質化合爲繁質死後則化分歸原但此各事有一定之法即愛力之大小此法爲化學家所必考究者即如醋與水兩物其相合之法最寬無論其多少無論其爲何比例俱能化合又如鹽與水兩物其相合之法有限因將若干水漸加以鹽則必遇不肯消化之限觀此事即知其比例較前已窄然以上

兩事不可謂眞化合所有眞化合之物其比例或祗有一箇或祗有數箇如外乎此數則不肯化合化學中所有分劑數之說定比例之說並質點理之說俱以此爲主且已由化學家用各種試法得其確據

繁質之化合有數事能阻之或助之即如相切之鬆緊或變爲流質或加熱或減熱等此各事化學書言之甚詳此書祗言造藥當知之各理凡質之化合或有一箇定比例或有數箇定比例而其各比例皆爲整數即如或爲等分劑即一與一之比或此質之分劑爲一彼質之分劑爲二即倍比例依同理有三倍比例四倍比例以至五六七倍

比例等然此物一分劑之重數與彼物一分劑之重數不同故各原質各有分劑重數凡原質而不記其若干分劑者則其分劑數爲一如其分劑數不止於一則以小字記其數於字之右下角配藥者必記得各原質一分劑之重數並各雜質之分劑式

凡原質以一字記之凡雜質將其原質幷而記之而各原質若干分劑記於其右下角茲將常見之原質爲藥品內所常用者列表於後所有各原質之分劑數爲英書中所定亦爲化學家尋常所用者此書前次印行者各分劑數爲整數近有化學家考究甚詳而知化合之分劑數未必

盡爲整數英國以輕氣爲主因水乃輕氣一分養氣八分化合而成故以養氣分劑重數爲八但此各分劑重數不過爲比例數無論何數皆可爲主其餘各數可依其數配之歐洲諸國有以養氣爲一百則他質之數必與此數有比例故輕氣之數依此比例得一二·五

此書中所有各質之分劑數俱用舊法記之近時有新法爲歐洲數國所樂用者內有數種原質其分劑數比舊法加一倍一千八百六十七年印行之英書將新舊兩法並列爲表故此書第首卷第五六等頁亦用此法將各質新舊兩式並列爲表

非金類原質分劑表

養氣	八	輕氣	一
淡氣	一四	炭	六
綠氣	三五·五	碘	一二七
溴	八〇	硫	一六
燐	三一	硼	一一
矽	二一		

金類原質分劑表 分為四類

鹼金類

鉀	三九	鈉	二三
鋰	七		

鹼土金類

鋇	六八·五	鈣	二〇
鎂	一二		

土金類

鋁	一三·七五

眞金類

錳	二七·五	鐵	二八
鋅	三二·五	錯	四六
鉻	二六·二五	銅	三一·七五
鉍	二一〇	鉛	一〇三·五
錫	五九	鎘	五六
銻	一二二	鉮	七五
汞	一〇〇	銀	一〇八
金	一九六·五	鉑	九八·五

前言新法中有數質之分劑數倍於舊法之分劑數茲將各原質之用新法而倍於舊法者開列於左

養炭硫鋇鈣鎂鋁錳鐵鋅錯鉻銅鉛錫鎘汞鉑

各原質之分劑數新法舊法相同者開列於左

輕淡綠碘溴燐硼鉀鈉鋰鉍銻鉮銀金 觀第首卷第五六等頁表

凡原質不言其數者則為一分劑如分劑不止於一者則必記其數如二炭三炭或養$_2$養$_3$養$_4$等是也又有兩箇原質幷而記之如輕養指出輕一分劑與養一分劑化合間有用加號如輕丄養指出輕一分劑與養一分劑化合與水相同如分劑不止於一則可加其數即如炭二養或炭養二指出有炭一分劑合於養二分劑炭養氣各雜質之分劑數為其各原質分劑數之和即如輕養之分劑數為一加八等於九即輕與養分劑數之和炭養$_2$之分劑數為二十二因炭之分劑數為六養之二分劑數為十六故可見養之分劑數在此二物中相同無論何物有養氣在內每一

箇分劑數爲八。而各原質亦有同理。非惟原質如此。各雜質亦然。即如輕養丄硫養三或輕養硫養三其意爲水一分劑合於硫養三一分劑。而其分劑數爲一箇水。即九。一箇硫養三即四十。其得四十九。設原質之分劑數非整數。則推算雜質之分劑數稍難。凡雜質之式。上有大數目字。如二炭養二等。其意令上二字。包括以下各質。直至有加號或減號或相等號而止。即指出炭倍其分劑。養二亦倍其分劑也。如不能知雜質分劑之比例數。而欲指出雜質所含各原質之數。則以百分爲率。記其含若干分數。即如蠟每百分含炭八一·八七四。輕一二·六七二。養五·四五四。其得一百分。又

鎂養炭養二每百分含鎂養四一·六。炭養二三六。水二二·四。其得一百分。

各質非惟有分劑數。計其輕重。尚有體積數。顯其化合。設令某質化爲氣質。其體積亦照一定之比例化合。或此質一體積。與彼質一體積化合。或二三體積化合不等。各氣質合成之體積。或爲各體積之和。或因化合之事。縮成更小之體積。然所成之體積。亦與原體積有比例。凡論氣質之性情。此理不可不知。

造藥品之化學工。乘數質彼此化合。或彼此化分之性。即如有數質含能飛散之質。加熱則化分而飛散。又所含之

質。或有能與養氣化合者。加熱則與之化合。此事謂之令物與養氣化合。又有法。令物遇純養氣。或令遇空氣中養氣。或令遇多含養氣之質。如淡養五等。凡金類質遇合淡養五之質。燒之令其化合。則淡養五放其養氣。金類收之。謂之令物收養氣法。反之。如加熱令物放養氣等事。謂之放養氣法。各種鹽類質。有數法能分出其各酸類質。如淡養五硫養三等。謂之養酸質。又輕綠輕衰等。謂之輕酸質。依同理。能將各鹽類分出其各鹼類質。如鉀養炭養二能分出其炭養二而得鉀養。又各本質與各配質。依一定之比例相合。能成各鹽類質。可用試紙試其鹼性或酸性之有無。有數原質。如

綠氣·碘·溴·與金類化合成一質。其性情與海中所出之鹽略同。故謂之海鹽類。如令含水一分劑。謂之某金類之綠輕養。或碘輕養。或溴輕養。可用鹽類之式記之。如

鉀綠丄輕養‖鉀養·輕綠

凡成各雜質。依分劑數之理爲之。大爲簡便。因能知各原質必取若干。方能全化合。又如將兩箇中立性之鹽類質調和。令彼此化分。亦能成兩箇中立性之鹽類質。此等事。學者須記之。

備藥品之化學工。尚有兩種。一爲發酵。即成各種火酒。葡萄酒。與醋。一爲成以脫之法。即令醋遇酸質。此兩種化學

工詳於他卷中茲姑不具論

無錫徐華封校字

西藥大成卷三之一

英國 來拉 海得蘭 同撰
英國 傅蘭雅 口譯
新陽 趙元益 筆述

論死物質

卽地產金石之類並用化學之法變化而成之各質

凡物體不外乎爲原質或雜質然各雜質能化分各原質能化合故考究各材料或從原質起而後推至雜質或將尋常雜質化分得其各原質先考究其原質而後推至各雜質萬物中有兩種雜質爲最多古人以爲原質近今方知其爲雜質卽空氣與水也此兩物之原質與性情宜先明之爲考究藥品入門之一助云

空氣

地球之外圍以空氣高約四十五英里空氣之質目不能見無臭無味壓之能緊加熱能漲其重率依英國博物士叔白克所試得之數爲〇〇一二〇八得此數時寒暑表熱六十度風雨表水銀高三十寸此重率以水爲主然尋常定氣質之重率以空氣爲主卽以空氣爲一每空氣一百立方寸重三一〇一一七釐海面等高處每平方寸受其壓力十五磅卽空氣一條高約四十五里而一平方寸剖面重十五磅卽與水銀柱高三十寸剖面式一平方寸等重故管中有水銀高三十寸空氣能抵之令不落下如

在高山等處空氣條更短故壓力更小設最低處如煤井下空氣條更長故壓力更大因此能用風雨表測各處之高低每高略一千尺（實數為九百二十二尺）則水銀柱減高一寸又因空氣能壓緊愈高壓力愈小而空氣愈薄愈低壓力愈大而空氣愈厚且愈高空氣熱度愈小每高三百尺（實數為三百五十二尺）熱減一度

空氣雖為甚簡之物而成之者乃兩箇不同性之氣質即養氣與淡氣並炭養氣少許水霧少許每百分之比例如左

淡氣	七七·五	體積	七五·五五	重

養氣	二一	體積	二三·三二	重
水霧	一·四二	體積	一·〇三	重
炭養氣	·〇八	體積	·一〇	重

水霧之數各處不同有數處熱地得百分之二若不論其水霧第論其不變數目之氣即得每分體積之比例如左

淡氣	〇·七八七
養氣	〇·二一〇
炭養氣	〇·〇〇三

如不論其炭養氣則每百分重含淡氣七十七分養氣二十三分每百分體積含淡氣七十九·二分養氣二十·八分

空氣中有時含電臭氣少許此氣蓋由養氣變化而成較之養氣更覺靈活

化學家里必格考得空氣中有淡輕氣少許雷電之後間遇淡養氣有人以為空氣中含輕氣又有人云近於海濱之空氣含輕綠氣或云含碘

英國化學家没立云空氣中有地面所放之各氣質當冷熱適中之時可存其氣之形狀各處并合調和即成空氣此各物並水氣及動植物所發之各臭氣合而為地球之全空氣其原質未有人能考得極詳者且熱與光與電各氣皆不包於內也

近有化學家考知空氣所收地面之各種氣無幾時即不見用化學之法不能分出因此各處空氣之原質略同惟人煙稠密之處或密室或城中炭養氣較多昔時化學家以為空氣之二原質藉愛力而相連近時化學家知二原質祇為調和而非化合此說出於化學家多而敦又云同氣質之原點彼此相推不同氣質之原點彼此相引故一種氣遇別種氣彼此相助散開化學家苦來哈末云各種氣有化散之力各氣不同其化散之力與氣之濃數之平方根有反比例各氣之能與別種氣調和者藉此化散之力也

空氣之性情為各原質之中性情其化學之性情亦由所含之養氣顯出又如燒物用養氣動物之呼吸亦用養氣而空氣中之炭養氣有由動物之呼吸而得者水中含養氣故魚在水中能活此因水之消化養氣較之消化淡氣更多也植物亦藉空氣而能生因能收空氣中之水氣而樹葉能收炭養氣此氣在植物內化分放養氣而存炭令變為定質因此動物所放之炭養氣植物能從空氣中收之令空氣恆淨空氣中含水之數各處不同而水藉空氣布散於地面又因空氣常流動成風則各處能免極大之冷熱空氣又能令水化乾並能令動物出汗皆依其冷熱

燥溼之數而定之由此可見空氣與備藥之事有相關非但製藥者當知空氣之原質即人身內數事亦與空氣改變有相關有數種藥能有效與否依空氣之濃淡與冷熱也

養氣

養氣之西名譯曰酸母初考得此氣者名拉夫西愛以為惟養氣一物能生各酸質故謂之酸母養氣雖為萬物中最多之物古人未嘗知之一千七百四十四年化學家布里司德里始考得之空氣每重五分有養氣一分水每重九分有養氣八分地球外殼定質之重養氣略居三分之

一此因地殼大半為矽養鋁養鈣養炭養等質各質內養氣居其半又動植物內之各原質中以養氣為首質

形性　養氣為無色之氣質其形不變無臭無味較空氣稍重將養氣一百立方寸在寒暑表六十度風雨表三十寸時重三四·二五釐又比等體積之輕氣重十六倍重率為一·一一一凡水之體積百分能消化養氣體積三·五分如加壓力則消化養氣更多謂之養氣水養氣不肯與弗氣化合其餘各原質皆能化合既化合之後各質性情大不相同有為本質有為配質有鹼性者有酸性者有數質與養氣化合甚遲有數質與養氣化合甚速有極速而猛

發光與熱即如空氣中燒物已覺甚明若置養氣中燒之更覺明亮凡動物呼吸與火燒物有同理因空氣中之養氣與血中之炭化合變為炭養氣人呼氣時即放出此氣也空氣中之淡氣能減養氣之猛性如祇有養氣而無淡氣以和之則動物將死磨電氣器之正極點能放出一種氣其臭最奇謂之電臭氣英化學家法拉待已用法試驗此氣知由養氣變化而成此氣之愛力比尋常養氣之愛力更大如以為空氣中之電臭氣由養氣變化而出則光之能漂白或大雷時電氣能令空氣中養氣與淡氣化合成淡養五此二事更屬易明考究藥品者不可不明養氣之

性情因人之生理並取藥與用藥之法必先知養氣之性情方能明其各理也

取法　用黑色錳養乾粉置於鐵甑內燒熱至紅以筒收其所發之氣每錳養一磅應發養氣四十升至五十升或將黑色錳養粉與硫強水相和成膏置於玻璃甑蒸之亦可又法將紅色之汞養或硝加熱蒸之至暗紅色收其養氣又法將鉀養綠養五百釐置於筒或甑內加熱則得最純之養氣一百立方寸

試法　粗試養氣之法將燭點火而吹滅之餘燼尚紅置於養氣內如養氣甚純燭卽着火

功用　肺吸養氣能感動人身令氣血通暢故氣悶將死等病將養氣與空氣調和吸之可以有益養氣水亦可爲行氣之藥每日可飲二三升

淡氣

淡氣爲空氣中之要質又謂之硝氣因此氣爲硝內之要質古人以爲硝藉此質而成一千七百七十二年英化學家留脫福特初考得此氣其性情與養氣之性情相反不能令物燒不能令動物呼吸動物專吸淡氣則速死此非淡氣之有害因無養氣之故也醫學家因其不能令動物生長故謂之非生氣空氣每五分內含淡氣四分其功用大半在和合養氣令其變淡其命名之意卽本乎此尚有數種用處更屬緊要然化學家未能詳悉空氣中之淡輕三氣並大雷後之淡養五氣皆以淡氣爲要質凡動物質皆含淡氣動物所食之植物質大半亦含淡氣

形性　淡氣之性情難言其所有易言其所無卽無色無臭無味不能燒物不能供動物之呼吸幾不能在水中消化較空氣更輕重率九七五每淡氣一百立方寸重三〇・一五釐能與他質化合成數種雜質有性情最猛烈者如淡養五淡輕三等是也

取法　取淡氣之法將燐一塊置於玻璃罩內燒盡之罩中養氣收盡所餘者爲淡氣又法將極細之鐵粉與硫黃相和成膏置於玻璃罩中則漸收養氣如將所餘之淡氣令行過硫強水則所含之水與淡輕三能分出再行過鈣養水則收其炭養二氣所餘之淡氣爲極純者

功用　淡氣能沖淡養氣而無有性情顯出有醫學家云肺炎等症每吸氣一次得養氣過多宜將所吸之氣添入淡氣則因養氣已少肺不爲養氣所感動病或易治又植物內之多含淡氣者極能養身

輕氣

輕氣在萬物中無有獨成者常與他質化合卽如水並數

種酸質氣質各種植物質是也又謂之水母因水爲輕氣與養氣化合而成一千七百六十六年英國化學家賈分弟詩初考得此氣從未有人能化分之然有化學家以爲輕氣是雜質而其本質爲金類此說實無確據

形性　冷熱適中之時爲無色之氣質無臭無味法拉待曾將輕氣加極大之冷不能凝爲流質輕於空氣一四·四倍重率爲·○六九三每輕氣一百立方寸重二·一四釐水之體積百分能消化輕氣體積一分半如以燭火入輕氣中其氣卽燒成淡黃色之火若與空氣之養氣化合卽成水此各氣如不着火則不能化合輕氣爲氣質中之最輕者故以輕氣之重率爲主能量度各質而定其分劑所以化學家以輕氣之分劑爲一設令養氣之分劑等於一百則輕之分劑等於一二·五輕氣與藥品雖無甚相關而輕氣能與多質化合成藥料卽如輕綠輕衰並一切植物質大半動物質又水與數種輕炭質皆以輕氣爲要品

水

水爲地球面常有之物與空氣略同有之淨者無色無臭無味或少含別質其色臭味仍不改變故備藥品所用之水應用蒸水否則視之無色嗅之無臭嘗之無味或已含他質在內矣

水中有養氣但其相合之法與空氣中之養氣不同空氣中之養氣祇爲調和水中之養氣乃化合也其第二箇原質卽輕氣若以養之分劑爲八則輕之分劑爲一所以水之分劑爲九凡含水之雜質其分劑式中必加水之分劑或爲九或爲九之倍數水爲最易得之物故用以定各質重率之較數最便以水之重率爲一或爲一千皆可水減熱至三十二度則凝結至四十度則體質最密若熱度更小則漲鬆故冰浮於水面加熱至二百十二度則沸而化汽汽之質點在二百十二度最爲緊密故重率爲·六二五水汽中每養氣一體積有輕氣二體積配之每水一體積化汽則漲大至一千七百倍且水成氣必有隱熱至一千度然其明熱不過與沸水相同凡水不必加熱至沸度方化爲汽無論若干熱度自能化汽而乾令空氣中含若干水氣水又能與數種定質化合所成之質謂之含水某質卽如含水鉀養含水鈣養等又能與數種流質化合卽如含水硫養三含水淡養五等又有數種顆粒含水若干分劑有數種顆粒遇空氣自能放水若干分亦有加熱而自能放水若干分者生物質之體大半爲水所有之定質大半水能消化以尋常之理論之水之熱度愈大則消化愈多水又能消化數種氣質卽如空氣養氣炭養二氣能消化少許

若淡輕氣與輕綠氣等能消化極多水易消化各質故得其淨者甚難雨水中常含淡輕養炭養或含鈣養炭養因空氣中常有此二物也每水一百立方寸含空氣三寸半尋常泉水含鈣養炭養鈣養硫養與鈉綠另含空氣如前數有時含炭養氣少許尋常井水含鹽類質稍多謂之濇水肥皂遇此水不消化而凝浮故不能供洗滌之用河水雖大半爲泉水然因多遇空氣有數種鹽類質凝結沉下謂之渴水能消化肥皂西國用鉛管以引水如其水含鹽類質則鉛質被鏽較少於淨水有數種泉水含鹽類質甚多故謂之天生藥水此水分數種有含炭養氣者含硫者含鹽者含鐵者觀第十卷第七十七頁之表海水含鹽類質極多最多者爲鈉綠另有鎂綠與鎂養硫養

植物動物皆藉水以養身故配藥治病之事與水有相關又因其有消化之性故用以得各物消化之水或爲蒸水或爲沖水或爲煮水又可用酸類質鹼類質添入水內浸之令其味淡便於入口又有數事能令水之養氣化分與數種質化合而其輕氣放入空氣中凡備藥之化學工與備藥之手工所用之水應取蒸水爲之

凡人居稠密之處難得合用之水即如倫敦之馬里勒奔有醫士湯勿生考究各種病源查得一街其水供八日用每水十磅含生物質十七釐半死物質八十七釐共一百○四釐半又倫敦之達迷塞河水有人化分之每水十磅含生物質三釐半死物質十六釐半共二十釐英國哥拉思哥城之水從加他里尼湖引入每水十磅含生物質四分釐之三死物質一釐半共二釐又四分釐之一案上海城外吳淞江潮滿時之水濾去土質而後化分之每水十磅含死物質八釐生物質略一釐共略九釐以此各數與倫敦水之數相比可見相去遠甚

治病之事中水爲不可少之物因水易加熱減熱則人身欲加減其熱可用若干熱度之水浸身又血之大半爲水故多飲水令血更易流動又令身內各處津液更淡即減其辣性或減其酸性等是也各種定質藉水消化之方能養身且可徑達全體又沖淡各藥與潤內皮之藥大半藉水質而成

硫黃

硫黃之西名譯曰火鹽自古以來希臘阿喇伯印度之人用以爲藥動物質如蛋清等皆含硫黃植物質如十字科纖形科蒜葷各植物等亦含硫黃地產之物內有含之者氣質鹽類質泉水內亦有含之者金類礦中常遇鐵硫即自然銅銅硫鉛硫汞硫等可將其礦燒取其硫而收之此爲日

耳曼瑞典等國之法英國等處製硫强水之法燒出其硫變爲硫養氣在鉛房內變爲硫養地產之淨硫或由火山內所出有數處地中產硫可開礦掘取各西國常用者從意大里或西治里或相近之海島採運一千八百五十三年英國進口之生硫約千餘擔（一百十二磅爲一擔）鎔化之或乾蒸之即成硫黃條或硫黃花或硫黃粉提淨之法用大爐中置大鍋兩行各鍋有管通外另有鍋相接底有多孔下有盛水桶硫黃從此鍋落下遇水凝結成塊則爲生硫再提淨之則爲淨硫如鎔化而傾入模中則成硫黃條

形性　硫黃爲不透光之脆質熱度小於二百三十二則凝結成顆粒爲斜方形底八面體如炭硫等質消化之後令成顆粒則有此形狀如加熱鎔化令其緩冷則成斜方柱形之顆粒可見硫黃顆粒之形有兩種如將硫黃折斷則其面有光能見細顆粒之形尋常硫黃重率得一·九八如製成條而中心竟無蜂窩則重率爲二·○八○其霧之重率爲六·五一至六·九其淨者爲淡黃色亦有得檸檬黃或深黃或櫻黃依收取時之熱度而定其味極淡擦之則稍有臭氣握於手內則因得熱而自斷捻之稍覺滑潤植物類遇之其色不變水中不能消化醋內稍能消化研之極細則消化稍易或令硫霧與醋霧相遇則消化更易又

以同法令遇硫以脫或松香油與大半油類質或鹼類水或火油等硫遇火則燃空氣中加熱至三百度則着火成淡藍色之光熱度更大則發紫色之光硫黃不能傳熱但加熱至一百八十度則能自散至二百十六度則漸鎔至二百二十六度與二百八十度則爲流質其色光黃如琥珀至三百二十度則凝結而變爲紅色黏力極大將鍋倒置亦不能出也此時傾入水中能軟如蠟可用以作模或拉成細條亦有凹凸力自四百八十二度至六百度則變爲稀流質既至六百度則沸如令不遇空氣能乾蒸之而得橘皮色之霧至六百度之後如令漸冷則至各熱度其性情與前同令其緩冷可成顆粒有時將至極冷時仍是流質但一遇定質立即結成顆粒化學家密次可立馬搿奴司·白拖來俱云硫黃之形有多種有易成顆粒者有難成顆粒者且在炭硫中其消化之難易不等

硫爲原質尋常之硫含輕氣少許前人以硫爲含輕氣之雜質在化學中功用最大能與各金類化合又能與養氣化合成各酸質以硫養與硫養爲最多又能與輕氣化合成輕硫硫遇空氣而冷熱適中則不變化尋常出售之硫自鐵硫中燒取內含金類攙質如鋅養炭養鋅養硫養鐵養鐵硫鉀硫矽養鎂養鋁養與鈣養炭養又尋常硫黃花

含硫養二少許此因燒硫時有硫少許與養氣化合而成有人云含硫養三然此言不確凡遇此種硫花應用熱水洗數次後試其水能否令藍試紙變紅如其不能則知已淨

試法　觀其色試其能否鎔化能否飛散能否燒成藍色之火能否發硫養二之臭又加熱至六百度應全化散添入沸松香油應全消化遇藍試紙應不變色如合於鈉養炭養二鎔化之滴入鈉養淡養五衰三鐵水一滴應變成美觀之紫色

硫黃花

造硫黃花之法將硫磨成粗粉用大鐵甑蒸之引至凝結之房則凝成細粉必用水洗之至無酸性爲度手指撚之則形如粉用顯微鏡視之能見其顆粒之形

形性　與硫黃同

試法　眞硫花加熱至六百度則全化散在水中調和不能令藍試紙變紅如與硝强水相和加熱將所得之質消化之又加多水添入鈉養炭養二減其酸再加硝强水令得酸將輕硫氣行過無有結成之黃色質則知其不含鉮如將硫花添入淡輕三水調動濾之化乾之後應無餘質試其含硫養三之法觀上節可也

硫黃散

取法　將硫黃花五兩與熱石灰三兩磨勻添水一升加熱用木桿連攪不停令沸一刻之久而後濾之將濾得之質添水半升用同法加熱令沸再濾之將兩次所得之水和勻待冷添入冷水二升則置煙通下將水一升添鹽强水八兩調和之漸添入前水內至發泡已盡爲止其水已有酸性待結成之質沈下則可傾出其流質而添新蒸水調攪之再待其沈下依同法屢次作之至所得之水無酸性則爲洗淨或將其水添入淡輕四養草酸水至無結成之質爲度以細布濾之用蒸水洗一次加熱在一百二十度以內烘乾造此藥頗覺費工故價亦貴因此射利之徒添入異質在內尋常出售者有人試得每三分中有鈣養硫養二分故醫家方內不敢用此而用硫花代之然此種硫如法爲之則最淨合於內科之用也

以上之法所得之水內含鈣硫與鈣養硫二養二添鹽强水之意令綠氣與鈣化合成鈣綠而硫凝結沈下藥肆中或用硫强水代鹽强水不但有硫沈下尚有鈣養硫養三沈下因不分出故尋常賣者常雜此質

硫黃散之性情與硫黃花略同但色更白含水更少試法加熱則硫化散而所餘之質爲鈣養硫養三或用顯微鏡視之其顆粒易辨

硫黃散色白、手中捻之覺滑膩、內少含水、用顯微鏡視之、其顆粒較硫花更小。

硫黃油

近時藥品全書不載此油、其作法、將橄欖油與硫黃置於鐵鍋中加熱令沸、調攪之至漸勻、則得紅櫻色之稠質、其臭難聞。

各種硫之功用　服硫少許、能令發汗、可作改血藥、然硫常與身內之養氣或輕氣化合、如與養氣化合、則成硫強水、在溺中顯出、與輕氣化合、則成輕硫、在汗中顯出、有輕硫之臭、因有改血之性、故痛風、風溼、可用之、治各種皮膚之舊病、其功用最大、最宜於治魚鱗瘡與禿瘡等、此兩病亦可用硫黃作膏敷之、有人云、禿瘡等病因皮中有細蟲而成、用硫能殺蟲、硫用大服、則可為瀉藥、尋常用之作輕瀉藥、又可與別種瀉藥相和、多服治痔瘡、或可為小兒便用之瀉藥。

服數　服五釐或十釐至二十釐、為改血藥、每日服二次至三次、服二十釐至一百八十釐、為瀉藥。

硫黃油膏

取法　將淨硫花一兩、偏蘇以酸豬油四兩、二物磨勻成膏。

功用　此膏能作改血藥、可治禿瘡等之皮病、英書之方與倫書之方相較、其濃得五分之三。

硫黃甜膏

取法　將硫花四兩、鉀養果酸一兩、橙皮糖漿四兩、三物磨勻、為穩便之瀉藥、以一錢至二錢為一服。

水銀硬膏、並淡輕與水銀硬膏內、皆含硫黃。

硫與養合成之質

硫養$_3$為化學中之要品、天生者亦有之、但甚少耳、近火山處、並在酸泉水中有之、尋常所有者、與他質化合、即如與鎂養相合、為鎂養硫養$_3$、與鈣養相合、即鈣養硫養$_3$、此物古人已知而用之、如阿喇伯、波斯、印度等國是也。

硫養$_3$英國俗名皂礬油、可見歐洲初得此物之法、將皂礬蒸之而得硫養$_3$、波斯國之法亦必略同、撒遜國之奴陀僧地至今尚用此法、其法將皂礬先煆一次、燒去所含之水、後置於瓷甑中、加熱至紅色、蒸出之霧凝結成黯色之流質、遇空氣則發霧、此種硫養$_3$每二分劑所含之水不及一分劑、重率得一九、謂之奴陀僧硫強水、又謂之發霧硫強水、冰形硫強水。

取法　將硫強水去其水、得所餘之質、即硫養$_3$、作法、將奴陀僧硫強水置甑內加熱、所發之霧用受瓶收之、瓶外必加大冷其霧凝成白色之定質與不灰木略同有針形之顆粒熱至六十六度則變爲流質至一百二十二度即沸重率得一九七此定質遇藍試紙不變色遇空氣則收空氣中水氣發白色濃霧遇水則化合極猛有爆裂之聲

硫強水 即硫養$_{三}$輕養

形性　此爲無色之濃流質其形似油無臭酸性極重消蝕各質之性極猛以手摩之則先覺如油此因消蝕外皮之故能速收動植物內之水而放出其炭用此法即謂之烙炙藥加冷至負十五度至二十九度則依其含水數若干而結冰加熱至六百二十度則沸與水之愛力更大凡

與水化合則必生熱其體積縮小將此物遇空氣則一日內收空氣之水氣爲本重之三分之一一年內收空氣之水氣爲本重之六倍故硫強水遇空氣愈久則愈淡化學家苦來哈末考得硫強水與水化合有數箇定比例如添水數合於其定比例則水全化合如不合定比例必有不化合之水祇調和在內也故硫強水能任添水若干令淡凡鹼類土金類與養氣合成之質硫強水能與之化合又如合於水能消化數種金類甚速即鐵與鋅等是也遇酒醕則成以脫又有數種質如炭燐銅屑等置硫強水中加熱則化分之收其養氣而放硫養$_{二}$氣

取法　英國造硫強水之法將硫與硝幷合燒之收其霧至鉛房內近時新法用大鉛房房底有水房之邊有管通硫養$_{二}$與淡養$_{五}$所成之霧與水氣成硫養$_{三}$霧之法將硫置爐中加熱燒之則與養氣二分劑化合成硫養$_{二}$成淡養$_{五}$霧之法將鉀養淡養$_{五}$與硫強水相和置鐵鍋內加熱則硫強水與鉀養相合成鉀養硫養$_{三}$而淡養$_{五}$放出每燒硫黃十二分必配硝一分另有鍋爐燒水氣通入鉛房與硫養$_{二}$淡養$_{五}$兩種氣相遇三種氣質攪和行過鉛房房內有隔自上而下令氣質上下生波更易彼此變化成硫養$_{三}$

此變化簡而易明淡養$_{五}$放養氣一分劑硫養$_{二}$收此養氣一

分劑即變爲硫養$_{三}$其式爲

硫養$_{二}$丄淡養$_{五}$＝硫養$_{三}$丄淡養$_{四}$

上法所成之硫養$_{三}$房底存水收之

化學家貝立揭云淡養$_{四}$遇水則變爲淡養$_{五}$與淡養$_{三}$其淡養$_{三}$再遇水則變爲淡養$_{五}$與淡養$_{二}$其淡養$_{二}$與空氣中之養氣二分劑化合成淡養$_{四}$此淡養$_{四}$再依前法變化而變化之時多生淡養$_{五}$此外並無他質能令硫養$_{二}$變爲硫養$_{三}$設鉛房中之水氣不足則生一種奇異之顆粒或言此質乃硫養$_{三}$與淡養$_{三}$相合而成

鉛房底所盛之水漸濃變成稍濃硫強水重率得一·五可

引至淺鉛盃內熬之、以重率得一·七〇爲度、過此重率則能毀鉛、故用鉑甑蒸之、至重率得一·八四、待冷、引至大玻璃瓶、即爲尋常出售之硫强水、若爲藥品之用、必先用馬爾施之法、試其含鉮與否、又用試鐵之法、試其含淡養四與否、硫强水之最濃者、爲硫養三一分劑、水一分劑、此水一分劑不能蒸出之、因加熱之後、硫養三與水幷合而出也、

試法　凡疑含硫養三之質、或消化後疑含硫養三之鹽類質、可將鋇綠水、或鋇養淡養五水試之、如有硫養三、則結成白色之質、爲鋇養硫養三、此質無論酸類質、或鹽類質、皆不能消化、硫養三水、純者無色、重率得一·八四三、二千八百六十四

年英書、定硫養三水之重率爲一·八四六、如熬之至乾、不應有定質、祗得微迹而已、如將淡硫養三水、添入輕硫氣、不應有色、如有色、則知有生物質消化於內、英國化學家非勒白云、硫强水重率一·八四三者、每含無水硫養三四分劑、另有水五分劑、即每百分重、有硫養輕養九六·八、而無水硫養三有七十九分、又英書內載、每五〇·六釐、添入蒸水一兩、如欲滅其酸性、必用鈉養試水量杯一千釐、（試水釐數俱用量杯後倣此）

如將鐵養硫養三水、輕傾於硫强水之面、則相合之處、不應有紫色、尋常出售之硫養三水、常含淡養三、或含淡養五、不等、間有含鉛養硫養三者、如疑其含鉛養硫養三、則與水等體積

相和、稍覺渾濁、因有鉛養硫養三結成、如用鐵養硫養三水、能試其含淡養五、或淡養三、若加熱而有橘皮色之霧發出、則知其含淡養四、

尋常燒鐵硫而得硫、此種礦常有含鉮之各質、故將其硫造硫强水、常含鉮養三、英國醫士里司云、已試得常出售之硫强水、每二十兩內有鉮養三二·五八釐、化學家會脫生云、曾試得硫强水、每二十兩內有鉮養三三十五釐半、此爲最少之數、試鉮養三之法、必將硫强水加水令淡、再用試鉮養三之法試之、（觀鉮養三節）故倫書指明所準用之硫養三水、添輕硫氣、不可有黃色之質結成、如有此質、即爲鉮與硫相合而

成者、

提淨之法　一千八百五十年之阿書、有一提淨之法、一千八百六十四年之英書、將此法載入、能提淨、又能收濃、其法、將硫强水十二兩、盛於玻璃甑內、添淡輕四養硫養三粉四分兩之一、又加白金箔數片、令其不能猛沸、甑之上半用鐵皮罩之、令其熱不散、初蒸出者含水多、棄之不用、後蒸出者則收之、至甑內餘一兩而止、所含淡養五、或淡養四、俱爲淡輕四養硫養三所收、如有鉛養硫養三、則存於甑內、蒸得之質、謂之含水一分劑之硫養三、其重率得一·八四六、然此說不確、因含水一分劑之硫養三水、其重率得一·八五、而天冷

之時能凝結故不合爲藥品之用化學家來得活特云用玻璃甑蒸之甑常碎裂事或難成近時用此法提淨者不甚多矣

畏忌　有數種藥不可與硫强水同用即如各金類與養氣合成之質又如土類鹼類並與炭養化合之各質與醋酸化合之各質各種鉛水各種鈣養水以上之說須詳記之治病之事常有硫强水與鉛養醋酸欲同用者如同用之則必誤事

解法　用白石粉或提淨白石粉或鎂養或肥皂或多飲水沖淡或用潤劑

淡硫强水

取法　將硫養水七兩添水七十七兩待冷至六十度再添水共得八十三兩半又法將硫養水一千三百五十釐在玻璃瓶內權之瓶頸有指出含一升之記號漸添蒸水至近於記號則搖動之待冷至六十度加水配足一升硫養水添入蒸水之時必生熱其體積縮小若硫養水非極淨必有鉛養硫養結成沉下上節第二法與倫書略同一千八百五十一年倫書所定淡硫養水之重率爲一·一○三每百分重含無水硫養一二·四三一千八百六十四年英書所定之重率爲一·○八七即更淡百分之十二近時準用之淡硫養水其數在兩者之間

試法　重率必得一·○九四將三百五十九釐即量杯內六錢能對鈉養試水一千釐每百分重內含無水硫養一○·一四所以量杯六錢必有無水硫養四十釐即硫養之一分劑

硫養水之功用　如食淡硫强水一大服或食濃硫强水少許則爲最危險之毒藥能消蝕內皮無論遇身體何處均能消蝕之如依法服之而次數過多則能惹腸胃其正用治身內鹼類質太多或小便或汗等多鹼類即如溺中有鹼類或有含燐之各質若令溺有酸性能得益處又治

胃不消化因此藥遇胃汁能減去其所餘之鹼類此爲其第一功用第二功用能作收斂藥即如減汗與大小便等能止流血而令全身之動筋收緊身體出汗過多或欬血或黑疸服之皆有功益又如尋常身虛無力之病可合於他種補藥服之有人云身軟而泄瀉者宜服此藥第三功用能作涼藥即如發熱之各病所有解渴之水可加淡硫强水若干其功用與他種酸質同

服數　淡硫强水每服十滴至三十滴添水一兩或添入滑性流質內或沖水苦味藥內俱可玫瑰花酸沖水中每一兩含淡硫强水六滴

香硫强水

取法　將硫養三水量杯三兩，即重二千四百十九釐，正酒醕二升，二物緩緩調和，添入桂皮粗粉二兩，薑粉一兩二錢，浸七日，每日屢次調攪，濾淨即成。

此方載於蘇書中，與昔時醫士閩息脫所設酸類藥略同而更簡，凡用硫强水，依此法用之，頗有趣味，因以醕代蒸水，而另添香料也，有醫士疑硫强水與醕調和，必有變化而成以脫之事，但已有英國醫士敦根考得硫强水與醕依此比例調和，則無此種變化。

試法　重率得○·九二七，量杯內六錢，即三○四·二釐，能對鈉養試水八百三十釐，每百分重內含無水硫養三一○·九一分，故量杯內六錢含無水硫養三三三·二釐，一千八百六十四年之英書作香硫强水之方，較此更濃。

服數　以一錢至三錢爲一服（案此說誤，當云五滴至半錢爲一服）

硫養二

此質與硫養三相較，少養氣一分劑，造法燒硫黃時取其霧，即硫養二，爲無色透光之氣質，重率得二·二，臭味極辣，肺體不能當之，藍試紙遇之即變紅色，又能薰白植物之數種色，如玫瑰花之紅色是也，水能收硫養二氣三十三倍體積，冷至十四度，則硫養二能變爲流質，冷至負一百○五度，則硫養二變爲顆粒形之定質，又有一法，能作硫養二，添銅或汞於硫養三中，則金類收養氣，變爲某金養之質，此質遇其餘硫養三，則變爲某金養硫養三，而有硫養二氣放出，此氣能與鹼類與金類養氣合成之質化合，成能消化之鹽類質，即含硫養二之鹽類質也。

硫養二水

取法　將硫强水量杯四兩，木炭屑一兩，二物置於玻璃瓶內，用玻璃管從瓶塞中通至洗氣瓶，瓶內含水二兩，又有管通至收氣瓶，瓶內含蒸水一升，而管必通至瓶底，盛硫强水之瓶底，可加熱至發霧爲度，其霧過洗氣瓶之水，而至收氣瓶之水內，瓶外必加冷，待瓶底所發氣泡漸升至水面，而泡形不變小，則知水之食氣已足，可塞緊瓶口，存於涼爽之處。

此取法之理，因硫養三之養氣有一分劑爲炭所收，成炭養與炭養二，洗氣瓶之水，能受蒸過之硫養二所成硫養二水，無色而甚臭，每百分重含硫養二九·二分，重率應得一·○四，熬乾後不應有餘質，添鋇綠水不應有結成之質，如有之，則知其含硫養三，如另添綠氣水，則應有結成之質，此因硫養二遇綠氣令水化分，而有變成之硫養三與輕綠，其硫養三與鋇綠化合，而有質結成，如將硫養二添入碘質，則成輕碘，而水內之養氣爲其所收硫養與養氣之愛力極大故化學中用以爲令物放養氣之質英書定濃淡之法即將硫養水三四七釐與蒸水一兩相和再添小粉水少許調和又添碘試水少許調和觀其變藍色與否待添至一千釐初得一定之藍色則知硫養水之濃淡合法此因初成之輕碘不能令小粉變藍色添至一千釐之時其碘適有餘故能令小粉變藍色

功用　燒硫得其霧爲硫養自古以來即以此事爲滅臭之法如遇輕硫則能化分之有硫結成惡氣中之輕硫爲硫養收出凡微小之動植物遇此水則爲毒死如皮病中

之禿瘡魚鱗瘡癩疥瘡等可用硫養水洗之或浸之婦女子宮各病與肝病亦可用此水洗浸爲改血之法又如水氣合硫養氣薰身於數種病有大益其法用不通氣之傢皮布等圍繞其身坐於椅上頭面顯露椅下有水氣與硫養氣放出遇皮膚各處不能散布每燒硫半兩足爲一次之用此種病亦可服硫養水又有一種病胃中生植物質名曰哂西尼食物不消化時欲嘔吐服硫養水可治令其植物質死也又如鉀養硫養與鈉養硫養兩種水其功用略與硫養水同因能在胃中爲酸質化分而放出硫養氣硫養水之服數依英書之方爲之以半錢至一錢與水相和服之

燐

此質之西名譯曰光藥其性情最奇古人不知有此物至一千六百六十九年化學家步蘭德在溺中所有鈉養燐養中分得之或言日耳曼化學家奴開勒初得之或言英國化學家博以勒初得之既得此物之後歐洲各國所用者爲倫敦藥肆喊克韋次所造近時之法用骨灰分出之因骨灰之大半爲鈣養燐養又有數種動植物之質亦含此物地產中亦有含燐養之質極肥之泥土亦因含燐養質

形性　燐爲定質軟而有韌力易於割斷半明半暗略與黃蠟相同重率得一七七其色微黃幾極淡至無色純燐無臭無味遇空氣則發霧甚速其臭似蒜自能與養氣化合暗處發光漸燒而生熱至能着火遇空氣而熱度過大自能着火故必浸於水中稍得磨力亦能着火造自來火之舊法用燐十分黃明膠鉛養硝各二十五分造成之如不遇空氣則熱至一百十度而鎔化至五百七十四度而沸發霧無色冷至三十二度則結成顆粒而性脆如用熱木那普塔消化之待成顆粒則其形爲十二面體燐不能消化於水如久存水中則水若干分化分如封密之搖動

其水能發光此爲化學家白西里由司考得之理燐之外面能漸生白色之皮如多遇日光則稍得紅色或言此紅色之質爲燐與養氣合成之質又以爲燐與水合成之質然化學家羅司曾試此物知此皮祇變形而不變質又有化學家司可路達云尋常之燐置器中封密加熱則變成紅色之燐性脆而有金光色不能自生光外形與蠟大不相同能燒與能鎔之性與原質亦大不相同在空氣中不能自變加熱至四百六十度而令不遇空氣則復爲尋常之燐如加熱能在醕以脫定性油自散油那普塔火油炭硫二等質中消化

取法　多取之法用硫養三與骨灰爲之骨灰中含鈣養燐養五每骨灰一分加淡硫養三水半分則與鈣養化合成鈣養硫養三所餘之鈣養燐養五與所放之燐養化合成二鈣養三燐養五將此質用水消化濾淨熬乾得其粉每粉四分添炭屑一分又極細之砂少許調和加大熱則炭收燐養五之養變爲炭養而蒸出又有燐發出在水內收之得紅櫻色之定質最易鎔化提淨之法將燐鎔化之盛於麂皮袋中壓出其燐又法置於玻璃筒內熱水鎔化之待冷則成條尋常出售之燐即用此法成條而以那普塔浸之令不變化

試法　上言燐之各性情可爲試法又置於以脫或沸松香油內應消化至盡

功用　燐爲惹胃之毒藥誤服一釐即死英國用以作藥品乃不得已而用之其性補火能治腦氣筋病身體虛弱其根原或因猝起之痛或因內熱肺癆症亦可用之以四十分釐之一爲一服又法將燐四釐用以脫一兩或橄欖油一兩消化之以五滴至二十滴爲一服紅色之變形燐其功用極少

解法　多用流質或潤劑或服鎂養或用鎂養一分與綠氣水一分調和服之醫士杜福路與倍义極信用此方

燐養五

一千七百六十年化學家馬克拉夫考得燐與養氣合成之質有數種即如前節之取法將所得之二鈣養三燐養五之水以二淡輕四養三淡養二化分之再分出其鈣養而將餘質加熱則淡輕三飛散而餘質爲燐養五又法將燐在養氣中燒之或在空氣中燒之或令燐遇易放養氣之質如淡養五等俱可英書內所載之法爲淡養五之法燐與養氣合成之各質於化學之事有關會故化學書中詳論之

淡燐養五水

形性　淡燐養五水無色無臭重率得一·〇八其味極酸遇藍試紙令變紅色每重百分含無水燐養五十分能與鹼類

土類金類與養氣合成之質化合卽成鹽類其濃者過生物質令不腐爛如加熱熬之得椶色之流質其狀如油謂之輕養燐養再加熱飛散其水質卽謂貝路燐養（貝路二字之音）（謂火成之意）如再加熱至紅則有水一分劑散去謂之變形燐養化學家苦來哈末之書云燐所成各酸質其分別在乎合本質之數卽如眞燐養爲燐養三輕養貝路燐養爲燐養二輕養變形燐養爲燐養輕養里必格云此三種質不同各質內之輕氣與不同之各本質化合

取法　將燐四百十三釐硝强水六兩淨水至足用將硝强水先添蒸水八兩盛於有塞之甑內甑口連於里必格之凝器開甑之塞門加入燐少加熱至有流質五兩蒸過則將此五兩傾回甑中再蒸之每若干時將蒸出之質傾回甑中至燐全不見爲度將甑中之水傾於硬瓷盆內加熱熬之至餘四兩則換入白金鍋再熬略餘二兩至不發橘皮色之霧爲度添入蒸水配滿之令冷時適得一升

此法中所用硝强水必加水冲淡因濃硝强水遇燐則速燒而爆裂若用淡硝强水令其變化更遲燐漸鎔化與淡養之養氣一分劑化合其餘者合於淡養之淡氣成淡養氣化散但淡養有一分在燐未變成酸質之時蒸出故必依法傾回甑中化學家拔爾孫云用紅色變形燐造淡燐養水非如用尋常燐之有危險也

試法　燐養與鈉養合成之質爲藥品中所準用之鈉養燐養將鈣養水添入燐養水內則有鈣養燐養結成爲不能消化之質但此質與鋇養燐養鎴養燐養鉛養燐養等皆能在淡硝强水內消化又能在淡淡輕水內消化如將銀養淡養與銀養淡輕水合於燐養水則有黃色之質結成沉下爲銀養燐養如將鉮養水代其燐養水亦有結成之黃色質故難定其爲何物必另設法添入輕硫水於疑爲燐養之水中如有結成之黃質則爲鉮養如無結成之質則爲燐養所結成之銀養燐養能在淡輕水並淡硝强水內消化如燐養水不含鈣養爲異質則添鈉養炭養水不可有結成之質尋常作燐養水之法易得鈣養在內又如將燐養水添鋇綠水不應有結成之質如有之則知其含硫養爲異質若將銀養淡養水加淡養少許令有酸性添入燐養水中或用阿勒布門水（蛋白內之質）添入燐養水中俱不應有結成之質如有之則知其含輕綠爲異質除燐養之外無有一種死物酸質遇阿勒布門而不結成者如將燐養水一體積與硫養水一體積鐵養硫養水一體積調和不應變黑色此爲辨其含淡養之法又將淡燐養水六錢合於蜜佗僧粉一百八十釐將所得之水熬乾之餘

質爲鉛養燐養五加熱至暗紅色待冷應重二一五五釐

功用　服燐養五水法與他種死物酸質略同有醫士言凡溺中鹼類過多之病與血脈管變骨之病服此藥能消化其成骨之料鈣養燐養五又有醫士云凡骨腐爛或變軟之病服此藥有益又多溺味甜並內熱類之病用燐養五水添入解渴水與涼性水中皆可但無硫强水收斂之性亦無淡養五改血之性

服數　以十滴至一錢爲一服添入水中另加糖若干服之

畏忌　凡物與他種酸質不可配合者則與燐養五亦不可配合

碲

昔人俱知有碲養三質至一千八百七年英國化學家兌飛考得此質之本爲碲而分出之其法將鉀與碲養三相和加熱則得碲爲暗橄欖色之粉無臭無味遇尋常之試料不變化空氣中加熱或養氣中加熱則變爲碲養三

碲養三

硼砂內有碲養三能分出之硼砂爲鈉養與碲養三合成之質可用硫强水分出其鈉養而得碲養三因鈉養與硫養三化合其碲養三凝結沉下西國所用之碲養三大半爲地產即如多斯加納與里伯利海島地面有開裂之處常噴水汽汽中有碲養三將開裂處四面挖深以磚與灰作內面引水入其中則水汽噴入水內令水漸沸待水收碲養三飽足則取水熬至將乾待冷凝成顆粒形若魚鱗曬乾之則爲尋常出售之碲養三

形性　尋常之碲養三爲明顆粒形若魚鱗略有酸味遇藍試紙稍變紅遇黃試紙令變棕色與鹼類同冷水中難消化沸水三倍重能消化醕內易消化燒其醕則火得綠色其顆粒含水三分劑加熱則水去而碲養三鎔化待冷則脆如玻璃可做成各種顏色碲養三之各種鹽類質能令別質鎔化故硼砂即鈉養二碲養三便爲吹火筩之鎔化料

功用　碲養三不可爲服食之藥祇可爲試他藥之用又爲硼砂內之本質昔人以爲能止痛故俗名爲安身鹽類藥或將碲養三一分合於鉀養二果酸七分所得之質謂之能鎔化之鉀養二果酸因此質助其鎔化也

矽

矽爲非金類原質與養氣化合則爲矽養二地球之面大半含此質如火石砂子石英等皆是用矽養二以取矽其法同於用碲養三以取碲但其工夫極難所得之粉爲深棕色不能消化較水重一倍極難鎔化除輕弗之外無有一酸質

能鎔化之者
火石粉　一千八百五十一年倫書內所記者爲成數種藥品之料其原質爲矽養能與數種本質化合故謂之配質遇鹼類質若干加熱則成玻璃加多鹼類質則成能消化之玻璃火石粉爲矽養之最淨者作法將火石加熱傾入水中自能裂開成粗粉後可磨之極細倫書內載用火石粉造各種香水之法將自散油若干與火石粉相和磨勻後漸添水則油在水中分得極細油之質點分而不合能爲水所消化蒸之則能得香水

淡氣與養氣合成之質

淡與養合成之質有數種能顯出化合之事有定比例造藥之工夫內有造成此各質者故將各質詳記於左

淡養氣　分劑數一四丄八‖二二
淡養二　分劑數一四丄一六‖三〇
淡養三　分劑數一四丄二四‖三八
淡養四　分劑數一四丄三二‖四六
淡養五　分劑數一四丄四〇‖五四

硝強水　即淡養五

淡養五爲淡與養合成之要質古人奇巴之書曾載此物印度國前時或已有之初化分此物而知其原質者爲英國化學家賈分弟詩其法令電線行過空氣而空氣之下用鉀養水雷電之後空氣中常有淡養五之微迹此因空氣之原質即養氣與淡氣爲電閃所成也有數國土面生一層白質如霜此質爲淡養五與鉀養或鈉養或鈣養或淡輕四化合而成又有數種土石或礦內含淡養五之質又有數種植物質如巴離拉之根等內含淡養五與鉀養合成之質

形性　曾有化學家將銀養淡養五令遇乾綠氣而得無水淡養五尋常所用之淡養五已與水化合成流質淨者無色能透光其味最酸而辣凡遇生物質與植物質能侵蝕之着人皮膚則成散的布路的以克酸令皮膚發黃而脫下淡養五水數滴能與多水相和而其水能令藍試紙變紅其臭惡烈令人呼吸甚難遇空氣則發霧因令空氣中水氣凝結故顯霧形空氣中有淡養五則發霧更多淡養五與水之愛力極大故能收空氣中之水氣久遇空氣則漸淡其重率亦減小與水調和則發大熱其濃淡依含水之多寡而定近時英書定此物之重率與倫書所定之重率同即一·四二但一千八百六十四年英書定重率爲一·五英國化學家非勒白云用尋常蒸法所得最濃者祇爲一·五〇四又有化學家克兒溫云少加熱蒸之得重率一·五五普牢司脫云得重率一·六二尋常出售之硝強水重率得一·三八

〇至一·三九〇又化學家苦里司脫生云不含淡養之淡養水其最濃者重率得一·五〇〇若含淡養者其濃能至一·五四〇或有餘極淨之淡養如久遇日光則化分變黃色而放出養氣變爲淡養如欲去其淡養用加熱法則淡養變霧而散其餘略爲無色之淡養重率得一·五〇之淡養加冷至負四十度則結冰加熱至二百四十七度則沸但其冰度與沸度與其水之濃淡有比例已過沸度而再加熱則化爲氣加熱至紅則化分重率得一·五之淡養則每淡養二分劑含水三分劑即每百分重含淡養八十分重率得一·四二之淡養每淡養一分劑含水四分劑即每百分重含淡養六十分如將重率一·五之淡養水每百分加水三十四分則得重率一·四二之淡養

植物質之大半如炭糖醋燐等能收淡養之養氣故淡養水爲令物收養氣之最有力者金類質遇淡養水之濃者不甚化分之但遇其淡者則其水與淡養多化分放其養氣令金類收之所得金類與養氣合成之質或不能消化或遇未化分之淡養水則成金類與淡養合成之質所化分出之淡養氣與空氣之養氣化合成紅色之霧爲淡養如所用之金類爲銅屑則水成藍綠色若將所得之紅霧引入鐵養硫養水中則水變黑色若將淡養水與輕綠水調和謂之皇强水又名合强水此水能化黃金

淡養遇嗼啡啞或布路西耶則變發光紅色又淡養添鉀養炭養至有餘即成鉀養淡養此質着火即燒如將淡養與極濃之二鐵養三硫養相和再添硫養少許令得酸性則發紅椶色

取法　用朴硝一磅置於玻璃甑內再添硫强水一磅令玻璃甑之口通入里必格之凝器加熱至蒸過者已得大半其少半必漸增熱至將乾而止又如將淡氣一分與養氣五分調和以電氣光星行過則化合成淡養

近時英書不載取淡養之方但云取淡養用鉀養淡養或鈉養淡養合於硫養與水蒸之每百分含淡養輕養七十分或無水淡養六十分其重率得一·四二

多取之法用祕魯國所產鈉養淡養置於極大之鐵甑內以前法加硫强水而多用瓦凝器受之其各器以管相連一千八百三十六年之倫書準用之硝强水濃而能發霧一千八百五十一年之倫書準用更淡之硝强水一千八百六十四年之英書準用其濃者但淡者易於存貯若濃至重率得一·五者遇光則速變紅色因生淡養之故也由是濃者亦漸淡矣

以上取法之理因鉀養淡養遇硫强水則化分而鉀養與

硫養三化合成鉀養硫養三所放之淡養五上升合於水霧成有
水之淡養五如爲極濃者必配水令淡硝强水之重率一·四
二者每百分含淡養五輕養七十分或含無水淡養五六十分
試法　硝强水之濃淡可依其重率定之如英書所定者
重率得一·四二如將硝强水九十釐與水半兩調和漸添
鈉養試水一千釐適能滅其酸如將淡養五加熱熬乾應全
變爲霧質設有餘下之鹽類質或爲硝等如淡養五內含淡
養四其色必黃或如橘皮色少加熱則淡養四散去而色不見
如將淡養五加水幾倍體積令淡再添銀綠水或銀養淡養五
水如有結成之白質卽銀養硫養三則知其含硫强水若添

銀養淡養五水有結成之白質卽銀綠則知其含鹽强水如
能消化黃金則知含綠氣而未與他質化合尋常造硝强
水所用鈉養淡養五內含碘質故所成硝强水初時帶㯽色
可用小粉水試其含碘與否此種含碘强水如久存之則
碘與養氣化合變爲碘養五卽失去㯽色此說爲醫士沛離
拉全藥品書所載者
功用　硝强水之極濃者爲最烈之烙炙藥數種惡毒爛
瘡或痔瘡或毒蟲咬刺之瘡等病皆可用之但須謹愼不
可誤用若服之則爲最猛之毒藥能消蝕內皮硝强水之
淡者有數病可用如身內各津液欲令其得酸則可用之

但與硫强水有兩種分別一服之不能作收斂藥二有改
血之性有人用以治數種疔毒病與溺中有草酸食物不
消化肝病魚鱗瘡等皮病如作改血藥用之間有與鹽强
水合而服之者
畏忌　鹼類土類金類與養氣合成之質金類與炭養二或
硫合成之質又燒料類酒䤈鐵養硫養三鉀養醋酸鈉養醋
酸鉛養二醋酸
解法　各土類與炭養二合成之質卽如生白石粉與提淨
白石粉等又鹼類與二炭養二合成之質如肥皂亦可解之
淡硝强水

取法　用硝强水六兩添蒸水二十四兩待冷至六十度
加水配滿三十一兩卽成又法用含一升之瓶瓶頸有記
號記其至一升之處將硝强水二千四百釐盛於玻璃瓶
漸加蒸水將滿一升搖動之待冷至六十度則添蒸水配
足一升
英書準用之淡硝强水重率得一·一〇一每百分重含無
水淡養五十五分但倫書準用者更淡每百分重含無水淡
養五十二分重率得一·〇八二如將淡硝强水六錢漸添入
鈉養試水一千釐適能滅其酸
服數　淡硝强水以十滴至三十滴爲一服添水等質服

之。凡服此藥或服各種强水之藥。不可遇牙齒。應用鵞毛管或玻璃管吸入爲佳。否則牙遇强水。恐漸枯爛也。

碘

碘之西名。譯曰非由辣花色。此花之色。與茄花色略同。碘之霧似之。故得此名。一千八百十二年。化學家古爾土阿初得此物。彼時在海濱燒一種海草。將其灰分出鈉養之時。在餘水中得此質。然此雖爲新得之原質。而其雜質之入藥品者。承用已久。海水與數種井水中含碘。又海草海絨。珊瑚類數種蛤類之質。亦含碘。印度國北境雪山。其土人多生瘤。有一種海草爲拉米那里耶之類。土人取之名曰治瘤葉。又南亞美利加有一種海草。生瘤者取其梗食之。名曰治瘤條。可見未知原質之時。得其益者已久矣。

形性　碘之顆粒。形似鱗片。而有光色。又有法得其顆粒。爲長八面體。其底斜方。其色藍灰。光如金類。其味辣。其臭略與綠氣同。重率得四·九四。其質軟。手指能撚碎。令皮膚染黃色。水中難消化。每碘一釐。須用水七千釐方能消化。醕與以脫。俱易消化。成紅櫻色之流質。又易在白散油內消化。冷熱適中。自能化散。加熱至二百二十五度。則鎔爲流質。再熱至三百五十度。則成茄花色之霧。甚爲悅目。此霧性重而甚奇。與空氣相比。重率得八·七。與輕氣相比。則爲一百二十七與一之比。故定其分劑數爲一百二十七。大半原質之分劑數。亦與其霧之重率相同。如水中含一種鹽類質。則碘更易消化。藥肆中所作之碘浸酒。依此理爲之甚便。化學家特巴尼云。水中添樹皮酸。則碘更易消化。卽如水六兩添樹皮酸二釐。能消化碘十釐。

碘與小粉調和。則成藍色。化學家皆恃此性。分別含碘之物。如將小粉用沸水調和成漿。待冷。如添含碘之水調和。則碘與小粉化合成藍色之質。雖漿極稀。亦能如是。近時化學家以所成之質名曰阿美弟尼。若碘已與他質化合者。則用上法不能顯出此性。故所試之質內。必加綠氣水數滴。或含綠氣之鈉養。則碘隨卽分出。而令小粉變藍色。如用別種死物酸質。添入其水中。亦可分出其碘。但所試之質內。除含碘之雜質。並含碘養五之雜質兩種外。不能隨卽變藍色。觀鉀碘試法節。凡添綠氣在含碘之質內。不過能放其碘。如用酸質。則化分其含碘之質成輕碘。如加熱或久遇空氣。則輕碘之輕。與養氣化合成水。而放出其碘。淡養五質內。略含淡養四者。與綠氣有同性。因淡養四能速放碘質。此爲化學家普來司考得之據。

碘雖藏於各質之內。人不難取而用之。然欲分出其純者。祇有一便法。故藥肆家與製造家所用之碘。皆依此法爲之其法用數種海草曬乾燒灰蘇格蘭之哥拉斯哥皆用此灰取碘化學家苦來哈末云用海草灰取碘大半從夫故思拜勒馬拖思海草之長梗得之此種海草生於海水深處故取之者必擇岸高海深之處方能多得醫士杜來勒云海草之多含碘者爲離根飄至海岸邊之草大半爲夫故思弟其大多思與夫故思羅里由司兩種若海濱能收割之草大半爲夫故思浮息古羅蘇思與夫故思色拉徒思兩種所含之碘不多又拉米那里耶類之海草多含碘其最多者名拉米那里耶弟其打打造碘之肆云蘇格蘭之該內斯所得之海草每灰一百噸能取碘一千磅則每灰二百二十四分能得碘一分

海草灰內分碘之便法將灰之粉與水調和令水消化其能消化之質而待其不消化之質沉下取其水熬之至鈉養炭養與鈉養硫養等鹽類質結成顆粒則去之待冷時有鉀綠顆粒結成餘水色黑內含鈉碘等質再添硫强水至有餘則其水放出炭養氣輕硫氣與硫養氣再待一二日則將所得之水添入錳養盛於甑內加熱則有水與碘蒸出用受瓶受之

此法之理因含碘之水中尚有含綠氣之質在內故加硫强水與錳養令其共遇含綠氣之質則放其綠氣觀輕綠節依前說綠氣遇含碘之質能令其放碘依尋常之解說錳養之養氣一分劑與水中之鈉化合而放出碘質其硫養與鈉養及錳養化合成鈉養硫養與錳養硫養

試法　試碘之法有三發霧現茄花色一也遇小粉則變藍色二也能在鹼類水中消化三也三法合試則物無遁形但藥肆出售之碘每含炭或筆鉛或錳養其常有之雜質爲水每百分有含水十五分至二十分者此種碘外觀似溼黏於瓶邊凡碘在以脫內應全消化又取碘常用海水或海草每含碘衰或溴衰得碘之後此二質尚未分出故英書中另有試法能定其純與否法曰乾蒸之應無餘質初蒸過者其中無細而無色之顆粒嗅之應無綷氣試碘求數之法用鈉養硫養此質收水之養氣而放其輕氣輕氣遇碘令變爲無色之輕碘故將鉀碘十五釐以水一兩消化之再添所欲試之碘一二七釐消化之漸添鈉養硫養試水至一千釐適能全滅其色則爲純碘

曬乾碘質便於造各藥品之用蘇書定法將碘盛於淺盆內相近處置新石灰重十倍至十二倍關於小箱中令箱內空氣容積極少則石灰收其碘內所含之水後將碘取出盛於乾瓶內若不與瓶相黏則知其已乾

功用　昔人用海絨灰治瘤病而不知此灰之功用因何

而得後考知此灰因含碘而有功用故近來以碘代其灰如服之則碘入血中久服之則血漸淡故血流行全體必收肉類之質以補之曾有人用之過多女子乳頭漸小至無丈夫外腎漸小而無此爲其據疔毒與瘰癧兩種病用碘有改血之大功即如第二等疔毒或第三等疔毒可用碘與鉀碘但第一等疔毒用碘無大效瘰癧病各節腫脹諸核腫大等病用碘有大效如濃碘雜水可用毛筆搽於患處又可作引病外出之用大略爲皮膚收進散入各處之肉與水內又有一功用能爲水腫病之利小便藥服之者用化學之法試其溺可知其含碘但用碘過多則生一種病名曰碘病其要症久發熱腦氣筋不平安煩惋善怒眼多淚鼻多涕面腫或發泡

服數　以一釐至五釐爲一服必與柔輭之膏相和服之

解法　先服小粉水極多再服吐藥又服小粉水另必用法免腸生炎之病

小粉碘

此藥英國醫士布該南創爲之其法用碘二十四釐加水少許磨勻後漸添極細小粉一兩磨勻少加熱令乾將藥粉盛於瓶內塞密令不遇空氣

服數　初服半錢後漸加多曾有醫士用此藥成大服

碘雜水

取法　用碘二十釐鉀碘三十釐添入蒸水一兩消化之此方一千八百六十七年載入英書中每二十四釐含碘一釐鉀碘一釐半內服外敷皆可無烙炙之性碘洗藥常有烙炙之性也

服數　以五滴至十滴爲一服

碘雜酒

取法　用碘半兩鉀碘四分兩之一正酒醕一升消化之此方與倫書之方相比碘之數同但鉀碘數爲其四分之一每六十滴即一錢含碘一釐鉀碘半釐凡服碘者以此雜酒爲最便可與水相和服之或與舍利酒相和服之

服數　初服十滴漸加至半錢爲度

碘霧

取法　用碘雜酒一錢水一兩盛於吸霧器內少加熱則所發之霧吸入肺中

一千八百六十七年英書載入此方同時有他種吸霧之方補載英書之內如牙牀骨肉久生炎用之有效如因疔毒而得此病者用之更效有人用此治肺癆病

碘油膏

取法　用碘三十二釐鉀碘三十二釐準酒醕一錢磨勻

再加熟豬油二兩

功用　如因瘰癧而核腫大或瘤或結喉下核變大等病可搽於患處

碘洗藥

取法　用碘一兩又四分兩之一樟腦四分兩之一鉀碘半兩加正酒醋十兩消化之此方之濃得一千八百六十四年英書準用之半

此藥與雜酒不同雜酒每四十分含碘一分此藥每八分含碘一分雜酒可內服此藥宜外敷一千八百六十四年英書準用之洗藥太濃故近時定用淡者此洗藥可代累

撾勒所設之碘浸酒可為外科之用能散瘰癧與瘤等而有烙炙之性醫士有因尋常之碘洗藥速收而乾不能由皮膚引進故不用酒醋消化碘質而用各里司里尼消化碘質各里司里尼化散甚遲皮膚久得其功益不致停頓

碘與硫合成之質

碘硫

取法　用碘四兩硫黃花一兩二物置於瓷乳鉢磨極勻盛於玻璃瓶內鬆塞瓶口少加熱至其內質漸變黑色待各處之黑色平勻增熱令鎔則將瓶向各方向平置如有分出之碘黏於瓶邊則為鎔質收回後漸退熱待流質凝結則擊碎玻璃瓶而取其料擊成小塊存於瓶中塞之甚緊

碘硫為灰黑色之定質其顆粒內有半徑線之式其臭與碘略同遇皮膚令染成黃色每碘硫一分能用各里司里尼六十分消化之但不能在水中消化如在水中加熱令沸則能化分將碘硫一百釐與水相和加熱令沸則碘變霧而餘下硫黃二十釐此藥於一千八百六十七年載入英書由昔時之倫書錄出又有法作碘硫因無大用故不詳焉

功用　此藥外科家常用之用法與油調和作油膏

碘硫油膏

取法　用碘硫三十釐熟豬油一兩先將碘硫在乳鉢內研極細粉後漸添油至膏極勻淨以手撚之無細屑即成此方由一千八百五十一年之倫書載入英書其功用能治數種皮膚之病如瘰癧等是也

溴

溴之西名譯曰臭質一千八百二十六年化學家把拉台初得此物所用之法將海水熬鹽在餘水中分出此質海水每百磅含鈉溴或鎂溴五釐實含溴三三釐可知溴非常見之物地產石鹽鹹井之水數種井水海菜海草海中

動物海絨灰皆含溴質但其數極微

形性　溴爲深紅色之流質如分爲極薄層則變爲紫紅色最易化散存於瓶中必塞之甚緊溴之上面應加水一層其味辣而惡其臭難當能止肺之呼吸與綠氣略同重率得二九六其霧重率以空氣爲主則得五四每霧一百立方寸重一百六十八釐加冷至負四度則凝爲定質顆粒甚脆色灰似鉛光若金類有含水者則結成八面體冷熱適中之時自變爲紅椶色之霧與淡養略同加熱至一百十七度則沸能令皮膚染黃色不久即滅又有烙炙之性遇植物之色即滅之遇火亦能滅之火將滅之先上半變紅下半變綠有數種金類如銻等置於溴內隨即着火溴在水中難消化在醋內易消化在以脫內更易消化遇油類之質則化分之成輕溴質

取法　凡化分含溴質之法先消化之而令綠氣行過或將海水熬鹽在餘水中添入輕綠與錳養或將日耳曼鹹井之水熬鹽將其餘水用同法分取其理因輕綠之輕與錳養之養化合成水而其綠氣之一分與錳化合又一分與溴化合之本質化合則溴放出可蒸之與水同出用凝受器受之

試法　試溴之法觀其流質視其色權其重率察其臭味

消化於水難消化於正酒醋易消化於以脫更易於自散遇金類能着火遇小粉變橘皮色遇銀養淡養結成黃白色之定質爲銀溴

功用　溴能感動人體引炎外出又可作烙炙藥又能感動吸液各管藥方中用溴常與鉀或鈉或淡輕化合造藥之工夫內有用溴者取藥與試藥之工夫內亦用之與鈉養水相和則純者無色如再添碘少許而添小粉水則不變藍色

藥品中有鉀溴淡輕溴鐵溴等含溴之質

服數　用溴一分添入水四十分或正酒醋四十分調和之以五滴至六滴爲一服如作洗藥或置於軟膏藥令溼則用溴一分水或酒醋十分與服方相較其濃得四倍

解法　與碘同

綠氣

一千七百七十四年化學家西里考得此物以爲雜質拉夫西愛謂之含養氣之鹽强水白脫里謂之養鹽强水該路撒克與替那特疑爲原質而無憑因其色黃綠故謂之綠氣一千八百九年化學家兌飛定爲原質萬物內不能遇獨成之綠氣俱與他質化合死物質內有此質頗多俱與金類化合如鈉綠即食鹽海水中含之不少生物質內

亦有含之者醫士普牢脫云動物胃中消化食物之時有輕綠氣發出不與他質化合

形性　綠氣之色綠黃重率二·五每一百立方寸重七十七釐受空氣壓力四倍或受極大之冷則化為光黃色之流質其味極澀其臭極辣令人不能呼吸雖與空氣調和已淡人尚不能呼吸滅植物之色最易而因滅色之事必藉水與光故化學家疑其綠氣令水化分新分出之養氣與有色之料化合而放出之輕氣與綠氣化合成輕綠如將綠氣行過水中能收其兩倍體積之氣又醋與數種生物質亦能收綠氣然尋常為綠氣所化分所放出之輕氣與綠氣化合成輕綠綠氣能與大半原質及金類化合又能與養與輕化合成酸質綠氣不能燒但綠氣中略能燒物如燒燭置於綠氣中其火變紅色而發焰較之在空氣中已甚小矣如將燐與銻之極細粉添入綠氣內俱能自着火綠氣不能通電氣而能漂白能滅臭凡動植諸物質所放出之惡臭綠氣俱能滅之其滅臭之理將臭氣中之輕氣與綠氣化合成輕綠則臭氣內失去輕氣化分而變為無臭取綠氣而為漂白等用宜用多造之法若任取含綠氣之質令綠氣分出則用試造之法可也

取法　將尋常食鹽四分錳養二三分硫強水七分又水七分各物置甑內加熱收其氣又法將錳養與輕綠氣調和則錳養之養與輕氣化合成水放出綠氣一分劑又有一分劑與錳化合成錳綠或將含綠氣之鈣養或鈉養添酸質則綠氣易放出可收之收綠氣之罋內必用暖水如用冷水則水收其綠氣用水銀則綠氣與水銀化合

試法　試綠氣之法以色別之或以臭別之或以其漂白之性別之水中含綠氣如添銀養淡養則有結成之白色質形如豆腐名銀綠此質遇光則變黑色淡養水中不能消化加熱則鎔成明質如牛角故西國俗謂之角銀如將金箔在綠氣水中浸之能消化至盡

功用　能令皮膚發紅能滅臭大若吸此氣則氣管閉而死

解法　吸淡淡輕氣與水氣觀綠氣水節之解法

含綠氣之藥品　鈉養綠氣水與鈣養綠

綠氣水

用上取綠氣之法令綠氣行過水中則得綠氣水甚易此水易為日光所化分其化分之故因水化分而放出養氣其輕氣與綠氣化合成輕綠

形性　此水有淡黃綠色其臭與綠氣相同其味澀遇植物顏色料隨即滅壞遇腐爛動植物質之臭即滅之如合

此水遇空氣則能滅色與臭或用含綠氣之鈉養與鈣養亦可

取法　用極細黑色錳養粉一兩盛於受氣瓶內另用輕綠六兩水二兩調和添入瓶內少加熱而用玻璃管引出所發之氣至洗氣瓶此瓶含水二兩必用管自洗氣瓶引氣至容三升之瓶底此瓶必含蒸水三十二兩瓶口用生麻鬆塞之待綠氣發盡將瓶取起仍鬆塞之而搖動令綠氣全為水所收將所得之水傾入綠色玻璃瓶內用玻璃塞塞之極密存於無光而涼爽之處

用上法所得之綠氣為極純者每綠氣一體積消化於半體積之水內每水重千分含綠氣六分即每水重一百六十五分含綠氣一分如將此水添入靛藍硫養之淡水中則藍色亦滅綠氣水之重率得一〇〇三如將鉀碘二十釐以水一兩消化之再添所作之綠氣水一兩即四百三十九釐則成深紅色再添鈉養硫養試水七百五十釐則紅色全滅知綠氣水一兩含綠氣二·六六釐

試法　觀綠氣試法節

功用　綠氣水為甚胃之毒藥亦可為烙灸之用如多加水沖淡而服之可為補火藥或用為洗藥或用為漱喉藥此藥有補火之性又有改血之性有醫士云合強水之大功藉所含之綠氣如有人誤服輕衰或輕硫可用淡綠氣水為解藥但用之宜謹慎

綠氣水可用以試碘又可用以試嗼啡啞與雞那霜如將雞哪霜水添新綠氣水再添淡輕養水則變綠色又將嗼啡啞醋酸以同法試之則變櫻色再加綠氣至有餘則色盡滅

服數　以一錢至四錢為一服必加水或別種流質八兩調和服之如用作洗藥或漱喉藥則每綠氣水一分加入別種流質八分

解法　鎂養白石粉肥皂阿勒布門蛋清皆可解之或飲多水令淡亦可

綠氣霧

取法　用含綠氣之鈣養二兩盛於吸霧器內以水溼之吸其所發之霧

此藥於一千八百六十七年載入英書中所吸之綠氣能治臭爛之喉痛或爛喉痧症或口臭之病

綠氣與養氣合成之質

綠氣能與養氣化合成數種質各質內養氣之分劑數不同因各種藥品書不詳載故此書祇記有此物不必記其名即如綠養為養氣最多者與本質化合成數種鹽類其

鹽類中有鉀養綠養爲藥品書中所準用者觀鉀節

輕綠氣

輕綠氣俗名鹽强水爲輕氣一分劑與綠氣一分劑化合而成天成者近於火山處有之又火山噴出之鎔料中其分裂處遇輕綠氣與淡輕化合又印度國之磚窰在涼爽處者亦遇見之

純者爲無色之氣質其臭辣令人不能呼吸其味酸遇植物質之藍色變爲紅色如遇薑黃試紙令變棧色加大冷能凝爲流質加四十倍空氣壓力而熱度爲五十度能變爲流質祇加熱則無變化之事凡着火之物置於其中火即立滅與水之愛力極大能吸空氣中之水而成濃霧每一百立方寸重三九七七釐重率得一·二八三水冷至四十度每一體積能收輕綠氣四百八十體積既有此性故能作鹽强水取法令綠氣與養氣相遇而成或用下數節所記之各法亦可

功用　人吸此氣即死有人用之爲滅臭藥

尋常鹽强水

尋常出售之鹽强水將輕綠氣收於水中古時化學家奇巴並阿喇伯國人略知有此質而印度國早已知之謂之鹽酸水常出售者色黃內含異質如硫强水淡養鐵綠綠氣與溴等取法用尋常出售之硫强水傾入尋常鹽類中用瓦器或鐵器作之近時製造之事常用鈉養炭養而造此物必用鈉養硫養造鈉養硫養之法即用硫强水與鹽調和所發綠氣霧有法收之變爲鹽强水重率略得一·一八○其性情與試法觀純鹽强水節

純鹽强水 又名濃輕綠水

形性　此水發濃霧吸之有毒純者無色尋常見者少含淡黃色此色與稻草相似此因久存於有光之處化分時有綠氣分出味酸惹口有烙炙之性其臭與輕綠氣同加熱至一百十二度則沸因多放輕綠氣故也加冷至負六十度則結冰與水化合不依比例化合時必生熱重率得一·一六每百分重有輕綠氣三一·八分此質遇數種金類或金類與養氣合成之質其變化須考究甚明即如鋅與鐵遇鹽强水則化分而放出輕氣而綠氣與鐵或鋅化合又如遇金類與養氣合成之質則不發輕氣此因輕氣與養氣化合成水而金類與綠氣化合然淡輕爲不含養氣之質故遇淡輕則與之化合成淡輕輕綠如遇植物鹼類質雖屬不含養氣亦依同理與之化合但植物鹼類質與輕氣彼此不相關所以輕綠徑與鹼類化合如嗼啡啞輕綠等質是也

取法　用乾鈉綠四十八兩另將硫養水四十四兩傾入冷水三十六兩中待冷傾入容八升之瓶內添入鈉綠用管與軟木塞令所發之氣引過三口洗瓶此瓶必插一管似萍門之意以防氣滿而瓶裂內含水四兩三口瓶亦必有管通至含蒸水五十兩之瓶其管至水面下略半寸將含料之器加熱則所發之氣必過洗瓶爲蒸水所收待蒸水體積至六十六兩或重率得一·一六而止其含蒸水之瓶必用法加冷否則水不肯收綠氣

以上取法之理因鈉綠與水俱化分鈉綠之綠與水之輕合爲輕綠而水之養與鈉綠之鈉合爲鈉養硫養遇鈉養成鈉養硫養如鈉養少則與硫養二分劑化合成鈉養二硫養

試法　凡濃輕綠水遇淡輕水所發之霧相遇成濃白霧此爲其據含輕綠之水中添銀養淡養水則結成白色之質形如豆腐爲銀綠遇空氣則變爲黑色置於淡輕水中能消化置於淡養水中不能消化重率得一·一六即與倫書所定者同較之一千八百六十四年英書所定者更淡因此書所言重率爲一·一七每百分重含輕綠三四·二分輕綠水純者無色置金條於內雖加熱亦不消化添入靛藍硫養不滅色從此可知其含不化合之綠氣與溴或否用金箔試之之後可添錫綠水如金箔稍有消化者遇錫綠水則結成黑色之質又純輕綠水熬乾之應無分豪餘質如輕綠水添蒸水令淡再添銀綠水若無結成之質則知不含硫養並不含含硫養之雜質又輕綠水令輕硫氣行過若無結成之質則知不含金類並不含金類與養氣合成之質如將光亮紅銅薄片置於輕綠水中加熱令沸如銅光不變則知不含鉮觀鉮節沛離拉藥品書云可用鐵養硫養試其含淡養或淡養否

每一一四·八釐重之純鹽强水添入蒸水半兩漸添鈉養試水至一千釐適能滅其酸

功用　鹽强水爲烙炙之毒藥外科用以殺浮肉如加多水沖淡可用作漱喉藥可治會厭寬鬆或喉腐爛之病又可服其淡者作酸性之劑但無收斂之性胃中常有輕綠氣故醫家用以治胃汁不合之病如胃汁中少輕綠服之自得其益又溺中有燐質亦可服之又治數種發臭之熱病亦有人用之或應用硝强水爲改血藥可用此藥代之或與硝强水同用亦可凡內科方中用鹽强水必爲淡鹽强水而藥肆出售之淡鹽强水尚嫌其濃必加水或別種流質方可服之

解法　鎂養肥皂水鈉養二炭養鉀養二炭養乳或潤腸

之劑俱可用之白石粉不可用因綠氣與鈣化合成鈣綠爲毒藥

淡鹽强水

取法　用鹽强水八兩添蒸水十六兩待熱度略至六十度則加蒸水至準六十度熱共得二十六兩半又法用鹽强水三千〇六十釐傾入量瓶內此瓶頸有一升之記號添淨水至將及一升則搖動之待熱準六十度配滿一升此方與蘇書所載之方同較之倫書阿書之方稍濃重率得一〇五二

如將此水重三百四十五釐漸添鈉養試水至一千釐適能滅其酸即每百分內含輕綠一〇五八分每重六錢即三百四十五釐含輕綠一分劑即三六五釐即與他種淡强水同法配成

服數　以十滴至二十滴爲一服添入潤性流質內或糖漿內或苦味藥類內服之如喉間生潰瘡可用淡鹽强水一錢與蜜糖一兩調和用毛筆搽患處

畏忌　鹼類質與大半土類質含養氣之質含炭養氣之質又鉀硫與鉀養果酸及銻養果酸鉀養果酸又銀養淡養五與鉛養醋酸俱不可同用

淡養五輕綠强水又名合强水

作此種强水之法將鹽强水合於硝强水此種强水承用已久古時阿喇伯人能用藥水消化黃金必已知此强水矣

形性　合强水色黃如金臭與綠氣略同不能呼吸其霧能惹皮膚有烙炙之性與他種强水同

取法　用純淡養五水一分純輕綠水二分盛於綠色玻璃瓶內瓶塞必配之甚準宜置涼爽處此爲阿書中準用之方

兩種强水相合則各强水化分其淡養五放養氣一分劑與輕綠之輕化合成水所放出之綠氣有一分飛散其餘與淡養五在水中消化但所用之兩種强水如不合一與二之比所多者其餘質不化分化學家該路撒克云合强水爲淡養與綠氣化合而成其比例爲淡養一分劑綠氣二分劑如多遇日光則水之一分再化分而成輕綠

試法　分別合强水之法可先試其化金與否其化金之理因含綠氣也如添銀養淡養五於此水內則有結成之質爲銀綠此物能消化於淡輕三水內而不能消化於淡養五水內如合强水內添一鹼類質則有兩種質結成一爲含綠氣之鹼類質一爲含淡養五之鹼類質

淡合强水

取法　用淡養水三兩輕綠水四兩與蒸水二十五兩相和一千八百六十四年英書之方較之一千八百六十七年者更淡故前用淡養水二兩今用三兩

試法　重率得一·〇七四如將淡合强水六錢漸添鈉養試水至九百二十釐適滅其酸性

功用　合强水爲焮炙性之毒藥如加水沖淡而服之能感動皮膚與肝如溺中有里的酸或草酸結成之質則可服之但此種病如祗用一種强水非徒無益而有大害合强水之功用大約因有未化合之綠氣在內也

服數　以五滴至二十滴爲一服必加水調和令淡外科中用法將海絨醮於淡合强水內令溼搭其全身或用洗足盆盛暖水每水八升加濃合强水一兩至二兩

炭

炭爲萬物中最多之物如硬煤軟煤筆鉛等物大半爲炭質其最純者成顆粒卽金鋼石也大半植物動物質亦爲炭質與養氣化合則爲炭養氣空氣中必含之又數種井水亦含之石類內亦有此質如白石粉大理石灰石等是也

筆鉛此由山中挖取其材料幾爲純炭質或以爲鐵炭但化分所得之質其迹極微間有每百分含鐵五分者有數處遇六面形之顆粒重率略得二·五不能透光其色鋼灰其光如金類磨之極滑能造筆寫字故謂之筆鉛英國岡比爾蘭省之博羅待拉有一山所產筆鉛最爲著名昔時醫士皆用筆鉛爲藥內科用之如木炭外科用之如炭油膏近時醫家皆用木炭矣

木炭

取法　木炭爲炭質尋常遇見之形色黑無臭無味不能化分不能鎔化不能消化不能改變其重率不定傳熱甚難通電氣甚易能滅臭能去物質之臭與色此因能收各種臭質並數種氣質如輕硫與炭養是也炭易在空氣中燒能發光與熱燒時與空氣之養氣化合成炭養氣如燒炭若干較之等重之木更能發熱此因木中水多之故也炭之形與質紋略與原木同如將煤置鐵鍋內蒸之則變炭質卽枯煤也

取法　尋常取法將木料成堆用泥沙等物蓋之燒時不遇空氣英書云取木炭法將木加熱至紅不遇空氣卽成無論用何法因少遇空氣則木之炭質不能多燒但其養氣輕氣與淡氣俱放出而放出之先已化合然化合之比例各不同所餘之炭質自含其木之灰卽鉀養炭養鈣養炭養等此等灰質不可謂多於百分之二凡木百磅應成

炭十四磅至二十三磅若將油類或松香類燒之所用之養氣少則自散之質化盡之後所餘之質即炭之細粉謂之煙炱如爲藥品之用則無論何法所成之炭俱可用之必先將炭質封於器內加熱至紅令其自散之質散盡待冷存於瓶內塞緊如與麪粉調和作餅則爲服法之最便者

功用　炭能治物腐爛而滅其臭又如食物不消化或赤白痢等所有口臭或大便臭惡病俱可治之近時醫學家司對納好司用木炭粗粉置於吸氣罩內凡入常遇臭惡之氣者應帶之而免臭惡之害因木炭不第能收其臭惡令不至肺中又能令其化分免其臭之害也

服數　以十釐至一錢爲一服外科中用一錢或二錢與熟豬油一兩調和作油膏

炭軟膏

作此膏之法用木炭粉四分兩之一饅頭二兩胡麻子粉一兩半三物調和依法爲軟膏再將炭粉四分兩之一散於其面乘煖時敷於臭瘡之上能滅其惡臭

動物炭

取法　用動物之骨角動筋等質盛於鍋內封密之加熱至紅至霧已發盡爲度所得之質磨成細粉謂之骨炭又謂之象牙炭每百分重含鈣養燐養五與鈣養炭養二八十八分觀鈣養燐養五節另含鐵炭與鐵屑二分並含硫與金類化合之質極微其味稍苦與木炭易於分別其法將炭少許置於紅熱之鐵塊上燒之餘質多者爲動物炭餘質少者爲木炭動物炭之灰大半爲鈣養燐養五過硫養三無甚變化木炭之灰大半爲含炭養二之質遇硫養三則消化而成苦味之水

動物炭爲藥肆中之正藥其大用處能收去生物質之顏色料有此性情之故因炭質在其鈣養燐養五等質中分開極細故其面積變大所過之流質其色料易收即如欲燒成植物炭之料中添白石粉或火石粉則成炭之後其性略與動物炭之性相同但究屬相差甚遠工藝中用動物炭提淨生糖去其顏色料而得白糖又可造檸檬酸果酸植物鹼類與其鹼類所成之鹽類如雞哪嗅啡啞非辣得里亞是也動物炭做此各用可屢爲之每用一次其性已失可曬乾或烘乾散出其水置器中封密加熱至紅待冷可復用之其法將所欲滅色之料與此炭調和或與炭同煮令沸或將流質在炭中濾過數次俱可化學與醫學中所用之動物炭必先提淨而後用之

純動物炭

取法　取純動物炭有一簡法即將牛血加熱至紅將所

得炭質以水洗淨此法載於倫書中英書之法將尋常骨炭十六兩加蒸水一升再加輕綠一兩少加熱兩日則以多水屢次洗之烘乾置鍋中封密加熱至紅待冷可用此取法之理因輕綠能消化其燐養能化分其鈣養炭養並含硫之質又能放出其炭養氣與輕硫氣少許水中亦收其鈣綠將所得定質屢次洗之祇餘鐵炭少許並矽養少許和合於炭中醫學家司對納好司云不可依上法將所得之炭置於鍋中封密加熱至紅因此事能令炭粉合成硬塊而減其滅色之性

提淨之動物炭能滅力低暮司（又名里低毋司）之顏色料如在空氣中燒之則餘質極少

功用　動物炭之功用大於植物炭之功用其故畧因炭之質點相距更遠能收數種氣質於內不致放出生物質腐爛所發之臭惡收之極易故病人房中有臭惡之氣動物炭能收之如腐爛臭瘡等症用動物炭收其臭治之更易又如食物不消或赤白痢或大便有血等病服之可收去腸中之猝質或酸質令腸之內皮不爲其所惹藥肆中用之大半爲滅質體之色因動物炭能與生物質之顏色相合甚緊故造鹼類植物藥等用此滅其色但有一大病因不第能收其顏色料間有收其鹼性之植物質故用之不便（觀草烏頭節）然此雖爲造藥家之弊亦爲解毒之便法因鹼類之毒性在胃中遇動物炭則爲其所收而不肯放出可爲治毒之料誤服鹼類毒性之最重者速服動物炭甚多其毒可解如輕衰等是也又如嘆啡啞司脫立克尼尼每誤服一釐服動物炭半兩足以滅其性但金類之毒如用動物炭治之其功用不大

炭與養合成之質

炭與養合成之質有數種有入藥品者有不入藥品者茲言其各質之性情與其理之大略

炭養氣

此爲無色之氣質無臭無味吸之有大毒重率九七二作法將炭與養氣少許合而燒之此氣雖能滅火然能燒成淡藍色之火即如燒煤爐中常見藍色之火焰即此氣也凡木炭緩燒亦有成此氣者若將門窗關閉燒成此氣則有害於人有人用此法自盡化學家都買司云此氣較之炭養氣更毒每空氣二百分含此氣一分足以毒死解此氣之毒必令其人呼吸新氣或令其人呼吸養氣

草酸

草酸爲炭二分劑養三分劑合而成者醫學家或謂之炭酸在此節論之亦無不合惟因其質藉生物質而得之其

性與別種酸質略同故詳列於生物酸質之內

炭養氣

此氣昔人已知之而明其性情但未知其原質一千七百五十七年英國化學家布拉格考得萬物中處處有之因空氣每千分中有炭養氣一分有數處地面發出此氣如意大里國之犬洞容此氣甚多犬暫入其中已中毒迷蒙吸新氣即醒若數分時不出則已死又如噶囉巴有山谷謂之死谷凡動物行過此谷因吸谷底所發之炭養氣即死日耳曼國有一處近於拉克湖每日放出炭養氣六十萬磅又日耳曼國之布路他勒放炭養氣極多足供化學

內數事之用又有數處發出之泉水多含炭養氣故取出時發泡即如鈣養炭養鎂養炭養鐵養炭養爲數種水所含者因其炭養氣無有餘能在水中消化而不分出又如燒木炭等質成炭養氣甚多又發酵之物亦多成此氣而放出凡動物呼氣有炭養氣在內植物於夜間或於陰處常發此氣其數極微地球之料多含炭養與本質化合或與金類礦化合即如大理石灰石白石粉等成大山之材料亦有之

形性　炭養氣冷熱適中之時爲無色之氣質水中消化之其味酸較空氣更重其重率得一·五二每一百立方寸重四七·二五釐尋常水一體積能消化炭養一體積如另加大壓力則能收之更多能令植物之藍色變紅但變紅乃暫有之色不久而炭養散去即復其藍色如加極大之壓力能變爲流質如加極大之冷至負一百四十八度則變爲定質凡火與燒物之火焰炭養能速滅之惟鉀火不能爲其所滅凡動物吸此氣依同理亦必死

取法　將白石粉磨成細粉與水調和成濃漿另將硫養一分與水一分相和傾入濃漿調之所發之氣即炭養氣又法用大理石磨成細粉或別種含炭養之質亦可用淡鹽強水或別種酸水亦可但爲藥品之用而取炭養氣應

用硫養因較別種酸質更難自散也

試法　試炭養之法可用藍試紙令變紅之後不久即復藍色又添入石灰水則變白色如乳因成鈣養炭養在內也又添入鈣養水或鋇養水則有結成之鈣養與鋇養若分出其結成之質置於醋酸內再消化而發泡

功用　炭養氣在胃中則有補火之性吸入肺中人必毒死用炭養氣爲藥之法或用發泡之鉀養水或發泡之鈉養水或各種發泡之藥水或尋常荷蘭水即含炭養之水此水內含鹼類少許但尋常出售者不添鹼類在內也有數處泉水多含炭養氣可以服之另含異質如鐵鎂等故

必擇何處之水合用即用之地洞井礦等處常發炭養氣誤入其中則死又如造酒之大桶或燒石灰之窰或養花木之玻璃房或多人居小房內而不通氣或船上燒木炭而窗內無通風之法此各事內常有人因吸炭養氣而死者人吸此氣似醉似蒙又能令吊鐘塞住氣管而不動也人身外皮遇炭養氣則有止痛之功用故歐洲各國醫士用炭養氣圍病者之身治乳癰與經閉等大痛之病

輕硫氣

此氣有兩種性情一為惡臭二為傷人

形性　輕硫為無色之氣質每一百立方寸重三十六釐

重率得一·一七七加壓力得空氣之十七倍則能成流質此氣能着火燒時成硫養與水凡水一體積能收輕硫兩倍半體積水得其臭味而遇藍試紙令變為紅色即其酸性也此水不封密則輕硫放出又有輕硫化分其硫結成沉下令水變濁

此氣能與本質化合即如與淡輕化合成淡輕硫又能與數種金類化合如鉛銅鉍銀其各質皆為黑色銻為紅色鋅為白色鉀為黃色故試各質之工內用輕硫大有益處可用含輕硫之質如淡輕硫或鉀養輕硫俱可凡鹼類或土類之金類不能為輕硫所結成炭質能收輕硫氣極多

又如腐爛動物質與數種植物質如十字形花瓣之植物質並含硫養之腐爛植物質皆發輕硫氣此因植物質之炭質遇硫養質在水中化分之令放輕硫氣又有數處地中發出之水亦含此氣

取法　用硫養七分加水三十二分再加鐵硫五分則有輕硫氣發出尋常取輕硫之法將鐵硫與水相和盛於瓶內欲令發輕硫時則添硫養水少許足得需用之氣為限

功用　此氣甚毒雖吸其極淡者亦有害於人但如地中發出含輕硫之水如英國哈羅該特之水並醫士配成之輕硫水或服之或浸身則有補火之性能治皮膚與便溺

之數種病試各藥時多用輕硫故英書之附卷記之凡用者應隨時作之令其氣先行過洗氣瓶後從通至欲試之水內而所欲試之水應先加强水令得酸性否則所有鋅或鐵或錳含配質最小分劑之質不能凝結其流質含銅鉛錫汞金銀鉍則有結成黑色或深棕色之質如其水含鐵與最多分劑之配質合成鹽類質則結成白色之質如含鉀則結成黃色之質如含銻則結成橘皮色之質但含土類本質或鹼類本質則無結成之質

解法　吸綠氣或服酸類之質

一　輕與炭合成之質

凡輕與炭合成之質入藥品者甚少因其有害於人故雖不入藥品亦當考其理以免其害即如炭輕與炭輕為煤氣中之要質煤氣中另有炭硫與淡輕及徧蘇里其所發之臭大半藉此各質而得之

炭輕氣

此氣為炭一分劑與輕二分劑化合而成如久不流動之水常發此氣故水面有小泡又如將水下臭泥挑動之水面亦能發泡依此法所得之氣大略為植物質腐爛而成開煤洞中常有裂處多放此氣遇空氣中之養氣與之調和成極危險之氣見火則爆裂工人因此而死者甚多如

欲試造可將含醋酸之質化分之能燒成黃色之火人吸之亦無大害如燒之則所成之質為炭養氣與水故令空氣有含炭養氣之弊

炭輕氣

此氣亦在煤井中發出與前氣略同其造法可用極濃酒醕一分與硫養水五六倍重相和即得此氣不可吸入肺中遇火能滅之燒此氣能得極亮白光凡蒸煤時能得一種油名巴辣非尼化學家好夫門云此油為炭輕氣變成流質近有人用以點燈得光略與火油同別種含炭與輕之質或為定質或為流質即如尋常火油前入藥品近時

英書廢而不用但那普塔無論為人造為天成常用以入藥然此各質之天成者大半由地中植物質化分而成人造者亦用植物質化分而得之故各質與其原材料同論之為便觀松香油與他爾即黑油與蒸煤所得之各質數節又觀松樹類節

苦里亞蘇脫亦為炭與輕與養合成之質能令肉等生物質不腐爛因此質用他爾為之故詳論於他爾節

炭與淡合成之質

炭與淡能合成一最奇之質西名衰安揑真譯曰藍毋省文曰衰今普魯士藍以衰為要質觀鉀衰鐵節

衰

此質為炭二分劑與淡一分劑化合而成最簡之造法用汞衰加熱放出衰質為無色之氣其臭最奇最辣與桃仁略同燒成紫色之火易為水所收易凝為無色之流質此質之性之最奇者雖為雜質而能與金類化合理與原質相同又能與輕氣合成一酸性之質名輕衰此質之性有大毒人不可不知之食之極少亦為良藥然衰為生物化學內一種雜本質又因輕衰為數種花草自然而生故詳見於杏仁節

三原質之雜質

生物內有數種三原質之雜質可入藥品者炭輕養三箇原質所成之各雜質如小粉與糖可與所產之生物質同論之又有三原質所成之雜質如酒與酒醋等可與糖發酵同論之然其質既非生物質亦非死物質乃生物質所成之料也本書之末另有一卷論及之又如以脫爲酸質遇醋所成故在酒醋節內論之又如發醋酵並成醋之工亦與發酵之事有相關故在發酵節內論之

植物酸質

凡論鹼類土類金類之各說內必論其與各植物酸質合成之鹽類若將植物酸質論列於此亦爲甚便然因各鹽類亦便在酸質之各說中查之而酸質在其產之之植物內便查故各酸質詳於植物質內最便卽與植物鹼類同法排列如

檸檬酸詳論於橘科之檸檬節

果酸詳論於葡萄科之葡萄節

草酸詳論於酢漿草科

偏蘇以酸詳論於司土辣克西依科之偏蘇以尼節

色克西尼酸詳論於地產類之琥珀節

沒石子酸與樹皮酸詳論於阿門達西依科沒石子節

淡與輕合成之質卽淡輕三

淡輕三亦謂之淡輕四養古人布里尼已考得之其書云將石灰與一種硝類相和則發極大之奇臭所云硝類大約卽磠砂又名淡輕四綠然古人不甚明其功用不知其爲何原質而成如印度國人從前亦知造淡輕四養炭養二其法將磠砂一分白石粉二分相合而成西名阿摩尼阿卽磠砂也因原從此物得之故仍其名古時化學家亦知淡輕三水謂之自散鹼類質英國化學家布里司德里先考得淡輕三氣一千七百七十四年試驗各種氣之記錄簿中論之一千七百五十六年英國醫士布拉格將淡輕三與淡輕四養炭養二分別甚明白脫里初知淡輕三爲何原質而成該路撒克初証其爲淡與輕合成之質空氣中常含淡輕四養炭養二少許每空氣十萬分含淡輕四養炭養二一分雨水中亦含少許又如大半植物質之汁如樺木胡蘿蔔甘蔗等汁亦含之植物質所含之淡氣大約藉空氣中之淡輕三氣得之植物腐爛之時則發此氣動物腐爛之時發此氣更多溺中亦含之與燐養五或輕綠化合而尿酸與淡輕四養衰爲同原之質如受熱與溼氣則化分成淡輕四養炭養二又有數處之泉水合淡輕三之鹽類質卽淡輕四養炭養二淡輕四養淡養五等又如日耳曼國故來思瓦特與格星眞或火山相近處或近於地內着火之煤層間能遇淡輕四綠或淡輕四養硫養三英醫士奧斯丁考得凡初生

之輕氣遇淡氣，則自成淡輕三。化學家古拉特曾言初生之輕氣與淡氣相遇，又有空氣與水同時相遇，則能成淡輕三。故化學家以爲地球面常有此事，每日自生淡輕三極多，而淡輕三更收空氣之養氣，成淡養五之各雜質，植物質吸之，可大得其益。

取法　淡輕三之純者，爲無色明亮之氣質，其臭猝，人不能嗅之，有鹼類與焙炙之性，黃試紙遇之則變櫻色，植物之藍色已爲酸質變紅者，遇此氣則復其原色，但此種變化祇爲暫有之事，因淡輕三極易自散，故其色仍變如前。如將鈣養或鉀養令遇淡輕四綠，則發淡輕三氣，可取之。如將淡輕三水加熱，用水銀盆收其氣，則可作淡輕三之各用。此氣之重率得〇五九，每一百立方寸重一八二八釐，加空氣五倍半之壓力，得五十度之熱，能成無色之明流質，重率得〇七六。此事爲英國化學家法拉待創成之。淡輕三氣遇水，則爲水所收，極速而多（觀淡輕三水節）。酒醋與以脫亦能消化甚多。淡輕三氣遇見能化散之酸質，如輕綠等，則二氣相合成濃白霧。淡輕三與酸質化合，成鹽類質，若其酸質能自散，則間得其鹽類質能乾蒸之，若其酸質不能自散，則鹽類質受熱，祇化散其淡輕三。淡輕三氣人不能吸之，亦不能在其氣中燒物。如將淡輕三氣二體積與養氣一箇半體積相和，令電氣光星行過，則氣能爆裂，成淡氣與水，可知其淡氣原與輕氣化合。

淡輕三與水化合，爲淡輕三輕養，即淡輕四養，若以淡輕四爲金類原質，則淡輕三輕養爲金類與養氣合成之質，但淡輕三未有人能分取之，祇有說而無憑也。

如將汞與鉀兩物調和成膏，置於淡輕四綠水內，則汞離鉀而與淡輕四化合，能得極大之體積，此因汞與金類質淡輕四化合成膏，與汞與金類質化合成膏有同理。凡淡輕三之鹽類質，與淡輕四有相關，同於鉀養之鹽類質與鉀養有相關，即如淡輕三輕綠，同於淡輕四綠，其式爲

淡輕三輕綠‖淡輕四綠

淡輕三與硫養三等合成之質，皆含水一分劑，所以

淡輕三硫養三丄輕養‖淡輕四養丄硫養三

英國醫士開那以爲阿美弟，即淡輕二，爲淡輕三之根原，與輕氣一分劑化合，即成淡輕三。

淡輕三與其各雜質之功用　淡輕三氣能感動人身之各處，如專吸之，則人必死。濃淡輕三水，搽於皮膚，有焙炙之性，能令皮發泡，服之則爲消蝕內皮之毒藥，但依法服其淡者，速爲血質所收，有鹼類之性，並有補火之性，即如胃痛吐酸，或溺中有里的酸等病，可服之爲減酸藥，凡病不省人

事或疑其將有此病可服之爲補火藥服後顯出其補火之性令人覺有精神又可嗅其水中散出之氣或淡輕$_{4}$養炭養$_{2}$所散之氣若其人已屬不省人事則必謹慎吸此氣恐多嗅亦有害如中輕衰之毒必速服淡輕$_{3}$水又如羊癲瘋與婦女妄言笑腸中或胃中發氣或臌脹可服之爲止痛補火藥又如發狂由他病而來或頭痛或身虛發熱皆可服之能感動腦髓令其不失功用如服之過限則脉數汗多頭腦覺太滿溺中有鹼性服太多則惹胃而吐其含炭養$_{2}$者性與淡輕$_{3}$略同然其各鹽類之性情與淡輕$_{3}$不同即如淡輕$_{4}$養醋酸與淡輕$_{4}$養檸檬酸與別種鹽類質俱有減血之性後在血中化分變爲含炭養$_{2}$之質在溺中顯出令溺有鹼類性與他種鹼類藥同淡輕$_{4}$養醋酸爲發汗之要品而淡輕$_{4}$綠服之無有在血中變化之性此質亦與尋常鹽類藥不同因有改血性情與定質鹽類之含綠氣者相同有醫士云淡輕$_{3}$水治肝之久病頗有功用

解法　凡吸淡輕$_{3}$氣而中其毒者必用醋加熱吸其氣或吸輕綠氣亦可

淡輕$_{3}$水

此水收淡輕$_{3}$氣英書中有濃淡兩種

形性　淡輕$_{3}$水無色其臭甚辣其味亦辣有鹼類之味重率小於水與其濃淡有比例水含淡輕$_{3}$氣愈多則重率愈小英國化學家兌飛考得水熱五十度尋常空氣之壓力每水一體積能收淡輕$_{3}$氣六百七十倍體積重率得〇·八七五每百分重略含氣三二·五分即略爲全重三分之一化學家多而敦云最小之重率爲〇·八五其濃者加冷至負四十度則凝結其沸度與水之濃淡有相關此因其氣之易散也淡輕$_{3}$水過空氣則多放淡輕$_{3}$又能收空氣之炭養$_{2}$氣與鈣養水同能與酸質合成鹽類能與油合成肥皂數種洗藥中用之又能化分數種含土金之鹽類質並含金類之鹽類質令其含養氣之質沉下有數種結成之質加淡輕$_{3}$至有餘則再能消化又有數種結成之質與淡輕$_{3}$化合成雙鹽類質即如汞綠淡輕$_{3}$鐵綠淡輕$_{3}$等是也

濃淡輕$_{3}$水

此水製造之工內多用之大造之法用煤氣水或骨酒等質（觀淡輕$_{4}$綠節）所分出之粗淡輕$_{4}$養硫養$_{3}$或別種含淡輕$_{3}$之生鹽類質以鈣養調和令其化分英書中有造此水之方重率得〇·八九一此爲濃淡輕$_{3}$水較之尋常淡輕$_{3}$水更濃故必將每一兩添水二兩即得英書所準用之淡淡輕$_{3}$水重率得〇·九五九即藥肆出售之淡淡輕$_{3}$水也

濃淡輕$_{3}$水每百分含淡輕$_{3}$氣三二·五分每重五二·三釐添

草酸試水一千釐適能減其鹼性

取法　用熟石灰四磅淡輕綠粗粉三磅調和置於鐵瓶中此鐵瓶置於金類盆中外以砂圍之用鐵管等件通入能容一升之三口瓶又用管通過第二個同大之三口瓶又通過合三升之受瓶此瓶必先盛蒸水二十二兩再通至第四瓶內盛蒸水十兩其第一第二兩個三口瓶必為空者第二個瓶與受瓶必用一彎吸管內有小水銀柱則其金類盆之外可漸加熱至受瓶之管有氣放出為度受瓶內含所成之濃淡輕水四十三兩

第一與第二瓶內亦有含淡輕之流質此為有色者因此質隨氣蒸出必將此水加熱至體積少四分之一而在第四瓶之水中收之此水所收之淡輕氣其多寡可算為淡淡輕水

此取法之理因淡輕綠之綠合於鈣養之鈣成鈣綠存於甑內不出而鈣養之養合於淡輕成淡輕氣與水

大造淡輕水之法用生淡輕養硫養與鈣養水相和蒸之其熱漸加漸大至後必極大化學家羅生云甑內含淡輕養硫養一擔共蒸二十四小時能得重率〇八七五之淡輕水六十磅至七十磅內含淡輕氣每百分有淡輕氣三二五分然此說與英書有異

功用　濃淡輕水能惹皮膚成泡或為烙炙之用或將鹽類質收其水在內置於瓶中以嗅其香意與鼻煙略同

淡淡輕水

作此水之法將濃淡輕水一分添水二分此水之重率應得〇九五九每百分略有水九十分淡輕十分觀化學家楷立由司書所記淡輕水濃淡之說

淡淡輕水八十五釐漸添草酸試水五百釐適能減其鹼性

試法　淡淡輕水其臭味性情與淡輕氣同如加熱則化散成霧速減其性故將黃試紙置於霧中則變椶色遇空氣不久即復其原色如將鈣養水滴入有結成之質為鈣養炭養則知其水含炭養氣之質或用鈣綠代鈣養試之亦可如添淡酸質則不發泡又如添淡養至有餘再添二淡輕三炭養或添銀養淡養皆無結成之質則知其不含土質不含輕綠並不含含綠氣之質如添鋇綠水而無結成之質則知其不含硫養尋常之淡輕由煤氣水而造之故常含煤氣油質即如最多之質含貝路里試含此質之法添硫養至有餘如變紅色則為含貝路里質又加硫養至有餘如含煤氣油質則發煤氣之臭如添草酸水而有結成之質為鈣養草酸則知其含鈣養

畏忌　各種酸質酸性鹽類質大半金類鹽類質

功用　淡輕並其與炭養合成之各質性情略同其濃者有烙炙之性服之過多則爲消蝕內皮之毒藥外科中用之能令皮發紅可治蚊蝎等所傷之病又可治數種毒蛇齩傷之病吸其淡霧或服其淡水俱能速顯其補火之性又能感動腦與腦氣筋故人將昏迷不省或將發癎症服此藥可免性與輕衰相反故能解輕衰之毒舍此藥之外無他藥可解其毒也由此可知淡輕第一功用爲補火第二功用爲減酸服之能治胃或血或身內津液（如汗與大小便之類）多酸之病如欲久用鹼類之藥則此藥之弊小於鉀養鈉養等質然服之過久能令筋肉漸瘦因消化其蛋白質凡胃與腸中有氣而同時有酸與內熱則服淡輕水爲最妙之藥又如溺中有里的酸或痛風或風溼亦可服之得其功益淡輕水亦有化痰與發汗之性但發熱身弱等病其體中鹼質太多或血太淡則不可服又如水手身虛泄血之病與流血各病亦不可服之

服數　十滴至三十滴爲一服添入水中或樟腦雜水或乳或潤劑俱可

解法　醋酸檸檬酸或植物酸質俱可解之

用淡輕配成之藥　淡輕汞與樟腦雜洗藥用濃淡輕水汞洗藥用淡淡輕水

淡輕阿魏酒

取法　用阿魏一兩半濃淡輕水二兩先將阿魏杵碎置於有蓋之壺內用正酒醕十五兩浸之以二十四小時爲度再蒸去其酒將所得之餘質與淡輕水調和則添正酒醕足滿一升

服數　以半錢至一錢爲一服

婦女妄言笑與腦氣筋病

此方原載於英書中一千八百六十四年之書去之六十七年又補入倫書中有一相類之方含淡輕養炭養能治蘇書與阿書之淡輕養香酒以淡輕水爲之與前方所用者同俱不用炭養之質也但英書之淡輕養香酒用濃淡輕水並二淡輕三炭養

外科中用淡輕爲洗藥或爲油膏

淡輕洗藥

取法　將橄欖油三兩淡輕水一兩二物調和有人喜用杏仁油代橄欖油言其藥性更佳

功用　令皮發紅又能補火

淡輕油膏

此膏將豬油與淡輕水調和其比例之大小依其治法之

應用濃淡如搽於皮上不蓋之令遇空氣則淡輕自散而皮發紅若以油布等物蓋之則能令皮發泡

淡輕與炭養合成之質

古書中所言淡輕與炭養合成之質因分劑數未明故難定其所言者為何種此書中祇可并論之前言空氣中常有淡輕養炭養凡動物質腐爛則放淡輕氣又數處泉水並花草之汁內亦有之印度人亦知造此質前有英國醫士恩司里久居印度從土人得一方將硇砂一分白石粉二分兩物調和加熱此物為淡輕與炭養合成質之一種沛離拉全藥品書云天方國人亦知造此物格致家勒立

用人尿令其變臭而得雜淡輕養炭養之水化學家伐倫他呧書中亦云溺中之鹽類亦必為此質

淡輕與炭養合成之質所已知者有三種一為淡輕養炭養即倫書之淡輕養炭養香酒與阿魏淡輕養酒二為淡輕養三炭養此為定質鹽類面上常生白粉如霜三為淡輕養二炭養

淡輕養炭養

此質為淡輕一分劑其數為十七炭養一分劑其數為二十二兩物相和共得分劑數三十九如另合輕養一分劑則共得分劑數四十八造法令炭養氣與淡輕氣相遇或

將淡輕綠以鹼類與炭養合成之質調和或將土類與炭養合成之質與流質調和蒸之令化分或將淡輕養炭養水令漸自收乾得其顆粒觀後節便知其詳

淡輕養炭養香酒

形性　此為無色而香之流質有補火之性內含自散之油類質

取法　用二淡輕養三炭養八兩濃淡輕水四兩肉豆蔻自散油四錢檸檬油六錢正酒醕六升水三升各物調和蒸得七升為度其重率得〇·八七〇

倫書作此藥之法將淡輕綠鉀養炭養桂皮丁香檸檬皮

酒醕各物調和蒸之此藥含丁香油故變櫻色又含淡輕養炭養與鉀綠英書之方祇有淡輕養炭養在內而因尋常所得之質為二淡輕養三炭養故方內另配淡輕水一分劑則所成之質含淡輕養炭養此方較倫書之方更清而功用更大其濃加半倍且所用者為香油較之用生香料更佳

服數　以半錢至一錢為一服可與鎂養硫養同用之

二淡輕養三炭養

此質在英書名曰淡輕養炭養謂之嗅鹽或謂之鹿角鹽又謂之溺鹽此各名指出其性情或其根原近時造法用

鹼類含炭養之質或土類含炭養之質與淡輕綠調和而成或將淡輕養硫養代淡輕綠

形性　尋常所得者爲無色透光之片其剖面有直紋略如細絲其味辣有鹼類之性得淡輕之味其臭亦辣能直達肺中多遇空氣則不能透光其質變脆面生白粉一層此粉卽淡輕養二炭養此質辣味更輕故又謂輕性淡輕養炭養面上成粉之理因淡輕氣有若干分化散如用黃試紙則易見其散氣之據因二淡輕養三炭養加熱則全散用冷水消化則不及四倍已能消化化學家白西里由司云冷水兩倍能消化之若用沸水則自化分發炭養氣

與淡輕氣準酒醋能消化正酒醋稍能消化已有化學家非勒白考得此質之原質各數茲開列於左

炭養三分劑每分劑二十二共六十六卽每百分有炭養五五·九三

淡輕二分劑每分劑十七共三十四卽每百分有淡輕二八·八一

輕養卽水二分劑每分劑九共十八卽每百分有水一五二六

英國醫學家沛離拉云依多而敦與司堪倫兩人之說此質非全爲二淡輕養三炭養質而爲淡輕養炭養與淡輕養二炭養和合之質其據因用冷水少許消化之卽得淡輕養炭養水而其餘質之形狀與體積尚未減小此不消化之質卽淡輕養二炭養沛離拉又云觀其質極勻淨有顆粒之形狀不可謂兩質調和而成必爲化合而成卽無水淡輕炭養一分劑得三十九與淡輕養二炭養輕養一分劑得七十九相合而成卽二淡輕養三炭養其得分劑數一百十八

取法　用淡輕綠一磅白石粉一磅半兩物磨成細粉調和而乾蒸之其熱必漸加大

此取法之理因鈣養炭養與淡輕綠兩物之本質與配質更換卽淡輕與炭養化合輕綠與鈣養化合成鈣綠與輕養此鈣綠存於甑內而淡輕養炭養與水同時蒸過此變化易明然尚有一層變化則難明因所得之質非淡輕養炭養而爲二淡輕養三炭養卽含水二分劑此因每蒸過淡輕養炭養三分劑之時卽有淡輕一分劑與水一分劑同時行過其變化之式爲

三淡輕養炭養＝二淡輕養三炭養丄淡輕養
輕二炭養一輕養

此質久遇空氣則散去淡輕養炭養一分劑而餘質爲淡輕二炭養一輕養

大造二淡輕養三炭養之法用生淡輕養硫養與鈣養炭

養二兩物調和而乾蒸之其理與前同甑內所餘之質爲鈣
養硫養三取淡輕四養硫養三之法用煤氣油或骨酒中之生淡
輕四養炭養二令遇硫養三或令遇鈣養硫養三則得淡輕四養硫養三
此質常含雜質故必提淨之如多斯加納出硛養三水之湖
常含淡輕四養硫養三近時俱用此質造二淡輕四養三炭養二

試法　含淡輕三之鹽類易於分辨即如與鉀養磨勻則發
淡輕三濃霧可以其霧之臭與其試霧之法辨之如加淡酸
質觀其發沸則爲含炭養二質之據如添鈣綠或鋇綠則有
結成白色之質爲鋇養炭養二如分出此質而添淡輕三水再
有結成之質則依此法能分辨二淡輕四養三炭養二與淡輕四

養炭養二此事之理自其質之性情易知淡輕四養二炭養二不
能令土類本質結成但再添淡輕三水則變爲淡輕四養炭養二
如用前第一法爲之則稍有異質在內其塊能透光空氣
中易成粉而散開如乾蒸之則可蒸盡無餘質能在水中
消化能令黃試紙變櫻色如加淡養五水至有餘再添鋇綠
則不令結成又添銀養淡養五亦不令結成如觀其塊不透
光或外面白色如霜則知有一分變爲淡輕四養二炭養二其
性更和平如以水消化之而內有不消化之質則爲異質
如乾蒸之而有餘質亦爲異質如用鋇綠則能辨其含淡
輕四養硫養三等有硫養三之質又如用銀養淡養五水而有結成

之白質則知其含淡輕四綠等質
如將二淡輕四養三炭養二五十九釐以蒸水一兩消化之添
草酸試水一千釐適能滅其鹼性

功用　能滅酸能補火能治腦氣筋忽發之痛又能發汗
凡不知人事而身極虛或胃中有酸而食物不化或有痼
症均可服之
英書用二淡輕四養三炭養二半兩添蒸水十兩消化之爲試
水

服數　以二釐至十釐爲一服或爲丸或與水調和服之

畏忌　各種酸質酸性鹽類質鹼類質鈣養水鎂養數種

金類之鹽類惟鉀養果酸鐵養檸檬酸淡輕三檸檬酸不在
畏忌之列即鎂養硫養三亦可同服之
醫家或用二淡輕四養三炭養二爲發泡藥凡用此藥二十釐
可配檸檬汁六錢或檸檬酸顆粒二十四釐或果酸二十
五釐俱可

淡輕四養二炭養二

凡二淡輕四養三炭養二久遇空氣則變此質但其眞式爲淡
輕四養二炭養二輕養又謂輕性淡輕四養二炭養二因其所發之
霧炭氣更多則臭味更少能結成六面柱形之顆粒爲尋
常之式每一分必配水八分消化之

取法　用尋常之二淡輕養三炭養磨成細粉散於紙上過一周時則自變爲淡輕養二炭養存於玻璃瓶內須密塞之

試法　添鋇綠或鈣綠水初無結成之質久之則發炭養氣而有白色之含炭養質結成沉下但此質不能在鎂養硫養水內有結成之質

功用　能減酸能發汗因其性較之二淡輕養三炭養更輕故凡病之須輕用減酸藥者則用此藥更佳

服數　以五釐至二十釐爲一服冷水消化之如欲用以作發泡藥則用二十釐配檸檬酸十八釐或果酸十九釐

淡輕養醋酸水

此質之分劑數共得七十七各藥品書祇論其水不論其顆粒因其顆粒難存瓶中必在抽氣罩中方能得其顆粒一遇空氣即消化故此書亦不論之

形性　此爲無色之稀流質稍有臭味味亦不甚適口有中立性者遇藍試紙或黃試紙不變色如用之爲洗藥稍有酸性更佳如爲內服之用稍有鹼性無妨

取法　用醋酸十兩淡輕養炭養三兩又四分兩之一磨成細粉添入醋酸至有中立性爲度後加水二升半此取法之理因醋酸合於淡輕養而炭養則發泡散去

此方與一千八百五十一年倫書所載者略同一千八百六十四年英書所準用者重率得一·〇六較近時準用者濃五倍古人亦知作此藥用鹿角蒸酒與濃醋調和所得者爲淡輕養醋酸另有淡輕養遇蒸酒內之油質合成肥皂質法國醫士含西阿云因有此質故其功力更大

試法　重率爲一·〇二二即與倫書所載者同遇藍試紙或黃試紙可試其酸性或鹼性之有無添輕硫氣不變色則知不含金類與養氣合成之質（此以銅與鉛爲最要）如添水令淡後添銀養淡養或鋇綠不應有結成之質如有之則添銀養淡養者爲輕綠添鋇綠者爲硫養如將其水加熱則水汽散盡後所餘之質爲淡輕再加熱則化散如有不化散者則爲異質藥肆尋常出售者有或濃或淡之弊須以其重率定之

畏忌　遇濃強水則化分鈉養與鉀養或鈉養炭養與鉀養炭養或鈣養與鈣養水或鎂養與鎂養硫養又有數種金類鹽類質即如錦之鹽類質並鐵綠與鐵養硫養等

功用　可作涼性鹽類藥治發熱與生炎之病又可爲發汗藥又可爲涼性洗藥與洗眼藥

服數　二錢至六錢爲一服每三四小時服一次或與水調和服之或與樟腦雜水等調和服之

淡輕養檸檬酸水

此藥之式爲三淡輕養炭輕養

取法　用檸檬酸三兩以蒸水一升消化之再添濃淡輕水二兩又四分兩之三或適能滅其酸性以試紙試之配其料至得中立性爲度

此爲倫書之方一千八百六十四年之英書不載此藥近時補入之其化學性情淡輕養與檸檬酸俱有之可爲鹽類發汗藥治發熱與傷風病其功用與服數與上藥同但其味更佳惹胃之性更小

淡輕綠（又名硇砂）

此質之式爲淡輕綠或記之爲淡輕輕綠古人奇巴已知此藥而阿非色那與賽拉披恩兩人之書亦論及之名曰硇砂多爾波斯國書云希臘名謂阿米耶梵語謂奴凹砂多爾醫士來拉在印度買得此藥俱用此名在燒磚窑內得之（觀印度藥書第四十頁）埃及國用駱駝糞取之古時羅馬人亦知此藥布里尼書云用一種硝與石灰相和其香頗烈所言之硝必是淡輕綠

形性　尋常出售之淡輕綠爲半球形之塊色白無臭有極粹之鹽類味質有多紋紋皆自心向周稍韌而能引長或不透光或有顆粒之形狀或半透光而不明在空氣中不甚改變稍收水氣有數種生淡輕綠凝結成圓柱形之顆粒遇空氣則消化淡輕綠之重率得一·四五〇能在等重之沸水中消化若六十度熱之水須三倍又四分之一方能消化消化之時生大冷故平常發凍藥加此質於其中用醋五倍重能消化之用正酒醋尚可更少如加熱則可乾蒸之而不化分尋常之淡輕綠已用乾蒸法而得之沸水消化之後加冷則成顆粒其顆粒之形或爲四面體其面皆平或爲八面體或爲翎毛形之式仔細觀之爲極細八面形之顆粒藉其兩端而黏合

淡輕綠遇酸類質或鹼類質則化分其硫養或淡養與其淡輕化合而放其輕綠如用鉀養或鈉養或鋇養或鈣養或鎂養則放其淡輕可用尋常之試法試之而與其酸質化合成含綠氣之鹽類質含炭養之鹽類質亦能化分成淡輕養之各分劑質如用銀養淡養即結成白色之質爲銀綠能爲淡輕所化分如用鉛養醋酸即結成鉛綠亦爲白色之質如用鉑綠即結成黃色之質爲淡輕鉑綠將此質濾出烘乾燒紅即得白金絨又汞綠雜水中有淡輕綠假如以淡輕爲金類而令淡輕之各鹽類質與各種金類之鹽類相配則淡輕綠不可謂淡輕與輕綠兩物合成祇可謂淡輕與綠兩物合成英國醫士開那云此質爲輕與

阿美弟綠相合而成。
取淡輕綠之法，將淡輕氣令遇輕綠氣，火山內大約有此兩氣相遇而化合，故常在火山內得此質，埃及國之取法，因砂漠內有一種獸食鹽類性情之花草，將其糞燒之，即得其炱，中有淡輕綠，又印度之西北，在石灰窰中燒獸糞等，或以腐爛稻草等爲燒料，窰中所有火不到之處，即有淡輕綠，又燒骨成動物炭爲提糖之用，必先取其油與髓爲造肥皂之用，用後所餘之質內有淡輕綠，骨內之直辣的尼（即黃明膠）類與脆骨之類先化分其淡與輕，合成淡輕，而其炭與養合成炭養，與其淡輕化合而成淡輕養炭養，此質收於水中，俗謂之骨酒，又有取法，在煸煤氣之處，令煤氣行過水中，則水含淡輕，謂之煤氣水，同時有別種鹽類造成，如將輕綠傾入煤氣水中，則成粗淡輕綠，如令成顆粒而乾蒸之，則得淨淡輕綠，又有造淡輕綠之肆，將造鹽廠內所出粗鈣綠添入煤氣水內，則有鈣養炭養結成，而其流質中有淡輕綠，將此流質熬乾而乾蒸之，即得其淨者，或有法將其淡輕養炭養添入硫養水，則結成淡輕養硫養，凡煤氣水八升，能造淡輕養硫養顆粒，半磅至一磅，凡造淡輕之雜質，皆以淡輕養硫養爲本，故欲作淡輕綠，必將淡輕養硫養添鈉綠，加熱，即有雙化分之事，而成淡輕綠，與鈉養硫養，烘乾或熬乾，將所得之質乾蒸之，則淡輕綠蒸出，而鈉養硫養留於甑內，如欲考究大造淡輕與其各雜質之法，必觀記錄化學藥料書第十三冊第六十三頁以下，可知其詳。

試法　萬物內所有自成之淡輕綠常有鈣綠在其中，遇空氣易於消化，可用試鈣綠之法試之，人工造成者常含鐵，或鉛，其試法以水消化之，有不消化者，或乾蒸之，則有不能蒸出之質留於甑內，淨者無色而透光，如加鋇綠，水無結成之質，則知其不含淡輕養硫養，如乾蒸時其受瓶以鉛爲之，則其變色之凸面能辨其所含之鉛，或鉛綠與淡輕綠合成之質，如將淡輕綠水，令輕硫行過，如含鉛，則有結成之黑質爲鉛硫，如用鉀衰鐵與淡養數滴，能試其含鐵與否，如含鐵，大約由所用之鐵甑而得之。

功用　爲改血之鹽類藥，與發汗藥，又可爲涼性洗藥，因消化時本能生冷，又可爲散瘤藥，肝之病可服之，舊炎症亦可用之。

服數　以五釐至三十釐爲一服，一日二三服，合於糖與香料食之，如欲作涼性洗藥，可將朴硝一分，淡輕綠一分，在水中消化，則水甚冷，如將淡輕綠二兩，朴硝五兩，用水少許消化之，則能減水之熱，約四十度，英書中載一種試

藥用淡輕四綠一分水十分消化之

畏忌　濃强水又鉀養鈉養鈣養三質並其與炭養化合之質及鉛養醋酸

一千八百六十四年之英書用淡輕四養硫養三爲提淨硫養三法內需用之料䙰硫養三節

淡輕四溴

淡輕四碘之質與鉀碘略相類日耳曼等國用以爲藥者已數年矣英國各藥書尚未採入而淡輕四溴已載入英書中有醫士喜用之以代鉀溴其形性功用與鉀溴小異而大同

取法　英書中不載其取法尋常之法用細鐵屑一分水五分調和乘其未沉時漸添入溴三分調和加熱至全消化成綠色之流質再添溴一分半待和勻之後加淡輕三水至無有結成之質爲度濾去結成之質將其水蒸乾令成顆粒

此取法之理因溴與鐵各一分劑卽八十與二十八合成鐵溴其得分劑數一百〇八再加溴一半則成鐵二溴三後添淡輕三卽三分劑等於三淡輕四養卽得淡輕四與溴化合之質而其三養與二鐵相合成鐵二養三爲結成之質淡輕四溴爲無色之顆粒遇空氣稍變黃色味辣而有鹽類之性加熱則能乾蒸之水內易消化醕內難消化將淡輕四溴在水中消化之合於小粉漿並溴水或綠氣水一滴如不變藍色則知其不含碘質

功用　爲改血藥與安肚腹腦氣筋藥其功用略與鉀溴同但其性稍輕治瘰癧妄言笑子宮內脹又治男子陽物或婦人陰戶之病或因手淫等所成之病又腦氣筋不安亦可用之有醫士云此藥能治痛能安腦因此能減腦髓之感動令人安睡

服數　以五釐至二十釐爲一服此藥於一千八百六十七年載入英書中

淡輕四養燐養五

取法　將淡燐養五水二十兩濃淡輕三至足用添淡輕三於燐養五水中至少有鹼性爲限將其水蒸之每若干時添淡輕三水令其鹼性少有餘待冷見有已成之顆粒則置於濾紙上令其速乾此濾紙必先鋪於乾瓦以收水既得顆粒必盛瓶中密塞之

淡輕四養燐養五爲柱形之明顆粒久遇空氣則放水與淡輕三氣故面上生霜其原質爲燐養五二淡輕四養輕養其燐養五本爲與三分劑本質化合之配質此質內與淡輕四養二分劑並水一分劑化合如將淡輕四養燐養五與鉀養和勻加熱則

發淡輕霧。如與銀養淡養相合。則結成淡黃色之質。如加輕綠。令有酸性。再通輕硫氣。若無金類之雜質。則無有結成之質。其顆粒最易在水中消化。其味不辣。如將此藥二十釐。以水消化之。再添鎂養與淡輕與硫合成之質。有結成之顆粒。則爲鎂養與淡輕並燐養合成之質。將此質以淡輕水洗之。再烘乾。加熱至紅。所餘之質爲鎂養燐養。重一六·八釐。則知確爲淡輕養燐養而無差。此爲英書之試法。一千八百六十四年英書之取法與上說不同。乃三淡輕養燐養有中立之性。用上法試之。所得鎂養燐養祇一一·四四釐。

功用　淡輕養燐養有醫士用以治溺中有里的酸。又治痛風與風溼。或言能化分身中所有鈉養鋰養成淡輕養鋰養與鈉養燐養。或又言痛風病結成之質惟此質能散之。又有人云能治砂淋。

服數　以十釐至二十釐爲一服。或稍多亦可。

淡輕養偏蘇以酸

取法　將淡輕水三兩。蒸水四兩。調和。加偏蘇以酸二兩。令消化。少加熱而熬之。將乾待冷。取其所成之顆粒。

此藥與淡輕養燐養俱爲英書初用之。其原質爲偏蘇以酸一分劑。淡輕一分劑。其式爲淡輕養炭輕養加輕養爲

無色片形顆粒。能在水與醕內消化。如與鉀養相和。加熱。則發淡輕氣。如添輕綠水。則有偏蘇以酸結成。如添鐵與多分劑配質合成之鹽類質。則有黃色之質結成。如加熱。則應乾蒸至盡。若有餘滓。必爲異質。

功用　此藥能利小便。而令溺有酸性。服後。則在人身內改變其化學性情。其偏蘇以酸與淡輕之原質先化分。而後合成別質。即屬別種生物質。名曰希布由里酸。其式爲炭輕淡養。或以爲含偏蘇以酸之鹽類質能化分由里酸並由里酸之雜質。膀胱生炎之病。內有消蝕之皮質放出。溺有鹼類性。內有土類之含燐養質結成。此藥治之功用

頗大。

服數　以五釐至三十釐爲一服。

淡輕養草酸

此藥有顆粒之形狀。英書之附卷曾論及之。其式爲淡輕養炭養。分劑數共得六十二。其草酸即炭養。取法。用淡養令糖或小粉收其養氣。已得草酸。則將二淡輕養三炭養水內。添入草酸。至減其鹼性爲度。熬濃。待成顆粒。

此藥性毒。用半兩。以水一升消化之。則爲英書詳試含鈣養之法。故欲試水之含鈣養與否。可用此藥之水。所欲試之水。必先加淡輕。令無酸性。再加淡輕綠水少許。後添淡

輕四養草酸試水，如含鈣養，則有白色之質結成，如含鎂養，則無甚變化。

淡輕四硫

作法，用淡輕三水，令輕硫氣行過，爲水所收，以飽足爲度，其重率得九九九。

此藥醫家用以治多溺味甜等病，其功用之最大者，大半爲試水，即如有酸性之水內含金類爲本之質，通輕硫氣，不肯結成，則用此質，爲添入中立性之水，能令其結成，如鐵鈷鎳三質有合少分劑配質鹽類質之水，遇淡輕四硫，結成黑色之質，如爲鋅與鋁結成白色之質，如爲錳結成淡紅色之質，如爲鉻，而含一箇半分劑配質鹽類質，則結成綠色之質，但土類與鹼類本質之鹽類質，遇淡輕四硫不變化，惟鋁不在此例。

無錫徐華封校字

西藥大成卷三之二

英國　來拉
英國　海得蘭　同撰
英國　傅蘭雅　口譯
新陽　趙元益　筆述

鉀以下三種鉀爲鹼金類

鉀爲鉀養之本質，萬物之內，鉀養甚多，或與酸質土質化合，或與碘質溴質化合，然從植物質而得者，居大半也。英國化學家兌飛所考得金類本質，此居其首，所用之法，將鉀養令稍溼，用正負電氣線，入其內而不相切，則負電氣線之一端有細圓粒結成，即鉀也。尋常取法，將鉀養合於鐵屑，或合於木炭，加大熱，則鉀養放其養氣，爲鐵屑等所收，鉀可取出。

形性　在五十五度之熱內，其定質尚軟，能打薄之，能令結成立方形之顆粒，冷至三十二度則脆，熱至一百五十六度則鎔，熱至六十度，其重率得〇八六，故能爲水面之浮金，此質色白如銀，遇空氣不久，即變暗色，因鉀與養氣化合之愛力極大，置於水中，即速收水之養氣，浮於水面時，發熱發光，變爲鉀養水，所餘之輕氣自化散，如欲存此質而不變化，則必用不含養氣之質，如火油或那普塔等，化學家所知與養氣愛力極大之質，而遇養氣必收之者，以鉀爲最也。

鉀養

鉀養爲養氣與鉀合成之質西國俗名布塔司譯曰鍋灰因燒木柴所得之灰皆含此質故也從前所用之質乃鉀養與炭養合成之質一千七百五十六年英國化學家布拉格指出鉀養炭養與鉀之分別鉀養名曰里克細非阿因古時羅馬人布里尼書中有此名也後有人謂之鉀里從木灰內初得之質爲鉀養炭養其性較鉀養甚輕如欲用以造肥皂等物必用法去其炭養古人能造肥皂必有法去其炭養也

取鉀養之法甚易因鉀與養氣之愛力甚大令鉀遇乾空

氣或養氣即成尋常造鉀用洋槍筒子造鉀既畢則筒內常有鉀養但鉀養與水之愛力極大遇空氣即收空氣中之水氣故尋常出售之鉀養含水一分劑即爲鉀養輕養其分劑數得五十六

形性　鉀養之淨而已鎔化者色白成塊稍有顆粒之形間成四面形或八面形之顆粒其質硬脆重率一·七○造之時傾入模內成小條略帶灰色味極辣有烙炙之性無臭溼而揉之覺滑膩此因消蝕外皮之故與水有大愛力而收空氣中水之時另收炭養氣能在水中消化如消化其已鎔化之鉀養則生熱如消化其顆粒則減熱又能在

醕內消化但所含雜質不肯在醕內消化故欲分出鉀養炭養所含雜質則用酒醕消化之濾去其不消化之異質如將鉀養置於冰內冰能鎔但必減熱極多鉀養遇極大之熱不肯化分加熱至不及暗紅則鎔化加熱至光紅則發白色辣霧能令植物之藍色變綠然變綠之後漸能減壞之因收出其水質可見其烙炙性情恃與水有大愛力鹼性極重能與定質油或流質油化合成肥皂又能與酸類化合成鹽類與燐或硫化合甚猛如合於含矽之土質則成玻璃如含矽之土質少而鉀養多則所作玻璃能在水中消化如與他種土質化合則成瓷面外之料即釉也

又可作法藍之料而鉀養水能消化鋁養與鋅養鉀養之鹽類質能消化於水中大半能成顆粒如添入鋁養硫養則成白礬顆粒如鉀養水中添果酸至有餘則成鉀養二果酸如添鉑綠則成鉑綠與鉀綠爲紅黃色之質凡鉀養之鹽類質火中燒之令火得茄花色依此法能與鈉養之鹽類質分別因鈉養之鹽類以火燒之得黃色也

尋常取法用價廉之鉀養鹽類質如鉀養炭養以水消化之再添石灰則石灰收其炭養將餘水熬乾即成

取法　取作藥料將鉀養水二升置於銀鍋或極淨鐵鍋內加熱令沸連加熱至不發泡爲止所得之流質其濃如

油用煖玻璃條插入取起滴於玻璃或瓷器之面待冷如結成定質即為已成傾於小模內待已凝結乘其未冷速置瓶中密塞之所用鉀養水必須最淨者應臨用時作之如欲預存備用必用法令不收空氣中之炭養氣造時連加大熱令沸則不能收空氣中之炭養氣如用鐵器必令得極淨凡生物質切不可遇之

日耳曼化學家胡拉云有法能造最淨之鉀養即將鉀養淡養置於鍋內再添紅銅屑重二三倍調和加熱至紅則將鍋內之質在水中消化之銅質不消化惟得鉀養耳

試法　英書之試法云鉀養為硬而色白之條形圓如筆最易自鎔鹼性極大烙炙之性極重如消化水中添淡養令得酸性再添鉛綠則結成黃色之質此為試流質含鉀養之法如加銀養淡養或鋇綠水則稍結成白色之質此亦為英書之試法可見英書準此藥內含綠氣質與硫養質之微數蘇書云鉀養常含鐵養以沸水消化之則鐵養因不化而分出每百分內含鐵養一·二五分不可謂不合用其得鐵養之故因成條時用鐵模也

將鉀養五十六釐水中消化之所餘不消化之質必為微迹又添草酸試水九百釐適能減其鹼性此為英書之試法

功用　有烙炙之性服之則為烙炙之毒藥又可為解酸藥觀鉀養水節

鉀養與鈣養合成之質 此為倫書之方

鉀養輕養本作烙炙藥之用其大弊因自能鎔化故用添鈣養之法以免其弊

取法　將鉀養輕養一兩鈣養一兩磨勻置於瓶中密塞之

試法　如與水相和則化與生石灰同如添酸質不可發炭養氣泡

功用　可為烙炙藥其用法在所欲烙炙之處依其尺寸形式在合口布膏藥割成一孔貼於皮上後用正酒醕與此藥相和成濃漿搽之

鉀養水

取法　將鉀養炭養一磅以水八升消化之置於淨鐵器中加熱令沸後漸添熟石灰十二兩調和再令沸十分時必連調攪不止離火待不消化之質沉下則水變清用過山龍引至綠色玻璃瓶內密塞之重率一·〇五八如不準則加蒸水配準之

此取法之理因鈣養與炭養有大愛力既與鉀養炭養之炭養相合則結成鈣養炭養而沉下鉀養消化於水中此

取法不用紙濾因濾時甚久而鉀養能銷毀紙質且取此藥所遇空氣之時應最短恐其收空氣中之炭養氣也所用鉀養炭養與鈣養必爲最淨者所用之水必爲蒸水英國醫士苦里司脫生云加熱令沸之工夫令其化分化合更速也

形性　此爲無色明亮之流質略如油形無臭味極辣有烙炙之性英國化學家多而敦初作表以定各重率之鉀養水內含鉀養若干分數此書鉀養水重率得一〇五八倫書鉀養水重率得一〇六三多而敦之表如水每百分含鉀養四七分則重率得一〇六如將手指在鉀養水中

撚之滑膩似肥皂大有鹼類性情能速收空氣中之炭養必存綠色玻璃瓶中密塞之其必用綠色之故因白色玻璃（即火石玻璃）能被鉀養水消化也又能與流質油或定質油化合成肥皂能化分數種鹽類質如阿摩尼阿之鹽類質土類之鹽類質金類之鹽類質令各原質與養氣化合之質結成沉下然沉下之質如再添鉀養至有餘能爲鉀養再消化如遇動物質與植物質能銷毀之又如添於植物質水中能令其鹼性之質或中立性之質結成沉下而鉀養與其酸質化合

試法　英書定重率一〇五八遇薑黃令變棕色如添鉑綠三水則有結成黃色之質不能在醕內消化如添淡養五不宜發泡如添鈣養水不宜變白如乳如見此白色則知其含炭養三如加淡養五至滅其性而有餘再添淡輕四養草酸所結成之質應祇有微迹如太多則知其含鈣養如添鋇綠水有結成之質則知其含硫養三之質如添銀養淡養五有結成之質則知其含綠氣之質如添淡輕四有結成之質則知其含鐵之質如添以上之三質而結成之質祇極微則不可謂含以上所言之雜質

如將鉀養水一兩添草酸試水四百八十二釐適滅其鹼性凡鉀養水一兩含鉀養輕養二十七釐即每百分含鉀

養輕養五八四分

沸離拉全藥書云鉀養水中常含鉛其得鉛之故因存於火石玻璃瓶中此種玻璃料常含鉛質或存於瓷瓶中而瓷外之漆亦含鉛質爲鉀養所消化如欲試其含鉛與否可通淡輕四硫氣行過水中或將含此氣之水一滴滴入其中顯出棕色即其據也

畏忌　酸性之質含酸之鹽類質含淡輕四之鹽類質土質之鹽類質金類之鹽類質汞綠與汞綠二等

解法　油酸質醋檸檬汁俱可

功用　鉀養與其各鹽類之功用鉀養爲銷蝕動物質之

重藥外科用之作烙炙藥如皮膚上欲用烙炙法或欲成放膿汁之瘡等俱可用之但因其能自速銷則烙炙處必散開故必用法令其不散得一定界限鉀養水加多水調和令淡可作鹼類藥服之能治數種需用鹼類之病如酸質過多之病如胃中多酸胃脘作痛石淋溺中有由里酸結成而溺中之酸過多痛風與風溼等病鉀養水可作減熱之藥治生炎之病其減熱之故或因能消去血中非布里尼令血中不生黃料又依同法可用鉀養水治肺體都比迦力類之病又有醫士用此藥治瘰癧病與疔毒病有效

凡服鉀養後自胃中行至全體用久則在溺中顯出令血更淡鉀養之含炭養氣者其鹼性輕於鉀養炭養之分劑數愈多則鹼性愈輕鉀養並其含炭養氣之各質皆能利小便

鉀養與淡養或綠養或硫養等酸合成之鹽類質俱有減熱之性各種炎症皆可用之凡鹼類之鹽類俱有此性此各藥內以硝居首醫士或用以治水手身虛泄血之病並風溼之病如含硫養或果酸或檸檬酸或醋酸之鹼類鹽類質食大服則能大瀉食小服則利小便含醋酸或果酸或檸檬酸之質其配質在身內與養氣化合成含炭養之鹽類質在溺中顯出鹼類性情惟鉀養二果酸則無此變化

服數　以十滴至一錢爲一服漸增多可與橙皮等沖水相和服之

鉀碘

一千八百十二年法國人古爾士阿考得此質海水並數種地出之水及海菜海絨皆含此質醫士科恩台初用以爲藥

形性　鉀碘爲無色之鹽類質味辣有鹼類之性尋常見者不明如依法取之則爲明亮之質顆粒之形或爲立方

或爲長方其邊常成凹形而有料成小條甚多其各角皆爲正形而材料亦全不含成顆粒之水但顆粒各層內常少含水故加熱則裂開而發聲加熱至暗紅色則鎔乾蒸之能不改變在乾空氣內無有變化如將鉀碘三分用水二分能消化之英書論其性情云無色尋常爲暗顆粒易在水中消化醋內消化則甚難如鉀碘一分能在醋六分或八分內消化尋常鉀碘稍具鹼類化學性情鉀碘水與小粉漿調和而後添綠氣少許則得藍色將鉀碘水添果酸則成顆粒爲鉀養二果酸如將鉀碘水另添果酸與小粉漿則不變藍色此試法之用處以後尚須詳言也鉀碘

水內添銀養淡養五水至有餘則結成黃白色之質將此質與淡輕四養調和待其再沉下即得明流質此流質加淡養五至有餘尚不變濁如將鈣養添入鉀碘水中則稍有結成之質

如欲試某質含碘則用小粉漿添入而同時添綠氣則得藍色如將鉀碘水添淡養五則因淡養五水常含淡養四淡養三等質而此質能分出其碘觀硝強水節 如加果酸而有結成之質亦為含鉀養之確據

此藥之試法有五能證其不含各質詳論於後即蘁黃試法鈣養水試法鋇綠試法果酸與小粉試法銀與淡輕三試法凡鉀與碘化合能令碘在水與醕內更易消化如將鉀碘鎔之再加鉛養醋酸水則結成黃色之質為鉛碘如加汞養淡養水則結成綠色之質為汞碘如加汞養淡養五或汞綠水則有結成灰紅色之質不久即變成光紅色之質為汞碘如鉀碘有餘或加汞綠則其結成之質再能消化

取法 英書之取法同於製造之肆歷年所用者其法於鉀養水內加碘消化之將所得之水熬乾其乾質與炭屑調和加熱至紅投於冷水中令能消化之質消化於水內將所得之水熬至將乾待冷則成顆粒各料之數必依分劑而配之即如碘一百二十七分必配淨鉀養四十七分即鉀養水八升配碘二十九兩其各質每六分彼此相化之法詳論於下碘五分劑能合於鉀五分劑而放養氣五分劑所放之養氣五分劑與所餘之碘一分劑相合成碘養五此質與其餘之鉀養一分劑化合成鉀養碘養五其式為六碘丄六鉀養‖五鉀碘丄鉀養碘養五

如合於木炭而加熱至紅則鉀養碘養五之養氣六分劑與炭化合變為炭養二因此鉀碘多得一分劑如有所餘之鉀養碘養五在其鉀碘內則為雜質

一千八百三十六年倫書之取法將鐵碘以鉀養炭養二化分之

藥肆出售之鉀碘尋常所含異質有六種即水鉀養鉀養炭養二含硫養三之質鉀養碘養五鉀綠與鈉綠其六種試法開列如左

試法一 鉀碘內含水或為成顆粒時收入或因久遇空氣而收空氣中之水氣如加熱後權之與原數相符則為不含水之據

試法二 取此藥時不能謹慎合法則含鉀養此鉀養未與他質化合遇蘁黃試紙即變椶色如添鈣養水或有結成之質顧未能一定英書云鉀碘略有鹼性亦無妨害

試法三 鉀碘內常含鉀養炭養既含之顆粒不整齊遇

空氣則收其水氣而自化此種鉀碘浸於醋內不全消化所餘之質即鉀養炭養如添鈣養水則結成白質添銀綠水亦結成白質此質能在硝強水中消化如將含鉀養炭養之鉀碘添入碘酒內能滅其色

試法四　鉀碘中有含硫養之質如鉀養硫養鈣養硫養鈉養硫養等則添銀綠水時有結成白色之質此質不能在硝強水中消化如鉀碘合法取之則含硫養之質祇有微迹藥肆內常和他物而取利故添鹼類與硫養合成之鹽類質如含此各物添銀綠水皆結成白色之質

試法五　鉀碘中含鉀養碘養其故或因取鉀碘時加熱不足而鉀養碘養有若干分尚未化分如鉀碘水中添入綠氣水則有碘分出用小粉漿之法能證之如鉀碘甚純添入淨硫養或淨淡養則放輕碘如用小粉漿初時不變色待久方變色但硫強水與硝強水常含淡養少許此質遇鉀養其變化略同於綠氣（試觀碘之試法節）

因上所言之事試鉀碘含鉀養碘養之法必用果酸此果酸祇能放出輕碘此質與淨鉀碘及小粉相合不變藍色設鉀碘已含鉀養碘養則變藍色其故因輕碘與碘養同時放出彼此化合成碘而輕與養相合成水其式爲

五輕碘丄碘養五〓六碘丄五輕養

此試法最巧最靈如鉀碘內含鉀養碘養則立顯藍色

試法六　鉀碘中常含鉀綠或鈉綠如添銀養淡養在其水中有結成白色之質爲銀綠此質能在淡輕水中消化惟銀碘不能故含綠氣則將此質以濃淡輕水消化之再添淡養足滅淡輕之鹼性則所有在第一次結成質內消化之銀綠必再結成設鉀碘爲淨者則其消化於濃淡輕水內之質不再結成

鉀碘內間含鉀溴或鉀養敫的尼或鉀衰等異質然此各質非常見之物也

畏忌　酸質酸性鹽類質鹼性鹽類質

功用　有感動之性又能感動吸液管令多收精液能利小便能治因疔毒而腫或有瘡或有喉症能治風溼其功用略與碘同（觀碘節）

解法　用吐劑或用水節吸出此藥令胃中空虛另服潤性之劑用法免其生炎又治其感動腸胃之病

服數　以三釐至十釐爲一服有醫士用一錢至二錢

鉀碘油膏

取法　將鉀碘六十四釐鉀養炭養四釐蒸水一錢消化之加提淨豬油一兩磨勻成膏

此膏最爲簡便無色如搽於皮膚不變別種顏色內含肥

皂少許為鉀養與油相合而成此膏尚淡如欲更濃者亦可配之

鉀碘肥皂洗藥

取法　將軟肥皂一兩半切成細塊鉀碘一兩半各里司里尼一兩檸檬油一錢蒸水十兩先將蒸水七兩用熱水盆加熱令消化肥皂將其餘水三兩化鉀碘與各里司里尼則將兩種水調和待冷加入檸檬油調和極勻

此藥於一千八百六十七年載入英書中無色其功用與前藥同能治諸核腫大並身體一處之炎症

碘雜水

此藥為鉀碘與碘合成之料消化於水中觀碘節

碘雜酒

此藥亦為鉀碘與碘合成之質觀碘節

用鉀碘與碘相和令碘能消化更多存於酒內不致結成故添入水中不化分或添入葡萄酒中亦可或言鉀碘與碘相和能成鉀碘顧不知其究能化合與否

碘油膏碘洗藥

此兩種藥亦用鉀碘與碘相和而成觀碘節

鉀碘硬膏藥（此為倫書之方）

取法　用乳香六兩與白蠟六錢相和加熱至鎔另將鉀碘一兩與橄欖油二錢磨勻與前藥相和連調攪至凝結為度

此膏必攤於淨麻布上或將此膏攤於麂皮者其法不妙不可從也

功用　此膏可敷於久腫之核上並治瘰癧英書中不載此藥

鉀溴

一千八百二十六年化學家把拉臺考得此藥一千八百三十六年載入倫書一千八百五十一年除之近時又載入英書中

形性　色白無臭有辣味之鹽類性能成明立方形顆粒或方片形顆粒不含成顆粒之水水內易消化醋內難消化加熱則顆粒散開有爆裂之聲用綠氣易化分之因綠氣令其溴放出也又用金類酸質或酸性鹽類質或金類鹽類質依同理俱可化分之鉀溴每百分含溴六六一分含鉀三三九分觀鉀與溴之試法節

取法　此藥取法略與取鉀碘之法相同其變化能依同理明之每用鉀養水二升配溴四錢（案原書錢字誤應改作兩字）

試法　其顆粒應無色應在水中全消化遇力低暮司藍試紙或薑黃試紙皆無變化因其性非酸非鹼也綠氣水

與小粉漿同時添入鉀溴水中則令其變黃色此爲含溴之據如以後添以脫而搖動其瓶則溴化分與以脫同浮於面顯出紅色此爲把拉臺之試法如將鉀溴加熱顆粒之重率不減小因顆粒不含水也如添鋇綠而無結成之質則知其不含含硫養之質如將鉀溴十釐添入銀養淡養一四二八釐則全變化結成黃色之質爲銀溴將其銀溴添入濃淡輕水則全消化如添淡養則少消化英書有試法分別其含碘與否因此質常含鉀碘爲異質也其法將鉀溴水與小粉漿調和並添溴水或綠氣水一滴如不顯藍色則知鉀溴不含碘如含碘則遇溴或綠氣化分其碘而碘遇小粉漿令變藍色如將鉀溴十釐添銀養淡養試水八百四十釐足令全化分

畏忌　酸質酸性鹽類質金類鹽類質

功用　爲改血藥與瀉藥其用處略與鉀碘同其特具之性能安全身之腦氣筋又如情欲之病與婦女妄言笑之病服之俱能平安醫士用以治羊癲瘋症者甚多如食其大服則能令人安臥

服數　以五釐至三十釐爲一服每日三服

鉀養炭養

此質得於植物質之灰內自古以來即有此物古人代司可立弟司云將葡萄樹藤燒灰用水沖而淋之能得一質觀古時布里尼書第三十八卷第五十一章初分出鉀養炭養者爲天方國人謂之甲里天方國人繙譯印度國之書得知各種格致之學然印度人祇知用植物之灰並鹼土屬之地產物如雲母石非勒特司怕耳留昔得那可來得來得即石之意又有數處地中所出之水內含鉀養炭養又有數種花草汁內亦含此質鉀養常與別種酸質化合即如醋酸苹果酸又名瑪里酸草酸果酸等是也

如將鉀養與各酸質所成之質加熱至紅則其植物酸質散去其鉀多收養氣放輕氣而炭養與鉀養化合成鉀養炭養此爲最粗之鉀養即尋常出售者取鉀養炭養之法將陸地所產之各種植物擇樹木最多處聚而燒之即如北亞美利加俄羅斯瑞典波蘭等國取此藥者擇一遮風處將柴料排成大堆舉火焚之所得之灰有能消化之質有不能消化之質其能消化者爲鉀養炭養鉀養硫養鉀養燐養鉀養矽養鉀綠鈉綠其不能消化者爲鈣養炭養二鈣養燐養鋁養矽養鐵養錳養並未燒盡之含炭養之質少許

粗鉀養炭養

大造此質之法用美國大樹林處所產之黑灰鹽又謂之

黑鉀養令遇火焰尋常出售之粗鉀養將此黑質加熱鎔之此法即將黑質置於倒焰爐中令火焰行過其上爐旁有八時時調攪則炭質（卽黑色之質）漸燒出而所餘之質爲白色之鹽類略帶藍色有烙炙之性即尋常出售之珠灰也近有化學家浮扣林將美國所產生鉀養與此珠灰化分之每種取一千一百五十二分其各質開列於左

鉀養輕養	八五七	七五四
鉀養硫養	一五四	八〇
鉀綠	二〇	四
炭養氣與水	一一九	三〇八
不能消化之質	二	六
	共一一五二	共一一五二

俄羅斯國所產之鉀養炭養能得鉀養輕養七百七十二分昔時英國出售者質頗不純近因造法更靈質稍純矣凡通商之事有將此物交易者最宜得公便之法定其所含鉀養之數故設立度鹼類法考之甚詳

功用　此質不入藥品惟在製造藥品之工內用之

淨鉀養炭養

此質之常見者爲白色之圓粒有時將其濃水減熱極遲而得顆粒爲長八面形體其味辣有鹼性之味無臭易自消化成流質如將鉀養炭養一分合於水一分則全能消化醋內不消化遇薑黃則顯出鹼性添入紅茶沖水中亦顯出鹼性添入酸質內則發沸如將鉀養炭養水中稍添鉑綠則結成黃色之質尋常出售之鉀養炭養每二分劑含水三分劑

取法　造鉀養炭養有數法有得淨者有得粗者一千八百三十六年倫書取法將生珠灰滲於水中去其不能消化之質令成顆粒則能消化之質尚存於內蘇書取法將鉀養二炭養置鍋中加熱至紅則有炭養一分劑散出其餘質爲淨鉀養炭養阿書取法將鉀養二果酸置鐵鍋內加熱至不發霧爲度所得者爲黑色之料內含鉀養炭養與炭與鉀養此質滲於水中濾之又添二淡輕養三炭養之水令所有不化合之鉀養變爲鉀養炭養將此水加熱熬乾再加熱至暗紅色則淡輕散出

布國藥品書之取法將鉀養二果酸二分與鉀養淡養一分相和加熱燒之即得淨鉀養炭養

試法　加熱至紅則每百分重減去十六分將其水添鋇綠或銀養淡養則少有結成之質如將鉀養炭養八十三釐必用草酸試水九百八十釐方減其鹼性蘇書指明滲水之珠灰與淨鉀養炭養之分別淨鉀養炭養不含硫

養之質或含綠氣之質可用尋常之法試其含此質與否如加淡養或輕綠至滅其鹼性生不清之點若雲彩之狀則爲含矽養如熬乾將餘質加熱至紅後將所得之質以水消化之如含矽養則不消化英書準此藥含矽養之微數如疑不含炭養可加酸質水觀其能沸與否或添入鈣養水觀其水能發白如乳否如分出其所成之鈣養炭養在醋酸內消化之能發沸消化至盡如添入鎂養硫養水則結成白色之質爲鎂養炭養但如將鉀養二炭養依此法試之則不結成白色之質依此法能分別鉀養炭養與鉀養二炭養如將鉀養炭養水添汞綠水則結成暗紅色

之質爲汞養

畏忌　各酸質與酸性鹽類質淡輕綠與淡輕養醋酸鈣養水鈣綠鎂養硫養白礬又有數種鹼性或土性或金類之鹽類

功用　能消蝕內外皮能滅酸而有毒性與鉀養水略同不過更輕耳能利小便能改血能消石淋與砂淋又可作發泡涼性藥水每鉀養炭養二十釐配檸檬酸十八釐或果酸十八釐或檸檬汁四錢

服數　以十釐至半錢爲一服

解法　醋或油或檸檬汁

鉀養二炭養

此鹽類質爲鉀養二炭養加水一分劑一千七百五十二年化學家楷特瑟考得之後有化學家罷格門考究其性情且設多法以取之古時之取法將鉀養炭養令遇空氣數月或令炭養氣行過其面至收炭養氣一分劑爲度英書之取法將鉀養炭養水令炭養氣行過至飽足爲度將其水熬乾之

形性　此爲無色明顆粒之鹽類質其顆粒爲斜方柱變化之形其辣味較鉀養炭養更輕所顯之鹼性更小遇黃試紙略變色每鉀養二炭養一分加六十度熱之水四分

能令全消化又將熱水六分能消化此質五分如用沸水不久能化分令放炭養氣所餘之質爲二鉀養三炭養醕內不能消化如加熱至紅則放炭養氣一分劑又放顆粒內所含之水變爲鉀養炭養有人即用此法而得淨鉀養炭養辨其含炭養之法可加酸質觀其發泡甚猛又可添入鈣養水或鋇養水則有不消化之質結成但鉀養二炭養水之不甚淡者加鎂養硫養或加汞綠均無結成之質故發泡之藥可將鎂養硫養與鉀養二炭養并而用之或言加汞綠則祇有結成白色微質鉀養二炭養每百分內有鉀養四七·五三分炭養四三·五六分水八·九一分共得

一百分。

英書之法，將炭養氣行過鉀養炭養水至飽足，取炭養氣之法，用輕綠之淡水與大理石塊調和，所得飽足之水，置於涼爽之處，待成顆粒，令顆粒遇空氣至乾爲度，存瓶中塞密之。所餘之水，加熱不大於一百十度，至將乾則結成顆粒可多。

鉀養炭養多收炭養氣一分劑，變爲鉀養二炭養，收此氣時須加壓力，方能合法收之。

試法　此鹽類質所含異質爲鉀養炭養與鉀養硫養，以水消化之，遇黄試紙略變色，設少含鉀養炭養，則大變其

色，加鎂養硫養，則無結成之質，若加熱則有結成之質。醫學家苦里司脫生云，鉀養二炭養內雖加鉀養炭養一半，調勻極緊，則鎂養硫養亦不能分出。水四十分能化鉀養二炭養一分。鉀養二炭養每百分中含鉀養炭養祇一分。如添汞綠水，必有結成之紅色質；又如鉀養二炭養水加淡養至成酸性之水，再加鋇綠水或鋇養淡養，如不含含硫養之質，則不結成；或加銀養淡養水，如不含含綠氣之質，亦不結成，即結成者亦極少。設加熱至紅，每百分放出炭養氣與水三〇·七分，如其顆粒本溼，則所放之水更多，如所含炭養不及應有之數，則加熱後所減之重數更少。

如將鉀養二炭養五十釐，加熱至暗紅色，則所餘白色之質應得三十四釐半，加草酸試水五百釐適足滅其鹼性。

畏忌　此質畏忌之藥，略與鉀養炭養相同，即酸質、酸性鹽類質、淡輕養醋酸、淡輕綠、鈣養水、鈣養綠、鹼性鹽類、土性鹽類、金類鹽類等。

功用　能滅酸，能消石淋與砂淋，能利小便，能散炎症，而收癥其性較鉀養炭養更輕。風溼症以此質爲要藥，新患風溼者，可多服此藥至溺顯中立性爲度。

服數　以十釐至半錢爲一服，或至一錢爲一服，如作發泡藥，則每二十釐可配檸檬酸十四釐，或配檸檬汁三錢半。

發泡鉀養水

取法　取此藥須用取炭養氣特設之器具，取炭養氣法用白石粉與硫強水，所得之氣必先過清水洗之，而加空氣七倍之壓力，其器已備，將水一升、鉀養二炭養三十釐消化而濾之，置於器內，通入炭養氣，加空氣七倍之壓力，盛於堅固之瓶內，密塞之，以鐵絲紮住，不令其塞被氣壓出。

此質爲鉀養二炭養與炭養多分劑相合，其性略與尋常之鉀養水同。蘇書中有此品，一千八百六十七年之英書

亦有之開瓶塞時發泡甚多所放者即炭養氣此水明而發泡味酸而適口將十兩加熱令沸五分時加草酸試水一百五十釐適足滅其鹼性如將此水五兩熬至原體積五分之一加果酸水十二釐則結成顆粒將其顆粒曬乾不應重過十二釐

功用　鉀養水作發泡藥爲服法之最妙者能止嘔吐能減發熱與生炎又如別藥內宜配用鉀養二炭養則用此發泡鉀養水最爲合宜

服數　以五兩至一升爲一服

鉀養二炭養檸檬酸發泡藥

作此質之法用白糖細粉乾檸檬酸細粉鉀養二炭養細粉相合而成

又法用果酸一兩鉀養二炭養一兩白糖一百六十釐各物分開磨成細粉各分爲十六包酸性者以白紙包之鹼性者以藍紙包之臨用將兩包分開消化於水後以兩種水調和則發泡甚多又可將檸檬酸代果酸依比例用之又可將鈉養二炭養代鉀養二炭養但其數必用之更少

鉀養含硫之質 又名鉀硫

此質之色略如動物之肝故西國俗名硫黃肝古人奇巴云硫黃與鹼類相合則能消化化學家阿白陀司馬克奴司初設法將鉀養與硫鎔化而成鉀硫

形性　依法取之則爲硬脆之定質其色略如動物之肝乾者無臭無味溼者發輕硫氣之臭味辛而可惡消化水中則變橘皮色而臭甚久遇空氣則變溼而發臭後變白色無臭此因遇養氣而變爲鉀養硫養之質有硫若干分凝結沈下易爲酸性之質所化分如輕綠是也所放出之氣即輕硫氣此氣合於鉀養與硫黃凝結沈下又能爲金類鹽類質所化分而金類與硫化合沈下化學家白西里由司云此質爲鉀硫三分劑與鉀養硫養一分劑化合而成但依化學家温克拉化分所得之數含鉀硫與鉀養硫

養與鉀硫養與鉀養硫養各質化學家非勒白云查福特司幾立司之書中俱言此質爲鉀硫二分劑與鉀養硫養一分劑相合而成

取法　將鉀養炭養粉十兩硫黃花五兩置於温暖乳鉢內磨勻盛於或瓦或瓷之鍋加熱先漸加熱至不復發泡後加熱至暗紅色令能全鎔化傾於平面石上而以瓷碗蓋之令不遇外空氣待凝結而冷則敲碎速置綠色玻璃瓶內密塞之其塞宜緊不可通空氣

蘇書定取此質之方每鉀養炭養四分配硫一分因其鉀養炭養過多則有未化分者故近時取法用硫加一倍化

學家傅尼士云如欲造鉀硫$_5$用硫與鉀養炭養$_2$重數必同如硫一分鉀養炭養$_2$二分則所得者為鉀硫$_5$

此取法之理凡鉀養炭養$_2$與硫黃相合鎔化之則放出炭養氣鉀養之養氣有三分之二與硫二分劑相合成硫養$_3$此質與不化分之鉀養相合成鉀養硫養$_3$一分劑又鉀與硫化合成鉀硫其式為

三鉀養炭養$_2$丄十二硫＝鉀養硫養$_3$丄二鉀硫$_5$丄三炭養$_2$

依此式所得之質為鉀硫$_5$合於鉀養硫養$_3$如久遇空氣或藏之甚久因收養氣變為鉀養硫養$_3$

試法 其塊帶綠色新擘開處有檬黃色水中能消化酸質大半能消化之又放輕硫之臭水中消化之則變為橘皮色正酒醕四分能消化此質三分如加鉛養醋酸所得之質先變紅色後變黑色醫學家沛離拉云含硫一分劑之鹼類質加鉛之各種鹽類水結成黑色之質如含硫不止一分劑者則結成紅色之質如鉀硫質存之甚久而變化則無此性情顯出

畏忌 酸質金類鹽類質

功用 能感動腸胃內皮能補精神發汗皮膚之病可用此為改血藥外科中用此藥洗臭惡之瘡

服數 以三釐至十釐或至十五釐為一服與蜜或肥皂相和作丸服之外科中用之與豬油相和成膏或與肥皂水相和作洗藥或添入浴水內化之每水千分配此藥一分

鉀硫油膏

取法 將鉀硫三十釐熟豬油一兩先將鉀硫在瓷鉢內磨成極細之粉漸添豬油兩物磨極和勻手指撚之極為細膩

此膏以新作者為佳能治禿瘡等皮膚舊病

鉀養硫養$_3$

鉀養硫養$_3$之天成者近於火山處得之又從數種金類質並礦如白礬與布拉來得（來得卽石之意）數種地出之水數種植物並動物全體津液得之又用鉀養淡養$_5$以取淡養$_5$之工夫內亦能得鉀養硫養$_3$

形性 鉀養硫養$_3$為無色無臭之質其味苦鹹尋常之顆粒硬而最小為六面底柱形體兩端為六面錐形間有兩六面錐形相接而無柱形間有角變化或顆粒成雙其原形為斜方面柱形或為斜方面之八面形在空氣中不變化醋內不變化六十度熱之水十六分能化其一分二百十二度熱之水四分能化其一分無成顆粒之水但顆粒間之空處稍含水

第十圖

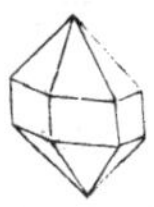

故加熱則發爆裂聲加熱至紅則全鎔化如將此質與炭相和而加熱則變爲鉀硫

取法　一千八百六十四年英書之法將造硝强水時所得餘質一磅沸蒸水四升消化之漸添熟石灰以紅試紙置其中變藍色爲度以麻布或洋布濾之加熱令沸添鉀養炭養至絶無結成之質爲度再濾之而添淡硫强水滅其鹼性或令其稍有酸性將此質熬之至浮面結皮一層爲度待二十四小時結成顆粒用生紙收水令乾存於瓶中密塞之

此取法之理因作硝强水所得之餘質爲鉀養硫養常另含硫養故加鈣養收其所餘之硫養其餘各工夫極繁而無大用處其流質所含之鈣養硫養或鈣養水如加鉀養炭養則結成恐有鉀養或餘多之鉀養炭養故添硫養令變爲鉀養硫養

試法　此鹽類質之含雜質者甚少最要之性爲不易在水中消化在醋內竟不消化如鉀養硫養水內加鉛綠水則有結成黄色之質爲鉛綠與鉀綠如加鋇綠水則有結成白色之質爲鋇養硫養不能消化於硝强水內此鉀養硫養水內如加藍黄兩種試紙無變化之色又如添淡輕養草酸水無結成之質如將鉀養硫養水一百釐加鋇綠水令結成鋇養硫養至盡令乾應重一百三十二釐此論書之試法也

畏忌　果酸鋇綠鈣綠鉛養醋酸鉛養二醋酸銀養淡養

功用　可爲重瀉藥又爲散炎與收瘤藥

服數　以十釐至二錢爲一服

含此質之藥品　吃嗶喀雜散哥囉嘶丸

鉀養二硫養

此質爲鉀養二硫養加二輕養自造硝强水所得餘質內造成之其法加硫養至有餘熬成顆粒此質昔人已有知之者然其取法略在一千八百年化學家林克所設立英書中不載此藥

形性　無色無臭其味極酸而辣如含硫養至有餘則其顆粒爲小平面之柱形在水中極易消化醕內不能消化乾空氣內不變化加熱不大則顆粒化成油類形之流質加熱至紅則成顆粒之水散去又硫養之一分劑亦散去所餘之質祇爲鉀養硫養此質之水能令植物質所成藍色染料變爲紅色如添含炭養之鹼類質則發泡甚多

第十一圖

試法　試其含硫養或試其含鉀養爲雜質可用尋常試此兩質之法試之又分辨鉀養硫養之法可用前言顯出

酸性之法試之。

畏忌　鹼類質。土類質。與其含炭養二之質。又有數種金類並其與養氣合成之質。

功用　可作瀉藥。如將此藥一分。與鈉養炭養二顆粒一分相和。即成發泡之瀉藥。

服數　以二十釐至二錢爲一服。必消化於水中。令極淡然後服之。

鉀養硫養三含硫黃之質（又名古拉雖 鉀養硫養）

作此質之法。將紅熱之鍋。添硫黃一分。鉀養淡養五一分。加熱鎔化。待冷。所得之質。含鉀養硫養三。與鉀養硫養二。其性輕瀉。又可與等重之鉀養二果酸相和。昔時俱用以治胃不消化之病。並數種皮膚之舊病。醫學家敦根云。其功用與含硫養三之各種藥水略同。服數。半錢至一錢。

鉀養淡養五（即朴硝）

此質之天成者甚多。古人嘗已知之。考印度與中國古時已有爆竹。諒在當時已知取硝。而印度舊法。從硝中取淡養五。天方國奇巴等化學家。恃印度而得此法。西國聖書中所言鈉得。又有古書中所言鈉得路末。其原意。即爲鈉養炭養二。然此時各種鹽類質。俱未分清。故以此爲鹼類各質公共之名。

印度國地面。常見天成之硝。其土內本無各種動物質。如洗去其所產之硝。過數年又復產硝。土中含砂。間有雲母石。其能連年產硝之故。因本有鉀養在內。而其淡養五藉空氣之養氣與淡氣相合而成。化學家里必格云。爲空氣中之淡輕三氣。收空氣之養氣而成。查伯靈西伯記錄書。第二章第二十三頁。有司弟分孫。論此天成之硝云。其土內原含數種能在水中消化之鹽類。如鈉養硫養三。鈉綠。鈣養淡養五。鉀養淡養五等。其鈣養淡養五易變成鉀養淡養五。其法將土質鋪於木灰之面。用水淋之。則木灰中之鉀養炭養二內之炭。與鈣養化合。而其淡養五與鉀養化合。則有鈣養炭養二結成。而餘水中有鉀養淡養五。熬至將乾。待冷。則成顆粒。所得之顆粒。每百分。含淨鉀養淡養五四十五分至七十分。再消化一次。令成顆粒。則更得淨者。惟尚存雜質在內。依每百分之含雜質若干。而定其高下。粗者謂之生硝。細者謂之朴硝。蘇門荅臘海島間。大洞頗多。洞底有蝙蝠禽鳥之糞堆積變化。成含硝之土。用前法爲之。可得其硝。

歐洲各國。作硝堆以取硝。其法。用各種土。與腐爛之動植物。石灰。等相和。面傾動物之尿。或坑廁之垃圾。其堆面一邊直立。而有結成之白質如霜。帶土刮下。浉於水中。所得之水爲硝水。其理因腐爛生物質。有淡氣收空氣之養氣與其各本質相合成含淡養之質。日耳曼國化學家來肯拔克云，此種變化先成淡輕，而後變淡養，故不必作硝堆，費時費事而後成硝。但將含鉀養之土質，或木灰質，成堆徑置淡輕於其上，則化成更速。

形性　鉀養淡養之最淨者，無色無臭，半透光，其味少辣而可惡，令口中覺涼，與食鹽略同味。其顆粒長而有紋，僥為六面柱形，其兩端或為兩面形，或為兩箇或六箇漸近面，間有顆粒為十二面形者，即兩箇六面錐形體相連而成。其顆粒不含水，在空氣中不改變，重率得一·九二，六十度熱

第十二圖

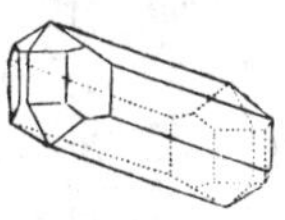

之水四分能化硝一分，化時必減熱。沸水一分能化硝一分。醋內不能消化，含水之醋內消化甚難。加熱至六百六十度則鎔成明流質，待冷即成白色之半明半暗質，傾入小圓形模內成球形者，為尋常出售之硝式。即已鎔化者加大熱則硝化分，先放養氣，後放養氣合於淡氣，所餘之質為鉀養淡養。其顆粒各層之間常含水質，故用硝作火藥宜用小粒者，因其含水較少。如將易着火之物與硝和勻加熱，則化分極速，發光與熱。又有數種雜酸質亦具此性。此雜質之內含炭質。

取法　尋常製火藥須用極淨之硝，如用以作藥品，即用此種已可。如英書內所言消化之再成顆粒，並洗其顆粒之各工，俱非常為之事。

試法　試硝含淡養與鉀養可用試此兩物之法試之。英書云，將硝投於火中則燒甚猛烈。如將硝與硫養與銅絲置試筒內，加熱則發紅色之霧，為淡養。凡硝應全能消化於水。硝水中添鋇綠水，無結成之質，則知不含硫養之質。如添銀養淡養水，無結成之質，則知不含綠氣之質。生硝中有含石灰者，如欲試得其據，可加淡輕養草酸有結成白色之質，為鈣養草酸。近時所造上等之硝，不常含鉀養硫養，且鉀綠或鈉綠，亦不常含也。

畏忌　硫養、白礬、鹼類，及金類之含硫養者。

功用　為涼性藥，能利小便，服過限則為惹胃之毒藥，或有用以治皮膚之病與新發風溼症。外科中用之能令清涼，又能洗去外皮臭惡之物。

服數　以十釐至三十釐為一服，或與糖，或與水，或與含樹膠之藥水相和服之。

解法　先用吐法吐去胃內所存之硝，又用法安其腸胃減其生炎。

鉀養綠養

昔人將此藥混於他種鹽類賣，後有化學家白脫里分別

甚清近時製造各種爆藥與自來火等俱用此物

形性　鉀養綠養五爲無色之質其顆粒成片或如魚鱗或爲方片極明亮略如眞珠之光色略同於硃養三之顆粒味涼而能直達舌中少猝如硝顆粒遇空氣不變化亦不含水亦與硝同重率得一·九八三十二度熱之水三十分能化其一分六十度熱之水十八分能化其一分二百十二度熱之水不及二分能化其一分醕內消化甚少將其顆粒在暗室中磨擦則發光亮有爆裂之聲加熱則每百分放水二分此非化合之水而爲顆粒中間所含之水加熱至暗紅色則鎔化發養氣每百分略有四十分其鉀養與

綠養五皆化分而散去所餘之質惟鉀綠而已如爐中已有紅熱之炭投入鉀養綠養五則燒時猛烈如硝設與硫或炭或燐等易燒之物相合則爆烈甚猛

取法　先依法取綠氣即用錳養二與輕綠之法再將鉀養炭養二與熟石灰每鉀養炭養二二十分配石灰五十三分另加水少許成漿已令綠氣過此質若干時則加水於漿加熱令沸再濾之將所得之水熬至將成顆粒待冷則顆粒自成

所用石灰之數足令其鉀養炭養二全化分成鉀養與鈣養炭養二則所餘之鈣養或多而綠氣令鉀養與鈣養之變化

如左

造鉀養綠養五之舊法用鉀養炭養二水令綠氣行過則炭養二氣放出每鉀養五分劑放其養氣爲綠氣一分劑所收所成之綠養五氣與鉀養另一分劑相合成鉀養綠養五另須綠氣五分劑與所餘之鉀相合成鉀綠此質存於水中觀以上之取法糜費甚多因作鉀養綠養五一分劑需用綠氣六分劑與鉀養六分劑也

用鈣養之新法創始於化學家苦來思楷法得其綠氣仍用錳養二與輕綠成之令行過鉀養鈣養與水合成之漿其比例用綠氣六分劑鈣養五分劑鉀養一分劑則有綠氣

五分劑合於鈣養五分劑成鈣綠五分劑而放養氣五分劑此養氣與所餘之綠氣一分劑相合成綠養五此質與鉀養一分劑化合用此新法無有糜費其水熬至將乾結成鉀養綠養五之顆粒

試法　鉀養綠養五應在水中全消化所含之異質常爲鉀綠與鈣養如添銀養淡養五水有結成之白質爲銀綠則知其含鉀綠不結成者不含此質如添淡輕四養草酸水有結成之質則知其含鈣養將鉀養綠養五一百釐加熱至紅則放養氣三十九釐

功用　爲鹽性改血藥能減生炎症而有涼性如疹子或

熱症或霍亂吐瀉等病服之能令身內流質不發臭又如口中喉間生白點瘡用此藥敷之收其惡氣能愈

服數　以十釐至三十釐化於水中服之或作糖片服之

鉀養綠養$_5$糖片

取法　將鉀養綠養$_5$細粉三千六百釐提淨白糖二十五兩阿指西耶樹膠粉一兩阿指西耶樹膠漿二兩蒸水一兩許依其藥料之稠稀而配之先將各粉調和而後加漿與水所得之質分爲糖片七百二十塊置於熱空氣箱烘乾之所加之熱度不可過大

依上法爲之每一糖片含此藥五釐一千八百六十七年之英書載入此品

服數　以一片至六片爲一服

鉀養果酸

此藥之原質爲二鉀養炭$_8$輕$_4$養$_{10}$其得分劑數二百二十六萬物中未見其天成者一千六百餘年化學家勒陌里考知此物

此質之原質甚難定準化學家尋常所用之式爲每本質二分劑配果酸一分劑故爲兩本之鹽類質化學家非勒白云其本質鉀養爲一分劑所配果酸爲半分劑如此則爲一本之鹽類質

形性　此鹽類質無色無臭其味鹹而辣尋常出售者爲

第十三圖

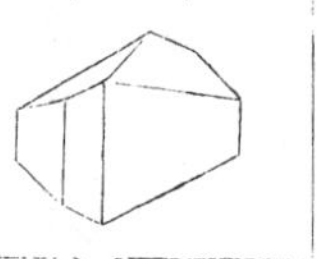

極細顆粒之粉因熬乾時常調攪之故顆粒不大也如特取其大顆粒則可得四邊或六邊之柱形其兩端有兩面而成稜依化學家湯勿生之說其大顆粒含輕養四分劑重率得一·五五遇空氣能自化散水一分能化其一分醕加熱令沸則二百四十分能化其一分加熱則發腫而變成鉀養炭養$_2$英書云如與硫養$_3$相和而加熱變爲黑色之流質形如煤黑油發能燃之氣其臭似燒糖此因果酸化分之故其水易爲硫養$_3$所化分或他種强水或酸性鹽類質亦可化分之化分之時有鉀養二果酸之顆粒結成如將其水添能消化之含鋇養之鹽類或含鈣養之鹽類或鈣養水或鈣綠水或鉛養醋酸水或銀養淡養$_5$水等俱能結成白色之質此爲含果酸之鹽類質俱能在淡養$_5$水中消化而鉀養二果酸依同法試之亦復如是

取法　英書之法將鉀養炭養九兩加沸水二升半待全消化須以或多或少消息之再添鉀養果酸細粉二十兩亦以多少消息之以滅其酸性爲度再加熱令沸而後濾之濾畢再令沸至面上之泡能浮水面而不散置於涼爽處待成顆粒所餘之水再加熱熬之更濃待冷則再成顆

粒此取法之理因放炭養二氣故能發沸鉀養一分劑合於鉀養果酸一分劑成二鉀養果酸一分劑其式爲

鉀養果酸丄鉀養〓二鉀養果酸

作果酸之工夫內亦成此質觀果酸節可熬取之

試法　如爲淨者投水中最易消化以藍試紙或黃試紙試之顯出中立之性大半所有酸質並檸檬酸添於其水內則與鉀養之一半化合結成鉀養二果酸之顆粒如將鋇綠或鉛養醋酸添入其水中所結成之質應能在淡硝强水內消化如將此質一百十三釐加熱至紅待至竟不

發氣爲度則餘下者爲鹼性之質加草酸試水一千釐適減其鹼性

畏忌　各種酸質並檸檬酸及酸性鹽類質鈣養或鋇養之能消化之鹽類質鉛養醋酸銀養淡養五

功用　爲重瀉藥或爲鹽類藥能感動內腎與鹼類藥同

服數　以二錢至半兩爲一服

鉀養二果酸

鉀養二果酸實爲鉀養輕養果酸其得分劑數二百八十八果酸西國古名打打其天成者見於葡萄果內凡作葡萄酒即成此物古人旣能作酒必知此質矣葡萄汁發酵之時則糖不見而有醕結成而其打打不能在酒醕內消化故凝結沉下或凝結桶旁成顆粒形之皮白葡萄酒所成者爲白色之皮紅葡萄酒所成者爲紅色之皮古人之書記此料極明又謂之酒渣滓一千七百六十九年化學家西里考究其性情而定準之法國之莽那丕力阿意國之緋逆司皆聚此物而提淨之每鉀養一分劑配果酸一分劑欲減去果酸一分劑須用鉀養二分劑故鉀養二果酸爲酸性之鹽類質非勒白書中云此質實爲果酸二分劑與鉀養一分劑化合然非勒白所定果酸之二分劑等於各化學家所定果酸之一分劑

取法　尋常出售之粗鉀養二果酸爲白色之顆粒黏連似皮細觀之能分出其小顆粒置口內試之其硬如砂在口中消化甚遲味酸而稍佳其顆粒半明半暗成無法六面柱形體或爲三角形底柱形體兩端有兩面成稜重率得一.九五空氣中不變化醕內不消化六十度熱之水六十分能化其一分二百十二度熱之水十八分能化其一分鉀養二果酸水有酸性能令藍試紙變紅遇含炭養氣之鹼類質則令發泡若將其水久存則發黴而化分此因有植物質阿勒奇郎海菜之類生於水中用顯微鏡視之其形如線植物學家

第十四圖

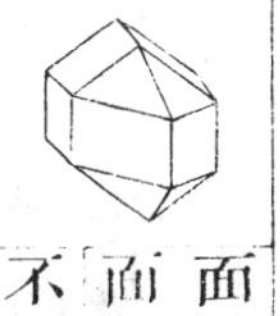

名曰西路克路息司打打里格此質亦生於他質含果酸之水內將鉀養二果酸之顆粒加熱則腫脹而放水一分劑後則化分放能燃之氣質其臭與燒糖略同餘下之質爲鉀養炭養與炭化合西國俗名黑色化料若將鉀養二果酸一分與硝一分相和加熱燒之所得者爲鉀養炭養西國俗名白色化料鉀養二果酸不易爲酸質化分而果酸能化分中立性之鉀養鹽類質仍得鉀養二果酸（觀果酸節）如將鉀養二果酸之水添鋇養水即成鋇養果酸添鈣養水即成鈣養果酸或添鉛養醋酸水即成鉛養果酸此各質俱爲白色不肯消化如遇能合於果酸而成能消化之鹽類本質則成雙鹽類質內有數種入藥品即鉀養鈉養果酸鉀養銻養果酸（觀鈉養銻鐵三節）又如用硼養或鈉養二硼養能令鉀養二果酸更易消化所得之質爲鉀養硼養果酸又謂之能消化之鉀養二果酸化學家里必格成此質之方用鉀養二果酸四十七分半與硼養顆粒十五分半相和令全消化將其水熬乾即得此質

試法　鉀養二果酸常含鈣養果酸百分中得二分至六分間有含十四分者亦有含白石英粉或砂粉沸水四十分應全消化其一分如含白礬或鉀養二硫養可用鋇絲試法分辨之如將此質一百八十八釐加熱至紅待至不再發氣爲度將所餘之鹽類質添草酸試水一千釐適滅其鹼性

畏忌　濃酸質含炭養之鹼類質含鈣養之鹽類質含鉛之鹽類質

功用　爲涼性藥能利小便能微利

服數　以半錢至二錢爲一服能利小便四錢至六錢爲一服能微利

含此質之藥品　渣臘伯散硫黃甜膏俱含此質

鉀養檸檬酸

取法　將檸檬酸顆粒約六兩以水二升消化而消息之漸添鉀養炭養約八兩消息其鹼性或酸性之有無以得中立性爲度濾而熬乾之觀其面生皮一層則調攪不止以全成顆粒爲度置於溫暖乾燥乳鉢內磨細盛於瓶中密塞之其炭養氣發泡散去其檸檬酸原爲三本之酸質合於鉀養三分劑成中立性之鉀養檸檬酸

此鹽類質甚佳一千八百六十四年載入英書其原質爲三鉀養炭輕養共得分劑數三百〇六爲白色之粉再易自化故必盛於瓶內塞之甚密水中極易消化味鹹或帶酸味添入醕內全不消化如用尋常粗鉀養炭養爲之則

含其雜質在內、如用檸檬汁爲之、因此質常含瑪里酸、（即蘋果酸）故所成鉀養檸檬酸、必含鉀養瑪里酸、如用鈣養鹽類質、添於水中、令其鉀養檸檬酸、凝結沉下、則因鉀養瑪里酸、本能消化、仍在水中、

試法　此質必將試鉀養與檸檬酸之法、分而試之、試檸檬酸之法、與試果酸之法略同、即加熱之法、或用濃硫養$_3$水之法、如將濃鉀養檸檬酸水、再添檸檬酸、則無結成之質、鉀養果酸水內、如添鉀養檸檬酸、則有鉀養二果酸結成、鉀養檸檬酸水內、如添鈣養或添含鈣養之鹽類質、則有鈣養檸檬酸結成、如將鉀養檸檬酸水、與鈣綠水相和、若不加熱、則無結成之質、鈣養檸檬酸、在熱水內更難消化、故加熱令沸、則分出白色之質、易在醋酸內消化、凡檸檬酸之鹽類質、或果酸之鹽類質、如加熱、能令其酸質變爲草酸、醋酸等質、如與硫養$_3$相和而加熱、則化分之質內、有一種易着火之炭$_4$輕$_4$類之氣、如將鉀養果酸、與硫强水相和而加熱、則成糭色之流質、放出易燃之氣、發醋酸之臭、如將鉀養檸檬酸一百〇二釐、加熱至紅、待至不再發氣、所餘之質、用草酸試水一千釐、適滅其鹼性、

功用　此爲微涼藥、又能發汗、利小便、此三者之服數、以二十釐至六十釐爲一服、如服之更多、則爲輕瀉藥、發熱之病、可將此藥與檸檬汁相和、成涼性水、以解渴、其鹼性在溺中顯出、故石淋砂淋等症可用之、胃中多酸或痛風亦可用之、

鉀養醋酸

此物之原質、爲鉀養炭$_4$輕$_3$養$_3$、其得分劑數九十八、當一千二百餘年時、格致家勒立考知此質、或有人早得此質、亦未可知、數種植物之汁內有之、即如燒植物所得之灰、能取出鉀養炭養$_2$者、其汁是也、

形性　此質無色、少臭、味辣而鹹、尋常所見者、其體光亮、成層累、爲細明鱗片相合而成、如取時加熱極遲、則成針形、遇空氣即自化變爲油形之流質、添入等重水內、能全消化、亦能在醕內消化、加熱則先鎔而後化分、放出輕氣與炭養氣、所餘之質爲鉀養炭養$_2$、此變化之事、略與含果酸之鉀養質相同、如將鉀養醋酸加硫養$_3$或他種濃强水、則化分而放出醋酸之臭、又有數種鹽類質能令其化分、每鉀養醋酸一百分、內含鉀養四八、五分、醋酸五一、五分、共得一百分、

取法　將醋酸二升、置於薄瓷鍋內、漸添鉀養炭養$_2$二十兩、先熬之而後濾之、如尚顯鹼性、則加醋酸少許、以得中立性爲度、熬乾後漸增熱、令其質鎔化、既鎔化後、則待鍋

冷而鹽類質已凝未冷之時敲碎置瓶中塞之甚密此取法之理因醋酸與鉀養相合則放出炭養氣而成鉀養醋酸

或用淡醋蒸之以代醋酸所得之質帶櫻色最妙之法用淡醋酸之淨者因多用鉀養故所得之質常帶櫻色可多加醋酸至少有餘而得酸性可免櫻色之弊又有一取法用鉛養醋酸與鉀養硫養令兩物彼此化分化合而成然用此法其質常含鉛此爲其弊

試法　將硫養添入此質之水內則放出醋酸之霧加熱至紅則變爲鉀養炭養鉀養醋酸在水或醕內能全消化

遇藍試紙或黃試紙應不令其變色尋常出售者稍有鹼類之性如添入鐵綠淡水即變大紅色如血如添鋇綠或銀養淡養則能知其含硫養或綠氣之質與否但鉀養醋酸水爲極濃者則添銀養淡養間有結成之質故可將所得結成之質置水中或淡養水內如能消化則知其非因含含綠氣之質而結成也如含鉛爲異質則添輕硫氣結成黑色之質如含銅爲異質則添鉀衰鐵之水結成櫻色之質

畏忌　各種酸性之質鈉養硫養鎂養硫養數種土性鹽類質金類鹽類質

功用　能利小便多用之則爲瀉藥醫學家胡拉云久服令溺中顯鹼性與鉀養炭養同因在人身內易收炭養氣而變爲鉀養炭養又有別種鹼性鹽類質遇植物酸質有此性者

服數　以十釐至一錢爲一服能利小便一錢至三錢爲一服能令人大瀉

鉀養錳養

此質爲鉀養與錳之多含養氣之質相合而成其顆粒爲方柱形其色深紫易在水中消化其味甜而澀

取法　將鉀養綠養三兩半磨成細粉與錳養四兩磨勻

置瓷鍋內另將鉀養五兩以蒸水四兩消化之添入鍋內用熱砂盆加熱熬乾化時須連調令不噴至鍋外將所得之質磨成細粉置瓷鍋或瓦鍋內蓋之置爐中燒至暗紅色約一小時之久或至半鎔爲度待冷敲碎磨成細粉與蒸水一升半相和加熱令沸令不肯消化之質沉下傾出其流質再將其定質與水半升相和加熱令沸待定質再沉下將其流質傾入前流質內而添淡硫强水至準減其鹼性爲度熬至其水面生薄皮一層待冷則水內成顆粒取出其顆粒待其水已流盡與蒸水六兩相和加熱令沸則將玻璃漏斗用不灰木分成細條輕塞漏斗之孔將此

流質傾入所有濾下之流質待冷。則成顆粒。自水中分出之。待其水已流盡。則置於盛濃硫養水盆上。用玻璃罩蓋之。則硫養收取其水而顆粒得乾。

此取法之理。因將黑色錳養與鉀養綠養相和加熱。則綠養之養氣放出。而錳養變爲錳養與錳養。此兩物與鉀養相合。鍋內所得之質。含鉀養錳養。鉀養錳養與鉀綠及錳養少許。餘下鉀養若干。以熱水消化之。則鉀養錳養化分。成鉀養錳養與錳養。傾出其流質。其流質內不含錳養。加入硫強水。則令其鉀養得中立性。待其鹽類質成顆粒分出。水中所餘之質。爲鉀養硫養與鉀綠。六十度熱之水十六分。能消化其顆粒一分。英書云。將此質之細顆粒。以水一兩消化之。則水得深紫色。其顆粒加熱至紅。則爆裂放養氣。而有餘下黑色之質。爲錳養與鉀養。鉀養錳養最易放出其養氣。故其質之性情。易於分別。如遇含鐵之鹽類質。或生物雜質。則化分甚速。如添入能收養氣之材料。則收此質之養氣三分劑。所餘者爲黑色之錳養。即沉下之質。水中又有鉀養。其水本爲大紅色。因此變爲無色。其變化之式。爲

鉀養錳養丅三養‖鉀養丄二錳養

鉀養錳養之水。原爲綠色。如加能收養氣之料。則亦放出其養氣。顧不及鉀養錳養之多耳。此種水。能令輕硫氣化分。故能去臭惡而令空氣得淨。或謂之滅臭藥。英書之試法。將鉀養錳養五釐。水中消化之。另將鐵養硫養顆粒四十四釐。添淡硫強水二錢。和勻。傾於前水中。適能滅其色。其材料化合成鐵養三硫養。所結成之錳養。可用尋常試法試之。

功用　此藥外科中多用之。若內服。則爲胃中各流質化分甚速。而失其功力。有醫士用以治多溺味甜之病。因其能放出養氣。而令身內之糖質變爲他質。不從溺中出也。

服數　以三釐至五釐爲一服。用水消化至極淡服之。其粉可與白石粉磨勻。鋪於臭惡瘡。爲滅臭之用。

鉀養錳養水

取法　將鉀養錳養四釐。蒸水一兩消化之。

此水與根狄滅臭藥功用略同。病人房中用此藥以滅臭。最爲合宜。又身體生瘡或潰爛。用此藥水。再加水令更淡。洗搽患處。口臭。或喉間有臭爛之瘡。可用之爲漱喉藥。有人用以治多溺味甜等病。

服數　以二錢至四錢爲一服。

鉀衰鐵

此藥詳述於鐵雜質節內。茲不復論。

鉀養二鉻養

此藥不常用以治病顧考其化學性情頗有趣味取藥法中用之令他種藥收養氣亦用之又可用以作試藥

鈉

鈉爲鈉養之金類本質一千八百三十七年英國化學家兌飛考知此質其軟如蠟能打薄如鉛成極薄之片重率○九七二不透光外面之色光亮如銀能浮於水面發嘶嘶之聲令水發泡若遇紅熱之鐵也此因水之養氣與鈉化合所放之輕氣發泡散去有時變化極猛而有爆裂之事所成之鈉養消化於水內加熱至一百九十度則能鎔化加熱至白色能化散能傳熱與電氣海水中含之極多皆與綠氣化合成鹽地中挖取之石鹽亦爲同質所成遇空氣則速收養氣變爲鈉養故必存於無養氣之材料內如火油與那普塔等是也凡鈉之各雜質以火燒之用光色分原鏡視之則有極明黃色線在太陽光帶黃色之一分內如依同法燒含鉀之各雜質則有極明紅色線在太陽光帶紅色之一分內又有極明紫色線在太陽光帶淡紫色之一分內又依同法燒含鋰之各雜質有極明紅色線與更淡黃色線在太陽光帶紅色與紫色之各一分內太陽光帶之圖在光色分原西書中

鈉養

作鈉養之法將鈉養炭養水添生石灰結成之質爲鈣養炭養水中有鈉養熬乾之則得鈉養輕養其分劑數共得四十數種礦質含鈉養如鈉養礦等是也常見者與數種酸質相和其顆粒爲四面形兩間亦是四面其色灰白其味辣有烙炙之性水與醕俱能消化之加熱至紅則鎔化空氣中能生白質如霜其性情與鉀養大同小異但此質收空氣中水氣之性較鉀養更小因其外面先變溼而後收空氣中之炭養氣如是生霜形之質如用鈉養作玻璃與肥皂較之用鉀養者更硬鈉養各鹽類質之形狀與鉀養之相配之質亦不同且鈉養與酸質相合成鹽類所需用鈉養之數較鉀養更少鈉養各鹽類質較配以鉀養各鹽類質更易消化如將鈉養鹽類質添入鋁養硫養則不成白礬顆粒添入果酸不成不消化之鈉養二果酸質添入鉑綠水亦無結成之質如鉀養鹽類質加入鉀養炭養或鈉養炭養無有結成之質而鹼土金之水內加此物則有結成之質故可依此法分別之又如將各種鹼質與鐵衰或輕硫所成之質相和添入鈉養鹽類質中無有結成之質設添入金類鹽類質中則有結成之質故可依此法分辨之

試法　徑捷之試法有二能辨其爲鈉養並其各鹽類質與他物卽消化於醕內以火燃之能顯深黃色如將此質之水添鉀養錦養水則有結成之質又用光色分原鏡能分別其含鈉與否

功用　鈉養與鉀養其藥性大同小異鈉養之鹽類質與配以鉀養之鹽類質其性亦略同所有之分別因鈉養各雜質其烙炙之性較鉀養各雜質更輕鹼性亦更小入溺內之性及改血之性亦較鉀養者更輕惟瀉性較鉀養者更重耳砂淋石淋等症不常用鈉養與其各鹽類質因鈉養鋰養較鉀養鋰養消化之性更小但胃中多酸食物不

消化用鈉養炭養或鈉養二炭養更屬合宜瘰癧等病用鈉綠則得其改血輕性又如鈉養硫養與鈉養鉀養果酸爲尋常瀉藥醫士或用鈉養燐養散砂淋石淋之病含綠氣之鈉養可令其放出綠氣作綠氣之各用

鈉養輕養

此質之取法略同於鉀養輕養之取法性亦略同

取法　將鈉養水二升置於銀鍋或淨鐵鍋內加熱熬之甚速至其質略似油形而用熱玻璃條挑取一滴待冷而凝結則知熬已合度傾於銀板或淨鐵板上待凝結則敲碎置於綠色玻璃瓶中塞密之

此質爲灰色之塊鹼性與烙炙之性極重英書云如化於水中而水內稍有淡養能令水有酸性如添銀養淡養水或鋇綠水卽結成白色之質少許由此可知英書準此質微含含硫養或綠氣之質如將此質以水消化之則所得之渣滓應極少如將此質四十釐用草酸試水九百釐適能滅其鹼性

功用　其功力與鉀養輕養同但烙炙之性更輕空氣中自化之性亦更小

鈉養水

取法　將鈉養炭養二十八釐以水一升消化之置淨鐵

器中加熱令沸沸時漸添熟石灰粉十二兩必調攪不停再令沸十分時離火待定質沉下水已清則用過山龍吸至綠色玻璃瓶內塞密之

此取法之理將鈣養與其炭養相合與取鉀養水之理相同設取時不甚合法則或含炭養其試法可添輕綠之淡水則發沸添鈣養則有結成之質如加淡輕養草酸水有結成之質則知其含鈣養重率得一〇四七每水重一百釐含鈉養約四釐如將此水一兩卽四百五十八釐用草酸試水四百七十釐適能滅盡其鹼性

用尋常之鈉綠造鈉養炭養則分出鈉養炭養之後常有

不淨之鈉養輕養水餘下此水中含鐵故謂之紅水大造藥料之肆用此水造粗鈉養輕養

鈉養輕養水與鉀養輕養水其性大同小異所有之分別在其水內添鉀養銻養則有結成之質如添果酸或矽弗或鉑綠則無結成之質化學事內之用與治病之用與鉀養者略同惟其性更輕爲本之性更軟

功用　大半預備作他藥之用英書中用以造鈉養或銻硫或鈉養發里里阿尼酸又化分求質之事亦用之觀英書之附卷

粗鈉養炭養

古人已知此質謂之鈉得印度國人早知有此物謂之薩其奴納意謂鈉養之鹽類也古時波斯國化學家謂之薩其磨納肥脫立古時埃及國有一湖水中含此質用以作玻璃等物

粗鈉養炭養所含雜質依其取法與造作之處而分其多寡有取於湖水中者有取於海菜中者有從化分鈉養之他種鹽類質而得者此粗鈉養炭養可用之以取淨鈉養炭養

有數種海邊之菜其灰中有一質名巴里拉此菜大半產於地中海紅海及印度洋之邊採取曬乾而屬幾奴布提依藜科即鵞掌菜之意也大半爲薩勒蘇賴類或薩里殼尼阿類或蘇阿以大類與幾奴布提由末類其灰每百分含鈉養炭養二十五分至四十分不等其灰內成此質之故因菜內有植物酸質之鹽類燒時即變化而成其所含鈉養大約自土中得之化學家哈米勒曾將含鈉養炭養之菜自海邊移往內地種之長大後燒得其灰祗含鉀養而無鈉如將薩勒蘇賴菜浸於冷水中化乾之得兩種鹽類即鈉養炭養與鈉綠想燒成灰時必有鈉綠若干分變成鈉養炭養

又有克勒伯海草灰產於蘇格蘭阿爾蘭威勒士海邊及各海島並法國諸滿的省海邊皆聚海草燒灰而得此質其灰待冷時成蜂窠形硬塊其色藍灰味如鹼而可惡謂之克勒伯每百分內含鈉養炭養三分至八分半另含他種鹽類質與巴里拉所含者略同另含鉀養與碘若干分觀碘節

近時取鈉養炭養之法與昔時不同其法最爲便宜所用之料爲鈉綠即食鹽也先加硫養水令變爲鈉養硫養與煤屑及白石粉相和置倒焰爐中加大熱常調攪之則其炭質收硫養與鈉養之養氣而成鈉硫此質爲鈣養所化分所成之質爲鈉養炭養並鈣硫鈣養鈉養炭質其內所

有不能消化之質惟沖水之時沉下分出後加熱則燒去其硫所有鈉養全與炭養化合所得之質每百分含鈉養五十分再消化於水中分出其定質熬乾其流質則得大顆粒爲鈉養炭養凡巴里拉與粗鈉養炭養等質俱不入藥品必消化水中熬其流質而得顆粒則各處醫院中方準用之

鈉養炭養

用前法而得鈉養炭養每一分劑含水十分劑其分劑數共得一百四十三顆粒大而明無色無臭其味有鹼性而可惡遇黃試紙顯出鹼性之變化其顆粒爲斜立方體或爲斜方八面形體或爲整顆粒或爲碎顆粒在空氣中外面生霜加熱時則在自成顆粒之水中鎔化水既化盡即得白色定質爲乾鈉養炭養中不含水六十度熱之水二分能化鈉養炭養一分二百十二度熱之水一分能化鈉養炭養一分醋內不能消化遇酸質與土類質顯其含炭養質之性情此質與鈉養二炭養分辨之法即加汞綠能結成紅色之質加鎂養硫養有結成白色之質爲鎂養炭養鈉養炭養之用處可與定質油或流質油相和成肥皂每鈉養炭養百分含鈉養二二·二分炭一五·三分水六二·五分共得一百分

第十五圖

試法　尋常作淨鈉養炭養用鈉養硫養與食鹽故間含鈉養硫養少許或鈉綠與鉀綠少許其試法觀之無色而光明空氣中能生霜水內能全消化其水能令薑黃變棕色如加輕綠至有餘再添鋇綠水如無結成之質則知其不含含硫養之質如加銀養淡養無結成之質則知其不含含綠氣之質如加鉑綠無結成之質則知其不含鉀養將鈉養炭養一百釐加熱至紅則放水六二·五釐英書云六十三釐又將一百釐添淡硫養水至有餘則放炭養氣一五·三八釐又如將一百四十三釐添草酸試水九百六十釐適能滅其鹼性

畏忌　各種酸質酸性鹽類質鈣養水淡輕綠土性鹽類質金類鹽類質

功用　爲滅酸藥服之過限則爲惹胃之毒藥其性能利小便能化砂淋

服數　以十釐至半錢或一錢爲一服作發泡藥用此藥二十釐配檸檬酸十釐或果酸十釐或檸檬汁二錢半又作雖得立次散亦用此藥

解法　不自散之流質油淡醋檸檬汁鉀養二果酸

無水鈉養炭養

作此質之法將鈉養炭養加熱令水質散盡則無水鈉養炭養五十三釐可代尋常鈉養炭養一百四十三釐每百分內含鈉養五九三釐炭養四〇·七釐燒時必全加熱至紅否則有濃淡不勻之弊

取法　將鈉養炭養置於瓷鍋內再置於熱砂盆中加熱至顆粒鎔化而後變成軟定質磨成細粉存於瓶中塞之甚密如用鈉養二炭養加熱至紅所得之質更易磨粉

服數　以五釐至十釐爲一服或爲粉或爲丸俱可

二鈉養三炭養

此質含水四分劑其得分劑數一百六十四天成者有之即如阿非利加近於的黎波里所得者謂之脫羅那埃及國之尼羅河口西邊有產此質之湖印度國德干之老那湖亦產此質英國醫學家馬可磨生考得其質將其料送至英京倫敦書院中存之皆爲炭養三分劑與鈉養二分劑相合而成每百分內含鈉養三八·五五分炭養三九·七六分水二一·六九分如將鈉養二炭養之水加熱至二百十二度則能變爲二鈉養三炭養倫書所稱爲二鈉養三炭養近有化學家依肥里脫考得其據實爲鈉養二炭養醫士沛離拉之書云依倫書之法爲之常得鈉養二炭養而不得二鈉養三炭養但各處湖水中所得之二鈉養三炭養恐亦非淨者疑爲鈉養炭養與鈉養二炭養相合而成前言二淡輕養三炭養變成之理亦猶是也

鈉養二炭養

此質含水一分劑其得分劑數八十四常見者俱屬淨質間有含鈉養炭養少許者天成者有之即如法國之斐希泉水即鈉養二炭養水另含炭養氣其味酸

形性　尋常出售者爲無色之質或爲粉或爲細鱗片形顆粒其味鹹少有鹼性空氣中不多變化六十度熱之水十三分能化其一分此數爲化學家羅司與搿茄所定者如用沸水則能消化更多熱水所化者待冷則多成顆粒此質加熱則先放水若干後放炭養之一半又放盡其水變爲無水鈉養炭養分辨鈉養二炭養與鈉養炭養之法察其鹼類之味更輕消化於水更難其水內添鎂養硫養水則無結成白色之質如添汞綠水則無結成紅色之質祇能略變暗白色如乳而已

取法　大造此質之法將鈉養炭養顆粒令炭養氣行過之爲時甚久則漸收炭養而放熱與水霧英書之法用鈉養炭養一分無水鈉養炭養一分半和勻水內消化至飽足另將白石粉與大理石塊用輕綠水傾於其面令發炭養氣行過此水中即成欲提淨之將粗鈉養二炭養一分

加蒸水半分調攪多時將所得之質置於生紙之面下鋪乾磚以收其水

試法　此質在水中應全消化如其水中添鉑綠不應有結成之質又如加鉀養之一種試水亦不應有結成之質如有之則知其含鉀養如加淡養至有餘再添銀綠水或銀養淡養水如有結成之質則知其含含硫養之質或含綠氣之質顧英書準加此各料之後得其微迹常含之雜質爲鈉養炭養少許如有此質則其鹼性更重而其味更惡試此質之法添鎂養硫養如有結成白色之質則知其含此質若不含此質除加熱外必不結成如加汞綠水結成之質如色白即純色不白即雜將水四十分鈉養二炭養一分添汞綠水當時結成紅櫻色之質則鈉養二炭養內必含鈉養炭養如百分內有此質一分依此試法能顯明之若不含此質雖調攪甚多或久待或加熱祇能結成橘皮色之質也如將鈉養二炭養一百釐添淡硫養水則放炭養氣五一·七釐如加熱至二百十二度則放炭養氣若干加熱至紅則變爲無水鈉養炭養如用此質八十四釐加熱至紅則得所餘之鹼類質五十三釐添草酸試水一千釐適能滅其鹼性

畏忌　此質之畏忌與鈉養炭養相同惟鎂養硫養不在此例故藥方中可配用之

功用　能滅酸能消砂淋利小便能治胃痛而食物不化又治痛風與溺中結成里的酸之病

服數　以十釐至半錢或一錢爲一服如作發泡藥則用此質二十釐配以檸檬酸十七釐或果酸十八釐

鈉養二炭養糖片

取法　將鈉養二炭養細粉三千六百釐淨白糖粉二十五兩阿拉伯樹膠粉一兩阿拉伯樹膠漿二兩蒸水一兩先將諸粉調勻後添膠漿與水和勻成膏依法分爲七百二十片置於熱空氣箱內烘乾第所加之熱度不可過大也

蘇書中本載此方一千八百六十七年載入英書每片內應含鈉養二炭養五釐

服數　以一片至六片爲一服

鈉養炭養發泡雜散又名發泡雜散

此藥無定方可將鈉養二炭養二十釐以蒸水一兩半至三兩消化之再用檸檬汁半兩或用果酸十八釐或檸檬酸十八釐以水少許消化之添入前水中乘其發泡時飲之水內所成之質爲鈉養檸檬酸或鈉養果酸所放出者即炭養氣如用路式里鹽或鎂養硫養一錢或二錢以水

消化之添入前水中則爲發泡之瀉藥最爲便用但服此藥者必知令檸檬酸或果酸之鹽類質在胃中變爲含炭養之質如久服之能令津液便溺等變成鹼性

鈉養炭養發泡水 又名荷蘭水

取法 將鈉養二炭養三十釐水一升消化而濾之置於堅固瓶中另用取炭養氣之器即用硫養與白石粉爲料者所生之炭養氣必過水洗之然後噴入前水中至壓力大於空氣七倍爲度塞之甚緊以鐵絲縛定令氣不散出此水開瓶時發泡甚多放炭養氣甚速其水明淨發水泡上升味稍酸而適口其試法將此水十兩加熱令沸五分

時加草酸試水一百七十八釐適滅其鹼性此爲蘇書之方一千八百六十七年載入英書中乃眞荷蘭水之作法也

尋常出售之荷蘭水不用鈉養二炭養而用炭養氣與水相和此水每升必另添鈉養二炭養三十釐方可作此水之用此兩種水在胃中所顯之功用不同眞荷蘭水在胃中放出炭養氣能感動胃之內皮而鈉養亦顯出其性情此種水可用鉀養二炭養代鈉養二炭養功用略同

地中發出之水有含炭養氣者故其味稍酸而發炭養氣有數處所得者含鈉養炭養或鈉養二炭養間有含鐵者醫者可依其所含之質分別各處之水以供治病之用

鈉綠

鈉綠即尋常之食鹽也萬物內常遇見之食物中不可少此質此爲古人所當知之者數種動物之定質與流質有之數種植物之汁內亦有之地產石鹽含之極多有消化於水成鹽水泉者海洋之水俱含此質可熬其水而得之結成顆粒形各不同依水之化散遲速而異也售鹽者各定名以別之即如乳油鹽石鹽篭鹽海鹽等是也大顆粒者謂之磨勒登鹽非刷里鹽海灣鹽凡出售之鹽大半不淨必先提淨之其法令消化於水再成顆粒尋常之鹽含

各種鹽類質即如含鹼類或土類之含硫養或綠氣之質此種鹽類大半以鈣與鎂爲本

形性 食鹽之質無水透明其顆粒爲立方形間有數顆粒相連成葢方錐形其面疊層如階級重率得二·一七淨者無色味鹹無臭不能令黃試紙或藍試紙變色不能供漂白之用水二分半能化此質一分無論冷熱消化之數並同醕內不消化正酒醕內稍能消化如將含鹽之酒燒之則得黃色之火鹽質最易傳熱加熱則散開而有爆裂之聲加熱至紅則能鎔化而乾蒸之淨者遇空氣至久不變化不淨者遇空氣不久即變化硫强水與硝强水能化

分之。硫養三或燐養五亦能化分。但須加熱耳。銀養淡養五鉛養汞養。鈣養。鉀養俱能化分之。鉀養炭養亦能化分。但必加熱耳。如鹽水中加銀養淡養五則有銀綠結成。此質能在淡輕三水內消化。不能在淡養五水內消化。如加鉑綠三無結成之質。可用此法分辨含鉀養之鹽類質。化學家或言食鹽消化於水。變爲鈉養輕綠。因水質化分。養氣與鈉化合。而輕氣與綠氣化合。果如此則食鹽之原質其式爲鈉養輕綠。每百分內。有鈉四十分。綠六十分。

試法　如添鈉養炭養二或鋇養淡養五不應有結成之質。或祇有極微之數。則知其不含土類之鹽類。與炭養二之質。及含硫養三之質。尋常食鹽。微含鎂養硫養三或微含鎂綠。因此能自消散。如將鹽水。添入淡輕四養炭養二水。無結成之質。則知其不含鈣養。再添鈉養燐養五水。無結成之質。則知其不含鎂養。

功用　外科用之。能感動皮膚。服之則爲改血藥。吐藥。瀉藥。或用以治瘰癧。瘧疾。霍亂吐瀉。

服數　爲改血之用。以十釐至一錢爲一服。爲瀉藥之用。以四錢至一兩爲一服。爲吐藥。以一兩半至二兩。煖水消化之。爲一服。每水三斗。加鹽一磅。則與海水略同。可爲洗浴之用。

含綠氣之鈉養水

法國化學家拉不拉克於一千八百二十二年考知此質。能爲滅臭等用。此時法國有一公會。專理國內一切有益於人之事。見拉不拉克設此藥。可爲滅臭等用。賞賜甚厚。且勸人用之。

形性　此水乃鈉養綠養。鈉養二炭養二。鈉綠。三質相合而成。將其水緩熬之。則得顆粒。若再以水消化之。所成流質。與原料略同。其色淡黃。英書云無色微帶綠氣之臭。味辣而微澀。黃試紙遇之。則先顯出其鹼性。此因含鈉養二炭養二之故。後其色全滅。因含綠氣之故也。又用靛藍硫養三試水試之。其色亦滅。遇空氣則化分而放綠氣。所餘之質。爲鈉養炭養二。如添各種酸質。則放綠氣與炭養氣。水內所餘之質。爲鈉綠。如添鈣養水。則結成白色之質。此因含炭養二之故。如加鉑綠三無結成黃色之質。此法可與含綠氣之鉀養水分辨之。如添淡輕四養草酸水。無結成之質。此法可與含綠氣之鈣養水分辨之。化學家或謂之鈉養綠水。此名不可用。蓋綠氣苟能與鈉養化合。則所成之質。化學中所知各質內。無有相配者。至今化學家尚不能確定其原質。尋常化學家以爲鈉養二炭養二分劑。加鈉養綠養一分劑。加鈉綠一分劑。合而成之。沛離拉書中亦謂如是。

取法　將鈉養炭養二十二兩蒸水三十六兩消化之另將錳養四兩鹽强水十五兩盛於玻璃瓶中瓶塞內插一彎玻璃管通入含水四兩之瓶內從此瓶再用玻璃管通入鈉養炭養二水將前瓶加熱待綠氣放盡爲度將鈉養炭養水傾於瓶中密塞之置於光少而涼爽之處

成此質之變化或可明之其式爲

四(鈉養炭養二)丄二綠＝二(鈉養二炭養二)丄鈉養綠養丄鈉綠

試法　重率得一·一〇三加淡輕養草酸水應無結成之質每用七十釐加鉀碘二十釐水四兩另加輕綠二錢則

變成棲色之水添鈉養硫養三試水五百釐適足以滅其棲色

如用鉀養炭養二代鈉養炭養二依上法取之卽得含綠氣之鉀養水一千七百八十九年始用以漂白各物藥品中不常用之

功用　能滅臭能令物不腐爛因內含綠氣故瘰癧與疔毒病服之可爲改血藥

服數　以十滴至二十滴爲一服

含綠氣之鈉養軟膏

取法　將胡麻子粉四兩添入沸水八兩後添含綠氣之

鈉養水二兩必調攪極勻而後依常法作軟膏攤於布上

功用　此膏可治舊瘡之臭爛者如喉中腐爛發臭可用此爲漱喉藥以滅其臭

鈉養二硼養三 卽硼砂

此質內含水十分劑其得分劑數一百九十一此質古人

第十六圖

必當知之古時羅馬人布里尼名曰苦里蘇刻賴印度人名曰蘇哈加梵語謂之丁乾那天方國謂之婆羅格之類二千七百三十二年化學家遮弗離考知此質西藏有數湖湖邊產此質凝結成塊與麝香大黃並運至遠處銷售其

運至印度國者必過雪山謂之丁乾稱又謂之生硼砂西國取此藥之法將多斯加納所產之硼養與鈉養炭養相和至飽足爲限 硼養觀硼養節

形性　生硼砂塊其色淡綠外皮有土質摩之覺滑西藏土人將其塊以油質護之令不過空氣不致生霜提淨之法須加熱煆之滅去其油類質或用鹼類水洗之令其油變成肥皂再消化之待成顆粒爲無法六面柱形體其兩端常有二箇或四箇漸近之平面重率得一·三五無色透明味微辛微澀且有輕鹼類之味黃試紙遇之顯出鹼類之性其顆粒遇空氣則生霜冷水十二分或沸水二分能

消化此質一分正酒醕內不能消化加熱則放水發腫成鬆定質謂之煆硼砂加熱至紅則鎔如玻璃謂之玻璃硼砂此質可作銲藥之用又有一種硼砂工藝中尚之其質含水五分劑其顆粒爲八面體遇空氣不變化如欲消化鉀養二果酸加硼砂少許則易於消化（觀鉀養二果酸節）又添入石蕊漿內（如木耳等是也）或薩里伯漿內能令其變成濃膏硼砂每百分內含鈉養十六分硼養三五·七九分水四七·三七分共得一百分

試法　此藥僞者甚少亦不常含雜質水中全消化能令酒醕之火變綠色如將其極濃水加熱而添硫養能令硼養結成鱗形顆粒水內所餘之質爲鈉養硫養如硼養添入酒醕內燒之其火亦爲綠色將硼砂一百九十一釐蒸水十兩消化之用草酸試水一千釐適能滅其鹼性

畏忌　酸質酸性鹽類質鉀養鈣養綠鎂綠

功用　微有收斂之性能洗去皮膚上污穢能利小便能調經

服數　以五釐至半錢爲一服如作洗藥用二錢以水六兩消化之

硼砂各里司里尼

取法　將硼砂一兩磨成細粉加各里司里尼四兩磨勻以全消化爲度

此藥於一千八百六十七年載入英書中可敷口瘡或皮膚之各種瘡及發出之點涼洗藥中亦可用之

硼砂蜜

取法　將硼砂六十四釐磨成細粉加淨蜜一兩調和之

功用　微能收斂能洗去皮膚之垢污口中生瘡或生白點亦可搽之

鈉養硫養（又名古魯龍鹽）

此質含水十分劑共得分劑數一百六十一有數處地面見之形色似霜印度人謂之措里尼磨克又謂之措里奴納西班牙國尼波羅河山谷內有此質近於阿瑕如子亦見之海水中含之數處湖水與泉水亦含之又有一種礦謂之古魯罷來得大半爲古魯罷鹽又有數種植物質之灰並動物之津液內亦含此質

形性　新者透明無色無臭味苦而惡其顆粒爲四面或六面之斜柱形體其頂有兩面又有一種不含水者其顆粒爲八面形六十度熱之水三分能化其一分加熱至九十二度則消化愈多過此熱度則消化漸少至二百十五度爲止此熱度內消化之數與八十七度略同沸水一分能化其一分醕內稍能消化在空氣中顆粒生霜加熱則

先在成顆粒之水內消化後即失其半重再成白色細粉鈉養硫養水如添鋇養或鈣養或鉛養之各鹽類質則令此質化分成不能消化之含硫養之質每百分內含鈉養一九·七五分硫養二四·六九分水五五·五六分共得一百分

大造此質之法用食鹽與硫養（觀粗鈉養炭養節）化學事中有從餘剩之質而得之者（觀鹽强水與淡輕綠兩節）或設便法用食鹽減熱至三十二度而將煆鐵硫礦所得之鐵養硫養與鹽水相和而成之

取法　取輕綠之法用硫養與鈉綠相和變化之時則放輕綠所餘之質即鈉養硫養但因其酸質常有餘故用鈣養炭養減其餘酸而炭養氣即放出又有不能消化之鈣養硫養結成而鈉養硫養易於分出即能消化之質也

試法　此質不常含雜質遇空氣則先生霜而後化成粉加大熱則每百分散去水質五五·五分水內全消化醕內稍能消化化學家非勒白云醕內不能消化藍試紙或黃試紙遇之不變色如將此質之淡水加鋇養淡養水略無結成之質如含綠氣或異質必有結成之質如將此質五十釐以蒸水消化之添鋇綠與輕綠至有餘則結成之質爲鋇養硫養加熱烘乾應重七二·二釐如疑鈉養硫養含鐵以鉀衰鐵辨之或以沒石子酒辨之如疑其含銅則添淡輕水如顯藍色即其據也

畏忌　鉀養炭養鈣養綠含鋇養之藥水鉛養醋酸與鉛養二醋酸

功用　爲瀉藥

服數　以四錢至一兩或二兩爲一服其生霜者即無水之鈉養硫養以三錢至四錢爲一服

鈉養硫養

此質爲能消化之鹽類作法用硫養氣過水洗之通入鈉養炭養水以飽足爲度熬乾其水幷成顆粒醫士或用之爲改血藥並輕瀉藥又有一種爲鈉養二硫養取法與此質同多收硫養氣一分劑此質與鈉養硫養醫士有用之以治一種食物不消化之病此病根原胃中生植物質西名曬西那服此藥後在胃中遇各酸質則化分而放出硫養氣植物質遇之則死

服數　以半錢至一錢爲一服可爲改血藥一錢至半兩爲一服則爲瀉藥

鈉養硫養

此質照像家皆用以爲定形藥水英書中用以爲試藥又化分求數之事亦用之此質極能令物放養氣即如傾入

碘水中、則滅其色而成輕碘、取法、將鈉養硫養水、加以硫黃、少加熱、如是數晝夜、卽成、其式爲

硫養丄硫‖硫養

用此法所得之水、加熱輕熬之、卽結成顆粒、如將鈉養硫養水、添强水類酸質、則化分其硫養、令成硫養與硫、近時法國醫士、俱用鈉養硫養、以治數種皮膚之病、

服數　以十五釐至半錢爲一服、

鈉養淡養 又名鈉養硝

鈉養淡養之天成者、智利國產之甚多、用法提淨之、卽合用、水二分、能消化其一分、其性情與鉀養淡養大同小異、

分別之法、須用果酸試之、其淨者、全能在水中消化、添銀養淡養、或鋇綠、不應有結成之質、

功用　大半用以取藥料、亦可用之作硝强水、英書中用以造鈉養鉀養、

一千八百六十四年所印之英書、用鈉養淡養造硝以脫酒、其造此鹽類質之法、用鈉養淡養與炭相合、磨勻而燒之、所得之質爲雜質、其眞鈉養淡養、間有得四分之一者、

鈉養燐養 又名二鈉養輕養燐養

燐養、本爲三本之配質、故與鈉養二分劑、水一分劑、化合而成此質、其原水之外、另含成顆粒之水二十四分劑、故

爲二鈉養燐養、輕養加二十四輕養、其全分劑數、共得三百五十八、製造金類之工、常用此質、一千八百年、英國醫學家皮爾孫、始用以入藥品、一千七百三十七年、化學家馬喝羅脫、化分溺質而得之、一千七百四十五年、化學家馬克拉夫、化分此質而知其原質、血內之黃流質含之、動物之精液含之、骨灰內亦含之、尋常所用者、卽從骨灰中取出、

形性　此質無色透明、味涼而鹹、其顆粒爲大斜方柱形、兩端有四箇漸近之平面、重率得一・五、冷水四分、能化其一分、沸水二分、能化其一分、醕內不消化、其顆粒遇空氣、

則外面生霜、加熱、則先在所含之水內消化、後放水若干、加熱至紅、則化成綠色似玻璃、熱時則明、冷時則暗、鈉養燐養、稍有鹼類性、如將鉛養醋酸水、或鋇綠水、添入其水內、則有結成白色之質、卽含燐養之質也、如添銀養淡養、有結成黃色之質、爲銀養燐養、若其鈉養燐養、加熱至紅、已變爲二鈉養燐養、則不結成黃色之質、而結成白色之質、爲銀養貝路燐養貝路謂見火之意以上結成之質、俱能在淡養水中消化、其結成白色之質、卽銀養貝路燐養、能在淡輕水中消化、凡鈣養能消化之鹽類質、並鎂養能消化之鹽類質、俱能化分鈉養燐養、但用鎂養鹽類質、而另含淡

輕則結成之質最難消化即鎂養淡輕養燐養溺內砂淋等質即此物所成如將含淡輕之銀養淡養添入此質之水內（水不可太濃）則不變化依此法能分辨此質之水與鈉養鹽類質之水化學家若來哈末之書云此物之原質燐養一分劑為本之水一分劑鈉養二分劑成顆粒之水二十四分劑故謂之三本之鹽類質如加熱至紅則減重百分之六十三而其為本之水亦散去所餘之質為燐養一分劑鈉養二分劑即二鈉養燐養又名鈉養貝路燐養再加熱則化成玻璃

取法　將骨灰細粉十磅置於大瓦器或鉛器中加硫强水五十六兩用玻璃箸調攪之令和勻漬溼待二十四小時後少加熱漸添入蒸水一斗添水之時必調攪不停則在四十八小時之內少加熱屢添蒸水以補其所缺如是又添蒸水一斗添時仍調攪不停一小時之後再少加熱而後用細洋布濾之所濾出之渣滓以蒸水洗數次至幾無酸性而止將所共得之水熬之至一斗為度待二十四小時之後再濾之又將所得之流質加熱至將沸之度另將鈉養炭養十六磅水二斗消化之添入其內至無有結成之質為度即其水稍有鹼性也又用細洋布濾之所得淨流質熬之至面結皮一層為度置涼爽處待成顆粒取出顆粒後將餘水再熬一次又得顆粒若干如熬時察其水之鹼性已滅可再添鈉養炭養水既得顆粒宜速晾乾其法將顆粒鋪於生紙上下置乾磚不可加熱已乾則盛於玻璃瓶中密塞之

此取法之理因硫養遇骨灰則成二鈣養三燐養前於燐之取法內已詳言之同時又成鈣養硫養濾之之工即分出此質加熱近於沸度之故欲令其含燐養酸性之質易於化分後將鈉養炭養水添入二鈣養三燐養水內則成鈉養燐養消化於水而炭養氣放出其二鈣養燐養結成沉下其式為

二鈣養·二輕養·燐養丄二鈉養·炭養＝二鈉養·輕養·燐養丄二鈣養·輕養·燐養丄二炭養丄二輕養

試法　將鋇綠水添入此質之水中如有結成之質而其質在淡養水中不消化則知其含硫養之質可定其為鈉養硫養如添銀養淡養水而結成之質能在淡養水中消化則知其含含綠氣之質造此鹽類者用鈉養炭養常有餘如此能得大顆粒故常含鈉養炭養試法添酸質在內如發泡者則知其含此質

畏忌　鈣養與鎂養之鹽類質數種金類鹽類質如鉛養醋酸等是也

功用　此爲鹽類瀉藥較他種瀉藥其味更適口取鐵養燐養五之工內亦用此質

服數　以四錢至六錢爲一服英書用此爲試藥以水十分化此質一分

鈉養燐養三

此質含水十一分劑與鈉養燐養含水二分劑之質略同此兩質皆爲能消化並顆粒形之鹽類質取法將鈣養燐養三或鈣養燐養與鈉養炭養相合而成（觀鈣養燐養與鈣養燐養兩節）醫士或將此兩種鈉養鹽類質感動腦氣筋顧其功用不知究屬如何或又用以治肺癆病與瘰癧病服數如用鈉養燐養三以十五釐至三十釐爲一服如用鈉養燐養以五釐至十釐爲一服用水或糖漿消化服之

鈉養鉀養果酸　又名路式里鹽

鈉養鉀養果酸之式爲鉀養鈉養炭八輕四養十加八輕養共得分劑數二百八十二法國路式里之藥肆名賽納得於一千六百七十二年考得此質故謂之路式里鹽又謂之賽納得鹽各醫院命名之意不同醫學諸書俱稱爲含鈉養之鹽類質

形性　無色無臭味鹹微苦顆粒明亮間有甚大者爲柱形體其邊或十或十二不等如第十七圖爲常見者剖開

第十七圖

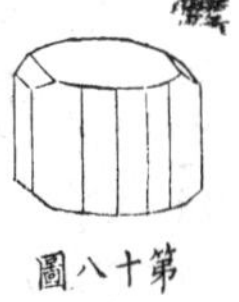

第十八圖

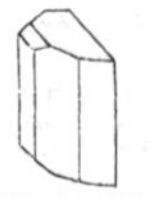

之顆粒有六箇不等邊如第十八圖其原形成斜方柱體顆粒遇乾空氣則生霜加熱則在成顆粒之水內鎔化水散之後則果酸化分所餘之質爲鉀養炭養與鈉養炭養及炭質少許英書云加硫養而加熱則變黑色放易燃之氣質其臭似燒糖也六十度熱之水五分能化其一分沸水不及五分能化其一分酸質與酸性之鹽類質大半易於化分之惟鉀養二果酸不能化分之也化分之理因酸質與其鈉養化合而令其鉀養二果酸凝結但所用之水必極濃方易化分又能爲鉛養醋酸與鉛養二醋酸所化分鈣養與鋇養之能消化之鹽類質亦能化分之但所用之水不濃則此事不能顯出如以銀養淡養五添入此質之濃水內則結成白色之質如再加水令淡則結成之質再消化設原試之水本太淡亦不能結成此質所含之鉀養可以鉀養之試法試之結成鉀養後所含鈉養可以鈉養之試法試之

取法　用酸性鉀養果酸十六兩鈉養炭養十二兩水四升消化之或加酸或加鹼以消息之令得中立性熬之而得顆粒其法與取鉀養果酸同

果酸爲二本之配質所以酸性之鉀養果酸內含鉀養一

分劑水一分劑果酸一分劑名曰鉀養二果酸此質內添鈉養炭養則水之一分劑代以鈉養之一分劑而炭養氣放出又因鈉養炭養與鉀養二果酸兩物之濃淡或不相等故用鉀養二果酸至有餘然用鈉養有餘較之用酸質有餘更佳

試法 常售者成顆粒故不常含異質間含鉀養二果酸或鈣養果酸沸水五分能消化此質一分遇藍黃兩種試紙皆不變色如將此質之濃水添以硫黃或輕綠或醋酸俱能令其結成顆粒爲鉀養二果酸如用路式里鹽一百四十一釐加熱至紅至無氣發出則所餘之鹼類質應用草酸試水一千釐適足減其鹼性

畏忌 酸質與酸性之鹽類質鉛養醋酸與鉛養三醋酸等質

功用 爲輕鹽類性之利小便與瀉藥又能散生炎之症在血中能變爲鉀養炭養與鈉養炭養

服數 以二錢至半兩爲一服或作發泡藥觀後節

鈉養檸檬果酸

取法 將鈉養二炭養細粉十七兩果酸粉八兩檸檬酸粉六兩各分磨勻置於盆內加熱二百度至二百二十度則粉漸黏合而成小粒必調之令成粒較速篩出其小粒仍以同法令成大粒既成必盛瓶中塞密之

此藥於一千八百六十七年載入英書中謂之鎂養檸檬酸發泡藥但此名是假者實與雖得立次散略同即鈉養二炭養與鈉養果酸及果酸依上法爲之則成顆粒之水大半散出材料極乾則兩種酸質不能化分其鈉養二炭養故添入水中立即發泡而發泡之故因放出炭養氣所得之質爲鈉養果酸與鈉養檸檬酸依上法令成顆粒較之用細粉更便因用粉必沉於水底須調攪之其氣方散也

功用 爲鹽類瀉藥性輕而不惡食其小服能利小便在體中顯出鹼類之性

服數 以六十釐至四分兩之一爲一服置水中乘其發泡時飲之

鈉養醋酸

此質之原質爲鈉養炭四輕三養三加六輕養其得分劑數一百三十六化學家湯勿生云當一千七百四十七年時巴倫初詳考此質所有植物之灰內能含鈉養炭養者大半亦含鈉養醋酸故造木醋酸之肆能多取鈉養醋酸（觀木醋酸節）

形性 淨者爲無色之鹽類質味辛而鹹微苦所成顆粒爲明光之斜方柱形或爲針形間有成塊如片形者重率

得二一·六十度熱之水三分。能化其一分。沸水一分。能化其一分。醕二十四分。能化其一分。遇乾空氣則外面生霜。減其全重至百分之四十。漸加熱。則能散出其成顆粒之水。加熱至六百度。則化分。加熱至紅。則變爲鈉養炭養。與炭。鈉養醋酸每百分內含鈉養二三·三六分。醋酸五七·二二分。水三九·四一分。共得九九·九九分。

取法　大造此質之法。將生木醋酸。加白石粉或熟石灰至有餘。所成之鈣養醋酸。用鈉養硫養化分之。則成鈣養硫養凝結沉下。水中含鈉養醋酸。

試法　依上法造鈉養醋酸。含雜質者。祇偶有之。能在水

中消化。醕內消化甚少。添硫養則發醋酸臭。加熱至紅。則變爲鈉養炭養。

畏忌　各種濃强水。

功用　能利小便。又可爲瀉藥。可與鉀養醋酸同法用之。英書中用以爲試水。又用以造冰形醋酸。

服數　爲利小便之用。以二十釐至二錢爲一服。爲瀉藥之用。以一錢至四錢爲一服。

鈉養發里里阿尼酸（即鈉養甘松酸）

此質之原質。爲鈉養炭輕養。共得分劑數一百二十四。英書用以作鋅養發里里阿尼酸。取發里里阿尼酸。可用發

里里阿尼（即甘松根）之自散油而成之（觀發里里恩草節）。或用甫司里油作之。作番藷酒將蒸盡之時。可得甫司里油。英書取發里里阿尼酸。即用甫司里油作之。

取法　將阿美里酸醕（即甫司里油）四兩。鉀養二鉻養九兩。硫强水六兩半。鈉養水足用爲度。預備蒸水半斗。先將硫養水添蒸水十兩。其餘下之水。添入鉀養二鉻養。加熱消化之。待兩種流質已冷。則傾入甑中。與甫司里油調和。待冷至九十度。則將甑與凝器相接。加熱至收得四升爲度。將此流質添入鈉養水至僅有餘。或面有浮油則去之。再加熱熬之至不放水霧爲度。再漸加熱。令所成之鈉養

發里里阿尼鎔化爲度。待冷而凝結。擊成碎塊。速置瓶中塞密之。

甫司里油之原質。爲炭輕養。而爲生物本質阿美里其原質爲炭輕與養。及輕養化合而成。其化學性情。與發里里阿尼酸之相關。略同於醕與醋酸之相關。發里里阿尼酸之原質。爲炭輕養。輕養。取法。用甫司里油令放其輕氣二分劑。加養氣二分劑。用鉀養二鉻養與硫養。與甫司里油相和蒸之。則添養氣。其式爲

鉀養二鉻養丄四硫養‖鉀養硫養丄鉻養三硫養丄三養

依此法放出養氣初發之時遇甫司里油則成發里里阿尼酸與水其式為

炭輕養·輕養·上四養‖炭輕養·輕養上二輕養

酸質蒸過之後則用鈉養輕養變成中立之性所餘之水熬乾既得鹽類質擊成小塊密封之令不遇空氣

形性　依上法取之得白色之質頗有甘松之臭味加入硫養則發臭更甚空氣內能自化散水與正酒醋俱能消化之

功用　能安肚腹腦氣筋痛又可用以取含發里里阿尼根之各鹽類質阿書中有方可作鐵與雜那與發里里阿尼根之鹽類質

服數　以一釐至五釐為一服治婦女妄言笑

鈉養鉀養（觀鉀養各雜質節）

鋰

鹼性金類第三種即鋰性有略同於鉀與鈉者化學家阿夫活生於一千八百十七年考得之名曰比大來得（來得即石之意）與立必陀來得如瑞顛國所產之兩種石與數種地出之水俱含此質

鋰養

此質色白有烙炙之性較之鉀養或鈉養更難消化於水

遇空氣亦不化散惟收空氣中之炭養氣成中立之性所需用酸質之數較之別種鹼類質更多添入鉑綠則無結成之質用此法可與鉀養分別之其各鹽類質以吹火法試之則變紅色用此法可與鈉養分別也

鋰養炭養

此質或有顆粒之形或為白粉有鹼類性六十度熱之水一百分能消化其一分可見比鉀養炭養鈉養炭養消化更難醋內亦不能消化

取法　先將比大來得或立必陀來得與濃硫養相和加熱至紅將所得之質以水消化之則水中含鋰養硫養將此質之濃水添入淡輕養炭養則變為鋰養炭養結成沉下所得之質以熱水消化之待冷則得其顆粒

此鹽類質能在輕綠水內消化而發泡將此水熬之即得鋰綠又以水消化之添入鈉養燐養再有結成之質依此法能分別鋰養與別種鹼類質因鋰養炭養難消化於水易與鹼土金類分別也鋰養之各鹽類質與淡輕養草酸水或鈣養水調和俱無結成之質英書之試法將鋰養炭養十釐與硫養相和足滅其酸加熱至紅得乾鋰養硫養一四·八六釐

功用　凡病須用鹼類藥者即可用鋰養炭養因其烙炙

之性更輕故勝於別種鹼類含炭養之藥然有一弊因鋰養燐養不能消化故含鋰養之鹽類質難於流動至離心甚遠之處如手指足指是也鋰養之含由里克者較別種鹼類含由里克之鹽類質更易消化故醫家治痛風並溺中有里的酸之病其方中用鋰養之鹽類質

服數　以十釐至三十釐爲一服可消化於炭養氣水中服之用此水較用別種水更易消化也曾有人膀胱內生由里克料石淋用鋰養炭養暖水屢次噴入膀胱中石淋消化至盡

發泡鋰養水

取法　將鋰養炭養十釐水一升在便用器具內和勻另將白石粉與硫强水照常法成炭養氣必先洗之極淨用器壓此氣入前水中所用壓力得空氣之七倍至水飽足爲度存於瓶中塞之甚密則氣不散出

此藥於一千八百六十七年載入英書中或疑爲鋰養二炭養水遇空氣則放炭養氣一分劑開其瓶塞發泡甚多亦因放炭養氣也水清而發光泡味稍酸而適口將此水半升熬乾之應得鋰養炭養五釐此水功用略同於鋰養炭養亦能治溺中有里的酸等病

服數　以五兩至十兩爲一服

鋰養檸檬酸

此藥原質之式爲三鋰養炭$_{十二}$輕$_{五}$養$_{十一}$是中立性之鹽類質亦爲三本之鹽類質凡含檸檬酸之鹽類質俱如是其形爲白色之粉易自化散水內能消化能成大顆粒加熱至紅則變黑色而發能燃之氣含檸檬酸之鹽類質大半如是燒完後所得餘質爲鋰養炭養與輕綠水調和則消化成鋰綠將所得鋰綠以正酒醕消化之能燒得大紅色之火此爲辨鋰養之據英書之試法將鋰養檸檬酸二十釐加熱至暗紅所餘白色質重一〇六釐

取法　將檸檬酸顆粒九十釐暖水一兩消化之用鋰養炭養五十釐分爲數分每過若干時添入一分於前水內加熱至不發沸而全消化爲度將所得之水置水汽盆或熱沙盆內加熱至不發水汽爲限所得餘質爲韌而有黏力之稠質置爐內或熱氣箱內加熱至二百四十度乾後速即磨成細粉裝入瓶中密塞之

所用檸檬酸與炭養之數即爲化合之分劑數其炭養俱放出鋰養檸檬酸不易成顆粒故少加熱烘乾即置瓶中密塞之免其遇空氣而化散也

功用　此質較鋰養炭養更合用因易消化而味適口也既服之後則檸檬酸收養氣變爲鋰養炭養故其功用與

鋰養炭養大同小異，

服數　以十釐至三十釐爲一服

上海曹鍾秀繪圖
無錫徐華封校字

西藥大成卷三之三

英國　來　拉
海得蘭　同撰
英國　傅蘭雅　口譯
新陽　趙元益　筆述

鋇以下二種爲鹼土金類

鋇之西名譯曰重，一千七百七十四年時，化學家該呫與西里，考得鋇養以爲原質，後有化學家兌飛，查此質爲金類與養氣合成之質，用法分之而得鋇質，

鋇爲白色之金類，其光如銀，重率得二而有餘，加熱則在空氣中燒成紅色之光，遇水則令水化分，收其養氣成鋇養，

鋇養

鋇養爲灰色之質，能滲水，無臭，烙炙之味極重，有鹼類之性，能消蝕動物質，重率得四，與水有大愛力，化合時發熱，變爲鋇養輕養，此質加熱至紅，不能化分，最難鎔化，醋內不消化，沸水三分能化其一分，冷水二十分能化其一分，所成者，即鋇養水，

試法　鋇養可依其有鹼性辨之，又添硫養三或添能消化之含硫養三之質，則鋇養與硫養三化合，成白色之質沉下，所成之質，水中不消化，淡養五水中，亦不能消化，

功用　鋇養爲辣味烙炙藥，服之則有毒，

鋇養炭養二

鋇養炭養二之分劑數共得九八·五當一千七百八十四年化學家韋脫令書中言及此質後有地學家韋邪郎名之曰韋脫來得英國蘭加斯德等處在地中掘得此質有便法取其粉即將鋇綠合於鹼類含炭養二之質則彼此化分化合成鋇養炭養二天成者有大塊內有成細條之紋或成亂形顆粒略爲球形或成六邊形之柱形或成四面錐形

形性　鋇養炭養二質硬色白或爲灰色無臭無味光如玻璃能透光而不能透明重率得四·二九至四·三水中極難消化惟入炭養二氣有餘則消化稍易天成之鋇養炭養二加

熱至任何熱度不肯鎔化人造者加熱至白色令遇含炭之質則能化分每百分含鋇七七·七分含炭養二二二·三分共得一百分

功用　鋇養炭養二雖不能消化於水而成味但入人胃中則有功用意者遇胃中數種酸質變爲能消化之鹽類質造藥之肆用之以造鋇綠

鋇養硫養三

鋇養硫養三之分劑數共得一一六·五其天成者較鋇養炭養二更多英國岡比爾蘭特福墩所產者爲最佳余曾見此礦在印度雪山近於蘭陀爾地方之公病院觀雪山植物

學第三十三章便知其詳

形性　鋇養硫養三西國俗名重礦天成者或爲大塊或爲顆粒其質點之排列或成鱗形或爲多層頁形其色白灰間帶紅色又有能透光者重率得四·四一至四·六七無臭無味水中不消化常遇見之顆粒爲斜片形或爲六面形之短柱形能分成斜方形邊之柱形凡鋇養遇硫養三必成鋇養硫養三無論含鋇者爲何土質含硫養三者爲何雜質兩質相遇必成鋇養硫養三此質不能在淡養五水中消化故用淡養五水試驗鋇養硫養三凡含鋇養之土質或能消化之鹽類質用以試硫養三與含硫養三之質最便鋇養硫養三有歧光

之性情用吹火筒試之則散開而發小爆裂之聲極難鎔化如能鎔化之則變爲白色硬玻璃質此質遇各種强水無有變化如將鋇養硫養三合於含炭之質加熱則硫養三化分而成鋇硫可用之與數種酸質相合作數種鹽類質又可將鉀養炭養二三分鋇養硫養三一分和勻加熱至紅變成鋇養炭養二鋇養硫養三每百分含鋇養六十六分硫養三三十四分

功用　此質無功用祇用之以造別種鹽類質淨者居多價亦不昂

鋇綠

鋇綠含水二分劑其得分劑數一百二十二昔名重土鹽又名鋇養鹽一千七百七十五年化學家西里考得之或用鋇養炭養或用鋇養硫養俱可造成此質用鋇養硫養之法將鋇養硫養與木炭相和加熱則得鋇硫再合於輕綠即成鋇綠

形性　將鋇綠水熬之則其顆粒成斜方形之片或成長方形之片其片之邊斜而有稜重率得三·八二無色能透光味辣而苦殊不適口空氣最乾時面生一層白色之質其形似霜尋常遇空氣不變化遇植物之顏料亦無變化將其顆粒四十分與六十度熱之水一百分相和則消化

至盡加熱至二百二十二度則水一百分能消化七十八分其顆粒在正酒醕內稍能消化無水醕四百分能消化其一分若將此酒醕燒之則得綠黃色之火用此法能分辨含鎴之鹽類質因含鎴者燒成紅色之火也將鋇綠加熱而不甚大則顆粒爆裂而放出成顆粒之水

試法　鋇綠水內添硫養或添含硫養之質則所成鋇養硫養不消化而沉下凡含燐養或炭養或果酸之能消化之鹽類質添入鋇綠水中有結成之質又如將銀養淡養添入鋇綠水則有結成之質爲銀綠此質能在淡輕水中消化不能在淡養水中消化如用鋇養硫養造鋇綠較之用鋇養炭養者其質更淨試法亦同

功用　性辣能惹皮膚能行氣能通行身內流質將鋇綠一分以水十分消化之則可爲試藥能分別硫養及含硫養之質鋇養淡養亦可用之爲試藥

鈣

鈣爲原質古人未嘗知之各國之人以鈣養作石灰之用自古已然如埃及與印度等是也化學家兒飛考得石灰爲金類與養氣化合分出其金類質即鈣也西名鈣西哂末譯曰石灰鈣色白而有光加入水中令水化分少加熱能在空氣中自燒變爲鈣養即石灰也

鈣養即石灰

鈣養之淨者色白而帶灰其形似土不甚硬而脆重率不定輕者二·三重者三·〇八味辣如鹼類遇動物質則顯烙炙之性新燒成者收空氣中之水氣與炭養氣所有含水各質大半能收取其水故化學家常用以爲收水之料每百分內含鈣七一·四二分養二八·五八分共得一百分尋常之石灰不淨故不合於作藥品之用尋常造法將鈣養炭養燒之如白大理石灰石及灰石內所有蛤殼等質俱可燒取上等石灰此各種石受熱化分放出炭養氣每百分略得鈣養五十六分幾爲淨者如用蛤類等燒成之

石灰內含鈣養燐養五少許並鐵養少許凡藏鈣養宜封密之否則收空氣中之水氣與炭養二氣

試法　將鈣養三分加水一分則鈣養塊裂開變爲白色之粉發熱極大變成熟石灰卽含水之石灰能試其所含之異質

鈣養輕養 卽熟石灰

此質之分劑數其得三十七凡生石灰遇水卽成此質變化之時發嘶嘶之聲其鈣養塊裂開成乾而白色之粉爲鈣養輕養

取法　將新燒鈣養二磅置於金類鍋中用蒸水一升傾於其上卽發霧生熱待霧已散則蓋其鍋置旁待冷察其熱度等於空氣之熱度用鐵絲篩篩之置於大口瓶內軟木塞密之凡用鈣養輕養以新者爲佳

鈣養每百分能收水三十一分且能發熱足以燃木

如將熟石灰加熱則放水若干鈣養最難鎔化如合於土質並含養氣之質可成最便鎔化料如用輕養吹燈之火噴射於鈣養之面發光極明西名得勒門燈各種配質能與鈣養化合間有成易消化之鹽類質如輕綠醋酸又有成最難消化之鹽類質如草酸與燐養五如欲試流質內含鈣養與否將炭養二氣行過之如含鈣養則水變色如乳或添鹼性之含炭養二之質與鹼性之含硫養三之質或添草酸或添淡輕四養草酸俱可試之鈣養水之極淡者添入草酸必有結成之質含鈣養之鹽類質添入濃鈣養硫養三亦不結成依此法可與含鋇養之鹽類質含鍶養之鹽類質分辨之鈣養硫養三稍能消化於水鈣養水之淡者添入硫養三亦無結成之質鈣養之各鹽類質消化醕內而燒之則火變橘皮色鈣養稍能消化於水而成鈣養水鈣養輕養遇空氣則收炭養二氣變白如乳

試法　如將鈣養輕養與蒸水調和則得明水有鹼類性添淡輕四養草酸則結成白色之質將鈣養輕養添入輕綠水內消化而不發沸將此水添入淡輕三水無有結成之質則知其不含鋁二養三鎂養鐵養矽養二等質英書云前法所成之水如添鈣養糖水而不結成則知其不含鎂養並不含土質

功用　印度國土人將鈣養輕養合於蔞葉等物置口中嚼之鈣養輕養可用以滅臭又可用以作烙炙之料

鈣養水 卽石灰水

取法　將鈣養輕養二兩蒸水一斗同盛瓶內搖動二三分時卽塞瓶口待若干時則未消化之石灰沉下將其淨水傾出或用過山龍吸取之再添蒸水調和得第二次鈣

養水

此水存於瓶中塞密備用瓶內之水必加滿否則水面之鈣養收空氣之炭養氣成鈣養炭養浮於水面成薄層以後凝結沉下爲白色之粉瓶內之鈣養尚有餘則因成鈣養炭養而少者可常補之英書云必存綠色玻璃瓶中密塞之化學家多而敦云鈣養消化於水之理有與常理相反者冷水消化之鈣養較之熱水更多六十度熱之水七百七十八分能消化鈣養一分二百十二度熱之水一千二百七十分能消化鈣養一分化學家非勒白云極冷之水近於三十二度者所消化鈣養之數較六十度熱之水所消化者多七分之一較沸水所消化者多一倍如將水一升則三十二度者能消化鈣養一三·二五釐六十度者能消化鈣養一一·六釐二百十二度者能消化鈣養六·七釐

試法　此水甚明無臭有鹼味而不適口能令植物藍色變爲綠色能與油質化合成肥皂類如將鈣養水置於抽氣筒所得眞空內令自化乾則得鈣養輕養顆粒得六面形無有完全者如將鈣養水置於杯內用玻璃管噴入口氣則口氣中之炭養氣與鈣養化合成鈣養炭養水白如乳英書云鈣養水十兩添入草酸試水二百釐適足滅其鹼性

畏忌　酸質酸性鹽類質鹼性含炭養之質淡輕鹽類質金類鹽類質硼養鹽類質澁性植物質沖水等

成藥之用　鈣養水常用之作黑色洗藥與黃色洗藥

鈣養與其各鹽類之功用　鈣養着於皮膚稍有烙炙之性與油相和可爲洗藥治湯火傷服鈣養水能滅酸治胃不消化泄瀉溺中有里的酸等病鈣養消化於糖水中爲服法之最便者膀胱有石淋以鈣養水治之爲常用之法其消蝕物質之性較他鹼類質更輕

鈣養炭養即白石粉爲最妙之滅酸藥泄瀉病用之爲收水之料又可滅去腸內之辣質石粉雜水另配濇性之藥或香料

服數　鈣養水以二兩至八兩爲一服一日三四服

鈣養糖水

糖水消化鈣養較之用淨水更多鈣養與糖化合成一種鹽類質鈣養爲本質而糖爲配質英書載此藥水爲服鈣養之便法所含鈣養較之鈣養水多十三倍

取法　將鈣養輕養一兩淨糖細粉二兩乳鉢內磨勻之用蒸水一升盛於瓶內將磨勻之料添入軟木塞之數小時內屢次搖動用過山龍吸取其水之清者存於瓶中塞

密之。

此水之重率得一•〇五二每水一兩內含鈣養七•一一釐英書云此水一兩用草酸試水二百五十四釐適足滅其鹼性鈣養在糖水內易於消化如欲作更濃者則可令其消化更多

功用　此糖水爲用鈣養得鹼性之便法可治胃中有酸食物不消化泄瀉痛風風溼砂淋石淋等症

服數　以一錢至二錢爲一服必沖水令淡服之

鈣養洗藥

取法　將鈣養水一分橄欖油一分調和搖動良久或用胡麻油亦可

此兩種油質乃各里司里尼與哇里以克瑪加里克相合而成如合於鈣養水則成鈣養哇里以克鈣養瑪加里克西國俗名石灰肥皂質用以治湯火傷英國卡倫鐵廠常用此水治工人之湯火傷故俗名卡倫油或另加以松香油言功用更大醫學家苦里司脫生云此洗藥爲鈣養肥皂內含胡麻油有餘尚未化合久不搖動則其質自行分開上有淨油質下有白色肥皂質

鈣養炭養（即白石粉）

鈣養炭養之分劑數共得五十爲金類質之最多者古人

工藝內並醫方內必用此質天成者形狀與質體有大不相同者成大塊而爲山成顆粒而爲大理石密質者爲灰石成層累之土石有之排列亂形之土石亦有之又有數處白石粉成厚大之層即爲土石第二類最新變成之質各處土質常見白石粉散於他質之內或聚成圓塊或數圓塊聚合成一毬葡萄之形或在水內消化而炭養氣存於水中泉水內有含之者山洞內泉水恆有滴落之處成石鍾乳植物灰內亦含此質因鈣養在植物內與酸質相合燒時其酸質變爲炭養與鈣養化合凡有脊骨之動物骨內以此質爲要品螺蛤類珊瑚類其殼與質俱含鈣養

炭養故自昔以蠣殼蟹鉗蟹眼（俗名如是實非眼也）珊瑚爲藥品昔有人用地中挖起海刺猬之脊骨爲藥此各質大半爲鈣養炭養又含動物質間有含鈣養燐養者鈣養炭養天成之顆粒形各不同其原形爲鈍斜方面體又有一種鈣養炭養礦名哀來果奈脫（奈脫二字之音即石之意）成長方形顆粒又如冰地斯罷（斯罷二字之音即石類礦之意）等其質透明有歧光之性化學家但尼里曾將鈣養炭養令成顆粒每百分含水五分此質極難消化於水每水一千六百分能化其一分設含炭養至有餘則易消化故有處地中所出之水多含鈣養炭養所餘之炭養化散之後則鈣養炭養結成鈣養炭養水

能令藍試紙變紅令黃試紙變棕如於空氣中加熱則鈣養炭養每百分放出炭養四十四分所餘之質即鈣養如將鈣養炭養置於堅固之器內封密加熱則炭養氣無路可出待冷則變爲大理石此爲化學家和勒考得之事又有化學家布可士有法鎔化之即不加壓力令其鎔化所鎔化之處阻空氣不得流通鈣養炭養合於各酸質則化分而發泡甚多與淡養化合所成之鹽類能鎔化與輕綠化合所成之鹽類亦然與硫養化合所成之鹽類不消化

造鈣養炭養有數法即如將炭養合於鈣養水或將鈣養鹽類質之能消化者與鹼類與炭養合成之鹽類質相和或將鈣綠與鹼類與炭養合成之鹽類質相和俱可此質每百分含鈣養五十六分炭養四十四分

硬鈣養炭養 即白大理石

造藥之工內欲取炭養氣之淨者用白大理石與强水 觀炭養氣節 此質之色發光點因質內有極微顆粒成層各層周圍相交西國所有硬鈣養炭養以意大里國楷拉剌所產者爲最淨俗名人物像石

試法　白大理石加入輕綠水中應全消化如有餘質則爲矽養或別種雜質將此水與淡輕相和不應有結成之質如將此水加熱令沸亦不應有結成之質如有之則知

第十九圖

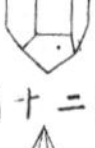

第二十圖

其含鎂養或鋁養或鐵養此爲灰石大理石常含之雜質如將大理石添入鈣養硫養水不應有結成之質如有之則知其含鋇養硫養或鎴養硫養

軟鈣養炭養 即白石粉

軟鈣養炭養爲土石第二類變成之質色白而不發光其形似土無味黏於舌上常見者質軟而脆間亦遇硬者重率得二三軟硬兩種俱可爲藥品之用但造藥之肆常用軟者其化學性情與大理石略同工藝中用之將天成之白石粉磨成細粉浸入水中粗者先沉下細者與水相和數日之後細者亦沉下去其水將粉壓成圓塊便於出售藥材內所用者其法亦同第工夫更細耳壓成圓柱形小塊出售也

提淨白石粉

取法　一千八百六十四年英書之方將白石粉磨成細粉在乳鉢內加水磨成膏磨勻之後再添多水將杵旋轉攪動數分時忽停待過十五秒時將白色之水傾入大器內乳鉢底所沉下之膏依同法加水如前攪動之再停十五秒時傾出其水如法爲之數次如白石粉太少再添若干將器內之水傾出其沉下細粉置漏斗內生紙上濾之

加熱至二百十二度令乾

依上法所得白石粉應為淨者尋常藥品內所用成圓柱形塊易於擊碎得白色之粉手指撚之不覺有細粒如合於輕綠則發沸而消化無餘下之質將其水添入淡輕養[四]至飽足而有餘又加淡輕[四]養草酸則多結成白色之質其加輕綠所得之水內添鈣養糖水結成之質甚少

畏忌　酸質酸性鹽類質此畏忌即與他種含炭養[三]之質相同

功用　減酸收酸味等質又能收乾因能減惹腸胃之病故疑其有收斂之性泄瀉病用之最為合宜如久用之則

必察其能否在腸胃內凝結成塊

服數　以十釐至一錢為一服獨用者甚少常合於他種藥用之

含此質之藥品　水銀與白石粉相和即水銀散白石粉雜水白石粉香散含鴉片之白石粉香散

白石粉散

此質較提淨白石粉更細略具顆粒之形取法將鈣綠水與沸鈉養炭養水相和結成者即此質

含此質之藥品　鈊養[三]淡養[五]糖片

白石粉雜水

取法　將提淨白石粉四分兩之一阿拉伯樹膠粉四分兩之一桂皮水七兩半糖漿半兩調和

功用　減酸潤腸胃內皮泄瀉病之因酸而得者宜多服之

服數　以半兩至二兩為一服每三四小時服一次

白石粉雜散　此為倫書之方

取法　用提淨白石粉半磅桂皮四兩掩門替辣根三兩阿拉伯樹膠三兩長粒胡椒半兩各料分開磨成細粉然後弁合磨勻之

功用　減酸行氣收斂泄瀉病之虛弱者可服之英書中

未載此藥

服數　以五釐至二十釐為一服

白石粉香散

取法　用提淨白石粉十一兩桂皮粉四兩肉荳蔻三兩番紅花三兩丁香一兩半白荳蔻一兩提淨白糖二十五兩各料分開磨成細粉再和勻而篩之又置乳鉢內輕磨盛於瓶中密塞之

功用　減酸提精神泄瀉病用之最宜凡幼孩所服藥散如大黃鎂養等散與此藥相和服之甚妙

服數　以五釐為一服或十釐至一錢為一服

鴉片白石粉香散

取法　用白石粉香散四十釐加鴉片一釐磨勻之觀鴉片節

含綠氣之鈣養一名鈣養綠一名鈣綠又名漂白粉

此藥於一千七百九十八年特難德與馬根德司造成之其法將熟石灰令收綠氣至飽足然此質之原質尚未定準所謂鈣綠者乃尋常之名實非鈣綠也

形性　鈣綠爲乾質易於成粉色白而帶灰味劣而苦直達舌內少發綠氣之臭搖動其粉則發臭更甚如合法爲之則易在水中消化尋常造成者有鈣養若干分不能消化遇空氣則炭養氣能放其綠氣或遇綠養酸質亦能放

其綠氣成鈣養炭養與眞鈣綠若干因此自能融化又如將含綠氣之鈣養加熱則綠氣與養氣俱放出如以水消化至飽足則水之重率得一·〇四〇水色淡黃少發臭或謂是綠氣之臭或謂是綠養之臭其漂白滅臭之性甚重設少加以酸質則其性更重

此藥之原質尚未定準化分之而得分劑數往往不同難知其何數爲準化學家尤而與湯勿生俱以爲綠氣與鈣養化合所成之質其式爲鈣養綠但此式在化學內無有相配之式故人皆疑之化學家非勒白與沛離拉論此質之理似更有憑即與其論含綠氣之鈉養有同理也此兩人與把拉台及該路撒克俱以此質爲鈣養綠養合於鈣綠一分劑而成之所含鈣養常有餘但此餘質與其所成之質無關造含綠氣之鈉養方用鈉養炭養四分劑綠氣二分劑合而成之所得之質爲鈉養二炭養二分劑鈉養綠養一分劑鈉綠一分劑觀含綠氣之鈉養水節造此質之方不用鈣養炭養祇用淨鈣養二分劑與綠氣二分劑所得之質爲鈣養綠養一分劑鈣綠一分劑無鈣養二炭養列相比之式如左

含綠氣之鈉養＝鈉養綠養＋鈉綠＋二鈉養二炭養

含綠氣之鈣養＝鈣養綠養＋鈣綠

觀上式可知兩質相似而不同

尋常取鈣綠作漂白之用其法用砂石築室一間又用栢油松香乾石膏三物磨勻成膏塡補石塊接縫處室中置架上置淺木盆盆內盛熟石灰封密門戶用管通綠氣入其內令石灰收綠氣至飽足每過若干時灰內添水至石灰每百分添水十五分每若干時另有器挑動石灰依上法爲之則鈣養必放養氣爲綠氣所收成綠養若干有此質即成鈣養綠養與鈣綠其式爲

二鈣養＋二綠＝鈣養綠養＋鈣綠

英書云含綠氣之鈣養其鈣養常有餘此質較之含綠氣

之鈣養更難消化化學家福里西尼由司化分尋常出售含綠氣之鈣養每百分內含鈣養綠養二六·七分鈣綠二五·五分鈣養二三分水二四·八分共得一百分

試法　如將淡輕綠水添入此質內則發綠氣其色白灰其質乾將此質五十釐加水二兩幾能全消化所得水之重率爲一·○二七將此水添草酸至有餘則放綠氣而結成鈣養草酸化學家苦里司脫生云試含綠氣之鈣養最便之法添濃酸質觀其放綠氣若干此法原爲尤而所設無論何種濃酸質如硫養等其酸質將鈣養綠養放出其綠養又將鈣綠放出其輕綠此兩種酸質即綠養與輕綠

彼此化分化合其輕與養化合成水而綠氣二分劑放出英書載一試法能求其原質之數其法用含綠氣之鈣養十釐鉀碘三十釐以水四兩消化之添輕綠二錢令其有酸性所成之水帶紅色因內含碘故有此色也添鈉養硫養試水八百五十釐適能全滅其色

功用　滅臭能令物不腐爛其水可爲洗藥與漱喉藥服之則其性與含綠氣之鈉養略同

服數　以一釐至五釐爲一服擦牙散內用之或作糖片或作膏作膏者每此藥一錢配豬油一兩

含綠氣之鈣養水

取法　將蒸水一斗加含綠氣之鈣養一磅在大乳鉢內磨勻之盛於有塞之瓶三小時內屢次搖動之另將漏斗內鋪細洋布瓶內之料傾於布面濾之所得之水盛於瓶中塞密之

此方之比例含綠氣之鈣養每一分配水十分所有未化合之鈣養大半不消化此水之重率應爲一·○三五每用此水一錢略同於用鈣綠五六釐其功用與含綠氣之鈉養水略同能滅臭能洗腐爛之瘡能作漱喉藥治喉炎等重病

鈣綠

此鹽類質前人謂之鈣養輕綠西士杜勒格於一千四百餘年時考得之沛離拉之書亦嘗云及古名定磠砂因古人造法將淡輕綠以鈣養化分之而成鈣綠故得此名海水中含此質之天生者有數處泉水中含之間有與鉀養淡養相合者尋常與鈉綠及鎂綠化合又造含淡輕質之事內得鈣綠爲餘下之質即如造淡輕水或造淡輕酒或造淡輕養炭養能得此質又將大理石添輕綠水取炭養氣之工內亦得此質

形性　此質之分劑數共得五五·五其形質有二種一爲無水鈣綠質硬而色灰半透光因不含水故其顆粒較尋

常鈣綠顆粒略多一倍加熱至紅則鎔化而發光如燐最易自鎔化其顆粒亦然變成之流質昔人謂之石灰油其乾者常用以爲收水之料即如收空氣中之水氣又能引水即如鋪於泥土之面能引空氣中之水入泥土中正酒醕內能消化水內亦能消化鈣綠水之性情如爲鈣養輕綠之性情或疑鈣綠本爲鈣養輕綠其是否不能定準

一爲有顆粒形者每鈣綠一分劑含水六分劑無色無臭味辣而苦成六面形顆粒面有細紋條兩端有鋒利之稜三十二度熱之水能化其同重數而少有餘六十度熱之水可化其三四倍加熱則其顆粒融化將其顆粒化於水中能至極冷故尋常凍冰藥中用此質又用鈣綠收酒醕之水令變爲無水醕

取法　將輕綠水添入鈣養炭養適足滅其酸又添含綠氣之鈣養水少許並熟石灰少許濾之熬成定質再加熱至四百度令其全乾

其鈣養炭養化分則炭養氣放出輕綠之綠合於鈣養之鈣成鈣綠輕綠之輕合於鈣養之養成水後加熱則成顆粒之水散出

試法　用試鈣之法証其含鈣用試綠氣之法証其含綠

此質應白而無色少能透光質硬而脆易於成粉全能消化於水如其水內添淡輕養而無結成之質則知其不含鎂養或添鈣養或鋇綠而無結成之質則知其不含硫養之質如添多水令淡再添鉀衰鐵而無結成之質則知其不含鐵鈣綠最易自融化水二分應全消化其一分

功用　可爲改血之劑有數處地中所出之水含此質瘰癧病間有服此而得益者

服數　以十釐至三十釐爲一服鈣綠試水之方將鈣綠一分水十分消化之又化學工內用乾鈣綠爲收水之料作哎啡啞輕綠之工內亦用鈣綠

鈣養燐養

鈣養燐養又名骨燐養動物之骨齒角內所含之土質即鈣養燐養又動物之棄質如齒旁所生之鏽與鈣養石淋俱爲此質所成麥與大半植物質俱含之尋常取法將骨或角燒成之（觀鹿角節）其用處或爲取燐或爲取鈉養燐養（觀燐與鈉養燐養兩節）

鈣養燐養爲白色之粉味甚淡不能消化於水如內含腐爛生物質則水能消化若干分胡拉書中曾記之故骨粉或含骨粉之土用以肥田最妙鈣養燐養加大熱則鎔化變爲不透光之玻璃料凡骨灰爲鈣養燐養質所成內含鈣養炭養少許即如牛骨灰每百分含鈣養炭養六分骨

燐養五含三本之燐養五一分劑鈣養三分劑其式為三鈣養燐養五其分劑數共得一百五十五

取法　英書之法將骨灰以輕綠浸之同時能消化其所含之鈣養炭養二與他種異質則鈣養炭養二化分放出炭養二而成鈣綠又添淡輕三水至飽足將結成之質取出而洗淨烘乾此結成之質為淨鈣養燐養五其鈣綠為淡輕三所化分所餘之質為鈣養此質消化於水而不結成所得鈣養燐養五其質極細

功用　此質在人身之功用尚未定準昔有醫學家用此藥治骨軟之病銻養三雜散與加密士散俱含此質

服數　以十釐至半錢為一服

鈣養燐養

此鹽類質成片形顆粒其光似真珠水六分能全消化其一分正酒醋內不能消化造法將燐與鈣養水相和（此鈣養水將鈣養調和水中色白如乳）至不發燐輕氣為度每燐一分配鈣養四分其水化分其養氣合於燐之一分成燐養五與燐養此兩質與鈣養化合所成之鈣養燐養五結成沉下鈣養燐養存於水內水之輕氣合於燐若干成一種氣質能自着火

功用　能行氣能作補藥醫士或用以治肺體都比迦力病

服數　以二釐至五釐為一服加糖漿服之造他種含燐養之質亦用鈣養燐養

上海曹鍾秀繪圖
無錫徐華封校字

西藥大成卷三之四

英國　來　拉
海得蘭　同撰
英國　傅蘭雅　口譯
新陽　趙元益　筆述

鎂以下二種為土金類

取鎂之法將鎂綠與鉀或鈉相和令其化分鎂為鐵灰色之金類能有光色質硬而能引長之重率得一•七五化散之熱度略與鋅同遇水與空氣不變化惟受大熱則變為鎂養鎂與綠氣化合成鎂綠海水中含之並有鎂與養化合之質鎂養與數種酸質合成之質數處地中所出之水亦含之又有地產之鎂養輕養或鎂養有數種金石類俱

含鎂養如賽奔弟尼石肥皂石千層石雲母石等又有數種植物如麥柴等亦含之動物體內亦含少許如溺與數種石淋內有之取鎂養之法將鎂養炭養$_{二}$燒而得之與將灰石燒成鈣養之理同又可用鎂養鹽類質以水消化之添鉀養或鈉養則鎂養分出

鎂養

此質古人奇巴之書曾言及之後有數種化學書亦有此名顧所言之物未必為鎂養一千七百年之時始以真鎂養為藥品名曰鎂養白初用之人以為此質與鈣養炭養$_{二}$略同格致家好夫門曾考究此質論明與鈣養有分別一千七百五十六年化學家布拉格亦考究其理

形性　鎂養之質色白而輕其狀如粉其粒最細無臭味如土重率得二•三如澆水於其面令溼僅能令薑黃花糖漿變綠色令薑黃試紙變棕色水內幾不能消化冷水五千一百四十二分能化其一分熱水三萬六千分能化其一分此為非弗之書所記者如將水撒於其面每百分能收水十八分當收水時亦不生熱醋內稍能消化能收空氣中之水氣與炭養$_{二}$氣漸變為鎂養炭養$_{二}$加熱不鎔化若用輕養吹燈之火強能鎔化每百分內含鎂六十分養四十分

鎂養易與酸質化合成鹽類質能消化者味苦故易與他種土質分辨之此質之各鹽類質俱能為淨鉀養水所化分令鎂養沉下其鎂養含水四分之一成稠質如膏鉀養炭養$_{二}$水或鈉養炭養$_{二}$水添入鎂養則結成鎂養炭養$_{二}$如鉀養二炭養$_{二}$水或鈉養二炭養$_{二}$水添入鎂養則成鎂養二炭養$_{二}$為能消化之質須加熱後方能結成如不加熱而添二淡輕$_{四}$養三炭養$_{二}$調和之再添鈉養燐養$_{五}$水能多得結成之質為燐養$_{五}$一分劑鎂養一分劑淡輕$_{四}$養二分劑凡鎂養之鹽類質添入淡輕$_{四}$養燐養$_{五}$亦能如是分別鎂養與鈣養之法將二淡輕$_{四}$養三炭養$_{二}$水添入其內如有結成之質為鈣

養無結成之質爲鎂養或添入淡輕養草酸水如有結成之質爲鈣養無結成之質爲鎂養含鎂養之中立性之水添入淡輕水如有結成之質爲鎂養無結成之質爲鈣養

取法　將鎂養炭養盛於瓦鍋或瓷鍋內蓋之不必甚密加熱至暗紅以炭養氣全散爲度試其全散之法將鍋心之粉取出若干待冷添入淡硫强水如不發水泡亦不發沸則知炭養氣已盡所得之質存於瓶中以軟木塞密之依上法取之所有炭養氣與水全能化散卽與用鈣養炭養取鈣養之理同所餘之質爲原質每百分之五十分至六十分卽爲淨鎂養取時所加之熱愈大則所得之質愈密而重

如將尋常鎂養炭養卽重鎂養炭養取鎂養所得之質亦密而重如用輕鎂養炭養取鎂養所得者質輕而體積大

輕鎂養（卽煅鎂養）

取此質之法與上節相同但其體積較重鎂養大三倍半醫家以爲此質在胃汁內更易消化故大黃雜散內用之

試法　此種鎂養如用鎂養炭養所造者則常含其異質如鈣養或鉛養或矽養等又如存之過久則含鎂養炭養將輕綠水與鎂養相和如全消化不發泡不發沸則知其不含鎂養炭養此試法將鎂養五十釐添入淡輕綠水一

兩爲之如含矽養則有不消化之質若將上試法所得之水添入淡輕合於淡輕綠之水再添鈉養燐養則多結成之質爲二淡輕鎂養燐養此爲英書之試法如將淡輕綠合於含鎂養之水則不結成如將含鎂養之水添入輕綠水至有酸性再添淡輕至有餘則不結成惟含鉛養則有結成者如將鎂養以輕綠水消化之令有中立性再添淡輕養草酸水無結成之質則知其不含鈣養又如添鋇綠水無結成之質則知其不含鎂養硫養與鈉養炭養將黃黃試紙置於鎂養水內應稍變椶色

畏忌　酸質酸性鹽類質金類鹽類質淡輕綠

服數　爲滅酸之用以十釐至三十釐爲一服爲微利藥之用以二十釐至一錢爲一服小兒用之則以二釐至十釐爲一服

鎂養與其各鹽類質功用　淨鎂養與淨鎂養炭養服之之後其功用略同有若干分爲胃中酸質所消化分布於身內如含炭養則消化之時炭養氣俱放出故胃中發氣之病不宜服鎂養炭養

鎂養有滅酸之性又有微利之性如久用之則易在腹中聚合成塊而永不消化頗有危險如因酸而覺胃熱（西國俗名心燒）或因酸而不消化或泄瀉或痛風及各種石淋溺有酸

性等病俱可服之如用以作小兒之瀉藥與大黃相合服之更妙獨用之亦可

鎂養二炭養能消化於水此水爲最妙之減酸藥

鎂養硫養能消化於水有顆粒之形狀常用之爲引水瀉藥能令人多溺在血中有減熱氣之鹽類性故生炎與發熱之病俱用之

鎂養炭養

此質之分劑數共得四十二古人謂之鎂養白又謂之把拉瑪爵散因把拉瑪爵信用此藥也又名羅馬白粉因其住於羅馬城也西士好夫門始用以入藥品有數處地中

所出之水含之但含此質之水疑其爲鎂養二炭養又有鎂養炭養石爲天成者有數處大山全爲此石所成但常含他質在內印度國有山幾爲淨鎂養炭養將此山之石化分之每百分得鎂養四十六分炭養五十一分不消化之質一・五分水〇・五分化散不見之質一分共得一百分

形性　鎂養炭養之天成者顆粒得斜方面形其質甚淨尋常所見者色白而質輕摩之極軟滑無臭如合法爲之則少有土類之味遇空氣不變化水內幾不消化冷水中消化較熱水稍多如炭養有餘更易消化即水四十八分能化其一分如含有餘之炭養氣則變爲鎂養二炭養消

化於水有炭養氣一分劑化散則中立性之鎂養炭養結成沉下此質能被酸質化分如加大熱亦能化分放出炭養氣尋常出售之鎂養炭養爲雜質化學家非勒白與傅尼司化分之得鎂養二輕養一分劑鎂養炭養輕養四分劑英書云含鎂養二輕養一分劑鎂養炭養輕養三分劑其式爲

鎂養二輕養＋三（鎂養炭養輕養）

取法　將鎂養硫養十兩鈉養炭養十二兩各用沸蒸水一升消化之後以兩種水調和熱砂盆烘熱令乾將其餘質合於沸蒸水二升加熱兩刻許用布濾之所得之質屢

次以蒸水洗之以洗過之水添鋇綠水於內無結成之質爲度再將所得之質烘乾之所加之熱不可大於二百十二度

大造此質之肆有用生鎂養炭養爲之者有用煮海水成鹽後得餘質鎂綠爲之者又有用含鎂養之灰石爲之其法將此石置於含炭養之水內則鎂養消化而與炭養化合

前法所用鎂養硫養與鈉養炭養彼此化分化合硫養合於鈉養成鈉養硫養此質消化於水炭養合於鎂養成鎂養炭養結成沉下因其炭養散去若干分所得之質非眞

中立性之質化學家苦來哈末云用鈉養炭養造鎂養炭養不及用鉀養炭養者為善因有鈉養炭養合於鎂養炭養結成沉下也設鎂養硫養能有餘用鈉養炭養亦無妨害加熱之故欲令其鎂養炭養全化分有散出之炭養氣與鎂養炭養一分化合冷時成鎂養二炭養為能消化之質加熱令沸之時此質化分依此法所得之鎂養炭養可乘其溼時壓成小立方體亦有不壓之者尋常之鎂養炭養各處所造者體質疏密不同因取法之有異也

藥肆出售者分為輕重兩種沛離拉之書云如用極濃之水加大熱而用鈉養炭養至有餘所得之質為重鎂養炭

養如用不濃之水不加熱而調和之用鎂養硫養至有餘所得之質為輕鎂養炭養大約欲得重者藉用濃水與大熱度英書之法用鎂養硫養與鈉養炭養重數相等則鎂養炭養之輕者徐徐結成沉下用顯微鏡視之其顆粒成極細之長方柱形如用顯微鏡觀重鎂養炭養其顆粒成圓形大粒者有大極光之性情依本節之取法為之所得者為重鎂養炭養

輕鎂養炭養

取法　將鎂養硫養十兩鈉養炭養十二兩各用冷蒸水半斗消化之將兩種水調和盛瓷鍋內加熱令沸一刻許

將所得定質以布濾之屢次傾沸蒸水於其上洗之以洗得之水添鋇綠而不結成為度再加熱在二百十二度以內烘乾即成

試法　鎂養炭養所含之異質與鎂養所含者略同即如鹼類與炭養合成之質或鈉養硫養間含鈣養硫養鈣養與鋁養如將鎂養炭養添入水內加熱沸之用薑黃試紙試之若不變色則知不含鹼類與炭養合成之質如添鋇綠水於內無結成之質則知不含鈉養與硫養或炭養合成之質如添銀養淡養無結成之質或雖有結成之質不能在硝强水中消化則知不含綠氣之質如將鎂養炭

養以輕綠水消化之令輕綠有餘再添淡輕水至有餘則所結成之鋁養質應極微濾得之水內添淡輕養草酸或添鉀養二炭養如無結成之質則知不含鈣養鹽類質並不含鋁養將鎂養炭養百分以淡硫養水消化之則散出炭養氣三六六分英書云分辨輕鎂養炭養與重鎂養炭養之法或仔細觀其體質或用顯微鏡觀之其輕者有細亂之點間顯長方形顆粒

畏忌　酸質酸性鹽類質金類鹽類質淡輕綠鈣養水

功用　滅酸微利與鎂養大同小異入腹中遇酸質則放出炭養氣或有添酸質乘其發泡時服之者久服此質恐

胃中結成大塊有永不消化之弊

服數　以五釐至二十釐爲一服能滅酸以十五釐至六十釐爲一服能微利與水或乳相和服之如用十四釐配以檸檬酸二十釐則爲發泡藥水依此比例記之

鎂養炭養水

取法　將鎂養硫養三二兩鈉養炭養三二兩半各以蒸水半升消化之將鎂養硫養水加熱至沸度再添鈉養炭養水兩種水調和加熱令沸至不發炭養氣爲度細布濾之所得之質以蒸水洗之至所得之水添以鋇綠水無有結成之質爲度將此質加入蒸水一升調和用噴炭養氣之器

噴入淨炭養氣（作炭養氣可用白石粉與硫養之法爲之）必至有餘此噴氣之壓力約一晝夜不停再濾之分出未消化之鎂養炭養再用炭養氣噴入濾過之水內存於瓶中塞之甚密不使炭養氣散出

此藥於一千八百六十七年載入英書每水一兩含鎂養炭養約十三釐醫士丁尼福特與沒立所造之鎂養二炭養水與此相同或內含鎂養二炭養開瓶之時稍發泡間有不發泡者既開之後漸放盡其炭養氣而有鎂養炭養結成其味不苦英書云將此水一兩熬乾之將所得之質加熱至紅所餘之質應重五釐

法國等處地出之水含鎂養二炭養其分劑數共得六十四凡有鎂養炭養與水噴入炭養氣於內則令鎂養炭養消化一千八百二十一年法國京都設法造鎂養炭養水所含之鎂養炭養較英國所造者多六倍曾有人化分英國出售之鎂養炭養水每瓶內祇得鎂養炭養三十六釐化學家美拉言有化學家羅倫士能在水一兩內消化中立性之鎂養炭養十五釐法國藥肆造藏氣之鎂養水每瓶共重二十二兩含鎂養一錢此質爲鎂養二炭養另有餘下炭養氣甚多法國又造一種飽足鎂養水此水不發泡每水一升含鎂養半兩即每水一兩含鎂養九釐

化學家苦里司脫生云容此水八兩之瓶可含鎂養炭養七十二釐最少者亦含二十釐近時丁尼福特造此水之方與英書之方同苦里司脫生將丁尼福特出售之水化分之每兩內含尋常鎂養炭養八九六釐化學家開那但尼里兌飛三人各將沒立之鎂養水化分之每兩內含淨鎂養炭養十三釐

沛離拉設一便法自造此藥水其法將鎂養炭養置於玻璃杯內將尋常荷蘭水傾入杯中調和服之此法必有未消化之鎂養炭養又法將鎂養硫養細粉一百二十三分鈉養炭養細粉一百四十三分調和添入水內則成鎂養

二炭養與鈉養硫養此質之性情雖與鎂養炭養水有不同之處然可代用之如藥肆出售者名曰消化之鎂養實與此便法所作者大同小異

功用　此藥之功用與鎂養炭養略同如胃不消化或溺中有里的酸之病服此水較之服尋常鎂養炭養更佳

服數　以一兩至二兩爲一服

鎂養硫養　即番元明粉

英國醫士割羅於一千六百七十五年初考得此藥由愛補生之泉水內得之故俗名愛補生鹽有數國地面產此質其形如霜又有含硫養或硫與別質化成之石外面亦生此霜因其顆粒之形細而長故俗又名髮鹽因其味苦故俗又名苦鹽數處地出之水內有之海水每一升含此質十五釐半一千七百五十五年化學家布拉格初考此質知其原質與性情

鎂養硫養含水七分劑其分劑數其得一百二十三尋常所得者爲長細之顆粒其形如針然可用法令其顆粒爲長方形或爲六面柱形其兩端或爲兩面或爲六面不定然其顆粒之原形爲直柱形有斜方底鎂養硫養無色能透光且有光點味苦而可憎空氣乾時面稍生霜尋常空氣

第二十一圖

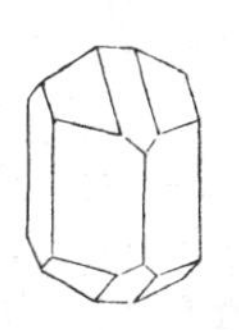

內不變化如含雜質間亦有自融化之性醕內不消化六十度熱之水一分能化其三分二百十二度熱之水三分能化其四分遇熱則顆粒鎔化再加熱則放水六分劑變成玻璃不復化分如將已放水之質令其遇水則能收水而增熱度凡鎂養硫養與鉀養或鈉養或鉀養炭養或鈉養炭養相和則被化分用本質者結成鎂養之質用與炭養合成之質者結成鎂養炭養鎂養硫養與鉀養二炭養或鈉養二炭養或二淡輕養三炭養和勻無有結成之質因變成之鎂養二炭養能消化於水除加熱令炭養若干散去外不能結成又如將鎂養硫養合於鈣養或鋇養或鈣養能消化之鹽類質或鋇養能消化之鹽類質則能化分之所結成者爲鈣養硫養或鋇養硫養如將鎂養硫養合於淡輕而加熱則易化分如不加熱則幾分化分所成之質爲三本之硫養質如將鎂養硫養水加二淡輕養三炭養再添鈉養燐養則結成之質爲二淡輕養鎂養燐養

鎂養硫養每百分內含鎂養一六·三分硫養三二·五分水五一·二分共得一百分

取法　尋常取法煑海水成鹽後將餘水熬之則能結成鎂養硫養然此水含鎂養硫養與鎂綠故可先添硫養若干令其鎂綠變爲鎂養硫養後熬之所得之質更淨而多

英國之舍脫斯省之來明敦曾有人作兩種鎂養硫養第一種謂之單工鎂養硫養此質將流質熬濃傾入木槽內待冷結成顆粒即生鎂養硫養遇空氣自能融化因內含鎂綠故也將此質以水消化之熬之令結成顆粒謂之雙工鎂養硫養遇空氣不變化又有人從含鎂養之石分出其鎂養令與硫養化合此種石爲鈣養炭養與鎂養炭養相合而成加熱後用淡硫養水化分之所成之質爲鈣養硫養與鎂養硫養其鈣養硫養不能消化於水故所得之水即鎂養硫養水熬之令結成顆粒即成又法將其石加大熱煅之炭養氣放出即得石灰將此石灰與水相合即變爲熟石灰即鈣養輕養與鎂養輕養添輕綠水若干其數必適足令鈣養輕養變爲鈣綠其鎂養輕養與輕綠之愛力小故讓鈣綠收盡之鈣綠易在水中消化故濾其質即得鎂養輕養再合於硫養或鐵養硫養則成鎂養硫養又法將煮海水成鹽後所餘之水添入上所言煅過石後所得之鈣養輕養與鎂養輕養兩質加熱令沸則水內之鎂綠爲鈣養化分而成鈣綠此質消化於水分出水內之鎂養幾爲淨質又石灰內之鎂養自能分出將所分出之質依前法合於硫養即得鎂養硫養由此可見取法有三俱可選用一千八百十六年英國曼支斯德之恆里醫士將此法報明國家給憑準其獨造此藥

製造家取鎂養硫養之法即將地產之鎂養炭養合於硫養或將意大里所產含鎂養之頁形石合於硫養俱可爲之又有人將造白礬所得之餘質令變化而得鎂養硫養一千八百六十二年在出皮亞海島用鎂養炭養造成鎂養硫養共八百噸每年約有此數英國之約爾克省造白礬所得之餘質運至於南希爾特作生鎂養硫養每年約得一千噸

試法　鎂養硫養常含鎂綠鈉養硫養等異質間有含鐵少許者尋常出售之鎂養硫養稍含異質亦可作藥品之用如鎂養硫養外觀似溼可疑其含鎂綠鎂養硫養最易在水中消化如將硫養添入其水中不放輕綠氣可知其不含鎂綠即含之其數必極少如添銀養淡養水無有結成之質亦可知其不含鎂綠等含綠氣之質鎂養硫養水在尋常熱度添淡輕養草酸水無有結成之質可知其不含鈣養如將此質一百釐以水消化之再將鈉養炭養沸水與前水和勻濾出結成之質得鎂養炭養三十四釐將此質加熱至紅而後權之得鎂養一六二六釐凡得其質能符此數者則知其不含鈉養硫養昔時鎂養硫養價貴故有人將鈉養硫養和於其內又因鈉養硫養之形與鎂

養硫養$_{三}$不同。故將鈉養硫養$_{三}$濃水，加熱熬乾，調攪不止，所成顆粒，略與鎂養硫養$_{三}$相似，相和之後，最難分別。尋常鎂養硫養$_{三}$稍含鐵，故消化此質之水帶紅色。觀鐵之試法節

畏忌　鉀養、鈉養並鉀養與炭養$_{二}$合成之質、鈉養與炭養合成之質、鈣養水、鈣綠、鋇綠、鉛養醋酸。

功用　為重瀉藥，能利小便。黑瀉藥水中常含此質。

服數　以二錢至一兩為一服。

含此質之藥品　鎂養硫養$_{三}$外導藥、辛拏葉雜水。

鎂養硫養$_{三}$外導藥

取法　將鎂養硫養$_{三}$一兩，添入小粉漿十五兩，再添橄欖

油一兩，調和之。

此藥之功用，令直腸內推陳致新，能潤內皮，而令泄瀉。又能令穀道中涼爽。凡不便服藥而欲令泄瀉者，亦可用之。

鎂綠

此質俗名鎂養輕綠，數處泉水內含之，海水中亦含之。每海水一升，略含此質二十三釐。

鎂養檸檬酸

近時醫家俱盛稱此藥之功用，然造時欲求合法為之頗不容易。因所得之質易變成不消化之形。法國醫士羅皮該之取法，將鎂養炭養$_{二}$六十三分，檸檬酸一百分，冷水少

許，消化之，必謹慎，不可得熱。將所得之質用爐火烘乾，得輕脆之白質，如絨，在水中應易消化。服之則有輕瀉之性，並有鹽類之性。如欲自造此藥，可將乾檸檬酸十四分、鎂養炭養$_{二}$十分和勻，添入水內，乘發泡時飲之。醫家有出售鎂養檸檬酸發泡藥者，並不含鎂養，實與一千八百六十七年英書所載鈉養檸檬果酸發泡藥相似。

鋁與鋁養

鋁為金類原質，英國化學家兌飛考得之後，一千八百二十八年胡拉考究此質最詳。近有法國化學家特肥勒設法多取此質。鋁與養氣化合，祇成一質，可與鐵養$_{三}$相配，即

鋁$_{二}$養$_{三}$也。其分劑數共得五一·七五。此質之天成者與矽養化合，多種土石內有之。凡泥質內以此為要品。其最純者惟薩非阿藍色寶石內有之。寶砂石塊及其細粉內並數種礦質內所見者，稍合異質。取法將白礬水加淡輕$_{三}$水至有餘，則結成白色之質，如膠，即鋁$_{二}$養$_{三}$輕養。又如白礬水內添鹼類與炭養$_{二}$合成之質，亦結成此質。

鋁$_{二}$養$_{三}$無臭無味，置口中則黏於舌上，難於融化。與水有大愛力，每重三分能收空氣中之水略一分。如合於水，則為軟而韌之泥質，故天生者自古至今用以造瓷器與瓦器。又與數種生物質有大愛力，即如與有色之質，其愛力甚

大所以含鋁$_{二}$養$_{三}$之鹽類質自古以來用之染各種呢與布並印花布鋁$_{二}$養$_{三}$輕養能在鉀養或鈉養水內消化又能在數種淡酸質水內消化所成顆粒為八面形依此形易分辨其質如將淡硫强水合於鉀養硫養$_{三}$少許消化之再將白礬消化於內所得顆粒整齊可觀

白礬

古時羅馬國格致家布里尼之書第三十五卷第十五章記此物謂之阿鋁門希臘國格致家弟啞司克之書第五卷第一百二十二章論此物謂之司土白弟里阿然所論之礬恐有數種而鐵養硫養$_{三}$即青礬亦在其內天方國有數種礬名曰希白此乃礬類之總稱白礬亦在其中布里尼書云能令羊毛之顏色變清明能令濁水變淨此所論者大約為白礬埃及國與印度國自古以來用白礬染物與印花布為工藝之事印度人俱用鉀養白礬提淨濁水並為工藝內之用所有雜貨鋪俱備此質出售即在印度西陲格止地方造之歐洲初有之白礬在叙利亞國以弟薩古城後更名綠卡此處所造之白礬勝於他處故謂之綠卡礬此處近於士麥拿城而熱那亞邦之民往此城購買運至歐洲各國約一千四百五十年時意大里國設造白礬之廠後日耳曼國與西班牙國亦設造白礬之廠英

國以利撒畢女主時在韋脫皮設造白礬之廠白礬類甚多化學家分之最詳如鉀養白礬為鋁$_{二}$養$_{三}$合於硫養$_{三}$三分劑再合於鉀養硫養$_{三}$其鉀養可以鈉養代之又可以淡輕$_{四}$養代之若將其鋁$_{二}$養$_{三}$以鐵$_{二}$養$_{三}$代之則得鐵白礬此各種白礬顆粒之形略同俱有收斂之性醫學內之功用大同小異古人所用者為鉀養白礬近時造煤氣所得之煤氣水俱含淡輕$_{四}$養硫養$_{三}$用此質造淡輕$_{四}$養白礬最便工藝內之功用與鉀養白礬相同故近時鉀養白礬不多用之一千八百六十七年以前英書以鉀養白礬為藥品此年以後之英書以淡輕$_{四}$養白礬代之

形性

淡輕$_{四}$養白礬為鋁$_{二}$養$_{三}$硫養$_{三}$合於淡輕$_{四}$養硫養$_{三}$之質其式為淡輕$_{四}$養硫養$_{三}$加鋁$_{二}$養$_{三}$三硫養$_{三}$加二十四輕養其分劑數共得四六三五淨者無臭無色能透光味甘酸而甚濇遇藍試紙令變為紅色遇他種植物顏色亦然添入菫葵花糖漿內則變為綠色極為可觀其顆粒正形為八面體間有四面方錐形者或為亂形之大塊尋常出售之鉀養白礬謂之綠卡礬為小片形顆粒不甚透明稍帶紅色重率得一·七一將

第二十二圖

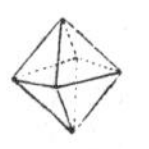

其大塊浸水中數日則面生八面形或三角形或長方形之顆粒六十度熱之水十八分能消化其一分沸水三分

能消化其四分味微甜而濇空氣乾時顆粒外生霜熱不甚大如九十二度之熱自能融化因原含水質甚多且能發泡再加熱則每百分內熬出水四十七分所得者爲輕而白色之粉即煆白礬如加熱更大則其酸質幾分放出幾分化分如爲淡輕養白礬則淡輕養分出其餘者在水中不消化如爲鉀養白礬則其餘者爲鋁養合於鉀養硫養之質將白礬與含炭之質相和加大熱則化分所得之質名貝路夫路司此質爲化學家烘白格與勒陌里兩人所考得白礬能被鹼類質化分又鹼類土質鹼類與炭養合成之質能與其酸質化合而令其鋁養結成者所結成

之鋁養如合於定質鹼類水則能消化如將淡輕養白礬合於定質鹼類加熱則能放出其淡輕養依此法能與鉀養白礬分辨之白礬之原質爲鋁養三硫養一分劑鉀養硫養一分劑或淡輕養硫養一分劑水二十四分劑

每白礬一分劑含硫養四分劑即鉀養或淡輕養與其一分劑化合而鋁養與其三分劑化合依化學之公理本質與養氣若干分劑化合則鹽類質與配質亦若干分劑化合即如鐵養合於硫養三分劑又有雙鹽類質白礬即含鉀養與淡輕養之白礬也

取法　英國每年造白礬極多或作藥品之用或爲工藝之用造白礬之處必近於含鋁養之土石此土石亦必含金類與硫黄合成之質如鐵硫等如含鉀養鹽類質更佳將造白礬之料令遇空氣或加熱或不加熱依其料之性情定之硫黄收空氣之養氣變爲硫養此質合於鋁養又合於與鐵化合之養氣質則有鐵養硫養分出而將鉀養鹽類質或淡輕鹽類質合於含鋁養水內即成印度西陲格止地方將本處藍色之泥浸於水中加熱令沸此泥先遇空氣五箇月又傾水於泥面十日或十五日將所得之沸水添鉀養炭養熬乾之將所得之質再浸於水中加熱令沸熬乾之能得白礬顆粒

英國造白礬有兩處可論及之一近於畢思里名喝立得此處所用之法令泥久遇空氣一在於約爾克省之韋脫皮此處將含鋁養之石合於燒料排堆煆之英人司奔司將哥奴瓦所出泥板石先煆之後浸於淡硫養水內又有一處用蘇格蘭之加尼里煤燒成煤氣之後所餘之灰造白礬然無論用何法得其鋁養三硫養必再添一質如鉀養硫養則成鉀養白礬或淡輕養硫養則成淡輕白礬如將燒煤氣所得之水合於硫强水即得淡輕養硫養此爲近時常用之法此兩質和勻之後熬其水而得淡輕白礬顆粒

試法　白礬無色在水中應全消化爲不含未化合土質之據如白礬水內添淡輕$_{三}$或鉀養則結成無色之質爲鋁$_{二}$養$_{三}$如再添鉀養至有餘結成之質再能消化所含鋁$_{二}$養$_{三}$可用尋常之法試之如添鉀$_{二}$衰$_{三}$鐵或鉀$_{三}$衰$_{六}$鐵$_{二}$不應有結成之質亦不應變藍色如有之則爲含鐵白礬之據如添輕$_{二}$硫亦能試得含鐵之據設加淡輕$_{四}$硫應有鋁$_{二}$養$_{三}$結成如合於鈉養或鉀養加熱則淡輕$_{三}$白礬多發淡輕$_{三}$氣如將白礬水合於淡輕$_{三}$水濾出結成之質將其水熬濃所得之質爲淡輕$_{四}$養硫養$_{三}$加熱能全化散凡試白礬必知二事一爲無色一爲全消化其含鐵與否有法能辨之即添沒石子酒若含鐵白礬其水變成藍綠色

畏忌　鹼類質與鹼類含炭養之質鈣養與鈣養水等鉀養果酸含燐養$_{五}$之鹽類質鉛養醋酸含汞之鹽類質沒石子酸沒石子沖水金雞那樹皮沖水

功用　上言兩種白礬磨成細粉稍有烙炙之性白礬水有收歛之性無論在身之一處或全體俱有此性外科用之能止血又能作收歛性之洗眼藥漱喉藥與外導藥等服之則爲胃腑所收傳入血內令身內之各津液減少又能令離身遠處（如手指足指之類）亦不流血溺血吐黑血欬血等病服之可得益但其功效之大小無一定便血之病亦可減之又如因鉛毒而腹痛食其大服有益或能泄瀉而滅鉛毒之害因鉛毒能被含硫養之質化分也造饅頭鋪常加白礬於內因能多含水而色白

服數　以十釐至二十釐爲一服

煆白礬（即枯礬）

將白礬加熱漸放鬆而發沸放其所含之水變白色之質如絨不能透光然不失其原有之性每燒白礬一百分得煆白礬五十三分

取法　將白礬置瓷鍋內少加熱至消化加大熱在四百度以內至不放水氣爲度所得之質磨成細粉初必留意所加之熱不過其限否則淡輕$_{三}$與硫養$_{三}$之一分俱放散

功用　此質有烙炙之性間有病宜服此者

服數　以五釐至十五釐爲一服

白礬雜水（此爲倫書之方）

此水收歛之性極大昔名排的司白礬水

取法　將鉀養白礬一兩鋅養硫養$_{三}$一兩以沸水三升消化而濾之

功用　爲收歛止血之洗藥如沖玫瑰花水令淡可爲洗眼藥與外導藥

無錫徐華封校字

西藥大成卷三之五

英國　來拉　海得蘭　同撰
英國　傅蘭雅　口譯
新陽　趙元益　筆述

錳（以下十一種爲脆眞金類）

錳爲眞金類質其原質不入藥品惟與養氣化合者有一質入藥品用之錳爲硬脆白灰色之金類如以手摩擦之令遇溼空氣能發奇臭重率得八其淨者遇空氣則易收養氣故必藏於火油或那普塔之內遇淡硫强水則易消化與養氣化合則成數種質但各質內祇有一種爲藥品即黑色之錳養也

錳養二

錳養二之分劑數共得四三五其形即爲萬物內尋常錳質之形然所得者形有數種間有成顆粒如針又有成大塊如石尋常所得者即樱黑色之粉其形似土尋常出售者爲極細之粉無臭無味重率得四八水內不消化加大熱幾不能鎔祇能放養氣如合於輕綠則放綠氣又如合於鈉綠與硫養三亦放綠氣此氣與錳化合成錳綠又有養氣一分劑收輕綠之輕一分劑成水即有綠氣放出其式爲

錳養二丄二輕綠川錳綠丄二輕養丄綠

所以錳養二每一百分含錳六三七五分養三六二五分

試法　錳養二之純者甚少尋常所見者含鐵養或鈣養炭養二或鐵養炭養二或鋇養硫養三或泥如合於輕綠而加熱幾能消化至盡而放綠氣加大熱則放養氣尋常之錳養二俱含錳二養三試之之法量其所發養氣之數或量其所發綠氣之數或令遇輕綠與草酸試之

功用　造藥之工內用此令鈉綠放綠氣（觀綠氣節）又用以取鉀養錳二養七又用以爲玻璃或瓷器之顏色料作藥品服之者間亦有之化學中取養氣之料即用此質

近有醫學家用錳養二所作數種藥水食其小服能改血補身食其大服能令人瀉醫士尤而與漢能云服此藥肝能多生膽汁錳養硫養三與錳養醋酸俱能消化於水皮膚之病與痛風病以五釐至十釐爲一服有改血之功以一錢至二錢爲一服可作瀉藥如肝不生膽汁服之有益此兩質亦無收斂之性錳養硫養三與鐵養硫養三爲雙鹽類質而錳養炭養二與鐵養炭養二亦然此兩種雙鹽類質服之則得錳與鐵之兩種功用所有鉀養錳養三與鉀養錳二養七前在鉀養錳二養七節內論及之

鐵

鐵之自然獨成者大約爲隕星石尋常所得者原與養或硫化合或與配質如炭養二硫養三等化合成鹽類此各鹽類

或純或雜俱有之所含之異質或爲土或爲金類植物之質內有之動物之血內亦含之日用之鐵從鐵礦內取出鐵與養氣合成之礦有數種如磁石與光點鐵礦祗須合於炭而加熱則鐵分出卽如瑞典國與易北島與印度等用炭合於礦所含之養氣則鐵自鎔而分出所有鐵養炭養礦鐵硫礦泥鐵礦紅血色礦棱血色礦西名喜瑪替得司巴陀司鐵礦等先煆之後合於木炭枯煤或煙煤墨再加一種料令其鐵能分出鈣養或泥所用之料必配礦之性卽如合鈣養或合泥必配其性之相反者爐內加熱則炭養氣或硫散去而其養亦合於炭成炭養而放出其土質化成玻璃形之料浮於面而成渣滓鐵質重墜自爐底開門放出引入砂內之模則成豬鐵卽生鐵也此生鐵含炭硫與矽鋁等異質凡鍊熟鐵必去此各異質其法先鎔而提淨之再入掉鐵爐令多遇空氣受極大之熱則炭與硫燒出其餘雜質變爲渣滓而分出近時别色麻所設之法將巳鎔之生鐵傾入鍋內鍋底噴空氣所含之炭燒盡其餘者爲熟鐵可打之或壓之成條與板卽尋常出售之熟鐵也

淨鐵

造藥品內所用之鐵尋常用鐵絲或鐵釘因非淨鐵不能作鐵絲與鐵釘也極細鐵粉亦可服之作法或用鐵絲或用尋常熟鐵銼得細粉以攝鐵分取得其淨鐵去其異質

形性　鐵性之堅韌人皆知之故用處極廣其色白灰其質硬打之能薄引之能長能受之牽力較他種金類更大磨之能鋒利而明亮重率得七八能引攝鐵又能爲攝鐵所引變爲攝鐵又有數種鐵含鐵之雜質亦有攝鐵之性加大熱則軟加熱至白色則兩塊鐵能并合加熱至光白色卽一千五百八十七度則能鎔化但不能自散上所言熱度爲但以理量熱器之度數如加熱令遇空氣或令遇水則收養氣而鐵面生鏽一層爲鐵養在養氣中燒之則發光亮之點極多鐵與養一分劑化合爲鐵養與養一箇半分劑化合爲鐵養凡鐵在水中生鏽則漸收水之養氣而放出輕氣設以淡硫强水傾入鐵屑內則鐵與養化合而令水放出輕氣其鐵養卽消化於强水內如添鹻類於內其結成者爲鐵養輕養其色綠白將此質多遇空氣則收養氣變爲紅色之質爲鐵養觀含鐵之藥品亦有此色如將鐵養或含鐵養之鹽類質加硝强水少許加熱令沸則鐵養變爲鐵養如欲試水含鐵與否可添鉀衰鐵結成之質變藍色或添没石子酒或没石子水結成之質變黑色

鐵之各雜質功用　含鐵之各種藥品俱謂之補藥然身虛各病服鐵劑無效惟面無華色而血虛者服之有效因

患血虛者其血之紅點過少此紅點原爲鐵質所成也凡服含鐵之藥或全收入身內或數分收入身內依其消化之難易而分入血之後則血輪加多凡血虛病及其同類之病即如克路西司（此病血不足身弱皮膚顯淡綠色心跳甚速又名病色血虛）經閉等病可用鐵劑徑治之

數種鐵雜質有收斂之性並稍有惹胃之性即如鐵綠與鐵養硫養是也康弟羅馬塔（此病內皮生餘肉平軟含溼質常發於肛門陰戶溺管口等處其根原爲疔毒）可用含鐵綠之水洗之無論內外科俱可用之然鐵綠與鐵養硫養俱不可多服含鐵之輕劑爲鐵養去養氣所餘之鐵粉又鐵養炭養鐵養燐養此各質不能消化於水能在胃中消化其若干分又鐵養淡輕養檽檬酸並鐵養鉀養果酸此兩質易在水中消化其功用頗大

鐵碘有鐵與碘兩質之功用如瘰癧兼血虛病食其小服頗有功效

鐵粉（又名可浮納鐵粉）

此粉爲極細之鐵質取法將鐵養令輕氣行過加大熱即將鐵養裝入洋槍筒內外加大熱爲便取之法其輕氣合於養氣成水餘爲極細之鐵粉

德意志國化學家長猶賴設一取鐵粉之法將鐵養草酸五分乾鉀養衰鐵六分無水鉀養炭養一分又四分之三和勻加熱至紅待不發氣霧爲度冷時洗之又烘乾之（觀德國藥品新書第六章第二十七節）

或言藥材肆常將磁石粉代可浮納鐵粉然磁石粉常含養氣十八分至二十分諒從空氣收而得此英書以此質爲鐵質內含磁石粉若干分又因鐵養結成之時恐成二鐵養硫養則又疑其含鐵硫若干分故服此質者胃中變成輕硫氣噯氣時其臭難聞不便作藥品

試法　此質爲極細灰黑色粉能爲磁石攝鐵所引其引力甚大在乳鉢內磨之應在乳鉢之面顯出金色之紋條輕綠水內能消化而放出輕氣所消化之水有含鐵養鹽類質之性情如加鉀養衰鐵則結成藍色之質極細之鐵粉能消化於鉀碘與碘相和之水內英書云將鐵粉十釐加入碘五十釐鉀碘五十釐消化於水中少加熱不消化者祇有五釐而此不消化之質全能在輕綠水內消化前此不肯消化之故因碘水本不能消化磁石粉也

功用　純鐵或鐵屑在人身內本無功用然因在胃中能收養氣其變成之質有補身之性情魚肝油內亦能消化其若干分

服數　以五釐至十釐爲一服合於蜜糖或糖漿作雜膏或與苦味藥膏相和作丸服之

鐵粉糖片

取法　將鐵粉七百二十釐淨白糖粉二十五兩阿指西耶樹膠粉一兩阿指西耶樹膠漿二兩蒸水一兩或多或少以藥之稀稠配之將其鐵與糖與膠粉先磨勻再添膠漿與水成膏分爲七百二十糖片用熱氣箱微加熱而烘乾之

此藥於一千八百六十七年載入英書每片含鐵粉一釐

服數　以一片至六片爲一服

鐵養

鐵養之分劑數共得三十六凡將鐵在養氣中燒之即得此質又如將鐵養硫養水合於鉀養或鈉養結成之質亦是初結成者爲白色後變灰色又變藍綠色然此質實爲鐵養輕養能收空氣中之養氣變爲紅色而成鐵養鐵養爲藥品中鐵鹽類之本質如鐵養硫養是也此鹽類質大半爲綠色有金類之味醫學家以爲含鐵養之鹽類質較含鐵養之鹽類質在藥品中更有功用

鐵養輕養又名鐵紅散

此質別名甚多大半依取法而定名但其各質大同小異天成者有之紅色土質內大半爲此質顆粒之形斜長方體或八面體如易北島之光點鐵礦歐洲數國有之印度國之新口亦有之又有紅色鐵礦並紅血色鐵礦成重大之塊內含異質將此各礦之片劃於硬紙之面顯出紅櫻色之條如用吹火筒加硼砂試之則得綠色或黃色之玻璃略具攝鐵之性但不能如磁石之能攝鐵屑耳

形性　此質之分劑數共得八十九八所造者爲紅櫻色之粉無臭略有鐵味如依煅法爲之英書云無味水中不消化不能引攝鐵惟少含磁石粉者能之重率得三加入輕綠水中應消化而不發泡尋常含炭養氣少許依化學家非勒白之說每百分含二分至五分間有含十五分者故昔人稱爲鐵養炭養或二鐵養炭養然昔時用此質者實爲鐵養其消化於輕綠水者加入沒石子酒或沒石子水則結成黑色之質若加入鉀衰鐵則結成藍色之質化學家曾設數法取此質此各法俱可用之因鐵已收養氣一分劑令其再收養氣事屬更易舊法將鐵養硫養煅之令先放盡其水後放其硫養而硫養之養氣一分與鐵化合變成紅色之鐵養又法將鉀養炭養水或鈉養炭養水添入鐵養硫養則有結成之鐵養炭養在空氣內晾乾之則炭養早已放散殆盡而鐵養收空氣之養氣先有白色繼有綠色後變爲紅色之鐵養英書之取法將鐵養三硫養合於鈉養水將所結成之質令其水放盡即成

取法　將溼鐵二養三（觀後溼鐵二養三節）加熱至二百十二度以其重數不減爲限磨成細粉存於瓶中塞密之

試法　此質含雜質者少然取之不合法以輕綠消化之有不消化者爲土質如疑其含他種金類可用尋常試法試之含輕養之鐵二養三常含二鐵二養三硫養三消化於輕綠水內添入鋇綠水不應有結成之質如用成鐵養炭養二之法取之則間含鐵養爲本之鹽類質果如此則消化於輕綠水內加入鉀三衰六鐵二必有結成之質

畏忌　酸質與酸性鹽類質

功用　爲含鐵之補劑

服數　以五釐至三十釐爲一服腦氣筋痛病以三十釐至六十釐或至半兩爲一服一日二三服

硬膏藥內有含此質者因硬膏爲外科中有益之法而其料具行氣之性故醫士常用之作補身力硬膏

鐵硬膏

取法　將蜜陀僧硬膏八兩白更弟栢油二兩先融化之加鐵二養三一兩調和以冷爲度

功用　此膏內之鐵二養三其功效亦難定準如肉筋鬆軟此膏能輔助之身弱者用此膏能暖和因不爲冷風吹襲也

溼鐵二養三

蘇書初載此藥治鉮養三之毒一千八百六十四年英書謂之鐵二養三輕養但現所稱鐵二養三輕養實非此質因眞鐵二養三輕養其水爲化合之質此質內所含之水有未化合者故謂之溼鐵二養三每百分含水八十六分

形性　此質得黃棱色必常澆水以補其化乾者其溼者極易與鉮養三化合化學家苦來哈末設便法以證之將鉮養三水一分與溼鐵二養三十二分調和搖動而濾之所濾得之水原爲鉮養三水然竟無微迹因鉮養三與鐵二養三化合變爲鐵養鉮養三不能消化於水即治毒之據也

取法　將鐵二養三三硫養三水四兩加蒸水一升和勻之傾入

鈉養水三十三兩或多或少以全結成爲限調攪數分時將布濾取結成之質又以蒸水洗之以濾出之水加鋇綠而不結成爲限然後將濾取之質存於瓶中塞之令水不化散此藥以新作者爲佳

英書另有法取鐵二養三三硫養三爲取鐵二養三之用蘇書之舊法用淡輕三令其結成其淡輕三合於硫養三成易消化之質則有鐵二養三結成但依此法取之必謹愼洗淨否則鐵二養三內必有黏連之鐵二養三硫養三設用鐵養硫養三爲之則更有此弊設鐵遇水與空氣甚多結成黃色之鏽其原質與上所言者略同惟治鉮養三之毒不能以此代用

試法　在輕綠水中易消化至盡而不發泡其已消化之水合於鉀衰鐵結成藍色之質如用鉀衰鐵則不結成此質設加熱至一百八十度烘乾之後再加更大之熱則每百分放水十八分此質之內不應有堅硬之粒每百分應含鐵養十二分遇攝鐵則不爲其所引

功用　此質可代乾鐵養用之中鉀養之毒用此藥解之最妙

服數　以十釐至三十釐爲一服作補劑服更多能治鉀養之毒

磁石一名黑鐵養又名鐵養

此質之分劑數其得一百十六自古以來爲鐵劑之要品

第二十三圖

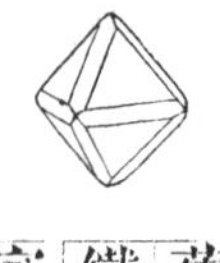

舊法將鐵屑澆水於上而得之又法將鐵工處之鐵落浸於水中取其粉化學家以此質爲鐵養一分劑與鐵養一分劑化合而成故得分劑數一百十六英書云此質爲磁石含水百分之二十並餘鐵養少許成稷黑色之粉無味攝鐵之性極大

取法　將鐵養硫養二兩蒸水二升加入鐵養三硫養水五兩半將此水合於鈉養水四升各物調和加熱令沸待二小時屢次調之置於布面濾之待水漏盡將所結成之質以蒸水洗之以洗過之水加鋇綠水而無結成之質爲度將前次結成之質以一百二十度以下之熱烘乾之即成取此質所用之鐵養三硫養水五兩半先與鐵養硫養四兩相配

化學家苦里司脫生云上法之意欲得一種雜質半爲鐵養半爲鐵養其成法將鐵養硫養與鐵養三硫養依分劑之比例調和後加鈉養或淡輕至有餘能令結成蘇書所載之方內用鐵養硫養之數即合於淡養令變爲鐵養者等於所用之鐵養硫養英書之方所令變爲鐵養者比其餘所用鐵養硫養之質加一倍故所得之質近於能攝鐵

之鐵養此質內鐵養與鐵養之比若八十與三十六之比蘇書之法係化學家胡拉所設依胡拉之說所得之質爲鐵養二分劑鐵養一分劑水二分劑兩種質化分之時彼此相和變成暗灰黑色之粉遇空氣無論溼氣之有無其收養氣之性不再顯出

試法　其色稷黑攝鐵能引之加熱則放水添入輕綠一體積水半體積則消化成鐵綠與鐵綠之水此水內添鉀衰鐵則結成藍色之質依此法可証其含鐵綠如添鉀衰鐵則結成藍色之質可証其含鐵綠若將磁石二十釐與硝強水相和加熱至暗紅煆之則所餘者爲鐵養一五八

釐其淡養水能令其鐵全變爲鐵養如將鐵養二十釐以輕綠消化之則添鉀養二鉻養八百三十釐之先如添入鉀衰鐵應有結成藍色之質所添鉀養二鉻養能令鐵綠變爲鐵養

功用　爲合鐵之補劑

服數　以五釐至二十釐爲一服一日二三服

鐵碘

英國化學家湯勿生初用以入藥品著書論鐵與碘合成之藥及其取法與用法頗爲詳備

形性　鐵碘含水四分劑其得分劑數一百九十一此質爲灰色或綠欖色稍有金類之狀其味辭而澀化學家尋常造者成薄片形片內之紋自心向外新剖之面爲淡灰色如消化於水而將所得之水令遇空氣極少則結成綠色片形顆粒易於融化水中消化甚易醋內消化亦易所消化之水亦得綠色如加水沖淡味不甚可憎加熱則易融化而自散故易於化分其碘變霧而化散其鐵餘下與養氣若干化合如令鐵碘遇空氣則因收養氣其變化之事亦同既收空氣中之水變爲黑色流質內有鐵碘少許並碘少許爲消化之質而有鐵養結成英書準此質內含鐵養少許然鐵碘水難於久存醫學家司快兒云應將鐵絲繞成螺絲形浸入盛鐵碘水之瓶內水內有分出之碘與鐵絲之鐵化合仍變爲鐵碘此法雖能令其水甚淨而不免有鐵養結成如鐵碘水內加糖若干亦能令其不化分可久存之

取法　將碘三兩極細鐵絲一兩半蒸水十二兩盛於燒瓶內少加熱約十分時加大熱令沸以所發水泡有白色爲度將此水傾於溼洋布濾之布下受水之盆必用鐵質而磨之甚光者濾得之質以水三兩沖洗之再加熱令沸以鐵絲挑取一滴待冷能凝結爲度傾入瓷盆內待其凝結敲碎置於瓶中塞密之

此方所用之鐵爲碘數之半然因需用之鐵爲碘之四分之一可見此數尚有餘其確實之比例爲二十八與一百二十七之比加熱之故欲令其易化合察其紅色已散而不見知無未化合之碘而工夫已成用鐵盆之故欲令熬時不化分設獨用一鐵盆不久即銷毀

英國司米德藥材肆造鐵碘之方將淨鐵屑六兩碘二兩又四分兩之一冷蒸水四兩半盛於燒瓶內加熱令沸察紅色不見即濾之將所濾得之水通入乾淨燒瓶內加熱至沸而熬之或得其顆粒或熬至得無水之鐵碘立即添入小瓶內塞密之化學家高潑所設之法用碘四分水二

分盛鉛盆內磨勻之再添極細鐵屑一分調攪良久即成此水爲綠色與含鐵養鹽類質之水同色如將此水速濾而熬之令少遇空氣則其質不甚變化但其鐵易變爲鐵二養三因所成之定質易於改變故司米德之法令其成無水鐵碘從燒造之瓶取出立即磨成細粉合於淨白糖重二倍加蜜糖調和成膏每四釐內含鐵碘一釐盛於鉛瓶內塞密之面加細粉一層

試法　其質有顆粒之形色綠略帶稷色無臭易自融化易消化於水或全能消化所得之水爲淡綠色放出之霧爲茄花色餘下之質爲鐵二養三設所盛之瓶封之不密即有鐵二養三結成如欲得淨者必用鐵絲一圈存於瓶內試此藥之含碘與鐵養應顯此兩質之性情即加鉀三衰六鐵二結成藍色之質又用小粉漿與綠氣水亦結成藍色之質

畏忌　酸質鹼類質與鹼類含炭養二之質鈣養水並所有鐵養硫養三畏忌之藥如植物質之收斂藥是也

功用　有含鐵之補性並碘之改血性小兒患瘰癧而兼血虛者服此藥有益

服數　以一釐至五釐或十釐爲一服化於水內服之每水一錢化藥三釐濃淡得中又可合於糖漿服之或加白糖作丸或用魚肝油消化之每兩化四釐至八釐可治瘰瀝病

鐵碘糖漿

取法　將淨白糖二十八兩與蒸水十兩相和加熱令消化另將碘二兩與細鐵絲一兩置於燒瓶內再添蒸水三兩少加熱以所發水泡白色爲度預備漏斗生紙乘熱時置於盛糖漿瓶口濾其碘水入糖漿內調和之所得之質應共重二磅十一兩重率得一·三八五

碘與鐵相合與前方之法略同而水泡變白色即成倫書之取法每一錢含鐵碘五釐本書之取法每一錢含鐵碘四·三釐倘嫌太濃小兒服此應加水沖淡之用糖之故令鐵養不變爲鐵二養三即與鐵養炭養二加糖同意用糖之後則鐵碘不化分日耳曼國醫士布格那初設用糖之法載於一千八百三十九年所著藥書中蘇書初用司米德之方此方載於英國醫士湯勿生藥品公會簿中第一章第四十七節此糖漿存之甚久不甚變化其色應白或稍帶淡黃綠色不應有渣滓沈於瓶底化學家苦里司脫生云如用英國尋常之碘應查其含水若干而因此含水之數配碘更多此糖漿臨服時可加水沖淡不可早爲之

服數　半錢至一錢爲一服醫家或喜用更淡者間亦有

效

鐵碘丸

取法　將極細鐵絲四十釐碘八十釐蒸水五十滴盛於堅固玻璃瓶內此瓶能容水一兩必極其堅厚能塞之甚密者既盛於瓶必搖動之以水泡變白色爲度另備白糖粉七十釐乳鉢內磨勻之將瓶內之流質傾於乳鉢內立即磨勻漸加甘草粉一百四十釐再磨勻之即成

依上法爲之共得質三百六十釐待乾則更輕內含鐵碘略一百釐此丸每三四釐含鐵碘一釐

服數　以五釐至十釐爲一服此丸以新作者爲佳

鐵溴

取此藥之法與取鐵碘之法相同惟以溴代碘耳即如造鉀碘與鉀溴之法亦有相同之理醫學家司快兒云應將鐵絲成圈浸於此質之內令得中立性而勻淨醫家或喜用鐵溴糖漿以爲較鐵溴水更佳或用以爲有功力之補藥又爲治月經難通之改血藥婦女血聚子宮之病亦可服之

鐵$_{二}$綠$_{三}$

此質之分劑數共得一六二五爲鐵劑中之最有功力者

鐵與綠氣化合成兩質一爲鐵綠一爲鐵$_{二}$綠$_{三}$鐵綠爲白色小片粒形如魚鱗此質易在水與醋內消化成綠色之流質然因鐵收養氣之愛力甚大故極易變化結成之質爲鐵$_{二}$養$_{三}$所餘之綠氣與鐵綠化合變爲鐵$_{二}$綠$_{三}$鐵綠酒歐洲他國俱用之昔時英書所載造鐵酒之法內有兩種即鐵綠與鐵$_{二}$綠$_{三}$所用之鐵料即鐵$_{二}$養$_{四}$鐵$_{二}$綠$_{三}$加熱至紅能化散將其水熬濃則成橘皮色之顆粒其形如針自心向外排列或成暗黃紅色大顆粒如加熱令化散則成極明之鱗片其色可觀易在水中消化在酒醋與以脫內亦易消化

濃鐵$_{二}$綠$_{三}$水

取法　將淡鹽强水八兩蒸水八兩鐵絲二兩少加熱而消化其鐵絲濾取其水水中加硝强水九錢與鹽强水四兩速加熱至忽有紅霧發出而其水變爲橘皮棕色則以熱水盆熬之以得十兩爲度此水之濃同於一千八百六十四年英書濃鐵$_{二}$綠$_{三}$水之方此年所設之方不甚合法因所用輕綠祇有十兩不足以令其鐵全變爲鐵$_{二}$綠$_{三}$一千八百六十七年英書新方所用硝强水與前者濃淡不同故用九錢代前之六錢

依上法取之先變成鐵綠其輕綠之輕放出而綠氣與鐵化合第二層工夫內淡養$_{五}$放其養氣與輕綠之輕化合又有綠氣一分劑與鐵綠二分劑化合成鐵$_{二}$綠$_{三}$照新方所得

之水每十兩含鐵綠約六兩即每一錢含鐵綠三一·七釐
試法　其色應如橘皮樱色其味甚澀水與酒醋內俱能和勻無論多少皆可但此水中含餘酸質如用銀養淡養結成白色之質爲銀綠如加鉀衰鐵結成藍色之質如加鉀衰鐵不應有結成之質如有之則爲含鐵綠之據如加收斂性植物水質則變黑色重率得一·四二昔時英書所定重率爲一·三三八此數未確如將此水一錢加入淡輕則有鐵養結成濾之洗之燒之應重一五·六二釐
功用　此水爲收斂之補藥以五滴至十滴沖水服之外科中用以止血如噴入血管中能令血結成膏醫士或以

此法治極痛之瘤製藥之工內用此濃水作淡鐵綠水並鐵綠酒

鐵綠水

此水之濃與鐵綠酒相同
取法　將濃鐵綠水五兩蒸水十五兩調和之此水之濃得一千八百六十四年英書鐵綠水之四分之一故前者謂之濃鐵綠水
服數　十滴至三十滴爲一服

鐵綠酒

取法　將濃鐵綠水一分加正酒醋重率〇·八三八三分調和盛

於瓶內塞密之
此酒之重率得九九二應與倫書之方所作者相同將此酒一兩以淡輕養令結成應得鐵養約三十釐倫書作此酒之法將鐵養以輕綠消化之再加正酒醋所得者含鐵綠若干又含輕綠有餘依英書之方作之未必含輕綠有餘此酒常發輕綠以脫之臭因其酸質合於醋而成以脫也其色黃紅其化學性情與鐵綠水略同英國醫士非勒白將尋常出售者化分之每一兩得鐵養九釐又十分釐之八至二十釐照上方作之則每一兩含鐵養約三十釐此酒可用尋常試含鐵之法試之如將收斂性之植物質與

之相和則色黑如墨如添銀養淡養則有銀綠結成如添阿拉伯樹膠水亦能令其化分醫士或將鐵綠在好夫門水中消化之謂之白司杜出弗酒好夫門水取法用硇砂硫黃石灰同蒸之成極臭黃色水將此水一分加酒醋三分
試法　欲試此酒之濃與淨必依上所言之性情辨之又此酒每一兩添鉀養水令結成則得鐵養三十釐
畏忌　鹼類質土質與其含炭養之質並收斂性植物質
功用　爲重收斂性之鐵劑血虛等病及不仁病可服之若易惱怒者不宜服此
服數　以十滴至三十滴爲一服間亦用一錢至二錢用水或別種流質沖淡服之

鐵綠淡輕此爲倫書之方

此藥約在一千三百年以後化學家伐倫佗亟得之後用以入藥品諸家命名不同

形性　此質爲橘皮色之粉由多小粒而成其味鹹而澀其臭極微易自融化水與醋內俱能消化化學家以爲每百分內含鐵綠十五分淡輕綠八十五分不爲化合而爲和合分辨之法加鉀養或鈣養則放淡輕氣其鐵與綠可依常法分辨之化學家非勒自云考此質每百分含鐵養七分

取法　將鐵養三兩鹽强水半升盛於合式之器內令消化置熱砂盆內約二小時加淡輕綠二磅半此質必先用蒸水三升消化之將和合之質濾取熬乾所得者磨成細粉

依此法取之先成鐵綠後加淡輕綠則兩種鹽類質和勻化學家密次可立云此爲雙鹽類質有鐵綠一分劑合於淡輕綠二分劑另有水二分劑此藥中或竟如是化合亦未可定化學家將此兩種鹽類質依比例和勻消化於水而後熬乾之即成其時取此質之法加熱而乾蒸之英書中不載此藥

試法　準酒醋或水內能全消化如添入鉀養則因鉀與綠化合而養氣與鐵化合水內結成之質爲鐵養如添鉀養至有餘則因化分其淡輕綠必有淡輕氣散出

畏忌　鹼類質與其含炭養之質鈣養水收斂性植物質

功用　可爲補劑

服數　以三釐至十釐加糖漿服之或用苦味藥之膏相和服之收斂性之藥不宜同服

鐵綠淡輕酒此爲倫書之方

取法　將鐵綠淡輕四兩準酒醋蒸水各半升消化而濾之加水之故欲令其質全消化

此藥最合於內科之用每一兩含鐵養五·八釐司米德云含六·八釐此質之濃等於鐵綠酒濃之四分之一或五分之一

服數　以一錢至二錢爲一服

鐵硫

鐵與硫合成之質有數種所常見者爲鐵硫其色黃古人已知此物

形性　天成之鐵硫分劑數共得六十西名倍來底斯又名們的礦其色如黃銅爲立方形之硬顆粒即自然銅也除硝强水外無有强水能化之者重率得四·九八或常用以取硫黃如令其溼而多遇空氣則能收養氣而鐵硫漸

變爲鐵養硫養

藥品內所用之質爲鐵硫其取法有數種兹檢兩法述之

第二十四圖

第一法爲粗法所得之質可爲藥品之用此質易在硫養與輕綠內消化放出輕硫氣而水內有鐵養硫養鐵硫之分劑數共得四十四鐵硫之分劑數共得一百零四鐵硫之分劑數共得六十

取法　將硫黃花四分鐵屑七分置於罐內入尋常之爐待加熱至紅取出蓋之能自生大熱第二法將鐵條卽用鐵匠之爐加熱至白色再將深桶盛水至滿用硫黃一條

與白熱之鐵相磨則有化合之質爲鐵硫令落於桶內用第一法而成鐵硫其鐵屑與硫黃化合甚速熱至將紅則有硫養霧放出如將罐從火中取出則自能生熱然依此法所得之質含鐵過多第二法所得者爲更淨但其鐵必加熱至白否則不成鐵與硫化合之時發光火星落於水內成淡棱色之小粒每百分內含鐵六三·四分硫三六六分

試法　能在淡硫養水中消化幾能消化至盡放出輕硫氣

功用　能解汞綠之毒化學工藝內常用此以取輕硫氣

其法添硫養或添輕綠

鐵養硫養 卽青礬

鐵養硫養爲古人所已知者印度古藥品書第四十四頁記此質印度人俱用此質以造墨水古時羅馬人布里尼書中亦言此質能造墨天生者有之俗名皂礬其鐵硫收空氣之養氣則變爲鐵養硫養此質常變爲二鐵養三硫養鐵養硫養易於消化故數處地中所出之水內含此質大造之法將鐵硫加多水於上令久遇空氣則變爲鐵養硫養然依此法所造者硫養常有餘此有餘之硫養或爲泥中之鋁養所收或爲增鐵而化合者如將生鐵養硫養

消化於水令結成顆粒則得其淨者

鐵養硫養與水七分劑化合共得分劑數一百三十九其

第二十五圖

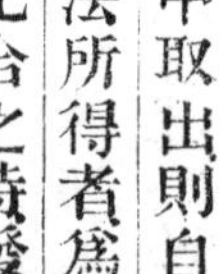

顆粒能透光其色藍綠其味濇顆粒之式俱從斜立方形變化而出重率得一八二冷水一分能化其一分沸水三分能化其四分正酒醕不能消化之在空氣內外面生霜其質收養氣變爲鐵養三硫養如將鐵養硫養加熱則因本質含水而消化水旣漸散則變白色乾粉謂之煅皂礬如加更大之熱則硫養亦散去此散出之硫養如以受瓶收之則得冰形之質爲無水硫養所餘者爲鐵養其色紅古

人名曰夸故他爾鐵養硫養三不能在醋內消化以水消化之能令藍試紙變紅色如將鹼類質添入其水中則鐵結成沈下為鐵養輕養加鹼類土質亦然若將此與炭養二合成之質加入其水中結成之質為鐵養炭養二待若干時變為鐵養二觀鐵養二輕養節如將鉀二衰鐵加入淨鐵養硫養三水中結成白色之質如不淨而含鐵養三則結成藍色之質若已加鉀二衰鐵二而得白色之質又令久遇空氣亦變為藍色之質如將鉀三衰六鐵二加入含鐵一分劑之鹽類質水中則結成藍色之質鐵養硫養三水合於鋇綠結成白色之質如將其水令久遇空氣則漸變濁而有紅櫻色之粉結成即鐵養三如鐵養硫養三內含鐵養二若干則將其水加入沒石子水或酒或他種濇性植物質則結成黑色之質即鐵養沒石子酸等每百分含鐵養二五·九分硫二八·八分水四五·三分共得一百分

取法　尋常出售者提淨之法在極淡硫養三水中消化之後熬成顆粒英書之方將極細鐵絲以淡硫養三水消化之後將所得之質熬成顆粒

淡硫養三水不能令鐵消化然淡硫養三水遇鐵則其水化分養氣為鐵所收輕氣放出所成之鐵養合於硫養三則成鐵養硫養三

試法　此質顆粒有淡藍綠色而不生霜或雖有霜而極微水中能全消化將鐵一塊置於其內無銅質凝結於其面如先合於淡養五加熱令沸後加淡輕三至有餘令結成而濾之所得之水應無色或為極淡之藍色如見深藍色則知其含銅此因淡輕三能令其鐵養全結成如有銅養不能令結成尋常皂礬含鐵養三硫養所以其鐵養可用尋常所定之試法得其憑據但因欲得鐵養極準之憑據則必較鐵養之憑據更顯明其法將皂礬水合於淡養五令沸則全變為鐵養三如欲試其含鋅與否則其水中必添淡輕三至有餘濾之之後加熱令其餘淡輕三化散如含鋅必結成白色之鬆片為鋅養

畏忌　鹼類質與其含炭養二之質鈣與鋇之鹽類質鉛養醋酸或鉛養二醋酸銀養淡養五收斂性之植物質

功用　此為惹胃而兼收斂之鐵劑又可為行經藥

服數　以一釐至五釐為一服可合於苦味藥膏或香味雜膏成丸服之又可與雞哪霜或高林布或苦白木沖水服之

化學家非勒白云凡造鐵養硫養三之水應加熱令沸逐去其空氣否則水內空氣之養氣必合於鐵養令變為鐵養二

煆皂礬

取法　將皂礬置瓷礶內加熱自二百十二度漸加至四百度至不發水霧爲止磨成細粉存於瓶中塞密之

此藥用以作丸最便因鐵養硫養三之水有六分已化散故較之未煆之皂礬更濃

服數　以半釐至四釐爲一服

鐵養硫養三砂

此爲極小之顆粒形如細砂其造法將極濃淨鐵養硫養三熱水傾入正酒醕內因不能消化即成極細之顆粒

取法　將蒸水一升半鐵絲四兩同盛於瓷礶內加硫養三四兩待發霧幾盡則加熱令沸十分時再用含正酒醕八兩之礶礶口上置一漏斗中有濾紙傾入沸鐵養硫養三水自漏斗濾下將其酒連調攪不停自成極細之顆粒待若干時顆粒沈下傾去其酒鋪於生紙上置露天令多遇風氣自乾藏於瓶內

此藥爲阿書中所設者醫家或以此質爲極細之造法較尋常鐵養硫養三更合用因在胃中不多與養氣化合其功用與服數同於尋常鐵養硫養三此質可合於啞囉或大黃作丸蘇書中曾載其方

英書內用此質十釐消化於水一兩內爲試藥之用

鐵二養三三硫養三

此質之本質爲鐵二養三而其配質之分劑數與其本質養氣之分劑數相同故欲成此質必將鐵養硫養三二分劑合於硫養三一分劑與養氣一分劑令此質與養氣化合之法加淡養五水則放出淡養四故成鐵二養三三硫養三之法將尋常鐵養硫養三水合於硫養三與淡養五加熱待乾時則得黃欖色之質水與醕俱易消化之此水收斂之性極重並有烙炙之性

其色黃空氣中不自變化顯出鐵含配質多分劑鹽類質之各性如與鉀養硫養三或淡輕四養硫養三相合則成有顆粒之鹽類其形狀與原質之排列與白礬同即白礬內之鋁二養三三硫養三可以鐵二養三三硫養三代之成同形異質之鹽類造藥品之工內常用鐵二養三三硫養三水造鐵含配質多分劑之鹽類質

鐵二養三三硫養三水

此水之重率得一·四四一色紅而質稠水與酒醕俱能消化之

取法　將硫養三六錢沖蒸水十兩加鐵養硫養三八兩加熱令消化另將淡養五六錢沖水二兩添入前水中加熱令沸而熬之至忽然不發紅霧而質之黑色變爲紅色爲限將此水一滴以鉀三衰六鐵二試之如結成藍色質必再添淡養五數滴加熱令沸則鐵養硫養三必全變爲鐵二養三三硫養三待冷傾

入量杯量之如不足十一兩必加蒸水補足此數如將此質加水兩體積添入銀綠則結成白色之質加鉀衰鐵結成藍色之質如加鉀衰鐵而不結成藍色之質則知不含鐵養硫養將此質一錢加水二兩並加淡輕水至有餘則所結成之質爲鐵養洗之煆之應重一一·四四釐此水爲造數種藥品之料卽如鐵養鐵養鉀養果酸鐵養淡輕養構檬酸鐵養雞哪霜構檬酸

鐵炭 又名筆鉛

此質英國俗稱爲黑鉛因有鉛之光色也化學家謂之鐵炭其最淨者幾全爲炭質前炭之一節內曾詳論之如由地中挖取而含鐵較多則必有鐵之性情生鐵爲含炭之鐵鋼爲含炭極微之鐵

鐵養炭養

藥品中久有鐵養炭養之名然倫書中所稱鐵養炭養實爲鐵養因此質照前時之方爲之則每百分含鐵養炭養約四分近時英書雖未將鐵養炭養分别用之然有三種藥配此質卽鐵養炭養糖鐵雜水鐵雜丸

此質之分劑數共得五十八其造法用含鐵一分劑鹽類質之水如鐵養硫養等與鹼類含炭養之質相和所得之質爲鉀養或鈉養之與硫養化合之質所結成者爲鐵養炭養初成之時爲綠白色遇空氣則變爲紅櫻色卽爲鐵養（觀前數節）醫學家以爲鐵養爲本之鹽類質在藥品中之功用較鐵養爲本之鹽類質更靈故令服鐵雜水之人服其新者卽爲綠白色而未變色之質也醫家常將鐵劑配以白糖卽如古人所用之鐵糖與近時之鐵養炭養糖鐵雜水鐵雜丸及鐵碘糖漿鐵養燐養糖漿等蘇比蘭云鐵劑中加别料其意令鐵養炭養不與養氣化合能久不變質此爲化學家白格初得之理始用此法者爲日耳曼國壂勒好森之藥肆名可陸爾先試得糖質能令鐵養不收養氣而變爲鐵養故又試用於鐵養炭養化學家苦賴格與苦里司脫生亦試糖能令鐵碘鐵溴與鐵綠及鐵屑等不收養氣可久存之

鐵養炭養糖

取法　將鐵養硫養二兩沸蒸水四升消化之另將淡輕養炭養一兩又四分兩之一沸蒸水四升消化之預備一深筩其蓋甚密者將兩種水傾入筩內調和而蓋密之待二十四小時用過山龍取其水再將沸蒸水八升傾入所餘之定質內調和之待若干時仍用過山龍吸取其水將其餘質以細洋布濾之又壓去其水盛於瓷乳鉢內加淨糖一兩磨勻後加熱至二百十二度爲限烘乾之

一千八百六十四年之英書用鈉養炭養令其結成現用淡輕養炭養代之

試法　其質爲灰棱色味甘而濇易在輕綠水中消化而發沸如鐵養炭養結成之後壓出其水立即與糖調和加熱至二百十二度烘乾不致多變鐵養加糖之故令其鐵養不與養氣化合但初用糖之人可陸爾以爲糖質化合於內所得之質爲鐵養鐵養炭養糖與水又試得每鐵養八十分有鐵養二十分配之如將此糖質五十釐以酸質化分之應成氣質七五立方寸

英書云將鐵養炭養糖以輕綠消化之加鉀衰鐵不甚改變如加鉀衰鐵則多結成藍色之質每百分內含鐵養炭養五十七分又鐵養若干

如將鐵養炭養糖二十釐加輕綠至有餘消化之再沖水若干分令淡後添鉀養二鉻養試水三百三十釐未滿此數之時應能令所添之鉀衰鐵結成

功用　此質功用與鐵之他種藥同即如血虛病與其同類之病服此藥爲最便之鐵劑

服數　以十釐至三十釐爲一服

鐵養炭養丸

取法　鐵養炭養糖一兩玫瑰花膏四分兩之一

此丸久不變質鐵養炭養重約居其半倫書之鐵雜丸方將鐵養硫養與鈉養炭養沒藥糖漿相和但其糖質不足以令其不化分

服數　五釐或十釐至三十釐爲一服一日二三服

法國之巴黎勒丸與倫書之方所作者略同布雜特丸用鉀養炭養與阿拉伯樹膠與下方大同小異

鐵雜水　又名古里非特補藥水

取法　將鐵養硫養二十五釐鉀養炭養三十釐沒藥與淨糖各六十釐肉豆蔻蒸酒四錢玫瑰花水九兩半先將沒藥磨爲細粉再添鉀養炭養與糖加玫瑰花水以成稀膠爲度後漸添玫瑰花水與肉豆蔻蒸酒磨勻至共得八兩將其餘玫瑰花水消化其鐵養硫養兩水調和封密之令不遇空氣

此水與倫書之方所造者通用惟一千八百六十四年英書之方含鐵養硫養五分之一

此藥內之鐵養硫養化分因用鉀養炭養故水中有消化之鉀養硫養又有鐵養炭養在水中而沒藥與肉豆蔻令其不沈下所用之糖令鐵養不變爲鐵養化學家步蘭弟云作此水最便之法將極細之沒藥與玫瑰花水相和磨成漿再添鉀養炭養肉豆蔻蒸酒與糖然後以鐵養硫養

消化於其內如用瓶滿盛之令無空氣藏久不變故此方作此藥水最爲便用

畏忌　酸質與酸性鹽類質收斂性之植物質

服數　以一兩至二兩爲一服一日二三服

蘇比蘭之書第二卷第四百三十四篇載鐵養炭養之別種藥即如鐵散之方用鈉養二炭養與鐵養硫養加糖磨勻又有發泡之鐵散其方如左

取法　將鐵養硫養三釐加糖二錢半磨勻添鈉養二炭養五十四釐果酸小粒一錢盛於荷蘭水之瓶瓶內先盛蒸水將滿立即塞密搖動之

此質味微酸而甘又因炭養氣能發泡則飲之有趣所用鐵養硫養三釐能成鐵養炭養一釐又四分釐之一故鐵養硫養雖多加之亦可

英國醫士必由里與阿番司所作之鐵水亦爲服鐵之便法觀鐵檸檬酸節

鐵養三淡養五水

將淡養五水四兩半加蒸水十六兩加細鐵絲之不生鏽者一兩調和之如見變化過猛則加蒸水少許待鐵絲消化已盡即濾取其水再加蒸水共得一升半

形性　此質之分劑數共得二百四十二其水之重率得一·二○七因其含鐵養三與鐵絲消略相似依上法取之則淡養五之一分養氣與鐵化合成鐵養其餘者與鐵養化合

此水能透光其色紅櫻稍有酸性與收斂性如加鉀衰鐵結成藍色之質加鉀衰鐵則不結成如將此水兩體積淨硫養水一體積在試筩內和勻添入鐵養硫養水則變黑色因成鐵養三硫養也如將其水一錢加淡輕水至有餘所結成之質洗之濾之烘乾之其質應重二·六釐

功用　此質爲重性之鐵劑有收斂性並烙炙性與鐵絲相似或言其功用更大英書內此藥之方從阿書採入之

服數　以半錢至一錢沖水令淡服之或用苦白木沖水相和服之或用高林布沖水亦可

鐵養醋酸酒

取法　將鐵養三硫養三水二兩半鉀養醋酸二兩正酒醋若干各物備齊將酒醋十兩消化其鉀養醋酸另將酒醋八兩消化其鐵養三硫養三將兩種流質傾入含二升之瓶搖動之每一小時中搖動數次後將所得之質以紙濾之待其流質俱下之後即在漏斗內添正酒醋足令所得之鐵養醋酸酒滿一升爲止

此爲鐵劑之佳者一千八百六十七年自阿書採入英書

內含鐵養三醋酸，其功用與鐵養三並醋酸合用者略同。

服數　以五滴至三十滴爲一服。

三鐵養燐養五

此質久存，則與養氣化合，其原質爲三鐵養燐養五，爲三本之鹽類質，亦爲中立性之鹽類質。鐵與燐養五化合，又成別質數種，內有入藥品者。化學家普牢脫初考得此質，其色藍，近採入英書中。英書云，此質幾分與養氣化合，其藍色中帶深灰色，爲極細之粉，不能在水中消化，能在輕綠中消化。如將其水添入鉀三衰六鐵，則多得藍色之質；加鉀三衰六鐵在其水內，則因常含鐵養少許，稍有結成之藍色質。試其

含燐養五之法，先加果酸水，後加淡輕三水至有餘，又加鎂養淡輕四養硫養三水，則結成明顆粒，爲三本之燐養五質。

取法　將鐵養硫養三三兩，沸蒸水二升消化之；另將鈉養燐養五二兩半，鈉養醋酸一兩，沸蒸水二升消化之。將兩種水調和，所結成之質以細洋布濾之，熱蒸水洗之，至所洗得之水加以鋇綠水而不結成爲度，再置於乾磚上，加熱在一百度以內烘乾，既乾之後，置於瓶中塞密之。觀鈉養燐養五節

每鹼類質二分劑，有水一分劑配之。如將鈉養燐養五質添入鐵養硫養三水中，所結成之質爲二鐵養輕養燐養五，此質白色，久遇空氣則變藍色。如將鈉養醋酸合於鈉養燐養五

則結成之質多含鐵養一分劑，因鈉養醋酸之鈉養合於其餘硫養三一分劑，而放出鐵養一分劑，其式爲

三（鐵養硫養三）丄二（鈉養輕養燐養五）丄鈉養醋酸＝三鐵養燐養五丄三（鈉養硫養三）丄醋酸丄輕養

近今化學家尚未能定準鐵養燐養五之原質，即如化學家開那照上法爲之，得其藍色之質爲鐵養燐養五合於三鐵養燐養五。化學家格米林云，此質與天生之鐵養燐養五大同小異，其原質爲三鐵養燐養五加入輕養。

試法　其原質變易之法前已述及，然有含鉮爲異質者，將輕綠消化之，帶入淨紅銅一薄片，如含鉮，則其紅銅面

生黑皮一層。

英書云，將此質二十釐以輕綠消化之，再添鉀養二鉻養三試水二百五十釐，當未添足之時，凡加鉀三衰六鐵，應有藍色之質結成。

功用　此爲輕性之鐵劑，服後不甚顯其藥性，因不能消化故也。醫學家以爲易於收入血內，普牢脫醫士用以治多溺味甜之病，因其含燐養五與鐵，故醫家用以治腦氣筋病、瘰癧病、骨軟不能行病，但用此藥依化學之理配之，非藉醫學之理用之也。

服數　以五釐至十釐爲一服，如將此藥合於燐養五則能

消化於水而成糖漿一千八百六十四年英書之前已有書載其方又有相類之藥之方

三鐵養燐養五糖漿

取法　將鐵養硫養三砂二百二十四釐蒸水四兩消化之另將鈉養燐養五二百釐鈉養醋酸七十四釐蒸水四兩消化之將兩種水調和用細布濾取其結成之質以蒸水洗之以所洗出之水添鋇綠而不結成爲度再將結成之質以生紙數層夾之用大力壓之又將所得之質與淡燐養五水五兩半調和待其盡消化則濾之加淨糖八兩不加熱而消化之所得之質應有十二兩

照上方爲之亦得藍色之質後加燐養五水則變爲二鐵養三燐養五此質能消化於水而其內有燐養若干尚未化合其味極酸每重一錢含鐵養燐養五一釐又含淡酸質約半錢此法爲化學家茄勒所設

服數　以半錢至一錢爲一服小兒服比自必更少且須用水等流質沖淡服之英國藥肆薩大里與磨爾曾設一方作此糖漿每一錢內含淡燐養五水十六滴較上方更爲便用

鉀三衰三鐵

此質在藥品內用以作淡輕衰水又用以試含鐵二養三爲本之鹽類質尋常出售者無雜質其式爲鉀二鐵衰三加三輕養其分劑數其得二百十一

形性　此爲淡黃色之鹽類質與檸檬皮相似其顆粒能透光無臭有涼鹽類味其顆粒大而有方角其邊有切斷之處原形爲八面體其質韌而能彎重率得一.八三冷水四分沸水二分俱能消化其一分醕內不消化加熱至二百十二度則每百分散去十三分即所含之水三分劑變爲白色之粉加熱至紅則化分而放出淡氣所餘者爲鐵炭與鉀衰又遇空氣則鉀衰收養氣變爲鉀養衰養將鉀衰鐵與鹼類水相和無有結成之質設合於輕硫或合於

沒石子酒亦然可見其鐵並非和合實爲化合且與鐵之與別質化合法不同如合於鐵養三之鹽類質則成普魯士藍合於鐵養之鹽類質則成白色之質又遇空氣則變藍色如合於鉛或鋅或銅等則結成各種顏色之質觀其何色能定其爲何質如與淡硫養三水相和而加熱則成輕衰如與汞養相和而加熱令沸則成汞衰水

化學家以爲鉀三衰三鐵實爲鐵衰一分劑與鉀衰二分劑相合而成然里必格所定之理近時化學家俱信從之此因其有相似之別質又因其性情而定之其原質即鉀三衰三鐵內有鐵與衰化合成鐵衰此質有原質之性情不能以尋

常試法令其結成此爲二本之配質故能與鉀二分劑化合

大造此質之法用動物質如六畜之體角皮肉腸乾血等或造燭所餘之油渣滓等廢質與鉀養炭養相和置鐵鍋中鍋外加以鐵條常能挑動內質加熱煆之後將所餘之質消化於水濾之熬之令成顆粒屢次爲之至盡爲度

試法　能全消化於水如稍加熱則每百分能化散其一二六分稍能令薑黄試紙變色亦有不變色者如合於含鐵養之質所結成者爲藍色之質如合於含鋅之質所結成者爲白色之質如合於鐵養硫養所結成者先成白色後變藍色如與銅養硫養水相和則結成櫻色之質如燒之所餘之質能以輕綠消化之再添淡輕則令其結成每百分應得鐵養一八七分

功用　能平火安心其性情最輕靈易爲血所收通至全體津液英書將此藥作試水之方用四分兩之一加蒸水四兩消化之

服數　以十釐至十五釐爲一服酌加其數亦可

鉀衰鐵

此質內亦含衰與鐵合成之質即鐵衰其色紅其性情與鉀衰鐵有相同之處然有幾種緊要分別即如合於含鐵養之鹽類結成之質爲藍色合於含鐵養之鹽類無有結成之質故化學家俱以此質分别鐵養與鐵養兩種鹽類質

取法　將鉀衰鐵水令綠氣行過則每鉀衰鐵二分劑放鉀一分劑所得之質爲鉀衰鐵

其顆粒不含水而成斜方形其色紅與紅寶石相似水四分能消化其一分英書作此藥試水之方用四分兩之一以蒸水五兩消化之

四鐵三衰鐵 又名普魯士藍

此質俗名普魯士藍當一千七百十年布國京都作顏料之肆代司拔克偶得之故有此名

普魯士藍易得其淨者爲尋常小事之用其法用鉀衰鐵與鐵養三硫養酸水相和或與鐵綠酸水相和結成之質即是工藝中大造之法將鉀養與動物質相和加熱煆之所得之質每重一分配水十二分或十五分消化之將所得淨水加白礬二分鐵養硫養一分則結成普魯士藍此質現未入藥品然因試輕衰之一法有此質結成故必論及之

化學家白西里由司不以鐵衰爲化合成新質而以爲鐵衰二分劑合於鐵衰三分劑即二鐵衰加三鐵衰又有化

學家觀其原質，能變成鐵衰，故以爲此質鐵與多分劑衰相合，然里必格之意，以爲此質鐵與衰之分劑不同，而其比例不爲二與三，而爲四與三，因鐵衰原爲二本之配質，故其式爲四鐵加三鐵衰，其分劑數得四百三十

試輕衰之法，用鐵養硫養水之久存者，即含鐵養三硫養之水，先加鉀養至有餘，後添疑其含輕衰之質，如有之，則輕衰合於鉀養與鐵養硫養，成鉀衰鐵與鉀養硫養，其式爲

鐵養·硫養丄三鉀養丄三輕衰‖鉀·鐵衰丄鉀養·硫養丄三輕養

其鉀鐵衰與水中所含之鐵養三硫養相合，結成普魯士藍，其式爲

三鉀·鐵衰丄二鐵養·三硫養‖四鐵丄三鐵衰丄六鉀養·硫養

如加淡硫養水，則所結成之鐵養能消化，而其藍色不變，此試法爲化學中之要事，因無他質能得此變化也。

鐵養鉀養果酸

形性　此質之式爲鐵養·鉀養·炭輕養。加輕養，成綠棕色之粉，無臭，有平和之鐵味，尋常所得顆粒片片如鱗，爲深紅色，光亮而脆，遇溼空氣則自融化，水重四分能全消化

其一分，醋內消化甚少，葡萄酒內消化稍多，此質消化於水內，得淡棕色，藏久不變，淡輕水與淡輕養炭養水俱不能化分之，無論熱至若干度，不能鎔化，別種鹼類及鹼類含炭養之質，如不加熱，亦不能化分之，與鉀衰鐵相和，亦不能變化，如添强水數滴，則得淡藍色水，知已化分，由此可知其變化與鉀衰鐵略同，化學家沛離拉以爲其配質內含鐵，如加濇性之植物質，則有黑色之質結成，與別種鐵質同。此鹽類質爲果酸一分劑，鉀養一分劑，合於鐵養一分劑，非勒白云果酸之式爲炭輕養，故以爲此質每一分劑含果酸二分劑

英書造此質之方，與倫書之方大同小異，但英書之方造成鱗形之顆粒，倫書之方可任意或作粉或作鱗形，近今英書之方，得鐵養之法，徑從鐵養三硫養之水得之，用淡輕令其結成，即與倫書同

取法　將淡輕水十兩，加蒸水三升，漸添鐵養三硫養水五兩半，但此鐵水必先加蒸水二升，令淡，添入前水時，必用力調之，在二小時內，屢次調之，以細洋布濾之，待流質濾盡之後，用蒸水洗其定質，至所洗過之水合於鋇綠水而無結成之質爲度，將所得之質置瓷鍋內，加鉀養果酸粉二兩，磨勻之，待二十小時，漸加熱在一百四十度以內，

後添蒸水一升連調至不再消化爲度濾之加熱在一百四十度以內熬之成漿後傾於瓷板或玻璃板成薄層在熱氣箱內加熱一百二十度以內烘乾得其薄片盛於瓶中塞密之

一千八百六十四年之英書所用鐵養三硫養水較上方更少而用鈉養令其結成定質

鐵養一分劑合於鉀養果酸輕養則放其輕養而以其鹽類質內之輕養代之所以其酸性之鹽類質變爲中立性之鹽類質其得分劑數二百五十九英書云所加之熱不可大於一百四十度恐有數分變爲含鐵養而不能消化

也造藥之肆云依此方爲之加熱不外於一百四十度不能成鱗形之顆粒

此質每作一次所得之質常不同如依質點之比例配其各材料則全化合不能含異質於內但令成鱗片形則再有若干化分化學家蘇比蘭與近時巴司弟克化分此質之後定以上之式爲最合之方

試法　將此質消化於水加輕綠令得酸性又加鉀衰鐵則多結成藍色之質設添鉀衰鐵則無結成之質如合於鈉養水加熱令沸則有鐵養分出如用淡輕則不能分出如將濾出之水稍加輕綠令酸待冷時結成明顆粒卽鉀養二果酸

如將此質五十釐加熱至紅將所餘之質洗之再加熱至紅所得餘質卽鐵養其重十五釐此爲英書之試法

畏忌　濃酸質鈣養水鉛養醋酸輕硫收斂性之植物質

功用　爲含鐵之補藥其味平和易消化功用頗大如血虛經閉妄言笑瘰癧乳癰等病可服之

服數　以十釐至三十釐爲一服或成丸服之或合於香料水服之

鋼葡萄酒

取法　用極細鐵絲一兩約爲第三十五號者用黃色葡

萄酒卽舍利酒一升盛於瓶內令鐵絲頭少出酒外一月之內每日搖動數次每搖動之後必暫去其瓶塞過一月後則濾之

此酒與舊時倫書所作之酒略同近時所作者較一千八百五十一年倫書之法濃一倍

一千八百六十四年英書之法將鐵養果酸一百六十釐浸化於舍利酒一升內如用此法則含鐵之數能定準較前時之法更便因將鐵絲或鐵屑浸於酒內數十日所得之質不能定準所含之鐵有若干與養氣化合變爲鐵養而酒中所含之鉀養二果酸或別種植物酸質可令消化

而變爲鐵養鉀養果酸鐵養莽果酸鐵養醋酸等質各種葡萄酒能消化之鐵不同即如阿非利加好望角之酒較尋常乾舍利酒消化鐵質更多醫士或喜用酸葡萄酒造藥材肆所用之法與一千八百六十四年英書之法略同所得之酒含鐵有定數

一千八百六十四年英書之鋼酒每兩含鐵養鉀養果酸八釐即每錢含一釐故此酒較一千八百六十七年英書之鋼酒更濃因此時之鋼酒照方爲之每兩含鐵養鉀養果酸約六釐倫書法所作之酒祇得一千八百六十七年英書之濃之半

功用　爲最佳之含鐵行氣藥曾有多人用之於小兒與少年人大得其益

服數　以一錢至半兩或加多爲一服照年紀酌用

鐵香雜水

取法　將淡色金雞哪樹皮細粉一兩高林布根粗粉半兩敲碎丁香四分兩之一細鐵絲半兩白豆蔻雜酒三兩橙皮酒半兩水蘇水以足用爲度先將金雞哪皮高林布根丁香與鐵用水蘇水十二兩調和之盛於瓶內三日屢次搖動之濾取之後在漏斗內添薄荷水濾下足滿十二兩半爲度後加白豆蔻雜酒與橙皮酒存於瓶中塞密之此藥於一千八百六十七年自倫書採入英書其鐵之幾分與養化合即消化於酒之酸質內

服數　以一兩至二兩爲一服

鐵養淡輕果酸

鋁養硫養能合於鉀養硫養或鈉養硫養或淡輕養硫養能成鉀養白礬或鈉養白礬或淡輕養白礬依同理有數種質能合於鐵所成之鹽類此鹽類能合於橘檬酸與果酸成雙鹽類質即如鐵養淡輕果酸是也已久用此質代鐵養鉀養果酸其色深椶片片透明或爲角形之粒與幾奴略同其粉爲椶色即與鐵鏽略同其味平和有鐵味將其一分以六十度熱之水消化之須水一分有餘如用沸水則不能消化醕與以脫俱不能消化之此質內含果酸一分劑鐵養一分劑淡輕一分劑水四分劑美國藥品月報書中有普牢割特所作之方將淡輕養果酸與新造鐵養輕養相和（觀藥品月報第一本第二百九十一篇）此爲服鐵便用之方以三釐至八釐爲一服或化於水中或作丸料或合於雜膏俱可

鐵橘檬酸

西歷一千八百三十一年法國醫士畢賴勒創立數方令鐵與橘檬酸化合作三鐵養橘檬酸之法將橘檬酸四兩

蒸水十六兩消化之加熱令沸乘沸時添入鐵養輕養約八兩將所得之水傾於大玻璃片上令成薄層待乾時則成紅色明亮之片若紅寶石味酸而濇不甚適口消化於冷水遲消化於熱水速畢賴勒有方造鐵養橘檬酸爲白色之粉鐵味極重又有鐵養橘檬酸然近時所謂鐵橘檬酸與上所言者不同其餘酸質爲淡輕所滅而另變爲一質觀下節

鐵養淡輕養橘檬酸

此質久入藥品一千八百五十一年倫書初載造此質之方

橘檬酸之原質爲炭輕養爲三本之質即必得本質三分劑方滅其酸性然此鹽類質之原質尚未定準醫士或以爲三淡輕養橘檬酸一分劑合於三鐵養橘檬酸一分劑然考一千八百六十四年之英書其橘檬酸有餘而其鹽類質爲淡輕養橘檬酸合於水與鐵養其水亦當爲本質一千八百六十四年英書有此質之式即

鐵養淡輕養輕養炭輕養上三輕養

形性　取此質而照下方爲之應得美觀之明片形若魚鱗其色淡紅稍帶橄欖綠色易消化於水所得之水有中立性或稍能令藍試紙變紅其味初甘後濇醋內幾不能

消化其消化於水者則其水與鐵養鉀養果酸有相同之處即與淡輕養相和而不結成者與鉀養鐵相和亦不結成設先添酸質而後加鉀養鐵則結成藍色之質化學家非勒白云此鹽類質之原質往往不同每試一次必稍有分別

取法　將淡輕水十四兩蒸水二升調和之漸添鐵養三硫養水八兩此水必先以蒸水二升調和令淡屢次調攪幾不停手待二小時後用細洋布濾之將濾得之質以水洗之至所洗得之水合於鋇綠水而無結成之質爲度又用橘檬酸四兩蒸水八兩消化之用熱水盆加熱而添前

所得之鐵養各物調和至鐵養全消化或幾盡消化爲限待冷加淡輕水五兩半調和之用佛藍絨濾之熬濃似糖漿傾於瓷板或玻璃片成薄層加熱至一百度烘乾得小片形鹽類質存於瓶中塞密之（此方與一千八百六十四年之方相同）

此取法之上半節先得淨鐵養將此質合於橘檬酸水加熱則消化成鐵養三輕養橘檬酸加淡輕水五兩半足以滅其酸而化合於內放出爲本之水一分劑而成此鹽類質依上所定之式但加熱至一百度似尚不足因難乾之故設加熱更大則淡輕能飛散而橘檬酸亦化分倫書之取法用鐵養炭養令久遇空氣變爲鐵養所得鹽類質內

含鐵養檸檬酸少許因其鐵養炭養有一分尚未與養氣化合

試法　英書試法將此質合於鈉養水必放出淡輕而有鐵養結成既結成之後所餘之水有鹼類性如加輕綠至有餘不應有結成之顆粒即鈉養二果酸故可用此法辨其含果酸與否如將此質之水加輕綠令得酸性再加鉀衰鐵則結成藍色之質若加鉀衰鐵不應有結成之質如有之則知其含鐵養將一百分置罐內不蓋而加熱至紅則所餘之質應重二六·五分即鐵養

畏忌　鉀養水鈉養水濃酸質

功用　性平和而味適口小兒與身弱者服之有益或合於淡輕服之或合於含炭養之鹼類質服之此質不感動腸胃且不收斂

服數　以五釐至十釐爲一服

藥材肆作鐵檸檬酸常與鋅鈉養鉀養鎂養等質相合又有鐵養雞哪霜與檸檬酸相合觀金雞哪皮節

鐵養檸檬酸葡萄酒

取法　將鐵養淡輕養檸檬酸一百六十釐橘葡萄酒一升消化之盛瓶中塞密之三日內屢次搖動可濾取清者用之

此方於一千八百六十七年載入英書中

服數　以一錢至四錢爲一服

鐵發泡水

此爲用鐵劑最便之法近時藥材肆必由里阿番司所造鐵發泡水或謂之鐵湘賓酒其所用之料爲鐵養檸檬酸合於橙皮英國化學家尤而與步蘭德考究此水報明所含之原質爲鐵養檸檬酸水內浸入橙皮得其佳味多納炭養氣裝於荷蘭水瓶內每瓶能容六兩內含鐵養七釐又十分釐之九即與鐵養檸檬酸十三釐半相配如用二兩爲一服一日二三服其味最佳身弱之人與小兒俱宜

用之且得補藥之性

鐵養乳酸

此質爲和平之鐵劑成綠白色之粉或爲綠色針形顆粒其作法令淡乳酸水徑與鐵屑相合將此質消化之則鐵與多養氣化合而其水變黃色近有人又設一法將鐵養硫養合於鈣養乳酸即成此質可爲糖片或爲糖漿法國人常用此藥爲服鐵之便法英國各藥品書尚未載入

鐵養蘋果酸

作此藥之法載於布國藥品書中其方將鐵絲或鐵釘一分浸於蘋果汁四分內待數日則熬至一半體積而濾之

再熬成膏

鐵養鉀養$_{五}$

此藥在鉀之雜質內詳論之觀鉀節

鐵礬

此將尋常白礬以鐵$_{二}$養$_{三}$代其鋁$_{二}$養$_{三}$近時司密得醫士用此質之粉作收斂之藥

鐵養發里里阿尼酸 即鐵養甘松酸

此質爲紅櫻色之粗粉其臭甚奇但與發里里阿尼油稍有不同不能以水消化之醋內能消化如加熱或以輕綠消化之則放出發里里阿尼酸

取法 將鐵養$_{三}$三硫養$_{三}$水與鈉養發里里阿尼酸水相和濾取結成之質烘乾存於瓶中塞密之

此藥於一千八百五十年初載入阿書近時英國各藥品書不載此藥

有人假造此質將鐵$_{二}$養$_{三}$檸檬酸與發里里阿尼油相和當爲此質之用但因其易消化於水故與眞者易於分辨之

功用 經閉或血虛兼腦氣筋病均可治之

服數 以半釐至一釐爲一服日服三次觀鈉養發里里阿尼酸節

鋅 即倭鉛

西國自伯拉色勒蘇司之時以後知鋅爲原質之一然自古以來即有此質自中國運往印度中國之鋅在印度國謂之土脫那哥此必爲印度國之梵字前人謂之印度錫古人造黃銅必知用鋅或鋅礦爲之

尋常所見之鋅與養氣化合或與硫黃化合或與炭養$_{二}$等質化合用鋅硫礦或鋅養炭養$_{二}$礦取鋅必先加熱煆之燒出其硫或炭養$_{二}$後用炭燒成金類之形狀而得其鋅能鎔之或乾蒸之如不蒸兩次則必含別種金類爲雜質即如鐵銅鉀等

形性 鋅爲白色金類質稍帶藍色新剖之面甚光明生鏽甚速重率六.八至七.二冷熱適中不甚能引長或打薄其質硬而韌如加熱二百十度至三百度則能引長成絲或打之或軋之成鋅箔然其最淨者雖不加熱亦可如是熱至四百度即脆可磨成粉熱至七百七十三度則鎔待冷則凝結如令其遲冷則成四邊柱形之顆粒擊開其顆粒能見多層之鋅結疊而成加熱至白則能乾蒸之必封密其甑而不遇空氣設鍋中加熱至白而未封密則鋅能燒而發大亮四面散白霧即鋅養如將鋅多遇空氣或存於水中不久生鋅$_{二}$養一薄層能護其內質不致生鏽

鋅砂

英書用鋅砂作數種藥其法將鋅鎔之傾入冷水成砂

試法　鋅砂幾能爲淡硫養水全消化所化得之水無色有鋅養硫養之各性情觀鋅養硫養節鋅砂含硫或鉀則在硫養水中消化之時可試其所放之輕氣辨之如含硫則所放之氣爲輕硫將鉛養醋酸之試紙置於近處放出之氣令紙變黑色如含鉀則收其輕氣而燒之用白瓷插入其火內有黑色變成此爲英書之試法

鋅之各雜質功用　鋅不與他質化合者藥品中不用之如鋅養與鋅養炭養外科中用之作收水之粉可敷於皮膚破爛處或火傷處與瘡此藥性涼可作涼性油膏鋅養硫養爲易消化於水之鹽類質其水有烙炙之性如沖水令淡則有收斂之性洗眼藥漱喉藥外導藥與洗藥等俱用鋅養硫養爲要質

內科中用之則有收斂之功並能安肚腹腦氣筋又治羊癲瘋妄言笑流白濁服之過限則爲吐藥之最平和者數種中毒之病服之能吐去其毒而病可解鋅養醋酸與鋅養硫養略同其性更平鋅養發里里阿尼亦能安肚腹腦氣筋鋅綠與水有大愛力爲烙炙重藥或用之於外科治狼癰此從西名譯其意謂蝕肉如豺狼之噬人也或癰疽又用以作白尼得水爲滅臭藥與解病人毒氣之藥

鋅養

鋅養一物久有人知之其生者西名脫替此名約爲印度國之言而鋅養硫養名曰薩非特脫替即白色脫替之意而鐵養硫養名曰綠色脫替銅養硫養名曰藍色脫替觀印度國藥品書第一百頁鋅與養氣之愛力甚大所以數種金類與養氣化合之質消化水中加鋅於內則鋅與其養化合而他金類則結成

形性　鋅養之淨者其質輕鬆爲白色之粉無臭無味水與醕俱不能消化能在酸質內消化又定性烙炙鹼類亦能消化之加熱至暗紅即得黃色待冷仍復白色設內含鐵質則不復白色加熱至暗白則鎔加熱至全白則化散如鋅養鹽類質之水中加鹼類質則成鋅養輕養鋅養之淨者用酸質消化之得中立性之質加以輕硫或鉀衰鐵則結成白色之質如其水有酸性加以輕硫則不結成藥品中所用之鋅養用鋅養炭養燒而取之此質不含水不能消化於淡輕水內如用別質令鋅養在水中結成則必含水能在淡輕水中消化

昔人取鋅養之法將鋅置於罐中令收熱而遇空氣則收空氣中之養氣然依此法取之常含小粒手捻能覺之與

水調和則粒先沈下如是則粗者分出倫書之法將鋅養硫養與淡輕養炭養相和先得鋅養炭養再加熱令放出炭養即得鋅養英書之方亦同

取法　將鋅養炭養置於瓷罐中蓋之不宜極密加熱至在罐中取少許置於硫養水中不發泡爲度

尋常出售者常含鋅養炭養或大半爲鋅養炭養

試法　此質之色應白而帶黃無臭無味全能消化於淡硝强水中而不發泡所得之水合於鉏綠應無結成之質如合於淡輕或合於淡輕養炭養則結成白色之質設多加淡輕質亦不再消化藥材肆常將鋅養炭養代鋅養出售英醫士來得活特云有一種出售之鋅養乃鋅養硫養合於鋅養輕養而尋常出售之鋅養或含鋅養炭養或含鋅養硫養若干分每百分實得鋅養六十四分至六十七分試鋅養硫養用淡輕令其結成如欲試鋅養之含鋅養硫養則以淡硝强水消化之加入鉏綠其淨者應無結成之質如疑其含綠氣加入銀養淡養其淨者應無結成之質如見其色過黃則知其含鐵如加淡輕養炭養而有結成之質再加淡輕養炭養至有餘令其質消化若帶綠色則知其含銅如鋅養中含鈣養炭養或含鉛養炭養則以酸質消化之必發泡又如以淡輕消化之則鈣養鉛養俱不消化如另含鐵亦不消化

畏忌　酸質與酸性鹽類質並烙炙鹼類質

功用　外科用之以收水內科中用之爲補藥與安肚腹腦氣筋藥

服數　以一釐至五釐或加多爲一服日服兩次或爲丸服之

鋅養油膏

取法　將鋅養八十釐偏蘇以酸豬油一兩磨勻之

此爲輕性收水油膏化學家來得活特云豬油與偏蘇以酸相和則不發酸倫書作此膏之方祇用尋常豬油一千八百六十四年英書作膏之方用尋常油膏與鋅養相和

鋅綠

歐洲他國醫士言鋅綠於烙炙中大有功用英國醫士利司敦亦信此說此質能消化於水與醕內易收空氣中之水氣而自融化加熱至二百十二度則鎔加熱至紅則自散照下方取之得雪白色之片或條無臭有金類之重味

取法　將鋅砂十六兩置於瓷罐內另將鹽强水四十四兩添蒸水一升調和之漸添入罐中用熱砂盆加熱至不發氣爲度再加熱令沸兩刻許散水若干必加水以補之復置於熱砂盆熱少處約一晝夜必屢次調之所得之質

濾入瓶中其瓶必足以容八升再添綠氣水屢次搖動之至水有綠氣之定臭（定臭者其臭不散也）為止又添鋅養炭養半兩或至足用每添一次必加少許而搖動之至見有稜色之質結成為止生紙濾之瓷盆收之加熱熬之至用玻璃條挑取少許待冷得不透光之白色定質為度傾入模內待凝結而未冷則置瓶中塞密之

輕綠化分時其綠氣與鋅化合而輕氣放出鋅常含鐵為異質必與綠氣化合成鐵綠加綠氣之後則鐵與綠氣化合成鐵綠再添鋅養炭養則鐵綠化分而有鐵養分出又有鋅綠結成而炭養散出濾去鐵質之後鋅綠易於熬濃至將凝結傾入模內成條可為烙炙之用又因其與水之愛力甚大必盛瓶中塞密之令不收空氣中之水氣

試法　鋅綠無色空氣中易自融化易在水與正酒醕內消化可成條或成片如已消化於水而加輕硫或鉀衰鐵俱能結成白色之質如加淡輕或鉀養亦結成白色之質如再加至有餘則再能消化設加鉀養炭養於內結成白色之質如再加至有餘則不能消化鋅綠水內添鋇綠或淡輕養草酸不應有結成之質不應變藍色如有之則為含鐵之據

功用　此質為重烙炙之藥能除狠癰血痣並數種癰疽又如其瘡發臭則能滅其臭凡用鉀與鋅綠等作烙炙藥必用布膏或絨膏圍之令不散至別處或先合於豬油成膏或與麪粉或石膏相和成條用之一千八百五十七年倫敦公病院久施此藥以治癰疽未見其大有功益醫家或用以治羊癲瘋病

服數　以半釐至二釐為一服

鋅綠水

取法　將輕綠水四十四兩蒸水一升調和之盛瓷罐內加鋅砂一磅稍加熱至不復發氣為度後加熱令沸兩刻許所發之水必以蒸水補之待冷濾入瓶中漸添綠氣水屢次搖動至得綠氣定臭為限又添鋅養炭養半兩或至足用每加少許必搖動之如是連加至有稜色之質結成沈下為止生紙濾後盛於瓷盆熬之至得二升為限此方與阿書之方相同

阿書方之鋅綠水重率得一·五九三又有一種名白尼得滅病氣水亦為鋅綠水重率得二·〇初用此水者令衣服木料不被蟲蛀若為滅臭等用其鋅能與輕硫之硫化合而綠能與輕氣化合因此滅去臭輕硫氣所成之質為鋅硫與輕綠化學家沛離拉云想此水遇臭輕硫氣未能盡化分之設其輕硫消化於他質內又合於淡輕之後則鋅

江南製造局

綠水能滅之如阿勒布門與直辣的尼合於鋅綠水則令凝結故欲存動物質令其不壞可用鋅綠水

鋅養炭養礦

鋅養炭養各國產處頗多然有兩種礦必當分別之一爲鋅養矽養一爲鋅養炭養其眞者爲堅硬大塊與土相合易於用刀挖取折斷之處土形顯露間能遇見其顆粒重率得三四至四四其色不定尋常見者爲灰色或淡紅色或黃紅色能在硝強水等強水中消化消化之時必發泡加熱之時不生電氣能依此性與鋅養矽養分別之因鋅養矽養有發電氣之性故化學家謂之電性鋅礦鋅養炭養可用尋常試法顯此兩質之性其顆粒形之礦不含水質

如將其礦鎔之磨成粉而洗之則得生鋅養炭養倫書用之作鋅養炭養之膏

將鋅養炭養礦煆之則炭養與水同時放出又成鋅養若干如置水中則粗重者沉下與白石粉相同故此質常有圓柱形小塊與提淨白石粉同式尋常出售者含數種異質即鐵養並他金類與養氣合成之質又常雜鋇養硫養鈣養炭養等用以取利近時化學家湯勿生醫士麥度克將尋常鋅養炭養礦化分之間有毫不含鋅者乃鋇養硫養合於紅色之土也一千八百五十六年藥品記錄云出售之鋅養炭養礦大半爲鋇養硫養

鋅養炭養

近時英書有法得結成之鋅養炭養代倫書所用之生鋅養炭養然爲藥品之用如作膏等無甚勝於生者之處且其價更昂

取法　將鋅養硫養沸水十分鈉養炭養沸水十分半和勻將所結成之質洗之至所洗過之水合於鋇綠水而不結成爲度稍加熱令乾

照上法取之得鈉養硫養能於洗時去之加熱之故因冷時結成之質常含鋅養硫養含幾分鈉養然雖加熱令沸亦不能得淨鋅養炭養因有多鋅與養氣化合而炭養發泡散去英書中有式爲鋅養炭養輕養加二鋅養輕養由上法取之而變化又云所得之質有鋅養炭養一分劑鋅養二分劑鋅養炭養爲白色無臭無味之粉不能消化於水加入淡硫養水內則發沸而消化無餘下之質其水內有消化鋅鹽類質之各變化

試法　此質常含鋅養硫養與鋅綠並銅少許然依上法用淨鋅養硫養爲之不應有此異質如以淡淡養水消化之與鋇綠水相和不應有結成之質又與銀養淡養相和

科技譯著集成

亦不應有結成之質如與淡輕養炭養相和則結成白色之質設加至有餘則消化得無色之水

功用　此質功用與鋅養相同可合於豬油成護皮之膏或將其細粉鋪於皮膚破爛之處令不受傷

鋅養硫養

此質有數處能得其天生者印度人久知之名曰薩非特脫替卽白礬之意

形性　鋅養硫養含水七分劑無色無臭有金類之劣味服之可憎性能收斂其顆粒能透光或大或小不定成正方柱形其兩端間成方錐形間成六面錐形又有顆粒與

硝之顆粒相似間有小而正形者如鎂養硫養所含之水七分劑其數卽與鐵養硫養鎂養硫養相同遇空氣則外面生霜冷水二分半能消化其一分沸水一分能消化其一

第二十六圖

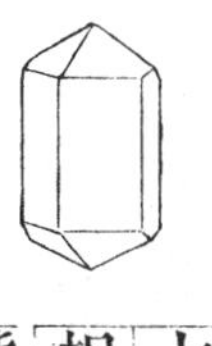

分有餘醋內不能消化之如加熱則在其所含之水內消化其水卽散惟有一分劑之水必加熱至二百六十六度至二百八十四度方能散去再加其熱度則硫養亦散去所餘者爲鋅養如將鋅養硫養化於水中加烙炙性之鹼類質則有鋅養結成如再加鹼類至有餘則鋅養能消化含炭養之鹼類質加於其水內則有鋅養炭養結成又鋅

養硫養水中添鉀衰鐵則結成白色膠形之質如加輕硫則結成鋅硫又如加鋇綠水則結成鋇養硫養加鉛養醋酸則結成鉛養硫養鋅養與硫養相和者有數種質依其硫養分劑之多少定之藥品內所用者每百分內含鋅養二十八分硫養二十八分水四十四分

如將鋅硫礦加熱煆之則能成鋅養硫養或令其礦多遇空氣自變爲鋅養硫養其鋅硫收養氣四分劑故能變成此質將所成之質以水浸之則鋅養硫養消化於水加熱熬之令成顆粒卽尋常出售之鋅養硫養欲提淨之必再消化一次令成顆粒

取法　尋常出售者合於尋常事之用英書有方能取其淨者其法將鋅砂以硫養水消化之常含鐵質在內去之之法卽加綠氣水又加鋅養炭養其鐵留在鋅綠一節內言之將所得之水熬成顆粒所含鋅綠不結成仍消化於水中

尋常出售之鋅養硫養消化於水將鋅皮一條置於水中待若干時所含銅鐵等金類結於其面

試法　鋅養硫養之生者常含數種金類爲異質如銅鐵鉛等最難分出者爲鐵雖數次提淨之尚有鐵之微迹然依上法取之則不含鐵此質能全消化於水如將其水與

淡輕水相和則結成白色之質再加淡輕水至有餘結成之質再消化如將其水加硝强水少許加熱令沸而添淡輕水不應有黃色之質結成如有之則爲含鐵養之據如含鎂養質或鐵質則可以消化與否分辨之如含銅則加淡輕水變藍色如加沒石子酒則不應變紫色如疑其含鎘養鉮養則其水中可加硫養至有餘後通入輕硫氣則從結成之質能辨之因鉮與鎘與硫化合結成定質又鋅養硫養水合於酸質而通輕硫氣不應有結成之鋅

畏忌　鹼類質與其含炭養之質鈣養水鋇鹽類質鉛鹽類質收斂性之植物質

功用　外科用之作收斂藥內科中用之爲收斂藥治瘋症藥服之過限則爲吐劑觀上數節

服數　以一釐至二釐爲一服日服二三服如治羊癲瘋病可漸加多服至五釐有餘尚不致吐用十釐至二十釐消化水中則爲穩便之吐藥

鋅養醋酸

鋅養醋酸之式爲鋅養炭輕養加二輕養內科用之爲補藥又能安肚腹腦氣筋外科用之爲收斂之洗藥常見者爲斜方柱形或爲薄片粒光色似眞珠易消化於水與醋內遇空氣則稍生霜味苦得金類之味其顆粒加熱則先鎔而後化分如加硫養則能放出所含之醋酸可以其臭辨之其顆粒化於水中可用尋常之法試其含鋅

取法　將鉛養醋酸顆粒一百九十釐以水消化之另將鋅養硫養顆粒一百四十三釐亦以水消化之兩種水調和得結成之質爲無水鋅養醋酸九十一釐其不消化之鉛養硫養一百五十二釐可濾出之

英書取法將鋅養炭養二兩醋酸五兩或稍加減至足以消化爲度將所得之質熬成顆粒

又有一取法將鋅皮浸於鉛養醋酸水中則醋酸與養氣及鉛相離與鋅化合鉛即結成沉下而得鋅養醋酸水

試法　將此質消化於水加以輕硫則能試其含鉛與否加以鉀衰鐵則能試其含鐵與否如有之必得藍色之質如添鋇綠而有結成之質不能以硝强水消化之則知其含硫養又可用淡輕試法辨其含銅與否

功用　服之能安肚腹腦氣筋之痛以一釐至五釐爲一服外科用以作收斂洗藥外導藥治眼炎白濁遺瘡等病將十釐至二十釐用水一兩消化之

醫士或作一質爲鐵養檸檬酸合於鋅養此質爲補藥又爲收斂藥其性質與鐵養淡輕養檸檬酸相似觀鐵養淡輕養檸檬酸節

鋅養發里里阿尼酸　即鋅養甘松酸

此質之式爲鋅養炭輕養其作法用鈉養發里里阿尼酸合於鋅養硫養成白色片形顆粒光似眞珠冷水幾不能消化熱水能消化之以脫幾不能消化醋能消化之如合於濃酸質或加熱令沸則自能化分而有發里里阿尼酸放出可以其臭分辨之此鹽類質亦有發里里阿尼酸之臭加熱至紅則其發里里阿尼酸化散所餘者爲鋅養

取法　將鋅養硫養五兩又四分兩之三鈉養發里里阿尼酸五兩各以蒸水二升消化之將此兩種水加熱近於沸度和勻待冷則將結成之顆粒分出再將其水加熱在

二百度以內熬之至僅餘四兩待冷又取其顆粒兩次所得之顆粒用紙濾去其有餘不盡之水後以冷蒸水少許洗之至所洗過之水加以鋇綠水結成微迹爲度可令其自乾置生紙上收去其水

所餘之水中有鈉養硫養因結成之顆粒外面有此水故用冷水洗之加熱時不可熬至少於四兩恐有鈉養硫養顆粒結成也

加熱不可過於二百度之故欲令其發里里阿尼酸不化散阿書原有此方言令其顆粒得乾其熱不可過於一百度英書云不可加熱祇用空氣尋常之熱度令乾

試法　藥材肆常將鋅養硫養或鋅養醋酸加以發里里阿尼油代此質不知者難於分別如將其假者以水消化之其面必浮油一層如疑其爲鋅養硫養則可用鋇綠辨之又合於酸質加熱則發里里阿尼酸不能蒸出又有用鋅養布低里酸造假者此質與發里里阿尼大同小異難於分別然其眞者令發里里阿尼與銅化合則能消化如爲布低里酸與銅化合則不能消化其法與淡硫強水相和加熱蒸之將所蒸出之質合於銅養醋酸水不能立即變化其水仍爲明過若干時有小滴如油漸漸顯出變爲藍白色之顆粒此蒸出之質應爲發里里阿尼酸如有布

低里酸則同時蒸出如將銅養醋酸一分加水十分消化之加布低里酸立即結成綠色之質其發里里阿尼酸則照以上所言之變化其含鋅之據可用尋常試鋅法得之

功用　爲補藥與安肚腹腦氣筋藥可治婦女妄言笑並羊癲瘋

服數　以一釐至三釐成丸爲一服或言此質兼鋅與發里里阿尼兩物之功用

銅

銅與金銀自古以來即知其爲金類質萬物中常遇見之常與養氣或硫黃或硫養或炭養或鉀養或燐化合

將此質擦之則其臭可惡嘗之則其味可憎重率得八·八五至八·九五易於引長易於打薄牽力頗大化學家但尼里云加熱至一千九百九十六度則鎔待冷結成顆粒為斜方形天生者其顆粒為立方式八面形銅遇空氣則漸收養氣生綠色之衣一層為二銅養炭養$_{二}$加熱至光紅能令水化分有數種酸質令銅與養氣易化合即如硝強水等又涼性酸質遇空氣亦有同理鹼類質與油類質亦然銅與養化合所成之質有兩種一為銅$_{二}$養即紅銅散天生者其顆粒為八面形如合於輕養則得光黃色二為銅養即黑銅散如與輕養化合即變藍色銅易與酸質化合為尋常銅鹽類質之本此各鹽類質之含水者其色或藍或綠不含水者則白

凡銅質易將其臭或味或色分辨之擦之更能辨別如消化於硝強水內則便於試驗銅養硫養水亦易分辨之

銅之純者服之無有功用然如合於養氣或合於酸質服之則為大毒英書中所須用之淨銅為銅絲之二十五號者尋常出售之銅此為最淨

功用　淨銅片英書用以作試藥試鉀之事以此為要質觀鉀節如將磨光銅皮條插入銀養淡養$_{五}$水中則淡養$_{五}$與銅相合而銀附於其外凝結成白色之粉又依同法能試汞之鹽類質其銅皮外面所凝結之質為白色以手指擦之則成小圓粒即汞故銅面之光色如銀

解法　先服吐藥令胃中吐淨再服雞蛋白與乳並溫流質又用藥治其生炎

銅之各雜質功用　銅之鹽類質在藥品中與鋅之鹽類質大同小異外科中用其塊粒或其濃水有烙炙之性設其水已沖淡則有收斂之性食其小服則能收斂又能安肚腹腦氣筋服過限則可為吐藥銅養硫養可治流白濁為收斂之藥或用其小塊搽皮膚除其小粒此即皮所生之芝栭類也內科中用一小服可治泄瀉為收斂之藥可治羊癲瘋為安肚腹腦氣筋藥又可作吐藥與鋅養硫養$_{三}$略同銅養淡輕$_{四}$養硫養$_{三}$亦可治羊癲瘋二銅養醋酸可用為洗藥能洗淨潰瘡與生炎之處

銅養硫養$_{三}$即膽礬

開礦之洞內偶有所出之水內含銅養硫養$_{三}$太古之人亦知此質阿喇伯與印度人俱用以為藥印度梵字之音名曰泥辣脫替即藍色礬之意

形性　銅養硫養$_{三}$每分劑內含水五分劑色藍而無臭味澀而可憎尋常見者其顆粒成斜柱形重率得二·二八遇空氣則外面生霜因內含之水化散若干分冷水四分能

消化其一分沸水二分能消化其一分將其顆粒加熱則

第二十七圖

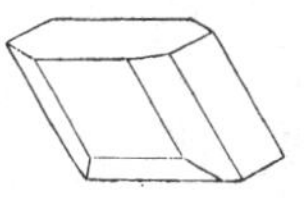

先鎔化後放出所含之水變成藍白色之粉再加大熱則硫養化分而放出硫養氣餘下之質爲銅養其色椶銅養硫養水其藍色之深淺依其質之濃淡如將鹼類添入其水內所結成之質帶藍綠色如少加鹼類所結成之質稍含硫養如多加鹼類所結成之質爲含水之銅養如加淡輕則結成淡藍色質再加淡輕至有餘結成之質仍消化如加輕硫則結成椶黑色之質爲銅硫如加鉀衰鐵則結成紅椶色之質爲銅衰鐵如加鹼類質少許如淡輕等同時加鉀養則結成綠色之質爲銅養鉀養其色似青草如將磨光之鐵板或鋅板浸於銅養硫養水中則外面生銅皮一層以上各法可試得其含銅之據所含硫養可用常法試之

取法　將紅銅置淡硫强水中加熱令沸至全消化爲度因其硫養化分則放出硫養氣而有養氣一分劑與銅化合爲銅養此銅養與其餘硫養化合即成銅養硫養尋常取法將銅硫久遇空氣與熱則硫與銅各與養氣化合成銅養與硫養後此兩質化合即成銅養硫養地產之銅硫含鐵與銅故用天生之銅硫爲之所得之質爲銅養硫養

合於鐵養硫養如令久遇空氣與熱則質內之鐵養硫養化分其大半而其鐵變爲鐵養所以消化其質令再成顆粒即生銅養硫養亦即尋常出售之膽礬也一千八百六十四年之英書有提淨法用沸水消化後濾之熬之令結成顆粒

試法　此質能全消化於水遇空氣則外面生霜稍有成粉者如將淡輕添入此質之水內則有結成之質再加淡輕至有餘則其質俱消化如含鐵則遇空氣變綠色而不能消化於淡輕內如加綠氣水令其鐵變爲鐵養則加淡輕至有餘其鐵立即結成

畏忌　鹼類質與鹼類含炭養之質其餘鹽類如硼砂鈣綠鉀養果酸鉛之鹽類質銀養淡養收斂性植物質之水

功用　爲惹胃藥令皮肉爛藥收斂藥治癇病藥服之過限則爲吐藥

服數　作收斂藥以半釐至二釐爲一服作吐藥以四釐至十二釐爲一服

銅養淡輕養硫養　此爲倫書之方

此質爲淡藍色之粉其色甚豔其味似銅而可憎發淡輕之臭作此質之法將銅養硫養合於二淡輕養三炭養而因其二淡輕養三炭養有一分爲餘質而不化合故此藥

有淡輕之臭，以試紙試之，則顯出鹼類之性，因淡輕之性最易自散，故遇空氣或受大熱則化分，或淡輕散出若干，由是其性情難定，然能依法為之，則應能全消化於水，設其二淡輕養三炭養太少，則不惟不消化，尚能再化分於水中，即有結成之二銅養硫養，此質之性情與銅養硫養略同，如與鉀養水相和，則變為綠色，此因與銅養化合而成銅養鉀養為綠色之質，不能消化於水，英書中不言此質入藥品，惟用以為試他質之水

取法　將銅養硫養一兩，二淡輕養三炭養一兩半，磨勻，至不發炭養氣為度，所得之質以生紙包藏，即在空氣中晾乾之

銅養硫養與二淡輕養三炭養磨勻，則自能發泡，此因炭養之大半放出也，其合成之質變為深藍色，又因其兩箇鹽類俱含水，故其質稍溼，然化學家頗疑此質之原質，大半以為屬於雙鹽類，其式為淡輕．銅養加淡輕．硫養．輕養，另有餘賸之二淡輕養三炭養，尚未化合，間有二銅養硫養少許，如將鐵養硫養水，依分劑而合於二淡輕養三炭養之水，熬乾之，得其顆粒，自無餘質，若為銅養，自當配質之一分，造此質之大要，須兩箇鹽類質各一分劑，而二淡輕養三炭養一分劑，含淡輕二分劑，炭養三分劑，所有炭養俱已散盡，其銅養硫養化分，其銅養合於淡輕養之一分劑，而其硫養合於其餘之淡輕養一分劑，所以成淡輕銅養與淡輕硫養，其式為

銅養．硫養．五輕養丄二淡輕三炭養二輕養＝（銅養淡輕
丄淡輕．硫養．輕養）丄三炭養丄六輕養

試法　加熱則變為銅養，而放出淡輕，以水消化之，能令薑黃試紙變色，如合於鉀養水，則變為綠色，此倫書之試法也

畏忌　酸質、鉀養與鈉養、鈣養水

功用　為惹胃藥、收斂藥、安肚腹腦氣筋藥、吐藥，可治羊癲瘋，可為明角罩生瘡之洗藥，又可為流白濁之外導藥

服數　以四分釐之一為一服，可漸加至五釐

英書用此鹽類質為試水，其作法用銅養硫養半兩，淡輕至足用為度，水十兩調和之

二銅養醋酸

此質古人必當知之，因古人已用銅器，又有醋與酸酒，不能不生此質，古希臘國人用以為藥，阿喇伯人亦然，埃及國人想亦用以為藥，西國古名以羅撾，乃二銅養醋酸與銅養炭養之總名也

形性　此質尋常出售者，或為粉，或為軟塊，或為淡藍綠

色或爲光藍色其臭似醋其味似銅大爲可憎空氣中不變化加熱則先放水後放醋酸所餘之質爲銅養並銅少許此質不能消化於醋內能化分於水中變爲能消化之質並不能消化之深綠色粉此粉後變黑色而爲三銅養醋酸如加硫養則化分而發沸醋酸與銅合成數種雜質藥品中所用者爲二銅養醋酸其色綠化學家非勒白云化分此質得銅二分劑合於醋酸一分劑水六分劑即二銅養加醋酸加六輕養然此質如爲綠色者則內含三銅養醋酸並三銅養二醋酸藥品所用之二銅養醋酸二分劑等於中立性之銅養醋酸一分劑（能消化於水）與三銅養醋酸一分劑（不能消化於水）所以將尋常之二銅養醋酸以水消化之則變成此兩質其式爲

二〔二銅養醋酸〕＝銅養醋酸丄三銅養醋酸

取法　將紅銅板浸於醋或醋酸內則自生此質此因銅與空氣中之養氣化合又與其醋酸化合成二銅養醋酸可屢次刮銅皮而取之法國南匯多造葡萄酒將餘賸之葡萄皮等質與銅皮相疊成層待一月至一箇半月則葡萄皮內生醋酸與銅化合成二銅養醋酸一層刮去其質仍依法爲之所得之二銅養醋酸其形如漿以木杵搗之藏皮囊內出售

試法　此質與淡硫强水相和加熱則幾能全消化於水如加淡輕至有餘則其水內不應有結成之質雖含銅養亦能消化於其內如將此質與輕綠相和則能消化其大半略餘百分之五爲餘質其藍色即銅以硫養消化之得藍色之水以輕綠消化之得綠色之水又浸於醋酸水內亦能消化即成銅養醋酸

畏忌　濃酸質鹼類質與鹼類含炭養之質

功用　能洗去皮膚惡物又能令皮肉爛亦可爲吐藥皮膚上生芝栭類之點與楊梅瘡可搽此藥治之

服數　尋常爲外科之用間亦服之以半釐爲一服

英書用銅養醋酸爲試水其方將二銅養醋酸半兩醋酸一兩加水配成五兩

二銅養醋酸洗藥（此爲倫書之方又名埃及國膏）

取法　將二銅養醋酸粉一兩醋七兩消化之以麻布濾之加提淨蜜糖十四兩調和加熱令沸熬至所需之濃爲度

功用　服之能行氣外科用之稍能令皮肉爛可用駱駝毛筆蘸此藥搽瘡如加水令淡可爲漱喉藥

鉛

此質自古以來人皆知之天生者尋常與硫相合即鉛硫

礦又有與養氣化合者亦有與數種酸質化合者

形性　鉛爲藍灰色之金類新剖者色甚光亮不久生皮一層即暗稍有味可辨擦之則有奇臭其質軟能在紙面劃線牽力小能打成薄皮重率得一一•四三五加熱至六百十二度則鎔加熱至紅則沸而化氣冷而凝結則縮又能令成顆粒得八面形者遇空氣則外面生灰色衣一層設浸於淨水內能存其原光而不鏽如水中含空氣則鉛與其養氣化合所成之鉛養與空氣之炭養$_2$化合成鉛養炭養$_2$又成鉛養輕養如遇雨水或用井水存於鉛箱內或以鉛管通水亦有此各事不久其鉛面生白皮一層光色似眞珠其細顆粒浮於水面有消化於水中者即爲毒水不可飲醫士磨爾浮言如有中立性之鹽類質最要者爲鉛養炭養$_2$與鉛養硫養$_3$餘爲硫養$_3$燐養$_5$之微迹即河水井水常含之質則可免鉛因鏽蝕而消化於水化學家苦里司脫生考之亦有此據因所生之鉛養與鉛養炭養$_2$在水中凝結黏於鉛面其餘不消化之鹽類質如鉛養硫養$_3$鉛養燐養$_5$鉛養炭養$_2$等亦黏於鉛而生皮一層爲水所不能消化者化學家但尼里考得水中含炭養$_2$氣而其氣與他質未化合者則易消化其鉛故此種水不可存於鉛箱內亦不可用鉛管通之苦里司脫生之書云水含鹽類質即炭養$_2$之鹽類質或硫養$_3$之鹽類質每水八千分不及一分則不可用鉛管通之又每水四千分所含綠氣鹽類質不及一分亦不可用鉛管通之有一法可除其弊用管或箱盛滿此種水待三四月不動或用鈉養燐養$_5$一分配淨水二萬五千分用箱或管盛滿此水若干時亦可由此可知最淨之水遇鉛無有變化之事雨水河水雖亦甚淨然因稍含炭養$_2$則與鉛合成鉛養炭養$_2$此質再遇炭養$_2$則能消化於水但尋常之水含鹽類質故鉛皮面有結成之質不能消化於水不中其毒冷熱適中之時鉛不多與養氣化合如爲極細之粉則遇空氣能着火鉛易收淡養$_5$之養氣而消化（觀鉛養醋酸與鉛養淡養$_5$兩節）鉛能與養氣合成數質又與硫燐碘綠氣能化合與數種金類能化合鉛養能與酸質油類質合成數雜質鉛之雜質消化於水加鋅條於內鉛即分出黏於鋅面如用鉛養淡養$_5$分出其鉛則爲淨鉛大造之法將鉛硫礦煅之則成鉛養硫養$_3$與鉛養將此兩質合於鈣養與含炭養$_2$氣之質則鈣養能化分其鉛養硫養$_3$而炭養$_2$氣之質能與鉛養之養氣化合由是鉛養與鉛養硫養$_3$俱能化分可得淨鉛

試法　尋常取得之鉛可爲藥品之用常含鐵或銅如用淡硝強水消化之加硫養$_3$至有餘則易在結成質內分辨

之所濾出之水內加入淡輕而變茄花色則知其含銅如變黃色則知其含鐵如將鋅一塊浸於含鉛之水內則鉛凝結於鋅面如古樹之形頗有可觀如加鹼類質可與其鹽類之酸質相合而有鉛養輕養結成如加硫養並其各鹽類質則結成白色之質爲鉛養硫養如加鉀養鉻養則結成黃色之質爲鉛養鉻養如加輕硫並其各鹽類質則結成黑色之質爲鉛硫如加鉀碘結成黃色之質爲鉛碘如加鉀衰鐵結成白色之質爲鉛衰鐵

鉛之各雜質功用　鉛之各質俱毒或輕或重不能一定鉛養不消化於水內科中不用之外科中用以作膏藥或爲油膏或爲蠟膏因鉛易與油內之酸質化合故用以作膏爲最便

鉛雜質之能消化者可爲收斂之藥內外科俱可用之醫家或用以爲平火安心之藥治數種抽筋之痛能有功效鉛養醋酸鉛養二醋酸外科用之爲眼炎之洗藥流白濁之外導藥與涼性洗藥爲內科之用則鉛養醋酸最爲合宜即如欬血與數種流血之病並久泄瀉之病可用之然用之不可太久恐有鉛毒之病顯出也初得鉛毒憑據在牙肉邊生一帶藍色一見此據即宜停止不可再服醫家或用鉛養醋酸治羊癲瘋而得效或用鉛碘治瘰癧發腫之病爲洗藥能消化其瘰癧之質

鉛與養合成之質

鉛與養氣合成之質有數種一爲鉛養其色深灰白西里由司以爲凡鉛面生鏽一薄層即此質二爲鉛養其色黃西名瑪西各特即密陀僧也三爲鉛養又謂之鉛丹或言此質乃鉛養與鉛養相合而成四爲鉛養其色棕

鉛養

鉛養之分劑數得一一一·五古人已知此質其作法將已鎔之鉛久遇熱空氣則鉛面速生黃色之鏽其形如鱗取得其鏽爲結成之鉛養西名瑪西各特即密陀僧也如加熱至光紅色則有鉛分出而鉛養鎔化然其鎔亦非全鎔待冷凝結成塊易分爲鱗形顆粒其色灰紅即尋常出售之密陀僧也此質分爲兩色一爲金色者其色略紅因含鉛養少許一爲銀色者其色淡此兩質爲提金提銀工內所用又鉛中分銀之工內亦用之

形性　密陀僧幾全能消化於水無味重率得九·四二易鎔成玻璃如遇炭質易化爲鉛又能收數種植物質之色此爲其獨具之性易消化於硝強水或醋酸內又能消化於別種酸質內亦能收空氣中之炭養氣此質每百分內含鉛九二·八五分養七·一五分

試法　尋常出售之密陀僧常含鐵少許又含銅鉛養炭養矽養與土質等置淡硝强水內應幾能全消化此水加輕硫後變黑色如加鉀養則結成白色之質設加鉀養至有餘則再消化如將鉛養一百釐以淡硝强水消化之添鈉養硫養則結成鉛養硫養一百三十五釐如全能在硝强水內消化可知其不含鋇養硫養與鉛養硫養如消化而不發泡可知其不含鉛養炭養如含銅與鐵可用尋常試銅鐵之法試之英書云將鉛養以淡硝强水消化之加淡輕至有餘濾取其水如不顯藍色則知其不含銅

功用　鉛養之毒與鉛之別質相同匠之以鉛為業者易受其害藥品中用此為取鉛養二醋酸之料又與流質油相和成密陀僧膏藥可為數種膏藥內之要質

鉛膏 即密陀僧膏藥

取法　將鉛養細粉四磅橄欖油八升水三升半用水汽盆之熱令三種料和勻加熱至沸必連沸四五小時調攪不停察所得之質濃淡合宜為止如太濃則加水此方所用之鉛養較倫書之方所用者少三分之一

所用之橄欖油為兩配質一本質合成其配質為哇里以酸與瑪加里酸其本質為各里司里尼鉛養能令其各里司里尼放出而與哇里以酸合成鉛養哇里以酸又與瑪加里酸合成鉛養瑪加里酸此兩質為肥皂之類即油質之鹽類和勻成膏不能消化於水放出之各里司里尼原能消化於水故能為所用之水收盡

功用　此膏之性平和攤於布面成膏藥鋪於受傷之處亦可護傷口令不張開

鉛膏所作膏藥　松香膏肥皂膏令皮發熱膏加勒巴奴末膏鐵膏水銀膏

松香膏藥 又名合口硬膏藥

取法　將鉛膏兩磅松香四兩硬肥皂二兩先以小熱度鎔化鉛膏後另將松香與肥皂鎔化之而調和於膏內此膏較倫書方所作之膏惹皮膚更輕因倫書之方含松香更多而無肥皂也

功用　此膏之用處略與鉛膏同但黏力更大故常用之其惹皮膚之性較重於鉛膏故外科內亦有不可用之時潰瘡魚口毒等可敷此為合口膏藥

松香膏所作膏藥　啤啦吋喲膏令皮發熱膏鴉片膏鉛碘膏

肥皂膏藥

取法　將硬肥皂六兩鉛膏二磅又四分磅之一松香一兩先將鉛膏鎔化之另將松香與肥皂鎔化添入其內調

攪不停至所需之濃而止

功用　此膏較松香膏惹皮膚之性更輕黏力亦更小膏中肥皂多而松香少其功用能益護皮膚破爛之處令不遇空氣

肥皂膏所作膏藥　令皮發熱膏鉛碘膏

肥皂蠟膏藥

此膏於一千八百六十七年載入英書與倫書之肥皂蠟膏同俱不含鉛養醋酸

一千八百三十六年之倫書用鉛養輕養作雞那霜又用鉛綠作嘆啡啞輕綠近今作此兩藥不用鉛養輕養等而用別料

鉛三養四即鉛丹

鉛三養四古時阿喇伯人曾用以爲藥當時阿非色那書中謂之蘇蘭智尋常譯此字謂之銀硃卽汞硫礦有誤印度國取之謂之生度爾古時化學家代司可立弟司之書辨明鉛丹與銀硃不同又有人謂之鉛養

形性　鉛三養四爲光紅色之散其形如鱗重率約得九不能消化於水加熱則鎔放養氣而變爲鉛養如置於木炭加熱則放其養氣因受吹火筒之火焰成鉛之小圓粒不能全消化於淡硝强水內然能變爲兩種合養氣之質一爲鉛養二其色椶一爲鉛養消化於此水內鉛三養四之原質尚未定準化學家以爲尋常出售之鉛丹無有一定之原質數其尋常之比例爲鉛養二分劑鉛養二一分劑

取法　將瑪西各特卽鉛養久遇空氣與熱其熱度必小於鎔鉛之熱度則多收養氣而黃色之鉛養變爲光紅色之鉛丹

試法　尋常出售之鉛丹含異質者少間有磨刀所用之砂或紅色之土西名蒲勒雜於其內然此兩質不能在淡養水中消化故可用此法辨之間亦含鐵紅散以硝强水消化之加沒石子酒則能分辨之

功用　鉛丹之功用與鉛養略同昔時蘇書用鉛丹提淨醋酸又用之取綠氣水

鉛碘

此藥原爲倫書之方一千八百六十七年載入英書中此質可令碘徑與鉛化合而成或用下法取之尋常出售者爲極細黃色粉無臭無味冷水中不能消化沸水中能消化成無色之水但此水漸冷則結成金黃色之顆粒爲鱗形而極明亮者出售之質如有此形則爲最淨如加熱則先鎔而後化分其碘散出成茄花色之霧鉛碘能消化於醋與醋酸及鉀養水之內

取法　將鉛養淡養[五]四兩蒸水一升半消化之另將鉀碘四兩蒸水半升消化之將兩種水和勻濾取結成之質稍加熱令乾

此取法之理爲兩質彼此化分化合而成鉛碘其鉛養之養與鉀化合成鉀養其淡養[五]與鉀養化合成鉀養淡養[五]而鉛碘即結成沈下

試法　能全消化於沸水內如漸冷則化分成光黃色鱗形之片加熱則鎔化而散其大半先成黃色之霧爲鉛碘之霧後成茄花色之霧即碘之霧也如將鉛碘一百釐另將淡養[五]一分沸水二分和勻將鉛碘消化於內待碘放散

之後加鈉養硫養[三]則有鉛養硫養[三]結成應得六十六釐

功用　外科中用之內科中間用此質爲改血藥

服數　以四分釐之一至二釐爲一服

鉛碘膏

取法　將鉛碘六十二釐尋常油膏料一兩磨勻

鉛碘膏藥

取法　將鉛碘一兩肥皂膏四兩松香膏四兩先將兩種膏加熱鎔化和勻再添鉛碘和勻之

交節久腫之病或瘰癧發腫之處用此膏藥引之外出

鉛養炭養[二]即鉛粉

此質自古以來人皆知之有數處產鉛多者能遇天生之鉛養炭養[二]在其中名曰西魯司即鉛粉

形性　此質色白無味質重有成粉者有爲軟塊者天生者其顆粒與其原斜方形大有改變重率得六二五不能消化於水加熱則炭養[二]放出所餘者爲黃色之鉛養如置木炭上用吹火筒加熱則變爲小粒之鉛如添入醋酸或淡養[五]內則發泡而消化成鉛養醋酸與鉛養淡養[五]此兩質可用尋常試鉛質之法辨之

如令鉛久遇空氣或井水或令炭養[二]氣行過鉛養[二]醋酸水俱能成鉛養炭養[二]舊時取法即油漆匠近時所用之法

得上等鉛粉其法用鉛皮令久遇醋霧或醋酸濃霧其鉛置於瓦器內器底盛醋或將鉛皮繞成圈或用鉛條俱可此瓦器爲鍋形有蓋排成多行以用過橡木樹皮擁蓋之此樹皮因久浸水中製牛馬皮等用取出時已溼排成堆則漸發酵生熱放霧令藏於堆內之瓦器得熱一百四十度至一百五十度或更多其醋酸漸化散而其霧行過鉛圈空處令鉛與醋酸化合成皮一層此皮爲醋酸再消化變爲鉛養炭養[二]此炭養[二]即由發酵之樹皮粉放出所得鉛粉塊搗碎磨成細粉加水成膏洗之烘乾之尋常出售者合鉛養輕養英書定此質之式爲

二鉛養炭養丄輕養鉛養

試法　將此質以淡硝強水或醋酸添入則消化而發泡如所得之水內加鉀養則結成白色之質再加鉀養至有餘則其白質再消化如加輕硫氣則變黑色如將鉛養炭養加熱則變黃色如合於木炭加熱則化分而有鉛分出如加熱至二百十二度亦不減其重如將淡養水或醋酸消化之再加鉀碘則結成黃色之質爲鉛碘如加硫養則得白色之質爲鉛養硫養尋常出售者含鋇養硫養此質在淡養水中不能消化如含白石粉爲異質以醋酸消化之用輕硫分出其鉛又用淡輕養草酸分出其鉛養

功用　能收水又能收斂外科中用之即如皮膚潰爛處可敷於外面以爲收水等用化學家湯勿生以爲此質之外無有鉛之別種鹽類質有毒性者惟鉛與鉛之鹽類質易變爲鉛養炭養而顯其毒性

鉛養炭養膏

取法　將松香白膏一兩鉛養炭養細粉六十二釐磨勻之

功用　如皮膚潰爛或火傷用此膏得其涼性並收水之性凡皮膚潰瘡或痘疹類之病覺皮膚惹動發癢搽此膏亦可

鉛養淡養

鉛養淡養成八面形之顆粒並十二面形之顆粒水四分能消化其一分如投入燒紅炭質等料能燒甚猛烈而分出其鉛如加熱則發淡養霧而餘下之質爲鉛養一千八百六十七年之英書載此質

取法　將淡硝強水一升漸加鉛養至四兩半爲度則濾之待其在水中自成顆粒取出顆粒之後加熱熬其水至再能成顆粒爲度

功用　此質之功用與鉛之別種藥品略同如法國勒度英滅臭水含此質於內英書云可用此質作鉛碘

鉛養醋酸　卽鉛散

鉛養醋酸之式爲鉛養炭四輕三養三二輕養其分劑數其得一八九五西國數百年前已用此質

形性　其色白其味甜而澀其臭似醋其顆粒光明而成正形亦有成四面柱形者其兩端爲兩面常有多顆粒聚合成大塊在空氣中不甚改變惟空氣極乾時則面稍生霜水四分能消化其一分醋內亦能消化此質既消化於水另能消化鉛養若干而變爲二鉛養醋酸如加熱則在成顆粒之水內鎔化加大熱則水化散至盡得白色之質再

第二十八圖

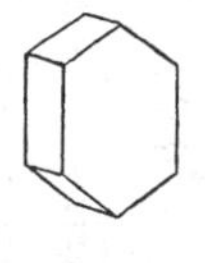

鎔化之即放其醋酸與貝路醋酸至末則得鉛一小粒此質內醋酸能被空氣之炭養氣化分若干分水中所含之炭養氣亦可化分之故將此質消化於水則水不清惟少含醋酸方能變淸鉛養醋酸有數種酸質能化分之如合於硫養則發臭似醋又鹼類質數種鹽類質沒石子沖水大半植物質牛乳阿勒布門等俱能化分之每百分內含鉛養五八·九分醋酸二六·八分水一四·三分共得一百分

取法　將醋酸二升消息其多少以飽足為度合於蒸水一升加鉛養細粉二十四兩少加熱消化而濾之熬之至面生衣一層為度待成顆粒如試其流質無有酸性必少加醋酸至顯出酸性為度取出其顆粒置於生紙上晾乾此法內加醋酸令有餘欲令其不生二鉛養醋酸因此質較鉛養醋酸含養氣多一倍或將鉛皮成捲浸於醋酸之內一半透出醋酸之外令遇熱與空氣鉛收養氣變為鉛養或鉛養炭養落於醋酸之中變為鉛養醋酸

尋常出售者甚淨間有含鉛養硫養者因作此質所用之醋內含硫養為異質也

試法　此質在淨水中應全消化如加鈉養炭養則結成白色之質為鉛養炭養如加鉀碘則結成黃色之質為鉛碘如加輕硫則其水變黑色即結成鉛硫如加硫養則發

醋酸之霧加熱則先鎔化後變成鉛如將鉛養醋酸一百釐消化於水加鈉養硫養至有餘應結成鉛養硫養八十釐英書云將鉛養醋酸三十八釐消化於水加草酸試水二百釐應令其質全變為鉛養草酸此鉛養草酸為不能消化於水之質

畏忌　硫養輕綠炭養檸檬酸果酸鈣養水鉀養鈉養並各種濇性之水俱不可同用

功用　為毒藥又有收斂之性與平火安心之性能治身內津液放出過限或流血過多之病（觀鉛節）如作洗藥用一錢在水中或別種流質五兩或八兩內消化之外科中用之作收斂洗眼藥並常用之收斂洗藥

服數　以一釐至二釐或多至十釐為一服一日二三服合於淡醋酸或蒸過之醋服之更佳

解法　用鋅養硫養合於暖流質服之吐盡胃中之物又服鈉養硫養鎂養硫養鈉養燐養此各質與鉛化合所成之質在胃中不能消化

鉛鴉片丸

取法　將鉛養醋酸細粉三十六釐鴉片細粉六釐玫瑰花膏六釐磨勻之

此丸料每八釐內含鴉片一釐則每丸重四釐含鉛養醋

酸三釐鴉片半釐此丸之方載於蘇書中而作丸之料能彼此變化成嘆啡啞醋酸並鉛養米故尼酸此爲不能消化之質觀鴉片節

功用　此丸有重性能治流血並身內津液放出過多之病如泄瀉病服此丸則鉛之收斂性與鴉片之濇性并合顯出

服數　以四釐至八釐爲一服

鉛養醋酸膏

取法　將鉛養醋酸細粉十二釐徧蘇以酸猪油一兩磨勻之

功用　能治火傷發泡並皮膚潰爛惹動痛癢之處此方載於倫書中

鉛雜外塞藥

取法　將鉛養醋酸三十六釐鴉片細粉十二釐徧蘇以酸猪油四十二釐白蠟十釐替哇布路米油八十釐將白蠟與替哇布路米油少加熱融化之將其餘各料另置一乳鉢中磨之兩料和勻之後乘其爲流質傾入容十五釐之圓錐形模內待冷則合用或可先待冷後分爲若干塊每塊得十五釐團成圓錐形爲外塞藥

此藥於一千八百六十七年載入英書中如痔瘡久延赤白痢血溢直腸寬鬆須收斂者俱可用之

二鉛養醋酸水

二鉛養醋酸之式爲二鉛養炭四輕三養三俗名古賴特膏原名土星膏因古時西人以爲鉛屬於土星也化學家伐倫他吔以後之人俱知此物其得之之法因有鉛養醋酸水消化鉛養更多即變爲二鉛養醋酸之水

取法　將鉛養醋酸五兩鉛養細粉三兩半消化於淨水一升內加熱令沸半小時內屢次調之待冷則加淨水足滿一升而濾之

形性　無色味甜而帶澀遇試紙則顯出鹼性如令不遇空氣而熬之則能得片形顆粒或得未成顆粒之定質謂之古賴特乾膏遇空氣則收炭養氣若干結成白色之鉛養炭養二如令炭養二氣行過其水亦有鉛養炭養二結成有人用此法造鉛養炭養二（觀鉛養炭養二節）二鉛養醋酸能消化於尋常之水內能令膠水並大半植物顏料結成英書云與阿拉伯樹膠相和則成暗白色之膏

試法　重率得一·二六〇即與倫書之方所作者同濃如用玻璃管噴口氣入其水中漸有結成之質遇空氣則漸變濁又能與阿拉伯樹膠合成暗白色之膏其餘各性情與鉛養醋酸同如以下等之醋作之則得椶色之質英書

之試法將此質六錢加草酸試水八百十釐應能全結成

畏忌　酸質鹼類質土質白礬硼砂鐵養果酸銻肥皂井水滷水輕硫各種膠水並含膠之動物

功用　能收斂而有涼性外科中用之可加水令淡或可照下節方法用之

二鉛養醋酸淡水

取法　將二鉛養醋酸水二錢蒸水十九兩半正酒醕二錢調和之此水十兩含前水一錢

功用　可為安慰與收斂之洗藥或為洗眼藥

二鉛養醋酸雜膏

取法　將白蠟八兩杏仁油十六兩用熱汽或熱水盆融化之取出待將凝結時漸加二鉛養醋酸水六兩調攪不停以冷為度另用樟腦六十釐在杏仁油四兩內消化之與前之各質調和

功用　此藥俗名古賴特蠟膏能安慰又能收斂皮膚痛癢不妥並舊眼炎病俱可用之

鉍

此質於一千五百二十年化學家阿格里哥賴書中初言之此時之前化學家俱以此質為鉛尋常見者甚淨間有得其合於養氣之質並合於硫黃之質

形性　鉍為紅白色之金類無臭無味其質脆成片頁疊層易於凝結成立方形顆粒或八面形顆粒重率得九五三至九八八加熱至四百九十七度則鎔或言熱至五百〇七度而鎔加熱至紅則化散遇空氣則色變暗但不收空氣中之養氣如加大熱則燒成藍色之火成鉍養$_3$其分劑數共得二百三十四為白色之霧鉍遇輕綠或淡硫養$_3$則難於消化若遇淡養$_5$則易於消化觀下節尋常出售者其質不淨英書有提淨之方即成下節之藥品

提淨之鉍

取法　將鉍十兩鉀養淡養$_5$細粉二兩先將其鉍與鉀養

淡養$_5$一兩置鍋中加熱足令其兩質鎔化鎔化之後連調十五分時或竟連調至鉀養淡養$_5$盡於鉍之面成玻璃形之料為度去此玻璃料再加其餘鉀養淡養$_5$一兩依前法為之乘鉍鎔時傾入模中待冷

用以上之法則鉍內之硫與鉀與養氣化合即在所去之硝內合而帶出

試法　重率得九八如與淡養$_5$相和加熱則消化而其水無色如將淡輕水$_3$添入此水內則有鉍養淡養$_5$結成而餘水仍無色設加水過多令其甚淡則結成白色之粉

鉍養$_3$淡養$_5$

此質爲光白色之粉無味以顯微鏡觀之能見極細針形顆粒化學家定此質之原質與排列之法及分劑若干尚不能同一千八百六十四年之英書謂之鉍養三淡養五而六十七年英書謂之鉍養三淡養五

取法　將淡淡養五水四兩加蒸水三兩又加鉍之粗粉二兩分作數次加入其發泡之事已停則加熱十分時候其將沸爲度將所得之流質傾出恐器底有鉍之未消化之粒可棄之將其流質熬之至餘二兩傾入蒸水四升待結成之質沈下後將流質傾出再加水四升調和待二小時之後傾出所得之水將其餘質以紙濾之加熱在一百五十度以內烘乾之

以上之取法能得鉍養三與淡養五合成之質三種一爲藥品中所用之鉍養三淡養五水即每鉍養三一分劑與淡養五一分劑化合二爲鉍養三三淡養五即每鉍養三一分劑與淡養五三分劑化合三爲鉍養三九淡養五即每鉍養三一分劑與淡養五九分劑化合如將鉍養三三淡養五與水相和則能變成鉍養三淡養五並鉍養三九淡養五

如鉍遇濃淡養五則先成鉍養三三淡養五此因淡養五一分劑能放養氣三分劑爲鉍所收故有淡養二放出其式爲

鉍丄四淡養五〓鉍養三三淡養五丄淡養二

將此鹽類質傾入多水中即變成不消化之鉍養淡養五此質結成沈下而其鉍養三九淡養五仍消化於水

如鉍養三三淡養五四分劑能成鉍養三淡養五三分劑並鉍養三九淡養五一分劑其式爲

四（鉍養三三淡養五）丄三輕養〓三（鉍養三淡養五輕養）丄鉍養三九淡養五

試法　此質爲重而色白之粉成極細之顆粒不能消化於水遇輕硫氣則變黑色在淡養五內能消化而發泡所得之水無色加淡硫養三於其水內無結成之質如加淡養五而不發泡則知不含炭養二爲異質如加淡硫養三無結成之質則知不含鉛如將淡養五消化之而得其質傾入多水中則結成白色之顆粒

鉍養三淡養五所含之異質最宜分辨者爲鉮尋常出售之鉍常含此質而用此鉍所作之鉍養三淡養五試驗疑中毒而死者之尸往往因此試料含鉮而誤以爲其人因鉮而毒死英國醫學家希拉巴得考得出售之鉍養三淡養五間有一千分中含鉮一分者亦有四百三十三分中含鉮一分者有法能去其鉮若干分即將所用之鉍先加熱煆之而後用淡養五消化之然用此法不能去盡又英書之法將其鉍合於硝鎔化之亦不能去盡希拉巴得設立一法將鉍養三淡

養$_{五}$與無水鹼性料相和加熱令沸則能去其鉀令鉍變爲不消化之鉍養$_{三}$將此質仍以淡養$_{五}$消化之造鉍養$_{三}$淡養$_{五}$或將鉍養$_{三}$炭養$_{二}$或鉍綠$_{二}$二鉍養$_{三}$代鉍養$_{三}$淡養$_{五}$或與鉍養$_{三}$淡養$_{五}$相和其鉍綠$_{二}$二鉍養$_{三}$之用能作法藍器又能敷面得白色俗名眞珠白又用之爲白火漆其作法用合强水代硝强水其鉍養$_{三}$炭養$_{二}$之作法將鉍養$_{三}$淡養$_{五}$傾入鈉養炭養$_{二}$水以代傾入淨冷水依此法則鉍無糜費故有人喜用此法造之而得便宜鉍養$_{三}$炭養$_{二}$之顆粒形較鉍養$_{三}$淡養$_{五}$者更小此質與酸質相和則發泡或以爲能被胃中之汁消化又能代白石粉作滅酸之用或言此質較鉍養$_{三}$淡養$_{五}$更合用因含鉀更不常有也觀鉍養$_{三}$炭養$_{二}$節

此質內如含鉀或爲鉍養鉀養或爲鈣養鉀養$_{三}$可用馬爾施之法分辨之

功用　鉍養$_{三}$淡養$_{五}$大約不能在動物胃中消化尚未有人得其收入身體流質內之憑據可食其大服而無害如胃痛久吐因胃之內皮受他物之感動者服此藥往往得補胃之益又如因此病而患泄瀉亦可服之而得效海得蘭以爲此種病胃內皮極細嫩之處由所服之鉍養$_{三}$淡養$_{五}$補一層白色之料令此處不遇尋常食物而受其惹後則漸愈白色料自然脫下

服數　以五釐至二十釐爲一服

鉍糖片

取法　將鉍養$_{三}$淡養$_{五}$一千四百四十釐鎂養炭養$_{二}$四兩提淨鈣養炭養$_{二}$六兩淨白糖二十九兩阿拉伯樹膠細粉一兩各料磨勻後再加阿拉伯膠水二兩磨勻之加玫瑰花水足以令其質團成濃膏分作七百二十片用熱氣箱烘乾所加之熱不可過限每片內含鉍養$_{三}$淡養$_{五}$二釐此藥於一千八百六十四年載入英書爲服鉍之最便最妙之法

服數　以二片至十片爲一服

鉍養炭養$_{二}$

此質之外形與鉍養$_{三}$淡養$_{五}$同卽爲無味白色不能消化於水之粉一千八百六十七年載入英書中初用此質入藥品者乃布國京都醫士漢能其作法與下法略同其功用與尋常之鉍養$_{三}$淡養$_{五}$亦略同惟漢能以爲其功用更大英書云其原質爲二鉍養$_{三}$炭養$_{二}$加輕養漢能云其質爲本二分劑與配一分劑合成

取法　將提淨鉍之小塊二兩淡養$_{五}$水四兩淡輕$_{四}$養炭養$_{二}$六兩蒸水至足用爲度將其淡養$_{五}$與蒸水三兩調和屢次加鉍若干分至盡爲度待其發泡已畢加熱至將沸約十

分時傾出其流質而不去器底所有不消化之質將此流質熬之至餘二兩另將淡輕四養炭養三以淨水二升消化而濾之將所得冷水置於深器內又將熬得之流質分多次添入其內屢次調之至添盡為度以布濾之以蒸水洗之至所洗出之水無味為度所得之定質以手按壓之令其水散出加熱在一百五十度以內烘乾之

依此法取之則先成鋊養三三淡養五此為能消化之質而為淡輕四養炭養三所化分變成不能消化之鋊養三炭養三此為結成之質烘乾時不可用過大之熱度恐炭養三化散所餘者祇鋊養三也

試法　不能消化於水如添入淡養五水中則消化而發泡如遇輕硫則發黑色如用靛藍硫養加入硫養三水中令變藍色用此質不能滅其色則知其不含綠氣如將淡養五二分合於水一分加此質至不能消化為限則所得流質一分合於水二十分則結成白色之質以淡養五消化之所得流質加以淡硫養三而無結成之質則知不含鋇養或鉛加以銀養淡養五而無結成之質則知不含綠氣

功用　如胃中熱而吐酸水胃中痛等病可用此以代鋊養淡養五此質或為胃中酸質化分而為補胃藥放出其炭養氣果如此所得之水必再結成故恐其質不收入身體之流質內

服數　以五釐至二十釐為一服

鋊養淡輕四養檸檬酸水

取法　將提淨之鋊四百三十釐淡養五水二兩檸檬酸二兩淡輕三水與淨水俱以足用為度先將淡養五加蒸水一兩將鋊分數次添入待發泡已畢加熱至將沸約十分時為度傾出所得之流質而瀉其器底所有之定質將此流質熬之至餘二兩為止再將檸檬酸以蒸水四兩消化之添入熬得之水中再加淡輕三水每次少許至所結成之質全消化而其水或有中立性或遇試紙少顯鹼性為止再加蒸水配滿一升

此藥於一千八百六十七年載入英書而與英國司指克得所得之鋊水不同與一千八百六十四年司快兒所設之鋊養三淡輕四養檸檬酸水亦不同照上方為之先得鋊養三三淡養五水此質易為淡輕三所結成其結成之鋊養三易為淡輕四養檸檬酸所消化司快兒之法將所結成之質再消化之英書之法存於淡養五內故疑用英書法所得之質其水含鋊養三淡養五鋊養三檸檬酸淡輕四養淡養五淡輕四養檸檬酸四種質或以為有鋊養三淡輕三檸檬酸之質尚不能分取其定質故不能謂之鹽類

醫家有喜用此水者因得鉍之能消化之質而便用也此水之重率得一·一二二每錢合鉍養$_{三}$三二釐其味鹹帶金類之味用試紙試之或有中立性或少有鹼性能與水和匀而不變化如合於鉀養而加熱則有結成之質且放淡輕$_{三}$氣如合於輕綠則結成白色之質如加至有餘則結成之質能消化英書云將此質三錢合於輕硫則結成黑色之質烘乾之應重九九二釐

功用　此質之功用與鉍養$_{三}$淡養$_{五}$鉍養$_{三}$炭養$_{二}$略同凡遇酸質或鹼類質則化分如能收入血內則必先有化分之事故疑其功用與鉍之他藥品相同祇能安胃之內皮

服數　以半錢至一錢爲一服

錫

此質古人卽知其爲金類如舊約全書摩西論此金類謂之肥特辣埃及國人用此質或從東方各國得之因常與印度有貿易之事也希臘人與羅馬人所用者爲非尼司人自英國運出英國南方哥爾奴瓦里斯省產錫最多印度之東美爾古意至邦加島俱有產錫之處所得錫礦或爲錫養或爲錫硫然其大半爲錫養如合於木炭而加熱則木炭收其養氣得鎔化之錫常出售者紋錫並塊錫東方各國所產者一爲瑪來錫一爲邦加錫近時另加一種爲瑪格肥錫

形性　塊錫之色藍白少能生鏽擦之則發奇臭易於打薄故能打成錫皮與錫箔質軟而易鎔重率得七·二九尋常之錫重率更大因含異質也加熱至四百四十二度則鎔生灰色之皮一層卽錫養$_{二}$加熱至紅則燒加熱至白則化散

試法　將錫與輕綠水相和沸之幾能全消化成錫綠此爲無色之流質如加金綠則變爲深紫色如加鉀養則結成白色之質如加至有餘則結成之質能消化如加輕硫則結成椶色之質英書用錫之小粒爲試物之料又錫綠爲試驗黃金所用之料將錫磨成細粉可爲殺蟲藥以一錢至半兩爲一服合於糖漿服之其殺蟲之法錫粉與蟲相磨而蟲死藥材肆常用錫箔包易於自散之料又用以貼於瓶塞之外瓶內之質不能與外空氣相遇然用此質者不知此錫箔乃錫與鉛相合而成每百分含鉛二十五分至七十五分故用之者必謹慎因鉛易消化而人誤食之卽爲中鉛毒也此種錫箔易與眞錫箔分辨其法浸淡養$_{五}$內則鉛消化而成鉛養淡養$_{五}$所餘之質爲不能消化之錫養$_{二}$此法從一千八百六十一年十二月藥品月報中錄出

鎘

西厤一千八百十七年司脫路米耶初得此質彼時先得黃色鋅養礦細考之而得鎘之原質至今鎘之大半藉鋅礦而得之如英國之鋅養炭養礦不威迷亞邦之黑色鋅硫礦又尋常出售之鋅俱可得之其與鋅分開之法先以輕綠消化之再加淡輕四養炭養三至有餘則初時結成之鋅與銅全消化而鎘養炭養不消化存於器底此質易化分之得其鎘之原質其法將木炭或煤與此質相和加熱則鎘化散遇冷面則凝結成小圓粒鎘與錫有相同之性第更硬更韌彎之有聲重率得八·六易於鎔化加熱不至紅則已化散其霧無臭如不加熱令遇空氣則不變化但久加熱至將鎔則外面生橘皮色之鎘養質不能化散鎘能在淡硫養三或輕綠內消化而消化之時放輕氣如將此水與鹼類質相和則結成白色之質爲鎘養輕養如用淡輕四至有餘則能消化如用定性之鹼類質或淡輕四養炭養三至有餘則不能消化如合於輕硫則結成黃色之質於淡輕三內不能消化

鎘之鹽類有收斂之性與鋅之鹽類略同或言有改血之性疔毒病服之有益鎘養硫養三亦能治羊癲瘋與鋅養硫養三同又醫家奇布特與他人用之治眼久生炎並明角罩生點之病所用之水以鎘養硫養三二釐蒸水三兩消化之

鎘碘

此質之分劑數共得一百八十三作法將鎘屑與碘相和加熱或用鎘屑五十六分碘一百二十七分在水中調和之如將酒醕或水消化之而熬乾其流質則得六面形之片粒尋常出售者爲平塊外形似雲母石色白發光如眞珠略同於司巴瑪息的油加熱至一百度化成琥珀色之流質加熱至暗紅則放茄花色之霧即碘鎘碘顆粒內不含水易在水與酒醕內消化其消化之流質能令藍試紙變紅如合於輕硫或淡輕四硫則結成黃色之質雖加至有餘亦不能消化如合於鉀養至有餘則結成白色之質所濾得之水合於淡輕四硫無有結成之質則知不含鉛如將鎘碘十釐添入銀養淡養五則結成銀碘應重一二·五釐

功用　有改血並收斂之性服之過限則爲吐藥並毒藥內科中不常用之

鎘碘膏

取法　將鎘碘六十二釐磨成細粉加尋常油膏一兩

此藥於一千八百六十七年載入英書中醫家加路特等勸人用此藥治瘰癧腫大之病並節腫之病搽於外皮不致染色又如眼久生炎可作更淡者點入眼皮之邊

銻

藥品中不用銻而用銻之雜質故應先論及之古時化學家略知有此金類而伐倫他吒初傳其取法銻硫三自古化學家俱知之觀銻硫三節銻之原質在法國與日耳曼國中能得之其餘之礦爲銻養三即白色之銻又銻硫三即灰色之銻又銻硫三二銻養三即紅色之銻而常見之礦爲銻硫三各國所用之銻大半從此礦得之前人以銻之原質爲熟銻而以銻硫三爲生銻令生銻變熟銻之法將銻硫三二分加鐵屑或小鐵釘一分加熱則硫與鐵化合而銻鎔化放出其銻聚合於鍋底可傾入模中成錠

形性　此爲藍灰色金類其質紋成層其性脆重率約六七加熱約八百度則鎔大於此熱度則化散其霧凝成斜方形顆粒在空氣中不甚改變但其面略變暗少與養氣化合加熱至白令忽遇空氣稍成白色之光所放之霧凝成白色針形顆粒即爲銻養三古人謂之銻花銻與輕綠相和加熱能消化而放輕氣其銻綠三水傾入淨水中則結成白色之質古人謂之阿里加羅特粉如將銻硫三水合於輕硫或鹼性含硫之質則結成橘皮色之質爲銻硫三如將銻置於淡養五內則變爲銻養五不能在强水中消化銻與養合成之質有三種一爲銻養三一爲銻養四一爲銻養五

銻之雜質功用　觀打打伊密的即銻養三鉀養果酸節

銻養三

此質之分劑數共得一百四十六不威迷亞邦與匈牙利國俱有其天生者謂之銻白礦凡銻在空氣中燒之亦成此質

形性　照下法取之則得銻養三無色無味遇空氣不改變受熱則變黃色待冷則復白色加熱至暗紅則鎔加熱至明紅則能鎔化成黃色之流質與天成之銻養三同後能化散如用吹火筒試之則結成針形之顆粒如鎔化之令遇空氣則收養氣更多而成銻養四此質不易化散更難鎔化而其藥性更輕銻養三不能消化於水而能消化於輕綠果酸醋酸之內又能消化於鉀養二果酸內成打打伊密的

取法　作銻養三最妙之法爲化學家和爾能所設立倫書之法與之略同載入打打伊密的取法內

取法英書　將銻綠三水十六兩加水十六升調和極勻待結成之質沈下用過山龍引出其上之流質再加蒸水八升調動之待其質再沈下又用過山龍引出其水再加蒸水八升如前將所得定質合於鈉養炭養二水此水用鈉養炭養二六兩蒸水二升消化之屢次調和約半小時將所結成之質以布濾之用沸蒸水洗之至所洗出之水用銀養淡養五水加淡養五令有酸性與之和勻而無結成之質爲度加

熱在二百十二度以內烘乾之

銻綠水傾入淨水則大半化分其綠氣與水之輕氣化合成輕綠而水之養氣放出與銻化合成銻養此質因不消化所以能結成另有未化分之銻綠同時沈下成銻綠二銻養即阿里加羅特粉此質濾出用淨水洗去其酸質又用淡鈉養炭養水洗之則銻綠化分有鈉綠結成而有炭養放出衹有餘下之質爲銻養用熱水盆烘乾之此爲蘇書之取法

倫書取打打伊密的之法內所得之二銻養硫養亦可用同法以鈉養炭養化分之而得銻養

試法　易消化於輕綠水內將已消化之水傾入淨水中則結成白色之質如加輕硫則成橘皮色之質如置小試筩內加熱而未發霧在冷處凝結者則知不含鉮如合於酸性鉀養果酸至有餘加熱令沸則全能消化

功用　爲吐藥發汗藥化痰藥又可用以代加密士散

服數　以三釐至十釐爲一服或作散或作丸服之

含此質之藥品　銻養爲數種藥品中之要質即如加密士散銻硫二銻養打打伊密的銻之玻璃克密士金色之銻硫克密士前人用以作藥品其分劑數無定觀本卷一百十一頁

銻雜散即加密士散

此藥爲加密士醫士所設又名治發熱散原爲私設之秘方而加密士納銀得國家憑據准其一人獨賣此藥然其所報明國家之方不能造成此藥有化學家化分其藥得銻養並鈣養燐養此藥已著名故醫家俱用爲正藥倫敦醫學院收皮爾孫醫士所設之方作一種藥以代之

取法倫書　將銻硫粉一磅牛羊等角薄片二磅將鍋燒熱至白將此兩料添入調和至不再發霧爲度將所得之質磨粉置合式之鍋中漸加熱至得白熱二小時爲度將所得之質磨成極細之粉

此銻硫並角之薄片即含鈣養燐養之質因受熱而變化其硫收空氣中養氣變爲硫養氣而放散其銻亦收空氣之養氣變爲銻養又有一小分約爲百分之四變爲銻養其角料之動物質燒去而其土質即鈣養燐養並鈣養炭養少許與銻養相合第二次加熱則有銻養若干分變成銻養又有銻養少許與鈣養炭養之鈣養相合成鈣養銻養

取法英書　將銻養一兩與結成鈣養燐養二兩調和之依英書之方所成之質其原質之數有一定即每三分中有銻養一分然倫書之方所合銻養數無一定竟有含之甚少而無功用者

形性　此爲白色之粉不能消化於水無臭無味如消化於輕綠內再加輕硫則多結成橘皮色之質其輕綠能消化其銻養三並鈣養燐養五少許銻硫三結成之後如濾出之將其水加熱令沸逐出所有之輕硫氣如加入淡輕三則結成白色之質爲二鈣養燐養五所有加密士散並倫書之皮爾孫之方含銻養四此質無功用並鈣養銻養四如置水中沸之則鈣養銻養四消化將此水與輕硫相和則結成橘皮色之質如與淡輕四養草酸相和則結成白色之質

舊方銻雜散之功用如藉其銻養三則可知英書之新方不但更有益且其性更重依化學家非勒白之說倫書之方斷無銻養三祇含銻養四每百分三十五分至三十八分並含鈣養燐養五又云加密士散每百分內含銻養四五十六分因加密士散已著名能治發熱等病故疑銻養四必有功用醫家言其無功用者誤也然此事亦未可定化學家馬可喇根云化分倫書之方所作之銻雜散得銻養三三九八分又步蘭弟化分之得百分之五然英書之方所作者每百分得三三三分而其鈣養燐養五幾無功用不能治發熱祇能令銻養三更淡耳

功用　可爲發汗藥服過多則爲吐藥較打打伊密的消化更遲所以銻養三惹胃令吐之性更輕

服數　以二釐至五釐爲一服其性較加密士散更重曾有醫士令病人服至一百釐而毫無功力者可用打打伊密的一小服代之有時其功力較此散之功力更大

銻綠三水

此質之分劑數其得二二八五古人謂之銻油因其質少加熱則鎔與定質油同或用此質取銻養三或勸人用之作烙炙藥一千八百六十七年之英書名謂銻綠與銻養兩質而不指出其分劑數

英書用此質之濃水如再加淡水則有結成之質觀銻養三節

取法　將黑色銻硫三一磅用尋常出售之輕綠四升消化之漸加熱至沸則能消化將此流質濾之得其清者換置他器內加熱令沸熬之至餘二升待冷存於有塞之瓶內此流質重率得一四七○

此銻硫三爲輕綠所化分輕綠之綠氣三分劑合於其銻成銻綠三而輕氣三分劑合於其硫成輕硫氣此氣放散如將其器置於爐上有多風行過之則輕硫氣自煙通散出其式爲

銻硫三丄三輕綠＝銻綠三丄三輕硫

中立性之銻綠三能爲淨水化分甚速此爲韋脫司退納之

意因此所用之輕綠有餘而其鹽類質能在此多水中不化分而消化英書用銻硫三二分輕綠十分葦脫司退納之法用銻硫三二分輕綠八分再加淡養五一分英書所用消化輕綠之水之半亦能消化其銻綠三如更蒸去其水則得銻油英書所定銻油爲黃紅色重而濃之流質將此質少許滴入水中則結成白色之質爲銻綠三二銻養三將此質合於輕硫則變橘皮色如將此質與果酸相和則結成之質再消化將此水一錢加果酸四分兩之一水四兩則成明流質此質與輕硫相和則成橘皮色之質爲銻硫三洗之用二百十二度之熱烘乾之應重二十二釐此爲英書之試法

功用　銻油爲重性之烙炙藥能在皮膚散開與鉀養同故用之亦必宜慎或勸人用此治毒蟲毒蛇等所傷又能治眼明角罩全凸之病

銻綠三水爲取銻養三並打打伊密的所用

銻硫三（俗名黑銻又名生銻）

此質之分劑共得一百七十七產處甚多如匈牙利國婆羅洲島印度之木爾門納與北峨又波斯國與喀布爾俱產之亞細亞洲各國自古以來用之婦女用以染眉毛與睫毛令得黑色古人名曰司替米又名曰司替皮由墨如將其天成者置鍋中加熱鎔化之則分出異質甚多謂之生

銻

形性　尋常出售之生銻爲圓錐形暗色之塊搗碎之則其質紋最奇而有光亮其色深灰間有多邊柱形之顆粒重率得四·六易磨爲粉此粉色黑無臭無味如所含之異質極微則稍帶紅色不能消化於水遇空氣不改變加熱不甚大已鎔化在蓋密之器內能自化散如在空氣中加熱則成硫養二氣又成銻養三之淨質與雜質銻硫三能在鉀養或鈉養水中消化（觀銻硫三一銻養三節）又能在輕綠中消化在淡養五水中亦能消化其淡養五放其養氣爲銻與硫兩質所收而銻變爲銻養三硫變爲硫養三此兩物合成銻養三硫養三爲其餘淡養五所消化

試法　尋常出售之銻硫三常稍含異質所含之異質爲鐵硫或鉮硫三或鉛硫或銅硫英書之試法先鎔化之提出含矽之質後磨成細粉如其粉能全在輕綠中消化則知其質爲淨而可用者所消化而得之質如合於淡水則結成白色之質爲銻綠三二銻養三其明流質內尚含銻如加輕硫則結成橘皮色之質如含鐵或鉮則依英書取法之各方此兩質必能分出又如含鐵則以輕綠消化之所得之質必帶黃色如含鉛或銅則銻結成之後可以鉛與銅之試法試之如含鉮可合於木炭並鈉養炭養二加熱其鉮化散

而出能試而知之或將銻硫三合於鉀養二果酸三小時遠加熱則鉀與銻化合將此質置水中則能化分其水如含鉀則放輕鉀氣而不見用化學家馬爾施之法試之可得含鉀之實據

功用　銻硫三在胃中幾不變化且亦難定其如何因與胃中酸質之多寡有相關也

銻硫三二銻養三

藥品中久用銻與硫合成之質即如銻硫三二銻養三為化學家伐倫他亟考得者又如克密士化學家以為古魯龍考得者有古魯龍之門人傳於拉里其里而拉里其里傳於法國家因在一千七百二十年時法國家出銀若干向此人買得其取法

銻硫三二銻養三有數種取法一將銻硫三與鉀養炭養二或鈉養炭養二相和加熱令沸二與烙炙性之鹼類質相和加熱令沸三將銻硫三與鹼類合於炭養二之質相和加熱至紅鎔化時則置沸水內如將銻硫三在鹼類水中加熱令沸則消化但冷時結成紅櫻色之粉疑為古書所言之克密士但如未冷而結成質之先加酸質於內則得橘皮紅色之質為藥品中所用者疑即古時藥品書中所名金色之銻硫三英書有此質為銻硫三與銻養三相合而其分劑不定等語然如其原質不能定當不論其舊書所言之分劑而用一定分劑之式代之即如銻雜散即加密士散因舊書之法不能定其分劑則設一定之分劑代之英書取此質之方與倫書之方同

形性　此為橘皮色之粉無臭稍有味不能消化於水但在鹼類中而加以熱則能消化如遇輕綠或合強水則消化惟硫黃少許則不消化如置管中加熱則能化散在空氣中加熱則燒成藍色之火放出硫養二氣所餘之質為銻養三大略此質為銻硫三合於銻養三而其比例尚未定化學家沛離拉疑不含銻養三因用顯微鏡細觀其質無有銻養三之顆粒在內化學家非勒白將倫書之方所取者置鉀養二果酸水中加熱令沸則消化得銻養三十二分又云此質有銻養三一分劑銻硫三五分劑水十五分劑此鹽類質內水之分劑與硫之分劑相等亦為奇事

取法　將黑銻十兩鈉養水四升半加熱令沸二小時屢次調之添入蒸水補足化散之水數濾之漸傾入淡硫養三水至少有餘用細洋布濾取其結成之質以蒸水洗之至所洗出之水合於銀綠而不結成為度加熱在二百十二度以內烘乾之

此銻硫三與鈉養水相和沸之則有互換原質之變化而成

銻養三並鈉硫其鈉硫能消化若干未變化之銻硫三即先與其化合成能消化之質又有未化分之鈉養令銻養若干消化而與之成一種鹽類但此所成之各雜質俱在加硫養三之後而化分

鈉養硫養三銻養二一銻硫三之含輕養者又或有輕硫俱為所成之質而銻養二硫養為結成之質其式為

〈銻硫三鈉硫〉丄硫養三丄輕養=鈉養硫養三丄銻硫三丄輕硫

銻養三鈉養丄硫養三=鈉養硫養三丄銻養

試法　如將此質一分合於輕綠十二分加熱幾全消化成無色之水惟硫黃少許則不消化此質又能在沸鉀養水中全消化如將此質六十釐以輕綠消化之滴入水中則結成白色之質洗之烘乾之應重五十三釐此為英書之試法

功用　此為改血藥其功用究未能定服過多則為吐藥

服數　以一釐至五釐為一服

含此質之藥品　水銀丸汞二綠雜丸或普勒瑪丸

銻養三鉀養果酸又名打打伊密的

醫家言此鹽類質為化學家闓息脫考得者此為漢白克於一千六百三十一年書中所記之說此質為鉀養果酸與銻養三相合而成初造之法用鉀養二果酸與肝色之銻相和此鹽類有一定之原

質故不必用無意之虛名如英書所記者

形性　此質為銻養三鉀養果酸含水二分劑故其分劑數共得三百四十三又名打打伊密的即果酸吐藥之意常見者為白色之粉如用其極濃之水令成顆粒則成四面形或八面形而有斜方底無臭而有明光無色其味少酸而澀大為可憎久遇空氣則變暗外面生白色之粉減重百分之四或百分之五其顆粒不能在醕內消化而能在準酒醕並葡萄酒內消化每重一分能在冷熱適中之水十四分內消化沸水二分內消化其消化之水能令藍試紙變紅其淡者化分甚速加熱則顆粒爆裂發聲久之變黑有成炭質者所餘之質為銻與鉀有經火之形狀其消化之水能被鹼類與鹼土類所化分又鹼類與鹼土類含炭養二之質亦能化分故與尋常之水相和因水中含鈣養炭養二或鎂養炭養二能令其銻養三結成沈下又與濃強水相和亦能化分如先與果酸相和而後加輕綠則無結成之質此為英書之試法輕硫能令其銻結成橘皮紅色之質為含水銻硫三如加淡輕四硫或鉀養輕硫所結成者亦同又數種花草之汁並濇性植物質煮水能與其銻養三化合成不能消化之雜質此等質之性甚重故金雞哪樹皮粉沒石

第二十九圖

子粉或此兩質之賁水與此質合服之則減其吐藥之性但金雞哪幾奴拉搭尼根三種藥之賁水合服之第能減其吐藥之性

此藥原質分劑數之比例如左

果酸一分劑即炭$_{八}$輕$_{四}$養$_{〇}$ = 一百三十二

鉀養一分劑 = 四十七

銻養$_{三}$一分劑 = 一百四十六

水二分劑即二輕養 = 十八

共三百四十三

銻養$_{三}$在此鹽類內似鈉養在鉀養果酸之內又似鐵養$_{三}$在鉀養果酸之內觀鈉養鉀養果酸並鐵養$_{三}$鉀養果酸兩節

取法　將銻養$_{三}$五兩鉀養果酸細粉六兩加蒸水足以成漿和勻待二十四小時加蒸水一升半加熱令沸約一刻許屢次調和濾之將其明流質置平穩處待成顆粒傾出其流質熬之至餘三分之一再置於平穩處待成顆粒將所得顆粒置生紙上不加熱即在空氣中晾乾

銻養$_{三}$代鉀養二果酸內之水一分劑因鉀養二果酸實有果酸一分劑水一分劑其式為鉀養輕養炭$_{八}$輕$_{四}$養$_{〇}$英書取銻養$_{三}$之法用銻綠$_{三}$令結成觀銻綠節但和爾能所設之法更能省費倫書之法即本乎此造藥之肆亦常用之其法將銻硫$_{三}$合於硫養$_{三}$加熱則成銻養$_{三}$硫養$_{三}$將此質置水中結成二銻養$_{三}$硫養$_{三}$加入果酸水內則成打打伊密的俟顆粒盡成之後所餘之水含硫養$_{三}$

試法　尋常出售之打打伊密的粉常含異質應買其成顆粒者自磨成粉則淨常加之異質為鉀養二果酸與鐵養但加鉀養二果酸者多因加鐵養其色變黃其眞者將顆粒加熱則爆裂變黑消化於水則無不消化之質加入鉀衰鐵則無結成之質如加輕硫則結成橘皮色之質為銻硫$_{三}$如加淡養則結成銻養之質如加淡養$_{五}$至有餘則結成之質再消化如加銀綠而不結成或結成之質多加水再能消化則知不含硫養$_{三}$之質又依同理加銀養淡養$_{五}$則知其合含綠氣之質與否將打打伊密的二十釐用六十度熱之蒸水一兩消化之不應有餘質此水與輕硫相合則有結成者濾之烘乾之應重九九一釐此為英書之試法

畏忌　酸質鹼類質並鹼類含炭養$_{三}$之質數種土質與金類質並其與養氣化合之質又鈣養水鈣綠並鉛養醋酸植物沖水賁水即如金雞哪樹皮兒茶等是也如將此藥消化於水而久存之則能化分成一種芝栭類之物加酒於內則不生此物

功用　打打伊密的在外科中用之能令皮熱並能引病外出如用其油膏搽外皮亦能引炎依此法用之可治胸膛並交節久痛之症引病外出

內科中用之則爲含銻藥之最靈者但其功效與服數多少有相關食一小服則能發汗化痰服稍多則胃中覺欲嘔吐精神委頓身發冷汗肉筋放鬆脈遲而軟服過多則爲吐藥吐之先與吐之後腦氣筋肉筋大覺不安無精神間有大瀉者如服之甚少而漸加多久之則能食大服而不吐醫士連尼克等勸人依此法服之治肺本體生炎並別種新炎症爲減熱之藥此藥又能治數種病即如欬嗽

傷風並風溼病食小服則能感動皮膚與肺又如脘骱或小腸疝氣可服之爲令人欲吐之藥放鬆肉筋便於上骱收疝因肝汁而生發熱病可先服之爲吐藥或身內一處初生炎用此藥可早止之眼蓋內皮生炎其功用最大瀉藥中少加此質則增其瀉性發熱病服此能減其熱氣能令皮膚解鬆令脈更小新風溼病亦可用之肺本體生炎並哮欬病爲必不可少之藥然腦生炎中風中毒而醉並肚腹胞膜生炎等病不可用之恐令嘔吐而致危險也

服數　爲改血之用以十六分釐之一至八分釐之一爲一服爲解表與化痰之用以八分釐之一至六分釐之一

爲一服爲發汗與吐劑之用以四分釐之一至半釐爲一服如用一釐至二釐加水服之則爲吐藥以一釐至三釐爲一服每二三小時服一次則爲與行氣相反之藥

解法　以雞毛探喉令吐或服多暖水令吐或用水節抽出之其解藥爲濇性植物質沖水或煮水即如沒石子或金雞哪等此各質與其銻養相合成銻養樹皮酸爲不能消化之質

打打伊密的葡萄酒 即銻養鉀養果酸葡萄酒

取法　用銻養鉀養果酸四十釐消化於舍利酒一升之內此與倫書之方所作者同濃

功用　爲改血藥發汗藥並吐藥

服數　以十滴至二錢爲一服每三小時服一次每一兩內含打打伊密的二釐如作吐藥則以一錢爲一服每五分或十分時服一次共服半兩或一兩以吐爲度

打打伊密的膏 即銻養鉀養果酸膏

取法　將銻養鉀養果酸細粉四分兩之一尋常油膏一兩磨勻此與倫書之方所作者同濃

功用　爲引病外出之藥如將三十釐每日兩次擦入皮膚內則生小泡即如瘖症肚腹胞膜舊炎並他種胸腹炎症以此爲要藥

鉮

鉮之原質常與鉮與養氣合成之質相混古人書中論鉮與鉮養亦不分明希臘國古書中有化學家代司可立弟司命其黃色之鉮硫為阿申以根命其紅色之鉮硫為散達拉格阿喇伯國人命鉮硫為申尼格助特（助特二字之音即黃色之意）命鉮硫為申尼格助而克（助而克三字之音即紅色之意）格致家司百倫𨑳以阿喇伯國之申尼格即為希臘國之阿申以根變其字而得其名此說實無確據阿喇伯國人亦知鉮養謂之色瑪法即鼠毒之意又名施克又名土拉白阿呼先即氣管土之意又謂之土拉白阿開即吐土之意以上三物之名惟印度國人俱知之鉮硫謂之合他辣鉮硫謂之慢西勒而鉮養謂之信綫亞依化學家韋勒生之說印度人初用此質於內科即如麻瘋與瘧病至今仍用此治之歐羅巴各國於一千七百三十三年初知鉮為金類之原質為化學家步蘭德考知之而阿喇伯國奇巴之書中所言之一物似必為鉮

鉮之獨成者間亦有之尋常所見者與他金類相合即如與鐵鎳鈷銅等化合是也分取鉮質之法在倒焰爐內煆其礦將所蒸出之質在並排列之長煙通內令其鉮結成或用短煙通隔開成彎曲之爐依此法則鉮與養氣化合而分出變為鉮養此為粗質即生鉮養也故必蒸之而提淨之其法與炭相和加熱則收其養氣令鉮分出可蒸而得之

取淨鉮之法將鉮養以木炭蓋之置硬玻璃試筒中即在筒之一端加熱則鉮在冷之一端凝結可取得之

形性　鉮為灰色之金類其光如鋼其質體有顆粒形甚脆重率得五八置罐中封密加熱至暗紅則易蒸之而凝結成鋼光色之皮其霧之臭似蒜如遇空氣則生鏽甚速此鏽為灰色之粉乃鉮養與鉮合成之質歐洲他國用此粉謂之蠅粉因有人用以毒蠅也在水中易收養氣在醋內亦然在空氣中加熱易燒成白色之霧或謂之鉮花實因與養氣化合而成鉮養$_3$（觀後節）

鉮為金類配質即與養氣化合所成之質為配質不為本質鉮與養氣化合者成兩種配質一為鉮養$_3$藥品中用之二為鉮養$_5$此質所成之兩種鹽類亦入藥品

鉮雜質之功用　觀鉮養鉮養$_3$節

鉮養$_3$（即砒霜）

尋常所謂砒霜即鉮白久有人知之（觀前節）天成者有之但大半所用者將金類礦之餘質蒸而得之不咸迷亞邦與撒遜國多產此質英國之哥奴瓦勒亦用此法取之

如細勒西亞邦哥奴瓦勒之取法將含鉮之鐵礦即鐵硫鐵鉮礦入爐煅之則鉮與養氣化合成鉮養而飛散所餘之質爲鐵硫將所收得之鉮養用圓柱形鐵器蒸之則得其淨者可作藥品之用

鉮養之分劑數共得九十九色白嘗之幾不覺有味或試嘗之後不久則少覺有甜味或言味辞而可憎蘇比蘭亦有此說化學家哇非拉云依苦里司脫生之說鉮養味粗無烙炙之性少有濇味此味久不散令口中多生口津苦里司脫生與其數友試之俱言幾爲無味或如有味則試嘗之後漸顯出甜味如湯勿生對拉非勒白三人亦有此

說然恐此各人所嘗之味非鉮養之本味而爲鉮養已顯其毒性後所生之味鉮養之定質與霧質俱無臭尋常出售者成塊形其新剖者能透光如玻璃但久之則變半透光間有將其大塊擊碎其外面白而不透光其內面仍透光然所得新剖面不久變暗而脆如將鉮養消化於沸水內熬之至將成顆粒待冷時可得眞八面體或蒸之亦能如是其初明而透光後變爲暗之故大約非改變其質祗因改變其質點之排列化學家非勒白云其不透光之故必因收空氣中之水氣然此兩種質其疎密不同化學家奇布特非勒白對拉三人所試得重率之數如左

奇布特	透光質三·七三九一	不透光質三·六九五
非勒白	透光質三·七一五	不透光質三·六二○
對拉	透光質三·七九八	不透光質三·五二九

此兩種質在水中能消化之數不同奇布特云百度表十五度即法倫海表五十九度熱之水一百零三分能消化其透光者一分沸水九·三三分能化其一分又以同熱度之水八十分能消化其不透光者一分沸水七·七二分能化其一分英國大公病院記錄第四本第八十三頁載化學家對拉之說曰化學家論鉮之消化於水之數各不同故詳細試驗而知其透光者與不透光者消化之數同冷熱適中之

水能消化其本重之千分之一或五百分之一依其事而有分別如將二百十二度熱之水傾於其上而待冷則能消化其本重之四百分之一即每水一兩能消化其一釐又四分釐之一設將鉮養置於水中加熱令沸約半時許則能消化其本重之二十四分之一即每水一兩能消化其二十釐此水待冷時所含之鉮養爲其本重之四十分之一即每水一兩內含十二釐又有一奇事如在水中令沸若干時後待冷所含鉮養之數較冷水所能消化者或較沸水所能消化者更多約爲十倍至二十倍又云苦里司脫生所言凡流質內含生物質則不能消化鉮養確有

此理但膠類質與稠質如粥等雖不能多消化而能存若干於內自不能見也故凡含生物質之流質欲辨其含鉮養與否或腸胃之內欲究其有鉮養與否必先加多水令其質極淡後將其流質加熱令沸約二三小時即可辨之鉮養水能令藍試紙變紅又能消化於油內與醋內每醋一兩能消化其二釐尋常之白蘭地酒不加熱每一兩祇能消化其一釐如將鉮養加熱至三百八十度則化散而不顯出鉮之蒜臭再凝結則成八面形顆粒如封密之而加熱則鎔成玻璃形之質內與炭質相和加熱則化分此因炭收其養氣放出其鉮此放出之鉮發臭似蒜有數種酸質能消化之設與淡養相和加熱則淡養化分而鉮養收其養氣變爲鉮養此質易與鉀養鈉養化合成能消化之鹽類質又易與鈣養或數種金類合於養氣之質化合成不能消化之鹽類質其性情最奇可恃此奇性而試其含鉮此質每百分含鉮七五·七二分養二四·二一分共得一百分

試法　鉮養白色或稍帶黃色常見者不透光之質間有新剖開者爲透光之質磨之得重而白色之粉置於玻璃筒中加熱則蒸得白色之質待冷成八面顆粒無色如與炭質相和加熱則變爲鉮而化散發臭似蒜待冷時則黏於管上有金類之光鉮養能消化於沸水內待冷又凝結成八面顆粒如在其消化之水內加入輕硫則有黃色之質結成如加銀養淡輕養淡養則有檸檬皮色之質結成如加銅養淡輕養硫養則有綠色之質結成其加銀養淡輕養淡養所結成之質能消化於淡輕水內並能消化於淡養水內如將鉮養四釐以沸水消化之加鈉養二炭養八釐令消化再加碘試水八百零八釐能被此水滅盡其色此爲英書之試法初成之質爲鈉養鉮養而與碘相合成鈉養鉮養與輕碘

鉮與其雜質之大半俱有毒性故欲自盡者欲害人者常用此藥必當試驗而知之凡疑有鉮毒之事則在胃中之內皮見有粉或在所用之器具見有粉必分取而存之而胃與其內質用沸水浸之加熱令沸或在身內之血與定質內亦可試驗其含鉮與否昔有化學家哇非拉以爲身之血肉與骨本含鉮養後人考知並不含此質所以試驗含鉮之質或試其定質或試其流質或爲淨質或合於生物質如用蘭書之法易試其含鉮與否其法將所疑其含鉮之質少許合於銅與輕綠加熱令沸如含鉮則必在銅面結成而銅面之形狀如鍍鋼質一薄層

茲將試鉮養之各法分爲九則論之三種爲乾試法可試

其定質六種爲溼試法可試其流質先將乾試法詳列於左

一蒸法　將鉮養三盛於小玻璃筒內加熱則能全化散而在筒中冷處凝結成八面顆粒

二去養氣得鉮法　此爲最便最可恃之法於驗尸定案之事可用之其法將含鉮養三之質與木炭相和加熱如其質不多可將其質與木炭相和盛於小玻璃筒內加熱其筒之徑以八分寸之一爲合式如所欲試之質多可用鈉養融化藥苦里司脫生所設之法用鈉養炭養顆粒八分與木炭一分相和漸加熱至紅對拉所設之法用果酸水與鈉養炭養水相和滅其酸性熬乾而入白金鍋蓋密而煆之將做成之融化藥與鉮養相和盛於筒內用酒燈之火加熱先加熱於筒之上面後加熱於筒之下面初時有水少許放出此水可用濾紙成捲入筒中收盡之後將其筒入火中加熱至鉮蒸出得光而色白之皮凝結於筒之內面用此法雖衹含鉮三百分釐之一亦能顯明或所蒸出鉮養之數多則有鉮之臭顯出

三試得之鉮令與養氣化合法　此法將管中稍冷處所凝結之皮依對拉所設之法令變爲鉮養其法將管內面生光皮之處用酒燈加熱而管在火中移動令鉮不能凝結則全變爲白色之粉用顯微鏡觀之則鉮養三之八面顆粒易於見之此顆粒形之粉可用蒸水數滴消化之或將管中結成質之處鋸斷一節置試筒內加熱令沸後應用以下各溼試法

在蒸水中消化鉮養三而得其明水則用溼試法開列於左

一鈣養水試法　如將以上之明水與鈣養水相和則結成白色之質爲鈣養鉮養三但不可有配質過多亦不可有未化合之鹼類質在內然此試法尚不足恃故考驗毒物者不多用此法

二銀養淡輕四養淡養五試法　如將銀養淡養五一分與水十分相和消化之加入含鉮養三之水內無有結成之質設先加鹼類質少許如淡輕三等則合於銀養淡養五水即成銀養淡輕四養淡養五則含鉮養三之水內結成檸檬皮黃色之質多見光即變棕色此質即爲銀養鉮養三而其水中含淡輕四養淡養五但因此結成之質能消化於淡輕四水內又能消化於淡輕四養淡養五水內所以取此料以試鉮養三必慎之其淡輕三必漸加入則初結成之銀養幾能消化盡而尚未盡如用淡輕三太少則水內設含燐養五亦有結成之質如用淡輕三太多則銀養鉮養三再消化而不見

三銅養淡輕四養硫養三試法　此試料照前法預備之如無

鹼類質則銅養硫養水內不結成鉀養所用之鹼類常爲淡輕如所用淡輕之數適足以令初結成之銅養再消化則成銅養淡輕養硫養觀銅養淡輕養硫養節如將此質與含鉀養之水相和即結成青草色之質爲銅養鉀養化學家對拉云將此結成之質洗之烘乾之再將其少許磨成細粉置小試筒內用酒燈之火漸加熱則顯出鉀養八面形之小顆粒

四輕硫試法　如將輕硫行過含鉀養之水內而其水先加輕綠數滴令有酸性則結成光黃色之質爲鉀硫此質能消化於淡輕水內其鉀養之養與輕硫之輕化合成水如用輕硫過多則可加熱令其化散而所用之輕硫應行過盛水之雙口瓶洗之有人用淡輕硫而後加酸質少許滅其淡輕之鹼類性但此法不足恃除試藥品外不可用之

此輕硫試法最靈如在十萬分水內含鉀養一分亦能顯出化學家福里西尼由司在一千八百四十四年六月七月醫學新報內各有一則言此法幾可全恃而無憾又往往行之無誤將所結成之質與黑色之鎔化藥相合或與乾鈉養炭養及木炭相合入小試筒中加熱則其鉀凝結於筒內成皮可加熱令變爲鉀養之八面顆粒如此可與他種黃色結成之質分辨之

第四第五第六各試法如同時用之而所試之水各顯出含鉀養之據則無可再疑又可將結成之質分出其鉀此爲更可恃之據

五蘭書試法　此試法能定準含鉀養之水由蘭書所設通行各國醫學新報第三十一卷載化學家對拉報明此法之原稿其法將銅箔翦成條長約一寸寬約八分寸之一或用細銅絲紗亦可加淨輕綠約十分之一加熱令沸如其水中含鉀養則化分而有鉀之薄層結於銅面其光色如鋼可分取之分取之法用淡養消化之或置筒內少加熱則筒內成金類光色之圈或有鉀養之顆粒其顆粒可用蒸水少許消化之又可用他種溼試法試之此法最易於用亦爲最靈如在二十萬分內含鉀一分或二十五萬分內含鉀一分俱可顯出而分取之又鉀已分出之後用馬爾施試法試之不能得鉀之微迹然此法不能爲全試法而爲水中分取鉀之便法所分得之鉀可用便法試之

六馬爾施試法　英國胡里知馬爾施設此試法最爲靈準自設此法以後各國俱用之此法所恃之理爲初發之輕氣能收鉀養之養氣其鉀合於輕氣則變成鉀輕氣可

以燒之而得其鉮或得其鉮養或可令其氣行過溼試法所用之水

法將疑其含鉮之水盛於合式之器內加入鋅塊與淡硫養水其器之式如後圖則因有水化分自有輕氣放散如含鉮則有鉮輕氣與輕氣同出如用極細之管作觜令氣過此觜而燒之將玻璃一塊或瓷一塊入於火內則有結成之鉮質如黑色之皮黏於其面可用合強水消化之設如其瓷塊置於火上則面生白色之皮一層即鉮養或用一管徑四分寸之一至半寸長十寸將其口置於火上同時能得鉮與鉮養凝結之質此爲沛離拉所設之法又如將千層紙加水數滴令溼置於火上則能得其鉮養消化於水觀醫學新報第十八卷第八百八十九頁希拉巴得所作一則或可令其氣質行過銀養淡養水中此爲醫士苦賴格所設之法此試法之理易講明之所含鉮養被初發之輕氣化分則放其養氣其發輕氣之故因有鋅遇硫養同時有鉮輕與水變成其式爲

鉮養丄六輕‖鉮輕丄三輕養

鉮輕在觜口燒時其火心所燒之料不盡故祇有輕與養化合而其鉮放散遇瓷面則能凝結其式爲

鉮輕丄三養‖鉮丄三輕養

如在火之端則已燒盡而其鉮變爲鉮養此質亦能凝結而可試之如未燒盡之氣行過銀養淡養水中則銀養放其養氣而此養氣合於鉮輕之鉮成鉮養又合於輕成水其銀結成黑色之粉而水中有淡養與鉮養如此可將所得之水試其含鉮養

如將鉮養與數種生物質相和尋常以毒害人之事往往如此則欲分辨之其事稍難按化學鑑原試驗砒毒篇有一法能驗含鉮之水內多雜生物質者即蘭書之試法也各試法未周之處詳細之論另有專書載之如用蘭書與馬爾施之法或輕硫之法必謹慎爲之所宜極慎者因試法中所用之料如硫養與鋅等常含鉮質不可不察之觀苦里司脫生毒論對拉毒論沛離拉藥品書司脫路勿之書第十三本第八十二頁

第三十圖

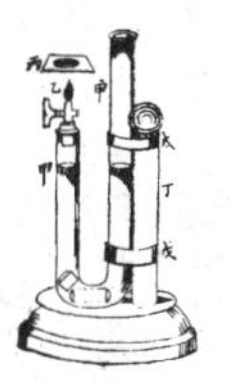

第三十一圖

如第三十圖即爲馬爾施試鉮之器甲甲爲彎管盛所欲試之流質另加硫養與鋅乙爲塞門與噴氣觜丙爲收鉮之玻璃片丁戊爲托架第三十一圖爲化分含鉮定質之器乙爲炭與鉮相合處甲爲鉮之光皮痕迹其氣可引過平置之長管爲硬木所成者酒燈加熱則其鉮化分可取得之

功用　此爲惹胃毒藥之重者服之令人吐瀉並發腦氣

筋數病如服一釐至二釐則必毒死如食其最小之一服則爲改血藥並能治依時而作之病外科中用之作烙炙藥治癰疽與癰疽類之病觀鉀養鉮養$_{三}$水節

服數　以十六分釐之一或十二分釐之一至八分釐之一爲一服將鉮養$_{三}$一釐白糖十釐磨勻加嫩饅頭若干作成十六丸印度人常合於胡椒等物爲服此藥之法西國之服法常用鉀養鉮養$_{三}$水

解法　先收盡胃中之物用摩探喉嚨等法令吐又可用鋅養硫養一服令吐又可用水節抽出胃中之物未吐之人可食牛乳但不可過多已吐之後亦食牛乳或服潤性之流質或服小粉煮水或有人設法多服木炭粉得其益處然最合用之料爲溼鐵$_{二}$養$_{三}$務必多服之醫士馬可喇根云每溼鐵$_{二}$養$_{三}$十二分配所服之鉮一分每五分至十分時必服溼鐵$_{二}$養$_{三}$約一錢又必屢用蘭書試法試其吐出之物鉮毒吐盡與否如無溼鐵$_{二}$養$_{三}$可用含水鎂養代之醫士司可拉夫等以爲此藥勝於溼鐵$_{二}$養$_{三}$每服此藥八分可解鉮毒一分胃中毒已出盡必用放血之法免其生炎又必用利小便之藥或服鴉片助其精神又可暫用蓖麻油一服

昔時英國之人欲自盡者欲害人者常用鉮養$_{三}$故國家特設律法管理藥鋪賣鉮及其各雜質之事業有四欵詳述於左

一　凡有買鉮之事則賣此物之鋪必在簿中記錄其人買此作何用度又記買者之姓名住處及其行業並其年月日如是兩造畫押於簿爲憑

二　買者必爲賣者所認識如不認識則必有中人此中人必認識賣買兩人又必在簿中畫押爲憑且買者之年紀必爲已成人者

三　凡買鉮其數在十磅以內則必加黑炱或碘和勻至極淨每鉮一磅必用炱一兩或碘半兩

四　凡有憑據之醫士藥方內所用之鉮不在此例如有藥肆家犯此律法則受重刑

設此律法之後用鉮作惡事者甚少故近時有人用鴉片馬錢霜（西名司脫立格尼尼）草烏頭等生物質爲毒藥故應另設律法管理賣此各物之業（按近年英國已設律法管理售此各物之業極嚴）

鉀養鉮養$_{三}$水（即砒霜水又名無味瘧疾藥水）

取法　將鉮養$_{三}$粉八十釐鉀養炭養$_{二}$八十釐蒸水半升消化之待冷加臘芬大雜浸酒五錢再加蒸水足滿一升爲度

此取法之意將鉮養$_{三}$與鉀養炭養$_{二}$加熱則炭養$_{二}$氣散出而鉮養$_{三}$合於鉀養成鉀養鉮養$_{三}$消化於水內加臘芬大浸酒

之意令其有色易於分别每水一兩含鉮養四釐每水一錢含鉮養半釐此水之重率得一·○○九如前鉮養節所言試鉮養四釐之法可用此水一兩試之

功用　鉮養鉮養水爲含鉮藥之常用者但用之宜慎如察其惹胃過重或面皮因有水而腫或身之皮膚有發泡之狀則當暫停而不服此藥能治依時而作之病又可爲改血藥凡瘧病或內部腦氣筋痛或胃痛並一切依時而作之病服此有效其治瘧疾除雞哪外此藥爲最靈然有兩種不同之處一雞哪可食一大服此藥必不可多二瘧發之時不可服雞哪而此藥可服凡服鉮劑宜在飯後如癩症服之常得大益臟燥病亦可服之皮膚病用之亦有功效即如麻瘋舊泡瘡舊膿瘡等均可治之如作改血藥之用則初服之時必極少後漸加多醫士或查此藥開收入血中而在血內能治上所言三種血壞之病

服數　以三滴至五滴爲一服漸加至二十滴爲一服一日二三服

鉮養

此爲鉮與養氣多分劑相合之質其分劑數其得一百十五作法將鉮養以熱輕綠水消化之加淡養至不發紅霧爲度所成之鉮綠收淡養之養氣而淡養與綠氣俱放出熬乾之得白色之粉能消化於水成極酸而毒之水此爲三本之質其化學性情與燐養略同所成之鹽類與燐養同形而異質所消化而得之水與銀養淡養相和則結成櫻紅色之質鉮養之鹽類質有兩種爲英書之正藥一爲鈉養鉮養一爲鐵養鉮養其藥性與鉮之他種雜質略同

鈉養鉮養

此質之正式爲二鈉養輕養鉮養加十四輕養即與二鈉養輕養燐養加十四輕養同形異質其性亦烈或有醫士應用鉮養鉮養之時喜用此藥治皮膚病有功效法國與日耳曼國久已用之一千八百六十四年始載入英書中鈉養鉮養爲無色透光之顆粒能消化於水所得之水有鹼性如與鋇綠或鈣綠或鋅養硫養相和則成鋇養鉮養或鈣養鉮養或鋅養鉮養如與銀養淡養相和則結成紅色之質爲銀養鉮養此等結成之質俱能消化於淡養水內

取法　將鉮養十兩鈉養淡養八兩半乾鈉養炭養五兩半其成極細之粉須在瓷乳鉢內磨勻之所得之質盛於大泥罐內蓋密之加熱至紅至不再發沸而全鎔化爲度乘熱時加入沸蒸水三十五兩調攪之消化已盡則以紙濾之符成顆粒將所得之顆粒置於斜面令水流下用生

紙速收其面之餘水盛於瓶中塞密之

此法與科脫魯所設之法相似科脫魯之法用鉀養三一百分鈉養淡養五一百十六分入倒焰爐中加熱所成之鹽類消化於水中而用鈉養炭養滅其性則鈉養淡養五之淡養五化分而其養氣一分劑爲鉀養所收變爲鉀養五此質與鈉養淡養五相合但鉀養五之一半不化合其式爲

二鉀養三丄二（鈉養淡養五輕養）＝（二鈉養輕養鉀養五）丄鉀養五丄二淡養三丄輕養

其鈉養炭養遇未化合之鉀養五合成鈉養鉀養五一分劑

試法　此質一分能消化於水二分內加熱至三百度則放盡其所含之水而每百分減重四〇·三八分如將其餘者十釐合於鈉養試水五十三釐再加銀養淡養五漸加至一千六百十三釐之先其凝結成質之事不停此爲英書之試法

功用　此質功用與鉀養鉀養三略同或言其性較輕而惹胃亦較少

服數　以十六分釐之一至八分釐之一爲一服再妙服法作鈉養鉀養五水服之

鈉養鉀養水

取法　將無水鈉養鉀養五四釐以蒸水一兩消化之其作乾鈉養鉀養五之法加熱至不及三百度

此水每一兩含鈉養鉀養五四釐與鉀養鉀養三水同不加臘芬大浸酒令其有紅色其服數與鉀養鉀養水同或言其性更輕而惹胃內皮與眼罩睛皮亦更輕

服數　以三滴至六滴爲一服漸加至二十滴爲一服

三鐵養鉀養五

作此質之法將鐵養硫養三水與鉀養鉀養五水或鈉養鉀養五水相和結成者即此質也此爲綠色無味之粉不能消化於水漸乾之時則鐵養之一分變爲鐵養三英書亦有此說能消化於輕綠水內此水與鉀衰三鐵或鉀衰六鐵二相和俱應結成藍色之質如與鈉養相和加熱令沸則成鈉養鉀養五如將其消化之水與淡養五相和滅其鹼性再加銀養淡養五水則結成紅色之質此藥歐洲他國醫士久已用之法國醫學院查明其功用而表著之一千八百六十四年初載入英書中

取法　將鈉養鉀養五加熱在三百度以內逐出其水後取其四兩鈉養醋酸三兩在沸蒸水二升內消化之又將鐵養硫養三九兩在沸蒸水三升內消化之後將兩種水調和則結成白色之質可用細洋布濾之以水洗之至所洗得之水加淡銀綠水不結成爲度將結成之質以堅固之麻

布包之用螺絲壓器壓之令放盡其水再將其質置於能收水之磚上入熱汽房內烘乾其熱以一百度爲限

依上法取之則有鐵養硫養三分劑化分其鉀養合於三鐵養成三鐵養鉀養其三硫養合於鈉養鉀養之鈉養二分劑又合於鈉養醋酸之鈉養一分劑成鈉養硫養三分劑此質消化於水內而醋酸亦存於水中

試法　如於輕綠內消化此質沖水令淡後加鋇綠水不可有結成之質如有之則知其含硫養如將此質二十釐在淡輕綠水中消化之加水令淡則加鉀養二鉻養水一百七十釐之先加入鉀衰鐵結成藍色之質此爲英書之試法此鹽類質中之鐵養易變爲鐵養如不速烘乾則更易有此弊依英書之方得鐵養至少之數須配鉀養二鉻養一百七十釐方能令變爲鐵養

功用　此質作外科之用有烙炙性內科中用之在胃中消化其性與鉀之他種雜質相似如癰疽與瘤之腐爛處用此作烙炙藥令成痂數日能脫此爲醫士康瑪可所設之法此質一分可與三鐵養燐養四分相和即三鐵養鉀養三十釐可合於三鐵養燐養一百二十釐

醫士加司拿勿與彼愛脫用此藥治大水蠱癩並皮鱗之病又杜罷爾醫士云此質之性較鹼類合於鉀之質更輕無甚不便用之處

服數　以十六分釐之一至八分釐之一成丸爲一服外科中用之以三十釐合於豬油一兩磨勻成膏但外科中用之極危險必愼之

鉀綠水

此質久用之爲藥約於一千八百年醫士伐蘭徑初用之其作法將鉀養與鹽相和蒸之將所蒸得之質以淡輕綠水消化之但與鹽相和而蒸之無有變化之事祗蒸得淨鉀養而已故近時不用蒸法一千八百六十七年之英書仍用倫書之法

取法　將鉀養八十釐磨爲細粉加輕綠二錢蒸水四兩加熱令沸至全消化爲度再加蒸水足以配滿一升此質較倫書之方所作者濃三倍而與鉀養鉀養水同濃重率得一·〇〇九

此水每一兩內含鉀養四釐化學家疑其水含鉀綠即如輕綠三分劑遇鉀養一分劑則養與輕化合成水三分劑而其綠氣三分劑與鉀化合成能消化之質即鉀綠其式爲

鉀養＋三輕綠＝鉀綠＋三輕養

將其水熬乾似再化分而鉀養分出成小顆粒化學家非

勒白云先用輕綠消化之則不再化分
此水可用前述之試法定其含鉮如與銀養淡養$_{5}$水相合則結成銀綠不能消化於淡養$_{5}$水內而能消化於淡輕$_{3}$水中
依近時所設之方取鉮綠$_{3}$水即與鉀養鉮養$_{3}$水同濃有人喜用此水而不用鉀養鉮養$_{3}$水
功用　此藥爲含鉮藥之最佳者功用與鉀養鉮養$_{3}$略同或言其惹胃之性更輕醫士卑德門與法拉信用此藥治皮膚之病
服數　以二滴至五滴爲一服漸加多

鉮硫$_{2}$（即雄精）

古人用此質爲藥品印度近時亦用之並用鉮硫$_{3}$此鉮硫$_{2}$質其色紅爲天生之質又可用法取之鉮硫$_{2}$之分劑數其得一百零七地中所產者爲紅色之塊其面光如玻璃或遇見爲紅色之粉其用處在乎作顏料其性毒有一分在胃中變爲鉮養$_{3}$但人已死之後其鉮硫$_{2}$與鉮養$_{3}$俱可變爲鉮硫$_{3}$此因胃中消化腐爛之事發輕硫氣而得此變化也

鉮硫$_{3}$

此質之分劑數其得一百二十三地產者有之亦可用法取之即將輕硫氣行過含鉮養$_{3}$之水內尋常出售之鉮硫$_{3}$

礦爲鉮硫$_{3}$與鉮養$_{3}$相合者故較鉮硫$_{3}$更毒有一種名雄黃其最佳者從東方各國運進化學家苦里司脫生云化分此質而知其大半爲鉮硫$_{3}$另有鈣養若干每百分內約含硫黃十六分

鉮碘$_{3}$

此質爲橘皮紅色之粉無臭無味易於化散其取法將鉮一分與碘五分相和加熱即成有數種皮膚之舊病如麻瘋與魚鱗癬以八分釐之一爲一服漸加至四分釐之一爲一服可得大益覲下節含此質之藥品

鉮碘$_{3}$合汞碘之水（此爲阿書之方）

阿爾蘭京都醫士得納分於一千八百三十九年初用以爲藥而阿書中即載其取此藥之方以後阿書略依得納分之法而另設一方

取法（阿書）　將鉮之細粉六釐淨汞十六釐淨碘五十釐半醕半錢各物磨勻至得乾質漸加蒸水八兩而連磨之傾入玻璃瓶內加熱令沸待冷加蒸水足以配滿八兩六錢爲度

用醕之意令其三質化合所用之碘略足令其鉮變爲鉮碘$_{3}$此質之分劑數其得四百五十六又令其汞變爲汞碘其分劑數其得二百二十七依上設之比例爲之略得鉮

碘一分劑汞碘二分劑如欲得其兩質準有此比例應用鉀七十五釐汞二百釐碘六百三十五釐如依此比例取之則此藥可謂鉀碘合於汞碘之質此水每量杯中一兩含鉀養一釐汞養二釐碘六釐

此水之色得綠黃色其味濇如水中含嗼啡啞或鴉片則令其結成所含之汞與碘與鉀俱可用其特設之試法試之

蘇比蘭設法分取其鉀碘與汞碘後以水消化之令每水一百分含鉀碘一分汞碘一分此水較得納分所作之水稍濃

功用　此質有鉀與汞與碘三質合成之功用或用以治疔毒又用以治麻瘋與皮膚之病

服數　以十滴至半錢爲一服必謹慎漸加多服之與鉀之他種藥同

錯

化學家白西里由司於一千八百零三年考得此質得此質之礦在瑞典國西名昔來得譯曰重石取法將此礦與輕綠相和再加淡輕養徧蘇以酸分出其水所含之鐵又加淡輕至有餘令錯養結成將此結成之錯養再用輕綠消化之則得錯綠烘乾之與鉀相和則成鉀綠能消化於水中所餘之質爲錯粉其色灰加熱則燒而成錯養錯常與兩種金類和合卽銀與鏑難於分開卽如錯養與錯養含鏑養令其色爲黃或櫻但其原有之色爲白色

錯之能消化之鹽類質其味甜而濇如加鹼類或鹼類含炭養氣之質則結成黃白色之質如加至有餘亦不能消化如合於鈉養燐養則結成之質能在淡養水中消化如合於草酸或淡輕養草酸則結成之質能在淡養水中消化如合於鈉養硫養或鉀養硫養之濃水則結成鈉養硫養或鉀養硫養與錯養相合之質試法易於分辨將含錯之質與輕硫或沒石子沖水相和無結成之質如與鉀衰鐵相和則結成白色之質

錯養草酸

此質之原質爲錯養炭養爲不能消化之鹽類質取法將錯之能消化之鹽類質如錯綠等與淡輕養草酸水相和令其結成卽此質也此爲白色成顆粒之粉不消化於水加熱至紅則化分成紅櫻色之粉爲不淨之質在輕綠水內消化而不發泡所得之水可用試錯之法試之英書云如將此鹽類質與鉀養水相和加熱令沸而後濾之則所濾得之質遇淡輕綠水不應有變化之事如有結成之質則知其含鋁或銀如加醋酸至有餘再加鈣綠則結成白

色之質為鈣養草酸能消化於輕綠水內如將此質十釐加熱煆之則減重五釐至二釐

功用　此質功用與銀略同英國醫士辛伯生初用以為藥治婦人懷孕或妄言笑等病之嘔吐

服數　以一釐至二釐為一服可合龍膽草膏成丸服之

上海曹鍾秀繪圖
無錫徐華封校字

西藥大成卷三之六

英國　來拉　海得蘭　同撰
英國　傅蘭雅　口譯
新陽　趙元益　筆述

汞（以下四種為貴質金類）

汞之分劑數得一百俗名水銀西國俗名活銀自古以來各國俱有之羅馬人與阿喇伯人用以為外科之藥印度人初用以為內科之藥中國數處產之西班牙國之阿勒瑪墩奧地利國之以特里耶喀爾尼由勒南亞美利加數處俱產之舊金山近得水銀極多天成者有數處產之但尋常所得者為汞硫即硃砂間有與銀相合者又有與綠氣相合者俗名牛角汞其取法將汞硫合於鈣養或合於鐵而蒸之則其質與硫黃化合而水銀分出

形性　汞為金類之流質即在冷熱適中之時為流質光色如銀無臭無味重率得一三·五六八減熱至負四十度則凝成八面體能打薄如鉛因減熱而縮則重率加大至一四加熱至六百六十度則沸變為無色之霧此霧濃而重英國化學家法拉待云冷熱適中時能自變為霧在空氣中不加熱則不改變如加熱則與養氣化合成紅色之粉為汞養又成灰色之粉為汞養俗名黑汞養若加熱更大則放出其養氣汞與綠氣與溴化合之質各有二種與

碘化合之質有三種與硫化合之質有兩種一爲黑色一爲紅色又能與數種金類化合即如金銀鉛錫鉍鋅能與之化合成膏衰能與之化合成汞衰汞與養合成之質能與各種酸質化合成鹽類質最易與淡養化合雖用其淡者而不加熱亦能化合含汞之水內浸入紅銅片之光面者則有汞一薄層凝於其面如加輕硫則成黑色之汞硫如將鉀養或鈉養加入汞養所成鹽類質之水則成灰色之質如加入汞養鹽類質之水則成紅黃色之質如加淡輕則結成雙鹽類質即如汞養淡輕綠凡汞所成之鹽類質大半在後數節詳論之

試法　汞所含之異質有鉛錫鉍等既含異質則減其光如搖動之則其光更減將汞之小球移動於白紙面其行過處不應有痕迹如有之則知其含異質但淨汞之溼者亦常有痕迹尋常出售之汞應先濾之去其所含異質之小塊其重率應得一三·五加熱則應全化散將淨汞傾入冷硫强水中或沸輕綠水中則不消化故將所欲試之汞加入此兩種强水中再將其强水熬乾之不應有餘質所含之鉛錫鉍等金類可用尋常試法試之

近時將尋常出售之汞作藥品之用一千八百六十四年之英書有提淨汞質之方

取法　將尋常出售之汞三磅少加熱蒸出二磅半後將蒸得者合於淡輕綠水三錢即加蒸水九錢者加熱令沸洗之烘乾之

化學家疑汞之分劑數尚未定準其故因汞與他金類同形異質之相關難於得之有多化學家如步蘭德沛離拉傅尼司俱云紅色之汞養爲汞與養合成質之最難變化者故疑其爲養一分劑汞一分劑相合而成其灰色者疑爲汞二分劑養一分劑相合而成或爲汞一分劑養二分劑相合而成而汞與綠合成之質亦有同理即有汞綠常名汞綠又有汞綠依此理則汞之分劑數得一百此爲英書所定之數

反之如從含金類最少之雜質爲起則灰色之汞養必記之爲汞養其紅色者爲汞養又汞綠爲汞綠其汞綠仍爲汞綠依此理而計之則汞之分劑數爲二百此是倫書所定之數化學家多信從之然近時化學家以爲此事尚未查明不應改一千八百六十四年英書之名目因改之之後則汞鹽類質之名目俱混

汞雜質之功用　汞之雜質用處甚廣如欲得汞之輕性可用水銀丸俗名藍汞丸此丸內所含之汞分爲極細之點又含汞養若干或可用汞綠爲不能消化於水之質然

汞綠爲重性之藥服之最爲危險因其性大毒然亦不能
消化於水凡汞之藥品在胃中或腸中消化而入血內含
汞之藥能令血淡能減其非布里尼與血輪因此能減生
炎之事又因同緣故能收酸味等質如爲新炎症則能止
之如爲舊炎症則能助血收其結成之料若病已甚重則
汞不及銻因顯其功力更遲然用汞所得之益處更能耐
久如肺胞膜肝腦生炎其功用甚大痛風風溼病服之亦
得大益如連服汞劑至齦肉紅腫或略痛則知汞已滿量
不必再用
汞不但能治各種炎症又能治各種疔毒病大有功用因

徑能專治此病也如初患此病瘡處不加深身力不甚減
則汞爲各種藥品中之最佳者服法必先與鴉片相合則
無從大便瀉出之弊即如因疔毒而眼簾生炎爲必不可
少之藥又如骨衣生炎等病服汞劑其功用不及鉀碘汞
入血中有感動血之性情謂之改血藥而改血藥中汞居
其首
汞入血中若干時後則行過核而出能感動所有之津液
又爲發汗藥利小便藥生津藥又爲逐膽汁藥與瀉藥如
用爲瀉藥則必先因感動肝臟而得泄瀉此爲常用之法
而汞劑可獨用之又可合於他種瀉藥服之如其人體胖

而血多或有不消化之病或痛風病可服此令瀉大有功
效小兒服之亦最平穩汞綠等劑可用於霍亂吐瀉病醫
士或多用之或疑其無大功用凡瘰癧病瘧病血虛病服
此藥或能感動肝臟令身得益
各種汞藥亦可於外科中用之即如疔毒瘡楊梅瘡可用
汞與養合成之質爲黑色洗水或黃色洗水又水銀油膏
內含汞養少許並含多汞可搽於皮外爲行血改血之用
或由皮膚收進而顯出汞藥之性汞綠可爲洗藥能惹皮
膚而有收斂之性如用其更淡者可爲楊梅瘡洗藥汞養
油膏可搽舊瘡之不改變者爲感動之之用汞養淡輕綠

油膏爲輕弔炎藥汞養淡養油膏爲行血之藥可治眼蓋
內皮生炎

含汞之藥

汞有金類之形常言其無功用然有數種藥用水銀原質
合於其內雖未變化可服之而得其大益此各藥內或將
水銀合於乾粉或合於膏質或合於油質磨之極勻則水
銀不能分辨因其粒甚小目力不能見也用尋常顯微鏡
亦不能見之惟用最深顯微鏡能見其小圓粒此各藥內
之水銀謂之死銀其藥大半爲深灰色其汞少許與養氣
化合然其大半人目雖不能見仍爲汞之小粒如將此藥

少許置於黃金或銀之面以手擦之則易顯出水銀之痕迹

水銀散 俗名銀灰散

形性　此散重而色灰無臭少有金類之味又有白石粉之味不能消化於水但其白石粉遇酸質則放炭養氣

取法　將水銀一兩提淨白石粉二兩在瓷乳鉢內磨之極勻至目不能分出水銀之原粒其料之色勻淨全爲灰色

大造藥材之肆用大桶盛料以汽機磨勻轉動極速依此法爲之極易勻淨

此散每重三分含水銀一分此水銀成極細之點服之有感動之性依倫書之方取之每重八分含水銀三分如加大熱則水銀飛散所餘者爲白石粉如浸於醋酸內則消化其白石粉所餘者爲水銀磨勻之時或有水銀少許與養氣化合如依非勒白所設之取法則將白石粉先加水若干或依舊阿書之方將水銀先合於瑪那用此二法所有與養氣化合之汞更多化學家納分司查得含汞養少許之據每百釐內約含半釐納分司之查驗法將白石粉以輕綠消化之如含汞養則必變爲汞綠將其餘質洗之以淡淡養消化之化盡其水銀則餘下者有白色之粉爲汞綠將此質合遇鉀養水等變爲黑色此爲其據見藥品記錄第四本第四百十二頁

試法　加熱則化散其若干分餘者無色浸於醋酸內能發泡能發沸而全消化所有消化之水合於輕硫不變黑色然此藥極難磨勻尋常出買者間能見水銀之小粒

畏忌　酸質酸性鹽類質含硫養之質鉛養醋酸

功用　爲輕改血藥與瀉藥又可爲滅酸藥

服數　以五釐至半錢爲成人之一服二釐至五釐爲小兒之一服必與粉或糖或膠等質相和服之

水銀丸 俗名藍汞丸

此藥色藍質軟內含水銀分爲極細之點惟有少許與養氣化合

取法　將汞二兩玫瑰花膏三兩磨勻至不能見水銀之小粒爲度再加甘草細粉一兩磨勻之

大造藥材之肆俱用汽機之力磨勻藥料大得其益因其功用與磨勻藥料之工夫有相關有人設法先加司替阿里尼後加玫瑰花膏司託大所設之法見藥品記錄第十五本第三百二十二頁將水銀先與甘草粉磨勻凡水銀丸磨於紙上其迹內不應顯水銀之小粒每重三分含水銀一分納分司曾化分此丸云每丸一百釐內含汞養約四分釐之三見藥品記錄第

四本第四百十二頁如將此丸以沸水消化而洗之再加銀綠不應顯出含硫養之據間有貪利藥材肆因出售玫瑰花膏以色深爲要則加硫養水得更深之色此質與水銀相合成二汞養硫養爲大毒之藥易以銀綠試法分辨之

功用　爲改血藥瀉藥用此藥能令體內多含水銀如疔毒與數種生炎之病可服之

服數　三釐至五釐或多至十五釐爲一服爲瀉藥用五釐者朝晚服之以齦腫爲度間有加鴉片少許令水銀無瀉性此丸每三釐含水銀一釐

水銀油膏　俗名藍汞膏

水銀膏古時羅馬人曾用之布里尼云汞有毒性但用以作膏摩於肚腹之上能得其益可止便血後阿喇伯國人用之復從阿喇伯國傳回歐洲各國用之

取法　將汞一磅提淨豬油一磅提淨牛羊油一兩磨勻至水銀細粒不見爲度

磨勻之後能令水銀細粒隱而不顯另有水銀若干與養氣化合然化學家詳細化分此藥云並不含汞與養氣化合之質而因此藥之功用與其磨細之工夫有比例如磨勻之工不足則無含養氣之質在內或言用乳鉢磨勻其工力不敷用顯微鏡能見其小粒須用汽機之力磨勻而

每磨若干時將其料置於多風處共需數十日方成造藥之肆或設法將其料先與舊水銀膏相和又蘇比蘭設法將豬油鋪於煖室中成薄層或半月至數月俱可復取出與水銀相和近時有人考得便法用鉀養硫養或鉀養淡養少許添入其內則水銀早能隱而不顯

化學家奇布特夫苟勒婆來俱言屢次試驗水銀膏其水銀大半不變化祇成細點而已奇布特言查此水銀膏每二百分有汞養一分與油類之酸質相合然苦里司脫生言曾化分此膏得汞養之數頗多如用長玻璃筒化此水銀膏則水銀分出沈於筒底油浮於上成黃色之質幾能

透光如將輕硫氣通過此油則變爲深黑色雖濾之其色仍存或將此油與淡醋酸相和加熱至一百五十度置瓶中搖動之換入醋酸數次依前法爲之再通過輕硫氣則多有黑色之質結成爲汞硫可見其油內必含汞養與油中之酸質相合苦里司脫生又言每水銀膏一百分含汞養一分即所用之汞之五十分之一有此變化化學家得納分於數年前設法知融化之水銀膏其上層含原水銀之五分之一然其能顯水銀粒之性仍存故以爲此膏之上層幾分爲豬油與不變化之水銀相合又有幾分爲汞養與豬油相合之質又言其爲藥之功用恃此一分醫學

家巴黎司於舊時藥品書言明用汞養作此膏較之用汞更佳若里司脫生言水銀膏有功用之一分或為原含之汞養或為搽於皮膚時所成之汞養醫學家貝倫司布倫云膏內之油質變酸俱因所成之汞養此質為膏內有功用之一分見藥品記錄第十本第五百五十四篇

試法　尋常出售之水銀膏其製合之法太粗或用水銀太少分辨之法可與上等水銀膏比較其顏色又可權其重率應得一·七八擦於紙面不應有小圓粒顯出用第四號顯微鏡觀之亦不應顯出惟用極大力之顯微鏡觀之能見其無數小圓粒見藥品記錄第三本第三百九十九篇　如將此膏浸於沸水中則油與水銀自然分開浸於以脫中亦然將所分出之水銀權得其輕重能知配膏之料合比例與否有貪利藥材肆因用水銀太少嫌其青色太淡則加普魯士藍至與真水銀膏同色為度

功用　或搽皮膚或服之俱能令身體收水銀至飽足而齦腫如瘡之由於疔毒者可用此膏搽於患處令所蓋之布不致黏連

服數　此膏內水銀與豬油等重將半錢至一錢朝晚搽於腋下或腿彎或別便當處不久則身內含水銀飽足牙齦浮腫病者不可着冷亦不可換衣服搽此膏者必用膀胱皮一層襯手為要歐洲他國醫士用此膏二釐至五釐與甘草膏相和成丸病者服之則身內含水銀易於飽足凡欲急用水銀之劑可用此法如在熱地亦可用之

水銀雜油膏

取法　將水銀油膏六兩黃蠟三兩橄欖油三兩樟腦一兩半將蠟先加小熱與油調和待冷將凝結時加樟腦細粉並水銀油膏調和至極勻為度

此藥於一千八百六十七年載入英書較水銀膏更淡因前膏內水銀約居其半且此膏有香氣可聞也

水銀雜洗藥

取法　將水銀油膏一兩樟腦洗水一兩漸加熱調和漸添淡輕水一兩盛於瓶內搖動而調和之

功用　此為流質水銀油膏與感動皮膚藥相和較之前兩種功用略同能令久不能愈之瘤散開又能令生炎處餘料為血所收開有用以令身體速收水銀至飽足因能感動身內之清汁也此藥內豬油與淡輕相合成肥皂類此物能收水銀令不沈下

水銀硬膏

取法　將水銀三兩橄欖油一錢硫黃花八釐鉛膏六兩先將油加熱漸添硫黃漸調至和勻再加水銀在乳鉢內

磨至不見水銀小粒爲度又將鉛膏另融化之添入前藥中調和之倫書作此膏之方汞居其五分之一英書之方汞居三分之一

一千八百六十四年英書作此膏之方與上方異因含硫黃稍多與倫書之方所作者略同

功用　作硬膏鋪於患處則能感動血內清汁而分之無論交節久腫或核腫或肝脾久病俱可用之

水銀阿摩尼阿古末硬膏

取法　將硫黃八釐橄欖油一錢少加熱漸添入調和極勻再加入水銀三兩在乳鉢內磨勻至不見水銀小粒爲度另將阿摩尼阿古末十二兩融化之與前料相合磨至極勻爲度

功用　其功用與前膏略同醫家以爲較前膏之性更重如核與交節腫脹或瘤久不散用此膏可治

水銀外塞藥

取法　將水銀膏六十釐偏蘇以克豬油二十釐白蠟二十釐替亞布路瑪油八十釐先將豬油蠟與替亞布路瑪油少加熱和勻後添水銀膏與各料和勻乘其未凝結時傾入模內每模能容十五釐或待冷將其料分爲十二等分每分搓成圓柱形或別種形以便作外塞之用

此藥於一千八百六十七年載入英書如肛門瘻管痔瘡赤白久痢等病俱可用之

汞養　又名汞養又名煆汞養

汞養之分劑數共得二百零八爲深灰色之粉無臭無味其質重重率得一〇六九不能消化於水見光則易化分熱至二百十二度亦能化分其大半變爲汞餘者與養氣化合其色變黃或變爲橄欖色加熱至六百度則全化散加入醋酸內或淡硝強水內則易消化再加鹼類則結成沈下如在其鹽類質水中加輕綠或能消化之含綠氣之質則結成白色之質爲汞綠如加鉀養或輕硫則結成黑色之質如加淨紅銅一塊則其汞結於銅面取此質之法將汞綠與鈣養水相和則水內有鈣綠而汞養結成沈下加熱烘乾熱不可甚大亦不可見日光水銀散水銀丸水銀油膏各藥內有自成汞養少許每百分內含汞九六·二分養三·八分近時汞養不列於正藥品內

功用　爲輕性之水銀劑其原質不定故內科中不用此藥即用之亦必極少化學家得納分云水銀油膏應用汞養爲之

服數　以一釐至五釐爲一服或用之爲滅臭藥外科中用以作油膏將汞養一分豬油三分或五分和勻之又用

以作黑色洗水。

水銀黑色洗水 俗名黑洗水

取法　將汞綠三十釐，鈣養水十兩，和勻之。

此藥於一千八百六十七年載入英書各處醫院，久已用之，又用爲洗疔毒瘡之水

汞養 又名紅色汞養又名汞養又名汞養淡養五又名煆汞養

汞養之分劑數共得一百零八，久用之爲藥，古人奇巴能作此藥而用之。

形性　汞養爲橘皮紅色之粉，無臭味，似金類而可憎，重率略得一一·○，幾不能消化於水，惟沸水中稍能消化，每水十六兩能消化其一釐，即水七千分能消化其一分。醫士拜加云，查此質消化之數，每水一千分能消化其○·六二分，光與熱俱能令其化分而變色，加熱至不及紅色，即放養氣，而水銀化散，易在淡養五或輕綠內消化，又易在醋酸或輕衰酸內消化，每百分內含汞九二·七分，養七·三分，共得一百分。

取此質之法，將水銀盛於小口瓶內，加熱至六百度，連加熱若干時，變成汞養，爲紅色鱗形之粒，又法，將汞綠水與鉀養水相和，所結成之質爲汞養，取出，少加熱烘乾之，其式爲

汞綠丄鉀養〡〡鉀綠丄汞養

又有法，將汞養淡養五加熱，則漸化分變爲汞養，此爲英書之法，即與倫書取汞養淡養五之法相似。

取法　將水銀八兩，硝強水四兩半，水二兩，先將水與硝強水相和，滴入水銀之半，熬乾其水，將所得之乾粉置乳鉢內，加其餘水銀磨勻，所得之質盛於瓷鍋中，加熱連調之，至不發酸性之霧爲度，待冷盛於瓶中塞密之。

依此法取之，初成者爲汞養淡養五，其淡養五之一分放養氣一分劑爲汞所收，即有淡養四放出，其式爲

汞丄二淡養五〡〡汞養淡養五丄淡養四

再將水銀之一半合於前所得之汞養淡養五磨勻加熱，則汞養淡養五爲水銀所化分，即得汞養爲橘皮紅色之粉，其式爲

汞丄汞養淡養五〡〡二汞養丄淡養四

所得之質未免含汞養淡養五若干，如用淡養五過多，則必含此質，其汞養淡養五受熱之時，則放淡養四氣，所以將紅色汞養置試筒內加熱，所放者應爲養氣，如放橘皮紅色之霧則爲淡養四氣

化學家步蘭德云，大造此藥之法，用水銀一百磅，配重率一·四八之淡養五四十八磅，應造成汞養一百十二磅。

將汞養以輕綠消化之則可用汞綠之試法辨之觀汞綠節

試法　加熱則放養氣餘質爲汞之原粒或汞全化散藥肆中或加紅色之土或磨刀粉或鐵養或鉛養用加熱法試之此各異質不能化散如將汞養加熱應不放淡養四之霧又應全消化於輕綠水內如將汞養浸於水中加熱令沸或在水中洗之加銀養淡養五水如無結成之質則知其不含汞綠

功用　爲引病外出藥行氣藥久不愈之瘡將此藥粉敷之可愈皮膚生小粒可用此作烙炙藥去之又有一種藥俗名黃色洗水此水內有消化之鈣綠另有黃色之汞養

輕養亦可用之其功力略同但用時必搖動其瓶令其不消化之料和勻或將汞養成丸以八分釐之一至一釐爲一服然此藥之性情究未定準勿用爲妙

水銀黃色洗水俗名黃洗水

取法　將汞綠十八釐鈣養水十兩調和之

此藥於一千八百六十七年載入英書可洗疔毒瘡與久不能愈之瘡

汞養油膏又名紅汞養油膏

取法　將紅汞養細粉六十二釐黃蠟四分兩之一杏仁油四分兩之三先將蠟少加熱融化與油和勻將凝結時加汞養和勻之此膏之濃比阿書之方所作者得四分之一

此膏之新作者得光紅色但因汞養易變化而放養氣則其膏先變爲灰紅色後變爲藍灰色

功用　爲行血氣藥久不能愈之瘡可用之眼瞼炎症亦可點之

汞碘又名綠色汞碘

汞碘之分劑數共得三百二十七近時列入藥品初用者爲法國醫士科恩台也此藥成重而綠黃色之粉加熱則化散不能消化於水與醕內亦不能消化於鈉綠之淡水

內但易化分而放其碘能消化於以脫與酸質內見光能化分加熱則變紅待冷則變黃色加極大之熱則化爲汞與紅色汞碘此藥每百分內含汞五五·五分碘四四·五分共得一百分

取法　將水銀一兩碘二百七十八釐磨勻漸加正酒醕至水銀小粒不見全變綠色爲度將其粉置暗室中多遇空氣至乾存於暗色玻璃瓶中塞密之

汞與碘照以上之比例配合磨勻則生大熱故備此藥者必慎之因其熱過大則有扯裂之危險也加醕之故因欲消化其碘令碘與水銀易相合而水銀即變化而不見初

時有汞碘變成其䤄能令此汞碘與汞相合卽成汞碘又有作汞碘之法將鉀碘水與汞養淡養水相和其淡養必有餘所結成之質卽是觀蘇比蘭書第二卷五百十五篇

試法　此藥得暗綠色之粉不易消化見光則變更暗之色置試筒內漸加熱則化散成黃色之粉爲汞碘將此粉磨之則變紅色而有水銀之小粒分出此藥不能消化於鈉綠水內如含異質則用上法試之其異質必顯出如見熱或光則分化分成汞與紅汞碘

功用　爲惹胃之毒藥如人有瘰癧病而同時有疔毒服之能改血而行氣汞碘與汞碘久服之能顯出汞之性情

服數　以一釐至三釐爲一服如將其一分合於豬油八分磨勻成膏可搽瘰癧所成之瘡

汞碘又名紅汞碘

此質之分劑數共得二百二十七成大紅色粉不能消化於水漸加熱則化散再凝結成鱗形顆粒不久卽變黃色待冷則變紅色沸正酒䤄內能消化其若干分待冷卽結成顆粒能消化於鉀碘熱水內與汞綠熱水內待冷再能凝結能全消化於鈉綠濃水內此水每百分必含鈉綠四十分有二百十二度之熱方能消化待冷再凝結成美觀紅色顆粒可用此法與汞碘分辨之因汞碘不能在鹽水

中消化也此藥有一奇性因所成之顆粒與加熱令其化散之熱度有相關且其顆粒原爲黃色將硬物捶之立變紅色

取法　取此質之法卽與取汞碘之法同但所用之水銀必爲其一半英書之取法用結成法取之阿書之舊方亦然

英書之取法將汞綠四兩以蒸水三升消化之另鉀碘五兩以蒸水一升消化之將兩水調和自能生熱待冷至同於空氣之熱度將其上面之水從其結成之質傾出以紙濾取其定質用淨冷水洗兩次加熱在二百十二度以內

烘乾之

兩水和勻時必自生熱其汞綠與鉀碘彼此化分結成者爲汞碘消化於水者爲鉀綠所成之粉爲紅色而有細顆粒之形

試法　稍加熱則變黃色幾不能消化於水稍能消化於䤄內易消化於以脫內又能在沸鉀碘水或鈉綠水內消化如浸於鈉養水中則能化分變爲紅櫻色而有鈉碘變成如濾其水加淡養令得酸性再加小粉水則變藍色如將汞碘加熱至紅應能全化散沸離拉云如含汞硫爲異質可與鉀養相和加熱鎔化再加强水則有輕硫放出如

與鉀養炭養相和置鍋中加熱則先有水銀化散而後結成所餘之質爲鉀碘可用試鉀碘之法辨之

功用　爲惹胃之毒藥瘰癧病之人服此則爲改血藥然內科中不常用之外科中用之作烙炙藥

服數　以十六分釐之一至八分釐之一爲一服或成丸服之或消化於醕內服之

紅汞碘油膏

取法　將紅汞碘細粉十六釐尋常油膏一兩磨勻此膏之濃比阿書方所作者得四分之一

功用　爲瘡類之行血氣藥

汞二綠　又名輕粉

汞二綠之分劑數共得二三五五在西班牙與喀爾尼由勒能得其天生者俗名牛角汞印度國自古以來能作此藥而服之英國醫士傳勒明與恩司里俱論及此事於一千六百零八年歐洲諸國初用之爲藥一千八百六十四年作英書之人依沛離拉步蘭德等化學家之說命汞之分劑數爲一百故性平和者謂之汞二綠而其性烈而毒者謂之汞綠但名目既改之後大爲不便易生危險之事故後來稱其毒者爲多綠之質而依此法分辨之一千八百六十七年英書云凡醫士與藥肆必愼記前人所謂汞綠近改爲汞二綠前人所謂汞綠近改爲汞綠又謂之多綠之汞質此爲要說

形性　汞二綠之顆粒成四邊柱形兩端有四邊錐形如依

第三十二圖

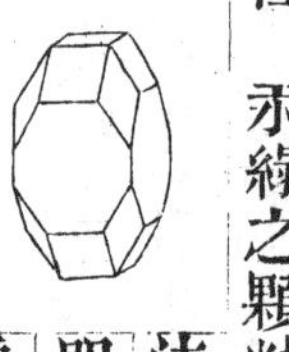

法取之則得方柱形顆粒內含明質有明顯之質紋能發光點半透光略有牛角之形稍有凹凸力此爲步蘭德書中之說重率得七二如刮之則顯黃色之痕迹尋常所見之汞二綠爲重粉嘗之無味但其粗細與白色之深淡不定如用浸水之法取之則得淡黃色或黃紅色之粉如令在空氣中凝結則得雪白之粉以手撚之不覺有小粒如置於

小器中加熱蒸之則變爲韌質如牛角磨成粉則帶黃色見光則變更深之色加熱則變正黃色加大熱則化散不能消化於淨水醕與以脫之內如加入水內沸之另加鹼類或綠氣之質則能消化其若干分如加入鹼類水中或鈣養水中則立變黑色此因汞二養結成而與綠氣化合如令遇綠氣則變成汞綠如遇沸輕綠亦變爲汞綠如加入硝強水或硫強水則汞之半分變爲汞綠其餘一半變爲汞養淡養五或汞養硫養三即有淡養四或硫養三放出如消化於錫綠水中則有水銀結成而其錫與綠氣化合如將汞綠與鈉養炭養二相和加熱則有水銀化散分出此質每百分

內含汞八十五分綠十五分

取法　將汞養硫養$_3$十兩沸蒸水足以消化爲度加水銀七兩磨勻至水銀細粒不見爲度加乾鈉綠五兩在乳鉢內磨勻至久必將此料置甑中蒸之其甑必通至凝房此房之尺寸必足以令所進之霧在房中凝成細粉落下不黏於房之牆上成皮後將所成之粉以沸蒸水洗之數次至所洗過之水加入淡輕$_4$硫一滴不變黑色爲度加熱在二百十二度以內烘乾之存於不透光之瓶中塞密之

汞養硫養$_3$（觀後汞養硫養節）載於倫書者謂之汞養二硫養$_3$近時化學家定其爲中立性之鹽類質其原質爲汞養硫養$_3$與鈉綠相和加熱則化分設令其徑化分則鈉綠之綠合於汞成汞綠而其鈉合於養氣再合於硫養成鈉養硫養$_3$故必有繞道之法成之將汞一分劑與汞養硫養$_3$相和磨勻則成汞$_2$養硫養$_3$其式爲

汞養硫養$_3$＋汞＝汞$_2$養硫養$_3$

將此質與鈉綠相和蒸之則綠氣與汞二分劑相合成汞$_2$綠所餘者爲鈉養硫養$_3$其式爲

汞$_2$養硫養$_3$＋鈉綠＝汞$_2$綠＋鈉養硫養$_3$

蒸時常有水銀少許分出又有汞綠發出或所成之汞$_2$綠凝結之時分爲汞與汞綠故用法洗之數次設偶有此兩物在內能去之至盡英書之法用沸水洗之最妙之法先用冷蒸水洗之後漸易更熱之水有數處地出之水因含鹽類質則用爲洗此質之水能令其汞$_2$綠化分此質內之汞綠易於消化故用洗過之水加入鉀養水少許則結成黃紅色之質或加淡輕$_3$水則結成白色之質

依上法造汞$_2$綠洗時不可粗忽須得白色之粉而以手指撚之幾不覺有細粒爲要化學家瞿韋勒設法令其凝房滿足水氣或滿以水即得上等之汞$_2$綠而得國家準其獨造之據不許他人效法後有法國京都化學家恆里加益於此法法國藥品書曾載其法名此藥謂汽內所成之乾汞$_2$綠英國有數化學家造此藥久用大凝房內滿空氣（觀藥品記錄第二本第五百八十六頁與六百五十七頁）後有蘇比蘭亦用此法第房中所進之氣爲冷氣此法即斯都德加得之化學家但那所用者英書之法用大凝房造此藥

如在水中可凝結則得極細之粉阿書用此法然醫士喜用空氣中凝結者此質又名西里汞$_2$綠法人謂之白結成取之之法將汞$_2$養淡養$_5$水合於鈉綠水將所結成之質以水屢次洗之又化學家胡拉與薩土里由司用極濃汞綠水加熱至一百二十二度令硫養$_2$氣行過則結成汞$_2$綠爲美觀之顆粒

化學家湯勿生設法令汞與綠徑化合其法令綠氣與汞之霧化合於一器內其數與汞綠之分劑數相合則含汞綠與汞綠之分劑數相合則含汞綠

試法　加熱蒸之不應有餘下之質其色白置乳鉢內磨之則變黃色如與鉀養相和則變色再加熱則有汞之細粒分出如用蒸水洗之將洗過之水加銀養淡養或鈣養水或輕硫不應有結成之質設其水內有消化之汞綠則加銀養淡養有銀綠結成加鈣養水有黃色之汞養結成加輕硫有黑色之汞硫結成如將硫養以脫加熱盛於瓶內加汞綠而搖動其瓶再濾之將其以脫熬乾不應有餘質如含汞綠則爲以脫所消化所結成之質爲汞養凡白色之汞綠未必爲極細者因有數種成顆粒者其色最白又有數種用顯微鏡能見其顆粒之形者其色亦最白或將汞綠淡輕觀後本節與銀養硫養相和以代汞綠出售歐洲各國皆有之又有人將汞綠多加銀養硫養出售俱爲貪利起見易爲所誤觀藥品記錄第二本第七百二十八頁　此質之最佳者成於空氣之內或凝結於冷風之中服之則較別法造成者更能有效

畏忌　鹼類質與其含炭養之質鈣養水鹼類含綠氣之質淡輕綠强水類金類並金類與硫化合之質

功用　爲改血行氣重瀉等藥能減熱氣能治疔毒醫家喜用其凝成者然其結成者因得極細之粉其功用亦同

服數　爲改血之用以一釐爲一服爲瀉藥之用以三釐至五釐爲一服用此藥三釐加鴉片少許相和一日二三服則能令身內速收水銀至飽足有數種病服十釐至二十釐爲平火安心之藥

汞綠雜丸　又名普勒瑪丸

取法　將汞綠一兩銻硫二銻養一兩磨勻加古阿以苦末膠粉二兩蓖麻油一兩或加或減以足用爲度磨勻成膏作丸每丸重五釐內含汞綠一釐此丸如存之過久則化分而成汞硫與銻綠

功用　爲改血與發汗之用以五釐爲一服爲瀉藥之用以二十釐爲一服醫士普勒瑪云凡作此丸其材料必久磨至極勻爲要否則其功用必減

汞綠鴉片丸　此爲蘇書之方

取法　將汞綠三分鴉片一分紅玫瑰花膏以足用爲度相和成膏分作丸每丸內含汞綠二釐

功用　爲發汗藥與減熱氣藥每三四小時服一丸則令身體速收水銀至飽足

汞綠油膏

取法　將汞綠八十釐提淨豬油一兩磨勻之數種皮膚生點之病用此膏頗有功效法國有方每汞綠一分或二分配豬油八分另加橄欖油之類沛離拉云每汞綠一錢應配豬油一兩湯勿生云此油膏內加柏油西名他爾之油膏四錢可治痲瘋與皮膚乾病並別種皮乾生鱗形之病

汞綠又名汞綠

汞綠一物印度人久知之梵語謂之勒思揩婆爾觀印度藥品書第四十五頁中國亦久有此藥阿喇伯國奇巴於西歷八百年以前有法能取之此質不但藥品中多用即工藝中用處亦不少

凡醫士開方必知前名汞綠即倫書中之名現改爲汞綠又謂之多綠之汞此爲英書之名

形性　汞綠之分劑數共得一三五五色白味辣有金類之味在口中良久不散無臭或成小顆粒或成半透光重顆粒重率約得五二結成之顆粒爲斜方柱形間有兩端成斜平面其顆粒易於成粉久遇空氣則在角處生霜形之質加熱則先融化而後飛散能消化於水醕與以脫之內

第三十三圖

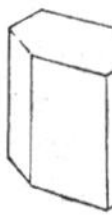

沸水三分或冷水十六分俱能消化其一分水中加鈉綠或淡輕綠則消化更易觀後節醕三分能消化其一分以脫消化之數較醕更多所以水內含汞綠或生物質加汞綠可用以脫收之如遇生物質又見日光則化分成汞綠與汞用淡養或輕綠能消化之而不變化如加鉀養或鈉養或鈣養則有黃色汞養結成沉下後變爲紅色如加淡輕則結成白色之質爲汞綠淡輕觀後本節如加鹼類與炭養合成之質則結成紅色之質爲汞養炭養如加輕硫則先結成灰色之質後變黑色之質爲汞硫如加鉀衰則結成白色之質爲鉀衰汞如加鉀碘則先結成黃色之質後變光紅色之質即汞碘如與錫綠相和則收汞綠內綠氣之半

變成錫綠而汞綠變爲汞綠如加錫綠更多至有餘則多收綠氣而汞分出成細粒沉下所以加錫綠先成白色之質後成黑色之質如令汞綠遇數種金類如銅與銀即能化分之與綠氣相合而放出其汞近時醫家夫蘭布敦用銀化分之將汞綠一釐與銀數釐相和成黑色之粉將此粉置小試筒內筒底有泡形加熱則泡內有汞之細粒成彎形黏於泡內汞綠能與汞化合變爲汞綠昔時成汞綠即用此法如將汞綠與黃金相合再通電氣則速化分汞即合於金成膏小試之法用以辨別水內含汞綠與否爲最便其法將金器之面擦光如金錢等將所欲辨別之水

一滴滴於其上用小刀之尖醮於水內或用小鐵鎖匙與鐵相合同時切金與水如其水爲汞綠水則汞綠化分而金面有銀之痕迹爲水銀所成其鋼與金與汞綠水相遇成電氣因此汞綠易於化分此爲極細之試法人有誤食汞綠者則有醫士白可辣之法將極細之鐵屑與金粉并合吞下則遇腹內之汞綠令其化分成汞與綠此兩物無害於人如將汞綠水與銀養淡養相和有結成之質此質不能消化於淡養水內則爲銀綠可知其水中含綠氣此法可辨別汞綠之含綠

如誤食此藥在胃中能遇植物質與動物質故必查考汞綠與此各質化合之性情如何大半藥品中植物質沖水煮水及尋常之食物遇汞綠則化分之如同時見日光則化分更易又如將汞綠與定質油或自散油磨勻則能化分與糖水相合令沸亦能化分又與數種植物質之料相遇能與之化合即如漬汞綠水之木是也如汞綠遇麥內之哥路登則化分之性更猛略與動物質相同化學家俱試汞綠與蛋清相和所得之變化法將蛋清消化之用汞綠水滴入其中則結成白色片形之質此質烘乾則硬而脆略似牛角如將此硬脆之質與淡輕水相和磨勻之則不變黑色如與醋酸相和則無色白而不消化之餘質此二法能証其不含汞綠化學家辣西納會化分此結成之質每百分得汞綠六四五分阿勒布門內質即蛋白九三·五五分又如將此質加入多含阿勒布門水內則能消化加入汞綠水中亦能消化醫家俱以爲此結成之質不能消化在胃中無有藥性顯出故誤服汞綠者可多服蛋白解之又有醫士云汞綠與生物質相遇則放其綠氣半分變成汞綠

取汞綠之法令其原質相遇自能變成化學家湯勿生設法多造將水銀加熱三百度至四百度令綠氣行過之又有設法造之者但尋常取法用汞養硫養合於鈉綠

取法　將汞養硫養二十兩乾鈉綠細粉十六兩磨勻之再加錳養細粉一兩置乳鉢內磨之極勻將其料置甑中加熱足以令汞綠之霧升至器內冷處凝結

汞養硫養與鈉綠彼此化分其綠與汞化合而硫養與養氣爲鈉所收成鈉養硫養此質存於甁中其式爲

汞養硫養丄鈉綠＝汞綠丄鈉養硫養

錳養放養氣則助鈉綠化分且令其不成汞綠

試法　汞綠之性情前已詳述如欲考其質之淨否可用下法試之加熱則先融而後化分能全消化於水內又能全消化於正酒醋硫以脫之內如含定質爲異質則加熱

令化散其餘異質卽存而不散如含汞綠則此質不能消化於水每汞綠一分與以脫五六分相和則能收盡其汞綠

畏忌　鹼類與其含炭養之質鈣養水肥皂打打伊密的銀養淡養鉛養醋酸鉀碘鉀硫數種金類質苦味或收歛植物質之沖水數種動物植物質消化之水

功用　爲消蝕物質藥惹胃毒藥服數釐足以毒死令腦氣筋呆滯且多顯水銀之性服之極少則爲上等改血藥如疥毒與第二等疥毒並皮膚久病均可治之如依尋常之法服之不令牙齦腫脹

服數　以十六分釐之一至六分釐之一成丸爲一服或先消化於水然後服之觀後節　外科中用作洗藥以半釐至二釐消化於水一兩之內

汞綠水

取法　將汞綠十釐淡輕綠十釐消化於水一升之內此爲倫書之方一千八百六十七年載入英書

加淡輕綠之故欲令其易消化於水與昔人加鹽之意相同如不加淡輕綠亦能全消化於水第爲時稍久耳

服數　以半錢至二錢沖入潤性流質中服之每一兩內含汞綠半釐几用汞綠一小服極難秤準用此水則易於

量準故一千八百六十四年之英書漏去此方大爲不便

解法　阿勒布門卽與蛋清相和之質服後卽服沒石子沖水或兒茶沖水又乳麥內之哥路登麪粉鎂養輕養鐵硫然鐵硫一質必速服之不可在服汞綠後十五分時以外服之鐵屑或鐵屑合於金屑同時必用減熱氣藥與解別種毒藥之法同用鴉片亦能平火安心但各法內用蛋清內之阿勒布門爲最佳因一箇蛋之蛋清足以滅汞綠四釐令其不能消化

汞綠淡輕

此質之分劑數共得二五一·五化學家勒立於西歷一千

三百年以前考得之其作法將汞綠與淡輕相合或成大塊或成重而色白之粉無臭有金類之味不能消化於水醕與以脫之內加熱則化分成汞綠與淡輕與淡氣如加入沸水內則化爲淡輕綠與黃色之汞養如與硫養或淡養或輕綠相和則消化而同時化分如合於鉀養烙炙水加熱則放淡輕而成鉀綠此質亦消化所餘之質爲不淨之汞養化學家尙未能定此藥之原質並其變成之理惟醫士開那論此物之理最簡最妙故化學家大半信從之淡輕西名阿美弟眞其分劑數得十六此爲虛而無憑之質與淡輕之意略同能與金類化合與養氣綠氣衰等相

同所成之質謂之阿美弟類若以淡輕$_3$與汞綠水相和則淡輕$_3$之一分劑化分而變爲淡輕$_2$與輕其輕收綠氣一分劑之綠成輕綠與淡輕$_2$第二分劑化合又同時其淡輕$_2$放其綠氣與汞綠第二分劑化合成雙鹽類質爲汞$_2$綠淡輕$_2$此質即本欵所論者其式爲

二淡輕$_3$丄二汞綠‖汞$_2$綠淡輕$_2$丄淡輕$_3$輕綠

可見其淡輕$_2$代汞綠之綠而所成之汞淡輕$_2$合於未化分之汞綠前言汞$_2$綠淡輕$_2$能在沸水內化分而成汞養與淡輕$_4$綠其式爲

汞$_2$綠淡輕$_2$丄二輕養‖二汞養丄淡輕$_3$輕綠

取法　將汞綠三兩以蒸水三升少加熱消化之將所得之水與淡輕$_3$水四兩相和必調攪不停有結成之質以紙濾之用冷蒸水洗之至所洗過之水滴入銀養淡養$_5$水之加硝強水令得酸性者無有結成之質爲度加熱在二百十二度以內令乾

此取法中之變化前已言明而必洗其粉者因欲去其淡輕$_4$綠與汞綠也

試法　藥材肆常將此質加入別種白粉以謀利常用之粉爲鈣養炭養$_2$鉛養炭養$_2$汞$_2$綠小粉鈣養硫養$_3$鋇養硫養$_3$如加熱應全化散如加入輕綠水中應全消化而不發泡如發泡則知含有炭養$_2$氣之鹽類質如消化於醋酸內加入鉀碘不應有結成之質如結成黃色之質則知其含鉛如結成藍色之質則知其含小粉如將此質加入鈣養水而磨勻之不應變黑色如變黑色則知其含汞$_2$綠如將此質與鉀養水相和加熱則變黃色而放出淡輕$_3$無有別種白色之質有此性者

畏忌　酸質鹼類質酸性鹽類質金類鹽類質等

功用　化學家以爲其功用與汞之他種藥品相同如汞綠是也然此藥專作外科之用

汞$_2$綠淡輕$_2$油膏

取法　將汞$_2$綠淡輕$_2$六十二釐尋常油膏一兩磨勻之

功用　爲改血行氣之油膏可治皮膚病與久不愈之瘡

汞硫砂　即硃砂

汞硫礦爲希臘國人所知之藥古之埃及國人用之爲顏料中國與印度自古以來用以爲藥又中國所產之硃砂在西國久已著名西國古名葛尼罷里又謂之鉛丹因此爲紅色鉛$_3$養$_4$之古名昔時化學家常混而爲一不能辨別之天生者有結成大塊或成顆粒形者如奧地利國之以特里耶西班牙國之阿勒瑪墩與中國俱用此礦取水銀然藥品中與工藝內所用者俱屬依化學之法爲之

形性　汞硫之分劑數共得一百十六昔時化學家謂之汞硫其成塊者爲暗紅色重而有質紋刮之則有光紅色之痕迹磨成細粉則得光紅色俗名硃砂重率得八·一無臭無味不能消化於水與醕內亦不能消化於大半酸質內遇空氣不變化加熱則變爲櫻紅色在空氣中燒之得藍色之火分出硫養氣與汞如令其不遇空氣而蒸之則不變化如與鉀養相和加熱則成汞之小粒如加入輕綠則放輕硫氣

取法　將硫黃五兩水銀兩磅和勻鎔化加熱至腫立即離火而蓋密之免其著火後磨成粉而蒸之其材料因加熱而能化合如不離火而蓋密之則能扯裂初成之質爲黑色蒸之則得其顆粒形之粉其色深紅其質未改變

試法　如加熱則全化散而不成汞之小粒如合於鉀養加熱則成汞之小粒不能消化於淡養或輕綠之內而能消化於合强水內如與正酒醕相和加熱令沸則不應有紅色如有紅色則知內加血竭等爲紅料如傾醋酸於其面待艮久將其醋酸與鉀碘相和不應有結成之黃色質如有之則知其含鉛硫如疑其含鉀硫可用試鉀之法試之（觀鉀養節）

功用　爲改血藥內科中不多用之印度人焚之爲滅臭藥然用灰色之汞養作此藥更佳

服數　以十釐至三十釐爲一服如作滅臭藥以三十釐作一次之用但所發之硫養霧如人吸之則能惹肺

倫書有舊方將汞一分硫一分磨勻至汞之小粒不見爲度所成之質爲黑色之汞硫與多硫黃相和然此質無功用久已廢之不列於藥品之內

汞養硫養

汞養硫養之分劑數共得一百四十八不載於英書藥品之內此爲白色顆粒形之鹽類質與水相和則化分成能消化而有配性之含硫養質又有黃色之質結成沈下爲二汞養硫養

取法　將水銀二十兩盛於瓷罐中加硫强水十二兩連調至水銀不見爲度又連加熱熬乾至得白色之鹽類質其硫養化分爲硫養此質放散而養氣分出與汞相合所成之汞養與硫養第二分劑相合成汞養硫養如不加熱則硫養不化分而汞亦不變化

功用　其功用大約與別種水銀藥同雖不列於藥品內然作汞綠與汞綠以此爲料

汞養淡養酸水

取法　用水銀四兩與硝強水五兩相合此硝強水先加蒸水一兩半令淡不加熱而消化之消化之後加熱令沸以十五分時爲限待冷存於瓶中塞密之

依上法取之先加熱則水銀變爲汞養此養氣從淡養而得之其汞養又與淡養化合成汞養淡養如加水過多則此質化分成二汞養淡養與汞養淡養爲能消化之質依上法取此質則其淡養有餘所以其汞養淡養消化而不分出所成之水其重率應得二·二四六

功用　此藥有烙炙之性法國醫士常用之

汞養淡養油膏

汞養淡養油膏爲大有功用之藥西國用之者多昔時藥品書內有一種治眼油膏俗名眼症金油膏近時用此膏代之如合法取之其質軟其色光黃或爲檸檬色而其臭爲淡養之臭此膏閒有改變者惟不合法而取之則更能改變先變硬而脆後易成粉其色變藍灰色或綠色或有花紋其汞則漸化分

取法　將汞四兩硝強水十二兩提淨豬油十五兩橄欖油三十二兩先將汞與淡養相和少加熱消化之又將豬油與橄欖油相和盛於瓷礶用熱水盆加熱消化之但此瓷礶必爲容此數之六倍乘油質與消化之汞兩物俱熱之時則將消化之汞傾入油內調之如不發沸則增其熱至發沸爲度發沸之後調攪不停至冷而止

一千八百三十六年倫書之方每汞一兩配硝強水十一兩然依倫書之方作此膏最難所得之油膏不久卽壞如遇鋼面或他種油膏則能令其放養氣而水銀分出又多遇空氣亦有此變化其油膏變暗色而成粉有人用他種油以代橄欖油化學家阿索白設法用一百九十度之熱爲之觀藥品記錄第一本第一百頁後人考知用淡養更多則改變更少

一千八百五十一年之方每汞一兩配硝強水二兩但英書中加半卽用硝強水十二兩配汞四兩所用強水其重率一·四二又一千八百六十四年英書之方用硝強水八兩其重率得一·五者則與本書之方略同英書之方較倫書之方多用豬油三分之一多用橄欖油一倍醫士俱言此方較前時之方更佳卽與醫士敦根所設之方略同

汞與淡養合成之鹽類質恃兩物所配之數又與所用強水之濃淡有相關如用淡硝強水則成汞養淡養如用更濃之硝強水則其汞變爲汞養而成二汞養淡養如用極濃之硝強水則成汞養淡養而硝強水之一分化分放養氣爲汞所收其式爲

汞丄二淡養‖汞養淡養丄淡養

如用淡養之數不足則成淡養而不成淡養依英書之法配之則有多淡養不化合而存於油內令其油變化近時之法將消化之汞傾入融化之油質內則變化之事可分作兩層

第一層變化有成以拉以的尼之質因豬油與橄欖油俱含哇里以尼此爲流質油類而爲哇里以酸與各里司里尼相合而成既遇淡養則哇里以酸變爲以拉以的酸此爲更稠之質但其原質相同即炭輕養此酸與各里司里尼相合則成以拉以的尼設所用之淡養不足則有以拉以的酸若干分與汞相合成汞養以拉以的酸而有各里司里尼放出觀法國藥品書第八本醫士蒲代之論

第二層變化有油類質若干分與養氣化合其硝强水之有餘者令其油質若干與養氣化合成紅色而有膠性之流質能消化於醋內但其原質化學家尚未查明此油膏所得之黃色藉此紅色之流質而成在此各變化之中則有發沸之事其發沸之故因有淡養淡養並未化分之淡養放散蘇比蘭云同時有炭養氣放出有人疑此說未確依法得此油膏其質應軟其色光黃久存之不應變硬亦不應變色

功用　可爲行氣藥與改血藥可治眼內皮舊炎皮膚生點並久不愈之瘡如久用之則與服汞劑無異然此油膏已化分則不宜用因其感動之性甚大也

汞養淡養之淡油膏此爲倫書之方

取法　將汞養淡養油膏一兩豬油七兩調和之此膏以新作者爲佳

功用　爲治眼淡油膏凡用濃者覺惹眼則改用此淡者

汞養淡養洗藥

取法　將汞養淡養油膏二兩半尋常蠟膏七兩半橄欖油五兩調和曼支斯德醫院中盛行此藥頗有功效

汞養醋酸

此藥化學家久知之約一千七百五十年時法國家買作此丸之方與設此丸之人名該撒因此藥丸又有能治疔毒之名也從此即收入藥品內化學家以爲作藥丸之料爲汞養醋酸與汞養相合或以爲祇用汞養醋酸然此藥不載於英書其顆粒之形如魚鱗能彎之色白無臭有金類辢味稍能消化於冷水在沸水內能化分幾分在沸醋內亦能化分幾分如見光則化分而變黑色如加熱則化分因醋酸與炭養氣與水銀分離如與硫養相和則放醋酸之臭如與鹼類質相和則其水內有結成之黑色汞養如爲汞養醋酸則結成黃色之質

取汞養醋酸之法將二汞養淡養之熱水與鉀養醋酸之熱水調和則有雙化分之事其汞養醋酸因難於消化則水漸令結成顆粒此藥有輕水銀之性但有人服之得其性之過重者此必因取之不合法或因合法取之之後而變化也

服數　以一釐至五釐爲一服

汞衰

化學家西里考得此質近時藥品書中俱不爲正藥色暗白無臭味極可憎結成顆粒得四邊柱形其兩端爲斜方形內不含水在空氣中不改變醋內能消化幾分熱水八分能消化其一分沸水不及八分能消化其一分能爲淡養所消化而遇硫養與輕硫則能化分如遇輕硫則其水成黑色之汞硫如將輕綠水傾入其水中則成輕衰可以其臭辨之如將玻璃條先醮銀養淡養水令溼後置於其上則在其面結成銀衰能在沸淡養水中消化如加熱則放衰而結成汞之顆粒

取汞衰之法將尋常輕衰合於汞養至飽足而熬乾之令成顆粒汞衰爲惹胃之毒藥或有人用之以代汞綠因其功用略同也

服數　以十六分釐之一爲初服之數漸增至半釐或作丸或消化於水服之

銀

銀爲自古至今常知之金類地產者或爲純銀或爲銀硫合成之礦又有與綠氣相合或與他金類相合者如鉛金銻鉀銅等是也含銀之物有多種近有人化分海水而得銀之微數從礦分銀之法或從水銀取之或從含銀鉛硫礦分得之先煆其礦逐出其硫後將含銀之鉛用分銀法爲之西書云初用銀爲藥者爲阿喇伯國人服銀之後在胃中不甚改變遇尋常酸質亦不消化故外科之器具並化學之器具常以銀爲之

形性　銀色白而有光易於打薄重率得一〇四七在空氣中不甚改變惟面生銀硫一薄層因此減其光色加熱至光紅則鎔但尼里云加熱至一千八百七十三度而鎔伯靈西伯云加熱至一千八百三十度卽鎔但無論加熱至若干度在空氣中不收養氣然合於能鎔化之含矽之質而加熱或令遇淡養則能收養氣若將銀養加熱則能化分而得銀如將銀置於沸硫養水中則變爲銀養硫養如遇輕綠亦不甚改變惟能與綠氣化合又能與衰與硫化合英國家準用之銀幣每銀二百二十二分配紅銅十八分

試法　銀間有與金相和者常含銅少許又常含鉛用淡硝强水則能全消化如內含金則不消化卽得暗色之粉爲金粉如將消化之銀水合於淡輕三至有餘所得之質不應有色亦不應變濁如在淡養五水中消化之而加鈉綠至有餘卽結成白色之質爲銀綠再加淡輕三至有餘則消化惟所含之鉛爲淡養五所消化又爲鈉綠所結成而在淡輕三水中不能消化銀綠已分出之後水中加入輕硫則不變色且無結成之質知其不含鉛與銅如得鉛綠則令水中稍能消化熱水中消化更多如含銀水中加鐵或汞則能分出其銀

功用　藥品中用銀作銀養淡養五

銀之極薄片卽銀箔能試醋酸中所含之淡養五將銀箔一片久浸於淨醋酸中消化之再加輕綠不應有結成之質純銀能在硝强水中消化不能在醋酸內消化故有結成之質卽知其含淡養五

銀養

銀養之分劑數共得一百十六取法將銀養淡養五水加鉀養於內卽將鉀養二錢合於銀養淡養五四錢則成銀養三錢銀養爲欖色之質能消化於淡輕三水內淨水中稍能消化令其水有鹼性有藥肆家出售銀養炭養合於鉀養炭養以代鉀養焰炙藥銀養應全消化於淡養五水中而不發氣所成之水應有銀養淡養五之性情如將其二十九釐加熱至紅應得銀二十七釐此英書之試法也

法國醫士西門的尼云銀養淡養五能安肚腹腦氣筋恃其所含之銀養觀藥品記錄第八本第九十三頁醫士雷那云銀養淡養五在胃中變爲銀綠而銀綠在血中行至皮膚之面則因光與阿勒布門之愛攝力變爲銀養如醫士用銀養代銀養淡養五此質不能行過微絲血管故不能通至皮膚因此皮膚不變藍色凡久服銀養淡養五者常有皮膚變藍色之弊也如此得銀養淡養五之平火安心之益而無其焰炙性之弊觀一千八百四十年之外科記錄書然上說有不合於理者數端總之銀養在胃中成一能消化之雜質如是行入血中又有人久服銀養皮膚變藍色與服銀養淡養五同

取法　將銀養淡養五之顆粒半兩以蒸水四兩消化之將鈣養水三升半傾入瓶中又將銀養淡養五水與瓶中之水和勻搖動艮久待若干時則銀養沈下可濾出之將濾得之質以蒸水六兩洗之加熱在二百十二度以內令乾盛於瓶中塞密之

服此質之法用半釐至一釐與饅頭或樹膠或糖相和成丸爲一服每日二三服醫士司對納好司云此丸受熱則

其銀化分而出。

功用　銀養可代銀養淡養五用之有時更能有益。

銀綠

銀綠之分劑數共得一四三·五。取法用鈉綠等之綠氣質與水與銀養淡養五相和。故欲試水中含鈉綠等含綠氣之否可加銀養淡養五觀其有無結成之質。如有結成之銀綠初時爲白色之質。形如豆腐。多遇光與溼氣則漸變黑色。不能消化於水。亦不能消化於淡養五水內。祇能在淡輕三水中消化。美國醫士潑里云銀養淡養五在胃中可變爲銀綠。代銀養淡養五爲內科之用。可得其改血補血力之益處。然此說所恃之理以爲胃汁原含輕綠酸質。潑里所定之服數以半釐至三釐多至十二釐爲一服。一日食三服。又云服數不及三十釐可不顯其惹胃之性。如服數過於三十釐則能惹胃令吐。觀英國並各國藥品記錄書第十二卷第五百六十七頁

銀養淡養五 一名各息的

銀養淡養五分劑數共得一百七十。阿喇伯國人奇巴已知此藥。久有人用之。此物有兩形。一爲成顆粒者。一爲鎔化成塊者。昔人以爲此兩種之性情不同。其實分別祇在質點之排列不同耳。銀養淡養五之顆粒。白而透光。或爲六面形之片。或爲斜方柱形。大有金類之味。極苦。故古時俗名金類苦藥。其質重。不含成顆粒之水。在空氣內久不改變。六十度熱之水一分能消化其一分。沸水半分能消化其一分。易消化於熱醕內。但至冷時則大半結成。加熱至四百二十六度則鎔。可引入模內。加更大之熱則化分。如將銀養淡養五一小片在木炭之面用吹火筒加熱則先鎔後燒。所餘之質得暗白色之皮一層。常出售者爲深灰色之圓條。其新作者爲灰色而有條紋自心向外周。其變色之故大約因其面有若干化分而收空氣中之生物質。或以爲遇濃光則能化分。然有化學家司堪倫將此質置乾淨玻璃瓶內塞密之。令久遇日光竟不改變。可見其變化之故與光不相關。此質能令人皮膚變黑色。又能令各種生物質變黑色。無論定質或化於水中之質俱如是。又遇定質則顯出焰炎之性。如在銀養淡養五水中加鈉綠等含綠氣之鹽類質或輕綠則結成白色之質如豆腐爲銀綠。如將此結成之質令遇光則變黑色。如合於淡輕三水則消化。如合於淡養五則不消化。此質爲試藥品所常用者。能試含綠氣之質。又與淡輕三相和則能試含鉀養三之質。如合於鉀二衰鐵水則結成白色之質。如合於輕硫則結成黑色之質。如合於鹼類水或鈣養水則得暗櫻色之質爲銀養。

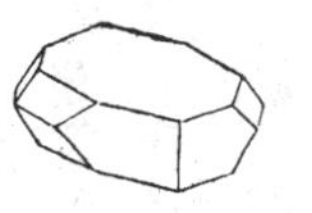

第三十四圖

能消化於有餘之淡輕三水內，如合於鈉養燐養五水，或合於鹼類合鉀質之水，則結成黃色之質。銀養燐養五能在淡輕三之微數中消化，又其合鉀之質，能在有餘之淡輕三水中消化。此質每百分含銀養六八·二四分，淡養五三一·七六分，共得一百分。

取法　將淡養五二兩半，蒸水五兩，提淨白銀三兩，盛於玻璃瓶內，加熱至全消化爲度。如有餘賸之藍色質，則傾出其清水入瓷鍋中，熬至將乾，待成顆粒，取出其顆粒之後，再熬之，又待成顆粒，將其顆粒置玻璃漏斗中，令其面上之水漏下，後在空氣中晾乾，但不可令遇生物質。如欲得

此質之圓條，須備其條之模，用白金鍋或薄瓷鍋鎔其顆粒，傾入模中。銀養淡養五必存於瓶中塞密之。

此取法之理，因淡養五與銀相和，則自能化分其養之一分，與銀化合，所成之銀養與其餘之淡養化合成銀養淡養五，所有化分淡養五之淡氣合於養氣二分劑成淡養三。此質如與空氣之養氣相合，則收其若干分，故能見淡養三與淡養四之紅霧，其式爲

三銀＋四淡養五＝三銀養淡養五＋淡養二

如燒盡其所含之水，再加熱令鎔，則可傾入模內成圓條。

試法　此物常含化分出之銀少許，並銅養鉛養鋅養鉀養二之含淡養五者，其色應白，應消化於蒸水，祗有黑粉少許不能消化於水，即所化分出之銀質也。銀養淡養五水中加入淨銅，則令銀凝結。將其質十釐消化於蒸水二錢內，合於輕綠所結成之質洗之烘乾之，應重八·四四釐。此爲英書之試法，亦即求數之法也。不應遇光與空氣。其他種性情，已詳論於銀之一節內。如銀養淡養五內含銅，則合於淡養五其色變綠或變黑，如合於淡輕三水，則令其水變爲藍色。如加鈉綠，則令其所含之銀全變爲銀綠，易消化於淡輕三水內。

銀養淡養五水中加入含綠氣之質，取其銀綠之後，再加輕硫，其水不應變色。如含鋅則有鋅硫質結成，如含銅則有銅硫質結成爲黑色之質。將其餘水熬之，不應有餘賸之質，如含鹽類質，則鹽類質餘下，可用試法而知之。

畏忌　硫養三燐養五輕綠，果酸，輕硫，並含此質之鹽類質，又鹼類與其含炭養二氣之鹽類質與鈣養水，如加淡輕三少許，則有結成之質，如加多則所結成之質復消化。凡泉水河水內含以上之各質，則不可配用。凡收斂藥沖水，並別種生物質，如阿勒布門牛乳等，亦不可合用。

功用　銀養淡養五之定質有烙炙之性，令皮膚變黑色，凡皮膚有贅疣之類，可用此藥去之，又瘡與毒物所傷之處

亦可用之合於水則成收歛洗藥與洗眼藥治罩睛皮生炎如外皮生炎處加銀養淡養五水能得益處內科中用其少許能治癇証並羊癲瘋必久用之方有效而久用之則令皮膚變黑色或變銅色此色永不能去醫士或用以治胃熱並胃痛其故略因徑能感動胃之內皮銀養收入血中之後則其功用與銀養淡養五略同故可治肚腹腦氣筋痛之病銀養淡養五斷不可與含綠氣之質或樹皮酸等質相和用之因其能自化分也無論何種生物質遇銀養淡養五亦有令其化分之事最妙服法獨用之或合於淡養五少許服之英書用此質為試藥能試知物質內含綠氣與否即如淡輕三水鉀養淡養五水等又能試含燐養五與鉀養又能試含鉀碘又能試含輕衰水而得其多寡之數

服數　以四分釐之一至二釐或稍多成丸為一服在胃中易為輕綠或綠氣等化分斷不可與樹皮酸和合成丸因兩物化分所得之質為銀與加里酸與炭養二而其炭養二在丸內則發脹外科用以作洗藥濃淡無一定

解法　用含綠氣之質牛乳阿勒布門又可用法取出胃中之物並用藥減其熱氣

英書所用銀養淡輕四養淡養五試水之作法將銀養淡養五顆粒四分兩之一淡輕三水半兩或至足用為度加蒸水足配滿十兩即成

金

此質地中取得者甚純為古人早知之金類因其性情純美故人皆貴重之化學家以為希臘國人初用為藥品或言阿喇伯國人初用為藥品古時鍊丹家詳考金之性情以為是長生不老之藥並治萬病之藥印度之古書中亦有試此各事之說

形性　金為金類之最易打薄最易引長者其鎔之熱度較大於銀加極大之熱度稍能化散燒成綠色之火重率約一九·五金養加熱則能化分而得其金金在空氣中不變化強水不能消化之惟合強水能消化之此因水內有化分之綠氣也養氣與金相合能成數種質如將錫綠合於金綠水則結成紫色之質如將鐵養硫養三合於金綠水則結成櫻色之質此質用吹火筒之火燒之則分出金之小顆粒

功用　英書用金祇作金綠三用以試阿脫路比尼與別種鹼類藥倫書用金箔試輕綠水內有不化合之綠氣與否因輕綠之純者不能消化金箔惟含綠氣者能消化之尋常出售之輕綠與淡養五常含有餘之綠氣因作此質之料有鈉綠而得之也所以凡作此兩種強水每有相混者成

綠氣並淡氣與養氣合成之質。

金粉

將金箔與蜜糖相和磨勻之或依法國之法合於鉀養硫養磨勻用水洗之則得櫻色之細粉法國化學家苦里替恩與拉勒曼特試此質知其性輕而有一定之功用大有益於疔毒之病並能助身內之清汁有感動之性服數以四分釐之一至一釐爲一服一日二三服或擦在舌上服之亦可

金與養氣合成之質

金與養氣合成之質有數種金養$_{二}$與金養$_{三}$俱入藥品有一種紫色之藥爲金養錫養$_{二}$錫養錫養$_{二}$俗名楷昔由司紫粉久有人用之或疑其內含金養而恃其金養得其功用取法用金綠水與錫綠相和所得之質疑是金養錫養$_{二}$錫養錫養古人所用金養數種藥最要者爲金渣滓等

金綠$_{三}$

如將金消化於合强水內則得金綠$_{三}$此質易自化分其毒性與汞綠相同易與別種金類含綠氣之質化合英書作金綠$_{三}$試水之法用金箔六十釐消化於合强水中將所得之金綠$_{三}$消化於蒸水五兩內

鈉綠金綠$_{三}$

此質含水四分劑尋常代前藥用之因其性更定而不變價亦較廉成深黃色之長顆粒在空氣中不改變能消化於水此質內含鈉綠一分劑金綠$_{三}$一分劑成顆粒之水四分劑爲金藥之最可恃者可與甘草粉或小粉相和成丸服之或消化於水服之有一服法先將一粒分爲十五分每日朝晨服一分至服盡又將一粒分爲十四分如前法服盡又將各粒分爲十二分十分等服法如前有人以四分釐之一爲一服或以半釐爲一服或將此藥一分與以里司根粉三分相和擦於舌上服之觀法國米拉與特倫司兩人所著藥品全書內有一款特論此藥

鉑 又名白金

鉑之產於地中者與他金類相合色灰白能打薄引長重率得二〇·八〇除輕養吹燈之外無火能鎔之遇空氣或水不能改變各種强水不能消化之惟合强水因含綠氣故能消化之如將鉑之鹽類加熱則能得其鉑養再加熱則能化分而得其鉑或可用鋅與硫養水令成輕氣而初生之輕氣入於鉑鹽類之水能令其結成得極細之粉謂之鉑絨將養氣合於輕氣入罩內如罩內有鉑絨則輕養化合生熱成水

鉑綠$_{二}$

鉑綠之分劑數共得一六九五取法將鉑置合强水中加熱蒸成稠質待冷結顆粒形之塊易消化於水與醕內消化於水者加入含鉀養或淡輕之水結成黃色之質即爲鉀鉑綠或淡輕鉑綠但用鈉養則無結成之質大半植物鹼類質之水加入鉑綠能有結成之質

鹼類與鉑綠合成之質極難消化於水更難消化於醕內故常用此鹽類質消化於醕內爲試藥英書作試水之法用鉑綠與蒸水五兩化合得此鉑綠之法用鉑箔或極細之鉑屑四分兩之一以合强水消化之

上海曹鍾秀繪圖
無錫徐華封校字

西藥大成卷四

英國 來拉 海得蘭 同撰
英國 傅蘭雅 口譯
新陽 趙元益 筆述

論植物類即草木藥品

最有益之藥品多半從各國植物所出自古及今無不皆然其中有產於本國者有交易於他國者各植物自有合宜之水土能生長茂盛所成藥料極濃極純有若干種植物全體俱可入藥又有若干種植物獨用其根皮花葉子等又有數種不用其生質必分取其體內精質而去其餘質可見考究藥品者必知植物各體並所能分取之質且必知儲藏預備等法

植物各體爲藥品所應詳知者開列於左此分列之法即依植物之各體也

開花植物

一令植物生長之體

根 植物之根尋常入土令能定而直立又能收料以養其體收料之事藉細根之端所有之細管譯曰微水綿有若干根能存養體之料爲明年之用然大半有此存料之物祇可謂根本實非根也

榦 植物之榦在根與葉之間榦固則枝條不易傾欹各

植物之幹分爲數類各類另有定名有依其時之久暫而分爲一年者二年者與多年者其生法亦不同一爲外長類歐洲所有之樹大半如是每年在外加新木一層故樹心之料老而熟外皮之料新而軟二爲內長類每年在中生新料擠其舊料向外故內軟而外堅如椶櫚等科是也西名巴勒末依科三爲上長類每年葉落後其幹增一節如背陰草是也四爲通長類全體之質日長不生葉亦不生芽

外長之幹分爲四物一爲幹心此質用以爲藥者甚少惟沙沙法拉司之幹心能入藥品二爲幹心套此套圍於幹

心之外三爲木質卽依同心之圈而成各層四爲幹皮此分爲四層一爲外皮二爲眞皮三爲內皮四爲近木之皮

根本　根本與根之方位大不相同昔人以爲根類考究植物者知其爲根本上面發葉下面生根昔時藥品書所名爲根之藥近時改爲根本卽如薑等是也有數種植物其出土之物橫臥於地面前人謂之根實爲根本類也

根團　此物原爲幹類但伏於土中成圓形或橢圓形其外形與葱蒜頭略同其內質不分層數卽如番紅花之根團是也卽哥㪍枝嘌譯曰草地番紅花

頭（西名蒲勒白）　此物或爲圓形或爲橢圓形或爲卵形或爲

無法之形根生於下上成多層軟皮內包芽等其各層相切之法有二一爲瓦背排列法二爲包裹法有若干種入藥品如葱蒜士哇盧等

芽　葉芽爲新枝之原或爲裸者或有衣葢之謂之芽鱗近時藥品書雖不載此種而前人書中有代耶橡樹葉芽此種芽因病變壞故成爲藥之料俗名死芽今名沒石子

葉　尋常之葉爲寬薄之植物質色綠然其形式各不同間有厚者亦有成厚片者凡葉分爲兩體一爲葉面上有司呼吸之微孔或上下兩面俱有之二爲葉莖卽連於幹之條有若干種植物在葉莖連幹處另有兩小葉托之名

曰副葉葉有簡有繁其繁者爲數塊合成有副葉連之其葉之脉（俗名葉筋）或爲平行排列或爲網形排列各種植物之葉俱有不同之處有數種植物成藥之質俱在葉內卽如辛拏葉揩耶菩提葉等

此書不及備載植物之質體若何而成亦不詳述膜絲紋聚胞體木質之形性又不細論微管引汁管等質因此爲植物學之要事也

二令植物傳種之體

花　花芽亦有芽鱗葢之與葉芽相同花芽原爲一小點其質係聚胞體合成從葉莖相連成角處而茁有成葉之

胚形圍繞之花內有鬚與心即爲傳種之物然尋常言花即指蕚與瓣此爲花之苞常有花葉輔之其花從花葉凹心生發其花莖之頂即分隔植物體而連於花謂之子房座西國有時合於他字內謂之他辣米即如他辣米花部是也凡花在植物體排列之法謂之秀法花之各體分而用之或合而用之俱可爲藥花葉可獨用之又可用植物之小枝並植物之全體即如薄荷類與脣形科植物是也又有數種用其楷苦米那即植物之頂即如咾士猏釐咄道尼格是也

蕚 蕚與瓣尋常爲花苞之兩層蕚之色多綠設有一苞

而無瓣則其苞謂之蕚如難辨其單爲蕚或爲蕚與瓣相合而成則謂之圍鬚苞蕚之出數或分或不分分者謂之蕚瓣蕚分上下在外者自然爲下蕚如連於內體則謂之上蕚因其下面連於子房而上面伸出於外此爲自成之體凡花之外體統謂之蕚

瓣 瓣爲花苞之內層尋常之色豔而動目其質極細其出數或爲兩或更多即謂之多瓣花或全而不分則謂之獨瓣花植物學家特看杜辣謂之合瓣花藥品中所用者如玫瑰花瓣是也

鬚 鬚爲花內之雄物鬚之末有囊謂之鬚頭頭內分多膛膛內含粉西名破林此爲細粒合成可謂之花精鬚頭或無托線或有托線有托線者鬚與線略相連所用之名目如鬚黏附於蕚之邊則謂之圍子房鬚如黏附於蕚與子房則謂之子房上鬚如不黏附而分離者則謂之子房下鬚

花心墊 此物在數種植物花內有之凡鬚與子房間所有之物統謂之花心墊昔人謂之蜜膛其形或如圈或如葉或如板或如小核在尋常花內略如未變成之花瓣

心 心爲花內之雌物有鬚與瓣與蕚圍之其子房內或爲一膛或分爲數膛膛內含一胚珠或數胚珠其向上之

口謂之子房口其質軟而溼易受鬚頭落下之粉而能黏合此口或附於子房之上或有莖托之所托之莖謂之花心莖若花蕚黏附於子房之上則子房在下謂之下子房若蕚不黏附而在下者則子房在上謂之上子房

子房未全成者除番紅花之外俱不入藥品

花體內缺少何物則花之形狀大有分別各以名目記之即如不生花瓣則謂之無瓣花或鬚不成則謂之雌花亦謂之結實花或花心不成則謂之雄花亦謂之不結實花

果實 果實即已熟之子房有數種植物其花體合於子房果分爲皮與種子間有數種植物其種子似無皮護之

謂之裸子。果亦分爲簡與繁兩種。簡者祇有一子房。繁者則有多子房。植物學家以爲花心由一葉或多葉變化而成。名之曰瓤。其果亦依同理分爲數瓤。而果之瓤數與子房之膛數自必相同。然間有房內胚珠或癟或死或有數箇過大而壯。故膛數有缺少者。凡考究果實應有之瓤數須分開其小子房。而計其膛之原數。又果爲已長成之花心。故其頂常有花心莖之痕迹。且自然爲種子與皮合而成者。無論小至若干。不可謂之種子。昔人誤以爲種子。英國藥品書改爲果實。有數物可入藥品用之。即如果殼與果肉是也。又有兩種植物。將其果實外之毛刺爲藥品。即如貍豆毛與卡瑪拉是也。

種子　種子即長成之胚珠。內含本類植物之原。有子連線連於子房之內。其體可分爲三物。一爲胚胞即胚珠外套。二爲阿勒布門即胚乳。三爲仁。有數種種子無胚胞即如裸子之類。又有數種其胚胞不全者。然各種子有痕迹與動物臍眼相似。即其種子與原植物相連處之痕迹。謂之子連痕。又常有子微門。即令胚珠通至子房之小孔。所有外衣合法之種子。其外面常見子連衣。此爲子連線或子胞衣伸長而成。即如肉豆蔻之子胞衣。入藥品內。謂之肉豆蔻衣。有數種種子。外生毛形之質。即如木棉等。其棉花入藥品中。造成貝路阿客色里尼即棉花藥。

仁　果實之仁。可分爲胚與胚乳。間有無胚乳者。其胚乳亦謂之仁肉。在胚與種子外衣之間。而爲聚胞體合成。內有生物質。當發芽時能養其所發之芽。並初生之植物質。

胚　胚含子瓣。其數或單或雙或更多。其子瓣即爲嫩植物之子葉。其嫩植物有向上之芽與向下之根。俱藏於胚。其胚或直立。或倒垂。

無花植物又名暗生植物

此種植物。分爲五類。一背陰草類。二蘚苔類。三石蕊類。西名里真　四蕈類。西名分其依　五海帶類。西名阿勒奇　其生長之法及傳種之法。與他種植物大不相同。故有書分論之。所有入藥品者。則依其次第列入本書中。其質體大半爲小膛質。即聚胞體。因無傳種之體。則不能有心與鬚。其種子爲袋形之點。其內無胚。故名無胚子。西名司破爾　此類種子。其面任處能發芽。而其小點生於凹內。與凹亦不相連。

植物分列法

考究藥品者。已知植物內所有入藥品之質。又必知各種植物分列之法。則能明自然之分列法與其用而有益之處。自然之分列法。數年內始屬意考求。英國人用植物學家立尼由司之分列法。然此多不便之處。一千七百八十九年法國植物學家珠西亞著書名植物類依自然之法分列有此書以後人俱知自然分列法之益處而珠西亞所設分列各植物之理與後人所設之理無甚大異一千八百十年植物學家波郎重校加增令臻美備然近時常用之分列法為荷蘭國人特看杜辣所設而多人用之之故非因其盡美盡善而因其所作之植物目錄內載植物之數較他人更多故他人所作植物目錄書亦用之假如欲查檢一植物則依其分列法易於得之又考究植物質之形性與其相似之處此法亦最便

以上論植物質各體俱為人目能辨別能細察者而其成體之料與其料之排列法尚未論及植物學家用顯微鏡詳細查驗又用小刀剖開各體試知其質如何生成將其質分為膜與絲紋此各質變成膛與管形之各質又成木質微管質與引汁管質

特看杜辣於一千八百三十三年作書論植物分列之法內有一款論用何法能知分列之法合於自然與否如依傳種之體分列之又依養植物之體分列之其分列相同即為自然之分列法

特看杜辣之法先依立尼由司之法將各植物分為兩大類一為有花之類一為無花之類亦謂之明生植物類與暗生植物類凡明生植物俱有傳種之體並圍傳種體之苞其分列法俱有定理有極整齊者有略參差者而暗生植物其傳種之體斷無整齊之分列法其所生之小點外皮雜亂而無定法如再詳查植物質之體則知明生植物俱有微管質與微孔而暗生植物祇有聚胞體或恒有之或初發葉之體有之

明生植物可分為兩類一為兩子瓣即子瓣並列成對或有數箇子瓣而不並列一為獨子瓣即有一子瓣或有多於一箇者則交錯而排列其兩子瓣之植物生長法在木質之外加新料故謂之外長類其獨子瓣之植物生長法

在其中心加新料故謂之內長類

暗生植物亦可分為兩類一為奇生者一為無法生者其奇生者用顯微鏡能見其雌雄具但其生法最奇且各不同其無法生者內有生法未定並用顯微鏡不能別其雌雄具大約其無胚子已在膛內有能生之變化

上言暗生植物或為半微管質或全為聚胞體大略從此分別近時植物學家將暗生植物分為兩部一為上長部二為通長部其上長者與奇生者相同其初發之葉不過為聚胞體而無微孔至後則有汁管與微孔然全為聚胞體者恒無汁管與微孔而為勻和之體不能分榦葉根祇

能以比較之法得之此兩類尋常包無子辦類於內由此可見依傳種之體分列之或依生長之體分列之其理法相同據特看杜辣之說此爲証據能知其爲自然之分列法每類能分若干部每部能分若干科依自然之法分列之列表於後

植物質體

在植物質體內包括之事甚多即如植物各體之質紋若何而成若何而生長若何而傳光熱空氣水氣并泥土內物而成其各料等依格致之學論之大有佳趣如爲農事或種植花果或培植藥品而考究植物學則此各事必當詳知又如考究各種植物何時可種何時可採而得其藥品之最佳者亦必講求此質體之理

植物不能自行動而體中無內竅等存養身之料故全恃本處之泥土并空氣而能生長根端之微水綿因能進膜和勻（即沁入之意）而收養植物之料其料由外膛傳於內膛或行過根中微管質則恃微管吸力并葉面等處化水成眞空之事由幹內上升大半從幹之嫩木而行春初則令全體滿發其膛絲紋汁管俱不空至夏末秋初大半從膛內升上其所吸流質有水之形而能消化各植物木所存之生物料則謂之汁此汁行至嫩芽并葉面則從其微孔能收光熱空氣之各變化所吸流質約化爲氣而放散者有三分之二其餘因此成濃稠質又從空氣收炭養氣而根亦收炭養氣少許此炭養氣化分其炭質存於植物體內而養氣放散（此爲日間之事若暗處並夜間植物放炭養氣而收養氣又其種子發芽之時與花放之時亦放炭養氣而收養氣即如芋之類是也）又有水疑其化分而放養氣存輕氣於植物體內又泥土內所有含淡輕養之鹽類質吸入植物體而化分其淡氣存於植物體內又有別種化分之事並新化合之事在空氣與水之原質內即所成之汁爲極細之顆粒浮在其水質內從葉之下面並樹皮之面落下時則因行過之質爲聚胞體木質並長絲紋與引汁管質則必有化分與化合之事而此事從葉面起而汁向下流或直行或繞行不定其汁在樹皮內凝結或藉其髓輻管平鋪至心如此成木兩種一爲嫩木又名軟木一爲心木又名硬木或其汁之大半流行至下直達其根而止

植物內變成之質其形性雖大不相同而其原質祇有數種以炭養輕淡爲最多惟其比例數甚繁而所成之分劑數亦大玆將植物內所成各質列表於左可一覽即知其總意也

（一）含炭養輕三質而養與輕之分劑數與水之分劑數如小粉對格司得里尼粛糖

同謂之炭含水之質又謂葡萄糖樹膠寫留路司之三原質之質

(二)中立性含淡之質植物內常有之謂之四原質之質

如非布里尼不能消化於冷水中又加西衣尼能消化於冷水中阿勒布門能受熱而凝結哥路登爲有黏力與凹凸力之質乃非布里尼與含淡氣之質合成

(三)含三原質而能着火之質俱不含淡氣而其輕氣之數有餘

木膜質不自散油司替阿里尼瑪加里尼以拉以尼自散油此種油有不含養氣者亦有含硫黃者樟腦波勒殺末油香類松香類膠香類黃蠟

(四)植物鹼類並中立性之質爲炭養輕淡四質所成故謂之四原質之質

嘆啡啞那而苛弟尼苛弟以啞雞那霜金雞那以啞弟其大里尼馬錢霜阿古尼低啞非辣得里啞阿脫路比啞等

(五)植物酸質含養氣有餘即較水之分劑數更多者謂之三原質之質

橘檬酸果酸貝格的酸蘋果酸醋酸樹皮酸沒石子酸草酸米故尼酸等輕哀酸爲輕與哀合成之雜質在生物與死物之間

有數種酸質爲數種植物所獨有者即與以上之鹼類相同又有數種植物質更多見者然非植物全有之質即如顏色料是也又有數種植物質爲植物變化而成者即如發酵而成或遇熱而成或遇化學之料而成也

此各植物質內有數種能徑養植物令其生長即如寫留路司小粉對格司得里尼三質其原質大同小異又能彼此互變即如小粉不能消化於水而能變爲對格司得里尼爲能消化之質又能變爲糖變時所用之料爲含淡之質名對阿司打西能在發芽種子內見之又能近於番薯發芽之處見之其小粉尚未能在植物內定其在一處之先可變爲易消化之糖漿或鋪散成木爲膛與汁管之邊其含淡之質因常在植物內亦能助養植物之事而此含淡之質與動物之血與乳內所有之質其性情與原質俱同又如此各植物質內其原質之分劑數或加或減則可令有餘者或養或輕或炭或淡即如木膜質能加其炭與輕之比例數故較寫留路司更易於燒又植物遇光之時呼吸氣質令炭定存於內而放其養因此輕能有餘即如樹皮所有流下之汁內有數種質其性情因此而得即如

克羅路非勒（即葉之綠色）拉的克司，松香類能蒸油類，黃蠟等，所有不自散之油，大半爲果實內所成，即如橄欖米里亞並數種椶櫚科內之果肉有之，然尋常所得不自散之油，從種子得之

養氣之分劑數加大，則有成酸之事，因此變成數種植物酸，此酸質內，有數種爲多植物質所含者，有數種爲一植物質所含者，然令成酸質非全因養氣之故，即如死物質中，有數種酸質能以輕氣爲之，如輕綠（即鹽強水）在植物內，則有輕衰酸，植物學家以爲夜間植物呼吸能全收養氣，因此成養氣爲本之酸質，即如遇光而非綠色之處在數種

果實與根有此事，又有人查得植物含淡氣之質，在初發芽之處有之，種子雖含淡氣若干，而此質因植物長大時速用至盡，故必從泥土中得新者，得之之法，即根所收進之水，有含淡輕三之鹽類質，另有泥土所含之金類質，與植物大有關係，又泥能收水，令其不散，砂能令水流下而不存，又能通空氣，故砂泥相和，則令水不散，且通空氣，又有數種金類質，如石膏鐵養三鉛養二，養植物多用之，因能定其炭養二與淡輕三，令不能散，又有數種鹽類質，易爲水所收而與尋常植物酸質化合，若將植物燒之，其灰內有鹽類質，必從此根原而得之，有數種死物質，爲植物所不可缺者，即

如穀類須有含燐養五之質，而草類須有含矽之質，由此可見根能收泥土中養植物之質，其每日所收之數特泥土之燥溼，空氣之燥濕冷熱，又可知植物各體，俱藉光熱空氣水，而長養植物，以水與空氣爲主，故考究植物各體之質紋，非惟得佳趣，又與藥品有相關，因植物之體若不依本分而行者，則不成合用之藥，并不宜爲動物食用，

植物地理

上言植物體生長及變成之理，必藉光熱水空氣泥土等，而因地球各處有不同之情形，則各種植物，必有合宜與

不合宜之處，如赤道南北熱帶內，其光與熱與溼較多，此爲植物所不可缺少者，故能令其茂盛，所以熱帶內植物頗高大，葉最多而佳，花最豔而麗，地球上所有之香質，大半從熱帶而來，然熱帶內植物，能向赤道南北過其界限在溫帶內合宜之處生長，凡地球面愈高，則生長之植物愈近於向北地所產者，故熱地之高山，其麓產本處之植物，至上山若干高，則植物漸稀而小，至永雪界，則不見有植物，然植物之茂盛者，不惟在熱帶中，即溫帶內常有樹木茂盛之地，且有數種樹木，宜於北地，如松樹等，又橡樹并他種狗尾形花之樹，其木最佳，又脣形科內之樹，爲熱

帶所產若出香料之樹產於南北之間即極熱極冷兩處之間且地面冷熱燥溼等情形各處不同此與植物體生長并植物質變成大有相關即如有數處在熱帶之外天時冷熱適中空氣乾而清而其地面幾無所產然有所產者亦爲緊要之藥品如波斯阿喇伯阿非利加產數種要藥所以往各國遊歷之人如知植物在地面分列之理則知某處應得何種植物又知某處應種何種植物又本國內可依同理而知某土某方向便於種何種藥品又知某處可採尋何種藥品

植物藥性

植物之藥性與其成質體之法所有之相關植物學家賽薩比奴司楷米拉里由司白替浮立尼由司俱論及之近時有特看杜辣之書論此事最詳其書名植物藥性論指明各種藥品在身體內之功用或藉其質體之形性或藉其化學之形性又依同理此兩種形性必恃植物質體之排列法而因藥品所需之質必恃養植物之各體而成故藥性與養植物之體必有相關然因植物依傳種之體而定分類之法不依養之之體而分類所以似難用養植物之體之形狀與排列之法以定所成藥品而分類或駁曰雖不用自然之法亦能令各類之性情從體之最小分得之然用自然之法更妙其分類之法所恃之形性愈全則其法愈美所以傳種之體愈有相似處之各類則養之之體亦必有此相似之處所成之藥品大半在養植物之體內而成即如植物依其種子能分爲無子瓣獨子瓣兩子瓣此分類之法合於微管質之排列法故察植物傳種之體知其形狀與性情亦可知養植物之體之形狀與性情而因植物所成之質其形性亦藉養植物之料之形性故可知植物所成之藥品質可與自然分類之法相合

即如五穀科之植物俱生穀類又棕櫚科之植物能成小粉與糖與油又松柏科之植物無論產於何處俱能得松

香醋松香柏油又脣形科之植物能出自散油又茄科名又(淡巴孤科)植物能爲安神藥又喇叭花之植物可作瀉藥龍膽科之植物俱爲苦味藥無論冷熱之地所產者俱如是又有他科亦有其相配之性情觀後各卷所言者自明然此爲大概之說自有不合之處惟藥品之性情與產此植物質體之分列法相配者多而無他分列法有如是之便者故欲考究藥品之理或欲求一藥以代他藥之用則可於質體同科之植物中求之爲便無論在何國欲求某種藥品之相近而能代用者可依此分科之法爲最便如英國屬地廣大各處水土不同常有隨軍之醫士或兵船之醫

土或商船之醫士至各口岸能以本處之藥品代英國之藥品最爲有益之事

植物採取烘曬法

凡生物體之藥性與其別性不惟恃各種各類所變成之質又恃成此質必爲何法何時何處而成故採植物爲藥必須考究其種類不差又須察其老嫩高矮粗細月分地位並地面之方向又必究其爲野生或園種更須試其所成之質不遇溼氣又不多受光熱空氣等英書未嘗定準取各植物爲藥料之法倫書中有論此事者數則開列於左

爲藥品之植物應在天晴時採之不可爲雨或露水所沾溼且必每年採之如藏之已過一年者則棄而不用　此說在花草類應乘其體長足時取之則所成之藥品最濃顧取之之時亦與所欲得之質有相關即如求其膠性之藥或求其鹼性之藥其採取之時有不同

取植物之後若非用其新鮮者必輕鋪散於板面或盛於紙袋少烘熱令其速乾而作此工之處必爲暗而通風者必留意其綠色不可因過熱而烘壞既烘乾後如欲用其末則磨成細末存於瓶中不可過日光與溼氣凡花草所成油質或蒸出之水質應採取之後即速爲之

植物之根與根本大半待其葉幹枯萎而新葉未發時取之凡欲存以備用者必在採取之後即曬乾之其大根必將其整塊曬乾不可先切片而後曬乾含汁甚多之根此事更宜留意因切碎者遇空氣即能變化凡欲乾根久存可藏於乾砂中

凡樹皮必在其與木易分開時剝之尋常樹皮春時取之爲佳即如橡樹春時取其皮則所有之樹皮酸比他時取者更多而他樹之皮應亦略同

凡草與葉之類應在花已開而子未熟時取之　植物學家拜得里云採葉必先兼取其條而後可爲末成藥然有

數種可不兼取其條而令乾其法用柳條去皮作筐將葉鋪於筐內置熱房中烘乾之其房必爲暗者應有熱一百三十八至一百四十度約六小時或八小時之久葉已收縮則取出反轉之再置熱房內至全脆手指能撚粉爲度依此法烘乾則葉之綠色未變藥性不失可存於乾淨瓶內密塞之臨用時磨成細末醫士胡勒登云葉之汁如在其本葉內熬乾之則較之熬出其膏而存之者更佳其變壞之弊更小

花應在初開時採之惟紅玫瑰花之瓣必在將開時採之果實與種子正在熟時摘之

果肉與果汁如不熟或不熟而未乾必存在溼處令嫩後壓出其汁用馬鬃篩壓取其汁盛於鍋內置爐火上不多加熱令沸再用熱水盆加熱至其汁熬成所需之濃如爲熟而新鮮之果必壓出其汁過篩而不用沸水即如加西耶果殼搗碎者是也

乾汁即漿取之之法將其植物質壓之令其汁流出英書之法將其汁加熱至二百十二度令其阿勒布門凝結而以濾取之法得其淨者再加熱至一百四十度或一百六十度徐徐熬乾然英書內所有草烏頭啤啦叮吶嗃枝噤黑暮拉克辛躑躅蒲公英等乾汁其名字與膏相混而其

各膏分爲水膏與酒醋膏其作法將其植物質或冲水或煑水或浸酒得之若取乾汁惟將其原汁熬乾而已故其名應分別之

植物依本性分類

茲依自然之法將藥品植物排列成表若專論植物學之書則將各植物性情形狀等言之甚詳此書專爲藥品而設故祗將藥品植物質論其分別之法作成一表則簡便易明且於藥品之各要事三致意焉

植物藥品依次分類部表

第一類　外長　兩子瓣

第一部　他辣米花　有萼與瓣　花瓣分開　花鬚在子房下

第二部　萼花　有萼與瓣　花瓣分開　花鬚圍子房或在子房上

第三部　瓣花　有萼與瓣　花瓣合而爲一　花鬚黏附於瓣

第四部　無瓣花　俱無瓣　間有無萼

第二類　內長　獨子瓣

第三類　暗生　無子瓣

第一部　上長　向上生發　其質有膛與汁管

第二部　通長　周圍生發　其質祗有膛

第一類外長第一部他辣米花分甲乙兩門共

甲　子胞衣似葉或在軸內即與瓤向內捲而其邊黏連者相配

門	排列	分	鬚	特徵	科
一胚小阿勒布門大	子房多而分開		鬚無限	花大半有五朵阿勒布門硬如牛角種子無子連衣	毛茛科
一胚小阿勒布門大	子房多而分開		鬚無限	花有三朵阿勒布門軟如肉種子有子連衣	辛夷科
一胚小阿勒布門大	子房獨而繁			鬚等於花瓣而相對	葡萄科
一胚小阿勒布門大	子房獨而繁			鬚無限	看尼辣西依科
二胚與阿勒布門略同大	萼瓣瓦背排列法	花分雌雄		萼瓣與花瓣同式其數不等爲藤木植物	新月形種子科
二胚與阿勒布門略同大	萼瓣瓦背排列法	花不分雌雄	鬚不連	子房分開葉有明點	臭草科
二胚與阿勒布門略同大	萼瓣瓦背排列法	花不分雌雄	鬚不連	子房相連葉面無點	齊果非拉西依科
二胚與阿勒布門略同大	萼瓣瓦背排列法	花不分雌雄	鬚相連　花合法	花瓣紐轉子房多聚胞體其隔衣爲假者	麻科
二胚與阿勒布門略同大	萼瓣瓦背排列法	花不分雌雄	鬚相連　花合法	花瓣紐轉子房多聚胞體其隔衣無假者	酢漿草科
二胚與阿勒布門略同大	萼瓣瓦背排列法	花不分雌雄	鬚相連　花合法	花瓣不紐轉裸果	榛科
二胚與阿勒布門略同大	萼瓣瓦背排列法	花不分雌雄	鬚相連	花不合法萼瓣五出內兩出在下而似花瓣花成蝴蝶形	遠志科
二胚與阿勒布門略同大	萼瓣外套			鬚下相合花精半滑	白脫那依亞西依科
三種子內無阿勒布門	萼外套			鬚無限下相合子房成一圈花瓣紐轉花精粗糙	錦葵科
三種子內無阿勒布門	萼瓦背排列法	葉遞更排列	鬚無限	副葉大而捲合萼有翅恆不落	雙翅果科
三種子內無阿勒布門	萼瓦背排列法	葉遞更排列	鬚無限	副葉無或最小萼無翅不多時即落	茶科
三種子內無阿勒布門	萼瓦背排列法	葉相對	鬚無限	葉斑如皮無副葉萼瓣恆不落子房口無托線	成香脂科
三種子內無阿勒布門	萼瓦背排列法	葉有花點	鬚有限	果實之瓤合成一體花鬚二分開或每幾箇并成一叢	橘科
三種子內無阿勒布門	萼瓦背排列法	葉有花點	鬚有限	果實順其長軸無瓤果皮分爲兩層	弟哌司述依科
三種子內無阿勒布門	萼瓦背排列法	葉無花點	鬚有限	花瓣合法果實順其長軸無瓤	苦白木科
三種子內無阿勒布門	萼瓦背排列法	葉無花點	鬚有限	花瓣不合法果實分兩膛瓤合成一體	濟性根科

二十四科
（乙）子胞衣爲邊生者即與瓤伸開而其邊黏連者相配
子胞衣與瓤相對　子胞衣與鬚五箇其托綫伸開胚直立有阿勒布門　薑菜科
鬚之數不定胚曲有阿勒布門　西司替尼依科
子胞衣與瓤　子胞衣在子房口分開處相對鬚六箇花分四出種子無阿勒布門　十字科
遞更排列　子胞衣在子房口分開處遞更排列鬚無限種子有阿勒布門花萼常分四出　罌粟科

第二部萼花分甲乙兩門共十二科
（甲）子房在上鬚圍子房
無阿勒布門　果實非莢形
果實莢形花蝴蝶形或正形另有下萼瓣花鬚合成若干叢或不相連　荳科
鬚多　果實在上　獨子在殼內不相連或一邊裂開花正形另有上萼瓣鬚常無限　薔薇科
獨核內有仁外有肉花合法另有上萼瓣鬚約二十箇　杏科
果實有肉圓之　子殼外有肉花合法另有上萼瓣鬚無限　蘋果科
鬚少　獨子房一膛一種子萼瓣花瓣鬚尋常爲五箇　脫里平他西依科
多子房分開或相連植物體嫩而多汁可食鬚數爲花瓣數之倍　景天科
有阿勒布門鬚有限在花瓣之對面子房有二膛或多膛種子少　棗科
（乙）子房在下鬚在子房上
花無阿勒布門　果有多膛成一行排列葉有明點葉脉在邊內鬚繁　番石榴科
不分　果有多膛成兩行排列葉無明點葉脉不在邊內鬚繁　石榴科
雌雄　有阿勒布門　果雙花莖如傘之托輻鬚與花瓣各五箇花心莖二葉大半分開　繖形科
布門　果有三膛或多膛花莖常如傘之托輻花心莖三或更多葉常全而不分　五加科
花分雌雄　藤本植物花瓣五出鬚頭彎曲果有嫩肉一膛三箇子胞衣內有多種子　葫蘆科

第三部瓣花分甲乙兩門共十五科
（甲）子房在上　鬚在子房下葉恒青鬚頭兩膛有微孔通入子房多膛種子有阿勒布門　石南科
鬚圍子房
無阿勒布門　葉遞更排列萼瓦背排列法花瓣辮形鬚五箇子房二各有四膛　旋花科
花合法　有阿勒布門
有子胞衣邊生　葉相對子房一膛子胞衣兩箇種子多　龍膽科
子胞衣在軸內　鬚不相連　鬚二或四　葉相對花瓣四出子房兩膛　橄欖科
鬚五或更多　葉遞更排列花瓣五出子房兩膛　茄科
葉相對花瓣五出子房兩膛　木鼈子科
鬚相連　葉遞更排列萼圍果恒不落子房二各有五膛　司土辣克西依科
花不合法　無阿勒布門　鬚四箇分長短兩對子房四花唇形葉相對　唇形科
有阿勒布門　鬚四箇分長短兩對獨子房分兩膛花形不定　玄參科
（乙）子房在下鬚在子房上
鬚葉圍形　花瓣輪形果分兩膛種子二有阿勒布門　茜草科
頭葉分開相對　副葉在葉對間花瓣合法鬚與子房分開處遞更排列有阿勒布門果多兩膛　金雞哪科
無副葉　無細毛花莖長短頭齊平果一五膛有阿勒布門　忍冬科
萼有細毛花瓣三出每出六節果三膛種子一無阿勒布門　敗醬科
鬚頭相連　花分開花瓣不合法分五節鬚五箇果一三膛種子多無細毛有阿勒布門　山梗菜科
花相連成圓頭花瓣紮裹帶形或管形果一膛種子一上有細毛鬚五箇無阿勒布門　菊科

第四部無瓣花分甲乙兩門共十二科
（甲）花完全　子房在上
鬚在子房下種子有阿勒布門　副葉管形萼瓦背排列法花大半串形子房一膛種子一三角形　蓼科
無副葉無萼蘇分若干節花在莖上遞更排列子房一膛種子一圓形　胡椒科
鬚圍子房無阿勒布門　子房一膛　鬚頭有微孔通入花其有兩孔各分四膛子房口二各分三節此爲木本　桂樹科
一膛　鬚頭順大徑分開兩膛子房口不分萼有色此爲矮樹　太臘里依科
子房兩膛　此爲木萼膜形果有翅形子瓣葉形　榆科
子房在下木紋無同心圈萼大而不合法鬚常入花心子房六膛　馬兜鈴科
（乙）花分雌雄
種子在子房內　花狗尾形無阿勒布門子房一兩胚種子一或更多雌花間有獨生者此爲木　阿門達西依科
花狗尾形子房在上　子房一胚小種子一有阿勒布門萼分三叉杯形鬚常相連果爲禶者　肉荳蔻科
子房一膛　胚大種子一或二有阿勒布門果無定　蕁麻科
在上子房平常分三膛總花葉花萼形常無萼種子少有阿勒布門　大戟科
裸子　榦分多枝葉如綫鬚狗尾形下相合種子在鱗葉角內其葉排列成尖圓形　松柏科
榦簡而不繁葉如翎雄花在枝頭榦長圓形　西檞弟依科

第二類內長分甲乙兩門共十科
（甲）有圍鬚苞
子房在上
圍鬚苞散如皮分爲六分　木本葉大半如翎花分雌雄在杵形分枝上排列　椶櫚科
圍鬚苞　花心莖相連鬚六箇鬚頭向內捲子房三膛　百合科
有色分　花心莖　鬚六箇鬚頭向外捲子房三膛分三節　藜蘆科
爲六分　分開　鬚六箇鬚頭向內捲子房三膛葉如網　土茯苓科
子房在下
鬚三箇能結實鬚頭向外捲子房三膛花心莖一　花葉全於花外　鳶尾科
大半　鬚頭一　果囊內膛一　萼瓣三花瓣極不合法花鬚托綫似花瓣　曇華科
有托綫　果囊內膛二　萼瓣三花瓣不合法花鬚托綫不似花瓣　薑科
不完全　鬚頭二或二大花心　萼瓣三花瓣三不合法子房一膛子胞衣三邊生種子多　蘭科
（乙）無眞圍鬚苞
花在杵形上不分雌雄有鱗圍之子房在上膛一或更多　菖蒲科
花有似花葉　花完全或分雌雄在分枝上遞更排列每相連處有二三
莒瓦背排列法之花葉子房在上種子一有阿勒布門　五穀科

第三類暗生分兩部共四科

第一部上長一科		
有根本或幹有葉其葉之脈雙排列其背有無胚子囊	鳳尾草科
第二部通長共三科		
生於陸地其體係膜成之其無胚子生於下囊內即傳種處其囊爲圓墊形從殼發生	石蕊科
生於水中或爲葉或爲小腔或爲線無胚子在囊內或在子房座上生處不定	海藻科
生於卑溼地其形不等無胚子鬆而不連或在薄囊內即膜囊	芝栭科

西藥大成卷五之一

英國 來拉 海得蘭 同撰
英國 傅蘭雅 口譯
新陽 趙元益 筆述

第一類外長又名兩子瓣

第一部他辣米花即花鬚連於子房座者

毛茛科西名辣能古辣西依此爲珠西亞之名西俗名鴉爪

毛茛科之植物在天下冷熱適中不過乾之水土處生長故似乎必有濕土并溫和之天氣方能茂盛

形性　毛茛科內之植物間有含苦味之質而大半含辣味之質能自散而爲熱所滅所以有數類其葉與根在外科用之則爲引炎藥與烙炙藥在內科用之則有惹胃之性亦有數類含鹼性之質可爲平火安心之用食其大服則爲毒藥毛茛科中有數類當爲藥品之用因其有辣性並有引炎性即如小火焰形辣能古魯司與辢性辣能古魯司兩種是也

黎蘆西名赫勒蒲爾倫書所載之藥用其根本與根立尼由司名黑色赫勒蒲爾

黑色藜蘆因其根黑色故有此名冬時開花故謂之冬至玫瑰花歐洲多處低山深林中見其天生者近時不甚用之英書中不載此藥

植物學形性　此爲草本植物其根本黑色而存多年面

生凸點與鱗並有許多厚小根向下而發其葉偶有在發花幹之後而發出俱爲從根而發者有長而圓柱形之葉跗面有花點其葉似足指形分成七箇分葉至九箇分葉

第三十五圖

形長而尖間有劈形者其端平向項處多成齒形如鋸似乎順葉跗之乂端而排列葉質靭似皮色暗綠正面平滑背面之脈網形排列其無葉之花幹比葉莖更短有二箇或三箇橢圓形之花葉間爲箇者開一花間爲乂形者開雙花其花大在幹之端色白

少帶淡紅其萼似花瓣形易於分辨其萼瓣五出似蛋形久不落其花瓣八出至十出形小略爲綠色似管形向下而尖其瓣足爲管形又爲雙唇形外邊之端似舌形之唇鬚多較花瓣更長子房六箇至八箇子房口爲花之端而成圈形子在殼內不相連一邊裂開殼質如皮種子多爲橢圓形有臍帶分兩行排列如第三十五圖

藜蘆根大半從昂不爾厄至英國或裝袋或裝桶間有從馬塞里運至英國者法國書云似亦從痾威納並瑞士國得之所謂根者實爲根本與小根爲藥品者用其小根爲妙其根本長數寸厚半寸或爲直或爲彎面有橫凸紋爲

葉跗相連處之痕迹下面有長絲紋大約爲深櫻色其中心向內有白色點乾根之臭淡醫士掰茄云其臭略與遠志根相似其味初覺甜繼覺苦後覺辣而可憎苦里司脫生云西國二月內其根不覺辣又云其乾根不辣

形性　藜蘆根尚未有化學家詳細化分之醫士弗奴微勒與卡布侖二人化分之得自散油並定質油又得自散之酸質松香類質蠟質苦性之質暮苦司烏勒米尼鉀養沒石子酸鈣養與若干沒石子酸並淡輕鹽類質又云藜蘆之功用因其內有雜性之油類與自散之酸質化合其根曬乾之則失其性若干分又久存之亦然故應常取新

者而不存至久浸於水中則能化出數種有功用之質若浸於酒醋更佳

又有數種藜蘆應特論之如藥品藜蘆如第三十六圖爲醫士西白托曰在希臘國與地中海東岸數處之山上得之而在希臘國植物書印其圖西白托白以此物確爲代司可立弟司書中所言之黑

第三十六圖

色藜蘆應爲近今土爾其國常用之物名曰助布地埋希臘人謂之意揩司非如第三十六圖甲爲萼瓣並相連之

花瓣乙爲去萼瓣等之形以顯花心并一箇鬚與花瓣
綠色藜蘆　歐洲尋常出售之黑色藜蘆內常有綠色者
之根雜於其內或云可以代用又有一種與藜蘆又名熊
掌藜蘆美國用其葉爲藥料此葉有辛性能令人吐瀉前
時用之爲殺蟲藥尋常出買之藜蘆內有誤取之刺阿格
替耶之根如格布勒與根茲兩人之書中有此物之圖與
藜蘆相似

功用　藜蘆之鮮根置於皮膚則能引炎而發疱如服之
則惹胃腸令吐瀉間令直腸生炎其性能瀉並調經

服數　醫士或用新作之藜蘆粉十釐至二十釐爲重瀉

藥而用三釐至八釐爲輕瀉藥其沖水者用根一百二十
釐與沸水一升此沖水以一兩爲一服每四小時一服有
人用酒醋做成藜蘆膏此膏亦爲有功力之藥

藜蘆酒（此爲倫書之方）

取法　將藜蘆搗碎五兩浸於準酒醋二升內七日之後
則壓之濾之

服數　以半錢至一錢爲一服可合於他藥用之然近時
不多用此藥

司他非薩搿里（倫書所載之藥用其種子立尼由司名曰得勒非尼烏末司他非薩搿里列於多鬚三箇花心）

司他非薩搿里爲歐洲南方與地中海之島所產醫士西
白托白將此植物與希臘國所用者相對則知相同此物
常混於華美得勒非尼烏末又混於里幾恩得勒非尼烏
末英書中不載此物

植物學形性　如第三十七圖存二年有多毛其幹高係

第三十七圖

草本葉濶如手之分指形共
有五分至九分每分或全或
分爲三叉花莖之底有三花
葉花在鬆穗內有五箇似花
瓣之萼瓣上者少有短距形花瓣四出與萼相連無毛其

上二箇花瓣伸至距形內爲距形所包下兩箇花瓣似葵
扇形子殼三箇蛋形又似肚腹種子多（觀希臘國花草書第五百八頁）

形性　司他非薩搿里種子從歐洲之南帶至英國或云
日耳曼國所產者最佳俱爲亂三角形面毛糙不平滑色
稷其臭甚少嘗之味苦而辣口內似燒其種子之性情藉
兩種藥料一爲鹼性者名得勒非尼阿一爲自散之酸質
此酸質有人以爲與毛茛科別種之辣性質相似有人疑
爲蘋果酸合於自散油質其他原質爲定質油膠小粉含
淡氣之質阿勒布門又有數種鹽類質
古爾白初得得勒非尼阿之法用沸水傾於種子之酒醋

膏其沸水先加硫强水令得酸性在後用淡輕令得勒非尼阿從其水中結成又法將水成之膏合於鎂養沸之濾之合於酒醋將所得之質熬去其水此法所得之得勒非尼阿合於尋常藥品之用但另合他質名司他非西尼所有得勒非尼阿白色似粉形然其成顆粒之質最苦而辣能融化如蠟幾不能消化於水能在酒醋與以脫中消化與配質合成鹽類質俱為最有辣性者

功用　司他非薩辯里種子并得勒非尼阿為辣性之毒藥或用其種子以殺蝨子將其種子浸於醋內將其酒搽於皮上則發熱而癢故有醫士用此為引病外出藥內科中用其種子則為吐藥與瀉藥然其性過猛間有沖水服之為殺蟲藥食其大服能令人寤睡

得勒非尼阿酒

將得勒非尼阿四十釐在準酒醕二兩中消化之如腦線痛並久延風濕病用此藥指擦又下法所作油膏亦略同

得勒非尼阿油膏

將得勒非尼阿三十釐合於橄欖油一錢豬油一兩後載草烏頭藥料更為合用

草烏頭西名阿古尼低葉與根為藥品又名鴛鴦菊吳俗名僧鞋菊西俗名和尚風帽花海狠草立尼由司列於多鬚三箇花心

阿古尼低為希臘國之膏古人替啞弗辣司佗司云為最毒之藥又古人代司可立弟司云有三四種內有一種詳細論之與意大里國及希臘國山上所見阿古尼低類其本處名曰阿古尼低納想此物係那布勒阿古尼低即常用之阿古尼低也此物在歐洲數處山上養六畜之處或冷處得之如英國內間亦有之生於河溪之邊但不能指定英國原有此物此種為尋常見者而藥肆家難得其別種故英國藥品書以此為準而昔時倫書與阿書所用者為密頭形阿古尼低又有一種名司土爾刻阿古尼低來肯拔克書中所言者特看杜辣書中謂之居中阿古尼低又韋勒特所謂尼啞門但阿古尼低想此物為司土爾刻於一千七百六十二年所初試之物又有人以為此物係密頭形阿古尼低之一種但密頭形阿古尼低依傳勒明所試得之理為最淡之性幾乎無功用

植物學形性　那布勒阿古尼低之形性常有不同之處故有人無故而分為多種其根本似錐形有一箇或多箇凸頭在其傍其幹直立而簡其葉分至葉莖成五箇劈形之分葉各分葉再分為尖而

第三十八圖

有線形之小分所開之花在榦上遞更排列似穗形其色深藍萼瓣五出似乎花瓣上者似盔形其盔如半圈而漸變尖至末成尖頭花翅內面生多毛花瓣五出上兩出似小囊形平排列有長花莖托之藏於盔形內外不能見其餘者小而似線形間有不見者鬚線外面生毛有尖頭之翅子房有三箇小時則向外分離種子在子殼中不相連爲多三邊形之體背面有摺皺紋如第三十八圖

密頭形阿古尼低與以上之物易分別之因其花更多而散開又其花之盔形更長

英國種那布勒阿古尼低卽黑爾德佛省之喜欽等處其

根亦從日耳曼國取來

又有一種名美觀阿古尼低卽來肯拔克所記者俗名和尙魁風帽在英國蘇勒省之米綽末多種之又種尋常阿古尼低數種

又有一種名兒阿古尼低在印度之雪山產之比歐羅巴各國所產者功力更大

又有一種名亂形葉阿古尼低亦爲印度國所產者有補性而不毒

形性　阿古尼低根尋常出售者爲錐形與胡蘿蔔略同其色外深櫻內白或言其名那布勒卽蘿蔔之意因其根

與法國之蘿蔔相似間有旁面凸頭連於根而不相離其色更淡外面平滑其質如肉初嘗之其味覺苦繼變辣後唇與舌覺癢而麻木再後喉中亦然所言之凸頭爲來年之根或根本開花已畢則凸頭又能長養其葉花種子等俱有同性情加於舌面則覺熱癢而木從發葉之時至結實其葉有此性至其子初結成之後則散此性子已熟則其葉竟無此性其種子甚辣作阿古尼低膏可用其葉觀其花略三分之一已開則取其葉作膏其根必在冬春未發葉之先取之其葉用鮮者其根可用乾者

化學形性　阿古尼低根與葉其功用在乎鹼性之毒質

名阿古尼低亞此爲毒藥中之最烈者初爲步蘭德士查出後有辯茄與黑司亦查明而佩服前人之說又有醫士希拉巴得已詳細化分野生那布勒阿古尼低根查其含阿古尼低亞之數所用之法卽海得蘭之法稍改變而得之每取阿古尼低開花後之根重一磅能得阿古尼低亞質八·五八釐如取其乾根則每磅得三·五七二釐如在開花之前而取之則其鮮根每磅得三·五釐其乾根每磅得一·二一三釐以上之數爲試數次所得之中數又有醫士赫多用法國所產者每磅得四釐爲中數觀一千八百六十四年四月藥品記錄書如兒阿古尼低之根所含阿古尼低亞比英國者多

含二倍觀下論則得其詳此類之阿古尼低根在印度國曬乾可寄至英國若有未乾之根裝好寄至英國則其性已遜阿古尼低含一種辣性而能自散之質醫家尚未詳知沛離拉以爲此質由阿古尼低亞化分而成者又含別種鹼性之質與阿古尼低亞不同之處因能成顆粒磨爾孫名曰那布勒那又有一種植物酸質名阿古尼低克酸此物係沛西挨在其根內得之又含多小粉開花以前取之則其小粉更多其根粗而重又有成膏之料阿勒布門綠色之蠟質瑪內得有數種植物配質與鹽類質內有一種名鈣養阿古尼低克酸

西人常用一種根當菜蔬食之謂之辣根此根用刀刮成花條而與阿古尼低易相混然觀其所刮之花條其口不久變淡紅色其味亦不甚辣令舌痛甚而麻所以一覺此事則知其誤必戒之近時有多人因誤食此物而死者

功用　阿古尼低有最烈之毒能徑平知覺腦筋如欲用減熱氣之藥則此物有大用如嚼其一小片則多發口津口中覺熱而癢後覺木如用之爲毒藥則令眼內瞳人縮小又令人昏蒙癱瘓因暈絕而死然與腦體無關如腦筋痛風濕與心病俱有功用觀阿古尼低亞一節

解法　凡有人疑中阿古尼低亞之毒可迅速多用動物

炭合於水服之此後不久即用辣養硫養一大服令吐再以淡輕與白蘭地酒服之扶其人行動不停

服數　阿古尼低葉曬乾之則減輕六分之五可將其粉用一釐至二釐爲一服漸漸加多然其葉之性情不能定間有不毒者

阿古尼低膏

取法　將阿古尼低鮮葉及開花之莖頂一百十二磅在石乳鉢研之壓出其汁加熱至一百三十度用洋布濾出其綠色之料將所餘之流質加熱至二百度令其阿勒布門凝結再濾之將所濾得之水以熱水盆加熱蒸成稀漿

再加前所分出之綠色料調和至極勻連加熱不可過一百四十度熬之至所得之膏合於作丸之用

倫書之法將所壓出之汁蒸之而不依上法分數層工夫然用上法所得之膏更佳其阿勒布門原爲易發酵之物去之爲妙所分出之綠色汁名克羅路非勒再添入膏內能令其質多而有定質之形並存綠色此膏比舊法所作之膏稍烈然其爲藥之性不能定因其葉常有濃淡之別也

服數　一釐至二釐爲一服

阿古尼低爲藥之質易爲正酒醋所收故將前法所研成

膏之藥用過濾之法則所得之酒醕膏最猛而烈蘇書即用此法阿古尼低之性情原為日內瓦人郎巴特所查出勸人用其浸酒與酒膏有多人造阿古尼低乾汁其作法將葉壓出其汁而合於正酒醕又有人將其浸酒熬乾之成一種酒膏

阿古尼低浸酒

取法　將阿古尼低根之粗粉二兩半正酒醕一升浸於酒醕十五兩內二十八小時必蓋密之暫時搖動則添入過濾之器至其流質不再落下加其餘酒醕五兩已濾盡將濾器內所有之質壓之所出之汁濾之將二種流質和

勻加正酒醕足滿一升此浸酒之濃得阿書方浸酒之四分之一亦為倫書方浸酒之三分之一又有一種謂之傅勒明阿古尼低浸酒較英書方所作者濃四倍

此浸酒最為光明其色與舍利酒略同服之以後令口內覺癢而木

服數　五滴至十五滴為一服一日食三服不可驟增其服數必漸加之

各藥肆家出售之阿古尼低浸酒其濃淡不等此為不便之事尋常藥肆備傅勒明法之浸酒因間有醫士喜用之然斷不可用此酒而誤與英書之法所作者服數相同其

濃酒為外科之用而與英書之洗藥相似每一升用阿古尼低根二十兩而英書不過用其二兩半然無論何種浸酒不免有濃淡不等之弊此因其根所含之阿古尼低亞多寡不等也

阿古尼低洗藥

取法　將阿古尼低根粗粉二十兩樟腦一兩正酒醕足用將阿古尼低根合於酒醕若干先令其濕後浸七日將其樟腦置於受器內用過濾之法令其浸酒濾至受器內足有一升

此洗藥最濃為外科之用如用上等之根有大功力能止

一處之痛即如面部腦筋痛并他種痛病然必慎用此洗藥不遇皮膚破碎之處又不可近於口而用之可用手指搽於患處或用海絨或牙刷上之至覺麻木為度

常有醫士用阿古尼低汁與浸酒不能得其功用反之有人用其浸酒之微服而毒死者此因阿古尼低根之藥性濃淡不等而阿古尼低之藥性俱藉其鹼性之毒質即阿古尼低亞為此藥中最烈之質其濃淡亦不變顧取阿古尼低亞之法最難因此英國與歐洲他國所出售之阿古尼低亞無功用應作為廢料倫敦醫學院因一千八百六十三年倫書之取法有差誤而改之然倫書不設更妙之

法去其阿古尼低亞不列於藥品中而以浸酒代之惟有一藥肆家名磨爾孫所取阿古尼低亞爲極淨者其價最貴其取法祕而不傳

海得蘭於數年前書中言一千八百四十九年所得取阿古尼低亞之法最爲有益玆錄本文如左

欲得取淨阿古尼低亞之便法須易得其質甚多先須查明何種阿古尼低根能取其最多者故余往醫士來拉處得兒阿古尼低之根爲印度國所產者於倫敦大書院化學房內詳試之得一取法最爲便捷勝於所試之他種取法也

其法曰將兒阿古尼低根二磅搗碎置於甑中合於正酒醕一斗配合式之受器加熱令沸略一小時將甑中所餘之醕傾出加正酒醕一斗並受器中所得之料再照前法加熱令沸將所餘之酒醕傾出再加正酒醕一斗並所蒸過之物加熱令沸蒸之將所餘之根壓之而將三次所得之浸酒和勻濾之將此浸酒蒸之成稀漿爲度從甑中傾出每一體積合於蒸水二體積加硫強水至有酸性爲止則有結成之質必濾出至清爲度再置於熱水盆輕蒸之至成漿此漿不可多於二兩體積傾入有塞之瓶其瓶必能多容二倍料後加濃淡輕水至有鹼性爲止輕輕搖動

則得白色之質將此白色質每一體積加醕以脫一體積將塞塞緊用濕布包於瓶外以手指壓瓶塞令其緊密出力搖動數分時有若干以脫升至水面待其全分開則去其塞用吸管或小吸水筩收去其以脫傾於大碗內不必蓋之將其瓶中之餘質再與以脫同數和勻以同法搖動之將其以脫用同法收去再做一次後將所得之以脫令自行化散而不加熱則碗中所得之質爲阿古尼低亞

此法易而且速爲一定者但必最謹慎爲之因成質之時最險其取法之理易明因揣度阿古尼低根中有阿古尼低克酸與阿古尼低亞化合而酒醕所消化而出之質爲

阿古尼低亞與阿古尼低克酸化合而成者所得之浸酒熬乾之加水少許則所結成之質爲水中不能消化之松香類等質同時加硫強水則成阿古尼低亞硫養此質比阿古尼低亞合阿古尼低克酸所成之質更易消化後加淡輕則其阿古尼低亞結成如多含阿古尼低亞其水不透光因有結成之質故變爲半定半流之質後加以脫則消盡所結成之阿古尼低亞而與以脫同升至水面水中所存之質祇爲淡輕養硫養等質

依此法所成之阿古尼低亞爲淡黃色能透光如玻璃或如上等之阿拉伯樹膠如能得其極淨者則無此黃色如

將其黃色者再照前法用强水與水少許消化之用淡輕令其結成又用以脫分出之則能得其白色透明質但用此法變白不免糜費且其爲藥之功用與黃者無異依此法所得之藥其功力最大而具有以下所言阿古尼低亞之性情如將此法與一千八百三十六年倫書之法相比則每一套工夫之埋與必謹慎之處易於明曉設用那布勒阿古尼低其取法相同所得之阿古尼低亞甚少故用印度國之兒阿古尼低更爲省儉印度國雪山之阿古尼低因其性最猛而毒故謂之兒即猛烈之意此物所含阿古尼低亞之數更爲可恃但其根每有若干重所含阿古

尼低亞相比甚少如取法不靈則全不得此質印度所產阿古尼低根厚實似圓柱形無小根外粿內白分爲兩色易於分辨一爲新生之色料其質密略如牛角質且較重內含多小粉二爲輕脆之色料其形略如白石粉此兩色所含之阿古尼低亞略同體積而因其重率小則更能値錢已試數次所得之數相近其牛角質之根一磅能含阿古尼低亞五十四至五十六釐若其輕脆之根一磅含阿古尼低亞八十八至九十二釐所以此兩色所含阿古尼低亞之比略爲三與五之比

取法　一千八百三十六年倫書之取法將阿古尼低乾根二磅搗碎置瓶中加正酒醅八升加熱令沸一小時傾出瓶中所餘稠質再加正酒醅八升并所蒸過之酒醅沸一小時後再照前法爲之又第三次亦然將阿古尼低根壓之將壓出之汁并每次所得之質和勻濾而蒸之將其餘質熬成膏此膏在水中消化之再濾之將其流質少加熱熬之至成漿形之質加淡硫强水合於蒸水作爲消化之阿古尼低亞又添淡輕水至足用即足令淡硫强水所結成之阿古尼低亞消化再加動物炭至足用略在一刻時內連搖之不止再濾之加淡輕水足令阿古尼低亞結成爲度洗之令乾

依上法取之雖爲妙手巧工往往不得其質若觀余所言之法與倫書之法有數不同之處如左

一酒醅所消化之質熬成稀漿不熬成膏

二可免將阿古尼低亞令其結成並濾洗之工此工在倫書之法連另作兩次

三不用動物炭

以上三事之理如左

一用更大之熱恐燒壞或化分其質又阿古尼低亞受熱或比別種鹼類質更易於燒壞而化分或以爲酒醅令沸其熱能化分之因此取之之人往往不合法然此非爲一

定之理曾經用別法取之即如將其根在以脫內加熱令沸又浸於酒醋內連加熱至一百八十度數日不停無論以何法取之無論查其化學性或藥性所得之質與前法之阿古尼低亞同又在水中加熱令沸數小時其質亦不變

二舊法常誤事之故大半因用水太多并屢次消化阿古尼低亞一分能在水一百五十分內消化依舊法取之雖用水屢次洗所結成之質常有淡輕四養硫養三連於其上而其阿古尼低亞因此易自融化如以酒醋洗之亦不能去其質故不得已必再用水洗之而因用水多則有大糜費

如余所設之法用以脫則無糜費所含阿古尼低亞結成之水必為極少至於添淡輕三水其質變為稠質如此則用水少而水所消化之阿古尼低亞甚少然用水四兩已能消化阿古尼低亞十二釐此俱為糜費者如用那布勒阿古尼低之根則阿古尼低亞可全為水消化故無所得余用以脫之法非惟能消化所結成之阿古尼低亞即已消化之阿古尼低亞可收其大半所以第三次用以脫之後其餘水所存之阿古尼低亞祇為微迹又因淡輕四養硫養三不能消化於以脫中故所得之阿古尼低亞為乾者不能自融化

三如用舊法即使實有結成之阿古尼低亞則因用動物炭滅其色其動物炭不惟能滅其色且與植物鹼類質大有愛攝力故必從水中收盡其阿古尼低亞而不放出又動物炭與阿古尼低亞之愛攝力比在尋常之鹼類質更大所以用倫書之法得數極少或無亦不為怪如將未漂白之阿古尼低亞十釐和於水中加硫強水足令其有酸性再加動物炭足令其滅色待若干時濾之將其水熬之加淡輕三至有餘則所結成之質與原數相比甚少余數次依此法試之竟無所餘者

昔時之法往往誤事其故因凝結之事與洗盡之事用水

甚多又滅色用動物炭或熬膏用熱太多亦為誤事之故

形性　依上法所作之阿古尼低亞提淨之則色白而無臭如水中所結成者待乾則質脆如白石粉但以酒醋或以脫消化熬乾之則為明質如牛角尚未能令其結成顆粒每一分能消化於水一百五十分醋內最易於消化以脫內更易於消化消化之質味苦少有甜味後覺熱而癢舌覺木少有鹼類之性其為本之性不甚大而能合於死物與生物之配質成鹽類其鹽類亦不成顆粒在水中消化則此阿古尼低亞更易此鹽類在水中消化如加鋇綠則結成白色之質如加金綠三則結成黃色之質如加碘則

結成樓黃色之質如將阿古尼低亞加大熱則化分發淡輕之氣漸散至盡

非勒白司云尋常所得阿古尼低亞內含一質其性情比阿古尼低亞更淡此質謂之阿尼磨尼尼比阿古尼低亞更易消化於水然余所設之取法其阿古尼低亞不含此質於內曾用水中凝結之法濾之洗之將此質令遇多水則如非勒白司之言不差應多含其質之不消化之一分而因此較以脫法所取者更烈然余已將兩種質試之無論爲毒死動物或感動皮膚所需用之數略同

英書所設之取法與海得蘭之取法略同因其法內亦用

以脫也然有不同之處因消化其阿古尼低亞硫養所應用之水數不指明如所用之水過限則所得之阿古尼低亞必極少而其用水之限本爲極少者

阿古尼低亞 又名阿古尼替那 又名阿古尼他

取法 英書 將阿古尼低根粗粉十四磅正酒醕蒸水淡輕水以脫與淡硫强水各預備若干至足用先將酒醕二十四升傾於阿古尼低根上磨勻加熱至初起發沸爲止任其自冷停四日置於有吸力之漏器令其過濾再加酒醕若干至其根之藥性已放盡將所得之質蒸之至大半已蒸過將其餘質用熱水盆熬之令酒醕全散將所得膏質

一分合於沸蒸水二分待冷至與空氣之熱度等用紙濾之將濾得之水合於淡輕水至少有鹼性用熱水盆漸加熱將所結成之質濾之曬乾之磨成粗粉而合於以脫搖動數次再換以脫搖動數次將各次所得之以脫和勻而蒸之即至餘下之膏已乾爲度將其乾汁以溫蒸水消化之而其水中必先加硫强水至少有酸性待冷時將淡輕水一體積蒸水四體積和勻漸加此水在內將所結成之質濾之用冷蒸水少許洗之又用生紙夾之少加壓力令乾

依此法先得阿古尼低根之酒膏不含小粉與他種植物

質因此各質不能消化於醕內後在水中消化而濾之則分出其松香類之質其水含阿古尼低亞之天生鹽類質加入淡輕則與阿古尼低克酸化合而因所用之水數不過膏之兩倍故阿古尼低亞大半結成再將結成者晾乾之如有含淡輕之鹽類質黏連之則用以脫之時分出而其餘異質不能消化於以脫中而存於水中所得之以脫膏幾爲淨阿古尼低亞而因英書之法後作之工有誤則其阿古尼低亞大半糜費其方曰以溫水消化之其水必加硫養有酸性而不言溫水應用若干設如其乾根每磅有阿古尼低亞二十釐則十四磅應含二百八十釐能在

熱水五十倍體積中消化所以熱水一升半或冷水四升半能消化至盡再加淡輕$_{三}$則無結成之質如其根所含阿古尼低亞更少則水數更少已足以收盡阿古尼低亞無論如何其縻費必極大除用水極少外英書之方不可用

阿古尼低亞原質之式尚未定一千八百六十四年英書之式爲炭$_{六〇}$輕$_{四七}$淡養$_{七}$又言爲白色之質尋常無顆粒之形遇紅色試紙則顯其鹼類之性能滅酸質如加烙炙鹼類質則能從其酸水內令結成然淡輕$_{四}$養炭養$_{二}$或鉀養二炭養$_{二}$或鈉養二炭養$_{二}$不能令其結成加熱則融化燒時其火焰發煙擦於皮膚則癢而久木如服之爲最烈之毒藥

試法　以淨以脫消化之則應消化至盡燒之則應燒盡惟有一穩法分辨之即試其與動物所顯之性而依此性分辨之

功用　阿古尼低亞之性情與其根相同惟更猛烈耳其爲藥品之用藉其令近於皮膚之腦筋呆木所以腦筋痛病如面部腦筋大痛等病則將阿古尼低所成之藥擦於其處不久則止其痛醫士或令人服其微數以治風濕之大痛能令其平火安心服其大服爲最毒之藥海得蘭曾試過動物食若干足令其死而推算成人服其十分釐之一則必毒死觀藥品功用書第四章阿古尼低一款

阿古尼低油膏

取法　將阿古尼低亞八釐正酒䤈半錢消化之加提淨豬油一兩和勻

此油膏較海得蘭所設者濃四倍又較海得蘭所設之濃油膏濃二倍所用之酒䤈係空費之料

如傅勒明所設之阿古尼低亞油膏每豬油一兩配阿古尼低亞十六釐貧揉蒲拉與非勒白司俱用八釐海得蘭用二釐海得蘭另設阿古尼低二種藥如左

阿古尼低水

取法　將阿古尼低亞一釐正酒䤈一錢消化之加蒸水九錢消化之則每錢含阿古尼低亞十分釐之一每滴含六百分釐之一

阿古尼低亞洗水

取法　將阿古尼低亞水十錢各里司里尼二錢此方之數應用淨阿古尼低亞

凡腦筋痛或面部腦筋痛將其洗水或油膏搽於痛處之外則令其呆木數小時或一日其木不減其阿古尼低亞水爲內科之用較尋常阿古尼低亞之藥更爲可恃如風濕大痛或心之病以五滴至十二滴爲一服即有阿古尼低亞一百二十分釐之一至五十分釐之一爲一服

布道非路末根西俗名五月蘋果美國俗名野檸檬又名美國曼陀羅花

此瀉性之根實爲根本英書自美國藥品書收錄之美國南北幾各處俱有之大半在遮陰處與卑濕地其根本四向生長不久能自鋪滿地面一大塊其果美國俗名野構檬少有酸味頗適口而不覺有害其藥性在其根本與小根美國土人原用此物爲藥一千八百二十年美國初成藥品書內載此物俗又名五月蘋果將其根本熬成膏少有松香之形性謂之布道非里尼美國用之代輕性之汞綠在倭海阿省內辛辛那第城一年內成此膏四萬餘兩特看杜拉將此類另爲一科名布道非拉西依科又有大爾皮名曰伯爾白離弟依科其俗稱蘋果構檬或曼陀羅俱爲無理之名與此三物無涉或云其葉有寧睡之性與曼陀羅葉同尋常植物家列於自然分類法之辣能古辣西依科即毛茛科

布道非路末總形性萼瓣三出俱能自落花瓣如蛋形尖向下自六出至九出花鬚十六箇至十八箇鬚頭線形子房口大無托線子房即果實熟時不自裂其果有肉種子數多在旁之子胞衣內排列

楯牌形葉布道非路末如第三十九圖此爲立尼由司分種之名其根本平排如條形長數尺能存多年其榦簡高

第三十九圖

十二寸至十五寸其端有兩葉與一花其葉似籐牌形分五箇至七箇分葉每一分葉在其尖或成齒形或有剖開形其花獨生於葉間大而色白少向下彎果大如雞卵形亦如之果上存子囊口果熟則色黃內有一膛膛內種子十二箇另有甜酸味之嫩肉

布道非路末根常出售者成條長一寸至六寸厚二分至四分尋常略與鵞毛管同外有皺紋另有小凸處即發榦之所其色外紅櫻內白折斷之則其斷面略平每若干相距有櫻色細小根爲淡櫻色間有合於其根本者其磨爲粉者色黃其臭稍香而奇味苦少辣而可憎

化學形性　布道非路末內含苦味之質能成顆粒又含松香類質二種不成顆粒又有膠小粉阿勒布門立故尼尼没石子酸定質油與自散油如非勒特非亞人哈知孫將布道非路末根合於生石灰與水而沸之將所得之水濾之加鋅養硫養合結成將其餘質在醋內消化之再用沸水消化之待冷則結成之質爲根內苦味之質此質無瀉性因其瀉性在二種松香類質而此松香質不能在淨

水中消化祇能消化於鹼類水中此松香類質之第一種其數多於第二種能在正酒醋與以脫中消化而第二種能在醋內消化而不能在以脫中消化第一種之性較第二種更烈化學家阿林云其瀉性俱恃松香類質之第一種如將布道非路末浸於水中則少有酸性如合於含鈣養或鋇養或錦養鉀養果酸或直辣的尼之各水則結成白色之質如合於鐵與多配質之鹽類則令其變黑此爲含没石子酸之據如加碘則變爲深茄花色此爲含小粉之據如將布道非路末之沖水合於酸質則無變化合於鹼類質則結成二種松香類質

功用　布道非路末有瀉性似乎渣臘伯如用正酒醋成膠則有重瀉性其最便之用法取其松香形之質

服數　將根之細粉以十釐至二十釐爲一服

布道非路末松香類質（又名布道非里尼）

此質之取法將其根以正酒醋成浸酒再加酸性之水令其質結成如祇加水亦能有結成惟加酸水則結成更易更全且加酸水亦能令伯爾白離尼質結成美國之布道非里尼亦含此質

取法　將布道非路末根粗粉一磅合於正酒醋三升或至足用用過濾之法收盡其質將所得浸酒置於甑中蒸

之收出其酒醋又將蒸水二十四分合於輕綠一分將此酸水三體積合於甑內所餘之質一體積漸漸傾入屢次調和待二十四小時則其松香類質沈下可濾取之以蒸水洗之在熱汽爐上烘乾之

依上法取之得淡綠棕色之粉此粉不成顆粒每用根一百分得此質三分至四分此爲松香類之雜質能在正酒醋與淡輕內消化如以正酒醋消化之再加水則凝結以淡輕水消化之而加酸質亦能結成英書云幾全能消化於淨以脫中然布道非路末所含之松香類質內有一種不能在淨以脫中消化此質略爲全質之五分之一至四

分之一依滿里由司司密得之說此松香類質之淨者爲白色以二釐至三釐爲一服大有瀉性

功用　胡特與巴格之書云此質爲重性之瀉藥服之必瀉令大便多成流質不令人腹痛亦無不穩之弊如肝病中此藥大有功用故美國內用之甚多俗名植物茄路米或獨用或合於藍汞丸藥服之或合於汞綠或大黃或渣臘伯或鉀養二果酸俱可如有生炎病而應瀉之用此藥最合又痛風風濕肝血積聚水腫等病亦可用之而得益

服數　以半釐至二釐或更多爲一服

毛茛科之植物又有數種在產之之國內作藥材即如北

亞美利加有串形阿格替耶。又俄國之北方西伯利產串形阿格替耶與西米西傳茄。阿格替耶。俱含猝性之質。可爲化痰藥與發汗藥。其串形阿格替耶。似乎黑色蔾蘆。代以出售。如風濕之病。則多用此藥作浸酒。每準酒醅一分。配其根一分。服數半錢至二錢。

加拿大海特拉司弟之根。即產於加拿大與亞美利加之西北。謂之黃色布。故納其土人自古以來用之爲藥。美國醫士亦言此根能爲瘧疾或重病初愈之補藥。大有功用。醫士伯靈士亦言此根含伯爾白離尼並奇性鹼類質。名海特拉司弟亞。此質大有爲本質之性。觀藥品記錄第二分第三本第五百四十六頁

蜂蘖散特里薩。西俗名美國黃根。爲苦性之補藥。美國中多用之。伯靈士曾在此根內查得有伯爾伯離尼之質。又有人從此根內取黃色染料。此根可與高林布或苦白木更易而用之。

辛夷科 西名瑪格奴里阿西依此爲特看杜辣之名

此科植物。在亞美利加中國日本國新金山與新西蘭各處散布。大半含自散之油質。因其香性而用之爲藥。即如東方各國有一植物。名八地恩。西名星形阿尼司。其子排列如星之芒。即八角茴香。其味與臭。與大茴香略同。歐洲各國將八地恩名目收入各藥書內。故另加數字曰八地恩依非辣。其星形阿尼司。爲中國植物之果實。西名阿尼司依里西由末。但有西人西蒲特與如格兩人云。此果實爲敎內依里西由末。然疑其爲上所言之一類。

溫弟里得立密司 特看杜辣之名。又名溫弟里樹皮立尼由司列於多鬚四箇花心

溫弟里樹皮。爲溫弟里得立密司樹所產者。如第四十圖。係英國船主溫弟里於一千五百七十九年往麥坼倫海峽處得此樹。帶至歐洲。其皮有香味。又有行氣之性。故有醫士用之當桂皮。又有補性。似乎看尼辣樹皮。今時不多用之。

第四十圖

新月形種子科 西名米尼司卑麻西依爲特看杜辣之名西俗名月草

新月形種子科之類。間有與他類相同者。醫士林特里以爲與內長類之土茯苓科相近。此科之植物。大半在熱帶

內。即熱地內所生者。在亞細亞與亞美利加俱有之。間有在此界外而見之者。即如阿非利加海邊等處是也。

形性　新月形種子科之類生一種苦質。並多小粉。其根與榦內俱有之。多有內質黃色者。間有生辛性質者。其果實內含辛性質較多。故有數種能爲補藥潤內皮藥與利小便藥。有一種植物。名印度告故羅司。是爲毒藥。

沛離拉根　立尼由司名沛離拉。西散比路司列於分雌雄合鬚之花西俗名絨葉

沛離拉爲籐本之根。產於巴西國。又名沛離拉布拉發。即野葡萄之意。又西印度各島內。謂之剪絨葉。西人初論此物。在馬克古拉弗與秘瑣於一千八百六十四年所著萬

物略說之書內。名之曰楷比罷。葡萄牙國人俗名天母之稗。又有醫士雷於一千六百八十八年之書中。言此物治石淋有效。其根與榦俱可用。久有人用之。且不惟此類。尚有他類。亦用其根與榦如奧蒲來言法國之加夜那有略紅。阿蒲他之根。當白色沛離拉用之。又有一種所生之質。謂之紅沛離拉。又有西人孫希累爾云。巴西國產原沛離拉樹。爲故拉白里瑪。西散比路司之樹。又有馬替由司言其名爲楷比罷。又名西巴地可白拉。

沛離拉。西散比路司。如第四十一四十二兩圖。爲分雌雄之植物。其榦圓而平滑。或生毛籐本。與此科之別植物略

第四十一圖

第四十二圖

同。其葉圓如楯牌形。又略爲心形。其心底向內邊生刺。上面平滑。下面生細毛如絲。花小成穗形。如第四十一圖。其穗形分叉。有小花葉。其莖或單或雙。其花多生細毛。如第四十一圖之一號。第四十二圖之二號。萼瓣四出。花瓣亦四出。合成杯形。鬚在下相合。鬚頭二箇。在頂平而開。如第四十二圖之一號。其花穗

形。爲單者。有寬葉形之花葉。其萼有一在旁之萼瓣。又有一萼瓣在此萼瓣之前。如第四十一圖之三號。單子房。子房口分爲三。果外生細毛。大紅色。而有斜內腎形。無壓平形。有皺紋圍其邊。種子一箇。其端如鉤形。其胚如第四十一圖之二號與第四十二圖之三號。長而圓。有阿勒布門內質圍之。

尋常出售沛離拉根。其塊長數寸至一尺。厚薄不等。有彎曲之形。略爲圓者。色深稜有直槽紋。其橫剖面有同心之圈。然有心大不同者。從心有幅通至外皮。根無臭味。稍甘。初少覺香。後覺苦。藥肆常出售者。間有無甘味。大半從巴

西國運至本國、

化學形性　此根內含松香質、黃色苦味質、棲色之質、植物暮苦司、即膠形之質、小粉、鉀養淡養[〤]並他種鹽類質、以上為弗奴徵勒書中之說、韋辨司書云、有一種奇性植物鹼類質、其味有甜有苦、名曰西散比里尼、其功用與性情大略藉其苦質小粉與鉀養淡養[〥]

服數與功用　其根粉以二十釐至四十釐為一服、舊法用其沖水、醫士布路弟初用其煑水、苦里司脫生云、用冷水以過濾之法得其浸水、即與蘇書之取膏法略同、因以冷法所取之質不含小粉於內、故不易於腐爛、外用沸

離拉治膀胱傷風之病、

沸離拉煑水

取法　將沸離拉根切碎一兩半、蒸水一升、加熱令沸略一刻之久、濾之、再加蒸水補足一升、

服數　以一兩至三兩為一服、

功用　為輕補藥、又為潤內皮利小便藥、

沸離拉根膏

取法　將沸離拉根粗粉一磅、沸蒸水八升、或足用為度、先將水一升浸沸離拉在內、少加熱二十四小時、則盛於過濾之器、再加水、令其由漸行過、以至得水八升、或至其

根內藥質放盡為止、將其水用熱水盆熬之、至所得之膏合於作丸為度、

此方原在倫書中、英書中亦載之、

服數　十釐至二十釐為一服、

沸離拉根水膏

取法　將沸離拉粗粉一磅、置於沸蒸水一升、待二十四小時、盛於過濾器、加沸蒸水至共得八升、或至其根內藥質放盡為止、將此水以熱水盆熬之、至餘十三兩、待冷、加正酒醕三兩、以紙濾之、

此膏每一兩與根一錢相配、

服數　半錢至半兩為一服、

高林布根　其根切碎曬乾、特看杜辣名棲櫚形告故羅司、又名楷倫伯立尼由司、列於分雌雄六箇花鬚類、

高林布根係里弟於一千六百七十七年初傳此藥於人、又一千七百二十二年以前、有西米陀司將此藥列於印度國本草內、如印度藥品書名曰楷倫伯醫士白里初查得阿非利加東方莫三鼻給與哇以布二處海邊樹林中有此植物、而將其雄樹畫一圖、然此處所見者俱為野生、一千八百三十年虎客從相近之海島名毛里西得其雌雄兩樹、畫其細圖、此物由船主倭溫初帶至毛里西島種

之如第四十三四十四兩圖

高林布之根存多年發出數箇圓錐形之分根如第四十四圖之七號內有直絲紋外櫻色有橫凸頭如干日瘡形

第四十三圖

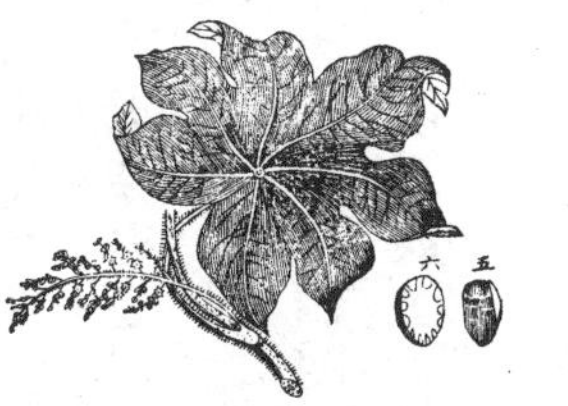

第四十四圖

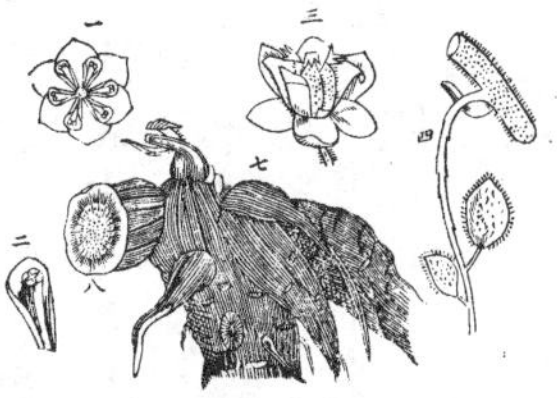

內深黃色無臭味甚苦其榦每年枯萎係草本與籐本外有毛毛根如核其下生更長之毛其葉遞更排列幾爲圓形或爲心形其心底向內葉分五分至七分其分葉不再分其面與邊有淚形其端尖形面生多小毛葉莖甚長似串形而順軸花小分雌雄色綠萼六出萼瓣分兩幅而有小花葉花瓣六出似蛋形尖向下一半包圍其六箇相對之鬚觀第四十四圖一二兩號其鬚頭在鬚之端分兩膛自上至下直裂開其子房有三箇觀圖之三號在底相連果實略與指甲同大外有長毛觀圖之四號其尖有黑色長方形凸處種子之形觀圖之五六兩號觀植物記錄二千九百兩號七十頁至七十一頁

高林布之入藥品者爲其根與分根橫切之片如第四十四圖之八號其片圓而平厚四分寸之一至半寸徑半寸

至二三寸其殼厚二分至三分外有櫻色薄皮其面灰黃色內質有同心圈紋易與其殼質分辨內質似海絨向心更薄此因縮小之故其質脆易磨爲粉得綠黃色其味苦與樹膠略同少有香氣

化學形性　高林布根略三分之一爲小粉另有黃色苦質名高林布以尼又有中立性之質名伯爾白離尼此因其質從伯爾白離果即枸杞子內得之也又有配質名高林布以克酸又有與暮苦司相似之質此爲波蘭智書中之說又有松香類質之膏爲布格那書中之說又有自散油之微迹等高林布以尼初爲韋子獨格得其淨者其淨者無色其味甚苦能成長方形顆粒又能融如臘水內難消化醕或以脫能消化又酸質與鹼類質亦能消化之最佳之化料爲醋酸依化學家之說其原質爲炭$_{四二}$輕$_{二二}$養$_{一四}$

高林布之佳質脆而易斷又因小粉質多則合於碘酒成深藍色如加鐵$_{二}$綠$_{三}$或鐵養硫養$_{三}$則不變色因不含樹皮酸如加銻養$_{三}$鉀養果酸或直辣的尼無有變化則知其不含沒石子酸如加沒石子沖水則結成灰色之質英書云高林布煑水待冷時合於碘水則變黑色

高林布根間有亞美利加高林布相雜即假高林布此爲賣藥家僞充以獲利如將其水合於鐵$_{二}$綠$_{三}$則變深綠色又

有人加布來啞尼根此根置口中有不散之苦味與辣性略二年前有人從印度錫蘭島帶回一質名高林布木此質有新月形種子科植物幹之內外形狀然真高林布不產於錫蘭島而此木係開明米尼司卑耳摩此爲茄脫納之名而苦勒婆羅格名曰酷司西尼由末又西士恩司里云錫蘭土人常用此木爲補藥內有一種鹼性之質即伯爾白離尼

功用 爲補胃藥與微補藥其服數以十釐至三十釐爲一服一日二三服

高林布膏

取法 將高林布根切碎一磅蒸水四升先將高林布浸於水二升內十二小時爲止濾之壓之再浸於水二升內十二小時後濾之壓之將兩次所得之水和勻濾之用熱水盆熬之至所得之膏合於作丸爲度如一千八百六十四年英書用準酒醋爲之

服數 以五釐至十釐爲一服

高林布水

取法 將高林布半兩冷蒸水十兩共置於器內蓋密之略一小時則取出濾之

服數 以一兩半爲一服每日二三服此水速壞而化分如以熱水爲之則多含小粉如合於碘用之則成深藍色之水如以冷水浸之則冷水收其阿勒布門不久即發黴而臭如以熱水沖之則其阿勒布門結成來得活特意欲用其根之粉大爲差誤即一千八百六十四年英書之法

高林布酒

高林布根切碎二兩半準酒醋一升其取法與阿古尼低浸酒同

服數 以一錢至二錢合於苦味藥服之

告故羅司 又名印度告故羅司又名小了殼阿尼沒他爲韋得與阿那脫書中之名特看杜辣名嚙痕告故羅司立尼由司列於分雌雄合鬚之花

告故羅司係滌本植物之果生於印度之馬拉巴爾英國每年運進者甚多俱從印度之孟買麻打拉薩與錫蘭而來昔時此果過紅海與地中海而至英國因此一千五百三十六年羅以立由司書謂之東方果粒又剌美書謂之地中海殼想阿喇伯國人必知此物然無一定之據即如拉西司塞拉披恩阿非色那各古書中所言馬以蘇拉藥即魚毒之意近有司百倫加勒云想是告故羅司實爲草身與草皮而非果而塞拉披恩云能治瘡癬之痛手指之抽筋又有波倫比由司設名爲魚毒之意而陸克司白格醫士初查得生此果之樹并其形性而苦勒婆羅格謂之

小密頭阿尼没他後有韋得與阿那脱謂之小子殼阿尼没他而立尼由司謂之告故羅司米尼司卑耳摩西名告故羅司想謂印度之方言告告苦里即殺鴉之意又印度之梵音謂告刻馬里亦爲同意

告故羅司乃籐本之植物如第四十五圖能蔓延甚高其榦之外皮灰色有深裂紋略與軟木質同故名曰齧痕告故羅司即生軟木樹之意其葉大有長葉跗形似鈍雞卵或略圓其底略有翦斷形或略有心形其頂尖其質結實初生者軟而生細軟毛其脉五與手指排列同葉莖較葉略短兩端似腫大形花分雌雄列成摺串形在旁排列萼

第四十五圖

分六出萼瓣成雙幅而排列有兩箇逼緊之小花葉無花瓣其雄花之鬚在中合成柱形在其頂散開鬚頭多蓋密其柱形之球頂其雌花尚未有植物家定名其果一至三一膛一種子其種子似球形在臍眼有深凹有阿勒布門質其形如肉子瓣最薄有分離之形而在容胚凹之兩邊各有一子瓣

代勒云告故羅司之果形似內腎似乎羅耳烏司子即倍

樹果但更小其形略似卵或幾爲圓較青豆更大其色黑椶外有皺紋外殼薄而乾內殼白色似乎木質分兩半內有白色之仁形如半月質有油種子之味最苦其仁不鋪滿其內膛久存之間有空膛無種子者其種子之體積應居膛之三分之二爲最佳

化學形性　印度告故羅司之仁醫士婁來化分之近有古爾白與百勒替耶二人化分之得一種質名比割路毒西尼即苦毒之意又得松香樹膠油酸類臘質蘋果酸暮苦司小粉鹽類質又化分其殼得兩種鹼類質惟其數甚少一種名米尼司卑耳摩依亞一種名巴辣米尼司卑耳

摩依亞然因不用其殼祇用其仁則殼之兩種鹼類質可不論之其比割路毒西尼質結成無色針形顆粒間有成絲紋形之綫或成片或成斜方柱形其味最苦每一分能以五十七度熱之水一百五十分消化之或沸水二十五分或以脱二分或酒醕三分俱能消化之若定質油與自散油俱不能消化不能與酸質化合而能在醋酸內消化又能與鹼類質化合故化學家以爲必有配質之性其原質爲炭輕養苦里司脱生云得此質之法先將其仁壓出其油質將餘質用過濾之法以正酒醕收其餘質再將其酒醕蒸之而將餘質合於沸水與輕綠少許則如其水略

濃待令時其比割路毒西尼能結成顆粒

功用 此爲惹胃之毒藥捕魚與野獸用此質又有造黑苦酒之肆用以合於酒內藉其苦味能少用霍布花(即葎草花)又因其有混腦之性則飲之者能醉以爲此酒甚濃有翠勒得與磨里司兩人作書論苦酒之作法指明可用此藥以得利似爲正法而不以爲差其罪大矣所用之質爲苦味黑色之膏人謂之黑膏原爲製造獸皮之用而造此膏者云名謂造皮家之用實爲作苦酒之用(觀配料成物此書言明此理)此藥能令人頭暈而抽搐不知人事外科用其粉則能殺蟲亦能治乾疥瘡禿瘡怕拉撾(即髮窠內小圓膿瘡)等皮膚之病

告攷羅司油膏(一千八百六十四年英書所載之藥)

取法 將印度告攷羅司種子八十釐在乳鉢中沖水成膏合於豬油一兩磨之極勻此膏之功用可殺蝨子又有數種皮膚之病可用之感動皮膚

如將比割路毒西尼十釐合於豬油一兩磨勻亦能成膏藥性與前者略同

罌粟科(西名怕巴甫拉西依珠西亞之名西俗名罌粟草)

罌粟科之植物產在赤道北溫和之地間在亞細亞熱地新金山好望角與亞美利加熱地見之大半有乳形之汁味辣服之令人寧睡

罌粟(立尼由司名怕巴甫列於多鬚一花心)

此爲草本植物內有白色之汁其莖開一花顯呈於上花未開時則向下垂萼瓣二出凸形不多時即落花瓣四出如第四十六圖鬚多如圖之一號花心莖無子房口四箇至二十箇不定有輻形無托線依子房口之圓蓋其子殼似蛋形尖向下內有一膛有四箇至二十箇瓤相連在子房圓口下面有小門相通其門爲子房口所成子胞衣在鬚之對面排列通至殼內成假而不全之膛隔衣種子多似內腎形如圖之三四兩號

第四十六圖

野罌粟花瓣(西名里阿斯怕巴甫又名穀罌粟又名紅罌粟)

此植物在歐羅巴五穀田內又在路邊常見之或所種麥內偶有其種子混入於中因此則傳種此種正名可疑怕巴甫想即爲希臘古書中所言之來阿斯其殼似橢圓形其根分極細多紋幹上開多花其幹與莖多生毛葉爲單翎形或雙翎形分葉似橢圓形或長而尖邊有亂齒形花瓣光紅色近於地者幾如黑色花鬚之托線似椎形子殼似蛋形尖向下其蔕略圓而平滑而有八箇至十箇子房

口之邊附於其上其花開於西六月或七月觀蘇格蘭藥品書第六百四十五頁
此花之紅色瓣入藥品者不過取其色乾時變暗紅色其新鮮之花有臭略與鴉片同其乾花無臭令乾之法應少加熱而有多風氣行過如浸於水中則令水變紅色所以紅罌粟糖漿有此紅色有人以為此糖漿少有寧睡之性然其用處大略為得其色如合於鹼類質則變黑如合於鐵綠則變深茄花色或僾色其花瓣每百分含黃色油質十二分紅顏色料四十分膠二十分立故尼尼二十八分此為沛離拉書中述里伯特之說

紅罌粟糖漿即野罌粟糖漿

取法　將紅罌粟花瓣十三兩水一升糖二磅又四分磅之一正酒醕二兩半將其花瓣漸添入水中用熱水盆加熱屢次調之則離熱水盆待十二小時壓出其汁濾之加入糖加熱消化之待將冷時則添酒醕與蒸水令其漿重三磅十兩即得重率一·三三〇此糖漿祇用以令藥得美觀之紅色少加酸質則其紅更明

罌粟殼立尼由司名睡性怕巴甫又名園中白罌粟為藥品者已熟乾殼去盡其子又名罌粟頭

罌粟之殼並所結成之乾汁名鴉片為藥品中要質西國久種於園內希臘古時詩人和瑪其詩中所言之一種草想為此物又有古醫家希布可拉弟司案此為西國古時著名醫學家希臘人生於西歷以前四百六十年其書有六十餘部傳至於今書中言罌粟有二種一為黑者一為白者又阿喇伯國波斯國醫書中亦言有兩種一名苦司楷式阿皮由司即白罌粟之意一名苦司楷式阿司懷特即黑罌粟之意近時印度大平原中多種白色罌粟而雪山有一種黑色者即深紅色英人哈薺敦遊歷印度波斯等處其書云鴉片大半為白罌粟所出者間有紅色與紫色者惟較白色者更少常有一大處俱為白色之花間有一本為雜色者尚未見一塊地面有雜色相間者此草高約三尺等語埃及國早已種之又印度波斯土爾其等國並歐洲他處亦種之

如第四十六圖為園內之罌粟疑為波斯國初產者然已在各國多年種之其子亦易散至遠處故所見野生者亦多歐洲南方遇見其野生者甚多

此植物高二尺至四尺幹圓而直其面平滑有細粉淡綠如海水色其端尖而白而近於端與莖有毛葉大在莖之下內端略包圍幹莖有細粉淡綠如海水色其面平滑邊有凸形如海浪有劈開之形與齒形花大為幹之頂未開時則低垂開時則直立萼瓣平滑而凹花瓣四出俱大而略圓其色白或稍帶紫色而近足處有一深色之點子殼

橢圓形或幾爲球形其面平滑其體大子胞衣在其邊排列其數等於子房口之數子胞衣面有多種子形如內腎色白或少帶櫻色西六月與七月開花八月至九月則殼熟觀蘇書第二千一百四十五頁

化學家或以爲罌粟有兩類而非兩種故白罌粟花依格米林書謂之藥品罌粟其形大細粉之色不甚似海水之淡綠花瓣與種子白色子殼似蛋形或幾似球形而在子房口之圓瓣下不能自裂觀四十六圖之一號又有黑色罌粟謂之睡性罌粟花似茄花色或紅色種子黑色其殼略如球形而在子房口之下有胚珠微門能通至外觀四十六圖之二號

罌粟未熟之殼

其殼徑二寸至三寸略如球形其上有星形子房口蓋之罌粟頭必在未熟時取之因此時所含睡性之質更多法國人云地中海東邊所產者與法國南邊所產者較之法國所產者更佳功力更大其種子在割下未熟之殼內能自變熟其子多含油所以倫書之法用其子與殼同煑水而其油質能令其水有潤皮性此物爲下數方之藥料其功益大半藉所含之嗼啡啞如乘其未熟而取之則其性更重如待熟而取者則不惟含嗼啡啞尙含苛弟以亞比鴉片更多又含中立性之質化學家尙未考究而得之觀藥

品記錄書第十四本第二百三十篇

罌粟殼煑水

取法 將罌粟殼二兩搗碎浸於蒸水一升半內加熱令沸連沸十分時則濾之再加蒸水補足一升

功用 爲止痛之熱洗水有潤皮安神之性如身體有腫大處或痛處或生炎處即如眼睛肚腹交節等處俱可用之

罌粟殼糖漿

取法 將罌粟殼搗碎去子三十六兩置於沸蒸水二十升內在熱水盆中加熱十二小時爲度再熬所有之餘水

而留其碎殼內之水將其碎殼質加大壓力壓之而後濾之將所得流質熬之至餘三升待冷時則加正酒醕十五兩調和再濾之將所得流質蒸出其酒醕而將其餘質熬之至餘兩升加提淨白糖四磅則其質應得六磅半重率得一·三二〇

此法係割羅勿所設比舊法更善用酒醕之法能令其膠質與阿勒布門結成沈下後蒸之則酒醕放出倫書亦用此法如不用酒醕則糖漿易發酵而壞

此糖漿如合法取之則爲最佳之止痛安神藥顧下等粗魯之人喜將此藥與小兒食之令其安適又以價廉爲要

故有下等藥肆家不合法爲之或用罌粟膏合於糖漿或用糖渣滓合於鴉片酒以代之其濃淡不定所以小兒常因此藥而受害醫士或言用冷水而用過濾之法爲最妙因能令其不發酵而壞惟恐其爲藥之性因此而更輕

服數　以二錢至半兩爲成人之一服十滴至十五滴爲小兒之一服

罌粟殼膏

取法　將罌粟殼之乾者去其子擣爲粗粉將此粉一磅正酒醋二兩沸蒸水至足用將其罌粟殼與水二升和勻而浸之約二十四小時屢次調之再盛於過濾器中添水令其流質漸漸過濾至約得八升或至罌粟殼之藥質化盡爲度將其水用熱水盆熬之至餘一升待冷則加酒醋待二十四小時則濾出其淨質用熱水盆熬之至所得之膏合於成丸之用此方原在倫書一千八百六十七年收入英書

此膏在西國久已用之如古時希臘人謂之米故尼恩有數病內可當鴉片之用而比鴉片更合宜因能止痛安神不令人吐不惹胃醫士布格那云熟罌粟頭較之未熟時之罌粟頭更有安神之性然不能從熟罌粟頭而取鴉片故無論何時應用鴉片可用罌粟熟殼代之熟罌粟殼之

膏與鴉片質大不相同因鴉片不惟爲生殼之汁而爲罌粟草全體之汁俱從割傷之處流出也

服數　二釐至五釐爲一服

鴉片　此爲土爾其等國所產睡性伯巴甫即白罌粟未熟之殼割裂時流出之汁成乾膏

鴉片從古以來即知其形性與功用其作法將罌粟未熟之殼割裂而收其所出之汁熬乾之醫士疑希布可拉弟司能用之又弟阿古拉司書中勸人勿用以治眼耳之病又有西人代司可立弟司書中論及之然古人不多用此至阿喇伯國興起時則用之更多古醫科內有三種膏一名末脫里達的克一名替里阿楷一名非路尼由末阿喇伯國名曰阿非恩印度名曰鴉片末中國人謂之阿片又謂之阿芙蓉此各名俱從希臘國之名得之希臘國名曰阿破司即汁之意印度之古音曰阿背能想亦從希臘國名得之

鴉片之取法最爲簡便夜間以小刀劃破罌粟殼而作此事必在花瓣方落下時又必留意用刀不至其殼內則白色之汁流出凝於殼外成滴第二日早取之則已軟緩一時取之則已乾其粒子能合連成塊或久不連而成沙形之粒俱依其取時之早晚依此法取之則其鴉片運至暖和而通風之房自變褐色折斷之處光亮其臭大而奇來

拉於一千八百二十八年至二十九年在印度之薩哈倫波爾種藥園內照上法取若干鴉片送至孟加拉醫院中查驗回覆云此鴉片與土爾其之鴉片相同雪山所作之鴉片亦以此法取之其成色最佳一千八百四十四年哇白其也在法國試種罌粟鴉片得知長圓形之殼較圓形之殼出鴉片更多西七月初一日之後其殼始變黃所出鴉片含嗼啡啞之數更少而用刀不可割通其殼之故因割通則壞其種子而不能熟即不能壓出其油而此油為種罌粟得利之要物又有比倫與哇利非亞云土爾其所產鴉片為其殼內結成汁之小粒相合而成又有代司可立弟司云其取法乘露水已乾在殼面割裂用蛤殼收其汁將各殼之汁聚合於乳鉢中磨勻又有剛伯法云此為波斯之法又特克西耶云土爾其亦用此法印度之巴哈爾與伯那利斯兩省每年所產者極多亦為此法所成亞細亞博物會記錄書中一百三十六篇論此法最詳依此法成鴉片則其汁甚淨如用他法則其質有黏連小粒之形尋常出售之鴉片有此兩種形狀俱可通用

如土爾其鴉片即士麥拿鴉片英國藥品書講明而用之如印度等他處之鴉片歐洲各國不用之英書云鴉片為亂形之塊重二兩至二磅不等用罌粟葉包之其團有羅米克司（即羊蹄類）類之麥皮形果黏於其外其新鮮者軟如泥剖開之則有亂形而少濕之面色棕如栗如以手指研之則平滑而光其臭奇怪其味苦等語然以上之說未可盡信因土爾其之鴉片間用其花包其團間亦無之

歐洲尋常出售之鴉片有奇布特分類即土爾其國亞那多里亞邦所產者謂之土爾其鴉片大半從士麥拿之口岸運出間有帶至土爾其京都再發至歐羅巴他處英國又用埃及國之鴉片如波斯國之鴉片英人幾不知之印度所產者俱運至中國出售

士麥拿鴉片　又名土爾其鴉片即勒凡特鴉片為地中海東邊之名其團大半為扁者無一定之形此因其質本軟自能塌扁其塊半磅至二磅其面有羅米克司類草之皮新鮮者其質軟色棕乾時變黑而硬乃自放水而變乾自減其重數而鴉片之臭更大如用顯微鏡觀之可見為黃色小粒黏連而成此為鴉片之最淨者每百分中含嗼啡啞八分那而苟弟尼四分又可造成嗼啡啞輕綠十二分

另有次一種者亦由士麥拿運來常含異質在內其色更黑以顯微鏡觀之其質勻淨或有羅米克司類之殼裹之或有罌粟葉包之

士麥拿鴉片在數處出產其各處離士麥拿口往內地十日至三十日之程惟有一處離士麥拿六百英里地名該撒爾其鴉片之質最淨其成色最佳哈暮敦云在波沛弟開亦多出鴉片成團徑四五寸以其葉包之

又有蘭特拉云士麥拿鴉片產於亞細亞洲士爾其內地大半在卡拉該撒爾即該撒爾又近於美格尼西亞而為雜質其罌粟殼割裂時流出之汁用小蛤殼收之日光內曬之此為上品鴉片另將罌粟葉合於水煮之將其水熬成膏此膏與鴉片調和將所得之質做成餅用鮮罌粟葉包之置於疊架之板上或云應在晚間與朝晨在露天收

其露水又云士麥拿常出售之鴉片合於含勒伯粉令其變硬故以此鴉片作鴉片酒則常有膠類或小粉類之質在其內顯出觀藥品記錄第十卷第四百七十四頁又馬大司論士麥拿鴉片之取法最為詳細觀藥品記錄第十四卷第三百九十五頁

康士但丁奴不爾即土國京都鴉片　奇布特云此鴉片想從亞那多里亞之北地能得之一種為小塊徑略二寸重四兩至八兩其形如豆常用罌粟葉一張包之而葉中筋痕常見於塊面之中又有一種為大而亂形之餅俱比士麥拿類更有膠性其成色雖佳而所含嗼啡啞多寡不勻間有較上品鴉片所含之嗼啡啞更少者間有相同者

埃及國鴉片　此為三寸徑之圓餅外面所包之葉不能辨其為何葉外觀頗佳其質勻淨少帶紅色久存之不變黑遇空氣則變軟其臭略似發霉之臭奇布特云較遜於士麥拿鴉片所含之嗼啡啞不過七分之五

波斯國鴉片　沛離拉醫士亦謂之德勒比孫達鴉片因為其所試者俱從德勒比孫達運來如倫敦大醫學院所有存鴉片之式由磨爾孫寄來而奇布特所查鴉片之事間有磨爾孫相助者其色黑其質勻淨成條形每磅長數寸每條另包於紙內以棉線縛之

有人在法國屬地阿爾齊亞取若干鴉片又有磨爾孫在

士爾其國得新式之鴉片見藥品記錄第四卷第五百零三頁與康士但丁奴不爾所出者略同惟其質軟而色淡內亦含蠟與像皮質又每百分含嗼啡啞六分半

以上各種鴉片之外常遇歐羅巴各國所作者如英國亦能產之第夏時之熱不勻而罌粟殼因此易壞如歐洲之南夏日燥熱過甚又如印度祇能在天冷時種之曾在英國種過鴉片而其濃淡各處不同又法國鴉片與日耳曼鴉片所含之嗼啡啞甚多曾有人化分之云每百分得嗼啡啞十六分至二十分

印度鴉片在歐洲各國不出售如薩哈倫波爾藥園所產

之鴉片原爲求拉所種者其色櫻其剖面光亮有鴉片之臭與味前有化學家但尼里化分此鴉片每百分得嗼啡啞八分其雪山鴉片外形性情略同如不添雜質在內則爲最佳如馬爾窪所產鴉片爲平圓之餅每餅重一磅半櫻色略如鐵鏽其臭大其味極苦而其成色常有不同之處近有人得馬爾窪鴉片每百分祇有嗼啡啞二分其質如油與樹膠疑此鴉片非依正法取之而將其殼以平常壓器壓得其汁又有孟買查鴉片之員司米登化分數種鴉片每百分得嗼啡啞三分至五分又化分別種更細者每百分得七分半至八分又有蘇利化分根的士鴉片每百分得能消化之質七十二分嗼啡啞七分如印度國之鴉片又名孟加拉鴉片大半在巴哈爾與伯那利斯兩省所產者間有千堡爾所產者其成色各不同如代印度國各醫院所作者其成色最細其味最佳其色櫻成二磅與四磅之方塊包之最費工夫外加千層紙若千層此外加櫻色之蠟略厚半寸又有八的拿藥園所產鴉片特供藥材肆之用每百分含嗼啡啞七分至八分間有含十分半者苦里司脫生云此種鴉片曾查數塊其所含之嗼啡啞與土爾其國之中等者不甚分上下

醫士伯德云每一罌粟殼所產之鴉片與泥土質澆水加肥之法並露水之數俱有比例每劃裂成四分得鴉片略一甕所得鴉片之粒外面稍帶紅色其內爲稠質其色紅白其汁常含露水在內又有人添水若干令其汁更重而得利因此自分流質與定質其流質名怕西化此質含鴉片之嗼啡啞二米故尼酸每日所收之鴉片置乳鉢內磨勻之則得一勻淨之稠質應在陰處晾乾之已乾則謂之百指即熟之意其未乾者謂之故差即生之意因土人常加水令其質重而得利故凡有運鴉片至其處出售則先用少許用熱汽之汽烘乾而覆稱之依此法能知其含水之數如代中國所作之鴉片每百分略含水三十分在印度國作藥品之用則爲乾者

印度之巴哈爾有辦理鴉片之員名以脫肥辣作書一則論種罌粟與取鴉片之法最爲詳細另有細圖俱在一千八百五十一年藥品記錄書中載之其書云伯那利斯所產之鴉片每百分含嗼啡啞三·二一分那爾苟弟尼四·○六分其鴉片之質原軟令其流質自行流出即名怕西化觀藥品記錄書第十一卷第三百六十一頁恐其嗼啡啞有若干分含在水中流出

爲中國所作之鴉片華人最喜用之或成餅或成球重約四磅用罌粟花瓣一厚層包之所令其花瓣黏連之料爲

怕西化合於下等鴉片與水其色深㯹初剖開者則如尋常之膏每百分含定質七十分含嘆啡啞二分半

形性　上等鴉片成後若干時其外質深㯹或略爲黑色其質或勻淨或爲小粒合而成者重率約得三·三六其味苦而不變少有辣味與香其臭大而奇其質硬間有脆者其脆者剖面光而密易磨成㯹黄色之粉間有數種内質軟又有數種常不肯乾英書所有用鴉片之各方俱必爲乾者否則所成之料濃淡不定惟鴉片膏則不必用乾者如士麥拿鴉片十四磅成乾鴉片十二磅或成鴉片膏七磅此醫士司快兒書中之說鴉片加熱則軟加大熱則燒

尋常化學材料所有與鴉片之變化如下如合於水無論爲温水或暖水每鴉片三分能消化其二分其水之性情最烈味苦色紅㯹如用正酒醕則每鴉片五分能化其四分而此四分内有鴉片内最要之藥質又水所不能消化之一分合於以脫則能化其大半又淡强水亦能收其大半爲藥之質如用鹼類質合於已消化之鴉片則先令其結成設加鹼類至有餘則結成之質再消化如加鋇養或鈣養或鎂養並其各鹽類質或加鉛之鹽類並別種金類之鹽類能消化者或樹皮酸並收歛性之植物質俱能令其結成故凡與鴉片合用之藥必須謹慎不配以上之各

質否則恐其所成之藥鴉片結成沈下而其水並無鴉片之性然用淡輕或鉀養炭養至有餘則結成之質能消化或所用之鹽類質能放若干酸質而此酸質可收鴉片結成之質令消化顧欲配合他藥與鴉片同用並知鴉片遇各藥之變化必先指明鴉片之原質

前人化分鴉片尚未知其原質即如一千八百零三年弟陸士尼化分之祇得鹽類性之質又如一千八百零四年亞諾威爾薩土那與法人西摑恩查出鴉片中有能成顆粒之質而鴉片有安神之性俱恃此顆粒之質又如一千八百十七年薩土那又作一書言已查得嘆啡啞質合於

米故尼酸又有羅皮該試此兩質與薩土那所查者相同自後有稱茄卑勒智百勒替耶古爾白瑟密此莫勒大等人將鴉片化分之得知含數種質内有三種鹼類性者即如嘆啡啞苛弟以亞替巴以亞又有一鹼類質名那而苛弟尼遇試紙與試水則不變色而能合於酸質成鹽類此質在鴉片内大半不與別質化合用以脫徑收之其餘質與嘆啡啞與苛弟以亞俱與米故尼酸並硫强水少許化合又有兩種中立性之質名那而西以尼與米故尼尼另有三四種本質爲化學家尚未詳知者間有鴉片不含此質者一爲鴉比恩以亞一爲怕怕甫里尼一爲假嘆啡尼

一爲怕非陸克西尼又有人云鴉片另含櫻色酸性之膏質並松香類與定質油類

又有自散油之痕迹疑鴉片之臭藉此油又有樹膠巴蘇里尼亦膠中之質阿勒布門古得止格即軟像皮立故尼尼與死物本質之鹽類

試鴉片之法祇有一種可恃者卽分出其嗼啡啞而定其數其分出之法觀下欵嗼啡啞取法可知之每鴉片一百分應含嗼啡啞六分至八分

嗼啡啞 法語嗼啡呢其簡寫法嗼此爲鴉片內之要質 嗼啡啞之分劑或爲炭輕淡養鴉片每百分含二分爲最

少八分至十分爲中數鴉片之藥性大半恃所含之嗼啡啞數化學家尚未定鴉片內所有嗼啡啞等質之分劑數然以上所言者多人佩服之 嗼啡啞成六邊片形顆粒多發光亮尋常所見者極白色之粉無臭味極苦冷水不多能消化沸水中幾不能消化酒醕中易於消化卽如無水冷酒醕四十分能化其一分又尋常酒醕加熱至二百十二度則三十分能化其一分以脫定質油與流質油幾不能化之在酒醕內消化者以黃試紙試之則少有鹼類之性如蒸出其酒則餘下顆粒加熱能全滅之初加熱時每百分放水六·三三分再加熱則化成黃色流質在空氣中燒而少成光色之火如合於硝强水則先變紅色後變黃色如合於鐵綠酒則變藍色如將綠氣與淡輕依次合於嗼啡啞之鹽類質則變爲櫻色再添綠氣此色卽滅如流質中含碘養而合於嗼啡啞則放其碘而變櫻色如嗼啡啞之鹽類質合於鉀養水或淡輕水或鈣養水則其嗼啡啞結成再加至有餘則再消化如加没石子酸冲水或加樹皮酸冲水則結成之質爲嗼啡啞樹皮酸又嗼啡啞合於硫養或輕綠或醋酸能成鹽類此各鹽類俱能成顆粒淨者無色其味苦

取法 嗼啡啞本與米故尼酸在鴉片中相合故將鴉片在水中消化之再加淡輕或鎂養則所加之質與米故尼

酸化合而嗼啡啞結成沈下但另含他種不消化之質分開之法用酒醕化之或將其含鹽類質之水合於鹼類令其結成嗼啡啞之淨者不列於英書藥品內

取法 又有一取嗼啡啞之法用嗼啡啞輕綠合於淡輕令其結成如此鹽類含荀弟以亞則荀弟以亞不能結成卽將鴉片合於鈣養與水則嗼啡啞與鈣養相合沈下再加輕綠則合於鈣養與嗼啡啞再加淡輕令嗼啡啞結成此爲英書分鴉片中嗼啡啞之法卽以此法辨鴉片之濃淡其法曰將鴉片一百釐熟石灰一百釐蒸水四兩將鴉片磨細浸於水一兩中屢次調之約二十四小時爲度在

後盛於過濾器將其餘水三兩分數次傾於其上而以此法收盡其鴉片將所得之水置於玻璃瓶中加入鈣養加熱令沸至十分時爲度有不消化之質置於濾紙上再加沸水一兩濾之將所得流質少加淡鹽强水足令其有酸性熬之至得半兩體積待冷則以淡輕水漸漸添入滅其酸性爲度將所成之棱色質濾出以熱水一兩洗之將所洗得之水合於前水將其一切之水熬至半兩體積而加淡輕水至少有餘待二十四小時將濾紙一張詳細權其輕重則濾出所成之嗼啡啞以冷水洗之加熱至二百十二度烘乾之再權之應重六釐至八釐

英書取嗼啡啞輕綠之法內亦先取嗼啡啞觀嗼啡啞輕綠一節

試法　嗼啡啞形性已在前欵言之除淨嗼啡啞之外其性情不能全顯間有含那而苟弟尼者此質不能在鉀養水中消化

功用　嗼啡啞之藥性略與鴉片同惟其行氣之性更輕幾不能在冷水中消化故尋常用之則用其鹽類因其鹽類更穩而可恃嗼啡啞與嗼啡啞之鹽類質在歐洲各國常用之爲皮膚洗藥

服數　四分釐之一至一釐爲一服漸漸加多如皮膚有無皮之處則用其細粉一釐

嗼啡啞輕綠

此質爲嗼啡啞輕綠含水六分劑於一千八百三十一年初有人用之即醫士哥來格里取嗼啡啞之時先得此物故有人試用而得其功益然另有一質俗名哥來格里鹽必與嗼啡啞輕綠分別之因哥來格里鹽另含苟弟以亞也嗼啡啞輕綠無色無臭味甚苦尋常出售者爲極細之粉或爲針形顆粒聚合成細絲毛形每一分在冷水十六分內能消化在沸水一分內亦能消化故以沸水消化之則冷時變成顆粒質又能在正酒醋內消化設合於淡硫强水或合於鹼類質則能化分之如合於硝强水則成紅黃色流質又如合於鐵綠則成藍色流質倫書中將嗼啡啞輕綠列入藥品內然不定以何方可取之每百分含嗼啡啞七六·二四分輕綠九·六六分水一四·一〇分

取法　如將嗼啡啞合於輕綠則爲徑取之法或將鴉片內之嗼啡啞米故尼酸用別種鹽類令其化分此鹽類必收其米故尼酸而成不能消化之質則所成嗼啡啞輕綠能消化可從水內分出之前時倫書之方所定取法用鉛綠而湯勿生用鋇綠取之英書與蘇書用鈣綠即依哥來格里原法取之

取法英書　將鴉片塊切片一磅蒸水至足用鈣綠四分兩之三淡輕三水至足用提淨動物炭四分兩之一淡鹽強水二兩或至足用將其鴉片合於水兩升浸二十四小時傾出其水而存之再加水兩升浸十二小時再傾出其水而存之加水二升將所餘不消化之鴉片加大壓力壓之後將三次所得之水相合在熱水盆熬之至體積得一升爲度用洋布濾之又將鈣綠在沸水四兩內消化之加入而熬其水至冷時變定質爲度將所得之質用雙層洋布包之加大壓力所有壓出之黑色流質存之將其定質合於沸蒸水半升磨勻之以紙濾之將濾出之質置紙上以沸蒸水洗之將過濾所得之各水照前法熬之至冷時能凝結爲度待凝結後則照前法壓之如壓出之水仍多黑色則再壓之而每壓一次所得之流質必存之將所壓之定質以沸蒸水六兩消化之再加動物炭令沸加熱略二十分時則濾之將所濾得之質以沸蒸水洗之再將所得之水合於淡輕三水至少有餘待冷時將所結成之淨嗼啡啞顆粒以紙濾而分出之再加冷蒸水洗之至所洗得之水添入銀養淡養五合於硝強水令有酸性者不結成質爲度上法所得壓出之黑色流質合於蒸水令淡加鉀養水令其結成其鉀養水應有餘再濾之將所濾得之質合於鹽強水至飽足而有餘將所得之酸水合於動物炭少許加熱再濾之加淡輕三少許亦得淨嗼啡啞若干

將上法所得淨嗼啡啞置於含沸蒸水二兩之瓷碗其碗必設法能連加熱必屢次調之再添淡鹽強水此必謹慎加之至其水有中立性而嗼啡啞全消化爲度置於安穩處待冷自成顆粒將其顆粒置於濾紙上令乾再將其餘水熬之令其再冷則再能成顆粒

其冷水消化之質含嗼啡啞米故尼酸質與鴉片內別種能消化之質加入鈣綠成鈣養米故尼酸並嗼啡啞輕綠與苛弟以亞輕綠如熬時所得稠質含此各鹽類質加壓力則有顏色料並含輕綠之質俱出再消化於水熬乾而再壓一次則得含輕綠質更淨之鹽類如尚欲壓一次則爲第三次再消化於水合於動物炭加熱則減其色再加淡輕三則結成嗼啡啞顆粒而水中有淡輕四綠與苛弟以亞將其嗼啡啞洗之壓之再將壓定質所得黑色流質分出嗼啡啞若干而將全嗼啡啞合於輕綠熬之至成顆粒如不用動物炭可將其鹽類質屢次消化令成顆粒包布中壓之若里司脫生云不可用水太多約重於鴉片四倍已足又云其鈣綠應在熬水之先加進不可在熬水之後加入又云熬時加熱以速爲要其熱度不可大於二百十

二度依此法爲之在蘇格蘭造藥之肆用新軟士麥拿鴉片每百分能得最淨白色之嗼啡啞輕綠約十三分

試法　嗼啡啞輕綠色白如雪其顆粒如針如絲在正酒醕內能全消化又能在水中消化至盡其水無色如將嗼啡啞輕綠加熱至二百十二度則每百分化散者在十三分以內加更大之熱則全化散而不見合於鉀養水則結成白色之質加鉀養水至有餘則再能消化如將暖水半兩消化此質二十釐合於淡輕至有餘則結成嗼啡啞烘乾之重一五·一八釐其水中加銀養淡養則所結成之質不能爲輕綠或淡養所消化而能在淡輕水中消化如含那而苛弟尼則前加鉀養至有餘不能化盡嗼啡啞輕綠之化學形性以嗼啡啞之試法可試之間有出售者合於薩里西尼則加淨硫强水必變紅色可用此法分辨之

功用　可代鴉片用之爲平火安心止痛之藥或發汗藥

服數　以四分釐之一至半釐爲一服如以五釐至十釐爲一服則爲甯睡毒藥

嗼啡啞輕綠水

取法　將嗼啡啞輕綠四釐淡鹽强水八滴蒸水六錢正酒醕二錢和勻消化每一錢含嗼啡啞輕綠半釐

服數　十滴至一錢爲一服其濃較阿書之法所作者得

其半

嗼啡啞輕綠糖片

取法　將嗼啡啞輕綠二十釐蒸水半兩消化之另將到魯酒半兩此酒先合於阿拉伯樹膠水二兩或足用再加阿拉伯膠粉一兩淨糖粉二十四兩各料相和極勻然後將兩種料和勻分爲七百二十糖片加不過大之熱在熱汽房內烘乾之每片含嗼啡啞輕綠三十六分釐之一

功用　爲平火安心等用之藥近時多用此糖片或用此糖片料合於吐嗶格爲止咳嗽藥觀下節

服數　以十片至二十片在一日內分數次服盡此方并以下各方從阿書錄出

嗼啡啞輕綠吐嗶喀糖片

取法　將嗼啡啞輕綠二十釐蒸水半兩消化之另將到魯酒半兩此酒先合於阿拉伯樹膠二兩或足用又加吐嗶喀細粉六十釐阿拉伯膠粉一兩淨糖粉二十四兩此各分和勻然後加入其流質調和再與前所作之水和勻合於成片即分爲七百二十糖片在熱汽房內加不過大之熱烘乾之

每一糖片含嗼啡啞輕綠三十六分釐之一又含吐嗶喀十二分釐之一

服數　以十片至二十片一日內分數次服之治激動之咳嗽

嗼啡啞輕綠外塞藥

取法　將嗼啡啞輕綠六釐合於徧蘇以克酸并豬油六十四釐白蠟二十釐替哇布路米油九十釐將白蠟少加熱足與其替哇布路米油融化和勻另將嗼啡啞輕綠與徧蘇以克酸豬油在乳鉢內和勻然後以兩料和勻將所得之物乘其未凝結時傾入小模每模能容十五釐或待冷時分為十二等分每分作為圓錐形或他種便用之形每一塞子含嗼啡啞輕綠半釐

此藥於一千八百六十四年收入英書中

功用　如將此塞子納入肛門則其嗼啡啞輕綠消化而能止痛與收斂如直腸或膀胱或子宮之痛病或難產或已取出石淋或赤白痢俱可用之

嗼啡啞硫養

此質間亦作藥品之用鴉片內本有嗼啡啞硫養少許又如用淡硫强水合於嗼啡啞則易成嗼啡啞硫養如美國藥品書有一種藥為嗼啡啞硫養水凡用嗼啡啞硫養以八分釐之一至四分釐之一為一服然英國不多用之因與嗼啡啞輕綠無有較勝之處歐羅巴他國常用之而為皮膚之用較內服者更多

嗼啡啞醋酸

此藥之式為炭輕淡養炭輕養加輕養化學家久用醋以消化鴉片內之要質而嗼啡啞醋酸之淨者為醫士墨正弟初造之傳其法於人其淨粉色白如雪味極苦顆粒形不全易於化分因其酸質若干放散餘有嗼啡啞為不能消化之質故凡用嗼啡啞醋酸必另加醋酸數滴於其水中此質能在正酒醋內消化又能為熱所化分又遇淡硫强水亦能化分而有放醋酸之事如加淡養則其水變為紅黃色加鐵綠則變為藍色

取法　將嗼啡啞輕綠二兩淡輕水醋酸蒸水各備至足用將嗼啡啞輕綠用蒸水一升消化之加淡輕養水至嗼啡啞全凝結其水略有鹼性用過濾器分出其結成之質用蒸水洗之再換入瓷盆中添蒸水四兩並醋酸至足以滅其鹼性而消化之用熱水盆熬之以冷時能結成為度再少加熱令乾磨成細粉

試法　水中能消化之至盡加硫養則放醋酸之霧其餘各性情與嗼啡啞之他鹽類相同

功用　此藥易於自化分然有醫士喜用之以為較嗼啡啞他種鹽類更佳以八分釐之一至四分釐之一為一服

醫士福而射云此藥治氣管舊炎大有功效以十五分釐之一合於糖漿爲一服

嗼啡啞醋酸水

取法　將嗼啡啞醋酸四釐淡醋酸八滴正酒醕二錢蒸水六錢先將醋酸與酒醕與水和勻然後加入嗼啡啞醋酸消化之

服數　以十滴至六十滴爲一服

嗼啡啞檸檬酸

此爲英國醫士布爾達所作之水其方用鴉片四兩檸檬酸二兩蒸水一升浸之濾清然此藥與嗼啡啞他種鹽類無有更勝之處故不必另設此藥

嗼啡啞二米故尼酸

醫士司快兒以爲嗼啡啞在鴉片内本與米故尼酸化合如能分出此天生之鹽類則其功更大故預備嗼啡啞二米故尼酸水其濃淡與鴉片酒相同而可代鴉片酒之用醫士或言此質惹胃之性較鴉片酒更輕而其功用較嗼啡啞他種鹽類質或可更多

苛弟以亞

一千八百三十二年羅皮該初查得此物如從水中令其結成則其式爲炭輕淡養加二輕養如前六十一頁取嗼啡啞輕綠之方内有苛弟以亞輕綠與嗼啡啞輕綠同時結成顆粒而因苛弟以亞淡輕不能令其結成則已結成嗼啡啞之水可熬之而得苛弟以亞此質結成顆粒爲針形或正立方形有鹼類之性與酸質化合成鹽類能在水與酒醕内消化更易於在以脫内消化在鉀養水中不能消化加鐵綠不變藍色鴉片每百分含苛弟以亞半分至一分幾無味醫士或言有惹胃性或言有令人寧睡之性要之其功用與嗼啡啞相似惟必多用三四倍方可

替巴以亞 又名巴辣嗼啡啞

此質之式爲炭輕淡養有鹼類性能與淡酸質合成顆粒形之鹽類其性大半與那而苛弟尼相同惟其顆粒形則絶不相同能成短針形顆粒加熱至三百零二度則融化在酒醕内更易消化其味辣而不苦水中難消化之

鴉比恩以亞

一千八百五十二年在埃及國鴉片内查得此質其藥性與化學之變化與嗼啡啞大同小異在酒醕内少能消化能結成極細針形顆粒

那而苛弟尼 又名阿拿爾苛弟那此爲孟買藥品書中之名

其式爲炭輕淡養於一千八百零三年弟陸士尼查得此藥一千八百十七年羅皮該查得其性情鴉片内多含此

質與他質不化合惟用以脫則易消化而分出之鴉片每百分含此質一分至八分如以酒醋消化之則成斜片形顆粒如用以脫消化之則成正斜方柱形顆粒其質色白無味無臭冷水中不消化鉀養水中亦不能消化用以脫或酒醋或自散油則易於消化如遇植物顏色料則顯中立之性又能與淡強水化合成鹽類質即如那而苟弟尼輕綠與那而苟弟尼硫養等此質易於消化味極苦其淨者遇鐵綠不成藍色之水又遇綠氣或淡輕不成椶色之質遇淡養不變紅色如遇硫養而硫養內含淡養之微數則變紅色又如將那而苟弟尼在濃硫強水中消化之加鉀養淡養少許則得大紅色之水如化分那而苟弟尼所得之質為鴉比恩以克酸此質與淡輕之愛攝力甚大又得數質如哥他而尼尼等質此為里皮格之說又有法能取那而苟弟尼即將前言用淡鹽強水或木醋酸合於冷水取嘆啡啞輕綠所餘之鴉片滓之而加鉀養令其結成又如用以脫或鉀養能與嘆啡啞分開因以脫能消化那而苟弟尼而其餘質為嘆啡啞又因鉀養能消化嘆啡啞而其餘質即那而苟弟尼

功用　此質無止痛安神之性醫士羅脫司用那而苟弟尼硫養代雞哪硫養治瘧疾其服數以二十釐為限又有人在印度國用之治瘧疾與似瘧之病即如阿將納西等醫士是也

那而西以尼

此質之式為炭輕淡養百勒替耶查得此藥為極細針形顆粒如絲其味少苦能在水中消化而熱至水沸之度則能融化遇試紙則顯中立之性添入酸質內不能滅其酸令有中立性如合於淡強水則成淡藍色惟用淡養令其成黃色又碘亦能令其成藍色

米故尼尼

其式為炭輕養亦為白色之質其所成顆粒為六面柱形其味辣加熱至一百九十四度則融在水中能消化遇強水則顯中立之性如融化之令遇綠氣則變紅色流質如血待冷則成顆粒此質不含淡氣而生物質之不含淡氣者甚少

怕怕甫里尼

一千八百四十八年達拉摩斯達城醫士没克查得此藥與那而苟弟尼相似其原質為炭輕淡養如用濃硫強水令其濕則變藍色

鴉片內尚有他質數種前已言及之而其形性功用俱未考之極詳

米故尼酸

其式爲炭輕養加三輕養等於二百分劑薩土那查得此質而羅皮該查準其形性其質白色而明光有千層紙形並鱗形能消化於水將其消化之水加熱令沸則化分爲炭養氣與米塔米故尼克酸成硬顆粒形如將米故尼克酸加熱蒸之則成貝路米故尼克酸米故尼克酸易成鹽類質如合於鐵之多配質之鹽類則成深紅色如合於銅養硫養淡輕則結成綠色之質爲銅養米故尼克酸又如將鉛養米故尼克酸或鈣養米故尼克酸用淡鹽強水化分之則得米故尼克酸觀前五十九頁

鴉片中有一種膏質謂之棕色酸膏化學家尚未詳考大約含數種雜質在化分鴉片時所成有人疑其含鴉片數種令人寧睡之性又有一質爲鴉片松香類含淡氣之質其色棕無臭無味加熱則軟醋內能消化鹼類水內亦能消化而其附電氣之性最奇又有一質爲鴉片油其淨者疑爲無色常見者爲黃色或棕色其性酸在醋內消化之則令藍試紙變紅又能與鹼類化合成肥皂如用酸質即在肥皂內分離而不變形性又有一質爲鴉片內發香氣之質此質尚未分出不知其形性疑爲自散油如將鴉片浸於水中蒸之則所蒸得之水有油類浮於其面想即此

油觀蘇比蘭藥品第一本第三百六十四頁又觀脫那化學書一千一百五十九頁

鴉片所含之異質　此謀利者添入之鴉片之淨者本有貴賤之別大約依其所含嗎啡啞數爲主間有加異質於內可減其所值之價間有加水過多然此水未必故意添入因取鴉片時或露水過多則鴉片之水亦過限可熬乾其鴉片而知其含水之數最可惡之謀利法將鴉片洗出其要質而將其餘渣滓作鴉片出售有化學家白德云此種鴉片不明顯紅色亦減少又其黏力亦失又有人加砂泥土糖汁牛糞薩里伯醉仙桃葉孟加拉木瓜膠形汁間有將罌粟子搗碎合於其內又如馬爾窪鴉片常合油與

他質爲壓罌粟殼而得者歐洲出售之鴉片間有收盡嗎啡啞而將餘質出售故可見分辨鴉片之人必知各種鴉片之色味形性并燥濕又濾其消化之質不應有異質分出有多人設法取得鴉片所含嗎啡啞數而以前六十頁內之法爲最便即英書所設之法也化分此質之事有醫士奇亞孟特云嗎啡啞從鴉片分出之法將鴉片十五分合於正酒醋一百分磨勻至細濾之在濾得之酒中加淡輕至有餘待十二小時則酒中結成嗎啡啞與那而苛弟尼之顆粒取其顆粒洗之則淡輕養米故尼克酸洗去再將其質用以脫消化之則那而苛弟尼消化而嗎啡啞顆粒不消化可取而烘乾之

試法　凡服鴉片以自盡者所顯之病證必與所服鴉片爲定質或流質或淨嗎啡啞有相關如爲鴉片之定質或

流質則其樱色苦味奇臭定可辨其爲鴉片間有胃中之鴉片消化至盡而無形迹然初剖其胃能辨其臭又如胃中有含此之流質加熱至不及沸度則其臭更易分辨如至沸度則有化分之事不能辨別極清其餘各試法恃化學之理已在鴉片所有能成顆粒之質內言明之卽如含鴉片之流質中添硝强水與鐵綠酒則能令含鴉片之流質變紅色因硝强水能分其嗼啡啞而鐵酒能分其米故尼克酸凡鴉片與他生物質和勻則必先將胃等所含之質以水浸之熬之而以酒醋消化之苦里司脫生云生物質中含鴉片之據如所浸酒醋得鴉片之苦味則其據不

得有差又如其浸水中漸添淡輕令不得有餘則有結成之質爲嗼啡啞加硝强水則變黃色又分出結成質之後其餘水含淡輕養米故尼克酸再加鉛養醋酸則結成鉛養米故尼克酸此物在水中用輕硫化分之則結成鉛養硫養而消化米故尼克酸其水內再添鐵綠則變深紅色對拉云如水三百分含嗼啡啞輕綠十五分釐之一添淡養一分則其色顯明又如水二百三十一分含嗼啡啞輕綠十一分釐之一加鐵綠一分亦能顯其色又如水一千三百分含嗼啡啞輕綠一百分釐之一加碘養一分其色亦顯明顧碘養之試法在數種生物質中不可恃如以鐵

試法試米故尼克酸較之用硝强水等法試嗼啡啞更靈

鴉片功用　鴉片爲安神藥之首而各安神藥與其有相似處初服之則大感動腦線然以後減腦線之知覺又能特意感動腦髓令睡如爲外科之用則初時能行血氣令其覺痛卽如用於眼睛先覺痛後覺平火安心爲內科之用食一小服則先行血氣令脉加數皮膚加熱不久則知覺減少心中安穩則人欲睡而其痛減輕身體內失生津液卽暮苦司之功用惟皮膚則仍如故如服不過多而人不願睡或有人不令其睡則腦覺大感動身體欲多出力然服久成癮之人則非大服不得有此待若干時身體軟而無

精神心中極不適如食過大之服數則爲令人甯睡之毒藥常用之爲止痛令寐平火安心或放出津液過限如泄瀉與霍亂吐瀉病能令其停止又可用爲發汗藥治轉筋藥治發熱藥又酒狂病食其大服能有益處生炎之病可合於汞綠或吐嗶喀服之依尋常而論生炎或發大熱服此爲相反之治法鴉片爲各種藥品內之最要者或較他種藥品用之更多

服數　鴉片可服其定質或流質或服其鹽類或爲外科之用或噴入皮膚內尋常以一釐爲一服間有用更少而得益又有加用若干倍方有效驗又可作爲流質外導藥

或外搽藥外科用之可噴入皮膚內或作藥水擦皮膚或加入洗水或洗眼水或膏藥等而可取以下各方含鴉片藥內之合宜者

鴉片膏

取法　將鴉片一磅切爲薄片用蒸水二升浸之待二十四小時壓之令其汁放出將鴉片質磨勻用水二升再浸二十四小時仍壓之又第三次浸水二十四小時亦壓之將三次流質相併以佛蘭絨濾之用熱水盆熬之至合於成丸

此膏棧色味甚苦無臭能消化於水之鴉片質並松香類少許亦收在其內見前鴉片一節所有不能消化之質並數種別質留於渣滓內此膏之性較淨鴉片之性感動更小故常用之以代鴉片或嗼啡啞鹽類之用然此質之性情不能定如欲免混亂身內功用之弊應用嗼啡啞之鹽類如爲極要之事則用生鴉片或鴉片酒爲宜

服數　半釐至三釐爲一服

鴉片流質膏

取法　將鴉片膏一兩用蒸水十六兩浸一小時屢次調之加正酒醋四兩所得之質應有一升

此藥每二十分含膏一分每一兩含膏二十二釐其性與拜得里之鴉片水略同惟其質更濃

服數　十滴至三十滴爲一服

肥皂雜丸一千八百六十四年英書謂之鴉片丸

取法　將硬肥皂二兩磨成細粉鴉片細粉半兩加蒸水足以和勻成丸料此丸之名爲倫書之原名近承用之

此丸每重五釐含鴉片一釐以一丸至二丸爲一服

蘇合香雜丸觀蘇合香一節

此丸每五釐含鴉片一釐以五釐至十釐爲一服

鉛鴉片丸觀卷三之五第八十八頁

此丸含鉛養米故尼克酸與嗼啡啞醋酸每八釐含鴉片一釐

叱嗶略士哇盧鴉片丸觀叱嗶略一節

此丸每五釐含鴉片十分釐之三

鴉片糖片

取法　將鴉片膏七十二釐到魯酒半兩提淨白糖粉十六兩阿拉伯樹膠粉二兩甘草膏六兩蒸水至足用先將鴉片膏合於水少許令軟再合於到魯酒另將甘草膏用熱水盆加熱而與前兩質和勻待其濃淡合宜則傾於平面石板或玻璃板其糖與膠粉先和勻而後加入和至極勻分爲七百二十糖片在熱風箱內加不過大之熱烘乾

之。
每片內含鴉片膏十分釐之一。藥肆常出售者，含鴉片六分釐之一。無論用何種，俱能治咳嗽與嗼啡啞之糖片同。

鴉片白石粉香散

取法　將白石粉香散九兩又四分兩之三，鴉片粉四分兩之一，和勻，以細篩篩之，又在乳鉢內磨勻之，盛於有塞之瓶內，不令遇空氣。

此香散與倫書之白石粉鴉片散功力相同，每四十釐含鴉片一釐。另含桂皮粉、番紅花、肉荳蔻粉、丁香粉、白荳蔻粉與白石粉，每白石粉四分配此香粉一分。

功用　此散減酸收斂，行氣安神，有數種泄瀉可服十釐至三十釐，得其功益。

吐嗶嘮雜散 又名度法散 觀吐嗶嘮一節

此散每十釐含鴉片一釐。

幾奴雜散 觀幾奴一節

此散每二十釐含鴉片一釐。

鴉片雜散

取法　將鴉片粉一兩半，黑胡椒粉二兩，薑粉五兩，芫茜果粉六兩，脫辣茄肴得粉半兩，和勻，以細篩篩之，乳鉢內磨勻，存於瓶中，塞密之。

此散與倫書所載作鴉片甜膏之乾料略同。一千八百六十七年設此方。

服數　以二釐至五釐爲一服。

鴉片甜膏

取法　將鴉片雜散一百九十二釐，糖漿一兩，和勻之。

此藥於一千八百六十七年載入英書，而與倫書所載鴉片甜膏略同，可代前時糖渣滓合鴉片之用。每三十六釐含鴉片約一釐。此藥行氣止痛，如久泄瀉等病用之合宜。以十釐至六十釐爲一服。

鴉片酒

取法　將鴉片粗粉一兩半，浸於準酒醕一升內七日，篩之，壓之，再以紙濾之，添準酒醕補足一升。

鴉片酒深櫻紅色，其臭與味與鴉片同。浸酒法須七日，如用過濾之法，可以更速。英書所言之量較倫書所言之量更小，故此酒較倫書法所作者略淡。每一兩含鴉片三十三釐，每十四滴半即量杯十四釐半含鴉片一釐，如倫書之法，則十三滴內含鴉片一釐。如將倫書法所作之鴉片酒十九滴熬乾，應得定質一釐。苦里司脫生云：上等鴉片酒每一兩熬乾，應得乾定質十七釐至二十二釐。浸鴉片成酒之後，其餘質內尚含嗼啡啞沛離拉，醫士曾用法分

出之又有哈登設一法將其餘質浸於果酸而得平火安心之鴉片水化學家馬爾聽將其渣滓合於糖令發酵則成膏質有寗睡之性

功用　鴉片浸酒爲大力之止痛安神藥無論外科內科欲用鴉片則以此酒爲簡便有功力之藥

服數　十滴至半錢爲一服有數種病內可用之更多小兒服此必極謹慎有人將四滴給與嬰兒服之因此致死又有服二滴者令睡最深頗屬危險

淡輕鴉片酒又名蘇格蘭拜里撾里克酒即鴉片雜酒

取法　將鴉片粗粉一百釐番紅花切碎一百八十釐偏蘇以克酸一百八十釐濃淡輕水四兩八角油一錢正酒醋十六兩置於瓶內封密每日搖動其瓶七日後篩之濾之壓之再以紙濾之加正酒醋補足一升

此爲蘇書之方於一千八百六十七年初載入英書每一兩含鴉片五釐

服數　以半錢至一錢爲一服

鴉片葡萄酒一千七百二十年倫書謂之西屯哈末鴉片水一千七百四十五年倫書謂之替巴以克酒

取法　將鴉片膏一兩桂皮搗碎七十五釐丁香搗碎七十五釐舍利酒一升盛有塞瓶內屢次搖動七日後以紙濾之

此酒每一兩含鴉片膏略二十二釐此酒較一千八百六十四年英書之鴉片葡萄酒加濃四分之一又較阿書與蘇書之酒更濃又較倫書之鴉片葡萄酒減濃五分之一又與英書之鴉片膏水略同濃

一千八百六十四年英書所有西屯哈末鴉片水即鴉片葡萄酒與鴉片酒之分別前時所浸者爲鴉片質近時此酒用鴉片膏爲之即與倫書之方同另加香料其味與臭更佳大半用鴉片酒之事可用此酒代之醫士巴黎設一法在成葡萄酒之處有令酒發酵之事加鴉片在內以爲此法更妙

服數　十滴至一錢爲一服如眼生炎病有醫士將此酒滴入眼內

樟腦雜酒又名樟腦鴉片雜酒又名拜里撾里克又名蘇格蘭拜里撾里克酒

取法　將樟腦三十釐鴉片粗粉四十釐偏蘇以克酸四十釐八角油半錢準酒醋一升浸三日屢次搖動而濾之加準酒醋補足一升

此藥雖謂之樟腦雜酒而其中最有功力之藥爲鴉片所以與鴉片之各藥同列其舊名不指出有鴉片在內則醫者開方病者不知令服鴉片故令仍用舊名所配之別種

行氣料能阻當鴉片激動腸胃之性情又其徧蘇以克酸能往各氣管生內皮汁之面令其不多變成痰質而鴉片令肺與氣管不覺惹動故能止咳嗽由此可見用此藥止咳嗽大有功用又數種泄瀉之病亦可有益每半兩即二百四十滴含鴉片一釐

服數　半錢至四錢爲一服此藥常加入治咳嗽藥內

鴉片醋酸

此質在各藥品書中濃淡不等又與鴉片之他種藥料無有更佳之處故英書中不載之

黑滴藥

此爲有大名而不正之藥其取法將野蘋果汁加入鴉片與香料加熱令沸後添白糖待其全質發酵則變成此藥或言一滴等於鴉片酒二三滴然以上所載各種含鴉片之藥或嘆啡啞藥較此更佳必可代之

拜得里平火安心鴉片水 又名秘方藥

醫士久用以代鴉片酒因其無鴉片酒之各弊也此藥爲鴉片水質而與英書之鴉片流質膏相似化學家古里云此藥含嘆啡啞米故尼克酸合於鴉片膏質並暖蒸水所能消化之質又設方以作之其法如左

取法　將乾鴉片粉一分 士麥拿鴉片爲佳 又用最淨砂子二分和勻加水令濕盛於過濾之器將六十五度至七十度熱之蒸水行過其料中至流出之水無臭無味爲度將此水以熱汽盆或熱水盆熬之至成硬膏與作丸之硬膏同濃將此硬膏三兩蒸水三十兩和勻加熱令沸二分時爲止待冷濾之加正酒醋六兩又加蒸水足成四十兩即二升

服數　五滴至二十滴爲一服每二十滴略等於鴉片酒三十滴

鴉片外導藥

取法　將鴉片酒三十滴小粉漿二兩和勻之

功用　依此法用鴉片酒則能治腸與生溺器具之痛

鴉片洗藥

取法　將肥皂洗藥與鴉片酒各二兩和勻此藥與上藥較倫書之方所作者濃一倍

功用　皮膚外擦鴉片酒不惟能治擦處之痛又能顯出鴉片安神之性

鴉片硬膏

取法　將松香硬膏九兩用熱水盆融化之加鴉片粉一兩必由漸添進調和極勻

功用　此膏貼於皮膚能治風濕與他種痛病

鴉片油膏 此爲倫書之方

取法　將鴉片粉二十釐合於豬油一兩此油膏尋常用之搽於皮膚止痛有效

没石子鴉片油膏

此油膏爲收斂之藥每膏一兩含鴉片略三十釐其取法觀没石子一節

鴉片畏忌　有數種金類能化分鴉片故不能與鴉片並用即如鹼類質繚小分是也然用鹼類至有餘則所結成之嗼啡啞能再消化尋常藥中所有不配者爲鹼類含炭養氣之質鈣養水含樹皮酸之收斂藥鋅養硫養紅銅鐵鉛與硫養合成者銀養淡養汞綠等

解法　如服鴉片或鴉片酒欲自盡者解之之法必先令肚腹吐盡其質即用探喉之法或用隨手所得之吐藥如鹽或芥末等或用水節抽出胃中之質吐藥中之最妙者爲大服鋅養硫養間有人用打打伊密的合於吧哩啉如事已危急則用打打伊密的一釐用器噴入血管內須謹愼不令空氣入內又必設法令其不睡或以大聲呼之或以手搖動其身或左右各一人扶之而行用淡輕或醋酸置鼻孔前令嗅其霧其頭與胸冷水淋之或服濇性藥之沖水即如金雞哪樹皮或没石子之沖水多服之令肚腹腫起則令鴉片化分而得益胃中之毒已盡可用植物酸質與放血之法又可服行氣之藥如淡輕養炭養或白蘭地酒或濃咖啡不惟能令其淸醒尙能補其精神足上敷芥末膏或別種惹皮膚之料又用法令其呼吸

若夫亞美利加所產罌粟科之植物有兩種已在英國著名故應論列之一名散其那里耶爲加拿大所產者俗名血根又名紅布故納爲土人所久用之藥後西人住於彼處亦用之所用者爲其根本在英國出售者爲小塊每塊長一寸至二寸徑半寸面有皺紋并有鱗形如串珠之狀內質橘皮紅色味辣而苦少有嗇睡藥之臭如合於硫養或輕綠則其水變血紅色內含松香類並似鹼類之質名散其那里那其性有大毒其散其那里耶爲吐藥又能化痰發汗食其大服則爲辣性安神之藥各種生炎病多有人用之或用以試治各種癱瘓病自然毫無益處

服數　用其沖水半兩至一兩作此水之法用其乾根半兩以沸水十六兩沖之或用亞美利加人所作含松香類之散其那里尼四分釐之一至一釐或用其淨鹼類性之質名散其那里那三十分釐之一至十分釐之一（觀藥品記錄新書第一本與第四本其蒲與本得里兩人論此事之說）

一名紫色薩拉西尼亞俗名印度杯又名印度水壺葉草美國土人俱謂之印度因初查得之地誤爲印度地至今

存此名其葉之形如杯或如壺故有此名如第四十七圖於一千八百六十一年十二月初七日美國醫學新報中

第四十七圖

載醫士米里士所作之論言此藥善治痘瘡見土人內有一族名密瑪族內有一女人用此藥往往得效此物之根本生多凸頭如節俱爲亂形厚半寸長二寸至七寸葉落之處有痕迹一端有葉芽乾縮之痕迹此根所作之藥少有辣性而利小便而其各功用甚少米里士與摩里士云治各種痘瘡一定無疑又先服此藥則不

患此病但他處醫士用之不得法觀一千八百六十二三年英國各處醫學新聞論此事最詳

十字科（此科花如十字形西名克路西非里依爲珠西亞之名俗名水芹菜類）

十字科植物與罌粟科植物相似又與楷怕里弟依科植物相似大半在赤道北之溫帶內見之又有數種在地球多處遇見之俱含膠類質間有含糖質有數種其種子含油質有數種其種子含硫黃大半多含辣性之質所以爲香料或爲引炎料或爲行氣之料俱屬合宜

藥品酷里阿里阿（俗名身虛泄血草）

此草久以爲能治身虛泄血又有草地揩大米尼西俗名

子規花昔時以爲其花有行氣之性俱爲英國土產之花近時藥品中不列此藥

阿莫頓西依根（立尼山司名阿莫頓西阿殼克羅阿里阿西俗名馬蘿蔔中國謂之辣根法國謂之玻里但尼耶之可蘭根）

醫學家或言此物爲古時之代司可立弟司所言之野蘿蔔又爲布里尼所言之阿莫西阿此物於一千五百三十年不倫司弗司查得之而言定其形性歐羅巴大半有小山處產之英國多種之約在西五月開花

植物學形性　其根存多年色白長尖形味辣發出大葉爲莖形者邊有齒形其齒長而尖面平滑色深綠面上多

脈與水內酸草相似其小葉中有直立之幹高二尺至三尺近頂有皺紋並有分支其幹葉小無托線其下數葉之

第四十八圖

邊亂形其上者爲刀形其邊齒形開花成穗其萼伸開而相等花瓣白色似蛋形尖向下而不分開托線無有齒形在旁而上爲直者其短子殼與藥品酷里阿里阿所有不同之處因殼無背筋腫大幾爲球形常見其有不生種子者因其殼無背筋故活脫羅等人不列於酷里阿里阿之

類內而另設一類名阿莫賴西阿而此種謂之鄉間阿莫賴西阿

如第四十八圖一爲葉二爲花穗三爲去瓣萼之花四爲花心五爲短子殼

新取之根作藥品之用形厚而長色白而嫩刮之則發香辛辣能自散其味辣而惹口少有甜味內有一種自散油烘乾之則散曬乾之亦然所以用之必取新鮮者浸於水內則少得其性浸於酒醋內則能收其全質敦根云每千分能得油四分古得來云其數更少其油淡黃色較水更重最易化散嘗之則初覺甜不久則變辣而惹口令脣與舌生炎着於皮膚則能發疱其根之浸水者合於鉛養醋酸則變椶色又合於銀養淡養則變黑色其故因油內含硫黃而硫黃與金類合成含硫養之質此根所含其餘之質爲苦松香質膏質糖樹膠小粉阿勒布門並故尼尼與鹽類質

此根之形狀有人誤爲阿古尼低又以阿古尼低誤爲此根然此兩種根不難於分別因馬蘿蔔之根更大更長而不多有分支

功用　外科用之令皮發紅成疱感動皮膚內科服之爲行氣藥增涎藥利小便藥倫書載此根浸水之方

阿莫賴西依雜酒

取法　將其根刮成細絲二十兩苦橘皮切碎搗之二十兩肉荳蔻搗碎半兩準酒醋八升水二升各物置於甑中加不過大之熱蒸之得酒八升爲度

功用　爲行氣之藥常合於他種行氣藥用之利小便藥內常加此藥

服數　一錢至四錢爲一服

芥子　西名西那比司有黑芥子與白芥子或用黑白芥子相和或磨成末用之立尼由司名曰有萊推脫拉弟那彌耶

尋常出售之芥末係黑芥末與白芥末相和壓出其油而磨粉其兩種在藥品中用之已久即如古時希布可拉弟司書中記之名那布又如羅馬人謂之西那比其黑色與白色者在歐洲各處俱產之兩種性情大同小異想此兩種古時希臘人俱知用之

植物學形性　黑者根厚而嫩如肉幹高二尺至三四尺下段多毛上如指圓而滑其下各葉大而有毛形如琵琶分葉與齒形不定其上葉窄而似刀形面平滑似懸於幹上其萼黃色相

第四十九圖　第五十圖

等而伸開花瓣似蛋形尖向下其色黃亦伸開子殼小而直立或近於榦爲四个鈍角形幾平而滑其端有四角短心莖惟無此類之嘴形此嘴常有種子在內而屬於此類者則應有之分殼爲凹形而有一直筋在其背又有數个旁通之脉種子多排列一行俱小而圓黑櫻色如第四十九圖

白者根尖而小榦高一尺至二尺圓形或平滑或少有毛葉似琵琶形分葉或亂形或刎形其面稍毛萼瓣似綠色綠而平置花大而色黃子殼多毛稍似伸開其殼足幾爲平排列其殼短而有凸處與種子相配而殼體比刀形之嘴更短其分殼有五个直而堅固之脉種子排列兩邊其數少其形稍大而圓色淡黃內有黃色之質此質包於薄衣內疑爲極濃之膠質如第五十圖

一千八百三十六年之倫書獨論黑芥尋常出售之芥末內雜野芥子俗名扯六格正名田中西那比司此物之殼有長尖之嘴與白芥同而其各分殼有三箇筋惟白芥各分殼爲五筋然黑芥無筋無嘴故不應爲此類之一種有植物家酷克等改列於布拉西卡類之中

芥子爲藥品內之要物磨之得其末合於各種肉菜食之其初生之芥菜亦可當蔬類食之沛離拉云作末之最佳者將黑白兩種芥子軋輪碎之再置乳鉢內研之又用篩篩之兩次卽得淨芥末苦里司脫生云尋常出售芥末含異質在內因黑芥子味過辣人難食之如將黑芥子八斗白芥子二十三斗磨粉則成末一百四十五磅然恐太辣則加麪粉五十六磅鬱金二磅又恐太淡再加花椒殼一磅乾薑半磅則味能適口然藥品中必須用淨芥末

黑芥與白芥已有化學家考究之尙未極詳黑者含定質油膠類質糖顏色料與奇異綠色之質又有油類質色如眞珠又含美洛尼克酸合於鉀養卽鉀養美洛尼克酸又含美洛西尼西那比西尼並數種鹽類質芥子之定質油略爲全體一百分之二十八此油味淡少有臭其色黃重率〇·九一七比橄欖油更濃不易發酸又能成上等肥皂間有代菜油之用間有化學家白西用之爲燈油又有化學家孫大比在黑白兩種芥子油中得一新油類酸質名曰衣魯西克酸加熱至九十三度則化其式爲炭輕養又如西門所作之西那比西尼爲白色光明易自散之顆粒其形如干層紙能在酒醕以脫與尋常油類質中消化而不能在酸質鹼類質中消化美洛西尼與植物阿勒布門並苦杏仁漿相似美洛尼克酸之原質爲炭輕養淡硫五種味苦無臭不能成顆粒能用酒醕分出其不純者然必

先用以脫或壓出之法去其定質油方能取此質
查以上之各質俱非辣性者而芥特此性能與別質有分別實因種子內原無辣質而其辣味因種子中之材料遇水其水之熱度不過二百度則變化成一種自散油類質謂之自散芥油白西云美洛尼克酸遇美洛西尼與水則有此油變成如將芥粉之乾者令遇乾熱或令遇酒醋則無辣性顯出設先加水而後加熱則其辣質變成可蒸出之凡强水等金類酸質能令此自散油不能成又鉀養炭養亦有此性又凡植物酸質其重率不小於一·○二二者亦然如其油已變成則强水并各酸質不能滅其辣味

芥末之自散油其色白或為檸檬色味最辣令眼流淚加熱至六十八度則重率為一·○一五加熱至二百九十度則沸在酒醋與以脫內俱能消化水內少能消化已消化者難於分開此因其重率與水幾相同也如合於淡輕則成顆粒形之雜質名曰弟哇西乃米尼此質中之芥油全滅如將黑芥子末浸水添鐵綠則成橘皮色之質芥子油之原質為炭輕淡硫化學家白替路已設法用別材料造成此自散油其法將各里司里尼合於燐碘成炭輕碘將此質添入管中再加鉀養硫封密加熱則得之
白芥子每百分含定質油約三十六分浸於水中則成膠形之濃水幾無味設將黑芥子浸於水中所成膠質甚少而合其水有辣味化學家約翰化分黑芥子得八種緊要之質一為辣味自散油二為黃色定質油三為椶色松香類質四為熬出之膏質少許五為膠質少許六為立故尼尼七為阿勒布門八為燐養與含燐之鹽類質又化學家恒里與茄羅查芥子內另含一質初名硫西那比西尼後柏西里烏司簡其字名西那比尼此質色白而輕無臭初嘗味覺苦後覺辣如芥末能在水與醋及以脫內消化又能成顆粒每百分含炭五七·九二分輕七·七九分淡四·九分養一九·六八分硫九·六五分如遇酸質或含養氣之質或鹽類質則易放硫此質遇含多鹽類之質即如鐵綠等則成紅色又如添含鐵之銅養硫養水則結成白色之質然白色之芥子無有此自散之油質惟有數事與黑芥子相同能成定性之辣味料然其子中原無此材料與黑芥末之自散油相同
其定性之辣質為紅色油類形之質無臭惟有辣味與辣根相似內含硫黃化學家弗爾云如將黑芥子浸於水中亦成此質少許又有化學家西門查得一質名衣魯西尼此質不含鐵之鹽類變紅亦不含硫黃
試法　尋常之芥末含異質在內即如麪粉等而醫士尋

常將此種芥末爲外科之用若爲內科之事而用芥末則必用淨者有一法易於分辨知其含麥粉與否即將其浸水待冷時添碘酒如變藍色則爲含麥粉之據

功用　有大辛性如將白芥子不磨粉而服之則其膠形之皮質在胃中消化至盡可得芥末之行氣性昔時用此芥子以二三錢爲一服一日兩三服治胃不消化之病各西國食品內添芥末又食其小芥菜爲人人皆知之物芥有行氣性又如沖之飲其水能利小便外科用之能令皮膚發紅常用此質爲芥末外敷膏觀下節又如將芥末一小調羹至一大調羹合於水半升服之則爲有效之吐藥

芥末軟布膏

取法　將芥末二兩半胡麻子粉二兩半或至足用爲度將胡麻子粉以沸水十兩漸漸和勻再加芥末屢次調勻所用芥末應取淨者如用含麥粉者則太淡又可以饅頭屑代胡麻子或可用別種外敷藥法而將芥末散於其面昔人將醋若干添入其料中然此不惟無益反能有弊因令其不成辛性自散油惟含花椒爲異質者則能令花椒顯其辛性醫士脫魯蘇與秘駝二人查用沸水未必更佳因冷水所成者有同性情而用此敷藥之工夫更久則功用更大

英國有一種外敷藥名曰芥膜又謂之芥紙爲古白所設之法其大略爲芥子定性酸質在酒醕內消化

芥子油

此油之作法將黑芥子壓出其定質油將其餘質合於水而蒸之或爲無色或爲淡黃色其重率一·〇一五易在酒醕與以脫內消化稍能在水中消化其臭最易化散通至房屋內各處味極辛如火遇皮膚則立即發疱如用其一分合於準酒醕二十分則爲大力引炎藥與發疱藥一千八百六十七年英書用之作他藥如下節

芥子雜洗藥

取法　將芥子油一錢米聚里恩以脫膏四十釐樟腦一百二十釐蓖麻油五錢正酒醕四兩先將米聚里恩膏與樟腦在酒醕內消化之後添入芥子油與蓖麻油和勻此藥設於一千八百六十七年爲最妙之引炎藥能治舊風濕或胸腹之痛

菫菜科　西名非由拉西依此爲珠西亞之名

此科之草木生於赤道北之溫和帶內而生於赤道南與熱帶中者甚少其小樹木類產於南亞美利加與印度其榦與葉內含膠質又含非由里尼此質之性情功用與伊

密的尼略同此質亦有人在依亞尼弟由末之小樹內得之有數種可當吐嗶喀之用觀醫士馬替由司巴西國藥品書之說如吐嗶喀依亞尼弟由末之根爲巴西國所產之假吐嗶喀化學家百勒替耶化分之每百分得伊密的尼五分又如小葉依亞尼弟由末之根亦有相同之性情英國幾阿園之博物院內藏司脫蘭搿微司所寄此物之根可觀之

堇葵（西名非由拉立尼由司名香非由拉又名新鮮花瓣又名三月非由拉又名甜非由拉立尼由司列於五鬚一花心）

此花希臘古書曾論及之產於邊地空曠之處歐洲有數處遮陰之地見之各國之人喜種於園中以觀其花因其香最可聞其色最可觀又可作藥品之用

植物學形性　此花草不生榦爲蔓草之類其葉如壓鈍心形生細軟毛萼瓣鈍形其下一花瓣爲其尖之邊間有齒形其上四花瓣鈍而帶圓形比下者更窄子房口鈎形而光滑結果之莖向下彎其尖爲直者如第五十一圖

第五十一圖

其花已開則須摘之如留意曬乾則色久不退如存於糖漿內則色久不變其顏色料遇酸質則變紅遇鹼類質則變綠故常用之以分別鹼類與酸類之各質與尋常試紙試水同

功用　將壓出之汁與其糖漿作爲微利藥則有輕瀉之性故可以爲小兒之瀉藥其香可聞其味可嘗故小兒喜食之最合於新生嬰兒之用每一分可配杏仁油一分以一小調羹至二小調羹爲一服

歐洲他國用尋常非由拉花並他種非由拉花即如三色非由拉等爲潤皮化痰之藥醫士比沙等云其種子可爲瀉藥與吐藥其根亦然而英書不列堇葵於正藥品內

堇葵糖漿（此爲倫書之方）

取法　將新鮮堇葵花瓣九兩浸於沸蒸水一升內約十二小時爲度壓之濾之待若干時則有渣滓沈下將其浸水中渣滓分出加提淨白糖三磅或至足用少加熱融化之待冷則每一兩配正酒醕半錢

此糖漿爲淡藍色其味適口其香與其花相同重率有一·三三藥肆常出售者或作假或雜他物於其內即如以班西花代之（即三色非由拉花）又有更不誠實之藥肆以靛草粉或靛硫養或紅菜水或紅罌粟花等物代之醫士更特拉欲試此事曾往十二家各買此物無有一家得眞者

遠志科西名普里軋里依此為珠西亞之名

遠志科之植物地球溫帶與熱帶俱有之內有數類有苦質如尋常普里軋里依與苦味普里軋里依兩類是也又含一質專為此種所出者謂之普里軋里尼有數類在巴西國與印度等處作藥品之用

遠志根西名辛衣格根立尼由司名辛衣格普里軋拉又名辛衣格蛇根

此根為英國醫士特難德於一千七百三十五年在亞美利加勿爾吉尼阿邦得之因聞土人內辛衣格羅屬云此根能治蛇毒即亞美利加尾響之蛇此草為美國之本草大半在西南兩方得之每年用此根之數甚多

如第五十二圖為此草之幹葉花實之圖其本體小根分叉為存多年者每年發數直幹面平滑不分叉形圓而多發葉葉之下半間帶紅色無托線左右遞更排列形長而尖上面光綠色其花小在幹端成羣排列萼瓣五出內有兩出為大者形如翅色白花瓣三出形小而收束不開下瓣不甚毛子殼橢圓形尖之邊有齒形而與萼瓣相連不落觀巴敬所作美國植物藥品書第十一卷第三十六頁如第五十二圖一為萼瓣開放之形花瓣

第五十二圖

相壓二為中花瓣即下花瓣花鬚黏於其上三為種子尋常出售之遠志根縛成梱每梱五十磅至四百磅不定其塊之小者細如鵞毛管大者粗如小指生多凸頭其凸處有前時生幹之痕迹相連又分叉形又有紐形而順其根之面有凸條如洋船之龍骨形所有樹皮形之處成皺紋有多裂縫而在小根此處為黃櫻色若為老根此處為櫻灰色內含松香類質而為藥之質在其內其根之中心質色白而含木質毫無藥性見格布勒書第二卷第二十款其根之臭頗奇在新鮮之根其臭更甚此為胡特書中之說其味初淡後變苦與辢惹喉令口內多生津遠志根有多化學家化

分之近有科物納化分之得普里軋里克勿爾吉尼亞克貝格的酸樹皮酸蠟定質油黃色顏料樹膠阿勒布門木紋數種鹽類質所得之普里軋里克又名普里軋里尼又名辛衣格以尼即㺯倫所定之名為櫻色定質其淨者白色能透光無臭初嘗之味淡如嗅其粉即令人嚏又嘗之口中覺可憎喉內覺收緊能在以脫與油內消化幾分能在水中消化最易於在酒醕內消化如以六釐至八釐為一服與狗食之則令吐而喘三小時內必死

功用　遠志根有行血氣之性蓋辢味之物多半如此能令大半津液多生又能生口津化痰發汗利小便調經食

其夫服則為此藥與瀉藥藥品中用之大半治咳嗽間有五葉巴拿克司根即人參之根雜於此根之內

服數　其粉以十釐至二十釐為一服最妙之法用其沖水或煮水

遠志根沖水

取法　將遠志根搗碎半兩沸蒸水十兩沖之

服數　一兩至三兩為一服每日三四服

遠志酒

取法　將遠志根搗碎二兩半準酒醋一升其作法與阿古尼低浸酒之法同

服數　一錢至三錢為一服

美國藥品書中有一方作遠志根之糖漿此糖漿為士哇盧雜蜜糖內之一種料

濇性根科西名架拉美刺阿西依

架拉美刺阿根此根用乾者又名三鬚頭架拉美刺阿為羅依士與巴文所設之名又名拉搭尼根

拉搭尼樹為秘魯國植物而產於沙土山邊如該國之華奴哥等處產之最多一千七百七十九年羅依士在此處初得之彼處婦女常用其根擦牙齒令牙肉堅固

如第五十三圖小樹有多支嫩者有毛如絲其榦向外彎

第五十三圖

下其根平生或附於地面土名拉搭尼即是此意其根常分多支皮為黑紅色葉無托線似長蛋形其端尖而生毛如絲花為單生者在上葉之葉榦間角內發出花莖短萼有散開四出之萼瓣外亦生毛如絲內光滑有深紅色但在乾花內其紅色退去花瓣五出大小不等上兩出分開如葵扇形其旁兩出略為圓凹形其前三出似爪形其爪相連花瓣之外分小間有為胚胎而不成

者後兩出花瓣無托線其質厚鬚三箇鬚頭在頂上有雙微孔果實似球形韌如皮熟時不自裂大如豆外有紅稷色之刺刺端有鈎形子房有一膛內結一種子其餘常為胚而不成種子倒置懸於殼內不含阿勒布門觀秘魯國植物書第一卷第九十三頁

拉搭尼根木質而分叉形其塊之徑不等自一寸起至鵞毛管形止其皮稷紅色有絲紋易與內之紅黃木質分開其根無臭其味甚澀而不苦令口津變紅色其皮所含為藥之質較內質更多故用其小塊則其皮積較大塊者更多而以之為藥更能得益西國所用者俱為南亞美利加

所出採根之外另預備其膏便於運載
化分拉搭尼根有三分之一易在水中消化之質即每百分能消化之質內有樹皮酸四二六分沒石子酸○·三分樹膠膏質與濟料五六·六分架拉美里阿酸○·五分其性情大略藉其樹皮酸沛西挨云亦藉架拉美里阿酸又云此酸之性最濃不能成顆粒能與鹼類質合成鹽類而此鹽類能成顆粒又有什伐里耶照其法以取架拉美里阿酸分毫不得用水與酒醕俱能收其爲藥之質變爲紅色
畏忌　鐵與他金類之鹽類直辣的尼强水類金雞哪沖水鉀養鉀養果酸
功用　收歛藥補藥
服數　其粉以十釐至三十釐爲一服

架拉美剌阿膏又名拉搭尼膏

取法　將拉搭尼根粗粉一磅蒸水一升半浸二十四小時則盛於過濾器再加蒸水至得十二升爲度或至拉搭尼根汁出盡爲止再用熱水盆熬乾所有之水
服數　十釐至二十釐爲一服
此膏紅櫻色乾者形似玻璃折斷之其剖面光滑所成之粉紅如血與幾奴相似南亞美利加運售此膏常用之作假紅色酒

架拉美剌阿沖水又名拉搭尼沖水

取法　將架拉美剌阿根半兩沸蒸水十兩置於器內瀚之蓋密待一小時則濾之
服數　一兩半至二兩爲一服每日二三服其賚水亦可用之其味澀其色紅

架拉美剌阿酒又名拉搭尼根浸酒

取法　將拉搭尼根粗粉二兩半正酒醕一升其取法與阿古尼低浸酒之法同
服數　一錢至三錢爲一服
美國有拉搭尼根雜浸酒其方將拉搭尼根磨粉三兩橙皮二兩色噴他里半兩番紅花一錢正酒醕一升此爲適口之收歛藥

麻草科西名里那依特看杜辣之名

此草在地球溫和之處能得之間在熱地內有之此科植物內皮之絲紋最韌難於扯斷種子外有膠類質種子內有油類質間有苦味者又有令人泄瀉者

胡麻子又名尋常麻子立尼由司列於五箇鬚五箇花心又用其粉爲胡麻子粉取其油爲胡麻子油案此即亞麻又名壁蝨胡麻非眞胡麻也瀛環志略亦言形似壁蝨可以爲油非脂麻也

埃及國最古之時即有人種麻又從歐洲之北至印度之南各處俱種之故難言何處爲其本土

麻草之榦爲一年者根細小而簡榦直高一尺半向頂分枝葉遞更排列無托綫面有線形長而尖其面平滑花藍

第五十四圖

色排列於成串形之密穗萼瓣似銳角蛋形少有毛邊如睫無核長略與子殼同花瓣少有齒形其色紫藍大而不多時卽落子殼略爲圓形大略如豆內含種子十箇其子小似橢圓形而扁面平滑而光色椶內白色外皮有膠質其仁含油與麪質如第五十四圖

將麻草之榦浸於水內後剝去其皮而搗之則其絲紋能

分開自古以來各國有以此爲業者將其絲紋放線織布或粗或細不定種麻愈密則絲紋愈細所織之布自然亦細麻布比綿布更涼因傳熱更多顧人身出汗則以麻布爲衣覺其冷較綿布更甚又冬時之冷着麻布之衣者知較棉布更冷考麻之絲紋以顯微鏡觀之則爲直管形觀棉花之絲紋則爲紋管形故麻布比棉布惹皮膚更輕所以醫士作布絨爲外科之用將麻布以刀刮之而不用棉布梳麻成絲紋之時所得過短者存之作亂麻爲揩抹等事之用

胡麻子

此藥爲胡麻草之種子形小而扁兩端橢圓形其邊銳利色略椶外面光而平滑內白無臭嘗之有樹膠之味因種子皮外有樹膠類之質種子內之白色質卽子之仁有油類之味此因其內含定質油可壓而得之

化學家梅耶化分種子每百分得植物膠質一五·二分大半從種子之皮衣得之此膠質含淡氣合於醋酸與鹽類又在仁內得油類質一一·二六分在殼內得衣暮辣西尼四四·三八分蠟質○·一四分粹性軟松香類質二·四八分小粉與鹽類質一·四八分仁內不惟含油另含膠質六·一五分阿勒布門二·七八分哥路登二·九三分松香類色

料○·五五分黃色膏質合於樹皮酸與鹽類質卽鉀養淡養鈉綠鈣綠等一·九一分甜味膏質合於蘋果酸與數種鹽類質共一○·八八分

種子外皮所含膠質最濃遇熱水則易脹大成有黏力之膠類流質此膠類爲兩種質所成一種全能消化而似乎阿拉伯膠卽阿拉比尼又一種并於其內而不化合柏西里烏司云第二種質似乎巴蘇里尼胡麻子植物膠質內加以酒醋則結成白色片形之質如加以鉛養醋酸則結成之質甚密

功用　爲潤外內皮藥可用其沖水

胡麻子雜沖水

取法　將麻子一百六十釐新鮮甘草根切片六十釐沸蒸水十兩盛一器內蓋密之待四小時用細布濾之又有簡法可將胡麻子半兩以沸水一升淋之添糖與香料如薄荷檸檬皮等令其味適口如作外導藥或外敷藥則用其煮水爲佳因分出其子之油更多然因其味不適口故其煮水不甚服之

服數　以一兩半爲一服一日內任意服若干次能治咳嗽等

異忌　酒醋與金類之鹽類質

胡麻子油 此油爲冷取者

此油從種子仁內壓出有二法取之一爲冷取之法一爲炒取之法炒之熱度略爲二百度冷取者色更淡無臭無味與蓖麻油之炒取者分別相同如先炒其子則所得之油爲深黃色或櫻色其臭味可憎重率〇九三二酒醋與以脫俱能消化之能漸收乾質硬而明可以髹飾與別種油類不同如將其油沸之則此性更大又如合於鉛養等質沸之則其髹飾之性最大

胡麻子油與尋常麻子油與重率一·四七之硫強水和勻則油變綠色故可用此法試別種油類假添此油在內與否又有法能分別胡麻子油與尋常麻子油用重率一·二八之硝強水合於尋常麻子油則變綠色合於胡麻子油則毫不變色所以疑胡麻油內加尋常麻子油爲假充者則用硝強水能分別之此爲普來思指法得所設之法

醫士沙四之書云胡麻子油乃瑪加里尼與哇里以尼略等分劑合成顧胡麻子所出哇里以克酸與他油類質所出者不同其無水哇里以克酸之式爲炭$_{46}$輕$_{38}$養$_{5}$尋常者之分劑爲炭輕養而其瑪加里克酸與尋常者相同即炭$_{34}$輕$_{33}$養又胡麻子油所出各里司里尼甚多與別種油質所出者相同

功用　爲潤外皮藥與瀉藥大半在外科中用之觀鈣養洗藥節

服數　四錢至一兩爲一服

胡麻子粉

將胡麻子壓出其油則成胡麻餅將此餅研粉則成胡麻子粉合於作胡麻粉軟布膏

胡麻粉軟布膏

取法　將胡麻子餅之粉四兩橄欖油半兩沸蒸水十兩必漸漸添下且須調攪不停其油質與膠質和勻而其膠質爲熱水化開故最合於作

軟布膏之用，假如不用胡麻子餅粉而用麻子磨成之粉，則不必加橄欖油。
法國尋常出售胡麻子餅之粉，常雜別種壓油種子之粉於內，又常含麩皮少許，或粗麥粉，或杏仁粉，或作小粉廠之餘質，與發酸等類之油質。
又有一種麻子，俗名泄瀉麻子，其草本小，英國乾燥山邊多產之，昔時多用此草為瀉藥，近今不列於正藥品內。

錦葵科 西名馬勒伐西依波耶之名，又名馬勒草

查此科草名，疑此物為歐洲獨產者，然熱地內亦產之甚多，或為木本，或為草本，愈向北則其種類愈少，其體亦愈小，約共分六百類，大半有膠質在內，其幹之絲紋韌而堅固，又有數種可作蔬菜食之。

錦葵 西名野馬勒伐，又名尋常馬勒，立尼由司列於合蕊之花多鬚

錦葵歐洲各國內多遇見之，產籬色或路旁或野田內，自西六月起開花，至八月止，古時希臘國博物家代司可立弟司書論此草，謂之馬勒幾本低，近時不列於正藥品內。
其根存多年，分叉，幹直立或向上排列而分叉，葉莖與花莖生毛，葉五尖至七尖，有凹凸之處，其邊有齒而銳利，花莖發於葉幹間角，亦為密而直立者，開花之後，存其花萼，常有窄小花葉三出圍之，較之花瓣甚小，其花瓣有玫瑰色，中有紫色脉紋，其瓢之分殼成邊形，待熟時面之筋脉成網形，且有皺紋。尋常錦葵如第五十五圖。

第五十五圖

形性　尋常錦葵并圓葉之一類，無臭，其味平和，有膠類之性，如浸於水中，則其膠質化出，其質之大半為此膠質，又含苦味膏質少許。古時羅馬人以錦葵作蔬菜食之，然不知其為尋常錦葵，抑為圓葉錦葵。
功用　為潤內皮藥，將其沖水合於糖飲之，則於數種病有益，其煮水亦可飲之，或為洗藥，或為外導藥，或將其草煮熟作軟膏之用。

扶桑 西名阿勒替耶，又名澤馬勒，其根入藥品，立尼由司列於合蕊之花多鬚

此草之形如第五十六圖，英國與歐洲他國卑濕之處常見之，希臘國之代司可立弟司謂之阿勒替耶，法國謂之基馬勿，英國不常用之，英國藥品書亦不載之。
其根存多年，尖形，色白，幹直立，軟而生毛，葉軟，兩面生毛，邊之齒形左右不相對，葉似心形或為蛋形，下葉分五尖

第五十六圖

上葉分三尖其莖從葉榦間角發出花多莖較葉更短花爲淡藍色萼爲偶者其外層如圖之四號其分花葉有六分至九分其內層如圖之三號有五分其鬚如圖之二號頗多其托綠合成一管花心莖如圖之一號亦甚多莖與萼相連其瓤之排列法與錦葵相同

形性　尋常出售之澤馬勒根已剝去外皮色白其外面原爲暗黃色內質白形長如梭內形似肉無臭即與葉同其味平和與樹膠略同

化學形性　曾有化學家布將那化分此根得植物膠質與小粉甚多故加碘變藍色又將其煮水加入鐵綠則內成櫻色半明半暗之質法國化學家倍根在根內查得一質謂之阿勒替以尼又有化學家普里生查此質與阿司叭拉故尼同但阿司叭拉故尼爲顆粒形之質無臭幾無味能消化於水與準酒醋內而不能消化於無水酒醋與以脫內

功用　爲潤內外皮之藥可用其煑水與糖漿並糖片

扶桑糖漿 又名澤馬勒糖漿

取法　將扶桑乾根切片一兩半浸於冷蒸水一升內十二小時爲度將其水壓出以麻布濾之加淨糖三磅或照濾得之水加糖一倍少加熱令全消化待糖漿冷則每一兩加正酒醋半錢

服數　一錢至四錢爲一服其用處大半添入治咳嗽之藥中

棉花 西名古西比由末俗名哥登此爲木棉等實外包之衣去其子而彈其衣即成棉花

棉花印度自古以來即種之如舊約書以士帖記第一章第六節曰以枲爲幃其本文曰指拜司即印度之方言又古時希臘國喜羅獨佗斯與司替西亞司二人亦論及之然希臘人雖知有此物尚未用之後希臘王亞勒散得帶兵攻印度擊敗之方知棉花之用處又閱替啞弗辣司佗司與布里尼二人之書可爲其據歐洲所用之棉花大半從美國運進在亞美利加有兩種爲本土之物一種名巴巴多棉花即美國所產者又一種名秘魯棉花即南亞美利加所產者第二種亦名鋭形棉花印度亦有兩種一名印度棉花又名草棉爲印度尋常所產之棉一名木棉此棉花不常出售印度棉花已在歐洲數處種之而得利其木棉不可混爲本拔克司類之樹此俗名棉花樹又名棉絲樹前美國南北交戰時種棉甚少故印度種棉更多

棉花一類內有大小草本一種爲木本俱有遞更排列之葉其葉有分或多或少不定而葉與小支尋常有小黑點

第五十七圖

其下面之筋有核一箇或兩箇萼爲偶者其外分葉比內者更大再分爲三箇大分葉向底似心形爲渾全者其邊或爲齒形或有深凹處其內萼即爲眞萼祇有一葉似杯形其邊有五箇鈍齒形花大可觀或紅色或黃色不定在底有五箇相連之花瓣少似心形面平而向外伸鬚多托線在下相連而黏於花瓣其上不連鬚頭小似內腎形子房爲上者橢圓形兩端或圓或尖其端成花心莖此莖通過花鬚底所連成之管而近於頂處有三箇或五箇皺紋分爲三箇或五箇子房口子殼圓形或橢圓形或尖形分爲三箇或五箇膛其頂分三箇或五箇分殼而其自裂之法係果囊內膛自裂每膛含種子三箇至七箇其種子外衣即成棉花其衣圍種子之面相連成棉亦有常見之子衣其絲紋更短西國種棉者俗稱弗士即微細之意如第五十七圖

功用　棉花爲含膠質之植物故間有人用之以潤內皮種子有油能壓出之間有用其油以點燈又可用以養六畜又可用壓成之餅鋪於棉花地以肥土其棉花質爲立故尼尼所成又名寫留路司其原質爲炭輕養棉花爲管形之毛所成烘乾時則成扁管形能透光而無汁自繞成螺絲形如浸於水中用顯微鏡觀之則似窄帶形間有橫線即一膛之端棉花之絲紋因其旋繞故在外科中用之棉布絨不及麻布絨有益然棉布較麻布傳熱更遲故作裏衣之用能令身之熱度不多改變令其熱不散空氣令於人身則護身之熱不散空氣熱於人身則令外熱不易進身然較麻布更能令汗氣凝結惟已凝結成汗則收其汗較麻布更多所以兵丁宜用厚麻布汗衫爲妙棉花亦可用以治湯火傷醫士安特生於一千八百二十八年蘇格蘭醫院記錄內云以棉花極薄一層鋪於湯火傷處數層之外加帶或布輕包之則痛減少皮膚不激動而所生之疱或爲最少或竟無又令人身體功用因此不多混亂法國醫士來那特用棉花治熱瘡又有美刹用之合於汞綠以治眼蓋內皮生炎

貝路阿客色里尼 即棉花藥

前言棉花之絲紋爲立故尼尼即寫留路司所成者其原質爲炭輕養如令此質遇濃硝强水合於硫强水之流質則大改變以顯微鏡觀之則與原棉花無異若權之則每

百分加重七十分遇火則有大爆裂之性如受熱至三百度則着火而爆裂不見藉此性情用之作火藥然因見火而忽然爆裂變爲氣質則槍礮難當其忽顯之力易於炸開如將棉花火藥與原棉花依化學之法比較之可見嶌蛋路司內輕氣若干分劑有淡養代入其中所放出之輕氣合於淡養之養氣一分劑成水則其餘質爲淡養爲棉花所收其式爲

炭$_{24}$輕$_{20}$養$_{20}$丄淡養$_{5}$‖炭$_{24}$輕$_{19}$(淡養$_{4}$)養$_{20}$丄輕養

用硫强水之故欲令其硝强水不變淡又令所成之棉花藥不能爲淡養所消化其貝路阿客色里尼有數種俱依其棉花有輕氣若干分劑爲淡養所代而定其名第一種用極濃之强水則棉花收淡養最多化學家論此質所含淡養之分劑各不同而其原質之大略爲炭$_{24}$輕$_{17}$(淡養$_{4}$)$_{3}$養$_{20}$此種棉花藥其爆裂之性甚猛能消化於醋酸以脫之內而不能消化於以脫合於酒醋之內不能用於照相之事及醫學之各事第二種用濃硫强水並稍淡之硝强水即其重率略爲一·四二者其爆裂之性更小能消化於醋酸以脫之中又能消化於以脫合酒醋之內如將此棉花藥在以脫合酒醋之內消化之則化散之後餘下光明薄皮一層又因銀碘亦易在此質中消化則照相家依此法作照相之銀料傾於玻片令成薄皮一層鏡箱中見光則成像此料謂之哥路弟恩醫學內所用之哥路弟恩與照相家所用者略同此種貝路阿客色里尼之原質爲炭輕(淡養)養第三種之作法用更淡之强水所含淡養之數更少無爆裂之性用以脫消化之化盡之後所餘之皮不透光故照相者用之無益且爲藥之性亦不及第二種如英書成貝路阿客色里尼之方如左

取法　將淨棉花一兩硫强水五兩硝强水五兩先將二種强水在瓷乳鉢中和勻投入棉花用玻璃箸調攪三分時以全濕爲度將棉花取出置於含多水之器中以玻璃箸調之傾出其水換清水再調之依同法爲之至若干次至所得之水合於鋇綠不結成爲度將所得之棉花質置於濾紙之面待水散盡則以熱水盆烘之

試法　此質易在以脫合正酒醋內消化如加熱令爆裂則無餘質

一千八百六十四年英書之方往往不靈因其硝强水過濃即重率爲一·五者所成貝路阿客色里尼爲前所言之第一種其爆性甚大而不能在以脫合酒醋內消化近時英書之方所用硝强水重率一·四二者即與倫書之方同故所成之質能消化而能成哥路弟恩

哥路弟恩（卽貝路阿客色里尼消化於以脫酒醕之内）

取法　將以脫三十六兩、正酒醕十二兩、貝路阿客色里尼一兩、和勻待數日、如有渣滓沈下、將其淨者傾出、存於有玻塞之瓶中。

如依一千八百六十四年之英書爲之、則其棉花藥不肯消化、因英書所設棉花藥之方、爲炭二六輕二二淡養四九養二〇、依此方、則其質在以前所設第一與第二兩者之間、而作哥路弟恩所用之棉花藥、必用重率一·四二之硝强水方可、或重率更小者亦可、所得哥路弟恩無色、有黏力之流質、易着火燒盡、遇空氣收乾甚速、因其以脫與酒醕同時化散、而貝

路阿客色里尼成薄而光明之皮、不消化於水、又不消化於正酒醕内。

功用　哥路弟恩外科中多用之、可包護刀傷或潰爛處或生炎處、令不遇空氣、又變乾時、令皮膚縮小、又如冬時裂坼與乳頭裂破等病、亦可用之、又有作哥路弟恩之韌而易摺者、可加蓖麻油少許、或卽用下方爲之、此種哥路弟恩激動之性更小、又合於治皮膚病、並不欲皮膚收縮者可用之、作哥路弟恩用酒醕之數愈少、則乾時之收縮亦愈少、然不能不用酒醕、因衹用以脫、則貝路阿客色里尼不能消化。

韌哥路弟恩（卽韌而可摺者）

取法　將哥路弟恩六兩、加拿大樹膠一百二十釐、蓖麻油一錢、三物和勻、盛於瓶中塞密之。

此藥於一千八百六十七年載入英書、然已多年有人造此質、用此質之益處、能在皮膚上無論何處任意伸縮而不破裂。

白脫那依亞西依科（波郎之名）

卡高替亞布路瑪（立尼由司之名又名卡高木又名苛苛又名卡高乳油案瀛環志略名可可）

卡高樹之子、西人多用爲食物、其樹原生於墨西哥國、又

在西印度羣島亦多種之、如第五十八圖、子殼略與黃瓜形相似、挂於樹枝與樹身、其色黃、略似橢圓形、分爲五膛、

第五十八圖

每膛有八箇至十箇卵形種子、係疊置者、外面之子連衣卽膜、略有甜味、其種子常出售者有數種、人皆貴重之、或多或少不定、如將其子之仁壓之、則每重二分能壓出油一分、此油謂之卡高乳油、昔時有多醫士言此油爲藥之功大、而一千八百六十七年之英書有數方用此油爲藥、卽如樹皮酸汞嗅啡啞鉛等

物之外塞藥是也英書論此物云用壓力與熱從磨粉之種子取之又云其質與牛羊油略同形色少黃臭似綽故辣此即卡高子所作之食物其味平和而適口如破裂則其處乾淨而不顯奇形之質久遇空氣亦不變酸而壞加熱至一百二十二度則融

將卡高種子搗碎添軟在水中加熱令沸取面上浮油加糖與牛乳則爲適口而養身之飲物但藥鋪內常出售之荷荷或以其仁與殼合而磨之或祇將其殼磨粉出售間有人將種子壓出其油將所餘之卡高餅磨粉出售西國尋常出售此物其價廉者常雜麪粉或番藷粉合於羊油

各物與磨粉之壞子或壓油之餅相併磨而成之故其價可廉又有一種爲卡高片其作法用模壓成薄片又有一物名綽故辣得爲南亞美利加土人之語其作法將炒過去殼種子十磅糖十磅發尼拉一兩半桂皮一兩磨成漿出售英國常出售之綽故辣爲壓子去油所成之餅合於豆粉與眞珠米粉或番藷粉再添生糖並糖渣滓與牛羊油令其黏連

功用　卡高與綽故辣得爲數種適口而能養身飲物之根本故謂之替亞布路瑪即神享之意此物與茶與咖啡不同因無行氣之性然有人不能飲之因胃中不消化又有人原有胃不消化之病不能飲之因內含油類質甚多也

西司替尼依科 特看杜辣之名

此科之花即石玫瑰花內有數種花草昔時用以爲藥因其能成一種香松香類名拉打奴末前時此質在西國內有大名近時用之者少今地中海東邊數國內產之所有西司替尼有數種即如革哩底西司替尼又香西司替尼而除原產此物之處外不能得其眞者其香可聞因內含自散油昔人多用之爲行氣藥後用之爲化痰藥今土爾其國最貴重之用爲香料又爲滅臭藥

雙翅果科 西名第不得露搭披衣布羅瑪之名

此科之西名即有翅之意因其花萼有數分引長如長翅內有一類名香得來亞罷辣奴布司有人誤以爲產西國尋常出售之樟腦而因此誤其名爲樟腦得來亞罷辣奴布司然歐羅巴出售之樟腦爲桂樟科之樹所產謂之藥品看夫拉即樟腦而此樹在桂樟科中論之西國常出售之樟腦外又有龍腦即冰片又名蘇門答臘腦亦名婆羅腦因在此兩海島產之故有此名又有一種謂之流質龍腦俱爲得來亞罷辣奴布司樹所產者此樹爲蘇門答臘島最大之木或云其小樹斫之得龍腦油其老樹斫之得

冰片此冰片中國貴重之其價比樟腦貴八十倍至一百倍所以龍腦不發至西國出售前有西國女子馬司屯將龍腦片與流質龍腦從婆羅洲處各送若干往倫敦存於博物院而藥會記錄書第十二本第一與第六欵記之

功用　所有流質龍腦亦謂之龍腦油其用處略與揩耶菩提油草油相同而龍腦比樟腦更佳之處不能得其實據

又有數種植物亦屬於雙翅果科即如木油內含一質與哥拜把膠略同又有一樹名堅壯舍利阿所產松香類質名大瑪爾又有印度哥巴辣此質間有合於琥珀爲雜質以射利此哥巴辣爲松香類之乾汁其樹名印度發的里亞其果實浸於熱水內則得一種質俗名加拿辣植物乳油爲印度最貴重之物

茶科

西名替以西依麥白勒之名又名揩米里依特看杜辣之名此爲脫納司脫里逃阿西依之分科

替以西依科與揩米里依科原爲同類即中國所產之茶葉亦爲此類之樹所生如第五十九圖昔時西國議論各種茶葉或爲一種樹所成而功夫不同或爲數種樹所成而功夫無異又論茶分爲兩大類一爲黑色茶一爲綠色茶究其是否一種樹所出有人以爲其樹原同而因水土

第五十九圖

或地氣或種法不同所以其茶亦不同來拉以爲其樹不同在印度植物書並雪山植物書俱論及之西國所種各國植物之園內祇知有二類

一類謂之綠茶能分數種內有五種一爲官茶二爲圓珠三爲熙春四爲雨前五爲屯溪此類茶樹能耐冷所以英國種此樹冬時不枯即如幾園花園皆種之此種茶大半在英國北邊產之有數種綠茶中國人將靛與鈣養硫養等物染其色西人挖令登查考常出售之綠茶有加色料者有不加色料者不加色料者爲欖黃色在稍磨去之處略帶黑色毫無綠色與藍色而上色料者有普魯士藍石膏或高嶺泥間有黃色植物質疑爲薑黃如印度之東阿薩密地方近時多種茶僱華人數名料理此事其人亦用靛與石膏所有不加色料之茶亦常有石膏少許黏於外面或因欲收濕氣或因欲令其茶有尋常美觀綠色之形

第二類謂之武夷茶西國以爲此樹出各種黑茶即爲白毫臘生小種工夫武夷等又以爲武夷茶爲次者而白毫爲上者又有西人在舟山所查之茶葉略在黑茶與綠茶之間又如印度阿薩密所出之野茶疑爲另一種又有英

人波辣之書云黑茶與綠茶俱能從同樹之葉做成又有西人福珠納往中國產茶之處親見黑茶與綠茶俱爲綠茶樹之葉所成大半在中國之中與北得之惟黑茶大半在中國之南如廣東等省出之而黑茶與綠茶之分别因黑茶先置露天若干時少有發酵而後加熱烘之因此變黑色

如印度東邊古馬安國家茶園中有人種中國之茶子所得茶樹之葉依中國法烘之請茶客之有大本領者與中國安徽上等烏龍茶比較不分上下又一千八百四十五年在兌拉駝勒茶園內所作之茶亦爲上等者而與菊花香白毫茶不分上下又有一類其葉甚大者爲阿薩密茶亦爲印度茶之有名者

茶之性情幾分藉樹皮酸與自散油并替以尼質此質之式爲炭八輕五淡二養二查此質與加非以尼相同而爲能成鹽類之本質能得此質有白色之顆粒其形如鍼其色如絲其味微苦能在熱水中消化而冷水與酒醋內難於消化合於硫强水與鹽强水則成顆粒之形化學家以爲在茶葉中合於樹皮酸步蘭德查定茶葉所含樹皮酸之數又有莫勒大化分各種茶言綠茶內之樹皮酸比黑茶內者更多然兌飛等化學家云黑茶含樹皮酸較綠茶更多而所含自散油綠茶比黑茶更多

茶之性情收歛而少行血氣大半感動腦筋令人覺爽適又如辛勞乏力時飲之則能補精神如不常飲茶之人飲其濃者即不能睡而飲綠茶更甚於黑茶或云茶能令心與血管平和醫士比林云茶與咖啡俱爲平火安心之品若已飲行氣之質而覺昏或因辛苦而欲睡或因别故而腦內之血過多則可減其血令平和而腦髓能復原里皮格又云茶如常飲之可令腹內成托而以尼即膽汁所含之質茶亦可用以爲沖淡之料亦可飲之爲適口而補精神之流質間有用其濃者能感動腦筋又有用其更淡者則可平火安心

橘科 西名啞蘭替亞西依爲可里亞所設之名

啞蘭替亞西依科之名原爲亞細亞南方之果又馬達加斯加爾島有數種有一種名羅耳烏哇拉里暮尼阿近時改名爲羅耳烏哇拉司抑米亞在雪山冷處得其自生者然有數種在地球各處有人種之其果內有自散香油質果之皮內有苦汁果汁內有酸味或甜味之質有一類爲西脫羅司即橘類內有數種可作藥品之用

西脫羅司 立尼由司之名而列於花鬚成多叢多鬚

橘類花之各體尋常分五分排列花萼瓶形分三分至五

分花瓣五出至八出間有四出者鬚二十箇至六十箇鬚之托線不伸出而在下連成數叢間有四五箇鬚不連於叢內鬚頭長花心莖圓上有半球形之頂所結之果有軟肉包其子內分七箇至十二箇膛每膛內有種子四箇至八箇另有含肉與汁之小囊若干種子內無阿勒布門子衣似膜形子外之紋有裂縫形即胚珠與子胞衣相連縫之痕迹內有胚珠相連腫大成頭之痕迹其子瓣似小耳形葉甚短此爲木本植物大小高矮不定其刺從葉幹間角發出其葉爲繁者常有收小成一箇幹頂小葉連於葉莖又間有翅形者觀第六十二圖

枸橘 西名皮格拉弟西脫羅司又名尋常橘子又名西維里橘子此爲西班牙產此橘之城名又謂之苦味橘

橘皮即果之殼

橘花水即橘花蒸出之香水

橘油即橘花蒸出之自散油亦謂之尼羅里油

植物家都哈米勒書中名此果謂皮格拉弟西脫羅司又里蘇有論橘之書亦存此名以爲此果由阿喇伯人帶至西國此因西班牙國所有最古之橘園如西維里等處者俱爲摩爾人所種此類之人原爲阿喇伯國同教人數百年前侵入西班牙國踞地數處住居若干年

此樹直立較甜橘更小其花更香其樹枝成翅葉似橢圓形而尖少有齒形其葉莖亦有生翅之形或大或小不定花大而白色果之皮不平略爲圓形色深黃皮內有凸形微泡內含自散油質此橘內之肉汁味酸而苦此爲里蘇書中之說

橘皮 即苦橘之殼

西維里橘之皮作藥之用因其味苦且有自散之油則其香更多然因其苦與香俱在皮外面之小泡內則凡用苦橘皮爲藥應削其皮之外面用之而去其內之白質無論用其鮮者或備用而烘乾者俱宜削其皮用之

橘皮沖水

取法 將乾苦橘皮半兩置於有蓋之器內沖沸蒸水半斤待一刻之久則濾之

橘皮雜沖水

取法 將切細苦橘皮四分兩之一又將切碎新鮮檸檬皮六十釐搗碎丁香三十釐盛有蓋之器內沸蒸水十兩沖之略一刻之久濾之此方原在英書之內後去之載入倫書之內一千八百六十七年又收入英書

功用 此兩種沖水爲暖性補藥凡酸類藥或鹼類藥或鹽類藥俱可添入此沖水中服之以一兩半爲一服每日二

三服。

橘皮糖漿

取法　將橘皮浸酒一兩，糖漿七兩，二物和勻。

功用　此為適口而補胃之藥，凡無味之藥或不適口之藥，可合於此糖漿服之為便。

橘皮酒

取法　將苦橘皮切細搗碎二兩，準酒醕一升，浸七日濾之，加準酒醕補足一升。

功用　凡流質之藥可添入此酒於其內，令有補性，以一錢至四錢為一服，如英書之鐵香雜水並雞哪浸酒，俱加此酒於內。

橘酒

英人將含糖質之水內添苦味鮮橘皮，令其發酵成酒，此酒於一千八百六十七年初載入英書，而屬於酒類，其色如深色之舍利酒，其味與香從苦橘皮得之，每百分含酒醕十二分，用試紙試之，少有酸性之變化。

含此質之藥品　鐵養檸檬酸葡萄酒，雞哪葡萄酒。

橘花水 此水可用苦橘花或甘橘花取之

取此水之法與取橘花油之法同，意大里與法蘭西兩國取之甚多，含自散油之外，另含醋酸若干，如將橘花油合於蒸水搖動若干時，濾之，則為成此水之便法，英國常用者從他國運進，不自作也。

英國藥品記錄書第一本第十五頁，醫士司快兒云，法國運來之橘花水，盛於鉛器或銅器內，以鉛銲成之，所以常含鉛質若干，其試法將能消化之含碘質添入其內，則有結成之鉛碘黃色顆粒，又設一法，去此水所含之鉛，即將鋅絲一條置此水中若干時，則鋅收其鉛，後將其水少許加入鉀碘，如無結成之質，則可知無餘下之鉛質，此水之真者不應有色，或幾為無色，又通輕硫氣在內，不應變色，如變色則可知含鉛或銅，而有黑色之質結成。

法國人以為橘花水能治痛，又能治轉筋，所以腦筋不安並妄言笑等病常用之，以一兩至二兩為一服。

橘花糖漿

取法　將橘花水八兩，提淨白糖三磅，蒸水十六兩，或足用，先將糖加入蒸水內加熱融之，濾之，待將冷，則添入橘花水並蒸水，足為四磅半，其重率應為一·三三。

此藥適口，可增入別種藥料內，令其味適口。

服數　以一錢至二錢為一服。

橘花油 又名尼羅里油

無論苦橘與甘橘之花與果皮內有一種自散油，可合於水而蒸之。法國謂之尼羅里。其香與橘花不同。蘇比蘭以爲此油爲原油蒸時少變化而成。此油內另含一種能成顆粒之油。係普里生所考得者。謂之啞拉特。然苦橘花中所得之油。比甘橘花之油更佳更香。又有一種油。名橘油。用橘樹之葉蒸而得之。或用橘皮磨碎壓而得之。

功用　此油有行血氣與治轉筋之性。

橘 西名啞蘭替烏末西脫羅司此爲里蘇之名即尋常甘橘又名甜橙

橘水。卽橘花水。

橘油。卽橘花蒸出之自散油。亦謂之尼羅里油。

橘分多種。其甘橘亦謂之橙。又有酸橘謂之橊檬。此二物原產於印度。如西來德交界樹林內。並尼克里山上。有其天生者。或中國亦有之。梵語謂之那搿倫咖。天方國音謂之那隆咖。西班牙謂之那蘭遮。意大里謂之啞蘭咀。阿臘丁文謂之啞蘭替烏末。英法等國音謂之啞蘭知。然西國古書內並阿喇伯古藥書內。概不載之。大概西國有此果。不過數百年。前人未嘗知之。

橘樹高十六尺至二十尺。結果甚多。如第六十圖。其樹有奇事。卽一樹上有花與大小果同生。雖爲印度本土之樹。而在印度內。亦待冬時。其果方熟。因此能移向北方各國種之。頗能茂盛。葉瓠如皮。爲長蛋形。其尖銳。其邊常有

第六十圖

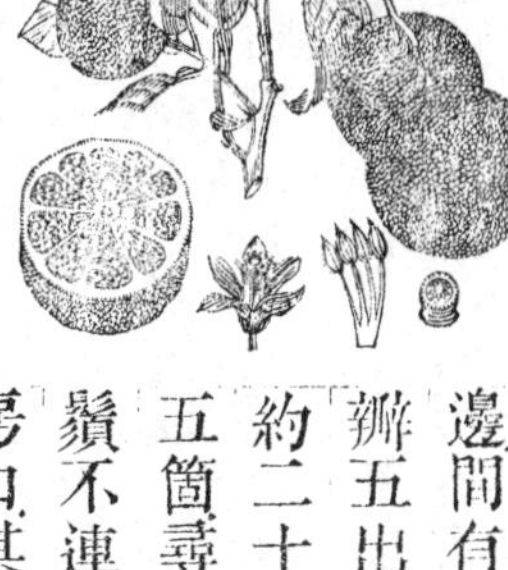

細齒。葉莖亦有邊。間有翅形。花瓣五出。色白。鬚約二十箇。間有五箇尋常與他鬚不連而着子房口。其餘鬚成五叢。與上五鬚遞更排列。果球形。皮薄。皮面有小油泡凸出。其皮與果內之肉。黏連不甚緊。其肉之味有甜者。

橘在歐洲之南多種之。又在亞索利島種之甚多。從此各處運至英國出售。其花之蒸水。在英國入藥。而橘花水並尼羅里油。亦能從苦橘之花得之。觀苦橘花節。

甘橘之果並苦甘兩種橘之花與油。一千八百三十六年倫書載之。以後漏失不載。

啞蘭替烏末果 卽甘橘之果

橘樹之熟果。味最適口。其汁能補人之精神。所以病人喜食之。又發熱等病。食之取其涼爽。常有小者從樹上摘下。卽烘乾之。成小乾橘。又謂之古拉梭橘。因古拉梭酒加此橘於中。得其香味。其更小者。外面車平磨平。則可爲外科割皮入物釣膿之用。又有人常將此果之皮。當苦橘皮之

用或將其花與其自散油並其磨粉之皮所壓之油及其花蒸出之水俱當用苦橘所作者之用

里暮塔西脫羅司此爲里蘇所設之名此樹有一種布而格莫由末名布而格莫特油亦謂之布而格香此爲其果皮所出之自散油法語謂之里没得又謂之布而格莫香

此樹所生之果有香油名布而格莫特油而屬於酸質類即陸克司白格所謂酸味西脫羅司此類內包數種酸橘並印度國所有數種甜橘近時里蘇與布阿挪二人分之爲兩類一名里暮塔西脫羅司一名布而格莫西脫羅司布而格莫西脫羅司之葉爲長形者或鈍或銳不定其下面稍似蛋式葉莖或有翅形並有邊其花尋常小而白色

其果淡黃色或爲梨形或爲壓扁形皮有凸出之泡內含自散油其內汁之酸味或濃或淡不定

此樹之果皮摩之則最香不能蒸之得自散油即布而格莫特油歐洲之南多種之法國尼斯種之極多法人來蒲得云將此果一百箇壓之能得油二兩半其重率得〇·八八色淡黃而最香此油與同類之油所有之分別在乎含養氣化學家以此油爲雜油其原質爲西脫里尼合於此質並輕養所成之質又合於含養氣之質而遇空氣令其變化而成其香大有趣味所以配香料者多用之以配各種香料一千八百三十六年倫書列於正藥之內爲合於

雜藥與油膏等質之用此可以檸檬油代之亦可將此油代檸檬油

藥品西脫羅司此爲里蘇之名又名西脫倫法語謂之西特拉特

此果植物學名曰藥品西脫羅司如第六十一圖其果大而似蛋形其皮最厚而酸汁最少其皮外有多微管與點即含自散油之泡此油謂之西脫倫油其皮厚內有海絨之形種此果之處先分出其自散油再合於糖煑之即成

第六十一圖

西特拉特糖皮其果之汁可代檸檬汁用之

檸檬西脫羅司此爲里蘇之名亦謂之檸檬果法語謂之西脫倫又謂之里檬

檸檬即檸檬果

檸檬汁即其熟果壓出之鮮汁

檸檬皮即其新果之外層皮

檸檬油即爲檸檬皮壓出或蒸出之自散油

古人不知有檸檬又古時阿喇伯國之藥書亦不言之波斯國書言有此物第言爲印度國原產者所取之名謂里暮與檸檬近時印度國稱此果尚用此名來拉查此樹在雪山之麓樹林中似爲野生者如第六十二圖爲所得野

樹之圖。又有一種果名里暮其樹屬於酸味西脫羅司之類蘇書言檸檬西脫羅司所產者此語不確。

第六十二圖

如第六十三圖樹高十尺至十五尺生枝甚多枝上有錐形之刺葉似橢圓形或似橢圓蛋形其邊有齒或少有齒形葉莖有窄邊如小葉或僅有邊者亦有之其花間有五出尋常四出鬚二十箇至三十箇成四五叢其果初時綠

第六十三圖

色待熟時則變淡黃色形略似卵其頂有小凸處如乳頭或大或小不定其皮薄而外有含多油之小泡皮與肉汁黏連甚緊其肉汁之味甚酸

檸檬果雖為印度國之土產近時歐洲之南與亞索利島俱產之英國所用者俱從此各處運來每一檸檬用紙包裹裝箱運載而運檸檬果最穩便之法必將大口瓶或小口甕裝之加新化之石灰粉補滿其空處以軟木塞與火漆封密之

檸檬皮

檸檬皮淡黃色乾時變櫻色味苦而香內含苦味膏質不能消化於以脫內而能消化於酒醕內又多含自散之香油此油存於皮內小泡中其皮可添入浸酒與沖水之數種藥料內又可作檸檬糖漿與檸檬酒

檸檬油

此油與橘油可用同法作之即蒸之或壓其擦碎之皮其壓皮所得者最細其色淡黃味如檸檬稍苦令口內覺激動且能佈散無處不到其重率為〇.八四八至〇.八五或更多加熱至三百三十度至三百五十三度則發沸此油

為兩種油質相合而成第一種為西脫里尼其重率為〇.八四七至三百三十度而沸第二種為西脫里里尼其重率為〇.八八加熱至三百四十五度至三百五十三度則沸此為里皮格論此物之說此兩種油之原質與松香油同而檸檬油亦然其式略為炭$_{〇}$輕$_{八}$所以檸檬油之淨者為真炭輕質而檸檬油遇空氣則收養氣又如遇輕綠則成兩種質一為流質一為樟腦之類其原質為炭$_{〇}$輕$_{八}$加輕綠又橘油與西脫倫油之原質俱與檸檬油原質相同

英國所用之檸檬油大半從西西里島運入如淡輕$_{三}$香酒並鉀碘合於肥皂之洗藥俱加此油於內

檸檬汁

檸檬汁之作法將其熟果去殼與子而壓之無論多少俱如此壓出之後置於涼爽處數日則傾出其清者而濾之然雖濾之未免少有不清其味極酸有檸檬之味與香此汁每百分含檸檬酸五分至六分另有水與膠質與膏質其重率之中數爲一·○三九每一兩含檸檬酸以三二·五釐爲中數其汁易於化分如爲之極謹慎則可存多日不壞即如將瓶裝滿塞密之或將杏仁油一層傾於其面有人加熱令沸爲存久之法有人减熱或令其凍冰如英國兵船所帶者每十分內含濃白蘭地酒一分即可不壞英國藥肆家合酒醕十分之一而濾出結成之膠質又有法能成假檸檬汁與眞者略同即將檸檬酸一兩半在蒸水一升內消化之添檸檬油少許即得

功用　此爲涼性藥能减鹼類能治身虛泄血病如合於水令淡則爲熱地內最合宜之飲物又如發熱或生炎之病可將其淡汁合於糖而飲之或加入大麥水或米粥等之內又有人以檸檬水治風濕之病又有醫士用之作發泡之飲水又有作荷蘭水之肆有法作發泡之檸檬水凡含檸檬酸與果酸之鹽類在胃中變爲炭養之鹽類令其溺有鹼類性又如水手出海多日不食新鮮水果則生身虛泄血病船主令每人每日飲其汁一兩至二兩此爲免病之法或已有此病則飲其汁四兩至六兩間有人將檸檬酸化於水內代之

有作假檸檬汁之法將檸檬酸或果酸二兩半膠水半兩新檸檬汁六錢提淨白糖二兩熱水二升待冷則濾之

又法作檸檬水將檸檬二個切碎糖二兩熱水一升泡之待冷則濾之

發泡檸檬水將檸檬糖漿二兩含炭養五倍體積之水一升和勻

檸檬皮酒

取法　將新檸檬皮切成薄片二兩半準酒醕一升浸七日濾之加酒醕補足一升此藥之味適口合檸檬皮之油與苦質爲香補藥

服數　一錢至三錢爲一服

檸檬糖漿

取法　將新檸檬皮二兩濾淨檸檬汁一升淨白糖二磅又四分磅之一將檸檬汁加熱至將沸盛於有蓋之器內合於檸檬皮待冷再濾之加糖少加熱至糖融盡爲度所得之質應重三磅半而重率應爲一·三四

此糖漿與倫書之糖漿不同因用檸檬之皮與汁兩物也

功用　此糖漿可加入沖淡之藥水內或尋常之藥水內以一錢至四錢爲一服

檸檬酸 此酸有顆粒之形而爲檸檬西脫羅司或里蒂塔西脫羅司所成

檸檬酸爲檸檬汁內之酸料故謂之檸檬酸然另有數種果實含此酸即如酸葡萄印度棗鶯果紅色古蘭特果刻蘭果烏櫻桃等此各果內另含蘋果酸若干與此酸化合或合於鉀養或鈣養等若在檸檬汁內此酸更多而不與別質化合祇與植物膠等質調和因此不成顆粒一千七百八十一年化學家西里初分出此酸得其定質分出之法可先加鈣養則檸檬酸與鈣養化合結成鈣養檸檬酸再用淡硫強水合於此質而得鈣養硫養爲不能消化之質水中祇含檸檬酸可熬乾而得之英國常從他國運進檸檬汁因較檸檬更易運動又有數處先成鈣養檸檬酸而後運入英國出售此質更不易壞觀下論可知之

取法　將檸檬汁四升提淨白石粉四兩半硫強水二兩半蒸水至足用將檸檬汁加熱至沸度漸加入白石粉至不再發沸爲限以細布濾之將所濾得之質以熱水洗之至所洗出之水無色爲度則以濾得之質合於蒸水一升漸添硫強水而此強水必先合於蒸水一升半令淡再將其合成之質輕加熱略二刻將其合料連調和不停再濾

之將所濾出之質用蒸水洗之將洗得之水合於濾出之水內將其合水熬至重率一·二一爲度待令停二十四小時則水內結成鈣養硫養顆粒傾出其水再熬之至外面成一層薄皮爲止置於涼爽處待成顆粒如其顆粒不淨再用水消化之待成顆粒

如在鮮檸檬汁內徑加鈣養質則汁內之膠質與所結成之鈣養檸檬酸黏連不離則有礙於成顆粒之事先將其汁加熱令沸則其膠質若干分分出又如用一千八百六十四年英書之法令檸檬汁先發酵則其膠質分出更多且發酵之時其汁內之糖成酒醕而其膠不能在此質內消化

如在其淨汁內加白石粉則檸檬酸合於鈣養所放之炭養氣令其發泡成鈣養檸檬酸爲不消化之質再加硫養則合於鈣養放出檸檬酸其鈣養硫養祇有幾分凝結其餘存於水中後加濃至重率一·二一則大半分出成顆粒凡大造檸檬酸之處其白石粉所放之炭養有法收取造鈉養二炭養用之又餘下之鈣養硫養亦作數種製造藥材之用即如作果酸等觀果酸一節

去其植物膠質用普來司所設之法其法添鹼類質如淡輕或鉀養等至汁之酸性已滅爲止所得者爲能消化而

含檸檬酸之質可熬之得其顆粒再將其鹼類合檸檬酸之質消化之加鈣養之鹽類質令其結成

鈣養檸檬酸之不淨者存久則化分其檸檬酸成醋酸布低里酸炭養並有不化合之輕氣此披爾孫書中之說如巴哈瑪與西印度列島等處檸檬果之類結成甚多每年留於樹上不摘則腐爛而壞或言將其汁壓出合於白石粉得鈣養檸檬酸運至英國作檸檬酸可大得其利然此說與易於化分之事不甚相合

檸檬酸之式爲炭輕養加三輕養此爲無色明顆粒之質無臭其味甚酸而適口結成短斜方形顆粒其顆粒之端

成四箇平面在濕空氣內則收水而自消化如將其四分以冷水三分消化之足以化盡或用熱水二分亦足以化盡其消化之水存久則變壞內成絲紋形之質因自化分之故檸檬酸亦能在酒醕內消化又合於硫强水加熱則化分成炭養炭養醋酸與水如合於硝强水則變爲草酸如合於鉀養而融化之則成草酸醋酸與水如加熱則因其含成顆粒之水自能融化加更大之熱度則化分如不加熱而取之則成顆粒含水五分劑內有兩分劑爲成顆粒者如將檸檬酸在沸水中消化之待冷時含水四分劑內有三分劑爲本質此爲英書之說檸檬酸加熱所有各

種變化有數化學家考之已詳如脫那化學書第一千零五頁有里皮格之說論其各種變化之法又化學家苦辣蘇詳細查驗之得其實據云檸檬酸顆粒受熱時有四種變化成級第一級放出成顆粒之水而其餘質仍爲檸檬酸第二級成白色之霧又得阿西多尼炭養與炭養而其餘質爲含水之阿古尼低克酸此爲眞貝路檸檬酸第三級因阿古尼低克酸不能飛散則自化分成炭養與油類質與西脫里西克酸此爲波潑所設之名苦辣蘇謂之以脫哥尼克第四級則成燒油質餘下之燼甚多檸檬酸能成數種鹽類即合於鹼類而成之鹽類醫士常用之爲發泡藥鐵合檸檬酸所成

之質亦能消化已在鐵之一節內論及之錏養錳養鈣養鉛養銀養合檸檬酸所成之質不能消化又如鈣養水中加檸檬酸至有餘冷時不結成待加熱則結成凡檸檬酸六十釐能滅鉀養炭養一百二十釐之鹼性

試法　檸檬酸常含果酸因果酸之價値更賤故藥材肆用以僞充而得利設用能消化之鉀養鹽類試之易於分別

淨檸檬酸無色遇熱則全滅能在水內與醕內消化如加鉛養醋酸則所結成之質應在硝强水內能消化如加鉀養之各種鹽類無有結成之質惟鉀養果酸則不然因加

鉀養果酸則有鉀養二果酸結成如將檸檬酸添入冷鈣養水內則不變色不成形如白雲又如將鈉養試水一千釐添入檸檬酸七十釐消化之水內適足滅其酸

畏忌　鹼類與土類含炭養之鹽類又含醋酸之大半鹽類鉀養果酸

功用　涼性藥治身虛泄血藥治鹼類病藥可代檸檬汁用之又可作發泡藥茲將其滅各鹼類之分兩開列於左便於配發泡之藥料

鹽類二十釐能滅酸之數	檸檬汁或檸檬酸	檸檬酸	檸檬酸二十釐能滅鹼之數
鉀養二炭養	三錢半	十四釐	二十九釐
鉀養炭養	四錢	十七釐	二十四釐
二淡輕養三炭養	六錢	二十四釐	十七釐
鈉養炭養	二錢半	十釐	四十一釐
鈉養二炭養	四錢	十七釐	二十四釐

卑利果（又名木瓜形依掰里可里亞之名又名孟加拉木瓜此為其半熟之果烘乾者）

此藥於數年前從印度運入英國第因其為無大益之藥似不必列於英書藥品內醫士用此樹之根並其半熟曬乾之果為收斂藥如便血病用之者多此果與皮與石榴相似故可觀石榴之一節服法略同其為藥之性情亦略同

植物學形性　此類之樹萼有四五箇牙齒形花瓣四五出俱伸開花鬚三十至四十鬚之托線各分開鬚頭長圓形如線子房有八膛至十五膛胚珠甚多花心莖短子房口有頭形果有肉汁有硬皮種子外衣生毛如極細棉花外面有黏膩之流質樹有單刺葉如爾毛其分葉有三箇或五箇花莖從葉榦間角發出花不多開放甚大

木瓜形依掰里

此樹直立頗大皮灰色枝少而參差其刺從葉榦間角發出堅固而鋒利葉分三分葉成密頭而小或發於榦頂或發於枝榦間角內花大而白色裸子大而形圓面平滑而殼硬分十膛至十五膛膛內含種子之外另有韌而明之膠質甚多乾者甚硬能透明每膛含種子六箇至十箇長方形稍扁外面生毛似細棉花如第六十四圖

第六十四圖

此樹產於印度之馬拉巴與科羅曼代耳屬於橘科其果圓形內有多膛殼硬未熟時摘下其大如橘切片曬乾則得其皮與乾肉汁與子皮厚略八分寸之一外面淡樱色

或灰色皮內與乾肉汁爲橘皮色或爲櫻桃紅色如將其乾肉汁浸於水中則化成膠形而味濇然其殼味更濇因含樹皮酸之類此樹之熟果能養身甚香少有瀉性可浸於水中飲之爲凉性之品

功用　醫士或用卑利果治久延赤白痢爲收斂之料又泄瀉病而腸有激動者亦可服之有醫士云此藥能勝於他種收斂藥因其收斂之性已過則大便仍通他種收斂藥則不然凡用此藥者飲其水膏爲最便而合宜

卑利果水膏

取法　將乾卑利果一磅在蒸水四升內浸十二小時傾

出其淨水存之再加水四升浸一小時傾出其水而存之如法兩次共得水約十二升將其餘質壓之而將壓得之水與前水相和以佛蘭絨濾之蒸之至餘水十四兩爲限待冷加正酒醕二兩調和之

其殼硬而韌故用冷水浸之必有若干質不消化而存在餘質內所以馬拉巴之醫士棄其水若干時則所得之水含膠質與小粉此膏每兩含卑利果一兩

服數　一錢至半兩爲一服

成香脂科西名格替非里依珠西亞之名又名刻羅西亞西依

格替非里依譯即成脂之意此科之樹產於亞細亞與亞

美利加熱地此科中有多樹出一黃色松香類之汁從皮滴滴流出如籐黃是也此物能作色料又能作藥此科之樹所產之果內有可食者種子含油其木硬可當爲各材料之用

籐黃此爲膠香類之質產此質之樹謂之磨來拉加西尼亞戴色蘆蘇之名而產此香之樹祇有一種謂之拜弟色拉得爲暹羅國所產者

據沒立之藥書第四本第一百十頁云西國初得此物爲苦羅西由司由中國帶至西國此爲西歷一千六百零三年之事印度土語謂之凹薩來離魂特即大黃汁之意波斯國藥書亦論記之第不知西國在何時初用籐黃代眞

大黃膏英國醫士法可那云遊歷西藏得此物土人謂之大黃膏尋常出售之籐黃有兩種一產於暹羅一產於錫蘭暹羅者成柱形之條或空心或實心不定昔時印度總督之文案官蘇渾敦將兩種各若干送於來拉此物原爲暹羅國京都發至印度總督處爲禮物其爲圓柱形之故大約因其汁收於竹內待凝結時則取出武弁韋脫亦有此說來拉亦有數條乃沛離拉所贈亦爲暹羅所出又西人記尼犿聞於久住暹羅國之天主教神甫云籐黃之作法將其樹摘斷葉或小枝流出之汁用竹或椰子殼收之又云暹羅國王所收貢物內有籐黃意想此樹甚多有人

種之而不恃野生者。

久有人疑暹羅所出之籐黄爲加西尼亞類樹一二種内所產者，然其樹名有多，故不能定之。黑爾曼云有二種樹，一爲乾蒲幾耶加西尼亞，一爲磨來拉加西尼亞。印度國又有一種名繪畫加西尼亞，亦能成籐黄。來拉昔時以爲暹羅籐黄爲越南國加西尼亞樹所產，因此樹在越南國甚多，且有倫弗遊覽此地，云割傷此樹則放出黄色之汁，能速烘乾成乾膏。又暹羅國之刺郡有西醫馬可磨生將此樹一顆送與來拉，其樹有黄色之汁滴滴流出而有瀉性。

一千八百四十九年苦里司脱生從新加坡西醫阿勒米達收此樹，有爲本處所種者，有徑從暹羅產籐黄處所得者，此必爲眞產籐黄之樹。此樹爲代以西亞（即分雌雄之植物），而似乎加西尼亞類，即韋得所言產籐黄樹之總名。其葉似乎橢圓形加西尼亞，又似乎磨來拉加西尼亞，即戴色蘆蘇所定之名，而其花與果與以上兩種樹有不同之處，因俱有花莖。又一千八百六十四年漢白里從新加坡得此樹若干顆，送至錫蘭島國家植物院内，交與管理之人土徵脫司，則認識其爲磨來拉加西尼亞類拜弟色拉得種。其磨來拉加西尼亞之舊名爲苦來哈末所定，謂之產籐黄希白拉屯特倫。一千六百年後黑爾曼書中所記錫蘭之本草有此樹焉。

常用之籐黄爲暹羅國所出者，倫書與一千八百六十四年之英書云其樹爲加西尼亞樹之類，第不知確爲何種，近時方知爲磨來拉加西尼亞。如一千八百三十六年之倫書載一種樹，謂之產籐黄司他拉格米低司，此樹祇得一顆，植物家疑其即生籐黄者，現尚存於英國博物院中。前有西人波郎詳查此樹，得知爲兩種樹用火漆相連作假騙人，一爲橢圓形葉散特扣密司，一爲產籐黄希白拉屯特倫，即磨來拉加西尼亞。

錫蘭籐黄在印度街市出買，歐洲人不多見之，里味不人。割羅勿於一千八百三十二年告於來拉云：昔在錫蘭作客商時，將該處之籐黄送至倫敦，因其爲下等之料，故不能售盡。一千六百七十年黑爾曼之書云，錫蘭有樹兩種，所產之物與籐黄相似，一名各拉加，即乾蒲幾耶加西尼亞；一爲看那（即可食之意）各拉加，即後人謂之磨來拉加西尼亞。又磨那之目錄書内謂之司他拉格米低司，苦來哈末謂之產籐黄希白拉屯特倫，此名爲蘇格蘭苦來哈末所定。其故因有英國都統我指之妻在錫蘭數處看此樹，將其乾枝與圖送與苦來哈末，從此定名。我指亦寄書與英國醫士韋得云錫蘭東西兩岸近於拔他果拉地方又在內地低砂土內近於看特蘭尼尼根波與氣羅等處又在內地離海邊一百英里又離海面高二千尺之處俱產之我揩夫人信中云朝晨在樹身刺開一孔或去樹皮如手掌大一處則樹汁流至外面有半定質半流質之狀第二日有人刮去而收之又云此籐黃最光爲上等之料已用之作畫尚未見更佳者苦里司脫生云此籐黃與暹羅國之籐黃原質似相同又錫蘭醫士皮脫揩納云其爲藥之性與暹羅者相同又蘇格蘭之苦來哈末與苦里司脫生亦有此說印度街市出買者其汁鬆如海絨來拉在印度

時作管理通商公司繪畫官之時用爲色料大不及暹羅國者又在印度薩哈倫波爾醫院中用之爲瀉藥亦不及暹羅國者苦來哈末云此種不及之處想因造者之手工太粗而非因料之原爲次者

第六十五圖

如第六十五圖爲磨來拉加西尼亞之小枝其樹高矮適中葉似銳蛋形略有橢圓形但其端絕然變銳雄花在葉莖角間聚合花莖短祇開一花萼瓣在內黃色在外黃白色花瓣黃白色在內近蒂處爲紅色果大與櫻桃同如圖之五號形圓而結實外皮紅櫻色內肉汁味甜西七月熟此爲苦來哈末所謂產籐黃希白拉屯特倫

苦來哈末所定希白拉屯特倫之附類其花分雌雄其雄者花萼有膜如圖之一號萼瓣四出恒不落花瓣四出花鬚如圖之二號在下相合其托線爲四邊形鬚頭即爲鬚之端如圖之三號鬚頭原有平蓋似臍帶形如圖之四號自剖裂則鬚頭顯出雌花與雄花略同其色白較雄花稍大又有小芽在內爲果之胚胎約有十箇鬚圍之此鬚不能成熟其小芽頭有無托線之子房口上有多刺並有多

分其裸果如圖之五號或爲多膛或爲四膛每膛一種子子瓣內形而相連小根在中似線形葉爲全形

此種之外又有一種屬於此附類內或屬於此科內即加西尼亞等所產之籐黃亦屬合用可代錫蘭所產者或暹羅所產者即繪畫加西尼亞觀印度植物書第二本第六百二十七頁陸克司白格云打拉者里之醫士代耶常寄此樹之籐黃其生者如爲新鮮則其色更好於他種但不能如中國所產者之耐久又代耶至倫敦時而言用此籐黃作色料或爲瀉藥俱勝於他種苦里司脫生云試過科爾噶籐黃即韋那脫籐黃疑必爲此樹所成者而佩服代耶之說代耶亦寄此

樹之果葉與細圖如第六十六圖可見與前所說者爲同類又林特里所作藥品書一頁十四頁內亦存陸克司白格之說一千八百五十一年英國博物院有人贈此種籐黃若干又五十五年法國博物院亦存印度賣索爾所產之籐黃亦爲甚佳

第六十六圖

如第六十六圖爲繪畫加西尼亞其樹高其皮頗厚內有籐黃多塊葉有短葉莖而似長方肚腹形稍銳長三四寸寬一寸半至二寸花黃色從葉榦間角發出而爲單生者萼如圖之二號恒不落而有凹形鈍萼瓣兩對花瓣四出花鬚自十箇至十五箇其托線聚合成四叢其叢在底聚合成窄圈雄花之鬚頭似楯牌形雌花之鬚頭分兩分似能結子子房在上圓形分四膛如圖之三號每膛內有一胚珠連於軸上較中稍高子房口分四分恒不落其粿果如圖之一二三各號大如櫻桃似蛋形平滑少有分爲四分之痕迹上存子房口無托線分爲四分面生小凸頭其皮瞉略如熟皮色紅其種子如全能成熟則有四箇如圖之四五六各號而似長內腎形雄花多托線鬚似楯牌形

此樹產於印度之馬拉巴與韋那脫兩處密樹林內又產於賣索爾山又產於達歪近於美爾古意有一種爲橢圓形加西尼亞爲西來德之原產之物亦產於達歪有人見之亦成籐黃之一類

醫士韋得已詳考成香脂科之各類各種而在印度植物書一百二十六頁內載以上兩種樹爲加西尼亞類內乾蒲幾耶種又上節所言橢圓形加西尼亞想爲不同種者而觀陸克司白格所畫之圖與說不能論定之觀雌花之鬚頭最易分辨其種因上所說者其雌雄鬚頭俱爲楯牌形此種則分兩分與兩膛從此可知其種類難分

苦里司脫生云暹羅籐黃似錫蘭所產者原質與形性亦略同想佛教行至暹羅時有人帶此樹至錫蘭種之然佛教起於錫蘭與印度而從錫蘭傳至暹羅故反言之可云此樹從錫蘭至暹羅與佛教同

形性　一暹羅籐黃尋常爲柱形之塊故俗名籐黃管或空心或實心不定長短亦無一定其厚自半寸至二寸外面有直紋大約因用竹管爲模故有竹管內面直紋形間有彎成雙條者又有自黏連成雙條者其成色多半極佳二籐黃塊或籐黃餅成圓餅或塊重數磅尋常較管形籐黃更粗含異質如小粉類或木紋質三粗籐黃爲以上兩

種籐黃之碎塊又常含異質不能全消化於以脫或水內

此三種從暹羅國運來

錫蘭籐黃歐州各國不當爲貿易之物其塊不整齊有蜂窩形或有多孔似海絨似其汁爲亂流出者色黃遇光之處更黑其質脆淨者不難得之故應爲錫蘭貿易之物苦里司脫生化分其淨者則原質與瀉性與暹羅所產者相同如倫敦國王書院內之博物院有此籐黃一塊係馬可磨生送與來拉者

籐黃無臭幾無味但服後若干時則喉內覺辣而不適又搗碎時所成細粉能惹鼻流涕其質最脆其柱形塊折斷處平滑有凹凸形且光亮其色深黃如合於水磨之則變淡黃色其味辣如沖沸水待冷再加碘水不變綠色則知其質不含小粉此質數分能爲水所消化其餘成膏濾之難去其色如用正酒醕則能消化其大半用以脫則能消化五分之四餘下者爲膠質謂之阿拉伯尼因阿拉伯樹膠爲此質所成原質爲炭輕養其以脫所消化之松香類質謂之乾蒲幾阿克酸此正斯吞所定之名又化學家布格那云其性情與油類酸質同能得其淨者爲紅黃色之細質得之之法將以脫蒸去而取其餘質如將其重一分合於酒醕或水一萬分則能顯其色最爲明亮此松香類質能爲鉀養水所消化與他種松香質同成鉀養乾蒲幾阿克酸其色深紅又用他種鹼類質亦得同變化可用酸質再分出之其原質爲炭輕養爲正斯吞之定式又含紅黃色顏料能消化於水與醕內

如加熱則燒成白色之火發多煙餘下之炭質如海絨形化學家布拉克奴化分之每一百分得樹膠一九五分異質〇·五分紅色無味松香質八〇分此質亦光亮磨之則變黃色

茲將苦里司脫生化分各種籐黃所得各數開列如左

暹羅管形籐黃	暹羅籐黃餅	錫蘭籐黃
松香類　七二·二	松香類　六四·八	松香類　七五·五
阿拉伯尼二三·〇	阿拉伯尼二〇·二	阿拉伯尼一八·三
水　四·八	小粉類　五·六	西辣西尼　〇·七
	立故尼尼　五·三	水　四·八
	水　四·一	

試法　上等籐黃之形性已在上論及之如含小粉則可用碘水試法分辨之因令其水變綠色如含異質目力可分辨之其外形祇與成香脂科他種黃色松香質相混即如乾蒲幾耶加西尼亞之乾汁爲軟者係淡檸檬黃色用手指令濕磨之則不能成膏又有一樹名繪畫散特抑密

司其乾汁淡黃綠色略爲明亮而不能與水合成膏沸離拉書中云可與新荷蘭所有戈形散特里亞樹之黃色汁相混如他質內含籐黃則可以水或醋或以脫或烙炙鉀養各法辨之如將鉀養乾蒲幾阿克酸令其鹼性不過大合於酸質則成黃色質爲乾蒲幾阿克酸又合於鉛養醋酸則成黃色質爲鉛養乾蒲幾阿克酸又如合於銅養硫養成櫻色質爲銅養乾蒲幾阿克酸又如合於含鐵之鹽類則成深櫻色質爲鐵養乾蒲幾阿克酸

功用 爲重性水瀉藥瀉藥殺蟲藥如大便久不通經閉水腫等病用之俱有益然獨用此藥不及合於他藥用之即如福台司醫士所設之丸此丸與摩里生所設之丸略同然摩里生之丸加鉀養二果酸爲不配之藥摩里生設此丸得國家保其一人專做之據後有哈瑪與彼拉彷其方造丸所以摩里生與之涉訟審問時請化學家但尼里化分摩里生丸言明爲何物將十二個丸化分之即以其第二號丸化分十二个得啞囉松香類質五六釐籐黃松香類質四一釐搗碎哥囉嘶二釐樹膠類四七釐鉀養二果酸六七釐

歐洲他國用籐黃以鹼類水消化之爲利小便之藥

服數 以二釐至五釐爲一服必合於汞綠或司卡暮尼等服之

籐黃雜丸

取法 將籐黃一兩拜貝徒司啞囉一兩桂皮雜散一兩硬肥皂粉二兩糖漿足以成膏將其各散先合而調和之再加入糖漿磨之極勻

服數 以五釐至二十釐爲一服

看尼辣西依科馬替由司之名

白色看尼辣設立之名用其樹之外皮爲藥品立尼由司列於十二箇鬚一花心

看尼辣之名與看尼相近看尼即籐或蘆葦之意看尼辣即小籐或小蘆葦之意前人以此名稱桂皮條故法國語名桂皮曰看尼辣此爲藥之看尼辣初在南亞美利加查得之時以爲桂樹故以桂樹之看尼辣名名之即如摩那弟士書中云西歷一千五百四十年比開羅西班牙國將軍派人

第六十七圖

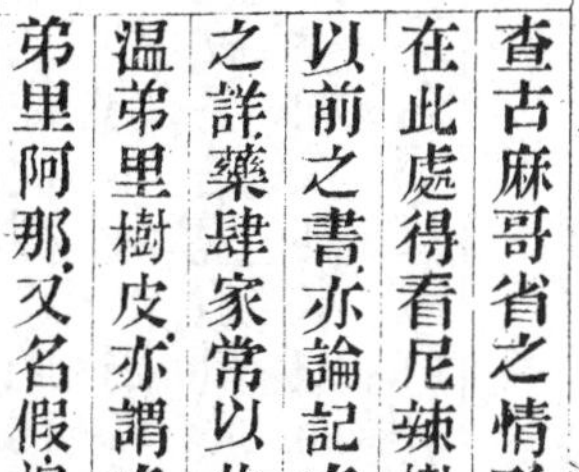

查古麻哥省之情形而有人言在此處得看尼辣樹又有此時以前之書亦論記之第無此書之詳藥肆家常以此樹皮混充溫弟里樹皮亦謂之小管形溫弟里阿那又名假溫弟里樹皮然此兩種樹已有格致家司奴勒分辨之於一千六百九十二年論記於格致記錄書觀第六十七圖

白色看尼辣樹在西印度羣島常見之又在南亞美利加海邊亦常見之高十二尺至十五尺內地樹林內產之更

高野鴿食其果胃中不消化故由其糞內散種至各處即有人種之因此散開甚速樹爲直幹頂分多枝而似乎比門眉樹

其皮白色故在樹林中易與他樹分別其葉有莖遞更左右排列而其法不準葉似長蛋形尖向下其嫩者有透光之點老者平滑而光厚無氣筋無分開處並無副葉花在幹頂各花莖有長短而頭平齊花小似茄花色不多見其開者萼瓣三出爲瓦背排列法形略圓花瓣五出爲子房下鬚長形爲纏花瓣排列法花鬚合聚在下成一管如圖之一號鬚頭二十一箇似線形在其管之外面排列如經線子房不相連而藏於鬚所成之管內分爲三膛花心莖似圓柱形子房口分兩分如圖之二號裸果因成熟者少祇有一二膛膛內有種子二三箇其種子疊起如圖之三號略似內腎形有尖如鳥喙色黑而有光胚在種子鳥喙形處之阿勒布門內形彎略帶圓子瓣線形向上發葉光在底伸長後在頂伸長觀司奴勒司哇子茄脫納等人之書

形性　此樹之皮可作藥材以鐵器取之去其外層陰乾之大半在乾時自捲成管形其塊愈薄則愈易捲成管形觀格布勒書第三表第一至第三圖其塊似淡古銅色愈向內則其色愈淡其臭香其味辣而熱質脆可磨成黃白色之粉如以沸水沖之可收其皮內藥性若干用酒醕祇能消化其香質變爲光黃色如合於水而蒸之則成紅黃色香油其味最辣且能自散有人將此油合於丁香油出售又有人將此油代丁香油出售此爲波郎書中之說化學家比脫羅司羅比奈兩人從此樹皮內得香松香類質苦膏質與奇異之糖質此糖質不發酵謂之看尼辣尼又得阿勒布門樹膠小粉立故尼尼鹽類質此皮與溫弟里樹皮分辨之法將銀養淡養加入其水中而不結成又加沒石子水亦不結成又因不含樹皮酸故加鐵養硫養亦不結成

功用　爲香料與行氣藥補藥與瀉藥內可加入之西印度人用爲香料大黃酒中亦加此藥

服數　十釐至三十釐爲一服

以布揩思他尼依科

此科內有一種謂之馬栗以思苦羅思俗名馬栗子此樹之果苦而有收斂性昔時當爲藥品爲補藥與治發熱之藥

楝科　西名米里亞西依

此科植物大半產於熱地花鬚托線合成管形內有數種有藥性即如治發熱蘇以迷特梵音羅亨那昔時爲蘇書

中之治發熱藥產於印度又有數種一名架耶一名西特里拉即香椿一名米里亞一名海尼亞俱在產之之處當爲治發熱之藥

葡萄科西名安彼里弟依公特之名又名肥尼非里即產葡萄之樹

安彼里弟依科其原名爲希臘語安彼羅司即葡萄樹之意又有別名謂之肥替司與肥他西依然此兩名與肥替客司肥替西司音近易混其樹多生於熱地亞細亞最多又向北至緯度三十度處亦有之在北亞美利加更向北亦有之此種樹之果酸質甚多另有收斂性之汁與有色之汁食之大爲適口又葡萄所含之糖等質最有益於人身故葡萄可謂要品

葡萄樹西名肥替司肥尼非里立尼由司之名其果可食而其乾果入藥品內謂之葡萄乾立尼由司列於五箇鬚一花心

葡萄樹最古之時在埃及猶太希臘俱種之植物家疑此樹原產於波斯國近時有一處在揩司比恩海即裏海南岸約北緯三十七度處待羅没之聽喀婁納相近處並地理家洪波特云在揩司比恩海之邊亞美尼亞揩拉瑪尼亞各處俱有其野生者

葡萄樹身之大小與果之美劣各處不同與人家所種別物同理間有生長甚大者能蔓延至最高之頂如意大里國與印度之克什米爾常有之此樹能活多年如意大里國等處有葡萄園其樹老至三四百年者有之

第六十八圖

如第六十八圖葡萄樹與葡萄科別種樹之分別因其葉有分開處又有彎邊而加齒形又爲光滑或生細毛其萼有五箇齒形第不甚顯明花瓣五出在頂上相連又似青苔初生之殼在下自裂開而盡行落下鬚有五無花心莖稞果有兩膛內有四種子而其膛與種子常有不成熟者

特看杜辣將此類之樹所有形狀不同處總括數言以盡之云其葉或分多或分少或平滑或生粗細毛或平或捲或爲淡綠色或爲深綠色枝或伏於地面或爲籐本而延於架上或樹上或爲自立或硬或軟其葡萄串或鬆或密或似卵形或似柱形其果或紅或綠或白或肉多水少或水多肉少或略爲球形或略爲蛋形或爲長柱形其味或甜或少似麝香或澀其種子之數不定間有多或少或無各國所種葡萄樹分爲多種如英國則常用玻璃房養之冷時用火爐加熱其果之未熟者最酸此因含檸檬酸少許又含蘋果酸果酸與鉀養二果酸又含樹皮酸與膏質

並鉀養硫養鈣養硫養鈣養蘋果酸鈣養燐養昔時醫學家以此果之汁爲藥常有人用之作糖漿與解渴之酸水英國武弁伯尼司云波斯等國造葡萄粉而合於水飲之即如喀布爾將其未熟之果曬乾磨粉即可用之

葡萄變熟之時則失其酸味因此甜而適口作水果食之則有大益即病者亦可食之如發熱病食之能解渴又爲養身適口之食物內含楠檬酸與蘋果酸故少有酸味又含鉀養二果酸與鈣養果酸少許其成甜味因其酸質有改變成葡萄糖即哥路哥司此糖與蔗糖不同因所成之小粒無合法之顆粒面且甜味更輕在水或酒醋內消化

之亦更難其折光之情性亦不同其原質爲炭輕養加二輕養如將葡萄汁令發酵則其糖變爲酒醋與炭養葡萄汁中亦含樹膠膏質色料與哥路登類之質此質之性與酵略同壓出之葡萄汁西名磨司土末

葡萄乾

葡萄乾各國常用之其作法或將葡萄在日光內曬之或置爐中烘之或將其籐燒成灰將灰浸於水中得鹼性之水加熱令沸將葡萄浸於此水內數秒時取出曬十四五日即成有人將葡萄串之莖乘其將熟時割至將斷則葡萄在樹上自乾如西班牙國之瓦稜薩等處與地中海東

邊士麥拿等處如是作之又阿富汗國作之運往印度出售最佳者謂之磨司揩特辣此爲其一種葡萄之名又有二種一名蘇他那一名皮達那俱無核有一種名馬拉牙葡萄乾大而肉多其色紫櫻又有加喇蒲利亞亦略相同士麥拿所產者爲黃紫色少有麝香之臭其味不及前言數種之佳又有一種爲希臘國哥林多所產之葡萄即謂之哥林多果其色黑其味有趣以阿尼耶海島產此果甚多

乾葡萄與熟葡萄之分別因少含水與酸而多含糖非惟爲食物之用又有潤內皮之益又可用之添入數種藥品

如下各方又可作潤內皮之飲物然此雖能養身間有難於消化之弊

葡萄汁壓出令其發酵則成葡萄酒醋與醋此各物在植物藥品之後發酵所成之物內論之而其酒內之渣滓西名打打即不淨之鉀養二果酸

前在鉀之一節內論及鉀養二果酸而言爲葡萄汁內所成之物又云其汁內之糖質愈變爲酒醋則其鉀養二果酸因不消化於酒醋內則凝結沈下謂之打打爲常出售之植物質此質之生者含鉀養二果酸並鈣養二果酸少許其用處在鉀養二果酸節詳言之而果酸從此質而作

之。

果酸

果酸西名打打酸葡萄汁與印度棗及別種酸性之果俱含之其汁含鉀養一分劑果酸二分劑另含水一分劑已在鉀養二果酸節內言之成此物之工夫分爲兩層第一層令鉀養二果酸之一半成鈣養果酸第二層將又一半成鈣養果酸

取法　將鉀養果酸四十五兩蒸水十六升再添白石粉十二兩半屢次調之不止待不再發沸則添鈣綠十二兩半此在水二升內消化之後所成之質爲鈣養果酸待已沈下則將其流質傾出而將所得之鈣養果酸以蒸水洗之至其水無味爲度再將硫强水十三兩合於水三升傾於鈣養果酸之面然後將其料和勻加熱令沸半小時屢次調之以布濾之將所濾得之水少加熱熬之至重率得一·二一爲度待冷則分出所成鈣養硫養之顆粒將其明流質再熬之至面生薄皮一層待冷自成顆粒再將其顆粒消化之濾之又成顆粒尋常成果酸之工內須消化而成顆粒二三次又用動物炭提淨之方爲淨者而無色

此取法之理因初添白石粉時則鉀養輕養果酸二分劑遇鈣養炭養二分劑化分之則果酸一分劑合於鉀養二

分劑成中立性之鉀養果酸此質消化於水中又一分劑合於二鈣養成鈣養果酸亦爲中立性之質而不消化所以沈下白石粉所含之炭養在水中發沸而散其式爲

二鉀養果酸輕養⊥二鈣養炭養‖二鉀養果酸⊥二鈣養果酸⊥二炭養⊥二輕養

第二層工夫加鈣綠水則其二箇分劑遇消化之二鉀養果酸二分劑令其化分而有二鉀合於二綠成鉀綠二分劑亦消化於水又有鉀養之二箇養合於二鈣成二鈣養此質與果酸化合成第二次之鈣養果酸此亦結成其式爲

二鉀養果酸⊥二鈣綠‖二鉀綠⊥二鈣養果酸

其鈣養果酸分出之後爲硫强水所化分成鈣養硫養而一切果酸消化於水內

大造果酸之法將白石粉與葡萄汁所分出之鉀養二果酸與水若干在大桶內調和噴汽入內令其生熱又用鐵器連調攪之其炭養氣設管在桶上引出之引至別處造鈉養二炭養第二層工夫用鈣養硫養代鈣綠因鈣綠之價太貴也再加熱而調攪之則其變化與前同惟水中消化之質爲鉀養硫養後可取之作別用第三層工夫用硫强水化分其鈣養果酸則仍得鈣養硫養此質在下次再

作第二層工夫用之

一千七百七十年化學家西里初查得果酸為無色無臭之酸質顆粒大而明係原形之變形即斜長方底柱在空氣中不改變如將其一分在六十度熱水中消化之則水五六倍已足如用二百十二度熱之水則兩倍已足酒醋內消化較水內消化者更少如將其水存之若干時則化分成輕薄之膜質於其面如加熱或合於各强水等則成數種質即如加熱至四百度則融化放其水之四分之一變為流質謂之打打阿里克如加熱更大則成無水之果酸謂之打打愛里克此質不能消化於水成粉之形又如加熱蒸之則放其炭養與水而得兩種火成之酸質內有一種謂之貝路果酸似油類形第二種為顆粒形之質如將果酸水加入土性之鹽類質如鈣養鋁養鋇養等則結成白色之質如多加果酸至有餘則再消化如合於鉛養醋酸或銀養淡養則成此兩金類合果酸之鹽類果酸與別種酸質有便易之法分辨之即將鉀養能消化之鹽類質如鉀養醋酸等加入其水中則成鉀養輕養果酸或為粉或為顆粒依其水之淡濃而定此為兩本之酸質能成雙鹽類質而藥品中所用之雙鹽類質有鉀養果酸鈉養果酸鉀養果酸銻養果酸鉀養果酸鐵養果酸等果酸之原質為炭輕養加二水此為里皮格所定之式蕭楷達云果酸投入燒熱之煤炭內則發出卡拉末辣之臭如置乳鉢內在黑暗中搗之則發光如電又如令極光行過其質則令其動之平面轉此各事與糖相同而檸檬酸無此事

試法　果酸常含鉀養二果酸或鈣養為異質淨者無色如加大熱則幾分滅壞或全滅壞水中能消化如將果酸水加入鉀養之任一種中立性之鹽類質則水中結成鉀養輕養果酸如用檸檬酸等酸質則無此變化如加輕硫則毫無變化如加鋇綠而不結成則為不含硫養質之據又如加鈣養硫養不結成質則知不含草酸又如加淡輕養草酸無結成之質則知不含鈣養英書試法將果酸七十五釐加入鈉養試水一千釐適足滅其酸

異忌　鹼類質土質并鹼類與土質含炭養之質鉀養鹽類質鈣養與鉛之鹽類質銀養淡養

功用　為涼性藥常用以代檸檬酸作發泡藥其能滅鹼類之性與檸檬酸略同尋常鈉養炭養之發泡藥用果酸二十五釐鈉養二炭養三十釐二物各用紙包之臨用時分化於水中將兩水相合乘發泡時飲之又有一種謂之雖得立次散作法將鉀養果酸鈉養果酸即路式里鹽一百二十釐鈉養二炭養四十釐消化於水內臨用時加果酸三十釐乘發泡時飲之有一種發炭養氣之器為家中便用

者其發氣之藥應用果酸或用鈉養二硫養代之即爲僞充之法

酢漿草科

西名啞克薩里第依

酢漿草科之植物美國屬地甚多又在好望角及數處溫地亦遇見之即如東西印度有一類名阿勿路阿即陽桃類又有數種其葉與各體之軟處並數種果實因含鉀養二草酸故有酸性所有不發榦之一類綠葉甚多亦可食之

酢漿草

西名酸味啞克薩里司立尼由司之名西俗名野蘇里辣木

此草之形狀可觀如第六十九圖爲夜間之形歐洲各國內遮陰處產之甚多加爾祿馬哥奴王之時有人記於書

第六十九圖

中又埃及國之亞勒散得黎亞書院中亦有人知之又植物家比希奴以此草爲古之阿愛蘭人所謂含碁六克草其名傳至於今然其草誤謂別草近時此草不列入藥品內

此草之古名謂之啞克薩古時羅馬人布里尼書中用此名即酸味之意其酸味有趣然嚼其葉則牙齒少覺辣而

不適此因含鉀養二草酸之故此草與別種草含此質又有酸羅米克司即酸摸即大黃之類又有一種名雄羊頭形西薩俱含此質甚多此藥有涼性並治身虛泄血病

草酸

又名糖酸

草酸之式爲炭養輕養加二水等於六十三此爲成顆粒時之方其西名從啞克薩里司而得或云雄羊頭形西薩內含其淨者不與他質化合然想其物必爲本質與草酸二分劑化合而成凡多種此草之處穿皮靴行過則不久而其皮改爲白色此因傷草合其放汁沾靴皮也有數種石蕊類含鈣養草酸甚多尋常作草酸之法用硝强水合遇糖與小粉或與糖與小粉同類之質故有人謂之糖酸其淡養化分之後則其糖或小粉放其輕氣與養氣化合變爲酸質此酸質爲炭二分劑合於養三分劑如將草酸重一分在熱水一分中調和則全能消化如用冷水則須重八倍方全消化所得之水最有酸味此酸易成方形顆粒無色能透光其形長而有六面間有壓平之形其端有兩平面或四平面而其顆粒形爲斜方底柱形變化而成如遇乾空氣則外面生霜又因含成顆粒之水故自能融化遇熱則化散加更大之熱則化分又如遇硫强水則化分爲水炭與炭養氣其酸力甚大味辣能消蝕肉故此酸

爲最重之毒藥其顆粒因與番元明粉相似常有人誤服之然有一法易於分辨即在水中消化時可聞其小爆裂聲又其水之味與性最酸又合於鹼類含炭養三氣之質則發泡若爲番元明粉則結成白色之質（觀元明粉之一節）又元明粉之味苦而可憎草酸之顆粒又與鋅養硫養之顆粒相似（觀鋅養硫養之一節）草酸與鈣養之愛攝力甚大故凡含鈣養之質雖與硫養三化合者亦可與硫養三相離而與草酸化合所成鈣養草酸遇酸質過限不能消化又如將中立性之鈣養鹽類質水或鉛養鹽類質水合於能消化之含草酸質則易分辨之其草酸與鉛可用輕硫氣分之再濾之化散之則成顆粒凡不能消化之含草酸質其本質如能合於硫養三成不能消化之質則用硫養三化分之草酸由此分開

功用　草酸爲最重之毒藥服之之後毒性速顯其人即覺大痛而吐血之行動漸遲又有腦筋病證如身體無力或麻木等間有發癎証者如食其大服則其死最速最多之時爲一小時故其病証尚未有人查之甚詳然有兩事爲常見者即胃中惹動而受烙炙也

解法　將白石粉或鎂養合於水而速服之以多爲要又必用法收出胃中所有之物須多飲水

鉀養二草酸其式爲鉀養二炭養三加二水等於一百三十七此爲酢漿草等所含之鹽類質故俗謂之酢漿草鹽類又有人謂之檸檬蒸鹽此名不合因不知者或以爲無害而誤服之也自後應不用此名其作法將其草汁熬乾之消化之令成顆粒或將草酸若干用鉀養炭養三滅其性而添草酸等數則成無色斜方形顆粒其味酸須加水四十倍方能消化此鹽類可當酢漿草之各用如多服之則有毒性

鉀養四草酸其式爲鉀養四炭養三加七水等於二百五十四尋常藥肆出售代鉀養二草酸之鹽類質尋常之用因白布有染鐵鏽之迹可用此鹽類去之其造法與造鉀養二草酸同惟另加草酸三倍

淡輕四養草酸

取法　將草酸消化於水中加淡輕四養炭養三至足滅其酸濾之待冷能自成顆粒

其原質爲淡輕四炭養三加二輕養

此質祇爲作試水之用此種試水能分辨鈣養如英書所定試水之方每一升含此質半兩

齊果非拉西依科（彼郎之名西俗名苴果樹）

此樹產於近熱地等處有數類名古阿以苦末（西藥略釋作圭厄㵾）其皮與其木含松香甚多有行氣之性又有數類其味最

臭。

藥品古阿以苦末立尼由司之名又列於十箇鬚一花心

古阿以苦末木

古阿以苦末脂即松香類質即樹榦之脂因熱或因受傷而流出。

古阿以苦末略在一千五百八年西班牙國人從南亞美利加與西印度列島帶至歐羅巴觀麻那弟士書第二十章有此說其土人早用之爲藥而其樹原爲該處所產土人名曰古阿以揩那。

如第七十圖爲藥品古阿以苦末樹其葉凌冬不凋樹高

第七十圖

四十尺至六十尺根入地深葉深綠色故樹不甚佳木硬而重綠色。而其木紋與平常之樹相反係橫排列其排列之法亦奇略如义形即與樹身之軸略成三十度葉左右相對似翎毛形分葉有二對間有至三四對其面平滑似鈍蛋形或似鈍橢圓形其脈最細花有長莖每莖一花而上葉之間尋常共有八朶至十朶花在葉榦間角發出萼分五出各出爲鈍形面略有剪絨形花瓣五出形長而伸開色淡藍鬚有十根如圖之一號其鬚之托線向底稍放大花心莖與子房曰爲單者其果爲有肉之子殼色紅黃少有小花莖在其頂上幾有割斷之形成五角內分五膛如圖之三號間有因不成熟祗有二膛至三膛種子在各膛內掛於軸上如圖之二號其子之小根向上而發子葉少有肉其阿勒布門質硬如脆骨此樹產於西印度羣島古巴與桑多明各并牙買加最多西四月開花六月種子能熟觀司奴勒書並英國新印植物學書

又有一種謂之聖古阿以苦末爲立尼由司所定之名產於波多里各又有樹形古阿以苦末爲洪波特與本布蘭特所定之名古麻那加爾達日那兩處之土人謂之古阿以揩那此各樹爲尋常出售古阿以苦末之木即最硬而最耐久之木又在南北亞美利加之間大利俺頸產之。

古阿以苦末木

此木能耐久故俗名活木從西印度羣島運至歐洲各國出售其塊大間在外面有平滑灰色之皮常產此木之海島名牙買加古巴桑多明各等此樹之木最重其重率得一·三三其質最硬而韌所以多用之作機器軋器與乳鉢等此木易於分辨因其木質之紋斜即如前言之式外有新木即與樹皮相近之木其質平滑而硬色黃如黃楊木樹心之木暗欖綠色內含古阿以克甚多尋常出售爲藥

者或爲刨花或爲車木所得之木屑難得其淨者因木工成此木花與屑常雜別種木故其內或有黃楊等木之花與屑里又特云古阿以苦末鋸下之木屑遇空氣久之則變綠色如遇硝强水或硝强水之霧則變藍綠色分辨之要法查其木質之斜紋可也

其樹皮深綠色面有灰色之點間有人用以爲藥其味辣或言其藥性與其木之藥性相同

此木無臭如擦之或加熱則發臭其味少苦而辣大約合喉覺不適其木易燒如將木塊之角置於火內則易着火而其火能燒盡木塊浸於水中則易放其質若干分如煮於水中則水變黃色而味辣化學家搿茄將此木一磅然出其水膏二兩又有化學家哈根將其木一百分分出古阿以苦末香三分其木內含辣質與松香類質外層之木多含辣質少含松香類質內木多含松香類質少含辣質爲藥品者用其外層之木應更佳

化學家波郎云此樹無論何處俱有猛烈之藥性其新鮮之皮爲輕瀉藥而能改正血質其果內之肉汁或爲吐藥或爲瀉藥其葉能當鹼與肥皂之用可以洗衣並可洗地板

含此質之藥　沙沙把列雜煮水

古阿以苦末脂 又名古阿以苦末樹膠

此爲其樹凝結之汁醫士以爲其木之藥性俱恃此質普牢納云此香常從樹內自流出而週年可在樹皮外得之如其皮受傷之處得之更多又有一取法將大木塊先順其樹身之軸鑽孔用火加熱則古阿以克流出可用小盆受之又有法用鹽水將其木枇在水內煮之則古阿以克質浮於上面而可取之

出售之古阿以克爲小粒形間有黏連尋常合成塊形其重率一·二至一·二三間有木與皮之小塊雜於其內其色棕綠間有帶紅色如折破之則破處發光如玻璃或松香其質脆磨成粉則初爲灰色見光則變綠色在口中化軟初不覺有味繼覺苦後覺辣在喉內覺熱其臭小搗之則臭大加熱則其臭更大且能融化其香可聞如用水能消化百分之九爲膏質如用定質油或自散油則能消化甚少醕能消化百分之九十一所得之質爲松香類名古阿以克其色深棕如加水則有古阿以克結成或加硫養或輕綠亦有此事又以脫能消化其松香類質然此質有酸具配質之性故謂之古阿以克酸而可與鹼類合成能消化之鹽類質又鉀養水與鈉養水易於消化之又含淡輕之醕亦能消化之如加硫養則變深紅色如加綠氣則其

浸酒大有變色之事原爲綠色後變爲藍更後則變欖至末則其古阿以克變爲草酸如用硝强水其變化亦同觀以上變色之事似恃所收之養氣

施密得云可用此變色之性情查明司卡暮尼香與渣臘伯香曾否添古阿以苦末香爲假料如將此兩種松香料之鹼性消化水添入鈉綠水內如含古阿以苦末則變綠色雖含古阿以苦末三百二十分之一其綠色亦能顯明如將其浸酒加入哥路登或含哥路登之質內則變藍色又如添入冷水消化之阿拉伯膠內則令其變藍色又有數種根其橫剖之處加此浸酒其變色同故英書試之之

法用生番藷切片而近其成眼處並近其皮之處更顯此色因在此處含哥路登或阿勒布門質較他處更多設如祗有小粉則不能得其變色

古阿以克爲膏形之質能爲水所消化又有酸性松香質此質因爲特顯之性故謂之古阿以克酸化學家恩弗杜朋云此質爲兩種松香質所成一種能消化於淡輕水中而其又一種大半祗能在淡輕水中和勻而不消化又化學家替阿里用以脫從古阿以苦末水膏中分出一種似松香之質內得一酸質謂之古阿以克酸此酸與徧蘇以克西捺米克兩酸相似所有不同之處因不能消化於水

此似松香質之外又有一種松香類質能在淡輕水中消化此說與前人之言大同小異

化學家尤而曾化分古阿以苦末云內含炭六七八八分輕七〇五分養二五〇七分此爲每百分所含之數又正斯呑以爲此松香類之原質爲炭輕養而其分劑數等於三百四十三

試法　其新剖面紅色漸變爲綠色如將其浸酒傾於生番藷剝去皮之內面則漸令變成明藍色

功用　爲猝性行氣藥與改血藥又爲發汗藥食大服則激動小腸之路又如久延風濕第二等疗毒瘰癧並皮膚

之久病亦可用之

服數　十釐至三十釐磨粉或爲大丸或作古阿以苦末雜水如下方

古阿以苦末雜水

取法　將古阿以苦末脂磨粉半兩糖半兩阿拉伯樹膠粉四分兩之一磨勻之漸加桂皮水一升

此方之理將糖與樹膠成濃漿則古阿以苦末質可和於內而不沈下每日食二三服每服半兩至二兩

昔時蘇書有一方爲古阿以苦末木煑水此方與前時煑木之方相似又沙沙把列拉雜煑水載於英書內者大爲

相似，如以二兩至四兩為一服，能治久延風濕病，因有發汗之功用，然服藥之後，必令其身暖和，則皮膚易於出汗。法國藥品書有一方成古阿以苦末膏，依此方將其木在淨水中煮二次，待十二小時，則傾出其清者熬之，至得軟膏，再將沈下之質合於其膏，後每膏八分加酒醋一分，與其質和勻，即成。

古阿以苦末淡輕酒

取法　將古阿以苦末脂細粉四兩，淡輕養炭養香酒十五兩，和勻，浸七日，濾之，再加淡輕養炭養香酒，補足一升。

功用　古阿以苦末易在含淡輕之酒醋內消化，故乘此

性，得便用之藥，治風濕等病，功用最大，然必用膠性之濃流質合而服之。

含古阿以苦末質之雜藥　汞綠雜丸，觀汞綠之一節。又古阿以苦末木在沙沙把列拉雜煎水用之。

臭草科　西名而烏大依珠西亞之名

臭草科之植物，產於地球赤道北之溫地，內有自散之油質，並苦性之質。

而烏大　俗名而烏立尼由司，名臭惡而烏大，列於十箇鬚一花心

尋常而烏草，並窄葉而烏大草，俱為歐洲南方各國所常種，亦有野生者，古人最喜之，近今亞細亞各邦之人，亦喜

用之。

臭惡而烏大　如第七十一圖，係小樹，略高二尺至三尺，其榦直，少成紋條，色暗綠，其葉淡綠，有極細之粉，在上極繁分葉，略厚，面有點，似長橢圓形，向底斜，而榦端者為長蛋形，花在枝端，莖有長短，而頭平齊，萼小，萼瓣分四出，間有

第七十一圖

五出，花瓣四出，在上之花瓣五出，色黃，似橢圓，有指甲形，或為全，或為齒形，其頂向內彎，鬚有八根至十根，子房有二箇十字形之槽，子殼似球形，成四箇或

五箇鈍分，其面有干日瘡形，而各分能分兩半，種子之面有小點。

而烏草葉、榦、皮、根、花、子，俱有極苦之味，奇異之臭，最為可憎，間有極猝之味，其子殼已成，尚嫩而未乾時，則葉香最大，曬乾之，則其性自然散去數分，其未熟之果便成而烏草油，因其子殼之外，有多含油之泡。

功用　引炎，行氣，治轉筋，調經，殺蟲，古人以為此藥能加眼力，又以為能解黑暮拉克草之毒。

而烏草油　此油在英國用新鮮之而烏草蒸出

其蒸法，將此草之花與未熟之子房，合於水而蒸之，其色

淡黄其味猝其臭最可憎
功用　爲行氣等藥又治轉筋之痛能調經
服數　二滴至五滴爲一服可合於水與糖調勻服之
而烏草甜膏此爲倫書之方
取法　將新鮮而烏草擣碎芫茜倍樹果各一兩半黑胡椒二錢磨成極細之粉另將薩格比奴末樹汁半兩提淨蜜糖十六兩加蒸水足以融化之又必少加熱至化盡再添各粉和勻
乾而烏草較新鮮者藥性更淡此方內各料俱有略同之性故常用之治胃中氣痛之病以二十釐至六十釐爲一服
又有而烏草糖漿雖不列於正藥品中而藥肆家大半作之出售其作法將而烏草油十二滴正酒醋四錢先消化其油而後加糖漿一升調和之
服數　小兒因胃中有氣而腹痛則以半調羹至二調羹爲一服兩服即愈
弟啞司迷依科珠西亞之名
此科之植物與花椒科之植物相似又與臭草科之植物相似故尋常植物書內不分之其所有分別之處大半因其熟果之殼內有瓤南阿非利加與新金山常見之亞美

利加之熱地亦有之亞細亞温地間亦有之而亞細亞之北與歐洲之南祗有一類名弟克他毋奴司此科之植物結成自散油與松香質又有一種苦味之質
布故布故葉即樺木質巴路司瑪之葉此爲巴特里與温特里之名又名齒形葉巴路司瑪爲韋勒特之名又名細齒形邊巴路司瑪又謂之弟啞司迷立尼由司列於五箇鬚一花心
英國白扯拉遊覽阿非利加查得土人用此藥治傷並治生溺器具之病略一千八百二十三年將此植物之一二種初用其葉於英國而存土人之名謂之布故阿書先收入藥品倫書後收入藥品謂之齒邊葉弟啞司迷葉而虎客在植物記錄書內三千四百十三欵言常用者謂之細齒形邊弟啞司迷又藥材貿易內有齒形葉弟啞司迷而此各種原屬於巴路司瑪之類而暫當爲弟啞司迷依之類近今仍用原名阿非利加南方土人據聞屯白格之說常摘數種巴路司瑪之葉爲藥內以樺木質巴路司瑪略美巴路司瑪爲多間有人將獨花阿弟南特拉並阿瑚土司瑪等葉雜於其內此爲林特里植物藥品書之說而特看杜辣將以上各植物歸於弟啞司迷依科之內觀其書第一本第七百十三頁此葉從好望角帶至歐洲各國用之
巴路司瑪
此類植物萼分五出觀第七十二圖之一號花瓣亦五出

第七十二圖

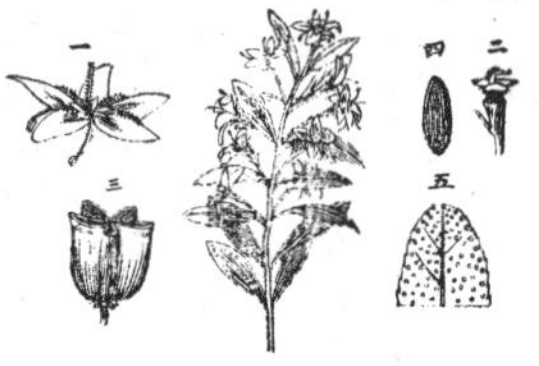

連於萼下圓瓣形之底此圓瓣有短而少凸之邊花鬚十箇與花瓣聚排列而與花瓣等長內有五箇為結實者與花瓣遞更排列其托線似圓線形又似圓錐形其鬚頭尋常有小核為其端間有彎曲者又有五箇花鬚與花瓣相對而此花瓣更短俱不生長似乎花瓣形其頂上少有核形而不明顯子房五箇合而為一分為五分頂上為耳形尋常有核形凸點花心莖較鬚更長子房口分為五小分如圖之二號其果如圖之三號為五箇收緊之子殼膛相合而成向外似耳形其面有核形之點種子如圖之四號為長圓形此植物在好望角成矮樹其葉或相對或遞更排列其質韌如皮面平而有花點如圖之五號近於葉之邊更多形狀各不同花從葉榦間角發出或為單者或有三箇成穗或成叢每花另有莖

樺木質巴路司瑪如第七十二圖依特看杜辣之書謂之齒邊葉弟啞司迷葉似長橢圓形與卵形其端銳邊有齒近於其邊有凸點花色淡紅或為單者在邊或在頂俱有之小花莖似葉形觀陸弟智植物書第一章第四百零四頁

齒形葉巴路司瑪特看杜辣與陸弟智植物書第三百七十八頁謂之齒形葉弟啞司迷葉有線形並似劍形邊有極細齒形其面平滑多花點近於邊有多小核葉內氣筋三條花白色各有單小花莖從其邊發出在其上半有二小葉

細齒形邊巴路司瑪此為韋勒特之名虎客植物書三千四百十三頁內論及之又謂之齒邊葉弟啞司迷為立尼由司之名又謂之香弟啞司迷為特看杜辣之名其葉每對有正角之方向即上者與下者相交又似卵形與長橢圓形葉莖最短最鈍其邊少有齒形面平滑上為深綠色下為淡綠色又有數箇斜排之筋不甚顯明葉面有多點係藏油之小泡其有齒之處有顯明小核能透光葉之全邊有透光之質花莖從葉榦間角發出又從榦頂發出而大半從榦之上半葉間發出花為單者而花莖之上半常有小花葉一對彼此相對又花萼之下有兩雙或三雙小花葉成瓦背排列法

布故葉面平滑韌如皮燦爛邊有齒形面有多小點其點為含自散油之小泡此油有淡黃綠色有人以此油香為可憎葉之形狀不定因其樹有多種所有卵形者或橢圓形而不過窄者名樺木質巴路司瑪其長而線形者如刀口名齒形葉巴路司瑪其鈍而橢圓形者名細齒形邊巴

路司瑪尋常出售之布故葉此各種形俱有之內含自散油爲黃樓色味辛而香多能通鼻舌苦味膏質爲弟啞司迭尼又含松香膠類與立故尼尼等

功用　爲行氣藥與補藥治生溺器具久延病因發暮苦司質過多者將其粉二十釐至三十釐爲一服

布故沖水

取法　將布故葉搗碎半兩用沸蒸水十兩沖之盞密其器待一小時濾之

功用　爲補藥與利小便藥以一兩半爲一服每日二三服

布故酒

取法　將布故葉搗碎二兩半準酒醋一升作法與阿古尼低浸酒之法同

準酒醋能化出布故葉內有藥性之質

服數　以一錢至四錢爲一服

克司配里亞皮　特看杜辣謂之克司配里亞加里比亞又名安故司拖勒

西歷一千七百八十八年英國初用此樹皮不知何處所產後知產於南亞美利加疴里諾哥河之安故司拖勒繼有洪波特與本布蘭特二人遊覽南亞美利加因至產此藥之處問土人爲何樹即得土人之名曰克司配里亞故

設名爲治瘧疾之克司配里亞因不知此樹應屬於何類後將此樹送與韋勒特奴植物家定名曰三葉蒲那普蘭地亞即三小葉之意後有植物家孫希累爾查此樹不爲新類而屬於加里比亞之類故謂之克司配里亞加里比亞此名傳至於今後有醫士漢酷克於一千八百十六年住於產克司配里亞樹之處數月言洪波特與本布蘭特兩人遊覽此處之時並未親見此樹第請土人往樹林內摘其小枝與觀而其小枝無花後在大樹林內遇見一樹以爲此樹其實卻非祗爲同類異種之樹故將其爲藥之樹謂之藥品加里比亞

加里比亞　與蒲來之名立尼由司列於五箇鬚一箇花心

此樹之萼似杯形分五齒常有五角花瓣五出在下相連成管其管常爲五角形鬚有五箇間有六七八箇或四箇其托線連於花瓣之管常有不結實者而有鬚頭二箇至四箇爲不成熟者子房五箇相連各有一膛爲花心墊托住此墊似水瓶形花心莖五箇在底或相連或不相連各有鈍而五角形之子房口子殼祗有一二箇成熟者餘皆不成熟樹之高矮不定其葉簡分爲三分葉其樹產於亞美利加之熱地

藥品加里比亞　漢酷克之名又名克司配里亞加里比亞特看杜辣之名

樹高十五尺至二十尺,皮平滑,葉遞更排列,分為三分葉,葉莖略與葉等長,葉為橢圓形,向頂與底略有尖形,長六寸至十寸,面平滑而光,搗之則有煙草之臭,花成密頭,似圓柱形,又有束緊形,有莖者比葉更長,其枝略開三朵花,萼生小毛,花瓣白色,面生極細之軟毛,內有兩瓣稍大,鬚有七箇,祗有兩箇能結實者,其瓤在變熟時生細毛,如呢殼內有二箇種子,常有一箇不成熟,此樹產於南亞美利加之病里諾哥河相近處,即北緯七度與八度之間,土人名曰啞拉由里,其皮謂之揩路尼,即克司配里亞皮,從安故司拖勒巴運至各國。

克司配里亞加里比亞 此為孫希累爾之名

樹高六十尺至八十尺,生細軟毛,有成叢之形,葉遞更排列,分為三分葉,其榦長分葉無葉莖,大小不等,有參差形,亦為刀及形,頭尖,其香可聞,面有多小點如核,能透光,花在葉榦間角發出成羣,幾高至榦頂,萼與花瓣白色,有細毛成叢,其毛在外面之小核發根,鬚有六箇,祗有二箇能結實,鬚頭有二箇短相連之體在上,種子祗有一箇,此樹產於亞美利加熱地之樹林內,在古麻那與新巴塞羅那之間為最多,此樹之皮謂之克司配里亞皮,又謂之安故司拖勒皮,而依洪波特與本布蘭特兩人之說,土人稱其

樹曰克司配里亞。

克司配里亞樹皮 又名安故司拖勒樹皮

其塊長數寸,寬半寸至二寸,厚十二分寸之一至十二分寸之二,間有捲成管,亦有略平者,面有黃白色薄皮,軟如粉,或平滑,或有皺紋,內面略平滑,易分為片,有暗櫻色,皮質細密,色如深桂皮色,其質脆,折斷之,則其折面短並有松香形,磨成粉,則為灰黃色,臭甚而奇,味苦,存久不失其味,微香,浸於水或準酒醋內,則可消化,其為藥之質,內含樹膠松香質,自散油並奇異之苦質,其松香質少,辣,自散油亦然,此油有克司配里亞皮之香,其苦味膏質謂之安

故司拖里尼,又名克司配里尼,此質有中立性,成四面形顆粒,易於融化,能消化於正酒醋與酸配質及鹼類水之內,如合於沒石子酒,則結成白色之質,不易消化於水,不能消化於以脫與自散油之內,味苦微辣。

試法 克司配里亞皮與別種為藥之皮,易於分別,又近時不常有假者出售,將其皮之內面以硝强水一滴擦之,則不變紅色如血,此為英書之試法,數年前歐洲數處有人中此毒而死,因服假安故司拖勒皮,實為木鼈子樹皮,近時醫士納里根在阿爾蘭之都伯林城往藥材肆購安故司拖勒皮所得者,亦為木鼈子樹皮,然此假者其塊較

克司配里亞皮更厚、其質更密、外面發霜形之質、如鐵鏽間有黃灰色、有凸出之白點、無臭、味最苦、如將硝强水擦於內皮、則變光紅色如血、在其折破之面、加硝强水、亦然、此因其內含布路西亞質、又面生鐵鏽形質、以硝强水擦之、變爲綠色、故易分别之、

功用　爲行氣補藥、能治發熱與赤白痢、

服數　其粉以十釐至三十釐爲一服、其膏以五釐至十五釐爲一服、

克司配里亞沖水

取法　將克司配里亞粗粉半兩、在一百二十度熱之蒸

水十兩內浸之、蓋密其器、待二小時、濾之、

此爲行氣藥與補藥、身體軟弱者可服之、以一兩半爲一服、其水爲暗橘皮色、如加入鐵$_{二}$綠$_{三}$或鐵養硫養$_{三}$、則結成深灰色之質、如加沒石子酒、則成端石色之質、如加鉀$_{二}$衰$_{三}$鐵、則無變化、

花椒科　西名散特哩克西里依

此科之植物、大半在特看杜辣所設臭草科與脫里平他西依兩科之中、分别之法、因其花不分雌雄、蕚不相連、花瓣爲子房下鬚、其鬚數等於蕚之出數、其子房或相連、或一半分開、各有兩個胚珠、果熟時不自裂、瓤有直縫而張開、胚在阿勒布門之軸內、此一類內結成奇異苦質、謂之散特比克里尼、又有香猝自散油、故此類有數種作爲行氣藥、有一種阿非色那名曰法格呼里、又有一種名甫辣克西尼散特路啞克西里、如第七十三圖、俗名有刺阿書樹、北亞美利加人用爲香補藥、又有三葉替里亞樹根之

第七十三圖

皮、俗名三葉樹、亦爲該處所用、爲似瘧病內之補藥、觀本得里藥品記錄第二部第四本又有替里亞與托大里亞兩種、爲治發熱之苦味藥、又有布路西亞兩種樹、亦爲苦性

之補藥、內有治赤白痢之布路西亞、即遊覽之人布羅司所名曰胡猻奴司、西人俱知而用之、此因昔時之人、以此樹之皮爲假安故司拖勒、而布路西亞鹼類質、從此樹皮得之、近時方知其實爲木鼈子之樹皮、

西馬羅被依科　里又特之名又名刮細阿特

西馬羅被依科之植物、在亞美利加熱地見之、惟有一種在雪山之麓見之、又有數種、在亞細亞熱地、與馬達加斯加島見之、其葉爲簡者、此類之樹、俱有苦性、另有一種樹皮、名馬倫波、有人疑爲刮細阿之類、

刮細阿木　俗名苦白木、又名高品此克里那木、林特里之名

西歷一千七百四十二年歐洲初用苦白木爲藥至一千七百五十六年遊覽家羅蘭特從南亞美利加蘇利南沒回至本國將此木送與立尼由司以後各國俱用之其初用者爲蘇利南沒歪阿那巴那馬三處所來者謂之蘇利南沒苦白木然其樹小而不多見故用同類之樹高品比克里那木代之西人蘭斯在蘇利南沒居住十年告於林特里云此時內蘇利南沒未嘗有苦白木出口因近時此木從牙買加島運至歐洲出售沛離拉所收之木係圓柱形之塊徑略二寸其質最輕外有灰白色薄皮其皮與木俱爲最苦葉有翎毛形葉跗亦有翅形又其紅色花穗似

丁形最爲可觀故西印度列島之人常種於園中

高品比克里那（林特里之名又名牙買加苦白木立尼由司列於花多同樹有雌雄）

樹高五十尺或六十尺多至一百尺在牙買加與西印度列島矮山樹林內產之俗名苦阿書木又名苦木此木近時當爲蘇利南沒苦白木之用林特里將此樹另設一類名之因其樹之形性不與喇細阿西馬羅被相同

此樹高而直徑常有三尺者皮平滑暗灰色木白色其質紋少有斜形無臭味苦皮頗厚色暗有皺紋葉有翎毛形鬚爲單者分葉彼此相對從四雙至八雙葉有莖形長而尖在底處不等花小淡黃綠色繁多排列成丁字形尖串

第七十四圖

近於樹枝之端發出又在葉幹間角發出萼瓣五出俱爲小者花瓣五出爲更長者花鬚五箇與花瓣等長而生毛鬚頭略爲圓形其雄者祇有子房之粗形其雌者有三箇子房着於一發腫圓形之上花心莖似三角形而分三叉子房口簡而伸開果有三箇核內有仁外有肉祇有一箇能成熟略爲

球形有一膛分爲兩分各分不通着於半球形而寬之子房座熟時則與子房座同大面黑而光且爲獨者略爲球形其殼脆此爲林特里之說觀第七十四圖

苦白木運至歐洲者其塊大嫩者有深灰色光滑之皮大塊者粗而亂形內質黃白色並有摺紋易於辨明其木黃白色光亮無臭味極苦質最韌故難於搗碎內含苦味中立性質謂之喇細尼其式爲炭$_{一〇}$輕$_{六}$養$_{三}$味最苦能成顆粒不易在水與以脫內消化而易在醕內消化又含樹膠與自散油少許並立故尼尼鈣養鹽類質淡輕鹽類質鉀養淡養

功用　爲苦味藥能補胃亦爲補藥

苦白木沖水

取法　將苦白木片六十釐冷蒸水十兩浸之蓋密其器待半小時濾之

服數　以一兩半爲一服一日二三服可與各種鐵藥配合用之

苦白木膏

取法　將苦白木以粗銼刀銼爲屑一磅用蒸水八兩浸十二小時盛於過濾器內加蒸水至苦白木之苦質化盡爲止則熬之將濃之先濾之再用熱水盆熬之至合於成

丸爲度

服數　成丸者以五釐爲一丸亦可合於金類補藥等服之

苦白木酒

取法　將苦白木片四分兩之三準酒醕一升浸於蓋密之器內七日爲限數次搖動之則以粗紙濾之壓之再以細紙濾之添準酒醕補足一升

一千八百六十七年從蘇書收入英書

服數　以半錢至二錢爲一服

西馬羅被　又名樹根皮與蒲來謂之苦西馬羅被立尼由司列於十箇鬚同樹分雌雄

此樹之根皮於一千七百十三年初在西國用以爲藥品產於南亞美利加之歪阿那加夜那兩處牙買加島之山內亦有同種之樹謂之山梅

樹高五十尺至六十尺其身頗厚根長而平排列其嫩皮

第七十五圖

平滑灰色老皮黑色少有皺紋葉遞更排列似翎毛形分葉左右遞更排列一邊有二葉至七葉不定其小葉若無莖似橢圓刀口形其端尖向底變小面平

滑而不分質堅固韌如皮色深綠葉莖長間有長至一尺半者花在同樹有雌雄排列成一箇雜密頭從葉榦間角發出萼短似杯形或成五齒或分爲五分不定花瓣五出其排列法如瓦背較萼更長而有繞形如第七十五圖之三號爲雄花有十箇鬚與花瓣遞更相對而稍短其托線各通入有毛之鱗如圖之四號有一短圓之物托住子房其上有似子房之痕迹間有無此物之花其陰花如圖之一號有十箇鱗形之鬚子房五箇俱在其托子房之物上各有一膛內有一胚珠掛於內軸花心莖五箇在底分開在中相連在上再分開成五箇子房口其果有五箇內有

仁外有肉如圖之二號間有不成熟者其色近黑仲開排列內有一膛膛內一種子子有木質之殼其胚直小根在種子之上而收於子瓣內觀奥蒲來書第二本第三百十一三百十二兩頁又觀尼斯芬伊孫白格之書三百八十二頁

此樹根之皮從牙買加島運至歐洲其皮從根剖成之塊長數尺而成捲間有平者或略成管形厚十二分寸之若干分質輕而韌質紋易分明難於搗碎淡灰色其皮之外面少成凸紋無臭味甚苦水與酒醕易收其爲藥之質此質似與哃細尼相同又含自散油松香類質烏勒米尼與數種鹽類質

功用　爲苦性之補藥如赤白痢與泄瀉等已重而久延則用之得益此物英書不收入藥品內

西特論種子

西特論西馬巴樹屬於西馬羅被依科內產於南亞美利加新加拉拿大而亞美利加中間各邦之人以爲其種子能治毒蛇咬人之証因此其名甚著味極苦補性亦大然其治毒蛇之患無可恃之據故必列入俗人疑治蛇毒之假藥草內即如色噴他里遠志根古阿古等是也觀藥品記錄書第十本第三百四十四頁

西藥大成卷五之二

英國　來　拉　同撰　英國　傅蘭雅　口譯
英國　海得蘭　新陽　趙元益　筆述

第一類外長又名兩子瓣

第二部萼花

棗科西名拉磨尼依波郎之名又名拉磨那玆

棗科之植物在地球熱帶與溫帶俱能遇見之各種類之性情不同內有成苦味之質間有合鞣質者故有行氣之性能感動人身有數種合於石灰或鹼類則成美觀之顏料俗名樹汁綠有數種其果可食即如棗陸陀斯即蓮與印度國之比爾果

拉磨尼果汁立尼由司名瀉藥拉磨奴斯又名尋常瀉性棘列於五箇蘱一箇花心

此樹常在樹林或樹籬笆內遇見之歐羅巴各國幾盡有之西五月或六月開花秋時果熟西國久用爲藥或以爲古時有代司可立第司書中所言之拉磨奴斯即爲此樹然此說無可考證

植物學形性　如第七十六圖矮樹四面散開高八尺至十尺其老枝成尖刺於端即棘葉上下相對似卵形底爲心形其端尖有齒形其中脈之外另有平行之脈四條至六條漸向中而斜副葉如線花爲普里軋米亞類即繫生

第七十六圖

之意間有分雌雄者花在葉之中成穗花小黃綠色萼分四出蒂有管形連於果而不落花瓣四出稍有黃色其雄花有花鬚在各瓣相對另有初生之花心其雌花之子房球形有四膛每膛祇有一種子又一子房口劈成四分果小而圓熟時變黑色尋常含四箇種子面滑而硬略爲卵形又爲三角形有鋒利之凸線

西藥大成卷之三 二

在其中果實熟時小圓黑色外面光滑內含綠色汁味苦可憎臭不可聞內有綠色顏料並醋酸植物膠糖含淡氣之質此爲化學家夫苟勒所查得者依胡臼特之說其瀉性藉所含之一種質名楷他替尼然此人查驗之事蘇比蘭不甚佩服之此樹之內皮亦有相同之性

功用　引水瀉藥常令人嘔吐與腹痛倫書原載此藥英書收入而後去之一千八百六十七年又載入英書中

拉磨奴斯糖漿

取法　將拉磨奴斯果汁四升香薑搗碎比門層各四分兩之三提淨白糖五磅或至足用正酒醋六兩先將其汁熬之至餘二升半後加薑與比門層少加熱四小時令其稍化則濾之待冷則加酒醋調和待兩日傾出其淨者取之加糖於內少加熱消化之重率以一・三三爲度如不得此重率必加糖配準

服數　尋常用此藥代其果或汁以一錢至二錢爲一服

脫里平他西依科珠西亞之名

珠西亞所設脫里平他西依科近時植物學家分爲數科即如阿那揩弟依即櫃加科勃色拉西依阿米爾依弟依苦那拉西依各科此各科之植物甚爲相似其性情大同小異

西藥大成卷之三 三

而出產之處亦略相同故不必分論之可合爲一科謂之脫里平他西依然因此科內祇有一種發松香油之樹其餘者歸入可尼非里依科內即松柏科內故所設之名曰脫里平他西依即松香油之意其名不甚合宜

法國化學家費云凡脫里平他西依科所出之材料分爲四種一爲種子仁內之不自散油二爲自散油即如比司他西亞類其松香油內有自散油與松香和勻三爲松香類或從樹皮自流出或用刀割其皮而放其汁此松香尋常亦含自散油少許四爲膠質不常得其淨者惟合於松香類如沒藥等是也

第一分科　阿那指弟依即槚加科又名阿那指第類波耶之名

此分科之分別在乎有生獨子之子房房中有一膛膛內一種子此爲眞脫里平他西依之類

阿那指弟依科之樹熱地甚多又有數種如鹽麩子等在歐洲與北亞美利加溼地內見之阿那指弟依科之樹多含松香類之汁自散油或猝性之質可用以作各種漆汁如用以作藥品則有行氣之性或其猝性足以成毒有數種其子多含油有數種其皮有濇性有數種其果可食

比司他西亞立尼由司列於五箇鬚花分雌雄

其花分雌雄無花瓣其雄花成帶形之串每串有魚鱗形

第七十七圖

花葉托之萼極小分五出鬚五箇與萼之各分相對幾無托線而有四角其雌花之串更鬆萼分三四出子房一箇偶有三膛子房口三箇厚而鋪散有角形果實乾似卵形核硬如骨尋常內含一仁間有在旁生兩箇未成熟之膛種子爲獨者直立而無阿勒布門子瓣有肉形內含油向上有旁發之小根樹葉如翎毛產此樹之處從地中海起至阿富汗國止此科植物之性情與勃色拉西依科大同小異如第七十七圖甲爲雄花乙爲雌花丙爲熟果丁爲種子之剖面

比司他西亞果

比司他西亞樹從叙利亞邦起至布哈爾與喀布爾止更向東之國亦有之移至歐洲南方各國種之已屬多年其仁綠色其仁衣略爲紅色子連線易於見之仁內含油昔人壓出其油作數事之用其味適口間有食之作點心或食其生者或合於胡椒與鹽煎而食之又有人磨成漿作潤內皮之藥

脫里平他以那比司他西亞此用其樹身刺孔流出之松香類質

古人俱知比司他西亞類之一種樹名脫里平他而基阿海島多產之故謂之基阿脫里平他以那即舊約書所稱阿拉樹即橡英國譯爲橡樹又譯爲脫里平他樹希臘人謂之脫孟佗斯阿喇伯國謂之婆多末在歐洲之南見之甚多又在小亞細亞叙利亞與阿非利加之北亦見之

樹高二十尺至四十尺葉似翎毛形而其數常爲奇數分葉七箇或九箇似卵形又爲戈形在底略圓其端略尖而漸成利尖嫩時少帶紅色後變深綠色其花成大而繁之密頭雄花之鱗外面有棱色之毛鬚頭黃色子房口大紅

色果爲紫色圓形略如大豆此樹成没石子之類形略如牛角

基阿海島產此樹甚多在樹皮上用刀横割之每樹衹能得松香油數兩而一海島一年約能產一千磅從西七月起至十月止可收之樹下鋪石甚平滑令所出之汁落於石面用刀刮下再以日光化之提淨之濾入瓶內蒸之昔時帶至緋逆司出售此處用之作一種有名之替里阿楷膏藥（秦藥名緋逆司合於蜜糖成替里阿楷膏藥有六十四種藥在內）甚阿島所出之松香蓹爲明流質略帶黃色其濃略如蜜糖有黏力其臭如松香油頗有趣味稍久遇空氣凝結而變硬此因其自散油散去之故比倫云此樹亦產一種松香類又云其小核內之仁可食之然因其產松香油甚少其價貴故常有人加他種松香類於內因其性情與別種松香蓹略同

功用　行氣利小便與他種松香蓹同觀可尼非里依科即松栢科

瑪司的克（立尼由司名小扁豆形比司他西亞此爲刺樹身所出之松香質產於基阿海島）

古人指明瑪司的克並產之之樹希臘人謂之司幾奴斯因產於希臘列島與地中海列島內

產瑪司的克之樹甚矮高十尺至十二尺此樹與脫里平他樹之分別因其葉似翎毛形其數爲偶數分葉八箇至

十箇尋常彼此相對小而似橢圓形戈形葉莖有翅形雄花與雌花俱小從近於枝頭處之葉榦間角發出成穗形果小圓形熟時變櫻紅色

此樹在基阿海島有人種之西七月內橫割其樹身與大枝所流出之汁有黏於樹皮者成滴亦有落至地面者西八月內有人收之其最佳者似小球形或橢球形之滴色淡黃能透光質乾脆故存此物或轉運之外面成白色之粉如置於口內嚼之則變軟而有牽力如將其滴折斷之其斷處光如玻璃其味略與松香同其香可聞如擦之或加熱則其臭更甚其稍次者滴俱相黏成大塊色更深常含異質於內

瑪司的克加熱則融化加大熱則燒成有趣味之香不能消化於水而能全消化於以脫內如浸於冷酒醕內則能消化十分之九所消化之質爲松香類配質謂之瑪司的克克其餘不能在冷酒醕內消化祇能在熱酒醕內消化此質謂之瑪司的克以尼而瑪司的克逕時有牽力俱藉此質以上兩質之外另有自散油之微迹

功用　此物不多用爲藥品東方數處之人用爲嚼以增誕之料間有用爲發香滅臭之料醫士用以塞有孔之牙齒又在倫書之方有淡輕類雜酒以此爲一種料而以此

酒。當前人所用之光水瑪司的克尋常之用處爲作漆料。以酒醋或松香油消化之俱可。

毒籐如司 立尼由司之名西俗名毒橡樹立尼由司列於五箇鬚三箇花心

如司之類俱有濇性與松香類之性間有毒性者。一千七百九十三年英國喝勒人阿勒突生將此樹帶至英國用之前在法國伐倫西恩杜福累斯內於一千七百八十八年試驗此藥查知其數要事英國阿勒突生藉以考求之。植物學家難定此樹與別數種相同或否。有一種名發根如司俗名毒葡萄又名毒長春籐西名愛肥不知爲相同與否。然毒籐如司爲數尺之矮樹分葉有亂齒形又甚彎

曲似橡樹之葉故謂之毒橡樹其分葉或囫圇或有小齒形葉莖長分爲三分葉旁分葉無托線末分葉有托線葉寬而似卵形兩端尖銳似斜長方形之角分葉平滑間有少生毛者其邊不成凹凸與齒形或爲亂凹凸與齒形花小綠白色可分雌雄尋常在旁成密頭從葉榦間角發出雄花有小萼分五出各出直立花瓣五出略爲長方形而向外彎鬚五箇略具花心莖雌花更小鬚五箇俱不成熟有一球形之子房內有一膛又有短而直立之花心莖其端有三箇子房口果略圓色淡綠內無汁有一膛內有硬而不成熟之核核內一種子。觀皮掰羅植物藥品書第二本第四十二頁

此樹今不入正藥品前時列於一千八百三十六年倫書內此藥有惹胃之性能感動肉筋略與馬錢霜同其葉前人亦用之內含奇異之猝質而其藥性大略恃此猝質也。

功用 爲猝性行氣藥即如癱瘓証用之則患處有不自主之跳動又覺麻而如刺。

服數 一釐至五釐爲一服至覺麻而如刺爲度將其新鮮之葉作浸酒或膏最妙。

第二分科 勃色拉西依 公特之名又名波勒殺末類

勃色拉西依之類易與脫里平他西依科之植物分辨之因其子房內有多膛胚珠爲成對而懸者子瓣似螺旋形

打成瓣此樹在地球熱帶遇見之其汁有波勒殺末類之香又有行氣之性即如基列波勒殺末乳香没藥恃里由末香以里米香等。

乳香 西名啞里白奴末又名膠香類又名産香料蒲司肥里阿苦勒婆羅格之名

此種膠香類前時倫書與阿書俱載之今不入正藥品。西名啞里白奴末大略從希臘語里罷奴司得之而希臘之名大略從猶太語里罷奴得之此字似乎阿喇伯國之羅罷奴即乳之意或爲樹汁之意古人謂之土斯今人俱謂之啞里白奴末貿易內有兩種啞里白奴末一出於印度一出於阿非利加。

印度所產之乳香大半從孟買裝箱運送又從加爾各搭運出然產此藥之地尚未查明印度國醫士貪捺蒲拉在末薩不爾得薩來樹之松香類質送至倫敦在藥肆中識別爲啞里白奴末又前有苦勒婆羅格查明羅罷奴即乳香爲薩來樹所產者來拉在印度東北查出一樹名薩離此樹所出之松香類質與尋常乳香大同小異此樹陸克司白格之書名曰面不生毛蒲司肥里阿而薩來樹苦勒婆羅格之書名曰產香料蒲司肥里阿又有人謂之齒形蒲司肥里阿但韋得與阿那脫之書云不敢附從司他克書第十九卷第三頁所稱此樹曰齒形蒲司肥里阿之說

因其葉似卵形略爲長方其端尖銳英國都統賽克司在印度德干得其兩種樹之松香質以爲眞啞里白奴末樹又醫士阿犄納西云從印度之哈巴特得上等乳香土人名曰薩離根特又在商德爾那哥耳謂之根特拜羅薩此樹名產香料蒲司肥里阿如第七十八圖在有山之處生長甚大從印度之科羅曼代耳海邊起至印度中間之地止其樹多枝樹之下面發葉甚少上面甚密在樹枝之端遞更排列成翎毛形而不等分葉長圓形其端鈍邊有小齒其面少生翎毛無副葉花近於樹枝之端在葉榦間角發單穗形之花其穗較葉更短花連於短莖色紅白不

第七十八圖

分雌雄觀圖之一號萼小分五出如牙齒形花瓣五出似卵形尖向下通至花心墊邊下相連花瓣排列法略如瓦背花心墊圓子房之底形如杯質如肉有細摺紋齒形邊鬚十箇連於花心墊之下子房無托線有三膛每膛內有兩箇胚珠連於軸上花心莖之頭分爲三分頂果有子殼形爲三角內有三膛又分爲三箇分殼其本殼在各角處自裂開成三箇分殼每膛有一種子有膜形之翅圍之子瓣向內摺而繁

分爲多分

印度乳香較之阿非利加者更貴重成圓粒或長圓粒色紅或淡黃尋常有白色粉蓋之此因其粒彼此摩擦之故其內透光味少辣而苦其香如波勒殺末類之香如加熱或燒之則其香更甚重率得一·二二阿犄納西將上等乳香一大塊化分之得松香類質三十七分自散油二十八分樹膠四分哥路登十一分共得一百分尋常出售之乳香因久遇空氣自散油更少化學家布拉克奴化分乳香得自散油八分松香類質五十六分樹膠三十分似樹膠之質五·二分耗去八分共爲一百分

阿非利加之乳香從蘇士運至緋逆司與馬塞里此乳香產於阿喇伯並阿非利加之東邊沛離拉書稱此乳香爲阿非利加或阿喇伯乳香又云其粒比印度者更小其色或黃或紅內常含鈣養炭養之顆粒阿非利加之乳香有一種產於索某利山近於海邊而在瓜達夫角之西邊大半從馬古拉海口用本處船運到阿喇伯海邊出售英國兵船武官克沒托納查明此樹言其大略後有英國博物院內人白尼德云此樹前有安特里克名曰花圈形布勒司里亞來拉云此樹祇爲蒲司肥里阿樹之類故欲名曰花圈形蒲司肥里阿所送之樹樣外面多發松香類小點

又有武官韋斯台特在索哥德拉海島查得一樹葉面亦多發松香類之小點以爲此樹亦爲蒲司肥里阿之類

功用　爲行氣藥間有醫士用以治內皮舊病尋常用以作膏藥又用爲發香滅臭之藥

沒藥　西名成沒藥波勒殺末騰凸倫依倫白辯與尼斯之名此爲樹幹流出松香類之膠質又名沒蕻立尼由司列於八筒鬚一筒花心英書所準用者聚於阿喇伯與阿比西尼兩處

沒藥初載於古書內者爲舊約書出埃及記第三十章第三十三節其本文之音曰摩爾又謂之母爾阿喇伯國音謂之母爾希臘人謂之沒辣又謂之斯沒勒那古之作史家喜羅獨佗斯云此藥在南方產者與乳香同處得之又有代司可立弟司書云沒藥有一種謂之拖陸辯羅弟替楷爲最佳者又有古人阿離恩所作紅海志云沒藥與乳香俱在巴巴黎亞海邊產之近時名其地曰白勃拉又有遊覽家布羅司云此藥與乳香俱產於阿塞婁山之陰或在丹楷里又有英國派往阿比西尼國之公使名哈里斯在阿比西尼與紅海邊之間平原內見之即從杜米山谷起至哈懷施河邊止又有正斯吞遊覽記第一本第二百四十九頁云在此相近處遇見之兩人俱言沒藥爲樹皮剌孔流出之質西正月三月能得之大半在西七月八月得之又據正斯吞云週年俱能得之惟甚少耳作此貿易

者大半與白勃拉往來爲商帶煙葉而易沒藥又從白勃拉運往阿喇伯海邊各口

英國醫士馬可磨生從亞丁寄信與來拉云沒藥從紅海各口用本處船運出大半從白勃拉隨拉馬蘇華等處得之又云阿喇伯國從未產沒藥

近時歐洲各國所用沒藥大半從孟買運來即從阿喇伯與波斯兩處海灣運至孟買然阿喇伯國亦有產沒藥之處因依倫白辯與安蒲列克兩人在阿喇伯國近於蓋孫處見一小沒藥樹而從此樹得最佳之沒藥然西人尚未全知沒藥爲何樹所產或爲一種樹或爲數種樹不定然

其樹之大半、必屬於波勒殺末騰凸倫之類

波勒殺末騰凸倫公特之名又名阿米里斯又名布羅替由末韋得與阿那脫之名其花常分雌雄萼分四出齒形不落花瓣四出面有線紋為長圓形其花瓣排列法向內摺成雙形鬚八箇在其圈形墊之邊下相連似與花瓣之連法相同其圈形之墊略似杯形其質如肉邊有多深齒形子房兩膛花心莖短而鈍分為四分果或似球形或似卵形核厚而硬其質如骨核內有兩膛常有一膛因不成熟而消滅不見膛內含一種子此類之樹俱為波勒殺末之料其葉有分葉三至五而無葉莖葉面無點

基列波勒殺末騰凸倫公特之名

此樹無刺葉分三分葉形如椶櫚類樹之葉即分為指形有葉莖面平滑分葉似卵形尖向下而長不分成小分面不生毛小花莖短開單花萼寬而淺似鐘形此說包括阿米里斯啞普波勒殺末即福司楷勒所設之類然此樹與布羅司所查之波勒三樹是否相同不能確知必覆查此兩樹之式比較而知之印度又有數種樹俱為生刺者前以為貴於此種而近時阿那脫以為不同類不列於布羅替由末之類內即如印度植物書所論記者因與布羅替由末之類形狀粗細大不相同本樹所生之波勒殺末常

名基列波勒末

布羅司所查得之波勒三樹先在阿塞婆得之又云從該處起徑至巴白曼德海峽止一路俱有之又有辯陸克云此樹在白特湖常得之此為阿喇伯國之麥加與麥地拿之間又有福司楷勒在阿喇伯國孩斯得啞普波勒殺末又在亞丁有人謂之白杉又有羅脫在哈里斯所作阿比西尼志附卷第二本第四百十四頁云在阿地立與哈懷旅密樹林內常見啞普波勒殺末波勒殺末騰凸倫與沒藥樹同遇見之如刺其樹皮則流出之料最香其名最著尋常謂之基列波勒末然此樹不種於基列山衹在猶太

之耶利哥城相近處名巴里斯的納歐洲得此藥不能常有淨者所得者常含不配之異質故歐洲不多作藥品之用然其藥定有行氣之性

成沒藥波勒殺末騰凸倫

第七十九圖

觀第七十九圖此樹之身有矮密之狀而為木形非草形樹枝面粗毛似鬆魚鱗有生刺者葉分三分葉其分葉似卵形尖向下其狀等其尖生鈍齒形其邊葉平滑果實似箭鏃形此為尼

斯之說
樹皮淡灰色似乎白色末爲黃白色其木與皮各有奇異之臭味葉有短莖其花歐洲人不知如何果實似卵形面平滑色稷略大於豆莢分四出如蓏果莖最小
以上之說沛離拉縮譯之列於其藥品書內其本文爲尼斯所作其原書內又云依倫白猗從此樹摘上等之没藥又云其書內之說藉依倫白猗在阿喇伯之蓋孫所得樹枝之樣爲其說之根原
依近時遊覽家之說大約阿喇伯國不多產没藥然必有没藥若干產於阿喇伯而其樹與阿非利加產没藥之樹

爲同類查羅脫在哈里斯所作遊覽阿比西尼書附卷第二本第四百十四頁內云成没藥波勒殺末騰凸倫樹生於依法特交界之地又在哈懷施密樹林內阿地立曠野之地亦產之其土人名此樹曰楷爾比達而所產松香類之膠謂之和伐離此膠聚合出售又倍含末云啞普波勒殺末波勒殺末騰凸倫常與前樹同產又云亞丁角亦有產此樹者惜遊覽家尚未將此樹帶至英國存於印度植物院內令英人知此樹形
英國博物院內有啞普波勒殺末波勒殺末騰凸倫並基列波勒殺末騰凸倫近時植物學家合爲一種然查其兩

種可知應更詳細查其小異之處又多種此類之樹方能定準分爲種類即知產没藥波勒殺末騰凸倫與前兩種之分別難定其爲另設一種之故如尼斯繪圖即第七十九圖極似阿喇伯國所產啞普波勒殺末波勒殺末騰凸倫然以上各種與楷他弗波勒殺末騰凸倫即本圖一二三號其葉與花大不相同遊覽家福司楷勒有此樹之一種存於英國博物院中考羅脫書中所言者似與正斯呑書中所言者相同
查正斯呑遊覽阿地立至阿比西尼之書第二本第二百四十七頁云產没藥之樹在阿地立國有兩種一種爲矮

樹有多刺其樹形參差葉光綠色分爲三分葉邊似浪形此樹似乎依倫白猗所說者觀第七十九圖此樹所產之没藥爲英國藥肆出售没藥之最佳者或爲產没藥波勒殺末騰凸倫或爲啞普波勒殺末波勒殺末騰凸倫又阿地立國所產之第二種樹其葉更多其形似英國常見之野山楂樹葉深綠色有大齒形而發葉之處常有四五葉在同處發根花小淡綠色在葉底成對而掛起其尺寸與形狀極似英國古司白離果樹之花其花屬於八箇鬚一箇花心之類其八箇鬚遞更長短其長者與萼邊所成分凹相配其果爲軟肉棵果類熟時則脫去硬殼成兩塊所含之兩

種子放散樹之外皮薄而透明易於分開其內皮厚而似有木形如刺之則有黃色濁流質立即流出此爲没藥如不刺之則有自然流出者即從近根處樹皮內自裂之處流出此質流下即凝於樹底所有之石上其土人用利石敲其樹皮而傷之則有没藥流出

查正斯吞將此樹帶至英國存於博物院內與遊覽家梭勒奕從阿比西尼帶至英國者大同小異而波郎所作之書命梭勒奕之樹曰古阿波勒殺末騰凸倫梭勒奕云從此樹得膠類之質與没藥大同小異

阿非利加波勒殺末騰凸倫阿那脫之名又名阿非利加喝特羅萶亞幾勒與伯里之名

摩古勒波勒殺末騰凸倫虎客之名又發紅波勒殺末騰凸倫觀司他克司之名觀司他克司所作論印度信地之波勒殺末書此各樹產特里由末香

第一種在阿非利加西邊見之而從阿比西尼邦帶回英國之草木內有此種樹從阿地立國之平原內得之正斯吞初觀此樹之時則知爲產松香膠類之樹其分葉與古阿波勒殺末騰凸倫同此樹產阿非利加之特里由末香即法國從幾內亞與塞內加爾所得者此伯路第之說又有阿旦生在塞內加爾遊覽作書云此樹土人謂之尼亞土而產特里由末香或阿非利加西邊所出特里由末亦爲此樹所產者又醫士馬可磨生致書與來拉云茲送特里由末若干爲樣阿非利加產此料之樹似乎没爾他樹而阿喇伯不產此樹此質與没藥相似故常有人混爲一物

特里由末有一種產於印度者或告來拉云產此料之樹土人謂之故故勒觀雪山植物書一百七十七頁此樹即陸克司白格書中名曰果膛縫連阿米里斯即韋得與阿那脫兩人所定波勒殺末之類又虎客名曰摩古勒波勒殺末騰凸倫又有醫士我楷作書論印度痾隆加巴相近處之藥品云有一種松香膠類質土人謂之故故勒在暗白爾相近處產此樹此在痾隆加巴之西相距二十英里陸克司白格云

故故勒與没藥略相同

以上各種波勒殺末騰凸倫類之樹與料應詳細查明之得各處所產者詳細比較則所有疑似之處能解之

形性　没藥從印度孟買得之常見者爲亂形之塊大小不定尋常爲黏連凝結之滴形質乾而面有細粉色紅棕質脆折斷處參差似蛤類之殼剖面光滑有自散油之細點間有不透光白色半球形之點其小塊似角形光滑半透光味苦而香其臭奇有波勒殺末類之臭又有別種大約從同根原而來英國所得者常有各種相雜故謂之雜没藥間有分出其細者謂之土爾其没藥又謂之揀没藥

如在英國揀之則其物可恃如在他國揀之則常有不淨者其粗者常與他種松香類質膠類質雜合最多特里由末香雜於其內此因揀擇此物之土人亂取之而混於一處從阿比西尼帶至英國者其顆粒形有兩種一爲圓粒者一爲平面顆粒形者間有一顆樹之皮有尋常色之没藥另有少帶白色之没藥所有不遇空氣之粒色更深質更濕其香更大而有趣

藥肆家或以印度所產特里由末香爲次等之没藥其質爲圓塊色暗稷比没藥更溼而無没藥之脆如以手握之則因手之熱而融味苦而少辣其香不及没藥之佳間得

塊面有樹皮小塊黏連似樺樹之皮

如將没藥加熱先變軟而後燒成黑色之灰似絨形如合於水研之則成漿如以酒醋消化之則透光如加以水則變暗色此物爲松香類膠質內含自散油又有數種酸質鹽類合於鉀養與鈣養其膠質爲每百分之六十三分係兩種質相合而成一半名曰巴蘇里尼爲不能消化之質其餘爲阿拉伯尼即能消化之質如將此質在水內消化之則其松香類與油類之質能分出其松香略爲其百分之二十八亦有兩種一種質軟無香能在以脫內消化其餘爲硬而無香之質能在鹼類質內消化其自散油略爲全質百分之二五分如合於水而蒸之即可蒸出初時無臭變爲黃色其臭與味與没藥相同而能在酒醋以脫與自散油內消化没藥之功用恃此自散油與其松香質

功用　補胃行氣化痰治轉筋調經

服數　十釐至三十釐爲一服尋常與他種補藥或瀉藥相配用之

没藥酒

取法　將没藥粗粉二兩半正酒醋一升其取法與阿古尼低浸酒之法同

功用　正酒醋爲消化没藥之松香與自散油最佳之質

故欲用没藥者用其浸酒最佳以半錢至一錢爲一服尋常用此藥祇爲助別種藥或治臭而不易愈之潰瘡爲外治之行氣料

含此質之藥品　鐵雜水倫書之鐵雜丸倫書之加勒巴奴末雜丸啞囉没藥丸啞囉雜煮水大黃雜丸阿魏雜丸

以里米香　此爲樹中流出凝結之松香類質其樹或爲尋常橄欖立尼由司之名大半從呂宋得之

以里米爲藥品書所久載者第產之之國與樹各人之意見不同所以有疑似之處保希捺云此質謂之以里米又謂之藥品以里米尼又有同姓之人在一千六百五十年

所作之書云此藥爲圓柱形之塊其質之色與濃與黃蠟略同其香似弗尼里（即似茴香）每塊用葉包之此葉似乎印度看拿（即山薑）又有雷於一千六百八十八年云有多人疑此質爲義的約比刻人（阿非利加黑人一族之名）橄欖油之膠又以爲以里米即以里阿即西國稱橄欖之音少改變而得之又言前人安特羅拔加之書最爲可恃其第五卷論阿布里亞之酒類曰該處橄欖生長最大因地氣久熱則流出最佳之膠質醫士謂之以里米膠然以里米與代司可立弟司書中所稱義的約比阿橄欖大約不相關而亦無證據得知其質從義的約比阿得之又一千六百五十年保希捺所作之書論以里米不指明某處某樹得之

亞美利加早有人得一松香類質其性情與以里米大同小異即如馬克古拉弗云巴西國有樹一種名依幾揩里比此樹自流出之松香類最香其香似新搗碎之阿尼土末子（即蒔蘿子）代馬克古拉弗作書者特來脫云此種松香質從新西班牙洲運來又有人從巴西國取之出售昔時歐洲各國所得之以里米俱從亞美利加運來而常有假者其材料用黃松香並松香油與司配克油有薩弗里設方作此物又有奇布特與陸替兩人云兩種以里米從亞美利加來一種從巴西國來遮弗離以爲假物而近時用以里米者最喜此種因其香多而有趣此因其自散油多如此以里米實從巴西國而來則想爲馬克古拉弗所說之依幾楷里比樹所產即特看杜辣所稱爲依幾揩里比依幾揩又如馬替奴司所著巴西國藥品書第一百十八頁內云西方所產以里米其行氣之性與治病之功用較巴西國別種波勒殺末松香類更佳亦爲此樹所產又云此處又有數種依幾揩類之樹爲天生者其所產波勒殺末乾時謂之以里米與阿尼米

數年內倫敦出售之以里米從呂宋而來其質塊形其色淡黃內質軟而其質大略與濃蜜糖同濃同形其香與弗尼里同即與墨西哥國所來者同香有人疑此質從墨西哥國西口亞加補可運至呂宋在呂宋出售伯路第在呂宋列島內從脫里平他西依類之樹得一種質與以里米大同小異

有一種尋常橄欖樹即倫弗之書中名曰西風看拿里由末在產香料之各海島內種之得其仁此樹在錫蘭亦種之所產松香類質據倫弗之書白色而有黏力其濃略與牛羊油同漸變黃色其新鮮者發大香又言其野生者其體與色與臭俱與以里米膠相似可代用之英書云以里米大半從呂宋得之

英國亦有從墨西哥徑得以里米即如商人科子活特從墨西哥自運此物將若干送與英國醫士蒲特蒲特交來拉查驗另送樹身與枝葉及果而其葉與果惜已從樹枝落下難知其原在何處此爲可疑之事從此各物能定其樹爲依拉夫里由末類又知此樹爲新種所以來拉命名曰產以里米依拉夫里由末大約昔時所言新西班牙所產松香類質似乎以里米者係此樹所產

產以里米依拉夫里由末來拉之名

樹高十二尺幹徑三寸其木白色鬆如海絨其皮略厚十二分寸之一面有皺紋色紅櫻外面有灰色薄皮一層常

有石蕊類生於外面樹枝不直多彎曲之形小枝平滑稍有成角之狀有細線紋又多彎曲之形葉從副葉處發出似翎毛形各葉不等其通花串之幹似齒形分葉三對至十對相對排列面無點形狀各不相同大略爲卵形其尖或鈍或圓或全或似尖卵形其邊有參差牙齒形其末者尋常長而銳其旁者間有分開或分三分葉或分如翎毛葉莖亦似齒形而其下一對分葉最爲相似又有分葉爲長方形者又分成極銳之分第其葉俱爲平滑上面發光其花尚未見之果似卵形而略銳外皮厚而韌自能劈開成兩分顯露種子黑色之頂其子之下半有紅黃色之體

圍之其形似子連衣即若干書中所謂薄膜包其軟質此膜刮之則發以里米香甚大其種子爲獨者似卵形常有一箇不成熟子瓣螺旋形摺疊排列根芽向上發此樹產於墨西哥國近於華沙加

醫士苦里司脫生將錫蘭島所產生波勒殺末看拿里由末之松香類質寄與沛離拉其香與形狀與以里米大同小異又有一種松香類質呂宋謂之阿婆辣白里亞此質與以里米相似波潑以此質爲白色看拿里由末樹即白橄欖所產者此樹在呂宋列島常見之

如摩鹿加列島所產松香類質爲行貿易之貨則可明英

國多年從荷蘭國收一種以里米之故此事爲昔年剌美所說者而沛離拉查此事不誤以爲其以里米必從荷蘭屬地運出者

由此可知以里米可分爲三類依其產處而名之如左

呂宋以里米此質大略爲尋常橄欖樹所產者此爲立尼由司之名觀倫弗之書第二卷第四十七頁又記尼齊之書第七卷第二頁

巴西國以里米產此質之樹爲依幾揩里比依幾揩觀馬克古拉弗之書第九十八頁秘瑣書第五十九頁馬督由司書第二十二頁

墨西哥國以里米爲產以里米依拉夫里由末樹所出者此爲來拉之名

以里米之成色與形性自與出處有相關故常有不同之處而其形大略如蠟色淡黃久之則變深黃間有帶綠色者其質或軟或硬或乾或濕與其新舊或化散自散油之數有相關其香亦各不同有難聞者有可聞者間有似弗尼里之香其新者香愈分明間有檸檬香者以里米幾全能消化於正酒醕內其假作者係深黃色與黃松香略似其香似脫里平他西依之類化學家普那司特化分以里米得松香類質六十分顆粒形質名以里米尼二十四分

能在冷酒醕內消化又得自散油一二五分苦膠質二分雜質二五分近時所得者其自散油之數必更多於此數

功用　行氣藥前時阿拉由司油膏中用此質

以里米油膏

取法　將以里米四分兩之一尋常油膏一兩融化之以佛蘭絨濾之運調之至結成爲度

荳科 西名里故米奴西依珠西亞之名俱爲成莢爲果之植物

里故米奴西依科其西音從里故末得之即有莢之意而爲植物內大類之一可分爲數科尋常排列之法分爲三分科一名含羞草科二名蘇木科三名蝴蝶形科

第一分科　含羞草科 西名米摩薩依波郎之名又名米摩薩茲

此分科內之植物其花合法而成尋常在榦上遞更排列或成頭形萼瓣與花瓣四出至五出有外套形鬚多或不相連或在下相合

含羞草科之植物地球熱地遇見甚多北溫帶更少南溫帶甚多地球面熱乾之處常有此科之樹有數種流出樹膠而其皮或木或果成收斂性之料

阿指西耶 特看杜辣之名立尼由司列於繁生同樹有雌雄

其花爲繁生者萼分四出至五出有齒形花瓣四出至五出或相連或不相連成四箇或五箇花瓣花鬚之數不定少至八箇多至二百箇或分開或合成叢不定其莢無汁而乾分爲兩片種子無濃漿其樹或矮或高或無刺或有刺或有似副葉之刺或有散於各處之刺花黃色或白色間有紅色成球形之頭在榦上遞更排列有數種放出膠類質又有數種其木或皮或莢內存收斂性之料

阿指西耶樹膠 此爲樹身流出之膠質然不能定其樹屬阿指西耶之何種又名阿拉伯膠

樹膠有多樹出之乾暖地土之樹有之者多自古以來各國必當知之即如希臘古時詩人常言之近時阿非利加人將此物運至歐洲各國出售古時亦略如此因歐洲工

藝與藥品準用多樹膠故阿非利加東西兩岸並埃及阿喇伯印度新荷蘭好望角等處出此物甚多一千八百六十四年之英書云此膠大半在阿非利加之東邊哥爾多番聚合而從亞勒散得黎口岸運往歐洲

第一種阿拉伯膠此膠原定此名以爲阿喇伯所產之物從阿非利加運至亞丁出售者甚多然依馬可磨生之說在阿喇伯產者甚少前時在上埃及與努比阿產此膠又有法國人怕勒末云此膠在哥爾多番內取之甚多最多者在罷拉地方於西歷十一月十二月正月取之此膠爲上等者而誤爲阿拉伯膠每年從罷拉用駱駝帶至尼羅

河唐加拉而從唐加拉運至改羅又從改羅分運至歐洲各國其曠野之地多產阿揩西耶類之樹所以從紅海之各口送至對岸即阿喇伯各口又從阿喇伯運至孟買從孟買運至英國此膠大略爲數種樹所產即如西亞勒阿揩西耶依倫白搿阿揩西耶絞形阿揩西耶又眞阿揩西耶與阿喇伯阿揩西耶所產之膠甚少

伯勒末云哥爾多番所產之膠樹其樹與葉與刺之形狀與眞阿揩西耶（即尼羅河米摩薩）之形狀大不相同

遊覽家正斯吞近於哈懷施之時有人送與軟阿拉伯樹膠一塊重約一磅其味最佳似新鮮之麥穗又云產此膠

之樹俱爲長刺米摩薩樹此樹之高足容人騎馬行於下疑此樹爲絞形阿揩西耶或西亞勒阿揩西耶

第二種塞內加所產之樹膠此膠從泡唐狄克與塞拉勒窩內並塞內加河邊之法國屬地而來大半在塞內加北面曠野處產之

前有一書論塞內岡比亞之植物內言其淡色上品之膠爲羞性阿揩西耶所出又其粗而紅色者爲略白色阿揩西耶所出即韋勒特奴所謂塞內加阿揩西耶並阿但孫阿揩西耶所出但塞內岡比亞亦產西亞勒阿揩西耶眞阿揩西耶阿喇伯阿揩西耶三種故疑西邊所產之膠質

亦有數分爲此種樹所出者

第三種巴巴黎樹膠爲阿非利加西岸麻加多所產者產此膠之地面與產前種之地面略爲同形然此膠爲次等者係數種膠雜合而成

有一樹名成膠阿揩西耶即產膠者或以爲阿拉伯膠亦爲此樹所產有遊覽家綽克生云產膠之樹土名阿他唻

第四種印度膠此膠大半從孟買運往歐洲而從阿喇伯運至孟買又從阿非利加運至阿喇伯但孟買與加爾各搭亦有一種膠出口係印度所產者此種土名罷婆勒膠又名加的膠此膠爲阿喇伯阿揩西耶樹所出者其成色

最佳印度又有一種樹名色里薩阿揩西耶又有一種名伐扣里亞阿揩西耶又名伐尼西亞捺阿揩西亞俱出樹膠

第五種阿非利加好望角亦產一種膠或言爲揩羅阿揩西耶所出者醫士巴潑論好望角植物藥品書云好望角之膠爲粗惡阿揩西耶所出者住居本處之人名曰杜爾捺布末又云有一種上等之膠爲其拉夫阿揩西耶所出者本處之人謂之楷米勒杜爾捺此樹在好望角之界外產之

第六種新荷蘭所產之膠係蔓形阿揩西耶所出者

由此可見出膠之樹甚多不能一一論之祇能將其產上等膠而多人所知之樹詳細論之如左

眞阿揩西耶（韋勒特奴之名立尼由司名曰尼羅河米摩薩）

此樹高矮適中如第八十圖其刺成對排列形直而尖長約四分寸之一至半寸葉分雙翎毛形面平滑樹枝亦平滑有紅櫻色皮有兩對翎毛形之葉分葉小八對至十對形長面有線每對之間有核形花成黃色球形之頭在葉幹間角發出其

第八十圖

數自二至五有花莖莢似串珠形直而短內含種子少此樹產於埃及國而遍通阿非利加至塞內加止古人用一種收歛性之膏謂之阿揩西耶係此樹與同類樹之莢所成來拉在印度街市內向土人購阿揩西耶所得者即爲此膏

如將樹膠以水消化之成膠漿此漿爲數種植物所含者如阿揩西耶類之樹放流質膠遇空氣不久即硬在一樹上可見無色者並各種深淺黃色者其塊乾半透明略爲圓形大如小豆或有更大者間有成碎末者面有皺紋質脆易斷成粉其折剖面如玻璃光色無臭味淡少甜而有

膠味重率得一·三一至一·五二能消化於水又能令藍色試紙變紅其細塊常有人揀出其價更貴謂之土爾其膠又名揀膠其次等者塊更大而參差色更深所含異質更多更難融化樹膠加熱則每百分放水一七·六分如燒之則每百分成灰三分其灰大半爲鉀養炭養與鈣養炭養另有鐵養少許此膠每百分含能消化之膠質七九·六分此質謂之阿拉伯尼有淨膠之性情其式爲炭輕養或爲炭輕養此爲里皮格之式此質之式與蔗糖之式相同不能消化於酒醕內如在水中消化之膠合於酒醕則其膠結成沉下又如將鐵綠與其膠水和勻則成櫻色之膏質

如合於二鉛養醋酸或鉀養矽養則成白色之質英書云此膠合於二鉛養醋酸則成不透光之白色膏如合於硫强水加熱令沸則成糖類之質如合於硝强水加熱令沸則成茂雪克酸與草酸近有化學家化分之云阿拉伯尼有酸性能合於鹼類鈣養鉀養與鉛成質謂之鹽類質阿拉伯尼合於鈣養所成之質有黏力化學家牛包耳云塞內加膠並他種膠含此質

分辨眞假　下等之膠常有阿非利加細膠在內如磨爲粉者更有此膠間有人加小粉者然小粉可用碘之試法證之英書云如將此粉合於碘水不變藍色則知其不含小粉

化學家比克亞士設法提淨黃色與不淨之膠其法用極淨硫養水消化之則其色能銷滅再用鋇養炭養收其硫養令變爲鋇養硫養爲不能消化之質可濾之熬乾之而得其淨膠觀藥品記錄第九卷第十二頁

功用　潤內外皮或用定質或用粉或用膠水卽如白石粉雜水古阿以苦末之雜散與水杏仁雜散脫辣茄肴得雜散並英書所載一切糖片俱用之

阿揩西耶膠水

取法　將阿揩西耶膠小塊四兩蒸水六兩置於瓦瓶內以蓋蓋之屢次調和至全消化爲度如有異質或雜質在內則用細紗布濾之

功用　潤內外皮可任取若干如藥方內用此物因欲合藥粉和勻而不沉下或欲合含油之質或含松香類之質與他藥和勻而不分開作此工夫時如加熱則有妨害

黑色兒茶 西名黑色加的丟一千八百六十四年倫書與英書俱載之又名兒茶阿揩西耶韋勒特奴之名此料爲其樹心之木所出

兒茶之源流不甚清楚然自古以來印度人必知之因印度人用檳榔椒時必將兒茶合於檳榔椒同食然印度國所有波斯國藥品書不載阿喇伯與希臘語之名然前有植物學家加西阿司阿薄拖以此藥爲古時代司可立弟司書中所稱爲里西由末而來拉已詳查里西由末藥得知爲枸杞根之膏見來拉所作代司可立弟司之里西由末論在立尼由司會記錄第八本第八十三頁

近時各國有同類收歛性之膏數種係用數種草木所成或用其木或用其樹皮或用其果葉爲之除兒茶阿揩西耶木膏外又有兒茶阿里楷種子卽檳榔之子成膏質又有淡色兒茶卽兒茶烏納措里阿從此樹之葉作一種膏名曰日本泥土又名曰兒茶常出售者爲方塊觀金雞那西依科之說一千八百六十七年之英書衹準用淡色兒茶而工藝

中最喜用其黑色者因其收斂性更大阿揩西耶樹之類其名大半特木質樹皮與殼內所含收斂性之料此料為貿易中之要物又製熟皮工內多用之而作此工內最可貴之一種名黑色兒茶

兒茶阿揩西耶 葦勒特奴之名

如第八十一圖樹高十五尺至二十尺間有高三十尺者其木硬而重內木深紅色或樱色外木白色樹枝有刺在副葉處葉似雙翎毛形共有十對至十五對分葉有三十對至五十對葉為長形面有線長短不等而在底之下邊成小耳形葉葉莖似角形如在乾土生長者下面常有小刺一行而最低一對葉之下有一大瓶形之核又在其末二對至四對之間有小瓶形之核花在榦上遞更排列或一朵至三朵在一處葉榦間角發出花多而色白萼生細毛分五出花瓣相合其邊分五分鬚多不相黏附其長較瓣多一倍子房稍有托線子房口與鬚等高爽直而薄平而光滑內含四筒至六筒種子此樹在印度國數處密樹林與矮山上為天生者 觀陸克司白格所作印度科羅曼代耳植物書第十一本第一百七十五頁

第八十一圖

兒茶在東方各國名曰古特或名曰古茶此質為兒茶阿揩西耶木分出之膏質然因別種樹所成之膏與此有同性情亦以此名名之然其名不應用於樹身自流出之料如幾奴等與之混淆作黑色兒茶之法將其內樱色之木劈成薄片浸於水中沸之將水熬成膏西人可兒初見此法係印度巴哈爾土人用之又在尼泊爾交界處亦用之來拉亦在印度西北見此法又在馬拉巴爾與暹羅國亦用此樹依同法造其膏一千八百六十四年之英書云黑色兒茶由印度北峨運至英國

兒茶阿里揩種子或作收斂性之膏觀檳榔一節又有兒茶名曰淡色兒茶西名加没比爾此為兒茶烏納揩里阿樹之葉所作之膏觀兒茶烏納揩里阿一節

兒茶阿揩西耶尋常為方塊或圓塊外面之色黑樱其新剖面或似土形或成層或為光滑有數種極脆各種俱無臭味苦而濇後稍覺甜其塊之色外面較內面更深有數種用糠護之有數種用葉護之沛離拉查此葉係巫來由國之樹名波羅奴尼拿苦里阿所生

有一種兒茶阿揩西耶色淡然其深色與淡色者俱在印度加爾各搭街市出售其淡色者係北數省所產其深色者係北峨所產又有從孟買得深樱色兒茶然其兩種顏

色者或從一樹內能得之因極熱時或久有熱或久遇光能令其色更深而深色者較淡色者更重其質更密剖面更有松香類之形英書云淡色兒茶係兒茶烏納揩里阿樹所產又云新加坡與太平洋東邊列島亦產之

上等兒茶木其兒茶之大半能用水浸出之如沸之則更能多得其水或爲淡色或爲紅櫻色依其濃淡爲主能令藍試紙變紅其味最濇如合於鋁養之鹽類則有結成之質又如合於鉛養醋酸亦有結成之質又如合於鐵養之鹽類質則成黑綠色之質又兒茶遇直辣的尼則結成一種質如豆腐之形所以此質在製熟皮工內多用之

英國兒飛化分淡色與黑色之兒茶當時謂之孟加拉兒茶與孟買兒茶所得各質之數合二百分如左

黑色兒茶	樹皮酸	一〇九	膏質	六八	膠質	一三	不消化餘質	一
淡色兒茶	樹皮酸	九七	膏質	七三	膠質	一六	不消化餘質	一四

兒茶所含樹皮酸質與沒石子內所含者性情相似兒飛所得之膏質化學家謂之加的主依尼又名加的主依克酸取此物最易之法將兒茶浸於冷水內則樹皮酸質消化後其餘下不消化之質即加的主依尼其質不淨用酒醕消化之令再成顆粒其質即淨變成白色之粉細觀之則其顆粒如鍼形如絲紋其味少辣如合於鐵之鹽類質則變爲綠色其原質之式爲炭$_{十五}$輕$_{十六}$養$_{六}$

蘇比蘭詳考兒茶之形性所考得之理云黑色兒茶即北峨兒茶爲各種植物收歛性質內之首第二爲牙買加幾奴第三爲安汝幾奴第四爲淡色兒茶即印度兒茶第五爲拉搭尼膏其北峨兒茶八分所含樹皮酸質與牙買加幾奴十分安汝幾奴十二分淡色兒茶十四分拉搭尼膏十五分之樹皮酸質各相等又此各種收歛性料合於鐵綠水所成顏色各不同即北峨兒茶變綠色印度兒茶或幾奴變櫻色拉搭尼變暗灰色拖門替拉或橡樹皮或拳參西俗名蛇草變藍色

試法　兒茶成色不同常含異質在內淡色兒茶應能全消化於沸水內其消化之水如添碘水不變顏色則知其不含小粉如將黑色兒茶即重兒茶以水消化之則更難於消化又如將以脫合於任一種兒茶一百釐則所消化之質烘乾之後應得四十釐能在冷水內消化從此能知其含樹皮酸質之數然最細兒茶如用硫以脫應得五十三釐而最次者應得二十八釐此所得之樹皮酸質必用二百八十度之熱烘乾而後權之

功用　爲重性收歛藥在外科中用之或服之俱可

服數　將其粉以十釐至三十釐爲一服

黑色兒茶雖其功力較淡色兒茶更大而一千八百六十七年之英書不載此藥不解何故

審定以里脫路甫里由末樹之皮即阿非利加之塞拉勒窩內山所產之樹皮土人謂之薩西樹皮有令人嗜睡之性又有惹胃之性土人用此水試人有罪或否如試此樹皮而無害則其人無罪此樹屬於含羞草分科

第二分科　蘇木科（西名西篩勒比尼依又名西篩勒比尼阿茲類彼耶之名）

此科內之樹其花瓣幾爲合法之形或稍似蝴蝶形共有五箇不相連之花瓣排列法如瓦背鬚十箇間有更少者尋常不相連

蘇木科之各種樹在地球溫帶或熱帶遇見甚多間有數類在更冷處見之即如粹草色爾西司有數種其樹最爲可觀又有數種其木色紅有收歛性又有一種產松香類之質名曰苦爾罷里勒海密納依亞所出之松香質爲藥肆中常出售者謂之阿尼米膠有數種其葉與果有瀉性即如辛拏加西耶與印度棗等

洋蘇木（西名喜瑪托客西里木又名堪比支喜瑪托名西倫立尼由司之名此爲其樹心之木切片者立尼由司列於八箇鬚獨生）

古人麻那弟士書中言洋蘇木可爲藥品之用自古以來用以爲染料此樹原在堪比支海邊多遇見之今西印度

列島並印度國內常遇見之西國所用者從堪比支閂都拉斯牙買加三處得之

第八十二圖

洋蘇木樹不大其樹枝之形如第八十二圖樹身不直生於乾燥處者有多刺生於濕處者無刺葉有兩箇至四箇從同處發出形如翎毛分葉或爲兩對或爲四對似鈍蛋形或似鈍心形尖向下花成穗莖短色黃萼瓣五出在下相連成杯形葉面紫色不多時即落花瓣五出似卵形尖向下而較萼瓣稍大鬚十箇底生毛莢如圖之二號小而薄如戈形其端尖內含兩種子莢之縫熟時自裂其分殼正在中間自行直裂（覯司奴勒藥品書第二卷第十章第一至第四頁）

此樹之外木其色淡去之不用內木紅色成大塊運至各國出售大半作染料木塊外面似乎黑色其內黃紅色木質硬紋細密而韌尋常出售者成片其重率得一〇五七故不能浮於水面其大塊少有香味似馬蘭之根味少苦而濇微甜如合於水或酒醋則能收其有藥性之質如合於强水與酸質則其色更變光紅又有結成之質如合於鹼類質則成紫色如合於白礬鉛養醋酸或鐵之鹽類質

則有結成之質，而鐵鹽類所成之質，爲藍黑色。如合於直辣的尼，則結成紅色之片。化學家舍夫羅勒化分其木，得自散油質、定質油或松香類質、並櫻色之料，內含樹皮酸，又得膠性之質、並數種鹽類質，又得含淡氣之奇質，有顆粒形，謂之喜瑪替尼，間在其木質內遇此顆粒。又有用此木作紅色寫字之水，此水化乾之時，間亦有此顆粒顯出。

其味少濇微苦。

功用　輕收歛藥，又爲補藥。

洋蘇木煑水

取法　將洋蘇木片一兩，蒸水一升，令沸十分時。將畢，加

桂皮粉六十釐，濾之，加蒸水補足一升。

功用　爲收歛藥，治泄瀉病，以一兩至二兩爲一服。

洋蘇木膏

取法　將洋蘇木細片一磅，沸水八升，浸二十四小時，再加熱合沸至化散一半爲度，將其水濾之，熬至將乾，而以木刀調攪之。作此工夫，不可用鐵器。

功用　爲收歛藥，以十釐至三十釐爲一服。

印度棗　卽菴弭羅，西名他瑪印度，用其棗內所成之膏，大半產於西印度列島，並尼由司列於合

鬚三
箇鬚

此種棗原爲印度所產，自古以來用之爲食物，又爲藥品。

阿喇伯國人初得此物，稱爲他瑪印度，卽印度棗之意。西國之名從此得之。

如第八十三圖，樹高枝彎曲，葉色嫩而可觀，形短似翎毛

第八十三圖

形，有分葉十對至十五對，小窄而長，其端鈍。副葉小，不多時卽落。花在樹枝之旁與端，成穗形，色黃間有紅點。萼似圓錐形，尖向下，在其底萼瓣之

外分爲雙脣形，向內彎，上脣分爲三分，下脣寬有兩齒形。花瓣三出，生於一邊，其中者似風帽形。鬚兩箇至三箇，相連且爲全者，另有七箇甚短者，無鬚頭。子房有托線，子房口圓錐形。莢有細莖掛之，寬而厚，有或大或小彎曲形，外有硬脆痂形凸點，皮不分成分殼，而皮下有木紋，又有酸而紅櫻色之果肉，種子三箇至十二箇不等，子外有膜，其形如片，四箇鈍角，面光滑，硬而色櫻，在莢之凸面。前人將此物分爲兩種：一爲東他瑪印度，其種子疑有六箇至十二箇；又有西他瑪印度，其種子疑有三箇至四箇。然其子數不定，不能依其子數分爲兩類。

印度棗間有從印度國運其乾者，因印度有兩種：一爲深色者，一爲淡色者。如西印度列島內之人去其外殼，存於溼糖或存於糖漿內，至久不壞。有人在印度將此果合於糖成數種可飲之質，又用以陳魚，故其魚謂之他瑪印度魚。然藥品內所用之質，係種子與莢中間之漿，而種子與莢無功用。

印度棗酸味甚大，存久則變甜而少酸，成暗色之塊，內含其漿與繩形之條並種子與糖。化學家夫格蘭初化分印度棗，得樜檬酸九·四分，果酸一·五五分，蘋果酸〇·四五分，鉀養二果酸三·二五分，糖一二·五分，膠質四·七分，貝格的尼六·二五分，海絨形質三四·三五分，水二七·五五分，共得一百分。

英國運入之印度棗間有含銅質者，故英書所設之試法，將磨光之鐵置於其膏內略一小時之久，如含銅，必在鐵面見其痕迹。

功用　印度棗爲涼性藥、瀉藥，如將印度棗之糖漿加以水，則爲最佳之涼性飲物。又可將印度棗膏以熱水沖之，待冷時飲之，其功用略同。又法，將印度棗漿二兩，牛乳二升和勻沸之，而分出所成之水。

含此質之藥品　辛拏葉甜膏，又倫書加西耶子甜膏。

加西耶樹 立尼由司之名列於十箇鬚類獨生

其萼五出，萼瓣在下相連，大小不等。花瓣五出，亦大小不等。鬚十箇，不相連，其上三箇爲短者，不能常有花精，其餘七箇俱有鬚頭，長短不等。鬚頭之頂有兩孔，放出其花精。子房有托線，尋常似弓形。莢似壓扁而薄，內含種子甚多。在熱地內，或爲高樹，或爲矮樹，或爲草本。葉成單翎毛形，其端鈍，分葉彼此相對。葉莖常有核形，花黃色。

加西耶果肉 又名管形加西耶，立尼由司之名，其肉從加西耶莢內得之，又名瀉性加西耶

此物之西名易與桂皮類樹相混，因其字相同，爲羅耳烏司之類。此樹與羅耳烏司之類毫無相關。此樹產於印度，古時印度人用以爲藥，從此阿喇伯人得之，後帶往西印度列島種之。今產此樹甚多，其莢爲貿易之物。又印度與阿非利加之北亦產此貨，運至歐洲出售。蘭特拉之書云：埃及國所產管形加西耶，生於阿甫替相近處，離亞勒散得黎約兩日之程，該處有此樹之小林，人俱以爲最古者。又言埃及國人喜摘其未熟之果。

此樹最爲可觀，其葉似阿書樹之葉，其花似拉波爾奴末之花。葉長十二寸至十八寸，小葉四對至八對，似卵形，端少尖。葉相對排列，兩面平滑，淡綠色，長二寸至六寸，濶一寸至三寸。副葉極小，葉莖圓而無核。花串長一尺至二尺，係倒掛者，無花葉。林特里云：其下三箇花鬚之托線比其

餘者更長鬚頭長形而有兩根線爲鬚頭分開處其餘幾箇鬚杵形其小端有放花精微孔子房細而平滑有一膛多種子無橫分開之處其莢圓柱形長一尺至二尺外面平滑少鈍熟時不自裂外面有直紋三條一箇與其餘二箇相對而有多横隔分爲數假膛有子之膛祇有一種子有黑色之肉圍之此莢最爲奇異故有植物學家另設一類名曰加他安加婁司卽瀉性莢之意然此樹原不必另作一類

其莢爲藥之幾分卽其内之肉故以重而搖之不響者爲佳其肉略爲黑色有黏力味甜而不甚適口香小而不甚

惹鼻間有在出產處開其莢而取其肉成加西耶膏所以其膏内常雜種子與莢内之隔皮

蘇比蘭之書云其莢每四兩含果肉一兩夫格蘭化分其肉得糖膠膏質植物直辣的尼哥路登海絨形質與水等恒里云其糖之味亦與肉味同不適口又言有一質有樹皮酸大牛之形性

功用　爲微利藥如食其大服爲瀉藥

服數　半兩至二兩爲一服作微利藥然此藥有一弊常令胃中發氣尋常用此藥合於他質卽如辛拏葉甜膏又爲加西耶甜膏

加西耶甜膏 此爲倫書之方

取法　將甘露蜜二兩用玫瑰花糖漿八兩融化之添加西耶淨膏六兩印度棗淨膏一兩和勻熬之至合式之濃爲度

功用　爲微利藥以六十釐至一兩爲一服

辛拏葉 有一種名亞勒散得黎辛拏其樹名戈頭形加西耶並鈍蛋形加西耶又有一種爲印度辛拏又名替納勿里辛拏爲印度替納勿里所產其樹爲長葉加西耶

辛拏自阿喇伯人與歐羅巴人有往來以後方知之然所知者祇爲其莢而非其葉在印度等東方之國久用其葉爲藥尋常出售各種辛拏葉尚未定準何種樹所產其故

因產辛拏葉之處尚未有西人遊覽查考之又因分種類以考出售之辛拏葉所得之葉雖分種類而不知其樹之種類相配與否第有數種其證據可恃卽如福司揩勒所設之名戈頭形加西耶卽長尖如刀形之葉此名不甚合宜因阿喇伯與埃及等國所產之辛拏葉長而尖易於混淆故改其名曰福司揩勒加西耶其舊名曰藥品加西耶一千八百五十一年之倫書仍用此舊名

第一種戈頭形加西耶一千八百五十一年之倫書謂之藥品加西耶如第八十四圖從來拉所作雪山植物書得之此爲矮密似樹之植物存一年卽枯萎者高二尺至三

第八十四圖

尺葉甚多種於園內花開甚繁其榦直圓平滑向頂畧有彎曲形葉遞更排列似翎毛形其端有切斷之象分葉五對至八對葉莖短而在上半樹分葉之形尖如刀在下半樹分葉之形如尖卵又稍有長尖銳形上面平滑下面少有細毛嫩葉之細毛更多其脉向內排列而成彎形之內邊線葉莖無核副葉有嫩刺形又似不全戈頭形又似伸開而形甚小花串從葉榦間角發出而生於樹

枝之端花直立而較葉稍長子房線形外面有細絨毛又似鐮刀形子房口平滑而彎莢如圖之三號爲掛者其皮如膜而平惟有種子處則凸形長間有橢圓形似乎直其上邊稍有彎形而向底忽然少成尖形頂上有圓形色稷內含種子五箇至八箇色白面有皺紋如圖之二號植物學家茄脫納書第二本第一百四十六頁有此種樹之圖然疑其樹爲福司揩勒書中第一百十一頁所記之藥料加西耶其圖合於此辛拏葉之式其論此辛拏葉云所有麥加與羅哈基之辛拏樹其葉有五對至七對分葉似長刀形此爲其書第八十五頁之說福司揩勒又云此種葉

每年從阿婆阿里施送到熱他口出售者甚多皮司酷否謂之輕瀉性加西耶又謂之藥材加西耶此辛拏葉可分爲數種如左

（甲）戈頭形加西耶此爲大半植物學家所用之名然海納書第九章第四十一頁內謂之銳葉加西耶又有尼斯與依不没所作之書第三百四十五頁亦有此名而司弟分孫與尺氣勒兩人之書內第三十圖謂之辛拏加西耶其圖之形狀似乎亞勒散得黎辛拏觀第八十五圖之甲其葉小又似英國博物院所存之葉爲塞那爾地方所出此爲各智氣之說此樹在西愛尼郎阿蘇恩之南與東曠野地山

谷內見之聚合送至改羅口出售所謂亞勒散特黎辛拏每五分內有此葉三分

（乙）銳葉加西耶此爲特里勒伊孫白格依不没之書第三百四十六頁所用之名觀第八十五圖之丙其葉比前者更窄而向頂更尖大約因地氣乾而水土不肥應有此形此葉與孟買所產之辛拏大同小異如陸脫拉醫士所作植物書內載數種印度所產辛拏亦與此不甚懸殊又有阿非利加從他潮拉起至巴白曼德海峽止所產之辛拏亦有大相同之處

（丙）長葉加西耶此名爲印度替納勿里所產之辛拏係

猶士所種而定名、又來拉在薩哈倫波爾所種者謂之戈頭形加西耶、觀來拉所作雪山植物書第三十七頁、又在孟加拉有韋得所種者、觀第八十五圖之乙、又觀英國博物院所存之樣、又有茄脫納與陸克司白格兩人所作印度植物書第二本第三百四十六頁謂之藥品、加西耶、又有醫士奇蒲生、在印度埔拿種之、

醫士波耶云、在印度古塞拉德、見戈形辛拏葉、此近於開拉其園內所種辛拏葉、如送至西國出售、則爲上品辛拏來拉查倫敦各植物院內所有此三種辛拏葉不能分辨淸楚、又將薩哈倫波爾之辛拏葉與孟買之辛拏葉卽印

度運至英國之辛拏葉比較之無有分別、又有亞丁之馬可磨生醫士將該處出售之辛拏沒扣葉、與印度者相比、無有分別、又云、此葉雖爲阿非利加所產者、而與阿喇伯所產辛拏葉無有分別、在街市出售、此兩種葉不分開價亦相同、

第二種蛋形葉加西耶、此種葉在米拉藥品字典第六百十三頁論之、又奇布特謂之古實加西耶、此種或謂與前者不同、因有人言其葉莖之底有一核、又每對分葉間亦有核、分葉三對至五對、其葉正爲銳橢圓形、下面少生毛、其氣膛薄而淡黃色、而較鈍蛋形加西耶之葉小三分之

一、或言此樹在努比阿與非三兩處遇見者甚多、而的黎波里所用之辛拏全爲此樹所產、其葉最似藥品加西耶之一類、又司弟分孫與尺氣勒之藥品書、第三十頁所有辛拏加西耶之圖在沛離拉書內云、與蛋形葉加西耶極相似、而林特里云其圖與特里勒書所謂銳葉加西耶大同小異、米拉與特倫司兩人云、除常出售之葉與果外、無別法能知其樹、但奇布特書中云、此爲古實加西耶、然其書中不提及哥拉屯書第十五頁戈頭形加西耶之已戊兩圖、反言此辛拏葉正與納克士書第二頁所謂拏比阿之辛拏相同、

第三種福司措勒加西耶、此種葉在福司措勒與林特里植物藥品書第二百五十九頁謂之戈頭形加西耶、分葉四對至五對、未有更多者、形長其端或銳或鈍不定、斷無有蛋形或戈形、面不生細毛、最嫩時亦無有之、葉莖常有小圓櫻色核在其底稍向上之處、莢直立而長向底斜形鈍發腫長尖銳稍似鐮刀形、嫩時更加此少有粗毛排列甚稀、觀林特里書丑丙兩圖、醫士非沙在發脫美山谷所有櫻櫚類樹園內得此種辛拏葉、而在西二月底開花、福司措勒書中云、分別此種葉之植物、爲葉莖底之核、又在蘇爾佗特與摩爾兩處、亦得此葉、阿喇伯人謂之辛拏葉

或者阿喇伯出買之辛拏葉係此樹所產拔脫揩以此樹爲舌形加西耶此葉較別種所作藥材之辛拏葉更佳。

第四種鈍蛋形加西耶此名係哥拉屯所設在海納書第九卷第四十二頁亦論之又在尼斯與依不没之書第三百四十七頁中論之此爲織形之植物葉似相等翎毛形無核分葉四對至六對其面間生細毛如呢此爲陸克司白格之說其形如蛋尖向下而鈍其端稍成長尖在底各葉不等其末一對更似劈形而更大副葉爲三角形窄而尖少硬而伸開花黃色成串形花葉蛋形心形尖形其面凸每花葉祇有一花莢寬而爲膜平滑新月形兩端圓在兩箇分殼之兩面有一雞冠形凸體則各分殼之中成凸邊而不斷種子數六箇至八箇其形如劈面有皺紋與藥品加西耶相同此樹產於阿非利加自塞內加爾起至尼羅河止（觀塞內岡比亞植物書）又在非三有醫士烏突尼見之（觀波郎之書）又在埃及國從改羅起至阿蘇恩努比阿蘇勒他里相近處阿地立止（見阿比西尼遊覽書）又在蘇士曠野叙利亞印度乾燥處開拉（觀本斯之書）又在印度古塞拉德與德干（觀賽克司之書）又近於德列與倫古施山谷近於排紹曦（觀法可那之書）又在賁索爾之高燥地（觀陸克司白格與韋得之書）又有人在意大里種之謂之意大里辛拏又常出售之亞勒散得黎辛拏常有此辛拏葉雜於其內。

此種辛拏與他種大有分別其葉爲鈍蛋形尖向下莢有雞冠形凸邊俱爲易與前所云尖葉者分辨之陸克司白格名曰鈍葉加西耶或爲見嫩莢而論之因來拉與林特里俱將印度賁索爾所產者與阿非利加所產者相比又如第八十五圖之辛爲略鈍葉加西耶係海納所定之名此種與其名曰鈍蛋形加西耶者如第八十五圖之庚分別極小不足爲另一種但恐阿非利加有兩種樹極爲相似醫士活立施云印度辛拏與埃及辛拏大不相同意欲命名爲白曼尼加西耶尚未能定又有前在印度公司之人古蘭特在二月內於菲里查得此樹之葉與花此樹有蛋形尖向下之分葉如第八十五圖之辛又有蛋形其端鋭如圖之庚又武弁韋斯台特在阿喇伯海邊摘辛拏葉爲鈍橢圓形面生毛疑此樹爲特里勒所謂細密毛加西耶或司拖大勒所謂辛没比里加西耶此樹係拔脫揩在麥加所產辛拏葉之內見之。

尋常出售之辛拏葉分爲數種如左。

第一種亞勒散得黎辛拏　此種辛拏如揀出其戈形之葉則爲最佳者然尋常於英國出售雜別種加西耶樹葉於內即如戈頭形加西耶與鈍蛋形加西耶等葉俱爲碎

者另有莢與碎葉足以相混所以此種辛拏葉必揀出其眞者而去其假者並去各異質方可用之其揀成之亞勒散得黎辛拏色淡綠少有香葉爲寬戈形兩邊不等而較印度所產者更厚而更短

如上埃及國努比阿塞那爾三處所產戈形葉辛拏樹每年能採葉兩次其法在春秋兩季折其樹枝置於日中曬之後將葉摘下成包送至聚會之處以後送到改羅相近處婆捒出買昔時作辛拏葉貿易者常將戈形辛拏葉五分合於鈍蛋形加西耶葉三分此葉從埃及他處與叙利亞邦得之又雜阿爾瑈勒葢難苦没葉即蘇勒奴司脫瑪

二分雜於其內後從亞勒散得黎發至歐洲出買販藥材之人另加成樹形可羅替亞並没爾他葉苦里阿里亞兩種葉在內有人常言此事之弊勸人不買此種假藥故近今出買者大半不過雜鈍蛋形加西耶與戈頭形加西耶沛離拉云已見出售之一種葉謂之重辛拏葉其實非辛拏葉而爲阿爾瑈勒之葉然其價比辛拏葉更貴又苦里司脫生云所有出售之揀淨亞勒散得黎辛拏葉亦常含阿爾瑈勒葉

亞勒散得黎辛拏葉有人謂之巴勒脫辛拏

第二種印度辛拏　又名替納勿里辛拏英書謂之長葉加西耶此爲勒美爾之名　此葉初在印度替納勿里北緯十二度之處有西人猶士種之其種子或從阿喇伯得之或將阿喇伯所產辛拏没扣葉揀出其種子而種之即如來拉在薩哈倫波爾種辛拏亦照此法得其種子觀雪山植物書第三十七篇第一百八十六頁又加爾各搭醫學公會書第五本第四百三十三頁來拉亦有替納勿里辛拏種子從英國送至薩哈倫波爾送往之人係英國墨脫揩弗伯而此種子與前得之種子以同法同處種之其葉無有分別其替納勿里辛拏尋常種之合法如有異質則在本處揀出而後出售其葉爲美觀淡綠色雖大而質薄長一寸至二寸其形眞爲戈形韋得云其色較青豆色更

淡質最薄有膜質形不脆彎之不斷其臭酸如醋即似在烘乾時發酸而成醋酸等質如存之甚久則漸減輕甚多苦里司脫生云英人最喜此種而不肯購別種即如本城蘇格蘭會城用此種辛拏葉比別種更多醫士湯勿生云此辛拏葉不惹人腸胃其瀉性最爲可恃又不令人腹痛而替納勿里初種此物之人已没有接手之人仍在彼處種之薩哈倫波爾辛拏該處所種之辛拏較前者無大分別惟其葉更小此因種之之處更向北即略北緯三十度故應更小來拉在薩哈倫波爾醫院內常用之凡人服之定有瀉性而不令人吐又不令人腹痛又有醫士土愛凝在加

爾各搭公醫院內將此葉與四十五箇人服之報於醫學公會中云此辛拏葉已屢次試之從未用過比此更佳者如第八十五圖甲爲戈頭形加西耶乙爲替納勿里辛拏

第八十五圖

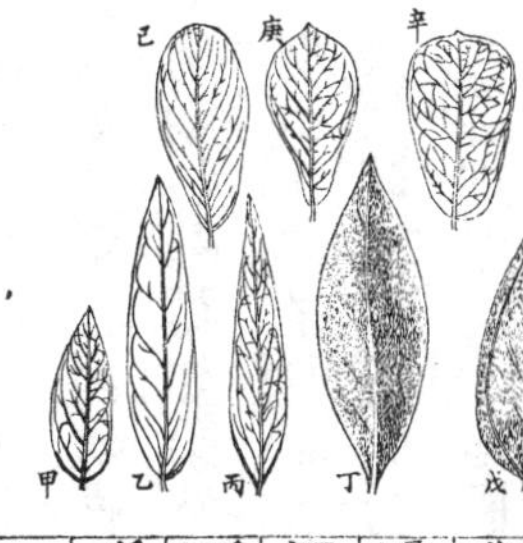

丙爲銳葉加西耶丁爲阿爾弗勒蓋難苦没即蘇勒奴司脫瑪戊爲没爾他葉苦里阿里亞己爲阿普里替勿路西亞庚爲鈍蛋形加西耶辛爲略鈍葉加西耶

孟加拉辛拏　近有人在孟加拉種辛拏一千八百四十三四十四兩年內所出之葉共有一萬一千五百三十六磅此辛拏原爲替納勿里之種子土人種之其性與猶士所種之辛拏略同向來不甚著名又揀去異質之工不能認眞苦里司脫生云其葉較孟買辛拏葉更長而無有孟買葉之長尖其分別祗因存貯之法更善其瀉性更大故人更喜用之

醫士賽勒寄書於印度公司云孟加拉國家醫院用本處所產辛拏葉余觀之與亞勒散得黎辛拏相同又云印度辛拏葉俱爲戈形者

以上三種辛拏葉俱爲戈頭形加西耶之一種謂之長葉加西耶而其葉長短之故在乎種法與地位有分別

第三種阿喇伯辛拏　此又名阿非利加辛拏又名孟買辛拏亦謂尋常印度辛拏土人謂之辛拏没扣此葉先從阿喇伯運至孟買而從孟買運至歐洲各國此辛拏葉係英國所用辛拏葉之大半其據不惟看進口各貨之賬而知之又可觀沛離拉書將各種辛拏葉之數比較而知之此辛拏有幾分產於阿非利加即前醫士馬可磨生之說亦有此意然其大半爲阿喇伯所產其樹或爲戈頭形加西耶之分種名銳葉者或爲福司揩勒加西耶所產其分葉薄而似戈形尋常不碎爛長一寸至一寸半較替納勿里與薩哈倫波爾所產之辛拏葉更窄其故因產此之地土更瘠地氣更乾其色淡綠常有深櫻色葉雜於其內又有莢或葉莖或他異質然此辛拏葉之上等者更佳如能揀選之則功用更大而出售之價更貴印度各醫院常用此辛拏葉且有多人信用之

第四種的黎波里辛拏　此辛拏產於非三運至的黎波里出售此與亞勒散得黎辛拏大同小異然雖其葉更淨而其名差遜其故或因葉更碎爛又葉莖常存於內其葉較戈頭形辛拏葉更短其尖更鈍即更爲卵形者故或言

此辛拏爲蛋形葉加西耶樹所産即古賓加西耶然另含鈍蛋形加西耶之葉此樹係醫士烏突尼在非三查得之

第五種亞拉波辛拏　近時英國不多用此葉此辛拏葉內雜鈍蛋形加西耶葉又有他種辛拏亦雜此樹之葉如意大里辛拏葉等醫士恩司里云印度所有辛拏葉爲印度所見之獨一種孟加拉之辛拏葉非此種又依賽勒之說孟加拉今常用之辛拏葉並非此種此亞拉波辛拏之瀉性更不足恃又令人欲嘔而腹痛

辛拏葉所含異質　尋常出售之辛拏葉揀出其葉而去其葉莖與他種樹葉及夾雜之物如土與棗核等件其莢亦有瀉性惟不及葉之重前阿喇伯人專用其莢而不用其葉又其葉莖疑亦有瀉性惟夾雜之物大半爲他樹之葉即如阿爾猝勒葉如第八十五圖之丁其葉之形易於分辨形如戈頭左右兩邊相等質厚如皮而其色較黃辛拏葉更淡其瀉性不定間有令人腹痛而瀉又如阿普里替勿路西亞如第八十五圖之已似蛋形尖向下其葉之脉從其葉心橫達至葉邊而不成葉邊之脉又有一種成樹形可羅替亞又名膀胱辛拏葉似蛋形而在葉之底左右相等又有没爾他葉苦里阿里亞其葉有濇性尋常爲碎爛者葉心兩邊有一堅固之旁脉如第八十五圖之戊

昔時埃及國有人常將辛拏葉與他種葉相雜後因各國醫士常指出其差故近時不常有此弊在印度有一種葉名爾愛蘇拏葉觀菊科

形性　辛拏葉香淡鼻不喜聞其味稍有膠味又苦而可憎化學家拉爲尼與弗奴微勒化分亞勒散得黎辛拏得膠質阿勒布門克羅路非勒定質油自散油少許黃色植物顏料又數種鹽類質其性情大半藉一質名加他替尼醫士言此質能自融化不能成顆粒其莢亦有同性之質惟不含克羅路非勒又有化學家黑勃來納已試驗加他替尼言爲暗欖色明光之膏其臭可憎其味酸苦而可惡在酒醋與水中俱能消化此膏質化分之得植物配質與鹼性本質之鹽類及欖色苦味膏質又云此質無有辛拏葉之瀉性自將辛拏葉一百二十釐成膏五釐與人服之毫不泄瀉又將十釐與人服之亦無功用後將此膏二十釐自服之亦不泄瀉待一小時半之久再服二十釐如是者四次竟不泄瀉故以此爲據

辛拏葉有藥性之料用正酒醋與準酒醋俱能收之又可用冷水或熱水收之如煑之而沸時太多則其有藥性之料已壞弟那已試辛拏葉何法得其最大之益處則知最妙之法將辛拏葉浸於淡酒醋內如用冷水則能分出其

能消化之質與熱水略同又如用亞勒散得黎辛拏葉之上等者則所出有藥性之料其數較別種更多又查印度所産者則以替納勿里所產爲最佳又尋常印度辛拏葉比小葉之亞勒散得黎辛拏葉更佳其葉之瀉性未必與其含膏質之數有比例因將實物權稱得辛拏葉七兩半用酒醋一分水五分共用二十流質兩浸之則其瀉性之料盡收於內所得辛拏浸酒較辛拏沖水之濃加四倍然有黑勃來納云用酒醋消化辛拏葉爲藥之料最不合宜又如將辛拏葉浸於酒醋內收盡其瀉性之料再以熱水沸之則仍有大瀉之性觀藥品會記錄第八本第四百頁

功用 有瀉性最穩而其功力最可恃大約感動小腸令腹多瀉以三十釐至一百二十釐爲一服可合於他料服之如下各方或合於武夷茶或合於咖啡飲之如法國人所作辛拏合咖啡之水

辛拏葉沖水

取法 將辛拏葉一兩薑片三十釐置於有盖之器內沖沸蒸水十兩待一小時濾之此沖水與倫書之方同濃較一千八百六十四年英書濃一倍

此沖水之臭味與辛拏葉相同明櫻色常用爲瀉藥以一兩至二兩爲一服又常合於鹼性瀉藥或合於暖性或瀉性之浸酒所成之藥俗名黑色藥水

辛拏雜水又名黑色藥水

取法 將鎂養硫養四兩甘草膏半兩辛拏浸酒二兩半白荳蔻雜浸酒十錢辛拏沖水至足用先將其鎂養硫養與甘草膏用辛拏沖水十四兩消化之少加熱亦可再添其兩種浸酒後添辛拏沖水足成一升

此爲一千八百六十七年所設之方前時所用之黑色藥水亦有相同之處

服數 一兩至一兩半爲一服

辛拏酒

取法 將辛拏葉二兩半搗碎之葡萄乾去子二兩芫茜半兩胡荽半兩準酒醋一升其餘作法與阿古尼低浸酒之法同

此爲熱性行氣之瀉藥尋常用此藥加入辛拏葉沖水每日一服加此酒一錢間有獨用其浸酒以半兩爲一服

辛拏糖漿

取法 將辛拏葉十六兩沖水胡荽油三滴提淨白糖二十四兩蒸水五升或足用正酒醋二兩先將辛拏葉在其蒸水七十兩內加熱至一百二十度浸至二十四小時爲止其熱度不可減少將其葉壓之其水濾之再將其葉與

濾出之質，合於蒸水三十兩，以同熱度浸至六小時工夫，再壓之而濾之，將兩次濾出之水熬之，至餘十兩爲度，待冷，加正酒醕合胡荽油，再濾之，而將其濾出之料，以蒸水洗之，至共得水十六兩，再加糖少加熱融化，所得之糖漿，應有二磅十兩，其重率應爲一·三一〇。

倫書用似茴香種子，合於糖渣滓與甘露蜜，代今所用之胡荽油與白糖。

此料之味，所存辛拏葉味最少，服之則不覺嘔，腹亦不痛，定有瀉性，倫敦數年內出售辛拏葉濃糖漿，較以上者更濃，又有一種謂之辛拏葉水膏，係苦里司脫生最信用者。

觀藥品記錄第三本一百十五與二百四十八兩頁　此藥有數藥肆家作之出售。

取法　將替納勿里辛拏葉十五磅，以沸水用過濾之法，收其藥性，每辛拏葉重一分，配水重四分，即足，置於真空器內熬之，至十磅，加糖渣滓六磅，此渣滓必先熬之，在水汽盆內至取出少許速變乾爲度，已消化後則加正酒醕重率八三五者二十四兩，如所得之料不足十五升，則加水配滿其數，每水一兩配辛拏葉一兩。

服數　以二錢爲成人之一服，其味如糖渣滓，而辛拏葉可惜之味不顯，又令人瀉而不致有腹痛或吐，苦里司脫生告於來拉云，有一患病者，常服替納勿里辛拏葉所作之糖漿，食慣之後，偶然誤用亞勒散特黎辛拏葉所作之糖漿，則腹大痛，欲瀉而不行，其服數與他種辛拏葉之服數相同，可見替納勿里等淨辛拏葉較他種辛拏葉更穩妥。

辛拏甜膏

取法　將辛拏葉細粉七兩，胡荽細粉三兩，無花果十二兩，印度棗九兩，加西耶果[illegible]兩，乾梅六兩，甘草膏四分兩之三，淨糖三十兩，蒸水二十四兩，各料備齊之後，將其無花果與乾梅合於蒸水二十四兩，置於有蓋之器內，加熱令沸，以四小時爲限，後再加蒸水，足以補滿其化散之水，再加印度棗肉與加西耶果肉，調和，加熱兩小時，用細馬騣篩篩之，而壓其果肉之細者過篩，將其不過篩之質去之，再加糖與甘草膏，少加熱令其消化，而乘其料暖和，漸添辛拏葉細粉與胡荽細粉各物，調和稱之，如多於七十五兩，則熬之至得此數，如不足則加蒸水補滿其數。

功用　爲輕瀉藥，最爲穩妥，以六十釐至半兩爲一服。

無刺安弟拉樹皮　又名菜頭樹

此樹產於西印度羣島，其皮久有人用之爲殺蟲藥與吐藥，前時阿書載此藥，近時英國各藥書俱不載之。

哥拜把　此藥爲多連哥拜菲拉樹刺其身流出之油香類質，其樹之類，海納書中所言者，又有數

種同類之樹亦產之又名嘓拜把波勒殺末質

此藥爲馬克古拉弗與秘瑣兩人於一千六百四十八年初查出之然因秘瑣不畫其樹之圖而馬克古拉弗祇畫其果之圖則難定其兩人所查得者爲何種或疑爲雙連嘓拜菲拉此爲韋勒特奴之名至一千七百六十三年有西人若干云西印度之馬的尼島有一種樹名藥品嘓拜菲拉而西印度產嘓拜把甚少大約俱爲此樹所產者然尋常出售之嘓拜把係數種樹所產又有雙翅果科內有數種樹產一油質俗名木油與嘓拜把極相似

尋常出買之嘓拜把波勒殺末常在巴西國亞馬孫大河邊之谷內而歪阿那與西印度列島所出售者甚少有數種樹產之

嘓拜菲拉立尼由司之名又列於十箇鬚獨生

其蕚無花葉分爲四分各分俱小散開無花瓣鬚十箇分開略等長向下彎子房壓平形有兩胚珠果成莢而有莖形爲斜橢圓皺如皮少有壓平之形有兩分殼祇有一種子其子橢圓形包於有一邊之子連衣其胚直小根略從傍發出此樹在亞美利加產於熱地其葉

第八十六圖

遞更排列或爲相等鋸毛形或不相等分葉或相對或遞更排列皺如皮不相等者甚少似蛋形間有有點者間有無點者此爲林特里之說尋常無副葉花葉張開時卽落其花在葉榦間角並在榦之端成遞更排列之繁花如第八十六圖

第一種浪司杜弗嘓拜菲拉此戴分戴那書中所言者如第八十七圖分葉三對至五對兩邊相等其形鈍面有透光點葉似蛋形上端爲橢圓形葉莖與花莖少生毛生於聖保羅與迷那兩處

第八十七圖

第二種多連嘓拜菲拉此爲海納之名其葉左右相等鋸毛形分葉六對至十對間有向內彎者左右兩邊不等端長而尖面有透光點下葉爲長蛋形上葉爲戈形此物產

於巴拉。
第三種，皮形啰拜菲拉，此爲馬替由司之名，產於聖保羅與迷那兩處。
第四種歪阿那啰拜菲拉，此戴分戴那之名，產於里約內哥羅與巴拉等處。
第五種，瑪爾替，啰拜菲拉此爲海納之名，產於巴拉與馬拉恨。
第六種，光亮啰拜菲拉，此爲馬替由司之名，產於迷那日來斯與疴阿斯
第七種倍里起，啰拜菲拉，此爲海納之名，產於里約與厄斯脫勒拉。

第八種藥品啰拜菲拉，此爲立尼由司之名，又者幾尼啰拜菲拉，此戴分戴那之名，產於西印度與委內瑞拉。
啰拜把尋常雖以爲波勒殺末類，實非波勒殺末，因其內不含偏蘇以克酸或西捺米克酸，其質爲油香類，其色臭重率藥性，俱依其屬於何種，此爲馬替由司之說。第一與第三兩種產聖保羅內最好之啰拜把，第四種在歪阿那，第二與第五種在巴拉，第六種在迷那日來斯，第七種在厄斯脫勒拉與里約，第八種在委內瑞拉，西印度，此各種在其各處產最佳之啰拜把，又有別數種所產之啰拜把甚多，而常出售之啰拜把大略有數分係別種類所產，大半出售之啰拜把爲巴拉與馬拉恨兩處所產者，而產之之樹，大半爲多連啰拜菲拉，英國藥品書亦有此說。苦里司脫生云，有一種啰拜把在英國屬地歪阿那出售者，而產之之樹，除第八種不在此內，較以上各種更向北，又近於疴里諾哥河，然從未有植物學家往該處查其樹之歸於何種，又有數種生於巴西國熱而濕之處，其樹大，所生啰拜把最佳，但在向內乾燥地，如迷那日來斯等處所產者，樹矮而小，所產之啰拜把松香類性更大，西印度列島所產者，色更深，質更濁，味更辣，而其臭更與松香油相似。

在此各處得啰拜把之法，在樹身鑽孔，尋常在下雨時之後，則其樹汁流出甚多，秘瑣云數小時中在一樹內得其十二磅。
形性　啰拜把爲流質，重率○·九五，質如油，能透光，而似淡麥柴色，其臭大，味可憎而辣，如久遇空氣，則變濃，色變深，在酒醕與以脫及油質內能消化，而不能在水中消化，此性情與別種油香類同，如合於鹼類質，則成肥皂，如其肥皂在多水內消化之，則凝結沉下，化學家司拖司與辦罷化分之，得自散油三十二分至三十四分，黃色松香質即啰拜把克酸三十八分至五十二分，膠性松香質一·六

五至二·二三分其餘為水與耗散之質共合一百分其自散油可用水蒸出謂之哥拜把油其松香質為兩種料合成一為哥拜把克酸其質硬脆能成顆粒遇力低暮司（植物料顏）則顯酸性又能與本質合成雜質其原質為炭(四十)輕(三十二)養(四)即與殼路夫尼或貝尼克酸同其餘質為軟而欖色膠性松香質在陳久哥拜把較新鮮者更多與本質之愛攝力更小亦不能在那普塔內消化易與前質分開化學家勞云濃硫強水合於哥拜把成紫色略與魚肝油所成之色同又云此樹內大半所成之哥拜把每百分合於硫強水二分或合於鉀養二銘養成藍色自散油此疑其硬松香質與養氣化合之故

哥拜把尋常能在正酒醕內消化又能在等體積之偏蘇以內消化又如將哥拜把四分則能消化鎂養炭養一分仍能透光

尋常出售之哥拜把合於鉀養水或淡輕(三)水俱能消化而成透光之水又在酒醕內亦易於消化一千八百四十九年法國人波西脫云有新哥拜把一種亦在巴西國得之不能與鹼類水調和又不能全在酒醕內消化然在彼時所得者無有上等哥拜把之香與臭又無其形狀與性情數年中有人將雙翅果科之樹數種所產木油帶至英國出售其大半在緬甸之木爾門產之又從印度數處運出即如印度孟加拉有地鈴形弟不得露揩披並同類之樹可得之其形性有數種與真哥拜把相同惟其色更深如置於瓶內塞密之加熱至二百六十六度則變定質此為奇異之性情

試法　哥拜把質應透光能在偏蘇以中消化應能消化鎂養炭養有一種次等者出售又有一種含松香油或數種定質油試之之法將少許滴於生紙之面如含油質則其油在紙內鋪散出售此物假者甚多英書所定之試法不準其面生霜又不準熱至二百七十度而變成直辣的尼類之質

功用　此藥能感動內皮與胃內之襯衣即如在溺管其感動之性最重如食其大服則令人瀉並利小便又如於襯衣料之病如流白濁等亦可用之令其發出之質更少

服數　十五滴至三十滴或多至六十滴為一服一日兩三服可滴於流質面服之或與他質合成漿服之或可用直辣的尼一薄層包於其外而吞之又可每十六分配鎂養炭養一分成丸服之此為美國藥品書之方

哥拜把自散油

取法　將哥拜把一兩合於水一升半蒸之分出其油質

功用　此油無色味辣香如哥拜把能在酒醋與以脫內消化其原質與松香油同卽炭輕有人喜用之較別種哥拜把料更佳以十滴至三十滴爲一服

第三分科　蝴蝶形科 西名巴披里啞那西依立尼由司之名又名巴披里啞那茲

花不整齊形如蝴蝶花瓣五出上兩出相連其下者有凸線形鬚十箇或合成一叢或分爲兩分一叢有九箇而其餘一箇獨立

蝴蝶形科之花易與別種花分別因其花形不整齊又可觀鬚數與排列之法果實有長莢樹之形狀又有法易與薔薇科之花分辨之因其花萼之獨一分常向前此科植

物天下各國俱遇見之而在地球排列之法可在各種類之說內特意言之其用處各不同

秘魯波勒殺末 此爲刺樹身所得之料大半產於亞美利加危地馬拉邦薩瓦多耳其樹名沛離拉米羅司卑麻末此爲來拉之名又名沛離拉米羅克西倫爲苦羅次書之名

到魯波勒殺末 此爲刺樹身所得之質產於南亞美利加新加拉拏大其樹名產到魯香米羅克西倫

秘魯與到魯兩處所產之波勒殺末初在一千五百八十年麻那弟士送至歐洲而言明之又於一千七百八十一年暮替司將此樹已開花之一枝送與立尼由司年少者以爲此樹產秘魯波勒殺末

到魯波勒殺末質據羅依士之說與秘魯波勒殺末質同樹所出後多年有人以爲如是至密蠟在到魯迦大其拿地方後面得其樹之種子方知其樹不同所以仍名曰到魯波勒殺末又有洪波特與本布蘭特兩人在到魯取之帶至歐洲而有公特定其名曰產到魯香米羅克西倫又有里又特詳細查此各種樹之性情云俱歸於若干所言米羅司卑麻末之類後植物學家亦列於此類內又有德國伯靈植物學家苦羅次書詳查已知之各種而言所有產秘魯與到魯波勒殺末之樹俱爲公特所設米羅克西倫之類此類內其鬚之凸線俱爲自落者而米羅司卑

麻末之類內其凸線不落然因以下所言沛離拉米羅司卑麻末之花尚未有人詳細查之又因其樹與已知之米羅司卑麻末之類相似故須仍存此樹原設之名 觀苦羅次書之書論本布蘭特之一章係一千八百六十七年九月十五日在亞諾威爾所作

米羅司卑麻末 若干之名立尼由司列於十箇鬚獨生

其萼似鐘形稍分五齒形之面花瓣五出略有蝴蝶形上花瓣最大鬚十箇不相連子房有托莖長形其質如膜胚珠二箇至六箇其端有傍線形花心莖子殼之莖兩面有凸邊如翼其頂最寬莖上有斜形之果熟時不自裂內有一膛膛內有種子一箇或二箇種子如飛蟲形並有波勒

殺末形之質，子瓣有肉形，胚彎，其樹之葉爲奇數，而一箇爲其端，分葉有圓點，間有線形之點。

產秘魯香米羅司卑麻末，此爲特看杜辣之名，前人以爲秘魯波勒殺末，係此樹所產，然其樹大約非眞產秘魯波勒殺末之樹，因其眞者，土名幾奴幾奴，常有人論此種樹之說各不同，又有一種樹，爲羅依士書中所名曰產秘魯香米羅司卑麻末，其實非此樹，而公特名曰生細毛米羅司卑麻末，又有珠西亞在秘魯國見一種樹，謂之小花梗米羅司卑麻末，言此樹產秘魯波勒殺末。

查秘魯波勒殺末樹最新之說，爲沛離拉所作，載於藥品

記錄書第十本第五第六兩卷，一千八百五十年十一月，有南亞美利加危地馬拉之客商司根爾，將樹之葉與果送與沛離拉，而言此樹即桑薩爾瓦多耳孫孫那德海邊所生者，而秘魯波勒殺末，質係此樹所產，初時以此樹爲生細毛米羅司卑麻末，即公特所設之名，後知其樹不同，而與當時指出之同類樹俱爲不同，又本書第三次印者，將此樹以沛離拉之名名之，因來拉原與沛離拉交好，而沛離拉之書初論及之。

沛離拉米羅司卑麻末，此爲來拉之名，而苦羅次書名曰沛離拉米羅克西倫，其樹枝爲柱形，上小下大，外面生千

日瘡形，無此形之處則平滑，而灰色，葉遞更排列，有莖，奇數，一箇爲其端，尋常之葉莖似平滑，而面有極細之毛，必用顯微鏡能見之，分葉五箇至十一箇，遞更排列，有短葉莖，分葉長略三寸，寬一寸又四分寸之一，尋常爲長形，或爲長蛋形，底或少圓，或少斜，而忽收小，在邊外成一細尖，如在大光內用顯微鏡觀之，則有圓或長之明光點，其長而線形者，向其遠脈之方向排列，其葉脈之一分，並其葉之中脈，亦有細毛，用顯微鏡能見之，其花未知如何，其果有一膛，膛內一種子，子殼外有翅形，其殼熟時不自裂，果莖在底，不生毛，在上有大凸邊如翅，其果與莖共長三寸

又四分寸之一，其連於花莖之端，圓而左右不等，在其頂上大而腫，且圓，其邊有一小凸點，爲花心莖之痕迹，子殼皮之中層，有絲形質紋，子殼內皮之外面有凹，內含黃色油香類質，久之則變硬，殼內種子，不連於殼之上，係乾者，子瓣黃色，內含油，其香可聞，此種樹產於南亞美利加之孫孫那德海邊。

沛離拉得此樹之葉與果時，同時寄書說明秘魯波勒殺末，係何法何處所產，前人以爲南亞美利加西邊數處產之，近時俱知秘魯國內斷無此物，而產之之處，名曰波勒殺末海岸，在危地馬拉邦桑薩爾瓦多耳省之孫孫那德

相近處而產此樹之海岸從阿楷由他拉海口起至里白太特海口止其土人將波勒殺末質照時取之帶至孫孫那德出售土名黑波勒殺末其取法在應取之時割其樹而用火燒其樹皮在所割之孔內塞進爛布則布能收其波勒殺末質後將其布置於沸水內沸之則波勒殺末浮於水面用器收取然所得之波勒殺末質必須濾淨方可出售每年所出波勒殺末約二萬五千磅爲中數又有人將此樹之種子與果之內殼壓之所壓出之稠質爲白色謂之白色波勒殺末或將此質與到魯波勒殺末相混然其質大不相同無有到魯波勒殺末之香以上兩質之外

又有一質謂之波勒殺末以拖爲香流質中亞美利加有多人用之爲行氣治傷之藥其作法將此種米羅司卑麻末樹之果取其內分浸於勒木酒內即成

秘魯波勒殺末爲濃而有黏力之質如糖漿重率得一·一五其色紅棱幾似黑色有波勒殺末之大香味苦而少辣燒時多發煙如在水中沸之則分出一配質並自散油少許其質全能在酒醋內消化又正酒醋五分能消化其一分如化分之則得三種質一爲西捺米以尼又名司台辣西尼爲奇性之辣油質較水更重每百分含水七十分如與鉀養相合則自能化分成兩種質一爲西捺米克酸與

其鉀養化合一爲輕油類質名秘魯非尼其西捺米克酸爲波勒殺末質之六四分無色有顆粒之形能消化又有一取法將桂皮油露於空氣內多時即成又可將西捺米以尼照前言之法化分之其式爲炭十八輕七養三輕養其新鮮之波勒殺末質內有秘魯松香質每百分約有二十四分此質之作法祇令西捺米以尼合於輕養故可謂之西捺米以尼輕養此質久存之則其油變化令其質之數更多而波勒殺末質漸變硬

秘魯波勒殺末質常合於蓖麻油與嘶拜把等流質作假以獲利如將其眞者重一分合於濃硫强水重二分少加

水令淡則應成脆松香形之質

米羅克西倫公特之名

花鬚不多時即落其餘各件與米羅司卑麻末相同故另分爲一類

產到魯香米羅克西倫此爲洪波特本布蘭特公特三人所定之名又有里又特名曰產到魯香米羅司卑麻末此樹與產秘魯香米羅司卑麻末極相似其枝之面有千日瘡形平滑分葉爲等邊形有七箇至八箇葉薄如膜似蛋形而長其端尖其底圓面光滑而平其通花串之莖亦然伊孫白格書第三百二十二欵有此樹葉之圖其葉與產

秘魯香米羅司卑麻末極為相似故可以為此樹所產如迦大其拿之相近處士爾拉哥山又馬加他勒那河與到魯之高平原俱產之

到魯波勒殺末想為上言之樹所產者即從迦大其拿等處出售所裝之器具各不同間有小卵形之壺蘆羅依士云所出買之質祇為秘魯波勒殺末而其質已乾又有醫士韋弟勒查得一質在玻利非亞國之產秘魯香米羅司卑麻末樹之足以此質為到魯波勒殺末然其兩種波勒殺末質產於何處尚未能定第常出售之秘魯波勒殺末非秘魯國內所產亦非玻利非亞國所產又有化學家傳

里米云到魯波勒殺末之原質與秘魯波勒殺末原質相同如用各法試之則所顯之性情亦同尋常出售者為定質其質乾脆其色黃紅或紅椶新鮮者質軟與濃蜜糖同形所含之油更多其香更大味甜而微辣

功用　能行氣化痰其秘魯波勒殺末常用以敷於久不愈之瘡或能收其腐爛之料又治久傷風為行氣與化痰之藥以十五滴至三十滴為一服可合樹膠或雞子黃磨成漿其到魯波勒殺末較秘魯波勒殺末用之更多

到魯酒

取法　將到魯波勒殺末二兩半用正酒醋十五兩浸之

約六小時或待其波勒殺末質全消　為度後濾之再加正酒醋補足一升此浸酒較用倫書之方所作者濃一倍

服數　以十五滴至半錢合於應用之料成漿服之

到魯糖漿

取法　將到魯波勒殺末質二兩又四分兩之一提淨白糖兩磅蒸水一升或至足用將其波勒殺末質與水盛於合式之鍋內以蓋蓋之不可過密加熱令沸半小時屢次調攪之後離火加蒸水足得十六兩待冷則濾之加糖用熱水盆或水汽盆加熱令其全消化所得之質應重三磅其重率應為一·三三〇此糖漿較用倫書之方所作者濃

一倍

功用　以半錢至一錢為一服則有行氣之性有醫士將此藥加入他藥內令其味能適口

含此質之藥品　偏蘇以捺雜浸酒鴉片糖片嘆啡啞糖片嘆啡啞合叱嗶喀糖片

替路楷蒲司　立尼由司之名又列於十箇鬚分兩叢

萼分五出如齒形稍似雙脣形花瓣五出似蝴蝶形其花下一半之瓣不相連花鬚十箇花鬚托線相連之法無定子房有托莖胚珠少兩箇至四箇子殼略圓有壓平之狀熟時不自裂有膜形之翅圍之尋常中有皺紋其膛一箇

至三箇每膛內有種子一箇至三箇似內腎形其樹或高或矮不定葉爲不等翎毛形花串從葉梗間角發出或從枝端發出花繁成密頭產於印度熱地阿非利加西岸亞美利加熱地其樹能放出紅色之汁此汁尋常有收斂性遇空氣即乾

替路揩蒲司木 俗名紅檀木又名散拖里尼替路揩蒲司立尼由司之名其樹產於錫蘭

阿喇伯國塞拉披恩等人之書中所言檀木分爲三種一爲白色者一爲黃色者一爲紅色者其黃色者最香即爲檀香木其紅色者無香貿易之人名曰紅色散拖木印度人名曰羅苦他稱屯然不惟散拖里尼替路揩蒲司樹產

此木即孔雀色阿弟嗳替拉亦爲同類可通用之古時亦有人用此木謂之怕夫那木又有人言大勒罷各替路揩蒲司亦產紅色之木即安達曼島之紅木

散拖里尼替路揩蒲司樹 立尼由司之名又記尼辯書中謂之紅色散拖羅末

如第八十八圖樹高分葉有三箇間有四箇或五箇遞更排列其形稍圓端鈍而有凹上面平滑花串從葉幹間角發出或爲簡者或爲分指者花瓣長似爪形有細摺紋齒形邊淚形之面其蝴蝶形花之上瓣爲黃色有紅色紋條鬚之托線有十箇分爲兩叢然據韋得與阿勒突生兩人之說分爲三叢一爲五箇一爲四箇一爲一箇子殼似圓

第八十八圖

記尼辯書言此樹產紅檀木木色深紅又有更深紅色之脉質重而密磨而上漆可得光亮如將其木浸於水中則成美觀之紅色其樹皮中生紅色之汁記尼辯以此汁爲

形而有邊內有一種子一子殼之翅少有腰形與淚形此樹產於印度波勒加的山並錫蘭兩處

常出售之龍血 即血竭 英國出售之紅檀木無臭味淡在水中能沉從科羅曼代耳與錫蘭兩處得之爲最重之木塊與木片酒醋與以脫俱能收其色料而鹼類水亦有此性百勒替耶查此木內含四種質一爲木紋質一爲膏質一爲沒石子酸一爲散他里尼此質與松香類之形性有相同之處

功用　此木專爲染料之用藥品中在臘芬大拉雜酒內用之得其顏色

幾奴 又名袋形替路揩蒲司特看杜辣之名此爲刺樹身所出之汁熬乾之

幾奴爲常用之收斂藥常出售者爲深櫻色角形小片質

脆而光亮觀其形可知爲一種樹內流出之質常出售者有數種而藥品書亦記錄產此質之樹有數種即如印度所產多綠葉波替亞所出之幾奴即爲前阿書所載者而問有人出售當藥品之幾奴又有一種爲新金山婆達尼海灣所產之樹名產松香類由搭里普陀司俗名樱膠樹爲前蘇書所載之藥又牙買加所出幾奴與可侖比亞所出幾奴或將拉搭尼膏列於幾奴之類內又有人以爲眞幾奴由阿非利加西岸而來然近時所用幾奴之最佳者由印度國之孟買而來此事易查得其證據

查西國用幾奴之源流則知一千七百五十七年醫士福地勾勒初用之藥品新報第一本第三百五十八頁云初知此藥係英國醫士哇勒非勒特告知之而得此質之處在阿非利加之岡比亞河故謂之岡比亞紅色收斂膠第在此時以前有磨那遊覽阿非利加之時得一種紅色膠係刺樹身而得者誤以爲龍血又有遊覽家孟古罷克在阿非利加查一種樹爲出幾奴者而住居彼處之葡萄牙人謂之血樹其帶回之樹枝等件有植物學家波郎詳細查之得知爲刺猬形替路搭蒲司樹此樹已在塞內岡比亞植物書內畫其圖而詳論之

幾奴之名之根原尚未查知極詳一千七百七十四年蘇書謂之幾奴膠又一千七百八十七年倫書謂之幾奴松香來拉之意以爲得此名之根原由印度梵音居尼或幾尼印度所產多綠葉波替亞樹皮流出之質其梵音曰幾那蘇克（觀雪山植物書第一百九十五頁又一千八百三十八年五月亞細亞博物會書一本第五十頁）此會有孟買寄到之幾奴亦爲波替亞樹之膠沛離拉在倫敦老藥材肆賬房內查得一包藥料包外有紅色收斂膠字樣問爲何物荅云此爲前時有名之藥其價最昂來拉查此質亦爲波替亞樹之膠而與尋常出售之幾奴大不相同因尋常幾奴想必爲袋形替路搭蒲司樹所出者

沛離拉云常出售之印度幾奴實爲眞幾奴膠有印度作此貿易者云此膠爲馬拉巴爾海邊所產又云從孟買並印度西岸打拉者里出售又有孟買貿易記錄書言明孟買出售之幾奴俱爲馬拉巴爾岸所產者來拉在倫敦之印度公司館內查得幾奴爲安查拉看弟所產與今常出售之幾奴無所分別第不能查得其地在何處後有代耶云在打拉者里相近處之田園即前時沛離拉所查印度幾奴出產之處（從此時以後即查出此田園前爲印度公司之地而屬波郎管理者一千八百零一年有布該南曾往查之觀米蘇兒植物書第二章第五百四十四頁內論此田莊試驗數件最緊要之事）其地已定則查何樹產此種幾奴又查其如何取法先寄信問韋得當時住在哥英巴都爾雖初時查不得法而後

有醫士肯尼弟送花葉與果並木與膠，尋得詳細查此各物，即言所收樹之各件蓄疑已解，可知馬拉巴爾所產幾奴爲袋形替路指蒲司樹所產者。

肯尼弟云，安查拉看弟人波郎曾告我云，其樹開花時，則圍其身之樹皮割孔，放出其膠，其孔下有寬葉連於樹皮，接受其膠，則不落至地面，葉下置一器皿受其膠，此器皿已滿，則持去，而以膠置日光內曬之，至成碎塊爲止，裝於木箱出售。

醫士奇蒲生亦於前言亞細亞博物會書第五十九頁內云，幾奴爲袋形替路指蒲司樹所產者，土名蒲以辣，又名比阿，此樹在加的斯山下產之甚多，又云，馬拉巴爾海邊多有幾奴出售，而醫士陸克司白格初論此樹甚詳，而言樹有紅色汁流出，硬時則爲收歛性脆膠，香類，其色甚紅，而與多綠葉波替亞大同小異，故化分之所得之質略相同，又言英國班克西亞藥園內所有幾奴樹，名刺猬形替路指蒲司，與此樹大同小異，又印度與阿非利加之幾奴，爲兩箇不同種之替路指蒲司所出，即前所言者。

袋形替路指蒲司爲陸克司白格書中所記者，如第八十九圖，此爲高樹，其皮外層櫻色，內層紅色，有絲紋形與收歛性，其葉在一平面內，左右似相對，遞更排列，分葉五箇

第八十九圖

至七箇，亦爲遞更排列，橢圓形，尖之邊齒形，上面光滑，色深綠，長三寸至五寸，花成密頭，而在樹枝之端，花瓣白色，少帶黃色，有長爪形，其邊俱爲浪形，或爲雞冠形，鬚十箇在近底處相合，向上分開，成兩叢，每叢五箇，子房尋常有兩膛，子殼之莖長，下面有四分之三爲平圓形，上面爲直者，子殼外有膜質如翅，面有脉形，且有浪形，又有皺紋，向中少硬如木，尋常爲一膛，間有兩膛者，種子獨一箇，形如內腎。觀陸克司白格書論印度科羅曼代耳第二本第一百十六頁，又印度花木書第三本第二百三十四頁。此樹產於西爾加耳山並馬拉巴爾海岸樹林內，又在雪山之麓，刺日馬勒山亦有之，

敎士美生云，緬甸國之木爾門有許多幾奴膠出口，此質爲印度德那薩靈各省之樹所產，美生以其樹爲活里起替路指蒲司，並印度替路指蒲司，此兩種樹緬甸國土人名曰帕度克。觀藥品記錄書第八本第三百八十七頁。而苦里司脫生以爲其幾奴必爲上言袋形替路指蒲司所產。

幾奴形小，似卵，爲有角而發亮之片，其色深櫻或紅櫻，質脆，如成粉，則比塊之色更淡，無臭，味苦而極濇，久之則口

內覺甜嚼之則口津變紅色如血加熱不變軟用冷水則能消化幾分用沸水則能消化更多如以沸水煮之至不能再消化而飽足至冷時則濁有紅色之質結成如用酒醋則能消化其大半其質大半爲樹皮酸變化而成另有膏質有數種幾奴內有松香質少許依浮扣林書之說則不含沒石子酸而每百分含樹皮酸合於奇異之膏質七十五分紅膠質二十四分不消化之質一分如以水消化之加直辣的尼若結成而成綠色因內含加的主依尼少許又如加能消化之鐵鹽類或銀或鉛或銻或汞綠或硫養三或淡養五或輕綠俱能令其結成定質而沉下如含鹼類之水消化之較淡水消化之更易然能改其性情而全滅其收歛之性

蘇比蘭云幾奴所含樹皮酸較印度兒茶所含者更多而較北喊兒茶所含者更少又云幾奴之沖水與印度兒茶沖水合於鐵綠水則變欖色設爲北喊兒茶沖水則成綠色黑令云幾奴紅色料有酸性故名曰幾奴以克酸但因幾奴樹新出之汁其色淡疑其紅色酸質爲他種質由化學之變化而成

功用　爲大力收歛藥如身內瀉出暮苦司質等病可止之

幾奴酒

取法　將幾奴粉二兩正酒醋一升浸七日而後濾之再加正酒醋補足一升

功用　添入白石粉雜水等料內爲收歛藥以一錢至二錢爲一服

幾奴雜散 又名幾奴鴉片散

取法　將幾奴粉三兩又四分兩之三鴉片粉四分兩之一桂皮粉一兩用細篩篩之盛於有塞之瓶內

功用　爲收歛與治痛之藥如久泄瀉與赤白痢以十釐至二十釐爲一服每二十釐內含鴉片一釐

兒茶雜粉每五分內含幾奴一分

多綠葉波替亞

此樹照前言刺其皮則能得收歛性之膠前人以此膠爲常出售之幾奴其性情有相同之處而在印度常作幾奴之用又治泄瀉與久赤白痢其功用略同亦可以製生皮變熟皮有人誤送此物至英國當爲幾奴又醫士沛離拉在倫敦老藥材肆查得此物一包包外有紅色收歛膠字樣印度梵字曰幾那蘇克印度俗名曰幾尼依公特又名曰苦末苦司其化學形性與替路指蒲司樹所產之幾奴大同小異弟取此葉之工夫不謹愼爲之常有異質在內

其膠內有美觀紅色料此質最難分開化學家蘇利云已試驗其生者每百分得樹皮酸五十分如以水消化之提淨之則每百分含樹皮酸七三·二六分又難消化之膏質五·○五分膠質二一·六七分另有沒石子酸與能消化之質其樹皮酸之色與分數與取幾奴時並露於空氣時有相關觀陸克司白格印度花木書第三本第二百四十五頁又觀亞細亞博物會一千八百三十八年五月記錄書

司苦罷里樹頭 又名司苦罷里曬露他母奴司草瑪之名此爲尋常布羅末之樹頭或新鮮者或曬乾者並尼由司列於十箇鬚分兩叢

前人以爲代司可立弟司書中所言啞巴弟恩樹爲尋常

布羅末樹又有人以此樹爲西班牙國之布羅末樹此樹在西國書內久論之名曰司苦罷里西晳蘇司如第九十圖樹身矮樹枝角形而不生刺葉分三分其上者形簡有莖分葉長形花黃色從葉幹間角發出爲獨生者有莖萼似雙唇形上唇常平下唇分成三箇齒形上花瓣長似蛋形下半最鈍內包鬚與花心鬚各相連子殼暗櫻色面平似壓平之形邊生毛內種子略十五

第九十圖

箇在歐州砂地並空地產之甚多

布羅末樹頭並樹之全身有苦而可憎之味如擣碎之則有奇臭英書云其小樹枝直而有角形深綠色面平滑味最苦而可憎擣碎則有奇臭其藥性大略藉內所含之一種質名西晳蘇尼而種子之藥性較別質更重其灰每百分含鉀養炭養等鹽類質三十分

功用　食其大服則爲吐藥與瀉藥食其小服則爲利小便藥如水腫病可服之或用其粉或用其膏俱可以十釐至三十釐爲一服或將其樹頭以水煮之亦可

布羅末樹汁

取法　將新鮮布羅末樹頭七磅正酒醋至足用將其樹頭用石乳鉢擣之壓出其汁每三體積加酒醋一體積待七日則濾之必存於涼爽之處否則變壞

服數　半錢至一錢爲一服能治水腫此藥較布羅末樹頭煮水更靈

布羅末樹頭煮水

取法　將乾布羅末樹頭一兩蒸水一升盛於有蓋之器中煮十分時則濾之再於濾器內添蒸水補足一升

服數　以一兩至二兩爲一服

甘草根 西名光滑各里色里薩並尼由司之名其根入藥品或地面下之幹亦入藥品新鮮者或

乾者俱有之立尼由司列於十箇鬚分兩叢

古人知甘草不止一種希臘謂之各里色里薩阿喇伯人用之東方各國亦常用之印度木耳丹產之甚多英國亦種之

甘草立尼由司名各里色里薩列於十箇鬚分兩叢

花萼光而有管形分五出似雙唇形其上兩唇較其餘者更相連上花瓣似蛋形並戈形而爲直者其花下半爲兩箇花瓣合成或分兩分而成形直而銳花鬚合爲兩叢花心莖似線形子殼卵形或爲長者有壓平形內有一膛膛內種子一箇至四箇此物存多年係草本其類屬於蓮族

第九十一圖

根最甜葉似不等翎毛形花串從葉榦間角發出花藍色或茄花色或白色產於歐洲之南並亞細亞之北數處如第九十一圖

光滑各里色里薩立尼由司之名其根在下伸開甚遠分葉約有十三箇俱爲橢圓形其邊少有齒形下面有黏料無副葉花串從葉榦間角發出而爲直立較葉更短花朵離開似淡茄花色子殼有壓平之形亦平滑內含種子三箇至四箇產於歐洲之南又在敘利亞與高加索山之麓

英國蘇勒省米綽末亦有之觀司弟分孫與苦里司脫生書第一百十一與一百三十四兩篇又觀尼斯書第三百二十七篇論甘草之款

有刺各里色里薩立尼由司之名分葉橢圓形亦爲戈形端有利尖面不生毛副葉長形亦爲戈形花串成叢花莖最小子殼橢圓形端有利尖內有種子兩箇外有刺如刺猬此種甘草俗名俄羅斯甘草在希臘國與南俄羅斯常遇見之通至滿洲與中國之北俱有之觀西末士植物彙編第二百五十二頁又觀尼斯書第三百二十八頁

又有數種甘草產於阿富汗者從該處有甘草根運至印度出買土名質低母特然此各種與前者或不相同

藥材大成卷三 甘草根

西國所用甘草大半爲光滑各里色里薩所產此物在米綽末種之甚多生長四年之後則用大叉挖起其根排成大堆以待用每一英畝即四萬三千五百六十平方尺每年能產此物一噸觀藥品記錄書第十章第二百九十八頁

甘草之根或其地面下之榦新鮮者爲長而分叉之塊徑一寸爲最大質韌彎之不斷形圓肥平滑如存於乾砂內則久不壞待乾時面生皺紋外面櫻色內質黃色有絲紋味頗甜如磨成粉則其甜味更顯然無論嘗其塊或粉俱少有辣味藥品中用其鮮根與乾根其根所含之質爲立故尼尼小粉阿勒布門蠟阿司叭拉故尼松香油質顏色

料鈣養燐養$_{五}$鈣養蘋果酸鐵養燐養$_{五}$鐵養蘋果酸又有一種奇異之質名各里色里蓋又名各里色恩俗名甘草糖其甘草甜味俱藉此糖質而其猝味藉其松香油質各里色恩之原質爲炭$_{四八}$輕$_{三六}$養$_{八}$味最甜色黃而透光不能成顆粒有幾分酸性幾分鹼性在水與酒醋內俱能消化又有數種甜味之根亦含各里色恩質

功用　治傷風並生溺器具與腸內各病可作潤內皮藥又加入他種藥料內令味甜而適口作藥丸可用其膏爲丸之黏料又可用其粉於丸外令各丸不相黏連

甘草膏

取法　將甘草根粗粉一磅蒸水至足用將其根之粉在水八兩內浸十二小時則盛於過濾器再加蒸水至其根內之藥料收盡將所得之水加熱至二百十二度用佛蘭絨濾之熱水盆熬之至其濃合用爲度倫書用新鮮之根爲之

如依法爲之則其膏櫻色最甜而不猝苦里司脫生云倫書言沸之不惟無用反有害因如用冷水與過濾之法每百分能得上等之膏四十分至五十八分

尋常甘草膏

此膏尋常出售者謂之甘草膏或謂之甘草汁西班牙國之南並意大里國與西西里產之甚多其作法將甘草蕡在水內而將其水在銅器中熬之將所得之膏成圓扁之條其色櫻黑常有倍樹葉蓋之其最佳者名曰蘇拉西甘草膏所謂提淨甘草膏爲甘草合於膠或直辣的尼成黑色光滑之條如筆幹然此質常有麪粉小粉粗糖等異質在內甘草膏爲常見之物故不必詳細講其形性

含此質之藥品　胡麻子沖水　大麥雜糞水此爲倫書之方　洋土茯苓雜糞水　辛拏甜膏　脫里平他以那甜膏　啞囉雜糞水　啞囉酒　鴉片糖片

脫辣茄看得

此爲眞阿司脫拉茄路司之汁哇里非耶之名或有他種樹亦出此汁此樹產於小亞細亞其汁從樹身發出有膠之形性

古時代司可立弟司所言之脫辣茄看得大約必爲此樹之類而西白托白以爲勒愛而脫書中所言小芒形阿司脫拉茄路司即代司可立弟司書中所言者又有阿喇伯人書中名曰苦息拉又名苦替拉而印度人謂之苦替拉此樹產於印度東北其樹謂之棉花形殼克羅司巴璣又有土納福特云勒馬克書中所言革哩底阿司脫拉茄路司即革哩底海島伊大山所產之樹出脫辣茄看得者又有拉皮辣弟阿云敘利亞之利巴嫩山有一種樹名成膠阿司脫拉茄路司即出脫辣茄看得之一種樹又有哇里

非耶云、眞阿司脫拉茄路司、產於小亞細亞與亞美尼及波斯之北、出脫辣茄看得最多、又有弟刻生爲的黎波里領事官之醫士、在古爾的斯丹（阿富汗相近處）遊覽時、聚合此類之樹、俱能出脫辣茄看得、將其樹送於黑爾斯倫所駐英國領事官步蘭特、步蘭特又送於醫士林特里、林特里定其爲脫辣茄看得樹膠之最佳者、卽白色膠爲成膠阿司脫拉茄路司所出者、而紅色膠卽次等者、其樹名枍實形阿司脫拉茄路司、而弟刻生告於來拉云、以上兩種之外、又有第三種能產脫辣茄看得膠之樹、已取其樹樣、後在哈生指里刻行李爲盜所刼、失去此樹、其古爾的斯丹之

山有數種、出阿司脫拉茄路司樹、生長甚密、故想以後或有此類樹之別種、產脫辣茄看得、而能有人查出之、

阿司脫拉茄路司　（特看杜辣之名、立尼由司列於十箇鬚分兩叢）萼分五齒形、花瓣有鈍底、鬚合成兩叢、子殼有兩膛、或一半分爲兩膛、此因其背縫卽下縫向內捲、此爲特看杜辣之說、

產脫辣茄看得之類、葉莖久不落、有刺形、副葉與葉莖相連、

眞阿司脫拉茄路司（圖補於百七一）此爲哇里非耶之名、如第九十二圖、乙爲花萼、甲爲花旗、己爲翅、戊爲蝴蝶形花之下半、丁

爲鬚、丙爲花心、花黃色、從葉幹間角發出、以二箇至五箇成一串、無托線、萼生細毛、有五箇鈍齒形、分葉八對至九對、有線形之毛、此樹產於亞那多里亞、美尼與波斯國之北、此樹出脫辣茄看得、在西七月至九月聚合之、波斯國多用此物、又運至歐羅巴與印度、（觀哇里非耶遊覽書第三本第四百四十四頁）

（又觀尼斯書第三百二十九頁）

成膠阿司脫拉茄路司　此爲拉皮辣弟阿之名、花有三朶至五朶、從葉幹間角發出、無葉莖、萼分五出、面生毛長如絨、分葉四對至六對、長如線形、面平滑、此樹產於利巴嫩山與古爾的斯丹、因在此處卽成白色脫辣茄看得、而

拉皮辣弟阿云、其脫辣茄看得、如條蟲形、

革哩底阿司脫拉茄路司　此爲勒馬克之名、花從葉幹間角發出、無葉莖、二萼多花、萼分五出、而各分有翎毛形、面有硬毛、萼較花瓣少大、分葉五對至八對、長形尖銳、生細毛、此樹產於革哩底島伊大山、此處少出脫辣茄看得

小芒形阿司脫拉茄路司　此爲勒愛而脫之名、花莖最短、尋常花有六朶、萼瓣長而生毛、分葉六對至九對、長線形、端有利尖、面有長毛、子殼幾爲一半分兩膛、歐羅巴亞畢斯山並希臘國產此樹、西白托白云、此種樹所產之膠在希臘國謂之脫辣茄看得、送至意大里國出售、蘭特拉

云近時查明脫辣茄看得係希臘相近處巴荅辣斯山產此種樹發至意大里國之緋逆司與的里斯德出售或送至法國馬塞里與安故那兩處出售

弟刻生阿司脫拉茄路司　此爲來拉之名又名松實形阿司脫拉茄路司林特里之名而非來拉雪山植物書第一百九十九頁所言之樹其花成松實形之頭此爲卵形無莖花葉瓦背排列法又爲劒形面生細毛萼亦爲詡形分五出花瓣各出相等分葉三對面有絨形橢圓其尖有芒其底尖此爲林特里之說然因林特里設此松實形阿司脫拉茄路司名時不知尚有一樹亦有此名所以來拉

將初查得此樹之人弟刻生之名命之因弟刻生亦查得此質能出紅色脫辣茄看得

以上各樹俱出脫辣茄看得或其皮自裂而流出或刺其樹身令汁流出硬時之粒塊各形俱有之此膠從士麥拿與地中海東岸並希臘國運至英國出售而在希臘出售者甚少

馬大司已查明常出售之脫辣茄看得在亞那多里產之最多者在該撒爾即古名該撒利亞其最佳者爲成片形之粒即西七月內近於樹身底處割孔而得之又有次等者自能流出所聚合之膠常與別兩種膠相和一爲指拉瑪尼亞一爲暮薩勒其指拉瑪尼亞膠從指拉瑪尼亞省運至士麥拿埠而疑爲成膠阿司脫拉茄路司樹所產其色深常有人將鉛養炭養之塊加入其內爲謀利之法其暮薩勒膠從亞美尼那而來又有奇布特以爲此膠與波斯印度之苦替賴膠相同此膠係該克羅司巴瑪與梧桐兩樹所產

尋常出售之脫辣茄看得或爲白色或爲紅黃色成寬薄之片或爲彎曲形之條如蟲白色者最佳英國常出售者其色或白或灰半透光質韌如牛角無味少有凹凸力難磨成粉必先加熱至一百二十度後易成粉遇冷水即收

其若干而發腫則有黏力而能散在水中設用沸水不能全消化已消化後則大半再凝結而分出不能在酒醕中消化又脫辣茄看得之質略爲兩種膠質相合而成有化學家布可士與格林伐里化分之得尋常膠質即阿拉比尼五十三分至五十七分又巴蘇里尼三十三分至四十三分又得水與小粉其小粉用碘之試法能得其據其阿拉比尼與阿拉伯膠相似而不相同即如敦根云其膠遇鉀養矽養三不結成質其巴蘇里尼與巴索拉所產之膠相似又有別種不消化之膠與之略同化學家或謂之脫辣茄看得以尼爲無色之定質無味不能在水中消化第能

收其水而發腫如遇淡養則變爲草酸與茂雪克酸如遇硫養則變爲糖類之質不能發酒酵奇布特以爲脫辣茄看得含一奇異膠性質並小粉與木質少許

功用　爲潤內皮藥又因其有黏性則水內所含重物質不能分開而沉下

脫辣茄看得膠水

取法　將蒸水十兩盛於含一升之瓶內加脫辣茄看得膠粉六十釐將瓶搖動數分時即止後每若干時搖一次至脫辣茄看得全消化爲度至末則成膠性之水昔時之方用沸水近時準用冷水

功用　爲潤內皮藥可雜於丸內又重散合於水加此膠令其散不沉下

脫辣茄看得雜散

取法　將小粉一兩提淨白糖粉三兩脫辣茄看得粉一兩阿拉伯膠粉一兩各物在乳鉢內磨勻

功用　如以三十釐至六十釐爲一服則爲潤內皮藥可用之合於他藥料又可用此散作脫辣茄看得糖漿每脫辣茄看得六十釐可配糖漿兩升有醫士最信用之

貍豆毛　西名發癢暮古那特看杜辣之名其毛爲子殼上所生者西俗名者以智立尼由司列於十箇鬚分兩叢

有一種植物在印度國謂之幾懷智又有一種謂之成染料陸脫里拉其所生之毛在印度久用之以逐出腸內之蟲而西國從印度得此法英國俗名考以智大略從印度國之幾懷智混名而得之植物學家虎客已分別西印度列島所產之暮古那與印度所產之暮古那即以西印度所產者謂之發癢暮古那而以印度所產者謂之作癢暮古那

貍豆　西名暮古那阿但司之名又名司替蘇羅比由末韋勒特奴之名立尼由司列於十箇鬚分兩叢

暮古那類萼有兩箇能自落之小花葉萼爲鐘形而有兩脣上者完全下者分爲三分其上花瓣俗名花旗比左右兩花瓣與下花瓣更短花瓣之端有光滑而銳之喙花鬚合成兩叢遞更長短子殼有多毛長形種子少而種子之中有成膛之料分隔之種子橢圓形間有似圓者或似內腎形者面有長窄之線即臍眼此類之植物係籐本而屬腰子形豆科葉分三分葉其分葉在下面生毛其花串從葉榦間角發出而有大而紫色或白色或黃色之花

發癢暮古那　此爲特看杜辣之名如第九十三圖其分葉橢圓形端銳其中略爲斜長方形其餘兩箇在底稍鈍花串鬆散開花甚多分花串大小相間花串共長一尺至

第九十三圖

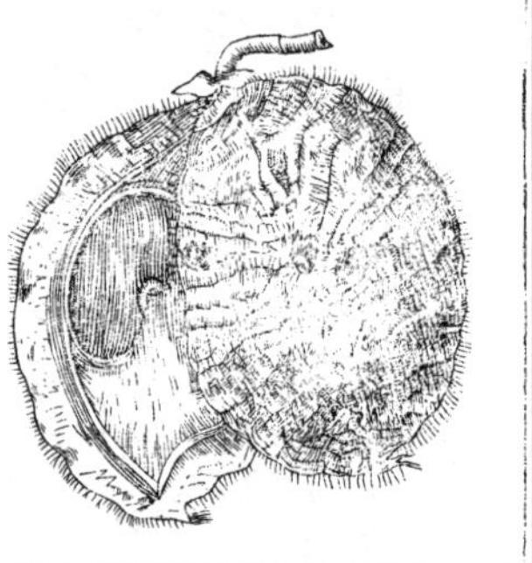

一尺半花有可憎之臭加蒜上花瓣有人皮色左右花瓣或紫色或茄花色下花瓣為綠白色萼生毛色淡紅萼瓣為戈形殼略長三寸圓形又與手指同厚分殼之縫少有凸邊殼面生堅固棧色硬毛其毛尖甚利產於西印度（觀一千八百三十八年植物記錄書第十八頁又觀司弟分孫與尺氣勒之書第三本第一百七十九頁）作癢蘿古那　此為虎客之名此樹之分葉較上言者更小形更鈍中間者為眞斜方形傍者在上邊張開花串似卵形而緊密常開三朶花深紫色萼有短三角形之翅子殼長較上所言者更寬又為彎形而壓平者分殼縫背面無凸邊形子殼面有尖利硬毛排列甚密嫩時則色白而軟老時則色棧而硬此樹產於印度（觀虎客植物雜說第二本第三百四十八頁又附卷第十三頁）印度所稱幾懷智子殼嫩時為常用之食物熟時變棧色而其毛硬而尖利能刺皮膚而入之

功用　此毛服之則能逐出腹內之蟲因在腹中遇各種蟲類即如倫白里氣與阿司指來弟司等（即圓蟲）其尖過腸之時刺痛蟲體惹之令其逃出

服數　以其殼醮在糖漿或蜜糖內則刮之至成膏質將一大調羹為成人之一服一小調羹為小兒之一服即以蓖麻油一服從之

豆形非蘇司替格瑪他（又名毒性非蘇司替格瑪他拜勒夫爾之名西俗名加喇巴豆產於阿非利加之西邊）

毒性非蘇司替格瑪他為蝴蝶形分科之一種成子殼之植物其殼內之豆謂之加喇巴豆該處之人前時疑有罪者令試食之如無罪則以為不受其毒約九年前苦里司脫生云有一種大而子殼內所生之子為阿非利加幾內亞海灣舊加喇巴土人所用定人罪之毒藥其土人名曰愛賽累將此豆浸於酒醋中則得其毒性質每豆一百分得此質二七分一千八百五十九年湯勿生從阿非利加海邊將此樹送與蘇格蘭壹丁不醫士拜勒夫爾即詳細查之記錄於書內此樹之類與腰子形豆之類大相似子房口似新月形另有相連之套而其西名藏此意於內毒性非蘇司替格瑪他為拜勒夫爾之名如第九十四圖係大縢本植物略似矮樹根有絲紋形常生小豆榦在最厚之處徑二寸常有長五十尺者為圓柱形其枝常有彼此相絞而上或纏於本枝上木質有多孔其汁有收斂性

第九十四圖

並辣味其枝纏成之叢爲劈形葉遞更排列有葉莖叉有似副葉在其邊有三箇分葉似翎毛形分葉似卵形而銳有似副葉其左右者在底有斜形花成串在葉榦間角發出其通花串之榦彎曲形生小頭花從頭中生發花有小花莖長一寸有節相連萼爲鐘形分四出上者有齒形花瓣蝴蝶形其色爲美觀淡紅色少帶紫色彎成新月形上花瓣即花旗大而蓋花之其餘各分在頂

分爲兩分而其頂全彎左右瓣即花翅大而色深下花瓣與翅瓣同寬而更長彎成四分圈之三鬚十箇九箇相連成叢一爲獨存花心長一寸半花心莖彎形在其四面有翎毛一行子房口有一奇異形之套似傘形蓋其花心莖子殼嫩者綠色而形彎熟者櫻色而形直有彎曲之頂長七寸有莖熟時自裂種子二箇至三箇長一寸寬四分寸之三此樹產於阿非利加舊加喇巴

子殼含種子二箇至三箇其子或爲長方或似內腎形長一寸至一寸半寬四分寸之三凸邊有長槽爲臍眼外面粗少有光滑之處乾時重約六十釐其兩箇子瓣硬而色白易於磨粉無臭無味去其殼則重約四十六釐其子內有奇異毒性之鹼類質謂之非蘇司替格瑪以尼

加喇巴豆爲平火安心最烈之毒藥令人癱瘓不久而死然在眼科內爲最有益之藥如點入眼內則令瞳人縮小其性與啤啦啲哪相反功用有一定如瞳人放大因此眼睛變遠視則能止之一千八百六十七年英書初載此藥

非蘇司替格瑪膏 又名加喇巴豆膏

取法　將加喇巴豆粗粉一磅正酒醕四升先將其豆粉浸於酒醕一升內盛於封密之器具必屢次搖之添入過濾之器待其酒醕漏下之後則將其餘酒醕漸添入餘下

之豆粉壓之將壓出之酒汁與前之濾下者相合再濾之蒸出其酒之大半瓶內餘下之質用熱水盆熬之至成軟膏爲度此爲一千八百六十七年英書之法

服數　以十六分釐之一至四分釐之一爲一服尋常爲外科之用如搽於太陽處則令瞳人縮小如將以上之數化於水半升內則每滴可當豆二釐如將此水一滴添入眼皮內或將軟紙或直辣的尼之小方浸於其水內則與阿脫路比尼依同法用之觀阿脫路比尼一節

美國之北有一種野藍草正名染料伯布弟西阿此爲蝴蝶形花而屬於蝴蝶形分科用之得藍色染料而美國有

一會西名愛克來克替克郎揀選藥品之意此會之醫士作爲藥品用其根則分得一松香膏質名伯布弟西尼其法先用濃酒醋成浸酒而後加水令其質結成以一釐至二釐爲一服食其小服則有行氣之性食其大服則令人嘔吐或言赤白痢臭發熱病與死肉炎証可爲免腐爛之藥然不知其實有用與否必再試驗方可定之

豆科之內另有數種植物或爲食物或在工藝內用之內有一物雖不爲藥品而爲試驗藥品所用之料即靛應在此處論之

靛 英書附卷

此爲代司可立弟司書中所謂奄的故司又布里尼書中所謂奄的故末爲藍色之染料數種草木產之印度國所產者有兩種草一爲染料奄的故非辣一爲染料來替亞又阿非利加努比阿國有阿普里替勿路西亞又尼日河

第九十五圖

邊有毒性替勿路西亞尋常出售之靛爲染料奄的故非辣所出者而產於孟加拉與替爾胡脫並印度他處如第九十五圖甲爲莢乙爲出售之塊其種子大約從西北各省帶來其草嫩在未開花時摘下浸於盛水之大桶內則草汁發酵而成靛藍變化之時收養氣而放炭養氣桶內之草加熱至八十五度約七小時至十五小時而用木料加於水面令其草不浮則有氣泡浮於水面初次所出之泡每百分有炭養氣八分餘爲空氣然此空氣所含之養氣較尋常之數少四分之一其氣泡將放畢時則其氣泡每百分含炭養氣四〇五分養氣四·五分淡氣五五分如與外空氣關閉而隔絕則常有炭養氣八十六分發酵已畢則見黃色之水面帶綠色於是放出在其底用盆受之在此盆擊之搖動之約兩小時則再放炭養氣而收養氣

其靛結成粒如成粒太遲則必加料令其結成如鈣養水等是也收取所成之靛乘其軟時切成立方塊則搬入烘房烘乾之

靛爲深藍色染料如將其塊刮之或磨之則有紅銅色不能消化於水酒醋以脫油質淡强水鹼類質之內曾有人化分之得靛藍精西名奄的故丁七九五〇分鐵養五·七五分鋁養〇·七五分鈣養〇·九〇分綠色植物質八·八〇分紅色松香類質二·〇分糜費二·三分共一百分如用放養氣之料則能滅其色而成白色之靛此白色之靛遇空氣則收養氣變藍色此白色之靛能消化於水所以染布

之工內用之最多因能變爲不消化之藍色料如將淨靛一分在濃硫强水十五分內消化之則成深藍色之水此水能在淡水內消化工藝中大有用處尋常出售之靛內含靛藍精另有數種異質其靛藍精之式爲炭$_{十六}$輕$_{五}$淡養$_{二}$其白色之靛較藍色之靛多含輕氣一分劑如將其不能消化之靛藍精令遇放養氣之料則變成衣曬丁爲黃色成顆粒之質能在水內消化又能在酒醕內消化其式爲炭$_{十六}$輕$_{五}$淡養$_{四}$如合於鉀養濃水消化之則其靛藍精有數種奇繁之變化

靛在硫强水內消化之成一奇性之質其式爲炭$_{十六}$輕$_{五}$淡養$_{二}$

加二硫養名曰硫養奄的里酸此物在英書附卷內記之名曰靛硫養水其作法將靛五釐硫强水十兩消化之如遇不化合之綠氣則脫其色所以如欲試各種質含不化合之綠氣與否則以此水爲最靈又如試輕綠不應有未化合之綠氣而試鈉養綠養$_{五}$應顯出不化合之綠氣在其水內

薔薇科西名羅薩西依此爲成玫瑰花之各種樹

薔薇科西名羅薩西依爲特看杜辣之名分爲數分科有植物學家不當爲分科而名爲原科即如杏科西名阿米格大里依薔薇科西名羅薩西依蘋果科西名普瑪西依各科內有爲藥品之種此各科與豆科之分別因其萼有奇數之瓣在花之前面

薔薇科植物在北半球暖地及冷地生長故在熱地平原遇見者甚少有數種內含收斂之料又玫瑰花之類有極香自散油又有他種其瓤爲有肉之果形或其殼內有肉其果味最爲適口

拖門替辣又名拖門替辣布登替辣用其根本爲藥品又名尋常拖門替辣立尼由司列於二十箇鬚多花心莖

拖門替辣西國用之已久或以爲希臘國人已知而用之如第九十六圖根大存多年亂形幹細而散開間有向外彎下或散開甚亂葉無托線或有短托線分三分葉其下

第九十六圖

葉分五分葉有長葉莖分葉長形端銳傍有深齒形少生毛副葉更小而有深凹宛如翦者花黃色萼凹形間有分爲八分者排成兩行其外行較小花瓣四出間有五出花鬚多花心莖從傍發出果實爲數箇小核在平而乾之子房座排列本種內之核有縱皺紋種子懸於核內歐羅巴曠野並草地內常遇見之

其根本成多凸頭如結形根頗多外面深櫻色內黃色其

臭甚少味稍澁每百分含樹皮酸十七分另有色料樹膠與自散油少許北方有數處用此根以代樹木皮成熟獸皮之用

功用　爲收斂藥泄瀉或久赤白痢用之得益以三十釐至四十釐爲一服

拖門替辣賁水

取法　拖門替辣二兩搗碎置於蒸水一升半內沸之至餘一升爲度濾之

功用　爲收斂藥以一兩半爲一服一日二三服又可作收斂之洗藥

薔薇科　西名羅西依士納福特之名立尼由司列於二十箇鬚多花心莖

萼似瓶形在口收小其端有汁萼瓣外分五出各爲瓦背排列法間有分如翎毛花瓣五出爲尖向下之心形不多時即落花鬚頗多合於花瓣連於花萼管之邊瓢多連於蒂萼肉形管之內每瓢生多毛其內面有一傍發之花心莖所有各花心莖從蒂萼收小之口發出向外果實或爲球形或爲卵形而爲蒂萼肉形管放大而成內有生硬毛之硬小核頗多核內有倒置之種子此類俱爲矮樹形間有能蔓延者其葉尋常爲奇數一箇爲其端分葉邊有齒形副葉連於葉莖之邊

有數種薔薇花原生於希臘國內故疑爲希臘人所考究者即如希臘語名曰看奴羅屯即狗羅薩俗名野薔薇又有百葉羅薩與深紅羅薩原爲東方所產然古時希臘國亦有種之者最爲貴重希臘語所謂羅屯似爲夾竹桃即薔薇倍樹前人謂之石南薔薇科內有三種爲藥品者

野薔薇　西名狗羅薩立尼由司之名其熟果人藥品

此樹在歐羅巴空曠處產之人家種之爲活籬笆疑即希臘人所謂看奴羅屯

此樹分多種有數種尚未定名其所發之枝彎而向上其刺鉤形排列甚勻大半無硬刺葉上無有核形處少生毛

第九十七圖

或無毛葉邊之齒或簡或繁者即有分齒花紅色如玫瑰花萼瓣翎毛形不多時落下花心莖存於其上而不相合如第九十七圖

其果實即蒂之下半有若干汁變成在內果似卵形其色深黃內含其眞果爲生毛之瓢此必先去之因其面硬毛服之則惹胃最重其軟而濃之質少有甜酸之味比勒士烘乾而化分之每百分得樹膠二十五分不成顆粒之糖質三〇六分檸檬酸二九五分蘋果酸七七分又有數

種鹽類質並樹皮酸少許自散油少許

野薔薇甜膏

取法　將野薔薇果去其種子用一磅在石乳鉢內搗成漿將其漿以篩篩之壓其漿過篩加淨糖二磅磨勻之

功用　爲酸味之涼藥大半合於他藥用之即如雞哪霜丸是也

法國玫瑰花 立尼由司名法國羅薩即紅薔薇英國多種之用其花瓣或新鮮者或乾者爲藥品

此種玫瑰花名紅薔薇又名法國玫瑰花又名日耳曼玫瑰花又名奥地利玫瑰花爲歐羅巴中與南之各國所產

者苦里司脫生云一種眞紅玫瑰花即英國爲藥品者爲紅薔薇花內之一種與他種不同另設名爲普路分西羅薩其原產處在阿非利加之北巴巴黎邦係古盧薩特人帶至歐洲者英國有一處名米綽未多種藥品特種此種玫瑰花甚多

如第九十八圖樹矮枝短而韌其枝之刺勻排列有核形硬毛彼此相間分葉亦韌成橢圓形面有皺紋花有數朵成一叢直立而大花葉有葉之形狀萼瓣似蛋形亦有葉形且爲繁者果實似橢圓形

第九十八圖

第九十二圖 補第九十頁

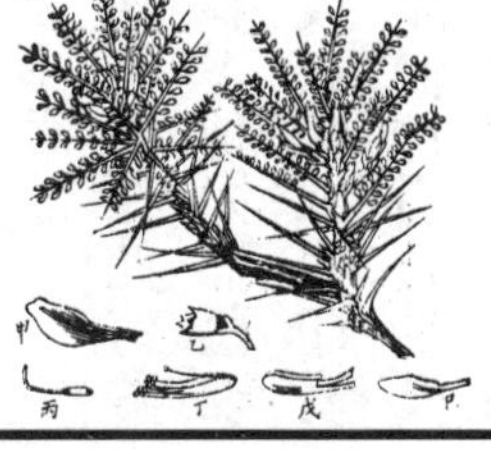

藥品所用者爲花瓣新鮮者面軟如翦絨色紅少帶紫面有極細白色軟毛新鮮者香少乾時則多香英書所準用者爲半開之苞先去其蒂萼與爪則速令乾篩之去其異

質存於瓶中封密之不見日光則其香最佳久不變色其味微苦而濇化分之得樹皮酸少許沒石子酸顏色料自散油少許並他種植物質與數種鹽類質又鐵養微迹如將其沖水合於含鐵之鹽類則變黑色

玫瑰花酸性沖水

取法　將淡硫強水一錢在沸蒸水十兩內調和之將乾紅玫瑰花瓣四分兩之一撕碎之添入沸水內蓋密其器待半小時濾之

功用　此水少有收斂性與補性其加酸之故令其水色更深如鹽類瀉藥並雞哪等藥常用此種水消化之凡用

此水者不可忘其含硫養而與不配用之藥相合也
服數 以一兩半爲一服每三小時一服又可合於酸質或白礬或蜜糖成漱喉藥

紅玫瑰花甜膏

取法 將新鮮紅玫瑰花瓣一磅置於石乳鉢內搗成漿加淨糖三磅各質磨勻

功用 少有收歛性以六十釐至一百二十釐爲一服藥品內大半用之以作丸料

紅玫瑰花蜜糖此爲倫書所載之藥

取法 將乾紅玫瑰花瓣四兩先以手扯鬆置於沸蒸水

十六兩內待二小時則以手輕壓而濾之將所濾得之質合於沸蒸水八兩待片刻將其水傾出存於他器內則加前水之一半後加蜜糖五磅熬之得過濃即加其餘一半則其濃適合於用

功用 有輕收歛性其味最佳故口內白點生炎可搽之又可合於他藥作漱喉藥

紅玫瑰花糖漿

取法 將乾紅玫瑰花瓣二兩置於沸蒸水一升內待二小時則用棉布絞之將其水加熱至沸濾之加提淨白糖三十兩加熱令其消化所得者應重二磅十四兩其重率應一·三三五

功用 少有收歛之性其大半用處爲配合於他藥令其色美觀味能適口

大玫瑰花 西名百葉羅薩立尼由司之名又名菜形玫瑰花藥品用已開而新鮮之花瓣英國多種此花

此種玫瑰花歐羅巴各國多種之原由東方而來或云高加索山原產之波斯國有百葉玫瑰花土名蘇特罷爾即百葉之意古人亦將多瓣玫瑰花記於書中然此類玫瑰花亦分爲多種

樹矮枝直立多刺其刺略直底稍放大刺之間有核形硬

毛其式與尺寸各不同其大者間有鷹爪形分葉五至七或爲長形或爲卵形其邊有核形花數朵成一叢向下彎花芽短卵形花萼似葉形萼瓣在開花時不向下而伸彎形如葉似乎翎毛或多似或少似不定花莖有膠質如核形果實似卵形此花在英國米綽未等處多種之

此種花瓣最香故各國多種之其花最爲可觀從此有多種最難分別或爲類或爲種如印度國多處種大紅色玫瑰花產玫瑰花油土名阿他爾又可作玫瑰花水如印度國內玫瑰花之類少故想印度之加齊不爾即有玫瑰花園之處多作玫瑰花油之貿易則必多種此花在其花初

開時取其瓣速乾之香可久存如合於鹽而存之則其香更能耐久其含自散油之外亦有瀉性之質在其花瓣內另有他種玫瑰花所含之各質

玫瑰花水

取法　將大玫瑰花十磅或用其新鮮者或用相配之重數存在鹽內而乾者每加水兩斗蒸出一斗為度又有一法將玫瑰花自散油二十滴合於蒸水四升搖動而濾之

功用　洗藥與重性之藥可用此水化之為有趣之料

玫瑰花油又名阿他爾即自散油

此油從印度國並地中海東方運至西國出售其香最佳蒸此油一百八十釐須用玫瑰花十萬朵顏色不定略在八十度以內變為定質如九十度則其重率得〇八三二能在醕內消化有若干分能在水中消化即如玫瑰花水是也此油可分得兩種質一為定質一為自散油質其定質難在醕內消化英國蒸玫瑰花水常有得其自散油之顆粒作香料之肆常將此質添入香料內又數種油膏與洗水亦可含此質令其香可聞

古蘇特看杜辣名殺蟲布類以拉産於阿比西尼國花與樹頭入藥品

近時多用古蘇為殺蟲藥大得其益常用者為其花公特定名曰殺蟲布類以拉花屬於薔薇科又依特看杜辣植物排列法則屬於得來亞第依科花無瓣而分雌雄法國初得此花之人名阿里可爾脫法國與英國多用之治腹中之扁蟲而阿比西尼國土人早以此花作此用藥品記錄書第十本第十五頁載醫士沛離拉詳論此花之說又晒夫里從亞丁買此花試之又有醫士蒲特從亞丁帶古蘇花藏於山羊皮袋內海得蘭查考之其花與花榦與阿里可爾脫從阿非利加運來者相同

殺蟲布類以拉花如第九十九圖樹高二十尺樹枝圓有生鏽之形生細毛如呢其面有落葉之圈形痕迹葉遞更排列甚密而為奇數一箇為其端端之分葉常有亂排列者葉底相連處如包抱之形分葉長形或為橢圓刀形端尖葉面有齒邊生小毛如呢下面之筋亦然副葉與其葉莖連生葉莖在底放大而其底略包圍其莖花分雌雄小而色綠漸變紫色常為雙排列小花榦之底有蛋形花葉其雌花萼外各分並內各分大四五倍幾無花瓣花鬚為初起變成之形所稱雄花含已成之鬚此樹原産於阿比西尼國後有比克遊覽阿

第九十九圖

非利加阿背河發源之處見此樹生發甚茂又有布羅司將此樹在本處繪圖而詳言之其雌雄兩種花摘下裝箱或裝於熟皮袋中色櫻赭有毛其香如波勒殺末類味苦內含苦而酸性之松香類質又含自散油與顆粒形之質化學家馬爾聽名曰古蘇以尼每百分含樹皮酸略二十五分少有改變之狀想其殺蟲之性不在以上之任一質內而在乎各質相合

功用　花能殺扁蟲而逐出之服此藥之法與平常服藥之法不同其法將此花約半兩滲於暖水一杯內空腹連花服盡服後若干時可食輕瀉藥一服如蓖麻油等依此

法服之功用最大

古蘇冲水

取法　將古蘇花半兩磨成細粉滲於沸蒸水八兩內蓋密其器待一刻許不濾而服之

服數　以四兩至八兩為一服此法與上法相較無有更勝之處其水不清而體積多故服者畏之其功用頗大如另服蓖麻油則易逐出其蟲

阿比西尼國又有數種樹能產殺蟲之藥即如公達有暮息那樹皮或言本處土人用此藥以殺蟲者甚多

蘋果科　西名普瑪西依珠西亞之名

植物學家以蘋果科屬於薔薇科大半產於地球北溫帶並印度之大山園內所種者果實可食內含糖質其味之酸最能適口野生者或過酸而有收斂性不能食之如將蘋果科果之種子蒸之則少能得輕衰質

木瓜　西名幾佗尼亞用其種子為藥品立尼由司列於二十箇鬚五箇花心此為倫書所載之藥

西國古人並阿喇伯古人已知木瓜希臘名幾佗尼亞印度國用其子為藥土名曰必歇旦拿從喀布爾與克什米爾出售運至西國該兩處種此樹甚多

此樹頗大枝多而彎曲葉似卵形底鈍不分邊無齒其下面與萼及花莖俱有細毛花少或為白色或為玫瑰花色

其莖如傘之托輻果或為球形或為長圓形內分五膛膛內含多子其成膛之料硬如脆骨其子有濃膠類質包圍之如第一百圖

第一百圖

木瓜樹之果黃色外生細毛其香可聞古人用為藥品近時西人常用之與他果同煮令其味更佳或合於糖燒成糖果內含醬料若干又有蘋果酸糖質與含淡氣之質種子長而尖向外之面為凸形向內有一箇或兩箇平面其平面之數依相近子數之多寡子之外殼頗厚外面有濃

膠質。化學家皮司酷否云。此膠質存於極細之膛內。遇沸水則易消化而分出。沛離拉書中亦有此說。

木瓜子蒸水 又名幾佗尼亞子蒸水

取法　將木瓜子二錢。置於沸蒸水一升內。加熱令輕沸十分時。濾之。

功用　潤性之藥內科中用之。與胡麻子膠水或胡麻子蒸水相似。其質有黏性。味淡。有醫士設法將其膠熬乾磨粉。至臨用時。則合於水以成膠。

沛離拉書云。木瓜子膠與他種膠之性不同。故另設一名曰幾佗尼尼。

杏科 西名阿米格大里依立尼曲司列於十二箇鬚一箇花心。

植物書常將此科之樹。列於薔薇科內。其樹產北溫帶內有山之處。爲野生者。今溫地各處有人種之。其樹所生之果。尋常爲可食者。仁內多含油。間有數種放膠質。又有數種。仁內成輕衰。

尋常杏仁 杏仁分兩種。一爲甜杏仁。一爲苦杏仁。

杏仁一物。新約舊約書常言及之。從敘利亞國起至阿富汗止。俱種此兩種。古人與阿喇伯人亦知此兩種。一千八百六十四年英書祇載甜杏仁爲藥。一千八百六十七年英書將苦杏仁列於藥品內。

樹小葉有戈形邊生齒形齒上略有核其葉之嫩者爲平摺形。葉莖有核形長或等於葉之橫徑。或大於葉之橫徑。花幾無托線。爲獨生者。而發花時較發葉時更早。花萼成管。爲鐘形。果實乾。內有仁。外有肉。其形似壓平之卵。外面生細毛。熟時則破裂。果內有硬脆之殼。殼內有仁。入藥品即杏仁。

有數植物學家以爲苦杏仁與甜杏仁不同類。然大半植物學家以爲一類內分兩種。植物學家尼斯芬伊孫白格云。一樹內能生甜苦兩種杏仁。特看杜辣云有數種各有小分別。與他植物同理。

甜杏仁。如第一百一圖。此樹之葉灰綠色。其葉之底與其下各齒有核形花心莖較鬚更長。殼硬。然有數種甜杏仁有軟脆之殼。東方數處土名摺巨齊郎紙殼杏仁之意。

第一百一圖

苦杏仁。如第一百二圖。此樹之葉莖有多小核。在其面排列。花心莖與花鬚等長。而其殼或硬或脆。

第一百二圖

甜杏仁 又名約但杏仁

甜杏仁常出售者外有脆殼俗名殼杏仁從西班牙國與意大里國運至英國出售大半產於西班牙國之馬拉牙相近處謂之約但杏仁又名瓦稜薩杏仁意大里杏仁印度所用者或產於波斯國或產於阿富汗其杏仁似卵形一端圓一端尖又似乎壓平形色似桂皮仁之衣略皺炒之去其衣則得兩子瓣色白無臭味頗佳如爲陳者或有蟲食之則其味不佳化學家婆來化分之每百分得定質細油五十四分衣暮辣西尼二十四分流質糖六分膠質三分水三五分立故尼尼四分醋酸○五分其仁之衣每

百分內有五分含樹皮酸少許其衣暮辣西尼又名西那普太西又名杏仁之植物阿勒布門其色白因有此質則杏仁酪內有油質散在水內而不分出如將其仁壓出油質則其餘質爲杏仁餅與胡麻子壓去油所得之餅同意此餅作乾磨粉謂之杏仁粉約但杏仁毫無苦味英書云如合於水搗之則不發苦杏仁油之香

功用　可作食物有潤性可作柔軟之藥

杏仁雜散 又名杏仁甜膏

取法　將約但杏仁即甜杏仁八兩提淨白糖粉四兩阿拉伯膠粉一兩先將杏仁浸於冷水中至其衣易去去衣之後用軟布揩乾置於乳鉢內輕磨成漿再加阿拉伯膠與糖輕磨勻成粗粉存於瓶中蓋之然不可過密此粉可合於水成漿又可合於他藥用之又可作杏仁雜水

杏仁雜水 又名杏仁酪

取法　將杏仁雜散二兩半蒸水一升將此散合於其水少許成稀漿再加其餘水用細紗濾過之

沛離拉設方用甜杏仁四錢阿拉伯樹膠粉一錢白糖二錢水六兩半先將杏仁去衣合於糖與阿拉伯膠磨勻後漸加水即成

功用　有潤性可作柔軟之藥又可與他藥同用

杏仁油 此油可用甜杏仁或苦杏仁壓而成之英國常作此油

此油之質最細然易化分而壞色淡黃易燒重率得○九一七至○九二○每百分內含瑪加里尼二十四分以拉以尼七十六分

功用　爲微利與潤性之藥與橄欖油及他種定質油相同用此油作簡便油膏又作鯨魚油膏紅汞養油膏並二鉛養醋酸雜油膏

苦杏仁

尋常出售之苦杏仁其殼已去較甜杏仁更小在印度麻加多出售無臭與甜杏仁同其味甚奇辣而苦又含細定

質油與衣葛辣西衣又易合於水成白色乳形之質與甜杏仁同又含一種蛋白類質少許此質最奇謂之阿米格大里尼此質能在水中消化又能在沸酒醕內消化無色能成顆粒內含淡氣味苦無臭其式爲炭$_{四〇}$輕$_{二七}$淡養$_{二二}$苦杏仁內原不含自散油與輕衰化學家已詳細化分知其不含此兩質但易令苦杏仁內變成此質其變成之理因一質爲衣葛辣西尼遇又一質爲阿米格大里尼而有水在其旁則彼此相變即與對阿司打西遇小粉或酵遇糖同理其兩質已變之後即能聞其香所成之質爲苦杏仁油即爲自散油與輕衰

功用　能平火安心又爲毒藥有人食苦杏仁之微數則其胃難消物而皮膚發麻子之類即發紅而癢又有人食一小服而無害常有成人或小兒或小獸服此而死故用爲藥品甚少顧常在點心內或糖膏內用其少許得佳味如將苦杏仁壓之所得杏仁油食之不害者爲其定質油苦杏仁油雖不入正藥品應在藥品書中論及之因常有人用以爲藥其毒性最重此油尋常爲黃琥珀色其本香之外另有輕衰香聞之有趣味苦而辣因含輕衰每百分含輕衰八五分至一四三三分重率常不同無一定之數藥肆家常將酒醕雜於其內求得活特云不能依其重率

而辨其含醕與否其油內自散之質爲偏素里輕此質之淨者重率爲一〇四三無色極稀味與杏仁同其淨者不毒然尋常出售之苦杏仁油另含輕衰偏蘇以克偏蘇以尼等質其偏蘇以克與偏蘇以尼兩質爲偏素里輕化分而成者其式爲偏素里輕等於炭$_{一四}$輕$_{五}$養$_{二}$加輕其偏蘇以克常在久存之杏仁油內結成顆粒沉下此油內之輕衰可用銀養淡養$_{五}$水分出之令其油少能在水內消化並易在酒醕與以脫內消化求得活特有法能辨其加酒醕與否其法每油一體積加重率一五之淡養$_{五}$一體積如其油爲淨者則無變化之事如含酒醕則不久發沸甚猛而放出淡養$_{四}$霧

功用　此油有毒性與輕衰同因其內含輕衰若干間有人用以代輕衰以四分滴之一至一滴爲一服又用之爲香料添入飲饌之內設如去盡其輕衰則用此油無害沛離拉云此油之濃淡不定尋常出售者較爲藥品之輕衰濃四倍可將其油二錢合於正酒醕六錢成香料

梅　西名普羅奴斯藥品內用其乾者又名家梅

植物學家以梅爲古時希臘國人代司可立弟司所謂古苦米拉疑此樹爲特奴里所言之古苦米拉梅爲加喇蒲利亞園中所產者或以此樹爲家梅之根原野生者有刺

汁有濇性英國語名思羅即野梅其汁可當古人所用阿捛幾亞藥

梅樹小枝平滑葉橢圓形花芽有一箇或二箇合成花瓣白色似長蛋形果核內有仁外有肉亦爲長蛋形其核平滑或有槽面無小孔歐洲各處所種者分數種有數處生野者有人疑此樹原產於亞細亞

英國所用之乾梅俱產於法國者其梅有兩種一爲黑色土名桑加他隣梅一爲綠色名綠加圭梅葡萄牙國亦有產此梅之處大半在幾瑪蘭斯運來故依此地名爲梅名又一種產於日耳曼者土名開脫施又有一種名黑梅爲

小黑色者味更酸有瀉性亦謂之大紅色梅醫學家米拉與特倫司兩人書中言及之乾梅之質大半爲水與此科之果略同每百分祇含定質二十分此定質內有糖質膠質蘋果酸含淡氣若干之質貝格的尼木紋等

功用　有潤性爲有益於人之植物又爲微利藥可食其乾者或飲其煑水或飲其漿辛拏葉甜膏用以爲配藥品中用其新葉

羅耳烏司櫻桃 又名櫻桃羅耳烏司普羅奴斯立尼由司之名西俗名羅耳烏司櫻桃葉

此樹在英國園中常見之原產於小亞細亞近於德勒比孫達最多一千五百七十六年西人苦羅西由司自此處移至歐洲種之

樹小而矮葉平滑凌冬不凋葉莖短而葉長尖其邊微有齒形上面發光下有核兩箇至四箇葉韌如皮花串從葉幹間角發出爲單者花串之長略與葉等花瓣白色略爲圓形四面伸開鬚二十箇果之外面無細粉形圓色黑略與小櫻桃同大

如第一百三圖西俗名羅耳烏司英國園中常有之其名易與眞羅耳烏司相混即甜葉倍樹此倍樹葉之性無毒而羅耳烏司櫻桃之葉最毒又有一種樹亦易相混即葡萄牙羅耳烏司樹正名曰羅西旦尼櫻桃羅耳烏司櫻桃

第一百三圖

之葉爲藥品乾者味苦有收斂性無臭其新者亦然搗碎則發香如辣替非耶即杏科之植物大半有此香而發此香之理或與苦杏仁之發香同即內有數質彼此相遇則成新變化大略成自散油質與輕衰化學家苦里司脫生已查此樹在西五月或六月所發之葉芽或嫩葉每千分有油六·三三分至西七月之葉每千分祇含油三·一分此後每月之油數更小至第二年五月每千分祇有油〇·六分此時已在樹上一年而以後之油數不

變即爲新葉油數之千分之一。如合於水而蒸之則成自散油，與苦杏仁油之性相同。然其油不用，祗用其蒸水。

功用　爲毒藥，平火安心藥。其葉磨粉，以四釐至八釐爲一服。又合於麵粉或胡麻子粉成膏藥，敷於皮膚瘡痛之處。

羅耳烏司櫻桃水 又名櫻桃羅耳烏司水，亦名羅耳烏司水。

取法　將尋常羅耳烏司樹之新葉一磅，水二升半，先將葉以刀切碎，在乳鉢內磨之，浸於水內二十四小時，再蒸之得水一升爲度。將此水搖動良久，以紙濾之，存於瓶內塞密之。

功用　有毒性，能平火安心。其服數與淡輕衰水同，即十滴至三十滴爲一服。然其所含輕衰之數不定，因其數之多寡與取葉時有相關，因此不足恃，用之危險，倫書去之甚是。

亞美利加之北有此樹，名勿爾吉尼阿櫻桃，俗名野櫻桃樹。該處用其皮爲藥，內有一種苦味質，又有阿米格大里尼與衣暮辣西尼。此兩質成輕衰與苦杏仁同，所以此樹皮爲補藥，又能治依時而作之病，食其大服能平火安心，又瘧疾與肺癆病可用之。以三十釐至四十釐爲一服。其沖水不含輕衰，即用其皮半兩，以水十六兩沖之，如以一兩至二兩爲一服，則爲補藥。其松香性之膏，名普羅尼尼亦爲簡便苦味藥，以一釐至二釐爲一服。英國醫士不用野櫻桃樹皮，然亦知爲有益藥品，應收入正藥內。

淡性輕衰水 此水每百分含輕衰兩分，俗名普魯士酸，德國俗名藍酸。

輕衰爲輕與衰兩質相合而成，俗名普魯士酸者，因從普魯士藍而成也。觀四鐵三衰鐵一節 化學家西里於一千七百八十二年初用其淡者。一千八百十五年化學家該路撒克得其淨者。一千八百零九年布里拉初用爲藥品。一千八百十七年墨正弟初用之。英國於一千八百十九年醫士湯勿生初用之。然西國早已用羅耳烏司樹等含輕衰之物得其藥性之益處。

輕衰係植物質所成，前已言在苦杏仁與櫻桃羅耳烏司樹所蒸之水或油中得之。又有數種質，即杏科內之數種樹，如桃仁，數種梅與櫻桃之仁，數種花與蘋果子等物，俱含之。尋常取輕衰之法，將衰之雜質化分得之。

衰

此質之式爲炭二分劑，淡一分劑，相合而成。其分劑數共得二十六。西名衰阿奴真，譯曰藍母。此因普魯士藍之顏色料以衰爲要質。衰雖爲雜質，而與別質化合與原質相同，故化學書中常以衰爲生物底質之模觀炭與淡合成之質一節。此

質依化學理論之則爲炭一體積與淡一體積相合而成
卽炭二分劑淡一分劑相合而成故可名曰淡炭如與他
質分開則爲無色定性氣質其香最奇無所不到其雜質
甚多如數種動物身體中所成之料內有含此質者如將
含淡氣之生物質合於爲本之質加熱則能成衰之數種
鹽類質衰在藥品內自然不用其純者因能合於輕氣成
輕衰爲有用之藥品故特言之間有配數種藥存久則漸變成輕衰在內卽如醫士設方配藥用鉀養炭養與羊躑躅浸酒久存則自變成輕衰在內
輕衰之分劑共得二十七該路撒克初得其淨而無水者
法倫海寒暑表〇度時則凝結遇熱則易變爲明而無色

之流質重率略爲〇六九七此爲六十四度之熱其味初
涼後辣然試其味易受其害最爲危險其香大而奇與苦
杏仁油不同如將輕衰數滴置於紙上則有若干分化散
甚速令其餘者冷至結冰如加熱至七十九度或八十度
則沸變成霧質此霧遇火卽着如合於養氣則爆裂甚猛
輕衰能速化分變爲稜紅色至末則發淡輕之臭苦里司
脫生云三十二度之熱存輕衰二十一日尚未改變其配
性最次所成鹽類質極易化分易在水與醋內消化其在
水中消化者爲藥品所用之輕衰水
淡輕衰水　此水之味與臭與輕衰相同祇爲更淡其香

易與他香分別所以試驗輕衰之法聞其香爲要然有人
聞此香易誤爲苦杏仁油之香如謹愼聞之則易分辨因
苦杏仁油有自散油質在內而輕衰之香稍次其質更易
存如用鉀衰鐵合於硫養成之則更能存久或有他種酸
質合於其內亦能令其存久或存於暗色玻璃瓶內或將
紙護於瓶外以遮光而塞密之亦能令其存久不變藥肆
常出售之輕衰水所含輕衰之數常有不同每百分含一
四分者爲最少含五八分者爲最多英書所準用者每百
分含輕衰兩分倫書亦準用含兩分者前蘇書準用含三
八四分阿書亦準用含兩分者此藥在藥品中最宜愼用

因其濃淡不同常有誤毒人之事故英書設一便法試驗
此水者可用之觀卷首之表
淡輕衰水之功力幾藉其重率定之因重率愈小則水愈
濃如英書準用之淡輕衰水重率得〇九九七倫書之試
法將淡輕衰水一百釐置於器內加入銀養淡養五水至不
再結成爲度而所加之水如含銀養淡養五一二五九釐則
準用之所結成之質易在沸硝强水內消化五分內配輕
衰一分一千八百六十七年之英書亦有同試法苦里司
脫生云如依上法試之則英國極著名之藥鋪出售此質
每十家必有九家差誤又云如其水之濃淡差不外若干

界限則無礙於爲藥之用，然此水因有大毒性，其濃淡應歸一律，不可有微差，今英國律法定用淡輕衰水，每百分必含輕衰二分，不可或多或少，英書有法求淡輕衰水所含之輕衰數法，將其水二百七十釐合於鈉養水，令有鹼性，須加銀養淡養五試水一千分，方結成不散之質，所結成之質，必配無水之輕衰一百分之二，所加銀養淡養五水，已至一千分結成之質爲銀衰，即其輕衰合於鈉養成鈉衰，又合於銀養淡養五，則成鈉養淡養五與銀衰，但其水內有若干鈉衰，則不能再有結成，因其兩種含衰之鹽類相合成雙鹽類，如水內之鈉衰已無餘，則其餘銀衰結成，醫士尤而另設一法，將輕衰水一百釐，消化紅色之汞養，而從消化之汞養數，得知輕衰之數，茲設一比例，因汞養之分劑一百〇八與汞衰一分劑之輕衰數二十七之比，若四與一之比，所以將輕衰水消化之汞養數以四約之，則約得數爲所含之無水輕衰數。

又有簡便之試法，用已知濃淡數之碘試水，加入含輕衰之水，滴滴添入，則成無色之碘衰，此法必滴滴連加，至有不化合之碘在水中，則水顯微黃色，每加碘一百二十七分，即一分劑，必已有輕衰二十七分，亦一分劑，從此能推算輕衰水每百分含輕衰之數。

取法　將黃色鉀衰鐵二兩又四分兩之一，在水十兩內消化之，加硫強水一兩，合於蒸水四兩，待冷時，將兩種水置於燒瓶，或玻璃或瓷之蒸器，必配凝水器與受器，再將蒸水八兩傾入受器內，必用法令其凝水器與受器不收熱，再於燒瓶或蒸器下少加熱，至其受器內之水共有十七兩，再添蒸水三兩，或足令其輕衰水之濃能合數，再將此水試之，法將此水一百十滴，即重一百釐，用銀養淡養五水，依前所言之法，令結成銀衰，則所得之乾銀衰應重十釐，如準此數，則所得輕衰水爲合法，否則必配準此數，此方與倫書之方相似，倫書之方用鉀衰鐵二兩，硫強水七錢，得輕衰水二十兩。

有一簡便之法，原爲依肥里脫所設，能任意得淡輕衰水，可用便有之材料與器具，其法將銀衰四十八釐半，合於蒸水一兩，此蒸水必先合於輕綠三十九兩半，在小瓶內搖動之，加銀衰之後，則輕綠之輕合於銀衰之衰成輕衰水，每百分含輕衰二分，所放之綠氣合於其銀成白色之銀綠，待若干時，將其清水傾出，存於無光之處。

又有一法，將輕綠合於汞衰而蒸之，然此法近不多用，前有藥肆公會用相似之法得之，所得之水重率〇九九五，即每百分含輕衰二九分，又有化學家該路撒克設法得

無水輕衰法將輕衰行過白石粉與鈣綠

前在鉀衰鐵一款內言鉀衰鐵爲兩本之底質即鐵衰合於鉀二分劑所成以上之法內此鹽類質爲硫强水所化分所存之質有三種一爲蒸過之輕衰二爲鉀養二硫養此質存於甑內三爲黃色鹽類質亦存於甑內其鉀衰鐵每一分劑含水三分劑而鉀衰鐵每兩分劑遇硫養輕養六分劑則有水三分劑化分其衰六分劑內有三分劑合於輕三分劑成輕衰三分劑又水內養氣三分劑合於鉀三分劑成鉀養三分劑此質合於硫養六分劑成鉀養二硫養三分劑其餘下者爲鉀一分劑與衰三分劑此兩質

與鐵二分劑化合成黃色鹽類質一分劑此黃色質爲鐵衰鉀而其鉀與鐵之分劑與鉀衰鐵之分劑相反又有水九分劑爲餘下者以上各變化可作一式以明之

二(鉀衰鐵)⊥三輕養⊥六(硫養輕養)=三輕衰⊥三(鉀養二硫養)⊥(鐵衰鉀)⊥九輕養

黃色鹽類質已有該路撒克與依肥里脫兩人考其原質惟該路撒克專考其理而依肥里脫專考其數所以化學家以爲依肥里脫之說最合於理英國化學家非勒白佩服而用之沛離拉書中云已照法成此質得色白者與該路撒克所得者同而依肥里脫所得者爲黃色沛離拉云

其黃色之故因在其成質之工內近於空氣如不遇空氣所結成者爲白色

化學家白西里由司論衰鐵之各鹽類云已蒸過之各質必將鉀衰鐵二分劑合於硫强水六分劑蒸之所得者開列於左

蒸質

硫强水六分劑二百四十分

鉀衰四分劑二百六十分

鐵衰二分劑一百零八分

硫强水內之水六分劑五十四分

鹽類質內之水六分劑五十四分

共蒸質七百十六分

蒸得之質

鉀養二硫養三分劑三百八十一分

輕衰三分劑八十一分

鉀衰一分劑六十五分

鐵衰二分劑一百零八分　成黃色鹽類質一百七十三分

水九分劑八十一分

共蒸得質七百十六分

試法　查輕衰濃淡之外又應查其淨否

淡輕衰水。無色。全能化散其臭最奇。少能令藍試紙變紅。不久則仍復爲藍。遇輕硫而不改變。可知不含汞衰等質。如加鋇綠水而無結成之質。可知不含硫養。如含他酸質則合於汞衰碘衰合鉀衰碘衰。則變紅色。因成汞碘。如將輕衰合於銀養淡養。成白色之質。全能在沸淡養水內消化。可知其不含輕綠。又遇藍試紙不多變色。遇鋇綠不多結成質。亦可知不含硫養或輕綠

如有人因服輕衰而死。則聞其香最易分辨。欲得其證據。法將其胃內之物洗之濾之。如有數種流質相合者。則合於動物炭粉。不加熱。如因腐爛而生淡輕養。至有鹼性。則必加硫養足滅其鹼性。再將其流質八分之一。以熱汽盆加熱蒸之。將所蒸得之質。用下三法試之。

一　將蒸得之水。合於鉀養水至有餘。再加鐵養與鐵養鹽類質之水。即如青礬水或鐵酒等。則有結成之灰綠色質。再加硫養少許。則變深藍色。因成普魯士藍故也。觀鉀衰鐵一節。則易明此試法之理。

二　加銀養淡養水。則結成銀衰。此質在沸硝強水內能消化。

三　將銅養硫養。加入已加鉀養至飽足之輕衰水。則結成綠色之質。再加輕綠少許。則綠色之質變爲次白色。

試驗輕衰之細說。西國洗冤錄內詳細述之。如苦里司脫生與對拉兩人之書是也。

功用　爲平火安心藥與止痛藥。然服之過限。爲最猛之毒藥。如久咳與心病面部腦線痛胃病如胃痛等。俱爲有功力之藥。又數種皮膚之舊病可用之。爲治痛與癢之洗藥。

服數　以二滴至五滴爲一服。加水一兩或更多。或加膏亦可。如作洗藥則以二錢加玫瑰花水半升。或尋常蒸水半升。

解法　凡服輕衰。則其毒性最速。幾無法能及用之。然有數法。如能立刻用之。可得益處。其法如下。一傾冷水於身大半連傾於頭與背脊上。此爲隨處可用之法。二嗅淡輕養或淡輕養炭養。然不可過多。或服其水。或將其水擦皮膚。俱能得其感動行氣之益處。三用極淡之綠氣吸之。或服綠氣水。以一錢至二錢爲一服。或用鈣綠水或鈉綠水服之。最要之事。必用法令其呼吸氣如尙及服溼鐵養或鉀養炭養水。後立即服鐵養硫養合鐵養硫養水。

英國有醫學新報。以外科放膿刀爲名。於一千八百四十四年十月初五日所發之報內。有壹丁不城司密得公司設一方。治輕衰之毒。其方要令其輕衰在胃中遇鐵之酸

質而與鐵化合成普魯士藍爲無害之質後此公司印於藥品記錄書內卽一千八百四十五年七月第五本第三十五頁設方如左

將鉀養炭養二二十釐在水一兩至二兩內消化之存於瓶內再將鐵養硫養三十釐與水一兩在乳鉢內磨勻而消化之加鐵二綠三酒一錢另存一瓶內凡藥肆家應親自趕往中毒者之處令其先服鉀養炭養二後卽服鐵之鹽類如令他人去恐有先後倒用之誤然雖有此方必在服毒後不多時服之否則其功用難顯所以服輕衰而能挽回者甚少此因藥到已遲之故

輕衰霧

取法　將淡輕衰水十滴至十五滴冷水一錢置發霧器內吸其所放之霧

此藥於一千八百六十七年英書初用之如氣管出聲處或牙齦肉大痛可用此治之必最謹慎

番石榴科 西名没爾他西依波耶之名俗名没爾士

番石榴科之樹最爲可觀在新金山與亞美利加之熱地甚多在亞細亞與阿非利加更少歐羅巴之南不多見之此樹內收歛性之質甚多又有自散油最爲可聞所以有數種可作收歛藥又有數種可作香料有數種結果其味酸甜最爲適口食之亦有益處

第一族　小種族 西名勒浦拖司把瑪西依特看杜辣之名此族之果有殼形依此辨之

分種　米拉留格依 卽黑白色之意

揩耶普提油 又名小米拉留格特看杜辣之名其油從葉中蒸出立尼由司列於花鬚多於三叢二十箇鬚此油產於巴達維亞與新加坡

揩耶普提係印度之土語卽白色樹之意從植物學家倫非由司書以來西人方知之其書云此樹有兩種一爲大白樹二爲小白樹一千七百九十八年印度京都加爾各搭植物院中派司密得往摩鹿加海島查眞揩耶普提樹將數顆帶回印度種於本院內後從此院分至印度各處種之然此種樹雖爲摩鹿加海島最熱之地所產亦能耐印度西北之冷此因其樹皮厚之故司密得又送此樹若干顆至英國醫士馬敦查之得知爲倫非由司書中所說之第二種一千八百零九年倫書內謂之揩耶普提米拉留格後有醫士司米得改名爲小米拉留格樹如巫來由人所謂揩耶普提樹者爲另一種正名白樹米拉留格其葉更大更似鐮刀形中有脉五條面平滑其香或少或無不能蒸自散油

如第一百四圖係特看杜辣書中所論小米拉留格樹此樹小榦直立而彎榦外有皮厚而稍軟淡色枝散亂小枝

第一百四圖

極細向下彎如垂楊葉遞更排列似戈形尖銳少彎似鐮刀形其脈三至五嫩時面光如絲搗碎之則發大香花莖爲樹枝之端從離根最遠之葉幹間角發出花莖萼小枝俱生細毛開花時莖端有一圓錐形之芽面有魚鱗形花已開則此芽變成小枝放數葉其花莖爲獨者開三朶花萼似瓶形如圖之三號其體分五分花瓣五出白色無臭花鬚三十箇至四十箇合成五叢其托線較花瓣長三倍至四倍鬚頭中腰連於托線頂上有黃色核花心莖長子房口分爲三分但其分顯出不甚明花子房卵形分三膛子殼亦然如圖之一號與二號種子數多其下半連於花萼之厚管子殼亦爲此管所包陸克司曰格名曰揩耶菩提米拉留格此樹原爲摩鹿加列島所產武羅島與馬尼比島產之最多又在婆羅洲之南邊亦有其天生者本處土名曰多捺起炊幾勒

其葉在秋時暖乾之天氣摘之盛於乾袋內不久則自生熱而變溼自後切碎浸水中一宿蒸之每葉兩袋所蒸之油祇得三錢其油明而稀色淡綠極易化散發香甚大味香而少辣似樟腦之味後令舌覺涼重率得〇.九一四至〇.九二七能消化於醕內加熱至三百四十三度則沸合於水蒸之則先得清而無色之油質後得綠色更重之油質此油質之香更小而其辣性更重化學家白蘭起得化分之得原質之式爲炭輕養等於分劑數七十七此油昔時價貴或加他料在內卽如咾土弸釐油與樟腦油等近時價值更賤故其質更淨有人疑其含銅質此說無確據

功用　揩耶菩提爲易散行氣藥治轉筋藥如風濕病可作洗藥有人在印度用揩耶菩提油治霍亂吐瀉病傳此說者多人以爲奇事因與薄荷油在印度治此病有益相同

服數　三滴至五滴滴於洋冰糖服之

揩耶菩提酒

取法　將揩耶菩提油一錢正酒醕四十九兩消化之此油較一千八百六十四年英書所定者其濃得五分之一

服數　以半錢至一錢爲一服

第二族　番石榴族西名没爾他依此族之果有瓤囊形依此辨之

丁香西名加里由非由未藥品中用其未開之花芽立尼由司列於二十箇鬚一箇花心

古人知丁香與否尚未能定阿喇伯國書中記之謂之可兒非倫指明爲希臘語又有古藥品書一爲依幾尼他保

羅司所作、一爲埋里波西由司所作、俱論記之、來拉之意、觀古人所知之藥品、除孟加拉海邊之西、他處所產者甚少、因與其東邊各國往來無一定。

產丁香之樹、凌冬不凋、如第一百五圖、甲爲花芽、其形狀較番石榴科之別族更佳、其形與比門屬相似、木質硬、外

第一百五圖

面有平滑灰色之皮、葉彼此相對、相交成正角、似長戈形、兩端尖銳、長約四寸、質韌如獸皮、面光滑、有多點、搥碎之則發香、與丁香

同花成短密頭、分爲三分、每分處有節、花萼之管爲圓柱形、色深紫、而與子房黏連、分四箇凹形之分、其各分爲蛋形、花瓣四出、各出相掩、發芽之時似球形、後則伸開爲圓形、色略白、或言發最佳之香、花萼內並子房口上、有方形之瓣圍住其短而鈍之花心莖底、而不包之、花鬚合成四叢、托線長、色黃、子房幾爲圓柱形、分兩膛、每膛內有多小胚珠、連於隔衣之邊、果大似橢圓形、有肉、形質內含一種子、此種子長大時、則滅去其第二膛並其各胚珠、子胚大、似橢圓形、面有點、子瓣不等、有彎曲形、其大者幾分包其小者、並其上小根。查植物類編第二本第七百四十九頁有詳細之說、又查格致字典植物門內

有其分圖、此樹原爲摩鹿加列島所產、荷蘭人在安汶屬地與德拿島兩處專種之、近來毛里西島、印度國西印度列島丕阿那俱種之、又在檳榔嶼與蘇門答剌島之茫古魯亦種之。

尋常出售之丁香、爲未開之花芽、用手或長蘆摘之、置於無日光處速乾之、最佳者爲摩鹿加列島所產、出售之海口爲檳榔嶼、茫古魯與安汶等處、其形狀與釘形大同小異、故數國方言內以釘式命名、即如法國語謂之幾羅甫花釘、色深櫻、香最佳、食之頗有辛香味、而辛味存於口內久不散、質頗重、其最佳者壓之則少放油、刮之亦然、如浸於水內或酒醕內、則能收其藥性、脫落沒司托弗化分丁香、每百分得自散油十八分、奇性樹皮酸質十三分、樹膠十三分、松香質六分、膏質四分、立故尼尼二十八分、水十八分、共一百分、其油爲藥品、其松香性質謂之加里由非里尼、能分出之、得光明緞色顆粒、無味無臭、能燒能自化散、不能在水中消化、能在酒醕內消化、化學家云其原質與樟腦相同、其乾果名曰母丁香、多運至中國出售、他國不常用之。

功用　行氣、去風、食物內常用爲香料、或能掩食物之味、又藥品內用之、令藥適口。

丁香油英書所準用者爲英國內所蒸之油

尋常所用丁香油爲德國屬地安汶運出者美國所用者或言爲法國屬地加夜那所產之丁香蒸出者英書準用之丁香油係英國內所蒸者或言已蒸出油之丁香乾之再行出售凡購丁香者必愼此事其油之新蒸者明而無色但漸變爲深櫻色尋常之色如此其香大其味少辛而香間有大辛性者重率自一〇五至一〇六故傾於水中則沉下所以蒸此油應用鹽水即與蒸他種重油質之法同又必屢次將蒸出之質傾回甑內和於原料再蒸之蘇比蘭書中云愛脫林查此油爲三種質合而成者一爲含

輕與炭之質與松香自散油同此質較水更輕二爲含養氣之油質其重率一〇七九有酸質之數性情其原質爲炭輕養化學家妥貝司謂之由幾尼克酸如將丁香油合於鉀養則其重油中可蒸出輕油而其重油與鉀養化合再將所成鉀養合重油之質合於硫强水而蒸之則能分出其重油三爲司替阿里布低尼此質常在丁香蒸水內見之如將丁香油在酒醋內消化之再加鐵綠水則成深靛藍色此色爲此油所成者他種油不成此色此爲化學家烏里刻司之說

此油內常有人加比門盾油與桂皮油

功用　香行氣藥去風藥又用以掩味以二滴至五滴爲一服

丁香沖水

取法　將丁香搗碎四分兩之一沖沸蒸水半升蓋密其器待半小時濾之

功用　此水明亮有丁香之臭與味與各種含鐵之藥有忌藥品用之爲暖性去風藥或合於他藥令有香味以一兩半爲一服

含此質之藥品　鐵香雜水鴉片葡萄酒桂皮雜沖水司卡暮尼膏哥囉噺雜丸哥囉噺合羊躑躅丸

比門盾立尼由司名由幾尼亞比門盾列於二十箇鬚一箇花心藥品所用者爲其未熟之乾果

此樹產於南亞美利加與西印度列島如西印度產此樹種成行行中作路便於遊步英國俗名眾香其樹又名倍果樹

如第一百六圖樹高約三十尺形狀甚可觀葉密凌冬不凋大枝圓小枝似壓平嫩枝與小花幹生毛葉有莖或爲橢圓形或爲蛋形面有明光點而平滑花莖發於葉榦間角排列成三分密頭爲樹枝之端花萼與花瓣分四出花瓣之色爲回光綠白色花鬚甚多子房分二膛至三膛膛內有多胚珠裸果球形外面有花蒂圓形未落之底熟時

第一百六圖

則平滑發光有深紫色其膛頂上有一箇有二箇者不多見種子兩箇胚珠圓形子瓣合成一塊其小根難於分辨查尼斯書二百九十八頁載香比門屠即番石榴族內樹之說而其圖在二百九十七頁此種比門屠為橢圓形常出售者則為圓形

植物學家波郎在牙買加動植物書內言此樹之果必乘其未熟而摘之如待至熟則其香味已減而其味改變如

栖樹子鳥俱食其熟者摘之後日光內曬乾形圓面有皺紋大小不等樱色藥性大半在子殼內內有兩箇黑樱色種子其臭最香味喛而有香此味特所含自散油質如蒸之則其油能蒸出又含定質油粹性松香類質膏質樹皮酸沒石子酸等

功用　為行氣之香料以十釐至三十釐為一服為行氣藥

比門屠油

如將乾比門屠子合於水蒸之則每百分能得油一分至四分英國作此油較他處更多此油與丁香油相似常有人將此油雜入丁香油內或代丁香油出售沛離拉云此油為兩種自散油質所成一為輕者即含輕與炭之質一為重者即為比門屠克酸此油新作者無色不久少變紅存多時則變樱色較水更重故傾於水內即沈下合於硝强水則成紅色合於鐵綠酒則變藍綠色此變化之性與嘆啡啞變化之性同

功用　為行氣去風之藥以三滴至六滴為一服外科用之擦於皮膚能引炎

比門屠蒸水

取法　將比門屠搗碎取十四兩合於蒸水十六升蒸之

得一升為度

功用　有行氣之性常配於他藥內得其美味以一兩半為一服

石榴科 西名苟拉那替依

此科為植物學家杜那所設為石榴之科前植物學家將石榴科合於番石榴科內如植物學家林特里現亦將石榴科合於番石榴科內此科之樹葉面無點葉邊不生脈果形奇異種子為瓤所包其子瓣捲合此樹之葉花果等俱無香又產於溫帶內而番石榴科大半產於熱帶內林特里云此樹與番石榴科樹之分別不大而有數科內各

族之分別較石榴科與番石榴科之分別更大故石榴不可爲一科之名祇可爲一族等語

石榴根皮西名茍拉那沓根皮立尼由司名曰普尼揩茍拉那沓又列於二十箇鬚一箇花心

石榴產於叙利亞印度北並向東西各方自古以來書中言及之新舊約書名之曰里門阿喇伯方言謂之榴門古之希臘人與羅馬人俱知之

如第一百七圖樹之身木本亂形如生於乾處則少有生刺之形葉幾相對間有成叢者長形少似刀而不分面無點平滑有光色深綠花爲單生者光紅色花萼厚而有肉形與子房相連又有圓錐形尖向下分爲五分至七分花

第一百七圖

瓣五出至七出有深皺紋花鬚多常有雙者花心莖似線形子房口成頭形果大如大蘋果皮厚而韌頂有花萼管形之體膛有數箇分上下兩層排列而有參差横隔膜分隔之下層三膛上層五膛至九膛膛內種子數多有明瓤包之子葉似葉形而捲觀尼斯書三百零一頁

此樹之花與果肉果皮樹皮今用於東方各國與古時同其花古人名巴榴司登近時印度名千葉者曰波榴司登

此爲仿希臘國之名花無香味苦而澀食之則令口津變紅色內含樹皮酸如合於鐵之鹽類則變爲黑色近時英國不入正藥品

其果之皮東方多用之爲收斂藥與染料野生者較園中所種者其性更重其色外紅櫻而內黃面平滑尋常所見出售者係亂形之塊質硬而乾似皮形味甚澀每百分含樹皮酸一八·八分膏一〇·八分植物膠一七·二分其餘質不計有數國將此果之皮爲製熟獸皮之料

其根之皮古人代司可立弟司與賽勒蘇司常用以殺蟲今印度人仍用以殺蟲英國醫士布該南與安特生依古

法仍用之英國出售者係歐洲南方各國所產根重有結頭色黃其皮或爲條形或爲鵝毛管形或爲片形間有根質連於其上外面灰黃色內面黃色即略與枸杞根同幾無味如在口中嚼之則令口津變黃色味澀而無可憎之苦化學家密士阿與臘士爾特脫里等入化分之其有殺蟲之性尚未知其根原每百分含樹皮酸約二十分另含沒石子酸松香質蠟定質油瑪內得如將其沖水合於鐵之鹽類則結成深藍色質如合於魚肚膠水則結成黃白色質如合於汞綠則結成灰黃色質如合於鉀養或淡輕養則結成黃色質臘士爾特脫里所分出之一質謂之茍

拉那替尼以爲此質專在此根皮產之後有化學家化分之知爲瑪內得質近有人化分之在其新鮮皮內得一種奇性之粹質謂之普尼楷以尼有爲本之性

此根皮常有黃楊與枸杞之根皮雜於其內黃楊者色白而味苦其質無收斂性枸杞根皮色黃而味極苦遇以上四種藥試之則其變化與眞者不同

功用　此樹之全體俱有收斂性其野樹之果皮有重收斂性如泄瀉與久赤白痢服此藥有大功其花之沖水少有收斂性其根皮有收斂性而其根皮之最大用處爲殺蟲藥腹中帶蟲最易被此根皮逐去之

服數　如腹有帶蟲可用下節之法作煮水早起食物之先若干時服二兩至四兩後每二小時服之至三四服爲度如第一日無功則第二日仍照法服之又必暫時服蓖麻油（蒲特告於來拉云常用石榴根皮作殺蟲藥較松香油之酒更有功用腹中祗覺有重物在內或欲嘔吐此想是所服之藥體積已大蒲特又云所用者必爲其新根不可用乾者他人亦有此說）

石榴根煮水

取法　將石榴根皮切片二兩置於蒸水二升內熬之至得一升濾之加水配足一升

此煮水有收斂之性且常用以殺蟲必依上所言之法服之其新鮮之皮較陳者更佳

石榴果皮煮水（此爲倫書之方）

取法　將石榴果皮二錢在蒸水一升半內煮之至餘一升爲度濾之

功用　收斂藥以一兩至四兩爲一服

瓜科（西名苦刻比他西依珠西亞之名卽壺盧科）

此科植物大半在熱地內產之間亦在溫和之地見之有數種內生苦性之質間亦生瀉性之質有數種園中種之所結之果爲可食者然其肉雖可食而其皮甚苦種子含定性油此油之質亦爲極細

哥囉嘶得（又名哥囉嘶西脫羅羅司施拉特之名又名哥囉嘶古刻米司立尼由司之名列於）

（同樹分雌雄一箇花心藥品中用其果汁必去其皮與子）

哥囉嘶得古之希臘人名曰哥囉肯替司阿喇伯人名曰狠薩勒自古以來各國用爲藥品如舊約書名曰拜扣由脫卽野壺盧之意

哥囉嘶爲一年之草本根厚而色白榦附於地面有稜角並有多毛葉似心形與卵形分爲多分其分鈍立尼由司書中之圖並在地中海送至英國勅勒西植物院內所種者書中畫其圖亦少有銳形如第一百八圖爲此院內所產之哥囉嘶形葉上面有光綠色下面少有白色有利刺其刺有白色小毛形間有生毛之凸點葉莖與葉面略等

長其蔓鬚短花從葉榦間角發出有單花莖萼五出各似錐形其雌花並花蒂之管球形少生毛花體似鐘形分尖花瓣小色黃有綠色脉紋彼此略相連又略與花萼相連果實球形面平大與橘同皮薄而質密分六膛其汁味最苦種子

第一百八圖

似卵形而無邊色略白間有櫻色者味苦自歐洲之南至敘利亞與印度之南各處俱有之阿非利加之北如埃及與努比阿國亦有之尋常植物書云產此藥之處其哥囉

噺為假類與眞哥囉噺類相似

哥囉噺在印度國數處產之即如科羅曼代耳沙地陸克司白格書言之又在印度隅醫士韋得言之又在德干醫士集克司言之又在古塞拉德海邊奇蒲生書言之又在開拉相近處本斯書言之又在德列相近處馬根德司與蘭肯言之觀孟加拉藥品書醫士法可那之說來拉在印度常聞人言有此草託人往購用阿喇伯與印度之名曰因特拉恩曰比色羅没羅所得之物類乎哥囉噺其果卵形而眞者應為圓形所以定名曰假哥囉噺而在雪山植物書第四十七卷第二圖言之故可見哥囉噺從印度運

至西國出售亦可合用近有醫士司他克司從孟買送哥囉噺膏至英國出售

哥囉噺之出售者有兩種一為未去皮者果之外面有黃色硬殼此為麻加多所產者一為已去皮者產地中海之東士麥拿與的里斯德兩口運出最多阿非利加之北法國辦理其事又西班牙南邊此各處所出者皮已剝去其汁已乾此必乘其果熟時為之形似白色小球質輕有多孔如海絨其質韌種子略為其全重四分之三小塊者最佳間有去種子而出售者用此物之先必去其種子藥品所用者為其去皮去子之乾汁子有苦味屢在水中洗之

則其苦味之大半可在水中洗去乾汁無臭味苦而可憎不能放散難於磨粉故藥肆家用其粉作丸用顯微鏡易見其粒應用其膏為便如水與酒醕俱能化出其為藥之質化學家埋斯那化分其乾汁每百分得定質油四二分苦松香類一三二分苦質即哥囉噺得以尼一四四分膏質一〇分樹膠類質三〇分鈣養燐養五合於鎂養燐養五七分立故尼尼一九二分所得之哥囉噺得以尼恐非淨植物原質化學家合白加與布拉克奴兩人細查之得紅黃色之塊磨為粉則變黃色其質光明而脆味最苦能燒如松香每一分能在冷水五分內消化沸水用之更少亦

能消化又能消化於酒醕與以脫內如遇酸質或自能化水之鹽類質俱能令結成膠形有黏性之質如遇鹼類不令其結成又如其質爲淨者則没石子亦不能令其結成內含淡氣又依布拉克奴之說能令紅色力低暮司試紙變爲藍色此爲蘇比蘭書中之說

功用　哥囉嘶爲最重引水瀉藥如服過多則爲惹胃毒藥

哥囉嘶膏此爲倫書之方

取法　將哥囉嘶去子乾汁切成塊三磅置於冷蒸水四升內待三十六小時當浸水時常用手壓之後用大壓力壓出其水濾之熬之得所需之濃

一千八百三十六年倫書之法用水太多而沸之所以其水得膏形之質甚多存之不久則發霉一千八百五十一年之法用水太少第所成之膏較前方所作者更濃醫士克弟司依上倫書之方而作其膏每用哥囉嘶一百分祇得膏十二分又其苦質存於塊內者甚多如再浸於水內可收出之其水亦收松香性之質後在熬乾時沉下化學家司快兒云此膏應用準酒醕爲之

功用　此膏有瀉性醫士不多獨用之可以五釐至十釐爲一服

哥囉嘶雜膏

取法　將哥囉嘶塊六兩置於準酒醕八升內浸四日壓出塊內之酒而將酒蒸之將所得之膏質合於索哥德拉啞囉膏十二兩司卡暮尼四兩硬肥皂粉三兩和勻用熱水盆加熱熬之至將濃再加白荳蔻細粉一兩調和再熬之至其濃合於作丸爲度

此膏與一千八百三十六年倫書所設哥囉嘶雜丸相似此丸每哥囉嘶膏一分配啞囉膏六分司卡暮尼四分用軟肥皂不用酒醕見藥品記錄書十二與十四兩卷

服數　以五釐至十釐爲一服

哥囉嘶雜丸

取法　哥囉嘶粉一兩拜貝徒司啞囉粉二兩司卡暮尼粉二兩鉀養硫養粉四分兩之一丁香油二錢蒸水至足用先將各粉和勻再加丁香油後加水至足用和勻成丸此丸與阿書哥囉嘶雜丸相似如其膏較哥囉嘶之乾汁濃三倍則所含司卡暮尼比哥囉嘶膏多六倍又哥囉嘶膏所含者祇爲兩倍所加鉀養硫養祇少增其瀉性

功用　如獨服哥囉嘶則惹胃而覺腹痛須合於他種瀉藥爲佳所以其雜丸爲極穩之重瀉藥如另加汞綠少許其功力更大

服數　以五釐至十釐爲一服。

哥囉噺合羊躑躅丸

取法　將哥囉噺雜丸二兩，羊躑躅膏一兩，和勻成丸。

功用　此丸藥所加之羊躑躅，爲其質之三分之一，其功用，能令其丸不惹胃致痛，故此丸可作哥囉噺雜丸之用。歐洲他國作哥囉噺浸酒，並哥囉噺葡萄酒，如將其浸酒少許，擦於腹外，或將其粉二十釐，合於豬油代之，可令其瀉與服藥同。

愛刻罷里果　又名藥品愛刻罷里，里又特之名，藥品中用其將熟之果

衣拉特里　立尼由司名瑪瑪弟猎衣拉特里，西俗名噴子汁瓜，藥品中用其果汁結成之質。

此植物係古時希臘人所知者，謂之齊故司阿稱里由司，又謂之衣拉特里恩，其果汁結成小粉形之質，亦用同名里，又特名此物，另作一類，爲愛刻罷里類，而此種名曰藥品愛刻罷里，又植物學家來肯拔克謂之田中愛刻罷里，如第一百九圖，爲存一年者，榦生毛，有痂形凸點，蔓延於地面，又有淡綠似海水色之粉，無蔓鬚，葉如心形，少有分開之形，邊齒形，面多皺紋，葉莖長，有硬刺，花在同體分雌雄，雄花之萼分五齒，花瓣黃色，分五出，花鬚分三叢，鬚頭有合生者，雌花之凸線有三箇，不能生子，花心莖分三分，子房口分兩分，子房有三膛，內多胚珠，果卵形，長約一寸

第一百九圖

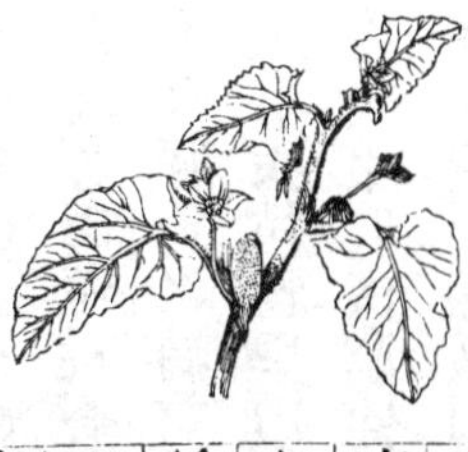

半面有利刺，熟時與其葉莖不連，因有凹凸力，縮小而噴其汁與子，從底處之孔而出，種子櫻色，面有壓平形，並有網形之紋，此物產於歐羅巴之南，爲其原處，英國多種之。

倫書所載衣拉特里，爲此草未熟之果，而英書將此名屬於果汁待若干時結成小粉類質之名，然此質倫書名之曰衣拉特里膏，醫士苦勒脫白格查此小粉類質，祇在園種子之汁內有之，此汁之濃如膠，果之其餘各質，幾無藥性，將其果切片置於篩上，則流出稀而無色之汁，待若干時變濁，有質結成，所結成之質，作乾之輕而似粉形，色淡黃白，少帶綠色，此爲眞衣拉特里，苦勒脫白格將其果四十箇，分出其衣拉特里，祇得六釐，其質性極猛，約八分釐之一爲一服，足令人大瀉，英國米綽末多種衣拉特里果，每果四十磅，略得衣拉特里膏半兩，近時作衣拉特里膏之法，依苦勒脫白格之法，必摘其將熟而未熟之果，如已熟，則噴子時必有若干汁隨子而出。

取法　將噴子汁瓜之將熟者一磅，以刀縱切之，輕壓出其汁，用馬鬃篩篩之，置安穩處，待其結成質，將其餘水謹

愼傾出而將結成之質傾於麻布濾袋內置於鬆質瓦面輕加熱乾之所傾出之水待若干時或再結成若干質用同法乾之此爲應用之取法英國米綽末藥院中用大力壓出其果汁故得汁更多所結成之衣拉特里粉其性更輕如西九月初七至十五日起收此果爲最合宜

試法　衣拉特里膏應爲淡綠灰色如用正酒醕化盡其質而熬濃之傾入熱淡鉀養水則待冷時結成細而無色顆粒其形如絲每衣拉特里膏一百分得此顆粒二十六分英書云不可少於二十分其酒醕消化有藥性之質謂之衣拉特里尼另有克羅路非勒若干此質存於藥內如將衣拉特里粉重二分以沸正酒醕化之以能化其質之半爲據如合於酸質不發泡可知其不僞充白石粉

常出售之衣拉特里爲淡灰色或綠灰色之薄片常顯出烘乾面紋質輕脆不多發臭味辣而苦此草之他體如葉等亦有此味又有稍次者質更密色更暗或爲櫻色或爲橄欖綠色大略因將其汁全壓出而化乾之故如此沛離拉云有一種爲馬里他島所產者片更大色更淡常雜白石粉在內或雜小粉如合於酸質發泡則知其含白石粉合於碘而變藍色則知其含小粉設能合法爲之則其粉祗爲遇空氣後而結成者大略遇空氣時有變化之事如

欲消化之可用酒醕每百分應化出五十分至六十分化學家巴黎初化分衣拉特里得其一質謂之衣拉替尼後有蘇格蘭人摩里士與恒尼里化分衣拉替尼質得兩種質一爲衣拉特里尼一爲綠色松香類質衣拉特里又含苦質小粉木質鹽類質然其所含衣拉特里尼之數不定每百分最少五分最多四十四分依其取法並果之高下而定如用蘇書之法試驗衣拉特里質爲淨與否則能成衣拉特里尼

苦里司脫生見司脫零試此質云衣拉特里尼爲極細無色顆粒面有細線紋色如緞柱形其底爲斜方形空氣內不改變無臭味極苦頗辣加熱至略多於二百十二度則融化加極大之熱則化分而放出淡輕霧能在正酒醕以脫定質油淡酸質內消化但不能在水與淡鹼類質內消化

功用　此質爲重引水瀉藥服之則常令人吐或作嘔食其大服則爲惹胃毒藥令腸生炎如水腫病服之能使大便內多水又腦髓之病可作移病藥

服數　上等衣拉特里以八分釐之一爲一服或十六分釐之一爲一服俱有瀉性可合於苦膏質間日服之如尋常衣拉特里質其服數可稍加多如用衣拉特里尼在正

酒醅內消化之則以十六分釐之一爲一服

繖形科 西名暗白里非里依珠西亞之名立尼由司列於五箇鬚雙花心

繖形科與五加科虎耳草科毛茛科山茱萸科相類此各植物大半在赤道北至向北各處產之第有數族產於波斯國與雪山此科所產之物自散油爲最要此油在果內最多其果尋常誤稱曰子常用爲去風藥如其油在幹與葉則當香菜之用如波斯國乾暖處有數種能放膠香類質又有數種生於濕地則有毒性此種毫無香故可依此法辨之依植物學而論其各果觀第一百十圖則可明之如第一百十圖爲繖形科內紅蘿蔔之圖舉此圖以例其

第一百十圖

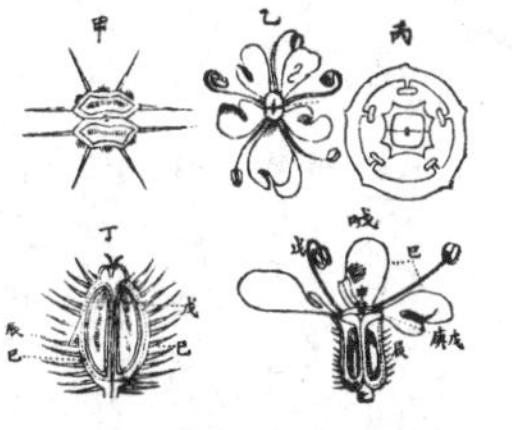

餘丙爲花之平圖乙爲上視圖戊爲花之直剖面己爲花瓣戊爲花鬚辰爲子房與花萼相連申爲花心莖與子房口庚戊爲花心墊丁爲果之直剖面己爲果皮辰爲種子已爲阿勒布門質戊爲胚甲爲果之平剖面其稜上有角角端有利刺角中有毛叢

第一族 阿米尼依 此族之果或爲壓平形或爲雙者

芫茜果 西名搭羅衣立尼由司名曰芫茜搭羅末藥品用其果誤稱曰子英國與日耳曼國多種之

芫茜古之希臘人俱知之因歐洲各處幾盡有之

如第一百十一圖高約二尺根似梭形葉似雙翎毛形分葉割成線形之分總花葉或無或祇有一葉無分花葉萼

第一百十一圖

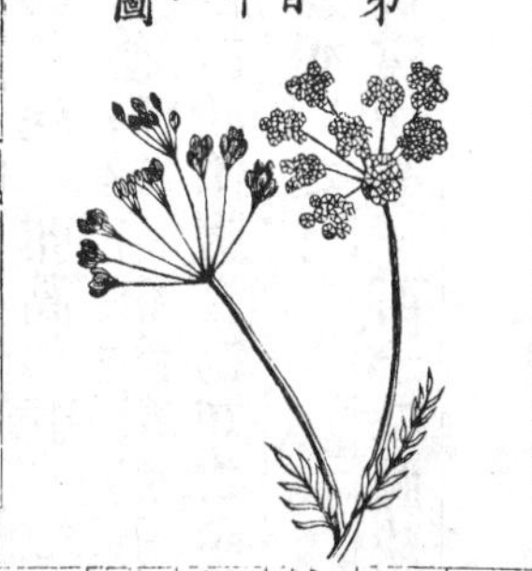

不顯明花瓣鈍心形其尖窄銳向下彎果有香味形長少彎似新月色略樓其瓤有五箇線形之稜裂縫中有單油膛花心莖底之凸圈凹形常見野生者在草地等處英國

厄塞斯省多種之

芫茜果俗名芫茜子其臭有趣味辛而香此因每百分內含自散油約五分可用酒醅消化之或可用水蒸出之

功用 爲行氣去風之藥西國點心內用之其油與酒爲掩味之物而其水可爲消化他藥之用

芫茜油 英國多作此油其法將芫茜果合於水蒸之

此油或無色或爲淡黃色臭味俱香

芫茜水

取法 此取法與阿尼的即蒔蘿又名小茴香之取法同

大茴香 即八角西名阿尼司立尼由司名阿尼司曰品比餒捺

古之希臘人知此植物謂之阿尼司恩近時希臘相近各海島亦產之

此植物之榦高約一尺面平滑從根發出之葉似心形略帶圓分若干分邊似翦開從榦發出之葉雙分三分葉其分葉長形如線又似戈形少有劈形端尖纖形內之每輻爲長莖輻數甚多無總花葉花小白色花萼不顯明花瓣似鈍心形尖向下彎果似卵形長八分寸之一外面有散開之毛數根其瓤有五箇相等線形之稜其縫有三箇或多箇油膛花心莖底凸圈似發腫之形其果所存之花心莖向外彎

此果尋常誤稱阿尼司子形似卵色綠灰面少有細毛味暖而微甜有香能遠散而有趣微辣即與辛夷科內所言星形阿尼司相似此植物在歐洲之南如馬里他島與西班牙南方種之又在日耳曼國種之其仁每百分含定性油三五分其內子衣每百分含大茴香自散油略三分其香與藥性俱恃此自散油

功用　此植物之果爲有趣去風藥又點心內多用之以得香味

大茴香油 即八角油

作此油之法將大茴香合於水蒸之色光黃其味與臭與大茴香同從他國運至英國者甚多而中國與印度來者非歐洲大茴香所產此物西俗名星形阿尼司正名阿尼司依里西由末英書內亦論記之其油在五十度熱之時容易凝結此因含司替阿里布低尼質甚多之故

功用　爲香行氣藥補胃藥如因有氣而腹痛以五滴至十五滴爲一服

大茴香油酒 即八角油酒

取法　將大茴香油一兩正酒醕四兩和勻即成

此油酒甚濃每酒五分含油一分此爲阿書所設之法

服數　以十滴至二十滴爲一服

第二族　邪蒿族 西名西西里尼依果之剖面或爲圓或近乎圓

蘹香 西名弗尼苦里甜味者入藥品俗名甜弗尼里其果俗誤稱謂子大半從馬里他島運出

蘹香古時希臘人已知之希臘語謂之馬拉脫倫歐羅巴各國俱有之

野蘹香如第一百十二圖味烈可憎辣而有香藥性恃其自散油此油淡黃色尋常蘹香不作正藥品之用其子間用之治小兒因氣而腹痛作外導藥內科中衹能用甜蘹香植物學家以爲甜蘹香衹

第一百十二圖

爲野蘹香在園中種之令其改性又有植物學家以爲其種不同

甜蘹香

此草之榦在榦底少有壓平之形其根所發之葉左右平排列分葉似髮形其莖之輻有六箇至八箇此爲特看杜辣之說甜蘹香比野者更小每年自落其果更大間有長十二分寸之五其壓平之形更少又少有彎形其色更淡少帶綠色係歐洲南方各國所產種於園中當菜蔬或插於食物中作美觀沛離拉久已指明有兩種而甜者之味與香更屬有趣故以下之方必謹擇所用者爲何種

功用　爲行氣去風藥間用之治腹內有氣而暴痛之病

蘹香水

取法　此取法與蒔蘿水之取法同

功用　蘹香水暫用之合於他藥作香料

第三族　安直里刻依果之背面有壓平形其兩邊有雙翼形

安直里刻又名藥品阿刻安直里刻

此植物久用之爲藥想非英國原產者

如第一百十三圖爲存兩年者根大有辣香味榦高三尺至五尺空心面有細線紋有淡綠如海水色之粉葉榦與花俱爲光綠色葉寬二三尺似雙翮毛形或雙分三分葉

第一百十三圖

分葉似蛋形與戈形邊有多利齒分葉俱無葉莖而其下端順榦而抱護之頂葉分三分葉莖在底多放大花莖似托輻爲榦之端略如球形有聚密之次托輻總花葉爲兩箇或三箇線形分花葉所成其次者略有八箇線形戈形之分葉萼有五箇極微齒形花瓣蛋形不分開其端銳向內彎果熟時不自裂硬殼果瓤或果自成之半分其背面有三箇厚凸線形之稜邊有兩箇凸稜放大成寬葉形裂縫

內無油膛種子不相連有多油膛此草生於歐洲北方水澤之處

安直里刻草擅之則發大而可聞之臭如在春時傷其根則放香而黃色之汁其根乾時則成皺紋其外灰棱色內白色味暖而苦其榦與葉莖如在西五月內取之則嫩可合於糖貢之成膏其果臭味與此膏相同因內含自散油松香質與苦膏質根內之別料爲膠質小粉水木質存此草最合宜之法磨成細粉緊裝於瓶內塞密之

功用　此爲芳香行氣藥英書不載之內科中不多用然能補胃將其根或果一百二十釐沖沸水一升任意服之

第四族　防葵族 西名伯西但尼依果之背面壓平形兩邊獨翼形其翼近於邊處平而厚

蒔蘿 西名阿尼士末立尼由司名臭阿尼士末英國俗名弟勒

蒔蘿原產於歐洲之南東方各國亦有之古人俱知之希臘語謂之阿尼士探

此草爲存一年者高一尺至二尺各處平滑有淡綠如海水色之細粉幹有多線紋葉有三箇翎毛形分葉似細髮與蘹香同葉莖寬在底包幹如套花莖似傘之輻而爲長者無總花葉亦無分花葉萼之邊不顯明花瓣光如漆色黃形圓而不分向內捲成螺旋形果爲兩凸面圓形其凸處幾近於平其背微有凹形光櫻色其周有邊質如膜色

淡其瓤即爲果自成之半分有等相距之線稜背面三稜似尖凸線形旁面三稜更難分明而與其邊幾連合油膛寬爲獨生者補滿稜間之縫其邊亦有兩箇油膛此草在東方多種之英國亦有種之者

其略平橢圓形之果尋常謂之弟勒子背面櫻色頗凹邊淡色有膜形從此可易與他種藥品分辨之其草與果東方人常用爲香料與食物又在新約書常言之爲納餉之料英語譯之曰阿尼司香有誤其瓤有苦而香之味此因油膛內含自散油而其香性俱恃自散油故爲去風之藥英國多種蒔蘿而從歐洲之中與南亦多有運至者

蒔蘿油

此油在英國蒸之即用本國或他國所產之蒔蘿果

油色淡黃其味與臭有大香

功用　爲去風藥以五滴爲一服

蒔蘿水

取法　將蒔蘿果二十兩搗碎之合於水十六升蒸出八升或將蒔蘿油二錢合於火石粉二錢速磨勻之合於蒸水八升以紙濾之此爲倫書之法

功用　此爲香藥小兒可服之去其胃中之氣又可將重性之藥以此水消化或和勻之

臭松香膠類

臭松香膠類如啞坡巴拿克司阿魏薩格比奴末加勒巴奴末阿摩尼阿古末俱在波斯國植物學家所知植物之界限內生此名物之草木雖不能詳知而植物學家以爲俱屬繖形科內而爲藥品之加勒巴奴末屬於防風科

啞坡巴拿克司

此物爲代司可立弟司書中所言者產於布以西阿與亞加地兩處希臘人謂之巴拿克司依拉克里恩近有植物學家司百倫加勒查此樹與今之起羅尼啞坡巴拿克司同而歸於非羅拉即產阿魏等類之草之類如法國之南意大里西

西里希臘由內常遇見之植物學家米拉與特倫司兩人云敘利亞東方亦有之又植物學家杜騰司初種此草於西國所得種子連於出售之啞坡巴拿克司香且云天熱時刺此樹則有汁流出若近根刺之則其汁更多結成時所得之膠與啞坡巴拿克司相似然無一定之據能知此草產常出售之啞坡巴拿克司西國所賣之膠俱從印度運來而產於波斯國海邊或阿喇伯國海邊土人名曰由阿希爾即植物學家塞拉披恩所謂由阿樹乳是也林特里在植物藥品書第一百頁內論非羅拉內之一種草名呼希非羅拉此草所產之膠不聚合出售有植物學家馬

克尼勒之信云此膠與啞坡巴拿克司相似今英國所售之啞坡巴拿克司爲土爾其國運來者又前瑪替由里之時英國從亞勒散得黎得之

啞坡巴拿克司爲參差形之膠塊色紅黃常有生角之處間有新剖面有白色點味烈稍臭苦辣重率得一·六二大半爲松香與膠質所成每百分內有自散油五九分能蒸出之亦可合於水磨成膏

功用　能治轉筋昔時爲藥之名甚著而爲古時有名替里阿楷藥膏內之一物今不入正藥品

薩格比奴末 出此質之草不能定名其質似阿魏爲松香膠質

薩格比奴末與啞坡巴拿克司從古時希臘國以來西人俱知之代司可立弟司云此質係印度國所生非羅拉類草所產者而從彼時以後無有更新而可據之說阿喇伯國書中記之名曰薩格比奴智又言其希臘名曰薩格非恩此質之至印度者爲波斯國或阿喇伯國海邊運出又查藥材價値書或貿易書則難知賤值少用之物從何路而至如歐洲所用者爲地中海東邊各方並亞勒散得黎各方運來或爲波斯國所產草勒特奴云疑此質爲波斯非羅拉草所產又有哇里非耶云此草產阿摩尼阿古末質醫士胡伯云此草所產之物爲阿魏又有米含將其種

子從波斯國寄至英國言爲阿魏之種子故可見至今不能確知此草爲何種何類而無憑據之說不可論定之

薩格比奴末係欖黃色或橄欖色之質至西國者爲杏仁形之塊間有滴成之塊其質或明亮或軟而似蠟其味與臭辣與蒜略同又與阿魏略同惟其臭更淡百勒替耶化分此質得松香質與膠質又每百分得自散油一一·八分而化學家步蘭德士所得者祇有三·七分

功用　能治轉筋惟其性較阿魏更輕以五釐至二十釐爲一服

英書不載此藥倫書載之

阿魏又名阿魏那替克司法可那之名又名非羅拉尼由司之名求阿魏之法將其活根刺之產於阿富汗與五河等處

阿魏產於波斯與阿富汗古時梵文謂之阿米拉苦薩古人亦喜用一種松香質謂之拉色爾希臘人謂之唖坡古里奈即古里奈所產之汁產此質之植物名曰西勒非恩而爲織形之花古里奈古時所作之錢有此草之形刻於面爲記號近有植物學家在彼處查此草謂之西勒非恩他坡西阿古時羅馬人所用拉色爾汁頗多但至布里尼之時已爲不常見者布里尼與代司可立弟司書中云另有一種爲波斯國或印度國或亞美尼所產而此質或爲

印度人所知又阿非色那云烏勒弟脫質有兩種一種爲香質係幾羅阿那所產疑其爲古利奈第二種爲臭質即今所用之阿魏西國名臭阿薩此二字之音必爲東方之名略爲松香膠類公共之名即如偏蘇以撩香即安息香謂之阿薩羅朋西國古名甜阿薩又植物學家林特里自東方收非羅拉類草之子土名阿薩又有一種果或種子名阿其但希臘語名富倫壽常所用之名曰拉色此替由末阿喇伯方言謂之安故隨又有古時詩人名阿離恩云帕羅帕米薩恩山上牛羊甚多食西勒非恩之根

阿魏產於波斯國南方乾燥之地又產於法爾斯與俾路芝山而產之最多者在哥刺森與阿富汗又在印度固斯山之北伯尼司在該處遇見之又有胡特往阿母河遊覽亦得之又印度國薩哈倫波爾植物院內種此草原爲法可那在阿司土爾遇見之移至彼處種之其事記於來拉所作印度物產書第二百二十三頁此處所產之阿魏已送少許至英國又送種子頗多分與英國數植物院內種之今阿富汗與五河兩處種阿魏最多用駱駝負過五河與罷胡勒波爾而在胡特話爾貿易會中出售者甚多又裝於船上由印度河並波斯海灣送至孟買出售

有數處存種子或果而言爲出阿魏之草然尚未得確據

知產此質之草非一種法可那原爲著名植物學家詳細查英國植物院所產者言與阿司土爾所見並剛伯法所繪之圖俱爲相同又醫士古蘭特在賽干見此草其根與葉及開花之莖與剛伯法之圖相同惟其根多分支似手指苦里司脫生書亦有相同之說醫士司他克司云在俾路芝所見者其根簡而尖蘇書云非羅拉白息客疑爲產阿魏者而此植物之種子已有人從波斯國之西北送至英國當爲產阿魏之種子然尚未得可恃之據得知常出售之阿魏係此樹所產與否大約此織形科之草所產松香膠質大有相似之處故除精明藥品家之外不能分辨

下品之阿魏與薩格比奴末或他種松香膠質來拉在印度薩哈倫波爾總理印度公司植物院辭此任之後有法可那接此任細查產阿魏之草不惟為取阿魏所種者又在其原產處考究之數年前寄書與來拉言明此草詳細之事而定其草不為非羅拉之類而為與非羅拉相似之類

那替克司（醫士法可那之原稿）

此草之萼邊不顯明花瓣之形尚未定花心莖底凸圓似摺瓶形花心莖線形而少彎果之背面少有壓平之形其邊伸開作凸邊如帶其果之半分原稜有五箇中有三箇線形稜邊有兩箇不顯明之稜與其邊合連其背面稜間之凹容滿油膛自頂至底尋常為單者但間有在中間之凹處為雙者或一箇半其果兩半相連處之縫所有油膛四箇至六箇大小不定常在外分開成網形其種子平花中托果之莖分兩分其纖形之花莖為繁者總花葉間亦無之其類應在防葵族之內因其花萼邊有翅形果之油膛大裂縫不等總花葉或有或不顯明其名那替克司為希臘語而代司可立弟司列於非羅拉類內

如第一百十四圖為阿魏那替克司此為印度薩哈倫波爾公司植物院內所種草之圖其榦為箇柱形葉莖伸長

第一百十四圖

腫大而不發葉合成叢分為三分每分為雙翎毛形葉為長鈍戈形其寬各處不等邊有凹凸形剛伯法名曰弟司故能阿魏（觀外國植物書五百三十五頁）立尼由司名曰阿魏非羅拉（觀其藥品書第七十頁又特看杜辣書第四本第一百七十三頁又林特里植物藥品書第四十五頁第六十九至七十一圖）

此草產於印度與克什米爾阿司土爾與呼蘇拉山谷中有石之處最多達拉杜里斯人名曰西白或蘇白蒲司土納云觀此花取果之時在一千八百三十八年九月二十一日

阿魏草之細說　此草高而存多年尋常高五尺至八尺根為棱形或尖或分長一尺或尺餘根頂徑約三寸其面深灰色有橫皺紋其根頂出土外有深色毛形之包衣即前若干年脫下而未落之衣根之外皮厚而韌剖面白色或灰色易與其心分開其皮與心俱含白色不透光之汁形似乳臭極難聞與蒜略似葉在根上聚合成叢葉多大而伸開已長大之草內長略十八寸上面淡綠色下面色更淡質如乾皮葉莖柱形葉略包圍其莖在底有槽少在

葉底之上分三叉各分相合之處成一定之角度如三足架形其各分再分爲雙翎毛形其葉之分爲線舌形端略鈍或多或少不定或爲全或其邊有彎線所成之分排列之法或遞更或相對大半爲不等邊順葉莖之分處包其榦即在葉莖面成一箇窄翼形之槽葉之中筋在下面凸出其脉細有多網形接連如第一百十四圖爲嫩阿魏草尚未長足葉約長九寸分葉長二寸至四寸寬三分寸之一至半寸其榦直立爲筒圓柱形面有絲紋在底徑約二寸全爲實體其髓似絨形有韌而絲形散亂之梱橫交其髓榦上有遞更排列包榦之套腫大而不發葉之葉莖榦

端有雜形傘形之托輻輻數甚多全無總花葉並分花葉托輻或十箇至二十箇不定而以尋常花莖腫球形之頭爲心輻長二寸至四寸其分托輻係最短之輻聚成圓頭其生種子之花略有十箇至二十箇分托輻其不生種子之花有二十五箇至三十箇分托輻花小其不結子者尋常與結子者相間然此說未可盡信蕚邊不顯明祇有極微齒形點其不生種子之花瓣小而斜形不等邊形鋭而無引長之尖此說亦未可盡信花心莖底凸圈似品字形爲摺者其邊彎花心莖線形在其熟果內彎形細而不長有寬底連之果有七箇至十五箇在其分托輻上成熟有

短莖托之其果之半分自寬橢圓形至橢圓鈍蛋形長十二分寸之五至半寸寬四分寸之一至三分寸之一其面平形薄如葉其中少凹邊稍腫尋常不等邊向心爲暗紅椶色近邊之色更淡平滑面稍有光其背面之原稜有五箇中三箇似線形而稜與頂之相連處少似雞冠形其旁稜更不顯明近於其半果之邊與其邊之質相合但在裂縫之面易於看明又與其裂縫中間之筋和勻其發腫形之邊寬與中間三箇稜之容積相等其背面稜間槽內油膛大而寬而容其凹之全寬自頂至底尋常爲單者間有中間爲雙槽其邊最寬之面尋常爲雙者或分爲二分者

有一小分叉內含多稠汁令腫其裂縫之油膛四箇至六箇大小與多寡不等其中筋左右有一箇極細油膛常分爲兩箇細線形此線在頂上相合而在其中筋左右相近

第一百十五圖

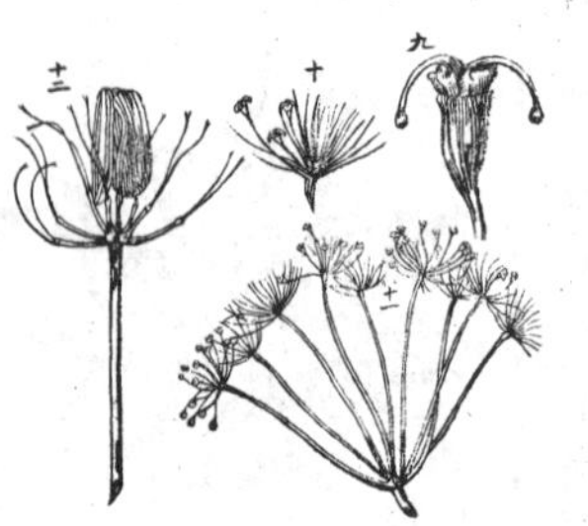

排列又有一油膛與其背面之一油膛等大更向外排列又有一油膛在其腫邊之內面而在種子之邊上此油膛更細而常分開令其邊有可觀之網形各線接連而合口種子片形有阿勒布門箇質

其花中托果莖分二分而不落較小花莖長兩倍其花疑爲白色如第一百十五圖九爲花子房花心莖與花心莖底凸圈放大之形十爲分托輻並生種子之花十一爲不生種子之托輻十二分托輻結果又有不落之花中托果莖

以上所言之草余以爲必是眞弟司故能阿魏即剛伯法書中所謂恒其息想是剛伯法於一百五十年前在印度查此草記於書中以至於今未有西國植物學家見此草可見剛伯法於查考植物最爲謹慎

余已將從阿魏草所得各材料與剛伯法之圖與說詳細比較又與剛伯法帶回存於英國博物院之草詳細比較無有不合之處其圖說曰葉與牡丹葉伸開相似其分葉比余所有之圖邊更鈍更有彎形其排列更爲遞更排列剛伯法云形狀常有不同之處而其所存乾草之葉與余所存之草相同剛伯法云其分托輻祇有五箇至六箇而余所查出者其不生種子之花頭有二十五箇至三十箇而其生種子者有十箇至二十箇剛伯法又云未見此草開花故想其所見者祇爲已熟之果而現所有分托輻之熟者不常有多於七箇結種子之分輻剛伯法之乾料內有二箇果之半分如第一百十六圖之五號其形狀並背面連合處與余在阿司土爾所得者相同但剛伯法帶回用膠連於紙上存之年代已久則變壞油膛似空故難定其數與尺寸而其背面稜中凹油膛似爲獨者又不見面上有線紋如外國植物書中所有之圖故想植物學家因此以爲剛伯法阿魏草屬於非羅拉類此意存至於今此果之半分外面平滑毫無外國植物書五百三十八頁所言之硬毛或刺又林特里在藥品植物書內第四十五頁先將剛伯法之說錄其要者又云其背面油膛有二十箇至二十二箇彼此分開而折斷各油膛分網形其分各接連而因多含阿魏則發腫又云縫上之油膛有十箇此說合於非羅拉類果之用而不合於剛伯法在波斯國查驗阿魏草之果又不合於余在阿司土爾查驗者

剛伯法之書言其葉在春時從頂上生長或爲六箇或爲七箇而其葉與根處發出之葉比較之或大或小不定其發出之枝葉最爲茂盛至冬時則全枯乾等語從我在本處查考之事後在薩哈倫波爾植物院所觀彼處生長之草得知阿司土爾所產阿魏草發葉在春不在秋淩冬不凋則與剛伯法言波斯國之阿魏草不同此數小事之外剛伯法所記波斯國阿魏草之說與余查阿司土爾之阿魏草相同

如第一百十六圖之一二三四各號爲果之半分之圖與本物之尺寸相同各圖左爲其背面右爲其裂縫如圖之五號爲剛伯法草樣書內所繪果之半分之背面第六號爲果半分之橫剖面第七號爲其種子與本尺寸相同第八號爲不生種子之花兩箇花瓣放大之圖

第一百十六圖

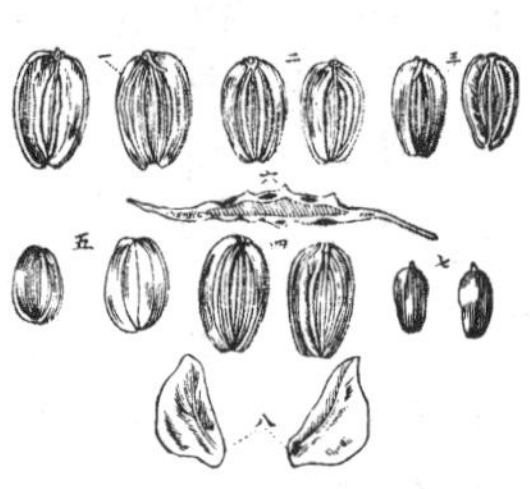

阿魏那替克司之果與花與其葉似牡丹葉之說俱與已知之非羅拉類大不相同所以應爲不同之類

達爾杜土語又名丹架里土語卽阿離恩所謂特拉弟人稱此草曰西白或蘇白其榦之嫩芽與嫩葉爲最佳之蔬菜本處之人最貴重之

此類阿魏最多在波斯國之哥辣森與拉利兩處從此兩處起一面通至阿母河之西域平原卽印度固斯山之北該處有英人伯尼司遇見之而言其草爲一年者此因其榦每年枯萎之故又云羊喜食其嫩葉又一面從俾路芝起過阿富汗堪達哈爾等省至印度河谷東邊止卽至阿司土爾而止而在阿司土爾所產者甚少以上所言各處係繖形科植物產松香膠類之首處其地氣最乾如正斯

呑所著地面天成事之圖說內有白高司之燥溼圖此各處俱爲白色顯出最乾之據

阿魏那替克司草出松香膠質之外有人將其果從波斯與阿富汗帶至印度出賣名曰阿知屯而印度本處醫士多用爲藥品古時植物學家阿非色那以此名稱恒其息或弟勒之子剛伯法書中亦論記之印度波斯阿喇伯各國之書稱阿魏草俱曰阿知屯又有一種繖形科內草之果與阿魏草之果常同出售名曰多哥此字樣與希臘國之多哥相似本處醫士云此多哥子可代阿知屯子用之其形亦大同小異余查此果係眞非羅拉草之類來拉亦

言印度北市有此種似阿魏草之果出賣另有別種生此果之非羅拉類草或能生波斯所產似阿魏之松香質而植物學家尚未詳細查考之

余亦查來拉所存阿魏草樣內別種繖形草之果其種子之包外寫馬克尼勒從波斯帶至英國之野阿魏草種子想此果與那替克司果非羅拉果大不相同而屬於他類之草以上俱爲法可那之說

近有蒲西遊覽波斯國其書記錄取阿魏之法其言與一百六十年前剛伯法所述取阿魏之法正相同其取法在根上用刀切平則其汁聚合流出可取之再以刀切成新

面屢次依此法爲之初時所得者頗軟而新折斷處有暗白色不久則變黃色或紅櫻色折斷之則有參差形色略白而面光滑不久則變紅色其塊爲亂形小塊相合而成間有滴形小塊壓連其小塊間有更深色松香膠質黏連間有蜂窩形之塊阿魏遇空氣新剖面變紅色其蒜臭難聞爲容易分辨之法味苦而辣與蒜略同存貯最妙之法用膀胱皮包之其質難磨粉雖已變硬亦難磨粉見熱則變軟見火則燒成明火百勒替耶化分之每百分得松香六五分自散油三六分膠質一九四四分巴蘇里尼一一六六分鹽類質〇三〇分又有步蘭德士化分之得松香

質更少得自散油四六分又得各種鹽類質與異質二〇五分所得自散油初時無色後變黃櫻色速發難聞之臭味苦而辣內含硫黃若干化學家辣西懷玆已化分之求其化學式得$炭_{二四}輕_{二二}硫_{二}$然久存之令遇空氣則原質改變阿魏內之膠質能在水中消化而與其餘質合成漿又在酒醕或正酒醕內易於消化英書云全能在正酒醕內消化如將其消化於酒者合於水則成漿如用以脫消化之則其油與松香質全消化除奇異松香質略居百分之二不能消化又用$淡輕_{四}養$消化之亦能收其有藥性之各質

功用　行氣藥治轉筋藥醫士或疑其爲調經與殺蟲藥

東方各國俱用爲食物內香料可治腦筋病與驚癇病即如婦女妄言笑臟燥哮喘腹內因氣而暴痛久咳嗽等

服數　以五釐至二十釐爲一服或作丸或合於他質作雜丸每三四小時服一次其漿之藥性更速可將其酒合於檴香水而成漿

阿魏酒

取法　將阿魏折碎成小塊二兩半置於正酒醕十五兩內浸七日濾之加正酒醕補足一升

功用　治轉筋如婦女妄言笑病服之合於$淡輕_{三}$阿魏酒觀卷三之一第八十一頁以一錢至二錢爲一服

阿魏外導藥

取法　將阿魏三十釐置於乳鉢內加蒸水四兩漸加熱磨勻成漿一千八百六十四年英書之方將阿魏酒六錢合於小粉漿六兩

阿魏雜丸

取法　將阿魏二兩加勒巴奴末二兩沒藥二兩糖漿一兩用熱水盆加熱調和至其質極勻爲度此丸與倫書加勒巴奴末雜丸相似

功用　治轉筋

服數　以五釐至二十釐爲一服

含此質之藥品，啞囉阿魏雜丸，淡輕養臭酒，又倫書加勒巴奴末雜丸。

阿摩尼阿古末 杜那之名為松香類膠質，產於波斯與五河兩處，又名阿摩尼阿古末膠

代司可立弟司之書第三卷第八十八頁或九十八頁言阿摩尼阿古末為阿加西里司草所出者，又布里尼書中謂之米士披由末生於阿非利加古利奈，近於由比大阿摩尼大廟，而從此廟之名，謂之阿摩尼阿古末，而杜那以為其名原為阿爾摩尼阿古末，年代已久，則脫去爾字之音。綽克生遊覽摩洛哥記錄內言摩洛哥邦近於阿拉阿來依施有一種草，土名非施克，產阿摩尼阿古末膠，又司

脫蘭獮微司在阿非利加北之旦齊耳，得非羅拉類之草，土名夫施獮，此草出阿摩尼阿古末膠，將其果若干送與林特里與來拉，又有數箇果實送與法可那，種於薩哈倫波爾植物院內所生之草與有色非羅拉相同，林特里亦查其果知為此草之果，而其植物藥品書內云綽克生所言之非施克疑為東方非羅拉草，然有英醫士司他克司在印度之信地所得此草之膠與英國貿易中常見者大不相同，韋勒特奴以為阿摩尼阿古末為生膠希拉苦里所產者，此為差誤。

近時出售之阿摩尼阿古末膠，大半為波斯國所產者，從孟買口運至西方出售，而從波斯運至孟買，大約裝船過波斯海灣，又有若干分送至紅海，從此至地中海之東而至英國。又有赫德在印度加爾各搭醫學會第一本第三百六十九頁云，遇見此草在波斯國希臘斯城與以斯巴罕城間之路邊，亦士特揩斯特與苦米奢兩處中間之平原，即在法爾斯與以辣亞日迷兩省交界處，又有武官正斯吞在該國之美爾與亦士特揩斯特兩處之間取其草之果與膠樣，又有武官來脫在此處亦取其樣，送與立尼由司植物會，而有植物學家杜那細論之，此草為阿摩尼阿古末佗里瑪，又有米拉與特倫司書第一本第二十五

頁云，分坦尼阿在波斯法爾西斯丹省之亦士特揩斯特得此草與前人所得之處相同，又有武弁韋落克告於來拉云，烏刷克草祇能在波斯以辣省內產之，其產處為多砂乾平原，即遇日光甚濃之處，又有馬克尼勒在近於希拉之矮山遇見之，古蘭特在賽干即罷米菴之北見之，該處地氣亦為最乾，又法可那在此方稍向東見許多織形科之草，為阿魏那替克司與養畜普蘭獮司，又有遊覽者哇克衣來，遊此各處，而在亦士特揩斯特得一種草之碎塊植物學家由白特與司帕克兩人在東方植物書中，名曰生膠弟瑟納司士末，又云，此草與防風族並與阿加西

里司草相似所以話勒帕植物書第二本第九百三十九頁將此草列於防風族中而來拉以爲其所得之草衹爲阿摩尼阿古末佗里瑪草得其未成而不全之樣論之其草頗高嫩者生細毛老者平滑下葉頗大而爲雙繁形其分托輻形或無莖或在不生葉之花密頭生花莖其松香膠質大半在分托輻形葉莖角內花瓣白色花心墊似杯形又有齒形邊而爲摺者果似卵形背面有壓平形並有側翅形其果之半分有六箇至九箇凸稜油膛細

近有遊覽家蒲西云在波斯見阿摩尼阿古末草生於大沒加墨之南鄉村內高於海平面約三千尺又云此草土

人名曰葉施克想爲啞克以里佗里瑪所見者衹爲其葉疑此草衹爲阿摩尼阿古末佗里瑪而其阿摩尼阿古末膠亦爲別種相類之草所產醫士司他克司在俾路芝查得之松香膠質係金色佗里瑪所產而與貿易常見之阿摩尼阿古末大同小異又有分坦尼阿書中云阿摩尼阿古末膠在傘托輻形莖之根處卽葉榦間角露出又在花莖發出之頭流出

其根大樹存多年榦高七尺至九尺在底處徑約四寸外面有嫩毛以小核形爲毛根此爲杜那之說而分坦尼阿云面平滑外面有細粉色淡綠如海水其草之式樣與起

羅尼啞坡巴拿克司相同葉大而有莖少分兩箇翎毛形長約二尺其翎毛形葉尋常有三對每對稍相離其下分葉明顯而上者常相合爲雙分翎毛形各分之形長又爲長尖銳或不分或間有少成分者葉韌如皮下有脉紋長一寸至五寸寬半寸至二寸葉莖有凸線如稜面生毛形似發腫葉莖底與榦相連處包如套其傘托輻形頗繁而分小托輻成串形其分托輻花略成球形花莖短尋常在莖上左右遞更排列如麥穗形總花葉與分花葉俱無之花莖柱形其面之毛似細羊毛花無托莖藏於羊毛形之內此爲林特里之說其萼邊分五齒形其齒銳而如膜花

瓣白色蛋形尖向內彎花心墊大而厚形如杯邊有摺紋少有分開之小分花鬚與花心莖黃色其各花心莖有切平形在頂向外彎子房口似切斷形其子房有密羊毛形果橢圓背面似壓平其圍住之邊有寬平之凸邊果之半分有三箇不通之線形稜近於其中又與四箇鈍副稜遞更排列其原稜有兩箇與邊連合每副稜有一油膛在邊每原稜亦有一油膛裂縫處有四箇油膛向外之兩箇更小此爲杜那與林特里之說

此草之汁甚多故刺一小孔所得之汁不少分坦尼阿云其汁能不刺而自流武官赫德云其草已長足卽西六月

中旬有無數有甲之蟲在其全身刺之則汁流出不久變乾人往收之其最佳之塊另存之即出售阿摩尼阿古末之滴形塊大小不定外面黃色折斷之則白如車𤦲色或白蠟色其滴形之塊合連則成杏果形阿摩尼阿古末塊內有滴形塊有更軟之料令其黏連間有合於更深顏色料其次等塊內滴形塊更小另有異質如砂子與其草之果實等合於其內

阿摩尼阿古末為稍硬之質加加熱則易軟臭大而奇味苦而辣重率為一二〇七化學家布可士化分之每百分得樹膠二二四分松香質七二分巴蘇里尼疑為哥路登一六分自散油四分又有化學家化分之得自散油更少間有化分之毫無油質阿摩尼阿古末合於水磨之能成漿酒醕能消化其松香質與油質若在酒醕內加以水則變白如乳

功用　為行氣化痰藥又為治轉筋藥如久延傷風服之則功力最大

服數　五釐至二十釐為一服尋常合於士哇盧服之或合於水成漿服之

阿摩尼阿古末雜水或漿

取法　將阿摩尼阿古末粗粉四分兩之一合於蒸水八兩磨勻其水必漸加至其水有乳形為度用細紗布濾之

功用　其水能令其膠質消化而松香質因此散在水中而成漿如加醋少許則其漿更能調勻如久傷風等用此為行氣化痰藥以半兩至一兩半為一服

阿摩尼阿古末膏 此為倫書之方

取法　將提淨阿摩尼阿古末五兩置於醋酸八兩內加熱至成流質則熬之屢次調攪之不停其火力必小熬至其濃合式為度

所用之醋酸不消化其阿摩尼阿古末惟令其質軟合於作膏藥之用其膏有黏性並有散炎阻膿之性如身有發腫之處久不肯消散用此藥大有功益

含此質之藥品　士哇盧雜丸士哇盧合叱嗶喀雜丸水銀阿摩尼阿古末硬膏見卷三之六第十二頁　加勒巴奴膏藥

加勒巴奴末 此為松香膠質出此質之草為繖形科內植物即開傘托輻形之花產於印度與地中海之東

加勒巴奴末疑即舊約書所謂嚇哌嗱此音與古時希臘國藥品加勒巴尼之音相似而古時醫士希布可拉弟司亦知之又代司可立弟司書中亦言之另設一名曰米土弟恩又有醫士曾言此質為叙利亞邦人參類草所出者代司可立弟司云係叙利亞邦非羅拉類草所出者而叙

利亞邦之界限在古書中最難定準因周圍多處包括於其內阿喇伯書與波斯國書俱論及此草設名竟宜與那非勒又疑松香膠質名曰巴爾座特植物學家特爾比魯云此松香膠質與波斯國所稱比爾座特相同而其草名幾阿古思特然無論其草如何西國植物學家尚未詳知植物學家羅比勒將出售加勒巴奴末膠上黏連種子種之所生之草爲非羅拉哥非羅拉此草產於阿非利加之北與小亞細亞尚未知其能產加勒巴奴末又有植物學家云產此膠之草名產嚇吡嗱蒲盆此草產於好望角杜那得加勒巴奴末膠黏連種子種之所生之草謂之藥品

加里巴奴末草此草屬於防風族倫書記此說指明有疑似忒意顧以上所言草之果其是否爲加勒巴奴末草所出者未能定之故林特里另有一草疑爲產加勒巴奴末者其草產於波斯國之哥剌森近於尼薩不爾特城之杜羅特所產膠香質係馬克尼勒寄送之種子而所產之質爲沛離拉所查看者與近時所知各膠香質不相同來拉所存植物樣內有此松香膠質數種又林特里名此草曰產嚇吡嗱啞拜弟亞令屬於士麥拿依族

近有遊覽家蒲西在波斯國查產加勒巴奴末松香膠之草其說似可信其言曰在波斯國德瑪分得山之斜面遇見產加勒巴奴末之草與發紅非羅拉相似然有一不同處即其果之裂縫處無油膛又言此草定非加勒巴奴末類亦非啞拜弟亞類土人名其草曰指蘇智又有植物學家觀波斯所產加勒巴奴末與地中海東方所產者大不相同故產之之草恐亦不相同

西國所用加勒巴奴末從印度與地中海之東運入常見者櫻黃色之塊其透光並其面之光彩多寡不定間有成小粒者色更淡幾爲黃色其常見者滴形之塊爲紅黃色常有更深色料黏連之另有其餘之塊或果與砂等異質在內其質軟惟冷時方能擣碎味苦而少辣其香奇與蒜不同每百分含松香質六五·八分膠質二二·六分巴蘇里尼一·八分自散油三·三分另有蘋果酸等之微迹此質之性幾分特其自散油質如合於水蒸之則能蒸得此油色黃如不合於水而蒸之加熱至二百五十度則所蒸出之質爲藍色之油加勒巴奴末合於水磨之則成漿又能在準酒醕內消化之

功用　治轉筋其功力較阿魏更小又爲化痰藥

服數　十釐至二十釐爲一服或合於他料或合於水磨成漿用之

加勒巴奴末雜丸此爲倫書之方

取法　將提淨加勒巴奴末二錢沒藥三錢提淨薩格比奴末樹汁三錢提淨阿魏一錢軟肥皂二錢磨勻加糖漿足以成丸

功用　治轉筋如以十釐至二十釐爲一服則爲調經藥

加勒巴奴末膏藥

取法　將鉛膏八兩阿摩尼阿古末二兩加勒巴奴末一兩黃蠟一兩磨勻之

功用　如久不能散之瘤用之則能行氣又能散身內凝結之質

含此質之藥品　阿魏雜丸

第五族　紅蘿蔔族西名獨苦司以尼其果之背面少似壓平或圓形其瓤有五箇圓稜其旁稜在內另有四箇副稜成刺其刺成行而排列

胡蘿蔔西名揩羅他立尼由司名揩羅他獨苦司所用之一種原產於印度藥品所用者爲其新根即紅蘿蔔

東方各國種紅蘿蔔歷年甚久名曰猶加爾又名曰加猶爾阿喇伯國書言其希臘名曰意司杜勿林此名略爲代司可立弟司書中所謂司他夫里奴斯略改變其音得之此草之榦高二尺至三尺面生毛葉分三箇翎毛形上葉之分葉線形又爲戈形其尖銳分葉亦分線形之分間有分葉完全者或分三小分其萼如第一百十圖丙有五箇齒形花瓣白色惟在中之一朵花不爲陽亦不爲陰此花色紅花瓣鈍心形如圖之丁有向內彎之線分之其外尋常有似光線形分二分其傘托輻形莖初爲平面後變凹形因其花莖向內彎之故果之背面似壓平形如圖之甲其瓤之圓稜如圖之甲丁生刺其副稜生翅其翅尋常分成箇刺一行至底而止其長短與果徑略等此草在歐洲與東方各國路旁草地內常見之如第一百十圖爲其果與草與花之剖面係主斯所作其圖下另具各物之圖說園中所種胡蘿蔔其根無人不知之形如圓錐色深黃或紅或淡紅味少甜性能養身不必細論之其爲藥品作外

敷膏頗有行氣性

野蘿蔔亦有圓錐形之根其根小黃色質少硬如木味苦而辣其香與園中蘿蔔略同其果俗稱爲子其香較根更甚因其生子之法最合於聚成油質果內自散油雖多而草之全體俱少有之園中所種者其根亦有之前藥品書以其子爲藥品今不用之

功用　爲潤內皮藥常用之作外敷膏

第六族　馬芹族西名古米尼依其果之旁有壓平形其稜無翅形

馬芹西名古米尼此爲倫書所載之藥立尼由司名曰幾米奴末古米尼

古米尼阿喇伯書謂之古母尼疑爲亞細亞原產之物而

希臘國人從埃及國得之東方各國俱種之歐洲之南多年亦種之英國所用者大半為西西里與馬里他兩島所產

馬芹為存一年之植物如第一百十七圖甲為果實乙為果之剖面高一尺至二尺其葉多分分葉長而有硬刺其

第一百十七圖

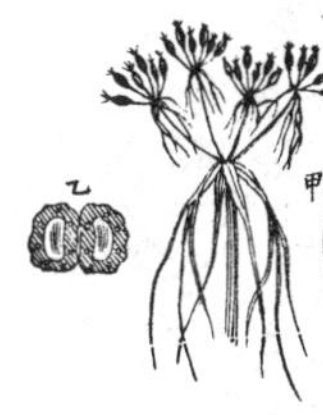

傘托輻形莖有總者亦有分者其輻數三至五總花葉有二箇至四箇或簡或分不定分花葉分為二分每分二箇至四箇葉其端回彎較果更長果生軟細

毛花或白或淡紅萼有五箇戈形生刺似翅形而不落花瓣長尖之邊齒形尖向內彎果之邊有縮小之狀果之半分有不生翅之稜其五箇圓稜有微利之刺四箇副稜有更大之硬刺稜中之凹長而有線紋而在副稜下皮生微刺每凹有油膛一箇種子前面少有凸形背面少有凹形

馬芹果俗誤稱種子淡樱色其臭甚香其香恃其子衣所存之自散油味暖少苦而香不及大茴香香之有趣其阿勒布門質淡而無味其果每十六担能成油略四十四磅油之重率為○九四五色淡黃質稀其臭可憎而辣

功用　行氣去風之藥在印度國用為食物中之香料藥品內不多用之

服數　十五釐至三十釐為一服

馬芹膏藥

取法　將提淨不干的栢油三磅蜜蠟三兩加熱融化和勻再加橄欖油一兩半水一兩半馬芹三兩芫茜三兩羅耳烏司子三兩此三物必先磨成細粉而後加入各料和勻加熱熬至其濃合宜為度

功用　舊瘡或瘤久不散者以此為行氣膏藥

第七族　土麥拿依其果有腫大之形旁有壓平形其瓤祗有原稜而無副稜

哥尼由末葉立尼由司名花點哥尼由末俗名黑暮拉克又名生點黑暮拉克藥品所用者

為其新鮮之葉與嫩枝亦用其乾葉莢國取野生者乘其草初結果時取之

哥尼由末果藥品中用其乾熟之果

此草必為希臘人所稱哥尼由納羅馬人謂之西古大此事沛離拉書論之最詳故無可疑之處然此草不能與花點西古大相混又有一種不可混者即印度克什米爾所產之兒惡西古大即鉤吻土名細爾故故勒即毒蘿蔔之意波斯國謂之魔鬼薩里伯或駁曰此草之細說不足與他種繖形科草作分別故不可另設一科然此說有多種草木亦可以此說駁之此草在阿喇伯書中謂之俗可蘭又言其希臘語曰稱尼恩或古尼恩又言土爾其國音謂之

奔知羅米或本知而羊躑躅亦稱本知醉仙桃亦稱本知佗斯替西國廢棄此藥多年不用後有醫士司土爾刻則又收入藥品

其根存二年圓柱形色白質軟如肉榦高二尺至五尺直立形圓面平滑有暗紫色之點葉大有光彩色深綠分三箇翎毛形葉莖長而有槽紋葉莖底包榦如套分葉似戈形分如翎毛其下各分似翦開其餘各分有齒形其傘托輻形多爲枝之端而爲多總托輻並分輻所成總花葉分三箇至七箇分葉頭尖硬如刺邊質如木其分花葉分三箇分葉俱在一面爲蛋形與戈形而較其傘托輻形之莖

第一百十八圖

更短萼邊如圖之丙不顯明花瓣如圖之丁有五出色白似鈍心形尖向內彎鬚如圖之丁有五箇子房似卵形分兩膛花心莖如圖之丙有兩箇而分散果實如圖之丙似卵形旁有壓平之形其瓤爲果之半分如圖之丙乙有五箇凸原稜各相等面彎如淚形其旁稜成果之邊概無副稜稜中之凹有多線紋而無油膛歐洲之活籬笆或空地常遇見之醫士西白托白在希臘國遇見之又法可那在克什米爾亦見之此草在西六月七月開花八月至九月則果熟如第一百十八圖丁爲花丙爲果乙爲果之橫剖面甲爲果之立剖面

作藥品之黑暮拉克正名哥尼由末葉待其果初顯出則摘其野生之新葉與枝其葉亦可與枝分開而晾乾果之熟者亦可曬乾爲藥品名曰哥尼由末果

此草第一年有長細之根有幾箇葉爲根所發第二年則生榦榦面多點而平滑所發之臭大而可惡與小鼠之臊臭略同此草能照以上形性分辨之又可覩其總花莖生在一邊而不全又其果之稜彎如淚形而有齒形面有數種草

易混爲黑暮拉克草即幾那披依拖薩俗名擬人怕而司里草又有一種爲蒔常安特里西苦司與林內安特里西苦司又醉沒離司與香沒離司其餘有毒性之傘托輻形花有兒惡細古大郎水黑暮拉克又撒法郎色依雜弟與蜜蜂形葉依雜弟

英書與各藥書云採葉最合宜時爲開花或將結果之時然苦里司脫生已考究此事極詳而言此事大可疑因其草第一年十一月與三月毒性亦頗大又有人言作膏需用之葉必在初開花時取之其果之藥性較葉之藥性更重而輕而生者較熟而乾者藥性更重其葉必謹慎烘乾烘房內之熱應得一百二十度應暗而多通風存其質之器應蓋密不通光且爲乾者其葉應存其深綠色之大半味可憎而頗辣臭與小鼠臊臭略同如將此草

之葉等件合於鉀養輕養磨勻之應多發此臭
哥尼由末已有多人化分之一千八百二十七年化學家奇息客用硫養求其有藥性之質得其濃者又一千八百三十一年化學家辯茄分出此質爲能自散之鹼類其形如油毒性最重辯茄試驗之事後有苦里司脫生亦試而信之此兩人已試其自散油合於蒸水令略收其臭其水無毒性若將其長大而未熟之果合於水與鉀養輕養少許蒸之則得極濃而毒之鹼性流質即爲哥尼阿此質在其果與葉內遇見之係鹽類質但尚未知此鹽類質係何配質所成分出此鹽類可用酸質如硫養等與其哥尼阿

相合此質遇鉀養則能與配質分離可合於水加熱至二百十二度蒸出之哥尼阿係無色明光油性質較水更輕其臭大如小鼠臊臭味最辣鹼性最大水能消化甚少每四分與水一分化合成哥尼阿輕養酒醋與以脫易令其消化而淡酸質亦有此性又能與之化合其霧合於輕綠霧則成白色之霧其霧質即哥尼阿輕綠如遇空氣則變櫻色成松香質與淡輕養質加熱至三百七十度則沸其式爲炭十六輕十五淡化學家布拉脫那已試驗此質而言爲兩種不同之本質相合而成此質不含養氣與淡輕同如加極大之熱化分之則成燒油質最毒作此質之法用鈣綠盆

蒸其生果之酒醋膏合於烙炙鉀養水見蘇格蘭博物會一千八百三十六年之記錄所載苦里司脫生之論 又有化學家活爾太末化分哥尼由末另得一種鹼類質名哥尼得里阿此質有自散之性與哥尼阿同而能令淡輕養從其雜質分出第其形狀與哥尼阿不同係爲顆粒形定質

試法 哥尼由末易於分辨之其草與果之形性上已言明其葉之烈性與其各藥料之濃淡俱可用鉀養水在乳鉢內合其料磨勻之應發哥尼阿之大臭或依此法試驗出售之哥尼由末藥料間因作時不合法或後自改變者所以其藥性極少或無醫學家有信用哥尼由末可爲藥

品者有言毫無藥性者從此可知其故矣

功用 哥尼由末爲令人甯睡之毒藥能發瘋証並暈睡苦里司脫生曾試驗此事云哥尼由末用盡背脊髓腦筋之力並自主肉筋之力所以令人振動如瘋証另有跳動至後令其肉筋概不能動如癱瘓至末則不能呼吸而死已有人多年用哥尼由末在諸核腫大並五臟腫大之病內爲散炎收瘤並改血之藥或用哥尼由末治瘰癧癰疽硬癰疽大得其益醫士倍勒之書論此甚詳又可用之治轉筋並小兒哮咳與咳嗽等病又有醫士用之治牙關緊閉又可用爲止痛藥與睡藥能治痛與激動之病令人安

睡

服數　將其新鮮乾粉三釐至五釐爲一服每日二三服

哥尼由末汁 又名黑暮拉克汁

取法　將哥尼由末鮮葉七磅在石乳鉢內擣之若干時壓出其汁每三分體積加正酒醕一體積待七日則濾之必置於涼爽處

服數　半錢至一錢爲一服

哥尼由末膏 又名黑暮拉克膏

取法　作此膏之法與作阿古尼低膏之法同

此膏綠色因含其汁之綠色料與英書之綠色膏同然其

阿勒布門質即合發酵之質分出之倫書取法所得之膏祇爲濃汁阿書則將其克羅路非勒與阿勒布門俱分出之所得之膏幾能在水中全消化

如將其膏質合於鉀養水磨勻之則應多發哥尼阿之臭即與作哥尼阿霧之臭同

其膏如合法爲之則得美觀深綠色可久存而不壞如將其浸酒熬乾之亦得最合用之膏

服數　以三釐爲一服每日二服至三服由漸加多

哥尼由末果酒 又名黑暮拉克果酒

取法　將哥尼由末果搗碎二兩半準酒醕一升用過濾

之法與作阿古尼低浸酒之法同倫書之浸酒用其乾葉爲之

功用　苦里司脫生云用過濾法所得浸酒最合爲藥品之用又有阿爾査消化哥尼由末中爲藥品之料最合宜者用正酒醕因收出其有藥性之質而不收其無用之植物質

服數　以二十滴至三十滴爲一服此浸酒較倫書之方所作者更濃因倫書之方所作者更近於哥尼由末汁

哥尼由末雜丸 又名黑暮拉克雜丸

取法　將哥尼由末膏二兩半叱嗶啫粉半兩糖渣滓至

足用此方原載於倫書於一千八百六十七年收入英書

功用　如因腦筋不平安而咳嗽服之則能治痛而化痰以五釐爲一服

哥尼由末油膏 此爲倫書之方

取法　將新鮮哥尼由末葉一磅置於淨豬油一磅內至脆爲度以麻布壓而濾之

功用　定質油與流質油俱能收哥尼由末之藥性質發臭而大痛之瘡可用此膏

哥尼由末軟膏 又名黑暮拉克軟布膏

取法　將哥尼由末葉粉一兩胡麻子粉三兩漸添沸水

十兩連調攪之不停即成
功用　此膏可敷癰疽與潰瘡得安慰之益處

哥尼阿霧

取法　將哥尼由末膏六十釐鉀養水一錢蒸水十錢和勻將此料二十滴滴於海絨上置於發霧器內令沸水行過其絨則可吸其所成之霧

此藥作於一千八百六十七年其鉀養放出自散鹼類質名哥尼阿如喉嚨或喉嚨口有大痛之病可吸之

第八族　胡荽族　西名可里安特里依此族之果從邊縮小或為雙生者或為球形其稜翅形

胡荽　西名可里安特立尼由司名印度可里安特入藥品者為其乾熟之果

胡荽油　此油在英國內用可里安特子蒸出

第一百十九圖

可里安特自古有之希百來人謂之哥特希臘人謂之哥里安東方各國久種之今歐洲亦多種之英國內亦有之此草之榦每年自萎如第一百十九圖高一尺至二尺形圓面有細線紋平滑葉分雙翎毛形有翦開之狀其下分葉似劈形其餘分為線形之條萼瓣五出齒形花瓣白色常微帶紅色似鈍心形其瓣之分向內彎其外各瓣係輪輻形排列分為二分果似球形如圖之甲為放大之形乙為橫切之形瓤之原稜不顯明四箇副稜凸出似線形稜中之凹無油膛裂縫處有兩箇油膛種子前面有控凹形外面鬆皮如膜英國內不常見其野生者如有之必為稜中散出之種因本國原無此物也

胡荽一物在各國為必用之香料其果俗誤稱為子東方用之甚多即如印度所食之咖哩等肴其料以此為要品歐羅巴作各種點心鋪與蒸各種香酒肆亦用之不少胡荽之果為球形其兩箇瓤彼此黏連甚緊其果略帶灰色與白色胡椒略同形臭最奇味辣而暖此味藉所含黃色自散油此油有胡荽之各藥性化學家揩華里阿化分此油知為加暮非尼之類其原質為炭九輕養

功用　行氣去風之藥以十釐至六十釐為一服平常合於他藥用之

含此質之藥品　辛拏甜膏辛拏浸酒

此一族內另有他種草在各國久用為行氣去風之藥茲將其最要者論之係新在英國用之忽有大名者因此為奇事而其藥性未必為要品

蘇末蒲勒根　西俗名麝根

產此根之植物英國人尙未考究之所用者從俄羅斯與

印度運來係其乾根橫切之片

蘇末蒲勒醫士古蘭肥勒書中先論記之其根約在中亞細亞洲所產近時運至英國頗多幾分從孟買口幾分從俄國運來第不知爲何草之根而植物學家以爲其草必屬於繖形科即如蘭書與布格那俱有此說

蘇末蒲勒又名蘇捺蒲勒又名孫蒲勒爲波斯與阿喇伯兩國藥品書內之總名目即如阿非色那書譯臘丁文曰司旁揩又曰那爾佗末又古拉特温譯波斯藥品書第一千零四十二一千零四十八一千零四十九三號內謂之孫倍拉來拉在印度曾見此根土名蘇末蒲勒阿勒替白

即香蘇末蒲勒之意其草爲亞他曼西那佗司他起斯即古人所言那佗又言司配克那佗（即甘松香）或言蘇末蒲勒路迷與那佗烏克路替同又有植物學家以此草爲開勒替發里里阿那又有人名爲蘇末蒲勒其蒲里即山產之那佗有人疑此爲成根頭發里里阿那又有一種名波斯蘇末蒲勒植物學家或以爲此草與美人髮阿弟安拖末同然代司可立弟司書中論此草與海耶新拖司（即洋水仙）同在印度國內用凸頭分根波里暗拖司代之其書中又名喀退蘇末蒲勒此種蘇末蒲勒或與英國近所用者相同即爲一千八百六十七年英書中所記者

此根爲黃灰色片其徑三四寸厚半寸至一寸半皮稷色外面常生毛內有絲紋即與下等大黃塊略同所見之塊俱有麝香之大臭此因其含奇異自散油質其味初時甜後變苦而與波勒殺末同或言在波斯國常用爲保護人身不受臭惡之害英國用之治氣喘妄言笑羊癲瘋尋常用此藥之浸酒爲治轉筋藥與行氣藥

蘇末蒲勒酒

取法　將蘇末蒲勒根粗粉二兩半準酒醕一升其取法與阿古尼低浸酒之法同

服數　以十滴至三十滴爲一服爲治轉筋藥

又有數種繖形科之草有治發熱與補性即如尋常怕而司里子與賽拉里子（即旱芹菜）有醫士周來與呼暮勒用怕而司里子其正名曰比脫羅司里奴末阿比由末作一種藥料可代雞哪之用

此藥名阿比哇里其作法將怕而司里子浸於酒醕內再蒸出其酒之大半後用以脫或哥囉方收其餘質內之藥料此爲重而油形之流質其味與臭猝不能在水中消化亦不能自化散如瘧疾以五滴至十五滴爲一服或成丸服之或合於膠質服之觀一千八百五十五年法京巴黎所印論阿比哇里之書

印度國亦有小繖形科之草名亞細亞海特羅哥替里即積雪草其土人用爲利小便與發汗之藥如第一百二十圖近

第一百二十圖

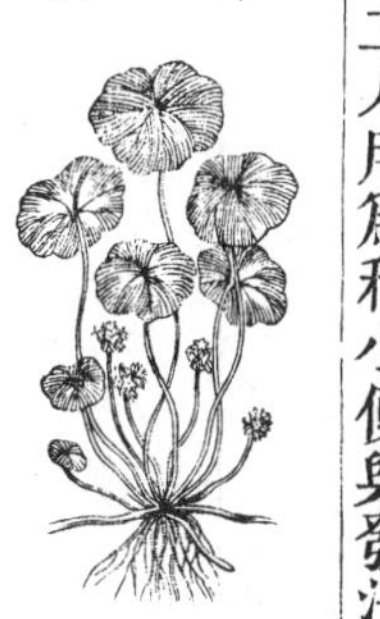

有法國醫士勒皮尼勸人用此藥治皮膚久病以其乾草磨成粉以五釐至十釐爲一服或以酒醋成膏以半釐至一釐爲一服

五加科 西名阿拉里亞西依

此科與繖形科大同小異然因此科內之草俱不入正藥品故此書不必詳論之即如五葉巴拿克司如第一百二十一圖其根名人參中國貴重之以爲能治百病其上等者價與黃金相埒其臭淡味甜而微香內含多小粉所以服之祇能爲養身潤內皮之藥與小粉略同此草在中國之北並高麗與亞美利加之北俱有之又有一種與上者大同小異名曰假人參巴拿克司醫士活立施在雪山遇見之又有一種係北亞美利加所產名曰光梗阿拉里亞其根微香其味甜而微香有人謂之假沙沙把列拉又有一種北亞美利加所產名曰有刺阿拉里亞俗名安直里刻又名牙

第一百二十一圖

痛草可爲行氣發汗藥

山茱萸科 西名殼爾那西依

此科之內有數種草具苦味與收斂性第英國藥品書不載此科之植物爲藥品醫士蘭特拉云土爾其人將堅强殼爾奴斯之果如第一百二十二圖治血溢之病又

第一百二十二圖

治泄瀉與霍亂吐瀉又用以作發泡涼性藥水又日本國常用藥品殼爾奴斯爲發熱時所飲涼藥有一種名圓環殼爾奴斯即圓葉殼爾奴斯在美國用爲收斂補藥而代金雞哪治瘧疾用之

景天科 西名苦拉蘇西依

此科之草汁味最辣間有另具收斂性者即如有臍帶苦替離屯在英國西陲石塊與古墻上生最茂盛少有利小便性常有人用之治妄言笑病又用之治足上雞眼與手上干日瘡近時布勒地方醫士梭勒突將此舊藥重爲與用梭勒突與他醫士俱云此藥治羊癲瘋功力最大壓出

其草汁熬乾之以半錢或更多為一服久用之則得益處其嫩葉之汁為最佳又好望角醫士巴潑在好望角植物藥品書中云此處所產圓形苦替離屯亦能治此等病已久用之得功用之證據本處之蒲爾人與居於該處之旅人又用之作外科藥治雞眼與千日瘡與英國所產之一種相同

西藥大成卷五之三

英國　來拉
海得蘭　同撰

英國　傅蘭雅　口譯

新陽　趙元益　筆述

第一類外長又名兩子瓣

第三部瓣花

忍冬科 西名措坡里夫里阿西依

忍冬科植物在溫和與冷地遇見之然其藥性不甚重

野黃楊 西名散末蒲扣立尼由司名曰黑色散末蒲扣列於五箇鬚三箇花心其花入藥品英國

俗名阿拉大木

此木原為歐洲所產希臘國人俱知之又代司可立弟司書中名曰阿客替

此物略有樹之形狀其枝甚多常左右相配其嫩枝常含輕鬆樹心料如燈草之料葉似翎毛形分葉有兩對另有一箇略似蛋形又為鋸形頭尖硬如刺其花每叢有若干朵合成一平頭在枝之端分為五箇總花榦萼分五出花瓣似乳皮色有輪形分五出其端向內彎其臭小花鬚五箇子房口三箇無托線裸果球形黑色種子三箇至四箇如第一百二十三圖

第一百二十三圖

野黃楊樹之名體曾有人用為藥品第其有藥性者少其花之香藉自散油質可蒸取之沛離拉云尋常出售之野黃楊油前時為藥品者非野黃楊花所作其作法將野黃楊葉在菜油內沸之而成其花之香最佳因含自散油前時有人用其木之內皮為瀉藥

野黃楊花水（西名散末蒲扣花水）

取法　將野黃楊花去其莖共得十磅合於水十六升蒸之至得八升如將其新鮮之花合於食鹽可久存之蒸此花取其香水與用鮮者相同

功用　此藥能加入他藥內令得佳味或可合於他藥用之

金雞那西依科（此為林特里之名）

此科為珠西亞所設茜草科內之一族近將珠西亞所定之族分為兩科一為黃精（西名加里阿西依）科又名司脫拉替依科一為金雞那西依科

黃精科之植物其葉為圓形金雞那西依科之植物葉相對排列副葉在葉莖中排列地球面各熱地俱有之內含苦味收斂性之藥如雞那金雞那樹皮酸等俱為治發熱病之藥又有數種內含伊密的尼作吐藥之用此植物產於地球熱帶內即如秘魯國安達斯山又產於印度國之山高至熱帶中植物所能生長處而止

吃嗶咯苦阿那（又名吃嗶咯西發以里斯特看杜辣之名藥品中用其乾根從巴西國運來或名吃嗶咯苦恩又名吃嗶咯苦阿那）

吃嗶咯苦阿那為南亞美利加土人之語又名坡來亞特瑪士此為數種吐性樹根之總名而藥品書中以此名專屬於本節西發以里斯樹根論之如一千六百四十八年秘項論巴西國動物植物之書言明此事又馬克古拉弗書一百零一頁與十七頁亦論記之言為櫻色吃嗶咯苦恩必與白色者分別之此草之形似乎坡里其由末草（即薄荷之一種）此草之根初為黑勒肥西由司帶至歐洲各國略為

一千六百八十六年之事產此根之草久不知為何種一千八百零一年醫士哥密士著論一篇為巴西國之吃嗶咯苦阿那草圖說哥密士將其草送與葡萄牙國固英巴拉之植物學家波羅替羅而波羅替羅交與法國難得斯植物學家士薩客後波羅替羅在一千八百二年立尼由司會之記錄中第六卷第一百三十七頁講論此草並不提及哥密士帶此草至歐洲之事而言此草為揩里可揩之類然本類之草植物學家司哇子名曰西發以里斯土薩客亦指明為此類而在一千八百十三年戴符植物記錄書內第四本第二百零四頁詳細論之近有植物學家

米拉車乂茲馬替由司篠希累爾等人俱考究之即如米拉與奇布特分叱嗶喀苦阿那為三種一為櫻色者一為紅色者一為灰色者此各色俱藉草幹皮色得之

如第一百二十四圖為叱嗶喀西發以里斯其根存多年

第一百二十四圖

形簡或多彎曲或為數箇分支長數寸厚與鵞毛管略同其面生頭如節有橫圈形新鮮者外面淡櫻色其幹為木本之形多年不枯直向上面不彎常有近地面處另發根

而在發根處以上則直立近幹之上端略生毛每幹有葉四箇至六箇或八箇相對排列形長圓略為鈍蛋形其端尖上面略毛下面生細毛副葉直立分四分至六分花莖為獨者從葉幹間角發出面生細毛開花時則直立結果時則下垂其花聚成密頭而有大總花葉一張抱護之此總花葉分四分至六分其分之間甚深各分係鈍蛋形每花有一花葉似鈍蛋形而長萼小有五箇短鈍齒形花瓣白色似喇叭形管外與口生毛管體有五箇蛋形同彎之分鬚五箇其凸為線形鬚頭亦長如線少伸出花瓣之外花子房上有肉形厚花心墊子房口分二分所結祼果略

與咖啡同大其色似深茄花色上有萼之痕迹果分兩膛內有兩種子膛之隔衣係直排列其質厚其仁一面平一面凹在平面有槽紋自西十一月至三月開花五月結果產於巴西國樹林內遮陰處自里約熱內盧起至伯能不各止又在近於維拉米捺之樹林內有韋弟勒查得之

此草所產叱嗶喀苦阿那櫻色或灰色又名圈形或眞叱嗶喀苦阿那又名巴西國或里斯本叱嗶喀苦阿那大半在西正月至三月取之從巴西國里約熱內盧巴希亞伯能不各等口運至歐羅巴韋弟勒之書云此草巴西國土名坡阿亞產之最多近時出售者大半為馬的喀羅索省

所產常見之處在里約巴拉圭與其支河左右平原樹林中遮陰之下惟河漲時能淹沒之地不遇見之祇在稍高處有溼砂土而土中有腐爛植物質者此各處所見西發以里斯成叢而生取其根之土人名曰里陀里羅司

圈形叱嗶喀之根為尋常出售者或為淡櫻色或為灰色間在其上端有相連直圓之一分即與幹相連處長二寸至四寸其支或尖或分乂彎曲形不定其厚略與小鵞管同大似為不等之圈橫相連而成圈間之凹幾平行所以根之外形似多結之繩其圈之外似樹皮其質似牛角質脆中有細韌白色木質而圈似穿於木質之上此木質謂

之根中心質略爲上等叱嗶咯根五分之一此中心質無臭無味然根之外殼有可憎之臭少有苦辛之味或言新鮮之根其臭更大而乾根磨成粉者其臭爲尋常人所難當其有藥性之質能在水或酒醋或準酒醋或葡萄酒內俱能消化出之化學家百勒替耶化分叱嗶咯苦阿那根在其殼質內得一奇性之質謂之伊密的尼然此質實爲吐性膏質每根一百分含此質十六分香油類質二分此油類質爲香自散油與無香定質油相合而成又有蠟質六分樹膠質十分小粉四十二分立故尼尼二十分耗去四分共得一百分紅色叱嗶咯根每百分含吐性膏質十

四分其根之中心質每百分含吐性膏質大約不過一分又含木紋質約六十七分

吐性膏質初名曰吐料後有化學家細化分之得知內含他質頗多故知上等叱嗶咯苦阿那之根每百分含淨伊密的尼大約不過一分此淨伊密的尼質無色不成顆粒有鹼性無臭幾無味加熱至一百二十度則融化水中難消化惟在無水酒醋或準酒醋內最易消化又能合於配質成苦性之鹽類其已消化者如合於沒石子浸酒則結成又如將叱嗶咯苦阿那根在水中煮之加鐵綠則變綠色其眞伊密的尼之原質爲炭輕養淡不淨之伊密的尼

常出售者爲黃白色之質

化學家革落克亦化分叱嗶咯苦阿那之根而在伊密的尼之外另得一質有酸性者謂之西發以里克酸此酸與沒石子酸大同小異其原質爲炭輕養加輕養能在酒醋或水中消化又在以脫中亦能消化惟能消化者更少如合於鐵綠水則變綠色與前所言者同如合於淡輕養則變茄花色設其淡輕養大有餘則變深黑色

有一種叱嗶咯俗名線紋叱嗶咯又名黑色叱嗶咯卽秘魯國叱嗶咯生此根之草與上言者不同種其節更大此草正名吐性賽可特里亞屬於咖啡依科而產於新加拉

拿大前時以該處所產叱嗶咯爲眞者化學家百勒替耶查此草根每百分含不淨伊密的尼略九分

又有一種叱嗶咯爲秘瑣書中所言者色白性與小粉略同外面有浪形彎條生此質之正名曰毛糙里乂特孫有數植物學家名曰巴西國里乂特孫此草屬於司卑瑪可扣依科而產於巴西國新加拉拿大委拉古盧斯等處又有一種爲玫瑰形里乂特孫所產之質與此質相同每百分含不淨伊密的尼略六分

茜草科植物另有數種亦具吐性又他科中亦有之卽如遠志科白前科大戟科菫菜科與叱嗶咯依亞尼弟由末

又有一種名小花依亞尼弟由末所產之藥名蓋成可立杜可恩

功用　吃嗶咯有惹胃之性爲可㨿之吐藥又爲化痰發汗平火安心之藥如重傷風則爲有效之化痰藥與發汗藥又如各種發熱病用爲發汗藥泄瀉與赤白痢用之令血多行於皮膚瘧疾寒冷時用爲吐藥令其速熱胃中有不合之物可令其吐出或欲全身活動俱可用之又如流血等病爲吐性平火安心藥

服數　將其粉以十五釐至二十釐或多至三十釐爲一服爲吐藥常與打打伊密的一釐相和用之同時服暖水或野菊花茶卽揩薯米辣茶此藥以二釐爲一服則令人有嘔性以一釐至二釐爲一服爲化痰發汗藥以半釐爲一服爲胃不消化之改血藥又可用伊密的尼以十六分釐之一爲一服

吃嗶咯葡萄酒

取法　將吃嗶咯苦阿那根搗碎一兩置於舍利酒一升內浸七日屢次搖動粗布濾之壓出根中之汁再濾之加舍利酒補足一升

功用　以十滴至三十滴爲一服則爲化痰與發汗藥以二錢至四錢爲一服則爲吐藥如小兒服之以二十滴至一錢爲一服此酒較倫書之方所作者淡四分之一

吃嗶咯雜散 又名吃嗶咯合鴉片散又名度法散

取法　將吃嗶咯粉半兩鴉片半兩鉀養硫養四兩各分和勻用細篩篩之置乳鉢內輕磨勻盛於瓶內塞密之

功用　每十釐含鴉片一釐如以五釐至十釐爲一服則爲發汗藥間有每若干時服一次此爲發汗藥中最可貴者鴉片似能令血與汗通至皮膚吃嗶咯令皮膚放鬆醫士度法設此方令人另合於溫乳與酒一杯服之又用衣被護身令暖出汗之後則再飲其溫乳與酒二升尋常服此藥之後不可早飲多流質恐令人吐 案此乳與酒英國鄉人臨睡時常用之西名樸西脫作法用乳若干加酒或他種稍酸之流質足令其乳分出其腐加糖令甜乘其熱飲之尋常之方用新乳半升舍利酒二兩糖渣滓一兩至二兩置於鍋內加熱令乳成腐調和而服之有人用檸檬汁或醋以代酒再加薑粉或肉果粉食之

吃嗶咯合士哇盧鴉片丸

取法　將吃嗶咯雜散三兩新磨士哇盧細粉一兩阿摩尼阿古末膠一兩糖漿至足用將各質和勻成丸此藥係倫書所載者英書前載之而後删之至一千八百六十七年又收入英書

功用　爲發汗與化痰藥

服數　以五釐至十釐爲一服

醫士或將吃嗶咯與伊密的尼作洗藥或油膏擦於皮膚則能收入血內

吃嗶咯糖片

取法　將吃嗶咯粉一百八十釐提淨白糖粉二十五兩阿指西耶樹膠粉一兩阿指西耶樹膠水二兩蒸水一兩或足用先將各粉和勻添入樹膠水與水成合爲糖片之料分爲七百二十糖片置熱氣箱內加不過大之熱烘乾每一糖片含吃嗶咯四分釐之一

服數　以一片至三片爲一服此載於一千八百六十七年之英書

含此質之藥品　嗼啡啞合吃嗶咯糖片哥尼由末雜丸

阿喇伯咖啡

此樹爲咖啡依科即咖啡依分科內之要質原產於阿喇伯國並阿比西尼國交界處土名苦華而從阿喇伯國徑移往各國種之如第一百二十五圖甲爲花瓣與鬚乙爲花心莖與子房口丙爲裸果丁爲裸果內種子兩箇西國用咖啡甚多故不必詳言惟東方用茶之處則無之咖啡內

第一百二十五圖

含一種質名加非以尼此質之性與替以尼同觀茶科　此質有行氣性大能感動腦髓如不慣用者服之則其性更重故醫學家用爲感動腦髓之行氣料又用爲省睡藥即如鴉片等睡迷之毒用咖啡即可止之如蘇門答剌島人常用其炒過之葉沖水飲之

金雞那樹皮　此皮有淡色黃色紅色三種俱爲不同種之金雞那樹所產

金雞那係立尼由司所定之名因於一千六百三十九年秘魯國總督夫人患病用此藥治愈回至歐洲帶此樹與皮送與立尼由司觀之夫人原名曰金雞那故名曰金雞那樹皮然本處土人原稱此樹之名其音與金雞那略相

似此爲偶合之事亞美利加土人又名曰楷思楷里拉秘魯國內查得此樹之藥性不知在何時植物學家或言土人原不知此樹之藥性於一千六百九十六年與一千七百三十九年有西人在秘魯國查得馬拉楷爱之土人已知之又有植物學家以爲其樹之藥性爲天主教中耶穌會人所查得者早已傳於歐羅巴然生此皮之樹歐洲多年無人知之衹在近數年內能知其詳細一千七百三十七年醫士阿爾窩在格致會記錄書中記此樹之形式與其用處此書以前無人論記之此年有法國醫士拉康太米尼往秘魯國之羅沙查此樹最詳作書寄與法國博物

會又將最好之皮名曰羅沙上等揩思揩里拉畫其圖從此時以後此種金雞那名曰康太米尼金雞那一千七百三十九年珠西亞往秘魯國羅沙省又往上秘魯國至近於巴西國交界詳查此樹之形性而畫其圖其圖說多年無人理會惟近時有植物學家查考之約一千七百七十二年植物學家暮替司與其徒齊亞將金雞那樹皮從新加拉拿大之山上送與立尼由司第此兩人傳論金雞那樹皮之說大有錯誤初時西國祇知有一種樹皮爲羅沙省所產者後於一千七百七十五年暮替司另送數種至歐洲而其貿易之名各不同故植物學家以爲祇有一種樹產藥品金雞那故命名曰藥品金雞那然其爲藥品者亦爲數種樹所產故植物學家不用此名而各種金雞那之圖說載於藥品大書甚詳西班牙國派暮替司查驗之後另派他人細查秘魯國金雞那樹林並各種花草樹木一千七百七十七年派羅依士與巴文兩人此兩人臨行時有植物學家逩法拉與曼沙尼拉同往自一千七百九十八年起至一千八百零二年止所印售之書內論數種金雞那樹最爲詳準即如秘魯植物書金雞那論與附金雞那論是也

以後有洪波特與本布蘭特兩人往秘魯國考究各種植物所作之書名熱地植物書言明此樹之數種而畫其圖又有薄必克遊覽智利與秘魯等國細查華奴哥與古知羅兩處之金雞那樹皮印其說於書中一千八百四十六四十七兩年之間韋弟勒細查玻里非國與秘魯國之一分在赤道南十九度至十三度之間所有出金雞那樹之處查得一種名揩里轍亞金雞那此樹產英國出售之黃色金雞那樹皮查驗之事記錄於大書內一千八百四十九年印於法國京都名曰金雞那樹圖說此書之體例盡善多人佩服之

韋弟勒以前所有遊覽家與植物學家已知金雞那樹之種記於書中者有蘭白特論金雞那樹類之書又有特看杜辣著書名坡羅特羅母司亦論記之最多者係林特里在植物藥品書內言之甚詳因已查出前人之書另有湯勿生所存乾枝之樣甚多能查看之此乾枝之樣係暮替司於一千八百零五年在近於羅沙與三達非波哥達查得之載於西班牙國之船送回本國途中適值交戰之事爲英國兵船奪取帶至英國爲醫士湯勿生所得又蘭白特在英國博物院中所聚金雞那樹之樣此樹之樣較在秘魯國植物全書所論金雞那樹之樣更爲完全所以從此各處得知金雞那樹有二十四種後記錄於植物書中

然韋弟勒已見其樹在生長之處知前書內所記之二十四種實不過十一種又另得新者八種故依韋弟勒之書金雞那共有十九種其排列之法似為天然之法因用化學之法求其原質與植物排列法相配僅有眞金雞那樹之類能產雞那以尼與金雞那以尼而楷思楷里拉類中祗有收斂性之藥

有數種樹昔人以為金雞那之類後人列於揩思揩里拉類內此為可恨之事因其名目混淆也又有他種為植物學家韋弟勒等列入金雞那相類之樹中即如愛刻蘇司脫瑪勒米以亞蒲以那帛刻內亞但奈斯拉西由尼瑪拉

屯白其阿羅苦里阿殼司密蒲依那海密奴弟克替思哥木甫西阿

金雞那類之樹如第一百二十六一百二十八兩圖其萼圓錐形尖向下依此以分別之又其萼與子房相連分五齒形花瓣似極長酒杯形其管略圓分五出分列之分長而尖似戈頭邊生毛外面亦生細毛與管相同花瓣排列法為外套形花鬚五箇遞更排列花鬚托線連入花瓣管之下半鬚頭或在花瓣管內或伸於外不定子房有厚實花心墊胚珠多似瓦背排列法又為倒置者花心莖簡子房口或藏於花瓣內或伸於外不定子殼似長卵形或為

長線形似戈頭兩面有槽頂有萼體所存之餘質面平滑或生細軟毛內有兩膛種子甚多而殼之分自頂至底分開種子多連於子胞衣似楯牌形其式壓扁種子中心長形外有膜形之翅邊有齒形胚在厚阿勒布門質之邊直排子瓣蛋形而完全小根圓而向下此樹之各種或為矮樹或為凌冬不凋之小樹幹與枝俱圓其木質之膛處含金雞那以尼最多而木紋質之處含雞那以尼最多外皮各不同間有厚者間有薄者外圍皮略帶白色久之則變黃色其中有假髓輻管此為韋弟勒之說樹葉相對排列有葉莖面平滑生細毛或微有毛面之回光甚奇此由其

葉外皮質膛之排列法而來副葉在葉莖中排列常為不相連者能枯落或在其底少合連其內面有多微核此核在底變成松香膠類質花多合成平密之頭色白間有人皮色或紫色極香其花密頭為枝之端小枝與花莖在其底處有花葉之形

眞金雞那樹俱在安達斯山生長大半產於此山之分山告提抹辣山之東該處山上之樹林連成一帶有數處高於海面四千尺至一萬二千尺間在山之西面有樹林處見之其金雞那樹不常成樹林而常有多樹成叢土名曼又間有分開生長者又有在無遮蔽之處生長雖其處祗

有矮樹而不能長大處亦有之金雞那樹最多之林俱爲熱地即如各處有椶櫚類樹此爲林中之要樹而最多者間有背陰樹木並極大籐本竹芭蕉阿來弟依西刻路比阿米拉司拖瑪西依即黑肩果科橡樹楊梅樹等類此各樹亦在雪山之南並下雪山之上又在印度國尼克里山亦有此種樹此各處空氣含水甚多週年熱度之中數約爲六十二度

產金雞那樹之地略爲大平原周一分所成之弧其凹面向西凸面向東弧之最向西之處即近於其弧之中即與羅沙相近此處離海邊不遠弧之北面近於加拉架略爲

赤道北緯十度其南面近於玻里非國山相近處之三達古盧斯塞拉城略爲赤道南緯十九度韋弟勒在該處相近查得金雞那樹之一種謂之南方金雞那又有一種昔人以爲屬於金雞那類名曰羅拿以瑪金雞那今改列入揩思揩里拉類內又有一種前人以爲產紅色金雞那皮者名曰大葉金雞那今亦改列入揩思揩里拉此種樹尋常在山谷之底遇見之然其眞金雞那樹俱在更高處遇見之

求金雞那樹皮之法先派明此事之人查樹林內有金雞那樹之處已查得一合式之處則派一員帶糧食至林中收土人所剝之樹皮而細查之尋常在西五月時剝皮最多然他時亦可剝之惟多雨之時則不可剝此有兩法一法不斫其樹祇剝其皮二法在其根以上不高之處斫其樹而剝其皮此法最合宜因在樹根周圍另發小樹不多時又可斫樹而剝皮其剝皮之法尋常用錘搗去外層皮間有用刷拭淨外層皮後用刀割其皮成塊每塊長十五寸至十八寸寬四寸至五寸小枝薄皮曬數日則捲成管形名曰金雞那皮管大樹身皮成板形乾時必壓平之所派之員將其上等皮令人封於粗布內成包如有次等者或壞者則不收之帶至各城之棧房內每包另加獸皮作

外套此包名曰細倫司而一包內祇藏一種皮凡斫樹剝皮爲最大浪費之法因久如此則金雞那樹幾盡今近城或海口處產上等金雞那皮之樹幾無之再照此法則原處樹林之金雞那樹亦將無之玻利非國已數次特設律法禁揩里織亞亂斫金雞那樹林之事恐以後其樹竭盡也然人之業此者俱不服欲强爲此事至後國家無奈何必弛其禁而準人斫樹

今所稱爲金雞那類之樹其皮俱合爲藥品之用其揩思揩里拉等類樹之皮與金雞那樹皮有相同之處然不合爲此藥品之用出售之金雞那樹皮常雜此種皮在內所

以應詳細查考各種皮之形性分辨其眞假。習有多種金雞那記錄書並貿易內將其皮分爲多種尙未能定何種皮係何種樹所產法國植物學家巴文將秘魯國所產金雞那樹皮四十四種並其各種之名送與蘭白特然此各種前時不多用。又有植物學家薄必克查得其樹皮並其樹之樣。同時送與植物學家里其勒查驗之。又韋弟勒用此法查得種數更多。前暮替司與齊亞兩人誤以爲產北邊各種皮之樹必與南邊者相同。即北邊加爾達日那所產黃色與紅色之金雞那皮必與南邊利馬所產黃色與紅色皮相同。因有此誤後洪波特信其說亦誤後有蘭白特亦誤。一千八百三十六年之倫書亦誤

各種金雞那樹皮貿易內之名不清楚故不能從其名目而知皮之根原與形性有一二種依其出售之口爲主。即如加爾達日那皮實近於三達非所產。又如利馬皮實非利馬所產而爲華奴哥與上秘魯國所產。又一種名阿利加皮此皮係內地甚遠處所產又有數種皮以其出產相近處爲名。即如羅沙華奴哥華瑪里司倭音搭拉罷亞古斯各等是也。此各皮之名不過爲各處所產之最佳者而各處另產數種金雞那樹皮。故難定其是否。又有法依其形性顏色命名。即如英書內有淡色黃色紅色各皮。蘇格

蘭醫學院將其淡色者分爲冕號與銀色號。此各名目。白爾根之書內用之。醫士敦根提及此書而言此爲藥品書之最佳者。後奇布特藥品源流書中用之。以後沛離拉藥品書中亦用之。想此各名目爲藥品而設最合。然有一弊因產金雞那之處用此各顏色之名爲他種金雞那樹皮之用。暮替司與齊亞兩人以三達非所產金雞那樹皮依其皮之粉色而命名。而秘魯國依其皮之外色而命名或從其皮外所生白色苔或黑色苔名之。此苔之色各處不同各藉其水土或遮蔽或顯露而定。所以好阿特云。三達非植物學家依其皮粉之色命名。雖有不合之處亦可爲公用。秘魯國之法依其外皮之色命名。不能有大誤若依其面生之苔命名。則爲大謬

韋弟勒已查常出售之淡色皮爲數種樹之嫩皮。而其黃色或紅色者或別類樹之老皮。或同類樹之老皮。化學家格布勒與搿茄。已將其皮依化學形性而排列之。然以上各法。非植物學之正法。因各種皮應依其各種樹之名而分別之。待若干年必歸此法。近時尙未定何種樹產何種皮不得已必依藥品書之排列法並貿易內所用之名目。因此法爲尋常事之用亦有益處

各種金雞那樹皮。其原料之排列法與他種植物質有不

同之處前已言各種樹木之皮在其外皮以內分爲兩層俱爲聚胞體所成內層爲皮之絲紋與汁管外層漸從內層擠出而死摩勒名此外層曰眞皮其內層曰近木之皮金雞那樹作藥品者爲其近木之皮而雞那鹼類質存於此層內此層或獨爲絲紋質或與其聚胞體質若干相連而其雞那不在絲紋又不在汁管祗存於小膛內而其膛排列於絲紋質之間設金雞那樹內其聚胞體質頗多者如細毛金雞那或在淡色樹皮內即爲樹之嫩者其絲紋質尚未全成又如皮之內半或多絲紋而合成叢之處則俱少含雞那以尼而多含金雞那以尼

其絲紋與聚胞體兩物多寡之比例最合於成雞那以尼者大約其絲紋短而幾爲等長者且其聚胞體勻排列而多含松香質之料此料在絲紋中隔闕鋪平即如將揩里繖亞金雞那橫剖裂則可見之又有數種皮質其絲紋與此種相同而排列法不同因其絲紋更長而不等其端彼此相連尋常聚合成叢最多者在向內面之處如此其皮加厚而中間所隔之聚胞體更少即如觀小槽紋金雞那之皮內此理易於明之

由此可見將金雞那皮摘破之用顯微鏡觀其質紋則應知其爲藥之性之大小即其絲紋質內含雞那以尼若干

而其軟木形皮中含金雞那以尼若干其大管形塊含雞那鹼類質較其大半爲外層管形者更多韋弟勒云皮內樹皮酸大半在其皮之聚胞體內所以將其皮質分爲三種一爲似軟木者二爲有絲紋者三爲線形者又言各種金雞那皮其質必歸此三種內而温克拉未能全信此說白爾根所作之書將各種金雞那皮分九款論之其各款依其形性而分定又奇布特分列五大類即灰色黃色紅色白色與假者各類內又分種數甚多沛離拉亦佩服此分類法而用之在其藥品書中另載白爾根論說甚多又將其樹樣與白爾根奇布特所有之樹樣彼此調換如此日耳曼國法國英國之各名能比較定準苦里司脫生亦查得此等皮而大半信從以上三人之說前言薄必克在秘魯國往產金雞那樹皮之林中細查其樹帶回本國而與里其勒同將尋常出售之皮比較之韋弟勒之書中亦照此法爲之所載之圖說與格布勒根兹兩人所作者難分上下又有好阿特與沛離拉兩人將出售之金雞那樹皮與英國博物院等處所存秘魯國金雞那樹與木及小樹樣詳細比較而在其書中言明之觀藥品會記錄書第十一第十二兩本並好阿特所作金雞那新論

兹將常出售之金雞那皮開列一表此與韋弟勒之表大

同小異表中指明何種樹生何種皮表後細論皮之形性等則依英國藥品書之法排列

尋常出售金雞那樹皮之表並疑產此各皮之樹名表

第一類　灰色金雞那樹皮

第一處羅沙金雞那樹皮英國名淡色皮又名晃號皮

羅沙金雞那樹皮色灰質密	樹名康太米尼金雞那
羅沙金雞那樹皮色櫻質密	樹名小槽紋金雞那
羅沙金雞那樹皮色紅如栗又名淡色指里纖亞	同上
羅沙金雞那樹皮色紅多絲紋爲西班牙國王者	
羅沙金雞那樹皮色黃而多絲紋	樹名長橢圓葉金雞那

第二處利馬金雞那樹皮又名華奴哥金雞那樹皮英國名銀色皮又名灰色皮

利馬金雞那樹皮色灰櫻	樹名小鬚頭金雞那或名戈頭形金雞那
利馬金雞那樹皮色尋常灰色	同上
灰色金雞那樹皮又名上等灰色皮	樹名光亮金雞那
利馬金雞那樹皮色白	樹名紫色金雞那
利馬金雞那樹皮面皺紋甚多與指里纖亞相似	樹名面生小核金雞那
金雞那樹皮色紅或爲倭音或爲羅沙者	樹名未定

第二類　白色金雞那樹皮

阿書木皮色羅沙金雞那樹皮英國名阿書皮	樹名蛋形葉金雞那
灰色金雞那樹皮又名淡色金雞那樹皮	同上
白色羅沙金雞那樹皮	同上
白色絲紋倭音金雞那樹皮	同上
古斯各金雞那樹皮	樹名細毛金雞那或心形葉金雞那
阿利加金雞那樹皮	同上
淡黃色加爾達日那金雞那樹皮英名硬加爾達日那樹皮	同上
橘皮黃色加爾達日那金雞那樹皮	同上
比他耶金雞那樹皮又名假比他耶金雞那樹皮	樹名尖利司替奴司佗摩末

第三類　黃色金雞那樹皮

西班牙國王黃色金雞那樹皮	樹名指里纖亞金雞那
指里纖亞金雞那樹皮又名王家黃色樹皮英國名黃色樹皮	同上
橘皮黃色金雞那樹皮又名桂皮形金雞那樹皮又名輕金雞那皮	樹名小鬚頭金雞那
比他耶金雞那樹皮	樹名鬈髮畫院金雞那又名康太米尼金雞那
木質加爾達日那樹皮	同上
[illegible]質橘皮色金雞那樹皮又名海絨形加爾達日那樹皮	樹名戈頭形葉金雞那

華瑪里斯金雞那樹皮英國名鏽色樹皮分爲五種

華瑪里斯金雞那樹皮色暗灰	樹名粗毛金雞那
華瑪里斯金雞那樹皮質薄色紅	樹名疑爲紫色金雞那
華瑪里斯金雞那樹皮色白	樹名未定
華瑪里斯金雞那樹皮含鐵者	樹名小鬚頭金雞那
官加黃色金雞那樹皮	樹名橢圓葉金雞那

第四類　紅色金雞那樹皮英國名紅皮

紅色金雞那樹皮爲藥品者	樹名紅汁金雞那又名蛋形葉金雞那
利馬紅色金雞那樹皮	樹名光亮金雞那
紅色金雞那樹皮眞者面不生凸點	同上
紅色金雞那樹皮眞者面生凸點	同上
橘皮紅色金雞那樹皮面生凸點	樹名未定
淡紅色金雞那樹皮面白色	同上
櫻色加爾達日那樹皮	同上
紅色加爾達日那樹皮	同上

奇布特書中云藥性最重之金雞那樹皮分八種一.指里纖亞金雞那樹皮二.橘皮黃色金雞那樹皮三.比他耶金雞那樹皮四.有凸點眞紅色金雞那樹皮五.無凸點眞紅色金雞那樹皮六.紅色利馬金雞那樹皮七.灰色利馬金雞那樹皮八.有凸點白色華瑪里斯金雞那樹皮

茲將各種金雞那樹皮依英書之法分淡色黃色紅色三大類以甲乙丙三號分別之

甲　淡色金雞那樹皮即奇布特所謂灰色金雞那皮大半捲如鵝管絲紋頗多其性大半收斂少有苦性其粉尋常爲灰黃色間有灰色皮不惟爲不同種之樹所生又常有同樹所生之皮其嫩枝爲淡色皮而老枝與身爲黃色或紅色皮此皮內多含金雞那以亞少含雞那以亞或竟無之至於化分其皮所得原質化學家尚未定準因一種樹所生之皮原質常不同此因其皮有老嫩生產之處地氣或泥土有分別如將淡色樹皮沖水再加鈉養硫養水

無鈣養硫養結成

一淡色金雞那樹皮此皮係康太米尼金雞那樹所產又名脆皮晃號皮羅沙皮此皮在厄瓜多與羅沙相近聚合出售

此種樹皮係歐羅巴初用者尋常爲管形捲甚緊常爲單層間有雙層者長六寸至十五寸徑二分至一寸厚半分至二分外皮全色淡灰或深灰間有櫻色者尋常有白色硬殼之苔在其外面其外面有多直皺紋而不深或有核裂紋圍其皮分爲圈形其圈之邊間有凸出者內面平滑勻淨似桂皮櫻色其粉亦有此色其中等之管略爲最佳

其味苦澀少有香依白爾根書中之說其香似沖過水之獸皮即預備製牛馬等皮之料其樹皮或裝箱或作包在秘魯國羅沙並相近處之山上取之此樹皮定爲康太米尼金雞那樹所產

如第一百二十六圖爲康太米尼金雞那樹高三十尺至四十五尺枝相對排列在下半爲平排在上半其枝與身成銳角枝面平滑至開花處而止葉似戈頭形略似蛋形或少有圓形端尖上面極平滑而光亮下面在末相連成角處間有小凹紋萼瓣似齒爲三角尖形或爲戈形花鬚托線或爲鬚頭長之半或較鬚頭更長俱有之子殼似長

第一百二十六圖

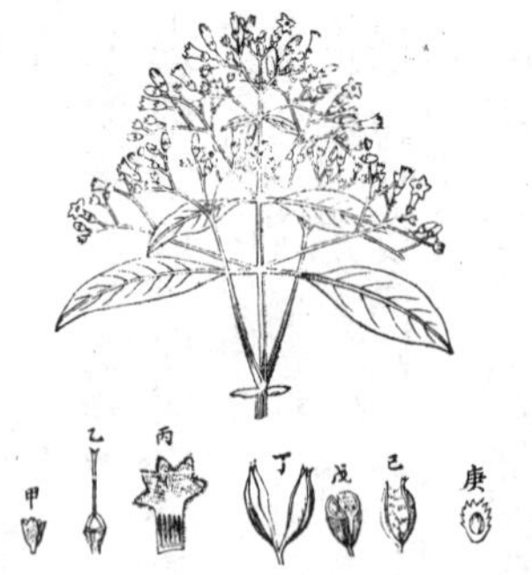

卵形其長略爲徑之兩倍花莖密頭發於上葉角內莖有長短而頭平齊成鬆大卵形花頭花莖外面有厚短軟細毛萼管亦有軟細毛與小花莖相同花體最短似瓶形分五出面生小毛瓣管細較萼管長略四倍面生細毛體之外面最不平滑見好阿特之圖第一與第二兩頁其圖內名曰乂呼阿爾故阿金雞那與摺面葉金雞那

韋弟勒另有數種金雞那樹、列於淡色皮內、其名係植物學家所定、即如眞金雞那、產於羅沙、又看杜辣金雞那、產於官加、又羅古瑪葉金雞那、產於羅沙、又戈頭形葉金雞那、產於秘魯厄瓜多與新加拉拿大、又比他耶金雞那、產於新加拉拿大、故植物學家久議新加拉拿大與近於羅沙所產之金雞那樹爲同類與否、已說定暮替司所名曰戈頭形葉金雞那樹、在三達非相近處生橘皮色樹皮、此樹同於近於羅沙之樹、生上等晃號皮、即洪波特所謂康太米尼金雞那、然韋弟勒書中云、尚未見其樹、產於樹林內者、故云後人應詳細將各種皮用同年數之各種樹相較方能確知、其康太米尼金雞那樹、在山上高於海面五千七百尺至七千七百尺處生長、其週年熱度之中數、爲法倫海表六十四度至六十八度、此爲揩勒大司所記者、如戈頭形葉金雞那、間有在高一萬尺之處生長、所以在其生長處、夜間偶亦凍冰、曾有巴文抄本書與達法拉之畫明分爻呼阿爾故阿與摺面葉兩種、好阿特之圖內、亦言明之

此種金雞那樹、初時名藥品金雞那、秘魯國人初知金雞那爲藥之功用、於一千七百七十九年以前、亂斫此樹甚多、尚未多種新者、故此種羅沙樹皮之最佳者、名猶里土

新阿皮、貿易中不多見之

昔時西班牙國王設立藥品部、以猶里土新阿樹皮爲最佳者、故以國王之晃爲號、產此皮者、亦有數種樹、而大半多含金雞那以尼而少含雞那以尼奇布特化分各種金雞那樹皮云、含雞那以尼最多者、爲比他耶樹皮、其皮大半與奇布特所謂羅沙灰櫻色樹皮相配、間有與常出售之晃號皮相似、又有灰櫻色或鏽櫻色或珠西亞所名結頭形樹皮亦在此種內、又羅沙爻呼阿爾故阿樹皮亦在內、疑此即白爾根所謂華瑪里斯皮

好阿特將晃號樹皮化分之、其皮雖老、每百分含雞那以尼七一四分、雞那以弟尼五一四分、金雞那以尼〇四分、其小管形者有此數、而大管形者含之更多、故好阿特疑晃號老樹皮多含雞那以尼等鹼性質、又云、其皮所含金雞那以尼多、而揩里織亞皮所含者少、故此種皮所含鹼類質之總數、略與上等揩里織亞樹皮相同

好阿特又將近時所用上等晃號樹皮化分之、每百分祇得雞那以弟尼五七分、此質從以脫中成顆粒而分出、又得金雞那以尼〇六分、又將最佳晃號樹皮一種、即尋常出售者、每百分得雞那以弟尼一〇五分、此從以脫中成顆粒而分出者、又得金雞那以尼〇八分

近時常用之晃號樹皮前人以為小槽紋金雞那樹所產今韋弟勒查此事之說內不能信從此說然洪波特云近於羅沙口與帕愛塔口所出樹皮甚多相近處有小槽紋金雞那大樹林

近時印度國多種金雞那樹派人往各處查驗與此樹相關一切之事在波巴焉處得比他耶金雞那種子送至印度國云此種子所出之樹即產紅色比他耶樹皮為各種金雞那樹內之最佳者所送之皮有醫士哲米孫將此與新加拉拿大所產樹皮相較知其相同又在英國幾佃植物院內種此樹之一種與暮晳司所言戈頭形葉金雞那

大不相同好阿特已將此樹皮化分之每百分得鹼類質八六分俱能在以脫中消化此數多而甚奇

爲必克查得秘魯國所謂揩思揩里拉尼古來拉樹皮為該處所貴重者實為面生小核金雞那所產而生於華奴哥與古知羅之高山前從利馬移至該處而與羅沙所產上等皮相等好阿特將此皮數塊與英國常出售之晃號皮相較言確為相同又有一種其成色稍次亦為此樹所產惟其樹生於低熱山谷內

此樹所生之皮為羅沙上等樹皮近有人運至英國出售前有沛離拉與好阿特查金雞那樹皮六百十三箱內有十四箱係此種皮其餘者大半為銀色晃號與豹晃號樹皮又有一種亦名銀色晃號皮其皮外層如軟木而外皮有銀色此種或為羅古瑪葉金雞那所產又有數種上等者常從帕愛塔口運出此種與銀色晃號樹皮之料相離頗遠而與鏽色晃號樹皮之料相近其黑色金雞那樹皮近有人運至英國出售雖為此等樹皮之一種而藥性較次又有一種名羅沙愛司土蒲薩皮即麻形樹皮此皮屬戈頭形葉金雞那有多絲紋又與絲紋形加爾達日那皮大為相似近有樹皮從帕愛塔口而來與灰色晃號樹皮相雜其康太米尼金雞那之各種樹皮並戈頭形葉金雞

那之各種樹皮俱為上等者因含鹼類質較他種更多近因玻里非國上等樹皮之價貴多用此種樹皮取雞那以尼並金雞那以尼

英書試此皮之法將淡色金雞那樹皮二百釐照試驗黃色金雞那樹皮法試之惟以哥囉方代以脫所得鹼類質不可少於二釐上等羅沙樹皮含雞那以亞並金雞那以亞每百分略有半分其金雞那以亞不能在以脫中消化然此兩種質俱能在哥囉方內消化

二灰色樹皮又名銀色樹皮又名灰色金雞那此皮為小鬚頭金雞那與光亮金雞那兩種樹所產又名華奴哥樹

皮白爾根名曰華奴哥金雞那奇布特名曰利馬金雞那此種淡色樹皮約於一千八百年初運至英國出售名曰利馬金雞那因從利馬口運至英國也又名曰華奴哥金雞那因出產之處與華奴哥城相近也此皮之塊形狀與第一種相似惟更長而粗其塊大半爲捲形外皮略爲灰色小塊者略有螺絲形而其全捲之邊大半有大斜裂縫其直皺紋較晁號樹皮更少而横裂縫尋常圍其捲縫口不凸出內面色更紅或多或少不平而有絲紋其粉略爲同色即橘皮櫻色臭與味亦爲相似白爾根云其皮之臭與泥土略同因此可與他類有分別

小鬚頭金雞那如第一百二十七圖華弟勒書第十四十五兩卷內論及之華弟勒云該樹最喜遮陰而濕之處較他種更甚又在揩拉罷亞省近於山溪處最能茂盛貿易內名其皮曰華奴哥樹皮有一種與揩里繖亞皮相似又與暮替司所謂橘皮色金雞那略相似又有數種名曰華奴哥粗皮與

第一百二十七圖

華奴哥次皮內有一種似乎蒲必克在古知羅樹林內從小鬚頭金雞那高嫩之枝所得者土名帕他弟軋里那查又從其大枝所得者土名曰揩思揩里拉玻路文西阿那此華奴哥樹皮常雜於以下所言光亮金雞那灰色樹皮內好阿特云秘魯國之次等灰色樹皮係小鬚頭金雞那所產又於玻里非國內此樹產次等之揩里繖亞在貿易內此皮當爲玻里非國淡色薄皮有人化分其次等灰色樹皮每百分得雞那以尼二四三分雞那以弟尼二八分金雞那以尼一·二五分即每百分共得一七七三分

光亮金雞那樹皮較小鬚頭金雞那樹皮其質更鬆含松香類質更多其外皮有此兩性較康太米尼金雞那更甚好阿特云光亮金雞那樹皮係羅白特所稱爲眞灰色樹皮仍爲上等者英國貿易內最易消售近有暢銷金雞那皮之處查此皮三十箱係光亮金雞那不雜他種在內又有一百箱係光亮金雞那與小鬚頭金雞那相混又三十至四十箱幾全爲小鬚頭金雞那此皮全作灰色皮出售其中所有光亮金雞那當爲其上等者

奇布特以爲光亮金雞那樹皮與利馬紅色皮相同所含金雞那以尼與雞那以尼較尋常更多而尋常出售紅色樹皮亦如是好阿特化分之每百分得雞那以尼五七一

分雞那以弟尼顆粒一·四二分金雞那以尼一·四分共得二·二一三分

三·阿書金雞那樹皮又名倭音金雞那樹皮似為蛋形葉金雞那所產外皮薄而輕易磨碎裂縫少其管大半不直有彎曲形其色為深桂皮棧色此為白爾根之說此皮貿易之名曰倭音疑近於桑倭音蒲拉苦木拉而來

蛋形葉金雞那尋常植物學家以為心形葉金雞那之一種此為暮督司之說又以為細毛金雞那即西人伐勒之意然除康太米尼金雞那之外無有一種更因其水土之改變而其皮亦有改變之處秘魯國名曰揩思揩里拉揩拉罷亞而取此皮雜於揩里繖亞樹皮內為貿易謀利之法又疑羅沙與華奴哥樹皮有數種為此樹所產奇布特將此皮與灰色緜紋利馬樹皮相較知為相同葦弟勒以為此皮能產真紅色金雞那樹皮又有一種名揩拉罷亞樹皮面有花點色其形性與灰色樹皮相似近時運至英國出售常有此種皮雜於其內日耳曼名曰華瑪里司樹皮有一種樹皮與阿書木色皮略相似好阿特將阿書木色樹皮一種下等者化分之得雞那以弟尼顆粒○·六一分金雞那以尼顆粒○·八六分可見人之不肯用此皮疑其形性不合者則為有差有一種皮英國貿易內謂之阿書木色晃號樹皮近時出售甚多又名灰色羅沙樹皮係心形葉金雞那所產好阿特化分此皮每百分得雞那以尼並雞那以弟尼四五七分又得金雞那以尼○·三分可見此樹皮略為合用近時英國多購之作藥品之用

四華瑪里司樹皮又名鐵鏽色樹皮此為奇布特所設之名產於利馬樹名細毛金雞那此為伐勒所設之名秘魯植物書中謂之紫色金雞那此皮能依其外衣分別之又因其皺紋薄直排列有海絨形面有凸點如干日瘡此凸點向下通至軟木層下面平色紅棧有格布勒與根茲化分之每百分得金雞那以亞三·八分雞那以亞二·八分

金雞那樹皮

華瑪里司樹皮為上等有功力之樹皮質可列於紅色樹皮內華瑪里司之處尚未有人查驗所以產此皮之處與樹之形性未能全知好阿特以為華瑪里司樹皮與秘魯國之叉呼阿爾故阿樹皮大同小異或竟相同亦未可定此樹化學家名曰康太米尼金雞那之分種

五白色羅沙樹皮常雜於晃號金雞那皮或利馬金雞那皮內然易於分辨之因其皮色之白也

乙　黃色金雞那樹皮

六黃色金雞那樹皮又名揩里繖亞金雞那皮葦弟勒所設之名又名國王黃色樹皮此皮產於玻里非國與秘魯

國之南
貿易內之黃色樹皮略於一千七百九十年初運至歐洲用之產此質之樹當時不知近時方查知之尋常言此皮爲暮替司所言心形葉金雞那樹所產大爲錯誤黃色樹皮從秘魯南陲各口出售即如可氣磨蒲等美國藥品書內原有此說而大半從阿利加口出售間有從阿利加運至利馬出售黃色樹皮產於熱地樹林內生於五千尺至六千尺高之山面山形不整而多崖石在赤道南緯十三度與十六度之間在玻里非國內拉巴斯省東之各省又在秘魯國指拉罷亞省此各省土名指里織亞指里指里

亞而薄必克名曰可里薩拉裝於箱或皮套內運至各處出售分爲兩種一種爲管形黃色皮一種爲平面黃色皮管形黃色皮又名指里織亞捲皮其塊長三四寸至十八寸徑四分寸之一至二三寸厚八分寸之一至三分寸之一尋常祇爲一寸外衣稷色常有花點有白色或黃色苔痕迹又有縱橫裂縫在其苔上易從眞皮之質分出之間有大塊內因其裂縫與槽大則面不平內面平滑有絲紋顯出色似黃桂皮色如橫折斷之則其折斷處短有牙齒形之片粉內有小刺形之質能惹皮膚其平面指里織亞皮又名指里織亞板略從樹身與大枝所得其面或平或少彎無外衣兩面黃色較管形者絲紋質更多粉爲橘皮黃色味較淡色皮更苦其澀更小其平面樹皮較管形樹皮味苦更小黃色樹皮含雞那以亞頗多而含金雞那以亞最少以鈉養硫養添入其沖水內則令鈣養硫養結成近時好阿特查玻里非國運入英國之指里織亞樹皮內含其根之皮頗多此根皮不直常有彎曲可從此分辨之如取其根則金雞那樹林將盡又以根皮代身皮祇爲貿易內欺人之法好阿特化分其根皮之上等者每百分得鹼類質○八一分此鹼類之一半爲雞那以弟尼因此其樹身之皮比其根之皮價值大十倍醫士特甫里於一千

八百六十四年六月在藥品記錄書議論此事疑以上之說未可信從

黃色樹皮每百分含雞那以亞二分至四分英書有試驗之法用輕綠分出其鹼類而漸添鉛養醋酸令其色料結成再加鉀養質幾足令其結成之質再消化又合於以脫搖動之則其雞那以亞從以脫分出每樹皮一百釐應得雞那以亞二釐此雞那以亞應易在淡硫强水中消化

指里織亞金雞那樹其葉爲長形或爲鈍卵形與長頭形近底處則薄兩面銳者不多見之面平滑下面生細毛葉脈與中筋相遇處有槽紋花鬚托線尋常爲鬚頭長之半

子殼似卵形其長幾不及花之長其種子尋常在邊有齒形似鬚邊

此樹有兩種因其產常出售之黃色樹皮則爲金雞那樹中之最有益於人者故分爲角亢兩種論之

角　眞金雞那揩里繖亞樹身高葉鈍而長圓又似鈍卵形或長圓戈頭形樹身或直或彎身無小枝較人身厚一倍樹頂發葉甚多尋常高於樹林中之他樹樹身之皮厚而外面皮較此類樹他種之大半者更厚易從近木之皮分開已分開後則其近木之皮面有槽紋等似用刀刻就者外皮有直平行裂縫又有橫捲形之紋其色或黑或白

樹枝外皮因苔之痕迹或爲白色或似大理石之雲彩形又有頗深之裂縫亦有更窄之花紋小枝之皮薄而平滑似櫻橄欖色或黑色此樹生於山中石崖與亂石面高五千尺至六千尺之處在玻里非山谷與秘魯山谷最熱樹林內卽赤道南緯十三度與十六度三十分之間又在格林會知西邊經度六十四度至七十度之間又在玻里非國恩扣細肥省之拉巴斯各加斯省拉里揩亞省卽蘇拉打省各玻里看省卽阿坡羅半巴省又在秘魯國揩拉罷亞省俱有之西四月與五月開花

如第一百二十八圖爲揩里繖亞金雞那之圖甲爲結果之枝係韋弟勒在秘魯國揩拉罷亞省內摘下者乙爲花丙爲剖開之花瓣放大若干倍丁爲子殼依同比例放大戊爲種子亦依同比例放大己爲揩里繖亞約瑟金雞那之葉此葉係玻里非國容加斯省內摘下者

第一百二十八圖

亢　揩里繖亞約瑟金雞那樹身不高葉頗銳似長戈頭形或似蛋式戈頭形樹高六尺至十尺其身多枝厚百分枝之三至一百分枝之五樹枝直立皮與木黏連甚固樹身與樹枝之皮色黑似黑頁形石面平滑或有數種苔質成槽形面有圈形之紋此圈爲窄而相離不遠之割紋所成小枝之皮紅櫻色

此種樹土名依古揩思揩里拉又名揩思揩里拉突辣帕由那勒此兩名之意卽草形金雞那韋弟勒細查此樹知爲揩里繖亞金雞那之一種常見此樹於替波阿尼山上間亦在草地內見之從此謂之帕由那勒卽草地之意間在已鏟去樹之樹林內遇見之間在密樹林內遇見之其樹在各處之形狀不同而樹體之各件能顯出在何處生長間有葉韌如皮莖色甚深葉莖亦韌間有軟而綠色之

葉面如鷄絨葉莖鬆而軟此種謂之揩里織亞金雞那又如其長大之樹頂高於周圍之雜樹樹身之各件亦與依古揩思揩里亞相同皮之外層在乳鉢中搗碎之則放黃色膠松香質味苦而收斂其皮之膛俱有此質裝滿如刺其嫩皮則放出之汁亦爲此質其皮初從樹剝下時則脆如菌易於折斷無論縱橫俱可其皮已乾而出售面有多小刺刺入人之皮膚則甚癢而上等黃色皮可依此法分辨之

他種黃色樹皮

七加爾達日那硬樹皮俗名黃色硬皮暮替司名曰苦味

金雞那皮又言爲心形葉金雞那所產生於新加拉拿大樹林內常有植物學家以此與前言之黃色揩里織亞樹皮相混外皮面軟如絨色灰白質薄而軟或生似干日瘡形其縱槽紋爲亂形橫裂紋甚少下面不平或有多片其色似暗橄欖黃色格布勒與開爾司脫化分此皮一磅得雞那以亞五十六釐而在第八種內亦得此質五十六釐又得金雞那以亞四十三釐而第八種內毫無此質

八絲紋加爾達日那樹皮此皮與前一種皮常在同處遇見之故沛離拉以爲其皮係同類之樹所產或在不同時不同處遇見之皮之外衣薄軟或頗厚或已擦去俱不可定下面平摩之則覺毛其色黃如淨黃土

暮替司所定心形葉金雞那包括蘭白特與林特里所定圓葉金雞那此樹在新加拉拿大與秘魯兩國遇見之生產之處係濕而密之樹林在山上高四千尺至七千尺之處凡產金雞那之地土幾能各處遇見之此樹較他樹更能向北生長或在近於加拉架見之有人在近於三達非特波哥達遇見之在該處所出樹皮英國貿易內名曰加爾達日那硬樹皮戈頭形葉金雞那與心形葉金雞那之皮又名加爾達日那硬樹皮又如戈頭形金雞那在太平洋海口出售者因與戈頭形葉金雞那樹皮相似故亦謂

之加爾達日那硬樹皮近時玻里非國所產金雞那皮價值最貴故藥肆家多試暮替司所言各種加爾達日那樹皮知其藥性重而易分出金雞那樹皮內各種鹼性藥質揩里織亞之樹林漸少故想此種皮逐年用之較多觀以下論試驗金雞那樹皮之法內可見有數種皮含雞那以亞較雞那以弟亞更少揣度以後醫士必以爲雞那以弟亞爲藥之功用與雞那以亞略同美國醫士卑利云一千八百四十九年以前在紐約克口代國家查驗進口之藥料共將假金雞那皮三十萬磅毀壞之俱爲加爾達日那與馬拉該波樹皮當時不知爲有用之藥近時新加拉拿

大所產金雞那樹皮有數種，而造金雞那霜之廠，大爲得
利，查特倫德與蒲揩達兩人所作中亞美利加金雞那論，
最爲詳細

九　三達非橘皮色金雞那樹皮，又名海絨形加爾達日那
皮暮替司所名戈頭形葉金雞那樹，係產此皮者植物學
家或言其淡色皮專爲此樹所產，此說不確

十　古斯各樹皮奇布特在其書內初論此皮，或誤將此皮
爲黃色揩里繖亞樹皮，外衣光亮淡灰色，無裂縫，其光面
爲橘皮紅色，沛離拉設一法分辨之，因其沖水內加鈉養
硫養，則無結成之質，奇布特將此樹皮一磅化分之得金

雞那以亞略六十釐

祕魯國所名爲古斯各樹皮，實爲小槽紋金雞那所產，不
多值錢，又有一種爲細毛金雞那分種，即韋弟勒名曰白
勒弟里阿拿所產，而英國貿易內之名古斯各樹皮爲細
毛金雞那之另一分種，名潑爾波里亞所產

細毛金雞那雖其形狀與心形葉金雞那相似，實不相同，
昔時此樹包於藥品金雞那名內，產於祕魯國與玻里非
國山麓樹林，在南緯四度與十六度之間，初產之處爲近
於三達阿那古，是可又在揩拉罷亞省內

細毛金雞那之分種名潑爾波里亞，即巴文名曰紫色金
雞那樹皮爲淡灰色，或深櫻色，其面生若干日瘡形，外
衣有皺紋，此皮間在貿易內見之，然價值最小，故常雜於
他種皮內，以謀利，韋弟勒在揩拉罷亞省內見此皮，名曰
揩思揩里拉，又名曰苦味雞那，即暮替司以此名稱心形
葉金雞那，此兩種樹皮最爲相似，故易於混淆，有人查此
樹皮，係前人所得鹼類質阿里西拿之根原，又有人以爲
此鹼類質祇是金雞那以尼，用他法取之，故其質不同，奇
布特書中名曰古斯各金雞那樹皮，內含雞那以尼與金
雞那以尼惟其數少耳

又有一種樹皮名癡人揩思揩里拉，化學家里其勒查薄

必克所帶至歐羅巴樹皮，誤以此皮爲華瑪里斯樹皮，此
皮係康太米尼金雞那之一種所產

丙　紅色金雞那樹皮

十一　紅色金雞那樹皮，巴文名曰紅汁金雞那，或名歪形
葉金雞那，生於正波拉蘇山之西面

紅色金雞那樹皮，英國人早知而用之，然在一千七百七
十九年以前無人分別論之，此樹皮從利馬運至英國，裝
於箱內而產此皮係何種類之樹，久不知之，有一種樹名
大葉金雞那，即暮替司所名曰長橢圓葉金雞那，近名曰
揩思揩里拉所生之皮，與紅色金雞那樹皮不同，且爲次

者即三達非紫紅色金雞那樹皮見第十二號

紅色金雞那樹皮尋常從瓜亞基爾運至英國間有從帕愛墖運來者產此樹之地近於瓜亞基爾亦有近於倭音者此更向南奇布特想其紅色非專在一種樹皮有之係精其曬乾等法而成韋弟勒試驗此事亦有同意曾查蛋形葉金雞那小槽紋金雞那細毛金雞那揩里繖亞金雞那各種樹皮亦有帶紅色者又想羅沙之黃色皮與紅色皮為同樹所產拉康太米尼珠西亞揩勒大司洪波特等人之書亦有同意故可見金雞那之各種樹難以皮之顏色分別之沛離拉與好阿特查驗秘魯國之各種金雞那

皮得第四十五號之一包外面寫巴文名紅汁金雞那樹所產此皮與尋常出售紅色皮相同其外皮與康太米尼金雞那之類相同第易於剝去又有數塊外皮已剝去皮面有凸點形如火山而紅色皮亦有此形其皮料為櫻色或紅色或紅磚色其橫裂紋相離頗遠好阿特云紅汁金雞那無論其樹歸何種何類必為產尋常出售紅色樹皮之樹

巴文書中言明尋常出售之紅色樹皮為紅汁金雞那所產此樹產於厄瓜多之正波拉蘇山麓樹林內好阿特曾言此樹之皮為眞紅色樹皮一千八百五十五年好阿特至幾圓植物院內查羅依士與巴文所送之金雞那樹定為蛋形葉金雞那如第一百二十九圖為好阿特書內所載之圖

第一百二十九圖

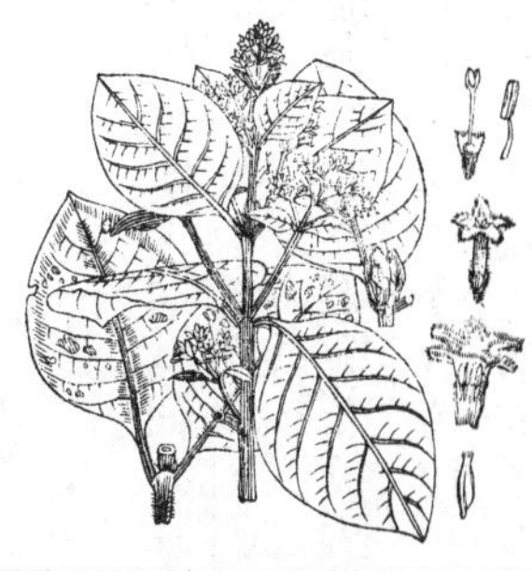

紅汁金雞那巴文書中論及之此樹有獨直立之身間有兩三箇樹身自同根發出樹枝與葉甚多木質甚密皮櫻色面有白點並有橫槽紋葉莖相對排列葉似蛋形不分

開端有小尖面不生毛少有光亮葉脉最為顯明其嫩葉在邊有回彎副葉略包圍其莖而為長形無莖能自落花成密頭穗形最為可觀色淡紅花瓣邊有睫毛在西七八月開花子殼長形少彎分為二分在其底分開

此樹生於山麓涼爽處如基多之桑安度尼山上古阿蘭達路邊如將其皮或木剝之或割之則流出白色之汁不久變為紅色故此樹皮俗名變色揩思揩里拉

一千八百五十三年韋弟勒遊覽玻里非國北邊記錄書中云近於瓜亞基爾口之樹林產眞紅色樹皮又在阿蘇回與正波拉蘇兩山之西面在幾蘭尼司與古阿蘭達兩

處之中亦有此樹一千八百五十六年有人從此處將其樹之身葉皮送與英人好阿特觀藥品會記錄第十六本第二百零九頁之圖說似乎蛋形葉金雞那即韋弟勒所謂紅皮金雞那

紅色金雞那樹皮常出售者爲鵞管形或爲平面塊或爲少彎之塊其長自數寸至二尺爲止寬一寸至五寸厚四分寸之一至四分寸之三其塊尋常有外衣一層灰色或紅櫻色間有紫色或白色之點因面上有苔類黏之但此種樹皮之苔質較他種樹皮更少間有外面粗而有皺紋有千日瘡形痕迹即奇布特所謂千日瘡形金雞那樹皮

其內面絲紋爲粗者色似深桂皮櫻色設如置在他種樹皮相近處則色更紅其厚塊更有此色折剖面短有絲紋且有片形粉爲紅櫻色味極苦微有香此皮較他種樹皮更少其內能分出雞那以亞與金雞那以亞兩質英書試法將此皮一百分依試淡色金雞那樹皮之法試之應得鹼性藥質二分

十二三達非紅色金雞那樹皮又名新金雞那樹皮土名阿薩哈爾此皮爲加爾達日那樹皮之下等者色紅外衣白色內含雞那以亞與金雞那以亞極少或竟無生此皮之樹近時名大葉指思指里拉前名大葉金雞那暮替司名曰長橢圓葉金雞那而韋弟勒將金雞那與指思指里拉分爲二類因此其名必從新定之法

十三紅色金雞那樹皮外衣白色如千層紙之形此樹在奇布特與沛離拉兩人書中俱論及之

金雞那樹移種於各國

荷蘭國屬地種金雞那樹　韋弟勒回至歐洲數年之後荷蘭國設法在其屬地噶羅巴多種金雞那樹所以噶羅巴總督派植物學家哈思指勒往秘魯國與玻里非國細查金雞那樹之各事住居該國二年半之後將指里纖亞金雞那小樹四百顆從意斯累口運至噶羅巴島一千八

百五十三年種之在叭喈相近處之山上有該國化學院之官於一千八百六十年報於國家云其樹最爲茂盛已有五十餘萬顆種於合式之地高十六尺半所結之果極多其種子俱能生長另在院中養小樹無數將其皮化分之則每百分得鹼性藥質四分近時另在荷蘭國他處屬地內多種此樹大得其利

英國屬地種金雞那樹　荷蘭國雖創法以金雞那樹種於屬地內較他國更早而英國亦不惜工費在印度種之雞初時不得法而今在印度尼克里山等處生此樹極多一千八百五十六年來拉在印度總理國家藥品植物院

報於國家云印度各山其水土與秘魯等國之山相同處必能生長金雞那樹故應多用法種之一千八百五十三年福珠納將英國幾囿植物院與蘇格蘭壹丁不植物院所種金雞那樹若干運往印度種之無一不死所以一千八百五十九年國家派植物學家瑪爾揩沒往秘魯國購揩里繖亞金雞那等樹一千八百六十年三月十二日自秘魯國之阿勒基巴口往內地查驗遊覽多時備嘗艱苦該處不能通玻里非國祇在秘魯國交界處東面告提抹辣山得嫩揩里繖亞金雞那樹五百顆運至巴拿馬口上船運至英國蘇當波敦此五百顆內送過安達斯山至意

斯累海口路上損傷死去七十三顆其死於船上者約有一半其餘置放玻璃箱內過地中海送至印度已至印度其箱內之樹無一生者瑪爾揩沒不能在玻里非國得其種子因其國人妬忌恐他國多種此樹則有礙於本國之貿易又不能在秘魯得其種子因當時種子未熟之故但與秘魯國與厄瓜多通商之人約定代辦樹與種子若干送至印度故於一千八百六十一年春時寄樹與種子至印度國在烏大揩門特之植物院內種之而託麥意復管理其事至一千八百六十二年有樹十萬顆生長茂盛至一千八百六十三年有樹二十五萬顆觀瑪爾揩沒遊覽秘魯與印度之記

錄一千八百六十二年所作又藥品記錄書一千八百六十一年至六十三年所作英國幾囿植物院曾將小金雞那樹送至印度而今在印度尼克里山上所生之金雞那樹有揩里繖亞金雞那康太米尼金雞那小鬚頭金雞那光亮金雞那紅汁金雞那其紅汁者為紅色樹皮係司奔司從正波拉蘇山運來者近時在孟加拉哲孟雄之大爾奇領藥品植物院內種之曾用其樹皮治瘧疾與發熱病又士黴脫司在錫蘭多種此樹所種者為紅汁金雞那揩里繖亞金雞那小鬚頭金雞那三種其植此樹大為得法醫士特甫里將印度所種紅汁金雞那樹皮化分之每百分得鹼性藥質二·八分好阿特亦將印度

總理文案官所寄金雞那樹皮化分之每百分得鹼性藥質三·三〇分至三·四〇分

一千八百六十三年以後印度有多處種金雞那樹大得其利故今印度所產之雞那霜數與中亞美利加及南亞美利加所得之數難分上下

近時英國屬地牙買加醫士但尼里亦多種金雞那樹今法國家請英國幾囿植物院將小樹若干送至法國屬地阿爾及耳種之

查金雞那樹大有益於人故應在地球能種之處多種之凡卑濕之處或常生瘧疾與發熱病之處如不用金雞那

則其人之病難愈故爲不可少之物前時各國得此樹俱爲亞美利加數處樹林所產而其樹因常亂斫故逐年更少又產之之國妬忌他國得種子種之可見他國能種此樹得事理之當然也

金雞那化學

金雞那樹皮形性之最宜詳究者即能作藥品之料或多或少一千八百二年時西人俱不知其藥性爲何種質有植物學家西撾恩以爲其有藥性之質與直辣的尼略同性一千八百三年醫士敦根查得一新質名金雞那以亞後在一千八百十年有哥密士能分而取之一千八百二

十年法國百勒替耶與揩分士兩人查得雞那以亞且得証據知雞那以亞與金雞那以亞兩質俱有鹼性而與幾尼克酸相合又查出各種樹皮之化學形性後有化學家百勒替耶與可里哇勒另查出一鹼類質名阿里西拿在古斯各樹皮內又數年前化學家温克拉另得一質名雞那以弟亞在一千八百三十二年有恒里初指明此質爲金雞那樹所含者惟未嘗分出而詳論之

玆將金雞那樹皮所含藥質之緊要者逐一言之其有鹼性質四種酸質五種另有他質七種其鹼性質即名雞那以亞金雞那以亞雞那以弟亞金雞那以弟亞又其酸質

名曰幾尼克硫强水一種樹皮酸名金雞樹皮酸又一種酸名金雞夫路肥克酸即紅金雞那酸幾奴肥克酸此各質之外另有油類質自散油鈣養鹽類松香質小粉樹膠絲紋木質

雞那以亞又名雞那以尼在黃色金雞那樹皮內最多紅色樹皮內亦有之惟在淡色樹皮內最少據里必格之書其式爲炭四〇輕二四淡二養四有來格奴脫等人佩服此式又有羅倫特等人不信此式里必格原所設之數爲以上數之半而尋常出售之雞那霜其本質爲最小分劑者故其式必倍之此本質在金雞那樹皮內尋常爲雞那以亞幾尼克又

有數分合於金雞那之別種配質尋常出售之雞那霜爲雞那以亞合於硫養如將此質之水合於淡輕養則所結成之質爲雞那以亞其質爲白色之粉如用酒醕消化之而謹慎令其成顆粒形如極細之針光色如絲又如金雞那以亞與雞那以弟亞兩質更易成顆粒因此能分開之又因在以脫內消化更難亦可藉此性而分開之雞那以亞質無臭味最苦無論爲顆粒形者或無顆粒形者俱含水質加熱則放水而融化久加熱則全消滅雞那以亞在冷水中易消化沸水二百分能消化其一分在酒醕與以脫中最易消化其消化流質有鹼類性其質能與配質

合成鹽類其鹽類能在水或酒醕或以脫中消化惟其消化之數多寡不等而各有法能試之其鹽類質之大半含本質一分劑配質一分劑如將雞那以亞鹽類質之水合於淡輕四養或鈉養炭養三則有雞那以亞結成又如將雞那以亞鹽類質合於含樹皮酸質之水則結成雞那以亞樹皮酸質化學家步蘭德士查出用綠氣之試法爲易於分辨雞那以亞與他質之法如在雞那以亞之水內先添綠氣水後添淡輕四養則變明綠色與明綠寶石同然如將金雞那以亞鹽類質之水依同法試之則結成白色之質又如將雞那以弟亞水依同法試之則其色不改變醫士夫

荀勒已查驗雞那以亞之別種變化可與各別質分辨之即將雞那以亞水合於綠氣水再加以鉀養則變成黃色與硫黃之色略同又如以鉀三衰硫鐵二代鉀養則其水變成深紅色待若干小時則其水變綠色而金雞那以亞依此法試之則無此變化醫士希拉巴得所設之試法將雞那以亞在熱醋酸數滴內消化之此醋酸含硫養二少許將所得之水合於酒醕消化碘之淡流質一二滴待冷時則成綠色微顆粒能令光線偏差此顆粒爲雞那以尼碘硫養三見雞那以亞硫養三一節化學家凡海疑眞用淡輕四養草酸分別雞那以亞與金雞

那樹皮內他種鹼類質即將雞那以亞合於淡輕四養草酸待若干時則雖其水最淡約八百分含其一分亦可結成顆粒又如金雞那以亞濃水內亦能令其結成質而雞那以弟亞或金雞那以弟亞兩種水內無結成之質

金雞那以亞又名金雞那以尼爲淡色灰色紅色三種金雞那樹皮內所生者其式爲炭二十輕二四淡二養二此質與雞那以亞之分別因含養氣少二分劑其色白不雜他色與雞那以亞同亦有鹼性之變化其味苦而合於水一分劑成含水之顆粒又能合於酸質成顆粒形之鹽類此質較雞那以亞更難消化於水略每重一分須冷水二千五百分方能

消化又須沸水一千五百分方能消化在以脫中幾不能消化然其鹽類質較雞那以亞鹽類質更易在水中消化又有一事與雞那以亞鹼類質不同因在酒醕中消化之令成顆粒則爲四面柱形用綠氣試之則變化與雞那以亞亦不同又可將鉀三衰硫鐵二分別金雞那以亞與雞那以亞在雞那以亞水內結成之質再加鉀三衰硫鐵二則能再消化若爲金雞那以亞則不能再消化如將此金雞那以亞結成之質在本水中加熱則其質能消化待冷則多結成片形顆粒

雞那以弟亞又名雞那以弟尼又名倍捷雞那以尼此質

係化學家溫克拉在似乎韋瑪里斯金雞那樹皮並馬拉該波樹皮內查得之近時新加拉拿大運至歐洲出售之下等樹皮亦含之甚多又加爾達日那樹皮之有絲紋形者為心形葉金雞那樹所產亦含此質甚多而秘魯與玻里非兩國樹皮之大半亦可得之惟其數少耳又有一質常含雞那以弟亞者卽已結成雞那以亞硫養之水至不能再結成者後熬其水所得之質變為無顆粒形之雞那以尼又名雞那阿以弟尼化分此質則得金雞那以弟亞松香類質並雞那以弟亞

凡海凝眞云此質與雞那以亞為同原異物其味相似卽

有鹼性而味苦每一分能在冷水一千五百分內消化或在無水酒醕四十五分或以脫一百分內消化如加熱至沸則能在水七百五十分或在酒醕三七分內消化然已消化而再冷則又結成從雞那以亞分開之法乘其能在酒醕或以脫流質內結成大斜方柱形顆粒其鹽類質與雞那以亞者大同小異又能成為本之硫養鹽類與雞那以亞硫養相似但其分劑或因含成顆粒之水其分劑數不同此質較雞那以亞硫養之質更軟而其形更似棉花又有一法能分辨之因在沸水中所能消化之數較雞那以亞硫養多八倍觀雞那以亞硫養一節

金雞那以弟亞為金雞那樹皮內第四種鹼類質而與金雞那以亞同質異形如一千八百五十三年化學家巴司得化分尋常出售之雞那以弟尼得兩種不同之鹼類質一為雞那以弟亞與雞那以亞同質異形如其水合於綠氣與淡淡輕水則變綠色如通過極光鏡之平面則能向右邊轉動二為金雞那以弟亞照以上法試之則不變綠色而通過極光鏡之平面則向左邊轉動又查出雞那以弟亞為凡海凝眞所謂倍撻雞那以尼雞那以弟亞輕碘每一分須用水一千二百五十分方能消化所以金雞那樹皮浸酒內如含雞那以弟亞則加輕碘必結成雞那以

弟亞輕碘之微顆粒然必謹慎加以輕碘不可過多常出售之金雞那以弟亞亦有以上之性情巴司得云有兩種人造之本質一名雞那以西尼一名金雞那以西尼其造法將雞那以亞與金雞那以亞照一定之法加熱則所變成之質與其原兩種質為同質異形

化學家百勒替耶云古斯各樹皮內含阿里西拿又名古斯各尼阿奇布特云此質不能分得其本質而疑阿里西拿祇為不淨之金雞那以亞或言其式為炭輕淡養而含養氣較雞那以亞多二分劑能在以脫中消化如合於硝强水則變綠色好阿特已化分百勒替耶金雞那樹皮而得此質以為與金雞那別種鹼類質不同

以上各鹼類質形性大同小異所以化學家已設一理卽

必有一本質而各質爲此本質所成又名此虛本質曰雞那哑眞其原質爲炭輕淡則金雞那以哑爲其含一分劑養氣之質雞那以哑爲其含二分劑養氣之質又阿里西拿爲其含三分劑養氣之質然恐有人駁此說曰阿里西拿質尚未定所以其理難得其據又近有羅倫特與里爾司化分金雞那鹼類質所得之數與上理不合故必另設相等式茲將其各式相比如左

	里必格與凡海疑眞之式	羅倫特與里爾司之式
雞那以哑	炭輕淡養	炭輕淡養
雞那以弟哑	炭輕淡養	炭輕淡養
金雞那以哑	炭輕淡養	炭輕淡養
阿里西拿	炭輕淡養	

照下層各式可見金雞那鹼類質化學形性與原質排列法必與尋常所設之理不合而其爲本之鹽類質必當爲中立性者而化學家司脫來克極言里必格所設之式毫無差悞

如將金雞那鹼類質合於鉀養而蒸之則得自散油類本質名雞那哇里以尼此質與哥尼阿少有相似之處其味甚奇不含養氣其性亦無鹼類性而能與酸質化合

幾尼克酸在樹皮內想與其鹼類之大半化合此質略與

醋酸相似能在水二分內消化又能在酒醕與以脫內消化而成顆粒與果酸同其式爲炭輕養加二輕養大半金雞那樹皮內含硫强水之微數

金雞那樹皮酸爲尋常樹皮酸變化之形其性與尋常樹皮酸亦有相同之處卽能令鐵質或打打伊密的或直辣的尼各質之水結成但其式與尋常樹皮酸不同化學家云其式爲炭輕養加二輕養又其鹽類質較樹皮酸者稍易消化又有一奇性能收養氣而變爲不能消化之紅色質名曰金雞那夫路肥克酸又能在含鐵之水內合於其鐵令結成綠色質

金雞那夫路肥克酸又名紅金雞那幾不能在冷水中消化而少能在酒醕與以脫內消化其水能令打打伊密的結成而合於直辣的尼水不能結成大半金雞那之紅色俱藉此質又能在各種鹼類質內消化成極深紅色之水其原質之式爲炭輕養

幾奴肥克酸之式爲炭輕養初在新金雞那內得之拔脫揩以爲此質在蒲以那樹類內之假金雞那皮中得之而化學家施我次與温克拉亦在眞金雞那樹皮中得之此質與司替阿里克酸少相似又不能在水中消化亦與司替阿里克酸同在酒醕與以脫中極易消化其鹼性鹽類

質之水能令鉛養醋酸或汞綠結成
如將此皮質在水中久沸之則其鹼類質全消化而分出即幾尼克酸與金雞那樹皮酸亦消化而出此各質已消化後再將其皮加入淡輕養水則金雞那夫路肥克與幾奴肥克酸兩質亦消化而出如將此水合於輕綠則此兩酸質結成沉下如欲分此兩質則必合於鈣養水沸之其鈣養幾奴肥克能在水中消化而鈣養金雞那夫路肥克不能在水中消化此爲溫克拉之說
金雞那樹皮含酸質與鹼類質之外另含數種植物質即濃自散油其味辣其臭與金雞那樹皮同又有定質油類

能合於鹼類成肥皂產雞那以亞最多之樹皮亦含鈣養鹽類質最多如揩里轍亞樹皮是也又如產金雞那以亞最多之樹皮亦含膠質最多如淡色皮是也又黃色與紅色樹皮含膠質最少所以疑黃色與紅色樹皮爲其樹之老枝與身所成其質又含松香質與小粉質其樹皮之餘質爲木絲紋質
如將金雞那樹皮乾蒸之得尋常乾蒸料之外另有松香類之粉其色光紅化學家古累以此粉爲此皮獨有之質而能有幾分顯出樹皮內鹼類藥質之數如將金雞那以亞合於汞綠加熱則成櫻紅色質能在酒醋內消化此法係化學家該智林所設

測度金雞那法

金雞那樹皮中能定準其有藥性質數而不差之各法謂之測度金雞那法此事最難然在醫士與藥肆家此兩法必不可少粗測之法有數種不用繁器與化學之深理亦可爲之如英國造雞那以尼之人俱知產鹼性藥質最多之皮如揩里轍亞樹皮含鈣養最多所以如將其濃沖水合於鈉養硫養水則必有多結成之質故尋常依此法定金雞那樹皮所含雞那以尼之多寡又上等金雞那樹皮含樹皮酸最多即金雞那樹皮酸此爲收歛性之藥料能

合其藥之功力更大故試樹皮酸之數則知其皮之高下如瑞典國律法內凡進口之金雞那樹皮必用直辣的尼水試之又必用打打伊銜的試之又有第三種粗試法用没石子沖水加入濃金雞那樹皮水則能合其鹼類藥質結成
照以上各法觀其結成質之多寡則能知其鹼類藥質之數然另有鹼類質在其皮內有不能消化之形狀而不與幾尼克酸化合又有第四種試法亦不查其不能消化之質爲雞那以亞或金雞那以亞與金雞那樹皮酸或幾尼酸或金雞那夫路肥克酸化合者此法將樹皮一百釐用

水二兩鈉養炭養濃水一兩煑之用此法試上等黃色皮應得雞那以亞二釐

金雞那樹皮中求其鹼類藥性質之細數有二要法

一結成之法即醫士布格那所用之法將此樹皮置於淡硫强水內沸之後熬濃而加淡輕養至有餘令其結成所得之質爲其皮內鹼性質稍帶别顏色爲稍不淨者曾用此法試揩里撒亞樹皮一百釐得雞那以尼二·一八七釐又有一法用鈉養炭養收得其皮內之各酸質即如蘇書內取雞那以亞硫養之法凡取雞那以亞內含金雞那以亞則可用以脫消化其雞那以亞而分開之

二用哥囉㑂之法此爲法國化學家拉布而丁所設用此法所得之數最準其法將黃色皮或紅色皮五錢或用灰色皮須更多用過濾之法以淡輕綠水收出其鹼類藥性質此輕綠水每水二升半用濃輕綠五錢再將其水合於烙炙鉀養九十釐與淨哥囉㑂五錢搖動之其鹼類質遇其鉀養則與酸質分開而消化於水內後爲哥囉㑂從水內消化而出因哥囉㑂與鹼類質之愛攝力甚大待若干時則哥囉㑂成一層流質浮在其水上而在紅色流質之下必謹愼分開之其鹼類質必用熬乾之法分取後用以脫分出雞那以亞與金雞那以亞或將其質置於沸酒醋

少許內消化之待冷時其金雞那以亞成顆粒

英書亦有同類之法能查金雞那樹皮少許內所含鹼類質其法將其皮在輕綠水中消化之再加鉀養至有餘後將其流質合於以脫令其雞那以亞消化而出此爲黃色樹皮合用之法如爲淡色或紅色樹皮則必用哥囉㑂消化其合鹼類質查英書之說曰將樹皮一百釐磨成極細之粉置於蒸水一兩內加輕綠十滴沸一刻許後浸二十四小時再將其質置於小過濾管待其水落下之後另加淡鹽强水一兩半與前者同分爲數次而加之每加一次之間必待若干時連爲之至所落下之水無色而止將二

鉛養醋酸添入其過濾之水內至其顏色料全結成必愼度其水之性仍爲酸者再濾之而以蒸水少許洗之又將烙炙鉀養三十五釐添入其濾得之水內或添若干鉀養足合其初時結成之質幾能全消化爲度後添淨以脫六錢或用哥囉㑂亦可再將其瓶用大力搖動收出其以脫之後再加以脫三錢連作兩次或至所用之以脫一滴熬乾而無餘下之質至末將所得各以脫流質和勻而置於化鍋內熬之所熬得之質幾爲淨雞那以亞待乾時重應不少於二釐又應易在淡硫强水內消化

如將淡色樹皮一百釐用此法試之而用哥囉㑂消化之

則應得合鹼類質不少於半釐如將紅色樹皮一百釐用此法試之而用哥囉昉消化之則應得合鹼類質不少於一釐半若里司脫生藥品書中設一表有此各種樹皮所含鹼類質之數俱爲前化學家求得者如蘇比蘭與芬三屯等人是也各人之數不惟各不同即各數亦太少所以其表不必論之茲另有表爲德國加爾斯盧醫士里搿勒試驗而得者此人將兩法詳細試之所得之數大同小異設用拉布而丁之法稍能更準此表爲各種金雞那樹皮一百釐所得各質之數

樹皮名	雞那以亞	金雞那以亞	雞那以齊亞
上等揩里觸亞	三·八		
約瑟揩里觸亞	三·二九		
中等揩里觸亞	二·五		
細毛金雞那	一·七		
絲紋加爾達日那		一·〇四	一·〇四
硬加爾達日那	一·〇四	一·三五	
上等紅色皮	二·六五	一·五一	
大紅色皮	二·五〇	一·三五	
假紅色皮	五二	·七三	
王后紅色皮		二·八七	
重華奴哥		二·四	
厚管華奴哥		一·八七	
上等晃號羅沙	五二	·四二	
尋常羅沙		·七三	
華瑪里司樹皮		一·四六	
厚華瑪里司		·九三	
倭音樹皮		·六一	
新蘇利南末樹皮			

古斯各樹皮每百分含阿里西拿一·一五分

此表之數大略與今化學家所得之數略同所有好阿特化分所得各數在前屢次言之故不再述

金雞那樹皮成各藥

藥品中用金雞那樹皮之藥甚多其價值與取法較其淨藥性如雞那以尼等更廉而易造其皮質所含鹼性質之外另含其皮之收斂性酸質若干故不惟有補性又有收斂性此爲有益者然另有弊端因每一服體積較大胃已有病難於消化又其濃淡不定因其皮所含之質其數常不定又其爲藥之質在數種質內則易消化在他種質內難於消化

黃色金雞那樹皮沖水

取法　將黃色金雞那樹皮粗粉半兩沖沸蒸水半升蓋密其器待二小時則濾之

淡色金雞那樹皮沖水（此爲倫書之方）

取法　與前法同惟以雞沙樹皮代黃色樹皮

功用　此各種水內其鹼類合幾尼克酸並金雞那樹皮酸之大半消化於水惟有與幾尼克酸不化合之藥性質不能消化於水所以此沖水必至於淡如胃病難消化則以上兩種沖水爲最妙之輕補藥每四小時以一兩至三兩爲一服

黃色金雞那樹皮水膏

取法　將黃色金雞那樹皮粗粉一磅預備蒸水至足用正酒醕一兩將金雞那樹皮粗粉置於水二升內浸二十四小時屢次調之後置於過濾之器再添水至得十二升或至水不能再消化其皮質而止將其水置於化鍋內加熱至不外一百六十度熬之得一升以紙濾之連熬之至得三兩爲止或熬至其水之重率得一·二〇〇待冷則添酒醕連調之不停其重率應略爲一·二〇〇

功用　此藥與一千八百五十一年倫書所載金雞那濃沖水略似而可代藥肆家出售之金雞那皮水此水內所添酒醕能令其不壞故可久存淡色與紅色金雞那樹皮亦可照此法作水膏

服數　以十滴至一錢爲一服

黃色金雞那樹皮煑水

取法　將黃色金雞那皮粗粉一兩又四分兩之一在蒸水一升內煑之至十分時爲度煑此質之器必蓋密待冷而濾之在濾時加蒸水補足一升

淡色金雞那樹皮煑水（此爲倫書之方）

取法　其方與前同惟用羅沙樹皮代黃色樹皮

紅色金雞那樹皮煑水（此爲倫書之方）

取法　其方與黃色金雞那樹皮煑水同惟用紅色樹皮代黃色樹皮

功用　以上各種金雞那樹皮煑水能收其皮內藥性質之大半惟冷時其質結成此因金雞那夫路肥克酸與鹼類質和勻而成不能在冷水中消化之雜質近有化學家施陸脫非特將已作煑水之皮之餘質多分出淨雞那以亞故可見作煑水之法有糜費如以酸性之水作其各種沖水與煑水則其爲藥之鹼類質不能結成仍存於水內其各煑水可代各沖水之用服數亦同

黃色金雞那樹皮酒

取法　將黃色樹皮粗粉四兩準酒醕一升其作法與阿古尼低浸酒之法同

淡色金雞那樹皮酒此爲倫書之方

取法　與上浸酒法相同惟以羅沙樹皮代黃色樹皮

功用　此兩種浸酒爲補藥可合於其賁水或冲水以一錢至三錢爲一服準酒醕能消化金雞那樹皮內有藥性之質如用過濾之法則爲更佳又如將其浸酒熬之則得最佳之膏

金雞那樹皮雜酒

取法　將淡色金雞那樹皮粗粉二兩苦橘皮切小塊搥

碎一兩色噴他里根搥碎半兩番紅花六十釐呀蘭米粉三十釐準酒醕一升其取法與阿古尼低浸酒之法同

功用　爲行氣補藥較簡便之浸酒更有趣味因其含行氣藥故也或謂之胡克薩木金雞那樹皮浸酒功用與前同以一錢至四錢爲一服

藥品記錄書第四本第一百二十五頁有得納分所設之方作金雞那皮糖漿此糖漿內有藥性之料爲雞那以亞幾尼克並本皮內之金雞那樹皮酸藥味適口功用亦大倫書內有以上三種金雞那樹皮膏其水膏最合於作丸以五釐至半錢爲一服最妙在真空器內取之而其功用

不及同服數之醕膏

畏忌　淡輕養鉀養並其合於炭養氣之質鈣養水鉀養鉀養打打伊密的鐵含多分劑鹽類質鉛養醋酸汞綠銀養淡養沒石子酒或冲水含樹皮酸之水直辣的尼

取金雞那樹皮各鹼類藥之法

此各鹼類藥爲金雞那樹皮中有功用之料而較用樹皮更濃更淨更佳其功力更大其濃淡有一定故尋常用之較用皮更多然其皮另有數種收歛藥質與一種自散油質間用之而有益

雞那以亞硫養又名雞那以亞二硫養亦名雞那霜尋常爲黃色金雞那樹皮所作又爲暮替司所

名戈頭形葉金雞那樹皮所作

此鹽類之式爲炭$_{四〇}$輕$_{二四}$淡$_{二}$養$_{四}$加硫養$_{三}$加八輕養各國內幾專用此質而不用金雞那樹皮之別藥俗名雞那以尼又名雞那凡金雞那樹皮內所含之雞那以亞俱與幾尼克酸化合故必先合其與幾尼克酸分開而分開之後必與硫養化合成此事有數法作雞那以亞常用者爲黃色樹皮因其含此質最多而其質與他種鹼類相雜者更少有人用絲紋加爾達日那樹皮亦即戈頭形葉金雞那所成者其取法之大略將樹皮浸於含硫強水或輕綠之水內收出其苦質後加別種本質與其硫養或輕綠化合則其雞

那以亞質結成將此結成之質提淨之令其與硫養化合
取法　將黃色金雞那樹皮粗粉一磅輕綠三兩蒸水足用鈉養水四升淡硫强水足用將其輕綠合於水十升將金雞那樹皮先置於瓷盆內添淡硫强水足令其質全溼二十四小時內屢次調之後將其樹皮置於過濾器內用淡鹽强水加入濾器內至所濾出之水無苦味爲度再將鈉養水傾入其內調和之待其結成之質全沉下後傾出其淸水而以濾紙濾出其結成之質以冷蒸水洗之至洗得之水無色爲度將其結成之質置於容水一升之瓷盆內用水汽盆加熱漸添淡硫强水至其結成之質幾全消

化而其水有中立性爲止乘其水熱時以紙濾之將濾得之質以沸水洗之再熬濃至水面生薄皮一層爲度待冷則成顆粒其顆粒必置於生紙令乾不可加熱烘之
此取法令其皮內之雞那以亞消化而與硫養並輕綠化合其幾尼克酸即放散後其鈉養合於硫養並輕綠與雞尼克酸成易消化之鹽類而令雞那以亞結成將雞那以亞洗之在淡硫强水內消化之所得之水熬乾得硫養鹽類顆粒如欲得其淨而無色之雞那以尼必再消化之以動物炭滅其色再成顆粒
大造雞那以亞之肆用鈣養合其酸性樹皮水結成所結

成之質用布壓成餅再用正酒醋消化其餅內之雞那以亞
蘇格蘭醫院內用鈉養炭養消化金雞那樹皮中之酸質將其餘質以硫養水消化之而阿書亦照此法爲之取此質用酒醋之費每雞那以亞一兩祇費英國銅錢一文
近有造藥料者黒令設一法作雞那以亞而得國家保其專造此法與蘇書之法所有不同之處惟以鉀養或鈉養代鈉養炭養
醫士希拉巴得亦設一法得國家保其專造其法先用鈉

養炭養與蘇書之法同後用輕綠分出其金雞那鹼類質再將其酸性之水合於鈣養水加熱則所結成之雞那以亞用甫司里油或徧蘇里令其消化調攪之則浮至水面而帶出其鹼類質
一千八百三十三年化學家百勒替耶設一法用松香油消化雞那以亞從前法所得之鹼類質與鈣養之乾質
雞那以亞硫養近時化學家倍其式故名曰雞那以亞二硫養倫書有此名而英書仍名曰雞那以亞硫養前人以其爲爲本之鹽類質今化學家以其爲中立性之鹽類質尋常出售者爲輕鬆白色針形顆粒成小團如棉花光色

如絲顆粒少有凹凸力彼此相交成小團其形如星無臭味最苦遇空氣則顆粒外面成霜放出其成顆粒之水八分劑內之六分劑加熱至二百十二度則發亮擦之則更亮加熱至二百四十度則融化再放水二分劑後變紅至末則燒盡而無餘質化學家波潑云每雞那以亞硫養一分須冷水七百四十分方能消化或沸水三十分亦能消化其消化之水有藍色每重一分須正酒醕六十分不加熱則消化在淡酸質內能易消化最易在淡硫强水內消化

雞那以亞硫養之價貴故常有謀利之人用金雞那以亞

鹽類質或雞那以弟亞鹽類質或他種苦味鹼類質或顆粒形之油質或鈣養硫養或糖或小粉等僞充之英書所設試驗法查其顆粒似線形色白如雪光色如絲味最苦而淨難在水中消化令水有藍色易於分辨如將其消化之水合於鋇綠則結成白色之質難在硝强水中消化又如先合於綠氣水後合於淡輕養水則變爲最光亮之綠色與明綠寶石同又能在淨硫强水內消化令其水有淡黃色如輕加熱其色不改變如將此質十釐合於淡硫强水十滴水半兩則全能消化如再加淡輕養則結成白色之質再加淨以脫半兩搖動之則結成之質又消化而停

若干時所分爲兩層流質之下層內無顆粒顯出如將其上層流質用吸管取出熬乾之得白色之質在空氣中不加熱而自乾則重八六釐

雞那以亞硫養價極貴爲藥之功力極大故應有便法分辨眞僞與雜質茲將尋常謀利者添入之假料分爲八款言明分辨之法

一　金雞那以亞硫養此質較雞那以亞硫養價值較賤雖能成大顆粒然將其濃水在減熱時之間連調之不停則其顆粒爲極細之粉凡造雞那以亞硫養之工內其質已成顆粒則其餘水內常含金雞那以亞硫養因此質更

易消化也然因黃色樹皮內常含金雞那以亞則所成之雞那以亞硫養每百分能含此質一分半至二分如其大於此數則可疑其不用黃色樹皮而用紅色或淡色樹皮爲之或故意加入其料如欲試之可將所疑之雞那以亞硫養少許合於許多鈣養水搖動之則雞那以亞硫養能消化而金雞那以亞硫養不能消化或將雞那以亞硫養在水中消化之加淡輕養令其合質分出將其質合於酒醕少許沸之待冷時則金雞那以亞硫養成顆粒而其雞那以亞仍消化又有更準之法係里必格所設其法藉雞那以亞能在以脫中消化而金雞那以亞幾不能在以脫

中消化將含此兩種鹽類之水用淡輕養至有餘令其質結成再合於以脫若干則以脫消化其雞那以亞質而浮於水面如取其以脫而熬乾之則得其雞那以亞所有糜費即爲金雞那以亞

二　雞那以弟亞硫養此質之形與雞那以亞硫養之形相似近時玻里非國封禁揩里織亞樹林以若干年爲限所以黃色樹皮價騰貴而造雞那以亞硫養之肆不得已而用秘魯國與新加拉拿大國之下等樹皮內有一種爲絲紋形加爾達日那樹皮所成之料爲雞那以弟亞硫養而非雞那以亞硫養所以出售之雞那以亞硫養常含此

質在內分辨之法有二一因雞那以弟亞硫養在沸水內消化較眞雞那以亞硫養在沸水內消化更易二雞那以弟亞硫養在以脫內消化較雞那以亞硫養消化更少好阿特設一法將雞那以亞硫養一百釐在沸蒸水七兩內能消化然如將沸水七兩消化雞那以弟亞硫養則能消化八百釐所以試驗之便法將雞那以亞硫養一百釐先查知其不含糖等雜質而合於蒸水五兩沸之如全消化則不全爲雞那以亞硫養大約必含雞那以弟亞硫養又可在以脫內試其質消化之性如將淨雞那以亞硫養十釐合於淡輕養水二十滴則其雞那以亞分出再加以脫

六十滴應全消化如不全消化則必因含雜質之故如全爲雞那以弟亞硫養則祇能消化一釐故可依其能消化若干分而知其含雞那以亞硫養若干分如欲求其含雞那以弟亞硫養之眞數則有兩法一將其雜鹼類質用淡輕養分開後用酒醋或以脫消化之待其流質自放散則雞那以弟亞成大而明之顆粒而其雞那以亞仍消化於內二將其雜鹼類質置於消化雞那以弟亞飽足之以脫內則祇有雞那以亞能消化此爲簡便之法係盡瑪所設

三　鈣養硫養此質並以下各質較上兩種更易分辨將所疑之雞那以亞硫養少許燒之如有餘質不能在水或

酒醋內消化則疑爲鈣養硫養然此不常見其爲雜質

四　司替阿里克等油酸質如含此種雜質則以沸水消化之水面必有油類薄衣一層此質亦不常見

五　能消化之生物質如樹膠糖小粉瑪內得乳糖等質此各質俱能在沸水中消化如加濃硫强水則其水變爲黑色又如用淡輕養分出其雞那以亞將其水熬乾之則各雜質分出

六　薩里西尼此爲苦味鹽類顆粒係從白楊與榆樹之皮內取出間有雞那以亞硫養含此質甚多如將此質合於濃硫强水則變紅色又如合於硫養與鉀養二鉻養則

放出司配里耶油之香
七　夫路力得西以尼此質與薩里西尼略似而從蘋果與樱桃樹根之皮內得之近有謀利之人將此質雜於雜那以亞硫養三內如疑其合此質可將其水合於硝强水數滴則先變黄色後變綠色至末則變深樱色
八　淡輕四養鹽類如淡輕四綠等質試之之法將其水合於鉀養加熱則放出淡輕三氣
曾有人在德國所作之雜那以尼內得鈉養硫養三質不知英國亦有人用此質以謀利否
雜那以亞雜酒

取法　將雜那以亞硫養三一百六十釐在橘皮酒一升內輕加熱消化之置於封密之器內待三日屢次搖之後以布粗濾之再以紙濾之
此藥爲倫書後一次印者所載而爲最佳之補藥與香料或言其雜那以尼不能消化至盡又因其浸酒內含樹皮酸必爲此質而結成化學家希明惠已査知不加熱亦能全消化惟有少許結成之質不消化其能消化雜那以尼之故因橘皮酒內少有酸質或爲皮內天生植物酸質或因皮未乾時遇橘內酸汁而後變乾
服數　以一錢至三錢爲一服每錢含雜那以尼一釐

雜那以亞丸
取法　將雜那以亞硫養三六十釐野薔薇果甜膏二十釐磨勻每丸四釐含雜那以尼硫養三一釐此藥於一千八百六十七年收入英書
服數　以二釐至十釐爲一服
雜那以亞酒
取法　將雜那以亞硫養三二十釐檸檬酸三十釐橘酒一升置於封密之器內待三日屢次搖動之濾之此酒每一兩含雜那以亞硫養三一釐此爲服雜那以尼之便法藥肆中久有此酒出售近時收入英書內尋常含利酒亦能消

化雜那以亞不必加檸檬酸
服數　以半兩至一兩爲一服
雜那以亞二硫養
醫士開方用雜那以亞硫養三其方指明以淡硫强水少許消化之約每重一釐用此水一滴此因欲令其消化然其雜那以亞硫養三因此與硫養三一分劑化合故所服之藥爲雜那以亞二硫養三此鹽類每一分能在六十度熱之水十分內消化如將其水熬乾之則能得斜長方形顆粒
雜那以亞輕綠
作此質之法將雜那以亞硫養三之熱水一兩合於鋇綠一

百二十三釐在水中消化之則有鋇養硫養三結成可濾出之將其水熬之則結成雞那以亞輕綠顆粒其性情與功用與雞那以亞硫養三相似更易在水中消化

雞那以亞輕碘

此質常有人誤稱曰雞那以亞碘其中立性之輕碘鹽類能得其黃色柱形顆粒其法將雞那以亞硫養三在淡硫強水消化之而以鉀碘化分之即洗之洗去所成鉀養硫養三化學家司噴色爾又設一法將淨雞那以亞硫養三在輕碘暖水內消化之待冷則成顆粒而洗之之工內亦無糜費此輕碘鹽類每一分能在六十度熱之水二十分內消化

此藥最合於用如身體軟弱而有瘰癧病用此應有大效醫士應多試用之

雞那以亞發里里阿尼克酸

此藥在阿書爲正藥品曾有醫士最信此藥在癇証內爲治轉筋之補藥又有醫士以爲其原料合成之藥有其兩種原料之性情又有醫士用以治依時而作之病

服數　以一釐至三釐爲一服

雞那以亞鉮養三

近時醫士多用雞那以亞鉮養三治皮膚之病他國用此較英國更多其作法令雞那以亞硫養三與鉀養鉮養三彼此化分而蘇比蘭另有一法或言較前法更佳

取法　將雞那以亞硫養三一百分蒸水含硫養三者足令其消化用淡輕四養質令其雞那以亞結成洗之以生紙壓之而用正酒醋六百分消化之再加鉮養三一四四分加熱而濾之待其流質變冷則其雞那以亞鉮養三分出結成針形顆粒

雞那以亞鐵養檸檬酸

此雙鹽類最佳已用之多年爲補藥與鐵藥初於一千八百六十四年英書內有取此質之方化學家來得活特設法爲之將鐵屑置檸檬酸水內加熱消化之添新結成之

雞那以亞而熬之依此法爲之或用一千八百六十四年英書之法爲之俱含雞那以亞檸檬酸合於鐵養檸檬酸與鐵養檸檬酸若以一千八百六十七年英書新法爲之則祇含鐵養此爲雙鹽類藥而與鐵養檸檬酸淡輕四養檸檬酸相似亦成片形顆粒

取法　將鐵養三硫養三水四兩半雞那以亞硫養三一兩淡硫強水十二錢檸檬酸三兩又淡輕四養水並蒸水至足用將淡輕四養水八兩合於蒸水二升再將其鐵養三硫養三水合於蒸水二升添入前水用力調和之在兩小時內屢次調之則置於濾布內待其流質流散將結成之質以蒸水

洗之至所洗得之水遇鋇綠而無結成之質爲度再將雜那以亞硫養合於蒸水八兩添入淡硫强水待其鹽類質全消化則加淡輕養水至少有餘令其雜那以亞結成用濾紙濾出結成之質以冷蒸水一升半洗之再將其檸檬酸在蒸水五兩內消化之後用熱水盆加熱而添入已濾乾之鐵養質將其各質調和待其鐵養已消化則添入結成之雜那以亞必連調攪之至全消化爲度待其水已冷則添淡輕養水十二錢合蒸水二兩每一次加入此水少許必用力調之每加淡輕養一次必待結成之雜那以亞消化方可再添一次將其水濾之熬成稀漿置於平瓷板或玻璃片成一薄層加熱至一百度而乾之將其已乾之片取下存於瓶內塞密之

其鐵養二硫養水用淡輕養令結成則成鐵養此質在檸檬酸水中消化之成鐵養三檸檬酸所用檸檬酸必有餘之故因添結成之雜那以亞其質能消化而成雜檸檬鹽類第此藥內其檸檬酸鹽類或爲調和或爲化合尚未能定其鹽類成薄片形顆粒與鐵與檸檬酸所成之他種鹽類同

此鹽類之性大約與其取法有相關英書論此質形性之說與藥肆家常出售之鹽類質相同其說曰顆粒薄片形有綠金黃色少能自融化能在冷水中全消化其水少有酸性合於鈉養水則結成紅櫻色質又如合於淡輕養水則結成白色之質又如合於鉀衰鐵並鉀衰鐵則結成藍色質又如合於樹皮酸則結成灰色質其味苦有鐵味如在空氣中燒之則有餘下之質爲鐵養此質合於水不能消化如將此藥五十釐在水一兩內消化之再添淡輕養至少有餘則結成白色之質爲雜那以亞濾之晾乾應重八釐其結成之質全能在淨以脫中消化又燒之則餘下之質祇有微迹

服數　以二釐至五釐爲一服

金雜那以亞硫養

此質以淡色樹皮爲之其作法與將黃色樹皮作雜那以亞硫養之法同其原質亦相似紅色樹皮內含此兩種鹼類質略同故能成此兩種鹽類質惟金雜那以亞鹽類每一分能在冷水五十四分或酒醕六分內消化則較雜那以亞鹽類消化更易結成之顆粒爲短斜桂形沛離拉等人以爲其藥性與雜那以亞硫養同服數相同所治之病亦相同故以後黃色樹皮已盡或難得則可以此質代之醫士尋常喜用雜那以亞硫養故用金雜那以亞硫養甚少

金雞那以亞輕綠

此質與尋常雞那以尼硫養之形狀相似，第因其取法最易，祇將紅色或淡色之價廉樹皮，合於輕綠而得之，故其價略爲四分之一，此質亦爲大有用之補藥，能治依時而作之病

雞那以弟亞硫養

尋常出售之雞那以尼內夾雜此質，爲謀利之法，其形性與原質亦與雞那以尼大同小異，化學家薄杜恩試之最細，言明其藥性與功用，與雞那以尼眞相同，故可任意代雞那以亞硫養之用，然此藥並以上之各藥，雖與雞那以

亞硫養大同小異，而因價值極賤，凡作雞那以亞硫養者，不可夾雜此等質，以謀利，爲犯法，而不誠實之事

金雞那樹皮與雞那以亞各種藥之功用○金雞那樹皮稍有收斂性，而大有補性，並能治依時而作之病，如人身軟弱，或曾發重病而已退，則以此爲補藥，又如瘧疾並似瘧之各種發熱病，又依時而作之腦筋痛與風溼病，服此藥，其益處最大，或用其皮之粉，以十釐至三十釐爲一服，或用其沖水、煑水、膏、浸酒，亦可，間有其沖水與煑水內，將其膏與酒相合，其藥之功力，大半藉鹼類質，少半藉收斂質，所以尋常用者，爲其鹼類質，以雞那以亞硫養爲最多

如金雞那以亞硫養，其功用亦略同，故用之爲省儉之法，如雞那以亞硫養，尋常以五釐爲一服，常合於硫養數滴，合變爲雞那以亞二硫養，有醫士曾用至二十釐爲一服，治依時而作之腦筋痛與瘧疾之重病

淡色兒茶　西名淡色加的主，又名加没比爾，又名日本泥土，陸克司白格名曰兒茶烏納揩里阿，所用者爲其葉與嫩根之膏，大半從新加坡運來

英書內所載兒茶，祇有此一種，昔時所有兒茶阿揩西耶，即櫻色兒茶，近時不用，今所用者亦爲收斂性之膏，內含樹皮酸，但所含樹皮酸較黑色兒茶所含樹皮酸之數更少，其取法，將兒茶樹之葉與嫩枝煑之而熬成膏，此樹與

金雞那樹類略同，而生於巫來由列島，化學家恒德爾名此樹曰兒茶拿苦里阿，即鉤籐，在立尼由司會記錄書第十九本內言之，後有陸克司白格定歸烏納揩里阿之類，兒茶烏納揩里阿，又名兒茶拿苦里阿，如第一百三十圖

第一百三十圖

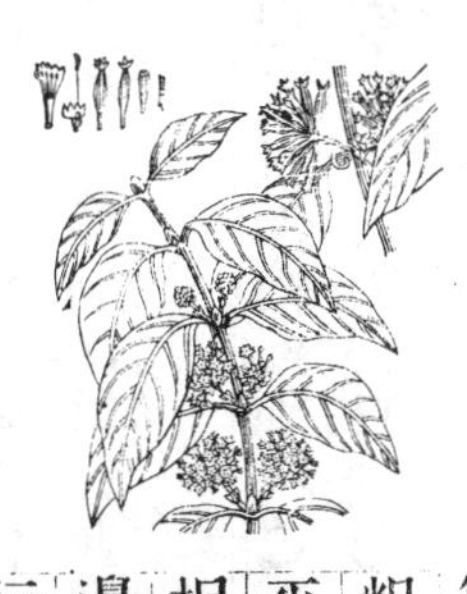

爲短樹，喜繞於他樹而生，皮粗糙而色櫻，樹枝密而圓，面平滑，小枝相對排列，伸開，葉相對排列，有葉莖，形略如蛋，邊彎曲似浪形，下面有橫平行脉，副葉兩箇，能自落，花莖

從葉榦間角發出爲獨生者其形尖花落後花莖成鈎形之刺花葉四箇小而似卵形能自落花成穗分花聚合成球形之穗萼爲一瓣所成長方形分五出而不落花瓣似極高酒杯形分五出花鬚五箇托線最短子殼有莖形長其頂即萼向下收小成尖內分兩膛每膛分兩分其分膛在頂與子殼相連在邊裂開種子甚多形長俱極小兩端有膜形細毛質產此質之處在麻剌甲與蘇門答剌

西曼云新加坡有華人多種此樹又與胡椒同處種之又言將其葉在水中煮之收盡其收歛性之質再將其煮水熬至成膏後將其膏切成方塊曬乾之依此法所得淡色

兒茶爲小立方塊間有壓成大包重略二擔用布包之其小立方塊徑略一寸其色外紅櫻內淡紅或少帶黃色質脆有多孔折斷之形似泥土較水更輕故能浮於水面全能在水中消化味初覺澀後覺甜其煑水待冷時合於碘如變藍色可知其雜小粉於內此質每一百分含樹皮酸三十六分至四十分此爲伊孫白格之說又含加的主依尼即加的主以克酸此爲樹皮酸變化之質能令鐵鹽類變綠色如用顯微鏡觀之則其質之大半爲無數細微顆粒所成

有數種兒茶成小片形之塊又有成方柱形或圓柱形之

塊如南洋羣島並麻剌甲種此樹甚多然其上等者爲檳榔嶼里由所產白尼德云此島內共有六萬餘田莊專種此樹

淡色兒茶可作內外兩科之用前人多用櫻色兒茶近時藥肆家出售淡色者其櫻色者含樹皮酸更多而製獸皮者喜用之（觀兒茶阿措西耶一節）

兒茶雜散（即加的主雜散）

取法　將淡色兒茶四兩幾奴二兩拉搭尼二兩桂皮一兩肉荳蔻一兩各物另磨成細粉後和勻以細篩篩之存於瓶內塞密之

功用　爲香收歛藥以半錢爲一服

兒茶沖水（即加的主沖水）

取法　將淡色兒茶粗粉一百六十釐桂皮搥碎三十釐沸蒸水十兩沖之盛於蓋密之器內略半小時濾之

功用　爲重收歛藥以一兩半爲一服每日三四服

兒茶酒（即加的主浸酒）

取法　將淡色兒茶粗粉二兩半桂皮搥碎一兩準酒醋一升浸七日濾之加酒醋補足一升

功用　準酒醋能消化其收歛性之質與松香性之質故此浸酒有重收歛性能配入白石粉雜水等以一錢至二

錢爲一服

兒茶糖片（即加的主糖片）

取法　將淡色兒茶粉七百二十釐，提淨糖粉二十五兩，阿拉伯樹膠粉一兩，阿揩西耶樹膠漿二兩，蒸水至足用，先將糖與阿拉伯膠和勻，後加兒茶與阿揩西耶樹膠漿添蒸水，足配其質，合於成糖片，再將其質和之極勻，分爲七百二十糖片，用熱氣箱加不過大之熱烘乾之

功用　每一糖片含兒茶一釐，作此片用淡色兒茶之故因較櫻色者在口內更易消化，如服此糖片六片至十二片，則等於其粉尋常之一服，用此糖片能治泄瀉胃吐清

水或食物不消之病

敗醬科（西名發里里阿那西依）

此科之樹所有存多年者，生極香自散油，而其體有行氣性，俱生長於溫和之地

甘松根（西名發里里阿那根，又名藥品發里里阿那，此爲野生或人種之發里里阿那根，立尼由司列於三箇鬚一箇花心）

發里里阿那之類，自古以來用爲藥品，代司可立弟司書中言三種發里里阿那或那爾佗之質，俱在其甫那質之外，古人所用甘松香，爲亞他曼西那佗司他起斯所產，近在東方各國用爲香料（觀雪山植物書第四十五頁），近時地中海邊之

人，亦從奧國運開勃賽發里里阿那與薩里恩揩發里里阿那，爲浴水中所加之香料（觀雪山植物書二百四十二頁），又有一種爲代司可立弟司書中所名曰甫那，正名代司可立弟司發里里阿那，因其價貴，疑早用藥品發里里阿那或野發里里阿那代之

如第一百三十一圖，其根存多年，成頭形，榦高二尺至四尺，面平滑有槽，葉俱爲翎毛形或似翦開翎毛形，小葉似戈頭齒形，成七對至十對，其末一葉即向外之

第一百三十一圖

一葉較他葉等大或略大，花莖長短頭平齊，外之則少變爲密頭花，葉似卵形與戈形，萼之體在開花時向內捲成螺旋形，開花不多時成細毛頭，即落而未落下時成多翎毛形之硬刺，花瓣紅色，如玫瑰花，所成之管似漏斗形，在其底凸似發腫，花瓣分五出，花鬚三箇，果實平滑，有壓平形，內有一膛，膛內一種子，果頂有萼之餘質張開成翎毛形之細毛頭，此草產於歐羅巴各國溝渠卑溼處

此草之根本並其各小根俱入藥品，產於乾草地者，其香更大，又野生者較人種者香亦更大，應在秋時採取曬乾之，如能得其野生之根在乾泥土內者則更佳，此爲英書

之說味辣而苦臭大而散至遠處尋常人不喜聞之少有喜聞之者案貓鼠最喜聞其香其根每百分合自散油一分松香質熱分膠香質一二五分膏質九四分木紋質七一分此爲脫落没司托弗考得之數發里里恩之藥性俱藉其自散油此油綠色其香能遠散其味亦香少似樟腦其新鮮者含油類質名發里里阿里此質能成顆粒遇空氣則收養氣若干變爲發里里阿尼克酸其根内含一種輕炭質名北爾尼以尼其原質之式爲炭輕此與龍腦蒸出之油相同又含一種質與龍腦原質眞相同此爲搿哈特之說如將其根合於水而蒸之則有酸性油質與自散油同蒸出名曰發里里阿尼克酸此爲流質油其臭可惡重率得○九四四加熱至二百七十度則沸能合於本質成甜味能消化之鹽類又有法能成此酸質即將阿美里養輕養即番藷酒之油令收養氣而成觀鈉養發里里阿尼克酸一節此質能用之作鈉養發里里阿尼克與鋅養發里里阿尼克如蘇格蘭壹丁不司密得藥肆已設一方成此質法將其根合於鈉養炭養水沸之後加硫養蒸出放散之發里里阿尼克酸即成發里里阿尼根之藥性質用鹼類水或酒醋或淡輕養炭養酒收出之

功用　爲散性行氣藥與治轉筋藥其自散油質有多醫士信用之其鋅養或鐵養或雜那以亞之合於發里里阿尼克酸質近時多用爲治轉筋之補藥

服數　其根之粉以二十釐至四十釐爲一服其自散油以三滴至五滴爲一服

甘松冲水

取法　將甘松搥碎一百二十釐沸蒸水半升浸一小時蓋密其器後濾之

功用　爲中等行氣藥以一兩至二兩爲一服

甘松酒

取法　將甘松根粗粉二兩半準酒醋一升其取法與阿古尼低浸酒之法同

功用　爲行氣藥可添入他種藥水内以半錢至四錢爲一服

甘松淡輕養酒又名發里里阿那雜酒

取法　將甘松根粗粉二兩半淡輕養炭養香酒一升置於器内蓋之甚密待七日濾之添淡輕養炭養香酒補足一升

功用　治轉筋又因其含淡輕養故增大其行氣性以半錢至二錢爲一服

菊科西名加末普西替依阿但司之名又名西難替里依哇克特之名又名阿司脫拉西依林特里

之名

第一分科　蓋難羅西發里依

其分花俱不分雌雄俱爲管形有五箇相等齒形間有四箇齒形頂上形凹或爲半球形子房口及花心與花心莖相連有數種味苦名散拖里散拖里阿又少有香者名麝香散拖里阿又有一種名染料揩爾他暮司俗名紅藍花其花中所得之顏料以爲寶物

又有一種名輕補性尼古司（即薊類之一種）產於歐羅巴之南並亞細亞內含苦味質又更小阿爾克替由末爲英國常見之野草亦含苦味質此兩種已多年用爲改血之補藥今不列於藥品內

第二分科　可令比非里依

此花之圓墊所生分花俱爲管形其頂平所有邊葉之分花俱爲紫裏帶形子房口不連於花心莖

又有一種野草名發爾發拉土西拉哥西俗名小馬足即款冬如第一百三十二圖其葉與花之沖水與黄水等常用之治咳嗽爲潤內皮藥似爲古時希臘人所謂比克西思其質有膠性味少苦

第一百三十二圖

土木香（西名以奴拉又名希里尼以奴拉立尼由司之名又名以里乾研尼根爲倫書所載之藥）

土木香根從古時醫士希布可拉弟司以來西國醫士俱用之如第一百三十三圖其根存多年厚而長外面棕色內白色幹直立高三四尺形圓葉甚多葉大似心形與卵形其尖銳其莖包圍其幹葉邊之齒大小不等葉下生細軟毛小根所發之葉有莖莖似長卵形花頭有數朵花成叢或爲獨者大者色光黃總花葉成多行係瓦背排列法其外鱗卵形內鱗爲鈍卵形邊之小花爲雌者舌形有三箇齒形少似管形花心墊上之小花不分雌雄爲管形有五齒鬚頭在底處有硬毛兩條子房座平有網形之紋其不自裂之硬子殼四方形面平滑其細毛頭平勻排成一行俱爲粗糙之刺所成此草生於歐羅巴在西七八月開花

第一百三十三圖

將其根在口中嚼之初覺有黏性如膠後覺苦而香至末稍覺辣尋常切成片便於乾而久存之每百分內含苦性膏質三六七分又有一種奇異小粉類名以奴里尼三六七分又希里尼以尼即中立性顆粒形質與樟腦少相似〇·三分蠟〇·六分辣性松香質一·七分膠質四五分另有

立故尼尼阿勒布門鈣養鹽類鉀養鹽類鎂養鹽類等質其以奴里尼亦能在他種根內得之化學家曾取別名甚多質色白如小粉然其形性有數端與小粉不同卽如以水沸之成漿待冷時有若干分結成又合於碘則變黃色又稍能在沸酒醕內消化

功用　爲行氣藥補藥化痰藥發汗藥如胃不消化並久傷風亦可用之

服數　其粉以二十釐至一錢爲一服其煮水或沖水每水一升配根之半兩以一兩半爲一服

含此質之藥品　黑胡椒膏此爲倫書之方歐羅巴他國多用之

於藥方內英書不載此藥

前辛拏葉含異質之一節內言有一種葉爲菊科內植物所生者可代辛拏葉之用土人名曰爾愛蘇拏其正名曰戈頭形白替羅替亞醫士法可那查其葉出於印度之西北眞爲此樹之葉而特看杜辣另加印度於正名上以分別之來拉所作雪山植物書第三百十九頁言有人送此葉若干言明爲印度薩法度拉然其葉相似而不同其生產之處亦從周母那江邊起直至印度之中爲止法可那云此樹之葉可代辛拏葉之用又云在樹上之葉爲側排列兩邊生細毛此爲植物內不多見者

安替米司花又名貴品安替米司立尼由司之名俗名揩暮米辣卽野菊花其乾花頭或單臺或重臺俱入藥品

查此花初在古時替啞弗辣司作司書中言之名曰安替米司又代司可立弟司書中名曰阿暮米倫今植物學家以爲代司可立弟司所言者爲幾亞安替米司又有一種花在印度國代用卽甜油瑪脫里揩里亞前時植物學家以揩暮米辣瑪脫里揩里亞爲尋常揩暮米辣而甜油瑪脫里揩里亞爲貴重揩暮米辣又名羅馬揩暮米辣近今名曰貴品安替米司

其根存多年有長小根如絲野生者其梗常依地面圍中

第一百三十四圖

所種者梗直立長約一尺有多小枝上有多葉其梗圓而有多槽紋爲空心者葉似雙翎毛形分葉似線形其端似圓錐形略爲空心花頭在枝之端獨生有凸出黃色花心墊其邊之花瓣爲管形之分花不分雌雄而爲管形其成邊之分花白色或向外伸或向內彎而有雌分花成一行子房座爲圓錐形如第一百三十四圖之二號面有膜形之鱗總花葉成數行係瓦背排列法其鱗鈍其邊光如玻

璃果爲鈍四角形平滑頂有不顯明之邊無細毛頭
此花常用者有兩種一爲單瓣者如第一百三十四圖之
甲二爲重臺者如第一百三十四圖之乙此種花之花心
墊其分花變爲白色紫裏帶形此花産於英國粗砂土內
係野生者又在歐羅巴他處能得之西七八月開花英國
蘇勒省米綽末種之該處另種重臺者能蒸得藍色之油
此草之臭大而香味苦而少香花心墊之分花有此性較
他處更大又多生自散油故其單瓣花爲藥之功力較其
重臺者更大惟重臺之花更可觀故常人喜用之以爲較
單瓣者更佳種花之人不得已多種重臺者售與尋常之

人又種單瓣者售與作油作膏之人用之其爲藥之性俱
藉自散油苦膏質樹皮酸少許其爲藥之質俱能從酒醋
與水消化而出之
功用　爲行氣補藥與治發熱藥
揩暮米辣沖水
取法　將揩暮米辣花半兩用沸蒸水半升沖之蓋密其
器待十五分時濾之
功用　爲補藥
服數　以一兩半爲一服此沖水若乘熱時飲之能助吐
藥之力

揩暮米辣膏
取法　將揩暮米辣花一磅蒸水八升煮之至其水散去
一半以布濾之在布內壓之再以紙濾之用熱水盆加熱
熬至成膏至末加揩暮米辣油十五滴和勻之
功用　爲苦味補藥與香藥熬時其自散油化去故必加
其油此膏以十釐至二十釐爲一服
揩暮米辣油
取法　如將其花合於水而蒸之則得自散油質爲黄緑
色臭大味辣此油大半在花心墊內英書云其色淡藍或
黄綠漸變黄色

步蘭弟云其單瓣花每一百磅能蒸得油二磅十二兩瑚
哈特曾化分此油得兩種質一爲流質輕炭質一爲含養
氣三分劑之質與發里里阿尼克酸大同小異或眞相同
亦未可定
功用　爲補藥與行氣藥又能治轉筋如其膏或丸可加
此油一滴至五滴爲一服
伯里脫里根　又名莳形阿那西苦羅司特看杜辣之名
古時代司可立弟司書中言及此藥之根名曰伯里脫里
恩東方各國亦用之爲藥名曰阿苦爾苦爾哈此草原爲
阿非利加北邊所用今從阿非利加之北運至歐洲之南

用之海納云有一種根與此根稍有不同處幾為同種設名曰藥品阿那西苦羅司而在德國土林茄產之並有八種之

菊形阿那西苦羅司如第一百三十五圖有長梭形之根其梗多而靠地面生多枝面有毛小根所發之葉伸長有葉莖面少平滑分如翎毛各分葉亦為翎毛形而有線形管形之小分梗上之葉無葉莖其枝祇生一花頭每一花頭有多花總花葉成數行短稍似杯形其鱗成戈頭形而尖邊櫻色子房座凸有長鈍卵形鈍子房座上花葉邊上分花為雌者不能生子上面白色下紫色花心墊上之分

第一百三十五圖

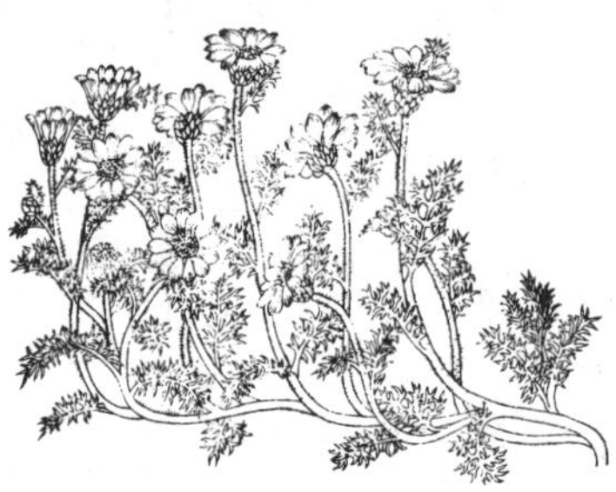

花黃色片形有五箇齒形硬韌皮質各花瓣有壓鈍形並有兩翅形之管而屬於此之各件俱無之花心墊之莖有外加另枝若干其不自裂之硬子殼成片而有壓鈍形邊有寬合之翅形其細毛頭短而參差有多小齒形幾分與其內面之翅相連

植物學家戴分對那云其根之新鮮者似梭形有多根肉厚如手指外櫻色內白色如以手握之則初覺冷後即覺熱無臭而有極烈辣味令多生口津此根從地中海各方運至英國法國人從阿非利加之北運入德國土林茄與馬得不爾厄兩處種之其為藥之質能以酒醋或以脫消化出之此係三種質所成一為辣味定性松香質名伯里脫里尼此質不能在鉀養水內消化又有一種松香類質能在鉀養水中消化又有黃色辣性油質亦能在鉀養水中消化此為克依尼之說其根內又含以奴里尼樹膠樹皮酸少許植物顏料數種鹽類木紋質

功用　能惹內外皮又為生津藥間有用以治牙痛或舌癱瘓為嚼以增涎之藥又治弔鐘放鬆為同用之藥一千八百六十四年英書删去此藥一千八百六十七年收入英書

伯里脫里酒

取法　將伯里脫里根粗粉四兩正酒醋一升其作法與阿古尼低浸酒之法同將此酒數滴擦於棉花一小塊置於口內能治牙痛

艾　西名阿替米西亞立尼由司之名

其花頭似乎花心墊圓板形或分花俱不分雌雄或分花分雌雄邊上分花排成一行尋常為雌者有齒形花心莖

伸長而分叉花心埶之分花有五齒形有雌有雄或因花子房不成熟則變爲不能生子者或變爲雄者總花葉之鱗似瓦背排列法而乾而其邊載而薄半透光子房座上無花葉或爲平或爲凸其邊或光或有細毛硬子殼不自裂似鈍卵形其面光有微鬚在子房上此爲特香杜辣之說

艾之類在歐洲以至各熱地俱有之大半有大臭與苦味自古至今爲藥品即如阿白羅坦阿替米西亞即茵蔯蒿又有尋常阿替米西亞即蓬蒿歐洲又有一種俗名太拉艮正名龍草形阿替米西亞即青蒿歐洲數處之人用爲食物內香料

林特里云中國所用之艾粉爲莫克顛阿替米西亞之葉此葉之面多生軟毛而歐羅巴人以樹心質或棉花等成小管或小頭加艾粉在皮膚上燒之西俗名莫克顛即烙灸之意前時多用此法代徑用火燒之法因其性更緩而能大熱皮膚治數種腦筋痛病又治交節與五臟之病今西國不常用之如雪山土人將棉花形扯蒲大里阿之軟細毛頭代絨用之亦可作莫克顛見雪山植物書第二百四十七頁

咄道尼格

此係艾類內一種未開之花頭尚未定準爲何種其藥從俄羅斯國運至英國出售

此藥有數別名即如聖種子與反種子又名咄道尼格阿替米西亞殺蟲種子此藥在西國久用爲殺蟲藥大半從俄羅斯國運來然另有從巴巴黎亞拉波埃及地中海東各邦出售者其質或爲碎爛之花莖花葉或半開之花或未開之花頭此爲數種艾類之花摘下者未知其爲何種花頭長八分寸之一少有餘寬十六分寸之一圓柱形兩端鈍淡綠棕色面平滑形如種子而爲若干瓦背排列之花葉似鱗形之質有綠色之中筋內包四箇或五箇管形之花臭大而味苦少有樟腦之香其眞者不應爲圓形如爲圓形則疑爲尋常艾類之花如爲生毛者則疑爲阿蒲

星弟阿替米西亞咄道尼格花之性藉一種自散油類又有一種奇異之質名咄道尼尼

咄道尼尼

此爲中立性顆粒形質從咄道尼格中得之

此質從咄道尼格中分出其味不及阿蒲星弟尼之苦而阿蒲星弟尼爲同類之草所出之質有人亦用以殺蟲咄道尼尼之原質爲炭輕養

取法　將咄道尼格未開之花頭若干合於水與鈣養沸之加輕綠令其質結成將其結成之質以水洗之去其酸質又用淡輕$_{三}$水少許洗之分出其松香類與顏色料再合

於正酒醕與動物炭加熱滅其色蒸去其醕則得顆粒咄道尼尼為無色成片斜方形顆粒味微苦易融化又加不過大之熱能乾蒸之不能在金類酸水中消化幾能在冷水中消化少能在沸水中消化而在鹼類或鈣養水內能消化又能在正酒醕與哥囉仿內消化見光若干時則變黃色

功用　此為殺蟲藥如小兒或成人腹中有圓蟲西名阿司揩里司倫蒲里可愛弟司用此藥最宜

服數　如用咄道尼尼在小兒以一釐至三釐為一服在成人以五釐至十釐為一服如為咄道尼格則以六十釐

至一百二十釐為一服

阿蒲星弟阿替米西亞

立尼由司之名以其花之全體或花頭為藥品此為倫書之方

古時希臘國人用此藥名曰阿蒲星弟恩東方各國名曰阿富生典又有他種艾類代此用之

如第一百三十六圖其根似木質分支梗多而密面有槽紋生葉頗多而全草面有密細毛如絲葉遞更排列而亦如絲特看杜蒜云分為三箇鋤毛形其分多而深戈頭形鈍下葉有長葉附上有短寬之葉附花葉簡花頭為多葉成叢之密頭少向下彎形如半球分花分雌雄總花葉外

第一百三十六圖

鱗有線形面有絲紋形細毛內鱗圓形質穀而薄半透光分花淡黃色其外行之分花為雌者花心莖似劈開而甚深子房座凸面生細毛如絲歐羅巴與亞細亞北空曠地常見此草應在西七八月取之此時開花

其乾草或花頭灰色外有細毛如絲其臭微香而稍惡味極苦故西國俗語曰苦如阿蒲星弟即最苦之意如浸於水或酒醕內俱能收其為藥之質化學家布拉克奴化分

之每百分得深綠色自散油一·五分其臭藉此油又得苦味含淡氣之膏質三〇分最苦松香質二·五分綠色松香質五分克路羅非勒與阿勒布門及鹽類各若干其鹽類質內有一種為鉀養阿蒲星弟燒此草時則變為鉀養炭養此鹽類前人名曰阿蒲星弟鹽其苦膏質內含一種奇異中立性質名曰阿蒲星弟尼勒克醫士將此草浸於酒醕得其濃浸酒合於以脫搖動之則其質消化於以脫內再蒸出其以脫而浸於淡淡輕$_4$養水內則分出其松香類質所得阿蒲星弟尼之式或言為炭$_{16}$輕$_{11}$養$_5$此質之藥性最重而不惹人身其自散油之原質為炭$_{20}$輕$_{16}$養$_2$此為化學家

拉蒲淚求得之數其不淨自散油爲深綠色加熱至三百五十六度則始沸漸濃而將凝結時其沸度加多至四百零一如合於鈣養而蒸之則能得其淨者而沸度仍爲四百零一度無有改變其味辛其臭能散至極遠重率在七十五度之時得九七五

功用　爲香苦補藥或加於酒內飲之能治胃不消化之病又能殺蟲故西俗名殺蟲草

又有一種同類之草俗名坦捺西正名尋常坦捺西低節艾類爲英國所產之草味苦臭大而奇久用爲補藥與殺蟲藥然其藥性太輕故易之而擇用更重者

亞尼架根　又名山亞尼架又名山淡巴菰所用者爲其乾根

亞尼架入藥品已久瑪替由里以爲古時希臘人知之然此說無可恃之據醫士多年在書中述其爲藥之功自一千七百十九年拉馬施作書起至今常有人論及之

山亞尼架如第一百三十七圖爲存多年之草榦生多毛高略一尺其根所發之葉爲鈍卵形完全內有五箇氣筋其榦所發之葉有一對至兩對榦成之花頭有一箇至三箇其頭開花甚

第一百三十七圖

多不分雌雄分花黃色稍帶櫻色邊上之花成一行俱爲雌者似紫裹帶形花心墊之花不分雌雄管形俱有五齒總花葉面粗糙略似鐘形排成兩行而有線形戈頭形不等之鱗與核子房座有鬚邊面生毛花瓣管有不平之毛花心草凸線有長指而生細毛似切斷形其不自裂之硬子殼圓柱形外面生毛其細毛頭排成一行係密叙之毛所成此草產於歐羅巴之中與南草地並矮山之處

此草之新鮮者如擦碎之其臭頗香聞之能令人嚏其葉花之味苦而辛根本之味濇辛而苦居山之人常用其葉代煙草化學家勿司曼將亞尼架花沖水所得之水有酸

性初時味苦後大濇而辛此味藉所含五倍子酸如將動物膠水合於亞尼架沖水則變最濁又如合於鐵綠則變黑色又多加水沖淡則變綠色又將其沖水合於鎂養或鎂養炭養則數小時後其水變爲最明深綠色

醫士用亞尼架花爲藥品英書內專用其根因其功力更大然其根實爲根本尋常見者爲圓柱形扭形之塊長一寸至四寸厚四分寸之一面有發葉處痕迹其面發長細小根味濇辛臭小而奇

化學家勒波爾待初在亞尼架中得一奇異鹼性質名曰亞尼架以那又有化學家巴司弟克作此質與作路卑利

那觀路卑利阿一節之法同而其性與此質大同小異

功用　爲糟粹性行氣藥能惹養生路然其質多能令陰瘡透發又能治外傷烏青迹所以醫士費爾設名曰萬應墜傷藥用法或將其葉成軟膏或用其浸酒擦於患處

服數　其粉以五釐至十釐爲一服

亞尼架酒

取法　將亞尼架根粗粉一兩正酒醋一升其作法與阿古尼低浸酒之法同

此酒必合於水若干沖淡之能洗外傷烏青迹與發腫之處令其不痛或駁曰祇用正酒醋功用相埒亞尼架之能在身體任處有行氣之性與布來啞尼根相同故可用亞尼架代此根治眼傷青黑色

第三分科　苦菜科西名氣可里依

此分科之植物其分花俱爲紮裹帶形花心莖在上圓柱形生毛其莖之長鈍支亦如之子房口上之綫凸出而窄凡苦菜分科之各植物俱含白色之汁如乳汁有苦味間有令人瞓睡之性如用法令不見光而生則其葉變白而嫩可生食之

因替蒲司氣可里即野苦菜如第一百三十八圖甲爲花乙爲根歐羅巴空地有野生者有多人喜將之乾根炒之

第一百三十八圖

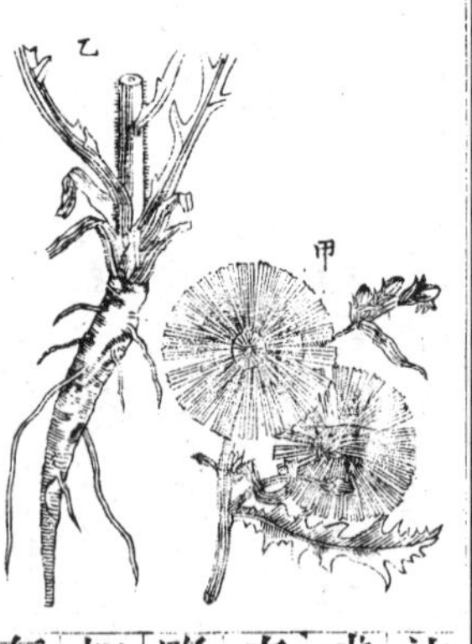

沖水以代咖啡之用或加入咖啡內此草之藥性與蒲公英根略同又有謀利之人加入咖啡中出售更有謀利之人將異質合於野苦菜出售觀藥品記錄書第四本第一百十九頁哈薩勒之說

蒲公英根西國俗名獅牙草特看杜辣名曰獅牙他拉格薩故未藥品內用其鮮根與乾根

蒲公英爲歐羅巴野生之草故已多年爲藥品如第一百三十九圖其根似樱形內有白色之汁如乳外面平滑深樱色內質白色易於折斷葉多從根發出兩邊有向內之齒如

第一百三十九圖

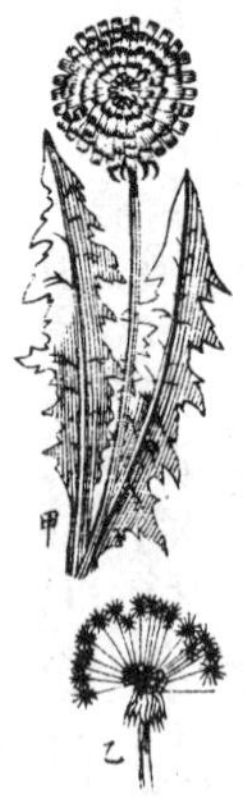

鋸面不生毛明光綠色其根發托花子之莖有一箇或多箇俱直立而脆分花成一花頭朝開深黃色總花葉雙其外鱗或伸開或向內回彎其內者成一行而直立無硬尖子房座光滑其不自裂之硬子殼長形面有細線紋在其頂有利刺而頂端爲長喙形細毛頭其毛成多形而排列周圍伸開成輕球歐羅巴各國草地與空處俱有之雪山

之外亦有之

有一種根名硬毛阿巴其亞俗名硬毛霍克比特取蒲公英根者常將此根誤收在內然易分別之因蒲公英之根脆深櫻色易於折斷而折斷之處放汁如乳硬毛阿巴其亞之根有皺紋淡色其質韌較蒲公英根更大植物學家本德里在倫敦查出售之蒲公英根內有人參根龍膽草根苦菜根拖門替拉根又有羊蹄根稗根與阿巴其亞根亦爲常雜者本德里又言蒲公英根之外殼厚其根分數箇同心之層又合於硫強水則變爲淡紅玫瑰花色依此各故易於分別之

葉之嫩者在歐羅巴各國遮蔽之不令見光必爲白色當生菜食之而葉之性情必常有不同之處依其老嫩而分英書云在英國草地內九月與二月之間採根或言其草將開花時則其汁最佳化學家胡勒登與司快兒云搗碎其根壓出其汁在西三月內淡而多水在夏時之末則濃如乳皮其味苦司快兒又查出西十一月與十二月內其汁四磅熬得膏質一磅又三月至五月其汁六磅至九磅能成膏一磅六七八各月內用汁六磅至七磅能成膏一磅可見十一月與十二月之間所含定質較他時更多而本德里又言應在西三月內取之爲佳不解何故又有醫士稱茄云其汁在夏至時極苦春秋之末其汁味甜司快兒疑爲凍冷之故其汁內含樹膠糖質以勿里尼阿勒布門哥路登與一種香質與膏質另有奇異苦味成顆粒之質名曰他拉格薩西尼能在酒醕與水內消化

用此根最合宜之法將其汁熬成膏有人將其根炒之代咖啡之用又有人將其乾粉與咖啡相雜

功用　爲輕瀉藥散炎收斂藥改血藥利小便藥如肝與內腎之病並皮膚久病等可用之然蒲公英爲藥之性最輕故其功用常極小幾不能覺之即如沙沙把列拉亦爲輕性之藥

蒲公英根汁

取法　此取法與司苦罷里取汁之法同

此藥質之四分之一爲正酒醕故可久存而不壞如其煑水不久即壞

服數　以一錢至半兩爲一服

化學家韋杜那曼與甫里肯茄在蒲公英汁內查得瑪內得質壹丁不司密得藥肆已查此新鮮根汁內不含瑪內得而德國數植物學家亦疑此事在其沖水或汁內發酵而成之此種發酵名曰發膠形之酵此變化之理略因葡萄糖即炭輕養化分變爲瑪內得一質點即炭輕養與乳

酸一質點即炭六輕五養五其餘養氣一質點為其內他種化分之阿勒布門質所收又有化學家羅突肥格在其汁內查出乳酸

蒲公英煮水

取法　將蒲公英乾根一兩切片搥碎置於蒸水一升內沸之略十分時濾之再加水補足一升

功用　其苦味之質能為沸水消化則可合於應用改血藥病用之以一兩半至三兩為一服

蒲公英膏

取法　將蒲公英鮮根四磅壓碎之後壓出其汁待其定

質凝結沉下加熱至二百十二度至十分時為限濾之用熱水盆加熱不外於一百六十度熬之成膏

功用　以十釐至半錢為一服其味應苦其色應樱如將其根之汁壓出之而任其自化乾或在真空內令其化乾則其功用更大齊立士云此法不善應將其根作乾而磨粉後浸於冷水內而將其水熬成膏觀藥品記錄第十四本第二百五十八頁

萵苣　拉尼由司名拉克杜加

花頭所開之花甚少總花葉似圓柱形排列二行至四行係瓦背排列法其外行更短而其鱗有膜形之邊子房座光滑其不自裂之硬子殼為壓平形而不生翅形其端不

引長而生一鈍而線形之體形如鳥喙

撒種拉克杜加　即萵苣英俗名園內拉杜司倫書所載之藥

古時希臘人知此種菜名曰脫里大斯當為藥品之用近今東方各國亦用為藥歐羅巴各國並屬地內亦種之為生食之菜

尋常拉杜司為存一年之草榦直立而平滑高約二尺下形窄而上分枝分葉或為圓或為橢圓大而直立其底窄其凹葉筋之外面平滑又其葉之半包圍其莖常有多皺紋其花開於西八月黃色而較兇惡拉克杜加之葉更小萵苣葉之嫩者含一種明而美味之汁內有植物膠與糖

其開花之榦初顯出時其汁變白色如乳味苦臭大與鴉片略似從彼時起至花已開後其汁有此性情如將其榦切片或在其外皮劃通則其乳形汁流出待乾時變為樱色所成之質與鴉片同形名曰拉杜司鴉片又名曰拉克杜加里由末此質有美國非勒特非亞醫士酷克司與蘇格蘭壹丁不爾醫士敦根初在書中言之後有化學家法郎賽考究此質最詳名曰脫里大斯

功用　萵苣汁之膏能治痛發汗少能利小便以二釐至五釐為一服亦能治咳嗽與腦筋激動之病又能治風溼等病令人安睡一千八百六十四年英書不載之一千八

百六十七年英書有一方作兒惡拉克杜加膏

萵苣膏此爲倫書之方

取法　將園中所種萵苣之鮮葉撒水於葉面在瓷或石之乳鉢內搗之壓出其汁熬至所需之濃爲度

功用　此膏所含之藥性質較前一種更少然其色香味亦相似

兒惡拉克杜加又名大臭拉杜司此爲開花時所取者

植物學家想此種拉杜司係代司可立弟司書中所謂脫里大斯阿搿里亞醫士西白托白云必爲刺汁拉克杜加其葉直立有淡綠如海水色之粉性情與前所言者相同

野拉杜司有辛味之汁其色如乳根圓柱形有圓直立之細幹外面亦有淡綠如海水色之粉幹高二尺至四尺其下少有刺之形狀上有密花頭葉平排列而葉中筋之凸面有刺其餘各處幾爲平滑有細齒形小根所發之葉鈍卵形不分開幹所發之葉更小常分開有小耳形體略半包圍其幹花多成密頭花葉多而小心形而尖分花淡黃色其不自裂之硬子殼有細托線其鳥喙形體白色長與黑色之果相等此草產於歐羅巴各國之乾泥堆與田旁約在西八月開花

兒惡拉克杜加之臭大梗上有紅色點所含之拉克杜加里由末較野生者更多苦里司脫生云壹丁不之敦根醫士已告知用此草所得之拉克杜加里由末質更多更佳又其開花時之中與前生此質最多最佳又有德國施子云撒種拉克杜加一顆所出拉克杜加里由末祇有十八釐而兒惡拉克杜加所出者能得五十六釐有餘

萵苣膏西名野拉杜司之拉克杜加里由末又名拉杜司鴉片

取法　其取法與作阿古尼低膏略同其膏爲綠色軟質尋常出售者係乾膏質成圓形頗硬之塊色樱臭似鴉片味苦而稍酸易收空氣中之水質近於蘇格蘭壹丁不所作者塊大如豆其面粗糙參差色樱如木面生灰色之霜

質脆其粉紅樱色臭與常出售者略同味更辛更苦化學家話勒士化分之得一種自散油質又得黃紅色無味松香質綠黃色辛味松香質又得能成顆粒與不能成顆粒之糖質樹膠貝格的克酸阿勒布門數種膏質定質油或蠟質此油一分能在以脫中消化而一分不能在以脫中消化與軟像皮略同又有草酸與鹽類又有中立性質名拉克杜加以尼此質成針形顆粒無色無臭味最苦易融化每一分能在水七十分內消化又在以脫酒醋與淡酸質內更易消化其消化之水最苦而有中立性不知爲何質能合其結成觀話勒士藥品記錄書第三十二卷

功用　爲甯睡藥能止痛而令人睡略與羊躑躅同凡不能用鴉片之時可用之以五釐至二十釐爲一服又可將拉克杜加里由末作糖片與鴉片糖片同能治哮㰦

法國化學家哇白其也作一種拉克杜加里由末酒醕膏其藥性俱存於內可作丸服之或可將其膏一分合於糖漿五百分服之

山梗菜科 西名路卑利阿西依珠西亞之名又名路卑利阿茲

山梗菜科與苦菜科並桔梗科相似此在地球熱帶與溫帶內遇見之俱有白色之汁如乳間有最辣而甯睡之性

路卑利 又名可吸煙路卑利阿俗名印度煙立尼由司列於五箇鬚蕊花入藥品者爲其開花之乾草產於北亞美利加

此草初爲亞美利加土人用之後有美國醫士用之至一千八百二十九年初在英國用之

第一百四十圖

如第一百四十圖此草存一年或存二年其根發多絲紋幹直立角形上半分枝而平滑葉邊鋸形而不整齊邊又有利齒而生毛其下各葉爲長形或鈍形有短葉莖向中者似鋭卵形無葉莖花成串萼平滑所成之管似卵形分五出各出似線形而鋭花瓣淡綠色自上直劈開而成雙脣形上脣窄下脣更寬而分三分鬚頭合成長彎曲形之體其下兩箇鬚頭在其尖成箭頭形花心莖似線形子房口彎而被鬚頭關住子殼有兩膛似卵形生十角如吹氣發腫頂存萼之痕迹種子多而小色棕以顯微鏡觀之似平卵形上有縱橫之槽與稜如柳條籃而易以此形分辨之前有酷分出售一種秘方之散數年前有服之而毒死者數人化學家克弟司查此散內含路卑利種子而依此形分辨之美國自北至南各邦常見此草

南亞美利加亦有數種路卑利草即如秘魯國用伏地路卑利阿爲吐藥

如將此草打傷之任爲何處有白色之汁流出如乳全體有藥性醫士依白勒云其根與吹氣發腫形之子殼藥性最重其乾草爲淡綠黃色臭小而可慣味辣令口內如火燒而在喉嚨覺最重如美國紐約克省新利巴嫩山所有振動教內之人多種此草壓成長方形餅出售可用準酒醕或以脫化出其有藥性之質尙未有人化分之得可信之原質式或從其內得兩種奇異之質美國人普牢割特將其煮水合於銅養硫養再通輕硫氣令其質化分得一種奇異酸質名曰路卑利克酸爲顆粒形之質能在水中消化又能在酒醕與以脫中消化如合於銅養硫養則結

成淡綠色質如合於鐵養三硫養水則成橄欖色質如合於鉛養醋酸或鋇養則成黃色質又合於汞養淡養則成灰白色質見藥品記錄第十本第四百五十六頁

化學家指勒呼納與沛離拉等人查出一奇異藥性質名曰路卑利那巴司弟克云此質爲自散之流質本質能在水酒醋或以脫中消化又遇鹼類質則能化分而不結成鹼性大味辣臭小又因其遇鹼類而滅壞則不能照哥尼阿與尼古低阿之取法取之巴司弟克設法取之如左

將路卑利二磅以酒醋八升消化之約四十八小時其酒醋內必先加硫強水三兩則傾出其酒醋質而濾之合於

生石灰粉調和之至其水有鹼類性之變化濾之而加硫強水至少有餘再濾之而輕加熱熬之至得原質之四分之一添水少許而熬之至其酒醋之迹全滅爲度再濾之而取松香質後漸添鉀養炭養至有餘如有結成之質則濾之屢次加以脫而搖動至再不能消化其質爲度謹慎分開其以脫合其自化散則得略淨路卑利那質如在酒醋內消化而用動物炭等法則能提淨其質

功用　路卑利爲甯睡辣味治轉筋之藥其性情與淡巴菰略似食其大服則爲吐藥與瀉藥醫士用之治癇証氣喘或食其大服令吐或屢次食其小服至吐爲治法

服數　如爲化痰藥以一釐至五釐爲一服如爲吐藥則以十釐至二十釐爲一服

路卑利酒

取法　將路卑利粗粉二兩半準酒醋一升其作法與阿古尼低浸酒之法同

功用　以十滴至一錢爲一服爲化痰藥以一錢至二錢爲一服爲治轉筋藥每二三小時服一次如氣喘等病可以四錢爲一服作吐藥用之

路卑利以脫酒

取法　將路卑利粗粉二兩半以脫酒一升置於蓋密之

器內屢次搖動壓之濾之添以脫酒補足一升

功用　此藥與葦脫羅所設路卑利以脫相似其用處大半在治轉筋內含路卑利那質若干

服數　以十滴至四十滴爲一服

石南科西名以里恰西依科

此科植物在赤道北冷地與溫地生長又在阿非利加之南亦產之有數種有收斂性又有數種有行氣性故有人用以代茶葉即如垂下各勒弟里阿與寬葉里佗末是也有數種所結之果可食有一種名金色鬚頭陸杜屯特倫即石南爲俄羅斯人用爲治風溼病之發汗藥又有一種名

小鐘形陸柱屯特倫在雪山之人多用以作鼻煙

此科內有一分科西名以里西依果有子殼鬚頭有兩膛花心蟄在子房下種子外衣緊密

烏伐烏爾西葉 又名烏伐烏爾西阿克土司他非羅司司比爾之名其乾葉入藥品英俗名伯爾自離飾熊果之意立尼由司列於十箇鬚一箇花心又名籐本阿爾蒲土司生於英國等處

此草不知於何時初入藥品苦爾云初知其能治內腎生炎之病係西班牙國之醫士也

此為凌冬不凋伏於地面之矮樹葉韌如皮似鈍卵形而不分其面光滑上面深綠色下面綠色更淡有多脈成網形花在枝之端八朵至十朵為一叢每朵花有三箇小花

第一百四十一圖

葉托之萼分五出淡紅色花瓣似玫瑰花色蛋形瓶形分五出邊向外捲鬚十箇包於花瓣內托線有壓平形鬚頭亦有壓平形頂有兩箇微孔旁有兩箇回彎之指如第一百四十一圖之二號子房球形有三箇鱗形托之花心莖短子房口鈍其祼果球形紅色五膛每膛內獨生一一種子產於歐羅巴阿喇伯等山空處草地內又生於亞細亞與亞美利加之北

其葉入藥品尋常秋時採取常有謀利者將以弟阿葡萄伐克西尼由末俗名華脫勒果樹之葉混於其內然此葉易於分辨之因其葉下面有點其葉邊向外捲少有齒形又有人用黃楊木之葉雜於其內然此葉毫無收斂性眞烏伐烏爾西葉乾而磨粉臭與乾草略同味苦而收斂其為藥之質能用酒醋或水化出之其水合於直辣的尼則有結成之質又如合於鐵綠則成藍黑色質

此葉內每一百分含樹皮酸三十六分化學家指華里阿化分之另得沒石子酸油質蠟克羅路非勒糖與自散油少許另有一奇異之質名阿爾蒲替尼此葉為藥之功用

大約必藉此質並樹皮酸此質能結成長薄無色柱形顆粒能在水或酒醋或以脫中消化其式為炭輕養為中立性之質又如薩里西尼質遇水與衣暮辣西尼則變成薩里治尼尼依同理阿爾蒲替尼能變為葡萄糖與別種中立性之質名曰阿耳各土肥尼觀德國藥品記錄書一千八百五十二年五月一卷

俄國有數處用烏伐烏爾西葉作製獸皮之用

功用 為收斂補藥輕利小便藥尋常之用治膀胱放內皮汁過限之久病以其葉之粉十釐至三十釐為一服

烏伐烏爾西葉沖水

取法 將烏伐烏爾西葉半兩在沸蒸水十兩內浸兩小

時濾之

功用　爲補藥與輕利小便藥以一兩半至三兩爲一服一日三服

烏伐烏爾西葉膏 此爲倫書之方

取法　與葎草花膏同法取之

功用　爲補藥以五釐至十釐爲一服一日二三服

此科內又有一族名曰伐克西尼依果小而軟爲下品果類花心墊在子房上此分科內有克蘭果比勒果華脫勒果等

又有一族名鹿蹄草族西名伯羅里依果有殼形而乾種

子有寬鬆之外衣無花心墊鬚頭有微孔

奇瑪非拉 又名織形奇瑪非拉納托勒之名西俗名冬青樹立尼由司列於十箇鬚一箇花心

亞美利加土人初用此物爲藥品土名披潑息西懷後有歐羅巴人至該處居住亦用之一千八百三年醫士密知勒初將此藥之功用傳於各國醫士後有揩爾他與蘇末肥勒兩人亦在書中論記之 觀醫學記錄書第五本

奇瑪非拉如第一百四十二圖爲矮小之樹葉凌冬不凋根本近地面而伸開葉韌如皮葉莖短葉似劈形戈頭形葉邊有粗鋸齒形面光而平滑花向下墜成小花頭莖長短而頭平齊花葉線形與錐形萼分五出花瓣五出白色

少帶紅色伸開鬚十箇鬚之托線平滑中少有發腫之形子房略圓有鈍角面有臍帶花心莖短藏於子房臍帶內子房口球形分五分子殼之膛在頂能自裂而殼

第一百四十二圖

之各分無軟細毛頭相連此物產於亞美利加歐羅巴亞細亞各洲赤道北樹林內在青苔與草地處生長在西六月與七月開花

新鮮之葉搗碎之則發奇異之臭味苦而濇少能適口其榦與根或言其味甚辣葉內含樹膠又含樹皮酸少許苦膏質松香質鹽類質立故尼尼湯勿生化分之查得沒石子酸之迹

功用　爲辣性補藥新鮮之皮擦於皮膚即發紅如服其沖水或煮水爲利小便藥與補藥醫士或用以治水腫身弱之病並治生溺器具之病又用以治瘰癧

奇瑪非拉煮水 此爲倫書之方

取法　將奇瑪非拉一兩在蒸水一升半內煮之至餘一升爲度濾之

功用　此為利小便藥與補藥其煮水合於鐵之鹽類質則變深綠色以一兩至三兩為一服每三四小時服一次

司土辣克西依科里又特之名

此科之樹在亞細亞與亞美利加熱地生長有一種在地中海東各邦生長者又有一種產於日本國此樹所生之司土辣克司即蘇合香與偏蘇以尼即安息香內有偏蘇以克酸與西捺米克酸

司土辣克司立尼由司之名列於十箇鬚一箇花心類

其萼稍似鐘形幾全而不分或有五箇齒形花瓣在底有鐘形分三箇至七箇深分鬚六箇至十六箇間有十箇從花瓣外伸托線在花瓣管上相連間有在其底相合成圈鬚頭似線形分兩膛而開膛之法有內直裂縫子房為下者花心莖簡花心頂鈍少有分開之形果乾自能分開成兩分或三分惟其分開不全內有一核至三核不定種子獨而直立子胚大而薄藏於阿勒布門軟質內形狀如葉有下小根此為林特里之說其藥品司土辣克司與偏蘇以尼司土辣克司俱成為藥品

司土辣克司又名藥品司土辣克司此為定質又有一種係英書所載者為流質司土辣克司又名東方流質琥珀為樹皮內所成之波勒殺末質產於小亞細亞即蘇合香

司土辣克司熟料

古時希臘人知用司土辣克司代司可立弟司云產此質之樹略似木瓜樹東方之人名曰阿司替路克藥品司土辣克司為小樹如第一百四十三圖

第一百四十三圖

皮光滑小枝與葉莖生細毛葉似銳卵形色綠上面光亮下面白色生細毛似木瓜樹之葉花白色在枝端成頭每頭有花數朵花與橘花略同萼生細毛如圖之一號杯形有齒五箇至七箇花瓣外面生毛分五出至七出鬚如圖之二號有十箇至十六箇果與櫻桃同大質韌如皮面生細毛有核一箇或二箇原生於小亞細亞與敘利亞又在歐羅巴之南有人種之然此各處所生之樹不產流質司土辣克司植物學家杜哈米勒云曾在門脫里由相近之沙脫羅司見其樹身有汁流出

此樹在小亞細亞為常見者福彌上遊覽該處言常用之司土辣克司為此樹所產貿易內有數種司土辣克司質而沛離拉等八書中所言者亦有數種今英國貿易內祇有兩種一為定質司土辣克司又名蘆葦形司土辣克司一為流質司土辣克司為英書所準用者此兩種俱為的

里斯德口運出之貨其定質者含異質甚多即如含波勒殺末松香質木屑偏蘇以尼閒有松香油此各質合成櫻色脆餅出售又米拉與特倫司兩人云在地中海東各邦並馬塞里常作之而雜各料於內如久遇空氣則變白色而面生霜疑此霜即為偏蘇以克酸昔時定質司土辣克司亦作為藥品今藥之不用而用流質司土辣克司其質或不透光或少透光有膠性如麵筋色灰味暖如波勒殺末質其臭奇與發尼拉相似

藥品司土辣克司所產之料即古人所言司土辣克司前時出售者為滴形小粒裝於蘆葦內故名曰揩辣米脫即蘆葦之意近時出售者與前時大不相同其形似木屑一千七百八年化學家白督浮書中有令此樹產流質司土辣克司之法然其所言地中海內之小海島產此樹不確因地中海內並無此島又一千八百三十九年蘭特拉云羅底有人將生司土辣克司變成熟者此說亦不確因流質司土辣克司為波勒殺末阿西依科內之流質琥珀類內之一種樹所生如中亞美利加與墨西哥及美國之南有一種流質琥珀樹如第一百四十四圖名曰泄司土辣克司流質琥珀樹此質在亞美利加出售有定質亦有流質英國常出售之流質司土辣克司係地中海之東所產

第一百四十四圖

而在的里斯德出售近有奇布特與林特里兩人查考此樹又有漢白里等人俱言為東方流質琥珀樹所產此樹名係蜜蠟所定又有馬大司在土麥拿口寄信與漢白里云其樹在小亞細亞近於密辣蘇又在熱那亞海灣又在羅底相對之岸各處俱生此樹甚多而有一族之土人名土爾苦門在西六月與七月收其汁其法先剝其樹皮存之為屋內燒而滅臭之用後將其溼內皮剝下置於馬鬃袋內加大力壓之或置於水中沸之將所得之汁流入木桶內存之此質常含砂與灰為謀利之人加入者提淨之法用正酒醋消化之濾之熬之定質司土辣克司亦可用同法去其異質

化學家西門化分流質司土辣克司得數種奇異之質第一種自散油名司土辣哇里其式為炭$_8$輕$_8$其質最易自散如點火則燒成有臭之火且發臭藉此則易分辨為司土辣克司之臭第二種西捺米克酸即與秘魯波勒殺末到魯波勒殺末所產者同其質之形狀又與偏蘇以克略同然有法能分辨之即合於硫養$_3$與鉀養二鉻養$_3$加熱所發之臭為苦杏仁油之臭第三種司土辣克西尼為能成顆

粒形之中立性質能在酒醋與以脫中消化不能在水中消化第四種爲兩種奇異松香類質司土辣克司浸於水中幾不能消化祇令水少得其臭在正酒醋內大半能消化

功用　治久咳嗽爲行氣化痰藥以十釐至二十釐爲一服如偏蘇以尼雜酒含此質在內

司土辣克司雜丸（此爲倫書之方即蘇合香雜丸）

取法　將司土辣克司熟料六錢合於鴉片粉二錢番紅花二錢和勻成丸

功用　醫士依此法用鴉片每丸五釐含鴉片一釐

偏蘇以尼（即安息香又名偏蘇以尼司土辣克司此爲得來暗特之名又名便雅闌樹膠此爲樹身流出之松香類質產於暹羅與蘇門答剌）

東方各國用安息香爲藥與燒之香料爲時已久如孟加拉土名曰羅龍奴而印度西北用此名稱乳香（觀卷五之二第十頁）又波斯國藥品書名曰虎西羅龍奴又名虎西阿拉者肥（觀雪山植物書第二百六十一頁）其名虎西疑爲阿薩變音而得之（觀阿魏一節）而古書內名偏蘇以尼曰甜阿薩馬司屯杳產此質之樹爲偏蘇以尼司土辣克司樹此名爲得來暗特所設又有植物學家海納士疑此樹以爲宜另設一類名曰偏蘇以尼類而布羅瑪已早名此類曰里土揩蒲司

此樹頗大如刺其身令汁流出則爲矮樹生長甚速其枝與葉尚圓生細毛葉長而銳上面平滑下面白色生軟細毛其穗形之花甚繁從葉幹椚角發出幾與葉等長一面之花有短小花莖萼鐘形有五個不顯明之齒形花瓣五

第一百四十五圖

出色灰白或在底相連其長爲萼之四倍鬚十箇連於子房座子房爲上者卵形生軟細毛花心莖線形子房口簡如第一百四十五圖甲爲花瓣乙爲花心丙爲花鬚此樹產於噶羅巴蘇門答剌暹羅南掌與婆羅洲等

如蘇門答剌島人取此質之法待其樹生長七年之後則以刀刺之初流出之汁最淨最香遇空氣則變硬後流出之汁爲櫻色又斫其樹而劈開之亦能刮取此質若干其樹刺孔取偏蘇以尼數次之後即死斫去而劈開之所得之質分上中下三等貿易中以上等者爲首中等者爲腹下等者爲足所值價之比例如一百零五四十五十八之比依其色白與半透光及不含雜質而分辨之又在暹羅國出產者運此物時年代已久來拉得此質一塊送與沛

離拉爲暹羅國京都曼谷出售者名曰透光偏蘇以尼此處之偏蘇以尼或爲分來生司土辣克司所出者而因暹羅內地多密樹林地氣最溼則與熱地之海島略同故易生此質如滴形小粒偏蘇以尼爲最佳者惟不常見常出售之最佳者係成大塊有多白色或紅色小粒黏連而成令其黏連之質爲同類之櫻色質此種質之形名杏仁塊偏蘇以尼又有次等者係深櫻色或名之曰加爾各搭偏蘇以尼有數種偏蘇以尼其來歷尚未查清而在加爾各搭出售者必爲他處所產大約從印度東邊運至加爾各搭孟加拉孟買各處出售偏蘇以尼質雖硬而亦脆其折

剖面似松香而有花紋味有趣其臭香如擦之則香更顯明味頗甜如各種波勒殺末質口中多嚼之則惹喉嚨嗅其粉則嚏重率得一〇九二加熱則融化而放白色之霧卽偏蘇以克酸能惹肺又放乾蒸之油質至末則燒盡偏蘇以尼能在酒醕與以脫中消化如添以水則再結成而成乳酪形有數種酸質能令其消化如化分之則得自散油微迹又得偏蘇以克酸每百分略有十二分至二十分另有松香質七十八分至八十分其松香質內有若干分能在以脫中消化另有若干分不能在以脫中消化又含木質與水白色與櫻色偏蘇以尼所含偏蘇以克酸之數

略同惟其櫻色質含能消化之松香質祇爲百分之八而白色者含不能消化之松香質甚少

功用　爲行氣化痰藥前時多用之治久延傷風並爲滅臭之燒料

偏蘇以尼雜酒 卽安息香雜酒

取法　將偏蘇以尼粗粉二兩司土辣克司熟料一兩半到魯波勒殺末半兩素哥德拉哑囉一百六十釐正酒醕一升各質置於一器內蓋密之屢次搖動七日爲限濾之加正酒醕補足一升

功用　爲行氣化痰藥以半錢至二錢爲一服間有合於

水成酪或添入治咳嗽藥內令其味更佳前人用之成一種膏名曰富來雅司膏

偏蘇以克酸 卽安息酸

偏蘇以克酸之式爲炭$_{14}$輕$_{5}$養$_{3}$加水其分劑數等於一百二十二其名雖從偏蘇以尼得之其實數種植物質俱能變成之卽如苦杏仁油遇放養氣之質則能成之化學家以爲有一種植物本質名曰偏素里或偏腮里其式爲炭$_{14}$輕$_{5}$養$_{2}$其分劑數等於一百零五此質已在苦杏仁之欵內詳細言之而化學家疑此質收若干養氣而成偏蘇以克又苦杏仁油之淨者疑爲偏素里合於輕氣之質因將此油

久遇空氣則收養氣變爲偏蘇以克酸若干有數種食草之獸其尿中之希布由里克酸化分而成偏蘇以克尋常之法用偏蘇以尼成之或將偏蘇以尼加熱或令偏蘇以尼與本質化合後用更强之配質令其化分而得之昔人以爲偏蘇以克酸爲秘魯波勒殺末與到魯波勒殺末內所含之質又以爲司士辣克司亦含之近時知此各質所含之配質非偏蘇以克酸而爲與偏蘇以克酸相似者即西掭米克酸如人服偏蘇以克酸則其變化與前言食草獸類尿中之變化相反因其偏蘇以克酸在人尿中變爲希布由里克酸

取法　一千八百六十四年英書所設之取法將偏蘇以尼四兩置於鐵皮所作圓柱形鍋內鍋口必有折邊再將厚紙一張割成一圓孔其徑與鍋之圓徑正相配又將麻作成圈形之墊亦與鍋之圓周相配先將麻墊套於鍋上與折邊相切再將厚紙套於鍋上與麻墊相切至僅不洩氣再將厚紙作柱形管高十八寸其徑比鍋徑大一倍紙管上加紙蓋以漿封密將紙管套於鍋外之厚紙上用紙與漿封密再將馬口鐵板割孔與鐵鍋外徑相配套於鍋外至離厚紙不甚遠以等長之軟木數塊令其相離若干再於鍋底用煤氣燈或別法加熱適足以令偏蘇以尼融化爲度連加熱六小時則其偏蘇以克全分出而存於紙管內開紙管取其質如不全爲白色則壓在濾紙數層之間再照上法蒸之

偏蘇以尼遇熱化出之質除自散油之微迹外則偏蘇以克酸爲獨蒸出之質

又法　將偏蘇以尼粉合於鹼性炭養鹽類之水或合於鈣養輕養而沸之所得流質含能消化之偏蘇以克鹽類如加輕綠則偏蘇以克酸再能結成

偏蘇以克酸如蒸而得之則爲軟鬆而韌之顆粒形如極鬆之鳥羽光色如珍珠淨者無色設如用上法加熱而得

之則常含燒成之油質少許因此其香更大而藥性不減輕加在其消化之水內令成顆粒則得明光方柱形顆粒味暖辣而少酸冷熱適中之時常有自化散者少許加熱至二百十二度以內則融化如加更大之熱則全化散至末燒盡偏蘇以克一分能在沸水二十五分內消化又能在冷水二百分內消化用酒醕則消化甚易又能與鹼類質並金類合養氣之質化合其原質爲偏腮里一分劑即一百十五加養氣一分劑即八共得一百十三加成顆粒者則含水一分劑

試法　其色白或幾爲白色如漸加熱則能化散至盡而

無餘質發臭甚奇如浸於水中則消化者不多惟正酒醋則易消化之又鉀養水或淡輕四養水或鈉養水或鈣養水能令其消化至盡用輕綠能令其在水中再結成

功用　爲行氣化痰藥以五釐至二十釐爲一服尋常用此質之法與他質配合成樟腦雜酒

畏忌　鹼類質鹼類合炭養二氣之質金類合於養氣之質

含此質之藥品　淡輕四養偏蘇以克樟腦雜酒淡輕三鴉片酒

橄欖科 西名哇里阿西依科

橄欖科之植物在赤道北温和之地生長又在印度國多山之處產數種其木硬其花佳其果可食其油可用可食內有一類名甫辣克西尼烏司即阿書樹類產甘露蜜因有此各種益處故貴重其樹

此科分爲兩分科一爲哇里以尼其果內有核與仁外有肉或爲小軟果形二爲甫辣克西尼依其果爲殼形不能自裂而似飛蟲形

橄欖油 又名歐羅巴橄欖油立尼由司之名此油在歐羅巴之南用熟果壓出立尼由司列於二箇鬚一箇花心

橄欖樹古人俱知之希臘人名曰哇里以亞舊約書名曰薩以特阿喇伯人名曰薩以土納此爲古今最有名最有用之樹內之一種

橄欖樹如第一百四十六圖尋常爲小樹凌冬不凋其形不佳木硬葉有短莖或爲蛋形戈頭形或僅爲戈頭形端有利尖上面灰綠色下面白色如生霜之形花白色成短穗從葉榦間角發出萼如圖之二號小有四箇齒形花瓣有短管其體分開四分如圖之一號鬚兩箇少從花瓣外伸花心莖短子房口如圖之二號分爲兩分尖有齒形子房分兩膛每膛內兩箇種子

第一百四十六圖

果如圖之三號內有核與仁外有肉其形略與鳥卵同大色紫內含一核其兩端甚尖此樹原產於亞細亞已早移至敘利亞與希臘種之橄欖之分種甚多其長葉者種於法蘭西與意大里之南邊名曰長葉橄欖又種於西班牙者名曰寬葉橄欖

橄欖樹之葉與皮多年用爲藥品今不用之其樹流出松香類質名曰哇里非里又名橄欖膠或將其皮代金雞那樹皮之用

橄欖樹之果其生者先浸於鹼類水內後存於鹽水內作爲鮮果之用其果之大用處因其含定性油取油之法用

其將熟之果用磨加不過大之壓力壓碎之而取其流出之油此爲原橄欖油或用沸水與大壓力取之或將橄欖成堆令發酵而後取其油照此法所得之油爲尋常下等之用其最粗者爲作燈油與肥皂之用最佳之油出於愛斯䒑那丕力阿尼斯熱那亞盧加佛羅稜薩橄欖油又多出於那不勒邦又出於塔倫他灣之東岸加利波里城因此其油常謂之加利波里油

橄欖油可當爲各種定性油之模又名壓成之油其色淡黃或淡黃綠新鮮者無臭味淡而少甜似定性油其質最稀其重率在七十七度熱之時〇九一〇不能在水中消

化易在自散油內消化又每一體積能消化於以脫兩體積內如用酒醕更須加多淨橄欖油在酒醕內幾不能消化設如將淨橄欖油合於蓖麻油兩體積或更多則全能在正酒醕內消化此爲沛離拉之說橄欖油遇空氣則收養氣而變酸但不如胡麻子油能自化散所以機器擦之最佳減熱至三十六度則始凝結減熱至二十度則分爲兩種質一爲流質名以拉以尼又名哇里以尼一爲定質名瑪加里尼即珍珠之意因其形與珍珠略似也凡存此油之瓶或桶內常有此質結成尋常橄欖油含以拉以尼七十二分瑪加里尼二十八分如將橄欖油合於淡養水則成油性之質名以拉以的尼此質已在卷三之六第三十八頁內言之如將橄欖油或別種定性油合於鹼類水或合於鉛養加熱則其質大改變在作肥皂並作鉛膏兩節內言及之觀下節並卷三之五第七十九頁

試法　橄欖油常含罌粟油等爲謀利而加入分辨之法觀其凝結之熱度較橄欖油凝結之熱度更小又如搖動之能存空氣於內較之淨橄欖油所存者更多又淨橄欖油能用冰令其全凝結蘇書云如將橄欖油十二體積合於汞養淡養五水一體積此汞養淡養五水依汞養淡養五油膏之方備之見卷三之六第三十六頁調和極勻待三四小時變爲定質油形之質而不分出流質油橄欖油如含他種油類以一

百分之五爲限則凝結之事更遲而所得定質油更軟設如含他種油類以一百分之十二爲限則其他油質浮於其面數日如罌粟油芝麻油茶油椰子油等俱可用此試法試之化學家各蒲里已設一器用此法求橄欖油之異質名曰量以拉以尼器觀藥品記錄書第三卷第二百九十三頁

功用　橄欖油能養身而柔軟又能解葱胃毒藥擦於皮膚外則放鬆皮膚故擦藥與洗藥俱用之又添入蠟膏或油膏或合口硬膏又可搽髮令滋潤不易乾如服一兩則有瀉性醫士或用以加入外導藥得其潤皮之益又可放出肛門內之蟲

含此油之藥品　鈣養洗藥樟腦洗藥又有數種油膏與合口硬膏

硬肥皂 又名西班牙肥皂又名加斯德肥皂此肥皂用橄欖油與鈉養爲之

作肥皂之法羅馬人已知之在印度久能爲之作肥皂之理藉鹼類質與鉛養遇定性油質所有之變化作硬肥皂法將橄欖油合於鈉養水加熱其化合之工由漸而成所成之質爲膠形易在水中消化如此水內添濃鹼類水或鹽類水則其肥皂能結成上等肥皂白色紙遇之無油迹無臭能全在正酒醕內消化如存於乾暖之器內則變硬如牛角形又能磨碎之加熱則融化易在模內成各種形

有一種其面有花形如大理石此種色用鐵養硫養加入其內卽成此質化分而成黑色鐵養又此質遇空氣中養氣則變爲紅色鐵養大半定性油類含哇里以尼與瑪加里尼兩種配質俱與一種本質化合名各里司里尼成肥皂工內此兩種雜質爲鹼類所化分故所成肥皂爲其鹼類合於兩種配質成鈉養哇里以克與瑪加里克或鉀養哇里以克與瑪加里克又其各里司里尼能在水中消化所以放出其肥皂從其各里司里尼與鹼類水分開加熱則變濃或添食鹽水令其浮在面上而用大匙取之有數種流質油類與動物定質油類含一種質名司替阿里尼

與瑪加里尼大同小異如含此質則其肥皂亦含司替阿里克酸凡肥皂類之質少有鹼性摩之則軟滑又能洗物肥皂水易爲酸質所化分又易爲土質與數種金類鹽類所化分故水中含此種質合於肥皂時則肥皂不消化於水而反爲水所化分此種水謂之滷水而淨水謂之滑水如硬肥皂一百分含鈉養九分至十分半哇里以克酸與瑪加里克酸七六·五分至七五·二分又含水一四·三分至一四·五分此爲格致彙編之說如尋常肥皂係牛羊油與鈉養所成又黃色肥皂係牛羊油松香鈉養所成此兩種爲藥品之用俱不及硬肥皂

軟肥皂 此肥皂用橄欖油合於鉀養爲之

軟肥皂工藝中用之爲鉀養與魚油及牛羊油相合而成其質半透光其濃略如蜜糖色稷味可憎尋常出售之軟肥皂爲鉀養合於橄欖油並數種異質所成沛離拉試過數處出售者俱不淨尋常出售淨軟肥皂爲藥品之處常用其雜者其淨者卽以橄欖油爲之黃白色無臭其濃如蜜糖全能在正酒醕內消化紙遇之無油迹此爲英書之說

功用　肥皂爲滅酸之質故間有用以治膀胱內石淋又因其鹼類質易放散故常用以解酸質之毒可食一大服

而不惹胃又服下之後其油類質放散而有瀉性如合於大黃服之則更佳合於啞囉或合於哥囉噺膏則更有瀉性數種皮病可用爲洗藥又因其有滑性常加入擦藥或洗藥等

肥皂雜丸

此丸每五分含硬肥皂四分其取法已在鴉片一節內言之每丸五釐含鴉片一釐以一丸至二丸爲一服（觀鴉片節）

肥皂洗藥（又名樟腦洗藥）

取法　將硬肥皂切碎二兩半樟腦一兩又四分兩之一咾士翎釐油三錢正酒酯十八兩蒸水二兩將其水先合

於酒酯再添入咾士翎釐油肥皂樟腦和勻加熱不外七十度七日內屢次搖動之後濾之一千八百三十六年倫書之法用肥皂過多故其洗藥在冷時凝結或在温和時成稠質藥肆家以軟肥皂代硬肥皂以免其弊

此方與一千八百五十一年倫書所載之法略相似惟用正酒酯與咾士翎釐油代倫書之咾士翎釐酒化學家司快兒云此各料不全消化故所成之物常有沈下之質

功用　爲行氣之擦藥又可爲服鴉片之配料

含此質之藥品　鴉片洗藥內含肥皂洗藥

肥皂蠟膏藥（即肥皂與蠟合口硬膏）

取法　將硬肥皂粉十兩黃蠟十二兩半橄欖油一升鉛養十五兩醋八升將醋與鉛養用水汽盆加熱連調攪之至鉛養與醋全化合後添肥皂再沸之至其水大半化散爲度另將蠟與油融化之添入鉛質內調攪不停連加熱熬至得所需膏藥之濃倫書之法不熬之故所成之質太稀

初時所成之質爲鉛養二醋酸繼則鈉養與醋酸化合後其肥皂內之油酸質與鉛養化合再後其油與蠟令其質變濃如已有其軟質而欲變成硬質祇須熬出其醋即得（見藥品記錄書第三卷第三十六頁）但加熱則油內之各里司里尼易於化

分成阿克羅哇里以尼爲辝霧質令其膏成暗色而有辝性

功用　如瘰癧等瘡以此爲輕性蠟膏醫士胡勒登云其硬者較其軟者更合用因其蠟膏與皮膚連緊不能移動

肥皂膏藥（即肥皂合口硬膏觀鉛養下數節）

功用　此膏能散身內凝結之質故尋常之瘡可用之又能保護皮膚而不多惹動

含此質之藥品　鴉片洗藥鉀碘肥皂洗藥大黃雜丸篤黃雜丸士哇盧雜丸拜貝徒司啞囉丸啞囉阿魏丸索哥德拉啞囉丸哥囉噺雜膏此各藥俱用硬肥皂又脫里平

他以那洗藥用軟肥皂爲之

各里司里尼此爲定質油類與定性油類內所得甜味之質

前言此質爲定質油類與定性油類之本質因此各種油爲各里司里尼與哇里以克瑪加里克司替阿里克相合而成其各質比例多寡不定

取法　欲得其淨者將作肥皂廠內所得餘下之水熬之至濃合於酒醕則其各里司里尼消化其酒醕蒸出將各里司里尼用水沖淡而合於動物炭沸之必如此爲之數次其顏色與臭俱滅爲度又有法可將作鉛膏餘下之水熬之然必通輕硫氣令其鉛質結成

各里司里尼之淨者爲無色而稀之流質摩之則滑如油能在水中消化無論多寡俱可又能在酒醕或以脫內消化其原質爲炭輕養其味甜故取名各里司里尼即甜之意無法能令其結成遇熱初發沸後即化分放出粹霧質此質名阿克羅哇里以尼

功用　各里司里尼祗爲作外科之用因其柔軟之性最大有人用之治耳膜之病其法用棉花醮各里司里尼塞入耳中又可用以擦皹瘃裂坼等皮病化學家揩普與茄羅兩人設法用作消化數種藥材之料按今各國醫士亦漸作內科之用治咳嗽與口喉之病

如一千八百六十七年英書有數方內含各里司里尼名曰各里司里哇里即合於加波力酸或樹皮酸或沒石子酸或硼砂等質以一分配其四分又用各里司里尼合於小粉以一分配其八分

甘露蜜西名瑪那其樹名美觀甫辣克西尼烏司立尼由司之名又名圓葉甫辣克西尼烏司特看杜辣之名此爲剌樹身流出凝結之質產於西西里烏與歐羅巴之南又名開花阿書又名圓葉阿書立尼由司列於二箇鬚一箇花心

瑪那之名原從阿喇伯國之名摩捺得之然因有數種樹能流出甜料難知其用此種瑪那始於何時又歐羅巴常用之瑪那亦未定何種樹所生而古人所言甫辣克西尼

烏司爲開花阿書樹而古意大里詩人勿其勒之詩中所稱美觀之樹即爲尋常阿書樹如第一百四十七圖美觀

第一百四十七圖

甫辣克西尼烏司樹即植物學家貝爾孫名曰歐羅巴美觀樹高約二十五尺葉爲奇數一箇爲其端分葉七箇至九箇分葉有葉莖形長而銳其邊成齒形如鋸下面中筋底生毛所發之芽軟如鵝絨其花頭密即爲樹枝之端而少垂蕚最小分四出花瓣直分至底成線形之分此各分色白而少垂果

皮爲窄長之子殼不能自裂其端有一鈍而平之齒形此
樹生於歐洲南方多山之處加喇蒲利亞與阿布里亞兩
處最多又在西西里島亦產之
圓葉甫辣克西尼烏司爲勒馬克與特看杜辣之名又名
圓葉美觀樹爲貝爾孫之名此樹分葉生兩對至四對面
平滑或爲圓形或爲卵形邊有鈍鋸齒形其葉幾無葉莖
植物學家以爲此樹祇爲前樹之一種產於加喇蒲利亞
並東方各國
植物學家特奴里云瑪那係圓葉甫辣克西尼烏司所出
因此有多人種之而得其瑪那又有一種名茄爾茄尼指
甫辣克西尼烏司亦生此質植物學家古孫告知米拉與
特倫司云瑪那祇爲圓葉甫辣克西尼烏司所出此樹常
接於美觀甫辣克西尼烏司樹上俱產於加喇蒲利亞阿
布里亞西西里三處英國所用之瑪那大半從該處得之
然另有他種甫辣克西尼烏司樹或云能產瑪那即如歐
羅巴之南所生高品甫辣克西尼烏司與尋常阿書樹是
也
取瑪那之法割通樹皮而將其葉置於割處之下以收其
汁在夏時之中與秋時之初爲最合宜所出之汁爲明流
質不久在樹身與葉上凝結間有人用稻草插入所割之
孔內則其汁在草之外端凝結成夌或成瑪那片又有人
將器皿收其汁常出售者有數種即滴形顆粒瑪那爲極
淨者其粒光圓色白然瑪那片爲英國常用而貴重者從
意大里之加喇蒲利亞與西西里得之成塊長五寸至六
寸質輕有多孔其形如夌常在一邊有凹色淡黃白質脆
易於折斷臭小味甜不甚適口既嘗之後舌上稍有澀味
久存之則色變黃紅次等者成小塊其形參差質軟有黏
性色紅黃或㙯味甜而不佳常有雜質相合藥肆家分爲
數種如肥瑪那拖勒法瑪那等如敘利亞波斯阿喇伯亦
產別種瑪那質然此各種在歐羅巴不出售如將瑪那質
加熱則融化燒之則成藍色之火其淨者每一分能在冷
水三分內消化或沸水一分內消化又能在正酒醕內消
化瑪那每一百分含瑪內得六十分又含糖質此糖有能
成顆粒者有不能成顆粒者又含樹膠少許並數種黃色
可憎之膏質或松香類質化學家以爲此膏質能令瑪那
有瀉性其瑪內得質能成顆粒形如針有四邊味甜無臭
能在水中消化在酒醕少能消化不能發酵
功用　爲微利藥定有瀉性不惹胃與腸其新鮮者之瀉
性較陳久者更小第服之常令胃中發氣
服數　以一兩至二兩爲一服因其味甜故最合於小兒

食之以六十釐至一百二十釐爲一服
含此質之藥品　加西耶甜膏辛拏葉糖漿俱爲倫書之方
又有夾竹桃科西名阿布西尼依科內有數種植物具有
益之藥性然俱不入藥品內前人以爲木鼈子樹歸此科
內今另立木鼈子科

白前科西名阿司可里比阿弟依

此科與夾竹桃科最相似內有數種植物爲藥品中有益
之物又有一種先在辛拏葉之一欵內言之名阿耳古勒
蓋難苦沒又名阿耳古勒蘇勒奴司脫瑪謀利者添入辛
拏葉之內又有孟司别里亞蓋難苦沒與西卡暮尼伯里

布羅指或言謀利者常用之與司卡暮尼相合又有吐性
西卡暮尼與苦辣薩肥克阿司可里比阿俱爲吐藥之用
又有一樹名治喘替路甫辣或當爲叱嗶喀之用又用之
治赤白痢爲最靈之藥又有一種名高揩辣脫魯蒲司印
度土人名曰阿揩又名磨大爾多年用之爲皮病之改血
藥又在初生麻瘋病亦有人用之來拉在印度西北得此
植物之一種名哈末乇揩辣脫魯蒲司當前言者之用此
爲醫士韋得所設之名土人用此甚多如初生麻瘋等皮
膚病用其根之新鮮皮或其乾皮之粉俱在薩哈倫波爾
醫院內用之而得益

希密特司摩司根又名印度希密特司摩司根特看杜辣之名英國所用者從印度運入

此根在印度用之多年治疔毒瘰癧等皮膚之病與沙沙
把列拉同用英國初名此藥曰粗糙司米辣西然此草與
司米辣西依科即土茯苓科毫不相類故決其有誤英國初用
時阿書中載之後英書從阿書收入之
印度希密特司摩司波郎所設之名又名假沙沙阿司可
里比阿陸克司白格所設之名此係籐本植物榦平滑葉
相對排列有心形者有卵形者間有窄如線形者或銳者
或戈形者或尖硬頭形如刺多花合成平頭幾無托線或

有花莖花小花瓣輪形分五出鬚五箇托線在底相合在

第一百四十八圖

上分開鬚頭黏連而與子
房口不相遇花精分二十
點而落於子房口奇微之
體爲此科植物所俱有者
此植物產於印度如第一
百四十八圖
希密特司摩司屬於波郎所設伯里布羅指依分科內此
分科內植物之托線或全分開或幾分分開
此根從印度孟加拉運至英國出售其塊長十寸至十二

寸粗如大鵝管外皮麤紅色內皮黃色其心淡色而有木質形皮多槽劈開成圈形裂紋味有趣臭香略與唐加豆相似如浸於水中則味與臭為水所收有人得其一種自散顆粒形質名曰希密特司摩克酸

功用　印度國有西醫數人喜用此藥以為較沙沙把列拉更佳為補藥改血藥發汗藥然不多獨用宜與他種重性之藥同用之

希密特司摩司糖漿

取法　將希密特司摩司根搥碎四兩提淨白糖二十八兩沸蒸水一升先將希密特司摩司浸在水中盛於有蓋

之器內待四小時濾之待其結成之質全沈下傾出其清水加入糖輕加熱令糖消化所得之質應重二磅十兩重率應得一·三三五

服數　以一錢為一服以水沖淡服之其香有趣可加入他藥內以求適口

木鱉子科　西名路乾尼阿西依安特里克之名又名路乾尼阿茲

此科植物與茜草科植物之分別第因其子房在上又在熱地生長

第一分科　司披其里依　密司沒之名植物學家或列於龍膽草科內而更近於茜草科葉有小副葉其花同分花瓣排列法似外套形子殼雙者種子甚多種子無翅胚小子葉不甚顯明產於亞美利加澳大利亞又有數種產於亞細亞熱地

司披其里阿根　又名瑪里蘭特司披其里阿立尼由司之名又名喀爾勒那賓格又名殺蟲種子又名多年殺蟲草立尼由司列於五箇鬚一箇花心

此草之藥性係北亞美利加土人出羅氣族查出者約一百年前初入歐羅巴藥品內今英國不多用之故英國藥品書漏失不載

此草之藥性大半在根而其根為許多縮小細絲紋質所成連於結形之頭外色稷臭小味微苦而不甚可憎如藥肆中出售之根與梗葉相連化學家弗奴微勒化分之得定性油自散油並松香少許苦性膏質疑此膏質為有藥

性之料又有植物膠質糖質數種鹽類質化分其葉亦得以上各料惟其苦味膏質更少

功用　為殺蟲藥北亞美利加人多用之食其大服則為惹胃之瀉藥服之過限則為睏睡毒藥如小兒三四歲可服其粉十釐至二十釐如為成人可服其粉六十釐至一百二十釐如作沖水將此根半兩以沸水一升沖之以四錢至一兩為小兒之一服尋常每用司披其里阿一分配辛拏葉一分令其瀉性更有一定此為胡特與巴格兩人之法又一種名殺蟲司披其里阿歪阿那與西印度人用為殺蟲之藥

第二分科　木鼈子科西名司脫立格尼依其花合法排列花瓣排列法似外套形胚頗大或爲大樹或爲矮樹不定

第二族　由司脫立格尼依其果或爲小軟果或內有核與仁外有肉分兩膛種子多間有因不成熟祇有一膛種子其子似楯牌形而無翅

木鼈子西名吐性奴克司立尼由司名吐核司脫立格尼用其種子爲藥品從印度運至歐羅巴出售印度土人名曰古之賴立尼由司列於五箇鬚一箇花心

木鼈子印度人早作爲藥品之用土名曰古之賴梵音曰苦羅揩又名喀達揩此樹產於印度先在印度查得藥性而後傳於歐羅巴波斯藥品書名曰以薩賴幾而阿非色那書內之名難於定準阿喇伯人名曰指奴克阿拉指奴白卽毒狗之藥又名番羅司木幾卽魚鱗之意來拉在印度欲向土人買此藥所問之名曰土核卽土語云猶司阿勒居而土人所與之物係茜草科內之果沛離拉想古時塞拉披恩藥書內所言之奴克司木幾勒賓爲木鼈子而波斯藥品書內亦有此名稱醉仙桃一類之樹

如第一百四十九圖甲爲花心乙爲花瓣與鬚丙爲果此樹頗大身短而多彎曲樹枝參差嫩枝長而多彎曲皮平滑深灰色木白色質密味苦葉相對排列葉莖短葉形楕圓面平滑而光亮氣筋三箇至五箇大小不等花小綠白色在樹枝之端莖長短而頭平齊萼有五齒形花瓣似漏斗形體分五出而成外套鬚五箇托線短在花萼分處之底上向內彎鬚頭長方形一半從花瓣外伸子房兩膛每膛內有多胚珠俱連於隔膜中之厚處花心莖長與花瓣等子房口圓頭形稞果圓而平滑大似橘外有平滑稍硬之脆殼熟時有深橘皮色內有軟白色膠形之汁種子藏於汁內而連於中間子胞衣其子似楯牌形一面少凹一面少凸徑約四分寸之三

第一百四十九圖

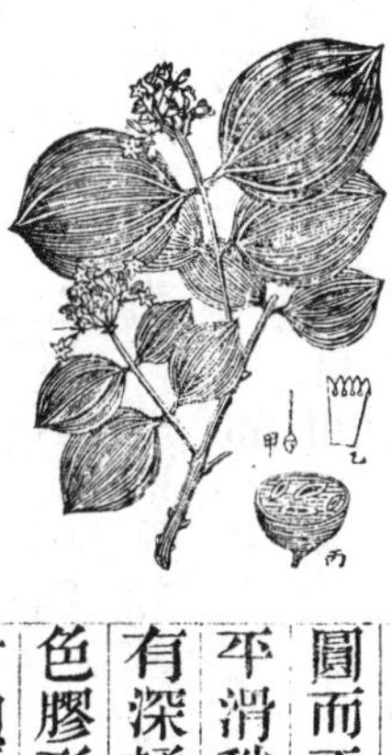

厚約六分寸之一外面有多毛爲灰色絲形此連於種子絲紋質之外衣此衣包護其仁仁有苦味牛角形之阿勒布門質其形與種子之形相同仁之邊有一小凹而胚卽藏於此小凹內此樹產於印度並印度東列島樹林內如孟加拉之南近於迷特那不爾產之甚多

有一種木名立故奴末殼路布林土人以爲能治毒蛇咬人之病並治瘧疾此木爲里故司脫林司脫立格尼與蛇司脫立格尼所產又有一種爲替由脫司脫立格尼產於爪哇土人將其皮合於水成膏名五怕司替由脫又名幾的格又有一種名成毒司脫立格尼如第一百五十圖能

成一種毒藥名烏拉里又有一種名假雞那司脫立格尼

第一百五十圖

在巴西國當金雞那樹皮之用
又有一種名澄淸司脫立格尼
其種子印度土人名曰尼爾木
里合於濁水令其澄淸

又有一種樹之子俗名桑依故那弟阿豆亦含馬錢霜類
質植物學家言此豆爲依故那弟阿司脫立格尼樹所生
者此樹又名苦味依故那弟阿化學家本他末云依故那
弟阿樹是無有者而爲立尼由司之子誤設爲一類又言
此豆俱爲木鼈子類樹所生此豆卵形略有三角形其色

紅灰殼之形狀如沙梨每殼略含豆二十箇產於非里比
納島在印度久用之土名怕披他又印度有一藥品書名
他里弗失里弗內言此豆最苦而含馬錢霜類質較木鼈
子更多

苦里司脫生言木鼈子樹之木常有人用以代前言之立
故奴末殼路布林木俗名蛇木此樹皮在印度加爾各搭
藥肆家常誤買與人作爲羅亨那樹之皮此樹又名治發
熱蘇以迷特卽能治發熱之樹皮見孟加拉藥品書二百四十七與四百三十七兩頁陸克司白格醫士初在英國論記之後於一千七百九
十四年有敦根醫士論記之收入蘇書之內大約初用此

樹皮之根原卽在上說之內然在英國內不能盡售此樹
皮故作貿易者運到荷蘭國代安故司拖勒樹皮售去之觀安故司拖勒一節前有人誤將此樹皮爲鐵色布路西亞樹所生
一千八百四年荷蘭國昂不爾厄城醫士羅納罷克觀用
此樹皮者往往顯出服毒之據又有數人因服此樹皮而
死故歐羅巴數國禁此樹皮入口而不知其爲假者後有
化學家拔脫揩化分此樹皮以爲木鼈子樹皮或爲同類
樹皮後沛離拉查印度草木內所有木鼈子之樹樣得知
此皮實爲木鼈子樹皮又有苦里司脫生告於來拉云已
將木鼈子樹皮與法國所售假安故司拖勒樹皮相比亦

知其爲同樹所生

印度加爾各搭醫士阿猗納西將假安故司拖勒樹皮與
木鼈子樹皮相比知其實爲相同見一千八百三十七年正月加爾各搭醫學書
初觀此皮以爲治發熱蘇以迷特樹之皮化分之得一種
鹼類質爲此樹皮所不能有者故疑爲木鼈子樹皮後詳
細查考得其證據由此可見醫士務能分辨各種藥品如
有假者卽能知之以免誤用害人之物

木鼈子樹皮出售者爲扁而少彎之塊其質厚而硬密其
剖面暗而色櫻外衣間有生霜形之質或似鐵鏽而有海
絨形易於脆斷之質間有黃灰色質面有凸出灰白色之

點此兩種形狀俱因其外衣改變而非因其面生苔之故因其面之苔爲不常見者其皮內面光滑粉黃白色無臭味苦而重久不改變如將硝強水一滴滴於其外鐵鏽色處則變深綠色又如將硝強水一滴滴於其橫剖面或內面則變深紅色之點化學家百勒替耶與揩分士化分之得布路西亞質苦里司脫生云可用此皮分出馬錢霜此皮之沖水能令力低暮司少變紅又遇硝強水則變紅遇鐵養硫養則變綠遇沒石子沖水則變灰白色之質

木鼈子圓片形略如楯牌一面少凸而有臍帶色淡灰外面有厚靭之衣極細之毛如絲所以欲分辨其細粉可用

顯微鏡觀其細毛爲據其子之臭少味重而苦久不散又其子極靭故英書特設一法磨碎之（見後木鼈子膏一節）如折斷之則內面少能透光其粉爲古銅黃色常含異質或在磨粉時添入令其易成粉如將其粉浸在水中則能消化其藥性之質若干分若在準酒醕或正酒醕內則能全消化其爲藥之質化學家百勒替耶與揩分士兩人化分之得兩種鹼質一爲司脫立格尼阿一爲布路西亞此兩種鹼類合於一奇異之酸質名曰衣加蘇里克酸又名司脫立格尼克酸又有黃色料定質油質樹膠小粉巴蘇里尼並蠟質少許又有化學家另查得一本質名曰衣加蘇里亞觀後數節

功用　此藥大能感動背脊髓相屬之腦筋其性最毒令人身發痫証而不累及於腦如癱瘓病用爲腦筋之行氣藥以五釐至十五釐爲其粉之一服或可用以下各料更爲合用

木鼈子膏

取法　將木鼈子一磅準酒醕至足用將木鼈子置於蒸氣內以全軟爲度後速烘乾磨成細粉將其粉合於正酒醕屢次換酒醕沸之至所得酒醕幾無苦味爲度濾之而用甑蒸出其酒醕至得軟膏爲止此爲酒醕膏而與倫書

之方所作者相似

功用　此膏爲重性苦味之藥以半釐爲一服合於他料成丸可漸增多至三釐爲一服

木鼈子酒

取法　將木鼈子粉二兩照前法爲之用準酒醕一升其取法與阿古尼低酒之取法同

此法於一千八百六十四年收入英書而其濃大不及前所用者此酒爲用木鼈子最佳之料以五滴至十滴爲一服爲補藥十滴至三十滴爲一服爲腦筋行氣藥

馬錢霜（西名司脫立格尼阿又名司脫立格尼尼此爲木鼈子中之鹼類質）

取法 將木鼈子一磅鉛養醋酸一百八十釐淡輕養水至足用準酒醋與蒸水均至足用將其木鼈子置於便用之器內令遇極熱水汽兩小時切碎用熱汽盆或熱氣盆令乾立刻用磨磨成粉所用之磨與磨咖啡之磨略同將其粉置於準酒醋二升水一升輕加熱十二小時爲度以麻布濾之大力壓之存所壓出之流質而將其粉仍依前法浸之兩次將三次所得之流質和勻蒸出其酒醋將其餘流質熬之至略得十六兩待冷而濾之再將其鉛養醋酸合於蒸水消化之添入濾得之水至不結成質爲止再濾之而用冷水十兩洗其濾得之質將此洗水添入濾得之水內將其明水熬至餘八兩爲度待冷時漸添淡輕養至少有餘此時連調攪之不停後置於冷熱適中之處十二小時濾之而在濾紙上用冷蒸水數兩洗之用水汽盆烘乾合於準酒醋沸之數次至所換之酒醋幾無苦味爲度再蒸出其酒醋之大半而將其餘質熬之略得八兩則待冷所有黃色母水即含木鼈子之布路西亞質者謹慎傾出其器具內所黏連之白色皮質爲馬錢霜將此質傾於漏斗內濾紙上另將準酒醋一分水一分洗之至所洗得之水合於淡養不變紅色爲度再合於準酒醋一兩沸之令消化置於安穩處待成顆粒如將前所得黃色母水熬之亦能成顆粒

此取法之理先將木鼈子遇熱汽令其質變脆便於磨碎所用之磨應特爲此事而設因前有人用咖啡磨磨之後未拆卸而洗之即磨咖啡售與人用誤中毒而死所用之酒醋消化木鼈子內含衣加蘇里克鹽類即司脫立格尼克鹽類質又消化布路西亞質若干並顏色料與樹膠質若干加鉛養醋酸之意令此異質結成而其馬錢霜不結成其濾得之水熬濃而用淡輕養令其質結成所結成之質爲馬錢霜並布路西亞少許此布路西亞質之大半消化於水又有洗時洗出者其結成之質作乾時用準酒醋消化之而熬至水體積既小則馬錢霜質結成而布路西亞因更易在酒醋內消化故存於流質內其餘布路西亞質用淡酒醋洗出依此法所得之質極淨但因此法極細極煩故所耗之質必多

一千八百三十六年之倫書用鎂養令其結成蘇書用鈣養令其結成又阿書用動物炭去其色料而同時有馬錢霜若干放散

用此法則得顆粒形之粉依對拉之說爲木鼈子每百分之〇·五分化學家和司里試過木鼈子一磅得馬錢霜六十八釐觀藥品記錄第十六卷第一百七十九頁如依故那弟阿豆每百分能

得馬錢霜一二分如酒醕內令成顆粒則因馬錢霜爲其兩質內之難消化者故成顆粒而其布路西亞消化於流質之中

馬錢霜之淨者白色成光明斜八面形顆粒或成長四面柱形或參差形之粒味極苦如將其一分重在水百萬分內消化之其苦味易於分辨而其質最難消化每百分須用暖水七千分或沸水二千五百分方能消化惟在沸正酒醕或以脫或哥囉仿或定性油或自散油內俱能消化而在酒醕與以脫亦難消化然與動物炭之愛攝力最大故在其極淡之水內加動物炭沸之或浸之則能收盡又如將其動物炭浸在酒醕仍能消化而出之如加熱則先融而後化分遇藍色試紙則顯鹼類性又能與酸質化合成能消化而有苦味之鹽類質如用鹼類質或樹皮酸添入其鹽類質之水內結成白色之質若加沒石子酸則無改變加淡養$_五$變爲黃色尋常出售之馬錢霜常含布路西亞少許加淡養$_五$之時則變紅色馬錢霜之原質其式爲炭$_{四二}$輕$_{二二}$淡$_二$養$_四$

試法　馬錢霜常含異質藥肆出售者總不能極淨內含司脫立格尼阿布路西亞顏色料若干如合於硝强水而變紅色則知含布路西亞如合於硫强水而變紅色則知含薩里西尼如令不遇空氣而燒之則不應有灰其大而奇之苦味爲最易分辨馬錢霜之法

將淨硫養與馬錢霜和勻則成無色之水如加鉀養二鉻養則成極深之紫色此色速變紅後變黃此爲英書之試法而用此法可將含馬錢霜之水傾於白瓷板上添濃硫强水數滴後將鉀養二鉻養$_三$之粉置於水之一端則立即生深藍色或紫色此色遍通水面漸變紅黃至末變櫻色化學家特甫里用此試法每水六萬分內含馬錢霜一分即能顯出尋常用此法易分別千分水內含此質之一分他種植物鹼類質用此法試之則大半生深綠色如草色此爲化學家依波里之說如將馬錢霜合於碘養$_五$水則成紫色又合於汞綠則結成白色之質合於樹皮酸或鉀衰硫亦結成白色質合於鉀養鉻養$_三$則結成黃色質觀藥品記錄新書第二第三卷有醫士該所設變色分辨馬錢霜顏色料之各法

布路西亞　此質與馬錢霜有數相似之處尋常結成明光顆粒或成珍珠色之片如魚鱗苦味較馬錢霜更輕每一分能在水五百分內消化又在無水酒醕或正酒醕內易於消化其質有鹼類性能合於酸質成顆粒形之鹽類如將淡養$_五$合於布路西亞則成深紅色如加錫綠水則其紅色變爲紫色觀化學新聞紙新印者第二卷第二十七頁有化學家司脫來克論其遇硝强水所

有變化之各理加添放養氣之質如硫養或輕硫則其色銷滅此物之原質爲炭$_{\text{四六}}$輕$_{\text{二六}}$淡$_{\text{二}}$養$_{\text{八}}$其顆粒內所含之水每百分有十七分沛離拉書云醫士傅司以布路西亞與黃色料爲馬錢霜中原有之一質而布路西亞之藥性更輕如加其服數則可代馬錢霜之用然必加其服數至十二倍卽以四分釐之一至五釐爲一服

化學家特司奈云馬錢霜與布路西亞已結成之後另有第三種本質存於其母水內名曰衣加蘇里亞此質成絲色針形顆粒味極苦每一分能在沸水二百分內消化而布路西亞質每一分須用沸水五百分方能消化又加其

水中含果酸再加鉀養二炭養則其質結成若爲布路西亞則不結成見藥品記錄書第二十五卷第二百零二頁又有化學家書村白辯曾言衣加蘇里亞質含數種本質而各本質之原質不同又其能消化於水之數亦不同此驗類質至少九種俱在衣加蘇里亞之內

功用　馬錢霜之功用與木鼈子之功用眞相同而可代之惟其服數必極小略三十分釐之一至二十分釐之一爲初用之服數後可加多至十二分釐之一爲一服初用之時常在四肢端之筋內有自主之跳動睡時則較醒時更多如身有癱瘓處則初在此患處顯出又食物更覺易

於消化如食其大服則發重瘨証而常有牙關緊閉等証顯出每數分時則覺退而復來故常服此藥之人覺筋有瘨証則必暫時不用此因身體不能慣受此藥與砒霜等藥同間有服此藥者其力增於身內而不散曾有一女子年十三歲食馬錢霜四分釐之三分爲三箇藥丸約一小時後卽死觀蘇格蘭醫學記錄書

馬錢霜之藥性易於用化學之法分辨之又人服之或動物服之所顯出瘨証之據與他藥不同故凡用此爲毒藥者最易分辨此爲幸事前常用砒霜爲毒藥故英國特設律法以禁之後凡欲用毒藥之人常用馬錢霜代砒霜化

學家和勒設一法最易分辨馬錢霜卽將田雞置於含馬錢霜之水內如其水含馬錢霜千分釐之一則田雞必有重瘨証

解法　最妙之解法卽多服動物炭能收馬錢霜而定於炭質內化學家苦爾薩言用樹皮酸爲最善之解法

馬錢霜水

取法　將馬錢霜顆粒四釐淡鹽强水六滴正酒醕二錢蒸水六錢將其鹽强水合於水四錢加馬錢霜在內加熱令消化後加其酒醕與其餘水

英書所設作此水之法爲馬錢霜輕綠而爲服此小服驗

類之簡穩法見阿古尼低水每此水二錢含馬錢霜一釐每此水一滴含馬錢霜一百二十分釐之一每此水十二滴含馬錢霜十二分釐之一

服數　二滴至五滴漸加至十滴或更多

凡藥肆家存此藥必最謹慎不可與相似之藥同處排列即如雞那以尼或薩里西尼等質是也又此毒性無色水亦不可與他種水同處排列應另擇一穩當之處而常置之可免誤中其毒

龍膽科　西名禽西阿尼依碟西亞之名又名禽西阿尼亞茲

龍膽科植物在冷地與暖地遇見之又在有山之處亦遇見之其內所含苦味之質爲有益之藥所以有數種常作補藥之用分爲兩分科

一　眞禽西阿尼依　此分科之花瓣未開時之排列法向右扭轉葉相對

二　米尼安替依　此分科之花瓣未開時之排列法成瓣形葉遞更排列產於卑溼之處

散拖里由末　又名散拖里以里服里阿披爾孫之名藥品內用其將開之花頭俗名散拖里立尼由司列於五箇鬚一箇花心

此草爲代司可立弟司書中所名小散拖里而爲上等之補藥產於英國內而英書不載此藥

此草爲小草本葉相對排列榦直立有淡紅色花成花頭於枝端英國草地常見之自西六月開花至八月止

此草之各體有淨苦味惟其花之苦味較他處更淡凡應用苦味補藥可用此種如用水或酒醕俱能消化其有藥性之質

功用　爲補藥將其粉以三十釐爲一服其沖水即水一升內用此藥半兩以一兩半爲一服

龍膽草根　西名禽西阿尼根又名淡黃色禽西阿尼亞立尼由司之名藥品內用其乾根俗名黃色禽西阿尼立尼由司列於五箇鬚二箇花心

希臘國書中言及此草名曰禽西阿尼亞阿喇伯人書中亦名禽西阿尼亞

此草之根厚直立常成叉形內樱色外黃色榦直高二尺至三尺其從根發出之葉似長卵形有五箇氣筋其梗上之葉無氣筋似銳卵形托花之葉似心形而略包圍其梗葉形凹俱有淡綠如海水色之粉花如第一百五十一圖成接連麥穗形其花每層成圈形花大光黃色萼爲膜形之質成片形苞分三分至四

第一百五十一圖

分花瓣似輪形底有綠色核五箇至六箇花瓣五出至六出尋常分兩分銳而有筋花鬚五箇鬚頭直爲圓錐形無花心莖子房口兩箇向外捲子房與子殼似梭形有一膛種子圓形似壓扁有膜形之邊此草產於亞卑斯山亞卑尼奴山比里尼山與歐羅巴他處之山

又有數種產常出售之龍膽草根即如亞卑斯山所生紫色龍膽草有點龍膽草藍縷形龍膽草又在雪山有苦爾烏龍膽草所產之根亦作藥品之用植物學家或以爲紫色龍膽草根爲藥肆常出售之紅色龍膽草之根

英國出售此藥根從日耳曼國與瑞士國運來而在歐羅巴亞卑斯山亞卑尼奴山等處聚會而用根之外其餘不作藥品法國所用者從苛威納等有山之省內得之其根之塊大小粗細不等尋常大如大指長數寸常有捩形與皺紋外糭色內略黃色質頗軟而韌其臭淡味初甜後變淨苦味極重如浸於水或酒醕或葡萄酒或以脫俱能得其藥性之質如化分其根則得一種苦膏質名禽西阿尼尼又有樹膠糖質貝格的尼蠟質古得止格定性油質黃色染料自散油微迹又有一種酸質名曰禽西阿西克此質之淨者無色無味能成顆粒有淡酸性又因其根含糖等質如將其沖水合於膠質則發酵成一苦味之酒如蒸此酒則得苦味酒醕瑞士國人與的羅爾邦人喜用此爲補胃藥

功用　爲苦性補藥胃不消化並病方退而欲補其精神此爲有名之藥間有人用以治依時而作之病並爲殺蟲藥與他種苦性藥相同

服數　其粉以十釐至三十釐爲一服一日三四服

龍膽草雜沖水

取法　將龍膽草根切片六十釐苦橘皮六十釐新鮮檸檬皮四分兩之一此三物須切碎至極細盛有蓋之器內用沸蒸水十兩沖之約一小時則濾之此方與倫書之方相同英書原載此藥後去之一千八百六十七年又收入英書

龍膽草水

取法　將龍膽草根切片四分兩之一苦橘皮切細三十釐胡荽搥碎三十釐置於一器內傾入準酒醕二兩蓋密之待兩小時添冷蒸水八兩再待兩小時以布濾之此即一千八百六十四年英書所名龍膽草雜水

功用　爲香補藥胃不消化之病可用之又如服酸質可以此爲配藥以一兩半爲一服

龍膽草雜水 此爲倫書之方

取法　將龍膽草雜沖水十二兩，辛拏葉雜沖水六兩，白荳蔻雜酒二兩，各質和勻

功用　爲輕瀉藥與補藥，以一兩半爲一服，一日兩三服，此爲最便用之藥，存於家中，隨時用之

龍膽草雜酒

取法　將龍膽草根切片搗碎一兩半，苦橘皮切片搗碎四分兩之三，白荳蔻搗碎四分兩之一，準酒酯一升，其作法與作阿古尼低雜酒之法同

功用　爲補藥與開胃藥，又可添入苦味沖水內，以一錢至二錢爲一服

龍膽草膏

取法　將龍膽草根切碎一磅，沸蒸水八升，浸兩小時，後沸一刻之久，即傾出，壓之濾之，用熱水盆熬之，至得其濃合於作丸爲度

功用　爲補藥，以五釐至二十釐，作若干丸爲一服，常合於金類鹽類質服之

奇勒大　又名奇勒大，哇非里阿格里司罷克之名，即獐牙菜類，印度之北取其全草爲藥品，立尼由司列於三箇鬚一箇花心

印度國孟加拉邦內，用奇勒大爲苦味補藥，即與歐羅巴用龍膽草同意，此草印度人久作爲藥品，或疑此草即古人所謂香蘆，即香指辣暮司，即香菖然此說無憑，見雪山植物書第二百七十七頁英國傳勒明初論此草在亞細亞查考記錄第十一卷第一百六十七頁，言明此草歸龍膽草類內，有植物學家歸於蘇阿爾弟亞類內，又有植物學家歸於阿茄土替司類內，又有植物學家格里司罷克云，應歸哇非里阿類內，常有人將奇勒大與印度所產苦藥名密頭形未司弟西亞土名苦來亞他相混，然印度有數種草與奇勒大極相似，可以通用，即雪山植物書第二百七十七頁所載者，即如有一種名窄葉哇非里阿，即化學家話辣所名蘇阿爾弟亞，在印度之北，土名布哈里奇勒大，即山產之意

另有一種眞奇勒大，土名佗苦尼，即南方之意，此山產奇勒大，從尼布辣運來，又有一種草名四角形變克篩苦末，土名五大奇勒大，即紫色之意

第一百五十二圖

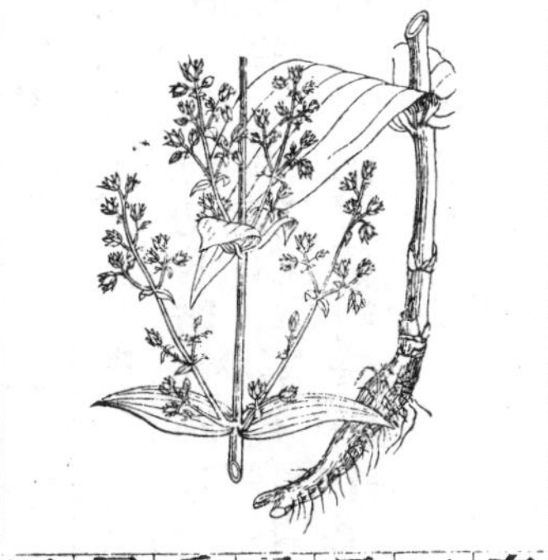

奇勒大草如第一百五十二圖，存一年，高二尺至三尺，幹獨直立圓平滑，其枝尋常成對相交成正角，幾爲直立，葉相對排列，略包圍其梗，葉似銳戈頭形，面平滑，氣筋五箇至七箇，花

甚多而有花莖其上半成最佳繖形平頭又成對排列每分有兩箇花葉萼分四出其分似戈頭形而不落較花瓣更小花瓣黄色鱗形分四出而伸開花開放時則變枯乾花瓣未開時向右轉每分有二箇核形之凹有鬚邊鱗形質包圍之鬚四箇花鬚托線圓柱形各鬚在底少相連鬚頭在底劈開花心莖單子房口大分兩分子殼似圓柱形而較不落之花萼與花瓣更短有一膛分兩分在頂稍開種子多連於兩箇子房座此兩座黏連於子殼分之邊此草產於雪山之尼泊爾為此山之一谷

常出售之奇勒大為乾者縛成捆餘櫻色長約三尺厚如

鷲管根亦相連在花已開時取之草之全體最苦化學家拜得里云內含三種要質一為不化合之酸質二為最苦之膏質內含松香質與膠三為鈣養與鉀養合於輕綠與硫養拜得里以為酒醕所成之膏較淡黄色禽西阿尼亞更香而淡黄色禽西阿尼亞所含之膏質與膠質更多奇勒大浸於水內或酒醕內俱能消化其有藥性之質

功用　為苦味補藥如胃不消化服之能開胃又病退時可為補藥其冷沖水與熱沖水俱可通用惟熱地內用冷沖水較熱沖水更能合於胃不消化者又不令人嘔吐間有人將橘皮少許或白豆蔻少許添入其沖水內其浸酒亦為合用之藥

奇勒大沖水

取法　將奇勒大切碎四分兩之一用一百二十度熱之蒸水十兩沖之蓋密其器待半小時則濾之

功用　為開胃藥以一兩半至三兩為一服食中飯前一服或一日兩服

奇勒大酒

取法　將奇勒大切片搗碎二兩半準酒醕一升用阿古尼低浸酒之法為之

服數　以一錢至三錢為一服

睡菜　西名米尼安替司又名三葉米尼安替司立尼由司之名以其葉為藥品西俗名白克豆又名三葉膕草立尼由司列於五箇鬚一箇花心

睡菜雖久用之為藥然近時歐羅巴各國不常作為藥品此草之形甚佳或浮於水面而生或產於卑溼之地如英國或印度之克什米爾並歐羅巴與北亞美利加多處產之葉大梗長葉分三分花單紫色花頭花瓣內面生毛如鬚

如第一百五十三圖其梗與葉平滑臭小味苦而稍可憎依脫落沒司托弗之說其壓出之汁含最苦之膏質內含淡氣若干名曰米尼安替尼又有櫻色膠質以奴里尼綠

色小粉,鉀養蘋果酸,鉀養醋酸,每百分含水七十五分,浸於水或酒醋之內,則能收其有藥性之質

第一百五十三圖

功用　爲苦味補藥食其大服則有瀉性或吐性,如食其磨粉之葉,以二十釐爲一服,如服其沖水,即葉半兩用水一升沖之,以一兩半爲一服,一日兩三服

旋花科西名康弗勿拉西依波郎之名,西俗名縛草

旋花科之植物,與布里磨尼阿西依科茄科,布拉其尼依科相類,此科之草,生於熱地平原與山谷間,有產於極乾之處者,又有數種其梗存一年,故在温和之地,夏時生長茂盛,有數種含瀉性之藥,即如渣臘伯司卡暮尼得必得蔚藍色衣布米阿等是也

渣臘伯又名瀉性愛刻蘇哥尼由末,本他末之名,其乾根頭入藥品,產於墨西哥國渣臘伯城內之人,謂之普爾茄,即瀉性之意

渣臘伯,自一千六百九年,歐羅巴人即知之,初時從墨西哥國渣臘伯城運至英國,由是名渣臘伯,而英國語謂之渣臘,初時以爲此藥係渣臘伯米辣皮里即紫茉莉所生,後有人以爲渣臘伯康弗勿路司所生,此爲立尼由司之名,又名大根本依布米阿,此爲米舍之名,然此各草生於熱地,而依洪波特書之説,渣臘產於温和之地,幾爲冷地,或有遮陰之山谷或山之斜面,名曰沙拉巴普爾茄,見洪波特新西班牙記第三本三十六頁然眞渣臘草係醫士好司登初自墨西哥送至英國所送種子,生渣臘草,有植物學家蜜蠟詳細查驗,而記於種植字典第六次印者,其葉平滑,而渣臘伯康弗勿羅司之葉,即現名渣臘伯巴他他之葉,俱生細密之毛,下面最多,一千八百二十七年,美國賓夕瓦尼邦藥品教習酷克司,有土人自墨西哥送與活渣臘伯草連根者數顆,又有納托勒在美國醫學記錄書,一千八百三十年二月之卷內講明之,名曰渣臘伯衣布米阿,後酷克司將其活根送與英國醫士湯勿生,而於一千八百三十一年藥品書言明之,又有杜那於一千八百三十六年倫書內言明此草約在此時或稍後若干時,有植物學家勒丹奴哇將其活根送至法國巴黎種之,又有施愛特往墨西哥國遊覽在安達斯山東面高六千尺之處,氣候奇阿拉地方,取其眞渣臘伯活草與種子,送至日耳曼國種之,植物學家温特羅脫與尼斯兩人名曰瀉性衣布米阿,又有植物學家蘇指里尼名曰施愛特衣布米阿,法國植物學家百勒

巴名曰藥品衣布米阿又木他末名曰瀉性變刻蘇哥尼由末醫士林特里云倫敦種植會有信一封係植物學家遮爾凡替之徒名屯由恩特哇必哥蘇住於哇里薩罷者信中指名常出售之渣臘爲此草所生近時歐羅巴數國在空曠處種之種植會園內與藥園內俱種之種植會人並醫士拜勒夫爾將其活根若干送與來拉運往雪山種之

如第一百五十四圖爲瀉性變刻蘇哥尼由末又名瀉性衣布米阿其眞渣臘草根本係厚而生多頭者其頭似沙梨形外面櫻色內白色有多而長之絲紋幹爲籐本蔓延

頗高色櫻形圓平滑不生細毛葉莖長葉有心形其下葉略變爲三叉戈頭形葉底成深彎其尖銳不成分葉面平

第一百五十四圖

滑花莖從葉幹間角發出花兩朶尋常先開一朶旣萎而後第二朶再開萼無副葉萼瓣五出鈍形端有利尖而有兩萼瓣在外花瓣大紅色或淡紅色有長杵形之管較萼長四倍花瓣之體似浪形有五瓣花瓣各分鈍形尖之邊少有齒形鬚五箇托線平滑長短不等而較花瓣之管更長鬚頭白色線

形從花瓣外伸子房口成圓頭面有深槽子殼分兩膛膛內兩種子此草生於墨西哥國安達斯山之東高六千尺之處該處下雨甚多冬時有冰西八月九月開花其根頭大半在春發嫩芽時取之

又有一種名米斯替蘭弟衣布米阿爲初哇西之名又名哇里闊罷衣布米阿爲百勒旦之名與前者大爲相似而產於墨西哥國華沙加邦內化學家林特里云疑此草爲百勒旦所謂哇里闊罷康弗勿路司即醫士施愛特在墨西哥國聞其土人所言用西班牙之名曰渣臘伯馬可或普爾茄馬可即陽渣臘之意然所見者祇爲其根而此根

與瀉性變刻蘇哥尼由末大爲相似又有遮爾凡替之徒屯由恩特哇必哥蘇在林特里書中言作藥材貿易者以爲其兩種渣臘伯根形性與成色大同小異又有數處此種更多而更大故疑常出售之渣臘內不分此兩種而沛離拉言此草所產之渣臘爲次等者又名輕渣臘梭形渣臘陽渣臘

渣臘根頭大者如橘小者如胡桃其形尋常如梨或如蘿蔔其面常凸出角形小頭面平滑有皺紋或有小槽外面黑灰色渣臘根頭重而密剖面櫻色其臭可憎味辣而澀小頭圓圖大頭或分半或分四分或切成片又有或直或

圓刀割之痕在內，此因欲令易乾而爲之，如横割之，而將其割面磨光，似其質甚密，又似深色磨光之木，有更深色同心圈紋，又有發光點線紋，如將渣臘之根切碎或磨粉，則臭大而惹鼻，粉色淡櫻

尋常出售渣臘根或加假根於內，以謀利，歐羅巴他國出售者，較英國更多，即如哇里閘罷衣布米阿，即名輕渣臘，又名翰渣臘奇布特名曰梭形渣臘，又有一種假渣臘，有玫瑰花香，又有矽哇西所名渣臘伯，巴他他之小根，即他人名曰大根本康弗勿路司，又有人名曰渣臘伯康弗勿路司，又有人將布來啞尼亞類司米辣西類米辣皮里類之根雜於其內

化學家奇布特化分渣臘根，不查盡其各鹽類與各原質，每百分得松香質一七·六五分，又得流質糖，爲酒醅所化出者，內含自融化之鹽類質若干，一九·○分，又有櫻色糖性膏質，爲水所化出者，九·○五分，又得樹膠一○·一二分，小粉一八·七八分，木質二一·六○分，糜費三·八○分，共得百分，奇布特言依此法所得各數，與前人所得者，大不相同，其內含之糖質，疑與蔗糖同性，因此眞渣臘根與渣臘伯，巴他他及玫瑰香渣臘伯等同類之根相似，因此各根俱含糖，其瀉性藉其松香質，故用準酒醅消化之更佳，如以水消化之，則得其膠與小粉，而得其爲藥之質甚少，渣臘根常有蟲蛀之，而蟲所食者，非其松香質，故雖有蟲蛀，亦不妨，此松香質色灰，不透光，脆，味辣，能在酒醅內消化，難在以脫中消化，易在硫强水或醋酸內消化，又易在鉀養水內消化，如合於鹼類，能成酸性質，能在水中消化，渣臘松香質，在鹼類水中消化之，再加硫强水，不可有結成之質，此爲試其純雜之要法，近常有謀利者，將渣臘松香質合於古阿以苦末，如通入淡養氣至其水內，則變綠色，能依此分辨之，又能在以脫內消化，而渣臘淨松香質，不能在以脫內消化，醫士蓋撒名此松香質，曰羅弟哇里替尼，即玫瑰色之意，因合於濃硫養$_{三}$，即變爲紅色也，又擬其原質爲炭$_{四二}$輕$_{二五}$養$_{二〇}$，又有化學家云，渣臘根內含一種奇異酸質，名渣臘巴克與定性油類配質相似

渣臘伯雜粉

取法　將渣臘伯粉五兩，酸性鉀養果酸九兩，薑粉一兩，調和，用細篩篩之，至末，用乳鉢輕磨勻

功用　爲引水瀉藥，在大便久不通等病，可用之以二十釐至六十釐爲一服

渣臘伯酒

取法　將渣臘伯粉二兩半，準酒醅一升，其取法，與阿

古尼低浸酒之法同

此浸酒含渣臘松香質並其數種藥性質消化於水中

功用　爲瀉藥常加入瀉藥水內以一錢至二錢爲一服

渣臘伯膏

取法　將渣臘粗粉一磅準酒醕四升蒸水八升先將渣臘在酒醕內浸七日後壓出其酒濾之蒸出其酒醕則餘軟膏質再將其渣臘在水內浸四小時壓出其水以佛蘭絨濾之而以熱水盆熬之至成軟膏將兩種膏和勻加熱不大於一百四十度熬至其濃合用爲度

此膏之方與倫書所設之方相似內含渣臘中所能消化在水內之質如糖質與膠質等又含能在酒醕消化之質即如松香類等所有立故尼尼與小粉等質存於渣滓內

功用　爲瀉藥以十釐至二十釐爲一服

渣臘伯松香質

取法　將渣臘伯粗粉八兩準酒醕至足用蒸水至足用將其渣臘先置於有蓋之器內合於酒醕十六兩輕加熱浸二十四小時後全傾入過濾器內待其酒全濾出之後將酒醕若干添入過濾器內至渣臘藥性質全收出爲度又將水四兩添入其酒內而用熱水盆蒸出其酒醕乘熱時將其餘質傾於盆內待冷將其面上之水傾出而將其餘下松香質以冷水洗兩三次後安置瓷板上用火爐或熱水盆加熱令乾

功用　此質內含渣臘之藥性質即渣臘松香質而較前藥之瀉性更大

服數　以三釐至五釐或十釐爲一服此方與今蘇書所設之膏方相似

化學家克勒名此質曰康弗勿里尼定其式爲炭^{31}輕^{50}養^{16}又想此質爲哥路哥司質所成另有一質名康弗勿里尼哇里

司卡暮尼根　又名司卡暮尼康弗勿路司立尼由司之名藥品中用其乾根從敘利亞與小亞細亞運來又用其膠香類係刺其活根所得者

西國古時醫士希布可拉弟司以來即用司卡暮尼爲藥品阿喇伯人名曰司卡暮尼亞質易內有數種常出售者司卡暮尼康弗勿路司之根爲存多年者形尖長三尺至四尺周九寸至十二寸質厚內含濇辛性之汁如乳其梗數多祇存一年形圓質細面平滑能在相近之草內纏繞又在地面亦繞轉葉有葉莖面平滑不分開長似箭頭形又似切斷形底有角而其分銳而散開花莖從葉幹間角發出獨生花三朶較葉長一倍萼瓣略鬆而平滑鈍卵形尖有回彎花瓣鐘形而多張開色淡黃如硫黃較萼略長

三倍鬚五箇直立漸相近其長略爲花瓣三分之一花心莖略與鬚等長子房口白色形長直立平行而相離排列子房分兩膛每膛內有種子四箇子殼六分兩膛如第一百五十五圖甲爲萼瓣與花鬚乙爲花心莖與花心頂此草在希臘國並地中海東邊各邦爲常見之草

第一百五十五圖

英國武官特爾肥勒在哥士島見一種康弗勿路司之類

亦名司卡暮尼康弗勿路司開黃色花面有紅色之條疑此草爲生司卡暮尼者又有土納福特云亞那多里亞生下等司卡暮尼運至士麥拿口故名士麥拿司卡暮尼西白托白云司卡暮尼係兩箇不同種之康弗勿路司草所產者一種名司卡暮尼康弗勿路司一種卽前言之司卡暮尼疑卽立尼由司所名戍小粉康弗勿路司而林特里云戍小粉康弗勿路司係馬德拉島所產之草而與司卡暮尼毫不相關疑其實爲粗毛康弗勿路司

司卡暮尼康弗勿路司之根本從敘里亞邦運至英國爲已乾者其瀉性略與渣臘根相似其根圓柱形間有上徑

三寸者外面樱色內面白色臭小無味如將其粉合於以脫搖動之則生司卡暮尼松香質蒸乾能得其粉所以化學家用此根所得松香類質較常出售之松香類質更淨而可恃

司卡暮尼爲鮮根之汁其取法將其根頭斜切斷以蛤類或小器具置於根之最低處受流出之乳形汁此汁存於便用之器皿待自乾名曰清潔司卡暮尼常出售者難得此淨質英國所用者大半從士麥拿口運來士麥拿口之人馬大司在藥品記錄書第十三卷第二百六十七頁詳論取司卡暮尼之法近有法國化學家波蘭在一千八百

五十九年醫學新聞內亦論其取法此草生於士麥拿周圍大塊地面南至阿大利亞北至哇林波斯山如密安大生產甚多在米西亞平原最多希臘國人所取者最佳因希臘人較土爾其人更謹慎不令其料雜泥土或根等質在內土爾其人在作乾之先常加白石粉在內亦有添水者土爾其人又將此草之根煮於水中成膏與司卡暮尼汁調和安故日阿海口常發下等司卡暮尼至土爾其京都出售而從土爾其京都多發至奧地利國士麥拿每年出售上等司卡暮尼祇有七擔之多常出售者多下等其取法將上等司卡暮尼少許合於安故日阿司卡暮尼麥

小粉泥土樹膠等質俱合於水成膏質以手搏之或成餅形或裝於桶內出售

出售之上等司卡暮尼成參差形之塊面有磨擦之形色暗灰剖面凹凸如蛤殼之面新鮮者發光色如松香新剖面淡色不久則變爲一種深綠黑色略與古阿以苦末膠同顧取其極薄之片觀之則爲灰色少能透光重率得一二質脆易於磨粉其粉爲灰色臭小而奇如呼氣於其面則香更顯明間有人聞其香似乎陳乳餅味小而辣如燒之則應幾燒盡餘下之灰應少又應能合於水成漿應在沸酒醋內幾全消化又在以脫內消化則每百分應收松香質七十五分至八十二分苦里司脫生云曾化分陳久司卡暮尼質兩種所得各料之數得松香質八一·八分與八三·○分膠質六分與八分小粉一分與○分絲紋質與砂三·五分與三·二分水七·七分與七·二分可見司卡暮尼必列於膠香類之內惟其膠質爲少者

司卡暮尼中分出之松香質其味與臭與司卡暮尼同惟更淡耳暗綠欖色如提淨之則爲淡黃酒色無臭無味如將其粉合於牛乳則成極細勻淨之酪其粉能在以脫內消化有便易之法能分辨其司卡暮尼質與松香類質即將手指溼擦之如合成白色之膏質則爲司卡暮尼而非

松香類

如中等與下等司卡暮尼爲尋常出售者沛離拉云能依其質更重松香質更少折剖面頗暗色灰間略爲黑色內有發光或白色之點形狀常與裝其質之器相合間有薄餅形間有參差形之塊其質如海絨分辨之有數種合於白色粉爲謀利者所加則加輕綠必發沸又有含小粉者用碘酒試之則變藍色以上爲易辨其中等與下等中淸潔司卡暮尼之法

試法　司卡暮尼未變硬時謀利者加麵粉或灰或砂子等質間有人將榦葉壓出其汁添入司卡暮尼內沛離拉云常見白石粉小粉砂子古阿以苦末膠爲其中所雜之異質間有含脫辣茄看得膠質應用輕綠試其含白石粉又應用碘試其含小粉如將其粉以以脫消化之則每百分應消化八十分至九十分間有見其塊外面有白石粉而內面無之似成塊之時拋於白色粉內令其不黏連如含古阿以苦末膠可用淡養氣分辨之又如含砂子與白石粉則燒之之後灰內能見之

功用　爲重性瀉藥用其小服能顯大力故間有便用之時成人以十釐至十五釐爲一服如用潔淨司卡暮尼以五釐至十釐爲一服則已足常合於大黃或汞綠服之或

在雜藥內用之間合於麵粉等料成乾餅與小兒服之
含此質之藥品　哥囉嘶雜膏哥囉嘶雜丸哥囉嘶羊躑躅雜丸

司卡暮尼雜散

取法　將司卡暮尼極細粉四兩渣臘伯細粉三兩薑細粉一兩和勻以細篩篩之用乳鉢輕磨勻

功用　為瀉藥以十釐至三十釐為一服

司卡暮尼甜膏

取法　將司卡暮尼細粉三兩薑細粉一兩半芫茜油一錢丁香油半錢糖漿三兩提淨蜜糖一兩半將其各粉合於糖漿與蜜糖成膏後添油質而和勻

功用　為行氣瀉藥以十釐至三十釐為一服

司卡暮尼松香類質

取法　將司卡暮尼根粗粉八兩準酒醕與蒸水至足用將司卡暮尼根粉合於酒醕十六兩盛於蓋密之器內輕加熱約二十四小時再換入一過濾器待其浸酒濾盡則在過濾器內添酒醕屢次為之至根之藥性收盡為度將其流出之酒置於甑內加水四兩和勻用熱水盆加熱蒸出其酒將其餘質乘熱時傾入盆內不蓋之以待冷將其面上流質傾出其餘之松香質以熱水洗兩三次後鋪於瓷板用爐或熱水盆加熱令乾如以司卡暮尼粉代其根之粉亦可依同法為之

此取法與取渣臘伯松香質略同所得之質較常出售之司卡暮尼更佳而功用更穩倫敦醫士韋廉孫於一千八百五十六年七月內報一新法得據準其一人為之其法令酒醕之霧遇磨粉之根令其松香分出此松香類與渣臘伯松香類易於分辨因此松香類易在以脫中消化而渣臘伯松香類則不能消化法國人酤司曼云化分司卡暮尼尼得原質為炭輕養又以為司卡暮尼尼為兩種質相合而成其一為哥路哥司即炭輕養一為司卡暮哇里即炭輕養

功用　司卡暮尼松香質以五釐至十釐為一服則為必效之瀉藥又合於牛乳或淡味流質服之如上等司卡暮尼每百分含松香類質八十分為極少醫士彼拉云用酒醕消化上等司卡暮尼一百釐則得松香質八十釐若用正酒醕消化之則得松香質合於水成之膏質九十釐常出售之司卡暮尼松香類質常含他種松香類質為謀利者所加入即如古阿以苦末松香質渣臘伯松香質與松香如含渣臘伯松香類質不能在淨以脫中消化如含古阿以苦末松香類質則合於淡養氣能變藍色如含松

香則加松香油能消化或合於濃硫養則變深紅色此爲杜累勒之試法司卡暮尼松香類質在醶類水中消化之添硫養不可有結成之質此與渣臘伯松香類質同

司卡暮尼酪

取法　將司卡暮尼松香類質四釐牛乳二兩先將司卡暮尼松香類質合於牛乳少許和勻已勻之後漸添其餘牛乳速磨勻之至成勻淨之乳酪

功用　此爲瀉性之乳酪其味不惡小兒服之以半兩至二兩爲一服

唇形科 西名辣皮阿替依珠西亞之名又名辣皮阿茲

唇形科與馬鞭草科布拉其尼依科最相近又與玄參科略相近唇形科之植物略在各國俱有之而在亞細亞歐羅巴阿非利加較亞美利加更多又在溫和之地亦更多內含自散油類質尋常含司替阿里布低尼間有含苦性質或濇性質少許

第一族　薄荷族 西名門塔愛弟依其花瓣幾爲正形花鬚相離爲直者

臘芬大拉 又名眞臘芬大拉特看杜辣之名俗名臘芬大用其花頭入藥品

考究臘芬大之源流不知何時入藥品

眞臘芬大拉如第一百五十六圖係多枝之小樹高約四尺葉長或如綫或如戈頭小嫩時生白色細毛如霜葉邊向外彎花頭所成之花圈相接每一花圈有花六朶至十朶其包花葉略爲斜方卵形端尖質如木俱能生花其上

第一百五十六圖

者較萼更短花葉幾無之花紫灰色萼如管形幾平齊有五箇短齒形筋條十三箇間有十五箇花瓣上唇分兩分下唇分三分各分幾相等花喉少有發腫形花鬚兩對分長短向下彎鬚之托綫平滑分開不成齒形鬚頭

內腎形內有一膛子房與果俱與唇形科各花相同生於歐羅巴空曠之山至阿非利加之北而止有種於園內者如英國蘇勒省之米綽末又黑爾德佛省之喜欽該處有一人種三十五英畝其花頭在西六月與七月取之

穗形臘芬大拉特看杜辣之名又名法國臘芬大拉又名寬葉臘芬大拉此種與眞臘芬大拉不同亦在同處生長易於分辨因其葉更寬又少有鈍卵形與葵扇形其香不及尋常臘芬大拉之可聞而功力則更大

臘芬大拉花頭尋常作乾之置於衣箱內得其香又能滅蟲花略爲灰色而因西國爲常見之花故名曰臘芬大拉

色其香可聞味酸而苦藥性大半藉所含自散油質

功用　爲行氣藥治胃中發氣病英書不收其花入藥品

臘芬大油 又名英國臘芬大油

取法　用臘芬大花合於水蒸之與蒸別種自散油之法同

此油淡黃色臭最香味極辛重率○八七至○九四此爲一種流質自散油其內消化一種樟腦形之質名曰司替阿里布低尼此油能在正酒醕內消化又每一分能在準酒醕二分內消化此質亦能收養氣變爲酸質與他種自散油質同常有謀利者添入法國臘芬大油在內俗名司

酡克油較英國臘芬大油其香更次而功力不遜

功用　行氣藥治胃中發氣以五滴至十滴爲一服

臘芬大酒

取法　將臘芬大油一兩以正酒醕四十九兩消化之此酒之濃較一千八百六十四年英書所作之酒得五分之一

功用　此酒作法尋常將其油在正酒醕內消化之若將其花合於酒醕蒸之亦可藥肆家常出售之臘芬大香水與此酒略同惟另加數種自散油質

臘芬大雜酒 西俗名臘芬大滴

取法　將桂皮搥碎一百五十釐肉豆蔻搥碎一百五十釐紅檀香木搥碎三百釐在正酒醕二升內浸之壓之濾之後添臘芬大油一錢半吔士孖釐油十滴加正酒醕配足兩升

功用　此雜酒與倫書之方所作者相同內含臘芬大自散油並他種香料自散油俱在酒醕內消化而藉紅檀香木得紅色此雜酒爲行氣與提精神之藥如婦女妄言笑或胃中發氣而作痛俱可服之以十五滴至二錢爲一服

鉀養鉀養水內亦加此料

薄荷類 西名門塔

此類之萼幾爲平齊有五齒花瓣之管包圍其體幾相等分四分上分少寬鬚四箇長相等鬚頭有兩箇平行之膛花心莖分成义形子房口在义形之端果乾而平滑

薄荷類之味與臭甚奇自古以來作藥品之用希臘人名曰門塔又名希佗司磨司又名指拉門塔阿喇伯人名曰那那又有數種當香菜食之然因古人書內所言各種不甚詳故不能分辨古時所用之名爲今之何種

綠薄荷 西名綠門塔西俗名思卑耳門塔

綠薄荷西國多年作藥品之用

如第一百五十七圖其根蔓於地面梗直立而平滑葉無

托線戈頭形尖碎其邊所成齒形各處大小不等面不生毛下有核形而在花下之葉爲花葉形之葉此種葉並花

第一百五十七圖

萼或生毛或平滑不定花頭爲圓柱形之線形花葉錐形花頭之各圈或相近或其下者相離或全相離不定花瓣面不生毛鬚頗長產於歐洲暖和處卑溼地近今地面多處種植之爲藥品者將開花時

取之

此草有有趣之臭與可聞之香味微苦

功用　爲行氣藥治胃中發氣之病

綠薄荷油 又名英國思卑耳門塔油

取法　將其開花者合於水蒸之與蒸他種自散油質同

功用　此油原爲淡黃色久之略變紅色其臭大而有趣味初粹後涼此草之功力藉此油質每薄荷五百分含油一分凡綠薄荷油合於他藥內亦顯其性爲行氣藥治胃中發氣以二滴至十滴爲一服

綠薄荷水 又名思卑耳門塔水

取法　將英國綠薄荷油一錢半水十二升蒸之得水八升爲度

功用　治胃中發氣又可合於他種藥內以一兩半爲一服

水蘇 西名粹味門塔西俗名胡椒薄荷

西歷一千七百至一千八百年之間英國將水蘇收入藥品內

如第一百五十八圖其根蔓於地面梗附於地面端向上平滑或少有伸開之毛葉有莖似卵形戈頭形尖銳底圓面平滑邊有鋸齒形其包花葉更小而似戈頭形花頭鬆

其上花圈聚成短鈍密花頭下各圈彼此相離萼如管形

第一百五十八圖

下面無毛有戈頭形與圓錐形之齒英國低窪處並歐羅巴他處產之英國米綽末藥園內種之在花初開時採取聚合自西七月至九月開花

水蘇之香大易遍通至遠處味暖而有趣初暖而後涼其性藉自散油質與苦味質並樹皮酸若干此各質爲酒醋

消化而有數分爲水所收服水蘇之法或用其油或用其酒或蒸水成冲水俱可

功用　爲行氣藥治胃中發氣如腹中因有氣而痛則可服之或爲易散之行氣藥或能治嘔吐並腹痛或合於他藥作掩味之料

水蘇油 西名辟味門塔又名英國胡椒薄荷油

取法　將其新開之花合於水蒸之與蒸他種自散油之法同

水蘇油爲水蘇每二百分之一分初時無色不久變爲淡綠黃色爲時愈久則色愈深其臭香能通至遠處味初辟

後涼重率〇九〇二加熱至三百六十五度則沸減熱至負十二度或令自化散或加壓力則成白色針形顆粒名曰司替阿里布低尼北亞美利加並廣州所出之薄荷油內有數種其司替阿里布低尼能自分出或言此油爲炭輕養所成又言司替阿里布低尼爲炭輕養所成化學家話勒太云此各數應加倍爲宜

功用　爲行氣藥能治胃中發氣以二滴至五滴爲一服滴於洋糖一塊上服之

水蘇水 西名辟味門塔水

取法　將英國胡椒薄荷油一錢半水十二升蒸之得八升爲度

功用　治胃中發氣又常用以配他藥以一兩至三兩爲一服如鐵香雜水內用之

水蘇酒 西名辟味門塔酒

取法　此取法與臘芬大拉酒相同此酒之濃較一千八百六十四年英書之方所作者得五分之一而較倫書之方所作者得九分之一

功用　爲行氣藥以半錢至一錢爲一服

水蘇油酒 西名辟味門塔濃酒

取法　將水蘇油一兩正酒醋四兩和勻此爲濃酒每五

分內有油一分而其淡者每五十分內有油一分

服數　以十滴至二十滴爲一服

胡薄荷 西名坡里其由末門塔英俗名噴尼落由此爲倫書之方

植物學家疑此草係希臘人所稱布里亘又係羅馬人布里尼所稱布里其恩

如第一百五十九圖此草之根蔓於地面梗多分枝附於地面而多生根葉略長半寸有葉莖或爲卵形或爲橢圓形邊有齒上葉更小而各葉有透光凸點少生

第一百五十九圖

毛花頭之圈無托線俱爲相離間成球形花甚多萼生多毛管形成兩唇而在喉內生細毛如呢花瓣淡紫色生於歐羅巴卑溼地在初開花時取之

此草全體有大香味暖而香微苦其性藉所含自散油與樹皮酸又與他種薄荷大同小異

胡薄荷油 西名坡里其由末門塔油此爲倫書之方

取法 將此草合於水蒸之

功用 爲行氣藥治胃中發氣以一滴至五滴爲一服

胡薄荷水 此爲倫書之方

取法、與取水蘇水之法同

功用 此各藥之功用與服數俱與水蘇及薄荷相同

第二族 磨那爾弟依族 花瓣雙唇形花鬚兩箇俱能成熟而在下口唇平行排列

磨那爾弟依科內有一種草名藥品薩里肥阿 卽荆芥 自古以來作爲藥品希臘國書中亦記之大約與唇形科他種植物可通用其性辞而香其油內含司替阿里布低尼而其草含苦性質甚多

藥品咾士玶蘿尼 西俗名咾士玶蘿立尼由司列於二箇鬚一箇花心

咾士玶蘿尼前八名曰里罷奴替酷羅那里亞阿喇伯人譯此名曰阿克里勒阿拉其蒲勒卽山晃之意

此爲多葉之矮樹如第一百六十圖高五六尺葉無托莖

形長而窄邊向外彎下面略帶白色如霜花少成短密頭從葉幹間角發出幾無花莖所成分花頭彼此相對排列成一長花頭其包花葉較其紫色萼更短萼分兩唇形上者全下者分兩分花瓣灰藍色或爲臘芬大色其內不成

第一百六十圖

圈形其喉少有腫形上唇尖之邊有齒形下唇分三分其中分較別分更大形凹向下垂花鬚托線近底處少有齒形鬚頭線形內有兩箇相交排列彼此相通之膛花心莖上分最短產於歐羅巴南多石之山並小亞細亞與敘利亞等處

咾士玶蘿花頭應在初開時取之臭最大味暖而苦微澀其藥性藉所含自散油並其苦質與樹皮酸

功用 爲行氣藥治胃中發氣有多人以爲能令頭髮不脫有數種香料亦多用之如匈牙利香水與哥羅尼香水又那爾本所產蜜糖其味最佳或言其蜜蜂多從此樹採花此爲林特里之說

咾士玶蘿油

取法 將其臨開花之樹頭合於水蒸之

每咾士玶蘿樹頭一擔祇能得油四兩至五兩間有幾不

能蒸出油者（見藥品記錄書第二卷第五百十六頁）此油無色而其藥性與其本體藥性相同重率得○.八八從遠處運進此油尋常不淨者多如一千八百六十四年英書所言咾士玀蘿油近時甚少難於得之

功用　為行氣藥大半在外科用之又添入香料之內如臘芬大拉雜酒並肥皂洗藥俱含之

咾士玀蘿酒

取法　此取法與臘芬大拉酒之取法同其濃較一千八百六十四年英書之方所作者得六分之一而較倫書所設之方含油多十三倍

功用　為行氣之酒常添入洗藥內令其香可聞

第三族　薩士爾以尼依族（花瓣雙唇形鬚四箇彼此相離鬚頭內之膛分開而相遠）

尋常啞里茄奴末（西俗名瑪爾助拉末即廣東荆芥）

希臘人書中所言啞里茄奴並阿喇伯人書中所言薩塔爾想必為此草

如第一百六十一圖甲為甘瑪爾助拉末乙為尋常啞里茄奴末其根蔓生地面梗直立高一二尺葉有筋寬而似鈍卵形常少有鋸齒形花頭長有四面瓦背排列有花葉合成花莖長短頭平齊之花頭花葉鈍卵形有色較花萼

第一百六十一圖

更長萼有五箇等長之齒氣筋十箇至十三箇喉生多毛花瓣上唇直幾為平下唇向外伸分三分花鬚相離鬚頭兩分相連處略為三角形其不自裂之硬子殼頗平滑此草產於歐羅巴並地中海東各邦直至雪山而止

瑪爾助拉啞里茄奴末（立尼由司之名）近時常用之名曰園中瑪爾助拉末（孟起之名）俗名甘瑪爾助拉末此草產於歐羅巴與敘利亞

又有一種野瑪爾助拉末臭大而有趣味苦而有香其乾者亦存此味其藥性大半藉所含自散油昔時列於藥品內近時不作為藥品

功用　為行氣藥治胃中發氣可用其沖水

啞里茄奴末油（又名瑪爾助拉末油又名太靡油）

取法　將瑪爾助拉末草合於水蒸之即得紅色之油再蒸之則變無色

功用　為行氣藥以五滴至十滴為一服尋常為外科之用合於橄欖油等治牙痛病

化學家漢白里云英國藥肆常出售此油不惟其俗名為

太麻油實爲太麻草所成而與太麻油無所分別此太麻油係法國南邊痾納省內所作而其草之正名曰尋常太麻烏司該處所蒸者甚多

太麻油內含司替阿里布低尼之一種名太麻哇里又有自散之質名太麻以尼此質與松香油同原異物此爲拉勒曼之說

第四族　紫蘇族 西名米里西尼依花瓣雙脣形鬚彼此相離鬚頭內膛在上相連

紫蘇 西名藥品米里西立尼由司之名西俗名波勒末

植物學家以爲此草係代司可立弟司書中所謂米里西傅倫

如第一百六十二圖此草之梗分支高一尺至二尺葉似卵形而銳其底心形邊有齒花白色從葉榦間角發出成一邊之花穗萼有十三箇氣筋略爲鐘形前面稍似肚腹

第一百六十二圖

形有兩脣上脣平似切斷有三箇小寬之齒下脣有兩箇戈頭形之齒花瓣上脣凹形下脣伸開分三分而鬚頭之尖在花瓣上脣之下連合鬚頭之膛彼此相離產於歐羅巴之南又在英國內種之

紫蘇之臭有趣似檸檬味平和而香少有濇性其功力所藉之質與脣形科他類之草同卽自散油苦性質樹皮酸今不作正藥品

功用　爲平和行氣藥歐羅巴他國多用之治腦筋輕病尋常用其沖水以紫蘇四錢以沸水一升沖之俗名波勒末茶

第五族　草石蠶族 西名司太起弟依此族之花鬚漸相近而在花瓣之下脣平行排列其下兩箇鬚爲最大者萼管形或爲鐘形向前外伸

尋常瑪羅比由末 西俗名呼爾好納特

其白色者尋常用爲藥品能治咳嗽又爲香味補藥等然不入正藥品內如第一百六十三圖

第一百六十三圖

玄參科 西名司苦陸夫賴里依英俗名無花果草

此科與脣形科相類又與茄科相類天下各國俱有之此科植物俱有辛性然其大半藥性最淡惟毛地黃之藥性最猛有一種在英國生長者名節形司苦陸夫賴里卽玄參稍有辛性間有人用以作油膏治久不散之瘡與瘤

毛地黃西名弟其大里司又名紫色弟其大里司立尼由司之名英俗名狐狸紫色手套藥品中用其乾葉係野生之草其花略開三分之二則摘之

古人大約不知用毛地黃爲藥品、初言之者、福息由司、名曰弟其大里司、因其形狀似手套之一指、一千六百六十八年與一千七百二十一年、倫書中載之、而一千七百四十五年去之、後於一千七百七十五年、醫士韋脫令仍收入正藥品內、而存至於今

毛地黃、如第一百六十四圖、存二年、根多絲紋、第一年從根發苗、成一叢、第二年從叢中發幹、高一尺至五尺、此幹直立平滑、多生葉、惟有彎曲形、面生多細毛、有數種紫色

而其葉之下面亦爲紫色、葉遞更排列、爲卵形戈頭形、或爲長形、邊有齒、面有綱紋、生細毛、在下面細毛更多、而在其底漸收小、成翅形葉跗、花頭爲幹之端、長而鬆、花在花

第一百六十四圖

幹之一邊一一漸生、長向下垂、花色大紅或紫、有點似睛、內生毛、間有白色者、蕚分五分、各分或爲卵形、或長而銳、花瓣向下彎、較蕚更長、在底收小、在上似鐘形與肚腹形、體爲斜垂、上體尖之邊齒形、下體分三分、中分大、各分短而鈍、花鬚四箇、分長短兩對、向上排列、鬚頭平滑、子房口

直分兩分、子殼似銳卵形、而自裂成分殼、種子極小、淡樓色、面有小凹形點、此草爲英國原產之草、又在歐羅巴西邊他國內、亦常見之、在草地並山邊顯露處及種植之地遇見之、初在西六月與七月開花、至八月九月、種子方熟、藥品中用其葉、其根在第一年之秋時或冬時取之、其藥性亦重、其種子藥性亦重、此草之葉並其二年內之葉、依胡勒登之說、應在第二年取之、在初開花時爲佳、又有紫色梗更爲合用、苦里司脫生云、不必照此意而摘之、又云其爲藥之性、大半藉其苦味、在西二月與九月、苦味最重、又作其葉膏、在西四月間尚未發開花之幹時取之、則其

藥性亦最大、而葉內定質之數、在夏時較冬時更多、化學家芬希司、將西五月內所摘鮮葉作乾之、每百分得定質一五八分、如在七月所摘者、得一七四分、所用之葉、應生長已足而無病者、其自生於顯露之處者更佳、應在花頭頂花未開時取之、先去其中莖與葉筋、在暗而通風之房內作乾之、不可見日光、每年應換鮮者、因存過一年、則其性稍次、其色應暗綠、磨成粉應得細綠色、其臭小、味應極苦、與其鮮者同、又可將其鮮葉壓出其汁而熬成膏、或沖水、或浸酒、得其藥性、曾有人將毛地黃之葉化分之、得自散油、微迹定性油類質、紅色植物顏料、克羅路非勒、阿勒

布門小粉糖質膠質鉀養鹽類鈣養鹽類鎂養鹽類有一種酸性之質幾分與他質化合幾分與他質不化合又有一奇異苦味質名曰弟其大里尼此草之藥性藉此苦味質此為呼蓍勒之說此苦性質能在酒醋內消化少能在以脫中消化又能在水中消化但在水內消化藉所有相合之質助其消化如合於鐵綠則成綠黑色質又合於沒石子酒則成灰色質呼蓍勒初用樹皮酸與鉛養分出弟其大里尼後有恆里亦依此法得之

醫士司脫泵將毛地黃之乾葉乾蒸之得能燒之油質內含類粒形之質有留睡之性

毛地黃之葉出售者常雜他種葉在內如達普蘇司勿爾罷司苦沒藥品辛非杜沒間有鬆魚鱗形哥尼薩（即蓬類之一種）之葉而此各葉易於分辨之

英書云毛地黃葉如卵形戈頭形葉莖短面有縐紋與軟細毛下面淡色邊有齒形

功用　為平火安心藥初服時能令心之力更大而動數更多後即減小如服之過限則惹腸胃又能令腦髓與五官昏暈不省人事間有感動內腎而生溺更多其力在人身內漸加增故服之數次有嘔吐或心停歇之弊應暫不用之又其人應臥於牀即如心之病或發熱或生炎或肺之病待其重證已退則可用之令心合法行動又如腦筋不安之病亦可用之如各種水腫病或用之為利小便藥若除水腫之外另有全身軟弱而兼他病者則其功用最大

服數　以其粉為平火安心藥則以一釐至一釐半為一服一日五六服然必謹慎察其在人身內所顯之證據如何如為利小便藥則以一釐至三釐為一服一日三服尋常合於香料服之然不可合於含樹皮酸之藥恐其有藥性之質結成

解法　凡有服毛地黃過限或欲自盡而服之者則必立

刻令其胃內之質嘔出又用沖淡薄之質助胃易吐又必服含樹皮酸之質如沒石子沖水橡樹皮沖水或綠茶沖水其人應平臥於牀又應服淡輕四養葡萄酒白蘭地酒香料等

毛地黃沖水

取法　將毛地黃乾葉三十釐用沸蒸水半升沖之濾之

功用　此為用此藥最合式之法以四錢至一兩為一服每三小時或六小時飲一服

毛地黃酒

取法　將毛地黃葉粗粉二兩半準酒醋一升依阿古尼

低浸酒之法為之

功用　為平火安心藥又為利小便藥以十滴至四十滴為一服而其服數必漸增多又可用更大之服以半兩為一服近有醫士用此更大之服治酒狂等病第用此大服必多危險

毛地黃洗藥

如肚腹擦毛地黃酒與肥皂洗藥尋常能得利小便之益處又有法用毛地黃沖水二兩淡輕水二錢罌粟子油四錢（此油之取法與杏仁油同）三質和勻成洗藥擦之一日二三次如嫌太濃則可沖淡之

弟其大里尼（此為毛地黃內有藥性之質）

此藥令毛地黃有苦味之質化學家呼暮勒初考得之毒性最重能令人不省人事而死服其微數則其藥性與毛地黃同又因其藥之濃淡有一定故較服毛地黃之葉更為可恃英書設法取此質與呼暮勒所設之法相似如毛地黃酒醋膏合於醋酸則消化弟其大里尼加樹皮酸則結成再用鉛養令其樹皮酸分出又用輕硫分出其鉛

取法　將毛地黃葉粗粉四十兩準酒醋蒸水醋酸提淨動物炭淡輕水樹皮酸鉛養細粉淨以脫各質至足用將毛地黃葉合於酒醋八升加熱一百二十度約二十四小

時為止則將其質置於過濾器待其酒流下後再將酒醋八升傾入過濾器內令其漸流下於是蒸出其酒醋之大半而將其餘質以熱水盆熬之至酒醋全散為度將餘下膏質合於蒸水五兩此水內必先加醋酸半兩將所得之水合於提淨動物炭四分兩之一濾之而將濾得之水合於蒸水沖淡至補足一升為度加淡輕水至幾足滅其性後添樹皮酸一百四十釐此酸先用蒸水三兩消化之將所結成之質用蒸水少許洗之又加酒醋少許和勻而添鉛養四分兩之一各質在乳鉢內磨勻將此全料盛於燒瓶內加酒醋四兩加熱至一百六十度連加此熱略一小

時再添提淨動物炭四分兩之一傾於濾紙上濾之將濾得之質用熱水盆逐去其酒醋將所餘之質屢次用淨以脫洗之

消化之時加熱至一百二十度之故因欲令其酒醋不化散而無靡費後置於甑中蒸之至所得餘質有膏之形狀此膏所含之質為弟其大里尼與其葉內之他質能消化於酒醋內者用淡醋酸則其弟其大里尼並顏色料等質消化所存者為其油質與松香性質後將其顏色料用動物炭分出其若干分其醋酸幾為淡輕養滅其性後加樹皮酸水則所成之質為弟其大里尼樹皮酸不能消化之

質此質合於酒醕與鉛養加熱消化之則樹皮酸與鉛養化合而成不能消化之鉛養樹皮酸質而其弟其大里尼消化於酒醕內再合於動物炭加熱蒸出其酒醕將所餘下之粉用以脫洗之則能去其餘之異質

化學家勒波爾待亦設法取弟其大里尼其法將其葉之沖水合於許多動物炭搖動之則動物炭收出其水內所含一切弟其大里尼濾之洗之以酒醕沸之熬之得若干體積之時則有粉類沈下將此質洗之又以酒醕消化之待酒醕自散則得弟其大里尼顆粒

依前法所得弟其大里尼非顆粒形而成白色鬆塊或鱗其面有小凸點如小乳頭在酒醕內最易消化而在水與以脫內幾不能消化又無鹼性之變化能在酸質內消化而與酸質不能合成中立性之鹽類所以不可當為鹼類質必當為中立性之質前人名曰弟其大里阿後改名曰弟其大里尼如將弟其大里尼合於硫養足令其溼則成美觀之紫色惟不久即散此為勒波爾待試得之說如將其水在輕綠中消化之則得淡黃色惟速變綠色合於樹皮酸則有質結成其苦味與蒽冒之性為此藥最緊要之性情如將其粉作鼻煙聞之則惹鼻最重如將弟其大里尼不盇密而燒之則不應有餘下之質即與他種生物質同理

弟其大里尼之原質與其原質之式化學家尚不能同意疑其為繁質而為哥路哥歲弟之類化學家酷司曼云無水弟其大里尼之原質為炭$_{五四}$輕$_{四五}$養$_{三〇}$惟易收空氣中水氣入質點如加熱至二百十二度則逐去其水質化分弟其大里尼成葡萄糖與他種鹼類質名曰弟其大里里低尼其式為炭$_{二〇}$輕$_{二五}$養$_{〇}$

功用　弟其大里尼為利小便藥與平火安心藥與毛地黃相同然其毒性最大用之必謹慎或合於醋酸服之或合於酒醕服之俱可

服數　以三十分釐之一至十分釐之一為一服

另有兩種草葉尋常人用為潤內外皮藥即墨來那類有一種草名達普蘇司勿爾罷司苦沒又有一種名節形司苦陸夫賴里為引炎藥此兩種亦屬於此科內間有人將勿爾罷司苦沒列於茄科內

茄科

西名蘇辣尼依琜西亞之名立尼由司列於五箇鬚一箇花心

茄科之植物與旋花科之植物相類又與玄參科數種植物難於分別如勿爾罷司苦沒等是也茄科植物大半生於熱地間有為矮樹之形或有木本者另有數種生長於溫和之處又在更冷之地間能見之有數種具甯睡之性

羊泉西名杜勒楷瑪勒又名甜苦蘇辣尼立尼由司之名英俗名苦甜草藥品內用其嫩枝作乾之英國所取者爲已落葉之枝
羊泉疑古人已爲藥品而從醫士特拉故司以來書中俱記之
如第一百六十五圖此草之根有木形幹似矮樹其質韌能任意彎曲在活籬笆或矮樹纏繞高十二尺至十五尺葉爲卵形與心形上葉有耳葉或大或小令其全葉似三叉戈頭其葉俱略平滑端鋭邊無齒花串伸開合成平頭而與葉相對或爲枝之頂花向下垂花萼極小萼不落分五出花瓣輪形分五出色紫每出之底有兩箇綠色點鬚

第一百六十五圖

頭五箇直立黃色連合而在頂有兩箇微孔裸果大紅色略似卵形內多汁種子甚多在歐洲各國樹林內或活籬笆內常見之亞細亞與亞美利加亦有之
龍葵西名黑色蘇辣尼如第一百六十六圖爲小而多葉之草葉鋭所成之角爲鈍者花白色輪形果實略與豆同大或言與羊泉同性亦有甯睡之性其葉間有人出售作爲啤啦哳喲之葉又有諸類名根頭蘇辣尼其根頭含小

第一百六十六圖

粉甚多或言其小枝亦有相同之藥性
羊泉之爲藥品者爲其幹與小枝應在秋時取之即依英書所言葉落後取之常見者略與筆管同大分成小條間有在中劈開者乾時更輕而有縐紋內含多樹心料色灰此形狀者無香其味初覺苦後覺甜意其根與葉及果亦有同性情俱能在水或酒醋內消化化分其枝則得鹼類質名蘇辣尼亞又名蘇辣尼尼又含樹膠哥路登鉀養鹽類鈣養鹽類化學家法甫云另含一種苦味質嘗之之後口中覺甜名曰杜勒楷瑪勒以尼而百勒替耶云此質祇爲尋常之糖與蘇辣尼亞相合者蘇辣尼亞質提淨之後則爲白色而成顆粒爲不全者光色似珍珠將力低慕司加酸質令變紅色再加此料則復其原色又如合於碘或鉀碘則成黑色或暗櫻色無論用蘇辣尼亞或其鹽類之水俱有此性其味淡苦其鹽類幾不能成顆粒點於眼內不令瞳人放大或言其甯睡之性甚大
功用　如皮膚之各病服此有改血性少能感動皮膚與內腎又少有甯睡性

羊泉沖水

取法　將羊泉搥碎一兩用沸蒸水十兩沖之蓋密其器待一小時濾之倫書中載其煑水之方

功用　爲改血藥以一兩半爲一服一日二三服合於香料水服之醫士或用之治數種皮膚之病

唓啦吖㘃葉

又名唓啦吖㘃阿脫路龍立尼由司之名用其葉之新鮮者或乾者又用其新鮮之樹枝或乾根案西藥略釋譯曰癲茄

植物學家以此草卽古時替啞弗辣司佗司所稱曼脫拉古拉案舊約書譯曰風茄疑誤又疑爲代司可立弟司所稱司脫立克奴司曼尼古司而初在書中言明之者係特拉古司又言歐羅巴初用之在日耳曼國內治癰疽

第一百六十七圖

此草之形如第一百六十七圖色略紅如搥之或擊之則發難聞之臭根存多年分支內有厚軟質白色其榦每年枯萎係草木高三尺至五尺分多枝形圓少生細毛或有剪絨形少帶紅色葉有短葉跗從旁發出常成不等長之對形似銳寬之卵不成分葉面平滑而軟長四寸至五寸下面常有毛花獨生略從葉榦開角發出花有莖略長一寸少向下垂萼似鐘形分五出花瓣如圖之一號似鐘形略長一寸卽較萼略長一倍向底處綠色向其邊深櫻色邊分五等分鬚五箇在上相離花心莖如圖之二號與花瓣等長子房口如圖之三號圓頭裸果如圖之四號在其放大之萼內球形分兩膛而爲光亮茄花黑色略大如小櫻桃兩面有摺槽內有兩膛膛內含種子內腎形其子存於甜味汁內此汁嘗之無趣亦無可憎此草產於歐羅巴空曠處或遮陰處在西六月七月開花九月則果熟

唓啦吖㘃在英國喜欽多種之有一處有四英畝案卽中畝約二十八專種此草每年所得者每畝一噸至五噸不定種之之法或用種子或分其根已生兩年則在西七月內開花最多時則取之其取法斫下立卽作膏因存之必壞作此工夫者其眼大受其草之害卽瞳人放大之患

依英書所設之法其葉必從其野草或人種之草同枝連斫而必待其初結果時取之葉遞更排列長三寸至六寸爲銳卵形無分葉面平滑而其上者成不等之對此爲英書之說

唓啦吖㘃之根亦分支厚軟長一二尺厚一二寸新鮮者白色乾時卽變灰色味淡而苦臭亦少功力甚大應在秋

時或春時取之英國多種之尚不足用故大半所用從日耳曼運其乾者其葉從榦採下謹慎作乾則有暗綠色臭最少味微苦其野生者之葉較人種者更佳而藥肆家常將龍葵之葉並羊泉之葉當啤啦吖喇售與人用之因其功力不顯則用之者以爲此藥無用然其葉易於分辨自是銳卵形無分葉面不生毛搥之則發可憎之臭

化學家步蘭德士化分啤啦吖喇之葉得樹膠小粉阿勒布門克羅路非勒蠟質少許數種鹽類立故尼尼水又有兩種含淡氣之質一爲假毒克西尼一爲非拖醋拉又有一種最毒之鹼質與蘋果酸化合成鹽類即阿脫路比亞

其根含阿脫路比亞較葉更多

功用　止痛治轉筋如外科中用之亦可止痛眼科用之令瞳人放大其根之性情與葉略同又其果實常有小兒服之受其毒服之之後則喉覺乾而不通咽物極難又覺有嘔性眼視不清瞳人放大頭暈發狂或多笑或言語錯亂後失知覺間有用之止痛而令人睡如腦筋等病痛用之能止痛然其治外痛較治內痛更合用如哮咳與他種咳嗽用之能安腦筋如疹子病有人以爲服此可爲預防之藥

服數　其葉之粉以一釐爲一服漸加至五釐爲一服或

漸加至喉覺乾爲度如用阿脫路比亞十分釐之一其藥性相等而醫士用之令瞳人放大凡用啤啦吖喇不可同時用定性鹼類質觀羊躑躅一節

啤啦吖喇膏

取法　用啤啦吖喇之鮮葉與嫩枝其取法與阿古尼低膏之取法同

功用　啤啦吖喇膏其藥性之濃淡無一定因常出售者不謹慎爲之如英書所設之方最佳然必謹慎其細微之事否則易誤苦里司脫生設法作其酒醋膏

服數　半釐至一釐爲一服一日兩三服漸增至五釐或

增至顯出啤啦吖喇藥性爲度或用以擦於眉稜上令瞳人放大或將其水若干滴滴入眼內或可當洗藥之用或可噴入皮膚內治大痛又有醫士用之治第一胎產孕太久擦於子宮骨外又治溺管變窄與肛門肉筋斂縮之痛等病

啤啦吖喇酒

取法　將啤啦吖喇葉粗粉一兩準酒醕一升其取法與阿古尼低浸酒之法同

此浸酒之濃較倫書之方所作者得二分之一

功用　爲治痛之藥

服數　以十滴至二十滴爲一服

啤啦吁喲膏藥

取法　將啤啦吁喲膏三兩松脂膏藥三兩正酒醕六兩將其膏與酒醕置乳鉢內磨勻之待其不消化之質沈下後則傾出其清水蒸出其酒醕或熬乾之將所得酒醕膏合於已用熱水盆融化之松脂膏藥質連加熱調之至其膏得合用之濃此爲新設之方其膏內含阿脫路比亞而不含其酒醕內不能消化之膏質

啤啦吁喲油膏

取法　將啤啦吁喲膏八十釐合於蒸水數滴磨勻添提淨豬油一兩和勻

功用　此藥可治腦筋等病之痛又可將啤啦吁喲作沖水或洗藥作外科之用

解法　用吐藥或瀉藥或收斂性之沖水或在頭上減熱又用外科之行氣血各法如服此藥者已有暈睡情形則可服淡輕養與治毛地黃之毒相同觀毛地黃一節

阿脫路比亞（此爲鹼性毒藥而從啤啦吁喲根取出又名阿脫路比尼）

啤啦吁喲之藥性俱藉此鹼類質此質於一千八百十九年化學家步蘭德士初查得之於一千八百五十一年收入倫書

取法　將啤啦吁喲新作乾之根磨爲粗粉二磅正酒醕十升熟石灰一兩淡硫強水至足用鉀養炭養亦至足用哥囉方三兩提淨動物炭至足用蒸水十兩將其根之粉置於酒醕四升浸二十四小時屢次調之傾入過濾器而令其餘下之酒醕漸漸濾過將所得浸酒傾入瓶內加石灰搖動之數次濾之而添淡硫強水至少有餘再濾之蒸出其酒醕四分之三將預備之蒸水添入其餘質內輕加熱速熬乾之至其流質餘下之體積爲原體積三分之一而不發酒醕之臭爲度待冷漸添鉀養炭養水必連調之不停至幾滅其酸性爲度又必謹慎察其酸性不至全滅

待六小時不動而後濾之添鉀養炭養至其水明顯鹼性爲度傾入瓶內合於預備之哥囉方搖動甚猛令其和勻後傾入有玻璃塞門之漏斗其哥囉方沈下後則開塞門而放出用熱水盆加熱蒸之其蒸器必與凝器相連將其餘質在暖正酒醕內消化之將所得之水合於動物炭少許消化之濾之熬濃之待冷則有無色之顆粒結成

以上爲埋納所設之法略改變之其酒醕能分出根內所含阿脫路比亞合蘋果酸之天生鹽類後用鈣養則化分之而放出其阿脫路比亞此鹼類能爲熱所化分又如遇水若干時亦能化分如合於硫養則立能化合成阿脫路

比亞硫養$_{三}$而所加之鉀養炭養$_{二}$非有餘則令其阿脫路比亞硫養$_{三}$水結成松香類質後濾此質則分開其松香類質在後加鉀養炭養至有餘則令其阿脫路比亞分開而仍存於水中消化後所加之哥囉仿令其阿脫路比亞爲此質所消化至末用酒醕消化之而合於動物炭浸之則得提淨之阿脫路比亞埋納用此法不用哥囉仿則每根十二兩得此質二十釐

另有他種取法亦錄於左

蒲楷達以水沖其根用碘令其結成所得之質爲阿脫路比尼碘碘養$_{五}$又用鋅與水化分之如加鉀養炭養則其鋅

全分開可用酒醕消化其阿脫路比亞

又有化學家勒克司敦將二淡輕$_{四}$養三炭養$_{二}$一塊懸於其葉之煮水內此煮水未濾之先添淡硫強水少許則阿脫路比亞之顆粒漸漸分開再用淡淡輕$_{三}$水洗之乾之依此法則葉一千張能得阿脫路比亞五釐至六釐

又有法可用勒波爾待所設取弟其大里尼之法用木炭等料亦能取阿脫路比亞觀毛地黃一節

化學家普蘭太云阿脫路比亞之式與打都里亞之式相同即炭$_{三四}$輕$_{二三}$淡養$_{六}$此質能成白色柱形顆粒能透光有絲色又能成針形顆粒與雜那以亞硫養$_{三}$同形阿脫路比亞無

臭味辣而苦每一分能在冷水二百分或熱水五十四分內消化或在冷酒醕一分半內消化如用以脫須二十五分方能消化其質有鹼性加熱則先融化後幾分化散幾分化分能合於酸質成苦味能消化之鹽類如合於硝強水則成黃色之水如合於硫強水則變爲紅色之水此爲沛離拉之說如合於鉀養或鈉養加熱則化分而放出淡輕$_{四}$養如遇碘則變紅色合於樹皮酸則結成如合於金綠$_{三}$則結成黃色顆粒如合於鉑綠$_{二}$或汞綠$_{二}$則結成黃色之粉此爲普蘭太之說

功用　阿脫路比亞之藥性與哱啦吖喇相同惟更重耳

因其毒性最重醫士不準在內科中用之間有用之者以三十分釐之一至十分釐之一爲一服眼科用之最佳因較哱啦吖喇更合用如睛珠變質不明大房水變質等病用此俱能令瞳人放大

阿脫路比亞水

取法　將阿脫路比亞四釐正酒醕一錢消化之再加蒸水七錢先將阿脫路比亞在酒醕內消化之而後添水即成

功用　每水一兩含阿脫路比亞四釐即每一〇九五分內含其一分用二滴至五滴足令瞳人放大

阿脫路比亞油膏

取法　將阿脫路比亞八釐正酒醋半錢提淨豬油一兩先將阿脫路比亞在酒醋內消化之後添豬油和勻此油膏每一兩含阿脫路比亞八釐則較其水濃一倍如將此油膏五釐至十釐擦於太陽或眼之周圍能令瞳人放大

阿脫路比亞硫養

取法　將阿脫路比亞一百二十釐蒸水四錢淡硫強水至足用先將其阿脫路比亞在水內和勻漸添硫強水至其阿脫路比亞全消化而其水有中立性爲度加熱至不外一百度令乾

此方原載於倫書收入英書而後去之一千八百六十七年又收入英書此質有大毒性祇能作外科之用醫士用此鹽類較用阿脫路比亞更多因更易在水內消化而更不易化分如欲用此質令瞳人放大則可用下法作其水

阿脫路比亞硫養水

取法　將阿脫路比亞硫養四釐蒸水一兩消化之

此水於一千八百六十七年初收入英書醫士以爲此水較阿脫路比亞水更合用眼科醫士近時常用阿脫路比亞水之法用極薄紙或薄膠片醮阿脫路比亞硫養水即每平方寸五分之一可含此鹽類質二百五十分釐之一又每十分寸之一之邊成一方含此質千分釐之一其用法將食指之端少令其溼黏其小方令病者張其眼貼於眼皮之內後用布包其眼至瞳人放大爲度觀醫學新聞紙眼科新聞紙藥品記錄等書

辣椒　西名揩普西古末果又名尖頭揩普西古末布羅瑪之名又名處里藥品內用其乾熟之果從桑西巴爾運至英國

辣椒有數種原產於南亞美利加從該處傳至歐羅巴亞細亞各處此因東方之人喜用辛味之質故傳布甚速印度人雖多種辣椒尚未特設一名故謂之紅椒歐羅巴人常名曰處里此爲墨西哥國土語而包括椒之全類波郎云從此名目可知此椒類原從亞美利加而來有數種略爲不知者當爲不同類然此一類之果俱爲有肉稞果惟其質乾耳

藥品中所用辣椒爲存一年之草本故立尼由司名曰一年辣椒而布羅瑪設名曰尖頭揩普西古末其草之全體平滑深綠色高一二尺其榦有枝面有槽而有角形葉似鋭卵形間亦似戈頭形無分葉面光亮間有在莖下面處生毛花小白色從葉榦間角發出獨生向下垂萼分五出

花瓣輪形等長鬚五箇托線短鬚頭深色而連合其張開之法爲直者果堅內有汁分兩膛每膛內有乾扁之種子甚多果之形狀不等有圓者有橢圓者有心形者有牛角形者其色或大紅或紅或黄其味最辣者有之少辣者有之常見者爲牛角形長二三寸在底徑半寸至一寸此各種謂之揩普西古末而其草名曰一年揩普西古末又有一種名雞距椒其果長而細似乎雞距又有數種果似球形或有分裂形狀此種謂之小果形揩普西古末如其果小長而尖俗名雀椒正名細辣椒如其草已過一年而未枯萎者則少有木本之形此種謂之矮密形揩普西古末

凡椒類在各熱地種之如英國則必在玻璃房內種之有一種俗名幾尼椒產於阿非利加又有一種名莢椒產於印度與西印度列島

辣椒之乾者入藥品間有長二三寸之果其更小者醫士更喜用之其莢爲木形之質所成長十二分寸之五至十二分寸之八寬十二分寸之二其形直略有圓錐形而平滑光亮端尖少有槽紋色紅如橘皮味最辣此爲英書之說此果搗成粉西名開恩椒即紅辣椒粉常有人將此椒存於醋內名曰處里醋其辣質亦能爲水所消化又酒醕以脫定質油俱能消化之化學家福知哈瑪化分之得紅

色染料並含淡氣之質植物膠數種鹽類質又得一種中立性松香質名曰揩普西幾尼色白面發光如珍珠辣味最重布拉克奴云此藥性質爲油類之性味最辣易於化散其霧亦最辣

功用　辣椒爲引炎藥又爲辣性行氣藥熱地多用之爲加味之料間有用之在重痧子病內合於食鹽爲行氣藥又用之爲引病外出藥又如喉失音用爲漱喉藥又作糖片服之

辣椒酒

取法　將辣椒搗碎四分兩之三正酒醕一升其取法與阿古尼低浸酒之法同

功用　爲惹胃藥以五滴至半錢爲一服爲行氣藥又可將四錢合於玫瑰花沖水八兩作漱喉藥醫士貪捺蒲拉用其濃浸酒即辣椒四兩浸於正酒醕十二兩內消化之以此浸酒作引病外出藥

醉仙桃葉　即風茄兒西名司脫拉暮尼又名司脫拉暮尼打都拉立尼出司之名藥品中用其乾葉又用其種子之熟者英國多種之

印度人自古以來用數種打都拉爲藥品此爲印度音而阿喇伯人從印度得之名曰司脫拉暮尼而阿喇伯人之原名曰治司瑪西勒又名瑪西勒又名米昝勒此醉仙桃

產於雪山。觀雪山植物書第二百七十九頁又在印度固斯山上略爲該處之本草而疑其從該處移至土爾其京都後從此處有人名奇拉特帶至法國又有福息由司從意大里得之

醉仙桃之形如第一百六十八圖爲存一年之草生長甚茂高三尺至五尺幹多枝上面分二分其形密其臭可憎面平滑根大白色有多絲紋葉從幹椏發出形大在底不相等略爲卵形有不等彎線齒形面平滑其邊之齒形與銳彎線形各不等葉脈簡色淡暗綠花從葉幹間角發出直立白色其香頗佳夜間香更佳長略三寸萼長似管形中似肚腹形分五角有五齒落下則子房口有圈形痕迹

第一百六十八圖

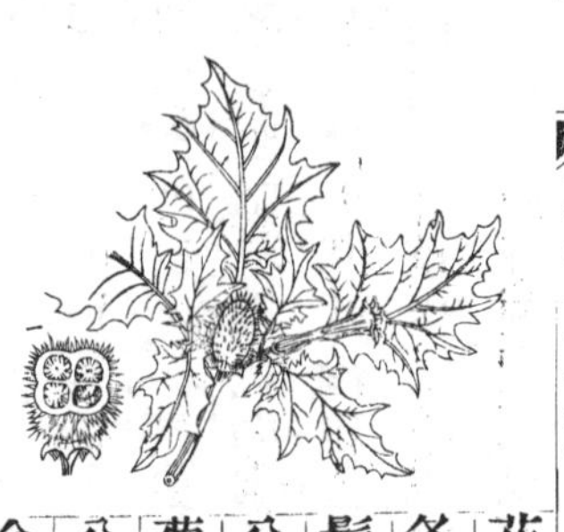

花瓣似漏斗形整齊而有角各分有利尖各分相合成瓣鬚五箇子房口厚而鈍分兩分子房分四膛子殼略大如葡萄乾而多刺分爲四分每分有兩箇略分二分之膛內含種子櫻色或黑色扁內腎形其數多此草產於歐羅巴各處空地與糞堆並北亞美利加疑其原爲亞細亞植物在西七月開花

其草全體有大臭能從遠處分辨之又全體有藥性惟以葉與種子爲藥品種子爲櫻色或黑色爲片形內腎形面粗無臭如搗碎之則發臭味苦而淡印度人常用之爲毒藥因印度人喜食豆易合於豆類誤食之其葉必在開花時取之此爲英書之說其葉臭如搗碎之則更臭而作乾之間其臭更甚味頗苦而可憎

化學家步蘭德士化分其種子得定性油質蠟質松香類質膏質膠質阿勒布門等另有鹽類質並打都里亞與蘋果酸合成之質化學家揩茄與黑司已取得此鹼類質而言成光亮之顆粒無臭無色有苦味如煙草又有鹼類性易在酒醋內消化難在以脫中消化又易合於酸質成鹽類每一分須用冷水二百八十分方消化如用沸水則七十二分已能消化其性與羊躑躅相似化學家普蘭太推算其分劑數爲炭輕淡養又有化學家普路暮尼次化分其新鮮之葉祇得其尋常植物質而其葉自必另含打都里亞質化學家司脫令將其葉乾蒸之得燒成之油一種內含重毒性質

功用　爲止痛藥又爲治轉筋藥又可合於甘松同服作此等之用又因能止痛則能助睡其藥性與啤啦吋喲略同以其粉一釐至五釐爲一服如腦筋痛或風溼無論作內外科之用亦能減痛醫士或言發狂之人服之亦能平

心如氣喘類病將其葉作煙葉燃吸尋常頃刻見效以十釐至半錢爲一次然用此質作煙吸之必最謹愼因恐貽誤醫士脫賚蘇云將其葉一分合於荆芥葉一分用紙作捲燃吸其煙來拉在印度常將其葉合於煙葉作捲令人吸之或將其葉浸於沸水內令人吸其霧又有醫士司基普呑將其根一兩以沸水一升半沖之服此水二兩則大得益處第其所用之葉爲驕性打都拉而最便之法可將藥肆家常出售之醉仙桃煙捲燃吸之如服打都里亞質則爲最重之毒藥雖食其小服亦能令眼之瞳人放大

醉仙桃子膏 西名打都拉子膏

取法　將醉仙桃子粗粉一磅以脫一升或至足用蒸水與準酒醕各至足用將其以脫一升合於水一升盛於瓶中搖之待其水與以脫自分開後則傾出其以脫將其醉仙桃子之粉置於過濾器內而將其洗過之以脫漸傾於其上令其流下則其子粉內之油必爲以脫消化而出待此以脫水全從子粉內流下後則將酒醕傾於其上令其酒醕漸流下至其子粉內之藥性質全收出爲度再蒸出其酒醕之大半而將其餘質用熱水盆熬之至其膏之濃合於作丸爲度

醉仙桃子含定質油甚多故難作其膏韋淚勒設法先壓出其油而後作膏英書新法先用以脫去其油而其醉仙桃子之質不能在以脫中消化

功用　能止痛又爲治轉筋藥以四分釐之一至三釐爲一服或可合於水成漿鋪於患處

醉仙桃酒 西名打都拉酒

取法　將醉仙桃子二兩半準酒醕一升其取法與阿古尼低浸酒之法同

服數　以半錢爲一服一日二三服

解法　用行氣吐藥又傾冷水於身又在頭後用弔炎藥卽與解啤啦町喲之毒相同

羊躑躅 西名黑色海亞西阿母司立尼由司之名英俗名母雞毒此爲存二年之英國草其乾葉與乾枝入藥品案西藥略釋譯曰鬧羊花

此草自古以來作藥品之用希臘人名曰惱思客那母司阿喇伯人名曰奔智印度人用其子名曰可拉薩宜烏知韋納

羊躑躅如第一百六十九圖爲存一年或二年之草卽將存二年者之種子種之如其地土與天氣合宜則第一年內能長大而成熟根如梭形存二年者與小胡蘿蔔根相似在冬時或春時觀之常如此此爲胡勒登之說第一年之草從根發出之葉若干俱有葉莖外面有密亂之細毛

摩其面不覺澀而冷不發臭在長足之時則此兩事俱有之第二年春時月發一起葉俱連於幹而其花亦連於幹

第一百六十九圖

上幹高一尺至三尺不常分枝面生細毛毛根有小核而其毛面少有黏性之質如膠葉無葉莖幾分包圍其幹間有葉下端包幹在下者間亦有幹形長而銳間有其邊有亂割之形或為彎形似分如翎毛摩其面澀而冷又發臭難當色淡暗綠少生細毛而其中筋有長毛其根有小核與幹上之毛相同花幾無花莖從葉幹間角發出略為獨生從一邊發出直立較葉更短萼似漏斗形分五出外面生細毛如呢花瓣如圖之二號漏斗形其體伸開分五出各出大小不等色似暗稻草色面有深紫色脈紋鬚五箇向其托線生細毛子房略似卵形面發亮分兩膛而有多胚珠與子胞衣相連花心莖似線形子房口如圖之一號圓頭形子殼平開而有凸形之蓋內分兩膛種子甚多子小形圓面有多細點色淡灰此草產於歐羅巴各國之空地又在波斯等國英國之米綽末前時種兩種一為存一年者一為存兩年者不知該處今仍種此兩種或否其存一年者較小而花瓣常無紫色之脈

羊躑躅草尋常在西六月初開花其存一年者開花之時更晚其種子在西八九月成熟其存二年者最佳英國喜欽人蘭蘇末種四畝（案即中畝約二十八）每年每畝得葉一噸至五噸第一年所得之葉在西八月取之出售者名曰海亞西阿母司葉在第二年西七月取者其藥性更重可為作膏之用每此草一擔能得膏四磅至七磅半（觀一千八百六十年藥品記錄書）有人以為不可用其存一年之草應用其存兩年者此為英書之說又葉應在初開花時取之然尚未有人得據知其一年之草合法養之則其藥性較二年者更靈來拉在印度薩哈倫波爾時多種此草於植物院內因在該處水土合宜則下種與收葉俱在十月與三月之間而此草生長雖速所成之膏有數醫士最佩服之醫士土愛凝在印度京都公醫院內試之言為上品之藥若生於更冷而更溼之地則其草或不能速成故非兩年不可苦里司脫生云在蘇格蘭會城種之而試之所種之草較野生者不分上下又在春時其草未生幹時取其葉亦可作藥品之用英書言必待其花已開三分之二則可取葉此葉必從其幹取之第二年從根發出之葉不可取之取時必速與幹分開鋪於暖而通風之暗房內作乾之味應少苦似樹

膠其臭應與其草略同葉無葉莖長而有銳彎形之邊少生細毛其毛有黏力而發臭旣乾之後其大臭與辞味幾不顯出

化學家林特白格孫化分羊躑躅之葉得尋常植物膠質另有苦味膏質甯睡性之質並數種鎂養鹽類步蘭德士化分其甯睡性之質得一奇異鹼類質與蘋果酸化合者此鹼類名曰海亞西阿母亞此質之性與阿脫路比亞大同小異在水中更易消化

化學家鄧茄與黑司兩人得此鹼類質顆粒如針形而其排列法如輪輻易融化又易化散如蒸之則易化分其質

有鹼性能滅酸質之性成顆粒形之鹽類易在酒醋或以脫中消化而難在水內消化如淨海亞西阿母亞鹼類質性最毒能令瞳人放大如用水令溼則其臭與熟煙葉相同

如將羊躑躅葉用乾蒸之法則得最毒之燒成油質即如茄科之他種植物並毛地黃俱能乾蒸之得同類之質

功用　有甯睡性爲止痛藥與睡藥凡欲治痛與平腦筋或欲令人安睡則可服之不致令大便不通有如鴉片等質之弊所以此藥常與汞綠或他種瀉藥或治轉筋藥合用內科中用其粉以五釐至十釐爲一服或用其膏或用

其酒俱可外科用之合於沸水敷痛處或將其葉作軟膏或將其酒或膏合於啤啦吖喇葉同用

里必格曾查明鉀養水等烙炙定性鹼類質能滅羊躑躅醉仙桃啤啦吖喇三種質之毒性然其鹼質若合炭養或二炭養者則無此性所以烙炙性鹼類質不可與此種藥合用而其含炭養之鹽類則可用之或言將羊躑躅酒一錢合於鉀養水十滴則其毒性全滅又如將阿脫路比尼合於烙炙鉀養則不能令瞳人放大

羊躑躅膏

取法　此取法與阿古尼低膏之取法同用羊躑躅之鮮

葉與嫩枝

功用　如將其鮮葉與嫩枝壓出之汁在乾空氣多行過之處令自乾或在眞空內令自乾則爲最合用之膏又如用酒醋消化葉內之質而成膏其性更重凡欲用羊躑躅可用英書正法所成之膏以五釐至二十釐爲一服

羊躑躅酒

取法　將羊躑躅葉粗粉二兩半準酒醅一升其取法與阿古尼低酒之取法同

功用　爲甯睡等性之藥以十滴爲一服能安腦筋以一錢至二錢爲一服則爲甯睡之藥

淡巴菰又名煙葉西名淡巴菰尼古低阿那立尼由司之名爲藥品者爲亞美利加所種用其乾葉

淡巴菰係亞美利加原產之草略於一千五百五十年初帶至歐羅巴從此通至東方各國並地球各處今種淡巴菰之處甚多

如第一百七十圖甲爲勿爾吉尼亞所產淡巴菰尼古低阿那乙爲鄉間尼古低阿那淡巴菰之根有多絲紋幹直立分多枝其面有黏性之質幹高二尺至六尺葉無托莖而似長戈頭形其下葉之下端抱護其幹葉最大少生毛面有黏性之質花在幹端成密頭花萼長而鋭萼似管形有發腫之狀分五出面生毛其面有黏性花瓣色似玫瑰色形如漏斗喉似吹氣發腫中有肚腹形其體伸開而有

第一百七十圖

摺形有五筒鋭形之分鬚五筒向外彎子房似卵形花心莖長子房口邊有齒形子殼尋常分兩膛每膛分兩分在頂橫裂在分之末分兩分種子多而小形如內腎而連於厚子胞衣原生於亞美利加之暖處今在地球各處生長者甚多

西國常出售之淡巴菰爲上言之類所生即如美國之勿爾吉尼亞邦與印度國等處亦有此一種或言用彎邊葉尼古低阿那之葉作小呂宋煙當爲古巴煙或言敘利亞國與土爾其國之煙爲鄉間尼古低阿那所成又云希臘斯之煙爲波斯尼古低阿那所生常出售之淡巴菰爲黃椶色葉質軟而韌摩之稍覺冷而溼臭與蜜略同另有甯睡藥之臭而其鮮葉無此臭如勿爾吉尼亞所產煙葉雖爲極猛而最合於作藥品因其濃淡不改變爲可恃者英書言明藥品內所用之淡巴菰必爲他國所作之熟煙不可在英國作其熟者其有藥性之質能爲水或酒醋或葡萄酒消化而收出設如遇熱則滅其藥性化學家浮扣林詳細化分淡巴菰又有化學家黑沒司達得於一千八百二十一年在淡巴菰內得一種雜自散油質名曰尼古低阿尼尼又有化學家波西脫與來曼兩人化分淡巴菰每百分得尼古低阿〇·〇六分尼古低阿尼尼〇·〇一分膏質二·八七分樹膠一·七四分克羅路非勒〇·二六分植物阿勒布門與哥路登一·三〇分瑪里克酸〇·五一分立故尼尼與小粉四·六五分鹽類〇·七三分矽養〇·〇八分水八八·二八分共略得一百分近有化學家蒲脫倫與恆里細考尼古低阿之形性化學家哇爾非拉將水合於硫養

令有酸性又將淡巴菰之煙噴入其水內則得尼古低阿硫養$_3$再將此質用鉀養化分之加熱令其尼古低阿化散用受器收其霧則得油類形稀流質易於自散無色味辛少有淡巴菰之臭如加更大之熱則其臭更大設如加熱令變成霧則其霧最辛而淡巴菰之臭大至八不能當重率一·○四八有鹼類性能與酸質合成鹽類能在酒醕或水或以脫中消化又能在定質油或自散油內消化加熱至七十七度則化散與尋常金類本質相遇則其變化與淡輕$_3$同遇濃硫强水則變紅色遇冷鹽强水則放白色之霧如合於鹽强水而加熱則成紫色如合於淡養$_5$加熱則變紅黃各色如遇樹皮酸則結成此爲與淡輕$_3$不同之處又如合於金綠$_3$則結成之質能在許多尼古低阿內消化

尼古低阿爲淡巴菰有藥性之根原其毒性最大每淡巴菰之葉一千分含此質四分至十二分不定其原質爲炭$_{20}$輕$_{14}$淡$_{2}$尼古低阿尼尼爲似乎樟腦性之自散油味苦其臭與淡巴菰同其形性大略因含尼古低阿少許如將淡巴菰乾蒸之則得燒成油質爲最毒之質如用久之煙袋其臭俱因此質而成其質亦最毒略爲自散油之類內含尼古低阿質若干

功用　爲行氣藥可在身上任一處用之所以爲鼻嗅藥並生津藥又用之爲平火安心藥與安肚腹腦筋藥又爲吐藥微利藥利小便藥任遇身之一處俱能顯出藥性而尋常之用爲解鬆痛處即如小腸疝病或因腸內有痛而便秘或因溺管痛而小便不通等病用之俱有放鬆之功力如尋常吸煙漸收尼古低阿至身內而不顯其毒性因從血內速放出入溺等棄津液內不存積於血內故其毒不多覺之

淡巴菰外導藥

取法　將煙葉二十釐用沸水八兩沖之盛於蓋密之器內待半小時濾之

功用　爲平火安心藥又安肚腹腦筋祇爲上所言各事之用第一次用之以二十釐爲限如不足則下次可加其數

上海曹鍾秀繪圖
桐城程仲昌校字

西藥大成卷五之四

英國 來拉 海得蘭 同撰　英國 傅蘭雅 口譯　新陽 趙元益 筆述

第一類外長又名兩子瓣

第四部無瓣花

蓼科 西名波里谷那西依珠西亞之名

此科之草產於赤道北温帶內最多，而天下各處亦有之，有數種其嫩枝有酸性，即大半含草酸，其更老者則有收斂性，另有瀉性者，如數種大黃類與羊蹄類，又有一種名蕎麥，西名法哥貝羅末，多種子，所生之粉與麵粉略同，又有一種名殼可羅罷烏伐非勒，西俗名海邊葡萄，或言此草產牙買加幾奴

拳參 西名波里谷奴末比司托撻俗名比司托撻

此草係英國所產，根本含樹皮酸頗多，又含沒石子酸，小粉木紋質，味粗而濇，色深櫻，面有皺紋，又有圈紋，其根常有回彎兩次者，如第一百七十一圖，今不入正藥品

第一百七十一圖

功用 為收斂藥，以十五釐至半錢為一服，或作其煮水，以一兩半為一服，或作外科之洗水，間有人用之治癰疾

英國又有數種羅米克司草即羊蹄草作藥品之用，如第一百七十二圖，其根尋常含苦味之質，有一種名酸羅米克司即酸模，俗名蘇爾愛拉，其葉內生鉀養二草酸，又其同類之草，其葉亦有此質，惟其數更少耳

第一百七十二圖

大黃 西名里由末根，此草為里由末類之一種或數種，尚未定其為何種，其根去皮而乾之，上等者產於中國滿洲西藏而運至各國，英俗名路巴伯

古時代司可立弟司書中所言大黃名曰里由捺，而羅馬人名曰里由末，然其論此根之說與今大黃不相合，後有醫士依幾尼他保羅司等書內所言者與今所用之大黃相合，阿喇伯國有數種，名曰印度者、哥剌森者、中國者，其中國者名拉温特泰，依波斯國書中言明希臘國之里由捺為本國之拉温特，即大黃，又云其草名里罷司，今西國常用之大黃為里由末類草之根本，而植物學家尚未定其歸何種，來拉作雪山植物書第三百十四至三百十八

各頁言大黃貿易之事又云依所聞之說則產大黃之地方必爲英國格林會知東經九十五度赤道北緯三十五度如查地圖則爲西藏之中尚未有植物學家遊覽其地又未得種子與草故不知產大黃之草爲何種等語此亦爲西國植物學家之意一千七百九十年俄羅斯國派藥品家西勿司遊覽西藏等處考究大黃草之形性回報國家云從未有誠實植物學家曾見眞大黃草又有倫敦醫士非沙在以上報言之後告於來拉云近在俄羅斯國所有查此草之事祇知產大黃之草非樱櫚形里由末而爲更小之草葉圓而有齒形近在俄羅斯國與中國交界處

恰克圖卽買賣鎭有大黃局內有藥品家指羅云從來所有考究大黃之根原者俱錯已用盡各法欲得其草與種子俱不能得之又有醫士法可那從印度克什米爾之邊走通西藏至暮士打山卽格林會知東經七十七度北緯三十六度該處有土王阿米特沙從產大黃之地收大黃爲禮物在該處詳細訪問常出售之大黃而不能得可恃之說惟在該處得里由末草之新種又得大黃[illegible]土名哇薩辣拉温特然此爲印度西北稱籐黃之名又在該處用大黃根爲顏料想印度屬地阿桑所有從內地來往貿易者應知大黃草之底細故應請該處之人詳細訪問

大黃類西名里由末立尼由司之名又列於九箇鬚一箇花心

其花全而不分圍鬚苞似花瓣分爲六分各分相等鬚蕁常九箇在其外三分之底成對排列而在其內三分之底爲獨排列托線錐形鬚頭能轉動如指針子房如三角形有一膛獨胚珠生於子房底在胚上直立花心莖三箇短而回彎子房口三箇完全略爲圓板形向外伸獨子在殼內不相連三角形其翅寬在其底有枯乾圍鬚苞托之種子直立三角形胚直其小根背其種子臍眼而排列於似麵粉之阿勒布門質軸內子瓣平小根短而向上

大黃爲草本植物如第一百七十三圖其根本存多年分

第一百七十三圖

多支其支厚內有多汁尋常榦高四尺至十尺惟以下第一與第二兩種不在此說之內葉大略爲心形邊有浪線形之齒在其底抱護其榦或根其葉或全從根發出或有榦者則遞更排列花或成密頭或爲麥穗串形此類之各種草有益於人不第因其根本可作藥品又因其葉莖之酸性汁適口故以其汁爲夏時可飲之酸水或以其莖燒熟以代果產於地球冷處如俄羅斯國之南西伯利西藏中國之北雪山阿富汗波斯等處所以其各種能在歐羅巴露天種之惟不知何種能產俄羅斯國或中國之大黃故不能詳細言之祇能將其各種略言之而已

麥穗串形者

第一種麥穗串形里由末來拉之名產於幾郎山峽並他處如哥那哇爾亦產之醫士法可那在西藏亦遇見之

第二種摩爾格落甫脫里由末來拉之名產於雪山之尼替峽醫士法可那亦在西藏遇見之

以上兩種所開之花與以下兩種不同其根之質更密其色之黃更深而較以磨弟里由末與韋巴爾里由末更如此此兩種里由末之粉爲淡而光明之黃色所產常出售之大黃者恐與此兩種略相似法可那在西藏見此兩種又另得一種如滿洲高乾與冷處生此各種里由末故疑其形狀爲相似

繁麥穗串形者

第三種以磨弟里由末話辣之名另有杜那名曰南方里由末

第四種韋巴爾里由末來拉之名產於珠爾山與尼替峽如土愛疑試驗之大黃爲此種所生者

第五種里罷司里由末立尼由司之名波斯與阿富汗之人名此種曰里罷司或里法司該處土人最喜此草而食其葉莖以代果酸味最佳或稱其根曰拉温特此草爲古時塞拉披恩所名曰里華司其書中言此草葉莖之汁爲

適口最佳之酸水或言敘利亞山亦生此草

第六種拉奔弟里由末立尼由司之名又名亞畢斯山拉奔弟此草產於黑海邊與裏海邊之北又在窩瓦河相近處空地並西伯利如西伯利之大黃爲此草所生植物學家疑此草爲古人用大黃之根原英國多種之食其葉莖又英國班蒲里多種之用其根又法國摩爾比罕省近於羅利庸城之里由末蒲勒亦種之用其根

第七種密紋里由末非沙之名此草從俄羅斯國京都送至倫敦勅勒西藥材公會園內種之其根大或言其色與味與土爾其大黃同

第八種白根本里由末巴辣司之名又名矮里由末西勿司之名此種產於哈薩克沙漠內並西伯利之南與阿爾泰山或言此草所生者係白色大黃又名皇家大黃

第九種浪紋形里由末立尼由司之名產於西伯利滿洲與中國該處有作貿易之滿洲人將大黃草種子送與蒲爾哈伐言爲眞大黃種子種之則得本第九種並下第十二種相合或言法國亦種此種草所有之大黃名曰法國大黃

第十種揩恩比里由末非沙之名產於裏海邊與阿爾泰山

第十一種緊密里由末立尼由司之名此草產於中國之滿洲或言法國所種之大黃內亦有此種其質與中國者大同小異英國亦種之得其葉莖以代果

第十二種椶櫚形里由末立尼由司之名此種易與他種分別因其葉圓似心形略與椶櫚類葉之半相同而葉之各分亦最深根大分多支外面椶色內深黃色疑爲蒙古山近於萬里長城處原產者蒲爾哈伐收此種並第九種之種子而送者言爲眞大黃種子在歐羅巴種之而與中國及俄羅斯國之大黃相比則較他種更相似其臭味與內質紋及化學內之變化俱是大同小異

另有一種雜種里由末汲立之名此種尚未定準其根分外大歐羅巴並英國數處種之如英國種此種與拉奔弟里由末緊密里由末以磨弟里由末並其相似之數種在英國多種之食其葉莖

常出售之大黃大半出於中國之滿洲並在圍青海之山與平原近於西藏處此爲巴辣司與立曼之說最多在甘肅省內夏時從生六年之草取之挖起之後洗淨剝皮切塊塊內鑽孔用繩串連在日光內曬之秋時帶至西寧城此城內有久住之蒲他里貿易人買之送至恰克圖或送至中國之北京廣州澳門如恰克圖俄羅斯國之大黃局

取其佳者而去其壞者最爲謹慎又用刀修其塊去其餘皮與餘根又查其每塊之中有腐爛與否因常有外面尚好而內已腐爛疑爲曬乾之工過速之故來拉查韋巴爾里由末之根常有腐爛者先裝袋內置於多通風之處後裝箱送往俄羅斯每得四萬磅爲一批

西國常出售之大黃分爲六種內有三種係中國者

第一種俄羅斯大黃又名土爾其大黃而俄羅斯國內名曰中國大黃此大黃從中國與西藏等處運至俄國與中國交界城恰克圖後帶至俄國京都從此分運歐洲各國其塊形狀不同爲參差圓形或角形此因其皮用刀削去

之故間有圓柱形之塊或平塊或鑽多孔之塊外面平滑色黃內質頗密折剖面參差形間有紅白脉紋相間者臭大而奇少有香味苦頗濇嚼之則口內如覺有砂令口津變黃色如磨成粉則爲光黃色有考究顯微鏡者苦愛克脫將大黃細查之每百分得鈣養草酸之微顆粒三十五分至四十分此微顆粒合廣小粒與細砂略同形此質名拉非弟士此顆粒存於大黃質紋膛內嚼之覺如細砂子此爲大黃之最佳者其內外俱不可有樱色之點又如將硪養擦於外面其黃色應不變樱色此爲英書之說

第二種蒲加里大黃此大黃過布路的與尼施尼爾處運

至奧國京都維也納在該處出售法白爾將此大黃數塊送與醫士沛離拉而言其根源大略以爲此大黃爲俄羅斯大黃之下等者如帶至恰克圖則必爲俄羅斯查驗大黃之官拿住燒毀故必另擇一路運至歐洲出售此等大黃之成色在俄羅斯國中國大黃之中間從未有上等大黃在內

第三種中國大黃又名西印度大黃又分爲三種一種名荷蘭國削齊大黃一名巴達維亞大黃此大黃依其式而名平大黃或圓大黃而與俄羅斯國大黃相似大略爲與俄羅斯國者同處出產間有運至廣州者而從廣州徑運

至歐羅巴出售或先運至印度而從印度運至歐羅巴此大黃與前所言者形狀略同其外皮似用刀削去而不似刮去其塊之中常有繩條此爲原串連時之繩又一種常名中國大黃又名西印度大黃又名半削平大黃形狀與俄羅斯國大黃不同因其形狀參差總未有角形而其邊略有圓形似不用刀削平而用刀刮去其皮之形間有黏連之皮其根亦比俄羅斯國者更次外面之色暗黃常有數塊比他塊更重因其質更密又其面之網形紋更亂而爲黃樱色又一種沛離拉名曰廣州大黃條此大黃爲圓柱形之塊長略二寸徑半寸至四分寸之三此大黃大略

爲中國西方各省山內所產者即如四川與甘肅等省之山是也

以上大黃三種俱爲中國界內生產故古名曰中國大黃而倫書亦有此名

第四種西伯利大黃英國法白爾曾買此大黃送至英國出售此大黃有化學家古拉司門等人名曰西伯利拉奔弟根此大黃爲長薄之條幾爲圓柱形或爲梭形外皮巳去中間有鑽通之孔外面之色淡黃內爲樱黃或紅白其臭與味與上等大黃略同惟更淡耳口內嚼之不覺有砂粒沛離拉云此大黃與英國所種之里由末相似後有化

學家査得英國班蒲里所種里由末與生西伯利大黃者眞相同即爲拉奔弟里由末奇布特云前在西伯利多種淚紋形里由末因俄羅斯國女皇加他隣特意從中國得其種子在該處種之一千八百五十三年有人將此大黃數箱運至英國出售疑爲此草所生而貿易之人言不能再有此大黃出售因種之大虧本故無人肯種也

第五種雪山大黃此大黃爲數種草所生者故其成色常有不同之處有一種疑爲摩爾格落甫脫里由末所生者係摩爾格落甫脫同班武弁希爾西將若干交與來拉其色光而淡黃一千八百二十七年來拉書中云其形性與

藥性與生平所見最佳之大黃相埒來拉又在薩哈倫波爾公醫院內試用韋巴爾里由末之大黃言其成色爲最佳後將此大黃若干送至加爾各搭公醫院託醫士土愛凝試驗之共用之四十三次以二十釐至三十釐爲一服其瀉性最佳幾與上等土爾其大黃同又食其小服爲補藥與收斂藥亦爲最佳凡應服大黃爲瀉藥用不過大之服數則功用最大又用之治泄瀉病四次知此雪山大黃爲上品者如久試驗之得知其功用無可疑之據則雪山大黃可謂印度藥品內緊要者之一種

此大黃與尋常大黃形性不同樱色其皮尚未剝去質紋輪輻形少鬆如海絨色黃樱臭小但其新曬乾者依土愛凝之說少有香味苦而少濇來拉常檢出其根之分支因其根本常有在中腐爛者取此大黃切成短塊而用繩串之便於掛起曬乾雪山大黃或有若干分爲以磨弟里由末所生者或爲尼泊爾或向不丹之山峽內所產此大黃未知其何種所生然各種不可依其形狀而分辨其高下必依其爲藥之功用而定之

第六種英國大黃此大黃在狗哥斯佛爾省班蒲里種之前有每年產二十噸者俱爲拉奔弟里由末所生英國俱以土爾其大黃爲最佳故常有謀利之英人服土爾其人

之衣服往各鄉間將英國大黃以貴價出售言爲土爾其大黃其塊形狀不等間有似蛋形或爲圓柱形此種謂之英國大黃條外面平滑其面擦黃色之粉質輕而鬆略如海絨色稍紅味如樹膠而少濇臭小而難聞英國常出售之大黃粉雖名曰中國大黃或曰土爾其大黃而常有英國大黃粉雜於其內

大黃化學性情尚未考之極詳查所著論大黃之書則知其根所含之料可分爲六類

一　里由以尼爲奇異中立性之質又名可里蘇凡尼克酸能在鹼類質內消化成樱色或紅色之水或以爲此質

乃大黃藥性所藉之質遇放養氣之質則變以里脫魯西克酸或言其原質爲$炭_{〇}輕_{八}養_{六}$

二　三種粹性松香類質爲施陸司白格所查得者其色黃而其消化於以脫或酒醕之性各不同一名阿布里替尼一名非由里替尼一名以里脫里哇里替尼此質合於鹼類則成紫色之水

三　樹皮酸與沒石子酸苦膏質如根內紅色脈中含沒石子酸與樹皮酸最多

四　鈣養草酸之顆粒此質在根內之膛結成顆粒名曰拉非弟士俄羅斯國大黃含此質最多而英國大黃含此

質最少

五　有自散油質少許即令其臭易於分辨

六　小粉糖立故尼尼質俱爲大黃所含者即大半植物質亦含之但用顯微鏡觀小粉顆粒爲最小者所以如有謀利者將麥等質之小粉雜於大黃粉內易以顯微鏡分辨之因此各顆粒較此小顆粒大數十倍也

醫士米卡以里司想里由以尼爲補藥又想其瀉性藉其松香類與鈣養草酸相合之質查俄羅斯大黃一百分含里由以尼四·三分松香類質一〇·三分鈣養草酸一五·二分濇性膏質一四·七分木紋質一四·分其餘爲小粉與水又化分英國大黃所得里由以尼質之數略同所得松香類質與鈣養草酸略爲一半所得濇性膏質與木紋質略多一倍

里由以尼又名路巴伯里尼又名可里蘇凡尼克酸有化學家杜勒格茄羅酷白三八細考究之此質能從大黃沖水分出之分出之法用拉波爾待所設用動物炭之法觀毛地黃節此爲中立性之苦質爲小而黃色柱形顆粒少加熱則融化加大熱則幾分化散而再凝結幾分化分少能在水中消化又能在以脫並熱酒醕內消化不能在鹼類水中消化如大黃浸酒內常有以里脫魯西克酸結成此質

結成之故大約因空氣之養氣遇里由以尼質而變成又有法能得其更淨者即將大黃合於硝強水加熱令其消化則得橘皮色粉不能消化者將此粉先以水洗之則可用以脫或熱酒醕分爲以里脫魯西克酸並不能消化之餘質如將此酸質用鹼類水滅其性則得最佳紫色照以上令收養氣之法能易分辨里由以尼或大黃與別質

大黃之藥性質易從水中消化而出無論冷水或熱水俱可又準正醕亦能消化出之如大黃合於鹼類尋常成紅色之水此因內含里由以尼質與養氣化合或含以里脫里哇里替尼如在其沖水內加酸質則有結成之質又如

加直辣的尼亦有結成之質如加鐵絲則結成絲色質如加碘酒則成暗黃色質如黃泥色

化學家里羅巴設一法能分辨中國之大黃粉與歐羅巴所種拉弃弟里由末之粉如將中國大黃粉合於鎂養並八角油洒磨勻之則不變色如全爲拉弃弟里由末根之粉或幾分爲此質之粉則變玫瑰花色或紫色

功用　大黃爲瀉藥又爲輕補藥與收斂藥令腸內顯其逐下糞質之力所有之糞不甚稀已瀉之後則有收斂性故用此藥治泄瀉最佳因先放出腸內之質後有補性如食其小服則爲補胃藥與補藥其顏色料易收入身體內

服後不久溺中能見其色小兒常服之爲微利藥如合於鎂養或合於汞絲服之俱可又如泄瀉病可服之先令泄瀉而後能止之又可合於滅酸之質與香料服之凡欲服輕瀉藥亦可用此

服數　其粉以十釐至二十釐爲一服

大黃雜粉

取法　將輕鎂養六兩大黃粉二兩薑粉一兩用細篩篩之則每九分內有大黃二分

功用　爲微利藥與滅酸藥俗名哥來格里散以二十釐至六十釐爲一服小兒以五釐至十釐爲一服

大黃雜丸

取法　將大黃粉三兩索哥德拉啞囉粉二兩又四分兩之一沒藥粉一兩半硬肥皂粉一兩半水蘇油一錢半糖渣滓四兩先將各粉與其油調和再加糖渣滓而將各質搗之極勻

此丸與倫書之方所作者相似第倫書用芫茜油而不用水蘇油

功用　以十釐至二十釐爲一服爲瀉藥如大便久不通則此爲最合宜之藥

大黃膏

取法　將大黃或切片或搥碎一磅正酒醋十兩蒸水五升將其酒醋與水先和合則浸大黃略四日後傾出其清水壓其汁待若干時其不消化之質沈下後再傾出其清水濾出其餘質將此水與前浸水和勻用熱水盆加熱至不外一百六十度得其濃合於作丸爲度

其作法與倫書所作之膏相同

功用　以十釐至三十釐爲一服爲瀉藥又有法可用冷水與過濾之法則不必用酒醋又有更妙之法在眞空內熬之

大黃沖水

取法　用沸蒸水半升浉大黃薄片四分兩之一葢密其器待一小時濾之

功用　以一兩半爲一服連用數服可爲輕瀉藥與補胃藥如用冷水與過濾之法亦可作合用之水

大黃糖漿

取法　將大黃根粗粉二兩胡荽果粗粉二兩提淨白糖二十四兩正酒醋八兩蒸水二十四兩將其大黃與胡荽粉先和勻盛於過濾器內再將酒與水和勻而漸傾於其上熬其過濾之流質至得十三兩爲度再濾之輕加熱加糖令消化

此藥於一千八百六十七年收入英書如小兒或身弱之人服此爲最佳之瀉藥

服數　以一錢至四錢爲一服

大黃酒　又名大黃雜浸酒

取法　將大黃粗粉二兩白荳蔻搗碎四分兩之一胡荽搗碎四分兩之一番紅花四分兩之一準酒醋一升其取法與阿古尼低浸酒之法同

功用　爲提精神藥與補胃藥以一錢爲一服如以半兩至一兩爲一服則爲瀉藥

大黃葡萄酒

取法　將大黃粗粉一兩半白色看尼辣樹皮粗粉六十釐舍利酒一升在葢密之器內浸七日每若干時搖動之粗濾之壓之細濾之加舍利酒足以補滿一升

此藥於一千八百六十七年收入英書爲緩性瀉藥如食物無消化之力則可食其小服每若干時食一服

服數　以一錢至二錢爲一服

太龎里依科　珠西亞之名又名大福尼弟依又名大福尼茲

此科植物在溫帶中各處遇見之又在山上遇見之其皮最堅固黏於木上甚牢形如花紗布味亦最辝

米聚里恩樹皮　又名米聚里恩大福尼又名羅耳以哇里大福尼立尼由司之名又名米聚里恩立尼由司列於八箇鬚三箇花心

米聚里恩大福尼疑爲代司可立弟司書中名曰指米拉又疑哇里阿弟士大福尼亦包於此名內波斯藥品書名曰米聚里恩又云其希臘名曰指米拉

米聚里恩大福尼如第一百七十四圖爲矮小之樹葉似戈頭形在下收小面平滑凌冬不凋花略分爲三分從榦旁而發出在莖上遞更排列如麥穗而葉未生之先花早已開色如玫瑰圍鬚苞分四分各分爲銳卵形其管生毛鬚八箇短而進入圍鬚苞成兩行如圖之一號子房如圖之二號爲橢圓長形花心莖短子房口楕牌形祼果軟而

第一百七十四圖

光紅其質不軟內有一種子如圖之三號此圖內之形果肉已去若干便觀其種子此樹產於中歐羅巴樹林內英國見者更少而因其形可觀故在園中種之

尼弟由末大福尼法國名曰茄魯羅耳以哇里大福尼別名羅耳烏司普爾知俱屬於此類歐州他國俱用之英國所用米聚里恩大半為羅耳以哇里大福尼樹之皮

此草各體俱有辣性其辣性之大小不定其榦與根之皮為藥性最佳之質皮韌而多絲紋與他種大福尼類同常出售者為條形外面淡灰色內白色而發亮其新作乾者臭小而奇味熱而辣耐久惟初時少覺甜皮之內面有此各性較他處更重如浸在水或酒醋或醋或油俱能消化其有藥性之質此皮內含中立性顆粒形質名大福尼尼或言此質無藥性其藥性藉一奇異辣性松香類質並辣性自散油或言此油之惹性甚重巴辣司云其果實作瀉藥之用食其大服為最毒之藥

功用　能引水至皮膚如將此樹皮一塊浸於醋內置皮膚上待乾則易之則令皮膚生疱奇布特云可以此皮作油膏代薩肥那油膏之用又為行氣發汗藥與利小便藥而其用處之大半合於沙沙把列拉煮水作配藥

米聚里恩以脫膏

取法　將米聚里恩皮切碎一磅正酒醋八升以脫一升將米聚里恩皮先浸在酒醋六兩內以三日為限屢次搖動後濾之壓之將其餘皮質合於其餘酒醋再浸三日屢次搖動又濾之壓之將兩次所得流質和勻蒸出其酒之大半將其餘熬成軟膏將此膏置於有塞之瓶內而加以脫浸二十四小時屢次搖動將其以脫流質傾出蒸出其餘以脫之大半將所餘者熬成軟膏

此膏於一千八百六十七年收入英書為引炎藥或引水至皮膚之藥用之之法與芥子雜洗藥同

含此質之藥品　沙沙把列拉雜煮水

肉豆蔻科　西名美里司低西依波郎之名

肉豆蔻科之植物與桂樟科之植物性情相同而林特里以為此科最近於番荔支科因為其花與種子並小長孔之阿勒布門質及胚之方位各故俱與此科相似近時林特里書列於米尼司卑耳摩里醫士法可那云有一種樹名曰大花司比路司脫瑪其種子內阿勒布門質最香幾

與豆蔻香相同如搥碎之或嚼之其香味與豆蔻大同小異肉豆蔻科內之各種樹產於亞細亞與亞美利加之熱地

肉豆蔻 西名藥品美里司低揩立尼由司之名藥品內用其子之仁立尼由司列於分雌雄合鬚之花產於蘇門答剌摩鹿加萬他列島其果核即肉豆蔻

肉豆蔻係摩鹿加列島所產故想印度人必知之印度國人名之曰爪衣甫勒其意為爪哇之果阿喇伯人從印度得之阿非色那書中名曰治司阿沓罷即香核之意此物貿易久為荷蘭人獨擅之故荷蘭人又在萬他列島內準三箇小島種之不準種在他處因此管理貿易更易後於

一千七百九十六年荷蘭國與英國交戰而取此三島一千八百二年講成後還之此時以內醫士睦刻司白格將肉豆蔻多顆移至英國各屬地如茫古魯與檳榔嶼等處又移至加爾各搭植物院種之後又移至毛里西島與法國屬地歪阿那並西印度列島今新嘉坡英國總督院賽恩園內俱種肉豆蔻與丁香樹能開花結果

如第一百七十五圖為豆蔻樹枝之形高約二十五尺至三十尺與梨樹略相似葉少有香遞更排列略左右相對葉莖短葉長形在底稍鈍頂銳形面不生毛上面深綠下面色更淡其陽花之花穗從葉榦間角發出花小黃色每

花之莖有小花葉托之萼如圖之一號瓶形有三齒質厚面有短紅色細毛花鬚托線如圖之一二兩號合連成厚而長之鈍柱形鬚頭如圖之二號略有九箇而睦刻司白格云有九對形長如線而連於花鬚托線柱形之上端內分兩膛在

第一百七十五圖

底不相連而直開如圖之三號陰花如圖之四號花莖爭常獨生從葉榦間角發出圍鬚苞與陽花略同子房卵形

花心莖短子房口分兩分不落果實梨形或幾為球形大略如桃包果之質厚而有肉形從頂起自劈成兩分其分厚而有肉形有收歛性內有深橘皮色或大紅色之子連衣英國名曰美司此衣分亂齒形之條俱為相連而裹核最緊令其核面成槽形核如圖之五號略為卵形而有大臍帶連於膛底核殼硬色深櫻黑外面光亮內衣淡櫻色質薄鬆如海絨裹其子最緊密其核與殼之形狀相配其質之大半為阿勒布門其殼之內衣入阿勒布門質頗深令其質有櫻色脉紋花樣如圖之六號新鮮者頗軟有汁其香較乾者更大胚在阿勒布門質之底如圖之六號直

立圓盆形子瓣兩箇厚如扇形邊有亂割之形狀如圖之七號向上之芽分兩箇不等之分小根向下者爲半球形以上大半爲陸刻司白格書中之說

如茫古魯種此樹略七年之後則結果如是多年連結其樹有一樹內分雌雄者有或爲雄或爲雌者所以如種其子有許多不結果之樹

西國所用肉豆蔻大半從蘇門答剌並南洋產香料之列島運來又有數種同類之樹亦生香核即如生細密毛美里司低揩與哇土羅美里司低揩俱爲南亞美利加所產者等常運至英國之肉豆蔻已去其殼而剝其衣其衣與

子分開曬乾而出售其核常浸於鈣養水內則可免蟲食之弊其形或圓或略爲橢圓上等者頗小而重外面有槽形如網內爲淡紅灰色中有更深色之脈紋有數種肉豆蔻較他種更長英國收肉豆蔻之稅其圓者之稅較長者之稅大六倍此因以爲其長者爲野生而圓者爲園中所種植物學家苦陸夫特云此兩種肉豆蔻爲一樹所生而野樹與園中之樹俱有之而巫來由之野肉豆蔻係無味美里司低揩等樹所生毫無香味肉豆蔻之臭香而可愛味啖微苦辣亦適口化學家普那司特化分之每百分得自散油質六分司替阿里尼或定性油質二·四分以拉以尼即有色流質油七·六分酸質〇·八分小粉二·四分樹膠一分立故尼尼五四分其油類質大半在其暗色脈紋聚合其爲藥之質俱能爲酒醋或以脫消化而出

肉豆蔻衣臘丁文名曰美司司英俗名曰美司如新鮮肉豆蔻上或在存於流質內之肉豆蔻中其色如深橘皮或爲大紅色而其乾者或爲黃色或爲暗橘皮色其塊平有亂割之狀其質稍似牛角又有脆塊其臭味與肉豆蔻同如化分之則所得有藥性之質亦同即能蒸出自散油並能壓出定性油故其爲藥之質亦能爲酒醋或以脫消化而出肉豆蔻衣今不作藥品之用

功用　肉豆蔻與肉豆蔻衣俱爲香料與行氣藥食其大服則有甯睡之性此兩種又在食物內用爲香料而肉豆蔻常用之合於各藥

合此質之藥品　白石粉香散兒茶雜散臘芬大拉雜酒阿莫賴西依雜酒

肉豆蔻壓成之油

此油之取法將肉豆蔻加熱壓之又名肉豆蔻乳油或名美司壓出之油然此名有誤

肉豆蔻壓出之油爲栢油膏藥內之料此外無甚大用西國所用者由摩鹿加列島運來其作法將肉豆蔻少加熱

而後加大壓力成磚形之塊為橘皮色定質其香與肉豆蔻同內含自散油少許並以拉以尼流質又有一種定質油類能成顆粒加熱至一百十八度則融化此質名美里司低克酸其式為炭輕養加輕養此質與各里司里尼若干和勻每一分能在以脫二分內消化或在沸酒醕四分內亦能消化

功用　為潤外皮藥又為擦藥少有行氣性

肉豆蔻自散油

英國作此油之法將肉豆蔻磨粉合於水蒸之其色尋常淡黃臭味與肉豆蔻同重率得〇九二至〇九四八如存若干時則結成顆粒名司替阿里布低尼化學家或名美里司低西尼其眞美司自散油性情亦與此油相同

功用　為行氣藥以一滴至三滴為一服

含此質之藥品　淡輕養炭養香酒

肉豆蔻油酒

取法　此與臘芬大拉油酒之作法同此油酒較一千八百六十四年英書所作者其濃祇得五分之一

功用　香行氣藥加入他藥內以半錢至一錢為一服

桂樟科

桂樟科植物其鬚頭形狀與成法必與阿替羅司卑麻依科相近又與幾路揩爾比依科相近又能依其生成之法與太靡里依科相近伊孫白格曾考究此科甚詳其紅色汁與其香味之性言與肉豆蔻科相似此植物產於亞細亞與亞美利加熱地又有兩種產於阿非利加之北與歐羅巴之南立尼由司列於九箇鬚一箇花心之內

羅耳烏司 立尼由司列於九箇鬚一箇花心 又名貴品羅耳烏司立尼由司之名其果爲倫書所載之藥又名倍樹又名甜倍樹

此樹希臘人名曰大福尼用其葉作鏸形之冠戴於神像之頭或迎接凱旋者而戴於其首故立尼由司名曰貴品羅耳烏司阿喇伯人名曰茄爾舊約書猶太本文名曰意是拉刻

此樹凌冬不凋其形如第一百七十六圖高十五尺至二十五尺其枝之葉甚密葉似長戈頭形尖銳邊有浪形之齒面不生毛惟其下脉與筋之交角處有細毛與小孔其花有傘托輻形開花四朵至六朵如圖之一號從葉幹間角發出有穀而薄半透光凹形

第一百七十六圖

鱗形之葉托之花分雌雄色黄而有小核如點圍鬚苞分四分如圖之二號其能成熟之花鬚十二箇排成三行其外者與圍鬚苞之分遞更排列鬚之托線如有兩核或在其中處或在高於中處鬚頭長分兩膛俱向内排列其開處有兩分向上捲如圖之三號雌花有兩箇至四箇無頭之鬚子房口圓頭形裸果軟略有卵形略與頭同大色藍黑祇有一種子子瓣大内含多油其背面爲凸形產於小亞細亞之北又在地中海周圍各處常見之英國園内亦常見之

羅耳烏司之葉今不爲藥品必謹慎與羅耳烏司櫻桃分別之觀卷五之二第一百二十一頁其臭香味香微苦此各性情大略因含黄色自散油如合於水蒸之則能分出此油

羅耳烏司之果爲倫書之藥品阿喇伯人名曰哈白阿茄爾形長似橢圓乾者深椶色果肉有皺紋而脆内有兩箇橢圓形含油之子瓣此子瓣所含之油有兩種一爲䏈性香自散油可合於水蒸出之一爲緑色定質油略爲其本質四分之一能壓出之

壓成之羅耳烏司油俗名倍油能從倍樹之鮮果與熟果壓出之必先炒之而後壓之英國用此油從歐羅巴南運入此油含三種質與肉豆蔻乳油同類即自散油以拉以尼司替阿里尼

功用　爲香行氣藥今不多用昔人頗用之其葉之沖水爲發汗藥倍油可用爲行氣之擦藥

含此質之藥品　而烏草甘膏此爲倫書之方

沙沙法拉司根又名藥品沙沙法拉司尼斯之名藥品中用其乾根此草從北亞美利加運至英國

沙沙法拉司係一千五百二十八年西班牙人在北亞美利加之佛羅里達初查得之今美國各處俱有之植物學家以爲其名原與沙克沙法拉其相同後相傳之訛爲今之名此爲特替司之説尋常出售之沙沙法拉司核與此樹不相關疑爲奈克坦特拉樹類之果

沙沙法拉司爲小樹分雌雄者在水土合宜處能長高樹身徑略一尺樹皮外面毛糙面多槽紋色灰樹枝平滑光緑色葉遞更排列有葉莖嫩時生細毛質如膜形式與尺寸各不同間有橢圓形而不分者間有一面分一分者尋常分三分但其各葉向葉莖漸收小花稍香色淡黄緑成串形而有落下雄形之花葉圍鬚苞分六分鬚九箇其内三箇兩面有厚核而有托莖鬚頭線形分四膛俱向内陰花尋常所有能生之鬚更少而其内者常俱相合果爲橢圓形大略如豆色深藍其果生於略紅色花莖厚頂上而

有圍鬚苞之餘迹成杯形圍之此物產於北亞美利加樹林內自加拿大起至佛羅里達止在北邊者西五月開花在南邊者開花更早

沙沙法拉司木爲多孔輕脆之質嫩樹之木色白老樹之木色紅其臭少香亞美利加人不多用之間有人將其皮與木分開出售

其根之藥性較他處更大常出售者爲亂形分支之塊間有在頂徑八寸者其木樱白色輕而多孔皮脆有海絨形成鐵鏽色與桂皮色之層而其新顯露之面色更淡其木間有生樱色外皮醫士蘭書化分沙沙法拉司樹根之皮

查其爲藥之質自較木內更多每百分得重與自散兩種油質共○·八分定質油○·八分松香類質與蠟質五分沙沙法里弟九·二分樹皮酸五·八分沙沙法里弟合於樹皮酸與樹膠六·八分阿勒布門○·六分樹膠與顏色料等三分小粉與紅樱色顏料五·四分小粉合樹皮酸等質二·八九分立故尼尼二·四七分共得一百分

其根之臭最香味甜而香最爲適口俱藉所含自散油質如浸於熱水或酒醕內則爲藥之質能消化而出若加大熱則自散油全散

沙沙法拉司榦心質美國植物學家言此爲細輕海絨形之塊味似樹膠少有沙沙法拉司之香能合於水成稀膠質能爲潤內皮之用林特里云其葉在魯西安納多用之添入肉湯內因含許多膠質故也

功用　爲行氣藥其沖水爲發汗藥等常用之爲合於他種藥

含此質之藥品　沙沙把列拉雜煑水

沙沙法拉司油 又名沙沙法拉司自散油

取法　將沙沙法拉司根搥碎或用其木或用其皮俱可合於水蒸之

此油淡黃色重率得一·○九四其香與沙沙法拉司同味

辣查此油爲輕重兩種油相合而成一種浮於水面一種沈於水下如久存之則成司替阿里布低尼遇綠氣則變厚穀之質如用鈣養減其性再蒸之則得樟腦質少許

功用　爲暖性行氣藥以二滴至五滴爲一服

樟腦 西名看夫拉又名藥品看夫拉尼斯之名此爲樟腦凝結自散油質其取法從蒸木而得之西國所用者大半出於中國日本國

樟腦一質在數種植物內能見之然祇有兩種植物含之多者一種爲得來亞罷辣奴布司不產西國所用之樟腦已在卷五之一一百十七頁內言之又有一種爲中國與日本國所產者卽眞樟腦樹西國古人所知之藥料向東

祇至印度所產者爲止故由印度而東而南之各國所產藥品不知之故樟腦亦不知之而阿喇伯人知此質名揩夫爾

樟腦樹如第一百七十七圖凌冬不凋長頗高大在下直而多枝其樹無論何處搥碎則發樟腦香其木略白色而香中國多用之作箱櫥等器樹枝頗鬆而平滑皮略爲綠色葉遞更排列葉莖長似蛋形戈頭形少韌如皮面光而平滑上面光綠色下面色更淡葉莖有三筋而在其大旁脉與中筋相交處有凹形之核核下有孔向下開葉芽鱗形花小而不分雌雄外面平滑在樹枝之端成稞而平齊之密頭此頭從葉幹間角發出圓鬚苞分六分其體落下能生之鬚九箇排成三行其內三箇之底有兩箇有托莖

第一百七十七圖

壓平之核托之鬚頭分四膛各膛有向上開之分其向內三箇鬚頭向外其餘向內而開又有三箇不生之鬚在能生之鬚之第二行遞更排列又有三箇有托莖者各有卵形之頭果在其圍鬚苞切斷杯形之底內生長此樹產於中國大半在福建省近於泉州府又生於臺灣與日本國

樟腦樹各體俱有樟腦質取法將其根與身與枝劈成片先在水中沸之後置於稻草所作圓柱形套倒置之此套上有泥蓋之令不泄氣乾蒸其樟腦片令其樟腦質在稻草內凝結所得之質爲生樟腦大半爲中國之福建臺灣所產另有產於日本者亦爲最佳前荷蘭與日本常有往來之時在七年內運入歐洲之樟腦共有三十一萬五百二十磅間有從噶囉巴運至英國者每常生樟腦爲灰色發亮小顆粒此顆粒黏連成灰色之餅質脆形性與提淨樟腦相同此生樟腦合於鈣養乾蒸之用薄玻璃器收其所成之霧再將其玻璃器打裂則得其樟腦爲鐘形之塊厚略三寸一面凹一面凸中有孔

樟腦爲無色明光顆粒形質其臭大能通至遠處有香味苦微辣其質雖脆另有韌性故難於搥碎重率得九八至九九故能浮於水面而浮時自能轉動此轉動之事最奇其故難知如置於冷熱適中之處則漸化散如存於瓶中則在瓶之空處凝結加熱至二百八十八度則融化加熱至四百度則沸再加熱則能着火燒甚光明水中消化者甚少而在酒醕以脫定質油自散油醋酸淡强水含炭養氣之水等質內易於消化又如樟腦一分乳八分磨勻之亦能消化又硝以脫二兩能令樟腦二十釐在水四兩內

消化化學家以爲樟腦是看夫其尼與養氣化合而成之質看夫其尼之式爲炭輕或爲定質自散油其式爲炭輕養英書已設一試法能知其淨與否即用火乾蒸之如能蒸盡無餘質則爲淨者如將樟腦合於硝强水久加熱則收養氣變爲看夫拉以克酸

另有一種樟腦成白色片形顆粒西名渤泥即婆羅洲樟腦即龍腦也此質爲得來亞罷拉奴布司看夫拉樹木內所產重率得一·〇〇九其臭較尋常樟腦更不易散其餘各性情相同此樹所產流質樟腦其性幾與看夫其尼相同化學家湯勿生將流質樟腦令養氣行過則成尋常樟腦

樟腦可用料做成即將松香油令與輕綠化合其式爲炭輕輕綠此質之外形性與眞樟腦相似其取法令松香油久過輕綠此質與眞樟腦之分別因燒之其火多發黑煙又加熱則發松香之臭化學家倍里設法分別樟腦之眞假法將樟腦一片置在顯微鏡下所用之玻璃片將酒醋一滴滴於其上初時消化而其酒醋漸散去則再成顆粒如將其顆粒以折過之光試之如爲眞樟腦則小顆粒之各種顏色最佳如爲松香油所作樟腦則祇有本色

功用　樟腦之藥性醫士之意見各不同如久擦於身體皮膚細軟處則爲惹性之藥如服之則藥性大半從腦筋顯出如服數不過大則令人舒暢而減腦筋之惹又能安靜如食其更大之服則收入血內令心之動法平和後從皮膚與肺散去不能從溺中而出樟腦能令脈動加力令人出汗如身多着衣服或用厚被擁護則多出汗而能減發熱之病此後能平火安心如食其大服則有瞌睡性或有毒性尋常用樟腦治腦筋之病作安肚腹腦筋與止痛之藥如婦女妄言笑病用之更有益處或因腦筋病而發熱與虛發熱用之最合宜以五釐至十釐爲一服

樟腦水

取法　將樟腦搗碎半兩蒸水八升此樟腦置於細布袋內將袋連於玻璃條之一端置於含水之瓶內設不用此法則樟腦浮於水面而不消化其玻璃條之上端近在玻璃塞之下浸二日後則其水合用可任意傾出若干至用盡仍依此法爲之此水與倫書所設樟腦水相似惟倫書之法將樟腦每三分合於正酒醋一分消化之後照上法化於水內如加鎂養則水內能消化樟腦更多

功用　英書之樟腦水雖淡而有樟腦臭有數種重性之藥可與此水配合同用數種腦筋病可用之以二兩至三兩爲一服

樟腦酒

取法　將樟腦一兩在正酒醋九兩內消化之

功用　此藥可作外科之用為行氣與止痛藥如合於糖令其樟腦在水中不分開則可服之以十滴至三十滴為一服

樟腦雜酒

一千八百六十四年之英書名曰樟腦鴉片雜酒又名拜里遏里克（觀卷五之一第七十九頁）此藥每半兩含鴉片一釐

服數　以半錢至四錢為一服

樟腦洗藥

取法　將樟腦一兩用橄欖油四兩消化之此藥與倫書之方所作者相同

功用　此為外科行氣止痛之藥尋常名曰樟腦油又肥皂洗藥並英書之別種洗藥亦含樟腦（觀卷五之三第一百三十二頁）

樟腦雜洗藥

取法　將樟腦二兩半臘芬大拉油一錢正酒醋十五兩消化之後添濃淡輕水五兩搖動之和勻為度

功用　為引炎藥與行氣藥專為外科之用

桂皮　西名錫蘭西捺母尼布果納之名此樹之本身上半割斷將其旁枝剝皮而取其內層者藥肆家名曰眞桂皮產於錫蘭

舊約書出埃及記第三十章言此物名曰幾尼母納譯曰眞桂又古時史家喜羅獨佗斯亦名曰幾那母們又言希臘人從緋逆司人得此名查其名之根原必為錫蘭之土語所謂加西那末即甜木之意或為巫來由所謂幾瑪尼斯有馬沙勒云此木巫來由人謂之幾那瑪尼斯

如第一百七十八圖為錫蘭之桂樹高約三十尺其根有桂皮臭與樟腦臭如乾蒸之則成樟腦其小樹枝略為四角形面平滑而光不生細毛葉之形狀不定或為卵形或為長卵形端有鈍尖大筋三條間有在葉中相合間有到葉底而不合者尋常在葉底稍向上幾相合另有能見之兩小筋在兩大筋之外葉下面之紋為網形平滑光亮其

上者為最小味似丁香葉芽光滑花頭為樹枝之端從葉幹間角發出其花尋常不分雌雄面色似絲色圍鬚苞分

第一百七十八圖

六分如圖之二號各分長形上半能自落能生之鬚有九箇分成三行其內三行在底處有無莖之核兩箇如圖之六號鬚頭卵形分四膛如圖之四五六號其內三箇向外開另有三箇不成熟圓頭形之

鬚在其中名曰似花鬚子房有一膛內一胚珠子房口似圓板形裸果內一種子居於圓鬚苞底成六分杯形之處如圖之七號種子大內有含多油之大子辮如圖之八九十各號胚在上此樹原產於錫蘭近在他處亦種之如印度馬拉巴爾海邊噶羅巴法國加夜那等處尼斯書中名曰玉桂羅耳烏司

桂樹在錫蘭島西南種之最多更多者在尼根波與瑪土拉兩處之間該處之土幾全為石英所成之砂地氣溼而下雨多熱度大而不甚更改此為兒飛之說其樹生長六七年可割其枝所割去者為已生三年之枝徑半寸至三

寸斫之從西五月起十月止其皮用刀直劃小枝則左右割之其粗者劃數條將其皮剝下成長條待二十四小時將其樹皮條置於凸形木板上刮去其皮之外層並其內之綠色質其皮不久縮成鵞管形其條長略四十寸其小捲通入大捲成尋常出售之桂皮條先在遮光處待乾後置於日光內曬乾依其良楛分為上中下三等大半從錫蘭運至西國出售又從馬拉巴爾海邊運至打拉者里口出售此桂皮大約產於安查拉看弟觀卷五之二第七十九頁所言此處土產之物又有印度孟加拉數處產之係醫士安特生移往該處種植在昔納勿里等處多種之又從俱藍出售觀後加西耶桂皮節

種此樹之處不惟作其乾皮尚作桂皮油又從其熟果壓出一種定質油類名西捺母尼硬油又拉疑此油為古時替啞弗辣司佗司所名曰苟瑪苦沒爾以特之書內論記此事

錫蘭桂皮之上等者成長細圓柱形之捆長約四十寸其小捲套入大捲之內成多捲皮厚如硬紙面平滑少韌而能彎折但易折斷其折斷處有尖錯形質易成粉皮色暗黃櫻常為相同之色故此色常謂之西捺母尼色面有淡黃色發亮細絲紋香有趣味暖甜而適口此三種錫蘭桂皮之外另有馬拉巴爾海邊運出之數種醫士韋得曾查

得印度出售之加西耶桂皮亦有帶至歐洲當為眞桂皮之用但其眞桂樹已移至各處種之故常有從他處運至西國者即如法國屬地加夜那等有人將他處桂皮雜在錫蘭桂皮內以謀利其次等者更厚更不適口而更似加西耶桂皮如將桂皮化分之則得自散油質每一千分約得六分又得樹皮酸此樹皮酸與兒茶樹皮酸同性又有植物膠質松香顏色料西捺米克酸木紋質

功用　為香藥與補胃藥少有收斂性凡香料可以桂皮為模又為食物香料內之最適口者如糆故辣得內常添此質若干其粉以五釐至二十釐為一服能治嘔吐之病

又能治胃中發氣與腹痛如泄瀉病常用之與他藥配合又如身體軟弱亦可合於他藥服之含此質之藥其方甚多

含此質之藥品　兒茶沖水洋蘇木煑水雜香散白石粉香散鵝奴合鴉片雜散兒茶酒白豆蔻雜酒臘芬大拉雜酒淡輕養香酒香硫強水

桂皮雜散 又名雜香散

取法　桂皮磨粉一兩白豆蔻粉一兩薑粉一兩將各物之粉和勻用細篩篩之至末用乳鉢輕磨勻存於玻璃瓶中塞密之

普時倫書之方另加長粒胡椒

功用　爲香行氣藥以五釐至二十釐爲一服

姆將桂皮一分合於白石粉四分並數種香料則成白石粉香散將此散每四十分合於鴉片一分則成白石粉鴉片雜香散此兩種散俱爲治泄瀉之用

桂皮油

此油從錫蘭運至英國其作法將其皮零碎無用之塊磨成粉浸在極濃鹽水內蒸之所行過之水色白如乳因內含油質此油質不久自能分開如將新搥碎之桂皮八十磅則能蒸出油約八兩此油間有較水更重亦有較水更

輕者

此油之新者色黃如酒陳者色紅如櫻桃其臭與桂皮眞相同傾於水中應沈下如將極濃硝強水滴入油內則變顆粒形質此爲油與強水相合而成此油之色與其存之年數有相關或將加西耶桂皮油代之又有他種謀利之法如用滴入硝強水之法則成顆粒更少桂皮油之香與味最佳無加西耶桂皮油之辣味與濇味桂皮油內之要質爲稀而香之流質名曰西捺米里輕其式爲炭八輕七養加輕如令此質久遇空氣則與養氣化合成西捺米克酸其式爲炭八輕七養二另有兩種奇異松香類質西捺米克酸爲西

捺米里合養氣所成有法能成之即將到魯與秘魯兩種波勒殺末質合而蒸之又有法用大力放養氣之質令西捺米克酸先變爲苦杏仁油後變爲徧蘇以克酸近有化學家司脫來克用別料做成桂皮油所用之料爲司土辣哇尼作此料之法用烙氽鉀養合於流質司土辣克司

或將桂樹之葉蒸出其油運至歐洲出售俗名丁香油

功用　此油爲適口重性行氣藥以一滴至三滴爲一服庖人與作點心之鋪多用之爲食物中香料

桂皮水

取法　此取法與蒔蘿水之取法同

功用　爲胃中散氣之藥尋常與他藥相合得其香味以一兩半至三兩爲一服然此水從其油而作之更易其取法將其油合於鎂養或合於糖分之極細再浸於水中惟以油所作之水易生西捺米克酸則更易壞故以其皮作水爲佳

桂皮酒

取法　將桂皮粗粉二兩半準酒醋一升其取法與阿古尼低酒之取法同

功用　添入他種藥水內令其適口以一錢至四錢爲一服

桂皮雜酒　此爲倫書之方

取法　將桂皮捶碎一兩白豆蔻捶碎半兩長粒胡椒粉三錢半鎚碎之薑二錢半準酒醋二升浸七日則濾之

功用　爲香藥可添入收斂等藥水以一錢至二錢爲一服

加西耶桂皮　又名香西捺母尼樹皮尼斯之名又名加西耶皮又名假桂皮

加西耶桂皮古時希臘國書內言之舊約書之本文曰幾大代司可立弟司書中言一種加西耶皮名曰幾佗如出埃及記第三十章第二十四節言此物譯曰肉桂古事字典又名曰幾大與幾那們

加西耶桂皮又名加西耶桂木由中國與印度馬拉巴爾海邊運至西國出售來拉在本書第一次印者言明此事中國所產加西耶桂皮爲香西捺母尼樹之皮又將此樹之芽曬乾從中國運至西國出售西名加西耶芽即桂芽此芽之香味與丁香略同

香西捺母尼樹頗高蘇格蘭會城植物院中有一樹高十八尺其枝多成角形小枝與葉莖外面有細毛其葉尋常幾相對或遞更排列似長戈頭形兩端之尖銳氣筋三箇或有三箇筋在其葉尉接連處以上先合爲一筋此三筋在葉頂相近處漸小而不見其氣筋與小枝俱有密而成

叢之細硬毛細硬毛之排列法疎疎落落成小叢其下面有彎曲形小脈花頭窄面有絲色化學家布羅瑪名此樹曰加西耶西捺母尼將此樹從中國運往西國種之尼斯兒弟兩人在論西捺母尼書中名曰桂羅耳烏司又安特羅司書中名曰玉桂羅耳烏司其葉之味幾分有膠性幾分有桂皮性林特里云英國用玻璃房養之稍冷則用爐火加熱令與原處之熱相配所生之葉幾無味而有膠性少有收斂性貿易之人陸弟智將此樹一顆送與來拉名曰中國桂樹或言此行家於一千七百九十年從中國運來此樹而其種存之至今英國玻璃房養此種樹大約亦

從此行家得之其葉有膠味亦有香味
加西耶桂皮雖與眞桂皮大同小異而尋常成獨層之捲
不常有雙層之捲而多於雙層者極少其徑四分寸之一
至半寸或一寸質較桂皮更厚更粗更密折斷之所成交
錯齒形更短色更深紅粉爲紅櫻色其臭不及眞桂皮其
味雖更烈而辣而甜與適口亦不及眞桂皮從中國運至
西國者常剝去其外皮
前人以爲加西耶桂皮祇爲錫蘭桂皮之下等者然不能
有此理因錫蘭桂皮無論高下在英國進口每磅納稅銀
錢三圓而加西耶桂皮在英國出售之價每磅祇得銀錢

一圓
眞桂皮從印度馬拉巴爾海邊運至英國出售醫士韋得
云查馬拉巴爾所來之桂皮內有眞桂皮即錫蘭桂皮又
云凡與桂相似之樹所生之皮不能當眞桂皮者則名加
西耶桂皮有俱藍人胡克薩末言馬拉巴爾加西耶桂皮
與馬拉巴爾桂皮之分別因加西耶桂皮粗而厚而桂皮
細而薄此兩種爲同樹所生所謂加西耶者爲樹上大枝
之皮所謂桂皮者爲樹上小嫩枝之皮
有一種加西耶桂皮名馬拉巴爾皮西俗名母西捺母尼
又名野加西耶向幾無人知之近從印度之加爾各搭新

加坡爪哇運至英國出售其塊較尋常加西耶更厚平而
寬如以水煮之則所成之膠質更多馬替尼云生此皮之
樹名夫蒂拉西捺母尼此爲尼斯之名而產於孟加拉與
爪哇兩處
加西耶桂木即加西耶桂皮化學家布可士化分之得自
散油〇·八分松香質四分膠性膏質一四·六分巴蘇里尼
與米紋質六四·三分水與糜費一六·三分共一百分但因
添鐵綠在內或添直辣的尼在內俱能令有結成之質而
鐵綠令其有深綠色故可知其質內必含樹皮酸若干其
爲藥之性大半藉自散油質能爲酒醋所消化又能爲水

所消化故前所得之藥品恃此能消化之性
功用○爲香行氣藥以十釐至三十釐爲一服
加西耶桂皮油
加西耶桂皮自散油其作法將其樹皮磨粉合於水蒸之
從新加坡運至英國出售此質疑爲中國加西耶桂皮所
成即香西捺母尼
加西耶桂皮油之淨者淡黃色如酒久存之不變紅色如
桂皮油重率得一·〇九五其臭味與桂皮同能收養氣與
桂皮油同則變爲西捺米克酸如合於濃硝強水則能全
變爲顆粒質與桂皮油同此油內有其油質與淡養化合

其各要性與桂皮油同惟其味不及桂皮油適口常有藥肆家以此油代桂皮油出售為謀利之計

功用　為行氣去風之藥以一滴至五滴為一服

羅弟奈克坦特拉沙末白克之名西俗名綠心樹藥品內用其皮又名比白里樹皮

英國從歪阿那與西印度列島多運一種木俗名綠心木大半為造船之用此木為大塊質重而硬耐久能磨之極光易於自裂而有各種橄欖綠色從最淺至最深色俱有之

沙末白克書中言明產此皮之樹查此樹屬於羅耳烏司類奈克坦特拉族名曰羅弟奈克坦特拉一千八百三十

四年有人初言此皮有治各種發熱之性情

比白里樹皮為平面大塊厚約三分寸之一質重剖面粗而有多絲紋其色為深桂皮色內少平滑外有灰欖色外皮此皮易裂開成細片臭小或無味大苦不散並有濇性皮內含樹皮酸之外另有奇異苦味鹼類質此鹼類質初為兵船武官羅弟所查出故名羅弟奈克坦特拉後有醫士馬可喇根書中詳言之又云能照雞那以亞從金雞那皮取出之法得之

比白里亞之淨者不能成顆粒在酒醕內最易消化在以脫內稍難消化在水中最難消化加熱則融化久加熱則發腫放奇臭之濃霧如燒之能燒盡無餘質如令遇放養氣之質變成各顏色即如與鉀養二鉻養或鉀養硫養和勻則成黑色松香類質又如合於淡養則成黃色松香類質如合於酸質則成鹽類俱不能成顆粒如合於金綠或汞綠或銅綠或鐵綠或鉑綠則結成質少能在熱水或酒醕內消化待冷亦不結成顆粒馬可喇根與替里兩人求其化學之式得炭$_{三五}$輕$_{二十}$淡養$_{六}$

馬可喇根化分一種秘藥名話爾白格治發熱藥水內得一質為比白里亞然疑此藥等常含雞那以尼而非比白里亞

以上各醫士俱言此鹼類質與嘆啡啞為同原異性之質而嘆啡啞之甯睡性為極重者此為同原異性質中奇異之事可為一例查里必格與來格奴脫兩人化分嘆啡啞所得質點式與比白里亞相同後有化學家普蘭太再化分比白里亞所得之式與前不同即炭$_{三六}$輕$_{二一}$淡養$_{六}$所以此式如為真者則前人同原異性之說有誤

英書有一方將比白里亞硫養又名比白里那此質為比白里樹皮內之一種鹼類合於硫養所成之鹽類

取法　將比白里樹皮粗粉一磅硫強水半兩熟石灰四分兩之三或至足用淡輕水至足用正酒醕十六兩或至

足用淡硫强水至足用等常水八升蒸水至足用以上各料備齊則將硫强水加入等常之水內於此比白里皮粉上傾此水足令其溼爲度待二十四小時盛於過濾器內漸傾餘水於上將所濾過之水熬之至餘一升爲度待冷則用其熟石灰作鈣養水漸添入其內必屢次搖動之但其水仍必存其酸性待二小時後用洋布濾之將所濾得之質以冷蒸水少許洗之在其濾得之水內添淡輕三水至少有淡輕之臭爲度將其結成之質以布濾之將冷水十兩洗之兩次用手輕壓之而用水汽盆烘乾將所得乾質磨碎合於正酒醕十兩傾入燒瓶內加熱令沸待數分時

則傾出其酒將其不消化之一分依同法用新作之酒爲之至其質收盡而止將每次所得之酒水調和而加蒸水四兩蒸之至得其酒之大半將其餘質漸合於淡硫强水調攪之不停至其水少有酸性爲度將所得之質用熱水盆熬至全乾將所得之質磨碎後將冷蒸水一升漸傾於其上調攪之不停用紙濾之將濾得之水熬濃如糖漿後鋪於平瓷片或平玻璃片加熱至不外一百四十度令乾盛於瓶內塞密之

此取法之理先用其硫養三令變爲比白里亞硫養三能消化之水再將其酸性餘質其一分以鈣養減之至少有餘酸爲止再濾出其鈣養硫養而添淡輕養令其比白里亞質在其濾得之水內結成再將其乾質以酒醕消化之則其比白里亞質消化而出再蒸出其酒醕將其餘質在硫養水內消化又將所得之水熬乾之仍以水消化之再熬之至成鱗形之片

照上法所得比白里亞硫養三之原質爲炭三九輕二〇淡養六加輕養加硫養三此爲英書之說此質不成顆粒而成櫻色魚鱗薄片形能透光其粉黃色味最苦能在水或酒醕內消化如合於銀綠則有質結成如合於鈉養輕養則結成黃色質爲比白里亞如將此質一體積合於以脫兩體積搖動之

則能消化此爲英書之說如用小吸管分開其以脫熬之則所餘者爲黃色明質名比白里亞能在淡强水中消化

功用　爲補藥能治依時而作之病又能治發熱其功用與雞那以尼硫養相似此爲醫士苦里司脫生等查得之事惟其功力更輕每一小時以二釐至三釐成丸爲一服一日三四服依其病情而定之則病未發時可共服二十釐或於早晚分服十釐亦可比白里亞常用其與硫養化合者其他種鹽類不常用之

馬兜鈴科　西名阿里司托路幾依珠西亞之名英國俗名白脫活脫草類

此科之植物大半在熱地遇見之間有數種在赤道北緯

温暖之地其草內結成苦質與自散油

阿薩拉罷指即細辛類

英國有一種草名歐羅巴阿薩羅末如第一百七十九圖

第一百七十九圖

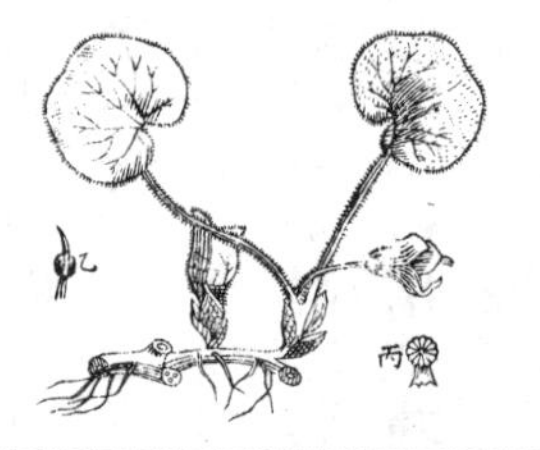

此草有惹胃之性曾有醫士用爲鼻嗅藥前在英國威斯謀蘭省之克苦比蘭司代拉有人取其野生者當藥品之用今不列於正藥品內

色噴他里亞根又名治蛇毒阿里司托路幾亞立尼由司之名又名勿爾吉尼阿蛇根藥品內用其乾根本立尼由司列於六箇鬚其鬚與花心相合

古人用數種馬兜鈴科植物作藥品近時亞細亞與歐羅巴亦有人用之英國作爲藥品者係住於亞美利加之西人先論及之名曰蛇根初載此藥之書係奇拉特所作植物藥品書係正斯吞重印者

如第一百八十圖甲爲花乙爲未開之花內可見結種子之器具如丙丁爲鬚戊爲子房口此草根本存多年其形圓其根有多微根如絲所發之數梗高八寸至十寸質細有彎曲形其節之相距不等其底常爲紅色葉遞更排列葉莖短而爲心形端尖平滑淡黃綠色下面少生細毛花莖從幹上發出但俱與根相近幾祇開一花而有一箇或二箇花葉圍鬚苞管形而彎成弓字形兩端發腫其喉有

第一百八十圖

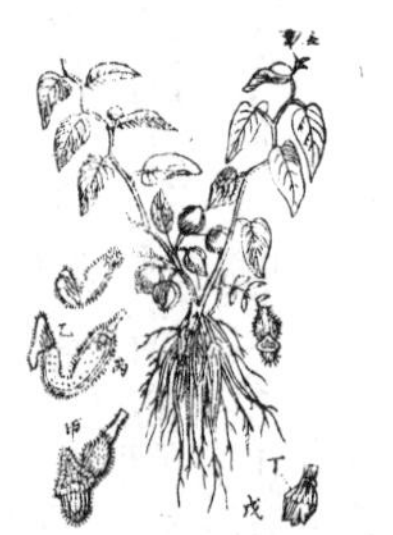

高稜圍之成上下二箇口脣形鬚六箇連於厚花心莖之邊此花心莖在圍鬚苞之下段內而有分六分伸開子房口蓋之子殼鈍卵形成六箇角每角內有六膛各膛內有許多平滑片形種子此草產於美國之中南西各邦內此根在西賓夕瓦尼勿爾吉尼阿倭海阿音的亞那根特幾各邦俱有人取之

美國藥品書言另有兩種根取以當藥品者一名細密毛阿里司托路幾亞一名戈形阿里司托路幾亞其細密毛者常延至最高樹頂上其戈形者與色噴他里亞大同小異而其根難與色噴他里亞根分別而出售之根常有瑪里蘭特司披其里阿雜於其內伊孫白格云另有一種名藥品阿里司托路幾亞疑爲治蛇毒阿里司托路幾亞之一種

勿爾吉尼阿蛇根爲長細脆根常彼此交錯相連成密頭俱連於短而繞轉結形之根頭新鮮者黃色久之變樱色臭大而香似樟腦或甘松味暖而最苦似樟腦如浸於水

或淨酒醋或準酒醋則能消化其爲藥之質此爲藥之質或爲自散油與苦性膏質此苦膏質亦有辛性係化學家什伐里耶與布可士查得之

功用　爲行氣藥補藥又爲發汗藥調經藥以十釐至三十釐爲一服食其大服令人吐瀉前時多用之治身虛弱而發熱之病等又痘疹類病久不顯出或臨顯之時病即隱伏用此藥有益

含此質之藥品　金雞那雜酒

色噴他里亞沖水

取法　將色噴他里根搥碎四分兩之一以沸水十兩沖之必蓋密其器約兩小時爲度濾之

功用　爲發汗藥以一兩半爲一服每二三小時服一次

色噴他里亞酒

取法　將色噴他里根搥碎二兩半準酒醋一升其取法與阿古尼低酒之法同

功用　爲行氣藥可加入補藥與發汗藥內以一錢至二錢爲一服

大戟科 西名由福比阿西依珠西亞之名英國俗名司普爾知草

此科植物生於熱地間有產於温和帶之南而温和帶之北祗屬於草類祗有一種名蒲格蘇司即黄楊爲矮樹大戟科植物俱有辛性其辛質俱在白色之汁內故有數種用爲身體一處之行氣藥又用爲全身之行氣藥間有毒性者有數種在皮內結成自散油如指思指里拉樹等又有數種在子內結成定質油與辛性質如蓖麻子與巴豆等有數種之根如瑪尼喝特渣尼法等其根內結成小粉與辛性質加熱則辛性質化散其小粉與藕粉相同

有一種樹名成油司脫令以阿即烏桕樹中國數處產之甚多子外有白色油質包之此油含司替阿里尼與以拉以尼兩質即定質油與流質油爲植物定質油內之佳品

第一族　蓖麻族 西名里西尼依珠西亞之名

可羅敦 立尼由司之名列於同植物分雌雄合鬚之花

此花在同樹有雌雄不常見其一樹或全雌或全雄者萼分五出雄花之花瓣五出鬚十箇或更多分開雌花無花瓣花心莖三箇分二分或多分子殼分爲三分

指思指里拉樹皮 又名依羅替里可羅敦白尼德之名此皮係巴哈馬列島所產運至英國出售

一千六百九十二年西班牙人薩罷初查得指思指里拉傳至歐羅巴此名之意爲小皮而西班牙人以此名稱數種樹皮如金雞那類之皮多用此名而藥品書內所名指思指里拉皮爲一百五十餘年內所知之一種沛離拉書

中云大半由巴哈馬島而來林特里云此皮為司哇子與白尼德兩人所稱依羅替里可羅敦而非杜那所稱揩思揩里拉可羅敦查揩思揩里拉可羅敦樹所產之皮為墨西哥所稱哥巴辣奇樹皮此皮在秘魯與智利兩國名曰捺脫里在此各處用此皮為補藥而有數種發熱之病用之或言較金雞那樹皮之功用更大此為司太爾克之說伊孫白格言司哇子所謂光亮可羅敦係牙買加島所產之樹所生之皮歐羅巴數國常用之名曰揩思揩里拉此兩樹俱在尼斯藥品書內有圖說

立尼由司所名曰揩思揩里拉可羅敦者化學家若克名曰線形可羅敦牙買加島俗名野咾士猠釐樹其樹皮與揩思揩里拉皮不同性情亦不同

揩思揩里拉為植物學家所設之新類而屬金雞那西依科祗生一種加爾達曰那樹皮並有一種皮名新金雞那依羅替里可羅敦為小樹其大小樹枝有角形少有壓平之形面有細線紋生細毛有鐵鏽色葉有莖遞更排列為卵形尖短而鈍上面綠色下面銀色並有密軟細毛花分雌雄花串從葉幹間角發出而在樹枝之端分為數支雄花在上而少雌花在下而小花莖短鬚之托線十箇至十二箇子房圓形花心莖三箇分為二分子房口鈍子殼圓形面生小凸點如干日瘡子殼略大如豆有三箇槽紋內分三膛其體分六分此為林特里之說此樹產於西印度列島內牙買加等島又有巴哈馬列島內之一島名依羅替里阿此樹之名從此島得之林特里查此島之樹係產出售揩思揩里拉皮之真者即來脫與胡特肥勒兩人前亦言之

揩思揩里拉樹皮易與哥巴辣奇樹皮相混又能與灰色金雞那樹皮即華奴哥皮相混此皮為參差形之塊長略二寸至四寸質薄間彎成管形少有繞形間有平面者厚如筆幹粗者厚如小枝外面灰色面多裂縫有數處面有白色苔痕皮質樱色內面平滑其質密折剖面之交錯形短質脆其粉淡樱色臭淡微香味苦微辣有香料之意近有化學家杜伐辣化分之得阿勒布門樹皮酸苦味顆粒形質名曰揩思揩里里尼又有紅色顏料臭定性油類質蠟質樹膠自散油此油有可聞之香又有松香類質小粉貝格的克酸鉀綠鈣養鹽類木紋質等揩思揩里里尼淨者白色有顆粒形無臭有苦味而其苦味初時不覺因其質難於消化之故若已消化後則其質少許能令多水有苦味最易在酒醕與以脫內消化化學家以為是中立性質不合淡氣而與薩里西尼略同性其皮之藥性大半藉自散油與揩思揩里里尼此兩種質俱能用酒醕消化出之又幾分能為水消化而出

功用　爲行氣補藥醫士或用以治發熱病可合於金雞那樹皮用之如胃不消化或他病應用暖性補藥則以此樹皮爲佳

服數　其粉以十釐至二十五釐爲一服可合於鈉養並牛乳同服之

揩思揩里拉沖水

取法　將揩思揩里拉粗粉一兩沸蒸水十兩沖之蓋密其器待一小時濾之

功用　爲平和温補藥以一兩半爲一服

揩思揩里拉酒

取法　將揩思揩里拉搥碎二兩半準酒䤃一升其取法與阿古尼低酒之取法同

功用　爲行氣藥與補藥添入他藥水內以一錢至二錢爲一服

巴豆油　西名可羅敦油其樹名替格里可羅敦其油係從其種子內壓出

來拉在印度得此樹之種子土名渣瑪拉哥脫阿喇伯人名曰屯特此樹種子在歐羅巴久用之而所稱之名曰替里子又名替格里亞子而其木名曰摩洛加木後在西國藥品內漸廢而不用至數年前有韋脫與馬沙勒兩醫士在恩司里所作印度藥品書內論記之又有看韋辣書中

言及之自後西國復用此藥

替格里可羅敦爲小樹高十五尺至二十尺嫩枝平滑而圓葉爲長卵形其端尖氣筋三箇至五箇有淺而核形鋸形齒之邊葉薄如膜底有兩核嫩葉之面有極細散開之毛排列如星形葉莖短少爲角形嫩時有毛少許亦排列如星形副葉兩箇爲圓錐形極小花串爲枝之端直立而形簡雄者在頂上雌者在下花之外面生細毛雄花之蕚分五出花瓣五箇戈頭形面生毛如棉花鬚十五箇分開陸克司白格云鬚有十五箇至二十箇其底多生毛如棉花雌花之蕚分五出久不落花心莖長而分兩分子殼長鈍三角形與榛同大面有極細毛排列如星形最密膛內含獨生之子盛滿無隙種子之皮淡暗櫻色皮內有硬黑平滑之子衣哈米登與陸克司白格書中名曰渣瑪拉哥脫可羅敦印度之孟加拉有此爲本處之植物又在印度他處與錫蘭亦遇見之林特里書中曾論記之如第一百八十一圖爲其雌樹甲爲雄花乙爲花鬚丙爲雌花丁丁爲果實戊

第一百八十一圖

為種子

哈米登書中又言其一種名巴伐那可羅敦鬚十箇種子較膛小甚哈米登以為此種所生之子係原稱為替格里可羅敦樹產於緬甸阿桑細來德或在安汶亦有之

又有一種陸克司白格書中名曰多鬚可羅敦而話辣書中名曰陸克司白格可羅敦係西爾加耳山所產者所生之種子土人亦名曰渣瑪拉哥脫

替格里可羅敦有可憎之臭其葉之味亦可憎而久不變此為陸克司白格之說其體之各處有辣性並瀉性之質而藥品中祇用其種子因其子含油即巴豆略大如咖啡

子兩端圓形而有兩面其外面之形較內面之形更凸此兩面之中有橫稜令其形為不等邊之四角間有子殼內祇有兩種子則其內面平中軸成一槽子之外衣間有去若干分者故外面有花形如其衣全去則色全黑仁內含多油新鮮者黃白色陳者變櫻色胚大子瓣薄如葉印度國人將種子與殼炒之而為藥之先去其胚歐羅巴人用其油謂之可羅敦油即巴豆油作法將其仁搗碎壓之每百分約得油五十分而有造成之油從錫蘭運至英國出售醫士尼萼云其種子每百分有仁六十四分殼二十六分其仁每百分含油六十分其阿勒布門與胚俱含辣性之質

化學家百勒替耶揩分土步蘭德士等人化分巴豆而得自散油之微數名曰可羅敦以克酸此酸有辣性與自散之性又得定性油名曰可羅敦以尼此為鹼性成顆粒之質近有化學家查此質係鎂養合油類配質之鹽類又有松香質樹膠阿勒布門哥路登數種鹽類立故尼尼等化學家以為其藥性藉所含之可羅敦以克酸而此酸隨其定性油質無論其油為壓出者或用以脫消化而分出者同是隨之沸離拉疑其酸質之淨者非有藥性之質又化學家來得活特查明可羅敦以克酸並其鹽類俱無藥性

巴豆有重瀉性印度人多用之作瀉丸俗名渣瑪拉哥脫丸其作法先去其子胚後將子之阿勒布門合於兒茶或胡椒成丸以一釐為一服即一豆之半間有服其更多者

巴豆油 西名可羅敦油又名替格里油

此油之淨而新者幾為無色尋常出售者為黃色或橘皮色因炒之過限也間有黏性如膠臭小而奇味辣而久不散而其辣味在喉內覺多在口內覺少其油能消化於以脫內又能消化於各種自散油與定質油內一千八百六十四年英書試驗之法將此油一體積合於酒醕一體積輕加熱搖動之待冷時其油之四分之三分出如含蓖麻

油在內則蓖麻油全能在酒醋內消化而巴豆油常含之異質祇爲蓖麻油沛離拉曾試驗常出售之巴豆油得兩種一爲印度者其色淡一爲英國者其色稷其性更烈其英國者諒爲更淨如以巴豆油一體積合於酒醋一體積依英書之法搖動之則其兩質能和勻除減熱之外不能分開如將印度巴豆油依同法爲之則成白色質如乳將此質輕加熱則漸變爲最稀待二十四小時則分爲兩層質而此兩層質亦非油與酒醋之分別惟其下層之體積多於上層者而爲含酒醋之油而其上層者爲含油之酒醋故可見英書之試法不準而於一千八百六十七年之英書删之沛離拉以爲印度巴豆油內含壓脫羅法油爲謀利者加入來拉在印度曾見土人用漂白巴豆壓成油而此油爲淡色者

功用　巴豆油爲重性瀉藥如大便閉結或腸之行法無力或應用引水瀉藥或速瀉藥俱可用之間有數種腦筋之病如面部腦筋痛可用之如擦於皮膚則爲引炎藥又常用爲惹性藥引病外出能治身內之病或用其淨者每一體積加橄欖油二體積等法化學家蒲楷達將巴豆油二十分合於尋常鉛膏藥八分爲移病藥

服數　以一滴至二滴或三滴爲一服作丸間有加鴉片於內者其油不便於單服因令喉間覺辣也

巴豆油洗藥

取法　將巴豆油一兩合於揩耶菩提油三兩半正酒醋三兩半

功用　此藥治胸膛與腹生炎之新病爲引病外出藥如擦於皮膚則數小時後生疱或生痘一千八百六十四年英書以橄欖油和之

蓖麻油　西名里西尼油立尼由司名尋常里西尼藥品中用其子內之油西國所用者大半由印度之加爾各搭運出立尼由司列於同樹有雌雄合鬚之花

此樹爲西國古人所知者舊約書言及之觀約拿書第四章第六七九十等頁其本文曰幾揩應譯以英文曰壺蘆是爲錯誤代司可立弟司書中名曰幾幾又名曰可羅敦此油在印度埃及希臘阿喇伯各國自古以來用爲藥品其希臘語之名原意爲狗蝇子因其種子與此種蟲體大爲相似臘丁文曰里西尼亦爲此意

植物學家論此族之類數意見各不同常有以一種樹當爲一類如牙買加與印度各處常見不同形者有一種名歐羅巴里西尼此樹必從東方移往西國而漸變爲一年之草因不能耐冬時之冷也尋常蓖麻樹印度甚多如田邊等處高十六尺至二十尺其榦頗大存多年其油爲上

等藥品又能作點燈之用其葉可養一種蠶名曰阿倫弟蠶

其根存一年或存多年長厚多絲紋其榦如第一百八十二圖為圓形厚而有節面有槽有淡綠如海水色之粉向上紫紅色葉大略為巴勒末葉楯牌形葉分為戈頭形而有鋸齒邊之大分葉莖長變小色紫葉莖之頂上有核花在同樹有雌雄生於枝端成密頭下者為雄上者為雌俱與其葉莖接連處成節間有兩核形花葉托之萼分三齒至五齒又分若干出無花瓣雄花之鬚甚多其鬚之托線分支如圖之甲下相連鬚頭之膛球形各自分開如圖之乙雌花有一箇花心莖子房口三箇分為二分如圖之丙為翎毛形色紅子殼分三分合連面生多刺內有三箇膛

第一百八十二圖

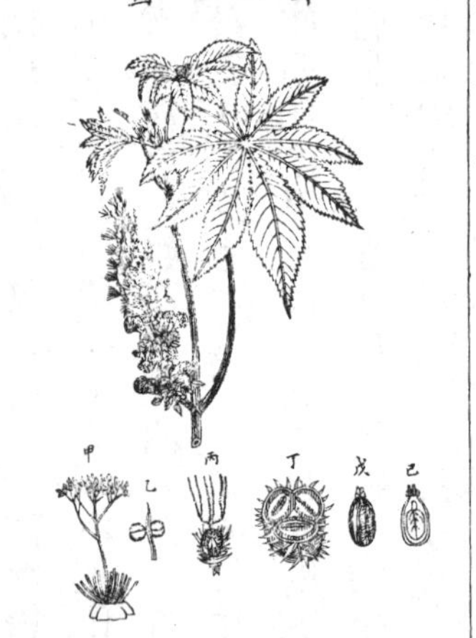

如圖之丁膛內各有一種子其子懸於子殼內為長形卵形向外凸形向內少為平形色淡灰間有更深色成花紋如圖之戊種子外有薄皮形平滑之子衣為兩層料合成上端有厚而發腫形處謂之種子面似腫處又有極細白色膜圍其仁仁大而含多油其質大半為阿勒布門間有大而葉形之子胚如圖之己此樹原產於印度今在多處種之

蓖麻子有兩種一為大一為小或言其小者含油更多而成色更佳化學家稱茄化分蓖麻子每百分內除含水外有子衣二三·八二分仁六九·○九分其仁之六九·○九分內含定性油質四六·一九分膠質二·四○分小粉與立故尼尼二○分阿勒布門○五○分其仁之新者白色味甜如杏仁第嘗之之後口內覺辣分出其子內之油法或在

水中煑之或炒而壓之或不炒而壓之俱可又可用酒醋消化出之或將其油在水中沸之消去其膠質令其阿勒布門質結成苦里司脫生巳查得前人書內論蓖麻油之說如來脫布突倫恒里白西奇布特等人將此各人之意見作一公說云如將其大種子或小種子壓之則能得上等平性之油但此油易於變酸如將其油加熱至二百度令其阿勒布門質結成而分開則久不變酸又其仁內子胚之藥性與其阿勒布門質之藥性難分高下又其子殼與圍子之膜質無藥性如依東方各國之法不先炒而煑之或將其油加熱燒去其餘水則得上等油質而能耐久

惟其藥性稍輕又與水煮之則其爲藥之質似能化散故久煮之則其藥性必減小又如先炒之而後壓之或將壓出之油加稍大之熱如美國等處之法則其油內另生數種質令其油之辣性更大

西國常用之蓖麻油大半爲印度所產俗名令取蓖麻油英國亦有用蓖麻子壓出油之處間有從北亞美利加與西印度運至英國出售色似淡稻柴色臭淡而略不堪聞味輕如尋常之油間有少辣者此油雖較尋常定性油更重而較水更輕並有黏性熱至五十五度之時其重率爲九六九減熱至三十二度則結成定質油數粒久遇空氣

則變酸而漸乾能在酒醕或以脫內消化其多寡不論如遇淡養則結成定質定性油名曰巴辣米尼如合於鹼類質能成肥皂化學家曰西與勒揩奴云其油內含三種油類酸質一爲里西尼克一爲瑪加里替克一爲以拉以哇弟克又有一種辣性松香類質此油一體積能在酒醕一體積內消化或能在正酒醕兩體積內消化此爲英書所設之試法沛離拉曾言蓖麻油能令調和在內之他種定性油質在正酒醕內消化而淨巴豆油亦有此性故可見英書之試法不能驗此油含他種定性油與否即如每百分含三十分至五十分亦不能分別之又云其油與酒醕

彼此能消化又如將蓖麻油一分正酒醕一分和勻令消化待數十日則自能分兩層上層爲含油之酒醕下層爲含酒醕之油觀前巴豆油節

功用 蓖麻油爲瀉藥蓖麻子之新者雖其味平和而淡其性辣來拉在印度國恒河上有英國隊兵一羣在船上登岸則有兵數人在岸得蓖麻子疑印度之榛子故擒而喫之頗多不久大瀉腹痛疑爲霍亂吐瀉或中毒所以請來拉往治病其人大半不久即愈內有三人最苦多日在醫院調治方愈此油爲輕性穩妥微利藥其藥性速顯凡應用瀉藥而不可惹其腸用此油最爲合宜又如將此油一服合於松節油二錢則其瀉性更重

含此質之藥品 較哥路弟恩斧末雜洗藥汞綠雜丸

服數 其油半兩至一兩半爲一服在淡酒醕或水面浮而服之或在熱牛乳或咖啡水上浮而服之或合於醋搖動而服之如爲小兒以一錢或二錢合於他質成酪服之

打比哇卡其樹名瑪尼喝特洒尼法洪波特與本布蘭特之名又名瑪尼喝特壓脫羅法立尼由司之名又名最有功用瑪尼喝特普勒之名爲藥品者係其根內小粉類質

此樹初爲秘瑣在巴西國生物學書第五十二頁言之所用者爲其根之小粉形質近有植物學家普勒將此樹另分一族而此族名曰最有功用瑪尼喝特

打比哇卡樹高四尺至六尺根大而生多頭質軟而白內有辣性之汁如乳此汁最毒其葉爲樱櫚類樹形分五分

至七分面不滑下面有細粉色淡綠如海水其葉之分爲戈頭形而完全花從葉榦間角發出成串形同樹有雌雄萼鐘形分五出花瓣幾無之鬚十箇托線不等分開圍住圓瓣形體而排列花心莖一箇子房口三箇合成皺紋之瑰此爲珠西亞與虎客兩人之說此樹產於西印度與南亞美利加數處新加坡亦有種之者

打比哇卡有兩種一爲苦者一爲甜者其樹又名卡薩伐爲土人之語其苦者高略六尺葉深綠色榦深櫻色其根較甜者長足之時更長亦爲更大長約二十寸周約十寸汁辣而毒或言因其內含輕衰此爲恒里之說或另含辣性質種此樹之人既作常出售之打比哇卡又作卡薩伐饅頭其作饅頭法將新鮮之根用最粗之銼刨成溼粉壓出其汁成餅形置於熱鐵板上燒之其打比哇卡之作法將其根搗成漿以冷水洗之則其小粉隨水洗出待若干時小粉沈於水下用熱鐵板烘乾之變爲顆粒形其洗與加熱之工能令其毒性質無論爲消化或化散俱能消去而其餘質可食之

甜卡薩伐有人以爲不同類者名曰渣尼法瑪尼喝特又有一種化學家普勒名愛拔瑪尼喝特樹高約四尺根長約一尺其根之周七寸至八寸暗櫻色根內含多汁味似栗能煮之以當菜又能烘之而其大半作酒作酒之法將其根刮成漿令漿發酵後壓出其酒此酒土名拔華里土人每飲之至醉此爲奇勒之說

尋常出售之打比哇卡顆粒形不整齊大如小豆色略白無臭無味與他類小粉同其小粉之顆粒極小但其形正易於分辨觀小粉一節內載其圖打比哇卡之性情與尋常小粉同惟其質更淨

功用　此爲潤內皮之食物其質易於消化故患病者食之或小兒斷乳時食之俱可

第二族　大戟族西名由福比依

漆頭薗茹 西名由福比由末此爲數種漆頭薗茹凝結之松香類質即大戟香但不能確知爲何種或言爲加拿列羣島由福比阿樹立尼由司列於同樹有雌雄合鬚之花

漆頭薗茹之花不全成窩頭內有一雌花與數雄花總花葉爲鐘形分五分有五箇遞更排列之核其雄花爲光者祇有一箇鬚在一箇小花莖上而有多鱗雜於其各雄花之間圍住其雌花其雌花祇有一花心花心莖三箇子房口分兩分子殼分三膛而在後面裂開種子獨生而在子殼內有細莖懸之此族植物之形狀各不同有似仙人掌者西名卡克圖司其爲藥品者未定爲何種大半有彎曲之榦有多節其枝亦有同形凡有角處則有雙刺如傷之則有辣

性白色汁流出凝結於外面尋常在有兩刺之處凝結最多所凝結之汁取之爲尋常出售之由福比由末

漆頭藺茹爲古時希臘醫士所用之藥阿喇伯人亦用之其書中名曰傅爾非恩然尚未知此質係何種樹所產而古人所用者係由暮里坦尼亞而來近時常出售者由麻加多而來有一種產於加拿列羣島名曰加拿列由福比阿又有一種係阿喇伯與阿非利加熱地所產名曰藥品由福比阿如第一百八十三圖又有一種產於阿剌伯與印度各處名曰舊由福比阿此三種有植物學家論記之其第三種來拉試驗之所得之質幾無藥性祇離拉試驗

常出售之漆頭藺茹其中之小枝則以爲其質係加拿列由福比阿所生而此樹亦產於阿非利加之北又查其質內之刺疑爲相類之樹所生

第一百八十三圖

者即四角由福比阿

常出售之由福比由末爲參差形之粒其內有一箇或二箇孔兩孔彼此相遠排列成此孔之故因其質在樹上凝結處有前所言之兩箇刺故從樹摘下後原有刺處必有孔間有孔內尙存其刺之迹暗黃白色與下等脫辣茄看

得相似質脆臭少而自成之粉如散於空氣內入鼻必嚏入眼則惹令生炎而痛所以售此物者必用法遮蔽其面方能搬動之如嘗其味則不久口內覺辣而熱無論遇身之何處俱有惹動之性如化分此質每百分得辣性松香類質六十分蠟質十四分鈣養蘋果酸十二分鉀養蘋果酸一分另有巴蘇里尼若干或有古得占格即軟像皮立故尼尼與水等質故可見此質非膠松香類質而爲蠟松香類質如燒之則火焰爲淡色香頗可聞如在水中消化之則所化者甚少惟在酒醋或以脫易於消化其內所含爲藥之質即其松香類質

功用　爲重性惹胃藥如聞其粉則連嚏不止又能令鼻流血如散入眼內則令眼紅又爲辣性吐藥與瀉藥又爲引炎藥其質最爲危險故用之者少英蘇阿倫各藥品書俱不載之

解法　用油或潤皮流質或用油類質作外導藥凡有生炎則可用放血之法又用水浸身

卡瑪拉　又名成染料陸脫里拉陸克司白格之名入藥品者係其子殼上黏連之粉產於印度

此樹果面所生之粉印度人久用爲紅色染料名烏羅司其樹之名係陸克司白格所定因前有丹國傳教者名陸脫拉於一千七百九十八年查得印度人用此粉之益而

傳於西人知之近時住居印度之西人多用此藥殺腹內之蟲從此運至英國用之

成染料陸脫里拉陸克司白格書中詳言之樹高十二尺至二十尺而爲大戟族內之植物印度多山之處常見之間有在高五千尺之山得之又在非里比納島中國澳大里亞之東北阿非利加之索某利俱有之果分三分大略如豆外面有極小而圓半透光之核形體其色光紅無托線其果在春季熟時取之刷下紅粉存貯

印度各大城街市出售之卡瑪拉粉色紅如紅磚其粉似能自動與里可坡弟由末即絲芒及羅布里尼略同此爲漢

白里之說此粉難與水和勻而大半能在酒醕內消化如在以脫內消化之則所消化之質爲松香類另有一顆粒形質名陸脫里尼又有細毛質排列如星形不消化用顯微鏡觀卡瑪拉粉有圓形之粒其徑自二百五十分寸之一至五百分寸之一而粒間有排列如星形之毛卡瑪拉幾無臭無味不能在冷水中消化幾不能在沸水中消化而能在鹼類水中消化成深紅色之水如將卡瑪拉粉噴入燭火內則燒成火焰成一閃之光

功用　爲殺蟲藥在印度國內用之治帶蟲久已著名以三十釐至一百八十釐爲一服或言一服即效此藥有重

瀉性能令其蟲身與頭一起瀉出此藥在英國尚未多用故此書不能詳言其功用

胡椒科 西名華撥拉西依里乂特之名又名椒草類

胡椒科植物與蓼科植物略爲相類又與蕁麻科植物有相似之處或列於內長類內或列於外長類內此樹產於亞細亞與亞美利加熱地另有數種更向南或更向北而生惟其味俱辛而香其爲藥品質之外有一種名檳榔蔞撥即蔞葉有數處多種之因其味不甚辛而其香溫和故東方人用爲嚼以增涎之料即如檳榔淡色兒茶石灰三質用此葉包而嚼之謂之檳又謂之比替里

華撥立尼由司之名又列於二箇鬚三箇花心

其花頭周圍有花蓋密花不分雌雄而各花有鱗形質托之鬚數不定等常兩箇鬚頭內分兩膛子房一膛子胚獨生直立子房口分三分或分多分裸果祇有一種子樹矮不常見其高者樹質香而枝有節葉遞更排列不分常有筋最顯明花頭在底有片形苞托之與葉相對其花不常爲樹枝之端爲圓柱形間略爲球形此族爲米幾勒分爲數分族

黑胡椒 西名黑華撥亦名黑胡椒此爲樹之未熟而作乾之果大半產於印度如去黑色之殼則得白胡椒

古時希布可拉弟司與代司可立弟司之書中所言華撥里、必為今人所謂胡椒、其名由波斯國語、名曰比勒比勒觀下長粒胡椒節得之、初查胡椒之性情者、略必為印度人、此樹產於印度馬拉巴爾海邊相近處甚多、而從此處並巫來由隅及蘇門答剌等、運至歐洲

胡椒樹、如第一百八十四圖、甲為剖開之花、乙為去皮一半之果、丙為胚、為存多年之篠本、其梗或蔓於地面、或緣於樹上、形圓而多彎曲、高八尺至十二尺、枝分兩分、有多節、近節處似腫、常向四面分枝、葉左右平排列、為寬卵形、端尖、間有少斜者、其莖五箇至七箇、脉在下顯明、間有更小橫筋相連、在上光滑而色深綠、在下有淡綠如海水色之細粉、葉莖圓、幾長一寸、花頭在葉相對、有莖長三寸至六寸、細而垂下、似有雌有雄、間有一箇花、有鬚與花心俱全、此為林特里之說、鬚三箇、果各分開、形圓、無托莖、大如小豆、初時綠色、後變紅、至末變黑、外有軟肉與汁、既乾之後俱變硬、生於印度並南洋列島、又種於西印度列島

第一百八十四圖

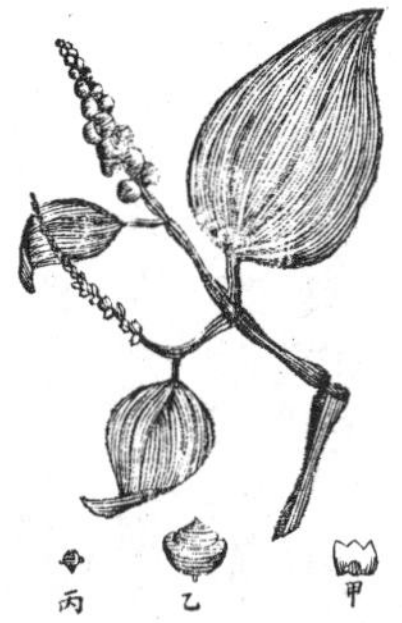

陸克司白格所設脫里阿苦末華撥、為生剌日門德里西爾加耳之胡椒、而設此名之先、尚未見真黑胡椒、後見黑胡椒為深綠色光亮之葉、則知易與脫里阿苦末華撥分辨、因此種面上有淡綠如海水色之粉、後陸克司白格辭去生剌日門德里管理胡椒園之事、有醫士海納接受其事、依海納之說、此園種胡椒不成事、因種法有誤、泥土太瘠、樹難保其身、故不能生子、因此所生胡椒極少、大不能抵種之之費、觀來拉所作印度植物書第五十三頁與六十七頁其樹之果未熟時摘之、日光內曬乾、則其外之肉與汁俱乾、其餘質變黑色而成皺紋、其內種子圓而灰白色

如待其胡椒已熟後、浸於水內、擦去其肉與汁、則得白色之子、即常出售之白胡椒、英國亦有法磨去黑胡椒之殼亦成白胡椒

胡椒無論為黑色為白色、如捶碎之、則發香、而有熱辛香味、其白者較黑者略淡、如浸於水內、則能消化其香質少許、又以脫或酒醕或準酒醋能消化盡其質、化學家活司退特與百勒替耶兩人化分之、得中立性質、名華撥里尼、又有辛性松香類質、自散油質少許、膠質小粉、巴蘇里尼膏質、蘋果酸、果酸、數種鹽類質、立故尼尼、常出售之胡椒粉、常含他種質、為謀利之人加入者、即如麪粉、小粉、西穀

米等質可用顯微鏡分辨之

華撥里尼之淨者爲無色斜方形顆粒有中立性無鹼類性水中不能消化而在酒醋或醋酸內能消化在以脫稍能消化加熱至二百十二度則易融而化散百勒替耶云淨者無味而其爲藥之性藉有辛性松香類質苦里司脫生云所能得白色顆粒與其深樱色者辛性不分上下又云白胡椒與黑胡椒辛性質相等然其白色者因松香類質更少故易分開其原質爲炭輕淡養醫士或言最合於治發熱與依時而作之瘧疾遇硫强水則變紅色

辛性松香類質軟三十二度熱之時則凝結能在酒醋或以脫內消化易與各種油質和勻味最辛而烈如黑胡椒較白胡椒更烈有數醫士以爲胡椒藥性大半藉此辛性松香類質

功用　爲熱性行氣藥又爲辛性香料常添入食物之內醫士或疑其能治發熱其用處大半爲治他種藥有吐性以五釐爲一服如鴉片雜散與鴉片甜膏俱合之

胡椒甜膏 又名華撥甜膏

取法　將黑胡椒細粉二兩茴香果細粉三兩提淨蜜糖十五兩在乳缽內磨勻倫書所設之方合土木香與薇香子

功用　爲平性行氣藥近有醫士用之代話爾特之藥因此藥治痔瘡等病有大名醫士布路弟云此糖膏遇痔瘡則有輕行氣性因有此質若干行過肛門

服數　以一錢至二錢爲一服一日二三服

長粒胡椒 西名長粒華撥立尼由司之名又名陸克司白格指非卡米幾勒之名所用者爲其未熟之乾果此爲倫書所載之藥

長粒胡椒印度自古以來即作爲藥品其梵音曰華撥拉幾與希臘國之華撥里同音又希臘所有之華撥里薩疑爲其根今東方各國用此根甚多名曰華撥拉募辣 觀印度藥品書第八十六頁

此樹之根多木質其幹爲籐本有多節形如矮樹下葉似卵形心形氣筋三箇至五箇上者有短葉莖形長端尖少斜在底略爲心形氣筋四箇至五箇惟其筋與脈不顯明質韌如皮面平滑花莖直立較葉莖更長花頭幾爲圓柱形其樹原產於西爾加耳山上多林之處並雪山之麓又在孟加拉多種之米幾勒將此草列於他族內而不當爲胡椒

種此樹者不惟取其子尚欲收其根其根幹之厚處切成小塊曬乾爲東方各國貿易之物其各裸果之頭長幾爲圓柱形長一寸至一寸半果未熟時最辛故在此時摘下

作乾既乾之後變爲灰色長粒胡椒搗碎之則有微香味極辛化學家杜郎化分之所得原質與黑胡椒相似即含華撥里尼定性油即所藉以有辛性者又有自散油其香或全藉此

功用　爲行氣藥可代黑胡椒用之前倫書載之爲數種舊方藥內之配料今英國各藥品書俱不載之

華澄茄 西名古比把又名蓽品古比把米幾勒之名入藥品者爲其未熟之乾果產於噶羅巴又名古比把胡椒立尼由司列於二箇鬚三箇花心

印度人自古以來用此爲藥名曰古比把起尼阿喇伯國從印度得之亦名古比把來拉疑古時希臘人不知此藥

觀印度藥品第八十三頁而沛離拉已查得証據知此藥在英國五百年前已用之

此草籐本枝圓略厚如鵞毛管其節平滑能生根嫩時葉莖有細毛葉長四寸至六寸半寬一寸半至二寸有莖爲長形或長卵形尖銳其底或圓或爲鈍心形其脉紋最顯明成網形質韌如皮而最平滑花頭生於枝端在葉對面處花分雌雄花莖與葉莖等長其果較黑胡椒稍大球形果徑長約半寸此爲林特里之說此樹原產於噶羅巴與檳榔嶼

林特里已查得立尼由司書內所言古比把華撥即爲此

物布羅瑪云此草之果雖爲上等者而不運至歐洲出售歐洲所用者係狗華撥果更小辣更短味與八角茴香大相似而較古比把華撥辛性更小林特里云此草所生之果與倫敦藥肆出售者其味余不能分別之

華澄茄裸果乾時與黑胡椒相似惟其色略椶而有凸出之脉如網又有短莖故古人或名曰有尾華撥其已乾之果肉薄殼硬種子球形白色內含油華澄茄搗碎時臭香而可愛味辛如胡椒與樟腦化學家浮扣林與孟海姆兩人化分之得自散油又得一質名古比把以尼爲中立性質與華撥里尼相類又得辛性軟松香類質與膏質其藥

性大半藉其自散油如遇空氣自能化乾故凡用華澄茄必當時搗碎之其粉深色略有含油之形狀或言謀利者常加衆香即比門屠粉雜於其內

每常華澄茄係印度國所產另有一種其形狀大相似而易混葡萄牙人早已從阿非利加幾內亞運來其幾內亞華澄茄爲克路西衣古比把所生之果爲米幾勒之名而與他種之分別因其葉有三箇氣筋銳形幾不爲心形裸果有果莖面有皺紋而網形不顯明味熱但尼里云與黑色胡椒相似醫士司對納好司云內含華撥里尼

功用　爲行氣藥東方多用爲暖胃藥此藥能阻膀胱溺

管放各種流質故流白濁等病用此藥尋常能治愈惟應在生炎初退後用之因能惹溺管之路而令外腎脹大

服數　用其粉以二十釐至一百二十釐爲一服一日三四服

華澄茄油

取法　此油在英國作之其取法將華澄茄搗碎之合於水蒸之每華澄茄十分得油一分

華澄茄油無色或淡綠黄色較水更輕質濃臭與華澄茄同辣味亦相似如合於水而提淨之則其餘質軟而有松香類之性如獨蒸之則自化分其原質之式爲炭輕待若

干時而不動之則結成司替阿里布低尼類之質此質化學家温克勒名曰華澄茄樟腦

功用　其藥性與華澄茄相同以十滴至半錢爲一服可合於糖在水中服之

華澄茄酒

取法　此取法與阿古尼低浸酒之法同以華澄茄粉二兩半合於正酒醕一升

功用　爲行氣藥能治流白濁以一錢至二錢爲一服一日兩三服

瑪替哥又名長阿爾但特米幾勒之名藥品中用其乾葉產於秘魯國

瑪替哥爲南亞美利加與墨西哥所用之名但其葉爲數種不相同之植物所產德國植物學家馬替由司書內言產此葉之樹屬於甫路米司族而有植物學家哈脫韋猗告於林特里云南亞美利加甚多邦之人有一種樹名黏性由怕拖里又名初薩郎架土人名曰瑪替哥又云此樹爲甚多邦與里約邦巴邦兩處人所名曰瑪替哥者毫無疑心余亦得一種樹之葉藥性與瑪替哥相同而產於玻里非國名曰莫克蘇莫克蘇不知其樹屬何種類第觀其葉內有方葉莖之塊雜於其內疑其因此歸於脣形科觀林特里植物學書第七百〇七頁近時運至英國出售之瑪替哥葉爲英國

里味不醫士哲弗里分送與植物學家考驗者其葉中有榦與花頭之分產此物之樹與華撥族相近初時設名曰窄葉華撥後有植物學家米幾勒另設名曰長阿爾但特

瑪替哥葉英書中言明長二寸至八寸上面有脉紋與駁雜之色下面生細毛味香微澀而暖臭香而有趣

功用　瑪替哥葉初爲英醫士哲弗里在一千八百三十九年正月初七日醫學新聞論記之能作止血藥即如蜞吮傷處與發血管之傷等又如鼻衄或舌出血他藥不能治者用此藥必效其葉下面因有多脉紋如網而其面有細毛所以合於皮面相切其止血之性藉其細毛等質如

置於傷口則能當軟塞之意其益處大略祇在其質之軟而合式不在乎其藥性醫士合奇士化分之云含一種奇異苦性質名瑪替西尼又有自散油質然其沖水雖遇鐵綠水變綠色如薄荷水遇鐵綠所成之色同然所含樹皮酸與沒石子酸少至難顯瑪替哥葉不能爲內科各事之用而有醫士勸人作內科之用其葉非實有收斂性而其自散油之性或可感動溺管內皮汁與華澄茄大同小異或能有止血性與松香油略同

瑪替哥沖水

取法　將瑪替哥葉切碎半兩以沸水半升沖之置於蓋密之器內待半小時濾之

服數　一兩至一兩半爲一服

蕁麻科西名爾低西依珠西亞之名又名葉有毒刺草

蕁麻科內有多植物形狀大不相同花小不甚顯明果實亦小而其分別大半藉此分爲數族常有植物學家言爲不同科此科在熱地與溫和之地幾各處俱有之熱地面大半爲小樹或爲矮樹溫和地面大半爲草本有數種內生辣性質而眞蕁麻科內之物無一種列於正藥品內

第一族　麻族西名看拿比尼依

此族內之植物或存一年或存多年其汁內多水花分雌雄雄花成小花頭圍鬚苞爲杯形分五分開花時成瓦背排列法鬚五箇連於圍鬚苞之底雌花成尖頭形或成狗尾形又有花葉圍鬚苞或爲瓶形或爲花片形子房不相連內有一膛花心莖兩箇內掛一箇胚珠子殼不分內有一種子其子懸於其內胚內無阿勒布門質或爲鈎形或爲螺絲形小根向上此族內祇有兩類入藥品一爲呼暮羅司即葎草類一爲看拿比司即麻類

羅布路司即葎草花中小核立尼由司名曰花有小核呼暮羅司英國名曰霍布花入藥品者爲其雌草之松實形花英國多種之立尼由司列於花分雌雄五箇鬚

古時羅馬人知羅布路司如布里尼書中所記柳樹處羅布路司疑爲此物歐洲數處有野生者如比白司退納云高加索山上矮樹與籬中常見之又有人在中國常見之而北亞美利加亦遇見其野生者疑原產於該處略西歷八百年至九百年之間日耳曼國書內言當時有呼暮羅司園又荷蘭國作麥酒之廠內在西歷一千二百至一千三百年之間用霍布花添入麥酒內變苦酒英國王顯理第八時從德國移至英國種之初時有多人不喜用此花如倫敦城內之人稟國王禁用新堡所開之煤並近所種霍布花云此花不惟壞麥酒之味尚有害民命之弊故顯理第八由示禁止不準在麥酒內用霍布花與硫黃等害

人之物然以後不久煤與霍布花兩物之有益於人顯明故其用處大爲興旺而近時麥酒無不用霍布花者如第一百八十五圖爲霍布花之形此草之根存多年幹存一年爲最韌者故能爲蔓本繞竿或活離笆甚高其繞法自右至左幹細頗有角形面毛有小刺與回彎之細毛葉左右相對排列其上者遞更排列葉莖長常有彎

第一百八十五圖

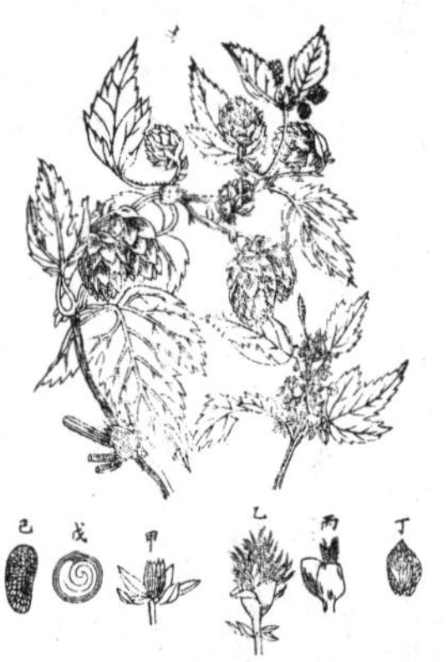

形小者有心形大者分三分或五分邊鋸齒形面多脉紋最毛糙有細毛如刺副葉兩箇分爲二分在葉莖之間有回彎形開花之枝從葉幹間角發出花多黃綠色雄花如圖之甲在另一草上生長從葉幹間角發出成密頭雌草上亦生雄花少許圍鬚苞分五分其分長而鋪散鬚五箇鬚之托綫短鬚頭有外伸之尖長形內分兩膛而其張開之法成縱裂紋花精之粒略爲球形雌花如圖之乙在雌草上生者成密狗尾形或松實形有多膜質凹形之花葉如圖之丁每花葉托一花花內無圍鬚苞衹有膜形之鱗或花萼瓣包圍子房而與子房同生長如圖之丙子房卵

形少有壓平形內有一膛膛內獨有一胚珠子房口有兩箇形長果爲松實形或狗尾形而爲放大之花葉與輪或萼瓣所成其輪或萼瓣爲核形而子殼包括在內子殼小略爲球形直立內含一種子其殼硬而脆殼之外面有黃色膛形核其核香此核質名曰羅布里尼如圖之己種子懸於殼內子衣膜形胚如圖之戊無阿勒布門質螺絲形有長子瓣小根略爲圓形而向臍眼處彎第一百八十五圖右爲雄花左爲雌花在雄花之上

種霍布花法俱用其老根分種之三年之後則能開花約西四月底地面發小幹漸長大至西八月底開花其松實

形花略西九月中至十月中合於取之其時候幾分恃天時幾分藉種類摘後用爐火烘乾盛於長大麻袋內其細者盛於小袋內然雖謂之霍布花而所摘者非爲花而爲包圍子殼之花葉與鱗形萼瓣即與松實非松花同意其鱗形質並花葉之底面有多核形名曰羅布里尼克核或謂之羅布里尼然此名有誤因已混於同名之苦性質爲霍布中所能分出者美國紐約克醫士愛甫司將霍布花六磅搗之擦之曬之得羅布里尼克核略六兩而其核內常有花葉與鱗之微片其核黃色面光滑圓形或爲內腎形披爾孫云其形如傢樹子內有成膛之形少能透光無

托莖其接連處謂之臍眼如圖之己係拉司配勒所作放大之圖其霍布花即松實形體並其內黏連之羅布里尼克核作藥品之用霍布花味極苦而香有趣取之之後在烘房內烘之或在作苦酒房內用之其香易分辨而可愛苦味大半在花葉之內核內亦有之而香味大半在核化學家沛恩什伐里耶百替耶化分其核每百分得自散油二分苦性膏質十分松香質五十分至五十五分另有膠質膏質哇司瑪蘇密油類質蘋果酸即瑪里酸鈣養瑪里酸鹽類質披爾孫查其自散油之化學性與發里里恩油相似又其油每百分含發里里阿尼克酸一分其花葉亦爲以上各化學家所化分得自散油苦膏質松香質各少許又得樹皮酸顏色料克羅路非勒膠質立故尼尼數種不化合之酸質與數種鹽類質霍布花與霍布核之藥性質有若干分能爲水所消化然俱能爲酒醋所消化霍布花沖水各種變化之性與樹皮酸同

霍布草有兩種爲要一種種於英國根德省之東近於根德堡此種本身與花俱小其花略爲卵形長約一寸半色淡黃綠光亮其香最佳又一種在根德省之西並薩塞司省其本身更大更能耐冷花長二寸半至四寸惟其質粗而價值較根德省東所產者更賤種此草者祗種其雌草

之根來拉查問其種子如何而生如將其子種之能生與否又查每雌草若干根種雄草一根在其間所得之核能否因此更多而更大根德堡之紳耆瑪司脫司云每種此草之雌者則其雌草上必有雄花若干足令其結子因將此種草若干根送與來拉與林特里而來拉尚未查得雌草能漸變爲雄草而雄草能漸變爲雌草與否即如肉豆蔻樹常有此事來拉將所得此草之根並司士并登所產此草若干根俱爲上等者送至印度國種於雪山上合宜之處與中國移植之茶樹同處種之生長茂盛移送之法將其根之端插於蜜蠟內用棉花包之又用像皮布圍之交火輪公司過地中海送至印度種於薩哈倫波爾印度公司植物園內又送種子若干種之亦已生長茂盛如能在印度多種此花可作苦酒與歐洲之苦酒同則駐印度之英國兵丁能作苦酒足於食用可免兵丁往土人所設酒肆飲各種惡劣火酒因此生病而傷命又印度國內所居西人如飲多含霍布花之麥酒則爲發熱等病已退後最好之補藥與暖胃藥

功用　霍布花爲暖胃藥補藥少有甯睡之性麥酒內加霍布花則能免其發醋酸酵令存久不壞又麥酒因含此苦質則暖胃而有補性故醫士常勸病甫愈者飲分外苦

味麥酒如英國運至印度之苦麥酒是也霍布花有睡性故有難睡之人以霍布花作枕最爲有益然因用此枕者頭動則花作磨擦聲則爲惹厭之事故先將其花以酒醕溼之以後無聲又有人將霍布花作熱水敷法亦得其益如羅布里尼克核以六釐至十二釐爲一服成丸服之

羅布路司沖水 即霍布花沖水

取法 將霍布花半兩盛於有蓋之器內用沸水半升沖之待兩小時濾之

功用 爲補藥少有甯睡性以一兩半爲一服

羅布路司酒 即霍布花浸酒

取法 將霍布花二兩半正酒醕一升其取法與阿古尼低浸酒之法同

阿書與蘇書用羅布里尼克核作此酒

功用 用羅布里尼克核作酒較之用囫圇之花作酒更佳功力更大根德省東邊之花較之薩塞司之花含羅布里尼克核更多正酒醕消化羅布里尼克核最佳

服數 以半錢至二錢爲一服

羅布路司膏 即霍布花膏

取法 將霍布花一磅正酒醕一升半蒸水八升先將其花浸於正酒醕內七日後將其質壓出其酒蒸出其酒醕

至成軟膏爲度將其餘霍布花質合於其水沸之約一小時壓出其流質濾之用熱水盆熬成軟膏將此軟膏與前軟膏和勻用小於一百四十度之熱熬之至合於成丸爲度

功用 爲補藥其質苦而無香以五釐至二十釐爲一服

印度麻 印度看拿比司又名撒種看拿比司立尼由司之名入藥品者爲雌草開花時取其花頭而松香類質尚未去之作乾合用此草印度種之爲麻類西俗名印度麻

麻類大約原產於波斯國該國冬時大冷夏時頗熱所以向西移至歐洲各國種之能耐冷又向東移至印度等處種之能耐熱然移往各國種之即改變其形性故有植物

學家以爲原有不同類者歐洲所產者名曰撒種看拿比司印度所產者名曰印度麻希臘人原名看拿比司此名略從阿喇伯國得之阿喇伯國名曰看尼比後歐洲各國在中古時名曰看拿比荷蘭國人名曰幾奴伯又名曰希奴伯日耳曼國名曰漢甫從此英國名曰漢波古時希臘國詩人喜羅獨佗斯云此草爲西替亞原產者又有遊覽家比白司退納在高麗與高加索山相近處得其野生者又如布哈爾與波斯雪山等處常見之自古以來在亞細亞與埃及國久用之爲醉藥歐洲前時作爲藥品可觀代勒藥品書沒立藥品書沒立之書列於莊草類內後歐洲

各國漸去之不用近有醫士阿㧰納西詳論此質而勸醫家用之

麻爲分雌雄存一年之草如第一百八十六圖甲爲雄花已秀之形乙爲雌花已秀之形

第一百八十六圖

間有不分雌雄者高三尺至十尺俱依水土而有別根白色梭形生多小根如絲幹直立如種之甚密則幹爲简者如分開種之則多生枝從近地處起幹有角形面有極細小而少硬之毛草之全身亦有此毛葉相對排列或遞更排列葉莖長葉有痂形凸點分如手指分葉五至七略爲戈頭形邊有利鋸齒形其各分葉內向下者爲最小俱在其尖收小成一長總尖似副葉爲圓錐形雄花在另一草生發其花垂下串形花頭從葉幹間角發出花葉亦爲圓錐形圓鬚苞分五分大小不等面生軟細毛鬚五箇托線小鬚頭大向下垂內分兩膛其膛之背面相合而開處有縱裂縫雌花成長密之花頭有葉形之花葉圍鬚苞爲單小之花片形如萼瓣不落銳形其底略爲肚腹形而包其子房外面有棱色短核子房略爲球形分一膛內掛一胚珠花心莖短子房口二箇長而似核形其

核爲卵形灰色面平滑而有上言之花片苞包之分爲兩分不能自裂內含一箇小種子子內之油頗多懸於殼內子衣薄膜形質頂有臍眼此眼之色與別處不同胚無阿勒布門質彎曲如鉤兩端相遇小根爲長者向臍眼彎其核頂與下子瓣之間有阿勒布門質少許子瓣一面平一面凹此爲林特里之說

植物學家云印度麻與歐洲之麻不同類陸克司白格與來拉等在印度國遊覽各處無論平地或山上不能知麻類之分別又印度麻與歐洲之麻亦不能定各類之分別印度麻結成之松香類質較歐洲之麻結成者更多然印度所種之麻結成之松香質各處不同如平原所産或山上生者或種之分疏密者各各不同故土人種麻尋常相離頗遠令其結成松香類質更多而歐洲常種之甚密又泥土更溼常有陰雨故其松香質難於結成至與波斯等處之麻相同若天時久晴而光熱大則松香類質更多可見霍布草與印度麻俱屬於麻族而藥性俱藉其含松香類質之核來拉所著雪山植物書曾言印度麻葉間有人代淡巴菰用之間有合於煙葉者尋常之用作一種膏質土名彭又名蘇婆齊此膏之醉性最大山上所種麻草其嫩者之上半有結成核形膏質土人取此質之法以兩手

掌夾住其草向上捋之用刀在手掌面刮下其膏土名處
羅司較麻之他種質醉性更重東方數國以此質代酒與
鴉片之用故已設數名俱爲阿喇伯言語內有數名如亞
家草迷惑葉增樂料感慾料聯友料等名亞尼由司亦知
其甯睡性與止痛性希臘詩人和瑪書中所言尼奔弟爲
一種醉性之料疑爲此質
法國京都國家書院內有中國舊書一部內言西歷約二
百年後中國用麻草造藥爲迷蒙藥之用又有他處種麻
草得其甯睡性之質但尼里云阿非利加之南方並公額
與安痾拉等處土人將其乾葉代煙葉用之土名大楷又

名旦罷又咖啡與鴉片亦有行氣而令人快樂之性又有
數種樹之葉如可食楷他與有刺楷他亞丁之阿喇伯人
沖水飲之或口內嚼之土名揩脫
醫士阿㺯納西巳將此種麻所成之質分而論之列爲三
種如左
一　處羅司此質爲其葉與細榦及花流出之松香類質
有數法取之在雪山上所得者印度人貴重之而希拉與
葉爾羌兩處所產者更爲貴重如葉爾羌所產者有醫士
法可那將其質若干送與來拉查驗之
二　乾渣醫士阿㺯納西云此質爲已開花而未取松香

類質之乾麻草成捆每捆約長二尺內有麻草二十四根
印度西北麻草之土名亦云乾渣
三　彭又名蘇婆齊又名西特希此爲其大葉與子殼而
榦不在內
英書言印度麻之作藥品者爲其花頭其頭爲一箇或多
箇遞更排列之枝所成內有花之餘質並小葉與熟果之
餘質壓成塊長約二寸質硬暗綠色有奇異之臭不能與
別臭相比可見此質略與阿㺯納西所謂乾渣質相似惟
其成小塊之說與成長捆之說不合
曾有人將歐洲尋常麻葉化分之惟化分而得之各質必

與所得印度麻之各質詳細相比其藥性大略藉其松香
類質此松香類質易在酒醕或以脫內消化又能在定性
油與自散油內消化又幾分能在鹼類質內消化而不能
在酸質內消化其淨者爲黑灰色葉爾羌所產者爲暗黑
綠色又有一種爲暗橄欖色其臭香有甯睡性味暖微苦
而辣所用之乾渣大半代煙葉之用每百分能在酒醕內
消化二十分此消化之質爲松香類膏質而爲處羅司與
克羅路非勒所成蘇格蘭壹丁不司密得藥材公司云印
度麻藥性俱藉一奇異松香類質用正酒醕消化之最爲
合宜如在酒醕內消化之加水則其質結成又如用準酒

醋則不能消化至盡
功用　以上各質俱有寧睡重性無論將其處羅司質成丸或合於糖漿等食之或將其乾葉合於乳與水磨勻加糖與香料飲之或代煙葉用之俱有此性阿撕納西用之爲藥能治風溼狂犬瘋霍亂吐瀉牙關緊閉之病如此一種病用此藥大得其功用故西國醫士俱以麻爲治癇証有大功用其總藥性能止痛開胃壯陽令人快樂如服之過多令人發狂但其狂與別種狂病不同又令人迷惑不知人事沛離拉初試驗其藥性然所試者其藥性不顯想因藥久存而性失羅爾意云其藥性不能定故不能恃此作寧睡藥又有醫士雷用以解癇類之証又能令人睡並可減痛醫士得納分云能暫令身體不覺痛腦筋極大之痛亦能減之壹丁不醫士蜜蠟云藥性之最要者治內筋不能行動之病醫士古倫散寧云用此藥能令人睡或助其睡又能止痛治咳與抽筋又可爲腦筋行氣藥能解思慮而提精神以下各方俱可用而阿撕納西云在英國用此藥必以十釐至十二釐爲一服而在印度用之則以半釐爲一服如用其膏一釐半爲最大之服如印度所作之膏送至英國則較英國所作者更濃故疑其草在路上運動時變壞此爲司快兒之說

印度麻膏
取法　將印度麻粗粉一磅正酒醋四升浸七日壓出其酒而蒸之又用熱水盆熬之至成軟膏阿書前時之方用處羅司爲之
服數　以半釐至一釐爲一服間有必用更多者
印度麻酒
取法　將印度麻膏一兩在正酒醋一升內消化之即成此酒一錢略含其膏質一釐又四分釐之三
服數　以十滴至一錢爲一服如牙關緊閉或狂犬瘋等病每半小時約服一錢至其病退或至鬱胃爲度曾有人用準酒醋作此酒故用此膏不靈其松香類質不能在準酒醋內消化前已言之
醫士得納分云印度麻浸酒必依法取其麻而用正酒醋浸之方有功用
第二族　波羅果族又名饅頭果族西名阿爾土楷爾比依
此族爲矮樹或大樹內有白色或黃色之汁如乳葉遞更排列大而捲形花分雌雄成一結實而厚之頭不常成串形之頭子房一膛或二膛花心莖一箇或兩箇胚珠一箇直立而直果有軟肉汁內含一種子常合連或成一厚膛胚無阿勒布門小根向上大半在熱地生長溫和帶內產

此者少間有能生綷性質者又有最毒者如噶羅巴所產曰巴司樹即毒性安替阿里司其毒性最重然有數種結可食之果

桑椹 黑色桑椹立尼由司之名藥品用其熟果之汁此樹在英國並多處種之立尼由司列於四箇鬚花同樹有雌雄

希臘國代司可立弟司等八書中常言桑樹名曰甜磨里亞又新約路加書第十七章第六頁亦言及此樹本文曰蘇楷米奴司即甜之意此樹大約從太古以來即有人知之

如第一百八十七圖樹高二十五尺至三十尺或言其汁含水甚多來拉曾託西菲阿細查之知含橡皮質葉遞更排列形圓常有分者略爲心形其端少尖成粗鋸齒形面

第一百八十七圖

生毛副葉長形能自落花分雌雄或最密或分開不定其狗尾形之體或雌或雄圍鬚苞分四分各分之形凹雄花成尖串形鬚四箇與圍鬚苞之各分遞更排列雌花成狗尾形體略爲卵形萼瓣四出有鱗形相掩排列頗厚子房口兩箇線形有核其果爲圍鬚苞之半變厚而成每果內含一頭形小仁種子懸於其內胚曲如鉤有厚阿勒布門質圍之此樹原產於波斯國早已移植於歐洲之南

桑椹係多雌花依側法相連成卵形假果初時紅色熟時變爲深紫色幾爲黑色內含適口微酸之汁桑椹少有涼性並有微利性

桑椹糖漿

取法 將桑椹汁一升提淨白糖兩磅正酒醋二兩半先將桑椹汁加熱至沸待冷濾之將其糖在濾得之汁內輕加熱消化之後添入酒醋所得之質應有三磅六兩重率應得一·三三

功用 爲涼性藥或加入藥水內令其色可觀

無花果 西名楷里楷非格司立尼由司之名英俗名非格此果從土麥拿運至英國甚多立尼由司列於三箇鬚花分雌雄

無花果自古以來用爲食物與藥品希臘名曰蘇肯

無花果如第一百八十八圖甲爲雄花放大之形乙爲雄花原形丙爲雌花放大之形丁爲雌花爲小樹葉似心形間有分如棕櫚類樹之葉面有痂形凸點下生小毛花分雌雄鬚多有莖包於厚膛內如沙梨形此膛漸縮小至其頂祇有一小眼其膛尋常謂之果即無花果但實非果而爲花其底有數箇花葉形之鱗雄花圍鬚苞分三分鬚三

箇雌花圍鬚苞分五分子房係半連生獨花心莖子房口

第一百八十八圖

兩箇花囊爲獨者而爲厚圍鬚苞所掩花囊不落藏於所成厚膛內其不自裂之硬子殼頭形堅硬胚彎曲有厚阿勒布門質圍之此樹原產於亞細亞後移植於歐洲種之多年已得數種

前時有人說法刺生果令其速熟至今亦用此法其作法用利刀或錐等器醮於油中刺入果內

尋常無花果並他種無花果其身與枝多含辛味汁如乳未熟之無花果亦生此汁但漸變熟時漸生膠質與糖質如水土與地氣合宜則無花果軟而多汁味最佳將熟之時摘下乾之歐洲南邊所產者甚多亞細亞數國所生者不少有數處爲大貿易之物如阿富汗與波斯國所產者運至印度國出售

功用　無花果爲作食物之藥未食慣者食之則有微利性藥品中用之大半爲潤皮藥將其熟者加熱劈開則能作軟布膏之用

含此質之藥品　辛拏葉甜膏

康脫拉雅伐 又名解毒獨爾司替尼亞根立尼由司之名疑有他種植物根亦用此名近時英書不列於正藥品內

康脫拉雅伐之根疑麻那弟士所查得者又有人言英國遊覽家杜累格從南亞美利加送與植物學家勒克羅司故勒克羅司名曰杜累格根其康脫拉雅伐即解毒之意植物學家疑有數種植物能產此根即如巴西國獨爾司替尼亞與吳司登獨爾司替尼亞等植物是也沛離拉云查常出售之康脫拉雅伐根俱非解毒獨爾司替尼亞之根而爲他植物之根

西國所用康脫拉雅伐之根俱從巴西國運來疑其大半

爲巴西國獨爾司替尼亞所產者因其形性大同小異所用者爲其根或根本此根本之端如鈍而鋸斷之形長一寸至二寸外面或有魚鱗形或有皺紋外灰色內更淡幾爲白色邊上多生細小根底生一箇或二箇長而漸變小

第一百八十九圖

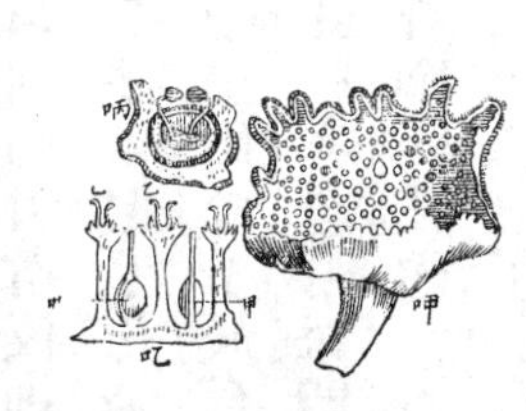

之小根臭略香味微苦暖而香小根有此性較其根本更小其藥性質易爲酒醅消化而出又幾分能爲沸水消化而出其藥性大半藉其自散油松香類質苦味膏質與小粉如第一百八十九圖甲爲全

子殼乙爲子殼之剖面式甲爲雌花乙爲雄花丙爲雄花
在其淺凹內
功用　爲行氣藥補藥發汗藥近時不多用之前時多用
之治虛發熱與痘疹類病其用法作雜膏今不列於正藥
品內
服數　其粉以二十釐至四十釐爲一服或可用其沖水
第三族　榆族西名烏勒米依此族子房有兩膛種子爲掛者胚直
烏勒米樹皮平原烏勒母司立尼由司之名又名寬葉榆入藥品者爲其乾內皮爲英國原產之樹又多種之
植物學家以爲代司可立弟司書中所言普啓里亞即榆

樹
如第一百九十圖甲爲分枝之葉果乙爲分枝之花頭丙

第一百九十圖

爲花子房與子房口丁爲胚戊爲單花分開者高六十尺至八十尺皮粗毛葉略爲斜方卵形其端尖又有劈形者其底成鈍角上面有痂形凸點
下有繝毛邊齒形其大齒上有小齒惟其各齒之形不整

齊間有向內彎者枝細韌如鐵絲嫩者外面少有軟木質
形色淡綠少生毛花全圍鬚苞鐘形分五分不自落鬚五
個花心莖兩個子殼有壓平形又爲長形周圍有寬膜形
如翅此膜之邊有深凹而爲裸者此爲林特里之說產於
歐洲各國樹林內
內皮入藥品應在春時從樹剝下而其外層皮必分去之
其塊應寬薄而韌味如膠微苦內含樹皮酸每百分約有
三分又有一種膠類質名曰烏勒米尼
功用　爲潤皮補藥如皮膚病略能作改血藥用其煑水
以三兩爲一服

烏勒米樹皮煑水即榆樹皮煑水
取法　將烏勒米樹皮切成小塊二兩半蒸水一升盛於
蓋密之器內沸之約十分時濾之再傾蒸水於濾器內足
令濾得之水得一升爲度
服數　以二兩至四兩爲一服此藥能代沙沙把列拉之
用
阿門達西依科珠西亞之名
阿門達西依科之植物大半產於溫和之地惟楊柳之類
極冷極熱之地亦有之所生之木可成材其皮有數種益
處因有濇性可作藥材可製獸皮可爲染料有數種所產

種子能作食物

第一族　柳族西名薩里西尼依其花狗尾形裸果分兩分一膛種子多種子直立生緜

柳西名薩里客司立尼由司列於二箇鬚花分雌雄

數種柳樹之皮自古以來作爲藥品今用之更多希臘人名曰以替阿此樹之種甚多難於分別沛離拉書云分別之法將最苦而大有濇性之皮作藥品之用最妙英國生三種係阿書指明當爲藥品者一爲軟柳樹二爲白楊樹一爲大圓葉柳樹近時此三種樹不列於正藥品內

如第一百九十一圖爲柳樹雄花雌花之圖柳樹皮之形性自與其樹之種類有相關惟其質薄而皺能捲成鵞管形或刨花形外皮櫻色內白色難於磨粉其臭小味大辣而濇除尋常植物所含質之外另含樹皮酸頗多故有大收斂性化學家布格那查得一種中立性質名曰薩里西尼因其皮多含樹皮酸常有人用爲製熟獸皮之用又如合於含鐵一箇半分劑之鹽類質則成綠色質如浸於水或酒醕內則能消化

第一百九十一圖

其有藥性之質

薩里西尼爲最苦之質其顆粒爲白色絲紋形條或針形條或成薄層無鹼性之變化又與植物鹼類質有一分別即不含淡氣又不能合於酸質成鹽類每一分能在冷水五六分內消化如爲沸水則消化更多其質能在酒醕內消化而不能在以脫內消化浸於硫强水內則能化分成光紅色如合於硫養與鉀養二鉻養加熱則成薩里西里輕又發香與司配里耶油同如薩里西里輕質合於含鐵多分劑鹽類質之水則變成美觀之紫色如人服薩里西尼者則其溺內含此質可依其臭分別之化學家比里阿化分薩里西尼求其原質之式爲炭$_{二六}$輕$_{一八}$養$_{一四}$有數種柳類與楊類之樹能得之即如柳類內有一種爲螺絲形白柳樹又有他種亦含之其作法將其樹皮在水中煮之令其水消化飽足加入鉛養醋酸或鉛養再加硫養或輕硫氣令其鉛結成而去之又將其水熬濃至薩里西尼成顆粒爲度又用動物炭提淨之再令其成顆粒如第一百九十二圖爲一種楊樹之圖

第一百九十二圖

功用　爲收斂補藥又爲暖胃藥與治瘧疾藥可用其沖

水每水一升用乾皮一兩爲之或用其煑水以一兩半爲一服每二三小時服一次

薩里西尼能作治發熱之藥以二釐至八釐爲一服或多至二十釐一服亦可即與雞那霜同又有謀利者常用此藥合於雞那霜觀雞那霜試法節

第二族　橡族西名古布里非里即生小杯形之意

此族之雄花成狗尾形雌花或爲獨者或有數花相聚成長花穗圍鬚苞與子房連生其苞之體有齒形間有存不久而即消者外有劈形總花葉圍之

橡西名苦爾苦司又名唑克立尼由司列於多鬚同樹花分雌雄

此族之樹同樹之花分雌雄其雄花似狗尾形長鋭且疎如第一百九十三圖之甲鬚五箇至十箇如圖之乙圍鬚

第一百九十三圖

苞如圖之乙分五分至七分雌花爲獨者有杯形總花葉外有魚鱗形如圖之丙此圖係用顯微鏡放大所得之狀子房口三箇如圖之丙子房分三膛內有二膛不成熟其核有一膛內有一種子其底有放大杯形總花葉其小果如圖之丁其小果放大之直剖面能見圍鬚苞子房與胚珠如圖之戊子辨一箇能見其小根在上如圖之己

橡樹皮西名有花莖苦爾苦司萆勒特奴之名英國名曰唑克爲藥品者即其小枝與嫩樹身之乾皮

自古以來有數種橡樹之類爲各國所貴重者或因其木之堅固或因其皮之收斂古時希臘人謂之多羅司舊約書謂之阿倫

英國等常橡樹植物學家名曰壯苦爾苦司爲立尼由司之名又名曰有花莖苦爾苦司爲萆勒特奴之名其形如第一百九十三圖其橡實有長花莖依此能與無花莖苦爾苦司分別之因此種樹其實或無花莖或花莖最短者惟其葉莖分外長杯特里云此樹比有花莖者其木更佳然尚未定何種樹之木爲最佳因各人意見不同也爲藥品之用兩種樹皮不分上下哥里肥勒云兩種樹皮大同小異而藥性幾不能分別其界限

有花莖苦爾苦司其嫩枝光滑而不生毛葉有短葉莖形長略爲劈形略分爲翎毛形下少生毛葉長其邊有深窄略鋭之凹形葉底有雙節而爲相等者雌花狗尾形有長花莖其實長形此爲胡茲之說

橡樹在春時與夏時之初取其皮成長條質粗而多絲紋面有光灰色外層皮之內面有桂皮色質脆少有收斂性

惟不易磨成粉去其外層皮則爲淡樱色臭小味苦而微澀其爲藥之質易爲水或正酒醋消化而出其皮每百分含樹皮酸略十五分又含没石子酸不成顆粒之糖貝格的尼鈣養樹皮酸鎂養樹皮酸鉀養樹皮酸等其皮之內面含樹皮酸最多而春時含之亦爲最多又因含此質如合於膠質則有質結成或合於含鐵多分劑之鹽類變成黑色之質

功用　爲收斂藥又爲漱喉藥洗藥及小兒浸身之水間有將其皮之粉以三十釐至一百二十釐爲一服作治發熱之用如在外科用之則能作軟布膏治發鬆潰瘡與死肉証

橡樹皮煮水

取法　將橡樹皮搥碎一兩又四分兩之一蒸水一升盛於蓋密之器內沸之約十分時濾之加水補足一升

功用　爲收斂藥服之可治久延泄瀉又吊鐘下墜用爲漱喉藥白帶用爲外導藥又有醫士將此藥噴入腎囊水疝內

没石子　西名倣染料苦爾苦司哇里非耶之名此爲一種飛蟲屬於西尼布司類又屬於弟布羅里必司類刺通其樹之芽生卵送入其內漸生没石子西名加里所以其樹亦名加里橡樹

古醫士希布可拉弟司知此藥又代司可立弟司書中亦言之名曰苦氣司印度與波斯書中言此名變爲非發司阿喇伯人名曰阿甫司今印度常名曰馬祖甫勒英國所用之没石子大半從士麥拿口運入而產於小亞細亞又有從亞拉波運來俱爲古爾的斯丹內之摩蘇辣所產又有人從印度孟買運至英國每年約一千餘擔俱從波斯海灣先運至孟買英國貿易家韋勒肯孫與周司白里公司內有韋勒肯孫云前時作此貿易詳查其没石子常來之處凡在士麥拿口價賤之時則没石子從孟買而來又或在孟買口價賤之時則其没石子從士麥拿口而來但一年之內不能兩口俱來甚多孟買所來者爲巴索拉所產而巴索拉口與摩蘇辣相距略與亞拉波之相距等故疑亞拉波没石子俱爲波斯國古爾的斯丹等處所產醫士法可那在印度本若遊覽時查得没石子橡樹係巴羅他苦爾苦司

第一百九十四圖

如第一百九十四圖甲爲橡樹枝上生没石子乙乙爲葉面所生小没石子丙爲葉面所生串形没石子丁爲倣没石子之蟲放大之形

没石子爲數種橡樹所生不惟在此種樹產之又有他種樹亦產之

如桎栁是也如亞拉波沒石子爲西尼布司蟲之雌者刺通其芽芽內生卵則食其芽令樹汁流至所傷之處漸發腫成球形圍住其卵所成之小蟲至蟲已長足則於沒石子殼內鑽成小孔而外出

做染料苦爾苦司樹爲產尋常沒石子之樹矮而有彎曲之幹高不過六尺至八尺葉有短莖長一寸至一寸半其形似長卵兩邊有數箇長尖鋸齒形葉頂鈍略爲圓形底少不等面平滑上面光滑其實獨生鈍形其小杯似半球形面有鱗其實較杯子形長二三倍此樹產於小亞細亞武弁金尼爾在亞美尼與古爾的斯丹兩處遇見之

入藥品之沒石子其質成膛或多或少不定向中更軟法國醫士杜㫛愛云如其沒石子成熟則從外向內所有之各質分數層而各不同略有六層而最內之層爲其蟲卵第一層爲外皮而內無微孔第二層爲成膛之質一層內含色料第三層爲絨形之膛一層內有大孔第四層爲硬而多點之層有柱形之膛第五層爲厚而多邊形之膛一層其質最硬而有多點第六層爲軟膛質內含流質爲養其小蟲之用外含小粉內含淡氣質此質內含蟲卵此卵內有小蛹生出漸食沒石子心之質漸向外食通各層之料而在外殼鑽一孔而出

沒石子爲硬而重之球形體徑半寸至四分寸之三面生多凸點惟其凸點與中間空處俱爲平滑外面藍綠色內面黃白色中有小空處性最濇而收歛此爲英書之說尋常出售沒石子分數種有從運出之口而分名者即如藥品中用者爲地中海東所運出分爲藍白兩種其藍色者大小不等而爲藍灰色取此沒石子時其蟲尙未成全故蟲尙在內間有更大者謂之綠色沒石子面滑有多鈍凸點似爲葉頂係不合法而勉强生長其最佳者重硬而光亮搗碎之其剖面似火石形白色者色最淡或爲淡灰色或爲淡黃色面有一小孔即蟲出之處尋常其質較他種

更輕內孔更大收歛性更小又有一種名曰麥加沒石子間從巴索拉口運至英國又名死海蘋果又名癡人蘋果一千八百四十七年遊覽家客爾孫從猶太國運至英國之沒石子與此種相同此種沒石子爲球形者中有凸點如角成圈圍之收歛之性與別種沒石子同其新者色紫而發光亮疑爲另一種做染料苦爾苦司所成者產於與死海相近之山

有一種沒石子形狀不整齊間有從中國運至英國出售名曰五倍子其收歛性最大醫士申克云疑此沒石子爲阿非司類蟲刺一種樹葉所成此樹亦爲橡樹之類而屬

於脫里平他西依科其樹西名寬種子如司（卽鹽麩子）
沒石子易磨成粉其粉無臭味最濇而無別味其藥性質
能消化於水內而水爲最宜消化之料又能在準酒醋內
消化而不能在無水酒醋或以脫中消化兕飛化分此質
每五百分得能在水中消化之質一百八十五分此質內
樹皮酸一百三十分加里酸合於膏質少許三十一分樹
膠等質十二分又鹽類與含鈣養之鹽類十二分其不能
消化之質大半爲立故尼尼又有化學家化分之得樹皮
酸更多間得每百分內三十分至四十分或六十分者卽
多於兕飛所得之二十六分沒石子少含顏色料而多含

樹皮酸故最合於製熟皮之用

沒石子煮水（此爲倫書之方）

取法　將沒石子搗碎二兩半在蒸水二升內沸之速沸
至餘一升濾之
此爲內科之用以一兩至二兩爲一服

沒石子酒

取法　將沒石子粗粉二兩半準酒醋一升依阿古尼低
浸酒之法爲之
功用　爲收斂藥以半錢至二錢爲一服又可沖淡之爲
洗藥或用以解植物鹼類毒質

沒石子油膏

取法　將沒石子極細粉八十釐偏蘇以克酸油膏一兩
和勻
功用　爲收斂藥能治痔瘡

沒石子合鴉片油膏

取法　將沒石子油膏一兩合於鴉片粉三十二釐磨勻
之此油膏每十四分含鴉片一分
功用　痔瘡用此藥能收斂安神醫士巴黎云將嗼啡啞
在橄欖油內消化之加沒石子油膏則較用鴉片更佳

樹皮酸（此酸尋常用沒石子爲之）

樹皮酸西名歎尼尼沒石子內含之甚多故尋常所用樹
皮酸以沒石子爲之但數種他質亦含之如橡樹皮與兒
茶等是也
取法　將沒石子粉與以脫各至足用將沒石子粉置於
溼處二三日後加以脫足成軟膏置於器內蓋密之二十
四小時後將其質速傾入麻布包密用壓器加最大力壓
之令其流質放出將所壓之餅再合於以脫足成軟漿其
以脫每十六分必先加水一分此膏質依前法壓之將兩
次壓出之質和勻任以脫自化散後少加熱至成軟膏再
置於瓦盆在熱氣房內烘乾之其熱度不可大於二百十

二度

以上之法係韋脫司退納所設而沒石子每百分能得樹皮酸二十五分至五十分其以脫與水消化其樹皮酸化乾之後則餘下者爲樹皮酸如沒石子含加里酸必同消化而出如一千八百六十四年英書所設之法用以脫與水而其流質與沒石子和勻後待若干時自分兩層其下層即水層含其樹皮酸之大半其上層即以脫層去之再蒸之則以脫全能蒸出橡樹之沒石子含加里酸甚少如令其發酵則其質能變化而成加里酸頗多

樹皮酸爲收斂藥之模等常樹皮酸爲不成顆粒櫻色之粉內含樹皮酸並數種異質所以得此色樹皮酸之淨者色白等常出售之淨者少帶黃色其質光亮無臭收斂性最大最易在水或淡酒醋內消化難在以脫內消化有酸性加熱則發腫而化分大體積之炭質又能令直辣的尼結成成黃白色之質又能與獸皮內之膠質化合成熟皮能與金類含養氣質之大半化合所結成之質爲樹皮酸鹽類又能與鹼類並鹼類含炭養氣之質化合又能與植物鹼類質化合强水之類能與樹皮酸化合而在其濃水內能結成質又如合於含鐵一倍半分劑之鹽類結成藍黑色之質西國常用之墨水俱爲此質所成如食茱萸與

兒茶等質之樹皮酸依前所言者能與其各鹽類結成深綠色之質但含鐵一分劑之鹽類質與之和勻則毫不變化化學家司脫來克言樹皮酸非簡質而爲數種質相合而成又遇鹼類質或發酵之質能合於水之原質變成加里酸與哥路哥司又查其原質爲炭$_{五四}$輕$_{二二}$養$_{三四}$

各里司里尼樹皮酸

取法　將樹皮酸一兩各里司里尼四兩在乳鉢內和勻將此併合之料盛於瓷盆內輕加熱至全消化爲度

此藥於一千八百六十七年收入英書在痔瘡証以此爲最佳收斂洗藥

樹皮酸外塞藥

取法　將樹皮酸二十四釐各里司里尼二十釐提淨豬油至足用白蠟至足用先將其豬油八十釐白蠟四十釐在熱水盆中加熱將冷時加入樹皮酸合於各里司里尼此兩質必先調和極勻待其質已結成分爲十二等分做成圓柱形待其變硬則另將蠟三分豬油八分在熱水盆內融化之將每一圓柱形塊另插於其內置於涼爽處令外皮變硬而止

功用　如赤白痢久泄瀉痔瘡流血或肛門放鬆下墜爲一處專用之藥

樹皮酸糖片

取法　將樹皮酸三百六十釐到魯酒半兩提淨白糖粉二十五兩阿拉伯樹膠粉一兩阿拉伯樹膠水二兩沸蒸水一兩將其樹皮酸消化於水加入到魯酒此酒必先與膠水和勻再將阿拉伯樹膠與糖和勻添入前質內和勻成一團而摶之分作七百二十片在熱汽房內烘乾之不可加過大之熱

每一糖片含樹皮酸半釐服數每一晝夜十釐至二十釐

沒石子酸　西名加里酸此質為沒石子內所成顆粒形酸質

取法　將沒石子粗粉一磅蒸水至足用將沒石子置於

甕盆內傾水令溼而成濃漿約四十二日其熱度必在六十度與七十度之間每若干時加蒸水以補所化散之水期滿則將其漿合於水四十五兩加熱令沸約二十分時以棉布濾之其水待冷則用濾紙濾出所結成之顆粒待其顆粒面之水自行流去則夾於生紙內壓之再用沸蒸水十兩消化之待其水冷至八十度則傾出將其顆粒以三十二度之冷水三兩洗之乾之先以濾紙夾之令乾後用一百度以內之熱烘乾之將其沒石子未消化之質另合於水四十五兩沸之濾之如前成顆粒以後傾出之水再熬至十兩待冷至八十度再能結成顆粒較前次所得

者其色更深

如令久遇空氣則樹皮酸漸收養氣而成沒石子酸如以沸水浸之則沒石子酸消化而出待冷則凝結因此質不易消化如有未化分之樹皮酸則存於餘下之水內

英書云照上法所成沒石子酸為針形顆粒間有白色者但尋常為淡鹿皮色每一分能在冷水一百分內消化在沸水三分內消化又能在準酒醕內消化遇含多分劑之鐵鹽類則結成藍黑色質在空氣中燒之則無餘質其消化之水合於直辣的尼亦無質結成

沒石子酸之分劑數為炭$_{7}$輕$_{3}$養$_{5}$加輕養或炭$_{14}$輕$_{3}$養$_{7}$加五輕

養其質無色有顆粒形其味酸澀能在水或酒醕或以脫內消化如合於含鐵多分劑鹽類質之水則變黑色之質惟沒石子酸與樹皮酸之大分別不能令直辣的尼阿勒布門植物鹼類結成故不能用沒石子酸製獸皮如作外科之用則其收斂性不及樹皮酸內科用之則其功用相同而可用更小之服數醫家以為能在身內遇數種質與之化合在身體內之功用與樹皮酸在身體外之功用相同此為海得蘭之說尋常沒石子酸係淡黃色顆粒粉兒飛云沒石子每百分含加里酸六分又比魯士云祇含三分但能得更多之數因樹皮酸能收空氣之養氣又能

放炭養氣因此成沒石子酸

功用　沒石子有大收斂性惟不多作外科之用來拉在印度常用其粉十釐至二十釐一日數服或用其冲水俱能治其土人之久泄瀉土人亦常用之治瘧疾其浸酒亦多用之以試鐵之鹽類其冲水可作漱喉藥洗藥外導藥或能解植物鹼類質之毒惟其淡酒爲更穩妥而常預備之解毒藥

樹皮酸與沒石子酸爲藥品內最佳之收歛藥外科用以作止血等藥則樹皮酸爲佳如溺血欬血汗出過多等証則用沒石子酸爲最佳服數以三釐至十釐爲一服一日

三服

各里司里尼沒石子酸

取法　將沒石子酸一兩各里司里尼四兩在乳鉢內磨勻盛於瓷盆內輕加熱至全消化爲度

此藥於一千八百六十七年收入英書外科用之無甚益處因沒石子酸作外科收歛藥幾爲無用觀前說

　波勒殺末阿西依科 林特里之名

此科內有一族名流質琥珀即產流質琥珀之類此類內有一種名泄司土辣克司之流質琥珀樹 即楓香類 爲北亞美利加原產者在墨西哥與美國魯西安納邦內產一種香

味流質波勒殺末內含司土辣西尼偏蘇以克酸醫士蒲酷克在居比路海島得東方流質琥珀樹該處土名細倫厄分弟即主樹之意前在司土辣克司一節內言明此樹產常出售之司土辣克司 觀卷五之三第一百十八頁 其流質波勒殺末俗名羅薩瑪路在紅海與波斯海灣貿易內常有出售者林特里云白督浮書內言產此料之樹名曰羅薩瑪拉而生於苦白羅司即紅海上毀之海島近於楷弟司而與蘇士相距約三日之程裝於桶過熱他海灣至木甲城或此爲植物學家布羅瑪名曰阿勒叮其亞流質琥珀樹 即楓香類 所產者此樹係噶羅巴所產而在噶羅巴俗名亦爲羅

薩瑪拉而巫來由列島所產上等流質司土辣克司亦名羅薩瑪拉必爲此樹所產者此爲林特里之說沛離拉云七年以內英國所用流質司土辣克司俱爲地中海的里斯德口運出又云香料舖常出售之濾淨司土辣克司用此種流質司土辣克司爲之

　幾沒奴司潑米科 林特里之名即裸子之意

有數種外長植物因其木質之膜料而有圓板形花紋而其脈珠爲裸者故爲其脈珠微門能令其結實

西楷弟依族爲一小族其形與稷櫚類相似前植物學家以爲與稷櫚類並背陰草類相似而植物學家波郎已詳

考之知最近於松栢科

日本有一種樹名轉形西楷司其榦中有膛形之質能成西穀米又有一種樹名成捲形西楷司此兩種樹俱能放

第一百九十五圖

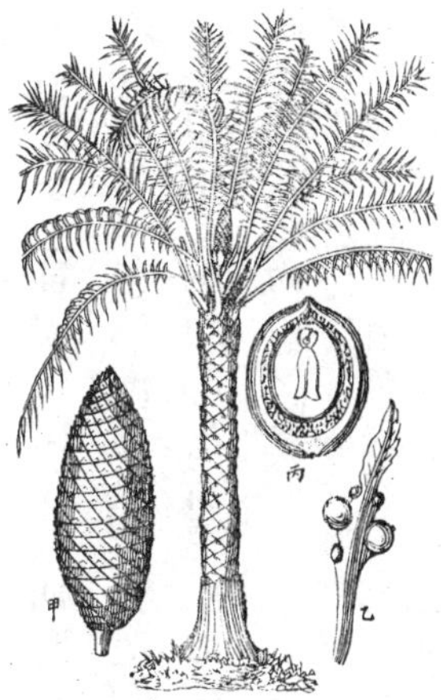

透明淡味膠質此質漸凝結變爲硬明膠與脫辣茄看得同惟其質更能透光陸克司白格詳查該樹未知有

一種能產西穀米者或產與西穀米能通用之質者蘇書言有西楷司類數種樹能產西穀米又阿書亦言成捲形西楷司能產之此樹之形如第一百九十五圖甲爲雄實乙爲雌子葉丙爲熟果之剖面

林特里言巴哈馬列島所產阿蘿蘿粉其上等者從撒米阿數種樹身得之此樹原產於西印度列島

松栢科西名哥尼非里依科珠西亞之名又名產松實類之樹

此科內有數種樹木所產木料有大益於人即如杉扁栢等又此科內大半樹木能出松香油質此爲松香與自散油合而成者

藥品書內所載松實類之樹產料甚多而其種類並其得之之處甚繁且其質大同小異故難於指明某質屬於某樹而一定不誤故最穩之法必依敦根在蘇書內所設之法並照沛離拉書所設之法先言明爲產此各質之樹而後言其樹所產之質如松香油各色松香質俱爲天生之質又有加熱而得之質如松香油木黑油柏油

松西名比奴司立尼由司列於花同樹有雌雄合鬚

此類之樹其花同樹有雌雄雄花狗尾形與串形鬚之托線短鬚頭雞冠形內分兩膛縱裂開即有兩箇鬚而其鬚頭有一膛者雌花狗尾形爲獨者或爲二箇至三箇魚鱗

形體爲瓦背排列法小花葉膜形胚珠二箇在其魚鱗形體之底又爲側排列而顚倒者其尖有參差折破形向下其實之魚鱗形爲硬質有木質形又有切斷形底有凹便於容種子其種子在底引長成膜形之翅葉凌冬不凋等常針形每叢葉合成一叢其底有膜質管形之套

林松西名林中比奴司立尼由司之名又名蘇格蘭杉又名紅杉

其葉成對而生其嫩松實有莖回彎似卵形圓柱形種子之翅較子長三倍此樹之形如第一百九十六圖產於蘇格蘭那威與歐羅巴之樹林在亞卑斯山之北又如一百九十七圖甲爲松實乙爲雄花丙爲雌花此種樹產松香

第一百九十六圖

第一百九十七圖

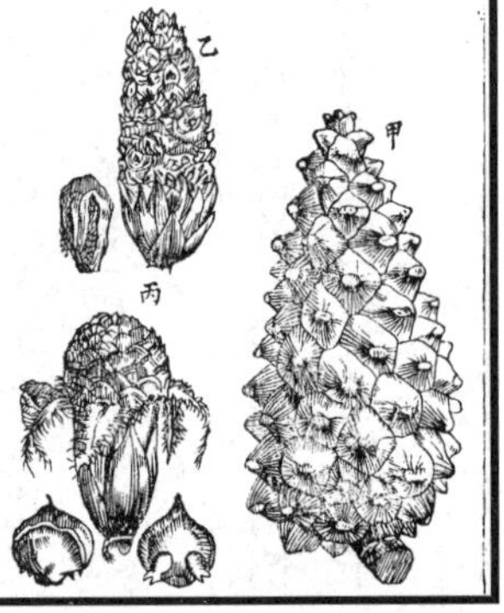

油柏油木黑油等然運至英國者甚少

海邊松 西名海邊比奴司特看杜辣之名蘭白特名曰星形比奴司即星形松

比樹產於歐洲南方各國海邊又生於英國與法國之南邊在蘭德省內此樹產波多松香油加里布柏油木黑油

陽松 西名卑涇地比奴司蘭白特之名

此松又名長葉松其樹大自亞美利加美國勿爾吉尼亞邦南邊起至墨西哥海灣止其中各處有此樹如美國所用之松香油並木黑油等及所運至他國出售者俱爲此樹所產此爲胡特與巴格之說

眞松 西名比尼亞比奴司又名孫白賴比奴司別名西伯利石松

如第一百九十八圖此兩種松樹之種子謂之松核最合於人食之又有其拉弟比奴司產於阿富汗與西藏其子亦可食又有一種名長葉松係雪山所產者所產松香油極細似乎淨白色蜜印度人多用爲藥品名曰比里查

第一百九十八圖

杉 西名阿比司土納福特之名

此族之樹同樹花分雌雄雄花狗尾形爲獨者鬚頭橫裂開雌花狗尾形爲筒者其魚鱗形體即瓢其排列法如瓦背其尖薄圓平頭無容種子之凹待熟時從其軸落下葉爲獨者葉底之套每套祇有一箇葉總不成叢其餘各形與松類相同

高品杉 西名高品阿比司特看杜辣之名立尼由司名曰松阿比司俗名那威司普羅司杉

此樹之葉有散亂之形成四角其實圓柱形倒掛其鱗爲斜方形似壓平者邊有亂齒形在其邊向後彎產於歐洲東邊之北又在亞卑斯山並亞細亞與亞美利加之北如第一百九十九圖甲爲小枝與實乙爲鱗與種子丙爲種子此樹自流出之汁名曰阿比司松香

第一百九十九圖

銀杉 西名產柏油阿比司林特里之名又名白松

其葉左右平排列其實直立此樹產於歐洲中間有山之地如第二百圖甲為小枝與實乙為鱗丙為種子產斯達拉斯堡松香油

第二百圖

波勒殺末杉 馬爾施之名立尼由司名曰波勒殺末比奴司又名加拿大波勒殺末樹又名基列波勒末杉

其葉為獨者壓平形又略為梳形向上略為直立開花時其實之鱗銳尖向內彎產於北亞美利加之北

加拿大杉 林特里之名又名黑暮拉克司普羅司杉

或言此樹流出之松香油與前所言者同又有一種為黑杉又名黑色司普羅司杉此樹所產松香油名曰司普羅司香酒

拉里克司 土納福特之名英俗名拉爾志

此樹之花同樹分雌雄其狗尾形與實從旁發出雄花之狗尾形箭似卵形鬚頭短托線合成厚柱形鬚頭雞冠形縱裂葉初張開時成叢又成簇生新枝時漸引長而各叢相離

歐羅巴拉里克司 特看杜辣之名蘭白特名曰拉里克司杉立尼由司名曰拉里克司松

樹高而葉寬如生長甚佳則其外枝向下彎最為可觀其葉至冬即落花略紅色其實長卵形鱗之邊向內彎有亂齒形花葉壺蘆形此為蘭白特之說如第二百一圖此樹原產於亞卑斯山英國種者甚多此樹產緋逆司松香油

第二百一圖

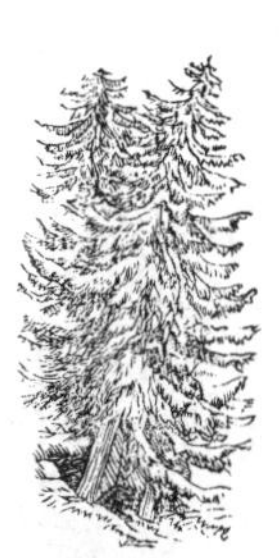

又產一種甘露蜜西名瑪那又名曰蒲里安生瑪那

拉里克司 又名西特羅司即扁柏又名弟亞大拉又名幾倫又名雪山扁柏

此樹高而可觀略與拉爾志木同耐冷熱所產之木最佳如第二百二圖為西特羅司即拉里克司果實之形此樹由印度公司移至英國種之甚多印度自古以來用此樹為藥古時阿非色那亦知之 觀印度藥品書第三十六章 此樹所產松香油名曰幾倫幾低勒為印度西北著名藥料因能治深入肉內之潰瘡又因其有行氣性如象與駱駝之深瘡用此藥能治之

第二百二圖

一 松柏科自產油松香類又名松香油

甲流質松香油

脫里平他以那 此種松香質從數種樹流出又名松香油產此質之樹有多種內有數種為要即如隰松瞀大松林松海邊松高品杉波勒殺末杉歐羅巴拉里克司等

松香油從大半松樹類自行流出或刺其樹而令流出又從脫里平他比司他西亞觀卷五之二第五頁得之此為松香質合於自散油質此油質如蒸而分之謂之淨松香油凡生松香油質漸放散其淨松香油又與養氣化合變為松香質其各種質見熱則軟又易燒又能在酒醕或以脫內消化又能與定質油化合各種松香油質其臭味大同小異其分別祇在色之明暗並其臭味之可愛或可憎水祇能消化其質之少許各種松香油能與雞蛋或植物膠和勻成膏

尋常松香油質前時多藉林松得之今歐洲數處亦藉此

樹得之又從海邊松得之該樹又產波多松香冬時又產加里布而沛離拉曾查英國所用松香油大半為亞美利加運來者而產此質之樹為隰松又有數分為替大松所產者此為英書之說取法剗去樹皮一處而在木內挖成一凹則松香油聚合於凹內有黏性而為稠質色暗淡黃味暖辣微苦而其香之奇為脫里平他以那香其新鮮者每百分含淨松香油十七分波多所產松香油白色而渾濁待若干時分出明流質與顆粒形稠質如蜜糖味辣而可憎臭亦不佳每百分能分出松香油二十分法國人弗爾查得此松香油三十二分加鎂養一分和勻能變為定

質尋常松香油能分為淨松香油與松香觀松香節

緋逆司松香油又名緋逆司脫里平他以那此為歐羅巴拉里克司樹流出之質

其真者為濃稠質有大黏力其質尋常有雲紋形黃綠色味辣而苦臭大而奇英國所用者係意大里國與瑞士國及亞卑斯山所產法國京都出售者名曰斯達拉斯堡松香油而較他種更難凝結此為奇布特與沛離拉之說而湯勿生曾言藥肆出售之緋逆司松香為亞美利加運來者但疑此為貿易者自造之而不為天生者尋常藥肆出售之緋逆司松香油祇為尋常松香質合於松香油大不及其真者

加拿大脫里平他以那此為英書所載之藥此質為波勒殺末杉所產者俗名加拿大波勒殺末

得此質之法觀其樹枝與樹身所生之泡刺通之而收其內含之明流質或刺通其樹身此質又名基列之波勒末新鮮者幾為無色或淡黃色能透明如稀蜜糖凝結甚遲味烈微辣而苦臭頗大而有趣間有人以斯達拉斯堡松香油代之英書用之作穀哥路弟恩並作發疱藥紙

乙定質松香油

杉松香此為高品杉所產之質俗名乳香

美國士司此為英書所載之藥為替大松與隰松所產生於北亞美利加之南各邦俗名亞美利加乳香

那威司普羅司杉之松香質可列於松香油質內因其質
爲樹自流出又可列於松香質內因久存之則自散油散
出而變爲定質此名土司即乳香之一種歐洲與加拿大
兩處亦產之所得者爲滴形定質硬而脆但受熱度與人
身之熱度同即易融化其質之外面色淡黃或櫻黃內面
之色更淡其臭略與脫里平替尼同味苦而辣
法國人所名曰加里布又名曰羅拉司係法國蘭德省松
樹所產之質而此質爲秋末與冬時所取者即波多松香
油已收盡之後則能收此質
亞美利加乳香爲英書準用之藥而爲陽松與替大松所

產結成之脫里平他以那質又有一種最好之松香質爲
雪山所產暮林大松所生者此爲來拉之說
白更弟栢油又名白克司
此種栢油係高品杉所產之松香質從樹身刮下即用熱
水融化之以布濾之依此法則所含雜質能分去而其自
散油能化散若干微數此質從瑞士國運至英國出售等
常出售者大半不眞而爲等常松香質合於水令不透光
又加巳勒末油令其色與眞者相配又有人用美國定質
松香油爲之此爲沛離拉之說
白更弟栢油爲作鐵膏藥之用又可作白更弟栢油暖膏

白更弟栢油膏又名暖膏
取法　將白更弟栢油二十六兩等常乳香十三兩松香
質四兩半黃蜜蠟四兩半肉豆蔻壓出之油一兩橄欖油
二兩水二兩其乳香白更弟栢油松香黃蜜蠟四質必先
合而融化之後添其餘油質與水連調攪之不停再熬至
合式之濃爲度
功用　爲暖性引炎膏藥可鋪於胸與交節等處
二　生松香油所變成之松香質與油質
松香數種松杉樹所產之松香油質蒸出其自散油所餘定質即爲松香
凡松樹所產松香油質或合於水蒸之或不合於水蒸之

則受不甚大之熱所出自散油已發盡所餘定質爲松香
西名殼路夫尼法國語曰殼路法尼古之希臘語曰殼路
法尼阿俗名黑松香雖有此名其色祇爲櫻黃又能透光
少有焦氣如不蒸至有焦氣者或未蒸盡而添水而融化
時將水調和在內則松香收水若干變爲不透光而白色
之質此爲藥品書所謂松香質間亦名黃松香又名白松
香如融化而熬之則必有水若干分化散或全化散而其
松香即變爲淡黃色而透光
松香爲明定質最脆剖面如玻璃較水稍輕其色之深淺
依質之清濁少有脫里平他以那之臭味加稍大之熱則

融化，加更大之熱則化分成油質與氣質，燒成之火焰多發臭；如融化之，則能與蜜蠟或定質油或流質油或司巴瑪息的油和勻，易為酒醩或以脫或數種自散油消化，而水內不能消化。各鹼類質能與之化合成肥皂。然松香非鹼質，而為兩種酸質相合而成，一為西勒非克酸，一為比尼克酸。此兩種酸質之外，另含殼路夫尼酸。此酸為西勒非克酸遇熱時所成，內含天生松香質之微迹。其西勒非克酸較他種酸更易在冷淡醩內消化，故可恃此性與其餘兩種酸質分開，結成之顆粒為小四角斜方柱形，體難在水中消化，易在以脫內消化，又易在熱酒醩與自散油

質內消化。比尼克酸之原質為炭，輕，養，而與西勒非克酸為同原異性之質，而其性亦有幾分相同之處。殼路夫尼酸樱色，難消化於酒醩內。

功用　為輕性行氣藥，作外科之用，大半藉其黏性，有數種蠟膏布膏油膏含之。

松香布膏 又名鉛膏，觀鉛養節

松香油膏 又名松香蠟膏，又名巴西里肯油膏

取法　將松香粗粉八兩，黃蠟四兩，豬油膏十六兩，輕加熱融化之，乘熱時用佛蘭絨濾之，連調攪之至冷為度。

功用　為輕性行氣藥，可擦於久不能愈之臭瘡。

脫里平替尼油 此油為陽松與替大松闊從星形松所出之油松香蒸而得之，此質從亞美利加與法國運至英國出售，又名松香油

將松香蒸之，則蒸時所用之水，其面有浮松香油質，而各種松樹所產者大同小異，不能分辨。來拉在印度時將長葉松所出之油松香質蒸出其自散油，送至加爾各搭公醫院試驗之。院中試驗者云：此油為上等者。沛離拉查尋常得此油，藉亞美利加松香油得之，每油百分能得自散油十四分至十六分。又云：波多松香油所成自散油與松香質為下等者。

取法　作脫里平替尼油之法，將油松香置銅甑內，合於

水蒸之，則甑內所餘之質為黃松香。又將尋常出售松香油提淨之，則得淨松香油，其方如左：

將松香油一升，合於水四升，謹慎蒸之，至所蒸出之水無油為度，則所有松香質與酸質應存於甑內。藥肆家甫落克屯用鉀養水與蒸得之松香油和勻，再蒸之，所得之質極淨。

提淨松香油極稀無色，臭猛，味辛苦，重率得〇八六五。加熱至三百十二度而沸，若連沸至有多油化散，則其沸度漸大至三百五十度。其霧之重率得四七六四。此質最易着火，成多黑煙，易在水中消化，更易在酒醩或以脫中消

化又在各種定質油內照任一比例和勻又能消化松香質與油類質又能消化軟像皮而能消化軟像皮者本屬甚少溼時遇大冷則結成顆粒此顆粒爲其油合輕養所成之質如合於硫養則蝕其炭質令變黑色如合於淡養或綠氣則能着火又能收輕綠氣因此能成一種質謂之假樟腦其式爲炭輕輕綠淨松香油之原質爲炭輕遇空氣則收養氣而成松香所以其油久存之則常含松香若干淨松香油質疑爲兩種相似油類質合而成者其油質爲同原異性一種合於輕綠成定質樟腦一種合於輕綠成流質樟腦此兩種油質一名加暮非尼一名脫里比尼

功用　作外科之用爲引炎藥與引病外出藥內科用之則爲行氣藥又爲利小便藥發汗藥食其大服則爲瀉藥又能爲殺蟲藥如作瀉藥或殺蟲藥則常合於蓖麻油少許每用二錢合於蓖麻油六錢其功用不足恃間令內腎血積聚則成溺淋或溺阻塞食其大服間令人醉如以八滴至半錢爲一服屢次服之則爲行氣藥收入血中皮膚與肺俱能逐出之令溺變紫色食其大服如四錢至二兩則爲瀉藥而因其瀉下則溺淋溺阻塞等病不能顯出每用二錢應令於一箇蛋黃成漿再以水或香水等質沖淡至適口爲度

脫里平替尼甜膏　即松香油甜膏

取法　將淨松香油一兩合於甘草根粉一兩又加提淨蜜糖二兩調勻爲度

服數　以半錢至四錢爲一服爲殺蟲藥

脫里平替尼洗藥　即松香油洗藥

取法　將樟腦一兩淨松香油十六兩軟肥皂二兩磨勻爲度

功用　此爲行氣洗藥其尋常用法將棉花浸於其內敷於湯火傷處此爲醫士根德施之法

脫里平替尼合醋酸洗藥　即松香油合醋酸洗藥

取法　將淨松香油一兩醋酸一兩樟腦洗水一兩和勻

脫里平替尼油膏　即松香油油膏

取法　將淨松香油一兩松香粗粉六十釐黃蠟半兩提淨豬油半兩將各種料用水汽或熱水盆加熱融化和勻後則離火連調攪之至凝結爲度

脫里平替尼外導藥　即松香油外導藥

取法　將淨松香油一兩合於小粉漿十五兩和勻

功用　能治轉筋又能殺腹內圓蟲

三　松柏科內之樹所產之質煎成之料

流質栢油　西名他爾又名黑油此爲用大熱蒸木煎出之質所用之木即林松等

黑油自古以來爲藥品之用英國所用者從歐洲北方數國並北亞美利加運來造法將數種松樹之根與枝燒之而令不多得空氣則松香質融化而爲熱改變其黑油流出成一黏性稍硬之流質色樓黑味苦微酸似乎松香其臭有煎熬之氣此質爲松香與松香油兩質相合變成最繁之質內有貝里替尼與貝路嗟里以尼另有炭質與木醋酸並乾蒸木料所得零星之質如將黑油蒸之則成黑油自散油與木醋酸又如將黑油合於水搖動之則成黑油水能在以脫或酒醋或定質油或自散油內消化有數種能產苦里亞蘇脫有數種能產巴辣非尼有數種能產由比阿尼其流質化散而收之則得此各質其餘各質即爲栢油

功用　內科用之則爲改血行氣藥如魚鱗癬之類有醫士最信用之如外科用之治久不愈之潰瘡能令其漸復有數種皮膚病亦能治之如氣管舊生炎吸其霧亦能得益

服數　以六十釐至半兩爲一服每日一服

黑油水內含苦里亞蘇脫與數種他質消化於內英國教主白克里查得此藥之性情以爲能治多病幾各病俱能治然今漸棄之不用英書云以水合於黑油搖動之則得淡樓色其味有焦氣而辣其酸性之變化

流質栢油油膏 即黑油油膏

取法　將黃蠟二兩輕加熱加黑油五兩融化之調和至冷爲度

功用　爲行氣藥又如金錢癬魚鱗癬與數種潰瘡用之得益此方原載於倫書一千八百六十七年收入英書

黑色栢油 此爲倫書所載之藥

如將黑油蒸出其流質其餘定質爲栢油色黑質硬內含數種質與黑油同

功用　爲行氣藥與改血藥如牛皮癬等病用之以十釐至六十釐爲一服成丸服之

栢油油膏 又名黑色巴西里肯油膏

取法　將黑色栢油蜜蠟松香各十一兩橄欖油一升用麻布包而壓之

功用　爲行氣藥如怕拉撾 即髮窠內小圓膿瘡 與麻瘋及久不愈之潰瘡用之俱能得益

柏族 西名可潑夫西尼依

此族之花分雌雄而其分處在枝罕見其同枝分雌雄者雄花狗尾形從葉榦間角發出或從樹端分出略爲卵形而小花鬚四箇至七箇有一膛連於其略似楯牌形與鱗

形體之下邊雌花少聚於葉榦間卵形狗尾形質之內略如瓦背排列花葉在底其下者不結實魚鱗形體三箇至六箇在底相連等常含三箇胚珠爲直立者而在其間穿通果似松寶形而爲其鱗形體改變而成其所改變者即含多汁而聚合成果形之體種子韌如骨三角形

智尼栢 立尼由司之名又列於花分雌雄合鬚卽扁栢

藥品內用智尼栢卽等常智尼栢爲立尼由司之名所用者爲其裸果與枝頭

古之希臘人用智尼栢爲藥品名曰阿根托司後阿喇伯人用之名曰阿蒲拉舊約書亦言及之

第二百三圖

智尼栢爲矮密之樹如第二百三圖甲爲雄花與小枝乙爲雌花與小枝丙爲未熟之果其樹枝面平滑而向端變成稜角葉週年青翠而成套形每套有三葉其葉亦成晃形長如線略有圓錐形面有直槽質韌尖利比其似松寶者更長下面光綠色上面之中有一寬線此線上有淡綠如海水色之粉而上面反覆向下花從葉榦間角發出無托線雄花多放黃色花精雌花在另枝生長色綠其莖有多魚鱗形其果至第二年春時方熟此樹原產於歐羅巴亞細亞亞美利加之北

此樹之任一體或捶之或磨之或傷之則發松香油之香其香趣大小不定歐洲數國以其木爲藥品而英國祇用其果與樹頭其果從北方運至英國而最佳者從歐洲南方運來果球形而在頂底有三箇槽痕爲花葉所成者自心向外排列果色紫黑面有淡綠如海水色之粉內含櫻黃色果汁味初甜後苦微有松香油之香與味又稍有香料之性其有藥性之質易爲酒醋消化又能爲水消化數分其藥性藉自散油每百分含此油一分蠟四分松香十分樹膠七分葡萄糖與鈣養鹽類三三八分其餘爲立故尼尼與水共得一百分

功用　其果有行氣與利小便性然不多用爲藥品荷蘭國所作進酒多恃此果爲香料

智尼栢油 此油在英國用其未熟之果蒸而得之

取油之法將其樹之果與別體合於水蒸之此油無色或爲淡綠色較水更輕與松香自散油大同小異亦難在酒醋內消化化學家化分此油言其含兩種同原異形之油質此兩油質之式爲炭十輕十六其臭與其果相同味暖而香

功用　有行氣與利小便性以四滴至六滴爲一服則其功用必顯出如合於硝酒並毛地黃則功用更大如荷蘭

國所作進酒其利小便性俱藉此油

智尼栢酒

取法　將英國所作智尼栢油一兩準酒醕四十九兩消化之則每五十分含油一分此酒較一千八百六十四年英書之方所作者含油多五分之一但較倫書之方所作智尼栢雜酒含油多十九倍

功用　以三十滴至一錢為一服加入利小便藥水內作行氣藥之用

薩肥那 名薩皮那 智尼栢樹頭立尼由司之名入藥品者為其新鮮乾樹頭春時取之用英國所種之樹又古時代司可立弟司書中所謂蒲拉土司即今之薩肥那阿喇伯人名曰蒲拉替

薩肥那為矮密之樹有伸開之性樹枝細有短而瓦背排列之葉包裹之葉小卵形凸形相對排列相交成正角其瓦背排列法最密而深果圓藍紫色略與小葡萄同大產於歐洲之中並南方之山上又在西伯利亦產之

此樹全體發大臭最為可憎味辛苦而可憎為藥品者為其嫩枝其嫩枝全為瓦背排列之葉所包裹小枝乾時祇含其新鮮時藥性之一小分能為酒醕或定性流質油或定質油消化有殘分能為水所消化其色藉自散油松香質加里酸等如將鐵養或鐵綠等鹽類合於其沖水則變為深綠色

功用　為惹胃藥食其大服則為毒藥間有人用之治干日瘡又用其油膏令割皮釣膿之處不易愈又用其小服為行氣藥利小便藥調經藥間有人服此藥令婦人小產然如能使小產必先有重生炎因此最為危險能令其母死而小產不成沛離拉用為調經藥將其一分合於水六十四分沖之以四錢至一兩為一服或將其自散油在膠類質內和勻服之

凡誤服薩肥那而受其毒則用試其綠色質之法定之先搗成漿再合於濃強水令淫又用顯微鏡試之如為薩肥那能見其木形質之小膛即松栢科植物所常有者其圓微孔易於分別之

薩肥那油

如將薩肥那新鮮樹頭合於水蒸之則每百分能得油三分色淡其原質與智尼栢油松香油同其臭與可憎之辛味與其樹同

英國用此油從新鮮薩肥那樹蒸得者或無色或為淡黃色

功用　為辛性行氣藥如以二滴至五滴為一服為調經

藥合於糖十釐至二十釐服之又可合於膠質服之

薩肥那酒

取法　將薩肥那樹頭作乾而爲粗粉二兩半正酒醋一升其取法與阿古尼低浸酒之法同

服數　以二十滴至四十滴爲一服

薩肥那油膏

取法　將新鮮薩肥那樹頭擣碎八兩黃蠟三兩提淨豬油十六兩將其豬油與蠟在熱水盆和勻融化之加入薩肥那浸之約二十分時則離火包於棉布内壓之

功用　爲猝性膏藥令已發疱之皮面不易愈又令割皮釣膿之處不易愈但其自散油質不能全在油內必有數分化散者如熱水盆用瓷器爲之則爲黃綠色能存久不壞而功用爲最大斷不可用銅器爲之

上海曹鍾秀繪圖
桐城程仲昌校字

西藥大成卷六

英國來拉　海得蘭　同撰　英國傅蘭雅口譯
新陽趙元益筆述

第二類內長又名一子瓣

椶櫚科 西名巴勒末依珠西亞之名又名巴勒末樹

立尼由司云椶櫚科之樹爲植物內之王因所產之物俱爲人所不可少者即如成粉如麪粉成糖如甘蔗成油如橄欖成蠟如蜜蜂成酒如葡萄成線與繩如麻與棉成日用之器具如椰瓢等其木可造屋其葉可作屋背又能代紙寫字又作扇等大半產於熱地內間有產於暖地者

有一種名成指形非尼克司如第二百四圖此樹所生之果即無漏子與棗略同故中國常謂之波斯棗實與棗樹無關阿喇伯人與阿非利加人俱恃此果爲養身之糧食英國由他處運來作乾果之用

第二百四圖

又有林中非尼克司產於印度又有成糖阿倫稱與密梭尼纖俱爲印度與中國之南所生者鑽其樹身收其流出之汁熬成糖最多

椰樹西名各故司爲最有益於人者其果之仁不第能作

食物之用又能產油甚多古時阿非色那之書名曰印度核如第二百五圖

第二百五圖

阿非利加東邊多生一種樹名以拉以司又有一種名幾尼阿以拉以司如第二百六圖又有一種名黑果以拉以司俱爲椶櫚樹之類而其油俗名椶櫚油作油之法將其果之軟質搗碎壓之其油爲定質黃橘皮色其臭頗可聞每百分合奇異定質油類名曰巴辣麻的尼三十分又以

拉以尼略有七十分另有成色臭之質此質有軟潤皮膚之性間有人用之治傷肉筋或打傷青迹爲擦藥而其用處之大半亦爲擦藥蘇書末一次之藥品云此油爲生布低耳以各故司樹所產者此爲大誤因此樹祇產於亞美利加之南也

第二百六圖

檳榔兒茶西名阿里楷加的主爲立尼由司之名東方名曰檳榔阿喇伯人名曰甫甫拉近時英書不作爲藥品如第二百七圖其種子能成一種膏質爲兒茶之類將其子

合於水煮之則所得之膏收斂性最大因合樹皮酸甚多也或言此爲產兒茶樹內之一種樹然所產兒茶不運至歐洲出售因兒茶爲印度孟加拉常進口之貨其子或核爲東方各國常用者用爲嚼以增涎

第二百七圖

之料已在前胡椒科內言之土名檳又名比替里間有橫切成片而出售者

渴留西名龍形楷辣暮司爲韋勒特之名生一種紅色松香類質即騏驎竭西俗名龍血阿喇伯人名曰佗瑪拉阿克溫此質祇作顏料之用

安弟故賴西陸西倫近改名曰安弟故賴以里阿爾替亞此樹產蠟質又有一種椶櫚類樹產於巴西國名楷爾奴罷亦產蠟質

西穀米即莎木麪此爲小粉之類從數種椶櫚類樹身得之英書內不作爲藥品

輕西穀司倫弗之名係倫書所言產西穀米者此質又名酷弟西小粉又有別種椶櫚樹類亦爲倫書所言者而蘇書與阿書俱言西穀米係數種椶櫚類樹與數種西楷司

樹身內所得小粉類質

或言巫來由人最喜倫弗西穀以路司所產之西穀米而陸克司白格云凡成粒西穀米俱爲輕西穀司樹所產者此樹陸克司白格名曰無刺西穀司此爲綽克生之說而布羅瑪云此西穀米之成顆粒者係輕西穀司與眞西穀司所產又有一種樹名成糖西穀以路司又名倫弗西穀以路司又名成糖阿倫犄如先去其甜味汁則能成上等西穀米如印度國有一樹名萎形加里由他（即桄榔）又名成粉非尼克司亦含小粉類質與西穀米同由此可見難查得一種西穀米樹爲專產藥品內之西穀米或言有一種西楷司樹阿書名曰成捲形西楷司亦產西穀米者然此說實無確據又有人言西印度有數種撒米阿類之樹能產一種阿蘿蘿粉與西穀米略同

西國常用之西穀米大半蘇門答剌與摩鹿加列島所產先運至新嘉坡做成顆粒後運至西國出售取西穀米之法將樹身斫斷而劈開浸於水內調和之則其小粉離其木而飄於水內但因其質極細則濾水時可隨水而下待若干時其質沈至水底成一汚白色之粉與藕粉略同此質謂之西穀粉大樹一顆能產此粉五百磅至六百磅運至新嘉坡之後則先洗之後稍乾之用篩篩之盛於呢袋

內在此袋中漸漸行過其袋另設一器令其振動故出袋時已成顆粒再篩之置於鐵鍋內炒之數分時其鍋先用油擦於其面此後再篩一次後炒一次前時出售西穀米顆粒大如蒔蘿子形狀不定色或紅或棲白常併合其粉少許其顆粒爲西穀粉之小粉點併合而其小粉點原形尚未損傷住居新嘉坡之華人數年前用中國之法提淨西穀米而成最小顆粒此種謂之珍珠西穀米其顆粒小如米質硬而色白光如珍珠有少能透光者無臭味甚淡間有人漂白之因漂白之時必受熱其小粉顆粒因此破裂故冷水內浸此種西穀米加碘則變藍色如用熱水則更易近時緬甸等處已發上等西穀米至印度等處出售法國人波蘭智將尋常出售西穀米分爲六等依尋常出產之處排列又有法國人奇布特將西穀米分爲三等一爲未切西穀米二爲小粒西穀米三爲打比哇卡西穀米又名珍珠西穀米如以顯微鏡觀其未破裂之顆粒則略爲卵形而大半亦有切斷之形或切斷卵形今法國京都近處用番藷作小粉將此小粉變成假西穀米（觀小粉一節）西穀米不能消化於冷水內如久沸之則變軟而透光至末則變膠形水質與小粉漿大同小異

功用　爲養身與潤皮藥病人食之有益可合於水或乳

服之成糞或膏又可添入湯內服之

百合科西名立里阿西依特看杜辣之名

百合科近分爲數族而其各族亦有人以爲科者卽如光菇科西名丟里披依內有百合花此物前爲藥品之用今不用之又有萱草科西名喝米路楷里弟依與阿司福弟里依科內有葫與士哇盧又啞囉以尼依科內有各種啞囉草又龍鬚菜科西名阿司叭拉其依等所有眞百合科內之草類乎棕櫚科與藜蘆科及水仙科西名阿瑪立里弟依此科各植物略各處俱有之大半產於溫和之地

葫西名撒種阿里由末立尼由司之名英書內不作爲藥品

古之希臘人用葫名曰司苦羅屯阿喇伯人名曰蘇末舊約書民數紀第十一章第五節本文曰書民譯曰蒜自古以來用此爲食物又用爲藥品

一千八百三十六年之倫書用韮阿里由末卽韮菜爲藥品又阿書前一次印者以葱阿里由末卽尋常葱爲藥品然此兩質書中早經删去而葫在蘇書中載之

第二百八圖

葫葱韮菜爲常用之食物或香料其性大同小異葫之形如第二百八圖在外科用之則爲引炎藥在內科用之則

爲行氣藥化痰藥利小便藥令口氣有可憎之臭間有人用爲殺腹內圓蟲

士哇盧立尼由司名曰海邊士哇盧又名士哇盧爾吉尼耶司對納海勒之名藥品用其頭切碎而烘乾之產於地中海之邊

古時希臘人用此藥亦名士哇盧而亞細亞人用相類之一種頭名曰印度爾吉尼耶亞細亞人名以司扣拉而爲藥品之士哇盧與尋常士哇盧類大不相同所以司對納海勒另設一族名曰爾吉尼耶族又有人名曰士哇盧族士哇盧如第二百九圖其頭圓卵形大半出地面之外衣殼或爲綠色或爲紅色葉俱從根發出花已顯出後葉卽

顯出鋪散形大質頗厚面寬形如戈頭面有槽紋又能囘彎其無葉之花幹高二尺至四尺從葉心發出簡圓柱形其端有長密卵形花頭並有長花葉花淡黃綠色萼三出有色鋪散花瓣與萼相似略爲更寬鬚六箇較圍鬚苞更短托線平滑在底少放大形尖而完

第二百九圖

全鬚頭黃色子房分三分頂有三核核內生蜜糖花心莖簡而平滑子房口略分三分生細毛子殼略圓有三角分三膛種子多排成兩行有壓平形邊有翅並有膜形之衣

此爲林特里之説此草產於地中海南北兩岸並東岸在西八月開花

士哇盧頭係多鱗形之衣包裹而成其外者乾膜形間有成色者內者無色更厚含辝味黏性汁甚多間有將其圝圝者藏於砂內運至英國每箇重半磅至四磅間有重至十磅者如孩兒之頭如藏於乾砂內可久存而不死其汁不能散去烘乾時先將其外衣去之其餘者切成橫薄之條少加熱烘乾之西國常有烘乾者出售其塊色或白或黃常爲繞轉形能透光味苦如膠初時頗韌全乾時脆至能磨成粉如遇溼氣變軟而韌如用顯微鏡細視其鱗形則能見螺絲形器具並針形小顆粒名曰拉非弟士即鈣養草酸顆粒如士哇盧粉每百分含此顆粒九分至十分此粉存久則黏結成松香類質大約因其藥性質化分之故如化分其新鮮者則每百分含水略八十分其餘爲樹膠質不成顆粒之糖樹皮酸微迹鈣養燐養$_{5}$立故尼尼苦性松香膏從此質能得一奇性之質名曰士哇盧低尼然化學家查此質之性情其意各不同故疑謂士哇盧低尼者爲繁質因有人查得不成顆粒者有中立性變化有松香形狀又有人查得有顆粒形者有滅酸之性化學家拉波爾待云合於濃硫養$_{3}$則成美觀之紫色此色漸退去士哇盧又含膏質並奇性松香類辝質其藥性大略藉此質能用正酒醋或尋常酒醋或醋消化其有藥性之質

功用　士哇盧爲燕胃壽藥食其小服則有化痰利小便之性食其更大之服則爲吐藥與瀉藥如久傷風用之則爲化痰藥如全身水腫用之爲利小便藥又因胃中消化無力用之爲最佳如合於他種利小便藥或化痰藥則其功用最大

服數　其粉以一釐至三釐爲一服如爲吐藥則以十釐至十五釐爲一服

士哇盧醋

取法　將士哇盧搗碎二兩半淡醋酸一升正酒醋一兩半先將士哇盧在醋酸內浸七日後壓出其汁而粗濾之再添正酒醋與其汁調和細濾之

此方原載於倫書英書用之而後刪之一千八百六十七年又載入英書合於治嗽藥最爲有益又可用之如下方

服數　以十五滴至四十滴爲一服

士哇盧蜜醋

取法　將士哇盧醋一升提淨蜜糖二磅和勻而用熱水盆熬之至所得之質冷時重率一．三二爲度

此方原載於倫書後收入英書久咳嗽用之則爲最佳化

痰藥

服數　以半錢至一錢爲一服

士哇盧合叱嗶喈丸 觀卷五之三第九頁

士哇盧雜丸

取法　將士哇盧粉一兩又四分兩之一薑粉一兩淡輕綠粉一兩硬肥皂一兩糖渣滓二兩或至足用將其各定質磨成之粉和勻再添糖渣滓和勻成丸

功用　以五釐至二十釐爲一服爲化痰藥

士哇盧糖漿

取法　將提淨白糖二磅半在士哇盧醋一升內加熱消化之

功用　以半錢至一錢爲一服爲化痰藥以一錢爲一服爲小兒吐藥

士哇盧酒

取法　將士哇盧搗碎二兩半正酒醋一升其取法與阿古尼低浸酒之法同

功用　以十滴至半錢爲一服爲化痰藥與利小便藥

啞囉 立尼由司之名即蘆薈

此類之草葉含多汁花成尖形之頭圍鬚苞管形分六分間有分至最深似與六筒花瓣相同下漸相近合成管其體形合法向外鋪散或向內彎質略厚其底含蜜糖類質其各分舌形內與外同大或更大又爲瓦背排列法鬚在子房下上升至與管等長或伸出管外花心莖與管等長或幾無之內有三槽子房口或簡或分散又爲小回彎或摺疊形子殼似膜形韌而薄半透光爲鈍三角或銳三角形分三膛又分三分其分處有隔開之質種子數甚多排成兩行形圓而扁成三角形生翅或角

拜貝徒司啞囉 又名尋常啞囉蘭白特之名此爲其葉之汁熬成膏產於拜貝徒司海島

索哥德拉啞囉 此爲一種或數種尚未定類之啞囉草用其葉之汁熬成膏大半產於索哥德拉海島

肝色啞囉 此種啞囉又名印度啞囉尚未定屬於何種何類祗有倫書論記之

西國新舊約書所言啞囉常與阿希辣即鷹木相混而啞囉爲古人所知者如代司可立弟司茄倫賽勒蘇司等人俱知之阿喇伯人分爲三種一爲索哥德拉一爲阿喇伯一爲塞密折尼印度與波斯書言此質阿喇伯人名曰西蒲爾又云其波斯國名曰蒲勒西亞即黑色沒藥之意印度土語曰啞囉哇此名與啞囉大同小異阿喇伯書中云希臘名曰非克賴此音不準似爲希臘國之比克魯略改變而得之

啞囉爲數種草之苦汁熬成膏其汁存於厚葉外皮下其

葉之中含稀而無色之汁頗多有人將其葉切成塊合於水沸之則所得者爲水膏而非汁膏然兩種出售其名相同常出售之亞囉爲數種草所產者又爲數處運來如亞細亞各國所產者並阿比西尼索哥德拉所產者俱在來拉雪山植物書言之觀其書第三百八十九頁阿非利加與阿喇伯國所產各種亞囉草尚未考之極詳其大略如左

尋常亞囉爲蘭白特之名拜貝徒司亞囉爲蜜蠟之名此草之身少似矮樹葉俱從根發出形似翦有彎邊加以鋸齒花瓣黃色尼斯云拜貝徒司亞囉爲尋常亞囉之一種產於歐洲之南又產於印度西印度所生者係移植之種

阿比西尼亞囉爲蘭白特之名略似生葉與果之草幹葉長戈頭形略爲直立質硬深綠色上面少凹邊有彎加以齒形略帶紅色花綠黃色立尼由司以此種爲類乎尋常亞囉產於阿比西尼國

索哥德拉亞囉爲蘭白特之名如第二百十圖甲爲剖開之花乙爲花鬚其草之幹略如矮樹質厚雙排列葉翦刀形色綠向內彎葉邊之鋸齒形小色白數多花在底爲大紅

第二百十圖

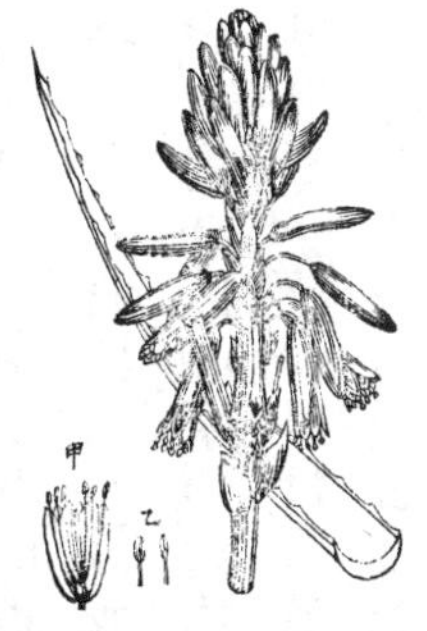

色頂上綠色中淡幾爲白色

紅色亞囉爲特看杜辣之名其幹略如矮樹葉略包圍其幹向外伸邊多生刺花莖壓平形分支其支略有花葉形此草產於阿喇伯國

阿喇伯亞囉爲蘭白特之名又名花點葉亞囉此爲福司楷勒之名葉有多花點

刺亞囉爲屯白格之名爲生幹者葉爲片形刀形邊有齒花成長捲鐘形平排列產於好望角之內地好望角所出亞囉大半爲此種所生者立尼由司云此亞囉草之葉所生亞囉似爲最佳者其餘各種次之阿非利加之南又有

數種亞囉草苦里司脫生云疑此等草即屯白格所謂舌形亞囉又云韋勒特奴所謂殼米林亞囉亦出亞囉

印度亞囉爲來拉之名其草矮有紅花成長串產於印度西北乾瘠曠地此草如爲陸克司白格所知者則必包於多葉亞囉草內又有武官賽克司園中種一種亞囉係從印度西邊德干移植者亦開紅花

尋常用之亞囉係拜貝徒司亞囉索哥德拉亞囉肝色亞囉好望角亞囉

拜貝徒司亞囉西印度所出者大半與尋常亞囉同類之草所出又疑爲索哥德拉亞囉與紫色亞囉所出因此兩

種亦種於該處植物學家波郎著牙買加海島動植物全書云取啞囉之法將最大而汁最多之葉直立於箱內令其汁流出熬之則成啞囉質出售時名曰索哥德拉啞囉然另有法將其葉壓出其汁合於水沸之熬其水得濃膏傾入壺盧內因此名曰壺盧啞囉英書云此種啞囉爲黃櫻色之塊或深櫻色不透光之塊折斷之有暗色剖面其剖面之形似蛤類之凹味苦而可憎臭亦大而可憎幾全能在酒醋內消化而消化時之間用顯微鏡觀之能見多顆粒等常裝於壺盧內運至英國出售等語其價頗貴多用之治六畜之病色深櫻或黑間有櫻色如肝可依此分辨之又以其臭可憎如呼氣於其面更爲可憎內含膠質較他種者更多故其質更韌更難搥碎此種爲啞囉類內藥性最重者

索哥德拉啞囉較他種更紅其最佳者似暗紅寶石成薄而透光之塊英書云爲紅櫻色之塊其邊能透光或全不透光折斷之其面或平滑或不整齊而其折破處如松香質味苦香大而可愛在正酒醋內全能消化而消化之時用顯微鏡能見其小顆粒等語此說更合於肝色啞囉之用全乾之時爲金紅色若久遇空氣其色改變而爲櫻紅色折剖面似蛤類之凹等常平而光滑間有稍毛糙者其臭少香新鮮而熱者更香易磨成金黃色粉幾能在重率○九五酒醋內全消化然此啞囉雖名曰索哥德拉啞囉而疑其大半非索哥德拉所產者或全非索哥德拉所產者武弁韋斯台特云啞囉草在索哥德拉海島離海面高五百尺至三千尺處生長者甚多摘下其葉用皮囊收其流出之汁來拉云有友人在索哥德拉代購索哥德拉啞囉兩皮囊迨送至船上時已遲已在他處購兩囊故不能多買臨用時則知所買兩囊爲假者查索哥德拉海島所產啞囉運至他處者有兩噸此啞囉運至紅海又從紅海運至地中海植物學家恩司里云在阿非利加東岸有美林德國內產索哥德拉啞囉甚多又有人言桑西巴爾亦有此物出售其塊爲半流半定之質運至英國則鋪成薄層令其自乾其下等者另用法濾之而後熬乾

肝色啞囉其色如肝故名肝色啞囉常有人稱爲印度啞囉然此實非印度所產者如來拉所聚各藥品樣內查其肝色啞囉其成色較印度者更次又醫士馬可磨生代來拉買肝色啞囉若干塊亦不甚佳故肝色啞囉必爲阿喇伯與阿非利加所產運至孟買出售印度人名曰孟買啞囉此啞囉有數分或全分與索哥德拉同處所產其臭亦略相似沛離拉云常有索哥德拉啞囉與肝色啞囉合於

一桶內開桶之時則見其質成花紋此因兩種色併合而成等語此種啞囉爲肝色者剖面不光略如蜜蠟其香較索哥德拉啞囉更次味可憎而甚苦粉金黃色此種啞囉較索哥德拉上等啞囉更次此兩種啞囉其根原尚未查明但疑其必有若干分爲索哥德拉啞囉與紫色啞囉所產者其汁從葉內自流出而其葉或橫切或以手輕壓之英書內不指明肝色啞囉惟以爲此種啞囉係索哥德拉啞囉之次等者

好望角啞囉色光如玻璃故有數種書內名曰光啞囉產此質之草疑必爲啞囉之類其極細者外面深櫻色少帶

橄欖綠色如得其薄層則透光而少帶黃紅色其質最脆易於磨粉臭大頗可憎粉黃色其次者爲黑色面生泡折剖面粗糙有數種好望角啞囉爲刺啞囉所產者醫士巴潑著好望角植物藥品書云本處另有數種啞囉草俱能產此質即如在蘇愛倫大末有一種名兒啞囉係蘭白特之名爲其上等者又在東邊有一種名曰阿非利加啞囉係蜜蠟之名所出之啞囉運至他處者甚多而好望角等常所用啞囉爲叡啞囉此爲蜜蠟之名此種啞

第二百十一圖

囉產處在近於仆耳勒江之山上又有一種名波路弟可薩啞囉如第二百十一圖亦產好望角啞囉

有數種次等啞囉產於印度又有一種名摹指啞囉疑產於阿喇伯國蘭特拉書中云東方所用啞囉大半爲阿喇伯國運往者因該處有數種啞囉草生長茂盛或言居比路島亦有生最好啞囉之草而其數不敷爲出口之貨又有古拉梭海島即西印度列島之屬荷蘭者亦稍產啞囉近時有從紅海邊數處將流質啞囉運至英國出售此質停若干時則結成顆粒形質又可烘乾成定質與索哥德拉啞囉相類

各種啞囉有最可憎之味存於喉內良久不散其臭亦奇如呼氣於其面則臭更顯明如浸於冷水內能消化其大半而冷水不能消化者用沸水能消化之惟待冷時又能結成

啞囉尚未詳細化分之內含一種植物阿勒布門質透光啞囉含此質之微迹其不透光者含此質更多又含一種酸質名曰啞囉以西克酸與沒石子酸相似如合於含鐵多分劑之鹽類則變橄欖櫻色又每百分含松香類質略三十分又含一奇異之質名啞囉以尼其瀉性與補性大略藉此兩種質或其內之一種質

啞囉以尼初爲化學家埋斯那查得者而一千八百五十一年司密得公司初從拜貝徒司啞囉得之其作法將此啞囉烘乾合於砂子搗碎成粉如不用砂則黏連而不成粉屢浸於冷水而在真空內熬其水成漿形待若干時則結成小顆粒其顆粒必屢用熱水消化之令再結成顆粒

啞囉以尼爲中立性質味最苦欲消化之每一分須用冷水五百分冷酒醕內不消化但無論酒醕或水少加熱則易消化如其消化之水加熱至二百十二度則速收養氣而化分能在鹼類水中消化成黃色之水此水之色漸變更深如在濃淡養水內浸若干時則啞囉以尼變爲可里蘆米克酸此酸合於鉀養水則變深櫻色

啞囉以尼之化學性情並其苦味與爲補藥之性則與里由以尼相似而里由以尼爲大黃中分出之質又啞囉以尼能收養氣變爲松香類質有瀉性司對納好司化分之得其式爲炭$_{三}$輕$_{八}$養$_{四}$加輕養

功用　啞囉用其小服爲補藥食其大服爲瀉藥醫士或以爲能感動肝又如腸內功用不靈因膽汁太少之故則可以此代膽汁之用其功用似能感動大腸而最易感動肛門因此令大便能通設如已有惹動或有痔瘡則此爲有弊依此法亦能感動相近之體因此可爲調經藥

拜貝徒司啞囉水膏

取法　將拜貝徒司啞囉小片一磅沸蒸水八升將啞囉在水內調和極勻待十二小時傾出其清水將其餘質壓之濾之將兩次所得之水和勻用熱水盆或熱空氣烘乾之

索哥德拉啞囉水膏

取法　與前法同祇以索哥德拉啞囉代拜貝徒司啞囉依此取法則所含異質並松香類質從啞囉中分出所得之膏或以爲較生啞囉之惹性更小

功用　爲瀉藥以五釐至十五釐爲一服

啞囉雜散 此爲倫書之方

取法　將啞囉粉一兩半無論爲索哥德拉或爲肝色者俱可用之古阿以若末一兩桂皮雜散半兩各分和勻

功用　爲睃性瀉藥與發汗藥以十釐至二十釐爲一服

拜貝徒司啞囉丸

取法　將拜貝徒司啞囉粉二兩硬肥皂粉一兩芫茜油一錢玫瑰花膏一兩各質搗和至極勻

此丸與倫書啞囉肥皂丸相似

索哥德拉啞囉丸

取法　將索哥德拉啞囉粉二兩硬肥皂粉一兩肉豆蔻

自散油一錢玫瑰花膏一兩搗和至全勻爲度

前時倫書之方所有啞囉雜丸用索哥德拉啞囉爲之但其質之三分之一用龍膽草根膏

功用　爲瀉藥與補藥以五釐至十釐爲一服醫士以爲肥皂可助啞囉之功力

啞囉鐵丸

取法　將鐵養硫養一兩半拜貝徒司啞囉粉二兩桂皮雜散三兩玫瑰花膏四兩將其鐵養硫養磨粉與啞囉及桂皮雜散磨勻再添玫瑰花膏調和成勻淨之塊

此方英書從蘇書得之如血虛與經閉服此藥爲宜

服數　以五釐至十釐爲一服

啞囉沒藥丸

取法　將索哥德拉啞囉二兩沒藥一兩乾番紅花半兩玫瑰花膏二兩半將啞囉沒藥番紅花磨勻篩之後加玫瑰花膏搗和成極勻之塊

此丸與倫書所載者相似

功用　爲瀉藥與調經藥以五釐至十釐臨睡時爲一服

啞囉阿魏丸

取法　將索哥德拉啞囉粉一兩阿魏一兩硬肥皂粉一兩玫瑰花膏一兩各質搗和至勻爲度

功用　爲瀉藥與治轉筋藥以五釐至十釐爲一服一日三服

啞囉雜煮水

取法　將索哥德拉啞囉膏一百二十釐沒藥搥碎九十釐番紅花切細九十釐鉀養炭養六十釐甘草膏一兩白豆蔻雜酒八兩蒸水至足用將其啞囉膏與沒藥膏磨成粗粉合於鉀養炭養與甘草膏置於有蓋之器內加蒸水一升輕加熱沸之約五分時加入番紅花待冷則加白豆蔻酒後蓋密其器待兩小時以佛蘭絨濾之傾蒸水於佛蘭絨上之餘質內足以補滿三十兩每一兩內含啞囉膏四釐一千八百六十四年英書之方每一兩含啞囉五六釐倫書之方含啞囉三·三釐

功用　爲瀉藥與調經藥以半兩至二兩爲一服惟沸之時不可過限否則其啞囉質必有若干不消化者

啞囉葡萄酒

取法　將索哥德拉啞囉一兩半白豆蔻磨粉八十釐薑粗粉八十釐舍利酒二升置蓋密之器內浸七日屢次調動之濾之加舍利酒補足二升

功用　爲暖性瀉藥以一錢至二錢爲一服

啞囉酒

取法　將索哥德拉啞囉粗粉半兩甘草膏一兩半正酒醕至足用將啞囉與甘草膏在酒醕十五兩內浸七日盛於蓋密之器內屢次搖動之濾之加正酒醕補足一升

功用　爲瀉藥與他藥相配能合於瀉藥與調經藥以半錢至二錢爲一服此淡酒醕消化其藥性質最佳

啞囉雜酒又名啞囉沒藥酒此爲倫書之方

取法　將索哥德拉啞囉或肝色啞囉磨成粗粉四兩番紅花粗粉二兩置於沒藥酒二升內浸七日濾之如用過濾之法取之則不甚佳

功用　爲調經藥與行氣瀉藥能配入瀉藥與各雜藥內以半錢至二錢爲一服

啞囉外導藥

取法　將啞囉四十釐鉀養炭養十五釐小粉漿半升各物調和磨勻

功用　作外導藥之用逐出肛門內圓蟲又能治經閉

啞囉配入數種別藥內卽如籐黃雜丸哥囉噺雜膏哥囉噺雜丸哥囉噺合羊躑躅丸偏蘇以尼雜酒大黃雜丸

藜蘆科西名米蘭太西依波耶之名又名哥勒枝橪

藜蘆科與蘆葦科西名正楷西依相似又與百合科相似在地球溫和處遇見之俱結成一種質名非辣得里亞

哥勒枝橪根團與種子立尼由司名曰秋時哥勒枝橪西俗名草地番紅花

哥勒枝橪在代司可立弟司書中詳言之阿喇伯人亦用之名曰蘇林頂又阿喇伯書中云其希臘名曰哥勒枝橪後之希臘人與阿喇伯人所名曰合暮達克替里卽阿喇伯人所謂甜與苦之蘇林頂疑屬於此類之植物近有植物學家代勒蜜蠟奇布特波蘭身各人曾考究此事云古人所用者必爲花點哥勒枝橪爲立尼由司之名來拉所存此草之樣俱爲沛離拉書中所言者哥勒枝橪係英國原產之草

其眞根有多絲紋而在其根團下發出根團爲卵形略大如栗質實而厚外面有櫻色皮包之一面少凹一面少扁或者生長之時有一縱槽紋在西六月或七月爲最大此爲長足之時觀其下端近小根處有極細之新根團顯出此新根團在秋時開花在當時尙小而春時之先已長大則嫩子殼與葉一倂上升此子殼從秋至春存於地內種子略在夏至時成熟而開新花之時其舊根團漸變鬆軟至第二年四月尙存其舊形至五月之末則縮小變敬如皮連於新根團之下端而新根團在此時已長足如蘇格蘭之水土冷其種子不能成熟故傳種之法在第二年春時大根團放出小根團此小根團由漸長大葉爲寬戈頭

形面平或少有成角凹形長略一尺色深綠面平滑葉在春時與子殼一併顯出花數朶無葉從根團發出有白色長管其體淡紫色或玫瑰花色圍鬚苞如漏斗形有最長之管其體分六分似花瓣形鬚六箇連入圍鬚苞之喉內

第二百十二圖

子殼三箇全爲相連內有一膛如第二百十二圖之一與四兩號在其內邊裂開如圖之二號種子甚多形如圖之五號略圓皮櫻色縮成皺紋又有臍根近處大凸頭故種子之面似毛糙

此草產於歐洲各處卑溼地內

苦里司脫生書所言哥勒枝噤根團生長之說較他人言之更詳而以上之說係從其書檢出者如西七月與八月其藥性最大此時葉將枯萎而新根團之花尚未顯出英書云其根團應在西六月底取之因此時其秋時所發之芽尚未成熟林特里云常見送至倫敦出售者有數擔已開過花而摘去其花以欺人苦里司脫生云西六月底七月初根團色最白堅固而大此時含小粉甚多而無小根團與其相連如在西四月內取之則常有兩根團相連一箇鬆而軟一箇胖而堅尋常取根團之時取其大而胖爲

獨者苦里司脫生疑其未必在此時取之因其根團在西四月內雖含水更多苦味相同又云司拖司書中云秋時根團每百分含水八十分小粉十分苦膏質二分糖四分另有樹膠松香立故尼尼少許惟在四月內苦膏質之比例更大所用哥勒枝噤根團有新鮮者有乾者作乾之法先剝去外衣橫切成薄片先輕加熱乾之後漸增大其熱至一百五十度其片應乾而堅灰白色又以醋溼之應變藍色又合於古阿以苦未酒亦應變藍色此爲湯勿生之說此色爲哥路登質所成味苦而可憎微辣種子性情亦同如取其熟者則其性情更勻其子略與黑芥子同大質

最硬紅櫻色

化學家百勒替耶與指分士云其根團含一種鹼類質疑爲非辣得里亞合於沒石子酸至有餘又有油質合於自散酸質黃色料膠質小粉以奴里尼頗多與立故尼尼但搿茄與黑司云其質含一種奇異鹼類質名哥勒枝西那此質與非辣得里亞相似但能在水內消化能成顆粒又如嗅其粉之香不如非辣得里亞之令人嚏哥勒枝西那合於硫養則變黃櫻色合於淡養五則變數種色從茄花色起漸變各色毒性最大哥勒枝噤爲藥之性幾分能爲水所收易爲酒醋或淡酒或醋等質所收故藥品中大半以

此各質消化之

功用　哥勒枝㗸爲惹胃之藥食其大服則爲甯睡辝性毒藥如屢食其小服則能感動數處津液半屬吐藥半屬瀉藥又能作利小便藥與發汗藥而同時有平火安心與安神之益因此風溼與痛風兩病用此能減其痛又如生炎病內能減心之動法如痛風新病幾爲特用之藥然醫士疑得此藥之益處必預覺其不合之性即如腹痛或泄瀉或頭痛或頭暈等事方能見效以後接服之數必漸少前法國醫士設一方能治痛風著名多年疑其內之要質爲哥勒枝㗸

服數　或用根團或用種子之粉以一釐至五釐爲一服一日三服有加香料間合於鴉片小服用之醫士韋干云用哥勒枝㗸最合之法每一小時食八釐至吐或瀉或發汗爲度

哥勒枝㗸膏

取法　將哥勒枝㗸新根團去其外衣壓碎之再用法壓出其汁待其小粉類質沈下即將其透明之水加熱至二百十二度如是其阿勒布門質結成用佛蘭絨濾之加熱至一百六十度熬乾

功用　此爲服哥勒枝㗸妙法服數每三四小時服一釐

哥勒枝㗸醋酸膏

取法　此法與前同惟每壓碎之根團七磅加醋酸六兩此質較倫書之方所作者更濃因倫書之方不濾其汁存其根之小粉質於內因此更淡

功用　爲安神等藥治痛風與風溼以半釐至二釐爲一服一日三四服阿書之方所作者較此更濃

哥勒枝㗸醋　此爲倫書之方

取法　將哥勒枝㗸乾根團三錢半合於淡醋酸一升置於蓋密之器內浸三日壓之停若干時待其渣滓沈下濾之加入正酒醕一兩半

功用　此藥雖爲輕性亦能得其功益以半錢至二錢爲一服每三四小時食一服英書不載此方

哥勒枝㗸葡萄酒

取法　將哥勒枝㗸根團切片烘乾四兩浸於舍利酒一升內七日爲度壓之濾之再添舍利酒補足一升

功用　爲惹胃等藥如以十滴至一錢爲一服一日三服則爲平火安心藥或啇用其種子浸酒其作法用種子二兩浸於舍利酒一升內服數同前

哥勒枝㗸種子酒

取法　將哥勒枝㗸種子搥碎二兩半正酒醕一升其取

法與阿古尼低浸酒之法同
功用　其種子之藥性較根團更勻和又因正酒醋消化其藥質最佳故有多醫士喜用其種子之酒或葡萄酒以爲較根團所作之藥更穩
服數　以十五滴至半錢爲一服
其種子必須搗碎之化學家本尼溫云正酒醋所能消化哥勒枝西那質從其搗碎種子所得者較不搗碎所得者更多
哥勒枝槷雜酒此爲倫書之方
取法　將哥勒枝槷種子搗碎五兩在淡輕養香酒二升

內浸十四日濾之
功用　醫士韋廉士云如胃內有酸此藥最合於用以十滴至一錢爲一服然此酒所含之淡輕養必當記之雖有數醫士最重此藥而英書失漏不載
白色非辣得羅末立尼由司之名藥品內用其根本又名白色藜蘆此爲倫書所載之藥
植物學家疑代司可立弟司書中所名曰白色藜蘆即阿喇伯人所名曰起爾蒲扣
此草之根本有多皺紋長方形鈍如翦斷之形稍平排列乾時則外橃色內灰色有長圓柱形之小根約高一尺半

至四尺葉有摺形或爲橢圓形或爲戈頭橢圓形葉下面生細毛其葉斜入套內花頭串形而成小密頭爲樹枝之端莖上亦生細毛花之雌雄分合不定黃白色背面綠色圍鬚苞爲長戈頭形分六分各分齒形底無核伸開較花莖更長鬚六箇連於花鬚各分之底鬚頭內腎形橫開子房三箇伸開至子房口子殼三箇在下相連在上成角形分三箇側邊裂開之子殼內含多種子其子或爲壓平形或在頂生翅形產於歐洲南方草地內又產於歐洲之中另有一種名路卑利阿非辣得羅末亦爲略同之物可公用者

此草各體辛而有毒性祇用其根本與小根爲藥品初嘗其味則少甜後最苦而辛則掩其甜味尋常從日耳曼國運至英國出售其面粗糙因有小根之餘質黏連其藥性特所含非辣得里亞質化學家西門另查得一鹼類質名曰直伐以尼此名目係從西班牙之語得之即毒之意其餘各原質與哥勒枝槷根團之原質相似
功用　爲惹胃毒藥如嗅之則嚏而流涕服之則吐瀉前時用爲引水瀉藥而哥勒枝槷未入藥時用以治痛風今祇用此物殺皮膚毛髮內之蟲間用之爲取嚏藥其用法將此藥一二釐合於小粉或以里司佛羅稜薩即白芷粉嗅

之

非辣得羅末葡萄酒（此爲倫書之方）

取法　將白色藜蘆根切碎八兩，舍利酒二升，浸七日濾之

功用　爲吐藥瀉藥安神藥，間有痛風與風溼病用之，以十滴爲一服，一日三服，合於鴉片酒少許服之

蒜藜蘆（西名綠色非辣得羅末，韋勒特奴之名藥品內用其乾根本，又名綠色藜蘆根，此物在美國與加拿大兩處秋時取之）

今英書從美國藥品書內收入此藥，美國俗名亞美利加赫勒蒲爾，又名卑溼地赫勒蒲爾，又名印度布克與布克

根，其功用有醫士哇斯古特在美國醫學新聞第十六本論及之，作外科之用大有惹性，內科用之則爲吐藥，或食其小服，則能減脈之力與其數，同時常有不省人事，睡，頭暈，頭痛，視物不清，瞳人放大等証，服之則功用與嚊勒枝嗪白色藜蘆略同，惟特能管理心與脈之動，故治新生炎病，其功用最大

美國北喀爾勒那邦醫士拿爾烏特用此藥治肺生炎與新風溼及虛發熱

蒜藜蘆之根或根本厚而軟，上半似有切斷形，下半厚而有多白色小根，其幹每年換新者，形圓面生紋條形，又生

細毛而爲實心，高三尺至六尺，葉光綠色，其端成花密頭綠黃色，葉愈高愈小，下葉長六寸至十二寸，形爲簡橢圓，面生毛，有彎形如浪線，其質成辮形，上葉長形戈頭形，花頭有多花，各成串形，花莖生小軟毛，每花有一尖花葉，面生細毛而較小，花莖更長，圓鬚苞六箇銳卵形之分，此六分內有三分較其餘三分更長，鬚六箇，托線向內彎，花心三箇，花心莖向內彎，果實三箇，子殼在頂分開，又向內面分開，此草所產之處爲卑溼地或溼草地或河邊，自加拿大起至北喀爾勒那邦止

此草之根本與小根之絲紋乾而面生皺紋之時，則與白色非辣得羅末根本大同小異，亞美利加藜蘆味苦而辣，無臭，內含非辣得里亞質，而其藥性大約藉此質能減心之動，食其大服則爲吐藥，食其粉四釐至六釐，或其浸酒一錢至二錢，爲吐藥一服之數，如痛風風溼或腦筋痛，則可用更小之服爲減熱氣之藥，食其大服則爲有大力減心動之藥，又爲危險毒藥，故凡用此藥則必慎之

蒜藜蘆酒（西名綠色非辣得羅末酒，又名綠色赫勒蒲爾酒）

取法　將蒜藜蘆根粗粉四兩，準酒醕一升，其取法與阿古尼低浸酒之法同

服數　以五滴至二十滴爲一服，如風溼痛風等病可用

之然必最謹慎

沙罷弟拉又名藥品阿薩辨里亞又名西發弟拉入藥品者爲其乾果而從委拉古盧斯與墨西哥運至英國

沙罷弟拉又名西發弟拉又名西罷弟拉所開之花形與大麥穗相似故用西班牙之名西罷大卽大麥穗之意此藥於一千五百七十三年麻那弟士考得之其種子或果或用之滅臭蟲等今多用以取非辣得里亞質前有人久以爲西發弟拉爲沙罷弟拉非辣得羅末之果此爲勒次之名植物學家施愛特查明此草係墨西哥國所產者而所產之草與前說不同先以爲屬於非辣得羅末之類後

以爲屬於希路尼亞之類今植物學家另設一類卽屬於阿薩辨里亞之類

第二百十三圖

藥品阿薩辨里亞爲林特里之名如第二百十三圖此草生根圓而成羣相交甚密葉長如線形如青草又有漸長之尖面平滑上面有槽下面有

船脊骨形長約四尺其質鬆軟不能直立其無葉之花榦爲尖者高約六尺爲筩形花穗最密長約一尺半其花雌雄分合不定串形不生毛黃白色圍鬚苞分六分各分線形鬚遞更長短鬚頭心形裂開之後變爲楯牌形子房三筩爲筩者子房口不顯明子殼分三分質靭如紙種子似凸口刀形生翅產於亞美利加安的斯山墨西哥國之東邊

此草之用爲取非辣得里亞質故名藥品阿薩辨里亞

沙罷弟拉種子又名西發弟拉種子爲其鬆種子並乾子殼子殼薄分三膛長約半寸色紅灰或爲空者或爲含兩

箇種子者種子櫻黑色無臭味苦辛而久不散化學家百勒替耶指分土化分之知其原質與哥勒枝禁根圓相似因含油類質此質名司替阿里尼又含以拉以尼西發弟克酸蠟非辣得里亞質合於沒石子酸至有餘又有黃色顏料小粉立故尼尼樹膠並數種鹽類質觀米拉特倫司之書又有埋斯那化分之得各質更詳

功用　爲殺蟲藥

非辣得里亞此質係從西發弟拉子取出之鹼類質而非全淨者

非辣得里亞初時從沙罷弟拉種子中查得之後在白色非辣得羅末根本中查得之此兩質內所含非辣得里亞

俱與沒石子酸之有餘化合

取法　將西發弟拉子二磅蒸水至足用準酒醋至足用淡輕四養水至足用輕綠至足用提淨動物炭六十釐將西發弟拉先合於沸蒸水一磅置蓋密之器內浸二十四小時再取出西發弟拉種子壓之輕加熱乾之置於乳鉢內搗之置於深窄器內搖動甚猛或鋪於桌面用扇扇去殼質亦可將其種子在咖啡磨內磨成粉將其粉合於準酒醋成濃漿將其漿置於過濾器內裝緊將準酒醋傾入過濾器內令醋行過至所出之酒不變色爲度將所得之酒蒸之至所蒸出之酒倘未有結成之質在內爲度乘熱時

將甑內餘流質傾入十二倍體積之冷蒸水內以棉布濾之將其餘質在濾紙上以蒸水洗之至其洗水加入淡輕四養不再結成質爲度將兩次所得之質和勻加淡輕四養至少有餘待其結成之質全沈下則傾出其上之明流質而用濾紙分出其結成之質又用蒸水洗之至所洗出之水不變色爲度將其結成之壓質在蒸水十二兩內調和之漸添輕綠足令其水微有恒酸性而加輕綠之時必連調不停再加動物炭輕加熱二十分時濾之待冷後加淡輕四養至少有餘待結成之質全沈下則傾出其面之明流質而用濾紙收其結成之質用冷蒸水洗之至所洗得之水

內加銀養淡養五水之有淡養五令爲酸者不再有變化爲度再將其結成之質用濾紙收乾之又輕加熱令其全乾其種子與殼分開後遇酒醋則其非辣得里亞沒石子酸松香質顏色料一概消化將其浸酒熬之而傾於十二倍體積之水內則其松香質大半結成添入淡輕四養則其非辣得里亞結成而可用洗法令其顏色料大半放散又將非辣得里亞在輕綠內消化而用動物炭滅其色又用淡輕四養水令其結成洗之乾之依此法所得之質非全淨者而爲淡灰色不成顆粒如在淡酸水內消化之則有不消化餘質之微迹此質爲櫻色此俱爲英書之說

非辣得里亞爲粉形之質不能成顆粒又不發臭但其粉之微數遇鼻孔則大感動鼻管而作嚏融化之待冷變爲透光黃色質在空氣中燒之則能燒盡冷水中幾不能消化沸水一千分能消化其一分所得之水其味最辣如酒醋與以脫所消化者甚少又能令變紅之力低暮司試紙復爲藍色又能與酸質化合成中立性鹽類最難成顆粒如極淨非辣得里亞加濃硫養則變紅又能與淡養五合成黃色之水其水合於淡輕四養或合於沒石子酒俱能令其質結成化學家古爾白云尋常出售非辣得里亞不惟含非辣得里亞質另含沙罷弟里那又含兩種不同之松香

類質 非辣得里亞原質之式爲炭輕淡養此爲重性毒藥

功用 非辣得里亞爲惹胃毒藥外科用其小服爲引炎藥取嚏藥又爲令嚏甚猛之藥內科用之令人吐瀉已在外科用之治腦筋痛風溼與痛風惟必待其重證據已退而後用之醫士或用以代哥勒枝檗以十二分釐之一爲一服治痛風風溼及腦筋大痛之病如以上各病內用之爲一處惹動之藥則用其油膏爲最佳

非辣得里亞油膏

取法 將非辣得里亞八釐提淨豬油一兩橄欖油半錢將非辣得里亞與橄欖油和勻後加豬油而和勻之

土茯苓科西名司米辣西依波耶之名又名沙沙把列拉

此科之植物產於亞細亞與亞美利加之溫和帶與熱帶內然在此界限外亦有遇見者此科產土茯苓西名沙沙把列拉根此爲要藥

土茯苓西名司米辣西立尼由司之名又列於六箇鬚花分雌雄

如第二百十四圖此草分雌雄其圍鬚苞分六分幾爲等分圍鬚苞向外伸雌花之圍鬚苞不落鬚六箇連於圍鬚苞之底鬚頭線形直立子房分三膛每膛內含一種子花心莖最短子房口三箇向外伸其果實含種子一箇至三箇種子半球形其阿勒布門質略如脆骨胚最小而與其臍眼遠離此草蔓生凌冬不凋其根或有縣紋或成團榦常有生刺者葉遞更排列有葉莖或爲心形或爲戈形其質紋有網形與脈葉莖之間有發蔓鬚之副葉花無托莖而特一球形之膛其花略成花頭或有小花莖或爲傘托輻形有數

第二百十四圖

種產於溫和之地然大半產於東西兩半球溫和帶與熱帶內

洋土茯苓西名沙沙根又名藥品司米辣西爲洪波特與本布蘭特之名藥品內用其乾根又名沙沙把列拉又名牙買加沙沙把列拉此藥產於中亞美利加又從牙買加運來

司米辣西係古時希臘國所用之名而其草名粗糙司米辣西至今爲藥品之用所有沙沙把列拉爲西班牙之言語如沙沙即荆棘之意把列拉即葡萄亦爲蔓草之意而爲藥品者爲數種草根初時在亞美利加遇見之在一千五百年以後運至歐洲常出售者依其產處而定名即如牙買加與都拉斯巴西國等是也然最難查得何種司米辣西產何種沙沙把列拉因其大半在亞美利加海邊一處名曰蚊岸因西人不多往故書中不詳言之而其根爲土人運至牙買加島出售其餘大半從墨西哥國危地馬拉巴西秘魯等國運來

藥品司米辣西係洪波特本布蘭特公特所設之名此係洪波特本布蘭特兩人遊覽新加拿大在可侖比亞之馬加他勒那河邊遇見之因其根爲土人所聚而土名曰沙沙把列拉運至加爾達日那口而從此運至牙買加出售故疑常出售之沙沙把列拉有若干分爲此草根所產故藥品書內往往名曰牙買加沙沙把列拉沛離拉疑牙買加沙沙把列拉俱爲該處所產而馬替由司云依普勒之說其根俱係迷那日來斯省東邊聚而出售者

紙草形司米辣西爲波爾之名又名疔毒司米辣西爲馬替由司之名而非洪布特所設者此草係巴西國所產馬替由司查此草根有土人在里約內哥羅與亞馬孫河相近處聚集之土名沙沙或沙耳沙或沙耳沙把列拉卽馬拉恨巴拉里斯本等處所出售名曰沙沙又云此種根較他根含把列故里尼更多其書之本文云此根含藥膏較他種司米辣西者更多汁味苦而略可憎謂之把列里那其爲藥功用大約特此性等語又有一種司米辣西其葉等件係司根爾在危地馬拉聚合而送與沛離拉醫士又有本得里查考之言必爲紙草形司米辣西另有其根一包尙未開視與閧都拉斯所產沙沙把列拉根大相似故本得里疑該處所產沙沙把列拉根必爲此草之根

沙沙把列拉司米辣西爲立尼由司之名而爲美國所產之植物但依美國藥品書如胡特與巴格等人之書云不產常出售之沙沙把列拉

疔毒司米辣西爲韋勒特奴之名與他類不同此種係洪波特與本布蘭特兩人在巴西國之克西幾阿拉河邊所得者

爲藥司米辣西爲施來克脫之名而爲施愛特在墨西哥國安的斯山東面遇見者其根作乾之從委拉古盧斯口發往他處英國內不多見之

粗糙司米辣西爲東方數國所產如康士但丁城加利波里等處常出售其榦與黑色及黃色之果謂之沙沙把列拉此爲蘭特拉之說或疑其質較爲藥品者功用更大

醫士漢酷克云祇有一種草能生眞洋土茯苓卽有洋土茯苓之眞藥性此草產於南亞美利加恩土拉那與揩拉蒲里兩處依米諾末河邊之高地又云里約內哥羅所產洋土茯苓卽運至安故司拖勒或巴拉出售者爲最佳此質大略爲紙草形司米辣西或藥品司米辣西所產馬替由司云又有數種如約披看茄司米辣西與巴西司米辣西並希里里亞沙沙把里撻亦能作公用者又云其新鮮者較其乾而老者藥性更大又有苦瑪那司米辣西土人

名曰阿薩苦里拖植物學家薄必克名曰心蛋形司米辣西又有潑蘭普依司米辣西疑為林特里所名藥品司米辣西又中國司米辣西即產東方久著名之中國根此各根亦略能當洋土茯苓之用又疑印度所產者有數種其藥性略同觀雪山植物書第三百八十三頁

一千八百五十三年十二月初六日醫士西曼在立尼由司植物會讀一則云常出售之洋土茯苓為一種草所產者而藥品者為藥者紙草形者俱為一種草而其根分種類大半藉其取法即有數種去其根本有數種去其小根等又其含小粉或不含小粉形質者藉其出產之泥土或

草之嫩老等又恃他種天然之事而得各分別

洋土茯苓根尋常包捆出售運至英國者其捆係折根而成又有從巴西國運來者其根不折而成捆又常有根與根本相連常見之洋土茯苓根質韌彎之不斷長數尺厚如鵞毛管圓形又有縱皺紋並小根在其面縱排列色各不同大約恃數事而定之其根之外面有厚而小膛形之皮皮外有一層薄外皮內有根心質此質係立故尼尼質與小膛質雜合而成中有軟質如燈草之形此質常含若干小粉故將其根作橫剖面則似外長之樹榦而無髓輻管洋土茯苓無臭尋常之味祇有膠味惟其上等新鮮者味略苦而辣又可惜醫士漢酤克云凡有此味者則為上等之據出售之根常有劈開而切成小條便作藥料之用凡已劈開而切斷者難於分別而定類

牙買加洋土茯苓為英書所言者尋常醫士貴重此種其捆長十二寸至二十寸寬四寸至五寸觀其色之紅易與他種分別又其面之小根亦為更多故常名曰紅鬚洋土茯苓其質內之粉少於他種惟熬成之膏更多其皮所能成之膏較其本質略多五倍其粉紅色如用碘試之則所成藍色不及閔都拉斯類所成藍色之深凡藥品書內指明用洋土茯苓之處俱為牙買加島之一種大半在中亞

美利加產之運至牙買加島出售疑為藥品司米辣西所產者

巴西國所產洋土茯苓又名里斯本土茯苓與里約內哥羅土茯苓此質應與他種洋土茯苓等品因產此之質依馬眷由司之說其藥性較他種更為顯明而醫士漢酤克所言者想為此種其正名曰紙草形司米辣西又疑有若干洋茯苓為心蛋形司米辣西所成者其根所成之捆長三尺至五尺不折又無黏連之根本其縱皺紋較牙買加者更少小根亦更少色紅樱內含小粉

閔都拉斯所產洋土茯苓灰樱色小根亦甚少內含小粉

甚多折斷之顯小粉之形如將其根成粉或煑水用碘試之則變藍色其梱爲折者間有根本連於其上

危地馬拉所產洋土茯苓爲本得里書中所言者與閧都拉斯所產者相似惟其根不折而成梱此兩處之根疑爲同草所產者或爲藥品司米辣西或爲紙草形司米辣西

利馬洋土茯苓雖從利馬運來亦有從瓦巴勒索與哥斯德黎加兩處運來者其形與牙買加所產者大同小異故常有人混售之所成之梱長三尺徑九寸其根本連於其上彎入梱內

又有一種係委拉古盧斯口出售者又名痛風形洋土茯

苓或言係南亞美利加之加拉架所產其根折而成梱質粗厚而含多小粉根本連於其上

洋土茯苓根常有異質相雜又常有下等者作爲上等者出售即如有人將阿茄肥根傅爾苦里亞根或星形希拉里亞根或光梗阿拉里亞根與羊泉之根葎草之根相雜間有人將韌性福爾米由末之根作洋土茯苓出售

土茯苓內含立故尼尼小粉膠質頗多又含猝性苦味松香類質少許又有自散油微迹此油亦具土茯苓之臭與猝味又有奇異之質尚未定名常名曰司米辣西尼此質白色能成顆粒無臭味苦稍能在冷水中消化更易在沸

水中消化又能在熱酒醕內消化更易在以脫與油內消化遇濃硫養初變紅後變黃遇輕綠則消化而變紅色其質爲中立性又所合成之雜質不能定又其原質因此亦難定之其根之藥性質能消化於冷水與熱水內惟久沸之則壞淡酒醕亦能消化之故凡作洋土茯苓之各藥加以淡酒醕或有益處但必慎之不可久沸否則易壞

功用　爲改血藥與發汗藥又令人欲嘔與嘔吐又能加身體之堅壯能補身力又身瘦者與虛軟者可令其肥壯身體因病而有惡質在內亦能治之又第二層疔毒與水銀疔毒服此亦有功用或言此藥毫無功用惟在用之之

時分外謹慎而食物亦慎因此病能向愈非此藥之功

洋土茯苓煑水

取法　將牙買加洋土茯苓橫切片二兩半沸蒸水一升半浸之約一小時置於有蓋之器內沸之約十分時待冷濾之加水補足一升

此水與一千八百五十一年倫書載此藥之煑水相似一千八百三十六年倫書之方甚繁先煑之多時後取出軋碎之再沸之設此繁法之原意因誤以爲其藥性質在其木質內

功用　爲改血藥以二兩至三兩爲一服一日二三服

洋土茯苓雜煮水

取法　將牙買加洋土茯苓橫切片二兩半再將沙沙法拉司木片四分兩之一古阿以苦未木之刨花四分兩之一新鮮甘草根搥碎四分兩之一米聚里恩六十釐沸蒸水一升半將各料在水內浸一小時盛於蓋密之器內沸十分時待冷濾之所得之水必加蒸水補足一升

此水與倫書所載此藥雜煮水同

功用　為改血藥能代里斯本所作補藥水以三兩至六兩為一服一日兩三服

洋土茯苓水膏

取法　將牙買加洋土茯苓橫切片一磅一百六十度熱蒸水十四升準酒醕一兩將洋土茯苓在此水之一半內浸六小時以清水傾出將其餘質在其餘水內亦浸六小時壓出其水與前水和勻用熱水盆熬之至得餘質七兩或熬至其重率得一·一三待冷則加酒醕加酒醕後重率應得一·〇九五

此水之濃略與倫書所載此藥水膏之濃相等

功用　為改血藥以二錢至四錢為一服合於水服之可加香料令適口此水膏能任存若干時不壞

洋土茯苓糖漿此為倫書之方

取法　將洋土茯苓根三磅半在蒸水十六升內沸之至餘八升為度傾出其水乘熱時濾之將濾得之質加蒸水八升沸之至四升濾之將兩次之水和勻熬之至得二升加淨糖十八兩令消化待冷時加準酒醕二兩

功用　為改血藥以四錢為一服合於水服之或加入其煮水內服之

蘭科 西名啞爾荀弟依

蘭科中植物種植家以為大有佳趣然用處甚少節加有一質名發尼拉為最佳香料又有數類產根頭內含之質最有養人之性名曰薩里伯薩路伯薩魯伯此名大約從阿喇伯國言語薩里伯得之根頭硬其質似牛角略為白色半透光臭最少味暖而似膠其質之大半為巴蘇里尼又有能消化之膠質與小粉若干醫士與化學家云此質所含養身料依其體積而言則為各植物內體小而養身之物最多者產此質之草波斯國者最佳然向未有人詳細考究之來拉在近於克什米爾地方得此草之一種名曰眞由羅非亞又在雪山之麓在印度之西北查得一種名曰田中由羅非亞觀雪山植物書第三百七十頁從此根頭造出上等薩里伯質醫士法可那告於來拉云前有土王度斯脫摩哈麥云薩里伯之上等者係近於堪達哈爾地方所產又

有植物學家司百倫加勒云古人所言之薩里伯卽啞爾荀司者卽今之蝴蝶形啞爾荀司所產植物學家倍性合爾茲云歐洲所產最佳之薩里伯爲圓形啞爾荀司如第二百十五圖甲爲花之體堅強啞爾荀司如第二百十六圖甲爲脣形圍鬚苞兵衣色啞爾荀司所產者醫士克倫云曾在本國內見用兩葉啞爾荀司與士爾其國所產者

第二百十五圖

第二百十六圖

不分高下

薩里伯爲病人養身而不惹胃之食物病愈之人或小兒食之合於水或乳飲之而與西穀米等同法加香料食之

曇華科（西名澗尼依波郎之名又名瑪蘭太西依林特里之名）

曇華科植物其形與芭蕉科略似又與薑科相近此種草在亞細亞與亞美利加熱地多遇見之無香俱含多小粉

瑪蘭太粉（此爲倫書之方又名蘆形瑪蘭太立尼由司之名所用之質爲其凸頭內小粉又名阿蘿蘿粉立尼由司列於一箇鬚頭一箇花心）

此草之小粉與根本與凸頭爲南亞美利加人多年知而用之者英國略於一千八百年以後初用西印度列島所產阿蘿蘿粉（案此名前人有譯曰藕粉者誤也）

此草之根本白色平生面生多凸圈圈上發小根內有膣大而變爲凸頭者成有節之根本與原根本相似但其面多生魚鱗形質此各質尋常能伸長向上彎出地面而變成新草榦高二尺至三尺分成多枝榦細面生細毛而在節處稍有發腫形葉遞更排列有長而葉形生毛之套葉如蛋形間有若戈頭形花成密頭在榦之端放鬆四面伸開在分枝之處有長而線形套形之花葉萼綠色平滑花瓣小白色不等內有一分爲脣形鬚頭連於花瓣形之花鬚托線花心莖爲花瓣形頭上似戴風套子房分三膛面平滑子房口有三面果平而乾內含一種子如第二百十七圖甲爲凸頭卽分根乙爲葉與花丙爲花鬚與花心莖

第二百十七圖

取其小粉之法將其生一年之凸頭搗碎之成漿不用其根本卽與苦爾苦沒（卽鬱金）不用根本同意將其漿傾入水內調動之濾之分出所含小粉質與絲紋質小粉在水內令其水有乳形待若干時小粉沉下再換清水洗之後置

日光內曬乾變白色如雪係極細顆粒所成用顯微鏡觀之形狀略爲橢圓形或鈍或長不定又似杵形不多見其球形者或卵形者能見多粒其徑爲二千分寸之一間有其徑大至七百五十分寸之一者

西印度列島產一種阿蘿蘿粉其草名曰每月草蘇書云此草屬於看拿類未定何種又有散吉海島話脫孫醫士云此草爲大紅看拿又有醫士哈米登云此草產於西印度拜貝徒司島散吉島與屬法國之各島肥土內能高十四尺間有根頭大如八頭者疑此草與說各所產阿起拉草相同此草在植物記錄書第九本第七百七十五頁內

名曰可食看拿故阿書前以此草作藥品之用其每月草所成之小粉顆粒最大

西印度列島之外阿非利加南邊英國屬地那達勒並他處屬地亦有種瑪蘭太者

印度國內有人在近於加爾各搭種蘆形瑪蘭太大爲得益又有一種名多枝瑪蘭太此各種之外另有數種他類之草所成小粉名曰東印度阿蘿蘿粉其草爲苦爾苦沒之類如窄葉苦爾苦沒與白根本苦爾苦沒與發紅苦爾苦沒等是也但印度出口之阿蘿蘿粉大半爲打冷莽柯省內所產者又不知爲何種苦爾苦沒所生因窄葉苦爾

苦沒尚未查得印度有天生者印度國又有番藷衣布米阿之凸頭作小粉出售如歐洲各國常有人將番藷小粉假充阿蘿蘿粉出售觀小粉節

功用　阿蘿蘿粉有小粉之各性情又能補身而潤內皮最合爲病人或病愈之人或小兒斷乳時之食物如生溺器具與腸之各病用爲潤內皮藥阿蘿蘿粉做成之膏較他種小粉類更爲堅固惟有每月草所作之膏較阿蘿蘿粉更爲堅固

薑科　西名西太米尼依波耶之名又名薑結被拉西依林特里之名

薑科植物之形最奇又與曇華科植物大爲相似此科產

薑與數種白荳蔻又有數種係歐洲前時常用者今幾不知之即如齊亞大里齊倫白得加蘭加勒者名高良薑案此產於中國等此科內亦有鬱金類不惟有薑黃等質亦產小粉之類

薑　西名薑結巴又名藥品薑結巴羅司哥之名所用者爲其根本刮去外皮作乾之產於印度或西印度列島等處立尼由司列於一箇鬚頭一箇花心

薑爲古人代司可立弟司書中所記者名曰齊其比里司又阿喇伯人名曰薑加比拉梵語曰施林阿肥辣沒古時羅馬人布里尼書中云當時之人疑薑爲胡椒之根因其味與胡椒略同又名曰蓽撥

此草根本爲存二年者屬於蔓草類幹存一年高三四尺

葉左右平排列作套包之其葉幾無葉莖似長戈頭形面平滑尖形花頭從根本發出而在高於根本處發出形似長鈍卵形又爲松實形開單花瓦背排列花葉銳形花瓣外體分三出內體有一唇其唇分三分鬚頭雙頂上有一

第二百十八圖

筒向內彎之喙形子殼分三膛每膛分三分種子甚多有子連衣如第二百十八圖甲爲花乙爲完全之鬚頭亞細亞與亞美利加多種之

種薑之法將根本切節而種之其根本嫩時合於糖漿存之可久不壞但必先用熱水盪之刮去外皮此爲糖薑中國廣州府等處作之秋時取其根本以熱水盪之令死曬乾如不刮去外皮謂之黑薑如刮去外皮謂之白薑第薑亦分多種即如人所種之食物常分多種西人尚未詳考薑之各種常售之黑薑係東印度運來而在印度平原與山上多種之白薑從西印度運來近從印度之馬拉巴爾運入又有用鈣綠等質漂白者甚多無論白薑與黑薑俱有香辛之味人多喜用之如浸於水或酒醋內則其有藥性之質俱能消化而出英書云白薑爲參差形無皮之分塊長三寸至四寸略有壓平形色黃白其面無白石粉形之質折斷之則折面略平而有粉味辛其香可愛磨成之粉有黃白色薑內所含之質係立故尼尼小粉膠色蘇里尼酸性膏質黃色辛味自散油與軟而最辛之松香類質其自散油之原質爲炭$_{〇}$輕$_{八}$故屬於加暮非尼之類重率得〇·八九三味辛而香大有薑之臭

功用　薑爲安胃暖性之香藥能爲引炎取嚏生津藥又爲行氣補胃藥如胃難消化或胃中發氣亦可服之又爲食物內香料又可添入數種藥內如香藥與瀉藥等可用其糖漿與浸酒又可用其粉以十釐至二十釐爲一服又可用其濃浸酒或糖片俱可

薑酒

取法　將薑粗粉二兩半正酒醋一升其取法與阿古尼低浸酒之法同

功用　爲暖性去風藥合於他藥服之以十滴至一錢爲一服

薑濃酒

取法　將薑細粉十兩正酒醋至足用將其薑粉盛於過濾器極爲緊密再將酒醋半升謹慎傾於其上待兩小時再加酒醋若干任其酒醋漸濾下至得一升爲度

此方於一千八百六十七年收入英書每二分含薑一分

此爲重性去風藥以二滴至三滴爲一服又用此濃酒作薑糖漿

薑糖漿

取法　將薑濃酒六錢合於糖漿十九兩用力調動至勻

功用　此糖漿爲添入他種藥水內令其味更佳有去風暖胃之功以一錢至二錢爲一服

鬱金

西名苦爾苦沒英書附卷載之入藥品者即長苕爾苦沒之根本爲立尼由司之名俗名薑黃

古時代司可立弟司所稱印度古比羅司疑即鬱金然其今名必從波斯國之苦爾苦沒得之印度各處多種薑黃其土人多用爲食物內香料

鬱金之根本爲存多年者有多長分支其分支亦爲黃色

第二百十九圖

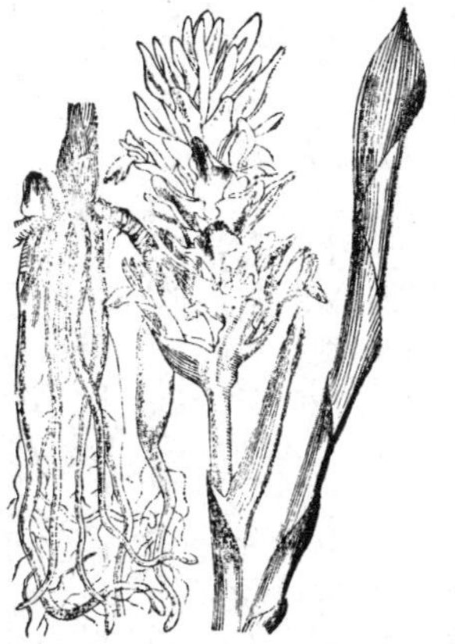

其根本發出多小根而內有發腫成白色之凸頭與前所言瑪蘭太同如第二百十九圖其葉俱從根本發出分二分又有長葉莖包圓如套其葉寬戈頭形而綠色不分淺深其無葉之花穀從葉中發出其形短有多瓦背排列而相連之花葉成尖形花頭其花祇在其下花葉內生三朶至五朶不定有小花葉托之花瓣管形而管向上漸放大萼雙每分分三分鬚頭雙彎向下在其底有雙距花心莖細如微管子殼分三膛種子多有子連衣此草種於印度中國噶羅巴等處有一書名之曰瓜形阿摩母沒

其根本之分支爲薑黃而其白色凸頭能成阿蘿蘿粉與瑪蘭太同出售之薑黃分圓形與長形但其種類甚多又一草上常有圓者與長者相連惟長者爲常見者大如小指少彎兩端尖外面有橫圈形皺紋色黃內少帶紅櫻色其粉光黃色薑黃之臭奇如印度等處所用咖哩粉內聞此物之臭最明味暖微苦似乎香料內含黃色小粉與黃色料並有香辣自散油名曰苦爾苦米尼

功用　薑黃爲輕性香料多用之配於食物內又用之爲染料其爲藥品大半作試紙之用其作法將生紙醮入薑黃浸酒內此酒每六兩含薑黃一兩在風中晾乾此質遇鹼類其黃色變爲紅櫻所以配藥或試藥之工內可恃此試之知其含鹼類有餘或否

白豆蔻

西名揩爾大摩沒爲乾子殼又名白豆蔻以里大里亞臨用時其子從子殼中分出入藥品者爲小白豆蔻係印度馬拉巴爾所產者立尼由司列於一箇類一箇花心

希臘人所名曰指爾大摩沒疑爲白豆蔻因指明與胡椒同處產之然是否爲今之白豆蔻不能定準出售者有多種沛離拉書中詳細言之惟難定何種白豆蔻出於何種草阿非利加西邊出一種豆蔻俗名瑪拉客他胡椒英國多購之加入麥酒內假作濃酒之味此種豆蔻西名樂園粒（即砂仁）阿摩母沒爲阿甫齊勒之名又有數種豆蔻不作爲藥品係阿摩母沒別類所產者俱與以里大里亞相近作藥品之白豆蔻必爲印度馬拉巴爾海邊韋那特與科爾噶爾兩處所產而其草有韋脫詳細查考而畫其圖記其說送與印度公司董事轉送於立尼由司植物會（觀記錄書第十本第二百二十九頁）又有陸克司白格畫其圖而詳言之（觀印度植物書第一本第六十八頁）又有醫士馬敦另設一類名曰以里大里亞而可存於此類內至有人能更詳考而定之

第二百二十圖

此草根本有多厚小根榦高六尺至九尺葉似戈頭形而尖上面生多毛下面似有絲紋其花頭即無葉之花榦從榦底發出彎曲形又向外彎下花瓣外體成三箇長形之分內體成一單脣鬚頭分兩分易於分別而不相通鬚之托線在底有兩箇橫分尖之邊齒形頂上之形筒子殼分三膛又分爲三分膛中有子房座種子面粗糙係包裹者如第二百二十圖

白豆蔻草有野生者如產大樹之林去其矮樹之後則白豆蔻能自生在第四年西二月內或四月內從其榦之近根處有四箇或五箇新條漸大而至開花至西十一月其果已熟則取而曬乾之

白豆蔻之殼長四分至七分厚三分至四分有三邊角鈍而圓兩端少有尖形面有縱皺紋色黃白臨用時必將種子從子殼內取出種子小而有角參差形面生點色稷易成粉白豆蔻出售者分數種一爲短者一爲長短適中者一爲長者想此三號俱爲同根所生韋脫云其果可分爲三四種即頭者中者不成熟者白豆蔻之臭最香味暖微辣味最香如浸於水或酒醋內則有藥性之質能消化而出但用酒醋更易消化而出其藥性特自散油每百分含此油四分如合於水蒸之則其油與水同蒸出種子內每百分又含定質油一〇·四分又酒醋能消化白豆蔻之辣味松香質與膏質共一二·五分所含立故尼尼略爲百分之七十七分

白豆蔻雜酒

取法　將白豆蔻去殼搗碎四分兩之一，又芫茜搗碎四分兩之一，去核乾葡萄二兩，桂皮搗碎半兩，呀蘭米粉六十釐，準酒醋一升，其取法與阿古尼低浸酒之法同

功用　為香味藥配入別種藥水，以一錢至二錢為一服

含此質之藥品　啞囉雜賁水，鐵雜香水，辛拏葉雜水，哥囉㕭雜酒

又有含白豆蔻之藥，如哥囉嘶雜膏，桂皮雜粉，白石粉雜香散，龍膽草雜酒，大黃酒，啞囉葡萄酒

鳶尾科（西名以里弟依珠西亞之名，西俗名穀箬）

鳶尾科之植物與蘭科之植物略為相類，各國暖地俱有之，自古以來有人將以里司（即澤蘭）類之根本作為藥品，即如佛羅稜薩以里司之根（即白芷），俗名哇里司根，此根在意大里近於佛羅稜薩與里窩那等處取之，送至各國出售，如第二百二十一圖，有至印度國者，名曰伯布奴甫薩，即紫荊花香根，此根之臭最佳，與紫荊花大相似，味苦而辣，內含多小粉，又有辣性自散油，今尋常用之，令口氣甚香，又磨成粉，加入香料內，法國人多用之成小圓球，為入豆鈎臘之用，古人所名酷司佗司，印度土人名曰古特，又名布處格，在印度西北

第二百二十一圖

當名曰哇里司根，然其實非佛羅稜薩以里司之根，而為哇苦蘭眞酷司佗司（即木香）之根本，此草不屬鳶尾科，而屬於菊科

番紅花（西名克羅故司，立尼由司名曰撒種克羅故司，所用者為子房口與花心莖一分之乾者，又名撒法即，又名撒法倫，英國所用者，從西班牙國、法國、意大里國運來，立尼由司列於三箇鬚一箇花心）

古詩家和瑪之詩內言及此花，又有醫士希布可拉弟司亦言之，又舊約本文亦言之，名曰揩爾苦末，波斯國書中亦載之，名曰苦爾苦沒，又阿喇伯人名曰撒法蘭

如第二百二十二圖為番紅花，根頭下面發出多小根，葉長七寸至八寸，最窄，有白色中筋，而在底有膜形之長套，其花初脫時則葉顯出，花紫色，在秋時有之，從葉榦間角發出，而有分兩分膜形花片形苞，形如漏斗，管長，體分六分，喉生毛，花鬚三箇，伸入管內，鬚頭箭形，花心莖線形，有三箇長線形之子房口，形如劈，尖有齒形，而在一面下垂，為深橘皮色，子殼橢圓形，又為尖形，分三膛，種子數多，略為圓形，番紅花曾在埃及與波斯種之，來拉在印度克什米

第二百二十二圖

爾亦得之觀雪山植物書第二頁歐洲種之多年英國有一處名撒法即窩勒登該處種之甚多故得此名

藥品內用其花之子房口其子房口與花心莖之若干分取之鋪於紙面加熱烘乾已乾之後則自成窄條長略一寸色櫻紅英國俗名乾草撒法倫每花六萬朵能得其一磅間有將撒法倫壓成餅謂之撒法倫餅即如波斯所產者運至英國可售貴價如印度克什米爾所產者即乾草撒法即第英國藥肆出售之撒法倫餅非克羅故司花所作而爲撒甫花正名染料楷爾他莫司即紅藍花合於膠水成餅今英國所用番紅花有從法國與西班牙國運來

者有從他處運來者有從孟買運來者疑爲克什米爾或波斯所產上言花六萬朵能得其爲藥者一磅可知種此花之地方與人工必大其價不能不貴故常有人將紅藍花或金錢菊雜於其內以謀利間有將牛肉切成細絲烘乾之雜於其內間有存久而壞之番紅花加油令有新鮮之形又有將番紅花漪去色料曬乾之當新者出售

番紅花之臭大香味暖而苦色深黃此色料能消化於水或酒醕內如置於口內嚼之則口津變黃色如以手指溼而捻之則其面變深橘皮黃色此爲英書之試法如化分之每百分含自散油七·五分樹膠六·五分另有黃色染料

六十五分此染料名曰波里客羅愛特其餘爲蠟質阿勒布門鹽類質少許立故尼尼與水其藥性特所含之自散油

功用　番紅花少有行氣性東方各國最貴重之昔時歐洲用之頗多今幾不用東方各國多用之配入食物歐洲亦有多處作此用英國用之大半爲作顏料間有用之治腦筋之病以十釐至半錢爲一服有數種藥品內亦合之即如白石粉香散等

番紅花酒

取法　將番紅花一兩在準酒醕一升內浸之其取法與

阿古尼低浸酒之法同

功用　爲調經藥亦爲藥品加色之料

番紅花糖漿此爲倫書之方

取法　將番紅花五兩浸於沸水一升內盛於有蓋之器內待十二小時濾之加淨糖三磅或至足用其餘各工依扶桑糖漿爲之而用正酒醕照數和勻

功用　爲藥水內有用之色料

菖蒲科西名阿若賴西依

白附子族西名阿來弟依

此族內有數種含小粉質而此小粉亦常合於辛性之質

但因其小粉能用洗法分出之，卽如花點阿羅末所產西穀米或阿蘿蘿粉，可以同法爲之，故此科內有數種質之根本能變作食物之用

菖蒲 西名蘆形阿苦羅司立尼由司之名入藥品者用其根本

菖蒲，古之希臘人名曰阿苦倫，阿喇伯人名曰夫移，印度人名曰蒲克昔時英國作藥品，今不用之

其根本厚而稍鬆如海絨，其質香，草之全體亦香，葉直立高二尺至三尺，寬約一寸，色光綠，其榦有兩邊如葉，但在其杵形之下更厚，其杵形從一邊發出，離根約一尺，其杵形處長二寸至三寸，斜形面有密而淡藍色之花，其花之形與各件俱與本科植物相同，如第二百二十三圖

第二百二十三圖

產於歐洲並印度溼冷處，又在北亞美利加亦產之

其根本，卽爲蔓生之條，上面發葉，下面生根，其形略似壓平，有多節，或有其葉之半圈形痕迹，外色淡櫻，其內稍帶紅色，臭大香，不甚佳，味暖微苦香，稍辢，內含自散油，松香質，膏質，鹽類質，木紋質與水

功用 爲香行氣藥，來拉常將此藥合於苦味之藥，如奇勒大盆特核（藥此爲豆科之一種，觀本書補編蘢節）是也，又瘧病用之，治其依時而作，大有效驗，其服數用其粉十釐至二十釐爲一服，或用其沖水，以一兩半爲一服，此卽用其根一兩半至二兩，以水一升沖之

五穀科 西名古辣米尼依珠西亞科之名西國俗名青草科

五穀科係植物內之最要者，其有益於人言之難盡，地球面各處有之，如各種青草爲六畜所食，又如穀類，其子內生小粉爲人所不可少之食物，有數種在其體內成糖質如甘蔗，又有數種生自散油，卽如香蘆形暗特魯布更等是也，此油名司配克油，又名司配克那爾佗（卽甘松香油）其香最佳，行氣性最大，可用之爲擦藥，每油二分，配橄欖油一分，或一分半，能治交節風溼等病，五穀科植物，大半有矽養，結於其面，並在竹等植物之節內，此矽養粉名曰竹黃

粗麥族 西名阿肥那依

燕麥 西名撒種阿肥那立尼由司之名西俗名粗麥用其種子或搗碎之種子此爲倫書所載之方

古之希臘人用此燕麥類，卽如代司可立弟司書中名曰波羅母司

粗麥之形如第二百二十四圖，與他種穀類易於分別，因其花頭疏散，分穗開花二朵至三朵，分花比殼更小，其底光有遮，更排列之芒，其外而子房座上花葉有旁筋與芒

端有兩尖其芒在背發出彎如膝扭形鬚三箇子房口生毛子房口兩箇魚鱗形體亦有兩箇種子長有雞冠形之端並有槽紋燕麥類疑原產於波斯歐洲所種者有數種

第二百二十四圖

燕麥去其外皮則爲有益之食物有用其整粒者有用其軋碎者又有在爐內烘之去其稃與薄皮磨成粗粉則爲

蘇格蘭人喜用者尋常作麥粥所去之稃並所黏連之小粉若干亦能出售爲養六畜等用化學家夫荷勒化分燕麥每百分含稃三十四分麥粉六十六分又每麥粉一百分含小粉五十九分阿勒布門四三分苦膏質與糖八二五分膠質二五分立故尼尼與水二三九五分醫士苦里司脫生云燕麥每百分內含小粉略七十二分可見此麥粉每六分內有養身之料約五分

功用　燕麥之去稃者搗碎者及磨成粉者俱爲養身潤內皮之質如將其粉一兩合於水一升沸之至餘半升則成燕麥粉粥病人食之易於消化有益於胃如每水一升

用麥粉多於一兩則成粗麥粉膏亦爲養身之料並作布膏之料

大麥族　西名霍爾弟依

去殼大麥　西名雙行霍爾弟由末立尼由司之名又名眞珠麥又名長耳麥即長芒麥立尼由司列於三箇鬚雙花心

自古以來東西各方之人將大麥作食物即如舊約出埃及記第九章第三十一節論記之其本文曰舍來即與阿喇伯國曰舍爾略相似代司可立第司書中亦言及之名曰苦來弟

西國所種大麥有數種即如尋常霍爾弟由末又名春大

麥其粒在穗上成四行排列又有六行霍爾弟由末俗名冬大麥其粒在穗上成六行排列又有爲藥品之大麥即雙行霍爾弟由末俗名尋常大麥其分穗三箇爲一副相連其殼有二瓣端成長芒有一完全之花其花左右平排列而與榦有壓緊之形有芒旁分花爲雄者無芒最上之

第二百二十五圖

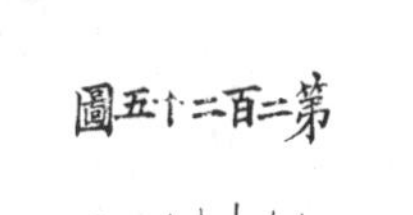

花爲圓錐形未成熟之體近於通穗之榦子房座上花葉兩箇其下者之端爲芒鬚三箇子房口生毛分體兩箇而生毛如細鱗鱗

形之葉兩箇種子在內有長圓形而有一縱槽紋與子房黏連此種大麥疑爲滿洲原產者長芒麥之形如第二百二十五圖

大麥之粒每百分有穅一八七五分此爲化學家愛納何甫查得之數去穅之後謂之蘇格蘭大麥如磨成粉則謂之大麥粉如將其去穅之粒更用工夫令其變圓形或卵形則成眞珠麥即藥品中所用者但其縱槽紋痕迹尙存將此眞珠麥磨碎則成眞珠麥粉其眞珠麥內含小粉甚多另含哥路登少許並糖與膠等質依化學家愛納何甫化分而得之數大麥每百分得麪粉七〇〇五分水一一二〇分穅一八七五分將其麪粉化分之則每百分含小粉六七二一八分不成顆粒之糖五二一分膠質四六二分哥路登三五二分阿勒布門一一五分鈣養燐養五六二四分植物絲紋質七二九分其餘爲水與耗去者如將大麥令發芽則小粉變爲糖與對格司得里尼

大麥煑水

取法　將眞珠麥二兩蒸水一升半先將其眞珠麥以冷水洗之傾出其洗過之水加其蒸水在蓋密之器內加熱令沸二十分時則濾之

功用　爲膠性潤內皮質大麥內能消化之質俱在水中

大麥雜煑水 此爲倫書之方

取法　將大麥煑水二升去核乾葡萄二兩半切碎無花果二兩半新鮮甘草根搥碎五兩水一升各物和勻加熱令沸至餘二升爲度濾之

功用　爲潤內皮藥又爲有趣味之飲物

麳麥 西名穀西楷里

尋常麳麥令發芽而生一種病謂之距形西楷里又謂之生距秾麥又名耳臥達但成此質必令其麥生一種蕈類故本書在蕈類內論此藥歐洲各國所種麳麥原在裏海邊高加索山相近之沙漠內生長醫士法可那在西藏與西域等處見此麥土名弟由根佗末即魔鬼麥新約書亦言及一種穀類本文曰古西美脫譯以英文爲麳麥之意實不知其爲何物

小麥 即尋常麥西名尋常脫里替苦末

古時猶太人名曰起他阿喇伯人名曰輿塔英文曰韋塔自古以來各國種麥爲食物不用者即爲無文教之國希臘人古書名曰普羅意

尋常所種之麥又名冬麥秋種夏收如第二百二十六圖穗有四角其殼爲瓦背排列法通穗之莖皺而有節分穗爲獨生者尋常開花四朵左右平排列殻兩箇幾相對而

相等上者似船脊骨雙形此形上生小刺多寡不定邊有睫毛爲肚腹形卵形又爲切斷形其端成尖頂下壓平形背面圓而凸有凸出之筋或有芒或無芒不定鬚三

第二百二十六圖

箇子房梨形口上生毛子房口兩箇生毛如翎魚鱗形體有兩箇種子鬆外面凸內有深槽地球各國幾俱種之植物學家云係滿洲原產之物

尋常之麥又有一種名春麥係春種而夏收者又有一種麥名雜麥又名曰埃及麥如第二百二十七圖其穗爲繁

第二百二十七圖

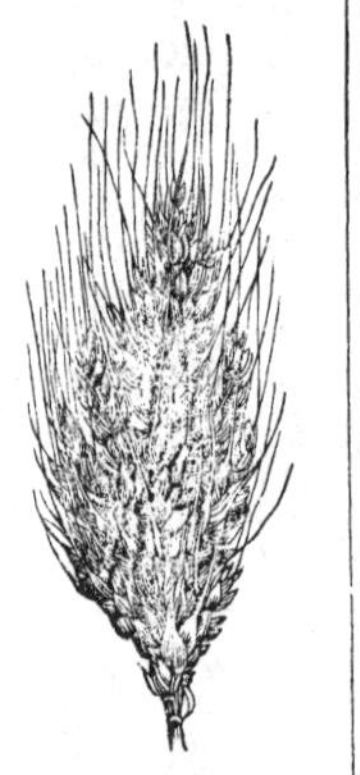

者又有一種名司背勒他麥法國內多種之又有一種名摩那酷苦末麥此種麥穗祇有麥粒一行

小麥種子與大麥燕麥不同因與團鬚苞不相連所以打麥之後種子能自分出如將麥磨之則成麪粉麩皮每百分有麩皮二十五分至三十二分不定俱依其麥爲何種用篩等法分出而定之

有一種野麥名曰蔓生麥即蔓麥近時用其煮水治內腎與膀胱之病爲利小便藥

麪粉 西名脫里替苦末粉即麥子磨粉去麩皮

化學家浮扣林化分麪粉每百分得小粉六八·○八分哥路登一○·八○分糖五·六一分膠四·一一分水一○·二五分但此各質之比例恒不相等俱依其麥之高下定之如將麥燒成灰則每麥百分得灰○·一五分化學家恒里化分其灰得鉀養二燐養五鈣養鎂養等質

麪粉雖列於英書藥品內然不常作藥品之用其能養身之性並能勝他種作饅頭之料各國之人俱知之此兩事俱藉其含哥路登頗多前人以爲哥路登爲植物原質料今知其爲雜質內含阿勒布門植物非布里尼哥路低尼加西以尼如將麪粉在水揉之則小粉與哥路登易於分出其小粉之粒洗出而漂於水內待若干時則沈下即與西穀米阿蘿蘿粉打比哇卡等同所餘者爲灰白色黏性之質亦能引長而有凹凸力此質即名哥路登而其性情化學書中俱載之茲不詳論所含四種質以上俱言及之此各質俱爲布路的以尼之雜質俱爲含淡氣者又因含哥路登質則麪粉所成之漿其黏力最大又所作饅頭能輕而鬆

饅頭以麪粉爲之英書列於藥品內間用之作丸與布膏等麪粉又用於酵布膏內

小粉西名阿美路末英書所記者從小麥取出

小粉取法前節已言之大造之法將麪粉浸於水內多時則所成之糖膠鹽類消化其水變酸因成乳酸故也其哥路登原與小粉黏連最緊則爲所成之乳酸消化而小粉更易分出已分出後先待其漏乾而後加壓力壓之已乾之後則自成參差柱形之條即常出售之槳衣小粉近有人將米作小粉其法用淡鈉養水令米放出小粉上等麥小粉色白無臭無味爲參差勻淨粉質用顯微鏡觀之爲

不等之顆粒所成每顆粒之面似有多同心圈相合而成此各圈圍其中點化學家名此中點曰粒子臍眼細查小粉顆粒則爲小膛每膛有透光之牆而膛內所含之質即爲眞小粉即阿美弟尼其式爲炭輕養小粉顆粒在冷水內不消化如滴於沸水內則其旁之透光膜質裂開其內阿美弟尼消化而出如所遇沸水之粒頗多待冷時成膠形之質如此膠形質冷時遇不化合之碘則成深藍色觀碘節設加熱則藍色滅去小粉在酒醕內不消化又以脫定性油自散油內亦不能消化如將小粉合於淡硫強水則變爲糖又如合於硝強水則變爲草酸又麥子發芽時並

烘乾時則小粉變爲糖因其麥內另有一質名對阿司打西無論何種植物所成小粉無論其小粉爲何形狀其原質恒相同即炭輕養

地球面各處之人俱用種子或根或植物之他質成粉或麪或小粉作爲食物如將其粉以顯微鏡觀之則內有參差形之質間有小粉之微粒而此微粒略有定形其參差形之粉大半爲哥路登而從此粉可用法分出其淨小粉此即成小粉阿蘿蘿粉西穀米等常所用小粉其形狀以顯微鏡分別之則能知其爲何物所成此事係化學家拉司配勒初查得者然其說內有不準之處後有化學家

沛恩作圖說極詳在後有醫士沛離拉考究此事最詳茲將常出售之各種小粉依顯微鏡所顯形狀作圖與說有數種形狀奇異者易於分別之無論爲淨小粉或磨細之麪內含哥路登者俱能分別之但其小麥大麥燕麥蕎麥四種所成之小粉雖易與他植物所成之小粉分別而不易將此四種彼此分別之所言之分寸大半爲化學家綽克生所測量者小粉之粒依其形分兩種略爲圓形者與橢圓或長形者

甲　略爲圓形小粉顆粒

第一類有大小兩種和勻之粒

小麥小粉　其粒略圓有同心之圈易於顯明圍其中之臍眼其粒分大小而中者不多見小粒略爲球形大粒略爲片形粒子之面長萬分寸之一至萬分寸之九其形如第二百二十八圖圖內之甲爲其粒之橫剖面式

第二百二十八圖

大麥小粉　如大麥粉內能用顯微鏡觀之其形與小麥小粉相似但其粒形更不整齊中等者更多而其有圈形之暗處更少

燕麥小粉　軋碎之燕麥或燕麥粉內能見之其粒之大小與前兩種同而大者小者俱有之粒形更不整齊似因壓平而成橢圓形不見其圈形

蕎麥小粉　其粒大小不等與前者略同惟大者略爲更大其最大者面長萬分寸之十六幾不見有暗形之圈而有心形臍眼在中易於分別

第二類幾爲等大之粒

他楷小粉　此小粉爲洋海他楷之根頭所作產於太平洋他希的島內又名他希的阿蘿蘿粉其粒圓形中有臍眼間有杵形即似一端有切斷形而切斷之處似乎挖空其粒之徑以萬分寸之八爲中數其形如第二百二十九圖

第二百二十九圖

玉蜀黍小粉又名眞珠米小粉　此小粉之形狀其徑萬分寸之五至萬分寸之七其粒圓形常有角而有凸處中有易分明之臍眼無圈玉蜀黍之形如第二百三十圖

第二百三十圖

芋小粉　又名波脫蘭特阿蘿蘿粉爲花點阿羅木之根所作如第二百三十一圖甲爲葉與根乙爲花片形苞合於顯露杵形之蒂丙爲果實其粒最小其徑萬分寸之一至萬分寸之四尋常爲圓形中有圓而壓平形之臍眼其形如第二百三十二圖

第二百三十一圖

第二百三十二圖

米小粉　其粒較前者更小其徑約萬分寸之一至萬分寸之二五以顯微鏡觀之似不透光而爲多邊形尋常爲六面形

乙　橢圓或長形小粉顆粒

第一類凸而有暗紋之粒

看拿小粉又名每月草小粉　此小粉爲西印度列島大紅看拿與可食看拿兩草之根頭所作粒最大卵形其形整齊其長爲萬分寸之二十五至萬分寸之四十臍眼心形同心圈顯出最明其形如第二百三十三圖

第二百三十三圖

番藷小粉　番藷之花如第二百三十四圖此小粉尋常出售作爲英國阿蘿蘿粉顆粒大有橢圓形小者圓形大者長圓或卵形或參差生角臍眼近於一端圈顯甚明間

有二箇或多箇臍眼每臍眼有相屬之圈其粒之長萬分寸之二至萬分寸之二十三其形如

第二百三十四圖

第二百三十五圖

第二百三十五圖

西穀米小粉卽莎木麪小粉　在西穀米粉與眞珠形西穀米能見之顆粒大橢圓形或卵形其長爲萬分寸之八至萬分寸之二十間有在一端收小者其切斷形如杵臍眼近於一端其圈

第二百三十六圖

易於分明其粒亦常有不完全或擊碎之形如第二百三十六圖

瑪蘭太小粉　西印度所產阿蘿蘿粉爲蘆形瑪蘭太之凸頭所成其粒橢圓形大小略相等形頗不整齊尋常爲長形其長略爲萬分寸之五至萬分寸之二十圈顯最明臍眼在其一端爲

第二百三十七圖

心形其形如第二百三十七圖

打比哇卡小粉　此粉在打比哇卡並在巴西國阿蘿蘿粉與卡薩伐粉內能見之其粒橢圓形或爲卵形或爲杵形而切斷之端常有數箇平面如磨光之寶石又有同心之圈又近於一端有心形臍眼其長萬分寸之二至萬分

寸之十其形如第二百三十八圖

第二百三十八圖

第二類平而透光之粒

鬱金小粉　東印度所產阿蘿蘿粉大半爲窄葉苦爾苦沒與白根本苦爾苦沒等所生其粒片形透光略爲卵形之片間有顯明之邊其窄端有臍眼此臍眼常凸出如乳頭其圈極細其粒之長萬分寸之十二至萬分寸之二十四如第二百三十

第二百三十九圖

九圖

蕉果小粉　此小粉爲南亞美利加歪阿那未熟之蕉果所成如第二百四十圖此蕉之正名曰樂園暮薩其粒片形透光與鬱金小粉略同又爲卵形臍眼在其窄端

第二百四十圖

以上小粉各圖俱從沛離拉植物書內摘錄俱依同比例爲之其粒之形大約爲準惟鬱金小粉之粒比圖更扁而其暗色紋在圖中過重如欲考究小粉成顆粒之法等事則必查沛恩所作之書第十本又蒲司刻顯微鏡記錄並藥品書第十四本第二百五十三第四百四十六各頁

另有數種小粉與麪粉之類爲印度所產者送至倫敦一千八百五十一年之博物會存之係海得蘭所查考者

孟加拉蕉果粉　其小粉之粒能透光與鬱金小粉同惟不如其粒之薄其粒之長爲萬分寸之三至萬分寸之三十其形等常不整齊常爲橢圓間有長側而彎如王瓜者此種小粉易藉此形分別之圈形極細但最顯明臍眼小

非尼克司西穀米粉　此粉從印度哥達運來必爲非尼克司樹類之身內分出其粒大而實形圓或爲梨形或爲橢圓形臍眼最顯明近於其心間爲線形等常爲心形面有裂縫與裂痕其長爲萬分寸之十五至萬分寸之二十

菱小粉　此質從孟加拉所產兩刺脫拉巴之種子內取之其粒或爲橢圓或爲三角形常有參差形而生小凸點如瑪蘭太小粉又有中間臍帶其長約爲萬分寸之十

無名小粉　此小粉係孟買之勒脫那搿里所產其粒小而實大半爲圓形間有杵形其中有壓平形臍眼其徑之中數爲萬分寸之四其形與芋小粉大同小異而疑從白附子族植物得之

蓮小粉　此小粉係印度哥達所產美麗尼倫比由末種子取出如第二百四十一圖爲蓮花之形其粒最小其形爲橢圓大小略相等長約爲萬分寸之一至萬分寸之三

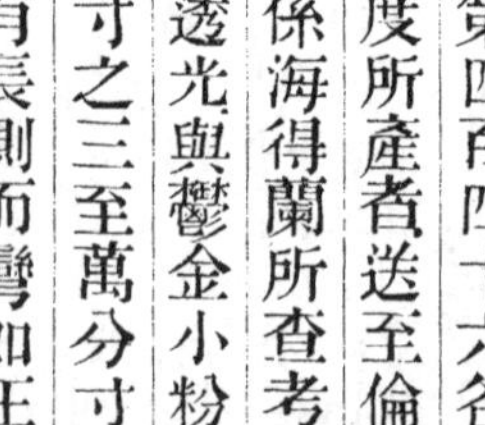

第二百四十一圖

阿蘿藦粉之類其有數種疑其一種爲印度勒脫那搿里所產者從古處拉植物得之又有白根本苦爾苦汲所出之小粉係孟加拉所產此兩種小粉俱有鬱金小粉之形性即上所言之形性也

功用　小粉爲養身潤內皮之質多用之爲食物又爲病人易消化之質尋常所用者其形或爲西穀米或爲阿蘿蘿粉或爲打比哇卡又有將小粉合於香料撒於皮膚發癢或出汗處令其稍舒

含此質之藥品　脫辣茄看得雜散

小粉漿

取法　將小粉一百二十釐蒸水十兩將小粉先合於水少許磨勻之漸加其餘水加熱令沸數分時連調之不停

功用　爲潤內皮藥如赤白痢與溺管之病可用爲外導藥又可用之令藥水內之物不沈下

各里司里尼小粉膏又名布賴司瑪

取法　將小粉一兩各里司里尼八兩磨勻之傾於瓷鍋內加熱漸增至二百四十度爲止必連調之至其小粉之粒全破裂成透明之膏

功用　此膏能代豬油等油作油膏之用又比油質更佳因不發酸列入英書之前早已在藥肆中出售名曰布賴司瑪又名各里司里尼膏此質治皮膚皸瘃裂坼或痘疹類病或傷去皮膚之處爲最佳之潤皮藥

又有數種青草之類多含小粉爲養身之料即如米爲撒種啞里薩所出如第二百四十二圖每百分含小粉極少八十九分此係沛恩查得之數含哥路登約七分又含膠糖油水立故尼尼鈣養燐養五等質各有少許故米可代番藷之用然其米必蒸之或加水沸之令其粒軟而與他粒不黏連不可調和成膏又玉蜀黍即眞珠米西俗名印度穀亦多人賴以養身之料而亞美利加人最重此物亦有大養身之性每百分含小粉六十七分哥路登十二分又有糖膠油鹽類少許其粉名曰眞珠米粉其粗者能煑粥或作布膏之用又有蘆粟如第二百四十三圖西名尋常所爾古沒印度名曰圭爾阿喇伯人名曰陀賴並別種穀類俱能作以上各事之用即屬黍族者爲最多

第二百四十二圖

第二百四十三圖

甘蔗族西名薩卡里尼依

提淨之糖又名白糖爲甘蔗即西名藥品薩卡羅末所出者其不成顆粒者爲漿糖又名糖渣滓西名替里阿楷

植物內含糖質甚多各處有之如東西印度列島中國俱藉甘蔗取之但東方各國有用椶櫚類樹汁爲之法國用

紅蘿蔔盃果活蘇爲之美國用楓樹汁爲之又有數種果與根等俱有之初查得熬糖之法疑爲印度人從櫻櫚類樹汁得之此種糖印度土名曰薩卡里但蔗糖自古以來在印度與埃及俱有人知之上古之人亦知之觀印度古藥品書第八十三頁

甘蔗高六尺至十二尺如第二百四十四圖榦有節其質外硬而密內軟而有汁葉長似線形又似皮條葉對成套圍其榦花頭一尺至三尺疎而分散風吹則飄動每一分花有長而白色之毛如銀分花頭俱爲能生種子者成對排列每對內一有葉莖一無葉莖其底有節開兩花其下

花不分雌雄而有一子房座上花葉其上花爲合雌雄者

第二百四十四圖

有兩箇子房座上花葉其兩箇包殼爲膜形俱有一氣筋顯不甚明背面有長毛子房座上之花葉能透光無芒而其合雌雄花之花葉極小其大小不等鬚三箇子房平滑花心莖兩箇長形子房口上有多翎毛形魚鱗形之體兩箇在其尖分兩或三分不顯明種子如何形狀在植物書內不多說明甘蔗或原產於印度或原產於南洋列島或原產於中國

甘蔗切其榦而種之約一年則能長足長足之後用刀在近地面處鏟之又去其頭剝其葉用鐵軋輪軋之間用木軋輪軋之其汁先合於石灰滅所含之酸加熱沸之將其明水分出熬之至成顆粒爲度後置於箱內其不成顆粒之粉名曰糖渣滓或漿糖待其自流出此糖名曰生糖如熬糖之鍋葢密之而用抽氣筒抽盡其空氣則所加之熱可更小而所成之糖顆粒更多糖渣滓更少提淨生糖有數法一法合於水消化之再用含蛋白質之料提淨之又用動物炭濾之滅其色熬之令成顆粒又令淨糖水淋過則糖變白淨等常出售者爲圓柱形之塊因所用之模爲

圓柱形折破之則易見其顆粒

蔗糖之式爲炭輕養如在水中消化之令其漸成顆粒則顆粒大而含輕養若干俗名冰糖其粒爲斜方柱形糖味淨而甜重率得一六色白無臭能消化於水成糖漿而在酒醕內消化者較在水內消化者更少空氣中不能改變加熱則融化待冷則變玻璃形之質西國俗名大麥糖加更大之熱則化分發腫放奇異之臭變爲深櫻色俗名燒糖又名卡拉末辣西國火酒常加此料令其得黃色再加更大之熱則燒盡糖能與鹼類化合待若干時則鹼性滅法成一種酸質名曰哥路西克酸糖又能與數種金類含

養氣之質化合如鉛養等是也如糖爲淨者加以鉛養二醋酸則不結成質又能令鐵礬與鐵養炭養不易化分又能令定性油質與自散油質與水和勻如糖內加淡養則變草酸加以硫養則成炭質但在淡硫强水內久沸之則變葡萄糖又如將其極淡之水合於酵質加熱五十度至八十度之間至久則發酵

葡萄糖之式爲炭輕養加二輕養此爲其成顆粒之式又謂之果糖又名哥路哥司如葡萄等果俱含之與蔗糖有不同之處即如含養氣與輕氣更多是也其質較蔗糖甜味更少而在水內消化者亦更少所成顆粒爲千日瘡形之塊最難與鈣養鋇養鉛養化合如合於烙炙鉀養加熱則變櫻色如將蔗糖合於鉀養加熱則不變色蔗糖能在硫强水中消化不變黑色

功用　糖爲食物養身料潤內皮藥藥品之味不佳常用爲掩味藥又用之爲糖漿糖果果膏糖膏硬糖膏糖片等又用之合於流質令油飄於其內而不上浮糖渣滓因存其軟性最合於作丸之用

糖漿

取法　將提淨之糖五磅蒸水二升將其糖在水內加熱消化之待冷加以蒸水足以補滿七磅半重率應得一·三三

功用　糖漿能作藥品內各種糖之用處如所存之處熱度不大於五十度者則久存不壞間有照以上之方作糖漿不淨不透光必加以蛋清沸之則其不淨之質能上浮而去之

香附子科 西名賽比拉西依科

此可當爲溼地青草類其形與青草大同小異然有一故易於分别之因其榦爲實者常爲三角形其葉跗之套全而不分開其用處比五穀科植物更小即如古之埃及等國常用巴比羅司草之葉代紙寫字亦屬於賽比拉西依科有數種在其頭形根本內結成小粉即如中國之地栗又有數種結成自散油少許即如荊三稜與草三稜又有一種名沙地卡里克司如第二百四十五圖甲爲蔓生根本與花榦花穗乙爲已開雄花丙爲已開雌花丁爲果實又有相類之數種其蔓生根本間有用爲藥品者俗名德國土茯苓

第二百四十五圖

上海曹鍾秀繪圖
桐城程仲昌校字

西藥大成卷七

英國來拉 海得蘭 同撰
英國傅蘭雅口譯 新陽趙元益筆述

第三類暗生又名無子瓣

第一部上長

鳳尾草科 西名非里西依、來西亞之名、即背陰草

數種背陰草根本有收斂性、又有數種含自散油者、又有數種含䊵性質者、其葉嫩時、有膠類之性、有數國用之為食物

蕨根 西名陽非里西司哇子之名為藥品者用其根本夏時取之烘乾此草為英國原產者又名雄

背陰草

古時代司可立弟司書中所記替里司疑即此草另有數種背陰草疑古時作藥品用之

此草之形如第二百四十六圖根本平排列、質厚有許多毛叢、即為全葉之底、在其通軸上排列、割開之、有棱黃色絲鱗形、其正根從此小凸處發出、向下生長、葉向上成叢、高一尺至四尺、葉為雙翎毛形、從其根本有叢毛處成圈形而發上、其分翎鈍而有齒形

第二百四十六圖

向下稍收小、其最下之分葉頗大、其各分尋常在底少有相連、脉最顯明、惟其顯明處在中筋以外、又與其相近三分翎形不相連、上長屬之幹、或葉跗與中筋為面、不生毛而黃色者、或有紫色鱗形蓋密之、背陰草生子之處為圓形、散於葉之背面、有外皮凸體蓋之、此體為內腎形、而藉凹彎處連之、其生子處在葉背面近於中筋處、成兩行排列、而在其下半以下有之、此種草英國樹林內原產之、歐洲他處亦有之

英書作藥品者、為其乾根本、並葉跗之底、與根之小根數分

日內瓦醫士沛西挨云、其根本應在夏時取之、擲茄云、所應取為藥品用者、祇為鮮根之內質、並相連之葉莖、此各質為淡綠色、其質厚、其黑色與變色之質、及小根與鱗形質、應分開之、所存其餘各分、應烘乾磨成細粉、存於小瓶內塞密之、每年應換新者、其粉應為淡綠色、其臭應稍可憎、味苦而澀、擲茄已化分此質、每百分得油質六九分、松香四一分、另有樹皮酸與小粉膠質、不成顆粒之糖、又有法國盧昂之化學家摩蘭查此質內得一種自散油、日內瓦化學家沛西挨查其有藥性之質、能在以脫中消化

蕨根水膏 西名陽非里西水膏

取法　將雄背陰草粗粉二磅以脫四升或足用將其粉置於過濾器內略緊合以脫漸漸行過至所行過者無色而止再將其以脫在熱水盆上熬去之或用甑蒸去之存所得油形膏質

以上爲英書所設之方取蕨根水膏又名以脫膏或以脫油以十五滴至三十滴爲一服功用極大

功用　此爲著名殺蟲藥自古以來用之前有女人奴福設一方能逐去帶蟲其方以此藥爲本又有醫士沛西挨即前人之弟又有布里拉依不爾司各人俱言其功用最大將其以脫所成之膏十二釐至二十四釐爲一服晚早

各一服或用其粉以一錢至三錢爲一服又有人將其粉一兩合於水一升煮之分數次服之如有帶蟲用其以脫所成之膏則第二服之後用蓖麻油一服爲宜歐洲他國之人常生一種帶蟲名曰罷脫里亞西發羅司拉佗司用此藥治之最爲合宜

阿非利加南邊英國屬地那達勒口有一種草植物學家根茲名曰阿他曼替苦末阿司比弟由末醫士巴潑云本處土人即名蘇魯加弗爾人常用爲殺蟲藥如治帶蟲用之最多土名恩可磨可磨

蘇門答剌海島亦有數種西蒲替由末即狗脊類之背陰草其梗上絲形之毛土名本喀哇爾又在太平洋三得維斯島產之名曰波魯俱有人運至荷蘭國當爲止血之藥而從荷蘭運至英國

第二部通長

石蕊科（西名里眞珠西亞之名即莓苔類）

此類產於地面或石面或樹皮外面間有穿入其內有數種有膠質者能養身有數種苦味收歛者又有數種產顏色料者

冰地西脫拉里亞（立尼由司名曰冰地石蕊又名冰地島苔）

此種石蕊初爲冰地島土人所用

此苔之形如第二百四十七圖直立高二寸至四寸而爲

第二百四十七圖

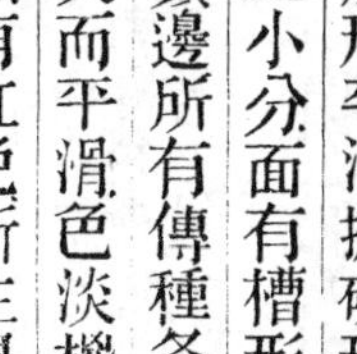

乾皮形平滑撕破形之葉其葉分成參差小分面有槽形而其邊各處似有鬚邊所有傳種各分葉比他分更長大而平滑色淡樓下面更淡近底處頗有紅色所生果或種子處爲楯牌形或似淺茶盆其邊硬而凸較他處有更深樓色而從其葉面近邊處凸出此種石蕊產於東西兩半球之高山上

此種石蕊質之乾者其色自灰白至紅樓不定無臭有膠

性苦味其溼者質略韌其如皮而乾者可磨成粉在冷水中浸之祇能消化其質之少許如沸之則每百分約能消化六十五分成一膠形幾無色之流質如濃者則待冷時成膠質如化於酒醋內則其苦味質消化此謂之西脫拉里克酸水內幾不消化酒醋或以脫內少能消化質有人得其白色顆粒味最苦或用以代金雞那之用如鹼類質易與其化合成能消化之雜質故將此質與同類之石蕊質去其苦味質用此法最佳因將其質之一分合於鹼水二十四分浸之則合法成此質其鹼水用鈉養炭養或鉀養炭養一分水三百七十五分消化之冰島土八與拉蒲

滇土八釐炙浸之如此消去其苦味質後能作食物之用或變成餅如饅頭或合於乳而服之此質能養身因含一種質名里真尼尼又名里真小粉此質不消化惟在冷水中發腫而其膏遇碘不變藍色如合於淡硫強水則變葡萄糖而其質所成之膏幾與海草所成之膏相似冰地島苔內又含一質與小粉相似者名曰以奴里尼此兩種小粉類之質爲冰地島苔內一百分之八十而其西脫拉里克酸居百分之三

西脫拉里亞煮水 又名冰地島苔煮水

取法　將冰地島苔一兩沸水一升先將其苔在冷水內洗之去其雜質後在蓋密之器內以沸水再沸之約十分時乘熱濾之再將熱水傾入濾器內之質上至所得之水共有一升爲度

功用　爲潤內皮藥亦爲補藥如有行氣性物不合宜之病即如肺癆病與肺體久病可用此質每三四小時以一兩半至三兩爲一服

力低暮司 即石蕊英書附卷載之生此藍料之草名曰成染料陸克色拉阿卡爾之名又有他種草生之又名阿耳扣勒

阿耳扣勒爲染料之名並生此染料草之名然各國所產之草有不同之處又各國所用之草其名亦不同用此物

之製造家分爲兩種一種名曰野草一種名曰青苔所謂野草者即植物學家名曰石蕊類而屬於石蕊科內陸克色拉之類所謂青苔與石青苔者爲皮形之石蕊類而屬於里卡奴拉之類並相同之類

以上所有生染料之石蕊類最可貴者係加拿列羣島所產而爲成染料陸克色拉所生如第二百四十八圖甲爲尋常者乙爲印度者丙爲泡形者或將此泡形陸克色拉當以上之物出售俗名瑪第拉草然疑此兩質不作力低暮司之用因有人云力低暮司爲怕累拉里卡奴拉與兜惡里卡奴拉所作其怕累拉里卡奴拉法國名曰怕累拉

第二百四十八圖

度發那又其咒惡里卡奴拉英國貿易中名曰克特倍爾即紫粉植物學家奇布特云大戟科內之一種草名曰成染料克羅助甫拉俗名脫納蘇拉出力低暮司沛離拉曾查得常出售之力低暮司含靛若干但其藍色料係其石蕊類自生者先用淡輕西養鹽類令其變成即如腐爛動物質等是也再加鉀養或鈉養則變藍色又藥品記錄第十二本第二百五十五頁醫士磨拉云作力低暮司用各種石蕊質又云其上等者係荷蘭國所造但用成染料陸克色拉爲之而其下等者用里卡奴拉發里哇拉里亞巴爾米里亞各類爲之此各質磨成粉合於含淡氣之質如溺等質是也加熱若干度則先成紅色染料後加鉀養而加楷拉刺所產雲石粉調和在內則其染料變爲藍色

功用　力低暮司在藥品內用之祗試其藥爲鹼性或酸性如藍色力低暮司紙遇酸質則變紅色又已變紅色之力低暮司紙遇鹼類則復藍色

英書準用之力低暮司酒用力低暮司一兩準酒醋十兩如將生紙浸於其內在空氣中晾乾則成藍色力低暮司紙便於試酸質之用又將其浸酒加硫強水之微數足令其變紅依同法作其紙則便於試鹼質之用

海帶科 西名阿勒奇依珠西亞之名一名髮菜一名海藻

海帶科內有多種含膠質者如錫蘭苔即布勒肥台所造者曾有人用此質言其益處甚大每百分含膏質五十四分至六十三分依林特里之說爲哥賴西拉里阿之一種如南海所出之燕窩爲燕食此種海帶而吐出者又有直里弟阿類草爲錫蘭所產者在陸脫拉植物書內言之能成膏質又有一種摺面葉司捺得羅司即石花菜阿爾蘭人名曰楷拉艮苔今英國多用之爲養身料與潤內皮藥或用其煮水或用其膏又有一種苔名曰蟲皮奇茄替那俗名可爾西卡島苔歐洲數國用爲殺蟲藥此藥之能殺蟲想與貍豆毛同能惹其蟲而消磨之因其內多珊瑚類微片雜在其內又有數種皆非拉類與烏勒伐類產一種質俗名拉伐當食物之用如拉蒲湏用拉米那里亞即海帶作食物用相同有數種海草用之代粉鋪地又有數種燒之得其灰作生鈉養炭養觀鈉養炭養節近時取此灰大半因欲取其

所含之碘。觀碘節又在雪山之麓有一處，其人多生癭瘤，所用之藥，爲拉米那里亞類，不知此草爲中國海邊或波斯海邊抑裏海邊所產者，但其功力必因其含碘質。觀碘節英國海邊有一種海草，名曰小泡形夫故思，俗名泡草，如

第二百四十九圖

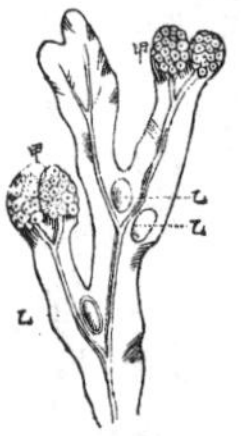

第二百四十九圖，燒此草而取其灰，住居海邊之人治癭瘤之病，其灰內自必含碘。甲甲爲子膛，在葉之端；乙乙爲氣泡，藉此能浮水面。

芝栭科西名分其依，卽蕈類

芝栭科植物尋常生於溼地內，或生於樹葉與樹身，或生於地內。尋常見者在腐爛之質上，有數種能作食物之用，如第二百五十圖，上爲可食之蕈，下爲毒蕈。如尋常之蕈，卽田蕈，正名田中阿茄里故司，如圖之甲。又草地阿茄里司，如圖之乙。又有一種，俗名脫勒甫，正名食物土罷，如第二百五十一圖。但此各種內有與毒者大相

第二百五十圖

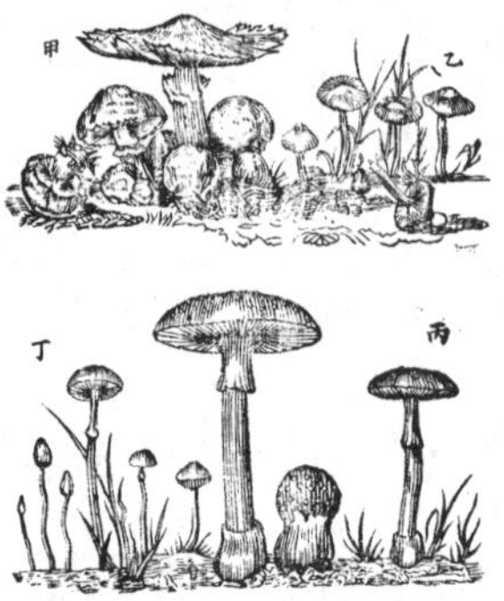

第二百五十一圖

似，難於分別，故有多人疑而不食。有一種名蠅拂形阿瑪尼他，如圖之丙，大有寗睡之性；又有多種，一名兇惡阿瑪尼他，如圖之丁，有毒性。昔時藥品書所云阿茄里故司類，今改爲波里波羅司類，有一質名火絨，爲火煤，波里波羅司所作，可代火紙之用。此各種植物與尋常植物有不同處，因多吸養氣而放輕氣與炭養氣。化學家浮扣林與布拉克奴化分之，得數種奇異之質：一質名分其尼，一質名分其克酸，一質名蒲里替克酸。凡蕈類大有害於他植物並房屋之木料，凡莓類等亦爲蕈類之微質。又有一種名乾爛，令木等質不溼而壞。近時歐洲種番藷與葡萄園等農事，因生莓類之物，大受其害。

耳卧達此爲紫色苦賴肥賽布司所生之子，正名司克里羅替由末，又名美西里由末，爲蕈類絲形之子。此質產於麰麥，卽穀。西楷里之殼內，卽麰麥之粒，因不全成蕈類而變壞，卽麥莓

查法國與美國約一千八百年之時，用此質作正藥品。英國在一千八百二十四年初用之。德國久知之，而常行之疫病，俗人常言必因食發耳卧達之麰麥得之。見白尼得植物學略論第二百○七頁植物學家查耳卧達之性與根原各不同，或云其全耳卧達質爲蕈類之質，而傳來司設名釘形司潑暮，以弟阿。又疑此質蝕去麰麥質而代之。又有他人言其麰麥祇有病，而其病爲自生者，但大半之人以爲麰麥遇蕈

之微細子散於空中者則其麥生病成耳卧達質化學家勒肥勒將此意說明後有人查其證據即如苦愛克脫用顯微鏡觀之証其理顯明耳卧達為麰麥改變形狀從其接連之處起至子房座與底之魚鱗形質及其粒生毛之

第二百五十二圖

頂又子房口之餘質全為改變如第二百五十二圖甲為未熟之耳卧達乙為已熟者苦愛克脫云蕈類初發時名曰墜胎耳卧達以希阿其麰麥之仁與相屬之質面生白色之衣以顯微鏡觀之則為無數蕈微種其間有細絲如蛛網則有甜味流質從其仁與周圍之各質流出漸變濃而有黏性內含蕈種子生至一半時則在殼上顯出有深紫色此後其蕈種子幾不再發而麥之上半有浪形蟲形勒肥勒云此為獨生之蕈名曰田生司發西里阿苦愛克脫用顯微鏡觀之知為無數蕈種子其耳卧達長滿時紫黑色伸於殼之上又有數種青草類與香附子類亦生耳卧達溼地與空氣溼時則更多觀立尼由司植物會記錄第十八本第三十二三十三兩頁

苦愛克脫云耳卧達所成蕈類微細種子橢圓形串珠形至末則分開透光內含易分辨之綠色微粒一箇或二箇至三箇

此種蕈類化學家土蘭尼書中詳言之命名曰紫色苦賴肥賽布司此名載入一千八百六十七年英書

麰麥所作耳卧達間名距形麰麥即距形西楷里此因其麥變長彎曲形如雞距也其形或為圓柱形或為曲形兩端斜長半寸至一寸半徑二分至三分而順其長邊有兩槽其槽端在頂處常有灰色凸質外有紫色內為灰白色微帶紅臭奇可憎如蕈味小苦而微辣耳卧達質脆乾時易搥粉面上有粉處以顯微鏡觀之則為許多蕈子而其內膛形質之性情與其麥之原阿勒布門質同依苦愛克脫之說內有油粒甚多

英國所用耳卧達大半為歐洲他國與美國所產因不能存久每一二年必換新者因有一種小蟲蝕之而此小蟲成糞質甚多

曾有化學家化分耳卧達即如化學家韋搿司化分之每百分得定質油三十五分分其依尼四十六分又奇異之質名耳卧達以尼一·二五分此質臭重味辣而可憎昔時化學家以為其藥性俱藉此質此各質之外另含燐養少許與鈣養化合者又有鉀養與鐵及膠質少許又有糖阿勒布門植物哇司瑪蘇密蠟

有人作耳卧達水膏名曰耳卧達以尼但此質非前言韋搿司考得之眞耳卧達以尼因此膏內每一兩含其眞者不過六釐醫士或言此質有寗睡性能在酒醋內消化水內不能消化所以化學家言正和勒疑此質婦人生產時用此藥令其胎縮小非耳卧達以尼之功用因常用耳卧達之煮水與沖水作此用而能有效

醫士韋得云耳卧達之藥性恃其定質油此油可從其粉內用以脫化出後將以脫化乾得其餘質以脫亦不能消化耳卧達以尼醫士白脫蘭特查得此定質油無論人服之或動物服之毫不顯其藥性又本城人幾里安將耳卧

達用以脫去其油質令人服之得最大之功用

近有化學家温克拉查考耳卧達極詳用以脫化去其定質油每百分得此油三四四分此油毫無藥性其餘質內尚有兩種質一爲自散油本質名曰西楷里阿此質與布路貝辣阿米尼相似其臭可憎第二種即韋搿司所名耳卧達以尼此質似有酸性而與西楷里阿化合成西楷里阿耳卧達以尼其藥性大約必在此雜質內能在水與酒醋內消化而不能在以脫內消化細查耳卧達色料則與血內紅色𧶽瑪替尼相似

耳卧達之藥性質大約能爲沸水或酒醋或以脫消化而

出尋常疑其有藥性之質俱不能在此各質內消化

功用　耳卧達之藥性初時在常食含耳卧達植物之人內顯出即如食耳卧達植物人之瘄証與死肉証並痒如螞蟻行於皮膚之病醫士來脫等人以一百二十釐爲一服服後則覺有嘔吐腹痛頭痛間有人變昏蒙而發狂間令脈遲而小如婦人生產時服之則令其生產之痛陣速而產兒最速故凡生產時其胎縮小不足因此生產過遲則服耳卧達爲穩當而有大功效之藥又可用之令其胞衣或凝結之血塊或水疱球易出又能用於生產之後令產門縮小而免流血之弊又有醫士用爲調經藥或收歛

藥

服數　用其細粉以二十釐至三十釐爲一服合於糖漿或香料每十五分時至三十分時一服兩三服爲限醫士來脫云耳卧達將以脫酒熬之得其油服之每二十滴至五十滴爲一服則能令胎縮小此可合於便取之質服之但疑其功用不大或言無功用藥品內所用耳卧達之各質如左

耳卧達沖水

取法　將耳卧達粗粉四分兩之一沸蒸水十兩在蓋密之器內浸之略半小時即濾之

服數　半兩至二兩爲一服此質內或含耳卧達以尼或
含前言之西楷里阿耳卧達以尼

耳卧達水膏

取法　將耳卧達粗粉一磅以脫一升蒸水三升半正酒醋八兩將以脫置於瓶內加其水半升搖動之分開之後傾出其以脫將耳卧達粉置於過濾器內將以脫傾於其上令其濾下則所含之油爲以脫消化而帶下將餘下之質置於水三升內加熱一百六十度至十二小時爲限壓之濾之用熱水盈敷其水至餘九兩爲止待冷則加其酒醋待一小時則其質凝結可濾之所得之膏應有十六兩

此水膏係英書內準用者不含以脫所能消化之油質祇含水所能消化者卽耳卧達以尼故可見此藥無有後藥以脫浸之之各弊因以脫所浸者含其油質而有醫士言此油無用又有醫士言此油有毒性

服數　以十滴至三十滴爲一服

耳卧達酒

取法　將耳卧達搗碎五兩準酒醋一升其取法與阿古尼低浸酒之法同

服數　以十滴至一錢爲一服含耳卧達以尼與西楷里阿

耳卧達以脫酒此爲倫書之方

取法　將耳卧達十五兩搗碎之置於以脫二升內浸七日壓之濾之

此爲一千八百五十一年倫書所載者醫士里勿爾初用之如此藥實有功用則難知其功用在何質溫克拉與他醫士俱言不含耳卧達之藥性質祇含其定質油又言此油毫無功用

服數　半錢至二錢爲一服

上海曹鍾秀繪圖
武進孫鳴鳳校字

西藥大成卷八

英國 來拉 海得蘭 同撰 英國 傅蘭雅 口譯 新陽 趙元益 筆述

發酵所成之質

凡生物質常有自化分而成新雜質因其原質彼此有愛攝力自能化合間有生物質久不改變者即如植物酸質植物鹼類質松香類質等是也又有數種遇他質則其本質既化分而再化合即能發酵是也能發酵之各種生物質爲含炭或輕或養者而其輕與養之比例如在水中所有之比例即如小粉糖膠等質是也但令其發酵之質屬於阿勒布門一類即內含淡氣多者如哥路登等是也小粉變糖之工夫即如果實變熟工夫內所顯出者或穀類發芽如大麥發芽變成麥酒謂之發糖酵但發酵之原意尋常係糖質變爲酒醕與炭養氣謂之發酒酵又有一種發酵令酒醕變醋謂之發醋酵

酒醕 英書附卷載此質 重率○・七九五

正酒醕 又名淡酒醕每百分含酒醕八十四分重率○・八三八

準酒醕 又名更淡酒醕每百分含酒醕四十九分重率○・九二○

印度人蒸物之工夫歷年已久今所蒸之酒類有多種名曰阿拉克又有香水多種如玫瑰花水與玫瑰花油疑印度人得此法後傳於阿喇伯人

糖在水中消化之再加以發酵之質如酒酵等其熱度在六十與八十之間則不久其水變濁似乎移動而生水泡有多炭養氣放出其雜質漸沈下水即變明其糖銷滅不見所成酒醕可用甑蒸出所減去之糖其重數等於所成酒醕與所放炭養氣之重數如蔗糖發酵則先有水一質點與其化合令先變葡萄糖化學家該路撒克推算糖九○・七二分能成酒醕四六・八分又炭養氣四四・二四分共得九○・七二分與糖相同酒醕原質爲炭輕養又葡萄糖一分劑即炭輕養能分成酒醕二分劑與炭養四分劑

印度與西印度列島內有人將蔗糖蒸出其酒此酒俗名勒木酒歐洲數國將葡萄果汁蒸出其酒因此汁所含之質足令發酵又可將含小粉之根如番藷等蒸出其酒或將穀類蒸酒如印度用米造酒英國用大麥造酒凡造此種酒其小粉必先變葡萄糖而後能發酒酵如用穀類作酒則初得之酒頗淡因含水若干與能蒸之油若干此油名穀油此種酒名生燒酒如再蒸之則其水與油大半能分出而其重率得○・八三五爲尋常出售之正酒醕每百分含水十三分至十四分此數較藥品正酒醕之數稍大淨酒醕即無水酒醕其造法將正酒醕一升合於鉀養炭

養一兩半熟石灰爲所用酒重之半和勻而蒸之其重率得○·七九五其原質爲炭$_{四}$輕$_{五}$養但依化學之理應記之爲炭$_{四}$輕$_{五}$養輕養則可當爲以脫里養輕養因以脫里之式爲炭$_{四}$輕$_{五}$

正酒醕無色透光易於流動易着火臭奇而有趣味熱而濃燒成藍色之火不發煙重率○·八三八合於蒸水沖淡仍能透光臭味與醕同英書之試法將正酒醕四兩合於銀養淡養$_{五}$試水三十釐令遇大日光二十四小時則有黑色之粉沈下傾出其流質在其黑粉上再傾銀養淡養$_{五}$試水照前法令遇日光如毫不改變則爲正酒醕如再有改

變之事則非合法之正酒醕所成黑色之粉因銀養淡養$_{五}$遇正酒醕所含穀油之微數因此化分成銀養鹽類而此油最難去盡又法將正酒醕與淨硫養$_{三}$等體積和勻如變紅色則知因含穀油正酒醕之形性與酒醕之形性大同小異易於消化等常藥品松香類有數種松香類能消化之比用正酒醕更多正酒醕含水約十分之一至十一分之二卽每百分含水略十八分酒醕八十二分又有數事需用更濃之酒醕卽如試驗之各工是也

如正酒醕之重率大於○·八三八則不合用必再蒸之令

復爲此率

酒醕爲藥品內之試藥觀英書之附卷淨酒醕不含水英書之方將正酒醕一升合於鈣養炭養$_{二}$與鉀養炭養照前所言之法蒸之則鈣養與鉀養收盡其水存於甑內之醕全蒸出爲止如正酒醕一升照此法爲之能得無水酒醕十七兩四又有法能得濃酒醕重率○·八一八者其法將乾鉀養炭養$_{二}$八兩合於正酒醕四升置於瓶內加熱至一百度搖動之約四小時之工以後其流質自分成兩層下層爲鉀養炭養$_{二}$水上層爲酒醕共約得七十四兩將此酒醕蒸之蒸得七十二兩其餘者去之此法所得之酒醕其濃在無水

酒醕與正酒醕之間每百分含酒醕九十分水十分昔時倫書用鈣綠合於正酒醕蒸之因鈣綠與水之愛攝力最大但用鈣綠有一大弊因鈣綠能在酒醕內消化所以蒸之之時所得酒醕含鈣綠少許如用鉀養炭養$_{二}$則無此弊英國納酒醕之稅俱依酒醕重率定之所定納稅章程以○·八二五爲主酒醕之淨者淸稀而無色臭奇而有趣味暖而辣最易化散化散之時則減熱其沸度爲一百七十三至一百七十五但此沸度爲寒暑表六十度熱之時重率爲○·八二○者酒醕愈濃則沸度愈小酒醕霧之重率爲一·六一三容易燒不發煙又變成水與炭養$_{二}$氣從來化

學家不能令其結冰故最合式作寒暑表以驗冷熱能與水化合無論多寡俱可和勻之時其質縮小發熱醕能消化多質如植物鹼類定性鹼類等設如其含炭養者則不多消化又能消化各種顆粒形中立性之松香類並自散油與定質油數種原質如碘與數種鹽類亦能消化之

淡酒醕又名準酒醕此酒醕之重率〇·九二〇此重率係英國納稅章程之重率其作法將正酒醕五升合於蒸水三升其試法與正酒醕同苦里司脫生云蘇書於一千八百三十九年以〇·九二〇為準酒醕之重率而將此數改為〇·九一二因此重率之酒最易配成即將尋常正酒醕

二分合於蒸水一分即成而蘇格蘭會城之大藥肆入用此法配成各種浸藥料之準酒醕

準酒醕之形性自與正酒醕之形性相同雖消化數種藥質如膠香類之性更淡而大半為藥品浸酒其濃亦已足用雖其小半為淨酒醕大半為水仍能為大力行氣藥作法將正酒醕五升即英書所準者重率為〇·八三八與蒸水三分和勻每百分含水五十一分淨酒醕四十九分

法國酒醕 俗名白蘭地酒

數種發酵之質所蒸出之酒成各種燒酒又名火酒此各酒可當為酒醕若干分以水沖淡至略與準酒醕之濃相等另含數種能化散之質與香料等如白蘭地酒為葡萄酒所蒸出者故不能含穀油如漿糖發酵所成之酒名勒木酒又如灰司記酒為發芽之大麥或麰麥所成又如進酒在荷蘭國所作者係發芽之大麥麰麥所成合於栢樹子西名智尼栢子再蒸之然尋常進酒其下等者為發芽之大麥麰麥或番薯所造合於尋常松香醕再蒸之東方所作之酒以米等五穀為之名曰阿拉克但據印度之言語阿拉克祇為火酒之意而可謂數種材料所成化學家步蘭弟已查印度等國所造各種火酒每百分含酒醕五十一分至五十四分

法國酒醕雜水 又名白蘭地雜藥水

取法　將法國酒醕四兩桂皮水四兩雞蛋黃兩箇提淨白糖半兩先將蛋黃與糖磨勻再加桂皮水與法國酒醕此方原列於英書內後去之又從倫書收入之此質與蛋黃雜漿略似如身極倦而無力則用之最佳

服數　以一兩至二兩為一服

各種酒醕功用　凡火酒俱為散性行氣藥有醉性食其小服則百體暫時行氣不久則困倦無精神與行氣相對如用其小服間有益於身體但尋常言之不用此之益處比用之益處更大醫士巴黎將尋常之火酒分類即白蘭

地酒爲提精神與暖胃藥勒木酒爲温暖發汗藥進酒灰司記酒爲利小便藥火酒合於水沖淡之則可爲涼性洗藥但不可蓋護必令其任意化散如蓋護之則爲引炎藥無水酒醋與準酒醋俱能消化數種藥品成浸酒等

舍利酒 此爲西班牙國用葡萄所作之酒

舍利酒西俗名白酒藥品內用之消化數種藥料此酒亦可用爲行氣藥凡果汁發酵所成之質可謂之酒但上等之酒葡萄果所作因葡萄果汁不惟含糖與水內消化之質並似乎哥路登之質或植物阿勒布門在其皮內又另含一種質卽鉀養二果酸此質不能在酒醋內消化故發

酵時漸結成如此能去其酒內酸質之大半葡萄汁內之阿勒布門質能收空氣內之養氣而化分如此能令其糖質發酵而發酵之時變爲酒醋卽成前所言之變化此各質之外另成自散油少許又里必格比魯士兩人云另成香料少許名曰以難弟克以脫凡葡萄酒特此自散油與香料得其香味各處所產之酒其味不同間有人分爲乾酒與甜酒又分爲發泡酒與淨酒如其糖數少而阿勒布門多則其糖全變爲酒醋其酒謂之乾酒不再發泡之後待若干時則變熟反之如其阿勒布門等令發酵之質少而糖多則其糖有若干分不改變其酒謂之甜酒如其發

酵之事未畢而將酒存於瓶內則開瓶之時其炭養氣所受之壓力已去其氣自能放出發多水泡謂之發泡酒又名發星酒凡酒之酸味或恃鉀養二果酸或恃醋酸酒之色亦各不同如專用葡萄汁爲之則其酒有稻草色深淺不定如葡萄皮不分出而令發酵則其酒變紅色深淺亦不定化學家步蘭弟曾查各種酒所含之酒醋其濃者如立薩酒乾葡萄酒馬塞里酒布而得酒馬德拉酒舍利酒德內黎非酒康士但低阿酒馬拉牙酒此各種酒含酒醋十八分至十九分或二十五分又有更淡之酒如古拉里得酒蘇脫納酒不干的酒霍克酒湘冰酒黑密大治酒鵞

果酒此各種酒每百分含酒醋十二分至十七分舍利酒之色與濃淡俱不能定英書云爲淡黃梭色每百分合醋十七分至十八分凡藥品內用葡萄酒者俱用舍利酒爲之凡葡萄酒較等濃之火酒合於水者醉性更小因其醋合於酒內之膠質膏質顏色料收斂性質故飲之之後不能在百體內速分散醉性顯出更遲舍利酒消化藥品較他酒更佳之故因含顏色料少而含酸質無多凡用葡萄酒作提精神藥或補藥必依其情形而揀選用之

色里肥西依 弗門土末又名麥酒酵

濃與淡之麥酒雖不列於藥品內而與葡萄酒之分別因

含膠質與膏質頗多俱為從發芽之麥所得者常合不化合之酸質或遇空氣則自能發醋酵所含霍布花之苦味質能令其不變壞又能增其補性步蘭弟云黑色苦酒與濃啤酒每百分含酒醋四分至十分其麥水面所生發酵之質即其水內哥路登類之質變化而成此酵亦當藥品之用質輕而軟色灰黃溼之則易腐爛待乾則變櫻色易於久存以顯微鏡觀之則見許多小泡其泡內有小球形體實為微細蕈類植物係許多極細小膛所成形圓或橢圓或分開或排列成行此植物質名曰托路拉色里肥西依

功用　外科用之作軟膏則為行氣藥

麥酒酵軟膏

取法　將麥酒酵六兩一百度熱之水六兩調和之加麪粉十四兩又調之置於火爐相近之暖處至發鬆為止其發酵之故因麪粉之糖質自行化分有炭養氣放出又有變成之酒醋少許

以脫又名以脫里養又名硫以脫

如將酒醋或正酒醋合於硫強水而蒸之則成極稀之流質最輕最易着火名曰以脫又名硫以脫又名正以脫如不用硫強水而用他種酸質亦能成以脫但各種酸質所成之以脫不同必依其酸質定名

淨以脫無色透光為最稀最輕之流質臭大而奇有趣味酸而辣後覺稍涼重率○七二○最易化散其霧之重率大得二五八六如從一器傾入他器內則化散甚多如傾於手上則因化散之速而手覺涼最易着火故不可置於近火焰處如吸其霧則初有行氣性後令人醉用之更多則令人失知覺雖有大痛亦不知之加熱至九十六度則沸此為尋常空氣壓力之說如減熱至負四十七度則結冰成白色顆粒形質如點火燒之則燒成光焰成炭養氣與水如多遇空氣則漸變醋酸與水以脫與酒醋無論如

何比例俱能調和又以脫一分能與水九分和勻以脫易於消化松香類質軟像皮自散油定質油又能消化硫黃與燐但其比例更小又能消化數種植物鹼類質並數種中立性成顆粒之質以脫之式為炭四輕五養故可當為以脫里即炭四輕五合於養氣其以脫里質曾有化學家辨哈特分出之

藥品書中所言以脫依下法取之則每百分含酒醋八分即英書言明每百分含淨以脫不可少於九十二分其重率得○七三五加熱至不及一百零五度則沸英書云如將以脫五十分體積合於水等體積則以脫縮小至四十

五分體積卽每百分縮小十分

取法　將以脫一分劑與水一分劑相加則等於酒醕一分劑所以將正酒醕與濃硫養三等體積和勻而蒸之則蒸出以脫而水之一質點之分劑卽輕養存在其餘硫養內但此變化之工夫非惟硫養收水之一分劑其變化更繁如將酒醕與硫養和勻加熱令沸待冷則成一奇異之繁酸質名曰硫養費尼克酸此質含酒醕一分劑硫養三二分劑卽爲炭四輕五養輕養二硫養三蒸此質之後其繁酸質再化分其以脫蒸出而硫養三與水存於甑內又有化學家論成以脫之工夫卽如苦來哈末云疑硫養三費尼克酸不惟不

助其變化尚能阻之又有化學家羅皮該云其硫養三先遇酒醕之一分變成炭四輕四氣此質與其餘酒醕化合成以脫其式爲炭四輕四丄炭四輕六養二＝二炭四輕五養

照上法作以脫其難處因必有一定之熱度方能成事而硫養必加大熱度方能蒸之正酒醕必減小熱度方能蒸之又其合料蒸時所需之熱度藉其兩種料配合之比例如其酒醕少足令其合料之沸度小於二百六十度則所蒸出者爲酒醕而非以脫又如其強水多令其沸度大於三百二十度則變成許多焦氣質卽如炭四輕四氣與重酒油由此可見能在二百六十度與三百二十度之間卽近於

二百八十度則所得之以脫質最淨然因連蒸之則蒸出以脫愈多其甑內之酒醕愈少故沸度漸增大至末則熱度過限而以脫必含前所言之雜質化學家設一法名曰循環法卽於甑內連加正酒醕補所變成以脫而化散者依此法其沸度永不改變而甑內初時所加硫養三足成許多以脫之用

英書之取法藉上所言之理

取法英書　將正酒醕五十兩硫養三十兩鈣綠十兩熟石灰半兩蒸水十三兩將其硫養三與酒醕十二兩置於玻璃甑內和勻之其甑以能容二升爲至少乘其自生熱時將甑

以彎玻璃管連於里必格之凝器加熱足令其流質猛沸待以脫初蒸出後則用管引正酒醕加入甑內其數必準配蒸出之以脫所用之管應有塞門配準所進之正酒醕其管之一端應連於含酒醕之器而必高於甑之面管之又一端應通甑上配塞門之軟木其正酒醕全添入之後共得以脫四十二兩則其工夫可停將鈣綠在蒸水內消化之加入熟石灰置於瓶內合於其淨以脫搖動極猛後安置十分時傾出其浮於面之清流質輕加熱蒸之其受器內加一玻璃泡浮標重率爲〇七三五者此泡置於器之底而以脫已濃至〇七三五時其標自能浮上則事已

成其鈣綠並甑內之餘質所存以脫與酒醋能蒸出而後再用之

照上法取以脫初時蒸出者含水與硫養後用鈣綠與熟石灰之工內則能分出此兩質而得淨以脫

英書準用之以脫內含酒醋若干但每百分含酒醋不可多於八分其重率爲〇·七三五亦顯出雖含酒醋能有此數然藥肆家常加正酒醋與水爲謀利之法因能消化此兩質少許但合法而成之以脫一兩應能在水十兩內消化如以脫質濁則疑其含酒油如因化學之用而欲得淨以脫必將上法所作之以脫合於水洗之再用全乾之鈣綠與鈣養蒸之

功用　以脫爲散性行氣藥治轉筋藥去風藥醫士常用之治肚腹腦筋痛並胃中有氣如婦女妄言笑或腦筋病或呼吸不利或因腦筋不安而有腹痛等俱可用之得大益如合於鴉片酒或嗎啡哑鹽類水服之則其功用更大

嗬囉昉未查出之先不多時知以脫收入肺體之後漸令人失知覺雖有大痛亦不知覺故凡作外科之大事用以脫爲迷蒙藥後查得嗬囉昉則不用以脫因以脫能惹腦筋另有法噴以脫與嗬囉昉於百體各處令成極細之點如霧則所噴到之處亦不覺痛

服數　以十五滴至一錢爲一服待若干時再用一服亦可

以脫醋

取法　將以脫十兩合於正酒醋一升所成之以脫醋重率應得〇·八〇九

功用　爲散性行氣藥

服數　以三十滴至四十滴爲一服

以脫雜酒（此爲倫書之方）

取法　將以脫八兩正酒醋十六兩以脫油三錢調和

功用　爲行氣藥治轉筋藥安神藥故腦筋激動之病或不能睡時將此藥合於鴉片酒等睡藥服之以半錢至二錢爲一服

以脫油（又名重酒油）

此質爲蒸硫養以脫將畢時所成之質或將酒醋合於硫養至有餘而蒸之此油形狀如尋常之油如以水洗之則味苦而稍有香其臭奇不能在水內消化而能在以脫或正酒醋內消化

取法　將正酒醋二升漸合於硫强水三十六兩蒸之至發出黑色泡必立即去火則成以脫與水與硫養並浮於水面之油類質其輕流質必與重流質分開令遇空氣若

干時則其以脫化散將鉀養水一兩或足用合於水等體積與其油形質和勻而搖動之則其不化合之硫養三已去將沈下之以脫油分出而洗淨之

試法　倫書云此油之重率應為一〇五如滴入水內立卽沈下存其球形此質能在以脫內消化遇藍試紙不變紅色如將以脫油合於水沸之則分為硫養三費尼克酸（觀前以脫試法節）又成一含炭與輕之輕流質謂之輕酒油又名以脫以尼其原質為炭四輕四其重油卽以脫油化分之則得硫養三費尼克酸一分劑與以脫以尼一分劑少水一質點所以疑重酒油含以脫硫養三並以脫以尼硫養三卽炭四輕五養硫養三加炭四輕四硫養三惟此油之原質往往有不同

此油在英書內不作為藥品而在倫書為成以脫雜酒之料而此雜酒原欲當好夫門安神藥之用

硝以脫酒（又名硝甜酒）

前時作此藥之法將硝強水合於正酒醕而蒸之而其硝強水放養氣成淡養三此質與酒內之以脫化合成硝以脫其硝以脫在其餘酒醕內消化昔時倫書所用之方將硝強水三兩半重率一·四二者配正酒醕二升蒸出二十八兩

英書謂之淡養三以脫卽硝以脫而本書論淡氣與養氣合成之質內亦言及之前人名曰淡養五以脫久用此名倫書內亦用此名但成得此質其內毫不含淡養五故不可名曰淡養五以脫應名曰淡養三以脫或名曰淡養四以脫

藥品記錄書第十五本第四百頁醫士波郎云藥肆出售之硝以脫醕如依倫書之方為之則其原質常有不同間有含淡養三以脫百分內有一分又有百分內含十分者此質內又常含阿勒弟海特無論如何謹慎為之待若干時化分變酸如含以脫數過多往往有此弊故藥肆家云每此酒百分內含酒醕不外十分者則其化分變壞可以無妨

依倫書之方所作硝以脫醕常含水與酒醕為其大半醫士白爾特查得其故云依方為之甑內尚未變成淡養三以脫之先蒸出之質已足為方內所需之數由是停工而所得之質自然有誤甑內所存之質卽所成之硝以脫又有藥肆家造此質所得之以脫或為淡養五以脫或為淡養四淡養三等以脫又所稱為淡養五以脫常有人將米以脫里醕當正酒醕以謀利

因上方所成之質常無一定化學家另設他法卽如阿書之法先作淡養三以脫若干後合於正酒醕四倍體積又一千八百六十四年英書之法用鉀養淡養五合於硫養三造成

淡養所成之淡養同時遇正酒醕其三質同時蒸之設此方之意原極佳但所得之質較倫書之方所作者更不合法如照一千八百六十四年英書之法爲之成鈉養淡養見前鈉養淡養一節則所成之質不能有一定故配藥品等應求準足者斷不可用雖名曰鈉養淡養其實爲鈉養淡養與鈉養淡養合於鈉養炭養及鈉養輕養若干化學家司快兒查此質云每百分所含之鈉養淡養祇有二十五分爲最多者間有不多於五分者依此法所成之淡養以脫則其濃淡自必藉所稱爲鈉養淡養之原質有若干

取法　一千八百六十七年英書之方將硝强水三兩硫强水二兩細銅絲約二十五號者二兩正酒醕至足用先將正酒醕一升漸添其硫强水調和之後依同法加硝强水二兩半將其合料置於甑等器內其銅絲必先放入又將寒暑表依法通入甑內再將合用之凝器輕加熱而蒸其酒醕其熱度初起一百七十度後漸增至一百七十五度斷不可過一百八十度至蒸出十二兩爲度而受以脫之瓶必用法令不生熱如天時太熱則用冰水再去其火而令甑內之質變冷待冷則添其餘硝强水半兩照前蒸之至所蒸之質共得十五兩爲限再加正酒醕二升或足令其重率合度爲止又必配鈣綠分出之以脫數其質必

存於瓶中塞密之

上法係來得活特所設所變成之質較前法所造者更勻淨其淡養遇銅則放養氣而成淡養與銅養而其銅養合於硫養成銅養硫養而變成銅養硫養時其濃强水遇酒醕收其水而成以脫觀前以脫節後此質與淡養化合成淡養以脫此以脫蒸出後與正酒醕二升或足用調和成英書準用之硝以脫酒

英書又云硝以脫酒卽淡養以脫其原質爲炭輕養淡養在正酒醕內消化者重率得〇八四五應有微酸性而合於鈉養二炭養少許或不發泡或微發泡如欲試其含淡養必合於鐵養硫養與硫養如變深欖色則爲含淡養之據英書又云將淡養以脫酒一體積合於含鈣綠飽足之水二體積搖動之分爲兩層上層含淡養以脫每百分有二分

淨淡養以脫其色淡黃臭如以脫似乎熟蘋果其重率略爲〇八九八其質最易化散加熱至略六十五度則沸極易着火能與酒醕或以脫化合無論何比例俱可又每一分能在水五十分內消化

其酒醕或爲無色或爲淡稻柴色其臭與味與淡養以脫同惟更淡耳其質易活動能自散能着火常含酸質少許

如已存久則幾一定含酸質能與水任意多少和勻與酒醋亦然其重率不甚有改變之處

功用　爲行氣藥與治轉筋藥又爲利小便藥合法用之則爲發汗藥以半錢至二錢爲一服如欲作利小便藥最妙與他藥併用之即如合於土哇盧或鉀養醋酸等是也如欲作發汗藥則其人必多用被褥等包身令暖又必臥牀凡應出汗之事內常用此藥又可合於鹽類或鴉片等用之

米以脫里醋 又名貝路阿客色里克醋俗名木酒

此酒醋係蒸木之工內所成同時又成黑油與醋及工藝內他種化學藥料初蒸出之流質含其酒醋再蒸兩三次則成提淨木那普塔但此非眞那普塔因眞那普塔不過爲輕氣合炭氣而成米以脫里之原質爲炭輕而爲生物本質與以脫里大同小異又所成之各雜質亦與以脫里所成者相似貝路阿客色里克醋其原質爲炭輕養輕養故可謂之米以脫里醋其不淨之醋多用於工藝內爲消化松香類等用又在燈內用之以代酒醋其臭與味略與木煙同內含一質名阿西多尼又有數種自散油質又有一種奇異顆粒形質係化學家哥堪倫考得者名曰貝路散的尼如欲將貝路阿客色里克醋作藥品之用必先提淨之提淨之法用鈣綠蒸之一千八百六十四年英書云每百分含水十分爲最多又云無色易活動能着火之流質燒成淡藍色火焰臭如酒醋味暖如以脫嘗之之後舌上所覺之味甚奇

一千八百六十四年英書收入此藥一千八百六十七年英書删之

試法　其重率爲〇·八四一至〇·八四六遇力低暮司試紙無變化又不可有煙味合於水不變濁

功用　與酒醋相似但其味可憎前有醫士海斯丁士設一酒醋能治癆病但與此木酒不同海斯丁士所用之質

爲阿西多尼又名貝路阿西的醋此爲蒸醋酸鹽類而成者其原質爲炭輕養不能與水和勻

含米以脫里之酒醋其作法每酒醋九分配貝路阿客色里克醋一分和勻今英國設律法準賣此質不納稅故製造工夫內用之甚多設此律法之故因酒醋可爲飲物納稅甚重而製造工夫漸用之加多若納重稅則必累民有人禀國家云如酒醋每若干分配貝路阿客色里克醋若干和勻之後無法能分開因其味可憎人不能飲故令化學家苦來哈末好夫門來得活特細查之後報於國家云其質無法能令其合於人飲其臭與味必永存而可惡國

家得此報設此律法今英國製造之事因不納稅而便於爲之凡藥品內之各種浸酒斷不可用含米以脫里酒醕爲之然有謀利者常以此酒作以脫硝以脫哥囉叻間有人用以加入進酒野蓬酒等有烈味之酒內則其本味掩而不顯

哥囉叻 又名克羅路福而美里又名福而美里綠俗名迷蒙藥

哥囉叻原質爲炭輕綠而爲假設之生物本質名曰福而美里即炭輕再合於綠氣三分劑即成但加以養氣三分劑代綠氣三分劑則名福耳密克酸即蟻酸

查哥囉叻之源流則爲一千八百三十二年蘇比蘭所查

得者但當時不多傳布於人至一千八百四十二年醫士士割拉伐查其形性以動物試之至一千八百四十七年蘇格蘭會城醫士辛伯生初用爲迷蒙藥而傳於各醫士知之初得此質之法令烙炙性鹼類質遇克羅路勒即成此質之做法令綠氣行過無水醕最易之做法將醕或木酒合於含綠氣之鈣養而蒸之

取法　將含綠氣之鈣養十磅正酒醕三十兩熟石灰足用水二十四升硫强水足用鈣綠片二兩蒸水九兩將其水與醕置於大甑內加熱至百度再加含綠氣之鈣養與熟石灰十磅調和至勻將其甑合於螺絲形凝管以冷水

圍之其端有窄口之受器加熱蒸之其蒸事已動手而合法必立即去其火至所蒸得之質足五十兩則去其受器將所得之質傾入能含四升之瓶其瓶必預盛水至有其半多搖動之待數分時不動則其合料分成兩層輕重不等下層爲生哥囉叻置於瓶內合於蒸水三兩搖動之待其哥囉叻沈下則去其水再加蒸水三兩依同法爲之至蒸水用盡爲度將已洗之哥囉叻置於瓶內合於硫强水等體積搖動之約五分時待其質靜若干時則去其流質之上層置於含鈣綠之瓶內合於熟石灰半兩此物應爲全乾者再搖動之令其質和勻待一小時則將其瓶合於

里必格之凝器用熱水盆加熱蒸出淨哥囉叻將所得之質置於涼爽處其瓶應有磨至極準之玻璃塞

其生哥囉叻合於水搖動之後則面所浮之輕流質並用蒸水洗之所得之水俱應存之以備將來之用

以上之法畧與都買司在數年前所設者相似其提淨之法每一體積合於硫强水半體積搖動之後有蘇格蘭會城醫士哥來格里依此法作哥囉叻他處藥肆家亦用之英書亦存此法但其法不妥不應用之蘇比蘭曾言用硫强水之法爲不必做之事又苦里司脫生云依此法提淨之哥囉叻常有自能化分之弊其硫强水似能合於油類

之雜質而去之令變黑色依此法所作之哥囉昉合於鈣綠與鈣養則能分出其酸質與水再蒸之當時似爲最淨但因遇硫養$_3$則令其後最易自化分然其時不定在涼暗處或爲數月在遇空氣與光之處或爲數日其哥囉昉變酸遇藍色試紙則變紅其臭難聞令人停呼吸如將此種哥囉昉化分之則知含輕綠與不化合之綠氣又成綠色奇形之油黏於瓶邊此種變壞之哥囉昉最爲危險最能惹肺斷不合於作藥品之用

提淨哥囉昉最穩當之法必合於淨水搖動之而後蒸之觀藥品記錄書第十本第二十五與二百五十三兩款

英書之法與倫書之法不同之處用鈣養並含綠氣之鈣養又提淨之功夫用硫養$_3$

造哥囉昉之功夫內有數件極繁之變化

本書卷三之三第十六頁內所言含綠氣之鈣養實爲鈣養綠養與鈣綠成哥囉昉之各變化俱藉此質初起成克羅路勒即炭$_4$輕綠$_3$養$_2$前言此質遇鹼類質變爲哥囉昉此爲無色易化散之稀流質其臭能達於遠處每酒醕二分劑並鈣養綠養八分劑含克羅路勒一分劑鈣養一分劑水九分劑鈣綠五分劑鈣養蟻酸二分劑其式爲

炭$_8$輕$_{12}$養$_4$⊥鈣$_8$養$_8$綠$_8$養$_8$‖炭$_4$輕綠$_3$養$_2$⊥鈣養⊥九輕養⊥五

鈣綠⊥二鈣養炭$_2$輕養$_3$

此爲第一層變化第二層變化內其鈣養鹽類即以上相等式之末所記者毫無相關其克羅路勒與鈣養合於水九質點內之一質點彼此相化成哥囉昉一分劑而此哥囉昉蒸出又有變成鈣養蟻酸一分劑存於甑內其式爲

炭$_4$輕綠$_3$養$_2$⊥鈣養⊥輕養‖炭$_2$輕綠$_3$⊥鈣養炭$_2$輕養$_3$

哥囉昉爲透光無色重油類形之流質其重率得一·四九臭香如以脫與熟蘋果香略相同味辣甜有趣少能在水中消化苦里司脫生云每哥囉昉一分能在水二千分內消化又在酒醕或以脫內最易消化能令自散油質消化

並能令樟腦松香質蜜蠟軟像皮數種植物鹼類質消化又能消化碘與溴化學家里必格云又能消化硫黄與燐哥囉昉能自化散而不改變加熱至一百四十一度則沸又如連加熱則全能化散不易着火而能燒成藍色火焰令熱適中之時能速化散如合於死物酸質則令其化分即如合於淡養$_5$立即化分合於硫養$_3$或輕綠則化分稍緩如合於鹼類質沸之則化分而成其本質之綠氣鹽類與蟻酸鹽類

試法　英書之試法定其重率爲一·四九又合於硫强水搖動之則不變色化散之後無餘質又無難聞之臭哥囉

㖞常含之異質有六種其試法開列於左

一　常出售之哥囉㖞含酒醕因此其重率過小如將淨哥囉㖞滴滴落入水內則沈於水底仍能光明而稀設含酒醕則其滴之外面變白色如乳又滴入重率一四四之硫强水如為淨哥囉㖞徑沈至底如含酒醕不搖動之則淨於强水內不得沈下又淨哥囉㖞難於着火如含醕或以脫則易着火化學家白斯奴云淨哥囉㖞過光明之鉀粒則不改變設如含酒醕略多者其鉀立即着火令水變櫻色而發猝霧此為一千八百六十四年英書所設之法又如哥囉㖞每百分含酒醕多於五分則傾於鍋養水內

能成綠色因變成鍋綠之故

二　間有謀利者將以脫添入哥囉㖞內而其試法與酒醕之試法大同小異化學家拉波爾丁云如將碘水添入淨哥囉㖞則變茄花色設如其內含以脫則變紅色如含以脫略多者則其重率亦必減小

三　如含克羅路勒則其故或因造時所用鈣養不足令其化分之工全成此質之味難於達遠其重率為一五如雜於哥囉㖞內則最難分別之

四　重自散油間在下等哥囉㖞內遇見之其臭大在人身內有大弊其性情尚未全考究化學家蘇比蘭與米阿

希已化分哥囉㖞得含綠氣之油類質較水更重又有英國醫士班白敦云在哥囉㖞內查出發里里阿尼克類之質兩種為輕氣合炭之質所成者其式為炭輕如將此哥囉㖞一滴置於手掌待其自化散則餘下之質手掌上有大臭又如合於硫養$_{三}$搖動之則變黑色又如造哥囉㖞用貝路阿客色里克醕或用灰司訖酒則其哥囉㖞常有此弊

五　輕綠與不化合之綠氣造哥囉㖞不合法者常含此質嗅之則得綠氣之臭又如遇淡輕養之氣則發濃白色之霧初遇立低㪍司藍試紙則先變紅因有輕綠之故後

來漂白因含綠氣之故又遇銀養淡養$_{五}$水則令結成質

六　硫强水此為哥來格里所設之法或英書所設之法做成哥囉㖞所含者阿書等書有法用錳質以去哥囉㖞所含之硫養凡含硫强水之哥囉㖞遇錳之雜質則變淡紅色

功用　食哥囉㖞之小服為行氣提精神藥食其大服則令人醉食其更大之服則失知覺或令心之行動停止其人即死又能令肉筋失其動作之力與鴉片相同但其性情較鴉片更重如食其小服則能治轉筋又為行氣藥與發汗藥

哥囉方之大用處爲迷蒙藥因將其霧合空氣吸入肺內則其人毫不覺痛故凡外科有大痛之事則吸哥囉方之霧爲常用之法因其人常無知覺間有用此法者其人卽死但此種事極少大概用此藥爲最穩當之法醫士或用之治生産時之痛又能放鬆肉筋故常用之治交節脫骱並小腸疝氣等病

服數　爲內科之用以五滴至十滴在酒䤈內消化之或用膠水或用雞子黄水調和而服之如用此作迷蒙藥則初時用一錢一次後如不足再用之可傾於手巾上置於口鼻相近處或用特設嗅哥囉方之器具

哥囉方酒䤈

取法　將哥囉方一兩在正酒䤈十九兩內消化之重率得〇·八七一

近有人將哥囉方一分在正酒䤈七分內消化之設一假名曰綠以脫又名炭綠如久發虛熱或癎証則可用爲提精神藥或治轉筋藥依此法爲之則較英書之方所作者濃三倍

服數　以半錢至二錢爲一服

哥囉方洗藥

取法　將哥囉方與樟腦洗水等分和勻

功用　如腦筋痛或久延風溼或痛瘤等鋪於其上爲止痛藥

哥囉方雜酒

取法　將哥囉方二兩正酒䤈八兩白豆蔻雜酒十兩和勻每十分內含哥囉方一分

此藥於一千八百六十七年收入英書可作內科之用爲提精神與去風之藥但其功用大不及下節所言之哥囉路弟尼

服數　以二十滴至六十滴爲一服

哥囉路弟尼

此爲秘製之藥近時英國有數人爭此藥係何人設立則可專作之數年內有人多用之爲安神與醉性之藥大約其中以哥囉方與印度麻爲要質另含嗼啡啞與輕衰醫士哇格屯設立一方作此藥如左

取法　將哥囉方六錢綠以脫一錢辣椒酒半錢薄荷油二滴嗼啡啞輕綠八釐輕衰十二滴綠養七二十釐印度麻酒一錢漿糖一錢各質和勻

又有人設別方印於書內傳布於人照此方爲之爲有大功用之藥以五滴至十滴爲一服

米以脫里尼綠又名克羅路米以脫里尼

近有醫士設立多料可當哥囉方為迷蒙藥即如醫士司奴用阿美里尼但因不合宜不久即去之不用後有醫士辛伯生勸人用炭綠$_4$而米以脫里尼綠$_2$為里乂存所設用之大得其益其式為炭$_2$輕$_3$綠$_3$其作法如左

取法　將哥囉方即炭$_2$輕綠$_3$合於純鋅與淡硫強水則輕氣二質點合於哥囉方成輕綠一質點與米以脫里尼綠$_2$一質點其式為

炭$_2$輕綠$_3$＋二輕＝輕綠＋炭$_2$輕$_2$綠$_2$

常出售之米以脫里尼綠$_2$或言為假者而為哥囉方與以脫相合而成

米以脫里尼綠$_2$為無色之稀流質臭與哥囉方相似加熱至八十八度則沸重率為一·三四四其霧之重率為二·九三七此為里乂存之說此質之化散較哥囉方更易在空氣內易燒如謹慎依哥囉方之法吸其霧則令人速迷蒙而不令人先有惹動其止痛之功亦更耐久但其力忽然過盡較哥囉方更速曾有人在倫敦大醫院中用之雖有多次尚未有危險每用哥囉方二分之事必用此質三分代之又可作內科之藥能安神並治轉筋以十五滴至三十滴為一服

阿美里克醕又名甫司里油又名穀油

此為輕而無色油形之流質其臭大造酒之處其淨酒已蒸出之後連蒸若干時即得此油初得此質係蒸番藷酒故常名曰番藷酒油如再蒸之則能提淨而初出之水可去之不用所得之油為無色之流質味辣其臭能通至遠處重率得○·八一八沸度為二百七十度難在水內消化但在酒醕或以脫或能蒸之油內能任消化若干此為英書之說甫司里油為化學家所設生物本質合於輕養此本質名曰阿美里其式為炭$_5$輕$_{11}$而甫司里油之原質其式為炭$_5$輕$_{11}$養輕養如合於放養氣之質則變為發里里阿尼克酸其式為炭$_5$輕$_9$養$_3$其改變與酒醕成醋酸之改變相似

甫司里油在英書用之作鈉養發里里阿尼克酸觀鈉養發里里阿尼克酸節

發醋酵與乾蒸所成之質

植物內間有含醋酸者或與他質不化合或合於鉀養或鈉養或鈣養等質醋之一物自古以來有之因其做法最簡便即將已發酒酵之水或能發酒酵之水置於暖和處若干時則自變成但必含發酵之質在內因此各質必先發酒酵此因發醋酵之質必為酒醕又有他法亦可令酒醕變醋即如將酒醕在空氣中燒之則成炭養氣與水雖能如此如將酒醕合於少水令淡滴滴落於細白金屑則

空氣中養氣連於白金屑之面遇酒醕之薄層與之化合改變其性令變爲醋酸如嗅其所發之霧則易分別醋酸之臭又如將淡酒醕合於膠質少許令遇空氣不久則變爲醋酸而成此變化則酒醕合於養氣四分劑成醋酸一分劑水三分劑其式爲

炭$_4$輕$_6$養$_2$+四養=炭$_4$輕$_3$養$_3$+三輕養

歐洲他國造醋之法將葡萄酒置於器內令不滿而多空處英國造醋之法用下等麥酒另加硫强水每千分加一分令不變壞如過於此數則犯律法此兩種醋俱爲藥品之用又有法將數種乾硬之木在甑內乾蒸之能得醋酸（觀木醋酸節）以上各質祇爲淡醋酸合於異質有法能提淨之得其淨醋酸

英國醋 此醋用發芽之麥或不發芽之麥煑水而令其水發酵

法國醋 又名葡萄酒醋

造醋之舊法將大麥煑水令發酵盛於寬大桶內不蓋其桶加稍大之熱令多通空氣等常亦加酒糟令其發酵近時所設之法德國用之甚多其法將刨下木花置於深桶內桶底鑽多孔近底處亦鑽多孔將欲變醋之流質漸傾於桶內則空氣能從桶孔通進甚多令其已發酵之流質連變爲醋依此法所作之醋每百分含淨醋酸四分至五

分另含數種膠形之質卽植物膏質令變爲棲色又有奇異似脫類之質其臭與味俱藉此質

法國醋卽葡萄醋作法將數種酒令其自發酵其醋較英國者稍濃而等常時其香更佳

蒸醋 如將等常之醋蒸之則其顏色料硫强水他種雜質可存於甑內所蒸得之醋爲無色淡醋酸所有酒醕等質卽令其有香味之質亦在其內設初蒸出之流質棄之則蒸醋之香與味不及其未蒸者此蒸醋今不作爲藥品

試法 英國醋與法國醋色棲臭奇重率一·○一七至一·○一九每重四四五四釐卽爲量杯之一兩需用合法之

鈉養試水四百○二釐方足滅其性卽等於每百分含無水醋酸四·六分又如將鋇綠試水十滴加入醋一兩內其結成之質濾之再添鋇綠試之不可有結成之質如有之則知含硫養$_3$過多故可見醋含硫養$_3$應甚少又如將醋合於輕硫其色不改變醋合於鋇綠或淡輕$_4$養草酸其所有變化應甚少如加淡輕$_4$養至有餘則令其色變紫而其流質稍變濁

木醋酸 此不列於英書之內

此質爲不淨之醋酸而由乾蒸木質所成者

化學家言木醋酸係化學家古魯龍所查得者而白西里

由司云疑古之埃及人知造酸醋之事因羅馬有古書係布里尼所作內言將松木置於爐內加熱則似有出汗之意其汗流至爐外槽內此質在叙利亞國名曰西特路末其功力最大故埃及國人將人尸久浸於此質內則能存久不壞云近時造木醋酸之法用大鐵桶其桶旁有凝水器桶外加大熱則其木料化分再合成新雜質所蒸出之質有酸性之水黑色油質焦氣油質許多能着火之氣質而甑內存最佳之炭質所得之木醋酸為櫻色明流質大半為醋酸少許合於水又有黑油並焦氣之油並有煙臭化學家百屯可法已化分之云常含貝路加里酸提淨之法可蒸之或加以鈉養炭養$_{二}$成鈉養醋酸可用此質造更淨之木醋酸間有先加以白石粉成鈣養醋酸後合於鈉養硫養浸之令其化分若得鈉養醋酸令成顆粒再消化之後加硫强水令其化分再蒸之則其醋酸蒸出如尚未淨依同法為之則得幾無色之醋酸其臭與酒成之醋酸同木醋酸照上法提淨之其重率為一〇四四即英書所用之醋酸

醋酸

以上各質其根本為醋酸而濃醋酸之造法可將無水醋酸鹽類如鈉養醋酸等用硫養化分之則所放鬆而分出

之醋酸易化散可蒸之而凝之易以其有趣之臭分別之醋酸為無色稀流質味辣遇皮膚則能弔炎如沖淡之則否其質最易化散冷熱適中時更易化散其霧易着火六十度之熱自能成顆粒形大而無色名曰冰形醋酸淨醋酸之原質為炭$_{四}$輕$_{三}$養$_{三}$即等於醋酸加水一分劑近有化學家爵哈特造成無水醋酸而化學家疑醋酸為生物本質合於養氣三分劑此生物本質名曰阿西台里即炭$_{四}$輕$_{三}$而有多質似含此本質而成級數與以脫里類大相似醋酸之無水者為無色易活動之流質其折光之性大其質較水更重難於消化但含水醋酸易於消化醋酸能在水或酒醋或以脫任多比例內消化又醋酸能消化樟腦數種松香類質自散油所以常用此各質令醋酸有香味醋酸能成數種鹽類要質即金類合養氣質鹼類質植物鹼類質但醋酸鹽類能為酸質之大半化分惟炭養氣不在內有一要事係苦賴格初查出者即其重率與濃無有一定之相關因重率與濃其比例幾相同至重率一〇七七為度過此數而加其濃則重率漸小至一〇六三為度苦里司脫生云測其重率至一〇六二以內者能從此得知其濃淡過此數必看加水少許令其重率或增大或減小英書準用之醋酸重率為一〇四四每百分含無水醋酸二

十八分此醋酸較倫書準用之醋酸少淡英書云如將醋酸一百八十二釐合於鈉養試水一千釐適足滅其酸性藥品書準用之濃醋酸有兩種其濃淡不等又有他種醋酸爲昔時藥品書所準用者今不用之所用之兩種一爲冰形醋酸重率爲一·○六五每百分含醋酸八十五分二爲尋常醋酸重率爲一·○四四每百分含醋酸二十八分

英書冰形醋酸取法　將鈉養醋酸二十兩硫強水八兩將鈉養醋酸置瓷㼝內用稍熱之熱沙盆加熱令融化後連加熱調之至成粉爲度再增其熱令融化已融化後立即去火待冷敲碎置有塞甑內能含三升者與里必格凝

器相連再將硫強水傾於甑內之質上速加其塞則醋酸自能蒸出待自蒸之事已畢則加熱共蒸出六兩體積將所得醋酸一錢合於鉀養碘養試水一錢先合於小粉漿少許兩物和勻如變成藍色則知醋酸少有不合法之處則將蒸出之醋酸合於黑色錳養最乾之細粉四分兩之一再蒸之此爲一千八百六十四年英書之方用鉀養碘養之意欲試所得之醋酸含硫養或否如含之則化分其鉀養碘養而放出其碘令變藍色後加錳養則其硫養變爲硫養而與錳養化合依此法所得醋酸略爲淨者其式爲炭輕養輕養在六十度熱以下自能成顆粒

冰形醋酸爲無色流質其臭辣如醋酸減熱至三十四度則變無色柱形顆粒重率得一·○六五如每百分加水十分則重率增大如將冰形醋酸六十釐合於水一兩消化之則需用鈉養試水九百九十釐方足滅其酸性如將鉀養碘養試水一體積先合於小粉漿少許再合於冰形醋酸一體積不可變藍色如變藍色則知其含硫養

尋常醋酸　如將蒸木所得木醋酸照前法提淨之則得尋常醋酸其不淨之木醋酸先變爲鈉養醋酸此鈉養醋酸屢次令其成顆粒則能提淨後合於硫養蒸之則蒸出之質爲醋酸甑內所餘之質爲鈉養硫養再蒸一次或數

次則去其焦氣之質而令其重率合度醋酸爲無色流質酸性甚重有醋之臭重率爲一·○四四每重一百八十二釐需用鈉養試水一千釐足滅其酸性如熬乾之則無餘質合於輕硫或鋇綠或銀養淡養則不結成質又如合於輕綠或鋅粒加熱則不發輕硫又如將鉀養碘養試水一體積合於小粉漿少許再漸合於醋酸一體積則不變藍色

淡醋酸

取法　將醋酸一升合於蒸水七升調和之

英書之淡醋酸重率爲一·○○六如將淡醋酸四百四十

釐即量杯之二兩合於鈉養試水三百十三釐適足滅其酸性每百分含淨醋酸三六三分

功用　醋酸雖有數種列於藥品之內但無甚大用如濃醋酸爲令皮膚最速之發疱藥如干日瘡與雞眼等用醋酸爲最佳烙炙藥又有數種植物質用醋酸令其消化而分出英書用之作斑蝥洗藥醋酸蜜糖哥勒枝㗶醋酸膏等如用其淡者作洗藥或擦身體則爲最佳涼性藥如吸其霧可治喉嚨與總氣管頭之病又可作內科之用即合於糖漿有一方將法國葡萄醋十一兩合於淨糖十四兩沖淡飲之如疹子麻子病有醫士勸人用醋酸治之

服數　淡醋酸半錢至三錢爲一服又見下醋酸蜜糖節

苦里亞蘇脫 此質爲蒸木之黑油所成又名幾啊嗽

此質係一千八百三十年化學家來肯拔克查得者即蒸木時得此質並數種別質俱爲炭輕養合而成者如黑油木醋酸木煙等質內俱能常見之其形性幾分藉所含之苦里亞蘇脫其淨者爲無色透光流質稀如自散油臭大如煙味熱而辣英書定其重率爲一〇七一其折光之性最大其淨者遇光不改變如遇熱則其體積漲大甚多加熱至三百九十七度則沸燒時成多炱之火焰合於水能

成兩種雜質一含水之鹽類每苦里亞蘇脫十分含水一分二每水百分內含苦里亞蘇脫一二五分此爲非勒白之說苦里亞蘇脫能在酒醕以脫或那普塔內消化又能在醋酸並鹼類水內消化然其質之本性非酸非鹼如合於鉀或淡養五或硫養三俱能化分之而其最奇異之性能令阿勒布門質凝結如此能令肉久不壞故西國即以此意設名苦里亞爲肉之意蘇脫爲存久之意

取法　尋常取苦里亞蘇脫之法用他爾之重油或貝路阿客色里克油此各質與木醋酸俱爲蒸木工內所得者其重油內含數種質必詳細蒸之初蒸出時有自散性之質去之不用內含一種質名曰由比阿尼此質蒸出之後則其苦里亞蘇脫蒸出苦里亞蘇脫蒸盡則有白色顆粒形質名曰巴辣非尼故初見此白質必立即停止所得不淨苦里亞蘇脫必與所含醋酸分開之即合於鉀養炭養三先搖動而後蒸之初蒸出之質去之不用再合於燐養五水搖動之去其相連之淡輕養四再蒸之甑內所餘之質爲淡輕四養燐養五再將其質在鉀養水內消化之又必去其面浮不消化之油類質其鹼性之水必沸之因其內含異質化分則令其水變棕色再加硫養三滅鉀養之鹼性則苦里亞蘇脫能分出又用烙炙鉀養水消化之而後沸之用硫養三

分開之則質已提淨再以水洗之蒸之則初時蒸出之質為水去之不用其餘者為淨苦里亞蘇脫

苦里亞蘇脫之原質式尚未查之極詳疑為炭$_{四}$輕$_{八}$養$_{二}$其取法最難故價必貴常出售者不淨有謀利者加入加波力克酸在內因此質之性情與苦里亞蘇脫大同小異惟其淨者為顆粒形定質如蒸煤黑油則其自散油之酸性一分為加波力克酸初時化學家羅倫突與格米林以加波力克酸與苦里亞蘇脫為同質後有化學家哥羅不比薩尼士苦來思揩法得已證來肯拔克查得之苦里亞蘇脫與加波力克酸不相同

試法　其重率為一·○六五如將杉木片插於苦里亞蘇脫內後插入輕綠內在空氣中晾乾之則得藍綠色如將此質滴於白色濾紙上加熱到二百十二度則不可存透光之痕迹應全化散用杉木片之法為含苦里亞蘇脫之據用濾紙之法為不含異油類質之據

功用　苦里亞蘇脫遇舌則覺痛遇皮膚則如燒小獸服之必斃如皮膚生潰瘡或有別種病或死肉証或瘰癧等則苦里亞蘇脫為大有用之外科藥又如服之為平火安心藥如牙痛等常用之能止痛又如常嘔吐服之則可止吐惟服時必先用多水沖淡約苦里亞蘇脫一滴應用水半兩為最少

苦里亞蘇脫雜水

取法　用苦里亞蘇脫十六滴冰形醋酸十六滴智尼柏子酒半錢糖漿一兩蒸水十五兩將苦里亞蘇脫與醋酸和勻漸添其水後加糖漿與智尼柏子酒

服數　以一錢至二錢為一服每雜水一兩含苦里亞蘇脫一滴

苦里亞蘇脫油膏

取法　將苦里亞蘇脫一錢合於簡油膏一兩和勻

苦里亞蘇脫霧

取法　將苦里亞蘇脫十二滴沸水入兩將苦里亞蘇脫與水置於發霧器內合空氣行過其水後吸其氣

此藥於一千八百六十七年載入英書有數種喉嚨之病氣管或總氣管激動口氣發臭肺體死肉証吸此霧則有大益

加波力克酸　一名非尼克酸又名阿客西偏西尼又名非內里輕養

加波力克酸之原質其式為炭$_{十二}$輕$_{五}$養輕養化學家羅倫突於一千八百四十六年蒸煤黑油而得之其黑油原為蒸煤時所得之質如將此黑油蒸之則得三種質一為水二為輕油卽浮於水面之輕炭質三為重油卽沈於水底之

輕炭質如其輕油質用分蒸之法將各熱度蒸出之質分開之則三百二十度與三百九十二度之間蒸出之流質爲加波力克酸合於鉀養浮於面之油質去之再加硫養等酸質令其鉀養與加波力克酸分開再蒸之得其更淨質然尚爲流質而含異質在內如欲提淨之得其純者其工夫最難即如揩法得設一法取淨加波力克酸將尋常出售之偏齊尼合於淡鹼類水加熱即得黑色稠質每百分含加波力克酸五十分用蒸法謹愼蒸之則得加波力克酸揩法得又云羅倫突所作加波力克酸合於他種雜質即加波力克酸輕養又名非尼克酯又云淨加波力克

酸每一分能在水二十分內消化而羅倫突所作加波力克酸每一分須在水三十三分內消化淨加波力克酸熱至四十一度則融化熱至一百八十二度則沸而羅倫突所作者熱至三十四度則融化熱至一百八十六度則沸此爲百度表之度數

常出售之加波力克酸爲不淨之流質內含水與苦里歲里克酸並多別質藥品內應用其淨顆粒一千八百六十七年英書初列此質於藥品內云加波力克酸爲無色針形顆粒熱至九十五度變爲油形流質臭與味大與苦里亞蘇脫相似又有數種性情亦與苦里亞蘇脫相同重率

一〇六五沸度爲三百七十度其顆粒遇空氣則易收其溼氣因此能融化但加波力克酸少能在水內消化又易在酒醋以脫各里司里尼內消化不能令藍色立低暮司試紙變紅如將杉木一薄片插入其內取出插入輕綠內空氣中晾乾之則得藍綠色其質能令阿勒布門凝結又如已折過之光行過之則不能改變其折光之平面

功用　加波力克酸爲藥之性與滅臭之性大約恃其能免物質腐爛之奇性又能阻其發酵此性情之根原或言因能滅令生物質腐爛之微細動植物體今時多用加波力克酸滅臭潔空氣所以街道面陰溝馬牛棚坑厠便溺

器常用加波力克酸令不發臭不致害人前時英國有霍亂吐瀉疫病多用加波力克酸之處大得其益

服數　以一釐至三釐爲一服非常用者昔時用他爾作藥品其功用想因含加波力克酸作外科之用能治皮膚之病凡因蕈類而成之皮病則更易治又傷破處或潰瘡或死肉誣用之得益又外科刀割處可噴加波力克酸極細之霧於割破之處至蓋密爲止如此不遇空氣內微細動植物質則不腐爛而易愈有一方最便用加波力克酸玆錄於左

各里司里尼加波力克酸

取法　將加波力克酸一兩各里司里尼四兩在乳缽內磨勻至加波力克酸全消化爲度

地中挖出之植物質

軟石油西名比得路里烏末又名地產黑色流質石油西名必才門又名拜貝徒司他爾又名石油又名地油此爲倫書所載之藥

比得路里烏末之原意即石油自古以來作藥品之用今時用之甚少地面遇見此質之處頗多又有別種形狀者如硬石油西名阿蘇弗辣脫姆爲硬形之質又那普塔爲稀流質等

產此質之處如拜貝徒司特里尼答兩海島英國數處如可勒蒲陸山谷等能常見之浮於淨水之面又歐洲數處亦有之又北亞美利加產此質甚多其提淨者名曰火油即如每年發售者極多亞細亞近裏海之巴古相近處亦有之又在印度怒江相近有一處名地油浜土名剌難工產此質甚多英國都統賽密士云遊覽該處見開地油之井約有五百口每年出火油四十萬餘大桶用船運往各口出售又天熱時挖在沙內亦能得之化學家苦里司脫生哥來格里兩人詳細查此油內得巴辣非尼與由比尼兩種質此兩質來肯拔克在蒸木所得質內亦得之所以疑剌郡等處所產地油爲蒸植物質所成即地內埋藏植物質甚多或成煤或成他質遇地內之熱或地內之火則蒸出此油每年蒸出若干故能歷年取之不竭

生地油略如糖漿之形其色紅棕或黑味如石油能浮於水面而不能消化於水燒成濃而黑色之煙餘下含炭之質如遇酸質鹼類質或正酒醕則改變之事甚少如遇以脫自散油定質油則能消化之如遇空氣則變硬名曰硬石油如遇熱則成黃色流質與蒸煤時所得那普塔略相似地油可點燈其極稀而透光之石油亦名那普塔以上各種質爲輕氣合炭所成者不含養氣故鉀原質可存於其內又可爲消化軟像皮之料

功用　爲行氣藥有醫士勸人用之治風溼與皮膚之病作外科之藥如服之則爲殺蟲藥而剌郡所產者較他處所產更佳

琥珀西名安拔

古之希臘人知琥珀擦之能吸輕體即因其生電氣之故而希臘語名曰依類克脫倫即琥珀今西國電氣之名亦與琥珀同即爲琥珀氣之意阿喇伯人名曰楷羅罷即引草之意琥珀係地中挖出之質等常所得者係海邊礫石內從海水飄至岸邊者英國所用琥珀大半在波羅的海邊哥尼斯北爾與墨麥兩處之間印度海邊亦得之在加

支與阿桑兩處之間地學家疑琥珀爲松樹類所產松香因常有在地內挖起松木之變石形者又如木煤層內所遇琥珀常有微蟲或植物微迹雜於其內常見者爲參差形脆塊色黃或黃紅似松香能透光無臭無味遇水或酒醕亦不變化蒸之則先蒸出黃色流質內含醋酸後蒸出黃色稀油又有黃色顆粒形定質即琥珀酸其式爲炭$_8$輕$_4$養$_6$二輕養此酸質與油類酸質相似可夾於生紙內壓之則得其淨者後再蒸之

功用　琥珀酸有醫士疑爲有益之化痰藥其油有行氣性能治轉筋以五滴爲一服昔時造淡輕$_4$養雜酒之方配琥珀酸俗名光水

武進孫鳴鳳校字

西藥大成卷九

英國來拉　海得蘭　同撰
英國傅蘭雅　口譯
新陽趙元益　筆述

論動物類

查考人身百體內之各事各用俱藉鳥獸昆蟲之體而能知其大略又藉以試各事爲人所不敢嘗試者近時醫學考究愈詳則用動物爲藥品亦愈少古人多用動物爲藥品不惟無用且大爲可憎毫不能感動身體祇能感動其心令人以爲有益則偶能從心略得益處所以其質愈奇愈惡則功用因此愈大今化學家俱知動物質藥品幾能俱用植物質與死物質代之不惟更易且其質更淨即如古人以蠏螯蠣殼或珊瑚當爲藥中之要品今知其質祇爲鈣養炭養故以此質代之又前人用燒過之骨或骨灰當爲藥品今以動物炭或鈣養燐養$_5$代之又如前人用鹿角今以淡輕$_4$養代之前人用海絨燒灰今以碘鹽類代之又動物之定質與流質油類其性與植物者相似故用植物油代牛羊或魚等油又蜜蠟與棕櫚類樹或楊梅類樹所產者相似又如司巴瑪息的油爲鯨魚類所產者亦與植物油相似此各油類質雖存之爲藥品而大半作爲外科之用此外另有蜜糖與乳所含之質與蔗糖相似用骨

與鹿角或鱘魚肚成膠質、即直辣的尼、又蛋白質、即名阿勒布門、乳內所含之油、或謂加西以尼、或謂乳油、或謂乳水、此各質亦存於藥品內、而植物質內亦有之、又如麝香膃肭臍等物、亦有醫士用之治數種腦筋之病、藥品內整用之動物、祇有三種、一為呀蘭米、一為斑蝥、一為蜞

一圈腦筋部 又名拉弟阿脫即半徑之意

波里非辣科 即多孔之意

海絨 又名藥品海絨

海絨之用處甚多、不惟為藥品之用、又為家中常用之物、故其形性不必詳言、如第二百五十三圖、為活海絨之形、質鬆軟而有多孔、另有彎曲通路在內、種類甚多、為藥品者、係地中海或紅海所產、又有更粗者、係西印度所產、所

第二百五十三圖

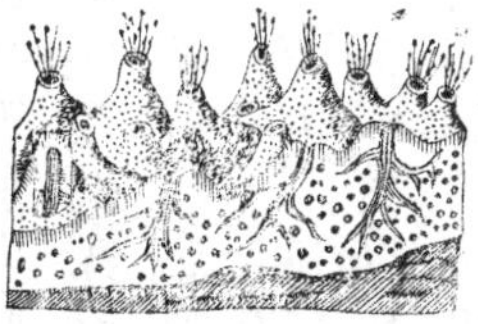

欲燒成灰者、用英國海邊所產者、應為合用、凡新取之海絨、含珊瑚微片並微細蛤類、故作外科之用、必先去此各質、上等海絨質軟而鬆、故能吸水、而外科數事內、能當器具用之、又有法將海絨做成鈎膿等傷口之料、其用法、將海絨條置於融化蜜蠟內、而置於割破處、其蠟因受熱而漸融化、則海絨收膿等流質而發腫、又法、將海

絨條以線縛之、置於割破處、翦斷其線、則海絨亦能收其膿而發腫、海絨之質、為直辣的尼與凝結之阿勒布門、如將海絨燒之、則其灰內含炭質、矽質、鈣養炭養、鈣養燐養、鈉養炭養、鈉綠、鈉碘、鎂溴、與鐵養少許、又含碘若干、因此前人常用海絨灰治癭瘤與瘰癧等病、今歐洲有數處仍用此質、而不用碘、其服數以一錢或一錢餘為一服、合於蜜糖調和服之

波里比非拉科

凡波里比非拉科之動物、已死之後所存之殼、名曰珊瑚、昔為藥品之用、今歐洲數國並東方各國、亦為藥品之用、其為藥之性、大約恃所含之鈣養炭養並鐵養少許

二節生部 西名阿爾替苦拉他

愛尼里大科 即有各節連貫之物

蜞 即水蛭、又名馬蟥、西名希魯杜、英國所用者、產於西班牙國法國意大里國匈牙利國

蜞與蜞之用處、自古以來、即有人知之、印度人早用之以吮血、阿喇伯人從印度學得其法、特密孫云、古人用蜞治人血之病、喜羅獨佗斯書中亦言蜞之一類、係尼羅河所產、醫士沛離拉云、昔時法國兵丁在埃及征戰之時、有蜞常食其血、因此大受其害、此蜞名曰埃及蜞、疑為舊約書所言者、本文曰倭魯奇或阿魯措、觀舊約書第三十章第

十五節云若水蛭善吮貪饕無厭阿喇伯人亦名曰阿魯指

動物學家苦肥愛包括蜞於希魯杜內但今又分為多分科如薩肥尼將藥品中所用之蜞名曰散可意蘇茄即不累納肥辣名曰意阿脫拉蒲特拉蜞為軟身無骨之蟲其身長下面平上面凸向首與尾收小有橫皺紋其體為許多軟圈合成其圈自九十箇至一百箇其口有唇其尾亦有平圓片此二物便於吸黏於物質之上又大半恃此兩物能行動其身下有孔兩幅每孔通入內袋而其袋可為呼吸氣之器具其腸直而每一節之間腸腫至其長三分

之二之處為止該處有二箇瞎腸即不通之意所吮之血存於腸內數十日仍為紅色其散可意蘇茄類上口唇分為數分其口之孔分為三叉形而其唇分為多節口內有三箇牙牀骨每牙牀骨之邊有極細之齒兩行頭上有十箇黑色點動物學家以此點為眼其糞門小而在末圈之背面

常用之蜞有兩類動物學家云為同類而不同種者即如有一種名曰花點蜞又名藥品蜞又有一種名曰綠色蜞如第二百五十四圖第一至第三號為藥品蜞正名為藥散可意蘇茄此為英國常用者下面即其肚腹黃綠色面

有多黑點其點之數與大小不等其下面色之大半俱為此黑色之點而中間之空處顯出如黃色之點其背面有

第二百五十四圖

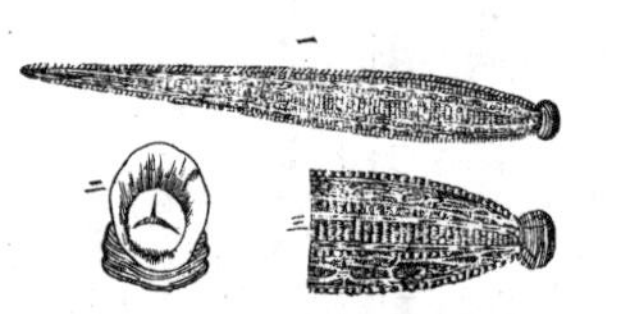

紅色或黃紅色縱條紋六條上有黑色之點其餘面為橄欖綠色或綠櫻色其圈之數自九十三至一百零八不等齒之數自七十九至九十此蜞產於歐洲幾各處俱有之又名英國蜞與花點蜞又名眞蜞又名櫻色蜞等

第二種名曰藥品散可意蘇茄其下面橄欖綠色無花點

背面深綠色而其背面與腰邊有縱條紋六條其色似鐵鏽紅常有分隔者薩肥尼云十眼內有六箇眼分外凸出牙齒略有七十箇此種蜞產於歐洲之南並在法國與日耳曼國等常名綠色蜞又名匈牙利蜞因產於匈牙利國也

一千八百六十四年英書內將以上兩種蜞名偶然調換後即改正

動物學家步蘭德將他種蜞作其圖說即如波魯文西阿里司希魯杜弗斑那希魯杜哇蒲司苦拉希魯杜因替勒普他希魯杜美國所用者為弟可拉希魯杜印度之蜞甚

多孟加拉地方在水池內遇見者甚多又在印度西北並雪山之麓亦有之如蘇司羅大與阿非色那之書云合用之蜞有六種有毒之蜞亦有六種英國常用之蜞大半從昂不爾厄運進英國已有多人設法養蜞但尙未得法法國京都相近處有池蘇比蘭等人欲在該處養蜞而不成事因有一種甲類小蟲名曰哇尼司故司阿乖弟故司常食其小蜞凡養蜞水內加鐵之小片則可免其腐爛發臭不必每日換水

功用　蜞之最大用處可在身之任一處吮血有數種病用蜞較之用刀等法更佳即如腹胞膜生炎腎囊生炎痔瘡直腸下墜等又如身內之血過限亦可用之又血過多之時亦可用之然必依其情形而用之否則有弊而小兒可受其害其蜞開通皮膚而吮血之法略將其細齒鋸皮膚至破每蜞約吮血一錢半設如先用熱水敷法於所欲吮血處則勉強能吮血半兩如去蜞之後而血流不止則必壓之或用瑪替哥敷於其上間有血流不止必加銀養淡養間必將極細之針縫其傷口

昆蟲科

甲蟲族

斑蝥　又名發疱斑蝥又名發疱甲蟲此種大半爲匈牙利國所產而聚售英國俗名西班牙蠅

希臘國人前用一種蟲名曰看他里斯其蟲之性情與今所用之發疱斑蝥相同但其蟲有黃色橫條紋近有一種蟲與希臘所用者相同而屬於米辣蒲里司類此蟲內有一種名甫西里尼米辣蒲里司生於歐洲之南又有一種名西抽里依米辣蒲里司如第二百五十五圖之二號此蟲生於敘利亞國大略東方各國俱有之印度國土名曰弟里又名弟里木起即油蠅之意取此名之故因此類之蟲取之之時其足節放出油類形質又有一種名脫里安替米依米辣蒲里司醫士傅勒明書論記之又有一類名極大里他此種不惟在敘利亞國有之即在阿非利加之塞內加爾亦有之有一種係阿喇伯國人書中所言者名曰蘇拉里初用斑蝥爲藥品時尙未知阿喇伯國有此種動物學家所設之名即如立尼由司名曰發疱米路依法白里西由司名曰發疱里他而遮弗離名曰發疱看他里司此名爲英書所用者但遮弗離將各種發疱甲蟲另設一小族與立尼由司所設米路依類略同名曰看他里弟依族此分族分爲十一種即看他里司米辣蒲里司米路依此各種已用爲發疱藥又有瑪加里司米路

第二百五十五圖

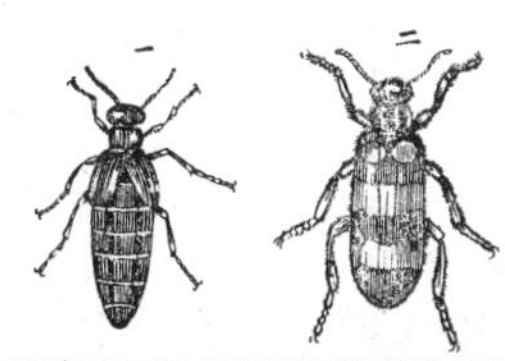

依俗名五月蟲如第二百五十五圖之一號亦爲此類之一種

如第二百五十六圖之一二兩號爲藥品所用之斑蝥名曰發疱看他里司其形長幾爲圓柱形長六分至十分寬約二分其雄者較雌者稍小此種斑蝥易於分別因其兩筒翅殼長而易彎光金綠色其翅殼內有兩箇薄而樱色膜形之翅頭大似鈍心形其頭與項有縱槽其項非大於頭而略爲方形其項之大半並其體之其餘各處有白灰色毛蓋之其鬚黑色長而簡線形其箝托住其有節之副鬚案此爲摸近物之用其副鬚之末節略爲蛋形其足全長四分至六分平滑其第一對足在腿之下有五小節其餘各對祇有四小節其小節俱爲茄花色其腿上有一刺其足上有一凹其足之下小節有兩爪俱爲雙分雌者之近糞門處有兩箇尾形之體俱有多節與副鬚相似此蟲產於法國之南西班牙國意大里國又在日耳曼國與俄羅斯國之南俱有之如阿書樹臭梧桐樹波里非各樹上常遇見之又在野黃楊與金銀花樹亦間有之又梅樹玫瑰花樹柳樹榆樹不常遇見之法里尼司云生於暖處並多見日光者爲最堅壯

第二百五十六圖

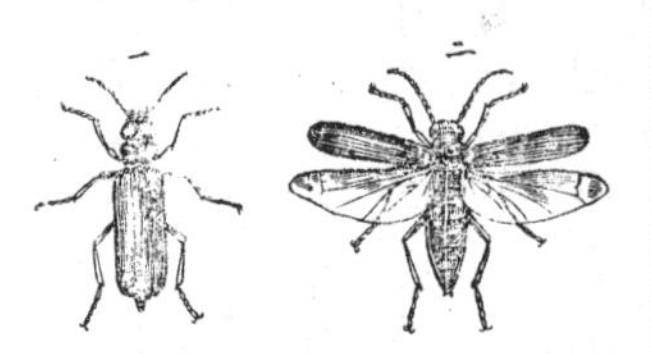

斑蝥生八日至九日即死活時發一大臭最爲可憎易依此臭分別之如多人住居之處有此蟲出時難於行路故行路之人不敢出門捕此蟲之法必在早起將手與面以布蓋護搖動其樹令其落下或置於醋內或置於篩內令遇醋霧則蟲已死或在日光內曬乾之或在暖房內晾乾置於瓶內恐有他蟲蝕之宜塞密爲要瓶內應加醋少許或火油樟腦鈣綠木醋酸等物最佳者爲其新鮮平滑乾斑蝥不可用多粉之斑蝥其形狀與色久不改變又其活時之臭亦不多改變味辣而熱磨成之粉灰樱色內有光點其光點爲翅殼或頭或足之微片此光點雖無大用而最難滅壞故如有人偶用斑蝥中其毒則查用何毒可從其光點之有無分別其爲斑蝥與否

此種斑蝥昔時大半從西班牙得之故英國俗名西班牙蠅今大半在匈牙利得之又在俄羅斯國與西里里海島得之

化學家羅皮該化分斑蝥查得合綠色油類質定質油類質哇司瑪蘇密不化合之醋酸尿酸鈣養燐養鎂養燐養並爲藥性之質名曰看他里弟尼此質之性非自散油亦非松香類而在此兩物之間其成顆粒爲白色光亮之片

如加熱則化成黃色油加熱更大則能化散能在以脫內消化又能在濃强水與鹼類水內消化如從他質分開之而得其淨者不能在水或冷酒醋內消化但因斑蝥含數種他質在內則水或冷酒醋俱能消化看他里弟尼質羅皮該云將看他里弟尼百分釐之一擦於皮膚發疱極痛加不甚大之熱則漸化散加試之或用之之人能大惹其眼令痛化學家來格奴脫化分看他里弟尼其式爲炭十輕六養四

功用　斑蝥爲辛性毒藥又爲引炎惹皮膚之藥又爲行氣利小便藥間能令生溺器具生炎食其小服則令其內

之內皮汁復原即如久延流白濁白帶等病用之有益但尋常用處爲弔炎令皮膚成疱約六小時至十二小時即成然間能成溺痳故用必謹慎

斑蝥酒

取法　斑蝥粗粉四分兩之一準酒醋一升浸七日濾之加準酒醋補足一升此酒之濃與倫書之方所作者相同

功用　爲行氣利小便藥

服數　以十滴爲一服此爲初用之數後漸加增至一錢然必謹慎用而合於潤內皮藥服之如久延毒白濁白帶遺溺等爲內服之藥如合於肥皂或樟腦洗水則可在風

溼病作引炎等藥

斑蝥醋

取法　將斑蝥細粉二兩冰形醋酸二兩醋酸十八兩或足用將其醋酸十三兩合於冰形醋酸而將斑蝥粉在此醋酸內浸二小時其熱必至二百度待其全料冷時傾入過濾器內待其醋酸流盡再將醋酸五兩傾入過濾器內之粉上待其質全濾過後將其餘質壓之壓出之質濾之將兩次所得之醋和勻加醋酸補足一升爲度

此方原載於倫書一千八百六十七年收入英書

此醋較倫書之方所作者更濃而較蘇書同書所作者更

淡如將駱駝毛筆蘸此醋而畫於皮膚待乾時再畫一次或二次則發疱

斑蝥發疱洗藥 俗名弔炎水

取法　將斑蝥粉八兩醋酸四兩以脫一升將其斑蝥浸於醋酸內後置於過濾器內待二十四小時後令以脫漸漸行過至共得二十兩爲度存於瓶中塞密之

此水與斑蝥醋有相似處但其濃爲四倍又因其以脫化散甚速而爲其體積之大半則用毛筆畫於皮膚成疱最速初用以脫消化斑蝥內之看他里弟尼質者係巴巴黎亞國依丁格醫士其以脫不惟能消化看他里弟尼又能

消化其油質與松香類質又依丁格作發疱洗藥每斑蝥一分專用以脫二分不用他質又有醫士普牢劄特云用哥囉昉消化斑蝥內之看他里弟尼質較以脫更佳

斑蝥油膏

取法　將斑蝥一兩黃蠟一兩橄欖油六兩將斑蝥在油內浸之盛於蓋密之器內至十二小時爲度再將其器置於熱水盆加二百十二度之熱略十五分時爲度再置於沙布內加大壓力壓之另將黃蠟融化之乘其融化時將前料加入其內連調至冷爲度

橄欖油消化斑蝥之藥性質最佳又可專用橄欖油消化斑蝥成引炎洗藥此油可作引病外出藥又令水疱久不愈爲妙

斑蝥膏 又名弔炎膏

取法　將提淨豬油六兩黃蠟七兩半提淨羊油七兩半用熱水盆加熱和勻融化之加已融化之松香三兩後加斑蝥粉十二兩和勻連調至冷爲度

此膏每三分有斑蝥一分此質與倫書之方所作斑蝥膏相同

功用　爲發疱藥尋常用此藥作弔炎之各事間有人其皮膚必先加芥末等質令發紅而行氣後加此膏但尋常

言之其發疱之事易而不誤

斑蝥暖膏 又名引炎暖膏

取法　將斑蝥粗粉四兩沸水一升肉豆蔻壓出之油四兩黃蠟四兩松香四兩肥皂膏三磅又四分磅之一松香膏二磅將其斑蝥置沸水內沖之約二小時包於布內用大壓力壓之將壓得之水用熱水盆熬之至減三分之一爲度添入餘料而用熱水盆融化之連調之至和勻爲度

此膏之功用爲瘤與舊瘡之行氣藥

近有醫士設立新法代斑蝥膏爲弔炎藥之用其質之功用與斑蝥者相同而其用法更佳更便所命之名如發疱膜弔炎綢等又有法國京都所設發疱紗發疱紙等觀蘇比蘭書第二本第二百十頁其作法將斑蝥用以脫或用酒醋成膏或消化之料或用看他里弟尼水合於松香或蜜蠟在前言油或蠟之紗紙等質鋪成薄層

一千八百六十七年英書有作發疱紙之方如左

發疱紙 又名斑蝥紙

取法　將白蜜蠟四錢司巴瑪息的刻一兩半橄欖油二兩松香四分兩之三加拿大波勒殺末四分兩之一斑蝥細粉一兩蒸水六兩以上各質除波勒殺末之外置於熱水盆約二小時連調之不停濾之而將其膏與水分開之

月將其膏在淺器內融化之而以加拿大波勒敉末合於其內將紙條置於熱膏之面拖之令得膏一薄層如所用之紙預作縱橫隔線每線相距一寸則可依平方寸分其紙便於身體各處之用

如以上之洗藥用以脫所成者每一分合於哥路弟恩一分則成最合宜之易乾弔炎膏如身體不便於用稀水之處則用此質爲宜

希密替拉族上翅半爲甲形半爲膜形

呀蘭米西名殼可司此蟲係墨西哥國與德內黎非兩處所產立尼由司名曰仙人掌殼可司爲藥品者爲其雌蟲之烘乾者

呀蘭米雖爲顏料之可貴者而其爲藥無甚大用此類之蟲有數種能作染料之用如第二百五十七圖爲仙人掌殼可司與呀蘭米蟲之圖又如衣里克司殼可司俗名克蜜士蟲而生於一種橡樹名衣里克司又有拉克蟲正名拉克殼可司在印度國數種大小樹木上遇見之能作呀蘭米之用又其松香類質俗名舍來克可作許多別用又有一種名波蘭殼可司生於存多年司克蘭佗司之根上又有一種產於希拉卑溼地草根上亦與呀蘭米蟲相似者但眞呀蘭米蟲在

第二百五十七圖

墨西哥國涼爽處卽近於華沙加等處西班牙人名曰細粒卽呀蘭米又有一種名野粒爲下等者在更熱之地遇見之卽如委拉古盧斯與巴西國是也呀蘭米蟲之雌者墨西哥國土人乘其已有子時置於仙人掌之葉上生子之後土人用刷刷下加熱令死每年略能生子三次其細粒者亦分兩種一爲銀色者一爲黑色者又有中亞美利加閔都拉斯所產者又令阿非利加西邊加拿列海島有人多養之每年產者甚多但數年以內設立阿尼里尼紅色料則呀蘭米用者較前更少其蟲之形如第二百五十八圖爲長圓形一面略平一面略凸長一分至二分面有皺紋所有銀色者其色似銀紙因面上有極細鬚毛以顯微鏡能分別之常有謀利者將其下等之蟲用託克石等白色粉鋪於其面令有銀色其銀色者去其細鬚毛粉則爲紫灰色而其黑色者無粉爲暗紅色更有次等者係小蟲內去其碎爛之大蟲名曰小粒如將呀蘭米磨成粉則爲紫紅色無臭有大苦味內有油類與光明之顏料此料化學家名曰卡耳米尼克酸而爲顏色之料恃此質其用處大半令數種浸酒配成可觀之色

第二百五十八圖

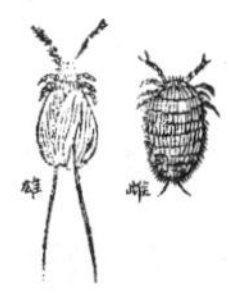

呀蘭米酒

取法　將呀蘭米粉二兩半準酒醕一升浸七日屢次搖動之以布濾之壓之以紙濾之加準酒醕補足一升此浸酒之用便令藥料有佳色

呀蘭米糖漿（此爲倫書之方）

取法　將搗碎呀蘭米八十釐沸蒸水一升置蓋密之器內十五分時沸之屢次調之以布濾之依扶桑糖漿之法爲之加糖三磅正酒醕二兩半或至足用

此糖漿加入藥水內令其色美觀而味適口

膜翅族（西名海門哇坡替拉）

蜜蜂（西名成蜜阿披司）

蜜蜂列於藥品之內因其成蜜糖與蜜蠟如第二百五十九圖甲爲蜂王乙爲工蜂丙爲雄蜂

第二百五十九圖

蜜糖

蜜糖係蜜蜂在其窩中房內所成之糖質此糖係花心內所成之質而蜜蜂食之入其肫內則改變其形性吐於蜂房之內極細蜜糖爲蜂房中自流出之蜜如其蜜蜂窩內尚未分孳者則所得蜜糖謂之清蜜凡蜜糖之性情大半恃其蜂從何花草得之上等者爲黏性透明之流質味甜臭奇而香但上等蜜糖食之令人喉中不安似覺少有辣味存若干時則蜜糖變濃而成白色顆粒下等蜜糖櫻紅色內有顆粒與雜質尋常之法壓蜂房得之蜜糖能在水中消化沸酒醕亦能消化大半蜜糖含能成顆粒之糖與不能成顆粒之糖及瑪內得與香料少許下等者含蠟與酸質雜質如將蜜糖以水沖淡之則發酒酵變爲蜜酒如將蜜在水內沸之約五分時待冷用碘酒試之不應變藍色如變藍色則知其雜小粉

提淨蜜糖

取法　將蜜糖用熱水盆融化之乘熱時用佛蘭絨濾之

功用　爲潤內皮藥微利藥尋常之用爲漱喉藥如醋酸蜜糖與硼砂蜜糖俱合蜂蜜

醋酸蜜糖

取法　將提淨蜜糖四十兩合於醋酸五兩蒸水五兩

功用　爲化痰藥與發汗藥

服數　以一錢至半兩爲一服合於他種治嗽藥倫書用之作士哇盧蜜醋

黃蜜蠟（此爲蜂窩融化而得之質）

白蜜蠟（此爲黃蜜蠟漂白而成者）

蜜蠟自古以來用之與蜜糖同有數種植物能生蠟質如

椶櫚樹之類又有數種楊梅樹產之如阿非利加好望角爲最多者中國與日本國亦有產蠟之樹如烏桕樹等西國不多知此類之樹昔人以爲蜂從花中取蜜徑帶至窩內作蜂房今時知蜂腹內之鱗形處有核能結成此質用此質造成房而其蠟必爲所食之物變成者

黃蠟爲尋常所用者其做法將蜂房切碎壓出其蜜糖而將其餘質在沸水中融化之令加熱若干時則其異質或能分開或能消化待冷則其蠟結成定質再融化之濾之待冷成餅形之塊色暗黃臭奇而有趣如將圓柱形之輪令其轉動以水令其面恒爲溼將其蠟融化之而傾於輪

上從小口而出則凝結成薄條如帶久遇光與空氣溼氣則漂白變爲黃白色幾爲白色

白蠟常含司巴瑪息的油此係謀利者加入令其色更可觀又常有謀利者加入小粉或牛羊油等質蠟爲定質加熱至一百五十五度則融化能燒成光亮之火能在沸酒醕與以脫內消化最易在定質油與自散油內消化如松香與油質俱能與蠟化合又蠟合於鹼類水成肥皂但其肥皂不甚佳醫士約翰化分蠟得兩種質一爲西路以尼一爲美里西尼其西路以尼質能在酒醕內消化而可恃此性情分開之又有醫士布路弟云西路以尼內含一質

其質屬於油類配質之類名曰西路弟克酸其式爲炭五四輕五四養四美里西尼爲更繁之質其質爲巴辣麻的克酸其式爲炭三二輕三二養四合於密里西尼克醕並一奇異本質之合於養氣並輕養之質此生物本質名曰密里賽里其式爲炭六〇輕六二

常有謀利者以蠟合於司替阿里尼與他種油類質又有人加入小粉令其色更白英書設一法能試蠟之淨否即摩之不覺有油之形性加熱不及一百四十度不融化如爲白蠟不到一百五十度不當融化遇冷而提淨之酒醕不可有消化之質在松香油內全能消化如在沸水內調和之則待冷時遇碘不應變藍色此爲試含小粉之法

功用　蠟爲潤皮藥如合於他質成膏則能在消蝕或惹動之處作一蓋護之令不遇空氣或他質即如傷風或久延赤白痢用此最佳外科之用處作蠟膏硬膏油膏倫書之蠟膏用白蠟二十兩橄欖油一升合而成之

簡油膏

取法　將白蠟二兩提淨豬油三兩杏仁油三兩用熱水盆和勻融化後則從熱水盆取出連調至冷爲度

功用　此膏治尋常之瘡作潤皮藥又可用爲他種油膏之本

三介部 西名摩羅司指

螺蛤科西名康其非拉勒馬克之名即有殼之意

蠣殼

蠣爲常食之水族如英國達迷斯河口兩岸產蠣甚多又

第二百六十圖

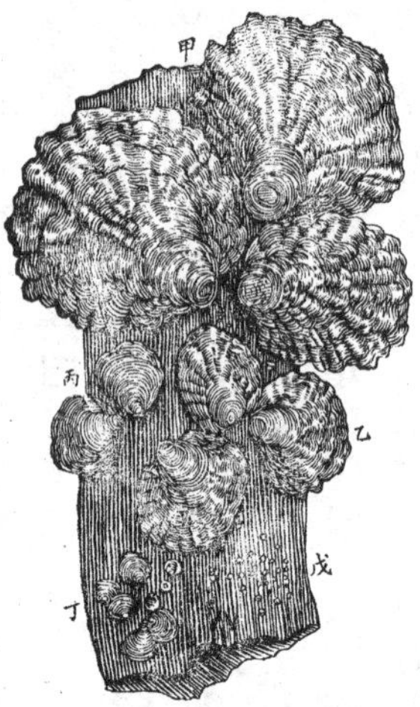

各國海邊幾無一處不產如第二百六十圖爲木一塊浸在水中有蠣黃

大小相附於其上甲爲十二箇月至十四箇月者乙爲五箇月至六箇月者丙爲三箇月至四箇月者丁爲一箇月至二箇月者戊爲十五日至二十日者昔時以蠣殼爲藥品因其含鈣養炭養二與鈣養燐養五及動物質之微迹昔時用蠣殼磨粉作爲滅酸之藥惟此粉與白石粉之分別祇因其含鈣養燐養五與數種異質

四脊骨部西名司比尼色里蒲拉他

魚科西名拔司

魚肚膠即鱘魚膠西名依克弟可拉所謂魚肚者即鰾係魚腹內含氣之胞魚藉此能遊泳而不沈常作此質之魚爲數種司脫眞魚之鰾所成立尼由司名此魚曰阿西噴薩此魚之鰾必洗之切成細

條此質之名原爲希臘語依克弟即魚之意可拉即膠之意其英語之名曰司脫眞即魚鰾之意而從日耳曼國得其名因作此膠大半爲鱘魚之類即阿西噴薩魚之類如第二百六十一圖其上等者係俄羅斯國河內得之即流至黑海裏海鹹海貝加爾湖此膠亦有從巴西印度運至英國者而今此兩處運來者較前者更細而佳魚肚膠爲動物膠內之最淨者故作直辣的尼用之則爲貴重之質淨直辣的尼爲明而無色之質無臭無味其乾者易存其溼者速腐在各種淡酸質內能消化又在定性鹼類質內能

消化其消化之水能合於樹皮酸結成多質而此質有熟皮之臭又汞綠加入直辣的尼內則不令其結成故易依

第二百六十一圖

此質分別水內之直辣的尼與阿勒布門其直辣的尼質能與多水化合而其濃水待冷時變爲軟定質而少動之則多振動如合於硫强水沸之則能變爲糖之一種名曰各里各可勒魚肚膠之淨者爲白色半透光半暗之質無臭無味冷水中變軟沸水內消化除所含泥土等異質不消化化學家蘇利化分孟加拉

所產魚肚膠三種第一種每百分得直辣的尼八六五分第二種九〇九分第三種九二八分如欲詳查魚肚膠出產之處觀步蘭德動物藥品書沛離拉藥品書來拉論印度海邊產魚肚膠之書一千八百四十二年所作者

功用　魚肚膠爲潤內皮之料但其大用處爲養病人之食物因其養身之性大而不惹養生路其用處在藥品內亦爲試藥因能作直辣的尼之用

魚肝油 西名莫羅阿各特烏司此油係各特魚新鮮之肝加熱不外一百八十度所熬出之油正名幾可里司阿西里油

魚類之體內常有多油散在各處但各特魚之油大半聚在其肝如尋常各特魚即古時布里尼又今之動物學家名曰阿西里其肝內所得之油在瑞典國與歐洲他國久用爲治病之藥一千七百八十二年英國醫士沛西伐勒多勸人用此油治舊風溼近有多人用之治癆瘵肺癆病故藥品書必收入之作爲正藥品又有與各特魚相類之魚其肝所得之油疑常雜於出售之魚肝油內即如

第二百六十二圖

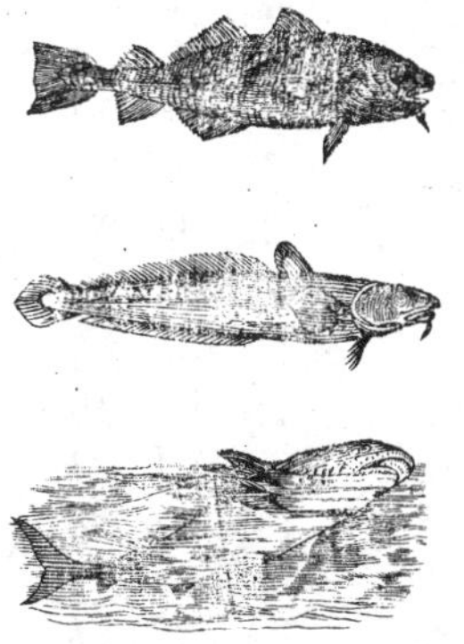

佗爾司魚蒲爾薄特魚林魚等是也其與各特魚在新著大島海邊得其大半因該處各特魚甚多近有人將鯊魚肝油帶至里味不出售此油之化學變化與魚肝油大有相似之處但其重率更小祇得〇·八六六可依此重率分別之化學家疑此油爲所知定性油內之最輕者而司巴瑪油之重率次之即爲〇·八七五此鯊魚肝油係在阿非利加海邊捕鯊魚者所作又有從印度馬拉巴爾得之者如第二百六十二圖上爲各特魚之形中爲蒲爾薄特魚之形下爲鯊魚之形

取法　取魚肝油有數法但得最佳油之法不先加熱足令其油或動物質化分又不久曬之令其質腐爛但必將魚肝不加熱而壓出其油後提淨之此爲所得油之上等者英書云爲藥品之油必用新鮮魚肝爲之所加之熱不可大於一百八十度加倍辣公司久用此法作魚肝油在海邊揀出新鮮上等之魚肝洗淨切片加熱至一百八十度至其油全行自流出爲度濾之減熱至五十度以內令其油中所含已凝結之油質即瑪加里尼濾出之存於瓶內塞密之

如新著大島與那威國海邊有更粗之法作魚肝油其法將木桶之底多鑽孔桶底之面鋪杉木小枝將魚肝裝滿

桶內令遇空氣又令日光曬乾之則其肝質漸腐爛而其油流出桶底置盆受之此種油樱色味酸而可憎應提淨之方爲合用

又有一法將魚肝置於鐵鍋內沸之將其油濾出而將魚肝置於布內壓之即如蘇格蘭紐哈芬捕魚之人用此法如不添水或功夫不謹慎爲之則所得之油可含焦氣所成之質

醫士德貞云歐洲所用魚肝油可分爲三種而英國常出售者有此三種其色各不同一爲淡黃色一爲淡樱色一爲深樱色其臭亦各不同俱有少粹之油味又有輕酸性重率約爲〇.九二四冷酒醋能消化此油每百分二分至三分熱酒醋能消化三分至七分能在以脫中消化無論多少俱可其深樱色者較其餘兩種更爲不淨臭味可憎而有焦氣其重率間有大至〇.九二九者德貞詳細化分此三種油言其原質大同小異已化分淡黃色油一百分所得各質如下哇里以克酸並奇異藥性質名各特與以尼共七四分瑪加里克酸一一.七五分各里司里尼一〇.一七分布低耳以克酸〇.〇七分醋酸〇.〇四分數種質與膽汁所含者同共約〇.三二分碘〇.〇三七分綠氣與溴共〇.一四八分燐〇.〇二一分又有燐養五硫養三鈣養鎂養鈉養各少許耗去三分其樱色油所含哇里以克酸較其餘兩種更少每百分祇有六九分德貞又化分各特與以尼質而白西里由司以爲此質不過爲膽汁內之一要質名膽汁夫路肥克酸變化而成之質或云此質變成之法因其油化分故其樱色油內含之者較淡色油內含者更多英書云入藥魚肝油係淡黃色者

依以上之說則魚肝油與他種油大同小異所有之分別不過因含數種膽汁質近有醫士温克拉詳細查考此油之原質及變成之法而言魚肝油不含眞各里司里尼而含其相類之質名布路貝里尼即布路貝里合於養氣之質如將魚肝油合於鉛養令變爲肥皂則布路貝里尼質與養氣化合成發大臭之質名曰布路貝里克酸此質合於其鉛而成鹽類又如將魚肝油在甑內合於鉀養鈣養淡輕四綠則有自散之流質能蒸出名曰布路貝辣阿米尼其式爲淡輕三炭六輕七此質無色但其臭大似黑林魚肝之油如將藥品內之他種油依此法試之則不能得以上之各事

試法　雖有數種試法能分别此油然俱不甚靈因此油之性情與大半動物油之性情公共也温克拉考得之事不惟爲魚肝油所有另有他種油亦可有之但因其含膽

汁質指出其爲肝所成者又有醫士以爲所含之碘分外多亦爲能分別之性情常有謀利者以海獺油與鯨魚油代之又因此兩種油不含膽汁之各質則將牛膽汁並與膽汁相似之質雜於其內令其爲假難於分別近有法國醫士勸人不必服魚肝油而將橄欖油合於碘代之其功用相同

試驗魚肝油之法內一必試知其爲動物油其臭與味可以作據又燒之得灰頗多又用温克拉所設布路貝辣阿米尼亦可爲據又如將魚肝油合於最濃之硫養將變成之紫色質合於鉀養水至有餘加熱則所放之臭最重而能達遠與而烏草油相同此而烏草油亦有法能爲之即從加布里克酸去其養氣二分劑其式爲炭$_{二〇}$輕$_{二〇}$養而其加布里克酸爲自散油類酸質疑各種動物油內俱含之

二用法證其爲魚油若來思指法得曾設兩法分別魚油即如海獺油司巴瑪油魚肝油等從一切他油無論動物油與植物油俱能分別之所用之料爲鈉養與燐養$_{五}$又將其油五分體積合於鈉養水一分體積而此鈉養水之重率爲一·三四者加熱令沸則成深紅色可以此法分別各種油內有魚油或否如每百分內有魚油一分亦能顯出又法將其油五分合於濃燐養$_{五}$一分則變成深紅色速變黑色無論何種油類內每一千分含魚油一分用此法亦能顯出

三試其油內含膽汁質與否法將其油若干置於白色瓷板與濃硫强水調和變成最佳之紫色漸改爲櫻色昔時疑其變色之事因油內含碘而成但其實因含可里克酸並魚肝內之他種質如用此硫强水之法則顯出爲肝內所成之油如司巴瑪油與海獺油依同法試之則變紅色

四魚肝油應含碘若干但此碘質爲與油類質化合者故必用法試其油含此質與否但他種魚之油如鯨類之油亦合碘質如將其油合於酒醕搖動之能查得有不化合之碘質或用小粉之法試得含碘質則必爲謀利者用他種油加碘以配眞油之質其油內自有之碘質不能用尋常之法分別之醫士德貞設一法將其油合於鹼類成肥皂而將肥皂燒成炭將其炭灰試其含碘質又有化學家拉布而丁將鉀養一分合於欲試之油十分合成肥皂將肥皂燒盡以其灰合於水磨勻而其明水內添硫强水合硝强水至有餘再將此質合於哥囉仿搖動之則哥囉仿能消化而收其碘質變爲紫色如另將哥囉仿若干合於碘若干而其碘爲已知之數將所試得之哥囉仿與配成之哥囉仿顏色深淺相比則能知其油含碘數若干

由此可見以上各試法不能辨出其油全爲魚肝油或否因有他種油雜於其內亦必有此各事如將其油合於淡輕養蒸之而將蒸得之布路比辣阿米尼量其數則可知其油內含異質油若干分

魚肝油之眞者各種爲藥之功用略相同其淨者即色淡者其臭與味甚少故病人用之較他種更適口德貞試驗此事而言深色魚肝油之功力較淡色者更大然其後改變此意而今勸人用淡色之油其深色油之色可用動物炭之法去之醫士沒立設法去其臭令其油受大壓力而同時令遇炭養氣

功用　醫士疑魚肝油之功力大半恃所含之碘質但此意疑其有差因如將碘之各種藥代之不能得其功力又如用他種油質無論獨用之或合於碘或牛膽汁用之俱不能當其用而得其益有多人試驗此事不能得法有多種久病養身之職不能行用此油得其益處即如皮膚病風溼痛風瘰癧骨與交節之病用之常得其益處又如肺癆病內其功用最大其病初顯時功用分外大病久者服之亦能得其益處以上各病如見其人身瘦者則所顯之功力更大因其人能漸肥胖又漸顯出改血之性又能補身之全精神

服數　以二錢至一兩或二兩爲一服一日三服又因其深色者臭味難當應用其淡色者可浮於牛乳香水苦味水橘汁涼茶咖啡或酒服之俱依其事與病人所喜者然此油應久用之方能得其功益不可因暫不效而停服

如鐵碘汞碘金雞哪碘各質略能在魚肝油內消化設如瘰癧等病應用重改血藥時可在魚肝油內消化之如雞那以亞亦可依同法服之

禽科 西名阿肥士

家雞 西名班起伐茄路司脫明克之名立尼由司名日法西阿路司茄路司藥品中用者爲其蛋西名哇夫末分爲兩種質一爲蛋白西名阿勒布門哇夫一爲蛋黃西名哇夫非低羅司

家雞一物各國俱有之如第二百六十三圖但其根原疑爲印度國之野雞雞蛋爲常用食物之佳者其殼大半爲鈣養炭養近時不用之殼內有白色半明半暗之膜膜內有蛋白質係黏性流質而存於極細膜質之膛內此流質可作爲阿勒布門質之水因每百分含阿勒布門十二分含水八十五分含幕苦司即不能結成之質二·七分又鹽類質〇·三

第二百六十三圖

分又有鈉養硫黃之微迹蛋白內之流質能與水和勻如加熱至二百十二度以內則結成質即如煮雞蛋時能見其凝結又如合於酸質亦能令其凝結凝結之後變白色不透光不消化之質蛋白合於汞綠或鉛養二醋酸或錫綠或樹皮酸等俱能令其結成質

蛋黃西名哇夫非低羅司為濃而油形之流質不能透光色黃無臭味淡而適口如合於水調和則成乳形之膏又如加淡水內能沈下之質則此水內可和勻而不沈化分蛋黃每百分得油質二八·七五分此油質多含以拉以尼而少含司替阿里尼阿勒布門一七·四七分水五三·八分

又含不化合之硫黃少許與燐質若干

功用　蛋白之用處大半為提淨流質因合於流質內加熱則蛋白質凝結而分出而其異質隨蛋白而分出如含酒醋之流質不加熱則加蛋白亦能令其提淨如汞綠或銅鹽類偶中其毒則可多用蛋白解其毒間有用蛋白為潤外皮之藥又如將蛋白合於白礬調和則成收歛性之膏蛋黃不惟為養身之食物即於配藥料內亦有大用處即如作各膏水質又用油質或油性松香類令其在藥水內和勻而不分出

乳哺科西名瑪瑪里亞

鯨魚族西名西他西亞

鯨魚西名西他西由末立尼由司名曰大頭非西他為藥品者取其頭內之定質油濾之壓出其流質油正名息的尼此油從司巴瑪鯨魚得之故名司巴瑪息的尼此魚又名白色楷舍羅

此種鯨魚在太平洋與中國海內常見之如第二百六十四圖此魚之大頭內有奇異之膛內生司巴瑪息的油但此油取時另含流質油若干其魚之舌等處亦有此油本性為定質油類其上牙牀骨內有一大凹此凹內有多膛膛內含此油甚多其油與舌內之油有一厚膜質如皮隔之而有橫隔之皮質托之此事有動物學家恆德爾約翰詳言之其取法將頭中之各流質取出沸之待冷時司巴

瑪息的凝結而其流質油浮於面上用篩法與壓法分開之再將司巴瑪息的油融化之而合於極淡鹼類水則得

第二百六十四圖

其淨油為白色顆粒形塊形如珍珠質軟而少有油類性臭味俱甚少重率得〇·九四如合於酒醋少許則能磨成粉又加熱至一百十二度即融化易燒水內難消化酒醋內少能消化以脫內更易消化定質油與自散油內更易消化凡司巴瑪息的油含他油質合於沸酒醋

易於分開之因祇能消化其淨司巴瑪息的油質
司巴瑪息的油之淨而不含流質油者謂之息的尼此油加熱至一百二十度即融化其形性與化學性似蜜蠟之密里西尼其質難成肥皂但成肥皂之時有兩質變成一爲中立性顆粒形油類質能乾蒸之名曰以他辣又有一種名以他辣克酸此酸之形性與瑪加里克酸大同小異以他辣亦名曰息的里克酯因查其形性似爲動物本質合輕養之質而此動物本質名曰息的里其分劑式爲炭$_{三二}$輕$_{三三}$又化學家疑以他辣克酸與巴辣麻的克酸爲同原異質者因巴辣麻的克酸之式爲炭$_{三二}$輕$_{三二}$養$_{四}$其取法或將息的里克酯合於養氣成之此爲布路弟之說

功用　司巴瑪息的爲潤內皮之藥昔時之人多用爲內服之藥合於膠質或蛋黃近時用此油大半合於蠟膏或油膏爲外科內之配質

司巴瑪息的油膏

取法　將司巴瑪息的油五兩白蠟二兩杏仁油一升調和至冷爲度倫書所作司巴瑪息的蠟膏所含之蠟較此方者多四倍

功用　司巴瑪息的油膏與蠟膏俱爲潤外皮之藥其油膏較蠟膏更軟

回嚼族西名羅米雜替阿

牛骨灰名北羅司龍司其牛爲家牛西

哺乳科內之獸其骨爲直辣的尼并土質合而成者每百分約有土質六十分土質之大半爲鈣養燐養$_{五}$又有鈣養炭養約爲其五分之一又有他種鹽類少許取骨灰之法將其骨內膠質在露天爐內燒去之將所餘之土質磨成粉此灰之用能作鈣養燐養$_{五}$與鈉養燐養$_{五}$

如將骨在蓋密之器內燒之則成動物炭觀前論炭節此質非淨動物炭因炭之外另含鈣養燐養$_{五}$此質多用爲提淨糖與植物鹼類等

骨內之直辣的尼質不列於藥品之內惟常用之爲養身之湯等質骨內之土質能在淡輕綠水內消化必將骨浸於輕綠水內惟浸之先必沸之刮之洗淨之後置於鍋內其鍋蓋有螺絲連緊令其受熱大於水之沸度鍋蓋內有萍門如氣之壓力過大可放之以免鍋裂之險骨內直辣的尼質俱消化而出可加香料與菜等質作適口之湯人之飲食如欲合法養身則必爲雜者故人專食直辣的尼質則不足養身設如合於他質食之則爲有益之食物有一質在小牛之胃內取之名曰伯布西尼此質在下論豬一節內詳言之因常用者大半從豬肚內取出之

牛膽汁入藥品者提淨而熬濃之

昔時藥品內多用牛膽汁後漸去之不用近又有醫士多用之如第二百六十五圖爲牲牛之形凡哺乳科一切動物其膽汁形性大同小異此膽汁爲黏性明流質其色綠黄易與水調和其變化有鹼性味苦而可憎如欲提淨則熬乾之而將其餘質合於正酒醕則酒醕能消化其膽汁而不能消化其膽囊內之暮苦司質此消化之質可用動物炭去其色料又有法能去其

第二百六十五圖

各立司替里尼此質爲定性油類質或蠟質去之之法將其流質合於以脫在瓶內搖動之則其淨膽汁分出爲其水之下層再熬乾之則成黄色定質似松香類膽汁每百分含土質與鹼性鹽類十分至十二分燒之則土質與鹼性鹽類存於灰內如依法去此異質則所得眞膽汁其原質最繁化學家司脫來克已詳細化分之得知膽汁爲兩種油類酸質所成之肥皂卽鈉養鹽類質其一箇酸質名曰可里克酸又一箇酸質名曰可里以克酸此兩箇酸又名古里各可路里克酸托而阿可路里克酸此兩種配質疑其俱含一種無淡氣之配質合於含淡氣之質第一酸質內其可路里克酸合於古里各西尼第二酸質內其可路里克酸合於托而以尼此質不惟含淡氣又含硫黄

取法　將新鮮牛膽汁一升正酒醕二升將其膽汁與酒醕置瓶內搖動之至和匀待十二小時其渣滓沈下傾出其明水而在瓷鍋內用熱水盆加熱熬之至得稠質合於作丸之用

照以上取法其膽汁所含暮苦司質盡去之惟所含之色料卽各立司替里尼仍存於其內英書論提淨膽汁之試法爲黄綠色之汁味微甜而苦能在水或酒醕內消化如將一釐至二釐在水一錢內消化合於新鮮糖漿一滴卽

爲糖一分水四分所成者漸加以硫養至初結成之質再消化則漸變爲櫻桃紅色再改爲卡耳米尼色又改爲紫色後又改爲茄花色此爲百屯可法試膽汁之法此變化恃所含可路里克酸如將提淨之膽汁合於正酒醕則不可有結成之質如有結成者疑爲暮苦司質

功用　膽汁之功用不能盡知有微利性有人喜用之爲補藥或改血藥又胃不消化服之亦有益處

服數　成丸而服之以五釐至十釐爲一服

鹿角此爲倫書之藥立尼由司名鹿曰象賽夫司入藥品者爲鹿角與鎊鹿角或用其燒成之灰作鈣養燐養之用

鹿之形、如第二百六十六圖、牡鹿之角、並其鎊下之角、為藥品、古人常用之、鹿角原質、與尋常獸角不同、因牛羊等

第二百六十六圖

角、其原料與結成之阿勒布門質相類、鹿角至春時則解、自第一年至第五年、逐年加大、過五年則漸減小、第一年內、頭上祇有凸處、第二年則生一支、如圖之一號、第三年生叉形、如圖之二號、第四年生兩叉、如圖之三號、第五年生四叉、如圖之四號、第六年生五叉、如圖之五號、第七年生四叉、如圖之六號、以後各年之形、無大改變、惟逐年減小、其原質與骨大同小異、即每百分含直辣的尼二七分、鈣養燐養$_{五}$五七五分、鈣養炭養$_{二}$一分、但其直辣的尼質、在沸水中消化、較骨者更易、如乾蒸之、則得不淨之淡輕$_{四}$養炭養$_{二}$、昔時名此質曰鹿角酒、故近時淡輕$_{四}$養之數種鹽類、雖俱不用鹿角取之、俗名曰鹿角酒、如將鹿角燒之、所成之灰、幾全為鈣養燐養$_{五}$

功用　鹿角鎊下之花、合於水沸之、則成無色膠類質、有大養身之性、可代魚肚等膠類形質、倫書作鍗雜散、亦用此質

麝香　西名母司克司、係似鹿小獸身內所得之質、此獸立尾由司名曰成麝香、母司克司、此質為其獸近臍眼之袋中、所結成者、將此質熬乾、西國所用者、從中國與印度運來

產麝香之獸、與尋常回嚼之獸不同處、即無角、又其上牙牀骨有長齒、名曰虎牙、如第二百六十七圖、

第二百六十七圖

此獸生於中亞細亞之山、與西藏等處、從雪山起至天山止、又從此兩山直至中國之交界、俱有之、故此質大略從產大黃之同地而來、則依同理、而有俄國麝香、中國麝香、印度麝香、考印度之言語、名此獸曰苦司土里、此名與海狗之名、即楷司土里、大同小異、而麝香與海狗尾內所得香料、亦有相似之處、西國名母司克、大略從阿喇伯之言密司克或暮司克得之、梵文曰母施楷、自古以來、印度人用此質為香料與藥品、古時醫士塞拉披恩、大約從印度得此藥、而前有依瞀由司亦論記之

麝之形狀與尺寸、與鹿族大同小異、尋常長不及三尺、其背在後腿上較在前腿上更高、無角、而上牙牀骨之虎牙分外長、牙齒共有三十二箇、即下牙牀骨有八箇利齒、其牡者、上牙牀骨有虎牙兩箇、其餘平頭之齒、共二十四箇

上下平分其牝者無虎牙耳長尖而聳尾極短其毛堅固有凹凸力並有浪形其色與時候年數地方有相關尋常之色爲深鐵灰色每一根毛近根處略爲白色而毛尖處或爲黑色或爲古銅黃色前時動物學家不知其有孕之日數後英國哈知生在尼泊爾查得其有孕之日數二百七十日麝易畏懼性馴良而平和此獸在峻險之高嶺並在樹木稀少之處遇見之尋常在近於有雪之處見之但冬冷時則自上而下至更近於平地處能從此石跳至彼石最爲靈巧

麝之牡者在其臍眼稍前處有一箇孔此孔能通入一箇面生毛之囊此囊一面平一面凸囊內結成之質即名麝香此麝香惟牡者有之牝者則無此囊爲平而光滑者而上遇肚腹之處爲平者下則凸形而生毛爲數層膜質相合而成生麝香之體爲小核形質在內層皮之面上而生於最內層皮之小凹內每一袋所含麝香數自一錢半至三錢而在交合時之間其麝香最多鮮者軟而櫻紅色其香即在囊內作乾之即爲貿易內之麝香常出售者有兩種一爲中國者一爲西伯利者而上品者從中國運來而中國產麝香之處必爲冷而高山最多之處如雪山等是也印度所用之麝香亦有從中國運來者又西藏交界與印度西北山內亦產之甚多西人瑪爾指沒曾著書詳論取麝香之法又云常出售之麝香含雜質在內甚多

麝香或爲粒或爲塊磨之則軟如油其色紅櫻臭大而能達至遠處並可深入物內味苦而可憎頗辣易於着火用正酒醕與以脫爲消化此物最合宜之質有數化學家化分之查得含司替阿里尼以拉以尼司立司替里尼與不化合之淡輕養並數種鹽類與動物質如阿勒布門等又有香料質與其淡輕養相連者此原質遇熱則大半減去又不能以蒸法分出之惟其原質之數目比例常不同其故疑出售時常有謀利者加異質在內

假麝香幾分爲乾血與淡輕養所含之眞麝香其數甚少或無如廣州府作麝香貿易者將香牛皮一塊成袋與眞麝袋同形而將其假料裝於其內出售

功用　麝香爲行氣藥治轉筋藥少有睡性法國醫士脫魯蘇云有數種腦筋之病用此藥有益又爲壯陽藥服數每三四小時以五釐爲一服其服數可漸加多至二十釐爲一服

試法　眞麝香應在沸水中消化而所不消化者不可多於全質四分之一而其沸水內加以酸質應有結成如其酸質爲淡養則應幾爲無色又如加鉛養醋酸水或沒石

子水亦應令其質結成如加汞綠則不可有結成之質或變濁如燒成灰不可成紅色亦不可成黃色應爲灰色又每百分不可多於五分至六分其灰爲鉀養炭養鉀養硫養鉀綠鈣養燐養又有鎂養與鐵養之微迹此一節採他書補入

羊油 藥品所用之羊油爲羊腹內所成者以法化之提淨之則合用西名西夫末家羊西名阿里以司哇非司

家羊自古以來有人養之教熟之羊疑其原爲阿爾茄里哇非司而後羊改變爲多種其脂或膏爲食物內大養身之料其油大半爲腹內所出最多者近於腰子之處其油入藥品預備用之法必先融化而後濾之提淨之羊油爲

白色定質質脆而臭小味淡失物羅勒化分之云含司替阿里尼與哇里以尼另含希爾西尼瑪加里尼少許其司替阿里尼與哇里以尼亦爲豬油所含之質希爾西尼爲流質與哇里以尼相似但其質在酒醕內消化更易羊油所含之司替阿里尼較他種動物油含者更多故融化之熱度亦更大必加熱至一百零三度方融化羊油係炭輕養三質合成

功用 爲潤外皮藥等常用處加入油膏與他種膏質令其更爲結實

乳 西名拉格

乳爲哺乳之動物乳頭內變成奇異之流質爲養其小者之用英國常用之乳爲牛乳另有用羊乳與驢乳者東方之人常用水牛乳與駱駝乳食肉獸之乳之性情與食草獸之乳之性情大同小異英國常用者爲牛乳或爲潤內皮藥或爲治中毒又爲作司卡暮尼略之用故此書專論牛乳而其餘者不論

乳爲白色流質初看必以爲勻淨之質但其實係數質合成一爲透光之流質一爲許多小油質球浮於其內如久不動之則其小球分出浮於其面成乳皮將其乳皮久調之而壓出其流質以水洗其餘質則成乳油此油如融化

之則能更淨變爲提淨之乳油卽印度所名曰其油乳油內含司替阿里尼與哇里以尼但其比例時常不同另含一種香油類質名曰布低耳以尼此質尙無人能分開而取之設如令成肥皂則能得四種自散油類酸質一爲布低耳以克酸二爲加布路以克酸三爲加布里克酸四爲加布里里克酸又含一種黃色料去皮之乳亦爲可用之食物乳自能變酸而成乳腐設如加以酸質或小牛腹內所得之連尼得汁則分出一種阿勒布門質爲乳餅之根本名曰加西以尼此質與蛋白之阿勒布門質有不同之處因遇熱不能凝結已分出乳油與乳腐之後所餘之水

熬乾之則成乳糖與拉格的克酸與他種質化學家海突林化分乳每一千分得水八七三分定質一二七分乳油三〇分加西以尼與不能消化之鹽類五一分糖與能消化之鹽類四六分其各鹽類爲燐養合於鈣養鎂養鐵養鈉綠鉀等其鈉養與加西以尼化合乳之重率自一・〇三至一・〇三五凡乳之鮮者有鹼性但其糖速變爲乳酸觀西門動物化學書第二本第六十二頁

功用　乳之爲食物其補性甚大又能作潤內皮之藥又如誤服汞綠或銅養硫養或銀養淡養等雜性毒質則用乳亦爲有益之解毒物

乳糖西名薩卡羅未拉格的士此糖爲熟牛乳水所得顆粒形質又名拉格的尼

乳糖昔時阿書列於藥品內今英書亦列於藥品內其原質爲炭輕養可見與蔗糖果糖不同又如遇淡養等放養氣之質則成茂雪克酸與膠質同故可作爲糖膠中間接連之質乳糖不易發酵故與他糖亦不同化學家黑斯已試過而言有法能令其發酵自古以來滿洲人用馬乳作酒而阿喇伯人用駱駝乳作酒

乳糖爲哺乳獸之乳內所能得之質去油質與加西以尼之後所餘乳水內含乳糖與鹽類質並數種含淡氣之質如其乳水存時太久則化分其拉格的尼成拉格的克酸

其式爲炭輕養令乳水變酸今瑞士國多造乳糖卽造乳餅時所餘下之牛乳水熬成漿用動物炭滅其色則將木條或麻線懸於水內則其糖在上凝結而成顆粒故常出售者爲圓柱形之條徑約二寸其中間或有線或有木條或爲餅之零塊之形色灰白其面與其質內有顆粒形能透光質硬無臭味少甜嚼時似有砂此爲英書之說

乳糖每一分須冷水五分或沸水三分方能消化之在正酒醋內少能消化成四邊柱形顆粒其質最硬

功用　乳糖之藥性淡而無功力但在各散內用之令烈性之藥更淡曾有人設法將乳糖合於牛乳與水與小兒

食之以代人乳因人乳與牛乳之分別大概因含乳糖更多之故

乳酸西名拉格的克酸

此酸之作法將乳令發酸加白石粉滅其酸則變成鈣養乳酸將此質消化之令成顆粒則其質已提淨又用草酸等法化分之或可用鋅養炭養代白石粉而令輕硫行過化分鋅養乳酸所濾得之水含乳酸如熬之則成最酸之漿重率得一二一五其酸質不成顆粒而能合於鹼類或金類本質成能消化之顆粒形鹽類又鐵養乳酸爲有功用之藥品觀卷三之五第五十頁

乳酸爲胃汁內不可少之質又爲

消化之要質故有數種胃不消化之病用此藥爲大有功用者因較伯布西尼更爲可恃

服數　半錢至一錢爲一服可合於糖漿在飯前服之

厚皮族 西名巴起特密他

豬油 西名阿弟潘司此油爲提淨之豬油其豬立尼由司名曰司克路伐蘇司

豬之野生者與家養者自古以來用之古之猶太教人與回教人禁食其肉今仍未弛其禁其近於腰子之油較他處之油更堅固故醫士更喜用之但其胰子油與板油亦有人用之又有人用身之外層油其取法略與羊油相同然必連調之令其原質不分開等常出售者含鹽故不合

於作藥品之用必在沸水內化之去其鹽方合用英書準用之豬油爲腹內之油去其各膜質融化之濾之必連加熱至二百十二度多時連調之不停

豬油爲白色之質幾無臭無味質軟有顆粒形加熱至八十度至九十度則融化幾分能在腦內消化易在以脫與自散油內消化而融化之時能助蠟與松香融化又合於鹼類能變爲肥皂遇空氣能變酸味辣而臭每百分含炭七十九分輕十一分養九分又每百分含司替阿里尼與瑪加里尼共三十八分又哇里以尼六十二分如用酒醕則此各質能分出待冷則結成司替阿里尼質爲白色顆粒形質熬之則放出哇里以尼其瑪加里尼較司替阿里尼在冷以脫內更易消化故可恃此性情分開之又如加壓力或冷則此兩種質俱能與哇里以尼分開

近時出售之豬油謀利者常加異質於內韋波勒巳化分數種出售之豬油每百分得小粉與麪等質二十分又有稱爲美國豬油實爲英國內所作者苦來思揩法得化分之每百分在小粉之外另得水十分白礬二三分鈣養一分此各異質用機器合於其油內令其質勻淨因此其色更白其異質難於分辨故凡用豬油作藥料之事必先試其含異質或否其油又不可含鹽類英書云豬油不可有

酸臭應在以脫內全消化又將其油在蒸水中沸之待冷濾之合於銀養淡養不可有結成之質又加碘水亦不可變藍色

功用　豬油爲潤外皮之料與他種油類同故能爲數種蠟膏與油膏之本質又有時用爲外導瀉藥之配料

含此質之藥品　簡油膏 見蜜蠟一節

偏蘇以尼豬油

取法　提淨豬油一磅偏蘇以尼香粗粉一百四十釐將其豬油以熱水盆加熱融化加入偏蘇以尼香連加熱二小時屢次調之至末則濾之將濾下之偏蘇以尼香去之

此藥於一千八百六十七年收入英書但此油膏曾有化學家多年勸人用之較尋常豬油更存久而不發酸又以此油所成各質可久存而不壞今用此油作數種藥品即如沒石子油膏鉛養醋酸油膏硫黃油膏鋅油膏又用之作樹皮酸汞鉛莫啡啞等外塗藥

伯布西尼　此質爲哺乳獸胃內行消化之事所恃阿勒布門類之質

胃汁所含之伯布西尼質初時爲化學家施溫所分出近有德法英各國化學家詳細查究之知此質爲阿勒布門變化而成之奇性質此質爲布路的以尼之類而有在別質之旁變化之性如合於一種酸質或數種酸質與水則

成獸胃內所成消化食物之胃汁有數種胃不消化之病其故似爲胃汁太少則醫士用伯布西尼爲助消化之藥故數年內伯布西尼爲藥品內多用之質但伯布西尼最易自化分又加熱至多於一百二十度則失其本性所以不惟難得而又難存故其爲藥不能得寬濶之用處

取法　取伯布西尼之法甚多能存之法甚少

化學家本獨勒脫用小牛胃汁取其伯布西尼而合於乳酸與小粉等此小牛之先若干時不令小牛食乳其胃必以水洗淨之將其內面暮苦司質刮去之而磨成漿浸於水中十二小時將其流質濾之而用鉛養醋酸水令其伯布西尼結成與水調和通入輕硫放去其鉛養將其水濾之必謹慎加熱至不外一百度之熱熬之所得之乾質爲伯布西尼而其形狀似乾暮苦司質依本獨勒脫之法將此質合於乳酸少許再加小粉頗多此質名藥品伯布西尼又出售之人云加熱至九十八度則每一分能消化非布里尼四分然在藥肆中買此質則常得其無功用者或有功用則大半因其含乳酸

豬胃內所得伯布西尼似較小牛胃內所得者功用更大但疑常取伯布西尼之法用鉛有害於其能消化之性法國醫士布羅克設法取豬胃內伯布西尼質其法如左

將新宰之豬取其胃內面暮苦司膜質而在淡燐養五水內浸之熱不可外於一百度見其質似將消爛而有自裂之形則濾其流質而將餘質依同法浸之至全消爛爲止將所得之流質和勻用鈣養水滅其酸則其內所含伯布西尼質存於其結成之鈣養燐養五內用極淡之輕綠水消化之又用鈣養令其再結成消化之濾之另將可立司替里尼一分正酒醕四分以脫一分和勻合於其酸性水搖動則其可立司替里尼結成極細之點而其伯布西尼質同結成洗之去其輕綠又用以脫分出其可立司替里尼依此法所成之伯布西尼或言其助消化之性最大但布羅

克云依此法所作伯布西尼遇樹皮酸與汞綠俱不能結成質又云如加此兩種質而有質結成者則因含阿勒布門質故也又有醫士云可用鉛養醋酸之法分出豬胃內伯布西尼或用酒醋或樹皮酸令其質結成此說與前說不合

伯布西尼為輕而粉形含淡氣之質而屬於阿勒布門之類其原質尚未定準因尚未得其全淨者其質能在水中消化如加熱大於一百二十度則自化分如在水中消化之能令非布里尼與凝結之阿勒布門質消化如加熱至一百度則助其消化又如加輕綠或燐養五或乳酸亦能助

其消化其淨者無味無臭如在水中消化之則加鉛鹽類或汞鹽類或鉑鹽類則其質結成又如加酒醋或樹皮酸亦能令其質結成如等常之熱度則其水能速化分有一法便試伯布西尼即與乳和勻則先令其質結成後令其質消化醫士巴肥試倫敦所造伯布西尼質多種大半毫無功用

功用　身弱胃不消化之人常覺欲吐或痛或不思食而疑其胃汁或不足或不合法者則服伯布西尼質治之

服數　如用淨伯布西尼質則以五釐至十釐為一服如用本獨勒脫所作者則以十五釐至六十釐為一服但本獨勒脫所作伯布西尼之最佳者每一分祇能消化食物四分又有人設法作伯布西尼酒然因酒醋能令伯布西尼結成恐此酒亦無用醫士摩爾生用鈉綠作一種質名曰伯布西尼水

攀克里阿低尼為豬腹內甜肉汁所造之質即令油質消化專恃此質今英國收入藥品內如病人食物難消化則用晒夫里與摩爾公司出售之攀克里阿低尼十釐在飯後合於酒一杯或水一杯服之又有醫士都白勒設一法將豬油合於攀克里阿低尼令人服之代魚肝油之用或言較魚肝油更佳可治虛損之病

囓族 西名羅屯其阿

膃肭臍 即海狗腎西名楷司土爾烏末此質為海狗臍眼前之小囊與其內所結成之質作乾之其海狗西名非巴楷司土而為藥品者係北亞美利加之北哈德孫灣等處所產者

海狗之腎與麝香有相似之處自希布可拉弟司之時以來作為藥品阿喇伯人名曰正特比佗司土爾但代司可立弟司書中論此獸最詳故無可疑如北亞美利加所產者能以泥與木成窩便於居住最為靈巧如第二百六十八圖而歐洲之北所產者不以

第二百六十八圖

泥木造窩而挖地作洞故有人疑其非同類者動物學家苦肥愛云曾詳查歐洲之羅尼河多惱河威塞河各邊所有挖洞之海狗不能與北亞美利加所能造窩者有分別海狗與他種齧族所有之分別因有大而橢圓形之尾其尾有壓平形外有鱗又有成海狗腎之囊無論雄雌俱有之步蘭德與辣茲白格書中詳言之如第二百六十九圖係從其書摘錄

第二百六十九圖

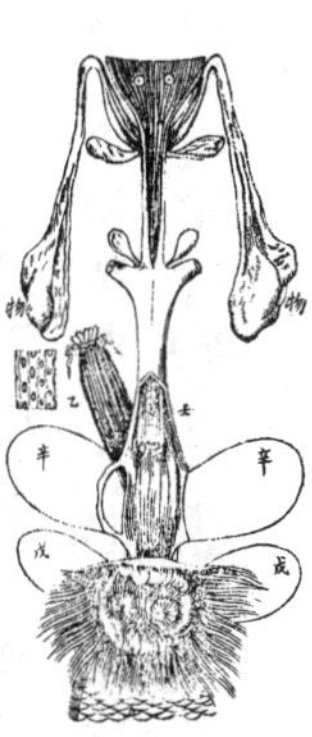

者其含海狗腎之囊辛辛常有人與其外腎物物相混其方位難於分明但如去肚腹之皮則易分別之此兩囊之外另有兩囊戊戊內含油質此各囊俱在交骨彎與公用之凹門間案凹門如魚鳥與數種獸俱有之大小便與精等俱從此處而出此凹外有皺紋生毛凸處蓋之而其油囊與海狗腎之囊與肛門乙及陽物壬俱通至此凹內其含海狗腎之囊略爲梨形而有壓平形其窄處與其公用之凹處開通而其囊底各相離含海狗腎之囊係數層皮合而成者與麝之囊同其各囊內有繞成暮苦司形之膜質外有多鱗有小櫻色體疑其作核之用囊內結成之膃肭臍新鮮時黃橘皮色遇外空氣則改爲櫻色

卷九

含海狗腎之囊常有與其含油質之囊相連出售其含油者更短更小應分開之則爲合用此爲英書之說出售之海狗腎有兩種一爲北亞美利加運來者而爲哈德孫灣公司所運一爲俄羅斯國所產不多見之如欲試驗之則能分別此兩種其法將其一分在酒醕十六分內浸之則變黃色如含利酒知爲俄羅斯國所產者如其色深櫻如布而得酒則知爲北亞美利加所產者又法將其質落入酸質內如發泡發沸則爲北亞美利加者如不發泡不沸則爲俄國者此爲沛離拉之試法其囊尋常有前所言公凹門之一分在其間相連之間有其油囊亦爲相連者其囊內分數膛而其海狗腎質化出之後則其膜能見之或其囊撕破則能見其膜與海狗腎質相雜其海狗腎質摘破之面常有松香類之形色爲櫻紅臭大而可憎質重味苦而頗可憎步蘭德化分之所得之質爲自散油松香質哇司瑪蘇密阿勒布門暮苦司鈣養由里克酸鈣養炭養二鈣養偏蘇以克鈣養燐養五鈣養硫養三鈉養鹽類鉀養鹽類淡輕四養炭養三奇異油類質能成顆粒者名曰楷司土爾以尼近有胡拉在膃肭臍內另得兩種質一爲加波力克酸一爲薩里西尼其薩里西尼質必爲柳樹皮所成因海狗常喜食柳樹之皮

功用　膃肭臍頗有行氣治轉筋之性醫士亞勒散得黎局爾格與其各學徒食膃肭臍至足服祇有呃而已另有醫士脫魯蘇已試此質能治數種腦筋之病與肉筋跳痛等病想其各功用與發里里恩及阿魏相似而甚近而與麝香頗遠又云應合於阿魏酒或啞囉酒服之可用其粉或用其丸以三十釐至一百二十釐爲一服

膃肭臍酒

取法　將膃肭臍粗粉一兩在正酒醕一升內浸七日屢次搖動則傾出其酒壓之將所得流質濾之加正酒醕補足一升

功用　此酒原有治轉筋之意惟其質甚淡似乎無用查此質與各種動物之棄津液如當藥品之用則爲人所厭惡感動人心大半從此顯出其藥性然此種藥品實爲可惡斷不可列於今之藥品內古人不知醫學之理而用之今人漸明醫學之理當去之

希臘西由末

此質爲一種獸溺凝結而成之質一千八百五十年自好望角運至英國作爲膃肭臍之用而此質之更好於膃肭臍祇在其更爲可憎巴潑云此質係一種獸名好蠶角希臘克司之溺凝結而成者取此質之法往山上查此獸聚集之洞內即得之本處農家最貴重之爲治轉筋藥其獸無成希臘西由末之囊故與海狗大不相同

上海曹鍾秀繪圖
武進孫鳴鳳校字

西藥大成卷十

英國來　拉
海得蘭同撰
英國傅蘭雅口譯
新陽趙元益筆述

藥品依性與功用分類排列

此書第一次印者序內有一節係來拉所作言詳考藥品內各質之原意欲知各種料之爲藥其功用恃何故而得之此爲考究藥品之第一要事故凡醫院內所收學徒第一年考究藥品與治病之法先將各種藥品依萬物分種類之法排列而論之俟學成之時將各種藥品依其治病之功用排列之此爲便法等語故想此書能照此意而爲

之亦必能有益茲將各種藥品依其功用排列而成幅每幅另加總說學者細觀之能知藥品之功用俱與別事有相關其藥性與功用俱能與外事有關涉或身體常有改變之事故所服之藥顯出之藥性往往不同

藥品分類其法甚多大約著書者所用之法不同故排列法之數目幾與著書者之數目相等無論何法不免有弊因此事最難考求至乎其極因數種藥品在各人身內所顯功用常不相同又因有數種病有數法能治之所有各排列法內有以當時醫學之理爲根本又有以藥品在人身內所顯之性爲根本又有以藥品在人身內百體中之

一體或一處所顯之藥性爲根本是也然考究藥品依法排列歸於公理兩條一爲感動人身之藥料二爲受其感動之身之性情惟考究人身今時另爲一門之學考之極詳又有動物化學近已得其詳細故考究人身相關之事亦較昔時更爲有益凡用藥品所顯之性間有暫能顯出者即如有數種藥必冷服之又有數種必熱服之如混其冷熱則功用不顯又有其功用歸於百體內之一體間有其功用屬於全身從此有醫士爭論藥品之感動人身係何理何法或爲一處受其藥性而其藥專屬於該處而不通至他處或爲血所收而運至百體惟有一體或數體能

受其感動又有醫士以爲藥性恃身體一處腦筋所受之感動即從此處過腦筋通至各處今有醫士詳考此事得知藥品之大半徑收入血內而能在竅津液內顯出然而數種藥之性情其若干分功用或全功用可另恃腦筋而顯出醫士布類格云血收各種藥質並速運至百體內足爲速行之毒藥或治病之藥能速徧通百體之故醫士米阿希云藥品之功用藉四事一必先收入血中否則不能顯其功用於身內二其藥必爲能消化之質或服之之先不能消化必在身內遇流質而消化三藥品之大半行過動物之身體則必有變化四藥品在身內之變化恃乎常

之化學理，故不惟能預知其變化，亦可恃其變化而治病。如藥品能消化而未被養生路內之流質化分者，則徑收入血中。如為不能消化之質，則必恃胃內之酸質鹼類質或鹽類質消化之，方能入血

金類並大半金類含養氣之質與數種鹽類，俱能被胃汁之酸質消化

非金類質，如硫黃與燐，並不能消化之配質與數種不消化之鹽類、油類、松香類、波勒殺末等，俱能被腸內之鹼類質消化

又有他種不能消化之鹽類質，如汞綠、鉛養硫養、銀綠等，遇鹼類含綠氣之質，則為其所改變而消化，而養生路各處有此種鹼類含綠氣之質

近時歐洲他國醫士，如胡拉等，又英國醫士白爾特與鳳尼士，詳考藥品感動人身之理。又有海得蘭另著一書，論藥之功用，亦詳辨此事

藥品遇身之外面或收入身內而進入血中，則藥品顯其性情，或恃其本藥性之力，或恃其化學變化之力，或恃其原力，即在活人身內所顯之力，而此力係生命之力，令其顯出者

所有生命顯出之力，有令藥品感動或激發，又有令藥品減血氣，故名曰平火安心藥，又名曰對行氣藥。又有一種藥能改變身內之定質或流質，故名改血藥。凡藥品能改變百體之形狀與其所行之職分，則謂藥之功用。其各功用內，有立即顯出未收入血之先已能見之，無病者用之則顯出此性，此為藥品自然之功用。有病者用之，所顯之功用，謂之治病之功用。醫士拜別埃云：藥品感動人身，其原性恃五事而成：一、徑感動收其藥之體；二、藥之微點收入血中；三、令百體同覺；四、因他體相近，則受此體之感動；五、為相反而相克之法

令百體顯出以上各事所恃之理與法，醫學家尚未定準

因意見大有不同。最舊之理，以為各種病因身體內有惡氣或惡質，如能去此質，則病能愈。古時醫士希布可拉弟司論用藥所恃之理，曰相反者以相反者治之。今德國醫士另設一理，與古時希布可拉弟司之理不合。其理曰相似者必以相似者治之。其意依所顯之病証如何，則所用之藥必顯出相似之病証，方能治其病。又有一理，係布羅如尼恩所設。其理曰凡藥品有行氣之性，而其分別在乎行氣之大小而已。故先顯出行氣過限之性，後其性已過，則身體歸原。近有意大里國醫士，亦設一理，曰凡藥品分兩大類：一為行氣藥，一為對行氣藥，即平火安心藥，如身

虛弱則用行血氣藥如血過多而身太充足則用減血氣藥又有醫士路賽設一理將藥品分爲兩種一爲加力之藥一爲減力之藥又云藥品令身體反而不服之理因用藥感動身之彼體則此體之病可以相離海得蘭云以上各人之意見俱有有理之處亦有無理之處而今最講究醫道之人以爲藥品能治病之法爲阻病而非與病相反而顯其力可見阻病或令病不顯而退與相反之意亦不同而顯此藥性可徑直顯出或繞道顯出無論藥品所顯之性如何如能治病而令人再得精神則爲阻病之意設如藥品令人另生一病與本病相似者此實非阻病反爲助病

近人將藥品照其感動身體之法而排列之又有依其治病之性而排列之尋常作藥品書者將藥品依其總性情即以其感動人身之總意而排列之此法用處最大又最合於今時醫學所到之分際又有醫士克倫將藥品分兩類一類感動人身內之定質一類感動人身內之流質又有醫士楊云將藥品照化學性情排列而將藥品之大半名曰與生命相關之藥又有特治一病之藥即如管理失知覺之質又有醫士没立將藥品分爲四種一爲全身行氣血藥二爲有界限之行氣血藥即令成津液之藥三爲化學性之藥四爲以身爲器具之藥但醫士没立將平火安心藥與寗睡藥二併排列將此各種藥作爲行氣血藥後有醫士敦根亦照此法排列而分五大類即養身之藥成津液之藥行氣血藥減血氣藥具化學性之藥醫士湯勿生與巴黎亦佩服没立所當人身爲器具之藥並化學性之藥又另用醫士楊所設感動生命之藥來拉亦用此排列法因最合於各事之用而依此排列法指出藥品感動人身一處之性即如成津液之藥照没立之法爲一處之行氣血藥即感動一處之核又湯勿生將其感動生命之藥分爲感動腦筋之藥或爲感動身體變成各料之藥

又分爲感動肉筋並感動血之各藥又有他人將其各藥品依其感動一處之性而排列之即如沛離拉分爲九類第一第二第三爲身外用之類第四爲血類即內有酸質鹼質與改血質第五爲氣藥第六爲腦筋藥七爲肚腹藥八爲津液藥九爲生育藥又海得蘭將各種藥分列之法亦恃藥品性情之總理分爲四大等第一等爲血藥此內之第一類爲補血藥第二類爲消解藥第二等爲腦筋藥此內之第一類爲行氣血藥第二類爲寗睡藥第三類爲平火安心藥第三等爲收斂藥第四等爲赶逐藥見海得蘭所作藥品感動身體之書

近時醫士俱考藥品之眞性情故以後醫學必更爲講究而藥品之排列法因此亦必更清晰然今仍必用舊法依藥品之性情與功用而排列之雖此書內排列之法照來拉之原意分三大等而此三等之名亦難包括等內排列之藥之性情即如以人身爲器具之藥其大半爲食物當藥品之用雖其功用之一分藉其本性情而其功用之別種恃其質必在胃中消化而入血內之功夫又如化學性之藥其功用之一分藉其化學性雖收入血內或入津液之質內而其功用之大半藉其在活身體內遇流質與定質所顯之變化可見其化學變化不惟在此等內顯出即在其餘兩等內亦能顯出最多在感動生命之藥因改血藥之性與補藥之性收入血內之後亦疑有化學性情故可當爲前排列法內之血藥又成津液之藥其功用大半亦恃化學之變化但不必因此另排列之又如補藥行氣藥之大半尋常之人以爲恃其感動腦筋之事有人以爲感動肉筋與血而各種鐵藥必恃化學之變化而顯其功用而眞行氣藥寧睡藥平火安心藥大半感動腦筋但不能言因此而不感動肉筋與血管等體

藥品分等類此爲來拉之法

甲　以人身爲器具之藥

沖淡藥　潤內皮藥　柔軟藥

乙　具化學性之藥

合皮肉爛藥　酸類藥　鹼類藥　解溺中沙粉藥

滅臭藥　收斂藥　解毒藥

丙　感動生命之藥

第一類有界限之行氣血藥即合成津液藥

改血藥　取嚏藥　生津藥　吐藥　化痰藥　發汗藥　利小便藥　重瀉藥　殺蟲藥　調經藥

引炎藥　引病外出藥　發疱藥

第二類全身行氣血藥

補藥　行氣藥與香藥　散性行氣藥　特用行氣藥

第三類減氣血藥即對行氣藥

寧睡藥　治轉筋藥　解熱藥　平火安心藥

甲　以人身爲器具之藥

此等藥藉其本性情而感動人身似以人身爲器具故尋常以爲無甚緊要惟間有身體內辣性質必欲沖淡或欲合津液更能消化或管之內面受惹而必加一層藥料如套可保護之或有破爛去皮之面欲保護之此各事必用輕性藥而所用之藥必爲合式與重性之藥必與重病合

宜同理

沖淡藥　沖淡藥爲令血更稀而易於流動之藥惟因此等藥之大半爲潤內皮在多水內消化者則其藥之功用藉水而顯出醫士克倫將能令身內各質黏連之力更小者名曰稀性藥沖淡藥功用大概之意解渴減皮膚之熱令皮膚能開洩又令小便增多又他種藥如沖淡之或多或少俱能與其功用有相關如食物含水等質頗多者則水在胃中易於收出而其食物易於消化如其水爲淨者則不惟能助消化尚能沖去無益於身之質即如西國有數處之泉水其名甚著遠處之人多就飲之每日飲之甚

多而在空曠處多行動故疑其功力不在乎水之爲何種惟在飲水多而在空曠處行動以得益

如多飲水令血更稀則少飲水其血更濃故有數種病用水甚少名曰乾治法即如醫士韋廉孫用此法治鼻管內皮生炎之病

尋常之水　蒸水　雨水　井水　烘饅頭瀰水　大麥水　米湯　稀麥粥　乳水　沖極淡之潤內皮藥等

潤內皮藥　潤內皮藥能令身體內所遇之面軟而滑而與潤外皮藥略有相同之意即如膠質小粉質糖質油質直辣的尼質此各質無臭幾無味在水中消化或調和則

成黏性之水或合料如內皮分外硬或乾之處則能令其軟又如有破碎之處則加一層料爲保護之套又如有生炎處能減其激動而成此事之法或令其不覺尋常之津液行過或將辣性質合在一膠質內令不顯辣性又如痛時其故爲定質過緊或爲他質所惹則能放鬆而安慰之此種藥雖有當人身爲器具之意而後時所顯之功用恃生命而有之此種藥能與沖淡藥之解渴相同又能減身之熱與惹故咳嗽或肺或喉生炎而激動或胃與腸之膜質或生溺之器具生炎與激動用之亦能有益此各器具愈惹則潤內皮之藥愈能安慰之

如用潤內皮藥之時過長則其放鬆之性可以過大故令身體過軟但因有養身之性而又容易消化而不惹胃則常用爲病人之食物故可依其所含之質排列之從此亦能知食物之總意然此各質俱藉水沖淡之因用其濃者亦不能顯其功用尋常食物內亦必加鹽類少許

第一類潤皮藥大半爲食物而含食物尋常之原質即前植物藥品總論內所述又有炭質並輕氣與養氣合成水而與化合者故有醫士名曰炭合輕養質

膠類質　凡含膠質之食物合於水能成膠性之水則屬於此類即如　錦葵　扶桑　胡麻子沖水　木瓜　幾

摩勿所作之膏　阿揩西耶膠水　脫辣茄看得膠水與其雜散合於小粉與糖

小粉類質　此類之質必遇沸水合其質之外層破裂而其內之阿美弟尼消化成一淡味而不惹胃之流質考究身學之化學家云此種質遇胃汁內之伯布西尼能合其消化先變爲對格司得里尼後變爲哥路哥司或葡萄糖而被血管之微管收進

小粉　阿蘿蘿粉　每月草　西穀米　打比哇卡　米小粉　番藷小粉等

凡穀類亦含小粉惟其質與他質和勻即如　麪粉　燕麥　去殼大麥　米與眞珠米

糖類質　糖與他種甜味之質其原質與膠質小粉幾爲相同而在身內之功用亦無大異故有醫士排列藥品將糖膠小粉三質合而爲一類

尋常之糖　乳糖　糖漿　糖渣滓　蜜糖　甘草　甘草膏　葡萄乾　無花果

以上膠質小粉質糖質之各類俱爲有用之食物因能合身體內成油質而其功用之大半因變成哥路哥司後變成乳酸再變成炭養故此各種質並油類質能依里必格之說變成呼吸內需用之各質

油類質　此各質亦爲養氣輕氣與炭合而成者惟其炭較他質更多此質之大半與養氣有大愛攝力內含兩三種不同之質如哇里以尼或以拉以尼爲流質又瑪加里尼與司替阿里尼爲定質如作爲藥品尋常合於阿拉伯樹膠脫辣茄看得或雞子黃如作爲食物則爲其成乳之核所收不惟合身體內成油又能在身體內與養氣化合故能助身加熱與前三類同有醫士名之曰生熱之料

植物油　橄欖油　罌粟油　杏仁油　動物油　豬油　鯨魚油　蠟

直辣的尼與阿勒布門質　此類內有一切含淡氣之質此因其質內含淡氣並養氣輕氣與炭植物內亦含此質惟其數少即如麥之哥路登質又杏仁與豆類等總之植物阿勒布門質其原質與非布里尼大爲相似里必格已將此各質名曰養身能變形狀之質即如植物阿勒布門非布里尼加西以尼並動物之肉與血因此各質俱能爲胃汁之酸並伯布西尼合其消化

直辣的尼類　此各質爲直辣的尼質在水中消化者

魚肚膠　鎊鹿角　小牛腿等

阿勒布門類　此各質爲酸質或沸水所結成者　蛋清　蛋黃　乳

柔軟藥　此種藥令所遇之質變軟卽如壓出之油質或洗藥或擦藥又有數種蠟膏油膏布膏熱洗水此各質能令皮膚等處變軟而鬆又疑有數種能滲入皮膚內遇肉筋等質放鬆之令其易活動故其功用雖幾分藉其能通入皮膚內然因用此法者其人卽覺安適故疑其暖質或溼質或油質必令皮膚內有同覺之故而見效

溼而熱之汽卽如用熱水所放之汽或浸於熱水內　罌粟殼煮水　揩暮米辣沖水與煮水　扶桑軟膏或錦葵軟膏或勿爾罷司苦没軟膏　乳合饅頭軟布膏　胡蘿蔔　胡麻粉軟布膏　簡軟布膏合無花果　罌粟子油　胡麻子油　杏仁油　橄欖油　卡高油　壓成肉豆蔻油　椶櫚類樹之油　羊油　豬油　鯨魚油卽司巴瑪息的油　白蠟黃蠟　蠟膏　簡油膏　肥皂　肥皂洗藥　肥皂合樟腦與咾士損釐油洗藥　肥皂合鴉片洗藥　肥皂膏藥　湯火傷之處用棉花或鈣養洗藥

殺蟲藥　凡以人身爲器具之殺蟲藥在後殺蟲藥內論記之

乙　具化學性之藥

此藥分法在没立敦根湯勿生各排列法俱有之包括一切能在身內之定質或流質成化學變化之各藥品湯勿生分爲三種卽感動外面者感動內質者感動空氣者雖藥品之化學愛攝力遇生命之力被其管束然今考究身體之化學家已查得藥品大半恃化學之定例而其化學變化之力較前人所想者更大一千八百四十一年法國化學家米阿希云將來必定查得證據能證內科之藥如能感動身內之任一體則必原能消化者或在身內因各種化學變化而能消化觀米阿希所著之原書或觀本國與他國醫學記錄書第四本第一百二十八頁近時醫士大半佩服此說但因此處不及詳論之且各類內必另述各醫士之意見與所試得之事

烙炙藥　烙炙藥西名各息的遇身之任一處則能滅其生此種烙炙藥料與實在燒滅之法不同卽必與用熱金類或燒艾之法分別之凡濃酸質與濃鹼質能滅物之生卽與其身體之質化合而後可用他質收之卽其與烙炙藥之愛攝力較身體之愛攝力更大者如此卽能收出

米阿希將烙炙藥分出一種名曰凝結烙炙藥此各質合於身體之料成不能消化之雜質如金類酸質與錦綠鋅綠金綠汞綠銀養淡養五汞養淡養銅養硫養三銅養醋酸苦里亞蘇脫等質又分出一種烙炙藥名曰消化烙炙藥因合於身體之質成軟雜質或直辣的尼形雜質卽與沛離

拉書中所名成流質之烙炙藥相同。卽如鉀養水、鈉養水、淡輕水、鈣養水、燐養五輕養水、草酸水等，其濃酸質與鹼類質俱有流質之形，此爲其弊，因能散至不欲用烙炙藥之處。然有一益處，因能隨毒質通至受傷之彎曲處。醫士白尼德著一書，論子宮頸生炎等，云銀養淡養五之功用大，其力小；而鉀養合鈣養所成之柱形條，不惟力量大，且便於用。司快兒云，所有酸性烙炙藥內，汞養淡養五爲最佳者，然有一弊，能散至不應用之處。在後所開目錄內，不惟有重性烙炙藥，又有輕性者，如潰瘡用之有行氣性等是也。

酸質，卽硫强水、硝强水、醋酸　鉀養三間用之治癰疽　汞養淡養五　鉀養水　鉀養輕養　鉀養合鈣養　鉀養炭養二　新燒鈣養　鈣養輕養　淡輕三濃水　煅白礬　鐵綠二酒　鋅綠　銻綠三水　銀養淡養五　銅養硫養三　二銅養醋酸　二銅養醋酸洗藥　銅養淡輕四養硫養三　汞養俗名黑洗水　汞養俗名黃洗水　汞綠　汞碘　汞養淡養五酸水　汞養淡養五油膏

酸類藥　酸類藥久列於化學性之藥品內，其爲藥之用，在服後之各變化與尋常化學功夫內之變化相同。酸質之濃者有烙炙性，因與動物之數種體有大變攝力也。如沖淡之，則不顯此性，因擦於皮膚或過暮苦司膜質，則覺辝而收斂，而其血從迴血管逐出，此後常有行氣性顯出。又依同理服之，則能消化小腸內皮魚鱗形質，而爲烙炙性毒藥。如多沖淡之，則服後覺有涼性；如少沖淡之，則覺有補性。惟此種大力藥品遇身之定質與流質，則不免有化學之變化。如胃與腸之上半遇津液之酸性質，收入血內，則必與血內之質化合，因血必暫存其鹼性。設在養生路，其酸質必滅津液原有之鹼性，而必收身內之鹼類質與之成鹽類。此鹽類之大半隨溺而消去，間合溺質有酸。化學家知溺爲鹼類改變較酸類改變者更多。又查明植物酸質與金石酸質變化溺之酸鹼性大不相同。金石酸質除燐養五之外，而其酸質爲沖淡者，遇阿勒布門或非布里尼，合其阿勒布門結成而成不能消化之雜質。如植物酸質雖收身內之鹼類質，與金石酸質相同，又有數種與養氣幾分化合者，然尋常在溺中顯出爲配質多分劑之鹽類質。又如淡醋酸、草酸、果酸能消化暮苦司膜體內之殼。近有人試過植物酸質與金石酸質合溺變爲酸性者，而知植物酸質合其變酸更易。凡植物酸質幾分與身內之鹼類質化合，幾分與血內之養氣化合。又如所服者爲植物酸質之鹽類，則更有此性。醫士胡拉云，不化合之植物酸質能收身內之鹼類質，而其酸質之鹽類能收身體

內之養氣
米阿希云服酸質之危險較服鹼類之危險更大因身內之津液尋常為鹼類質故用鹼性之藥則不易混其性如用酸性之藥則易混其性又云如身體內自成之鹼類流質變為中立性者或變為酸性者則不免生出各病因身內緊要之流質不能自行各變化雖能暫耐此事久之則必受其大害人身必變軟而甚瘦又能成胃中有酸砂淋痛風身虛泄血或溺多味甜之病以上各用處之外可用酸質為解熱藥收斂藥補藥在此各類內必再論記之醫士里司云風溼發熱病用檸檬汁最佳

淡硫強水　香硫強水　鉀養二硫養三　淡燐養五水　淡硝強水　淡鹽強水　淡合強水　炭養氣水　草酸　鉀養二草酸　酢漿草　酸羅米克司　檸檬酸　檸檬汁　檸檬水　果酸　鉀養二果酸　醋酸　木醋酸　木醋　蒸醋　醋酸糖漿　酸性之果　葡萄汁　印度棗

鹼類藥又名滅酸藥　鹼類或鹼土類並其合於炭養氣之鹽類如入於胃內則能滅胃汁之原酸性或滅食物所生酸質或滅養生路內因病而生酸性津液質即如在化學事內生此各變化之理相同凡滅酸質則可滅酸質之惹如

少有餘則在胃內有行氣性久用之則能滅身內應有之酸此必有害如腸內不過添應有之鹼質如此者其害少若收入血中則令血內之鹼質更多而由血運至身體各處能令津液之酸性減少即如溺與汗等是也如滅汗之酸則能治皮膚之病如滅溺之酸則能令其不生里的酸而因此能免砂淋石淋等病
鹼性藥能滅去血中之非布里尼質故沛離拉列於變流質之藥內又云變流質之藥能阻過痰多而生炎可能免其害又能令放大之處收小而令腫硬之處變軟等故尋常謂之消化藥如因食酸質而中毒者可用鹼類藥抵之

然雖能如此而鹼類毒與所欲治之酸類毒不分上下惟其烈性鹼類藥不必用其多數者因白石粉鎂養與其輕性炭養鹽類與二炭養鹽類其功用略與重性鹼類藥相同如將其淡者令遇皮膚之面則能減皮膚癢疹類之惹動又有淡鹼類水用棉花等質收之鋪於風溼發熱人之交節上能減其痛大略因收入皮膚內而滅去津液之酸性
米阿希云消化小粉類之質收入血內而消化油類質等事則腹內之流質應有合法之鹼性依同理身體內之流質已有鹼性至飽足再用鹼類藥則必有害近有英國醫

士白爾特已著書論鹼類質與其含炭養氣質並醋酸、構櫞酸、果酸之鹽類，俱有去身內惡質之性情，因此各質在身內變為含炭養氣之鹽類。又云鉀養在身內之功用與在化學功夫內之功用相同，即能消化阿勒布門與非布里尼等質。又云鉀養醋酸三錢分為數服，在二十四小時內服盡，則令溺中之定質有七百八十二釐，而應有之數不過為四百十六釐。又云其鉀養醋酸不惟變為鉀養炭養，有許多質變為由里克酸與由里阿，而所增生物質之大半係尋常所稱為膏質，其大半為苦里阿的尼、苦里阿的尼由里阿克散的尼，並多含硫黃之質。又云鹼類質能消化之力，在已有病之質或生命小之質上最大。又有醫士周尼士查出鉀養果酸之大服能令溺有大鹼性，即將乾淨鉀養果酸一百二十釐在蒸水四兩內消化之，服後則在三十五分時內，溺有鹼性。近時雖有多醫士常用鹼類質與其含炭養氣之質，又有人試驗之，令溺不久而有鹼性，然有醫士該爾特那著書一本，專論痛風之說，云斷不可用鹼類質，因常不得其功用。又云如以鹼類合於燐養$_五$、構櫞酸或果酸成鹽類，以三十釐為一服，屢次服之，則能減其惹性，而令溺中之由里克酸不見。又已多用含炭養氣之鹽類，而溺中之由里克酸仍不減少，鹼類質不惟有烙炙性，尚能用以引炎，如淡輕$_四$養等。又可用為敺血行氣藥。鉀養作能消化之鹽類質，較鈉養更佳。又如用減酸之鹽類，另欲得行氣性，則用淡輕$_四$養為佳。鎂養為有用之微利藥、減酸藥。如欲免胃中發炭養氣之弊，則用煆過者，較用含炭養氣者更佳。白石粉亦為治泄瀉有益之藥，因似有收斂性，而此性必因其能減酸質。如此則減胃中之惹。又如腸久不能合法而行，而大便不通，則用肥皂合於松香類瀉藥成丸服之，亦屬有益。

淡輕$_三$水　淡輕$_三$酒　淡輕$_四$養炭養$_二$　淡輕$_四$養炭養$_二$酒　淡輕$_四$養炭養$_二$香酒　淡輕$_四$養炭養$_二$臭酒　二淡輕$_四$養三炭養$_二$

淡輕$_四$養二炭養$_二$　鉀養水　鉀養炭養$_二$　鉀養二炭養$_二$

發泡鉀養水　鈉養炭養$_二$　鈉養水　鈉養二炭養$_二$

鈉養二炭養$_二$糖片　發泡鈉養水　硬肥皂　鈣養水

鈣養炭養$_二$　提淨白石粉　提淨蠣黃殼粉　白石粉雜水　白石粉糖片　白石粉香散　鴉片白石粉香散

水銀散　鎂養　大黃雜散　鎂養炭養$_二$　樟腦合鎂養雜水　鎂養二炭養$_二$　消化之鎂養水　水銀合鎂養散

地產鹼性水，即如瑪勒文水、斐希水等。數種金類合於養氣之質，如鋅養油膏，亦可為減酸藥。

鉀養與鈉養合於醋酸、果酸、構櫞酸之各質，因在身內變

爲含炭養氣鹽類則爲滅酸之藥亦有大益

解溺中粉沙藥　凡能令溺中不生結成之質或不生沙淋石淋之藥謂之解溺中粉沙藥查人溺爲數種質合而成者而所含之質往往不同如無病時溺常有酸性化學家以爲其故因含淡輕養鋰養又有化學家以爲其里的克酸即由里克酸合於鈉養又有他人以爲其酸性藉鈉養燐養之酸性又有醫士周尼士查得胃空之時其溺之酸性較胃滿時溺之酸性更大又消化食物時之間不惟失其酸性且變鹼性不惟溺中常能有酸至有餘即他種棄津液內亦可有之其故因食物混亂其消化之器具有

病間因阻住皮膚行其職分此種病名曰溺有里的克酸其溺放出後凝結紅色之粉細觀之則爲極細之顆粒名曰里的克酸即由里克酸間有淡輕養由里克酸可用鹼類化之或加熱能化散之則其凝結之事未必因酸質有餘而因助淡輕養出里克酸消化之質過少故此種病應用沖淡之藥或鈉養水不準用大力之滅酸藥又有別事內溺中能見白色泥形之質加熱不肯散成此質之故因溺中所含燐養鹽類之若干分因溺變鹼性而結成此各質爲淡輕養鎂養燐養或淡輕養鎂養三燐養並鈣養燐養若干此病名曰溺有燐養鹽類又有一種病名曰溺有

草酸結成鈣養草酸八面形顆粒另有他質爲前人所不知者即如含里的克酸里的克鹽類與燐養鹽類故疑有此病者未必因身體之本質有病而因消化之質有病

食物改爲合法或專茹素或專茹葷　操鍊身體　依法洗浴　依法調治皮膚　飲沖淡藥或蒸水或地產水之淨者　改血藥　發汗藥　補藥

如溺中有里的克酸　應用治酸藥如左

鉀養水　鉀養炭養與鉀養二炭養　發泡鉀養水　鈉養與鈉養炭養　無水鈉養　發泡鈉養水　硬肥皂　斐希水與他種鹼性之泉水　鋰養　鋰養炭養　鋰養

檸檬酸　發泡鋰養水　淡輕養與淡輕養炭養此兩質有行氣性亦能滅胃中之酸　發泡之鹽類水能令溺有鹼類變化　鉀養與鉀養炭養較鈉養與鈉養炭養更爲合用因所生鉀養里的克酸較鈉養里的克酸更易消化

鈣養水　提淨白石粉　提淨蠣黃殼粉　凡果酸檸檬酸與醋酸之鹽類因在身內變爲炭養氣鹽類則易令其溺有鹼性　鎂養與鎂養炭養　鎂養水　鎂養二炭養內有炭養至有餘

淡輕養燐養與淡輕養偏蘇以尼此兩質常用以消化里的克酸　鈉養燐養與鈉養二硼養亦能作此各用　哥

勒枝噤與汞俱能減溺內之酸　補藥與植物苦味藥與
補身力之食物　葡萄酒與鴉片　不可用減血氣藥
如溺中有草酸之病則用淡養五或合强水並補藥與肉及
養身粉類食物
如溺中有燐養五須用酸質如淡養五與輕綠又燐養五與淡硫
强水　醫士尤而云用偏蘇以克酸與偏蘇以尼能消化
之鹽類最佳　炭養二氣　植物酸質　如醋與果酸俱能
令溺有酸性較用死物酸質更有功效
又有解溺中粉沙藥可用外導法卽如用極淡之淡養五噴
入膀胱內又用淡鹼類水或用淨水　電氣化學法　用

器夾碎石淋而取出　醫士霍司東司於一千八百四十
三年醫學書內勸人用依化學理能化分料之淡水如鉛
養淡養五合於糖質噴入膀胱內而不用能消化之質
解熱藥之各料各法在後論記之
滅臭與免腐爛藥　房屋內之惡氣並各種變壞之物所
發之氣無論鼻能聞之或不能聞之無論爲腐爛物所發
之惡氣或地面所發之瘴氣俱能傳病於人而滅之之料
謂之滅臭藥而用料之外另有法如多通新空氣房屋配
準進出空氣之法有數種病之惡氣加大熱則能滅其傳
染之性又有數種藥料能滅數種臭故有人以爲亦能令

地面所發瘴氣無害於人卽如焚香料成煙香紙波勒殺
末松香類香醋此各質雖能令空氣香而鼻有趣然不惟
無滅病氣之用尚能遮掩病氣令人不覺此卽不用法除
其根原也凡令物不腐爛之藥無論動物植物尋常之法
與其料內之一二種質化合卽如加波力克酸等是也間
有大冷或極乾或不遇空氣等法亦能令此種質不腐爛
間有醫士用木炭粉敷於發臭潰瘡或口氣臭或津液發
臭則服之
滅臭　多通空氣　加大熱　通化學性氣質如綠氣等
綠氣水　含綠氣之鈉養水　含綠氣之鈣養水　[illegible]酸

質之霧如硫養三霧與輕綠霧　淡養三霧　醋酸霧與木醋
酸霧此兩種霧不及前者佳　加大熱或用生石灰或木
炭滅其生惡氣之料　鋅綠此爲白尼得所設之料　鐵
養木醋酸與鐵二綠三此爲愛勒曼所設之料　鉛養淡養五此
爲勒度英所設之料　鉛養醋酸
免腐爛　綠氣　金石類酸質　鉀養三　汞綠　鈉綠
火硝　白礬　鈣綠　青礬　酒醋　加波力克酸　苦
里亞蘇脫　樹皮酸　糖　焦氣油
收歛藥　此藥能令肉筋縮或皺又能令阿勒布門質結
成或凝結如欲試藥品有收歛性或否可置於舌上能令

舌之凸微點聚合成皺紋此外無有他種相同之性有數種爲金石類配質有數種爲金類鹽類又有土鹽類爲白礬再有數種從植物質所出惟此各質能令阿勒布門質結成如用收歛藥止血則見其藥與傷口相遇之時其廻血管口縮而關閉又如收歛藥遇砦苦司膜質之面亦能減其成津液之事而其功用藉化學之變化易於試得其據因如將已死之動物質依此法試之則其縮亦如之又如製熟皮之工所用之收歛料令皮能縮然此種藥亦有別功用因胃內過於寬鬆則令收緊之而令全身大受收歛之力如此能免身弱之病又爲耐久之行氣藥又能助治瘧疾雖其初顯之力在胃中後其力漸散至全身有若干分收入血內而遍通全身令廻血管受其收歛之力又隨津液行過各核令其核亦受收歛之性所有金石收歛藥內硫養與白礬之力最大又鉛養醋酸亦可代用然不可倂用因如倂用則成鉛養硫養$_3$如身內久用鉛爲藥則漸受其毒醫士白爾敦已設一法見牙肉之邊生藍色線則知身內之鉛已飽足不可再用

所有植物收歛藥內樹皮酸與沒石子酸功力最大樹皮酸最合爲外科之用沒石子酸最合爲內科之用各種植物收歛藥其功用大半因所含之樹皮酸此酸能令阿勒布門質凝結而沒石子酸無有此性化學家百勒替耶曾查得沒石子酸水合於膠水能令阿勒布門質結成故海得蘭疑沒石子酸能在血內遇一種糖類質與膠相似者從此依化學之理能得收歛之性而此性不能在身體外顯出因在身外與他質分隔惟其糖類之質在血中有一定之職分如此其沒石子酸在津液質內初到身體外而其糖類質不隨之而出

由此可知收歛藥之用在外科可免放鬆之獘又在廻血管止血內科之用如胃不消化或身虛弱之病可補胃之力又能令臟腑不放血間合於香料以治瘧疾

冷氣　冷水　凍冰之料　心內安靜　金石酸質作藥料　植物酸質作飲物　白礬　白礬雜水　白礬合鋅養硫養$_3$　淡硫强水　醋酸　解熱藥水　白礬軟布膏　硼砂　鉛養醋酸　鉛養醋酸膏　鉛鴉片丸　二鉛養醋酸水並其淡水　鋅養硫養$_3$　鋅養醋酸酒　靑礬　鐵$_2$綠$_3$酒　鐵$_2$養$_3$三淡養$_5$水　膽礬　銅養淡輕$_4$養硫養$_3$　二銅養醋酸　鈣養水　提淨白石粉　鋅養炭養　汞$_2$綠淡輕$_2$（此爲外科之用）　樹皮酸與沒石子酸　洋蘇木煮水與膏　架拉美剌阿沖水與膏　兒茶沖水　兒茶雜散　兒茶酒　兒茶糖片　幾奴酒　幾奴鴉片散　石榴

果皮　野梅　拖門替辣　拳參　橡樹皮煮水　没石子　没石子酒　没石子油膏　没石子合鴉片油膏　土大黃　奇由末　法國玫瑰花並其糖漿甜膏蜜糖酸性沖水合淡硫强水　如流血用止血藥與壓住之器及阻塞之法　瑪替哥　蕈類　苦里亞蘇脫　生產時子宫內放血用耳卧達

解毒藥　觀後表

丙　感動生命之藥

此分類之法係醫士楊所設後有湯勿生亦用之內含為藥品質之餘者而此各藥品醫士以為徑能感動生命之

各質卽感動肉筋血津液等又感動此三者俱藉腦筋又前言以人身為器具之藥並具化學性之藥雖其內之各種藥可以有此各性情而亦另有別等形性卽如本節感動生命之藥因有數種性情內亦藉化學之性而成者然而感動生命之藥大有不同之處而其顯出藥性之法亦不同卽如令成津液之藥大半感動其核與其生津液之各體而改血藥亦列於其內又有數種能徑感動腦筋或加減腦筋之力又有一種為補藥醫學家或疑其感動肉筋與血

第一類令成津液之藥　此類之藥令身內之各器具或更能成津液或令其放出之料更多醫士没立不願以此藥列於總行氣藥內另設一名曰有界限之行氣血藥醫士巴黎另設一名曰特用之行氣藥沛離拉將此各種藥包括於津液藥內而海得蘭將其大半包括於赶逐藥內此種藥之大半能加增津液其藥亦大半隨津液而出惟成此事之先必改變身內之流質與定質故尋常所謂改血藥可與此各種藥合用又因增津液尋常令身覺軟故常用其數種藥減身內之血數并令血行至他體令血過多之體因此而相平故凡欲治生炎等病常用此類之藥但引炎之藥除令皮膚發疱外不能增各津液祇能引身

體內病至外如此能依總理而顯出功用

改血藥　改血藥之意各醫士之意見不同如磨拉在此種藥內包括不行氣不平火安心之藥而能令活定質改變因此改變所行之職分此各藥俱包括於內但必用其小服而連用之至久令津液漸改變而治其病幾為不覺此為尋常醫士論改血藥之意又有他醫士以改血藥為行氣藥徑能感動數處之核因此為收料之質又有醫士蒲楷達云改血藥收入血內能改變血之運動與津液之不同而令其存此改變故可見蒲楷達所謂改血藥似乎海得蘭所謂血藥內之消解藥因此各藥在血內之時能

感動血但消解藥所有實顯之功用爲攻死質或惡毒之料逐至身外

碘汞金並數種他金類亦包括於改血藥內昔時銀綠與鈣綠俱作此用今不多用之祇用各鹼類質改血藥之功夫內尋常亦包括數種煮水如苦白木等木料或用代之之質如洋土茯苓煮水或古阿以苦末煮水等此各質合於多水服之所顯功用大半必藉同時所用之多水又幾分可藉此藥內所配之行氣藥因此種藥其數雖最小而其質亦必收入微絲血管內

碘與各金類不能消化故米阿希疑胃中之流質令其金

類收養氣則變爲含綠氣質或雙綠氣質因此能消化收入血內又疑碘與溴遇身內流質中之鹼類改爲碘或溴之鹽類而後逐至身外又疑含汞之各藥遇鹼類含綠氣質之水因此變化或遇空氣或不遇空氣不定又因此成汞綠若干而汞綠合於阿勒布門成一雜質水內不能消化但其合於輕養者能在鹼類含綠氣質內消化又汞入血內必有此形狀又云汞綠應分爲小服每日用十分釐之一至半釐又應合於鈉綠與淡輕綠消化之因此兩質令汞綠久能消化又令其不感動養生路之面蒲楷達疑鈉綠無此大用因消化金類藥之要質爲淡輕綠又云在

動物腹內常有人見淡輕綠爲天成者

汞之數種藥爲有惹性者見有界限之行氣血藥特用行氣藥合皮肉爛藥取嚏藥瀉藥等之說如用數種合式之汞綠如水銀丸或汞綠用其微數而每服相距之時頗遠或每夜一小服或間夜一小服則消化之功漸漸改正又便溺更正而皮膚更軟如用其大服或用小服而每服相距之時近則血略能行動速而猛而收各質之職司與生津液之職司俱能更加爽快故其肝與內腎更能行其職而皮膚能發汗亦爲有益設如用其小服而相距之時更遠雖不能即見其功用然久之能改正不合法之事令消化與養身之職更佳如皮膚發痘

疹類病可漸銷而不見又皮之厚者能薄而肌肉肥網不合法者亦可更改如更久用此種藥則血內之非布里尼質亦可更軟而所有核腫大之處漸收其餘料或如有變硬之處亦能令其漸軟如此能得汞之散開質料之性而以上之事亦可免受汞感動身體尋常之性情即口氣不發臭牙肉不發紅六核生水不過限等事因多用汞則生此各証甚重間有口內生瘡間有照上法用汞則得以上之証而爲最輕者如連服其小服或服兩三大服或擦藍汞膏於皮內或用汞霧等法亦能得之然如誤用汞或汞之各劑則不免生多弊

碘藥用其大服亦能惹皮膚之面與汞同故含碘之數種藥有毒性設如連食其小服則發汗更多肝生膽汁更多溺亦更多又鼻管之內皮生炎與傷風同然碘之功用內常見之性爲收各質料之性故疔毒所生硬塊或各核腫大如瘰癧等或無病之核如乳頭或外腎久用之亦能縮小又有數種病証亦包括於用碘所成之病証內卽如頭暈頭痛嘔吐不安靜或身軟或身瘦脉軟而數是也凡用碘者見有此証立卽停止待若干時再用如鐵碘有碘之改血性與鐵之補性有兩種益處

溴與鉀溴能代碘作數事之用而疑綠氣亦能如此如鉀溴或淡輕四溴或鐵溴俱能平火安心又金之藥如金粉或金綠合鈉或金綠三俱爲收斂之行氣藥能治瘰癧與第二層疔毒用之有益

鉮養三亦爲治依時而作之病之藥當爲補藥尋常服之之法爲鉀養鉮養三水間有用淡輕四養鉮養三水歐洲他國俱用鈉養鉮養五或鉀養鉮養三又有一種藥數處醫士喜用者卽鉮綠三此藥名曰伐蘭干水數種皮病內用鉮養三爲有大功力之改血藥卽如皮膚有魚鱗癬此外另能治水蟲癩與狼瘡醫士恆德多用此藥治皮膚之病而言初起用鉀養鉮養三水三滴至五滴如覺脉大數身軟眼跳頭痛夜不安卧無精神則可停服恆德又云減其服數更好如此亦能得其益處此種病內亦可用硫黃或栢油或煤黑油俱能爲此病之改血藥如含銻之劑與其合於硫黃之質亦常用之作皮膚病之改血藥

當碘藥未查得之時則用鈣綠與鋇綠爲核與吸液核各體之行氣藥又常用以治瘰癧類病並結喉下核變大及核之他種病又治皮膚久延病又鹼類質如鉀養水與鹼類含炭養氣水如久用之則不惟能顯滅酸之功力如消化血內之非布里尼等又能成碘之數種功用如治核之腫大等疑此質能令血更稀又令身體似有身虛泄血之病沛離拉云治此各種病應稱爲變流質之藥因此種藥品能增津液數能令身體內各質不結成反令其變爲流質如此可免其質在身內有凝於收食物而變爲血之職分

近有人將魚肝油作爲改血藥其功用甚大凡身瘦者用之有大益能令其津液俱爲合法又令其人能長肉與油有益於全身

水銀藥　水銀丸　水銀合白石粉　水銀合鎂養　水銀油膏　水銀洗水合於樟腦與淡輕水　水銀硬膏　水銀阿摩尼阿古末硬膏　汞養　汞碘　汞碘並其油

膏　汞綠二　汞綠二合銻硫三與古阿以苦末雜丸　汞綠二油膏　汞綠與汞綠二合於淡輕四綠　汞硫與汞硫合硫爲燒成汞霧之用　汞養淡養五油膏與其酸水　汞綠二淡輕三油膏

碘藥　碘　小粉合碘　碘洗藥碘酒碘油膏合於鉀碘

鉀碘與其油膏硬膏等　鐵碘與鐵碘糖漿　鉛碘

鎘碘　海菜燒灰　海絨燒灰　魚肝油

溴　鉀溴　淡輕四溴　鐵溴

鉀養三　鉀養鉀養水　鉀綠水　鉀碘三合汞碘之水　鈉養鉀養五　三鐵養鉀養五

鹼類藥　鉀養水　鉀養炭養　鉀養二炭養　鈣養水

鈣綠水　鋇綠水　金粉　鈉綠金綠三

酸類藥　合強水　銻硫三　打打伊密的

輕性植物改血藥　洋土茯苓　羊泉與其沖水　希密特司摩司　蒲公英與其汁膏煮水　土大黃　海特羅拉伯土末　烏勒母司

取嚏藥（西名厄里那即入鼻之意）　此藥內包括一切入鼻內暮苦司膜質之藥而所專合人嚏之藥則謂之取嚏藥凡入鼻之藥可用乾質或軟質或流質或氣質可分爲三種一爲柔軟藥即合已惹動之面生一層爲套之質二爲收斂藥即加於已放鬆之面合其收斂而不成涕等質三爲行氣藥即成涕之面已復原形而無病之後則合其合法成涕質雖此各質俱在身之一處顯其功用常能合相近體之有久病者因不適而不安之故亦能得益凡藥品內所用之取嚏藥死物質內或植物質內俱能得之

香取嚏藥　脣形科植物葉之粉即如紫蘇臘芬大拉咾士孫薘噁里茄奴末等　瑪路末脫克里由末此常名曰治頭痛草　馬蔺根粉　細辛　細辛合於臘芬大花雜散　淡輕四養與淡輕四養炭養二　醋酸等　淡巴菰即鼻煙

猝性取嚏藥　白色藜蘆　非辣得里亞　大戟香　黃色汞硫　此各質俱能作取嚏之用惟不能獨用必和輕性之粉合淡而用之又有人用紅汞碘之霧

生津藥　此種藥西名西阿拉各茄其西阿拉即口津之意各茄即逐出之意此各藥俱合生口津甚多如將中立性之質在口中嚼之即常能合多生口津即如瑪司的克或收斂與行氣之質如兒茶或檳榔用蔞葉包之或用亞美利加與歐羅巴之淡巴菰嚼之或用猝性香性暖性之行氣藥又有法用厭惡之質其質之性已過則口中多生口津又可用汞之劑則不惟能合口中生津且其汞藥可隨大便而出如頭與面所有之病內有數事用生津藥可

以有益
粹性生津藥　芥末　辣根　伯里脫羅末　米聚里恩
馬蘭根　安直里刻
香性生津藥　薑　黑胡椒　紅辣椒　瑪司的克
收歛性生津藥　兒茶　收歛性與瀉性生津藥　大黃
行氣生津藥　丁香油或苦里亞蘇脫擦於口內不可嚥
下
水銀生津藥　觀改血行氣藥一節
吐藥　凡能令人吐而逐出胃中之物者謂之吐藥其吐
藥幾分惹胃之內皮幾分感動腦與腦筋從此致吐即如
用雞毛擦喉頸能令人吐又如出海而有暈浪之病亦因
腦不安而致吐又人服醉藥或因酒而醉最難用吐藥令
吐俱為此意吐藥之性各不同有數種必先入胃內方能
顯其性又有他種如打打伊密的等擦於身之任一處令
收入身內亦能致吐但其能吐不全藉其質之性情即如
用淡輕養或芥末粉之小服有行氣之性又鋅養硫養銅
養硫養之小服有補性此各質如用其大服則其性相反
令人速吐而不令身體瘦軟又有他種其性更遲令人久
欲嘔而不能吐又有減血氣之性因此容易漸收入身體
內故可見此種吐藥其性太遲如有人誤服毒藥則不能

用之為吐藥又用吐藥令胃中多有衝動令肝汁與甜肉
汁腸內之汁多生而多放出因此隨血而通至皮膚故人
之血入腦過多者或婦人懷孕多月或小腸疝氣用此等
吐藥最為危險惟癆疾尚未發出或因肝病發熱或氣喘
或哮咳等俱有用處又如欲令胃速放空亦可用之
直顯吐性藥　淡輕水半錢至一錢加入冷水一杯內飲
之後即服暖水　鈉綠　鋅養硫養　銅養硫養　銅養
淡輕養硫養　二銅養醋酸　黑芥末　白芥末　淨芥
末
緩性吐藥　打打伊密的並打打伊密的葡萄酒　銻養
銻硫二銻養　吐嗶喀並其散葡萄酒糖漿　伊密的
尼　堇葵　士哇盧並其散酒糖漿　細辛與大戟香此
兩質太粹　楷暮米辣沖水能助吐　淡巴菰可吸煙路
卑利阿此兩種作吐藥不甚穩妥　吐嗶喀與打打伊密
的合用亦可得益或打打伊密的合於瀉藥服之則能合
成吐下兩證
化痰藥　凡能令肺所成之內皮汁（即暮苦司膜質）放鬆而逐出
之藥謂之化痰藥如肺內之管與膛與成內皮汁之各面
俱被此種藥管理然此種藥之功用必與數事有相關與
別類之藥同即其功用必恃病人之情形即如藉其人之

患何病當時病之輕重或新舊等事如身體過於激動皮膚乾等証則放血熱水洗身服有嘔性之藥潤內皮之藥俱可有益又可用寗睡藥減其激動與痛又如別種情形內身體各處行氣不足或所生之津液足用而無力逐去所成內皮汁等津液則用行氣血藥化痰藥最合宜者為糖片因糖片遇氣管之上半則可恃同覺之理其功用通至胸內各處或可變為氣質吸入肺內又有他種可服之或收入血內在血內運至肺之內皮面顯出行氣之性而在肺內放入口氣之中可嗅而知之作補藥亦在數種病內有益因能令身更堅壯又令津液更為合法又令氣管內各核所成之質亦歸於無病則所吐之痰為無病之狀

吐藥能當身為器具而助化痰之事即鋅養硫養三　銅養硫養三　淡輕四養炭養三

潤內皮與解熱藥能減其激動而令內皮不乾則有益於化痰即如吸熱水之汽或飲潤內皮藥煮水又以暖水浸身或浸足則放鬆皮膚而有益

膠性質之內如魚肚膠　棗膏　膠之糖片　甘草　木瓜子與胡麻子等　觀潤內皮藥節

有嘔性之化痰藥　含銻者　打打伊密的葡萄酒　打打伊密的　銻養三　銻雜散即加密士散

吃嗶喀並其散與葡萄酒可合於寗睡等藥服之　吃嗶喀合鴉片雜散　吃嗶喀合鴉片雜丸　吃嗶喀合士哇盧或阿摩尼阿古末膠雜丸　樟腦鴉片雜酒或再合於鴉片與偏蘇以尼　醉仙桃與啤啦町蚋葉作煙吸之

淡巴菰

行氣化痰藥　硫黃與鹼類合硫黃之質　遠志根沖水或浸酒

波勒殺末類　秘魯波勒殺末　司土辣克司　偏蘇以尼並其雜酒　到魯波勒殺末並其糖漿與酒　樟腦鴉片雜酒內加偏蘇以克酸

臭松香膠類　阿魏酒與丸　阿摩尼阿古末　加勒巴奴末　哥拜把漿或合鎂養炭養三成丸　士哇盧粉並其酒糖漿雜丸或合於阿摩尼阿古末與薑　楷思措里拉酒或沖水　葫等

琥珀酸與琥珀油　軟石油　那普塔

行氣糖片　辣椒糖片　收斂糖片如兒茶合於內皮寬鬆之病

吸行氣之霧　偏蘇以尼與偏蘇以克霧　醋酸霧　極淡之綠氣霧　淡輕三霧等

潤內皮補藥　西脫拉里亞　款冬花　土木香　尋常

瑪羅比由末　阿刻安直里刻與別種補藥

發汗藥　凡令人皮膚發汗較平時更多之藥則謂之發汗藥但所見發汗之外另有不覺之汗亦包括在內動物之汗其用處減身內之熱度並放出血內之炭輕氣養氣而一人所發之汗各時不同卽與溺相同如身體之情形食物之種類空氣之冷熱燥溼壓力等與溺有相關而發汗藥所顯之事亦與以上各事有相關故間有數事病者必卧於牀覆以衣被則藥能令其發汗如其人起身令皮膚遇冷空氣則藥能令其利小便而利小便與發汗兩事常有彼此相反之性故用發汗藥令皮膚放出多水則溺

必減少又養生路所成之各津液亦更少因令其質從皮膚而出間有數種放鬆皮而卽能發汗又有他種先爲行氣藥而後令發汗間有隨汗而放出之藥或隨津液而放出欲發汗者必卧於牀蓋護其身用暖和沖淡藥皮膚應淨而暖故可見用熱水浸身或熱水霧俱爲有益之法又無論何法能引血至皮膚者俱爲合用卽如用刷拭身或將熱體置於皮膚相近處或用引炎法或用乾空氣或用數種氣質如炭養氣與綠氣有數種情形令身多出力如速行路或飲冷水一杯則全身因同覺之理立卽出汗查發汗藥之功用與其顯出藥性之法可知其用處最寬有數種在生炎發熱病內有放鬆之性又有在風溼與久病內亦屬有用故必查其病之屬於何類而知其病之爲新爲久卽如肺之病或腸之病或皮膚之病或水腫病等可用放鬆發汗藥或用行氣發汗藥

沖淡發汗藥　暖水　茶　粥等

含銻之藥　銻養三　銻雜散　加密士散又名雅各散　銻硫三　打打伊密的與打打伊密的葡萄酒

吆嗶咯　伊密的拿　吆嗶咯粉與酒　吆嗶咯鴉片雜散　吆嗶咯鴉片雜丸

行氣發汗藥　硫黃粉　硫黃花　硫黃散　鉀硫合水

含汞之藥　水銀丸等　汞綠雜丸　汞綠鴉片丸　汞硫

淡輕三水　淡輕四養香酒　淡輕四養醋酸水　淡輕四養檸檬酸發泡水

含酒醕與以脫之水　硝以脫酒　軟石油　那普塔

鴉片（見寧睡藥）　吆嗶咯鴉片雜丸　汞綠鴉片丸　嘆啡啞輕綠並其水　嘆啡啞硫養三　嘆啡啞醋酸並其水

遠志根沖水與酒　古阿以苦末雜水並其酒與含淡輕三酒

色噴他里亞根沖水與酒　康脫拉雅伐　米聚里恩

土木香　沙沙法拉司
植物行氣藥沖水　荆芥　咾士𤞙釐等
輕性發汗藥與改血藥　洋土茯苓　印度希密特司摩
司　揩辣脫魯蒲司　羊泉
利小便藥　凡能令溺之數較平時更多之藥謂之利小便藥查放溺之職司原欲放出血內之質不惟能放出血內之水尙能放數種鹽類與合淡氣之質無論爲因食物過多而成者或因身內之廢料而成者俱能在溺中放出故可見溺不通而能令其通或溺過少而增之或因平時之溺因有病之故而應加增則能成此各事之藥爲大有益處之藥又如發汗之事與身外之各事有相關則成溺亦有同理醫士或言汗溺兩職能彼此相代又可遞更而用又令彼增多則此必減少又助彼則必阻此故欲增溺者所用之法必與發汗之法相反衣服須涼而人不可卧牀用衣被護身故凡用利小便藥應在日間用之又如空氣冷而溼用沖淡藥其數不過限者亦爲有益之法又如大便過通或發汗過多或血過多而壓力過大或肝與內腎之血過多此各事有礙於利小便之藥又有數種利小便之藥與他種有相反之性不可通用故必謹愼各藥之功用而不誤醫士巴黎曾將各種利小便藥依其性情排列之茲亦從其排列法惟倒用之因倒用之便於將此各藥與發汗藥相比或便與各種藥品相比

利小便之藥如能合於沖淡藥更佳故在酸質與鹼類質及解溺中粉沙藥內曾言明各藥改變溺而與溺同放出之各法第因此故如欲增溺之數而不欲改溺之化學性則此種藥不甚合用惟有數種病用鹽類利小便藥最爲合宜故必知不惟鹼性之藥能令溺有鹼性又能令身內已用過之廢質銷去而放出而植物酸質鹽類亦有此性即如鉀養淡養五不惟爲利小便最穩當之鹼性藥而醫士白爾特已查得另有逐去惡質之性故勸人用之將半兩至一兩於沖淡藥二三升內消化之在二十四小時內服盡即如風溼等病溺甚少用此藥則甚多而其治病之事必速奏效又如他病內無論能令身體之血收各質之性或否亦必有利小便之性即如身軟弱時用補藥與行氣藥是也又如溺減少之故因生炎病而血受過大之壓力或因發熱而津液不通則溺過少可用放血之法或熱水浸身或含銻之藥令其體放鬆則更爲合法而同時能令所成之溺亦必爲合法又依同法毛地黃山梗菜高苣汁俱能減小發血之力而從此能助血收各質之工又含汞之藥能有益於成膽汁又能令副廻血更易運行而從此

令溺更易變成。所有行氣利小便藥內有數種，其性藉所含自散油。即如扁栢子自散油數滴添入一杯茶內飲之，則大能令溺加增。又有別種，能令數種質在溺內顯出。又有數事內自散行氣藥亦能有用，故可見利小便藥在身體數種大不相同之病內亦可有益。即如有時能放出身內其餘流質，有時能放出身內其餘定質。又有數種顯出行氣相反之性，從此亦有益處。

一．原能感動胃與全身，其次能感動生溺之器具

甲　能減發血之力，而增血收各質之力

放血並減數種熱氣之治法亦可用之，得其次之功用。可

用毛地黃並其粉沖水酒膏　毛地黃土哇盧丸　毛地黃洗藥合淡輕四養，或毛地黃沖水或酒合肥皂洗藥　弟其大里尼　哥勒枝噤　淡巴菰　葡萄酒　莴苣汁與別種寗睡藥

乙　補全身總精神，又特補收酸味等質各器具之力

苦味補藥類。又有數種藥，其功用幾分靠其補性，如奇瑪非拉等

丙　有瀉性，而從此徑加增呼氣內各質，又繞道增收酸味等質各器具之力

衣拉特里　籐黃　渣臘伯　渣臘伯雜散（見瀉藥節）

二．原能感動收酸味等質各器具，其次能感動內腎之各藥

含汞之藥　如汞二綠　汞綠二　碘　鉀碘　汞合土哇盧等

三．徑能感動生溺之器具

鉀養水　鉀養炭養二　鉀養二炭養水　發泡鉀養水

鉀養淡養五　鉀養綠養五　鉀養醋酸　鉀養檸檬酸　鉀養二果酸　鉀養二果酸合渣臘伯雜散

鈉養醋酸　鈉養檸檬果酸　鈉養鉀養果酸

如有遺溺，則間用火硝，以十釐為一服，能止之。又用鐵綠

酒，亦能止之

鈉養炭養二　鈉養二炭養二　鈉養二硫養三　鈉養燐養五

硬肥皂

鎂養硫養三　金石類淡酸質　數種地產之水

行氣利小便藥　淡輕三水　淡輕四養炭養二　硝以脫酒

來納河葡萄酒。又將其酒合於土哇盧與苦性補藥

阿莫賴西依並其合苦橘皮與肉豆蔻雜酒　殼克羅阿里阿

司苦罷里依與其汁與煮水　胡蘿蔔子　怕而司里與織形科內別種植物　天門冬

扁栢子與樹頭又其油與酒　松香與松香油
士哇盧與其粉酒糖漿　葫葱類　呵勒枝㯽　藜蘆
遠志根並其沖水與酒　布故酒與沖水　奇瑪非拉又名伯羅拉酒　烏伐烏爾西沖水
更小阿爾克替由末　沛離拉煮水與水膏　洋土茯苓
羊泉沖水　平原烏勒毋司　班蝥酒
呵拜把與其油華澄茄與其油俱爲溺管之行氣藥

瀉藥　凡能令養生路之運動勻轉能加增令其所容之質運出又增所變成之內皮汁又令廢料分出此種藥謂之瀉藥里必格以爲腸之一箇職分係分出血內之各異質昔人分兩種一種名引水瀉藥卽令大便內有多水一種名逐膽汁之藥卽令肝多生膽汁又有數種他名久不用之惟引水與逐膽汁者尙有人用之或以瀉藥依輕重而分別之卽如微利藥祇令腸內之質放出而已又瀉藥能感動津液之變成又令速行至身外又瀉藥內亦分爲兩種一爲烈性者一爲引水者又有數種名曰逐膽汁瀉藥然另有逐膽汁之藥而無瀉性者

瀉藥之功用有不同之處又所感動之養生路在於某處亦有一定卽如有數質祇能惹腸之內面而後藉腦筋之力能推去卽如食含麩皮之饅頭最易於消化令大便能通其故非因麩皮能消化之故而因麩皮能惹腸之內面令速放出卽如印度所稱象饅頭有數種植物小種子在腸內亦有瀉性然眞瀉藥大半先收入血內有數種能顯其力不必入腸內能在他處進身有數種瀉藥隨大便而出故疑因此而成泄瀉又有鹽類瀉藥常名涼性瀉藥亦能輕感動腸之各處成多水而極稀之質又萞麻油感動小腸之暮苦司面食其小服則輕感動食其大服則可更猛又如辛拏葉亦感動小腸然較萞麻油更速而猛或令嘔吐或令頭痛又如渣臘伯司卡暮尼與其各松香類與呵囉喴等質其猝性大小不同而能大感動腸之全面如大黃先有瀉性沖盡而後顯出補性又啞囉能在直腸與肛門有行氣之性令成泄瀉但其性更遲布道非羅末亦有此性醫士以爲特能感動肝

如藜蘆巴豆油衣拉特里其性最猛其效亦速成糞甚多而稀故名引水瀉藥又汞之各藥能增一切津液又在腸內之核有行氣之性又能令肝多生膽汁因此有大益凡瀉藥所能顯其功用之面積甚大因養生路之內面全爲其所感動而各處有成津液之器具又因瀉藥之大半顯出其藥性有一定者且其效最速又有數種瀉藥如啞囉等其藥性不惟在肛門直腸顯出又能與子宮相近則其

藥性亦爲子宮所受又有數種如鹽類瀉藥等兼有利小便之性而此種藥之功用俱恃其服數之多寡食其大服則爲瀉藥食其小服則爲利小便藥如多沖淡之則更有利小便之性然用重瀉藥則溺之數尋常減少而植物酸質之鹽類難變爲炭養氣鹽類但因糞內有多水而其數多則必減身內之流質故因此必減身體內之激動又能助血收各質之力故可用爲治生炎等病之藥得其減熱之性又用之治水腫因能得其血收各質之益處夫萬物內瀉藥甚多可選擇合用之品即如腸內惹動則用輕性之油質或中立性之鹽類如有酸而泄瀉則用鎂養與鎂養炭養減其酸後用大黃得其收斂之性又如發熱或生炎必用合宜之瀉藥不可激動其腸又如欲感動全身或令腸內之藥力通至身之他處則用汞綠與松香類瀉藥因顯出其藥性更遲更久故無論欲令身體放出餘料或令各職分運行清楚或將所有廢料逐出等事則不應用瀉藥者甚少間有瀉藥爲不可少者

地產瀉藥　提淨硫黃結成硫白　鎂養　鎂養炭養

鹽類瀉藥　鎂養硫養　鉀養硫養　鉀養二硫養此質可合於鈉養炭養令發泡　鉀養果酸　鉀養二果酸　鉀養果酸亦列於渣臘伯雜粉內　鉀養醋酸此質不多用爲瀉藥　鉀養硫養合於硫黃　鈉養硫養　鈉養燐養　鈉養鉀養果酸　鈉養醋酸　鈉綠

汞之瀉藥　水銀丸　水銀白石粉散　水銀合鎂養散　汞養此藥之功用究未定準　汞綠

植物微利藥　甘露蜜在辛拏甜膏與辛拏糖漿內用之　加西耶果肉並其甜膏合於甘露蜜與印度棗在加西耶甜膏內用之　印度棗在辛拏甜膏內用之　家梅　乾葡萄　無花果　堇葵　百葉玫瑰花並其糖漿

定質油　杏仁油　橄欖油　胡麻子油

重瀉藥　蓖麻油　辛拏葉並其糖漿沖水可合於薑與甜膏或合於加西耶果肉與印度棗家梅無花果胡荽　辛拏葉雜酒合於乾葡萄芫茜胡荽

大黃並其丸膏沖水雜散合於鎂養與薑　大黃雜丸合於啞囉沒藥薄荷　大黃酒合於胡荽番紅花白豆蔻　哃囉嘶並其膏與雜膏　哃囉嘶雜丸合於司卡暮尼啞囉鉀養硫養丁香油　哃囉嘶合羊躑躅雜丸　哃囉嘶外導藥

衣啦特里與其膏　巴豆油　渣臘伯並其酒膏及松香質　渣臘伯雜粉合於鉀養果酸與薑

司卡暮尼並其松香類又合於乳作酪又合於芫茜丁香

薑作甜膏又合於渣臘伯薑作雜散
籐黃與其合於啞囉薑作雜丸
啞囉並其膏與酒合於甘草　啞囉沒藥丸　啞囉合於阿魏丸　啞囉雜煮水合於沒藥畨紅花鉀養炭養白豆蔻雜酒　啞囉葡萄酒合於白豆蔻薑　啞囉外導藥
布道非路末並其松香類質
黑色藜蘆　白色藜蘆　嘢勒枝噤
拉磨奴斯並其糖漿　泄瀉麻子此質用處甚少　大戟香
松香油
啞囉外導藥　鎂養硫養外導藥　松香油外導藥
逐膽汁瀉藥　令肝多成膽汁　合強水　各種水銀藥
啞囉　大黃　蒲公英根汁

殺蟲藥　凡能令腹內不生蟲之藥或已有蟲則能滅之令其出外謂之殺蟲藥凡成此事之藥在各人體內用者不同又有一人在各時所應用者亦不同因身內可有數種病易於生蟲如能治其病則其蟲不便居於腸內有數種藥能惹其蟲令其蟲大覺不便必逃出至身外似以腸爲器具所以其各藥應列於以身爲器具之各藥內但因此種藥甚少祇有錫粗粉鐵粗粉貍豆卡瑪拉等其餘者特顯其藥性或特其瀉性而有殺蟲之功效故殺蟲藥可列於瀉藥之後惟用殺蟲藥之時必常用瀉藥以通腸又有數種補藥亦可用之令腸內補其力而補藥內有數種大有害於腸內之蟲

腸內之蟲在英國人常有者爲帶蟲長線蟲短線蟲圓蟲又有一種爲寬帶蟲在瑞士等國人內見之

以腸爲器具之殺蟲藥　錫粉　鐵粉　貍豆　卡瑪拉即成染料陸脫里拉所生細硬毛　蟲皮奇茄替那此質內含珊瑚等微刺在內爲蟲所不能當者

特設殺蟲藥　石榴根皮並其煮水　蕨根粉與以脫所成之膏　古蘇即殺蟲布類以拉　無刺安弟拉　瑪里蘭特司披其里阿　殺蟲司披其里阿　桃葉
松香油　而烏大油　坦捺西低　阿蒲星弟由末　咄道尼格　咄道尼尼

以瀉藥等作殺蟲藥　汞綠　籐黃　渣臘伯　司卡暮尼　凡苦味之藥俱爲蟲所不能當者亦能作補藥之用

用外導藥殺短線蟲　鎂養硫養在苦白木水內消化之
啞囉外導藥
冷淨水　苦味藥沖水　樟腦消化於油內

調經藥　凡能令月經依法而行之藥謂之調經藥而月

經停閉之病有時爲他病之根原有時爲他病所成者故其治法自必依其情形而定之因經閉之病常爲面色白而呆鈍之人因身體無力令其不顯反之人身最堅壯血充足另有生育器具因受冷等故而大受激動故可見不能有公法治經閉之各類但無論其病爲何根原必先用法令身體之力復原後用合式之藥其各藥有行氣之性惟其大小不等又醫士或疑調經藥俱不能徑顯其藥性祇能繞道感動相近之體而恃同覺之理治經閉之病即如醫士巴藜之書云子宮原非銷去異質之器具故藥品難於感動之

如身體充足者可用放血之法或在腰邊用抽氣放血法或用蜞吮法於腰或腿腹交節處或腿足　用瀉藥　用水浸身之中部　用熱水浸足或多用行氣藥水合於芥末　操練身力而在空氣極清處行動如能騎馬則更佳

如身體已有受壓之病應用暖性瀉藥同時用水銀丸得其改血之益初時用輕性補藥後用重性補藥終以各種鐵劑　在背後之下段用磨擦法　用電氣　用養身食物　操練身力　在空曠處得清氣　在海邊用海水浸身　用噴淋浴　常用改血藥或汞藥如水銀丸等與汞綠雜丸　用碘如鉀碘或鐵碘糖漿

以瀉藥作調經藥　啞囉　啞囉沒藥丸　啞囉煮水與啞囉酒　啞囉阿魏丸　啞囉鐵丸

哥囉嘶　辛拏　籐黃　藜蘆

臭味治轉筋藥　阿魏　麝香　膃肭臍

加勒巴奴末並合於阿魏薩格比奴末沒藥爲雜丸又在阿魏雜丸內用之

沒藥並沒藥酒又合於鐵爲鐵雜丸鐵雜水又用於阿魏雜丸內又合於阿魏觀前說

金石類補藥　青礬　鐵雜丸鐵雜水　鐵養炭養並其糖與丸　鐵碘與鐵碘糖漿

徑行調經藥　茜草　米由末阿他曼替苦末（此藥近不常用）　遠志沖水與酒　色噴他里沖水與酒　而烏大油　坦捺西低甜膏　扁栢子　薩皮那即薩肥那並其油　耳卧達能令子宮內動作腦筋有行氣之性近有醫士羅敖用之大得其益又云用沒藥啞囉青礬薩皮那自散油等質和勻亦有此性

引炎藥（包括惹皮膚之藥與發疱之藥）　凡能令皮膚發紅增其熱或合其更有知覺則謂之引炎藥如久用尋常引炎藥或用其更濃者則成疱如用之更久則放膿故此種另設一名謂之引病外出藥如打打伊密的能令皮膚發小凸點而此

一處之証常能通至全身合全身受其惹動即與行氣藥同又用引炎藥或引病外出藥常能合身體內藏伏深遠之病覺有大益故凡用此種藥非爲本處之皮膚得其功益而爲惹動一處合他處之惹動消散俱特移病之理間用此法治皮膚內生炎之病即如喉痛則淡輕四養或油擦於頸上止之又如牙齒痛則在耳後發疱亦能止之又有數種不惟有行氣性又有惹性然尋常用此種藥治胸膛內久病或腹內久病或四肢有猝發之痛又頭內之血過多而因此病難受則以熱水浸足或足底用芥末軟布膏亦能有益又如用割皮入豆鈎膿法用線穿皮鈎膿法針

法其總理與上同又有數種藥祇能爲有界限之行氣藥能合皮膚發小凸點俱爲有大益處者間有用行氣血之擦藥或芥末軟布膏在身體最軟之病內用之如生氣已甚少則能感動全身

醫士古蘭肥物云有數種病尋常以爲最難治者如用此法能速治愈不必用內科之服藥法又如病之性情應用內服之藥如用含淡輕四養或酒醋之濃藥內含樟腦與自散油頗多者擦於身外亦大有益於助內服之藥此外科所用之各藥所恃之理名曰引病外出法又名曰反惹法但用此各名目亦不能顯出含淡輕四養之外科藥各有益

處之理也

磨擦法　加熱如用熱水等　用水汽　用熱沙或熱金類　將身之中段與足浸熱水內

用氣質如乾熱之空氣綠氣炭養氣硫養氣

酸水如硝强水醋酸等　醋酸亦可用爲引病外出藥

鹼類水如淡輕四養鉀養與其含炭養氣之質　濃淡輕四養水　淡輕四養洗藥

打打伊密的並其水與油膏　銀養淡養五或其水

有界限之行氣血藥　淡輕四綠　鉀硫並鉀硫水　鈉綠

硼砂　硼砂蜜糖

汞養淡養五油膏　汞綠油膏　汞養油膏　汞綠淡輕四油膏

植物惹性藥能作爲引炎藥有界限之行氣血藥引病外出藥

猝性辣能古魯司　小火焰形辣能古魯司　司他非薩搿里　得勒非尼阿　印度告故羅司　告故羅司油膏

阿莫輕西阿　黑白芥子　芥末軟布膏　芥子自散油　伯里脫羅末　辣椒與辣椒酒　米聚里恩　大戟香　薩皮那並其油膏　藜蘆　非辣得里阿油膏　黑色胡椒　蒟　蓽

自散油類觀行氣藥亦可用為引炎藥又有數種其臭不甚佳如而烏大油等是也

松香油類　基阿脫里平他以那　尋常松香油　緋逆司松香油　加拿大脫里平他以那　又其油合於洗藥　苦里亞蘇脫淨者或淡者　苦里亞蘇脫油膏　巴豆油

毒藤如司

加波力克酸　各里司里尼

松香類　松香　土斯即司普羅司杉之松香　杉松香　白更弟栢油並其油膏　以里米並其油膏　加勒巴奴末與其膏　流質栢油　黑色栢油並其油膏　麥酒酵並其軟膏

斑蝥並其酒醋發疱洗藥又其油膏布膏暖布膏發疱紙

第二類全身行氣血藥　全身行氣血藥與有界限行氣血藥之分別在乎不感動一個或兩個體或器具而感動身體各緊要之職分即如血所屬之各器具肉筋各器具津液各器具而其感動之之法俱徑藉各腦筋為之故有人包括於感動腦筋之各藥內又有數種其功用不能歸全身受之祇特能感動一副腦筋或感動心內任一門之忿或感動五官內之任一官而其餘者不理會此種藥之大半所顯藥性無多時即過故必每若干時再進一服方能連得其功用惟補藥之功用更能耐久因感動血肉筋較在腦筋更多之故

補藥　如肉筋放鬆漸合其收緊或身體因病而軟漸合其復原此類之藥謂之補藥凡補藥雖與收斂藥有數種相同之處然除合於收斂藥服之則不令內皮縮成皺紋有數種補藥與收斂藥合用之則能有此性凡補藥恃腦筋而感動生命與行氣藥同然有不同者因顯其功用更遲又已顯之後更能耐久又其功用已過則身不覺之故醫士設立云補藥為大力之行氣藥其功用能耐久如用之過限或時候過長則變為惹身之藥不惟不能增精神

反能令身更軟因人身之精神已得最大之界限再加補藥即與用行氣藥同身必覺軟然如合法用補藥如身軟弱等則功用漸顯出胃力增大食物加多消化最易血之行動力更大而其速不增又呼吸之氣更多而更猛此各職分更合法為之則養身之事更全故血能收各質更多因此得補藥功用之時常有大便不通之弊後在他事內亦顯出如病中常有因水而浮腫之處漸消去而不見又津液更為合法溺少而色深又不合法出汗之事不再顯皮膚變軟如無病之狀面上顯出精神堅壯之狀五官更靈腦之運思更明力量更大凡有病者或身軟或已有重

病而甫退或已用瀉藥或減血氣之藥用補藥則漸復而
堅壯
有數種補藥如金雞那與其鹼類質如雞那以尼並鉀養
如鉀養鉀養水內所用者俱能治瘧疾等依時而作之病
故病不顯之時如瘧疾與似瘧或腦筋痛與風溼等依時
而作之病乘病退後用其小服或病臨顯時用其大服常
能得其大功用即如依時而作之發熱病其熱退後立即
用鉀養水數滴則病之力必因此減小又臨顯時再服之
亦必得其益處
凡補藥或服其定質或服其煮水或沖水另加本補藥之
浸酒或別補藥之浸酒或香行氣藥其補藥必用中等之
服每若干時如兩三小時再服之又另易一種補藥又再
合宜之法先用輕補藥後漸接用重性者如金類補藥或
各種含鐵之藥有數種病如綠病或血虛等病則鐵藥之
用處爲最大因此種病內血之紅色料過少故鐵能補償
之因其紅色藉所含之鐵又身內他種流質與料亦爲含
鐵者所以鐵爲補藥則與其各質化合而令能復原
食能大養身之食物　冷　空曠處多行動　用冷水浸
身或在海水內浸身
潤內皮補藥　冰地烏苔並其煮水　烏勒母司並其煮
水　沛離拉沖水並其膏　高林布膏沖水並其酒　此
爲輕性補藥醫士或疑其少有平火安心之性又因其不
含樹皮酸與苦白木同可合於鐵鹽類並用之
苦味補藥　高林布　苦白木沖水並其膏　西馬羅被
龍膽草膏沖水並其雜酒　奇勒大並其沖水酒　散
拖里由末　睡菜　輕補性散拖里阿　木鼈子並其膏
此爲大力苦味藥與開胃藥
行氣補藥　温弟里得立密司　白色看尼拉　橘皮並
其酒糖漿沖水　檸檬皮　克司配里亞沖水並酒　而
烏大　阿蒲星弟　坦捺西低　安直里刻　瑪羅比由
末　揩思揩里拉沖水並其酒　羅布路司沖水酒並其
膏　菖蒲
治依時而作之病與收斂性補藥　白色黄色紅色金雞
那並其沖水煮水與酒又其雜酒合於橘皮番紅花色噴
他里亞　雞那以亞與雞那以亞硫養　雞那以弟尼雜
酒　不成顆粒之雞那以尼　金雞那以尼與合於硫養
之鹽類　比白里尼　栁樹皮並其煮水　薩里西尼
那而荀弟尼　黑胡椒　烏伐烏爾西　奇瑪非拉　比
白里亞硫養
治依時而作之病金石類藥　鉀養　鉀養鉀養水　鈉

養鉀養五

金石類補藥　淡硫強水　淡硝強水　淡鹽強水

鐵　可浮納鐵粉　鐵硬膏並合於司普羅司松香硬膏

鐵二養三　鐵三養四　地產含鐵之水

鐵二綠三酒　青礬　鐵養炭養二糖　鐵養炭養二沒藥鈉養硫養三合為鐵雜丸　鐵養硫養三沒藥內豆蔻鉀養硫養三合為鐵雜水　鐵養鉀養五　三鐵養燐養五並其糖漿　鐵二養三合於雞哪霜檸檬酸　鐵養發里里阿尼酸

鐵二養三鉀養果酸　鐵葡萄酒　鐵檸檬酸並合於淡輕四養檸檬酸　鐵發泡水　鐵養醋酸　鐵養乳酸　鐵養蘋果酸

鐵合碘等藥如鐵碘與鐵碘糖漿　鐵合香料如鐵香雜水　大黃鐵丸　啞囉鐵丸

鋅養　鋅養硫養三　銅養硫養三　銅養淡輕四養硫養三　鉍二養三淡養五

行氣藥　凡能增腦筋之力則謂之行氣藥尋常所謂行氣藥從能感動腦筋從此感動身內他種緊要之職分即如血內筋并液各器具行氣藥先收入血內而後遇腦筋質纔有數種能從身內銷去又有他種能感動腦髓或令五官更靈或令人覺有興會或令心中能明事理又有數種雖有此性惟甚少耳有數種其力最大者常作為寧睡藥因用其大服則行氣過大而後其人身變軟而失知覺即與真寧睡藥相同然因藥品中不當為寧睡藥故列於行氣藥內名曰散性行氣藥又有數種行氣藥雖能感動腦筋而其感動之性小或有一定界限即有數種腦筋能感動其餘不能管理故名曰特用行氣藥凡身內之職分有阻礙之弊如令其能照常行動之藥則似有行氣之性行氣藥除淡輕四養之外另有自散油類松香類或辛性質及含此各質之藥前在引炎藥一節內曾言行氣藥作外科之用能發紅能令覺熱自然速通至周圍之體間有令

痛者依其體之易受感動或否如將行氣藥服之則胃腸內立覺暖和而精神忽覺增多力量大消化食物速間有口內渴者如將辛性者食其大服則有惹性行氣藥之大半所顯功用無多時即過有數種立即感動心與血令脈強而數又令身內加熱而皮膚與肺之面多放棄津液又各處津液亦能增多又有數種行氣藥能令生育器具有行氣之性並受其感動然此各事內所受感動之腦筋原在真腦髓與背脊髓之腦筋為其感動而從此所有一切與腦髓背脊髓相通之器具亦受其感動沛離拉以為大半行氣藥所顯功用不外同覺之各腦筋故包括在感動

腦筋結之藥品內格爾生云行氣藥令腦筋之力更平勻而更速又肉筋之縮亦為更猛五官更靈心更靈動而能力增大然行氣藥雖令人多行氣而行動費力故所有行氣之事後必有倦怠配之又雖用寧睡藥則其人所覺之倦怠更重而與行氣藥不同如用散性行氣藥頗多亦能得此事如用之不甚多則其藥性不至於為行氣藥

如身軟弱而無生炎為真軟弱者無論其為流血頗多或因放他質頗多或因呼吸將停或因暈絕或因全身俱虛或因血虛與病色而此証非因生炎而成或因數種大病將畢時則全身之力幾蹶而生命幾滅用行氣藥有大益處因能補所竭之腦筋力如所少之腦筋力祇為暫時之事則能助復腦筋之力而身之各職分漸能復原然用行氣藥必最謹慎而不誤尋常雖身軟而精神已乏用行氣藥能得益又久延生炎用行氣藥亦能得益即如眼之生炎無論新舊用行氣藥洗眼能得益處然行氣藥之正用尋常必合於他藥同服之

熱氣　電氣　生命所恃之四要事即熱空氣食物飲物俱能在身弱之人為行氣藥或如其人已失此四者則得之亦有行氣之性此四者如合法用之在過後不令身體軟弱

淡輕四養水　淡輕四養香酒　淡輕四養炭養二　燐　養氣

香料之味與臭俱能令口鼻快適故添入食物內令更為佳此各料在胃中有行氣之性又能為去風藥又可配入各種藥料如補藥治轉筋藥或瀉藥

番石榴科內　丁香並其油　此門屠並其油酒與水

揩耶普提油　桂樟科內　桂皮並其油蒸酒浸酒水雜酒雜香散與合於他種香料　加西耶桂皮　貴品羅耳烏司　沙沙法拉司　肉豆蔻科內　肉豆蔻油並其酒

胡椒科內　黑胡椒並其甜膏　長粒胡椒　薑科內

鬱金　白豆蔻並其雜酒　薑並其酒糖漿　鳶尾科內　番紅花　白色看尼辣

辣椒並其酒　黑芥末白芥末

有數種之功用大半藉所含自散油　香揩暮司油即甘松香　橘科內　檸檬油與橘油　繖形科內　大茴香

芫茜　蘹香　蒔蘿　馬芹　胡荽　脣形科內　紫蘇　綠薄荷　蓽撥里他　坡里其由末　臘芬大拉

咾士瑪釐　尋常啞里茄奴末與瑪爾助拉末啞里茄奴末

不適口之油類　而烏大油　安替米司油　坦捺西低油　扁栢油　薩肥那油

松香油類　基阿脫里平他以那　尋常松香油等
松香類　以里米　瑪司的克　乳香　没藥　秘魯波勒殺末等
軟石油　那普塔　苦里亞蘇脫並其雜水
又見行氣補藥發汗藥化痰藥利小便藥
散性行氣藥　此各種藥與他種行氣藥之分別大半能藉腦筋與腦髓速感動全身包括酒醋以脫在內如用不過限之服數則能行氣而速散如食其大服則令人醉藥性已過則身體無力或醉至失知覺如鴉片並數種印度麻所作之藥在東方各國作爲行氣藥之用然不久令人覺倦而無力故應列於醉藥內而名謂寧睡藥之一種如以脫雖初用時有行氣之性後有安慰肚腹腦筋之性故常有醫士用之治腦筋之病常合於鴉片等醉藥用之如吸其霧則令人不覺痛與哥囉昉同

法國酒醋（即白蘭地酒）　正酒醋　準酒醋　舍利酒與他種葡萄酒
以脫　硫養以脫　硝以脫酒　哥囉昉與哥囉昉酒醋
貝路阿客色里克醋（此酒之味可憎）
特用之行氣藥其功用祇在一處顯出祇能感動一處之腦筋即如馬錢霜感動腦髓並感動動作之分支最多故令肉筋收縮
尋常特用行氣藥　木鼈子並其酒膏　馬錢霜　布路西亞　毒籐如司　山亞尼架　耳卧達
第三類減氣血藥即對行氣藥　來拉書內將寧睡藥治轉筋藥解熱藥平火安心藥等合爲一類而其故非因其顯出之性情相同而因其各種藥能減身內各種之行動過多即如血之行動過多用解熱藥與平火安心藥又身體痛不平安不能睡則用寧睡藥又腦筋過於激動則用治轉筋藥令其平和然有醫士常將平火安心藥合於寧睡藥同用之

寧睡藥一名睡藥一名安神藥　寧睡藥西名那爾可弟楷爲希臘國之言而其根原爲那爾格即電魚之意因此魚能發電氣以擊來追之別物令別物迷惑而不知情事而用寧睡藥之大半亦是令人迷惑惟間有數種藥列於寧睡藥內而不令人迷惑故用此名目不甚相宜而沛離拉欲改爲腦髓背脊髓藥因此各藥能感動腦髓背脊髓與其相屬之腦筋也此類之藥其最奇之事功用各不相同故難得一公用之名能包括其各質在內最妙之法分爲數分類而各分類另爲定名如行氣血藥祇能激動而顯其行氣之性而散性行氣藥初能行氣血後能減氣血

令人覺倦，即如鴉片可爲寧睡藥之模，初令脉數感動身內數種職分，又顯行氣之性，令人大覺有精神，後其人欲睡，至末，即無知覺，凡寧睡藥與平火安心之藥有一種分別之處，因如用其尋常之服數，則能加增腦筋與肉筋之動作，後則減氣血，而所減者較前所增者更多，尋常其人必先睡，方能復原，此爲醫士巴黎之說，凡寧睡藥能全勝人身自主動作之力與知覺之力，而五官不能用此各種藥所顯之藥性，亦各不同，如鴉片等類謂之睡藥，又謂之迷藥，因令人睡，又有一種爲安神藥，其中鴉片亦爲要物，惟另有數種，如啤啦咑喲與醉仙桃，能止痛，因此令人睡，令瞳人放大，又令人快樂發癲，又如草烏頭並其鹼類質名阿古尼低，能令知覺之腦筋變呆木，又爲平火安心藥，應列於此藥之內，又有第四類內，有黑暮拉克與其鹼類質名哥尼阿，此各質能令肉筋條癱瘓，因能感動動作之腦筋，又印度麻與其各質，初服時有行氣性，後令人睡無知覺，而肉筋放鬆，間有令人身體強僵與尸無異，又有一類謂之迷蒙藥，能令人不覺痛，或能減所覺之痛，又有雜性寧睡藥能止痛，能感動胃腸，或顯出激動之性，此種藥，能令人吐，極能平血氣，故幾可爲平火安心藥之分類，然以上各藥性大約俱能爲鴉片一物所顯出，因鴉片初用之，則有行氣之性，以後不久減人之知覺，而令人睡，如有大痛，則能止之，如筋縮而痛，則能放鬆，如津液過限，則令復原，除皮膚發汗外，能收住津液

寧睡藥之用處，大略因能止痛，令人睡，故能治數種病，痛而其最大之用處，爲治腦筋痛與痛之各病，即如腦筋痛與風溼等是也，又有數種大痛之病，將完之時，亦可用寧睡藥，令其人平安

罌粟花　罌粟殼煮水並其糖漿　鴉片並其流質膏

鴉片丸並其甜膏　鴉片酒　鴉片葡萄酒　鴉片醋酸

拜得里平火安心鴉片水　黑滴藥　鴉片外導藥

鴉片洗藥並其硬膏

含鴉片之丸　肥皂雜丸　蘇合香雜丸　汞綠鴉片丸

鉛鴉片丸

樟腦雜酒，即鴉片合於樟腦扁蘇以克酸

鴉片合於吃嗶咯，即吃嗶咯雜散

鴉片合收斂藥　幾奴雜散　鴉片白石粉香散　没石子鴉片油膏

嗼啡啞輕綠並其水　嗼啡啞輕綠糖片　嗼啡啞輕綠吃嗶咯糖片　嗼啡啞輕綠外塞藥　嗼啡啞硫養三　嗼啡啞醋酸　嗼啡啞檸檬酸　嗼啡啞二米故尼酸

蒿苣　兒惡拉克杜加　拉克杜加里由末　霍布花並其酒　羅布里尼克核酒

安神令人昏暈並放大瞳人　黑羊躑躅並其膏與酒　啤啦哳吶並其膏汁酒膏藥　阿脫路比亞並其水　阿脫路比亞硫養二　醉仙桃並其膏

猝性寧睡藥與瀉藥　司他非薩搿里　哥勒枝㗬　藜蘆　沙罷弟拉

木鼈子　毒藤如司　亞尼架見特用行氣藥

治轉筋藥　凡能治肉筋瘸証之病則謂之治轉筋藥因此各事有數故而成如能去其原故則其肉筋之縮能放鬆而痛可止而其根原在肚腹或在腦筋故一名安肚腹腦筋藥所用之藥或為滅酸藥或為瀉藥能令腸胃內不覺激動或為安神藥能令腸不妄動如此能治之設如其病因身軟而來則必食大養身之物並用補藥則亦能為治轉筋藥然尋常所謂治轉筋藥其功用與其性情大不相同故有醫士名曰行氣血藥又有他醫士名曰平火安心藥所以幾不必特意另論之此種藥雖能感動血之運行而有病時能令腦筋平和而其平和之法大略因顯出行氣之性如此令其復原此種藥顯其功用最速又不久即過故必連用之而間有逐漸增大其服數如此能得其全益尋常用此類之藥治腦筋之病最多者為妄言笑肉筋跳動抽搐又在氣喘腸胃內瘸証並在久延虛發熱用之

甘松並其沖水酒　甘松淡輕四養酒

臭松香膠類　阿魏並其酒外導藥　加勒巴奴末　似阿魏　啞坡巴拿克司

而烏大　坦捺西低　安替米司並其油

樟腦並其水酒　樟腦鴉片雜酒　樟腦洗藥　樟腦雜洗藥

硫養二以脫　以脫酒　硝以脫酒

淡輕四養香酒　淡輕四養臭酒　淡輕四養炭養二

軟石油　那普塔　琥珀油

麝香　膃肭臍並其酒

寧睡與平火安心治轉筋藥　鴉片　啤啦哳吶　阿脫路比亞　阿脫路比亞硫養三　醉仙桃　羊躑躅　淡巴菰　路卑利並其酒與以脫酒　印度麻　哥尼由末並其鹼性質哥尼阿　加喇巴豆

補藥　銀養　銀綠　銀養淡養五　鋅養　鋅養硫養三　銅養淡輕四養硫養三　鉍養三淡養五　金雞那　雞那以尼與別種補藥

解熱藥　凡能減血之運行力並減身之熱而不減知覺之力與腦筋之力者謂之解熱藥醫士設立論動物身熱之根原而言肺用養氣之數使身體生熱之數能少增之之法用含養氣少許之食物即如肉與酒醋然如身之熱過多則食含養氣甚多之質如植物酸質等則能減其過限之熱設所食之物含養氣分外多則食物令血收養氣其數分外多而肺不必收空氣內之養氣至尋常之界限故肺所生之熱可以更少設立論此事之意見多年有醫士讚美之近有醫士查得新理能為設立之理作據又有醫士布類格試驗噴入數種質入血內查得各種酸質入

血內之時則令其血難行過肺之微管故此亦能當為其證據

有數種解熱之藥其力量雖大而其顯藥性之法各不同即如用冰減熱或用成冰之料減熱為治各種激動病之最大力平火安心藥又如速化散之水合於酒醋或以脫則初時因其速化散而減熱然必謹慎用此種藥時不可蓋其加藥之皮膚面因蓋之不惟不減熱而其酒醋與以脫反能顯其發熱之性如將全身或身體數分用海絨醮冷水擦之令溼或用醋與水或酒醋與水亦為平火安心大有功用之法即如來拉在印度治最重似瘧發熱俱係

卑溼處樹林內居人所患者將其身日夜用海絨醮流質擦之則令其脈合度而身體之熱不過限同時用內服之各種藥令津液改為合法而減其發熱

冷空氣　冷水　冰　成冰之料　用醋或酒合水以海絨醮之擦身　易化散之洗藥

植物酸質見植物酸質節　果酸糖片　檸檬汁並其糖漿　檸檬水　甘橘　醋酸　醋酸糖漿　印度棗　阿西多薩拉　酸羅米克司

鉀養二果酸　鉀養淡養五　鉀養綠養五　鉀養檸檬酸

輕性發汗藥　淡輕四養醋酸水　淡輕四養檸檬酸水　發

泡藥水

平火安心藥又名減氣血藥　凡能直減腦筋之力而不先激動之則謂之平火安心藥雖然正言之能合於此界說之藥料甚少惟有數種最為合用無論為腦筋之病或血之病俱能顯此各功用然平火安心之藥品顯出平火安心之法各醫士之意見不同或云眞平火安心藥未之有也又云此種藥應列於寐睡藥內或列於化散行氣藥內而此各藥先令腦筋之力增大而後減少而感動人心令至糊塗或不省事醫士巴黎湯勿生等云平火安心藥應另分為一類而與寐睡藥之分別因能直減生氣而不預減生

氣之力不預減腦筋之力或血之力雖然藥之稱爲平火安心者不能全列於以上界說內而可用之管理腦筋與血過限之力無論著藥品書者如何爭論平火安心藥應列於何類內而爲醫者俱知有數種藥能治身體大激動之病即不可用重寗睡藥時或不可在房內開方用重寗睡藥與他藥合用時用之然輕性寗睡藥亦可用爲平火安心藥本類之藥所顯之藥性其總意雖相同又不感動心思或與心思有相關之事而其顯藥性之法各不同

輕衰爲最合用之藥能減激動與咳嗽又腹內有數種大痛之病亦能安慰又能爲治功用病之痛與平火安心之藥此爲言其小服者如用其大服則成癇証無知覺心動即停如食更大之服則從死而無癇証又有阿古尼低撩於身體任一處雖不發紅而令皮膚先癢後木此種藥亦爲有大益者能治數種腦筋之痛如當內科則減血之運行而爲大力平火安心藥又如黑莕拉克與其鹼性質哥尼阿近有醫士查得其藥性不應列於寗睡藥類醫士苦里司脫生云哥尼阿能令動作之腦筋速有癱瘓而此癱瘓速散至身之各處減去背脊髓相屬動作腦筋之力令全身癱瘓又因放鬆則氣不能呼吸所以牙關緊閉或受馬錢霜之毒可用哥尼阿治之因馬錢霜之力感動背脊髓有大行氣性令其肉筋久縮不放而哥尼阿有相反之性則能治之又服過哥尼阿者如能呼吸則五官仍能用之又因後有癱瘓則腦筋不能用五官失其知覺哥尼阿有平火安心之性外另有散炎收癤之性

毛地黃初時少能感動心令行氣血後能減氣血而大減血之運行又感動腸之內面有利小便性又如哥勒枝噤淡巴菰路卑利初時有行氣之性令人大覺欲嘔又減氣血放鬆肉筋故常用之治縮筋之病並治脫骱之病所有猝性寗睡藥內哥勒枝噤亦能當爲此類之藥因能感動肝與腸能大瀉又能大減氣血又風溼與痛風之痛亦能止之但間有能不瀉而能大減氣血者此爲輕病之說凡減氣血最有用而最有力之藥爲吐嗶咯與銻之各藥此各種藥亦能爲發汗藥化痰藥吐藥又如合法服之則大能吐瀉大減氣血故其平火安心之力亦爲大者故減氣血之藥內打打伊密的爲最有大功用之一種又如欲加多減氣血藥之服數令其與身體之激動相配因此醫士查知人所能服之打打伊密的比前所意度者更多此爲能用藥料之性由此可知各種藥品顯其功用之法各不同又藥品書內將藥料依其治病之性分類排列之目錄最難成之近雖定準後有醫士查得新理必再改易

淡氣　輕硫　炭養氣　此各氣吸之則有平火安心之性俱為有毒性之質

淡輕衰水　櫻桃羅耳烏司普羅奴司　苦杏仁　苦杏仁油　鉀衰　鋅衰　鉀衰鐵　鐵衰

令麻木與平火安心藥　那布勒阿古尼低並其膏酒　阿古尼低亞並其油膏　阿古尼低水並洗水

令癱瘓藥　花點哥尼由末並其膏酒又合於吃嗶咯作雜丸　哥尼由末油膏並軟膏

治癇証與安神藥　印度麻並其膏酒　毛地黃並其酒沖水　弟其大里尼　淡巴菰並其外導藥　可吸煙路

皁利阿

打打伊密的並其葡萄酒　吃嗶咯並其粉葡萄酒此各質之服數必令人覺有吐性而不吐

鉛養醋酸並鉛鴉片丸　二鉛養醋酸水並其淡水

減熱氣之總法　放血法　蜞吮法　瀉藥　解熱藥　加冷　用海絨醮水等質擦皮膚　潤內皮藥

迷蒙藥　以脫　哥囉叻　或吸哥囉叻之霧

輕衰與苦里亞蘇脫能治胃中之痛鉍養三淡養五亦然錯養草酸能治妄言笑與懷孕而吐又如重赤白痢用汞綠十釐至二十釐為一服常能有益又與平火安心藥同功用

照人年數配藥之比例表　係醫士荀比由司所設

藥之功用在各人服之有不同之證據又一人在各時服之亦有不同之證據故必有比例表便於查明即如取藥之法並人年紀之大小或為男或為女或為運動出力或為常坐不動或地氣水土之燥溼冷熱或人性情之和柔躁急等事俱與藥品服數之大小有相關西醫藉荀比由司所設之表為年紀大小之各服數其餘各事必醫者自行理會

照人年數配藥品之服數其比例如左

成人壯健者假如一服　一釐或六十釐

一歲以內　十二分釐之一或五釐

二歲以內　八分釐之一或八釐

三歲以內　六分釐之一或十釐

四歲以內　四分釐之一或十五釐

七歲以內　三分釐之一或二十釐

十四歲以內　半釐或三十釐

二十歲以內　三分釐之一或四十釐

二十一歲至六十歲用全服即　一釐或六十釐

六十歲以外者照前比例減去若干

毒藥與解毒之法　此係從醫士苦里司脫生之排列俱為本書前所載者

尋常之總法必將胃內之質速即去之或用吐藥或用入胃水節若爲烙炙性毒藥用此法間有不穩當之處而必服解毒藥間必服膠類形之質而包其毒質於內間有必減其惹動而去其炎又有必用輕重適中之行氣法如中氣質之毒必用新潔空氣與傾冷水之法

惹胃毒藥

酸質　硫養　淡養五　燐與燐養五　輕綠　合强水　鐵綠三　草酸　果酸　檸檬酸　醋酸

鹼類質　淡輕四養　鉀養　鉀養炭養二　鈉養　鈉養炭養二　鈣養　鉀養淡養五　鹼類合硫黃之質

綠氣水　碘　鉀碘　溴　鉀溴

鋇養鹽類　鋇綠此各質用鎂養硫養三或鈉養硫養三或其合炭養鹽類或用入胃水節或用吐藥之解

鉮　鉮養三　鉀養鉮養三水　鈉養鉮養五　鐵養鉮養五此各質可用含硫之質或淫鐵養三鎂養合膠或用輕鎂養則每重二十五分能從其水內分出鉮養三一分

汞　汞綠　汞衰並其各惹性之鹽類之醫士巴黎治汞綠毒用打打伊密的合吐

銅之鹽類有人用鐵三養輕養治之

銻與鋅等之鹽類　鉛之鹽類用乳與阿勒布門鈉養硫養三與鎂養硫養三治之

銀養淡養五等鹽類用食鹽與其畏忌之藥

植物辣性質　大戟香　巴豆油　哥囉嘶　衣拉特里由末　米聚里恩　絛黃　澮臘伯　薩肥那

動物辣性質　斑蝥先放出胃中之質再用潤內皮藥而用樟腦或皮法散等治其惹胃之性

寧睡毒藥

鴉片與其各藥　羊躑躅　莨菪

輕衰　羅耳烏司水　苦杏仁油

毒氣

綠氣　淡輕四養　輕硫　炭養二　炭輕四此各毒氣之治法須多遇新潔空氣用法令其人呼吸又傾冷水

寧睡辣性毒質

烈性植物總解法立即服許多動物炭待若干時服鋅養硫養三

哥尼由末即黑暮拉克　毒性繖形科植物

唪啦吖哃　阿脫路比亞　羊躑躅　醉仙桃　淡巴菰

木鼈子　馬錢霜解法先去其胃中毒質

阿古尼低　黑藜蘆與白藜蘆　哥勒枝嘸　沙罷弟拉

印度告故羅司　弟其大里司　弟其大里尼

酒醋以脫　解法先去其胃中之質傾冷水於頭與易化散之水又用蜞吮法用淡輕四養爲行氣藥

地產藥性水

罷格門與施韋扎等八化分各水所得之數

一　含炭養氣之水　此水發細泡從水面跳出每水一百立方寸含炭養氣五十至一百六十立方寸飲此水者能令人舒暢又有解熱性西國產此水之處如恩斯河喀耳斯巴得給星珍歲勒蔡辟耳莽斯泡

二　含硫之水　此水有惡臭內含輕硫氣每水一百立方寸含輕硫五至二十立方寸此氣與他質不化合其水常暖有行氣性發汗性改血性產此水之處在英國有斂耳屯罕哈羅該特硫水泉法國有愛克斯沙排耳巴來施德國有嫩託弗

三　含鹽類之水　此水含鹼類與土類與炭養或硫養或綠氣合成之鹽類每一萬分中所含之定質自二至一百五十分共分四類

甲　熯而少有鹽類性為發汗藥產此水之處如斐希巴丁巴丁巴得伯利斯多白克斯登抹特老克

乙　冷而味苦內含鈉養硫養為瀉藥產此水之處如喀耳斯巴得斂耳屯罕來明屯

丙　冷而味苦內含鎂養硫養為瀉藥產此水之處如愛補生斯喀堡雖得立次

丁　冷而含鹽內有鈉綠為瀉藥產此水之處如阿施比得拉蘇治克老貢那克辟耳莽杭堡

四　含鐵之水　此種水性俱藉所含之鐵間有遇空氣時有鐵養凝結者內含鐵養炭養而因另含炭養消化不能凝結又有別種含鐵者大半為鐵養硫養每水萬分含鐵養三釐至十五釐此水為補藥又為提醒藥共分兩類

甲　含炭養氣者產此水之處如屯伯力子伯來盾斯泡

乙　含硫養者產此水之處如韋脫島亞勒西罷特拍蒐

武進孫鳴鳳校字